中国油气田开发志

渤海油气区油气田卷

《中国油气田开发志》总编纂委员会 编

石油工業出版社

图书在版编目（CIP）数据

中国油气田开发志 · 渤海油气区油气田卷／《中国油气田开发志》总编纂委员会编．北京：石油工业出版社，2011.5
ISBN 978-7-5021-8206-9

Ⅰ．中…
Ⅱ．中…
Ⅲ．①渤海－油田开发－概况
②渤海－气田开发－概况
Ⅳ．TE3

中国版本图书馆 CIP 数据核字（2010）第 254508 号

出版发行：石油工业出版社
（北京安定门外安华里 2 区 1 号　100011）
网　址：www.petropub.com.cn
编辑部：（010）64523538　发行部：（010）64523620
印　刷：石油工业出版社印刷厂

2011 年 5 月第 1 版　2011 年 5 月第 1 次印刷
889×1194 毫米　开本：1/16　印张：50
字数：1467 千字　印数：1—2000 册

定价：290.00 元
（内部发行）
版权所有，翻印必究

《中国油气田开发志》总编纂委员会

顾　　问：王　涛　秦文彩　阎敦实　李　敬　钟一鸣　王　彦
马富才　陈　耕　张　轰　邱中建　年书令　黄　炎
丁贵明　李虞庚　谭文彬　罗英俊　宋万超

主　　任：刘宝和

副 主 任：胡文瑞　赵政璋　王乃举　王志刚(中石化)　周守为
李　阳　白泽生　沈　浩

成　　员：(按姓氏笔画排序)
马新华　王道富　王元基　王仲林　王志刚(中石油)
王志明　冈秦麟　叶　舟　石宝珩　石彦民　石兴春
冉新权　丘宗杰　闫存章　闫世可　刘圣志　刘玉章
刘飞军　刘万赋　何江川　何生厚　何自新　曲广玲
任芳祥　任玉林　孙晓岗　孙福街　孙焕泉　毕义泉
吕新华　宋新民　宋文杰　李道品　李章亚　李上卿
李东海　李文阳　李海平　许　红　吴　奇　苏　俊
张卫国　张家茂　张凤久　张　勇　张积耀　张林森
张正卿　沈平平　沈　琛　杨国圣　陈　明　陈　壁
陈建军　金毓荪　周成勋　周家尧　苟三权　郑新权
孟慕尧　尚　真　武恒志　罗东红　苗承武　赵　刚
赵平起　俞　凯　柯吕雄　郝蜀民　姜文达　唐黎明
徐启兴　袁向春　袁定雄　崔耀南　梁春秀　章卫兵
隋　军　黄新生　黄石岩　焦方正　曾兴球　蒋其垲
窦之林　裘怿楠　熊建嘉　樊中海　潘兴国　薛培华
戴进业　魏宜清

主　　编：刘宝和

常务副主编：胡文瑞　王乃举　沈平平　石宝珩　蒋其垲　刘万赋

副 主 编：李　阳　何生厚　张凤久　张积耀　魏宜清　张卫国

《中国油气田开发志》渤海油气区编纂委员会

主　　任：陈　明

副 主 任：郭太现　刘良跃　刘　松

成　　员：刘光成　高东升　田立新　邓建明　王中雪　崔　航
田　楠　项　华　闫洪涛　戴照辉　杨　寨　温哲华
王国栋　潘亿勇　刘建忠　赵利昌

协 调 人：赵利昌

常设联系人：王力群

凡例

1．本志是中国油气田开发领域的专业志书，实事求是地记述中国油气田开发的历史和现状，具有保存史实、决策参考和资料应用等多重功能。

2．本志内容涵盖油气田地质、开发部署与方案实施、钻采工程、地面生产系统等油气田开发的各个方面；遵照横排竖写原则，分类项纵述其发展、演变过程。力求突出重点，突出特色。

3．本志体裁采取述、记、志、传、图、表、录等形式，以专志为主。采用卷、篇、章、节、目结构。

4．本志按三个层次编写。油气田为基本编写单元，按单个油气田编写油气田志，根据油气田的差异，分为详写、简写、略写三种编写形式，并以油气区为单元汇编成《中国油气田开发志·×× 油气区油气田卷》；按油气区编写《中国油气田开发志·×× 油气区卷》，由同一油气区企业机构管理的其他地区的油气田也纳入该油气区卷内；在全国层面上编写《中国油气田开发志·综合卷》。

5．人物记述，坚持“生不立传”原则。对油气田开发重要人物以简介或名录形式记之，但对已故人物立传简记；以事系人的油气田开发人物，记入专志中相关章节或大事记中。

6．本志采用现代语体文行文，使用国家统一的简化汉字，做到严谨、朴实、简洁、流畅。

7．本志专业名词术语参照 SY/T 5745《采油采气工程常用词汇》、SY/T 6174《油气藏工程常用词汇》、SY/T 5313《钻井工程术语》等标准统一，组织机构名、会议名、开发方案、职务等专名，为保留历史原貌均采用当时的名称。

8．本志计量单位执行 SY/T 6580《石油天然气勘探开发常用量和单位》，但属历史部分，按各历史时期的单位记写。物理量单位统一用符号表示。

9．本志时限。古代与近代部分，上限以有油气开采记录的年份为起始；现代部分，上限以发现井的出油时间为起始，下限终止到 2005 年 12 月 31 日。

10．本志历史纪年。中华人民共和国成立以前，采用历史纪年，公元纪年以括号附后；中华人民共和国成立以后一律采用公元纪年。

11．本志资料采自历史文献、档案和访谈实录，均经过核实。引用原文，概加引号；除重要引文外，一般不再注明出处。

12．本志中地图，不作为划界依据。

《中国油气田开发志·油气田卷》篇目

卷　号	卷　　名	卷　号	卷　　名
1	大庆油气区油气田卷	16	中原油气区油气田卷
2	吉林油气区油气田卷	17	河南油气区油气田卷
3	辽河油气区油气田卷	18	江汉油气区油气田卷
4	大港油气区油气田卷	19	江苏油气区油气田卷
5	冀东油气区油气田卷	20	华东油气区油气田卷
6	华北（中国石油）油气区油气田卷	21	西南（中国石化）油气区油气田卷
7	新疆油气区油气田卷	22	南方（中国石化）油气区油气田卷
8	青海油气区油气田卷	23	西北油气区油气田卷
9	塔里木油气区油气田卷	24	东北油气区油气田卷
10	吐哈油气区油气田卷	25	华北（中国石化）油气区油气田卷
11	玉门油气区油气田卷	26	渤海油气区油气田卷
12	长庆油气区油气田卷	27	南海东部油气区油气田卷
13	西南（中国石油）油气区油气田卷	28	南海西部油气区油气田卷
14	南方（中国石油）油气区油气田卷	29	东海油气区油气田卷
15	胜利油气区油气田卷	30	延长油气区油气田卷

渤海油气区油气田分布示意图

编纂说明

《中国油气田开发志·渤海油气区油气田卷》，共包括渤海海域已投产的20个油气田，其中绥中36–1油田、锦州9–3油田、渤中34–2/4油田、锦州20–2凝析气田、埕北油田为详写篇，秦皇岛32–6油田、歧口17–2油田、歧口18–1油田、歧口17–3油田为简写篇，蓬莱19–3等11个油田为略写篇。

油气田卷各篇断限：上限为该油气田发现时间，下限统一为2005年12月31日。

2008年2月在广东清远召开的中国海洋系统油田志示范篇审查会上，《中国油气田开发志》中国海洋石油总公司编纂委员会决定《埕北油田志》作为中海石油（中国）有限公司天津分公司渤海油气田卷的先行试写篇，从而启动了渤海油气区油田志的编纂工作。经过天津分公司勘探开发研究院、生产部、钻井部、各作业区、作业分公司、联管会广大编纂人员和编纂委员会成员的共同努力，到2010年4月底，全部完成20个油气田篇的编纂工作。经《中国油气田开发志》渤海油气区编纂委员会审议后，又对全书进行了修改。

渤海油气区油气田志由概述、大事记、专志、附录组成。按《中国油气田开发志》总编纂委员会要求，精心编纂，反复核实、审查，以忠于史实、突出本油田特点为原则。

油气田开发志资料以现存技术档案为主，为忠实记录油田开发的历史，采用访谈当事人、知情人征集相关资料等方式进行补充，力求史料全面、翔实、可靠。

由于是海上油气田，将陆地油田第四章地面生产系统改为海洋工程。

计量单位尊重当时使用的单位，尊重当时资料的实际记载，仅在非国家法定计量单位后注释法定计量单位及数量。

管理机构名称：为当时名称，不作统一改变。

《中国油气田开发志》渤海油气区编纂委员会

2010年5月

本卷总目录

编号：26-001

蓬莱 19–3 油田志

《蓬莱 19–3 油田志》编纂组　编

蓬莱 19–3 油田地理位置图

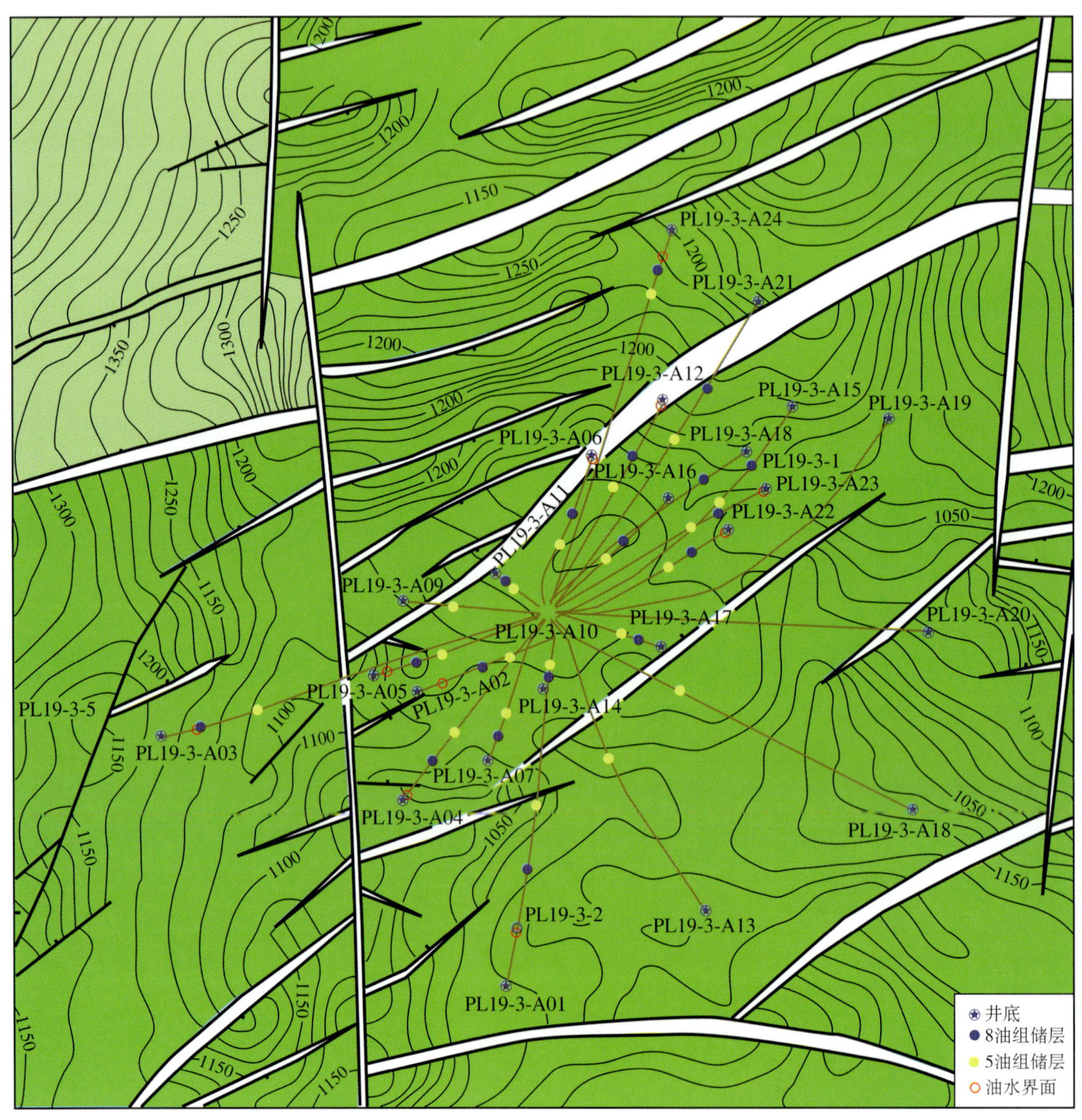

蓬莱 19–3 油田构造井位图

（吴佩君，2004 年）

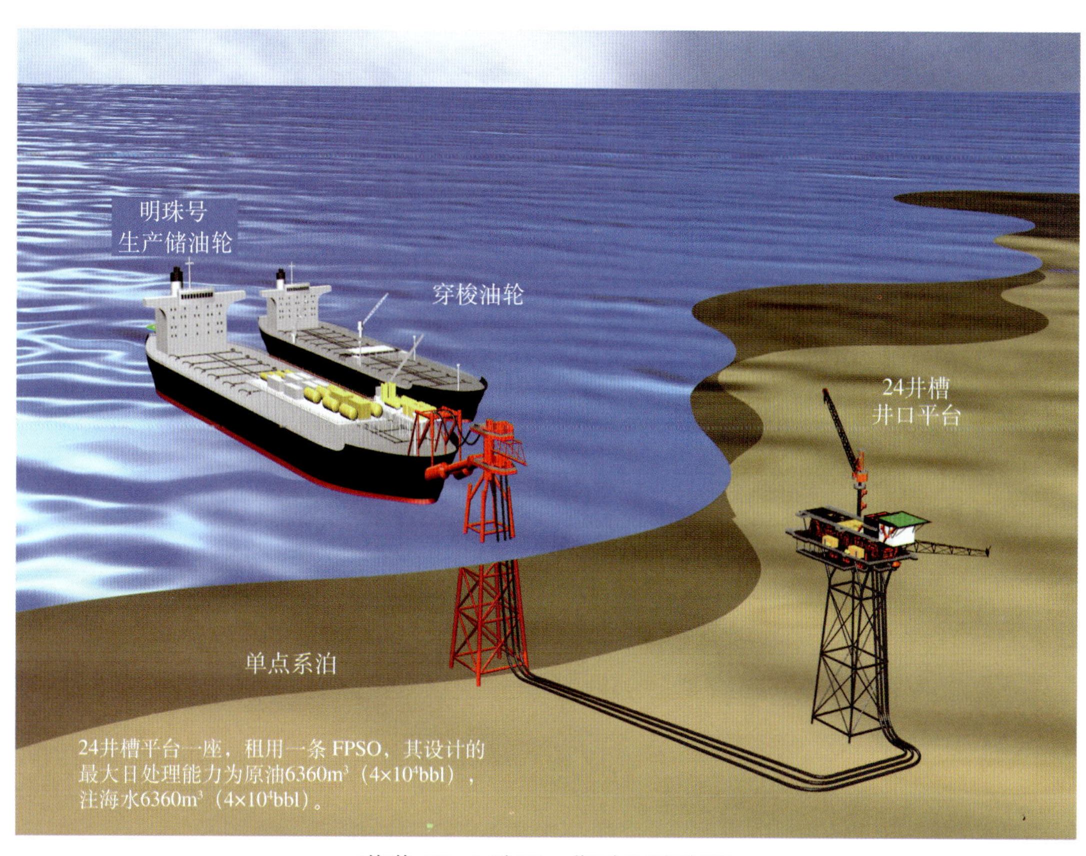

蓬莱 19–3 油田一期地面流程图
（蓬莱 19–3 油田一期 ODP，2000 年）

《蓬莱 19–3 油田志》编纂组

编纂人：张　京　秦　鹏　齐恒之　张　鹏

参加人：何　娟　周　丹

《蓬莱 19–3 油田志》审核人员

曹文贤　徐启兴　汪志勇　吴成浩　李树宽　刘　英

宫　薇　赵利昌　高东升　冯　鑫　王力群　张敏娟

本志目录

概　述

1994 年 12 月 7 日，中国海洋石油总公司（CNOOC）与菲利普斯石油国际亚洲公司（现名康菲石油中国有限公司或“COPC”）签署了中国渤海 11/05 合同区石油合同。得到了中国政府的批准后，石油合同于 1995 年 1 月 1 日生效。

1999 年 5 月，在构造的主体部位完钻第一口探井——PL19–3–1 井（简称 1 井。以下蓬莱 19–3 油田井号均以此方法简称），该井完钻井深 1686.0m，完钻层位古近系沙河街组，在新近系馆陶组和明化镇组下段发现了较厚油层，测井解释油层有效厚度 147.2 m（Ⅰ期储量评价成果），从而在中国海洋石油总公司与美国康菲石油中国公司合作勘探的 11/05 区块中发现了各类原油地质储量达 $6 \times 10^8 m^3$ 的特大油田。

1999 年 6 月至 2000 年 1 月，在构造主体部位和西、北翼先后完钻了 6 口评价井，在馆陶组和明化镇组下段均发现了较厚油层。

油田发现后，合作双方对该油田进行了精细的地质评价及储量研究，并于 2000 年 5 月向国土资源部申报了Ⅰ期开发区的石油地质储量，国土资源部批准该油田 1、2 井区探明含油面积 $8.5km^2$，探明石油地质储量 $15175 \times 10^4 m^3$，溶解气地质储量（扣除 CO_2）$45.77 \times 10^8 m^3$。

2002 年 12 月底，蓬莱 19–3 油田先导生产试验区（一期）投产，共投入开发井 24 口，其中包括 21 口生产井、2 口注水井和 1 口岩屑回注井。2004 年 6 月向国土资源部申报了该油田Ⅱ期的石油地质储量，国土资源部批准Ⅱ期新增探明含油面积 $24.0km^2$，探明石油地质储量 $19055 \times 10^4 m^3$，溶解气地质储量 $52.95 \times 10^8 m^3$。

一

蓬莱 19–3 构造为一个大型背斜构造，被两组南北向走滑断层及其次生断层切割成多个断块，主力油层发育于新近系的明化镇组下段和馆陶组，储层为河流相碎屑岩。该油田具有储层埋藏浅（850 ~ 1400 m）、含油井段长（400 ~ 500 m）、油层厚度大（50 ~ 150m）、储层物性较好（平均孔隙度 28%）、胶结疏松等特点。油田主体部位油水关系相对简单，边部和翼部油水系统较复杂。原油属重质常规稠油，原油密度 0.915 ~ 0.982 g/cm^3，油田主体部位流体性质好于边部，油藏下部好于上部。

蓬莱 19–3 构造处在郯庐断裂带上，为一个在基底隆起带背景上发育起来的、受两组南北向走滑断层控制的断裂背斜。构造走向近南北，长约 12.5km，东西宽 4 ~ 6.5km，圈闭面积 $68.6km^2$。

南北走向的两组走滑断层是蓬莱 19–3 构造的主控断层，其中东组走滑断层延伸数十千米，西组走滑断层延伸十几千米。两组主控走滑断层产生的派生断层多为北东—南西走向的正断层。走滑断层以及北东—南西走向的派生断层，将蓬莱 19–3 构造由南至北分割为若干个垒、堑相间的断块。

该区馆陶组主要为辫状河沉积，明化镇组下段主要为曲流河沉积，地层为砂泥岩互层。砂岩单层厚度从不足 1m 到大于 25m，其中馆陶组砂层薄而层多，连续性较好，明化镇组砂层厚而层少，连续性较差。储层岩性以细砂岩、中细砂岩和含砾中粗砂岩为主。储层孔隙发育，连通性好，储集空间以原生粒间孔为主，其次是粒间缝，并见少量的粒内溶孔、粒间溶孔等次生孔隙。岩心常规物性分析表明，馆陶组储层孔隙度 13.2% ～ 32.6%，渗透率 5.1 ～ 5900mD；明下段储层孔隙度 12.2% ～ 34.7%，渗透率 3.4 ～ 2200mD，储层具有中高孔渗的储集特征。

蓬莱 19–3 油田原油性质差别较明显，总体上北区好于南区；纵向上深层好于浅层，同一油组内构造高部位好于构造翼部。

原油属环烷基重质原油，具 4 高 4 低特点：高密度、高黏度、高胶质、高酸值；低含硫、低沥青、低蜡、低凝固点。地层原油具有饱和压力较高（6.89 ～ 13.72MPa）、地饱压差较小（0.26 ～ 4.45MPa）、溶解气油比低（15 ～ 48 m^3/m^3），地层原油黏度变化大（9.1 ～ 944mPa·s）的特点。溶解气中，甲烷含量变化很大，从 46.2% 到 98.1%，主要是受 CO_2 含量变化的影响。主体区馆陶组气样中非烃类气体 CO_2 含量较高，平均 18.88%，最高达 43.9%。

油藏均属正常压力系统，在纵向上分为多个压力系统，7 油组—12 油组属同一个压力系统，7 油组以上，基本一个油组一个压力系统。不同断块间压力系统略有差别。油藏为正常温度系统，地温梯度 3℃ /100m。油藏类型为高饱和、重质原油、多套油水系统的复杂砂岩层状构造油藏。

二

蓬莱 19–3 油田的发现井是蓬莱 19–3–1 井，随后的 6 口评价井，证实了蓬莱 19–3 油田是一个远景地质储量超过 7×10^8t 的海上特大油田。

蓬莱 19–3 油田处于渤中凹陷东部渤南低凸起东端，渤中凹陷是渤海湾盆地面积最大、古近—新近系沉积最厚的生油凹陷。但在 20 世纪 90 年代以前，受地震技术所限，没有很好的地震资料，对该凹陷的地层及生油岩有不同的认识，有的专家认为渤中是一个晚期凹陷，所谓的“皮厚肉薄”，没有好的生油岩；另有专家认为渤中是一个继承性凹陷，“皮厚肉也厚”。直到 1995 年在该区域进行了长偏移距地震采集后，才证实渤中凹陷古近系厚达 3000 ～ 6000m，是一个继承性凹陷，具有非常厚的生油层。随着 QHD32–6 新近系大油田的发现，对渤中凹陷生油条件有了新的认识。但是对渤海东部的地质情况和勘探潜力仍不清楚，1997 年时任渤海石油公司副总地质师的邓运华认为渤海东部有较大的潜力，提议成立了渤海东部区域研究项目，在他的指导下进过一年的研究，找到了包括现在称为蓬莱 9–1、蓬莱 19–3、旅大 27–2 等构造。而此时，渤中和渤东的大部分探区在 11/05 合同区内，菲利普斯石油国际亚洲公司当时将勘探目标锁定在凹陷内的古近系，并先后在凹陷内钻探了 BZ22–2–1、PL14–3、BZ36–2–1、BZ36–2W–1 等无商业价值的含油构造。1998 年 5 月，中海油总地质师龚再升带队赴美参加 AAPG 年会，代表团取道菲利普斯石油总部，与外方交流渤中凹陷的勘探问题，邓运华作了两个报告，其一是力荐在凸起区浅层找油，并推荐了 PL9–1 及 PL19–3 等构造；其二是介绍中方开发海上 SZ36–1 和埕北稠油油田的成功经验和良好的经济效益，打消外方害怕海上稠油开发没有经济效益的顾虑。由此打动了外方，经过中外双方的进一步交流，于 1999 年 2 月确定了 1 井井位。1999 年 5 月开钻，在新近系馆陶组和明化镇组发现 100 多米的油层，自此，蓬莱 19–3 油田得以发现。

石油地质储量经过两次申报，2000 年 5 月，由中海石油（中国）有限公司天津分公司首次申报 1、2 井区新增探明石油地质储量 $15175 \times 10^4 m^3$（14175×10^4t），探明含油面积 8.5km^2，可采储量 $3018.7 \times 10^4 m^3$（2818.1×10^4t）；控制储量 $550 \times 10^4 m^3$（525×10^4t）。

2004 年 6 月，由中海石油（中国）有限公司天津分公司申报 4 井区、A24 井区、A03 井区、5 井区、8 井区、7 井区、6 井区新增探明石油地质储量 $19055 \times 10^4 m^3$（18273×10^4t），探明含油面积 24.0km^2，可采储量 $3110.9 \times 10^4 m^3$（2970.2×10^4t）；控制石油地质储量 $25947 \times 10^4 m^3$（24817×10^4t）；预测石油地质储量 $9197 \times 10^4 m^3$（8737×10^4t）。

2004 年后期，在二期 ODP 编制过程中，中外双方根据新钻开发井资料对 1、2 井区储量进行了复算（其他井区储量不变），并用数模方法对 1、2 井区、4 井区、A24 井区、A03 井区、5 井区、8 井区的可采储量进行了预测。复算后 1、2 井区探明石油地质储量为 $16862.2\times10^4m^3$（15726.6×10^4t），探明含油面积 $8.5km^2$，可采储量 $4572.2\times10^4m^3$（4256.1×10^4t），其他 7 个井区可采储量为 $3421.3\times10^4m^3$（3262.8×10^4t），可采储量较储量申报时增多。

大事记

1994 年

12 月 7 日　中国海洋石油总公司（CNOOC）与菲利普斯石油国际亚洲公司（现名康菲石油中国有限公司或“COPC”）签署了中国渤海 11/05 合同区石油合同。得到中国政府批准后，石油合同于 1995 年 1 月 1 日生效。

1999 年

5 月　在构造的主体部位完钻第一口探井 1 井，该井完钻井深 1686.0m，完钻层位古近系沙河街组，在新近系馆陶组和明化镇组下段发现了较厚油层，测井解释油层有效厚度 147.2 m（I 期储量评价成果），从而发现了该油田。

2000 年

5 月　向国土资源部申报 I 期开发区的石油地质储量，国土资源部批准该油田 1、2 井区探明含油面积 8.5km^2，探明石油地质储量 $15175 \times 10^4 m^3$，溶解气地质储量（扣除 CO_2）$45.77 \times 10^8 m^3$。

2001 年

5 月 12 日　蓬莱 19–3 油田一期总体开发方案获得批准。

2002 年

12 月 31 日　蓬莱 19–3 油田一期明珠号 FPSO 和 A 平台投产。

2004 年

6 月　由中海石油（中国）有限公司天津分公司申报 4 井区、A24 井区、A03 井区、5 井区、8 井区、7 井区、6 井区新增探明石油地质储量 $19055 \times 10^4 m^3$（$18273 \times 10^4 t$），探明含油面积 24.0km^2，其探明可采储量 $3110.9 \times 10^4 m^3$（$2970.2 \times 10^4 t$）；控制石油地质储量 $25947 \times 10^4 m^3$（$24817 \times 10^4 t$）；预测石油地质储量 $9197 \times 10^4 m^3$（$8737 \times 10^4 t$）。

2005 年

1 月　国家发展和改革委员会批准蓬莱 19–3 油田二期和蓬莱 25–6 油田联合开发计划（ODP）。在联合开发方案中，根据一期开发井获取的地质资料，复算了 1、2 井区的地质储量，探明地质储量由 2000 年的 $15175 \times 10^4 m^3$ 增加到 $16862 \times 10^4 m^3$。自此，蓬莱 19–3 油田共有探明地质储量 $15175 \times 10^4 m^3$。

第一章

油 田 开 发

为更好地整体开发蓬莱 19–3 特大型海上油田，将油田开发分为两期进行，一期是在该油田中心部位开辟了一个先导试验区，其原油地质储量报告于 2000 年 5 月获得国土资源部批准，2001 年 5 月总体开发方案（ODP）得到中国政府批准。2002 年 12 月一期先导试验区投产。

一期开发选择在 1 区的西北部，面积约占一区面积的三分之一，主要目的层为 5 油组—11 油组，同时试采 1 油组—3 油组，并在二区和三区各钻一口生产兼评价井。

一区含油井段长 400 ～ 500m，纵向上 6 个油组无论是流体性质还是压力系统均有一定的差异。方案考虑了 3 种层系组合方式：

上部 1 油组—4 油组（明化镇组），计划 2 口大角度井或水平井；

中部 5 油组—7 油组（馆陶组上段），计划 7 口采油井，均分布在一区的北部，2 口注水井，形成两个五点注采井网；

下部 8 油组—12 油组（馆陶组下段），在北部部署了 6 口采油井，2 口注水井与 5 油组—7 油组共用，在断层南部钻 2 口采油井，1 口注水井。

另外在 2 区、3 区各钻 1 口井，完井井段都定为 L8–12（即馆陶组下段）；同时部署了 2 口观察井，其中 1 口先作为注岩屑井；

在 ODP 方案中，对中层系和下层系 2 个五点井网，考虑了生产后期重新完井，即生产馆陶组下段的井打开馆陶组上段，而生产馆陶组上段的井也打开馆陶组下段。在实际实施中，由于采用了裸眼下筛管的完井方式，已无法实现这种转换。A7 井开始实施整个馆陶组裸眼下筛管合采，并下入 DTS 监测产油剖面，获取的实际资料表明，在整个馆陶组油层段，各油层都有贡献，支持馆陶组合采。因此，在随后的完井中均采用了馆陶组裸眼下筛管合采的方式。

由于馆陶组合采，使原五点井网逐渐变为九点井网。

2004 年 6 月上报了蓬莱 19–3 新增地质储量报告，并于 2004 年 10 月 10 日获得国土资源部批准。与此同时，也展开了对蓬莱 19–3 油田二期 ODP 的编制。

首先，在开发层系上，基于以下原因，决定油田进行大段合采；

（1）海上高昂的直接钻完井费用与间接支持费用，不允许细分开发层系；

（2）电潜泵可造成大的生产压差和分注、调剖、卡堵高含水层等手段的使用，可以简化开发层系；

（3）一期开发实践证明大段合采是可行的。

但在油田的开发部署、平台大小、开发井井数等方面中外双方存在较大分歧。外方的方案是建造 3 ～ 4 个有 100 井槽的巨型平台，不分油品性质，一次整体开发。当时在联管会做地质油藏顾问的原渤海石油公司主管开发总工程师汪志勇看到了外方方案存在的巨大风险，蓬莱 19–3 油田横纵向上油品性质变化很大，原油黏度从 7 ～ 8mPa·s 到 400mPa·s 以上，整体开发无论从油藏开发方案还是从地面工程上基本上都是不可行的。因此，汪志勇提出了储量动用先易后难、立体滚动式开发最大限度降低开发风险的原则，最终中外双方达成共识。

在平台选择上，汪志勇指出，100 口井的大平台将给钻完井作业和将来的修井作业带来很大困难，以 40–50 口井的中型平台为宜，同时，敏锐地意识到单筒双井工艺的优势，积极建议，这才有了现在的 40 井槽 56 口井的井口平台。使平台可以留有加钻相当数量调整井的余地。

同样由于评价井少，油田整体地质储量认识不清，有大量的地质储量未探明的原因，总体开发方案分成了基本方案和商务方案。

基本方案动用探明原油地质储量 $32246 \times 10^4 m^3$ 以及政策允许的 30% 的控制储量，共动用地质储量为 $46061 \times 10^4 m^3$。原则上划分为馆陶和明化镇两套层系开采。采用 200m 至 300m 四方井网反九点注水开发，注入水选用海水加产出水。总开发井数 211 口，高峰产量 $3.02 \times 10^4 m^3/d$（190000bbl/d），建成 $1000 \times 10^4 m^3/a$ 的原油生产能力，高峰期稳产 2 年，可采储量 $9355 \times 10^4 m^3$，采收率 20.3%。

商务方案考虑了动用更多的控制储量和周边区块及构造上（如蓬莱 19–9）可能发现的新增地质储量。动用这些新增地质储量，不需要新建平台和浮式生产储油轮（FPSO），只需从基础方案设计的井口平台预留的井槽钻井或利用已生产区块的低效井进行侧钻，就可以实现商务规划方案。

商务方案动用总原油地质储量 $61402 \times 10^4 m^3$（其中探明地质储量是 $32246 \times 10^4 m^3$，控制储量是 $25099 \times 10^4 m^3$，预测储量是 $4957 \times 10^4 m^3$）。总钻井数 228 口，可以使原基础方案高峰产量延长 1 ~ 2 年，可采储量 $12077 \times 10^4 m^3$，采收率 19.7%。商务规划方案是基本方案的扩展，也是基本方案达到预测开发指标的潜力和保障。

2005 年蓬莱 19–3 油田一期共侧钻 8 口井，成功 6 口，其中 5 口处于注水区域，5 口井都采用裸眼贝克优质筛管防砂完井，筛管网眼小，因此各井未见出砂。

第二章

钻采与海洋工程

第一节　钻完井工程

PL19–3 油田一期共 24 口井，其中 21 口生产井，2 口注水井，1 口岩屑回注井，平均井深 1815m；2001 年 4 月开始进行开发井钻完井作业，2003 年 10 月开发井钻完井作业结束。

一、钻井液体系

根据蓬莱油田探井和评价井钻井的经验，发现使用水基泥浆时水基钻井液中的水易与油层段的泥页岩夹层起水化作用，导致井眼质量差，严重影响测井资料质量、固井质量；钻井液体系必须考虑防止水化膨胀和井眼冲蚀，满足储层保护、环境法规要求，同时尽可能降低费用。2001 年初，作业者选用油基钻井液体系。在钻进技术套管井段时，保持井眼稳定，钻井液有良好的润滑性能，迅速、顺利地钻过敏感的明化镇组，下技术套管也不易被卡。有利钻大斜度的井，减少钻井液“失水”，保护油层。在钻进油层井段时，有良好的润滑性能，减少钻井液“失水”，保持井眼稳定，减少地层污染。

二、岩屑回注

为了减轻由于钻屑堆积可能对环境的影响，消除由于钻屑堆积造成以后作业潜在的风险。2001 年初，作业者选用岩屑回注来处理岩屑。在钻井过程中产生的岩屑都回注到岩屑回注井里，回注总量大约 36570m^3（230000bbl），回注压力最高在 11.7 ～ 12.4MPa（1700 ～ 1800 psi）之间。回注井段是东营组的页岩段。采用回注方法降低或消除潜在的环境影响，这样既节省费用又保护环境。岩屑回注已在一期得到成功地运用。

三、抗 CO_2 腐蚀

蓬莱 19–3 油田在 6 口探井和评价井中取得和分析了 29 个溶解气样品，CO_2 含量平均 18.88%，最高 43.9%。随着油田开发的进展，认识到该油藏很复杂，CO_2 的含量是无法进行预测的。如果采用普通材质管材的井下工具和生产套管将会存在风险。2001 年初，作业者决定采用 13Cr 材质的 9 $^5/_8$in 套管和井下工具。根据地面取样分析的 CO_2 数据，其中有 7 口井的 CO_2 含量大于 15%。A 平台未发现管材腐蚀的现象。

四、防砂

2001 年初，作业者针对蓬莱油田地层性质，蓬莱一期进行了 6 种完井防砂方法的实验：

（1）在技术套管里射孔完井；

（2）在技术套管里射孔＋下可膨胀筛管完井；

(3) 在技术套管里射孔+压裂+下可膨胀筛管完井；

(4) 在裸眼段里下膨胀筛管完井；

(5) 在裸眼段里下绕丝筛管完井；

(6) 在裸眼段里下“星”型筛管完井。

通过一期的防砂实践和实验室对砂粒成桥的依据和筛管被砂堵的研究，认为蓬莱油田防砂策略应是地下、地面结合的适度防砂，最大限度挡住较大颗粒的砂，而允许较小颗粒的砂随油产出，防止堵塞筛管。一期完井经验显示馆陶组地层下套管并射孔的井出砂，而且表皮系数较高，影响油井产能。可膨胀筛管完井在油井生产初期取得良好的产能，但是由于筛管强度低，在短期内失效，不适合在蓬莱油田使用。因此，为了能提供较高的生产能力、减少出砂并降低钻完井费用，建议采用裸眼内下入优质筛管的完井方式。馆陶组地层砂分选较差，细粉砂含量高，泥岩隔层多，如果筛管选择不当，会影响油井产能，也会造成地层大量出砂而不能够正常生产。初步确定选用在裸眼段里下优质筛管完井方法，实践证明在油井裸眼井段里，这种完井方法有利于实现适度防砂（产出的液体含砂量少，初步分析产液含砂量体积比小于 0.05%）、减少对油层的破坏、实现油井高产，延长油井寿命，降低表皮系数（小于 2.6），完井成本费用低。

五、侧钻

截至 2005 年底，蓬莱 19–3 油田一期共侧钻 8 口井，侧钻主要原因是原井眼可膨胀筛管完井在短期内失效。在 9 $^5/_8$in 套管内下斜向器进行开窗侧钻，部分井在 8$^1/_2$in 井眼下 6 $^5/_8$in 优质筛管防砂完井。部分井在 8 $^1/_2$in 井眼下 7 $^5/_8$in 尾管到油层顶部，然后在 6 $^1/_4$in 井眼下 4in 优质筛管防砂完井。筛管筛缝均为 110μm。

第二节　采油工程

蓬莱 19–3 油田一期于 2002 年 12 月投产，2003 年 9 月投注，注水井不排液。一期共有开发井 24 口，包括 21 口生产井、2 口注水井和 1 口岩屑回注井。

一期的生产井均为合采，包括合采馆上、合采馆下及合采整个馆陶组油层三种类型。生产管柱包括 Y 管柱合采、普通合采管柱、注水井管柱及注岩屑井管柱。采用电潜泵作为一期开发的人工举升方式，所有生产井采用电潜泵生产，使用 Reda 电潜泵机组和 Phoenix 井下电潜泵工况监测装置。井下电潜泵工况监测装置将包括泵的吸入端及出口压力、马达温度、震动和泄漏电流参数信号通过驱动井底马达的电缆传输到地面，实时监测电泵和生产井动态。电潜泵采用一台变频器带一口电潜泵的技术，来满足由于生产井均为合采，同一油井的产量变化很大，生产中需要持续优化调整电机频率以适应产量的变化的要求。变频器采用 Siemens Robicon 产品。平台配备一台可移动式简易修井机，进行油水井小修、检泵等常规作业。

第三节　海洋工程

蓬莱 19–3 油田的开发方案是一个多期工程，采用全海式设施进行油田开发。

一期工程主要设施包括：一座设有 24 个井槽的井口平台（WHP）；一座单点系泊装置（SPM）；一条 52000t 的浮式生产储油装置“明珠号”；一条连接井口平台与“明珠号”12in 的输油管线；一条连接“明珠号”与井口平台 8in 的注水管线；一条连接“明珠号”与井口平台的动力 / 光纤复合海底电缆。

井口平台 WHPA 是由四腿四桩导管架的两层甲板的无人驻守平台，平台设有 24 口井槽，井口区设有一个局部二层甲板用于放置注水和洗井管汇；井口平台上仅摆放生产设备和与之相关的一些必要的辅助设施。为了方便钻机、修井机和电潜泵的操作和维修，顶甲板上东侧设有电气间，并在电气间的顶部设有直升机甲板。电气间内设有 8 人的应急住房、马达控制中心、配电间等。井口平台的主要设备有：注水泵及其管汇、多相流量计、基座式吊机、仪表风压缩机橇和应急发电机等，平台设计寿命 25 年。WHPA 平台投产后，根据实际操作情况，原计划的作业人员穿梭方式造成人员使用效率低，操作费增加，生产设备关断时间长，2003 年在 WHPA 平台安装了永久性的 50 人床位的生活模块。

租赁的“明珠号”生产储油装置是蓬莱 19–3 油田一期工程中主要海上设施，通过软刚臂单点系泊系统就位在油田上，“明珠号”具有钢质的船型船体，无桨无舵，非自航设计。生产甲板上布置有油气水处理设备、发电设备、热介质锅炉、蒸汽锅炉和惰性气体发生装置。船艏有联结单点软刚臂的系泊支架，毗邻住舱，在住舱顶上设有直升机坪。船的右舷配备用于穿梭油轮旁靠的系泊设施，船艉主甲板布置有火炬。油舱区域采用单底双舷侧结构，仅在机舱和泵舱设置双底结构。

一期开发生产规模根据明珠号的设计处理能力，建成年产原油 $205\times10^4m^3$，先期投产 19 口油井，3 口注水井，2 口观察井。井流物经过混输海管由单点送往 FPSO 生产系统进行油、气、水三相分离，合格原油进舱储存，经计量后定期由穿梭油轮外运。原油外输采用旁靠方式。明珠号储油舱的舱容约 $58597.7m^3$，实际舱容约 $53000m^3$，按蓬莱实验区油田的产量，其最大储油天数八天。

2005 年 1 月，国家发展和改革委员会批准了蓬莱 19–3 油田二期和蓬莱 25–6 油田联合开发计划（ODP），二期计划将于 2008 年底全面投产，2005 年二期项目开始进入设计建造阶段。

蓬莱二期开发涉及蓬莱 19–3 油田二期和蓬莱 25–6 油田联合开发工程设施，包括 4 座卫星井口平台，1 座中心平台，1 条新建 30 万吨级 FPSO 及其单点系泊系统，而已投产的井口平台 A 也纳入二期开发生产。其中，蓬莱 19–3 油田二期，新建 3 座 40 井槽井口平台（平台 C、D、E），1 座 40 井槽井口平台与 1 座立管公用平台与栈桥连接，组成中心平台群（井口平台 B 和 RUP），1 条新建 30 万吨级 FPSO 及其单点系泊系统；在蓬莱 25–6 油田，新建 1 座 24 井槽井口平台（平台 F）。各井口平台生产的油、气、水三相流体，通过海底管线汇集到立管公用平台，然后通过海底管线输至 FPSO 进行分离、处理和储存。蓬莱 19–3 油田二期和蓬莱 25–6 油田联合开发生产规模，达到原油生产能力 $3.02\times10^4m^3/d$（$19\times10^4bbl/d$），最大产液量将达到 $8.11\times10^4m^3/d$（$51\times10^4bbl/d$）。

蓬莱二期开发对工程设施、平台和管线进行优化设计，满足处理基本方案的产量，并具有一定弹性，可以处理可能在实际生产中出现的预计多余基本方案的产量，生产设备尺寸考虑 10% 的设计余量。

蓬莱 19–3 油田二期和蓬莱 25–6 油田联合开发计划，包括早期开发计划和全面开发计划。早期开发计划，是利用目前蓬莱 19–3 油田一期现有的设施，即井口平台 A 和明珠号 FPSO，新建 40 井槽井口平台 C 和连接井口平台 A 与 C 之间的海底管线，将 C 平台生产的原油通过海底管线经井口平台 A 输至明珠号 FPSO 上进行处理，弥补蓬莱 19–3 油田一期生产的递减。

二期联合开发的全面开发计划，将完成新建 30 万吨级 FPSO 和中心平台群以及其余的井口平台，早期开发计划与全面开发计划将同时进行。在新建 FPSO 和中心平台群建成后，井口平台 A 生产的原油将通过现有的海底管线输至 C 平台，与该平台生产的原油混合后，输再至新建 FPSO 上进行处理。届时，明珠号 FPSO 将被解脱。

工程基础设施：

（1）油田开发生产设计规模。

最大原油产量：	$3.02\times10^4m^3/d$（190000 bbl/d）
最大生产水处理量：	$6.30\times10^4m^3/d$（396000 bbl/d）
最大产液量：	$8.11\times10^4m^3/d$（510000 bbl/d）
最大气量：	$115\times10^4m^3/d$（$40.7\times10^6ft/d$）

油田最大注水量：　　$8.51\times10^4m^3/d$（535000 bbl/d）

砂处理能力：

0.05% 体积百分比　　74 t/d（正常）

0.12% 体积百分比　　176t/d（最大）

储油能力：　　263720 m^3

外输能力：　　7500 m^3/h

（2）蓬莱 19–3 油田主要设施。

1 条 30 万吨 FPSO，其能力为处理油量 $3.02\times10^4m^3/d$（190000bbl/d），处理液量为 $8.11\times10^4m^3/d$（510000bbl/d）。系泊单点采用软钢臂 YOKE 单点。FPSO 设计寿命 20 年。

4 座 40 井槽井口平台（B/C/D/E），平台设计寿命 40 年。

其中 B 平台为 100 人生活楼，C、D、E 井口平台设 60 人的生活楼。

各井口平台均配备小型钻机模块。

平台南北两侧外围井槽采用单筒双井技术。

1 座立管公用平台，收集各井口平台来液，分别向各井口平台提供电力和注水。

连接各井口平台与立管公用平台以及 FPSO 之间的海底管线、海底电缆和通讯光缆等。

附 录

附录一 附 图

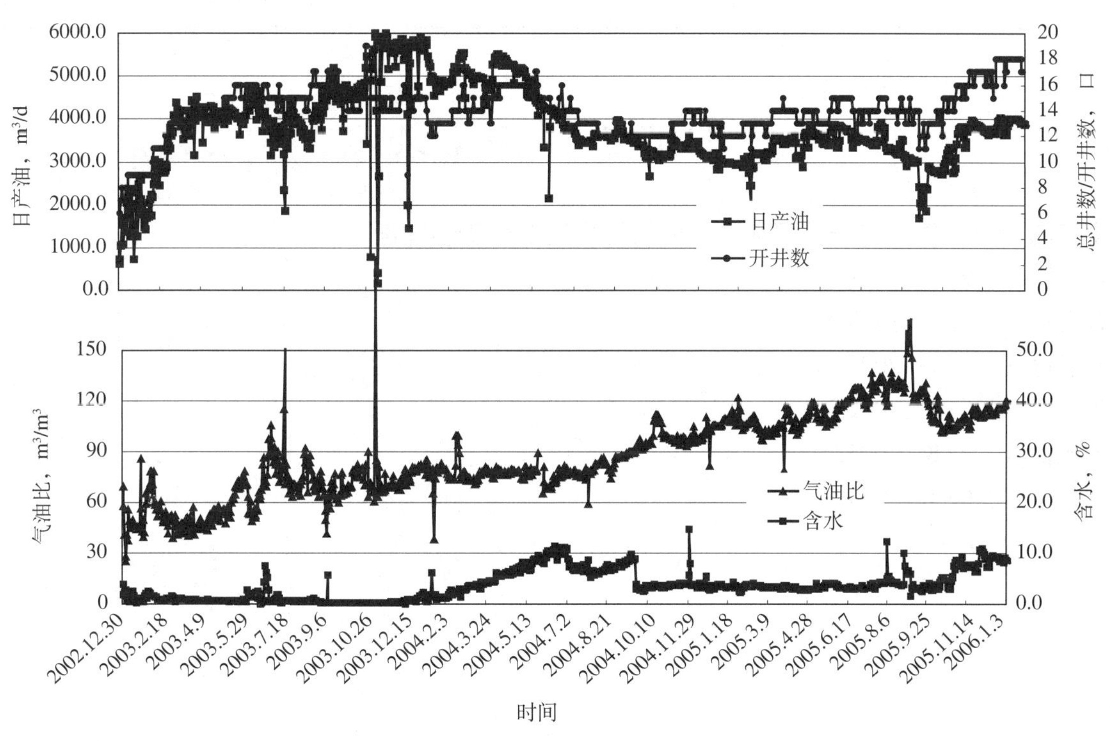

蓬莱 19–3 油田一期生产曲线

附录二 附 表

附表 1 蓬莱 19–3 油田地质综合数据表

岩性	埋藏深度	有效厚度 m	含油面积 km^2	地质储量 10^4m^3	油气藏类型	孔隙度 %	渗透率 mD	油层压力 MPa	密度 g/cm^3	天然气甲烷含量 %	原油含硫量 %	地层水矿化度 mg/L	水型
砂岩	900 ~ 1500	68 ~ 138	32.5	35917	岩性 + 均造层状	22 ~ 31	100 ~ 5000	13.8	0.96	46 ~ 98	0.35 ~ 0.49	10625	$NaHCO_3$

附表 2　蓬莱 19–3 油田产油量构成数据表

时间	全油田			新　井			老　井			老井措施		老井年平均递减率 %		全油田年平均递减率 %	
	开井数 口	平均日产油量 m^3	年产油量 10^4m^3	开井数 口	平均日产油量 m^3	年产油量 10^4m^3	开井数 口	平均日产油量 m^3	年产油量 10^4m^3	平均日产油量 m^3	年产油量 10^4m^3	综合	自然	综合	自然
2002	7	—	0.1	—	—	—	—	—	—	—	—	—	—	—	—
2003	21	3883.56	141.8	14	2477	90.40	7	1219	44.50	188	6.87	—	—	—	—
2004	20	4074.25	148.7	—	—	—	20	4066	148.4	8	0.30	54.3	54.3	54.3	46.3
2005	21	3367.4	122.9	—	—	—	21	2478	90.4	890	32.47	—	50.9	—	46.8

附录三　人物名录

中海石油（中国）有限公司天津分公司历届康菲联管会首席：

李秉铨（1995—1996.12）

曹文贤（1997.1—1999.6）

武汉振（1999.7—2001.5）

于　毅（2001.6—2002.7）

刘德福（2002.8—2005.10）

陈　壁（2005.11—　）

编纂始末

《蓬莱 19–3 油田志》是《中国油气田开发志·渤海油气区油气田卷》中的略写篇。2008 年 7 月《中国油气田开发志》渤海油气区油气田卷编纂启动会召开，会议由编纂委员会常设联系人王力群主持，会上渤海油气区油田志示范篇《埕北油田志》作者张敏娟详细介绍了开发志油气田篇的编纂要求。通过学习《中国油气田开发志》总编纂委员会指导文件，在参考《胜坨油田志》、《大民屯油田志》、《涠洲 11–4 油田志》、《陆丰 22–1 油田志》四个示范篇的基础上，搜集整理资料，开始编纂工作，2009 年 8 月完成了《蓬莱 19–3 油田志》初稿。

《中国油气田开发志》渤海油气区编纂委员会一级审查组于 2010 年 2 月 25 日在中海石油（中国）有限公司天津分公司海洋石油大厦 B 座 A203 召开一审评审会，由中海石油（中国）有限公司天津分公司生产部王力群主持，专家汪志勇、张敏娟、王为民等参加了评审会。按照《中国油气田开发志·油气田篇》编纂内容和要求，专家对《蓬莱 19–3 油田志》提出如下建议：

油田地质概况部分，只写截至 2005 年底的最终认识，过程中的认识放到其他部分。

写作中要突出重大事件，重大事件要有背景、有时间、有地点、有单位、有个人、有成果、有贡献、有作用、有水平等，油田发现是重大事件，第一次储量上报审批（本次储量评价是对试验区的开发打下基础）和第二次储量上报审批是重大事件（为二期开发打下基础），共三个重大事件，三大事件要谈地质研究后的认识（油田主体部位油层厚，层与层之间无水层等）。

油田开发有四个重大事件，一是一期 ODP 编写审核，各大要素（背景、时间、地点、单位、人物等要具备），方案要点（井数、产能等），工程设施等；二是一期投产作为重大事件，开发实施阶段，设计建造投产的过程；第三个重大事件是开发井调整，陈述事实，不加评价，写清楚原因和实施情况；第四个重大事件是二期 ODP 报告，按油藏、钻完井和工程交代清楚 。

根据一审稿建议于 2010 年 3 月完成《蓬莱 19–3 油田志》第二稿，专家认为油田志应该优化部分技术细节的陈述，注意用词准确；按照最新要求增加相关的附图附表。

2010 年 4 月完成第三稿，根据专家意见修正了单位格式和部分内容。

《蓬莱 19–3 油田志》分为五部分，其中概述、大事记、油田开发由张京编写；钻采与海洋工程由秦鹏、齐恒之编写；附录由张京、张鹏编写；全书由张京、张鹏统稿。

在本志的编纂过程中得到《中国油气田开发志》中国海洋石油公司编纂委员会和中海石油（中国）有限公司天津分公司油气区卷编纂委员会的悉心指导，在此表示衷心的感谢。

《蓬莱 19–3 油田志》编纂组

2010 年 3 月

编号：26–002

绥中 36–1 油田志

《绥中 36–1 油田志》编纂组　编

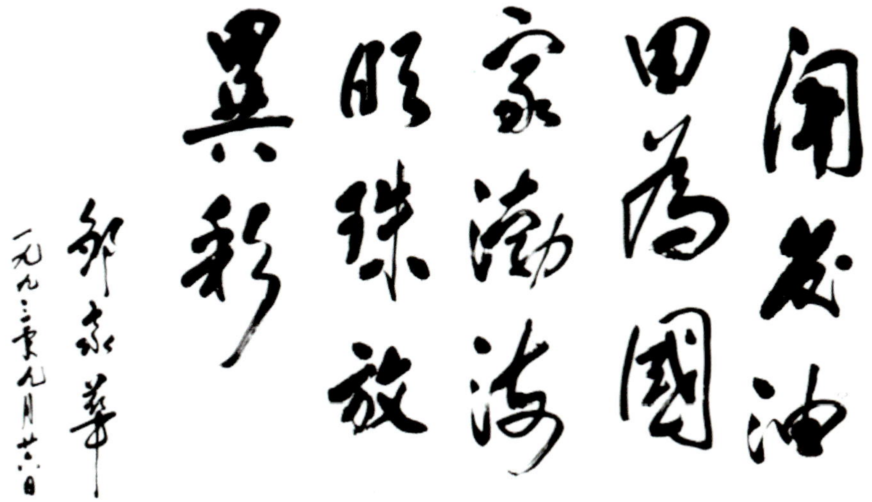

1993 年 9 月 26 日，国务院副总理邹家华为绥中 36–1 油田试验区投产题词
（渤海石油档案馆，1993 年）

1993 年 9 月 26 日，国务院副总理邹家华（中）为绥中 36–1 油田试验区投产剪彩
（渤海石油档案馆，1993 年）

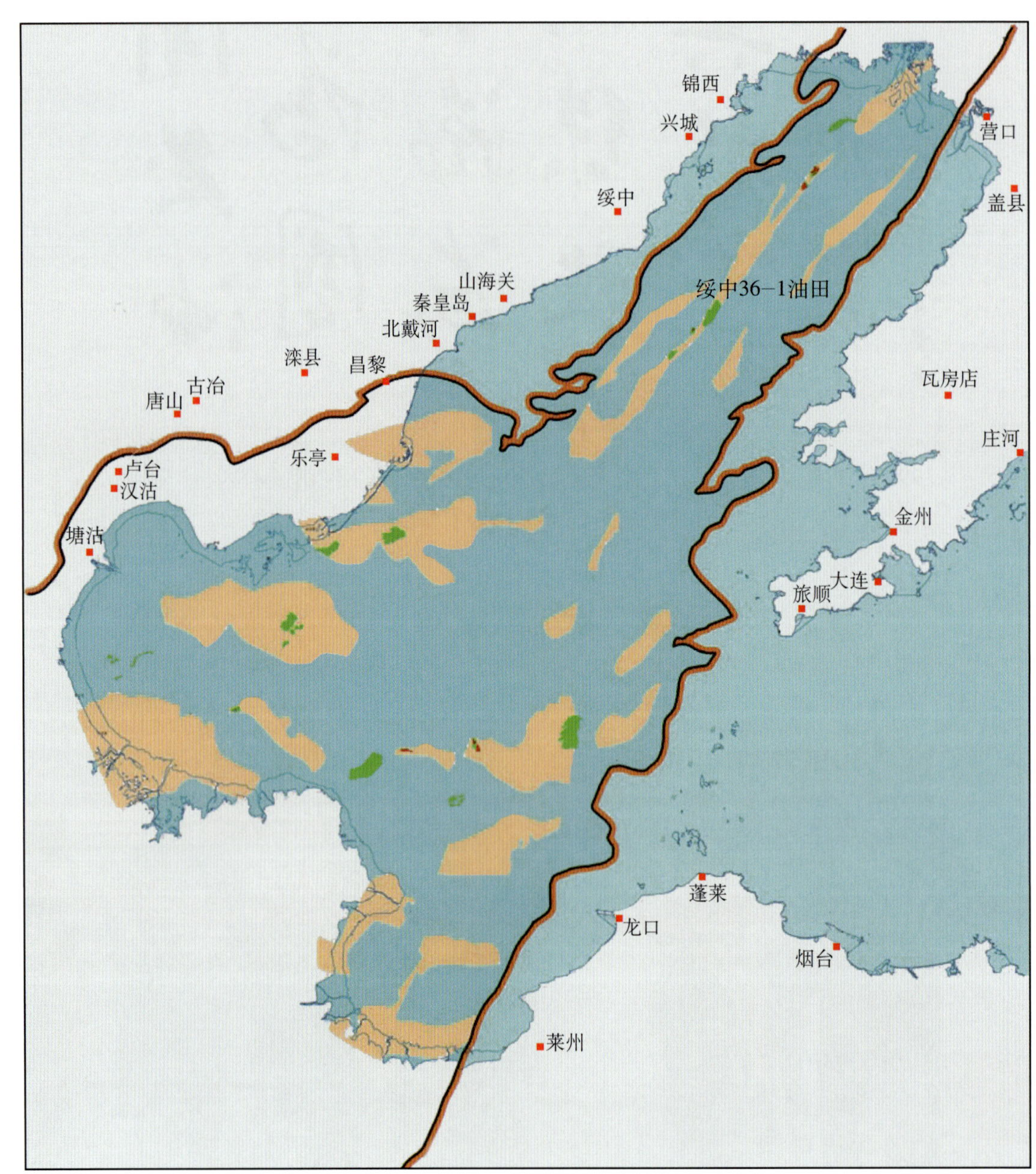

绥中 36-1 油田地理位置图

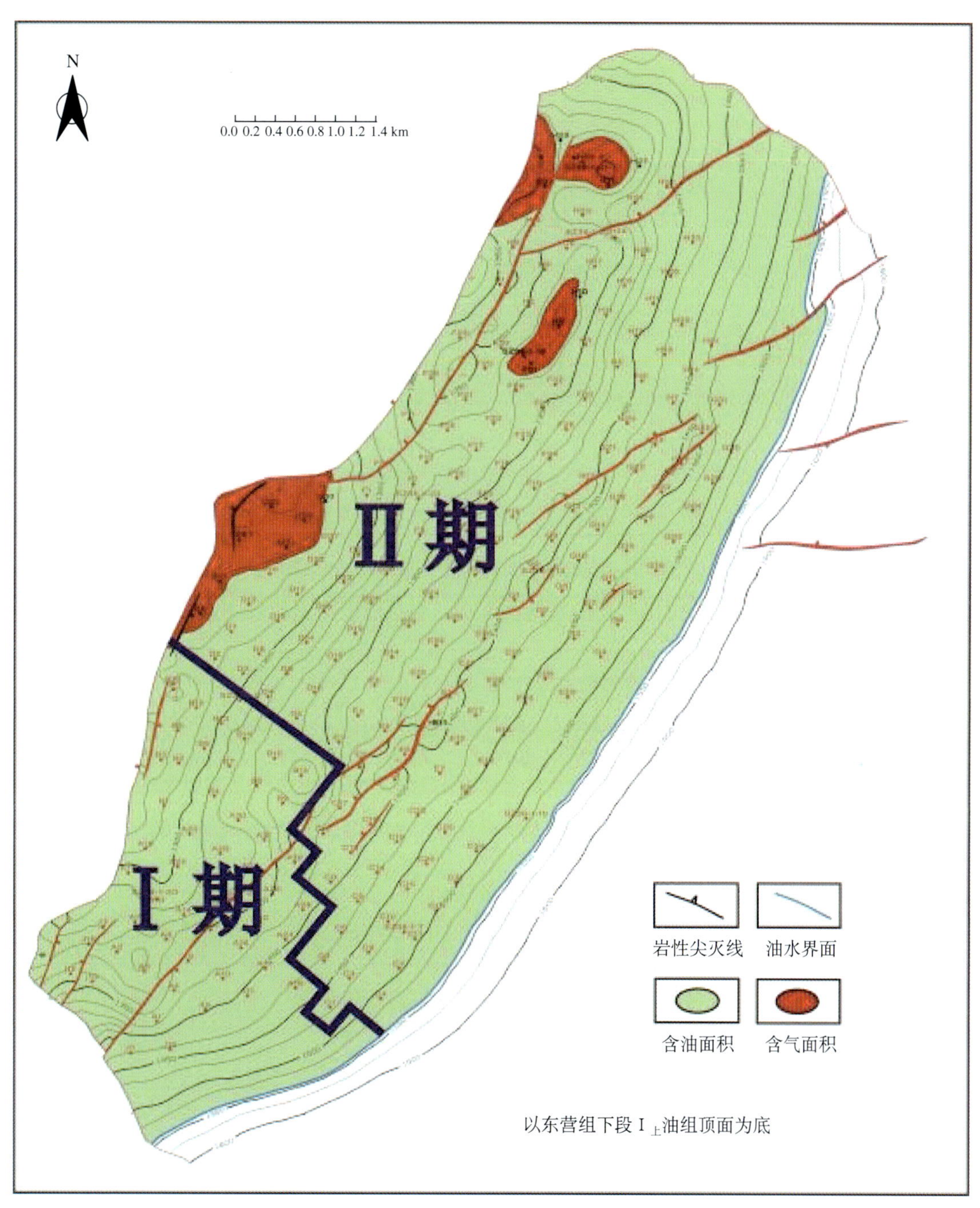

绥中 36–1 油田构造井位图

（天津分公司技术部，2005 年）

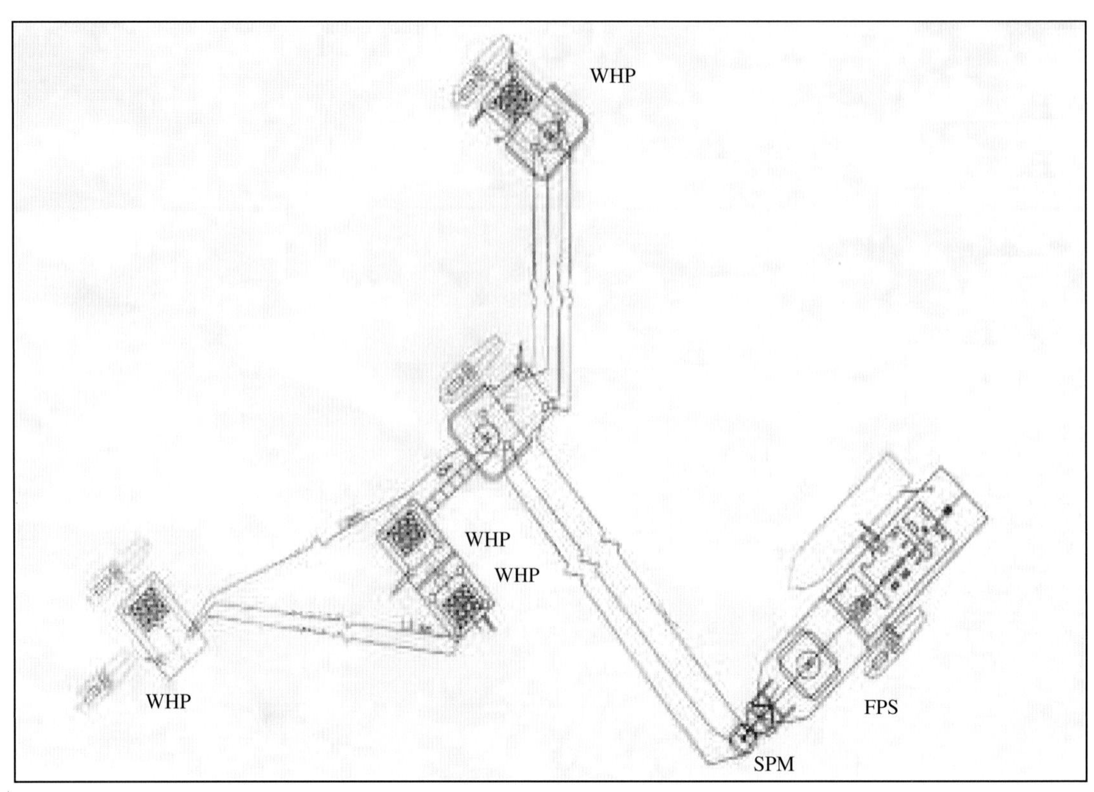

绥中 36–1 油田试验区和 J 区生产系统图
（中国海洋石油生产研究中心，1997 年）

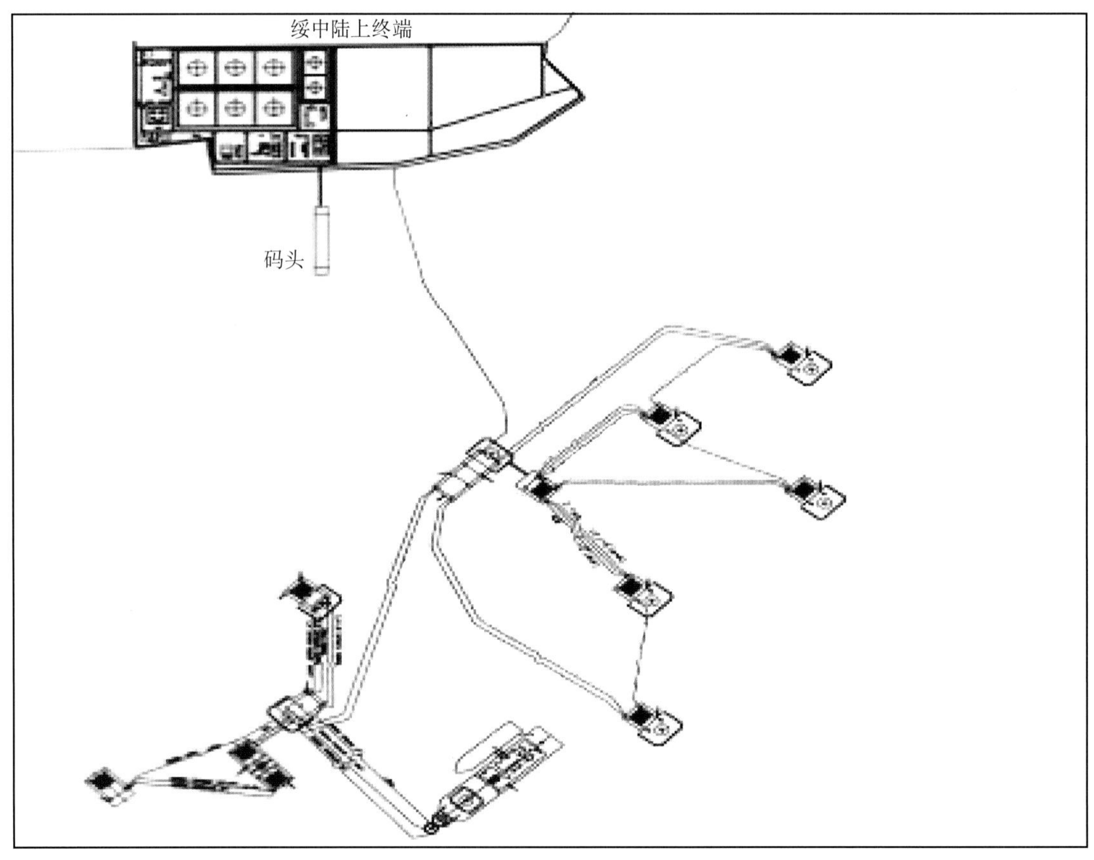

绥中 36–1 油田生产系统图
（中国海洋石油生产研究中心，1997 年）

绥中 36–1 油田中心平台
（天津分公司技术部，2005 年）

《绥中 36–1 油田志》编纂组

曾　建　宋建芳　郭　剑　陈来勇　朱　凯

《绥中 36–1 油田志》审核人员

曹文贤　汪志勇　徐启兴　吴成浩　李树宽　潘亿勇
刘　英　宫　薇　赵利昌　王聚峰　王力群　李其正
张英勇　张敏娟

本志目录

概　述

绥中 36–1 油田隶属于中海石油（中国）有限公司天津分公司绥中 36–1 作业区，是中国海上最大的自营油田。其法人单位为中海石油（中国）有限公司，勘查开采单位为中海石油（中国）有限公司天津分公司。

一

绥中 36–1 油田位于渤海辽东湾海域，西北距绥中市 50km，距秦皇岛市 102km。油田范围内，平均水深 30m。

气温：最高温度 37.8℃，最低温度 –18℃。

海水温度：表层最高 27.1℃，最低 –2.1℃；中层最高 26.4℃，最低 –1.8℃；底层最高 25.6℃，最低 –1.4℃。

波浪（50 年一遇）：最大波高 9.1m，波浪周期 10.2s。

海流速度：表层 1.72m/s；中层 1.48m/s，底层 1.0m/s。

海冰：冬季一般年份二分之一的海面有流冰出现，冰厚 5 ～ 10cm，冰期从一月下旬至二月中旬，约 30 天，流冰速度 0.3 ～ 0.5m/s，最大 1.0m/s。偏重年份海面严重冰封，冰期 1 ～ 2 月，约 50 天，冰厚 20 ～ 30cm；偏轻年份不出现海冰。

地震加速度（50 年一遇）：$1.96m/s^2$。

风速（海面以上 10m，50 年一遇）：60min 平均速度 31.7m/s；10min 平均速度 33.9m/s；1min 平均速度 38.6m/s；3s 阵风风速 42.7m/s。

风向：常风向南南西；强风向北和南南西。

湿度：最大相对湿度 91%；最小相对湿度 46%。

二

区域上，油田位于辽西低凸起中段，油田构造形态为北东走向的断裂背斜，西侧以辽西 1 号断层为界与辽西凹陷相邻，东侧以斜坡逐渐向辽中凹陷过渡。

本油田地层自下而上分为下古生界寒武系、奥陶系、古近系东营组下段、东营组上段、新近系馆陶组、明化镇组、新生界第四系平原组。

油田目的层为东营组下段，埋深 1175 ～ 1640m，储层为湖相三角洲沉积。纵向上划分 4 个油组（零、Ⅰ、Ⅱ、Ⅲ油组），Ⅰ、Ⅱ油组是油田的主力油层，可细分为 14 个小层，其中 1—8 小层为Ⅰ油组，9—14 小层为Ⅱ油组。Ⅰ油组细分为$Ⅰ_{上}$油组（1—3 小层）和$Ⅰ_{下}$油组（4—8 小层）。

储层沉积体沿构造轴向由两个三角洲朵叶体连接，南朵叶体水流方向近东西向，以河口坝为主，伴随少量水下分流河道，并且水下分流河道多为河道末梢；北朵叶体水流方向近北西向，以水下分流河道为主，伴随少量河口坝砂体。

储层以岩屑长石砂岩为主，结构为细砂和粉砂状，偶见中—粉砂，胶结物为伊 / 蒙混层和高岭石。常规岩心分析，大部分样品孔隙度分布在 26% ～ 37%，渗透率分布在 20 ～ 5000mD。孔隙类型以粒间孔为主，其次为溶蚀孔。

原油具有密度大、黏度高、胶质沥青含量高、含硫量低、含蜡量低、凝固点低等特点，属重质稠油。

据小层精细对比、沉积微相研究，结合流体性质以及油田生产动态资料，油田为受岩性影响的在纵向、横向上存在多个油气水系统的构造层状油气藏，以弹性溶解气驱和边水驱动为主。

三

1958 年至 1987 年，辽东湾地区先后完成了航磁、海磁、海底重力、模拟地震、数字地震等地球物理工作。1979 年在辽西低凸起的北部部署了第一口区域探井辽一井，该井在古近系地层中钻遇高压气层，井喷报废。1980 年后，渤海石油公司全面开始对外合作，因勘探力量不足中止了该区的油气勘探活动。1984 年，中法合作合同终止后，开始自营勘探。1986 年 5 月，在辽西低凸起中段绥中 36–1 构造北部高点钻了第一口探井 SZ36–1–1 井（简称 1 井，以下绥中 36–1 油田井号均以此方法简称），经测试在前新生界潜山风化壳获日产油 142.7m^3，并出水 194.8m^3；在东营组下段地层中获日产 19.7 × 10^4m^3 的高产天然气流。在研究 1 井资料及对地震资料精细处理的基础上，1987 年 4 月 2 日在距 1 井南 11.3km 的南高点钻了 2D 井，该井在东营组下段钻遇近 200m 油层，DST 测试获得重大突破，该井在东营组下段地层测试 4 层，均获得了工业油流。其中，在井深 1462.9 ～ 1504.4m，用 7.94mm 油嘴进行求产，日产原油达 93.52m^3，从而发现了绥中 36–1 油田。

自 1987 年 4 月油田发现后，整个油田的储量评价大体经历了以下 4 个阶段：(1) 早期储量评价（1987.4—1988.3）；(2) 新增（升级）储量计算（1988.3—1994.2）；(3) 油藏精细描述、储量挖潜（1994.6—1997.6）；(4) 全油田 ODP 实施及全面投产（1999 至今）。截至 2005 年 12 月，全油田合计已开发探明含油面积 42.5km^2，石油地质储量 29788 × 10^4m^3（28935 × 10^4t），技术可采储量 7388.9 × 10^4m^3（7177.3 × 10^4t）。探明天然气含气面积 5.7km^2，地质储量 6.30 × 10^8m^3，可采储量 4.72 × 10^8m^3。

四

1987 年，油田发现以后，渤海公司组织国内外专家进行了多次评价。多方研究结果认为油田原油黏度大、溶解油气比低、天然能量小、油井生产出砂等不利因素增加了开发的难度。为探索渤海海上稠油开发之路，规避开发风险、有效开发油田，决定采取滚动开发模式分两期开发：Ⅰ期包括试验区（AⅠ、AⅡ、B 平台）和 J 区（平台），从 1993 年到 1997 年陆续投产；Ⅱ期包括 D、E、F、C、G、H6 个平台，分别从 2000 年 11 月到 2001 年 11 月陆续投产。

1988 年，生产试验区的油藏工程研究、工程设施可行性研究、生产试验区工程设施概念设计、经济测算及环境影响评价等相继完成，辛世刚、梁惠文、李敏等人在此基础上编写了《绥中 36–1 油田生产试验区总体开发方案（油藏部分）》。

1989 年 5 月 25 日，国家能源部批准了生产试验区的方案，油田进入建设阶段，由于单井设计产能较低和海上工艺不成熟两个方面的原因，生产试验区海上工程设计选用全海式，海上工程设施由 AⅠ、AⅡ、B 三座井口平台、一座生活动力平台（APP）、浮式生产储油系统（FPSO）以及固定塔式单点系泊（SPM）组成。

1993 年 8 月 31 日海上工程建设阶段结束。1993 年 9 月 AⅡ平台投产，1994 年 6 月 AⅠ平台投产，1995 年 5 月 B 平台投产，试验区进入全面开发阶段，油田日产油水平达 4500t/d。

1994 年 2 月，根据新钻井及新采集的三维地震资料进行了新一轮地质评价，本次评价落实了主力油层的南部边界，由于主力油层向南延伸，发现油田南部（J 区）储量丰度较高。生产试验区的成功开发为油田扩大生产规模奠定了基础，1995 年初，渤海石油公司决定利用试验区工程设施增开 J 区，8 月完成 ODP，并开始实施钻井作业，该区于 1997 年底投产。J 区开发方案设计日产油能力 1235m^3/d，初期实际产油量 751m^3/d，远远低于 ODP 预测产量。随后实施整体酸化作业，J 区油井产量大幅度提高，平台日产油能力达到 2340m^3/d。

1997 年 11 月，在储量挖潜的基础上，编制了《绥中 36–1 油田整体开发方案》，启动油田 II 期开发工程。由于试验区的开发实践表明经济效益比预期的好，海上工艺也有了很大的进步，决定工程总体设计由全海式转为半海半陆式。其中海上设施包括一座海上大型中心处理平台和六座井口平台，平台之间有总长 32km 的 12 条海底管线和总长 15km 的 5 条海底电缆；陆上终端有一座原油处理厂和一个 30000t 级的原油外输码头；海上中心处理平台至陆地终端海底管线长度为 70km、管径为 20in。1999 年 7 月开始实施该方案，至 2001 年 3 月，完成了 D、E、F、C、G、H 共 6 个平台的建设，于 2001 年 11 月全面投入开发。

为提高储量动用程度，2002 年 9 月至 2003 年 7 月，相继在油田边部稠油区 C 区投产了 5 口水平分支井，效果理想，初期产能是周边常规定向井合采产能的 2 ～ 4 倍。

2003 年 9 月 25 日，油田 J3 井组开始注聚合物提高采收率先导试验，截至 2005 年底，井组累计增油 $5.7 \times 10^4 m^3$，提高采收率 1.17%，平均每吨聚合物增油 135.5t。J3 井聚合物驱先导试验的成功，为提高该油田水驱采收率积累了经验，2005 年底油田开始了聚合物驱的扩大区试验。

五

截至 2005 年 12 月，全油田共有开发井 258 口（包括 5 口水平分支井及 2005 年新钻的 2 口调整井），注水井 54 口，水源井 9 口。I 期共有开发井 64 口，水源井 1 口（A15 井），设计注水井 15 口，到 2005 年底尚有 1 口（J12）未转注；II 期共有开发井 194 口，水源井 8 口（2003 年 1 月 C20、H28 转为水源井），设计注水井 45 口，到 2005 年 12 月底已经转注 38 口。

2005 年油田年产油量为 $341 \times 10^4 m^3$，采油速度 1.14%，日产油水平 9087m^3/d；全油田累积产油 $2961.55 \times 10^4 m^3$，采出程度 9.94%，综合含水 52.36%。其中 I 期累积产油 $1731.10 \times 10^4 m^3$，采出程度 14.6%，综合含水 65%；II 期累积产油 $1230.45 \times 10^4 m^3$，采出程度 6.9%，综合含水 46%。全油田年注采比为 0.73，累积注采比为 0.53，地层压力与原始地层压力相比下降了 2.5MPa，在饱和压力附近。

六

绥中 36–1 油田是迄今为止渤海稠油油田中规模最大的油田，油田开发主要特点是：①储层厚度大、平面连通好、水驱控制程度高（在 80% 以上）；②油井产量高，试验区平均单井产量达到 105m^3/d，边部稠油区（地层原油黏度 300 ～ 400mPa·s）的平均单井产量，定向井可达 40 ～ 50m^3/d，水平分支井可达 105 ～ 160m^3/d；③注水井吸水能力强，平均单井日注水量 635m^3；④平面波及系数高，水驱较均匀；⑤防砂效果好，在单井产液量高达 500m^3/d、生产压差 5.0MPa 的情况下，油井均未出砂，保证了电潜泵井的正常生产；⑥注入水单层和单向突进比较严重；⑦油层非均质程度高，大段合采存在层间干扰。

油田 2002 年达到高峰年产量 $450.7 \times 10^4 m^3$，使渤海原油产量攀上了一个新的高峰；作为海上稠油油田采用常规注水开发的成功实例，为渤海油气区大规模开发普通稠油油田创出了经验，奠定了技术基础。

作为渤海稠油油田中规模最大、最典型的油田，绥中36–1油田的主要贡献是：①绥中36–1油田试验区为中国第一个自营开发的全海式大油田，国内自主建造了FPSU——渤海明珠号；②成功开展了海上油田注聚合物提高采收率的试验，为海上油田注聚合物提供了成功的经验；③在绥中36–1油田成功研制出了同井抽注的“一井多用”技术，进一步提高了油水井的利用率，降低了油田开发成本，并在渤海湾的其他油田得到了广泛推广应用；④绥中36–1油田Ⅱ期井口平台标准化设计大大降低了井口平台的设计费用和建造周期；⑤绥中36–1油田Ⅱ期设计采用大型井口平台的开发模式，极大地减少了综合平台数量，节省了大量的开发投资；⑥绥中36–1油田Ⅱ期工程开创了高黏、高凝原油的海底双层保温管长距离输送技术的先河，管线全长70km；⑦采用一套层系多油层合采、稀井网面积注水和电潜泵大压差生产实现了“少井高产”；⑧绥中36–1油田在地层原油黏度150～300mPa·s的地区，采用注水和定向井开发，在边部稠油区（地层原油黏度300～400mPa·s）采用注水和水平分支井开发的实践，创出了国内外同类稠油油田常规注水开发的成功之路；⑨优快钻井技术缩短了钻井周期，降低了钻井成本；⑩首次在绥中36–1油田Ⅱ期引入了“一次多层管内砾石充填防砂”的当时全球领先完井新技术；⑪成功实施了渤海湾第一口稠油油田水平分支井（CF1），共设计有一个主支和四个分支，初期产能达到了155m^3/d；⑫渤海湾首次在绥中36–1油田开展了分层配注技术，包括：一投三分、空心集成等，提高了注入水的波及效率，提高了油田采收率；⑬在绥中36–1油田成功研制并实施了不动管柱酸化工艺，取得了良好效果，并降低了成本；⑭依托国内著名科研单位，完成了中海油绥中36–1重交沥青等系列产品的研制，打破中国重交沥青长期依赖进口而没有出口的局面；⑮绥中36–1油田Ⅱ期工程的设计与建造是海上成功开发大型油田的典型实例，展示出了“三新三化”的海洋工程建设指导方针，并创出了具体的实施经验，对海上油气田开发具有重要指导意义。

大事记

1987 年

4 月 2 日　绥中 2D 井在绥中 36−1 构造南高点于东营组下段钻遇 200m 含油层段，从而发现了绥中 36−1 油田。

1988 年

10 月　渤海公司向全国矿产储量委员会申报基本探明级石油地质储量 12098×10^4t，含油面积 24km^2。

1989 年

5 月 5 日　在总公司唐振华副总经理的主持下，由渤海石油公司向能源部汇报了《绥中 36−1 油田试验区总体开发方案》，最终确定为全海式开发工程方案。

5 月 25 日　《绥中 36−1 油田生产试验区总体开发方案》获国家能源部批准。

1990 年

7 月 25 日　SPM 导管架正式开工建造。

9 月 1 日　APP 导管架正式开工建造。

1991 年

1 月 11 日　FPSU 船体部分开工会在上海江南造船厂举行。

2 月 18 日　在美国休斯敦 HUDSON 公司召开 FPSU 生产模块工程开工会。

11 月 19 日　在江南造船厂举行 FPSU 船体部分的开工典礼。

1992 年

10 月 28 日　下午 3 : 00 在江南船厂 2 号船台举行 FPSU 命名和下水仪式。

1993 年

2 月 11 日　A Ⅰ、A Ⅱ组块出海，2 月 14 日安装就位完毕。

7 月 28 日　FPSU 拖离江南船厂，8 月 1 日，顺利拖至绥中 36−1 油田。

8 月 28 日　中国海洋石油作业安全办公室颁发“绥中 36−1 油田 A 平台明珠号浮式生产储油装置”海上油（气）田生产设施作业许可证（临时）。

8 月 31 日　油田 A Ⅱ平台投产。

10 月 20 日　明珠号第一船外输，外输量 32071.283t，密度 0.9576g/cm^3，含水 0.2%。

1994 年

5 月　油田 A 平台 A Ⅰ井口平台投产。

12 月 26 日　中国海洋石油作业安全办公室正式颁发“绥中 36−1 油田 A 平台明珠号浮式生产储油装置”海上油（气）田生产设施作业许可证。

1995 年

4 月　全国矿产储量委员会批准油田探明石油地质储量 21171×10^4t，含油面积 43.3km^2。

5 月　B 平台开始投产。

8月　J区ODP报告获国家有关部门通过，J区的开发正式揭开序幕。

1997年

8月　全国矿产资源委员会批准油田探明石油地质储量28844×10^4t。

11月　编制了《绥中36–1油田整体开发方案》。

12月8日　中国海洋石油作业安全办公室颁发“绥中36–1油田J区（无人平台）”海上油（气）田生产设施作业许可证（临时）。

12月31日　油田J平台投产。

1998年

4月　J区开始实施整体酸化，平台日产由751m^3/d增加到2340m^3/d。

9月16日　中国海洋石油作业安全办公室正式颁发“绥中36–1油田J区（无人平台）”海上油（气）田生产设施作业许可证。

1999年

10月15日　国家环境保护总局批复关于绥中36–1油田整体开发工程环境影响报告书的批复。

2000年

11月29日　油田D平台投产，油田CEP火炬点燃，标志着油田Ⅱ期D平台投产。

是日　绥中处理终端及码头建成投产，12月12日20:30开始外输第一船原油，12月13日7:34外输结束，当年共计外输原油3船。

12月1日　油田E、F平台投产。

2001年

1月11日　凌晨1:20分F平台31井天然气泄漏，16日17:30分压井成功；2月4日F平台生产恢复。

5月24日　油田试验区原油正式从明珠号切至CEP处理。

7月3日　“明珠号”驶离渤海绥中36–1油田，油田正式由全海式开发转为半海半陆式开发。从1993年8月油田投产至2001年7月，“明珠号”共外输原油368船，达1040×10^4t。

8月26日　油田C平台投产。

9月18日　油田G平台投产。

11月9日　油田H平台投产，至此油田Ⅱ期全部投产。

2002年

8月25日　海洋石油历史上第一口鱼骨刺式分支井SZ36–1–CF1井正式开钻，9月13日完钻，17日10:50开始试油，18日13:00开始出油，21日投产工作全面结束。

11月24日　油田C平台分支井C25hf、C26hf有渤海十二号承接并正式开钻，2002年12月31日完井。

12月　水平分支井SZ36–1–CF1井正式投产，初期日产油155m^3。

2003年

1月1日　处理厂新增原油稳定装置区建成投产。

7月8日　在油田CEP举行了电站恢复项目工程项目的完工签字仪式，标志着油田CEP电站恢复项目顺利完工。

9月25日　J3井开始注聚，至2005年5月25日结束，历时598天，截至2005年11月30日，井组累计增油5.70×10^4m^3，提高采收率1.17%。

2004年

4月　油田储量复算，探明石油地质储量29788×10^4m^3，含油面积42.5km^2。

6 月 28 日　经过绥中 36–1 作业区半年多来的精心组织，通过水电公司前期协助所作大量工作，油田 CEP 主电站 4 台透平发电机初次同网并车顺利完成。

7 月　处理厂新增 COD 生化处理系统建成投产。

2005 年

9 月 25 日　油田 A 平台注聚项目正式开始实施。

10 月 28 日　油田 J 平台注聚项目正式开始实施。

第一章

油田地质

1987 年 4 月，2D 井测试获得高产油流，发现绥中 36–1 油田。1987 年至 2005 年之间，研究人员就油田的地质特征开展了多轮评价工作，主要包括构造、储层、流体、油藏及储量等，对油田的认识逐渐加深。多年研究结果表明，绥中 36–1 构造形态变化不大，为一北东走向的断裂背斜，主要含油层系古近系东营组下段为湖相三角洲沉积，油藏类型为受岩性影响的在纵向、横向上存在多个油气水系统的构造层状油气藏。

第一节 构 造

油田构造是一个受辽西 1 号断层控制、呈北东向展布的半背斜构造，构造顶部较缓，翼部较陡。构造主体上次级断层不发育，仅在东南的斜坡部位，被一条断距为 15 ~ 25m 的次级小断层一分为二。该断层平行于西部的边界断层，未破坏构造的完整性，但开发井钻井及评价井 DST 测试证实，这组次级断层对两侧Ⅱ油组储层的油水系统有一定的控制作用。此外在试验区西边界断层附近和油田北部还分布着几条零星的小断层。

一、勘探阶段

1986 年 5 月，根据测网密度为 1km × 1km 的高精度地震资料的解释成果在绥中 36–1 构造潜山的最高点钻探了 1 井，在研究 1 井钻后资料及综合解释新处理的地震资料的基础上，汪志勇、韩庆炳等人对构造进行了第一轮评价，编写了《渤海辽东湾 SZ36–1 构造早期油藏地质评价报告》，报告指出：东下段含气砂岩组顶部为一单面山控制的盖层披覆半背斜构造，走向北北东，长 31.0km，宽 1.2 ~ 2.4km，以 1350m 圈闭等深线统计，圈闭面积 53.6km^2，闭合幅度 110m；在半背斜构造背景上，发育五个局部高点，其中的南高点（5 号高点）和北高点（7–2 号高点）圈闭面积较大，其余三个高点面积很小（图 1–1）。

1987 年，2D 井钻探完毕，渤海石油公司研究院勘探室李文博等在综合分析 2D 井资料、含油砂体构造和岩性地震精细处理解释的基础上，对绥中 36–1 构造南高点（2D 井）进行了评价，编写了《渤海辽东湾 SZ36–1 构造南高点（2D 井）早期油藏地质评价》。本次研究在地震剖面上解释出上、下两个油组，根据各自所在的沉积体的分布范围，分别做出两个沉积体的顶面构造图。上、下油组的顶底面构造形态为西北侧受辽西一号大断层控制的半背斜，构造呈北东走向，与基底潜山断块走向一致（图 1–2）。辽西大断层两侧地层从明化镇至古近系断距随深度不断加大，表明断块潜山在古近—新近系沉积期间不断翘起抬升，成为长期继承性的水下隆起，使得披覆其上的东下段具有顶薄翼厚的同沉积背斜的特点。

1986 年至 1987 年，滨海 512 船队先后完成了 1km × 0.5km 和 0.5km × 0.5km 二维地震详查，1988 年，渤海石油公司地球物理人员叶西友、孙玉秋、陈继松等对各年度二维地震资料统一进行了精细处

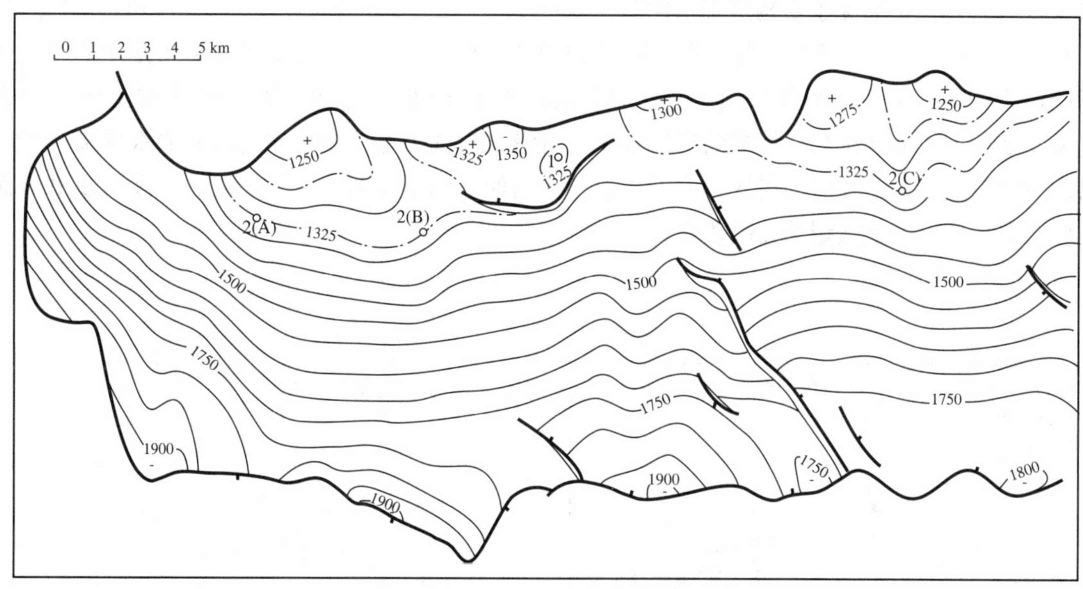

图 1–1　绥中 36–1 构造东下段含气砂岩组顶面构造图
（渤海石油公司研究院，1986 年）

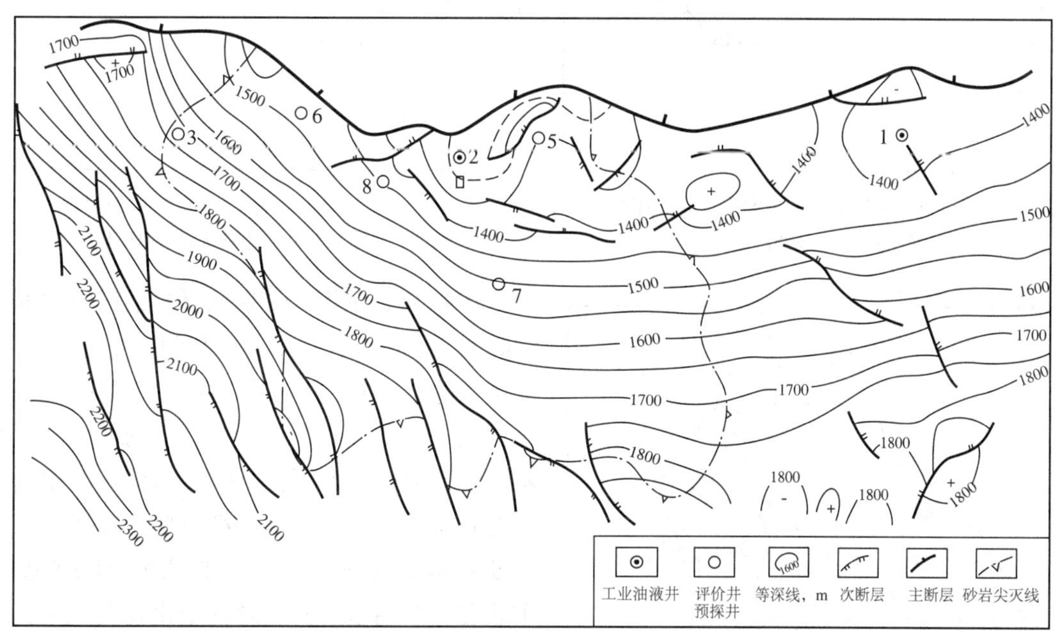

图 1–2　2D 井东下段上油组顶面构造图
（渤海石油公司研究院，1987 年）

理解释，编写了《绥中 36–1 油田东营组下段构造解释及砂体内涵研究》，研究人员对 1km × 1km 和 0.5km × 0.5km 分别进行了成图（图 1–3），两次构造形态基本一致，后者多了 8 条次级小断层。整体看来是一个受断层控制的北东走向的半背斜，西侧以辽西大断层为界，南北以含油层段尖灭线为界，东侧向辽中凹陷呈斜坡过渡。构造较完整，在主体部位发育一组与西部边界断层平行走向的次级断层，断距 20 ～ 40m。

二、开发阶段

1988 年在油田主体部位划定了开发试验区，并完成了 128km^2 的三维地震。1993 年 12 月，生产试验区钻井作业全部完成，渤海石油研究院胡光义等根据钻探结果，结合地震资料对生产试验区进行了钻后地震地质综合分析，加深了对构造细节的认识（图 1−4），主要表现在以下四点：① B 区较之 A 区在构造细节上更加复杂，在高部位出现了几个独立的局部高点；②辽西 1 号断层属于张扭性断层，只对油藏起遮挡作用，不能形成气藏的遮挡条件；③分割油田主体和斜坡、与辽西一号断层走向一致的小断层，实际上是一条由多条小断层组成的断层集中发育带，对油田主体和斜坡两部分油水系统的控制作用复杂化；④紧贴辽西 1 号断层的垒块，由于正牵引作用使Ⅱ油组顶部产生了明显的回倾，如果形成独立的局部高点就具备了形成气藏的先决条件。

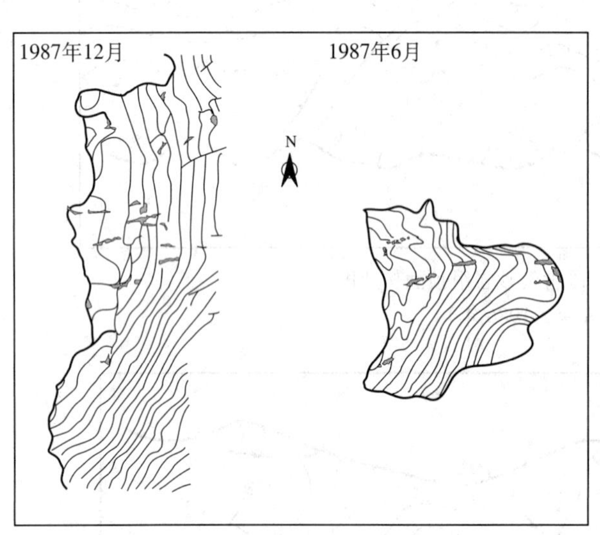

图 1−3　绥中 36−1 构造 2 号砂体顶面构造图
（渤海石油公司，1988 年）

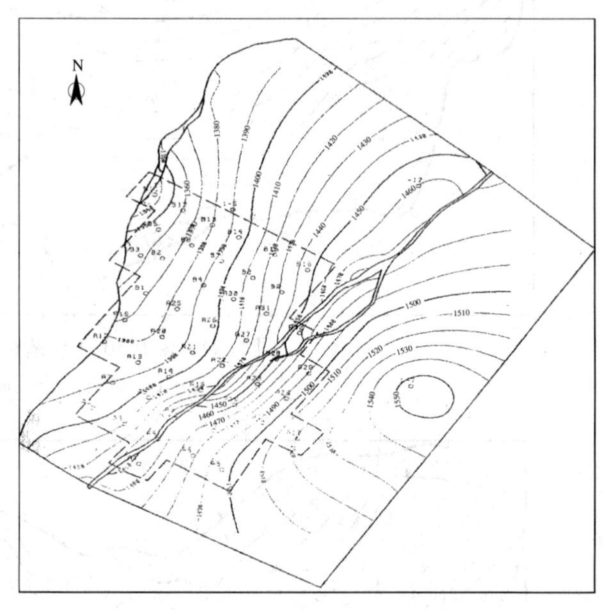

图 1−4　Ⅰ油组下部顶面构造图
（渤海石油研究院，1993 年）

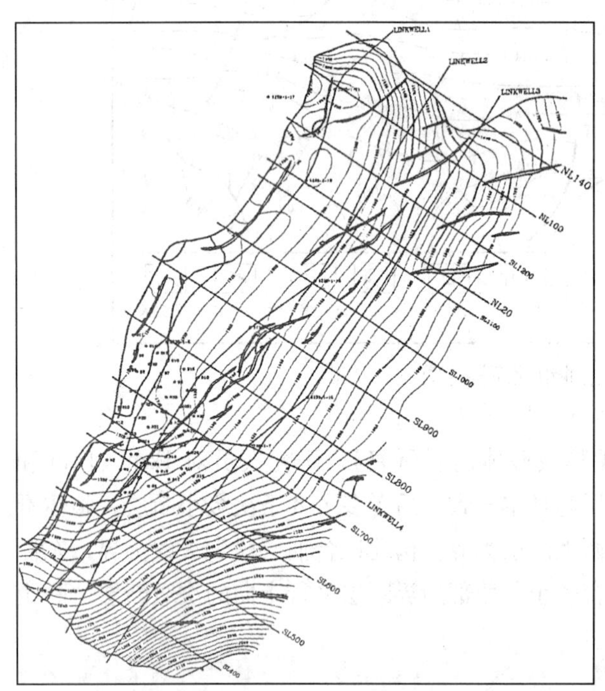

图 1−5　绥中 36−1 油田东下段油层顶面构造图
（渤海石油公司，1994 年）

1992 年，滨海 512 船队又在油田的北部完成了 88km² 三维地震资料采集。1994 年，渤海石油公司夏庆龙等结合新钻井资料对两次采集的地震资料进行了新一轮精密解释，编写了《绥中 36−1 油田地震资料研究报告》，与 1988 年的构造图相比，构造形态基本无大变化，局部细节变化较多，三维解释后断层增多（图 1−5），更真实地反映了砂体的分布状况。Ⅱ油组的构造解释变化较大，原二维资料解释的断层分布范围小且断层未将上升盘和下降盘的砂层分隔开，此次解释的结果与钻井揭示的油水系统基本一致，断层具有封堵性质，分布较广，使Ⅱ油组在断层两侧具有不同的油水界面。

1997 年，中国海洋石油渤海公司胡光义、郑杰等人编写了《绥中 36−1 油田开发地震研究及油藏描述报告》，研究人员将三维地震数据体在工作站上作了反褶积和反演等处理，构造变化不大（图 1−6）。

2004 年，中海石油（中国）天津分公司郝丹英结合全油田 11 口评价井和 256 口开发井资料，在 1997 年解释方案的基础上，对构造重新进行解释。与

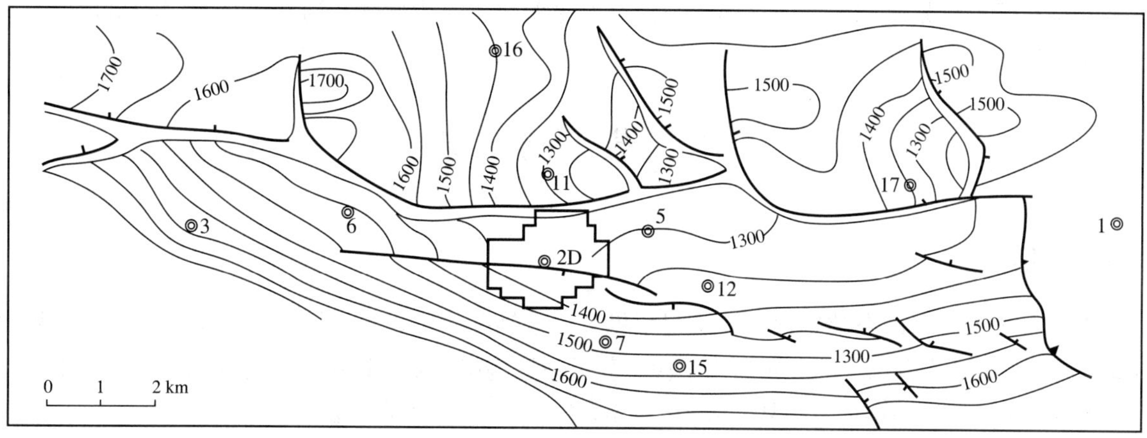

图 1−6 绥中 36−1 油田东营组油层顶面构造图
（中国海洋石油渤海公司，1997 年）

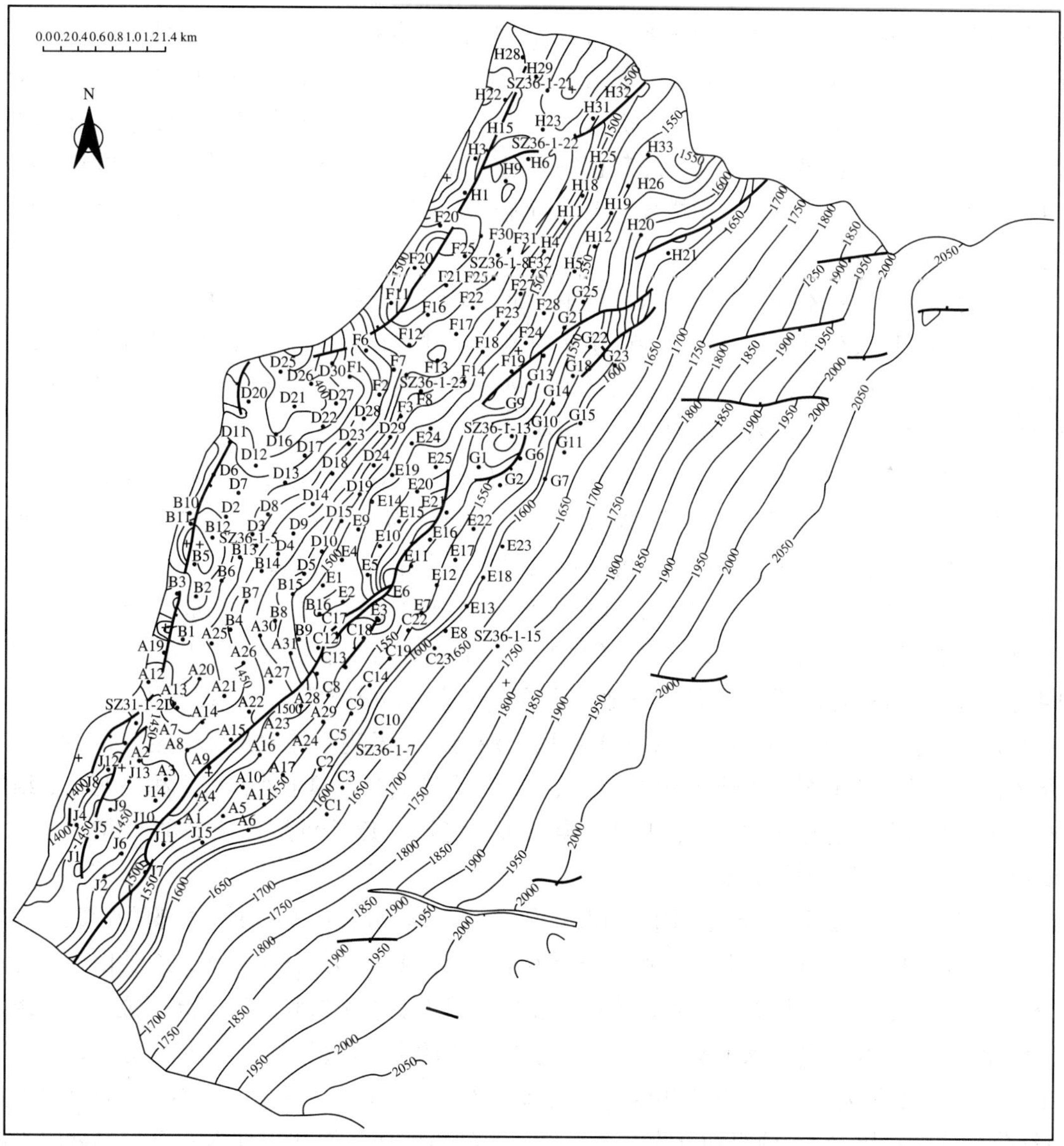

图 1−7 绥中 36−1 油田 Ⅱ 油组顶面构造图
（中海石油天津分公司技术部，2004 年）

1997年的构造解释结果相比，油田整体形态没有发生变化，略为变陡，局部次级断层的组合关系有所变化（图1–7）。

第二节　储　层

一、地层

1987年，渤海公司研究院勘探室地层组根据8口已钻井揭示，将地层自下而上分为下古生界寒武系、奥陶系、古近系东营组下段、东营组上段、新近系馆陶组、明化镇组、新生界第四系平原组。

寒武系下统为厚层深灰褐色细晶白云岩，底部浅褐灰色细晶灰质白云岩。

寒武系中统以紫灰色、蓝灰色泥岩为主，夹薄层土黄色粉砂岩及灰色泥—细晶鲕状灰岩。

寒武系上统为浅灰色、浅灰褐色微—细晶灰岩夹薄层紫红色钙质泥岩及灰色生物碎屑灰岩，顶部为淡白色、土黄色钙质泥岩。

奥陶系下统底部为灰色、褐灰色中—细晶白云岩，中、上部夹薄层浅灰绿色含钙泥岩。

奥陶系中统上部为浅灰褐色白云岩、砂屑云岩，灰岩夹泥质粉砂岩及一薄层鲕状灰岩；中部球粒泥晶云岩夹褐黑色泥晶—粉晶灰岩、白云岩，灰绿色粉砂岩、泥岩；底部浅灰色泥—微晶角砾状白云岩。

东营组下段下部以大套褐灰色泥岩、绿灰色钙质泥岩为主，夹浅灰色石英砂岩、泥质砂岩和泥质粉砂岩；中部为灰白色砂岩，粉砂岩与橄榄灰色粉砂质泥岩、泥岩不等厚互层；上部为大套灰绿色泥岩夹薄层灰白色泥质粉砂岩。

东营组上段砂岩和泥岩不等厚互层，灰白色中—细粒砂岩与灰绿色泥岩交互。

馆陶组底部为厚层杂色砂砾岩，其上为厚层灰白色含砾砂岩，顶部以泥岩或砂岩与明化镇组接触。

明化镇组底部为一厚层砂砾岩；中部灰白色含砾砂岩夹绿灰色泥岩，粉砂质泥岩薄层；上部过渡为岩性较细的砂岩、泥岩，并以泥岩与第四系平原组接触。

第四系平原组为浅灰白色含砾砂层，夹厚层浅绿灰色黏土层，向上过渡为以黏土为主。

研究人员通过区域地震地层学和各类地质信息综合分析认为，绥中36–1地区东营组下段油层横向分布广，层位稳定，是油田的主力油层，从北向南发育了4个相互叠置的砂岩体，其中2号砂体是油田的主力含油砂体。根据8口井的钻探揭示，在区域地层划分对比的基础上，采取“分级控制、旋回对比”的原则，2号砂体含油层段分为Ⅰ、Ⅱ两个油组，Ⅰ油组分为5个小层，Ⅱ油组分为3个小层。

1994年，丁克文等结合开发井、评价井随钻分析和开发地震研究新成果，编写了《绥中36–1油田新增（升级）储量报告》，认为试验区在主力油层段Ⅰ油组之上发现新的含气层，定为零油组，属于三角洲前缘席状砂沉积；Ⅰ油组之下钻遇新的含油层系，定为Ⅲ油组，属于浊积扇沉积，两个油组的油气层仅分布于构造高部位。通过对比，Ⅰ、Ⅱ油组自上而下划分为12个油层，较1988年增加4个，其中新发现增加1个，细分层系增加3个。

此后，关于油组的认识形成定论，随着开发的深入，仅对小层的划分做了局部的调整。2004年储量复算，依据“旋回对比、分级控制”原则，结合砂岩发育程度及油气分布规律，将油田含油层段由上至下分为零、Ⅰ、Ⅱ、Ⅲ四个油组。其中，零油组和Ⅲ油组仅发现于试验区构造高部位。零油组为薄层状气层，Ⅲ油组为局部发育的块状油藏。Ⅰ、Ⅱ油组是油田的主力油组，在全区稳定分布，横向对比性好。Ⅰ油组每个小层的砂体之间相互叠加连片，局部井区小层之间上下连通，分为$\text{Ⅰ}_{上}$油组和$\text{Ⅰ}_{下}$油组，$\text{Ⅰ}_{上}$油组细分为3个小层，$\text{Ⅰ}_{下}$油组细分为5个小层，Ⅱ油组泥质夹层比Ⅰ油组发育，单砂层平面分布比较稳定，但厚度变化比较大，细分为6个小层（图1–8）。

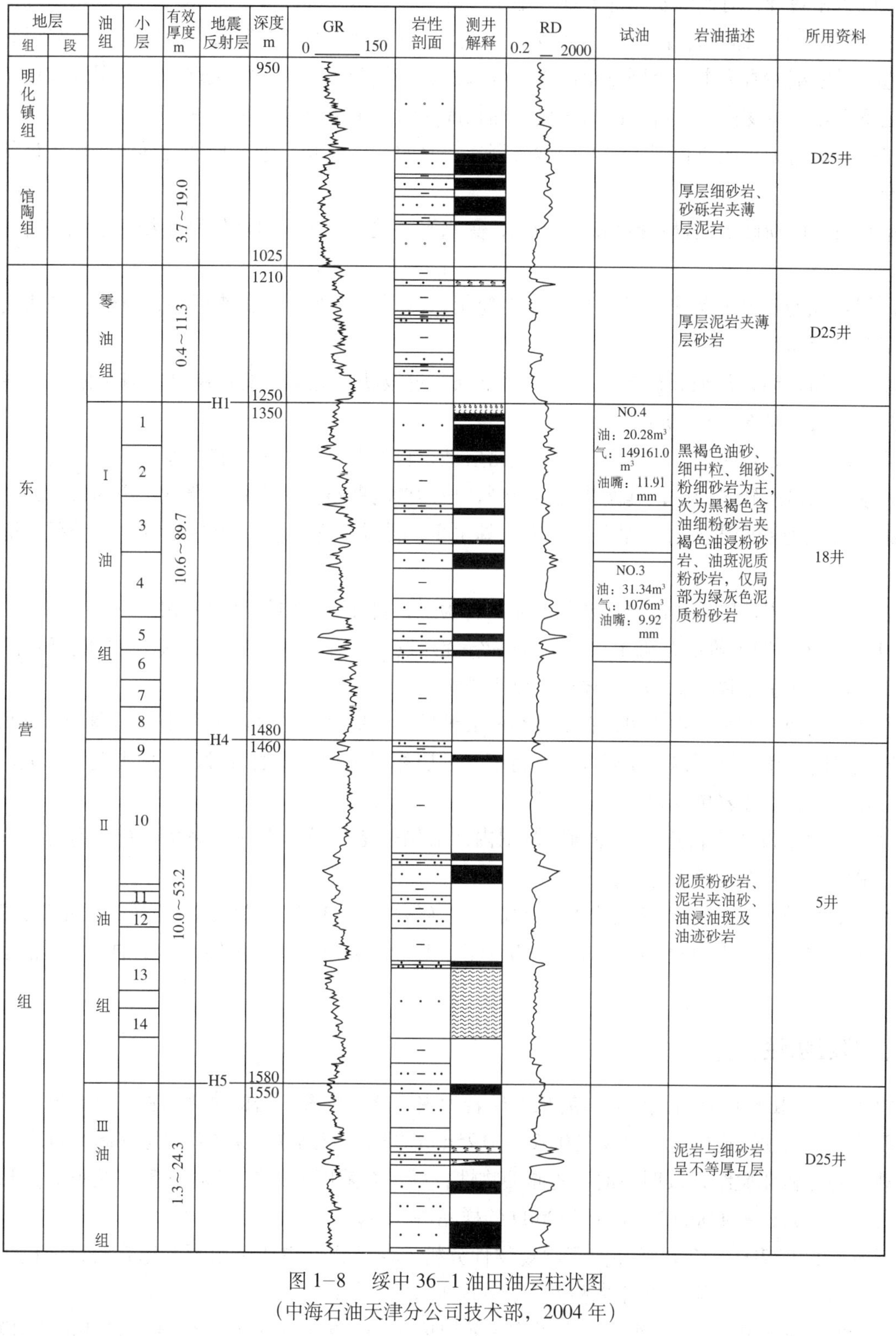

地层 组	地层 段	油组	小层	有效厚度 m	地震反射层	深度 m	GR 0—150	岩性剖面	测井解释	RD 0.2—2000	试油	岩油描述	所用资料
明化镇组						950							D25井
馆陶组				3.7~19.0		1025						厚层细砂岩、砂砾岩夹薄层泥岩	
东营组		零油组		0.4~11.3	H1	1210 1250						厚层泥岩夹薄层砂岩	D25井
		Ⅰ油组	1 2 3 4 5 6 7 8	10.6~89.7	H4	1350 1480					NO.4 油：20.28m³ 气：149161.0 m³ 油嘴：11.91 mm NO.3 油：31.34m³ 气：1076m³ 油嘴：9.92 mm	黑褐色油砂、细中粒、细砂、粉细砂岩为主，次为黑褐色含油细粉砂岩夹褐色油浸粉砂岩、油斑泥质粉砂岩，仅局部为绿灰色泥质粉砂岩	18井
		Ⅱ油组	9 10 11 12 13 14	10.0~53.2	H5	1460 1580						泥质粉砂岩、泥岩夹油砂、油浸油斑及油迹砂岩	5井
		Ⅲ油组		1.3~24.3		1550						泥岩与细砂岩呈不等厚互层	D25井

图 1-8　绥中 36-1 油田油层柱状图

（中海石油天津分公司技术部，2004 年）

二、沉积相

1988 年 2 月，林云州、沈松宁等在《绥中 36-1 油田东营组下段沉积特征和储层物性》中对油田的主力油组东营下段的沉积特征首次作了较为全面的研究和论述。

研究人员通过岩心观察描述，结合粒度、薄片、黏土矿物、微量元素等岩心分析资料，综合电测曲线形态的沉积相解释、对比以及一部分地震地层学的工作，认为油田 2 号砂体为一湖成三角洲沉积，共有河道、天然堤、支流间湾、河口坝、远沙坝、滨滩、滨外坝、浅湖和碳酸盐台坪等九个沉积亚相。

河道：以中细砂岩为主，个别见粗砂岩，分选好，胶结疏松，具平行层理、块状层理和槽状交错层理，与上下围岩呈突变接触，自然伽马曲线呈箱状或钟形，单层厚度变化 2 ～ 17m。

天然堤：岩性为含泥质粉细砂岩及粉砂质泥岩，具水平—波状层理，自然伽马曲线呈微齿状，厚度 0.1 ～ 5m。

支流间湾：以粉砂质泥岩及粉细砂岩为主，具水平—波状层理，自然伽马曲线显示低平特征，厚度 0.5 ～ 20m。

河口坝：以粉细砂岩为主，粒度自下而上变粗，具平行或低角度交错层理，自然伽马曲线为漏斗形，厚度 5 ～ 15m。

远砂坝：粉砂岩，泥质粉砂岩互层，上粗下细，见波状及透镜状交错层理，自然伽马曲线呈微齿状—低幅漏斗状，厚度 5 ～ 10m。

滨滩：以粉细砂岩为主，分选好，大型交错层理，自然伽马曲线呈指状，厚度 2 ～ 5m。

滨外坝：以粉细砂岩为主，具波状交错层理，自然伽马曲线呈短指状，厚度 1 ～ 3m。

浅湖：岩性为粉砂质泥岩—泥质粉砂岩，具水平—波状层理，自然伽马曲线显示低平特征，厚度 1 ～ 30m。

碳酸盐台坪：岩性以生物碎屑灰岩和泥晶灰岩为主，自然伽马曲线呈尖刀状。

1994 年，在早期评价的基础上，丁克文等结合开发井、评价井随钻分析和开发地震研究新成果，对油田沉积特征作了细致的研究，主要得出以下结论。

纵向上，表现为两个沉积旋回，在 I 油组和 II 油组沉积时期，分别形成两个三角洲砂体沉积发育阶段。II 油组时的三角洲沉积以砂泥岩间互为特征，砂层相对较少。I 油组时，三角洲范围扩大，分布更广，沉积厚度更大，砂岩更发育。

平面上，由于砂体叠合连片，在油田范围内，沿构造走向呈不规则的垛状分布。南北发育两个垛叶，每个垛叶即为一个河道发育区。

1996 年，渤海石油公司研究院黄小波等编写了《绥中 36–1 油田试验区东下段储层精细研究》，报告指出：储层在纵向上仍为两个沉积旋回，III 油组、II 油组为第一个沉积旋回，I 油组、零油组为第二个旋回。

三、储层物性

绥中 36–1 油田储层岩石成分以岩屑长石砂岩为主，分选中等，磨圆度为次圆—次棱状，结构为细砂和粉砂状，偶见中—粉砂状，粒级在 0.02 ～ 0.75mm 之间，胶结物为伊 / 蒙混层和高岭石。

常规岩心分析化验结果表明，油层的储油物性较好，孔隙度分布在 26% ～ 37% 之间，渗透率变化范围很大，从 0.001 ～ 5000mD，大于 100mD 的样品占 50%。

鉴于本区只有 2D 井 87 块样品做了常规物性分析，储层物性主要采用测井综合解释的成果，即储层疏松，胶结不好，大孔隙，中高渗透率，非均质性严重。

根据测井资料分析，$\text{I}_{上}$油组：井点平均有效厚度 14m，单井最大有效厚度达 22.4m；孔隙度分布在 28% ～ 35%，90% 以上分布在 30% ～ 33%，井点平均孔隙度 32%；渗透率分布在 100 ～ 9000mD，大部分分布在 1000 ～ 5000mD，井点平均渗透率 2290mD。

$\text{I}_{下}$油组：井点平均有效厚度 24.7m，单井最大有效厚度达 70.8m；孔隙度分布在 28% ～ 35%，90% 以上分布在 30% ～ 34%，井点平均孔隙度 32%；渗透率分布在 300 ～ 12000mD，70% 分布在 1000 ～ 5000mD，井点平均渗透率 2805mD。

Ⅱ油组：井点平均有效厚度 13.3m，单井最大有效厚度达 47.2m；孔隙度分布在 27% ～ 35%，80% 以上分布在 29% ～ 34%，井点平均孔隙度 31%；渗透率分布在 21 ～ 11141mD，80% 分布在 100 ～ 5000mD，井点平均渗透率 1891mD。

Ⅲ油组：有 11 口井钻遇Ⅲ油组油层，井点平均有效厚度 7.7m，单井最大有效厚度达 24.3m；孔隙度分布在 28% ～ 33%，80% 以上分布在 29% ～ 32%，井点平均孔隙度 31%；渗透率分布在 55 ～ 5769mD，80% 分布在 50 ～ 2000mD，井点平均渗透率 1651mD。

四、孔隙结构

电镜和铸体薄片资料表明，油田东下段储集空间类型主要有两类：一种是粒间孔隙，直径 30 ～ 250μm 左右，是本区储集层最主要的储集空间，由于颗粒分选程度低，黏土矿物等泥质成分含量高，加上石英矿物次生加大作用，使孔隙空间形态各异，局部为胶结物和黏土矿物充填；另一种是溶蚀孔隙，以粒内溶孔为主，个别可见粒间溶孔，粒内溶孔多见于长石中，5μm 到 100μm 不等，主要在 10 ～ 30μm 左右，往往与粒间孔相连。

根据压汞所获得的毛细管压力曲线特征，综合岩性、常规物性和储集空间类型，将东下段储层分为四类（表 1–1）。

表 1–1　绥中 36–1 油田储层分类

储层类型	岩　性	孔隙类型	渗透率 mD	孔隙度 %	排驱压力 10^5Pa	饱和度中值压力 10^5Pa	＞1μm 孔喉体积 %	孔喉半径 μm
Ⅰ	中细砂岩	粒间孔、溶孔	＞400	＞33.8	＜0.5	＜10	43 ～ 82	＞10
Ⅱ	细砂岩—细粉砂岩	粒间孔、粒内粒间孔	100 ～ 400	31.5 ～ 33.8	1 ～ 0.5	20 ～ 10	36 ～ 69	10 ～ 1.6
Ⅲ	粉细砂岩—泥质粉砂岩	粒间孔、黏土矿物堵塞严重	20 ～ 100	29.0 ～ 31.5	4 ～ 1	40 ～ 20	10 ～ 44	1.6 ～ 0.63
Ⅳ	粉砂质泥岩—泥质粉砂岩	粒间孔、黏土矿物几乎完全堵塞	＜20	＜29．0	＞4	＞40	0 ～ 25	＜0．63

第三节　流　体

一、原油性质

绥中 36–1 油田原油具有密度大、黏度高、胶质沥青含量高、含硫量低、含蜡量低、凝固点低等特点，属重质稠油。

Ⅰ期地面原油密度为 0.941 ～ 0.997g/cm³，平均为 0.966g/cm³；地面原油黏度为 41.0 ～ 7787.4mPa·s，平均为 1111.5 mPa·s；含蜡量平均 2.76%，含硫量平均 0.36%，沥青质含量平均 7.80%，胶质含量平均 33.88%。

Ⅰ期地层原油黏度（饱和压力下）介于 37.4 ～ 154.7mPa·s，平均 95mPa·s；饱和压力介于 12.05 ～ 14.79MPa，平均 13.42MPa；原始溶解气油比介于 23 ～ 38m³/m³，平均 30m³/m³；体积系数（地层压力下）介于 1.093 ～ 1.113，平均为 1.083。

Ⅱ期地面原油密度介于 0.909 ～ 0.993g/cm³，平均为 0.973g/cm³；地面原油黏度介于 23.4 ～ 11355.0mPa·s，平均为 1849.4mPa·s；含蜡量平均 2.30%，含硫量平均 0.37%，沥青质含量平均 10.18%，胶质含量平均 11.87%。

Ⅱ期地层原油黏度（饱和压力下）介于 23.5 ～ 452.0mPa·s，平均 176mPa·s；饱和压力介于 5.00 ～ 13.70MPa，平均 9.72MPa；原始溶解气油比介于 10 ～ 35m^3/m^3，平均 24m^3/m^3；体积系数（地层压力下）介于 1.050 ～ 1.101，平均为 1.073。

根据油层物理的基本原理，通过对地层原油物性资料的统计分析，得出认识是：①油层饱和压力与埋藏深度有关。海拔 −1450m 以上，饱和压力较高且变化不大，在 12 ～ 13MPa 左右；海拔 −1450m 以下，饱和压力随埋藏深度的增加而降低，在 5 ～ 12MPa；②饱和压力随溶解气油比增高而增高；③地面脱气原油密度随地层原油黏度增加而增加，地层原油黏度随溶解气油比增加而降低；④地层原油性质受构造的控制，在平面上呈现出构造高部位明显好于构造低部位，Ⅰ油组明显好于Ⅱ油组的特点。

二、天然气性质

绥中 36−1 油田气层气仅在 B11 井的零油组和Ⅱ油组中取得了 2 个样品，分析结果显示，相对密度介于 0.581 ～ 0.595，甲烷含量大于 95%，CO_2 含量 0.66% ～ 1.08%。

溶解气样品较多，共分析筛选出 197 个合格样品，其中Ⅰ期 108 个，Ⅱ期 89 个。根据分析化验结果，两期溶解气性质差别不大，和气层气性质也较相近，二氧化碳含量偏低。Ⅰ期溶解气相对密度为 0.601，甲烷含量 94.79%，二氧化碳含量 0.38%；Ⅱ期溶解气相对密度为 0.600，甲烷含量 94.66%，二氧化碳含量 0.39%。

三、地层水性质

在油田主体区块共取到东下段 4 口井的合格样品 6 个，其总矿化度介于 4481 ～ 7154mg/L，平均 6071mg/L，水型均为 $NaHCO_3$ 型。

第四节　油　藏

一、流体界面

1987 年油田发现以后，进入首轮储量评价阶段，单凭 8 口钻井资料确定油水界面存在困难。多年的实践经验证实，使用 DST 测试、测井解释、RFT 测试成果综合分析确定油水界面是一个行之有效的办法，在这样的背景下开展了油田的油水界面研究工作。

最初，根据 2D、5、12 及 6 井的 DST 测试、测井解释、RFT 测试成果分析认为东营组下段油藏可能具有统一的油水界面，界面深度为海拔 −1540m。但是，7 井的 DST 测试证实在井深 1592 ～ 1601m 为低产油层，测井解释 1603m 以上为低渗透油层，油水界面可能在 1603m 以下，考虑到该井处于构造的低部位，油水界面有加深的可能，对于对这种可能性专家们各执己见：

美国 SSI 公司专家认为，受断层控制，断层两盘具有各自的油水界面；

渤海石油公司部分地质专家认为，不同油层可能有各自的油水界面；

绥中 36−1 项目队认为，7 井Ⅰ油组下部油层由于主体相变或上倾尖灭，自成油水系统。

鉴于资料限制，几种观点都没有充分的依据，7 井的油水界面问题暂无定论。由于 5 井测试的水层底界比 RFT 计算的油水界面高 10m，为稳妥起见，首轮储量评价计算采用海拔 −1530m 作为油水界面，7 井区 −1530m 以下的油层暂不考虑。

1994 年，油田生产试验区的开辟，发现油田不仅存在油层，还存在气层。钻井、测井解释、RFT 测试证实：油田各油组均为相互独立的油水系统，气层则多属油藏中的局部小气顶。Ⅰ油组内部隔层不稳定，多个层状油层纵向上互相叠置连通构成统一的油水界面（海拔 −1580m）；Ⅱ油组被一条内部断层分割成主体和东南块两部分，各自具有独立的油水界面，分别为海拔 −1530m 和 −1550m；Ⅲ油组油水界面为海拔 −1607m；21 井相当Ⅱ油组的孤立砂岩体为一单独的油水系统。在油田发现的气层中，除零油组和 21 井发现的孤立含气砂岩体外，Ⅰ、Ⅱ油组的气层均为气顶，多数采用钻井揭示的气油界面，未见到气油界面的气层，原则上以气层底界为准，个别适当调整。

1997 年探明储量复算升级，通过新一轮的油田地质研究，进一步肯定了以往对油田基本地质特征、宏观的储层物性特征、油藏模式、油藏类型以及油水系统、油水界面规律的认识，储量计算仍沿用 1994 年的油水界面确定标准。

1997 年以后，油田进入全面开发阶段，细分了小层。2004 年储量复算，根据小层精细对比、沉积微相研究，结合流体性质以及油田生产动态资料分析，认为油田受岩性及构造的影响，存在多个流体系统。

零油组：受岩性控制的薄层油气层，平面分布不稳定。

$Ⅰ_{上}$油组：与$Ⅰ_{下}$油组之间发育一套稳定的泥岩隔层，油组内部泥质夹层分布不稳定，在部分井区各小层砂体纵向上叠置在一起，为一个独立的流体系统。评价井、开发井均未钻遇水层，储量计算取含油底界海拔 −1548m。

$Ⅰ_{下}$油组第 4 小层：全油田稳定分布，为一个流体系统。位于构造低部位的 C4 井钻遇油底 −1566.9m，G30 井钻遇水顶海拔 −1566.8m，油水界面取 −1567m。

$Ⅰ_{下}$油组第 5 小层：受岩性影响分为南区和北区。5 小层南区与 4 小层、6 小层之间发育稳定的泥岩隔层，为独立的流体系统，南区 C7 井钻遇油水界面，为海拔 −1586m。5 小层北区与 4 小层之间泥质夹层发育不稳定，与 4 小层为同一个流体系统，G28 井钻遇油底 −1567m，水顶 −1568.5m，油水界面取 −1567m。

$Ⅰ_{下}$油组第 6 小层：受岩性影响分为南区和北区。6 小层南区与 7 小层之间发育稳定的泥岩隔层，为独立的流体系统，C6 井钻遇油底海拔 −1571.4m，G11 井钻遇油底 −1569.1m，水顶 −1571.9m，油水界面取 −1571m。6 小层北区具有独立的流体系统，H14 井钻遇油底 −1546.8m，水顶 −1550.3m，油水界面取 −1547m。

$Ⅰ_{下}$油组第 7 小层：仅在油田南部发育，与 8 小层之间发育稳定的泥岩隔层，具有独立的流体系统。C10 井钻遇油水界面，为海拔 −1578m。

$Ⅰ_{下}$油组第 8 小层：仅在油田南部发育，与Ⅱ油组之间发育稳定的泥岩隔层，位于低部位的 E8 井钻遇油底海拔 −1573.8m，E13 井钻遇水顶 −1572.7m，油水界面取 −1572m。

Ⅱ油组第 9 小层：受岩性和油田南部次级断层的影响分为西南区和东南区。西南区没有钻遇水层，取最深油底海拔 −1527（J7 井钻遇油底 −1526.7m）。东南区位于低部位的 A5 井钻遇油底 −1548m，A11 井钻遇水顶 −1547.8m，A10 井钻遇油底 −1541.6m，水顶 −1548.4m，油水界面取 −1548m。另外，在油田中部的 B8、F22 井区以及北部的 H22、H16 井区还发育薄层油气层，储层连通性差，属岩性油气藏。

Ⅱ油组第 10 小层：受岩性和油田南部次级断层的影响分为北区、西南区、东南区。与 9 小层、11 小层之间发育稳定的泥岩隔层，北区、东南区和西南区各自具有独立的流体系统。北区 H9 井钻遇油底海拔 −1526.4m，H25 井钻遇水顶 −1531.3m，油水界面取 −1526m。西南区 J2 井钻遇油底 −1517.1m，E4 井钻遇水顶 −1533.2m，油水界面取 −1517m。东南区 C18 井钻遇油底 −1549.4m，C13 井钻遇水顶 −1551.5m，油水界面取 −1550m。

Ⅱ油组 11—14 小层：泥质夹层发育不稳定，具有统一的流体系统。B7 井钻遇油水界面，为海拔 −1522m。

Ⅲ油组：位于构造低部位的 B5 井钻遇油层底海拔 −1606.7m，B3 井钻遇水层顶 −1607.8m，油水界

面取 −1607m。

馆陶组：为块状油藏，综合考虑开发井测井解释结果，油水界面取海拔 −975m。

二、油藏类型

早期储量评价阶段，认为油田东营组下段是一个受岩性控制的构造层状油藏。此后随着开发井的增加，研究的深入，对流体界面的解释，逐渐认识到主力油组Ⅰ、Ⅱ油组储层分布比较稳定，油层呈层状分布，油气分布受构造控制，局部区域同时也受岩性影响，为受构造控制、岩性影响的具有多个油气水界面的层状油藏；零油组是受构造、岩性共同控制的层状气藏；Ⅲ油组为块状油藏。

综上所述，绥中 36–1 油田为受岩性影响的在纵向上、横向上存在多个油气水系统的构造层状油气藏（图 1–9）。油田驱动类型为弹性溶解气驱和边水驱动为主。

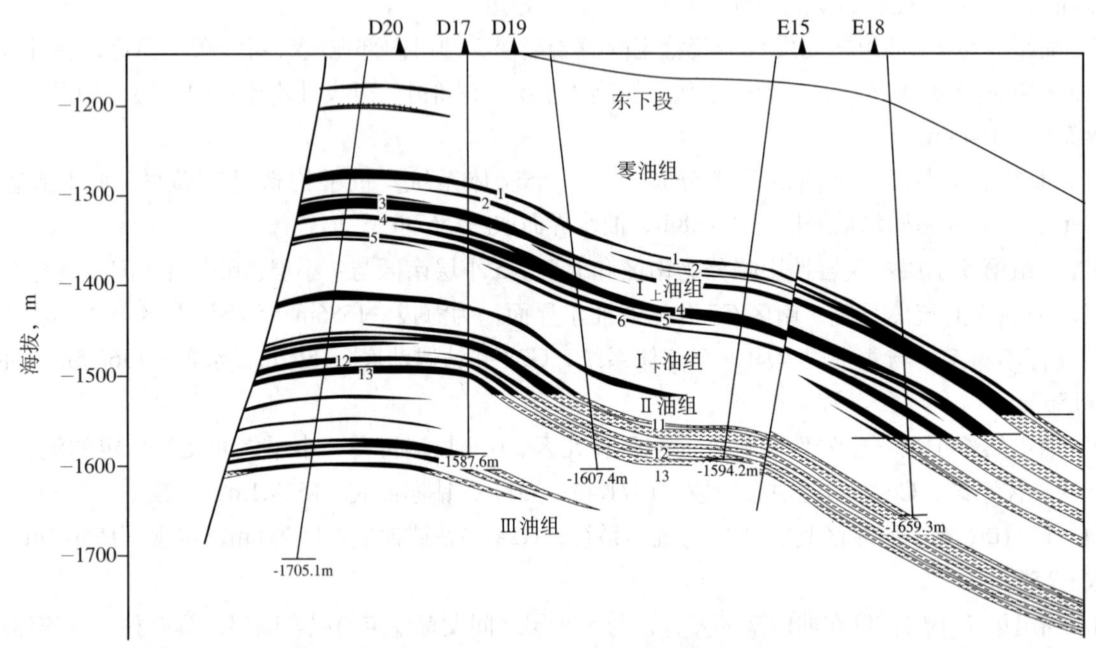

图 1–9　绥中 36–1 油田东下段油藏剖面图（D20–E18）
（中海石油天津分公司技术部，2004 年）

三、温压系统

全区范围内 5 口评价井的 RFT 压力测试资料表明压力系数均接近于 1。

根据 23 井 DST　No.2 试井解释资料（井段 1413.0 ~ 1430.0m），该测试层（中部深度 1414.0m）静温为 59.8℃，其油层中部深度按 1414.0m 计，温度梯度约为 3.22℃ /100m（地面平均温度 15℃），与 2D 井计算的温度梯度值基本相当。

该油藏属正常压力、温度系统。

四、渗流特征

1988 年，为计算地质储量参数和进行油藏工程研究，分别选取 4 口井中具备实验条件的岩心，在国外公司做了大量的岩心样品分析，渤海石油公司梁惠文等对特殊的岩心样品分析结果进行了研究。

（一）毛细管压力

绥中 36–1 油田共选择了 161 块岩样进行了压汞试验，选用了 82 条合格曲线按渗透率不同分成四类（图 1–10）。

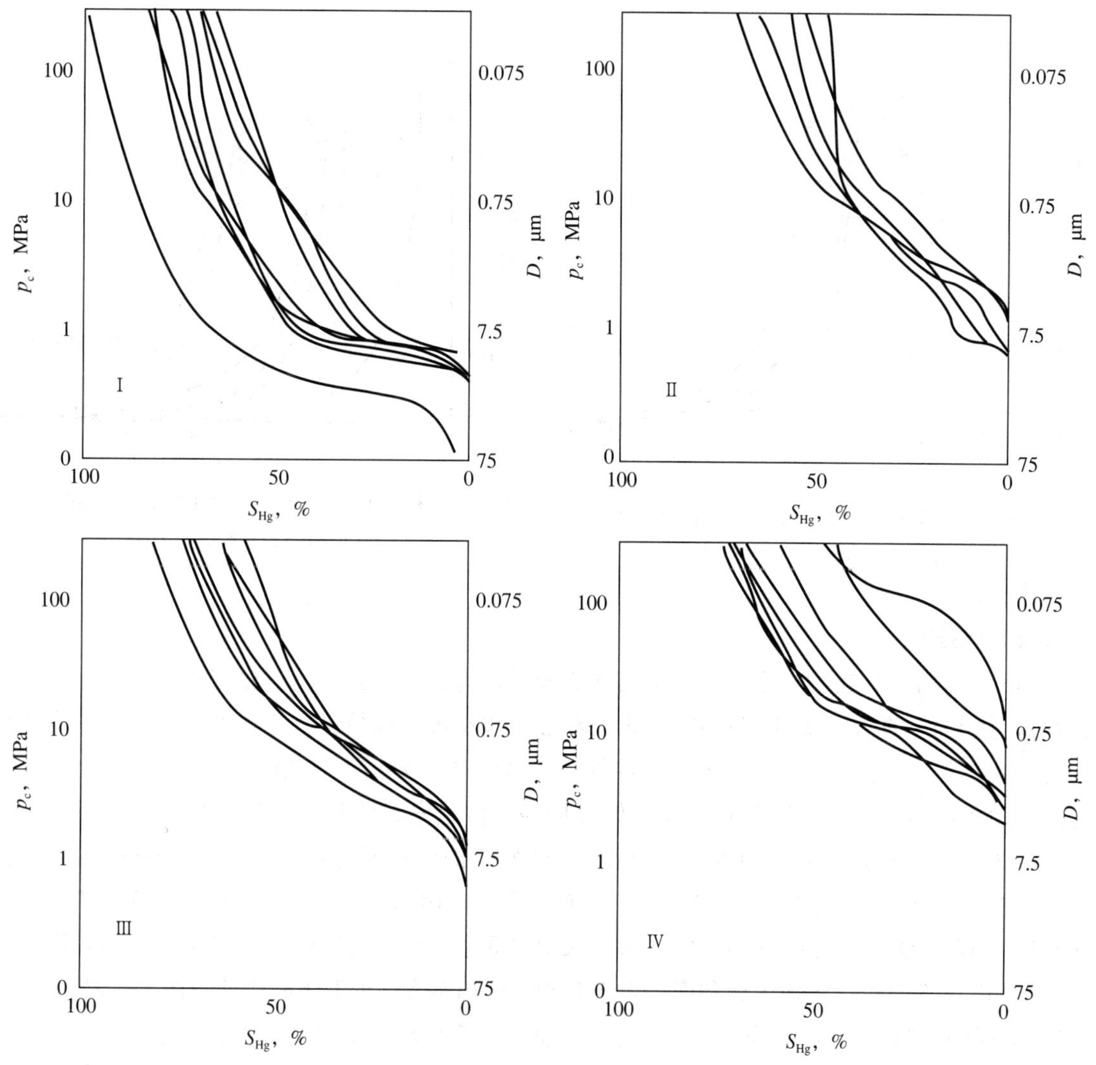

图 1–10　绥中 36–1 油田毛细管压力曲线
（渤海石油公司研究院，1988 年）

Ⅰ类：毛细管压力曲线偏粗歪度。孔喉分布较好，排驱压力均小于 0.5×10^5Pa，饱和度中值压力平均为 5.8×10^5Pa。孔喉主要分布在大于 10μm 的区间。

Ⅱ类：毛细管压力曲线偏细歪度，排驱压力 0.5×10^5 ~ 1×10^5Pa，饱和度中值压力平均为 8.7×10^5Pa。孔喉主要分布在 10 ~ 1.6μm 之间。

Ⅲ类：毛细管压力曲线细歪度。排驱压力 1×10^5 ~ 4×10^5Pa，饱和度中值压力平均为 24×10^5Pa。孔喉主要分布在 1.6 ~ 0.63μm 之间。

Ⅳ类：毛细管压力曲线极细歪度。排驱压力大于 4×10^5Pa，饱和度中值压力平均大于 24×10^5Pa。孔喉主要分布范围小于 0.63μm。

Ⅰ、Ⅱ类曲线代表了高渗透油层的孔隙结构特征，孔隙度高，排驱压力低，孔喉体积相对大。对Ⅰ、Ⅱ类曲线计算出平均曲线，并换算成油层条件下的毛细管压力曲线（图 1–11、图 1–12）。一般以孔喉半径大于 0.1μm 作为油气可进入的孔隙，对应毛细管压力约为 0.285MPa。从图上可以看出，渗透率大于 400mD 的束缚水饱和度为 S_{wi} = 0.21 ~ 0.38；100 ~ 400mD 之间的束缚水饱和度 S_{wi} = 0.42 ~ 0.5。

离心法测定的空气—盐水系统毛细管压力曲线换算成油水系统时，同样，毛细管压力为 0.285MPa 时，渗透率在 196 ~ 5218mD 之间的样品，其束缚水在 0.44 ~ 0.15 范围内，和压汞结果吻合，显示出

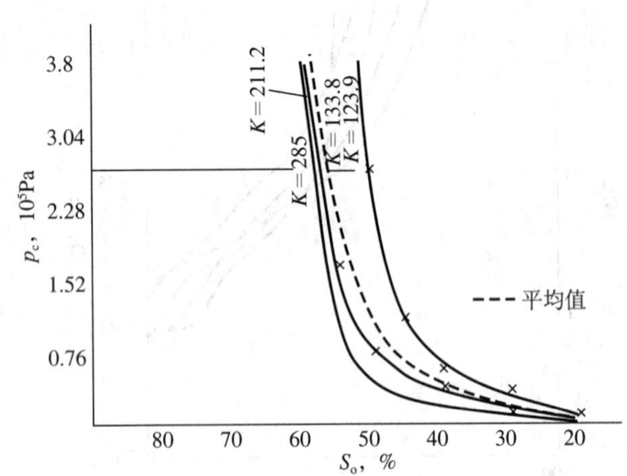

图 1−11　毛细管压力曲线 100mD<K<400mD
（渤海石油公司研究院，1988 年）

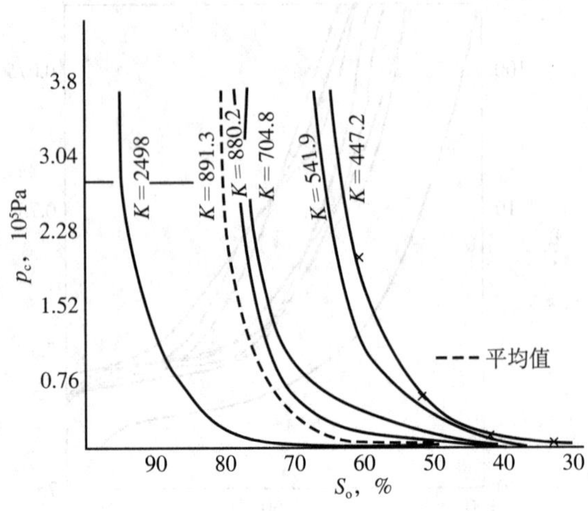

图 1−12　毛细管压力曲线 K>400mD
（渤海石油公司研究院，1988 年）

偏亲水的特点。

（二）相对渗透率

绥中 36−1 油田为高黏度的重油，溶解油气比较低，为了确定当油层中存在两种以上流体时每种流体的相对渗透能力，选择了 5 井和 6 井的 13 块岩心柱和 4 块全直径岩心，在大港油田实验室和 CORE LAB（美国岩心公司）模拟地下流体进行了油气、油水相对渗透率曲线的测定。

通过实验得出以下结论：①束缚水饱和度 S_w 随空气渗透率的增大而减小；②油的有效渗透率 K_o 与空气渗透率 K_{air} 之间关系为 $K_o = 0.703K_{air} - 17.83$；③残余油饱和度对渗透率大于 100mD 的岩样趋于恒定，残余油饱和度 S_{or} 大致在 0.2 ~ 0.25 之间，渗透率小于 100mD 的岩样 S_{or} 随渗透率增加而降低，渗透率从 0 增至 100mD，S_{or} 从 0.3 降到 0.2；④油水相渗透率两相跨度从含水饱和度 0.22 到 0.77，两相交点于含水饱和度 0.5 附近，束缚水饱和度均大于 0.22，油相渗透率前期下降迅速（图 1−13）。

油田油气相对渗透率曲线只作了一条，而且是低渗透率样品，不能反映一般渗透率的油气流动特征（图 1−14）。

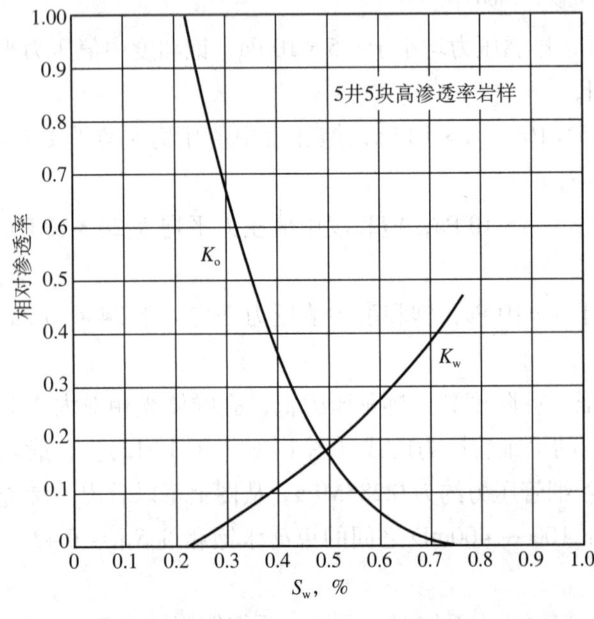

图 1−13　油水相对渗透率曲线图
（渤海石油公司研究院，1988 年）

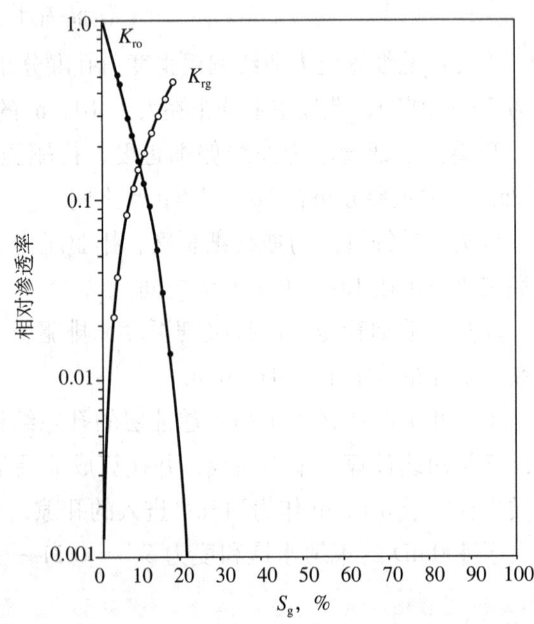

图 1−14　SZ36−1−5 井气油相对渗透率曲线图
（渤海石油公司研究院，1988 年）

第五节　储　量

自 1987 年 4 月油田发现后，整个油田的储量评价大体经历了以下 4 个阶段。

一、早期储量评价

绥中 36–1 油田是一个储量上亿吨的大油田，为了满足油田地质、油藏工程的需要，尽早编制出油田开发方案，根据海洋石油总公司和渤海石油公司的指示，1987 年 8 月组建了以渤海石油公司和计算中心为主体的绥中 36–1 构造油藏评价项目队。曹文贤、辛士刚、梁惠文等使用高分辨率处理的二维地震资料，结合 8 口预探、评价井钻井成果，经过 4 个多月的评价性研究，完成了开发地震、油田地质、岩石物理、油藏工程等专题的研究工作。

本次岩石物理研究将有效油层分为两类（Ⅰ类为好油层，Ⅱ类为差油层）：好油层电阻率≥ 12Ω·m，孔隙度值≥ 30%，含油饱和度≥ 50%，泥质含量≤ 25%；差油层电阻率 7Ω·m ≤ RT ≤ 12Ω·m，孔隙度值 27% ≤ ϕ ≤ 30%，含油饱和度 20% ≤ S_o ≤ 50%，泥质含量 25% ≤ V_{cl} ≤ 40%。

根据上述标准，将好油层计算了基本探明地质储量，并于 1988 年 2 月按照储量规范编写了储量报告，1988 年 10 月，向全国矿产储量委员会申报了油田主体的基本探明储量。经全国储委组织专家审查，批准了油田基本探明含油面积 24km^2，基本探明石油地质储量 12098 × 10^{4}t。

除此之外，通过对油层的岩石物理评价，认为在基本探明储量区内还有一部分在当时的海上开采工艺条件下开采技术难度大、经济效益差的差油层，初步计算，石油地质储量 3170 × 10^{4}t。另外，还初步估算了油田北部已为三维地震覆盖的、无评价井控制区的石油地质储量，含油面积 12.8km^2，石油地质储量 3150 × 10^{4}t。

二、新增（升级）储量计算

1989 年到 1992 年渤海公司相继完成了油田主体范围内的三维地震采集、处理，在油田南部储量高丰度区开辟了 5.8km^2 的生产试验区，在油田北部无井控制的预测储量区新钻 3 口评价井。1994 年试验区投产，钻开发井 48 口，曹文贤、丁克文、施亚洲等对油田地质重新进行了评价，本次评价在三维地震采集、处理和解释的基础上，通过对南部钻探的开发井及油田北部评价井（18 井、21 井）深入的研究，在主力油层之上发现了新气层，主力油层之下发现了新油层，同时在油田北部也有油气分布，含油面积扩大。

在以上认识的基础上，使用当时国内外通用的技术开展了新一轮的储量评价。

通过对岩石物理参数研究发现部分差油层的孔隙度、渗透率及含油饱和度值偏高，达到好油层标准，且部分差油层电阻率值超过好油层标准。在综合分析了 DST 测试，Rt—ϕ，ϕ—V_{cl}，Rt—S_o 交会图及每米采油指数后，确定油层的孔隙度下限值降为 29%，差油层孔隙度下限值定为 25%，其他界限值不变。

此次计算结果，油田面积由 1989 年的 24.0km^2 扩至 43.3km^2，探明级石油地质储量由 12098 × 10^{4}t 增到 21171 × 10^{4}t，并于 1995 年 4 月获全国矿产储量委员会批准。

三、1997 年储量复算

1995 年 8 月 J 区完成 ODP，并开始实施钻井作业；与此同时，在油田待开发区还钻探了 22 井和 23 井，进一步落实了北区的储量和产能。试验区及 J 区钻探证实，油层厚度比原三维储层预测的厚度大，开发井井间油层厚度变化也较大，并且伴随着海上采油工艺和油藏评价技术的进步，通过对 DST

测试和生产测试中的产液剖面及吸水剖面结果与测井解释的结论对比分析看出，过去认为开发难度大、经济效益差的差油层，也有一定的生产能力，探明储量规模有望扩大。

鉴于以上认识，1997 年初，渤海公司研究院辛世刚、胡光义、赵利昌等对探明储量进行了复算研究，研究认为 1994 年的测井处理结果和有效厚度标准已经不适合当时的实际，通过对油田主力油层的岩石物理再评价，重新制定了与当时海上油田采油工艺技术相适应的油层有效厚度标准：电阻率≥ 10Ω·m，孔隙度值≥ 27%，含油饱和度≥ 50%，泥质含量≤ 30%，依此标准，此次评价全区计算油层有效厚度 4019.9m，比原解释增加了 645.1m。本次评价还使用先进的三维地震多井约束反演技术，对油藏进行精细描述，进一步论证了含油面积是落实可靠的。

此次复算的储量与 1995 年 4 月全国矿产储量委员会批准的储量数相比有以下变化：

Ⅰ油组含油面积为 40.8km^2，比原储量 18433 × 10^{4}t 增加了 6711 × 10^{4}t，增幅为 36.4%。

Ⅱ油组含油面积 19.3km^2，比原面积增加 5.1km^2；原油储量比原 2573 × 10^{4}t 增加了 964 × 10^{4}t，增幅为 37.5%。

将Ⅲ油组 163 × 10^{4}t 除外，Ⅰ、Ⅱ油组总计净增探明级储量为 7673 × 10^{4}t，增幅为 36.5%。

此次复算升级，在原全国矿产储量委员会批准的Ⅰ$_{上}$、Ⅰ$_{下}$、Ⅱ、Ⅲ油组探明级储量 21171 × 10^{4}t 的基础上，增至 28844 × 10^{4}t。其中已开发区的已开发探明储量为 9975 × 10^{4}t，待开发区的未开发探明储量为 18869 × 10^{4}t，天然气储量为 2.21 × 10^{8}m^3。

四、2004 年储量复算

1999 年 7 月开始实施油田整体开发方案，至 2001 年 3 月，完成了 D、E、F、C、G、H 共 6 个平台的建设，新钻井 186 口（180 口开发井，6 口水源井），并于 2001 年 11 月全面投入开发。

2004 年 4 月，黄凯、闫凤玉、郝丹英等根据全油田的钻井成果，结合生产动态资料，在 1997 年储量评价的基础上，进行了新一轮开发地震、岩石物理以及油藏地质综合研究，深化了流体分布规律和油田地质模式，重新落实了各项储量参数，完成了储量复算。

本次复算沿用了 1997 年的有效厚度下限标准，东下段石油地质总储量与 1997 年相比，变化不大，只增加了 3 × 10^{4}m^3，但个别油组储量有一定的变化：Ⅰ$_{上}$油组比 1997 年减少了 1909 × 10^{4}m^3，含油面积减少了 2.2km^2，有效厚度减少了 0.9m；Ⅰ$_{下}$油组比 1997 年增加了 1266 × 10^{4}m^3，含油面积增加了 1.7km^2，有效厚度增加了 1.7m；Ⅱ油组比 1997 年增加了 391 × 10^{4}m^3，有效厚度增加了 1.9m；Ⅲ油组比 1997 年增加了 255 × 10^{4}m^3，含油面积增加了 1.9km^2。

油田储量复算结果：Ⅰ、Ⅱ期合计已开发探明含油面积 42.5 km^2，石油地质储量 29788 × 10^{4}m^3（28935 × 10^{4}t），技术可采储量 7388.9 × 10^{4}m^3（7177.3 × 10^{4}t）；探明天然气含气面积 5.7 km^2，地质储量 6.30 × 10^{8}m^3，可采储量 4.72 × 10^{8}m^3。

第二章

开发部署与调整

1987 年油田发现后，渤海石油公司研究院根据 2 口预探井和 6 口评价井资料，初步圈定了油田范围，并经多方论证开辟了生产试验区。随着勘探的深入，油田规模不断扩大，探明石油储量从初期的 $1.25\times10^8m^3$ 增加至 $2.98\times10^8m^3$。生产试验区的成功开发为Ⅱ期开发提供了宝贵的实践经验和理论依据，从而推动了油田的整体开发。1997 年，油田整体开发方案编制完成，油田进入全面开发阶段。由于海上油田采取少井高产和高速开采的方针，油田投产后即出现产量递减问题，伴随油田的开发，平面矛盾、层间矛盾也逐渐显露出来，为使油田产量稳定或减缓递减，研究人员积极探索各种适合本油田的增产挖潜措施，改善油田的开发状况，实现油田的稳产。

第一节　开发方案

绥中 36–1 油田属于稠油油田，且是海上开发的最大自营油田，油田开发采取滚动式开发模式分两期进行：Ⅰ期包括试验区（AⅠ、AⅡ、B 平台）和 J 区（平台），从 1993 年到 1997 年陆续投产；Ⅱ期包括 D、E、F、C、G、H6 个平台，分别从 2000 年 11 月到 2001 年 11 月陆续投产。

一、试验区开发方案

1987 年，油田发现以后，渤海公司成立联合项目队开展油田开发早期评价，同时使用世界银行贷款和美国政府 TDP 赠款，委托美国 SSI 和 GAI 公司进行咨询评价，之后又组织国内陆上油田知名专家进行了多次论证。多方研究结果认为油田原油黏度大、溶解油气比低、天然气能量少、油井生产出砂等不利因素增加了开发的难度。当时，此类稠油油藏的开发在中国海上尚属首次。根据陆上经验，如果用常规方式开采平均单井日产能仅 20 ~ 30m³，在海上开发投资高、技术要求高的条件下则毫无经济效益。

为探索渤海海上稠油开发之路，有效开发绥中 36–1 油田，规避开发风险，进行了多层次的地质油藏研究，最终决定在构造主体部位开辟生产试验区。通过试验区开发，了解油层连续性和分布形态、开发层系的划分与组合、油井合理产能、井网对油层的适应性、油井先期防砂和机械采油方式等多个方面的信息，为后期开发提供经验基础和理论依据。

1989 年完成了生产试验区开发方案，方案要点如下。

（一）试验区位置

试验区的位置选择遵循以下原则：①目前对油层和流体特性认识较清楚；②油井生产能力较高，以保证建成一定的生产规模；③投产后采集的动态资料，对其他区投产有指导意义。

根据原则选择 2D 井和 5 井之间区域，为生产试验区，包括 A、B 两区，A 区由 2 个钻井平台组成，钻井 32 口；B 区 1 个钻井平台，钻井 16 口。

（二）开采方式

基于 2D 井的储层特性和流体特性，设计了二维径向模型，运用美国科学软件公司的 SIMBEST Ⅱ

黑油模型，计算了不同开采方式下的开发效果。研究结果表明，油田衰竭开采的采收率低，应采用人工注水保持地层压力和机械采油的开采方式。

（三）注水方式

利用注水井组模型研究了常规注水开采的特点以及井距和开采速度的敏感性，相同井距、相同采油速度条件下，反九点法面积注水的生产井数为五点法的15倍，生产井单井产量较低，因此稳产时间长，稳产期采出程度高。

（四）井网

常规注水开采重油，国内外多选用正方形网格布井。这种井网可灵活地选用五点法或反九点法面积注水系统，并可相互转换，有利于后期补钻调整井。因此油田的生产试验区采用正方形网格布井。稠油油田开采的注采井距，从国内外由田的统计数据结果看，一般小于300m，埕北油田边水能量充足，井距为400m。油田的井组模型研究402m井距开采20年可采出16%，如果试验区开采年限为15年左右，注采井距考虑300m和350m比较合适。

按正方形网格布井，采用300m和350m井距，同时为开发后期加密井留有适当的井位。以断层及井距之半测得试验区面积，对300m和350m井距分别为4.9km^{2}和6.6km^2，地质储量分别为3722×10^{4}t和4918×10^{4}t。试验区内共布井48口，井网密度分别为9.8口井/km^{2}和7.3口井/km^2，单井控制储量分别为77.5×10^{4}t和102.5×10^{4}t。

（五）开发层系

Ⅰ、Ⅱ油组间有统一的隔层，且两个油组原油性质差别大，具备了分层开采的条件，但从储量分配看，Ⅱ油组储量在试验区内仅占17%，单独开采油井利用率低，因此试验区内暂不划分层系，采用合注合采方式。

（六）产能

试油结果证实油井有较高的生产能力，试井解释油井产油层具有较高的流动能力。用孤岛油田产量统计公式计算米采油指数为22.8～6m^3/（d·m·MPa）。径向模型研究结果，2D井在控制面积0.32km^{2}条件下，衰竭机械开采，日产油159m^3，可稳产半年；日产油100m^{3}稳产一年。生产试验区内油井米采油指数参照试油和经验公式计算值，考虑0.5的保险系数，Ⅰ油组定为6m^3/（d·m·MPa）；Ⅱ油组选为15m^3/（d·m·MPa）。

单井产量是在试验区的有效厚度等值图上读出每口井的厚度，考虑0.5～0.7MPa的生产压差进行计算的。单井日产40～120m^3，平均80～100m^3；整个试验区年产能可达（100～125）×10^{4}m^3。

（七）采油方式

在油井投产初期，井口压力较高时用自喷开采。当井口压力降低至0.5MPa时转为机械采油。根据有杆泵采油、气举采油、水力活塞泵采油、射流泵采油、电潜泵采油、螺杆泵采油等国内外常用的6种机械采油方式的对比，并参考美国加利福尼亚近海BETA稠油油田的成功经验，油田生产试验区采用以电潜泵采油为主、螺杆泵采油为辅的机械采油方式，机械采油方式的选择视井况而定，即日产大于100m^3，使用电潜泵生产；日产低于100m^3，综合含水小于60%或防砂效果差的井用螺杆泵生产。

（八）防砂方式

据国内外稠油油田调查结果，当时世界上对大斜度、长井段井进行防砂作业的油田不多，比较成功的有美国的BETA油田（海上）、ENGLWOOD油田（陆上）以及马来西亚FORIOUS油田。其中BETA油田地质和油层情况与绥中36−1油田十分相似，该油田投产以来，已完成了85口井400多层段的砾石充填防砂作业，仅有2层失败，施工成功率达99%。从1981年到1985年陆续投产，没有发现出砂现象，说明防砂效果较好。埕北油田的原油性质和地层疏松程度同绥中36−1油田差不多，也是采用绕丝筛管和管内砾石充填的防砂技术，完井46口，除一口井因施工上的问题之外，投产三年，全部油井生产正常，未发现出砂现象。根据绥中 36–1 油田的油层特点和生产试验区的钻井设计，参考 BETA 油田的成功经验，决定生产试验区参考 BEAT 防砂系统，采用管内绕丝、高密度砾石充填的防砂技术。

最终确定：油田生产试验区面积 5.8km^2，储量 4918 × 10^{4}t（方案设计时的储量）；共建三座井口平台，每个平台 16 口开发井，采用 350m 井距、一套开发层系、反九点面积注水方式开发（图 2–1），设计生产井 38 口，注水井 10 口，注水井在油田投产后 1 ～ 2 年内分两批转注。注入水源为净化后的海水。

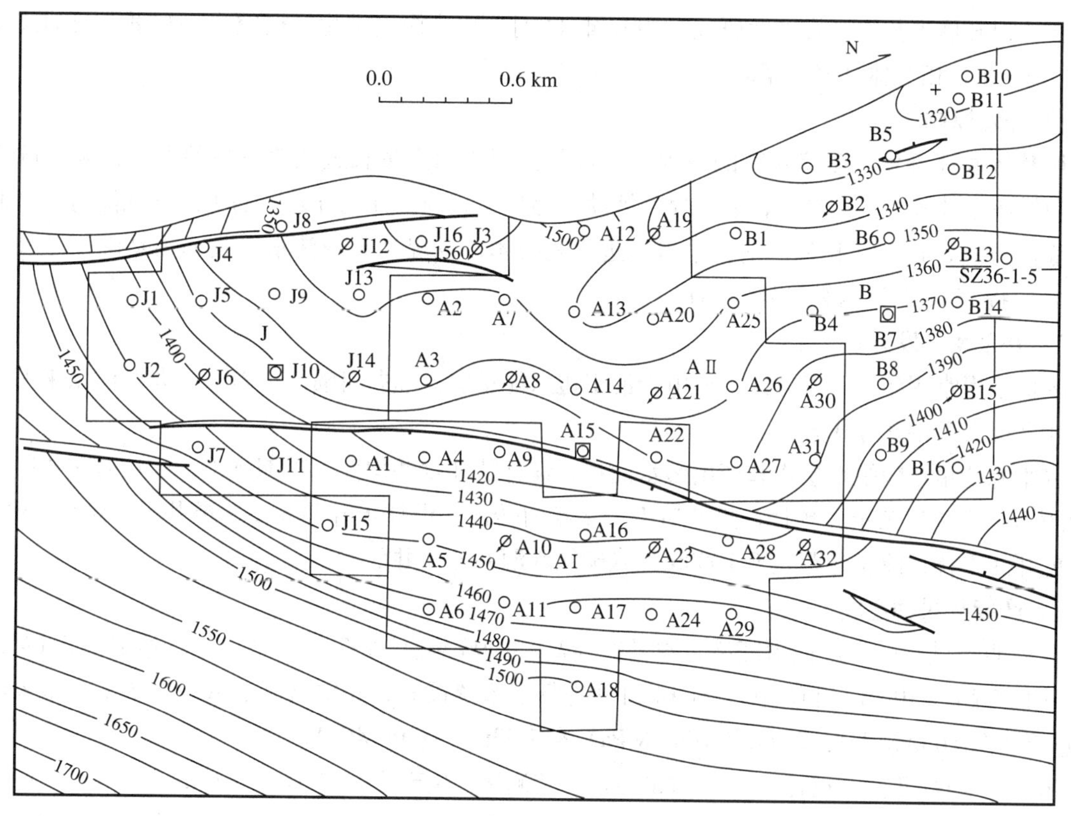

图 2–1　绥中 36–1 油田试验区井位图
（渤海石油公司，1989 年）

采用分段（Ⅰ$_{上}$、Ⅰ$_{下}$、Ⅱ）绕丝筛管砾石充填防砂工艺完井，采油方式以电潜泵机械采油为主。

海上工程设施由 A Ⅰ、A Ⅱ、B 三座井口平台、一座生活动力平台（APP）、浮式生产储油系统（FPSU）以及固定塔式单点系泊（SPM）组成。

设计生产规模年产原油 100 × 10^{4}t，平台日产油 3044t，采油速度 2.0%，平均单井产量 80t/d，平台最大产液量 9763m^3/d，平台最大注水量 6330m^3/d。

开采 15 年累积产油 836.1 × 10^{4}t，采收率为 17%。

1995 年 8 月 J 区完成 ODP 设计，1997 年底投产。

J 区面积 2.0km^2，储量 1681 × 10^{4}t，布井 16 口（生产井 12 口，注水井 4 口），采用 350m 井距、一套开发层系、反九点面积注水开发方式，注入水源为净化后的海水。

采用绕丝筛管砾石充填防砂工艺完井和电潜泵机械采油的采油方式。与试验区不同之处为注水井尽量细分防砂层段，单井防砂层段分 2 ～ 4 段。

海上工程设施新建一座井口平台，通过海底管线连接试验区的生活动力平台（APP）、浮式生产储油系统（FPSU）及固定塔式单点系泊（SPM）。

设计年生产能力 33 × 10^{4}t，日产油 1005t，单井平均最高日产油 63t，采油速度 2.03%，生产 1 ～ 1.5 年后注水井转注。

预测采收率为 17.1%，综合含水 87.7%，累计产油 286.6×10^4t，生产期限为 15 年。

二、整体开发方案

1995 年增开 J 区的同时，在油田待开发区还钻探了 22 井和 23 井，进一步落实了北区的储量和产能。根据生产试验区、J 区和北部评价井的钻探证实，油层厚度可望增加，又一次对油田储量进行了复算，其基本探明储量由 2.11×10^8t 增加到 2.88×10^8t。汪志勇、于洪文、李波等人根据对油田地质模式和储量新认识开展了整体开发方案研究。1997 年 11 月，由中海石油生产研究中心和渤海石油公司编制了《绥中 36−1 油田整体开发方案》。

（一）开发原则

遵循整体高速开发、紧凑投产的原则，实现总公司原油产量长远战略目标的要求；采用试验区开发经验和经济有效开采工艺技术，最大程度地动用储量；充分发挥已开发区的生产设施能力；采取区间接替的稳产方式，适当延长稳产期；采用先进工艺技术，以提高常规注水采收率为基础，寻求可行的 EOR 方法，提高油田开发整体经济效益。

（二）开采及开发方式

新区仍采用常规注水开发方式；但由于油田边水能量弱、油井自喷能力差，需要以注水来保持地层压力，并采用人工举升方式开采。

注水水源选用馆陶组地层水和产出污水两种。设计的注水井均要求先期排液，转注时间要以各区地层实际压力下降情况来定，预计在投产后 1 ~ 2 年内转注。设计水源井 6 口，单井采水量为 2500m^3/d，为了避免井间干扰，建议井距大于 1000m，以确保水源井的单井效率。

（三）产能及采油速度

实践表明，试验区生产能力旺盛，单井产能高，1996 年至 1997 年的平均产量达到 105m^3/d，有近半数的井日产超过 100m^3。试验区共有 14 口井进行了系统试井，其中 A Ⅰ、A Ⅱ、B 平台米采油指数分别为 0.38m^3/（d·m·MPa）、2.24m^3/（d·m·MPa）和 1.53m^3/（d·m·MPa）。

1996 年至 1997 年间共进行了 27 井次的生产压差测试，生产压差在 0.8 ~ 6.0MPa 之间，A Ⅰ、A Ⅱ、B 平台的平均生产压差分别为 1.88MPa、2.16MPa 和 3.24MPa，全油田平均生产压差为 2.74MPa。参考试验区上述动态资料，确定新区生产压差为 2.5MPa，单井平均产量为 72m^3/d。

试验区 1996 年产油 148.4×10^4t，采油速度 1.91%。新区平均采油速度为 2.78%，由于新区内各平台不是同时投产，实际上全区最大的采油速度为 2.35%。

新区吸水指数选用试验区注水井的平均视米吸水指数 1.82m^3/（d·m·MPa）；地层破裂压力取了二个经验公式的平均值为 23.7MPa；井口注水压力根据地层破裂压力和井筒的压力损失分析以及试验区的注水经验按 10.0MPa 设计；按有效厚度与砂层厚度之比约为 0.8 计算出试验区、J 区和新区吸水厚度分别为 76.3m、67.5m 和 43.8m；单井注水量分别为 1139m^3/d、1007m^3/d 和 654m^3/d。如按含水 75% 时吸水能力考虑则试验区、J 区和新区的吸水能力可达 1709m^3/d、1510m^3/d 和 980m^3/d，基本可以满足整体开发方案设计的要求。

（四）井网与开发层系

绥中 36−1 油田的地质和流体特征决定了该油田只适于面积注水井网，反九点面积注水具有较大的灵活性，试验区的实践也证明了这种井网的优越性。

综合考虑生产井的生产能力和注水井的注水能力，确定出新区井距为 350m，在局部区域如断层附近或边部地区可进行适当调整，井距放大到 400 ~ 450m。

鉴于新区Ⅱ油组的含油面积只有Ⅰ油组的一半，且层也较薄，储量主要集中在$\text{Ⅰ}_{下}$油组，故仍采用一套层系开发。防砂段根据钻遇情况分成 2 ~ 3 段，注水井分层配注，实行合采分注。

布井范围，经分析认为当单井产量小于 25 ～ 30t/d 时已无经济效益，故在单井产能大于 30t/d 区域内布井，另外在油水界面附近（厚度小于 15m）的部分区域布些大斜度井，以增加泄油面积和动用储量。

最终设计开发井数 180 口，其中注水井 45 口，大斜度生产井 13 口；6 个标准井口平台和一个中心平台，井口平台的井槽 35 个；边部平台预留井槽，用于后期调整；WHP6 平台预留 4 个井槽，为以后三次采油矿场试验作准备。

根据油田整体生产 500×10^4t 的产量安排，新区应在 2002 年达到 350×10^4t。

（五）采收率

根据多种标定结果，试验区采收率估算为 25.0%（含水 94%），新区采收率为 21.0%（含水 94%），比试验区低约 4.0%。

方案预计新区 2000 年 10 月投产，至 2003 年底全部投产完毕，全油田在 2002 年年产油量达到 $495 \times 10^4 m^3$（477×10^4t），稳产 3 年；2003 年年产油量达 350×10^4t，稳产 2 ～ 3 年；全油田在含水达到 94.0% 时（2018 年）采出程度为 20.6%，试验区、J 区和新区的采出程度（均为动用储量）分别为 24.1%、21.6% 和 21.8%。

第二节　方案实施

1989 年 5 月 25 日，原国家能源部批准了生产试验区开发方案，油田进入建设阶段，1993 年 8 月 31 日海上工程建设阶段结束。

试验区 A Ⅱ平台于 1993 年 9 月投产，共有 16 口生产井，其中机采井 12 口，自喷井 4 口，平台日产油水平 1500t/d，高于开发方案预测值，且生产稳定；

A Ⅰ平台于 1994 年 6 月投产，生产井 15 口，同井抽注试验井 1 口（A32），全部采用机采方式生产。A Ⅰ平台投产后，试验区日产油水平 2500t/d，高于开发方案预测值。

B 平台于 1995 年 5 月投产，生产井 15 口，气源井 1 口（B11），B 平台投产后，试验区进入全面开发阶段，油田日产油水平达 4500t/d。

油田Ⅱ期包括 D、E、F、C、G、H 共 6 个平台，工程项目于 1998 年 3 月正式启动，至油田投产，历时 33 个月。2000 年 12 月 D、E、F 平台首先投产，C、G、H 平台分别于 2001 年 8 月、9 月、11 月投产。2001 年 11 月，油田由整体建设阶段转入全面生产阶段。

一、试验区开发效果

油田试验区开发取得了良好效果，达到了开发试验的目的。

（1）水驱控制程度高。

试验区共划分了 16 个井组，除 A19 井组处于边部，水驱控制程度相对较低外，其余井组的水驱控制程度均在 80% 以上，A23 井组高达 98.6%，水驱控制程度为一类水平。

（2）油井产能高，差别大。

试验区从 1993 年投产以来表现出旺盛的生产能力。开发方案设计单井平均产油量 $82m^3/d$，投产至 1997 年 6 月的生产动态表明，实际单井平均产油量为 $107m^3/d$。

由于受油层分布、流体性质及所处位置的影响，A Ⅱ、B 两个区块位于构造高部位，单井产油量高；A Ⅰ区块位于构造低部位，产量、采油强度、采油指数都明显低于 A Ⅱ区和 B 区。

（3）合采开发动用程度高，但存在层间干扰。

Ⅰ期开发区共有 6 口井在投产初期进行了产液剖面测试，油层动用程度高达 99.7%。

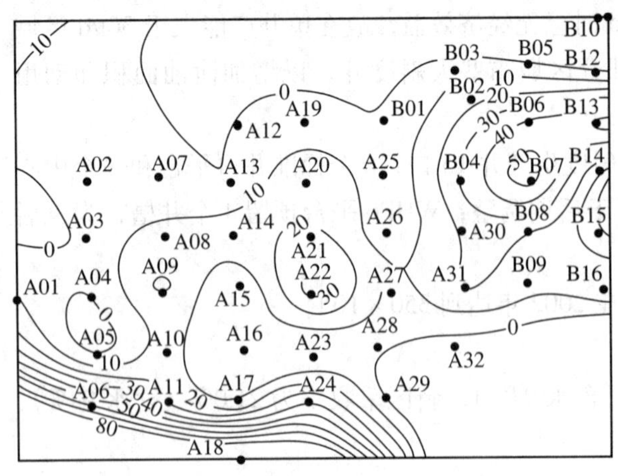

图 2–2　绥中 36–1 油田试验区含水等值线图
（渤海石油研究院，1997 年）

试验区平均单井有效厚度 69.3m，根据渗透率变异系数、渗透率突进系数及渗透率级差判断，均属于强非均质性地层。6 口井的分段测试证实干扰系数在 0.484 ~ 0.698（产量法）之间，平均 0.510，合采产量还不足分段开采合计产量的一半，干扰程度较大。

（4）井网适应性好。

试验区共有注水井 6 口，单井平均日注水 634.9m³，平均井口注入压力 5.3MPa，平均视吸水指数 120m³/（MPa·d），吸水能力较强。吸水指数测试显示平均吸水指数为 156.1m³/（MPa·d），高于视吸水指数，能满足周边生产井的开采要求。试验区的含水等值线图表明，注入水在平面上推进较为均匀，注水井周边的生产井，受效与含水状况比较均衡（图 2–2）。

（5）边部具有天然水驱能量。

绥中 36–1 油田为一北东走向的狭长断裂背斜构造，油水边界长度大约有 13km，在编制生产试验区开发方案时认为靠近油水边界处原油太稠，可能存在一个沥青环，使边水不能起到补充能量的作用。生产实践表明，位于油田内部断层下降盘的 A Ⅰ平台，从 1994 年 6 月投产到 1997 年 9 月，产量、气油比保持稳定，地层压力下降缓慢，在没有一口井转注的情况下，综合含水缓慢上升，显然受到了边水驱动能量的影响，该阶段 A Ⅰ平台应处于弹性和天然水两种能量驱动。

（6）常规注水开发效果显著。

从图 2–3 可以看出，试验区采出程度较高，含水上升相对较慢，水驱效果较好，在相同采出程度下含水低于同类的其他油藏。

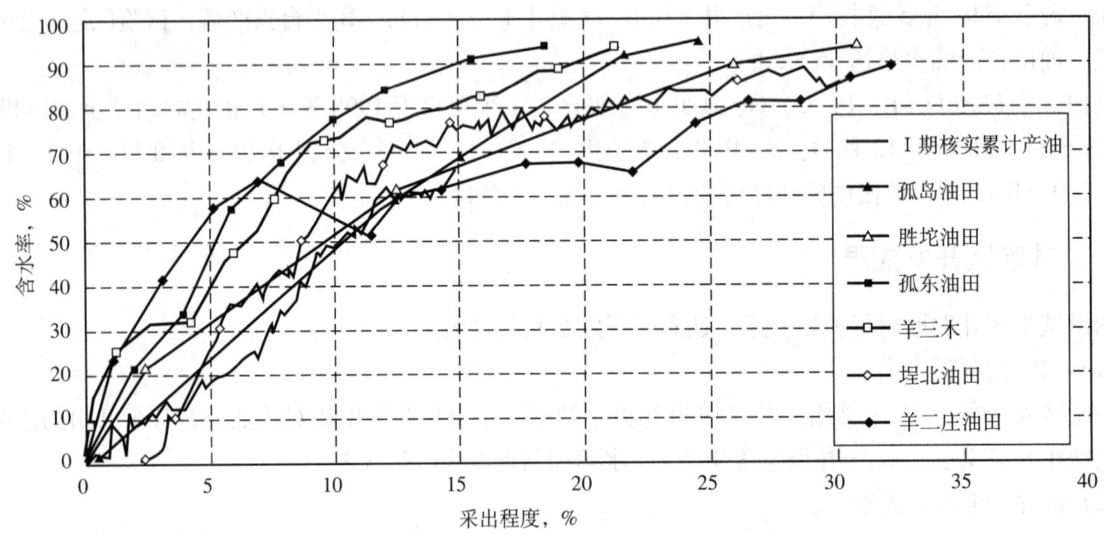

图 2–3　稠油油田含水与采出程度关系对比图
（中海石油天津分公司技术部，2005 年）

根据Ⅰ期开发区实际生产数据做出的水驱指数与含水率关系曲线（图 2–4）可以看到：在开发初期的低含水阶段，由于多产少注，从而导致一段时间内水驱指数较低；进入中含水阶段，油田实施了全面注水，使油田在含水 50% 以前的水驱指数一直保持在 0.8 左右的正常范围内；在含水 50% 以后，由于

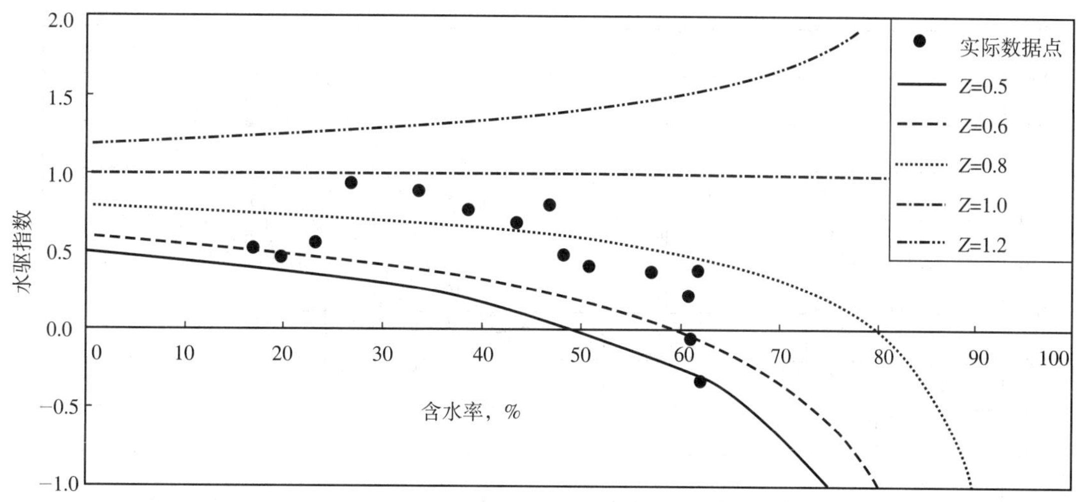

图 2–4　绥中 36–1 油田 I 期水驱指数与含水率关系曲线
（中海石油天津分公司技术部，2005 年）

水源不足及注入水单层或多层突进，水驱指数下降到 0.4 左右。说明该油田在保证正常注水的条件下，水驱指数可达到一类水平（据注水开发油藏水驱指数的评价标准，水驱指数≥ 0.6 为一类）。

应用甲型水驱特征曲线法对 I 期开发区的各区块及全开发区块进行了水驱采收率预测，I 期开发区的水驱采收率为 26.1%，属于二类水平，其中 A Ⅱ区、B 区的水驱采收率相对较高，大于 30%，属于一类水平，高于开发设计。

（7）管内砾石充填分段防砂成功率高。

由于生产试验区储层疏松，胶结不好且含油井段长，在投产前对全部油井实施先期管内砾石充填防砂完井。投产时有自喷井 8 口，机采井 40 口，生产实践表明，在单井产液量高达 500m³/d、生产压差 5.0MPa 的情况下，油井均未出砂，保证了试验区电潜泵井的正常生产。

（8）经济效益好。

截至 1998 年底试验区回收了全部开发投资和应分摊的勘探投资。

二、J 区开发效果

J 区于 1997 年 12 月正式投产，投产后单井产量低，平台日产 751m³/d，两口井（J6 和 J11 井）供液不足，电泵无法正常运转，8 口井产量低于 50m³/d，7 口井产量在 50 ～ 100m³/d，1 口井产量高于 100m³/d，产量远低于 ODP 预测产量。开发井钻后证实油层比预测的要发育，油层有效厚度也有所增加，加之 J 区与试验区紧邻，试验区产能高，而 J 区产能低，与实际生产规律相违背。经过详细研究，发现储层污染严重，因此采取了酸化解堵措施。酸化后产量大幅度提高，采油强度由酸化前的 0.73m³/（d·m）增加到 2.47m³/（d·m）；平台日产油能力 2340m³/d，单井平均日产油 133m³，折算采油速度 3.1%。J 区 ODP 设计年生产能力 33 × 10⁴t，1998 年实际年产油 48.8 × 10⁴t，高于 ODP 设计值。

三、整体开发效果

1999 年，油田 I 期的年产量达到最高峰，为 182.06 × 10⁴m³，经过 2000、2001 两年Ⅱ期工程的建设，全油田年产油量于 2002 年达到高峰，年产量为 450.7 × 10⁴m³（图 2–5）。该油田的整体开发使渤海原油产量攀上了一个新的高峰。

在全油田产量攀上高峰的同时，油田开发也暴露出了新的矛盾，主要表现在三个方面。

一是地层压力下降快，产量递减快。根据投产以来的测压数据对比分析，投产不到两年的时间，Ⅱ

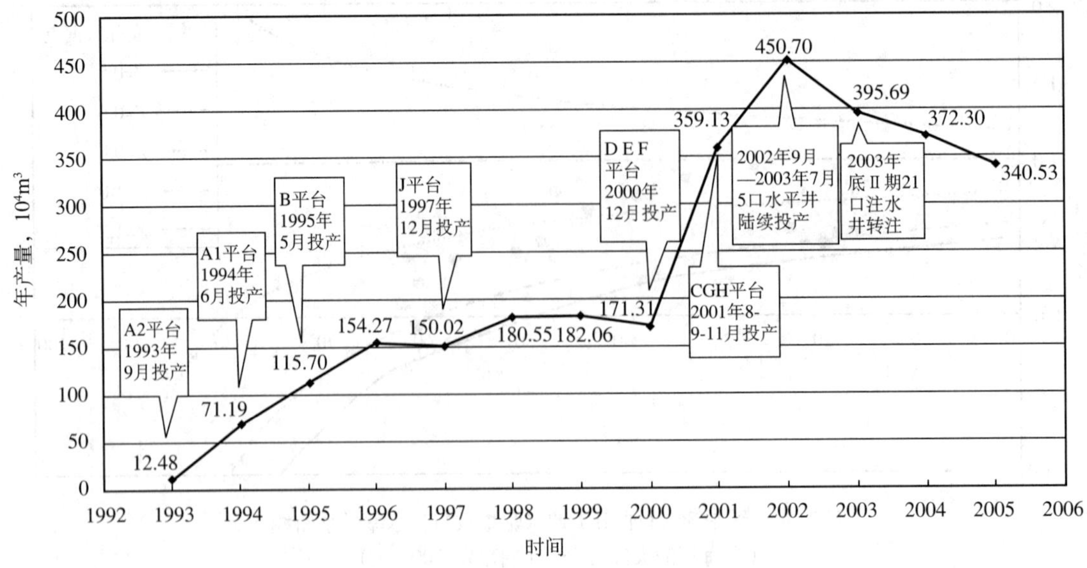

图 2–5　绥中 36–1 油田逐年产量曲线

（中海石油天津分公司技术部，2005 年）

期开发区地层压力下降 1 ~ 3MPa，压降速度最大超过 5MPa/a，到 2002 年构造高部位的地层压力已低于饱和压力。由于油层驱动能量不足，2003 年全油田产量下降到 $395.69 \times 10^4m^3$，自然递减率超过 20%。

二是原油较稠，影响单井产量和采油速度。油田边部的 E、C 和 G 区的原油物性较差，三个区域的平均地下原油黏度超过 200mPa·s，以 C 区为例，ODP 预测其地下原油黏度平均为 140mPa·s，实际原油黏度高达 300mPa·s，边部超过 400mPa·s，单井产量仅 $43m^3/d$。

三是转注较早区域注入水单层和单向突进比较严重。由于Ⅱ期开发区储层非均质较强，注水井吸水剖面明显不均，单层和单向突进现象非常明显，导致转注较早的 D 和 F 区部分油井含水上升较快，个别油井含水高达 80%。

针对Ⅱ期部分区域地层压力已低于饱和压力，产量递减率较大的问题，2002 年下半年在精细地质建模的基础上，对油田进行了注水井转注方案的数值模拟研究。根据研究结果，确定了“先转注 D 区、F 区、C 区及 H 区的高部位的 11 口设计注水井，再转注 H 区的边部及 E 区、G 区的 9 口设计注水井开发效果较好”的方案，方案实施以后，Ⅱ期地层压力逐渐得到恢复（图 2–6）。

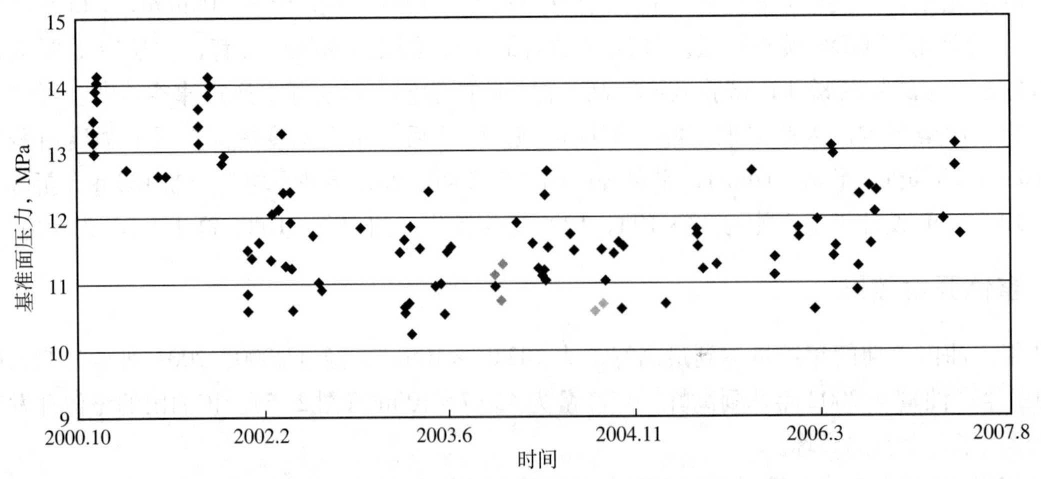

图 2–6　绥中 36–1 油田Ⅱ期基准面压力变化图

（中海石油天津分公司技术部，2005 年）

为了提高油田Ⅱ期位于油田边缘稠油区的采油速度，对C区单层厚度较大的第4小层开展了用水平分支井开采稠油的可行性研究。在调研了大量国外成功的分支井实例的基础上，通过建立油藏数值模拟模型，利用数值模拟软件ECLIPSE中的MSW模块，进行了5口水平分支井的优化设计。2002年9月到2003年7月5口水平分支井陆续投产，单井产量90～155m³/d，为周边定向井的2～4倍。5口水平分支井投产后使C区的采油速度从1.0%提高到1.2%。

通过加强注水及水平分支井两项措施，地层亏空速度和地层压力下降趋势都有所减缓，2005年自然递减率减缓为10%。

第三节　开发过程控制

绥中36–1油田经历两期开发历程，无论Ⅰ期还是Ⅱ期，暴露出两个问题：一是产量递减较快，二是平面矛盾、层间矛盾突出。为此，分析油藏的地质和开发特点，研究了多种增产挖潜的钻、采工艺措施，以控制和解决油田出现的新矛盾。

一、试验区注水研究

1993年9月，试验区AⅡ平台投产，按照方案设计，一年后将陆续开展转注工作。为把注水工作搞好，1994年8月，于洪文、李波、安桂荣等对试验区的注水机理进行了研究，主要包括AⅡ平台转注时间研究、试验区不同注水方案的设计和对比、试验区试注方案地质设计三个方面。

通过生产实际对弹性开采采收率和压力水平进行预测，自喷生产一年半，压力水平将降至11MPa，低于停喷压力11.5MPa，AⅡ平台油井生产依靠弹性能量可维持一年半左右，转注工作应在投产一年半时加紧进行。

生产试验区共设计了三套不同的注水方案：方案一为合采方案，即采用一套开发层系合采Ⅰ、Ⅱ油组，注水井分三段调整注水，反九点法注水；当全区进入高含水时，转注注水井东西侧的边井形成线状注水井网。方案二为分油组上返方案，即井网和注水方式不变，先生产下部Ⅱ油组；当全区进入高含水（3～4年），关闭Ⅱ油组，上返开采Ⅰ油组；当全区进入高含水（5～7年），再打开Ⅱ油组，高含水合采，考虑转成线状注水方式。方案三为边角井分采方案，即原井网和油水井井别不变，利用九点井网，边角分别同时开采$Ⅰ_{下}$层段和$Ⅰ_{上}$、Ⅱ层段，注水井合注。

结合投产一年来油田的生产状况及国内外类似油田的开发实践，利用数值模拟研究不同注水方案的效果，确定边角井分采为最优方案。

鉴于以上认识，选定A8井作为先驱试验井，开展了注水井试注试验。

通过先导试验，认为该油田采用常规注水开发具有可行性，油田储层平面连通好，但剖面上层间差异比较突出。因此，开发人员提出了针对试验区实施注水方案的油藏模拟研究，以选择最佳的注水实施方案，指导试验区的全面注水工作。通过数值模型的建立，生产动态历史拟合，根据拟合结果设计的5种方案对比，“按反九点法面积井网注水，做好注水井的分层配注，至中高含水期适时转线状注水”的方案开发效果最好。

A8井试注的同时，开发研究人员进行了油田非连续相溶解气驱油原理和数值模拟的研究。研究结果表明油田为溶解气油比30m³/m³左右的常规稠油油田，饱和压力为12.3MPa左右，地层压力降至11～12MPa是最佳注水时机，投产后1～2年分两批注水开发效果最好。

二、酸化解堵

1997年11月，J区完钻，开发井钻后证实油层比预测的要发育，油井平均有效厚度从37m增加到

57m，增加 20m。该区 1997 年 12 月投产，ODP 预测平均单井产量为 $77m^3/d$，实际产量仅为 $46m^3/d$；ODP 预测平台产量 $1235m^3/d$，实际平台产量为 $751m^3/d$。

周守为、汪志勇、李波、安桂荣等人从地质条件、储层物性、流体性质及钻完井工艺等多方面与试验区进行了研究和对比，认为 J 区低产的原因在于储层在钻完井过程中受到伤害，存在严重的油层污染，因此提出了 J 区酸化解堵技术研究。

江汉石油学院、华北油田酸化室、中海技服实验中心、石油大学（华东）泥浆研究室等四家单位对油层伤害机理进行了室内模拟实验研究，它们用实际的钻井液、水泥浆和完井液配方分别与地层进行了配伍试验，并用其滤液进行了相互间的配伍试验。研究认为油层污染的主要原因是：①油层污染主要来自钻井作业；②油层污染机理是由于泥浆中形成“屏蔽暂堵”的架桥粒子的粒径和数量不足，致使泥浆中的部分微粒在压差下侵入近井地带后堵塞孔道所至；③钻井滤液、完井滤液以及固井水泥浆液之间不配伍，对油层有一定的伤害；④射孔穿深有待进一步提高；⑤油层压力梯度小，泥浆比重偏大；⑥泥浆液与地层液不配伍造成污染。

根据 J 区岩心物性和储层特征，通过大量的室内实验，优选制定了酸化解堵施工所用的油层清洗液、前置酸液、处理酸液、后置酸液、油层保护液、顶替液的配方和注入程序。酸化分两批进行，共酸化 13 口井，配方完全相同，酸化过程遇到的最大问题就是排酸，通过研究针对两批酸化设计了不同的排酸工艺。第一批酸化后采用氮气排酸 +ESP 排酸；为了降低成本，第二批酸化之后只采用射流泵排酸。

1998 年 4 月至 8 月，对 J 区 13 口井实施了酸化解堵作业，酸化后效果明显，酸化同时考虑换大泵，各井产量均有大幅度提高，平均单井增产 $100m^3/d$，平均采油强度由 $0.73m^3/(d·m)$ 增到 $2.47m^3/(d·m)$。统计分析，J 区酸化效果与地层压力、渗透率、原油黏度等因素关系如下：①采油强度增加倍数与井的位置有关，J 区井离试验区越近，采油强度增加越多，由于当时试验区的地层压力较低，因此就意味着地层压力比原始地层压力降得越多，储层伤害越严重；②采油强度的增加倍数与井的渗透率没有明显关系；③采油强度的增加倍数与井的原油黏度没有明显关系；④采油强度的增加倍数与酸化油层厚度没有明显关系。

J 区通过酸化增加了产量，对 1998 年渤海完成 260×10^4t 产量任务起到了至关重要的作用，与此同时，带动了试验区酸化措施的研究和实施，增强了储层保护意识，对油田Ⅱ期工程钻完井工艺的有效实施具有重要的指导意义。

三、提高注水量

1993 年生产试验区开发早期，根据“非连续相溶解气驱油机理”，制定了“充分利用天然能量、适时注水、保护气顶，实现高速开采”的技术政策，经实施取得了良好效果。为把握适当的注水时机，1994 年开展了注水研究工作，研究结果认为，投产 1 ~ 2 年后地层压力将降到泡点压力附近，为最佳注水时机。由于当时平台发电系统供电不足，致使注水方案未能按时实施，停注水或少注水导致油田地层压力下降，生产气油比上升，地层供液能力不足，1996 年下半年油田产量出现明显递减，之后产量一直在低谷下徘徊。为扭转由于注水工作未跟上而导致的生产被动局面，1998 年下半年制定了“利用天然能量，保护气顶能量；油田全面注水，提高地层压力；实施分层配注，调剖解堵结合”的新政策。

新技术政策的核心是突出注水工作，使注水量满足注水实施方案的要求。通过综合分析油田投产以后的生产动态，发现影响油田注水量的主要因素有两个：一是注水水源不足，针对这一问题，采用“高纯二氧化氯污水处理新工艺”技术，解决了处理后的生产污水和水源井产出的地下水的不配伍问题，使油田污水回注正式启动运行，实现清污混注，有效缓解了油田注水水源不足的问题，同井抽注技术的应用也对补充注水水源起到了辅助作用。

注水井吸水能力变差是油田未注够水的另一个原因。经验表明，注水井吸水能力变差与油层受到伤害有关。通过对注水井堵塞机理的分析，研制出了有机无机复合解堵配方，完善了注水井解堵工艺技术。2002 年至 2005 年，油田在 4 年内注水井解堵工作量共 58 井次，累计增注 $144 \times 10^4 m^3$，累计增油 $18.2 \times 10^4 m^3$。以 2005 年为例，采用复合解堵剂进行解堵，共计实施 13 口井，其中 9 口井取得了增产增注效果，累计增注 $18.7 \times 10^4 m^3$，累计增油 $4.3 \times 10^4 m^3$。

四、优化注水

绥中 36–1 油田纵向上非均质性较强，注水井各小层相对吸水量差异较大，注入水单层突进明显；平面上属于多个沉积微相，由于沉积环境的不同，导致储层物性差异较大，造成注入水在平面上单向突进明显。随着油田开发的不断深入，出现了部分生产井含水上升较快，产量递减大，部分区块含水较高的现象。针对上述问题，油田以“优化注水，控制含水上升，减缓产量递减”的思想为指导，通过注水井酸化、调剖和分层配注，有效控制注入水突进、扩大注入水的波及体积，从而实现控水增油，改善油田开发效果。

（一）分层配注

油田注水实施方案研究表明，注水井分层（段）注水是改善开发效果的关键。油田注水井具有先期防砂、井斜大、单层注入量高的特点，国内外油田现有的分层配注技术均不适应。为实现分层配注，采油工程技术人员自主研发出“一投三分分层配注及分层测试技术”和“桥式空心集成多水嘴分层配注及分层测试技术”，解决了海上油田大斜度防砂注水井分层注水及测试的难题。

截至 2007 年 8 月，油田共有注水井 58 口，其中 14 口注水井实施了分层配注作业，分层配注率达到 24%，分层配注合格率为 86%。

（二）调剖

绥中 36–1 油田普遍采用管内砾石充填防砂完井方式和大段笼统注水开发。在笼统注水条件下，由于不同油层的启动压力与吸水能力不同，造成层间干扰，随着油藏的注水开发，受地层非均质性影响，注入水容易沿高渗透层突进。类比其他油田的经验，注水井调剖技术是控制注入水沿高渗透层突进、改善水驱开发效果的有效途径。

油田由于平台空间狭小，注水井大多采用管内砾石充填防砂完井，筛管和砾石充填层易对调剖体系造成强烈的剪切等多方面的原因，对调剖的混配、注入系统、调剖剂的强度、抗盐性和稳定性等都提出新的要求和挑战，注水井调剖工作的开展有特殊的难度。

针对油田进行注水井调剖的技术难点，成功研制了 BTP–01 调剖剂。该调剖剂具有成胶时间长（6 ~ 72 小时内可调）、强度高（成胶强度可以调控）、抗剪切性能好、抗盐性能好（耐矿化度达 50000mg/L）、凝胶破胶时间长（大于 9 个月）和岩心封堵率高（大于 85%）的特点。

新型调剖剂研制成功以后，对调剖剂的注入量、段塞组成、注入压力、注入排量、施工管柱等进行了优化设计。2003 年至 2005 年，共计实施 19 井次的调剖，调剖后对应油井增油 $9.3 \times 10^4 m^3$。以 2005 年油田调剖的 4 口井为例，实施前后注水井的吸水能力发生了明显变化，注水压力上升 1 ~ 3MPa；视吸水指数下降了 10 ~ $14 m^3/$（d·MPa）；生产井表现为增油降水，减缓了产量的递减和综合含水的上升。

五、挖掘边部稠油区潜力

绥中 36–1 油田的开发方案中，为提高方案的经济性，在油层厚度小于 15m 的边部地区均未布井。油田开发以后，由于边水推进不均衡，使非水淹层在油田边部留下了潜力区。另外在油田生产过程中也存在由于各种工程原因造成的个别停产井，从而使部分区域储量动用程度不高。为此，2002 年开展了油田边部布井方案的优化研究。

研究发现，C 区油层第 4 小层储层分布稳定，油层厚度较大（>10m），具有一定的储量规模，且该小层平面上距油水边界较远，因此认为第 4 小层是剩余油分布的富集层位。根据该区动、静态资料，以油藏数值模拟为手段，对油水界面的位置进行了动态跟踪研究。数值模拟研究表明，第 4 小层的油水界面已向油层内部推进了约 350m，距 A18 井约 450m，说明仍然具备布水平分支井的条件。

为了合理设计水平分支井井位，确保开发效果最佳，首先使用挪威 Roxar 公司先进的 IRAPRMS 油藏建模系统软件定量描述储层参数在三维空间的分布规律，建立三维地质精细模型。在此基础上，使用 Eclipse 多段井（MSW）模块进行水平分支井的优化地质设计，通过预测不同布井方式下水平分支井的见水时间、含水变化以及最终累积产油量等开发指标，进行不同布井方式开发效果的对比研究，并结合经济评价，最终完成 5 口水平分支井的优化设计。

C 区 5 口水平分支井的完井方式均为水平主井眼下优质筛管防砂完井，分支井眼为裸眼完井方式。根据采用的防砂完井方式和的油藏和井眼参数（表 2–1），运用“水平井、鱼骨刺井产能评价软件”分别计算了直井、水平井、4 分支非对称分支井的产能（表 2–2、图 2–7）。

表 2–1　绥中 36–1 油田 CF1 井地层参数和井眼参数

井名	黏度 mPa·s	水平渗透率 mD	垂向渗透率 mD	油层厚度 m	主井眼半径 m	主井段长度 m	分支井眼长度 m	分支井眼半径 m
CF1	400	4200	420	18	0.089	400	2×150 2×100	0.108

表 2–2　不同完井方式下分支井产能计算结果

完井方式	直井产量 m³/d	水平井		分支井		
		q_o m³/d	J_h/J_v	q_o m³/d	J_f/J_h	J_f/J_v
裸眼	26.7	116	4.3	137	1.2	5.1
割缝筛管	26.7	125	4.7	129	1.0	4.8

从结果可以看出，在该油藏条件下，裸眼完井和割缝筛管完井方式的水平井产能是直井的 4.5 倍左

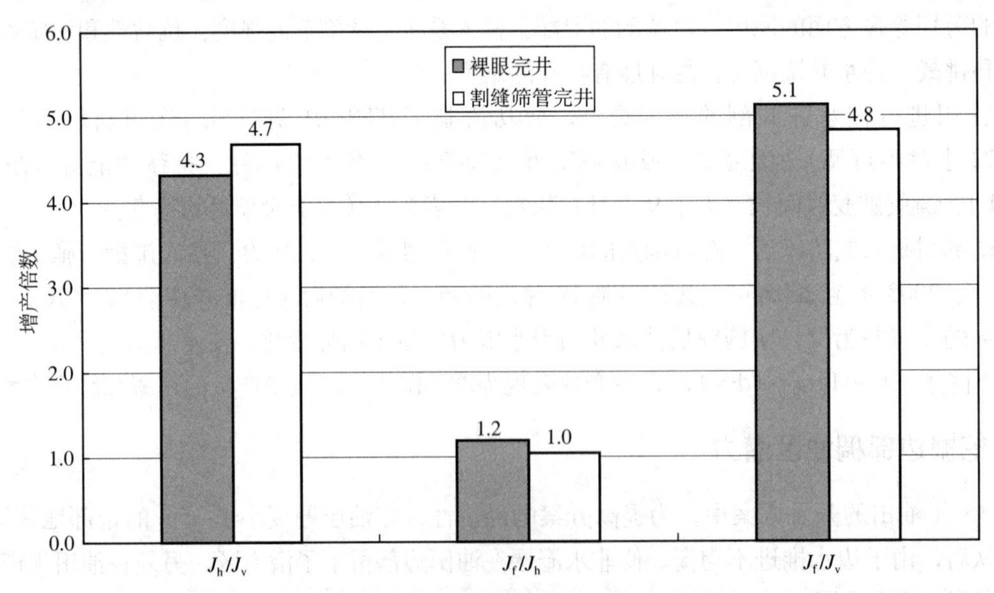

图 2–7　不同完井方式下不同井型产能对比
（中海石油天津分公司技术部，2002 年）

右，分支井产能则是水平井的 1.1 倍左右。

产能确定以后，为规避采用批量分支井开采油田边部稠油可能遇到的风险，将 C20 井（防砂失败井）通过侧钻完成的水平井（CF1 井）作为先导试验井。该井开采目的层为第 4 小层，平均有效厚度为 18.2m，油层底距原始外含油边界平面距离 450m，井控面积为 $0.25km^2$，井控原始地质储量为 $105 \times 10^4m^3$，地下原油黏度 400mPa·s。设计主支水平井段长 413m，共有 4 个分支。

该井于 2002 年 7 月开始钻井，2002 年 12 月正式投入生产，初期日产油高达 $155m^3$。

CF1 水平分支井获得成功以后，相继又完成了 4 口水平分支井，并分别于 2003 年 1 月至 2003 年 7 月完钻，并陆续投入生产，初期单井日产油 90 ~ $150m^3/d$。

5 口水平分支井投产后生产稳定，截止到 2005 年 12 月底，已累计生产原油 $46.29 \times 10^4m^3$。5 口水平分支井的投产，改善了 C 区的开发指标：采油速度从 0.9% 提高到 1.6%；油藏数值模拟预测，到 2010 年可累积增油 $106.4 \times 10^4m^3$，该区的最终采收率可提高 4%。

第四节　提高采收率

绥中 36–1 油田是三角洲相沉积的大型普通稠油油田，历次研究表明，常规注水开发的采收率均在 20% 左右，类比国内其他油田，陆上注水开发油田标定平均采收率为 33.3%，环渤海湾陆上油田标定平均采收率为 27.1%，显然，如何提高采收率是油田面临的主要问题。

早在 1993 年 5 月，渤海公司研究院陈国风、王士强等人根据美国 NPC 标准对油田提高采收率方法进行了筛选研究，研究人员主要从机理、适用条件和存在问题三个方面进行了 EOR 方法调研和初步筛选，认为可对聚合物驱进行可行性研究。在对国内外提高采收率方法进行调研的同时，渤海公司还广泛听取国内外专家的论证意见，美国 ARCO 石油公司三次采油专家 H.L.Chang，中国石油勘探开发研究院采收率所所长杨普华，大港油田研究院副院长倪方天等一直认为对绥中 36–1 油田提高采收率方法采用聚合物驱是有效的。1993 年 11 月，中国海洋石油总公司石油学会邀请国内一些知名三次采油专家，在杭州召开绥中 36–1 油田提高采收率研究论证会，与会专家一致认为采用聚合物驱提高采收率是最佳的选择。

1993 年，渤海公司委托胜利油田研究院和大港油田研究院分别对绥中 36–1 油田聚合物驱所使用的聚合物进行筛选和聚合物驱油的室内试验。由于生产试验区注入的是海水，矿化度高达 30000mg/L 以上，注一般的合成聚合物，对含盐量敏感性大，降解比重严重，因此当时只对生物聚合物和耐盐聚合物进行了筛选和室内驱油实验，最终选择临淄酒厂的生物聚合物 XG204 和日东公司生产的 1020B 耐盐聚合物作为增黏剂。胜利油田研究院利用绥中 36–1 油田的油砂，采用生物聚合物（临淄酒厂的生物聚合物 XG204）作为驱油增黏剂，进行了单管和双管模型的驱油试验，平均可提高采收率 15%；大港油田研究院利用绥中 36–1 油田的脱气原油和煤油配制成的模拟油，采用耐盐聚合物（日东公司的 1020B 耐盐聚合物）作为驱油增黏剂，进行了驱油试验和聚合物注入时机的筛选研究，认为注聚平均可提高采收率 8% ~ 10%，在低含水期实施注聚合物，采收率有明显提高，如果实施聚合物驱的时机由含水 90% 提前到含水 30%，采收率提高值可从 5% 增加到 10%。

1994 年 4 月，为贯彻“千方百计节省投资，提高油田开发经济效益，充分利用新技术提高采收率”的开发方针，渤海石油公司研究院委托大庆石油管理局勘探开发研究院，采用数值模拟方法，对油田试验区采用聚合物驱油的可行性进行了比较系统的研究。研究结果表明：聚合物驱可提高采收率 9.5%，稳产期达 9 年，比水驱稳产期延长 1 倍以上。1994 年 7 月对油田试验区注聚进行过初步工程评价和经济分析，结论认为绥中 36–1 油田注聚合物工程需要对原有平台进行必要的改造，增加部分投资，工程和经济上可行，但聚合物驱需要用淡水配制，化学剂用量大、费用高，配制、注入设施庞大，海上实施难度大，最终未能实施。

此后针对油田注聚提高采收率研究工作从未停止过，但均因缺乏适合高矿化度水的聚合物产品、缺乏适应海上平台条件的注聚设备、注聚后原油脱水和污水处理难度加大以及海上油田注聚的经济性差等原因而搁置下来。21 世纪以来，随着国际油价的节节攀升，并伴随国内外 EOR 技术的发展，油田提高采收率课题取得了突破性进展，疏水缔合聚合物和自动化、模块化撬装注聚设备的成功研发增加了油田注聚提高采收率的可行性。

2003 年 9 月，选择位于油田西侧的 J3 井组为聚合物驱的先导试验井组。试验井组有注入井 1 口（J3 井），从油管正注，注聚段塞数量 2 个，生产井 5 口（J16、A2、A7、A12 和 A13 井），平均注采井距 370m。

J3 井于 2003 年 9 月 25 日开始注聚，至 2005 年 5 月 25 日结束，历时 598 天，累计注入母液 $10.33\times10^4m^3$，注水 $17.02\times10^4m^3$，累积注入量共计 $27.35\times10^4m^3$，聚合物干粉用量约 421t。注聚后 8 个月周边油井开始见效，井组日产液量由注聚前的 922.8m^3/d 下降至 803m^3/d；含水由注聚前的 59.33% 下降为 50.74%；日产油量由 375.34m^3/d 上升为 396m^3/d。截至 2005 年 11 月 30 日，井组累计增油 $5.70\times10^4m^3$，提高采收率 1.17%，平均每吨聚合物增油 135.5t。

J3 井聚合物驱先导试验的成功，为提高油田水驱采收率建立了信心，为进一步扩大战果，于 2005 年 11 月 25 日开始进行油田聚合物驱的扩大区试验。

第三章

钻井与采油工程

绥中 36–1 油田分生产试验区（A Ⅰ、A Ⅱ和 B 区）、J 区和Ⅱ期三个阶段开发。

1989 至 1993 年间，油田生产试验区投入开发。1989 至 1992 年首先完成了 A 区的钻井作业，A 区建有 A Ⅱ和 A Ⅰ两个近邻的导管平台，各布开发井 16 口，A Ⅱ平台钻井平均建井周期 22.73 天，1993 年 A Ⅰ平台 16 口开发井的平均建井周期提高至 14.9 天，B 区 32 口井平均建井周期为 12 天多。

1996 年，J 区采用“优快钻井技术”，15 口开发井的钻井作业平均建井周期缩短为 3.71 天，其中最快一口井为 2.6 天，把这个地区的钻井速度提高了 3.8 倍，节约预算成本的 34%，同时，刷新了 4 项海洋石油钻井记录。

1999 年动工的油田Ⅱ期钻井工程共布开发井 186 口，是在优快钻井技术全面普及的情况下，历时近三年完成的。钻井总工期 586 天，比原计划提前 141 天，创造了平均建井周期 3.22 天的中国海洋石油钻井最好成绩。

第一节　钻井工程

20 世纪 80 年代中期，渤海在辽东湾接连发现了锦州 20–2、绥中 36–1、锦州 9–3 等 3 个油气田。但是，这些油气田因为经济效益不理想，迟迟没有上马。根据当时的计算，钻井和完井的成本接近整个油田开发资金投入的一半，降低成本的最大空间在提高钻井时效，矛盾的焦点集中在如何缩短钻井周期上。按照传统钻井模式下的钻井速度，现有的钻井设备根本无法满足油田勘探开发的要求，唯一的出路就是靠内部挖潜，即提高现有钻井平台的时效。

20 世纪 90 年代初，担任渤海公司钻井总工程师的殷嘉德、钻井部主任李平等人，率领钻井人员进行攻关。1989 年，渤海 8 号钻井平台在油田 A Ⅱ平台打第一批 16 口生产井，平均井深 2034m，平均建井周期 22.73 天。1993 年，在油田 A Ⅰ平台又钻了 16 口生产井，平均井深 1938m，平均建井周期缩短到 14.9 天。

就在这个时候，中国海油总地质师龚再升从泰国湾带回一本小册子，从国外传来了一个让大家吃惊的信息：美国一家公司在泰国湾推行快速钻井，在地质条件、钻井深度与辽东湾大致相同的条件下，钻成一口井只需要 6 ~ 7 天的时间，比中国海域的传统钻井快好几倍。于是海油总部派出杨向福、李勇、王家祥、姜伟等专业钻井人员去泰国湾实地考察。当考察组到达泰国湾的海上油田，在现场实地观察美国的钻井人员打井，出现在眼前的钻井时效，竟比原来传闻的速度还快，同等条件和要求的生产井的钻井周期，从原来的 6 ~ 7 天缩短到 4 ~ 5 天。为何同样的技术和设备在美国人手中就能创造出这样的奇迹呢？一位美国同行的一句话，捅开了这层“窗户纸”。这位同行指着自己的脑袋说，优快钻井的奥秘主要不在那些有形的设备和技术中，而在人们自己的头脑里。考察组认真琢磨这句话，猛然省悟，捕捉到了蕴涵在这句话中的深刻道理：辽东湾与泰国湾钻井效率的差距，主要在于思维模式，管理意识和技术观念的差距。

1994 年 10 月，中国海洋石油总公司在北京召开钻井工作会议，会议听取泰国湾实地考察的汇报，对照美国公司在泰国湾的钻井成果各个环节一一解剖，就打破传统钻井模式，树立现代钻井新观念；将快速与优质在提高钻井的效率和效益前提下统一起来；突破传统管理模式，采用项目管理办法，统一人财物调配；建立新的管理体系和机制，强化进度、质量及成本的控制；在技术方面打破片面追求单项技术的高精尖，把重点放在优化组合现有的技术，实现技术组合效益最大化等问题上达成共识。

1996 年的 9 月 21 日，由渤海 8 号钻井平台承钻的油田 J 区优快钻井项目在辽东湾开钻，J 区需要钻 15 口生产井。项目组在这里运用了歧口 18–1 优快钻井的成功经验，并针对这个地区的具体情况采取了一些新的管理措施，所钻的 15 口生产井，井深平均 1876m，全部钻完只用了 55.6 天的时间，平均建井周期为 3.71 天，其中最快的一口井为 2.6 天，将这个区域的钻井速度提高了 2.2 倍。其中还有 14 口井的平均机械钻速、平均日进尺和建井周期三项指标都超过了中国海油生产井钻井的单项纪录。这个优快工程实行项目管理，出任项目经理的是歧口 18–1 油田项目组的现场监督方长传，这意味着歧口 18–1 项目经理由钻井部领导担任，但到了 J 区快速钻井项目，项目经理只由现场监督担任。也就是在这一项目，项目组还成功探索形成了八大钻井新技术：聚晶金刚石（PDC）钻头钻井技术；PDC 钻头可钻式浮鞋；顶部驱动钻井技术；MWD 随钻测量技术；可控马达导向钻井技术；高效线性震动筛固控技术；大满贯测井技术；丛式井非钻机作业时间测 CBL 技术。

1999 年批准开发的油田Ⅱ期开发工程，因为油田的地质储量大，开发规模比以往任何油田都大，受到极大关注。中国海洋石油总公司从节约成本出发，要求变试验区和 J 区井口间距 2m×2m、16 个槽口的井口小平台为井口间距 1.5m×1.8m、35 个槽口的井口大平台，要求只建 6 座井口平台，在上面钻井 186 口，成为当时我国海上钻井密度最大的油田。然而，密集井口大平台开发模式给钻井施工带来一系列难题，如：井底平均位移和井斜角增大，增加了定向井和井眼净化难度；井口间距减小，井眼防碰问题极为突出；表层施工易串易漏等。面对这些难题，钻井技术人员积极进行技术创新，提出集中钻表层、非钻机时间表层固井技术、顶部驱动装置 + 高效固控系统、新型小阳离子泥浆、简化井身结构等新技术，攻克了密集井口优质快速钻井的技术难点。

绥中地区的馆陶组地层底部存在垂厚约 50m 的底砾岩，根据以往的作业经验，均是采用牙轮钻头钻穿馆陶组底砾岩的常规技术。但是，牙轮钻头的机械钻速偏低，且在钻至馆陶组底砾岩前需要增加一趟起下钻，这都大大影响了钻井作业效率。钻井技术人员联合 PDC 钻头厂家反复进行技术攻关，对适用于馆陶组地层底砾岩的 PDC 钻头进行不断改进，最终攻克了 PDC 钻头钻砾岩层的技术难题，大大提高了钻井作业效率。

油田Ⅱ期开发工程时值中海石油深化改革，整个项目实施的责任落在中海石油（中国）有限公司天津分公司钻井部的肩上，曾在歧口 18–1 快速钻井试验项目中担任钻井监督的张春阳被任命为钻井项目经理。项目组人员采用国际上项目管理模式，统一人财物的调配，减少中间环节，强化项目的安全、进度、质量、环保及成本控制；技术上实现各项技术的优化组合与配套，运用统筹学和价值工程理论去管理项目。通过以上一系列新措施，Ⅱ期钻井作业运行全过程未发生人身安全事故和环境污染事故；项目共钻井 186 口，总进尺 344949m，平均井深 1920m，总钻井作业时间 586.04 天，平均单井钻井周期 3.22 天，与 ODP 比较节约 141.96 天；共 11 次打破海洋石油总公司的五项钻井单项纪录：① 1501 ~ 2000m 开发井最短钻井周期 2.28 天；②最高平均日进尺 830.74m/d；③最高平均机械钻速 161.2m/h；④ 2001 ~ 2500m 开发井最短钻井周期 2.29 天；⑤再破 1501 ~ 2000m 开发井最短钻井周期 1.78 天；⑥再破最高平均日进尺 933.75m/d；⑦再破最高平均机械钻速 183.54m/h；⑧三破 1501 ~ 2000m 开发井最短钻井周期 1.61 天；⑨三破最高平均机械钻速 189.36m/h；⑩三破最高平均日进尺 996.91m/d；⑪ 2501 ~ 3000m 开发井最短钻井周期 3.57 天。Ⅱ期钻井项目经理张春阳获得 2001 年天津市劳动模范荣誉称号，2002 年荣获中国海洋石油工业劳动模范荣誉称号。

2002 年，针对油田 C 区稠油，中国海洋石油总公司提高采收率重点实验室在考察了委内瑞拉稠油开发钻完井技术后，陆续调整加密了鱼骨刺型水平分支井，首次引入了旋转导向工具、地质导向技术和合成基泥浆体系等国际先进技术工艺。另外，油田Ⅱ期钻井作业延续快速钻井的基本作业模式，在优质、安全的前提下，尽量优化井身结构和作业工具，便于施工时的批量流水作业和交叉作业。一系列优快钻井新技术在油田Ⅱ期钻井作业中得到创新和应用，包括 PDC 钻头可钻的套管附件、大功率泥浆马达加导向钻井系统、满贯测井、长裸眼单级双封无候凝固井技术、非钻机时间测固井质量等。

第二节　完井工程

绥中 36–1 油田生产试验区（AⅠ、AⅡ和 B 区）和 J 区沿用埕北油田采用的套管内逐层射孔逐层砾石充填防砂完井方式，并在完井后使用酸化工艺解除污染。试验区 A 区 32 口井平均单井完井周期为 9.1 天，B 区 16 口井平均单井完井周期为 9.42 天。

油田Ⅱ期完井作业由中海石油有限公司天津分公司钻井部绥中 36–1 油田Ⅱ期工程完井项目组负责实施，项目工期从 2000 年至 2002 年。作业期间，项目组引进国际最先进的一次管柱多层充填、高速水充填、微压裂充填防砂技术和配套的一次管柱多层射孔技术以及与江汉石油学院共同开发的隐性酸完井液技术，不仅明显提高了完井效率，使同类井平均单井完井周期由原来的 5 天左右缩短为 4 天左右，而且明显改善了完井防砂质量。

其中，C 平台布井 25 口，平均完井周期 3.84 天 / 井，比 ODP 报告的 6 天 / 井缩短了 36%；D 平台布井 30 口井（不包括 2 口测试井），平均井深 1893.7m，平均每口井（2 口水源井除外）防砂层数为 3.37 层，其中 5 层防砂井 3 口，平均毛射孔段长度 282.3m，最长射孔段为 432.6m，而且地层水和天然气夹层较多，射孔时需小心避水和避气，30 口井平均每层砾石充填系数为 122.32psi/ft，平均单井完井周期 4.30 天，比同类的锦州 9–3 油田缩短 0.36 天，创造了中海石油同类三层防砂井 2.29 天完井、四层防砂井 3.49 天完井、五层防砂井 3.88 天完井和水源井 0.84 天完井周期的 4 项最短完井纪录。F 平台布井 34 口，是油田Ⅱ期工程 6 个采油平台中布井最多的一个平台，也是渤海油田当时生产井最多的采油平台，32 口防砂井（1 口水源井除外）平均井深 1813.8m，平均防砂段 2.35 层，平均毛射孔段 140.06m，平均单井完井周期 3.60 天，比同类的渤海锦州 9–3 油田缩短 1.06 天。G 平台布井 31 口，平均井深 1947.5m，平均防砂层数 2.13 层，平均毛射孔段 108.4m，平均单井完井周期 3.52 天 / 井，比 ODP 报告的 6 天 / 井缩短了 41%，打破了中海石油多项防砂完井纪录。H 平台布井 34 口，平均单井完井周期 3.60 天，在增加额外工作量的情况下，比原 ODP 报告的单井 6 天减少了 2.4 天，共节约作业船天 81.6 天。

绥中 36–1 油田Ⅱ期完井作业首次引入和采用了许多当时国际先进的完井新技术，其中，一次多层管内砾石充填防砂技术突破了层间等长限制，并首次由中方人员顶替外方参与了防砂完井作业，提高了工具安全性，使得渤海率先成功应用一次多层管内砾石充填防砂这一全球领先技术。此外，油田Ⅱ期完井作业还开发出适用于 7in 套管的一次多层防砂充填工具、隐性酸体系完井液、隔板传爆技术等新工具技术，有力地保护了油藏，解决了射孔作业带来的安全和环保问题，并形成了自有专利。2002 年以后，随着渤海地区多枝导流适度防砂完井技术的提出和逐步发展，新型的泥浆清除技术和国产化的金属棉优质筛管等新技术工艺在油田Ⅱ期完井的广泛应用，使得这一油田的完井作业质量得以提高，作业成本大幅降低。油田Ⅱ期完井项目共打破中国海洋石油总公司单项完井纪录 11 项。

第三节　采油工程

一、举升工艺

（一）采油工艺的设计及应用

绥中 36–1 油田经过渤海石油公司开展的油田地质评价和开发可行性研究，以及美国科学软件公司（SSI）专家的技术咨询，认为其地质和油层情况与美国加利福尼亚近海 BETA 稠油油田相似。1988 年 9 月渤海石油采油公司李敏编写完成了《绥中 36–1 油田生产试验区采油工艺设计初步方案》，该方案结合 BETA 油田的经验，综合对比各种采油方式，认为油田应采用电潜泵为主，水力射流泵为辅，试验螺杆泵的机采方式。

1989 年 3 月，渤海石油公司研究院对初步方案进行了修改，编写完成了《绥中 36–1 油田生产试验区总体开发方案》，对各种采油方式的选择时机做了详细的研究。1993 年 9 月至 1995 年 5 月，试验区完成投产进入全面开发阶段。根据开发方案，初期采用以电潜泵为主、自喷为辅的生产方式，其中电潜泵井 37 口，自喷井 9 口，油井日产油水平均高于开发方案预测值。

1995 年，根据油田总体开发方案可行性研究报告的思路，决定利用试验区设施增开 J 区，1997 年 12 月投产，16 口生产井均为电潜泵开采，但在投产初期，储层污染严重，单井产量低，个别井供液不足，电潜泵无法正常运转。1998 年 4 月进行整体酸化后油井产量大幅度提高，实际年产油高于 ODP 设计值。

试验区的生产实践证明，电潜泵抽油是适合于绥中 36–1 油田的，油井产能达到或超过设计，成功实现电潜泵冷采稠油。1994 至 1998 年 5 年间的电泵平均检泵周期可达 347 天，最长达 1280 天。

1997 年 11 月，根据油田试验区的试验数据和实践经验，由中国海洋石油生产研究中心编写完成了《绥中 36–1 油田整体开发方案》，该方案要求：绥中 36–1 油田Ⅱ期的全部采油井，采用电潜泵作为开发过程的主要机采方式，部分井试用电潜螺杆泵。所有采油井采用 3 $^{1}/_{2}$in 油管，需要下 Y 型管柱测压的油井使用 9 $^{5}/_{8}$in 套管，其他油井采用 7in 套管。

2000 年 12 月至 2001 年 11 月，油田Ⅱ期陆续完成投产，230 口生产井全部采用电潜泵开采。Ⅱ期投产后，由于测试资料不足、产出剖面不清、试验区长期开采导致地层能量大幅度下降及 ODP 阶段对地下流体性质及产能的认识不足等多方面的原因，部分井电潜泵运行寿命较短，全年只有 132 天。同时采油效率较低，各区块产量均未达到 ODP 设计值，2001 年 4 月和 6 月开始分别对 D、E、F 区进行酸化后，产能才逐渐达到和接近 ODP 设计值。随后通过加强电潜泵机组质量和作业质量的控制，使得油田生产效果逐渐好转。

2001 年 11 月 23 日，按照油田整体开发方案中对采油工程的设计要求，结合电潜螺杆泵适用条件，根据油层厚度、原油黏度、地面设备的空间等因素选定 E29 井进行了油田第一口电潜螺杆泵试验，排量效率和系统机械效率较高，虽寿命仅 40 天，但该试验的成功，仍然为油田Ⅱ期 C 区和 E 区产量的挖潜提供了经验，为海上油田低气油比、高黏原油使用电潜螺杆泵机采方式提供了国产化思路。油田随后陆续开展了悬吊式电潜螺杆泵和地面杆驱螺杆泵试验，均取得了较为满意的成果。

（二）电潜泵的应用

1993 年 9 月，AⅡ平台投产后，除 12 口井采用电潜泵采油，其余 4 口井为兼顾测试设计为高产自喷井，自喷期为半年。由于担心自喷达不到产量要求，为了避免二次作业，戴焕栋同志决定一次性将电潜泵下至最深，实行连喷带抽，同时为方便测试，以监测油田压力的变化趋势，掌握注水时机，部分油井采取“Y”型管柱开采，以便于钢丝作业测试油井压力剖面。

1998 年，为了克服严峻的生产形势，提出了多种电泵井增产措施。首先在试验区选出 A23 和 B13 井进行大排量抽油试验，通过变频，最高泵排量高达 400m³/d，实际日产液达 497m³，由此证明在试验区增大泵排量提液是有可能的，但生产压差可能很大，同时地层必须具有较强的驱动能量。其次对试验区 5 口井进行了放大油嘴试验，油嘴放大到 24.5mm，但增油效果不好。随后在前两项工作基础上，对部分井实施了换大泵提液措施，实施后效果差别很大。A Ⅰ区和 J 区效果较好，A Ⅱ区和 B 区效果较差，地层能量是影响措施效果的主要因素。

1998 年 4 月，针对 J 区所有油井进行了整体酸化解堵措施，并且均换大排量泵生产，酸化后各井产量均有大幅度提高。1998 年 12 月根据 J 区酸化经验，在试验区实施了第一批酸化井，酸化后各井普遍增油，但增油效果不如 J 区。

2001 年 11 月，油田Ⅱ期完成投产，全部采用电潜泵开采，初期因原油黏度较大，油层污染严重，部分井电潜泵运行寿命较短，采油效率较低，加大了检泵作业量，降低了电潜泵的生产时率，2001 年电潜泵平均检泵周期 241 天，其中Ⅱ期只有 132 天。

2002 年，为了提高机组质量，延长电潜泵检泵周期，在 F 平台开始试验电潜泵机组租赁制度，2005 年，在全油田全面实施，租赁厂家有大庆、天津成套、四川虎溪、北京东晟、渤海工程。该制度要求对检泵周期比较短的机组和含水高、出砂、结垢、腐蚀、产液低等特殊井的机组进行拆检，以便确认导致故障的原因，保证了作业的及时性，提高了机组质量和平台电泵管理水平，使得油田电潜泵平均检泵周期和平均运转周期逐年增加（图 3–1）。

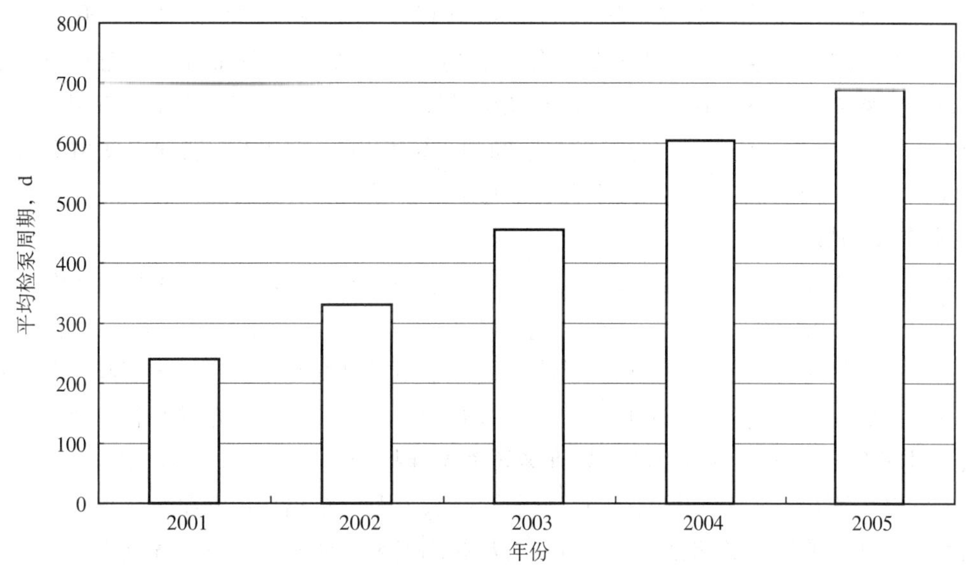

图 3–1　2001—2005 年绥中 36–1 油田电潜泵的检泵周期图对比图
（中海石油天津分公司生产部，2005 年）

（三）螺杆泵的应用

2001 年 11 月 23 日，在 E29 井成功完成油田的第一口电潜螺杆泵生产井试验，厂家是辽河盘锦三阳，理论排量 80m³/d，实际产液 50m³/d。试验后排量效率和系统机械效率较高，但寿命较短，共运行 40 天，提出检查为螺杆泵转子被定子抱死。2002 年进一步引进该公司生产的电潜螺杆泵 4 井次，理论排量均在 100m³/d 以下，平均运转周期达 200 天，最长周期达 608 天。

2002 年 5 月 2 日，开始陆续在 C24、E18 和 CF1 井试验天津雷达公司生产的悬吊式电潜螺杆泵，该泵结构由上至下为电机、减速器、柔性轴和螺杆泵，井液由泵下面吸入口经螺杆泵升压后由电机和导流罩之间的环空到油管里。C24 井和 E18 井机组检泵周期因供液不足仅为 40 天和 80 天，故障检查发现均由于生产时轴向力较大导致止推轴承损坏，CF1 井因油井下电潜泵提液而换泵，共运行 63 天。

经过近一年的电潜螺杆泵的试验和总结，当时已开发出了适合海上7in套管的减速系统和止推系统，辽河100m³/d–1500m扬程和小排量的机组基本达到要求。而排量大于150m³/d的大排量机组采油技术还未成熟，需要继续攻关。同时井下工艺和地面工艺基本成熟，形成了泄油阀加连通阀的井下管柱，以及配套中压变频器的地面工艺。

2004年5月21日，在CF1井首先进行地面杆驱螺杆泵试验，机组厂家为国外的威德福(Weatherford)，5月27日抽油杆断裂，试验未取得成功；2005年5月30日，再次在C27m井进行同样试验，机组厂家换为采油技术服务公司，排量为230m³/d；2005年12月26日，故障，检泵周期210天，由此地面杆驱螺杆泵试验在油田取得了成功。

截止到2005年12月31日，油田共下试验螺杆泵机组25井次，其中电潜螺杆泵23井次，地面杆驱螺杆泵2井次，故障24井次，平均检泵周期143天，生产厂家主要有辽河盘锦三阳、天津雷达、渤海工程、威德福、采油技术服务公司。

二、配套技术

随着油田开采进程的深入，通过不断地总结研究，逐步形成和完善了一系列诸如电潜泵井变频器集中切换软启动、套管定压自动排气、大流道电潜泵、生产测试等多种配套工艺技术，使得绥中36–1油田试验区电潜泵井管理水平逐年提高。

（一）变频器集中切换启动

1995年试验区投产后，部分检泵井因油稠而无法启动，通过两年的科研攻关，开发研制出了一套变频器集中切换控制技术，实现一台变频器控制多台电潜泵。1997年在油田A区首次投入使用。采用该技术后，重启问题得以解决，避免了多次启动和电机烧毁，延长了电潜泵机组的使用寿命。同时与传统的“一对一”配置方式相比，还节约了平台空间和投资费用。该项技术在油田使用效果非常好，从1997年至2001年，除了油品性质好的B平台外，每个平台都安装了该系统。

（二）套管气定压排放

由于B区一投产即进入溶解气驱阶段，天然气在油套环空的聚集，引起油井动液面和电潜泵机组沉没度不断下降，影响电潜泵的正常工作，严重时将导致欠载停机或损坏。1996年，在引进陆地油田类似技术的基础上，针对海上油田地面流程特点，研制了电潜泵井套管气定压排气阀，并对每一口井进行了安装。安装此阀后，在套管阀门开启情况下，该阀能够在设定压力下自动平稳排放套管气，不仅使得油井动液面比较稳定，而且使地面油气处理装置液位保持稳定，消除了以往人工排放套管气对流程的冲击所引起的液位不稳，甚至关断以及由于套管气排放不及时常出现电潜泵发生气锁、欠载停泵等现象，使得油井产量达到最佳。Ⅱ期投产后，每一口油井都安装了套管气定压放气阀。

（三）大流道电潜泵

试验区投产后，由于原油黏度较大，同时油井含水逐渐上升，油水乳化现象日趋严重，如此造成了电潜泵系统效率较低。为了提高电潜泵采油系统效率，研制了大流道电潜泵，通过加宽电潜泵的叶导轮流道及液体抛光表面，降低了稠油及其乳状液在流道内的摩阻损失，其系统效率与普通电潜泵相比，提高了7%～10%，同时提高了恢复期内油井的产液量，大大缩短了油井恢复期。

（四）生产测试

油田投产后，由于无压力计，只能对监测井采用“Y”型管柱进行钢丝作业测试，特别是加强对取芯井的监测。但该方法只能用于9 ⁵/₈in套管，并且必须是“Y”型管柱。后引进了毛细管测试法，解决了油田7"套管和未下“Y”型管柱的电潜泵井的压力测试问题，可测油层部位的压力及压力恢复资料，具有数据储存功能。此外，还应用液面测试方式将井口流程改造成能够连接回声仪测试装置，井况正常的井基本上1个月测试1次，电潜泵工作状况出现异常时进行临时测试。

三、增产措施

（一）油井酸化

J 区投产初期，单井产量低，个别井供液不足，电泵无法正常运转。经过详细地质资料、测井资料、钻完井资料以及投产过程的研究，发现主要是钻完井过程中对油层造成了伤害。1998 年 4 月，首次在油田 J 区所有油井进行了整体酸化解堵措施，并且各酸化井均换大排量泵生产。J 区整体酸化后，各井产量得到大幅度提高。

1998 年 12 月，根据 J 区酸化的成功经验，在试验区首次实施了动管柱酸化作业，并用射流泵进行排酸。4 口井酸化后增油 $135m^3/d$，单井平均增油 $34m^3/d$，达到设计要求。

2001 年Ⅱ期投产后，油层污染严重，各区块产量均未达到 ODP 设计值，经过对原酸化工艺技术的改进，率先在 D、E、F 区开展了不动管柱酸化作业，完成后直接用井下电潜泵排酸，并取得成功，节省了大量作业成本和时间。全年油田共实施 30 井次，年增油 $14 \times 10^4m^3$，E 区因原油黏度较大未获得理想酸化效果。

2002 年，在不动管柱酸化工艺的基础上对 C、E 和 G 稠油区的酸化工艺进行了改进，酸液体系中增加了有机解堵剂和后置氯化铵液，以加强对有机质堵塞的解除和增加酸化作用半径。全年共实施 64 井次，累计增油 $22.39 \times 10^4m^3$。2003 年酸化 16 井次，累计增油 $15 \times 10^4m^3$，2004 年酸化 13 井次，累计增油 $6 \times 10^4m^3$，2005 年酸化 13 井次，累计增油 $3.8 \times 10^4m^3$。

此后，不动管柱酸化工艺经过不断改进和完善，已在渤海油田大面积应用，取得了显著的增产效果，成为油田主要的、适宜的增产措施。

（二）机械卡封

绥中 36–1 油田投产后，由于地层能量下降，部分油井含水开始上升，经分析，水的来源主要是边水推进、底水锥进、注入水的突破。因此，必须对油井进行堵水措施，以控制含水上升速度，提高油井产量。

2003 年 8 月，G30 井含水达到 95%，由于该井位于油田边部，分析认为是第 4 小层的边水推进，经机械卡层后油井含水迅速降低到 10% 以下，产油量从 $5m^3/d$ 增加到 $45m^3/d$。

截止到 2005 年 12 月，油田共卡水 5 井次，全部为机械卡水，即更换管柱和钢丝作业关闭生产滑套，作业后油井含水下降明显。

（三）修井

2002 年，渤海公司采油技术服务分公司针对油井检泵作业洗井时存在的漏失问题，展开了油井防污染管柱的研究，研制出一种防污染单向阀配套电泵采油丢手管柱。该管柱既可以实现油井能正常生产，又能在洗井时具备单流（关闭）功能，酸化时，酸液能顺利进入油层。2003 年 4 月 16 日，在 F25 井首次下入了防污染阀，2005 年 4 月检泵洗井漏失量为零，油井在 2 天后即恢复生产。目前在油田共有 8 口井下入防污染阀，该管柱的成功使用，减少了污染，缩短了作业后的恢复期，在提高产油量的同时也减少了解除污染的措施投入。

2001 年油田Ⅱ期投产后，部分油井因出砂造成无液关井，作业时生产管柱无法提出，需要进行大中修，但是部分平台的修井机作业能力却无法满足大中修的需要，而出砂卡钻又常使得常规震击解卡工具失效，增加了事故处理的难度，针对这个问题，中海石油油田服务公司探索出一系列修井工具和技术，特别是总结出一套成功的修井作业流程：先进行小油管冲砂，然后对井下生产管柱进行化学切割后实行打捞，最后对油井进行小筛管再完井。

在 2001 年至 2005 年间，油田采取冲砂洗井后下入小筛管防砂大修 21 井次。

第四节　注入工程

一、注水

（一）注水水源

1995 年 2 月 19 日，A8 井正式转注，初期合注，注入水采用杀菌、出氧、过滤后的海水。1995 年 11 月进行了分层配注，但配注后注水能力变差，没达到配注要求，1996 年 12 月 24 日取出水嘴。1996 年 7 月 AⅡ和 B 平台的 4 口注水井陆续转注，试验区由此进入全面注水阶段。由于试验区采用的注入水是净化后的海水，虽然能满足地层注入要求，但由于海水含盐量高和脱氧不彻底，导致管线和油管腐蚀，进一步引起地层堵塞。同时海水与地层水不配伍，引起油井附近地层和井筒结垢严重，同时平台注水设备方面的限制，实际注水量没能达到需要的注水量，欠注较多，致使油田地层压力低于饱和压力，产液量和产油量下降，提液困难。

1999 年 J6 井、J14 井和 J3 井陆续转注，注入水源为净化后的海水，2000 年 J4 井转注，全部是井筒合注。

2000 年 12 月油田Ⅱ期投产，2001 年 11 月 30 日第一口注水井 D01 井转注，后设计注水井陆续转注。注水水源选用馆陶地层水和产出污水。投产初期以注馆陶水为主，后期以注污水为主，并与馆陶组地下水分注。

截止到 2005 年 12 月，油田共有 9 口水源井，注水井 54 口，日产水量 $1.57\times10^4m^3/d$，日配注水平 $1.51\times10^4m^3/d$，油田水源问题得到缓解。

（二）注水管柱

截至 2005 年 12 月，油田注水管柱为分层注水管柱和同井抽注管柱，而分层注水管柱主要有一投三分配水器、偏心配水器和同心集成配水管柱。95mm 小直径偏心配水工具（包括配套分层测试工具）在斜井中投捞成功率不高，仅在 A8 井上使用过；经过 2004 年的技术攻关，钢丝投捞一投三分配注技术（包括配套测试技术）在油田推广应用，应用效果有了明显提高。2005 年油田推广了同心集成配水分注管柱，共实施 2 口井，取得了较好效果，累计增油 $1.8\times10^4m^3$。

1996 年 11 月选择 A32 井进行同井抽注技术试验，把注水井的水层射开，下入注水和抽水管柱，水层和油层通过封隔器隔开，水层中的水通过抽水电泵增压后注到本井的油层或其他注水井中，从而达到一井多用的目的。初期试验未取得成功，经进一步研究，2005 年底，在 A32 井再次进行试验并获得成功，使注、采一体化，实现一井多用，降低了油田开发投资。

（三）注入水水质

1995 年 2 月油田第一口注水井注水后，直到 1999 年 J 区注水井转注，注入水同样为净化后的海水。2000 年Ⅱ期注水井转注后全油田注水井陆续改注馆陶组地层水和污水，注入水水质标准如表 3–1。油井转注前，主要使用 CY–6 和 CY–3 等多种化学药剂作为预处理药剂，并在预处理液中加入防膨剂或黏土稳定剂，效果良好。

（四）注水井措施

注水井的解堵增注措施主要是化学解堵。1998 年 10 月，对部分注水井采用 BRJ–9604 复合解堵剂解堵后，有效解除了有机垢和无机杂质对注水井造成的堵塞，日注水量满足配注要求，注水启动压力降低了 0.35MPa，吸水指数上升 $12.6m^3/(MPa\cdot d)$。2002 年在油田共实施 7 井次，2004 年应用该技术共实施注水井解堵 15 井次，2005 年共实施注水井解堵 9 井次，取得了很好的效果。

表 3–1　绥中 36–1 油田注水水质标准

项目	悬浮物		溶解氧 mg/L	含铁量 mg/L	腐蚀率 mm/a	H_2S mg/L	细菌		原油 mg/L
	含量 mg/L	粒径中值 μm					TGB 个 /mL	SRB 个 /mL	
指标	≤ 5.0	< 4	≤ 0.10	≤ 0.5	≤ 0.076	≤ 2	$< 10^4$	< 25	< 30

注：单注馆陶地下水时要求含氧量为 0.05mg/L，含油量为 0。

二、调剖

1998 年，绥中 36–1 油田注水井吸水不均的矛盾日益明显，经过研究认为稠化油调剖可以堵塞大孔道，调整注水井的吸水剖面，但该技术尚处于试验阶段，1999 年 11 月和 2002 年 11 月分别选定 B15 井和 B2 井进行了调剖试验，效果均不理想。

2003 年 2 月 10 日至 2 月 20 日，针对以往调剖试验中的不足，选择 A21 进行深部调剖施工，研制了抗盐速溶弱凝胶深部调剖剂和适应平台条件的配套注入设备，采用弱凝胶深部转向调剖工艺，并使用调剖专用工具封闭Ⅱ油组，$Ⅰ_{上}$和$Ⅰ_{下}$采用带孔管进行笼统调剖。作业后通过注水情况观察，调剖效果较好。

截止到 2005 年 12 月，全油田共实施调剖作业 19 井次，有笼统调剖，也有分层调剖，均取得较好的效果，调剖后注水井注入压力升高，注水量减少，视吸水指数降低，吸水剖面改善，油井含水下降 4% ~ 16%。

三、注聚

1993 年，渤海公司经过 EOR 技术的可行性研究，认为采用聚合物驱是提高油田采收率的最佳选择。中国石油勘探开发研究院、胜利油田地科院、大港油田研究院和大庆油田研究院分别对油田聚合物驱进行了研究和分析。

1994 年 7 月通过对试验区注聚初步工程评价和经济分析，认为油田注聚合物工程上可行，但需进行平台改造，同时认为需要用淡水配制，化学剂用量大、费用高，配制、注入设施庞大，海上实施难度大。

1996 年生产研究中心设立提高采收率项目，通过对国内外提高采收率方法调研、国内外油田考察和咨询，认为胶态分散体凝胶聚合物驱可以较好地避免单注聚合物的缺陷，具有海上实施的可行性。

1997 年 11 月，在《绥中 36–1 油田整体开发方案》中提出要把聚合物驱作为油田增产和提高采收率的一种重要手段。

2003 年开始计划在油田 J3 井进行注聚试验，并由中海油研究中心负责研究注聚整体工艺方案，评审通过后由天津分公司根据该方案进行了施工方案、安全环保措施方案以及操作规范、工作流程、资料录取规范的编写，注入方式为聚合物母液与注入水混合正注。2003 年 7 月 5 日由采油工程技术服务公司完成了注聚施工设备研制与陆地调试，并编写了整套设备操作规程和对施工人员进行了系统培训。

2003 年 9 月 19 日至 9 月 21 日对 J3 井进行了注聚前预处理作业，以解除近井地带污染，9 月 22 日至 9 月 24 日对施工设备进行了现场调试、9 月 25 日 J3 井开始正式注聚，截至 2005 年 5 月 25 日，J3 井现场注聚作业结束。为扩大注聚规模和效果，2005 年 11 月在油田试验区开始了新一轮注聚工作，设计 4 口（J3、A8、A2、A13）井，单注$Ⅰ_{下}$油组。

第四章

海 洋 工 程

绥中 36–1 油田是渤海第一个自营开发油田，试验区工程于 1990 年开始实施，采用的是全海式工程方案。1993 年 8 月 A 区投产，1995 年 B 区投产，按滚动开发的原则，J 区 1997 年 12 月投产。1997 年 1 月中国海洋石油总公司决定按油田整体开发新思路开展前期研究工作，同年 5 月决定绥中 36–1 油田整体开发利用长输管线在绥中港上岸储运的方案，8 月 4 日开展绥中 36–1 油田整体开发概念设计和 ODP 的编制工作，10 月 7 日中国海洋石油总公司领导明确了含水 30% 的原油管输上岸、海上污水处理后回注地层的大方案。1998 年国家计委以［1998］1492 号文件批准建设，油田Ⅱ期工程于 1998 年 3 月正式启动，于 2000 年 11 月份 CEP 和 D、E、F 区投产，2001 年 11 月全部投产。

第一节　工程方案

绥中 36–1 油田由试验区（包括 A 区及 B 区）、J 区和新区（油田Ⅱ期工程）组成。由于油田面积大，油藏又属重质原油，开发难度大。为减少开发风险，避免一次性过大的资金投入，中国海洋石油总公司决定，从油田中选择一块合适的区域作为开发试验区，先期开发，以解决开发技术难点，为油田整体开发取得经验。

试验区开发工程方案的选择从 1988 年开始，先后设计了海底管线上岸、海上固定平台和浮式生产储油装置等多种方案，从技术难度、投资大小、操作费用高低等多种因素进行比较，并对各种工程方案中存在的技术难点进行仔细、认真的研究和分析，最终确定全海式工程方案，即：井口平台 + 生活动力平台 + 单点系泊浮式生产储油装置 + 海底管线和电缆的工程模式。油田工程设施由 AⅠ、AⅡ、B、J 四座 4 腿井口平台，一座生活动力平台 APP，一座单点系泊系统 SPM，一艘满载排水量为 7.5×10^4t 的浮式生产储油外输装置渤海明珠 FPSU，以及 8 条原油、天然气、注水管线和两条海底电缆组成，其中 AⅠ、AⅡ相连，APP 与 AⅡ以栈桥相连。APP 和明珠 FPSU 设有电站，APP 向 AⅠ、AⅡ、B、J4 个井口平台供电。

试验区开发成功后，中国海洋石油总公司决定进行绥中 36–1 油田整体开发，Ⅱ期项目刚刚启动，就面临着原油价格大幅下跌的局面，考虑到既要完成开发任务，又要节省投资，同时后继油田的开发也面临着相同问题，最终决定油田Ⅱ期工程采用半海半陆式工程方案。1997 年 1 月中国海洋石油总公司决定按油田整体开发新思路开展前期研究工作，同年 5 月决定采用油田整体开发利用长输管线在绥中港上岸储运的方案。10 月 7 日中国海洋石油总公司明确了含水 30% 的原油管输上岸、海上污水处理后回注地层、陆上污水处理合格后排海的大方案。1997 年 8 月 4 日开展油田整体开发概念设计和 ODP 的编制工作。

按照油田整体开发工程设计，油田新区开发工程包括一座中心平台（CEP）、6 个分期投产的井口平台 WHP1—WHP6、一条长 70km 管径为 20in 的双层保温海底管线、12 条平台间的油气混输管线和注水管线及一座陆地终端，其中 WHP6 与中心平台用栈桥相连。WHP1—WHP5 井口平台的油气水经过电加热器加热后通过海底管线混输至中心平台（利用电潜泵的压力），在中心平台脱出气体和游离水。中心平台（CEP）设有四台电站，分别向六个井口平台供电。6 个井口平台导管架和组块采用标准化设计，井口平台都为四腿井口平台，设计考虑了后期调整井，中心平台为 8 腿平台。

新区与试验区的 APP 之间铺设油水混输管线和水管线各一条，试验区的物流通过 APP 至 CEP 的海底管线输到中心平台处理，并外输到油田陆地终端。中心平台（CEP）并向试验区提供合格生产污水回注，渤海明珠 FPSU 从试验区解脱。

第二节　工程设计

绥中 36–1 油田开发工程包括试验区和新区两部分，其中试验区包括 APP 生活动力平台，AⅠ和 AⅡ井口平台，B 区生产综合平台，J 区井口平台和明珠号 FPSU 组成（其中明珠号已于 2001 年 6 月撤离），Ⅱ期开发工程包括一座中心平台 CEP，6 座井口平台（WHP1—WHP6），一条 70km 长原油上岸管道，12 条油田内部集输海底管道，5 条油田内部海底电缆和绥中陆地原油处理厂组成。

一、试验区工程方案设计历程

绥中 36–1 油田试验区是当时渤海石油公司第一个自营开发的稠油油田。油田开发工程概念设计于 1988 年元月 1 日开始，几经反复，从全海式到半海半陆式，最后又回到了全海式整体开发方案，并于 1989 年 4 月 22 日提交了最终报告。在整个的概念设计过程中，尤其是在提高油田效益方面的文章很多，难下定论，也就导致整个计划变更频繁、修改次数较多，进度控制困难。1989 年 3 月 20 日，在完成概念设计修改和立项报告后，通过招标请到了 OMEGA 公司近十位专家，对其基本设计成立了一个中外合一的设计项目组，旨在引进国外先进的管理和专业技术经验，但 OMEGA 的计划进度工程师在两个半月的时间内竟没有编出设计主计划，这也许是一个错误，我们过分相信他们的经验。幸好我们醒悟比较早，编制出了各专业计划，在外方计划人员撤走之前，编制出了设计主计划、动态进度计划，才使计划走上了正轨，进度得以控制。

二、试验区方案设计

绥中 36–1 油田试验区包括 A 区、B 区、J 区和明珠 FPSU。A 区由三座平台组成，AⅠ、AⅡ是两座井口平台，APP 为生活动力平台。这三座平台 AⅠ、AⅡ为四桩腿钢结构固定式平台，APP 为六桩钢结构固定式平台，是一个集生活、公用和动力、通讯及原油输送等为一体的综合性平台。平台由 4 个模块组成，平台的北侧为靠船面。AⅡ平台的北侧偏东处与 APP 平台的西侧偏南处之间有一座 40m 长的栈桥相连接，形成一个平台群。

（一）平台设计

试验区中的平台设计（含单点系统）是由渤海工程设计公司独立承担完成的，设计周期为一年，工作量大，配合采办工作量也较大。但整个设计工作井然有序、顺利完成，主要得益于强化前期准备工作，沟通信息、加强技术协调，健全机制、确保设计质量，加强设计采办技术协调，健全档案管理制度 5 个方面。

AⅠ、AⅡ两座井口平台上主要设有 16 口井的井口设施、采油设施及公用的一座修井设施，平台还布置有原油处理系统、化学剂注入系统、柴油系统、蒸汽系统、注水系统以及火炬系统。APP 生活动力平台上主要设有原油处理及外输设施、发电及其辅助系统设施、配电设施及热介质油系统、伴生气处理及压缩系统、消防系统、滑油系统、压缩空气系统和供水系统的设备，其次 APP 平台还设有整套生活住房和直升机甲板。APP 平台布置有 4 台透平发电机组（三套 3000kW 的燃气轮机和一套 4000kW 的燃气轮机），额定电压为 3300V，为 A Ⅰ、A Ⅱ、APP、B 平台及 J 平台供电，并为 A 区三个平台供热、供压缩空气及海水等。A 区将 A、J 区的井产流体进行脱气处理后，将脱气后的原油混输至明珠 FPSU 进行深度脱水处理，所脱出的天然气经处理后作为燃料供平台发电使用，剩余部分进火炬系统燃烧放空。由明珠 FPSU 向 A 区提供处理合格的海水，经平台注水泵增压后，回注地层补充地层能量。

油田 B 区安装一座综合井口平台（WHPB），设有 16 口井，装有采油树、管汇、计量加热器 / 分离器、生产加热器 / 分离器、外输泵、注水泵等生产设施以及生活住房、热介质炉、应急电站、空压机等公用设施。平台井产物流经过本平台的原油处理系统脱气后，其油水经平台外输泵混输到 APP 平台，并和 A、J 区的物流汇集，经 APP 至明珠 FPSU 的油水混输海管输送到明珠 FPSU 进行处理；所脱出的天然气除少量供本平台锅炉使用外，其余全部输送到 APP 平台和 A、J 区天然气混合，作为 APP 电站的燃料气。平台的注水水源来自明珠 FPSU 处理合格的海水，经本平台注水泵升压后回注地层。

油田 J 区平台是四腿导管架无人驻守的简易井口平台，后期因生产需要改为有人井口平台，平台上主要生产设施有：16 口油井的井口采油树，生产及计量管汇，计量分离器，原油发球阀及其阀组。另外还有注水收球阀，注水泵，注水管汇等注水设施。平台的井产流体直接输送到 A 区进行处理，其注水水源也来自 A 区，经本平台注水泵加压后回注地层，平台的电力由 APP 平台提供。

（二）FPSU 设计

FSPU 的概念设计由中国海洋石油开发工程设计（塘沽）公司完成，广州广船国际股份有限公司、上海船舶设计院、上海交通大学以及工程设计（塘沽）公司共同完成了基本设计。详细设计和建造是对日本三菱、三井、韩国的大宇、美国的 HUDSON 以及国内中国船舶工业总公司系统的平台公司和江南造船厂等七家公司招标。经过综合评定，考虑到厂商能力和价格因素，将整个 FPSU 工程分成了两个标，一部分是船体，由中国海洋石油工程公司和江南造成厂联合承包；另一部分是船体生产甲板上面的工艺撬块，由美国 HUDSON 公司中标。两个合同分别于 1990 年 12 月 3 日和 12 月 6 日在北京签字。

明珠 FPSU 系统由明珠号和单点系统组成。单点系泊系统采用固定导管架，桩基固定，自身可承受 50 年一遇的流冰冲击。FPSU 通过软钢臂系泊于桩基塔上（SPM），受风、浪、流的环境载荷影响，绕 SPM 作 360° 的圆周运动，并在系泊腿（LEG）和钢臂（YOKE）连接部位设置了液压快速解脱装置，以便在严寒冰封到来之前，以最短时间内实现解脱。FPSU 是具有钢质的双壳单底的船型船体，并设有冰区加强，没有推进动力装置，不具备自行能力。船内配备有齐全的保船设备，生产甲板上布置有油气水处理设备、火炬、发电配电设备、热介质锅炉、蒸汽锅炉、惰气发生装置、住舱等。整个船体分舱布置有 7 个货油舱、压载水舱、机舱、泵舱、艏艉尖舱等。该 FPSU 最大装载量为 5.7×10^4t 原油，采用旁靠的模式进行穿梭油轮的靠泊和外输，中间采用靠球防碰。

FPSU 的原油处理系统包括一台入口分离器、两台热处理预热器、一台热处理器、两台电脱水预热器、两台电脱水器和两台换热器。将来自于试验区的物流处理合格后进货油舱储存，进舱原油含水低于 1%，温度在 60℃左右，储存蒸汽压在 13psia 左右。原油处理系统分离出来的生产污水进除油水舱，沉降分离后通过污水泵输送到斜板隔油器、加气浮选器处理合格后排海。原油处理系统分离出来的伴生气去火炬燃烧。注水系统由海水处理系统和注入系统组成。海水处理系统布置在 FPSU 上，包括海水提升泵、粗滤器、细滤器、脱氧塔、真空泵和化学药剂注入装置。注入系统包括增压泵、海底管线、井口保护过滤器、注水泵、注水管汇和注水井井口。其中注水增压泵布置在 FPSU 上，将处理合格的海水通过海底管线输送到各平台，经平台注水泵回注地层。

三、整体方案设计

绥中 36-1 油田整体开发方案采用半海半陆式。Ⅱ期部分设计由一座中心处理平台（CEP）、六座井口无人平台、一座陆地终端组成；并将试验区的物流经新铺设的 APP 至Ⅱ期中心平台（CEP）的油水混输管线输送到 CEP 平台进行处理，明珠 FPSU 退役。

1998 年初，正值国际原油价格一跌再跌，但中国海洋石油总公司已决定启动绥中 36–1 油田Ⅱ期开发工程。整个工程的基本设计由工程项目组委托中海石油工程设计公司完成，设计过程式中遵循总公司“三新三化”的原则，优化流程，降低成本。中心平台（CEP）的加工设计是通过国际招标于 1999 年 6 月授标给韩国现代重工公司（HHI），其余部分的详细设计和其余设计是由海洋工程公司完成。陆地终端部分的基本设计于 1998 年 5 月 30 日结束，9 月份又委托大港油田勘察设计研究院进行了扩充设计，施工设计由胜利设计院负责。

（一）油田处理能力

整个油田生产能力（包括试验区，J 区及新区）：

最大液处理量：56600 m^3/d

最大油处理量：15651.4 m^3/d

最大污水处理量：52514.3 m^3/d

最大气产量：51.1443×10^4 Sm^3/d

最大注水量：53314.3 m^3/d

（二）中心平台（CEP）

油田Ⅱ期中心平台是整个油田的中心处理平台，它集原油 / 生产水处理、原油 / 注水集输、新区油田的动力供给、海上工作人员支持于一体。平台由一个 8 腿导管架、4 层甲板的上部组块、三层结构 80 人的生活楼和两层甲板的动力模块组成，CEP 平台与 WHP6 井口平台由一座长度为 40m 的栈桥连接。主要处理系统包括：原油分离及增压系统、天然气压缩系统、燃料气处理系统、火炬及放空系统、生产水处理系统、注水系统、化学剂注入系统以及公用系统等。各井口平台所有井产物流通过混输海底管线输往中心平台，中心平台上处理合格的生产水将作为水源注水通过海底注水管线分配到各井口平台及老区，中心平台设有与之配套的电站、热介质系统以及相应的生活辅助设施。

中心平台将各井口平台（WHP1—WHP6）和 APP 输送来的生产流体通过高效分离器进行油、气、水三相分离。分离出含水 30% 的原油经过原油加热器加热后进原油缓冲罐，而后通过原油外输泵增压进一条 70km 长的海底管线输至绥中陆上终端进行深度处理、储存和外输。分离处的天然气大部分作为主电站的燃料气进入燃料气处理系统，剩余部分经火炬燃烧放空；燃料气经洗涤器涤液后进入两级压缩的天气压缩机升压，而后经燃料气过滤器、加热器、缓冲罐，提供主电站燃气透平机组；本系统的最大天然气处理量为 $44.35 \times 10^4 Sm^3/d$。分离出的生产水进入污水处理系统，系统主要设备有斜板隔油器、气体浮选机、含油污水输送泵、核桃壳过滤器、净水缓冲罐、反冲洗泵、反冲洗水缓冲罐、反冲洗返回泵等；生产污水经处理达到注水标准（含油量 ≤ 30mg/L、悬浮物含量 ≤ 3mg/L、悬浮物颗粒直径 ≤ 3 μ m）作为注水水源输送各井口平台和试验区，并经合平台的注水泵升压后注入注水井；分离出的污油打回闭式排放系统。

中心平台布置有 4 台额定电压为 6300V、额定输出功率为 10000kW 的透平主发电机组，三用一备，为油田Ⅱ期所有平台的生产、生活用电负荷提供电能，其中 WHP1、WHP2、WHP3、WHP4 及 WHP5 平台是通过海底电缆来供电的。发电机夏天最大负荷：26198kW，冬季最大负荷：28217kW。并配有一台 800kW 的应急柴油发电机及其附属设备日用柴油柜（CEP–T–651）等。

中心平台上的生产区和生活区均设有应急逃生通道，通道有醒目的逃生方向指示。在中心平台生活楼甲板布置有两艘刚性救生艇，每艇可乘 40 人，以及相应的救生筏、逃生软梯、救生衣等安全救逃生设施。

（三）井口平台

WHP1—WHP6 平台设有 35 个井槽以及相应的单井计量系统、原油加热外输系统、注水系统、化学剂注入系统等。各井口平台所有井产物流经计量后将通过混输海底管线输往中心平台处理，并将接收来自中心平台处理合格的生产水，经注水泵增压后注入地层。

WHP1—WHP5 还布置有海水系统、仪表风系统、淡水系统等公用系统，以及一座 30 人的生活住房及一艘 30 人的救生艇。

（四）陆地终端

绥中 36–1 终端包括原油处理系统、污水处理系统、火炬系统、原油储罐、外输计量、3×10^4t 外输码头、送配电、安全消防等，原油处理系统将海上平台 30% 含水来液经过两台 5000m^3 原油沉降管、加热器、电脱水器等设备将其处理到含水小于 1%，进 4 个 $5\times10^4m^3$ 和一个 $2\times10^4m^3$ 原油储罐进行储存，定期通过原油外输。码头包括：30000 吨级原油外输码头一座、5000 吨级原油上岸码头一座。

第三节　工程承包与建造

一、试验区的承包与建造

油田试验区工程项目的设备材料采办实行集中管理，由工程采办部统一进行工程项目的采办工作，以利于上级管理部门的业务对口和控制采办价格。采办的业务工作对项目组负责，项目组负责采办部门与设计部门的协调，较大设备的定标由采办部门经理、项目经理或上报公司主管副总经理决定。

建立严格的招投标管理制度，使投标者之间公平竞争，达到少花钱买到高质量符合要求的产品的目的。例如 A 区的修井机，经过多方工作，最终以 175×10^4 美元成交，减少投资 51.2×10^4 美元，原油外输泵和排放泵，节省费用 42×10^4 美元。

油田试验区的工程建设除浮式生产储油装置外，主要依靠渤海公司内部的施工队伍进行建设。在渤海公司内部，管理方式实行甲乙方合同制，并辅以适当的行政手段。项目组既是代表油公司的甲方，又是工程总包的责任者。为有效控制工程费用，设计、采办控制在项目组，施工单位基本上是来料加工，此种方式比较适合当时渤海公司的体制特点，对工程进度和费用控制效果是明显的。在整个项目建造过程中，成立了项目施工管理机构，分为管理协调部、设计技术部和工程采办部，负责项目建造的进度控制、设备调试和交验。

浮式生产储油装置的建造采取国内外招标，通过向日本三菱重工、日本三井造船、美国 HUDSON、中国船舶工业总公司、韩国大宇公司等七家公司招标，最低价格为 8500×10^4 美元。为降低费用，把船体部分和生产动力模块部分分开，两个标书再次招标，最终船体建造部分由江南造船厂承建，上部动力模块由美国 HUDSON 公司中标，节省 2500×10^4 美元，但增加了项目组的管理协调工作量。为便于协调，在技术规格书和工作范围的编制上做了精细的工作，界面分工细到每一条管线、每一条电缆等，使工程得以顺利进行。

二、绥中 36–1 油田Ⅱ期的承包与建造

绥中 36–1 油田Ⅱ期工程项目组于 1998 年 3 月组建，开始基本设计，经工程招标、详细设计、工程建造、验收到系统调试、试运行投产，至 2000 年 11 月建成投产。

油田Ⅱ期工程严格按照招标程序，组织各类专业人员，从修改完善基本设计入手，采集国内外有关资料，使标书准确表明了业主的要求及业主与工程承包商或设备厂家的责任界限；根据招标内容不同，采取灵活机动的招标策略和计划；对技术难点工程，项目组采取既灵活又谨慎的招标策略，把对承包商的资格预审同设计落实招标文件内容结合起来。

油田Ⅱ期海上平台（CEP）模块建造工程由韩国现代重工业株式会社（HHD）承包。韩国现代重工

1999 年 6 月 14 日 CEP 模块工程建造中标，1999 年 7 月 2 日在塘沽举行了 CEP 组块加工设计开工会，CEP 组块于 9 月 13 日开始下料预制，2000 年 6 月 30 日完成陆地预制，8 月 18 日出海施工，10 月 30 日机械完工。

油田Ⅱ期工程中井口平台是由海洋工程公司设计、建造的。P1、P2、P6 三座井口平台及生活模块与 2000 年 12 月投产，P2、P4、P5 平台于 2001 年底建成投产。其中油田Ⅱ期工程生活楼由中海工程股份公司设计公司设计，建造承包商为新河船厂，于 1999 年 8 月 6 日正式签订合同，1999 年 10 月 15 日正式开工，2000 年 7 月 31 日实现陆地完工。

根据油田Ⅱ期开发项目的总体计划安排和总公司确定的招标策略，陆上终端项目采用集设计、采办、建造、调试投产一体化的总承包，在国内选择有资质的单位进行邀请招标。1999 年 5 月 20 日，总公司与胜利石油管理局工程建设总公司签署终端总承包合同，工程于 1999 年 7 月开工，2000 年 11 月 30 日完工。

油田Ⅱ期原油外输码头施工总包商为中国交通集团一航局第五工程处，码头工程设计单位为交通部第二航务工程设计院，于 1999 年 2 月 1 日提交全部设计图纸，工程于 1998 年 10 月开工，2000 年 11 月 30 日完工。

采办工作是连接设计与施工的重要一环，它在控制成本、保证工程质量满足合同要求方面占有重要地位。绥中 36–1 终端由于是总承包项目，因此项目采办分为公司采办也叫业务采办、CFRE 采办和总包商采办三种模式。

第四节　工程项目管理

油田试验区工程项目组于 1988 年 9 月组建，工程项目经理由渤海石油公司委派，直接对主管副总经理负责并报告工作，负责组建项目组，代表公司对工程项目实施管理。由于该工程采用全海式开发方案，项目组的管理范围包括：浮式生产储油装置、单点系泊系统、4 座平台、海底管线及电缆。根据工程设计的建造分散的特点，按工程类别的不同，设置分项目组，在项目组本部设综合管理部。

项目组负责从油田工程概念设计直到投产全过程的管理工作，即代表油公司执行甲方职能，又是工程建设总包的组织者与责任者。这是由当时的管理机构体制和公司内部工程承包施工队伍的现状所决定的。项目组作为油公司的甲方职能，对工程进度、质量、费用要负全责。在实施工程中，为降低与油田操作者之间的协调难度，减少不必要的返工浪费等，吸收操作者代表进入项目组，并将各阶段的设计成果提交油田操作单位审查，便于从油田操作角度提出修改意见。这种方式，可以理顺项目组与操作者之间的工作关系，有利于工程建设的进行和油田的顺利投产。

油田Ⅱ期工程项目组于 1998 年 3 月组建，负责基本设计、工程招投标、详细设计、工程建造、验收、调试、试运行投产的全过程管理和控制。项目组运行之初就面临着国际油价大幅下跌，绥中 36–1 原油销售价格逼近 10 美元 / 桶的历史最低价格。如何能在低油价的情况下保持较高的内部收益率，是项目能否启动的最根本原因。因此，项目组按照中国海洋石油总公司的要求和指示，遵循“三新三化”的精神，在设计公司的配合下，对工程方案、国产设备、施工队伍等提出了 8 条降低成本的思路和措施，大幅度节省了开发投资，促使项目顺利进行。8 条降低成本的措施为：①优化基本设计；②做好国产化这篇大文章；③降低生产井钻井成本；④全面采用招标工作；⑤加强计划协调和控制；⑥强化质量管理；⑦费用控制；⑧切实做好安全生产。

油田Ⅱ期工程是当时我国海上油田开发中系统最为庞大、设计的技术难题也较多的工程。面对现实，项目组充分发挥和调动了项目组本身和公司外部各方面的力量攻克了一个又一个难题。Ⅱ期工程共有 13 条海管总长 100km，连接着 7 个平台并通向陆地终端，另外平台间还有 5 条总长 15km 的海底电缆，海底管线和海底电缆分布在数十平方千米的海域。考虑到油田投产后作业船抛锚时可能对海底管线和海底电缆造成损害，以及可能会对船舶航行安全造成威胁，项目组经反复讨论并实施了“海底管道电子海图预警系统”，该系统是一项高新技术，在海洋石油工程领域是首次应用，是海洋石油工业管理现代化的主要标志之一，也提升了海洋石油工业的品位。陆地终端的原油储罐地基基础处理是工程的又一难点，储罐基础的承载能力和不均匀沉降是要解决的主要问题。经项目组组织专家研究分析，提出了 4 种处理方案，进一步考察、论证、筛选，最终选定以振冲碎石桩作为储罐基础的方案。

附　录

附录一　附　图

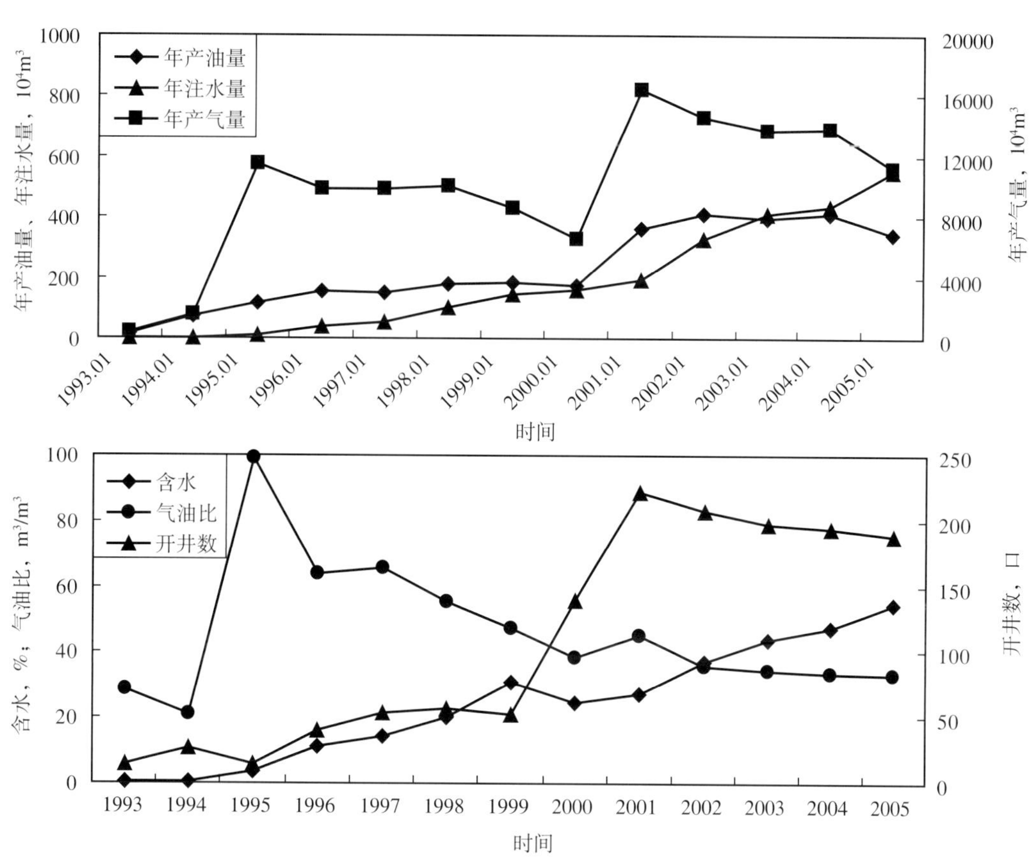

附图 1　绥中 36−1 油田开发综合曲线图

（中海石油天津分公司技术部，2005 年）

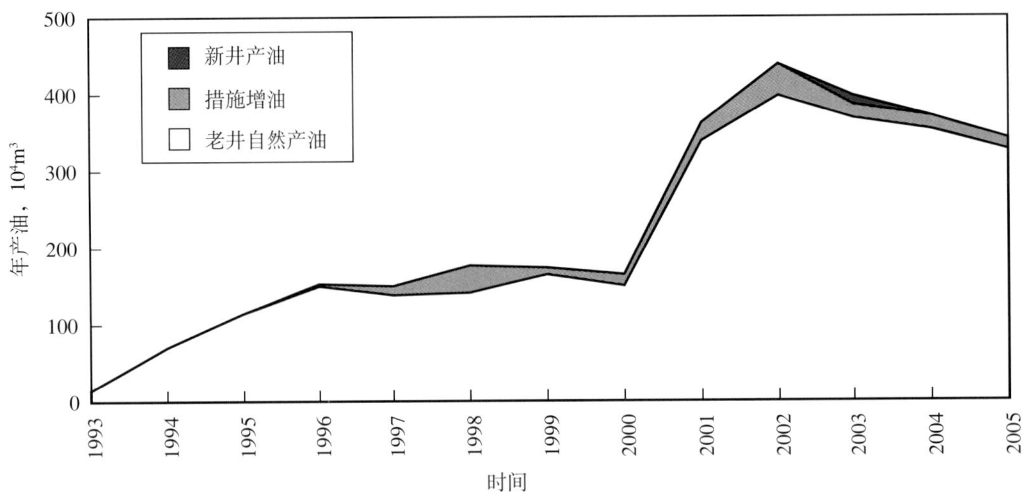

附图 2　绥中 36–1 油田历年产量构成曲线图
（中海石油天津分公司技术部，2005 年）

附录二　附　表

附表 1　绥中 36–1 油田地质综合数据表

区块	层位	油藏类型	油藏埋深 m	油层压力 MPa	含油面积 km^2	探明储量 10^4m^3	有效厚度 m	有效孔隙度 %	含油饱和度 %	渗透率 mD	原油体积系数	溶解气油比 m^3/m^3	地面原油密度 g/cm^3	凝固点 ℃	含硫 %	天然气甲烷含量 %	地层水矿化度 mg/L	地层水水型
AI	E_3d_2	构造层状油气藏	1340～1630	14.28	3.0	3629	72.4	32.2	72	3663	1.068	23	0.98	–5	0.4	96.1	6071	$NaHCO_3$
AII			1340～1570	14.28	1.9	2630	70.2	31.6	72	3692	1.094	32	0.96	–15	0.35	93.93	6071	$NaHCO_3$
B			1300～1590	14.28	1.9	2521	62.8	32.6	72	3150	1.113	38	0.96	–19	0.35	92.26	6071	$NaHCO_3$
J			1360～1590	14.28	4.7	3044	55.1	32.8	72	3378	1.074	30	0.97	–14	0.34	96.87	6071	$NaHCO_3$
C			1440～1640	14.28	3.5	3171	46.8	31.5	72	1977	1.055	15	0.98	3	0.39	98.32	6071	$NaHCO_3$
D			1230～1550	14.28	3.9	3720	42.1	31.2	72	1512	1.092	35	0.96	–12	0.34	90.28	6071	$NaHCO_3$
E			1400～1620	14.28	4.6	2619	35.2	31.6	72	1356	1.065	23	0.98	–5	0.38	97.77	6071	$NaHCO_3$
F			1350～1520	14.28	4.4	2948	32.9	31.7	72	2188	1.092	34	0.97	–7	0.37	92.52	6071	$NaHCO_3$
G			1460～1620	14.28	4.6	2900	39	31.9	72	1985	1.052	15	0.98	1	0.38	99.13	6071	$NaHCO_3$
H			1290～1590	14.28	7.9	2606	24.2	31.2	72	1616	1.089	34	0.97	–9	0.36	94.4	6071	$NaHCO_3$

附表 2　绥中 36–1 油田历年开发综合数据表

时间	动用储量 10⁴m³	采油井		年产油量 10^4m^3	累计油量 10^4m^3	综合含水率 %	采油速度 %	采出程度 %	注水井		年注水量 10^4m^3	累计注水量 10^4m^3
		总井数 口	开井数 口						总井数 口	开井数 口		
1993	29788	16	16	13.12	13.12	2.24	0.04	0.04	0	0	0.00	0.00
1994	29788	27	27	71.19	84.31	0.78	0.24	0.28	0	0	0.00	0.00
1995	29788	45	20	116.77	201.08	4.97	0.39	0.68	1	1	12.00	12.00
1996	29788	42	41	155.70	356.78	9.73	0.52	1.20	6	6	38.29	50.28
1997	29788	58	54	151.41	508.18	12.50	0.51	1.71	6	6	50.70	100.98
1998	29788	57	57	182.22	690.40	18.48	0.61	2.32	7	7	100.09	201.07
1999	29788	53	52	183.72	874.13	24.50	0.62	2.93	11	11	143.18	344.26
2000	29788	144	140	170.70	1044.82	32.41	0.57	3.51	12	12	161.54	505.79
2001	29788	230	222	360.61	1405.44	27.76	1.21	4.72	14	14	193.27	699.06
2002	29788	220	208	450.67	1854.96	31.71	1.51	6.23	24	24	327.43	1026.49
2003	29788	209	197	395.69	2249.46	41.61	1.33	7.55	34	34	409.84	1436.33
2004	29788	202	194	372.23	2620.91	45.86	1.25	8.80	44	44	432.54	1868.87
2005	29788	195	188	341.03	2961.55	52.36	1.14	9.94	54	54	551.32	2420.19

附录三　领导人名录

（一）绥中 36–1 作业区经理

刘光成（2003 年 6 月—2005 年 12 月）

李　毅（2004 年 3 月—　）

王　玉（2004 年 10 月—　）

（二）绥中 36–1 油田总监（经理）

1. A 区总监（经理）

杨　赛（1993 年 1 月—1994 年 3 月）

秦耀忠（1993 年 1 月—1995 年 2 月）

万国奎（1994 年 3 月—1995 年 1 月）

于海日（1995 年 3 月—1996 年 8 月）

刘锡宝（1995 年 2 月—1999 年 9 月）

温哲华（1996 年 9 月—1999 年 1 月）

张案芳（1999 年 10 月—2003 年 6 月）

刘　奎（1999 年 2 月—2003 年 2 月）

肖茂林（2003 年 7 月—2004 年 10 月）

刘建中（2003 年 3 月—2004 年 2 月）

2. 渤海明珠号 FPSU 总监（经理）

陈玉强（1993 年 8 月—1995 年 2 月）

王智俭（1993 年 8 月—2005 年 5 月）

秦耀忠（1995 年 2 月—1999 年 1 月）

3. CEP 总监（经理）

温哲华（1999 年 2 月—2002 年 5 月）

魏光华（1999 年 2 月—2003 年 6 月）

戴照辉（2002 年 5 月—2003 年 6 月）

许建军（2003 年 7 月—2005 年 12 月）

李相春（2003 年 7 月—2005 年 12 月）

附录四 获奖项目

项目名称	获奖等级	获奖时间	完成单位	获 奖 人
绥中36–1油田储量报告	海洋石油总公司 科学技术进步一等奖	1988.4	SZ36–1构造油藏评价项目队（研究院、计算中心）	辛世刚、梁惠文、谢知义、叶西友、林云州、陈继松、孙玉秋、吕宏志、沈松宁
辽东湾绥中36–1构造东下段油藏地质评价及下步勘探部署意见	渤海石油公司 科学技术进步一等奖	1988.4	渤海石油公司辽东湾项目队（研究院）	薛方建、王志君、李文博、杨智庆、蔡兢荣、段 玲
绥中36–1油田 生产试验区总体开发方案	渤海石油公司 科学技术进步一等奖	1989.12	中国海洋石油总公司 渤海石油公司	辛世刚、梁惠文、谢知义、李 敏、张 玫、王志君、王 勤、胡光义
绥中36–1稠油油田 开发工程方案及经济评价	渤海石油公司 科学技术进步一等奖	1990.6	开发工程部、设计公司、计划部	耿福东、解东山、刘立名、杨培兰
绥中36–1油田AⅡ平台钻井技术	渤海石油公司 科学技术进步一等奖	1991.5	钻井公司	殷嘉德、彭修道、姜 伟、王家祥、袁光宇、曹式敬、蒋 凯
绥中36–1油田 三维储层研究储量评估	渤海石油公司 科学技术进步一等奖	1992.5	渤海石油公司计算中心	夏庆龙、季 平、卫云台、王竞男、王义丽、叶西友、刘 莉
绥中36–1油田 油藏特征和开发前景	渤海石油公司 科学技术进步一等奖	1993.6	渤海公司研究院、计算中心	辛世刚、叶西友、夏庆龙、施亚洲、王竞男、张晓丹、王义丽
绥中36–1油田 聚合物驱提高采收率研究	海洋石油总公司 科学技术进步二等奖	1995.5	中国海洋石油渤海公司生产部、研究院、采油公司	陈国风、王士磊、陈丹磬、李 洁、俞 华、李奎元、岳云伏
绥中36–1油田 试验区开发工程	渤海石油公司 科学技术进步一等奖	1995.5	渤海公司工程部 绥中36–1项目组	刘立名、解东山、巩志明、李 宁、刘宗芳、李忠杰、张 钧、耿福东、史 佑、孙文波、冷起胜
绥中36–1油田试验区 储层特征及优化开发研究	中国海洋石油渤海公司 科学技术进步一等奖	1998.7	渤海石油研究院	李 波、于洪文、丁克文、孙福街、黄小波、王 锋、安桂荣、柴世超、刘庆燕
绥中36–1油田储量研究	中国海洋石油渤海公司 科学技术进步一等奖	1998.7	渤海石油研究院	辛世刚、胡光义、黄小波、桑 华、李 波、田立新、吕 平、葛尊增、张作启
绥中36–1油田整体开发思路	中国海洋石油渤海公司 科学技术进步一等奖	1998.7	中国海洋石油 渤海公司开发部	周守为、刘宗芳、汪志勇、姜 伟、杨培兰、张作启、张方宏、李 宁、于 毅、于洪文、王家祥、吴承浩、李 波、王 星、卢文生、
绥中36–1油田J区 低产原因和酸化解堵技术的研究	中国海洋石油渤海公司 科学技术进步一等奖	1999.7	渤海石油研究院	汪志勇、岳江河、周守为、姜 伟、于洪文、李 波、王景花、张国祥、王惠芝、刘良跃、王 锋、夏树岭、安桂荣、林少宏、朴庆利

附录五 征引文献

文 献 名	作 者	出版或编制时间	出版社或现存地
中国近海典型油田开发实践	周守为	2009	石油工业出版社
渤海辽东湾SZ36–1构造早期油藏地质评价报告	汪志勇、韩庆炳	1986	渤海石油档案馆
渤海辽东湾地区绥中36–1构造 南高点（2D井）早期油藏地质评价	李文博、薛方建、王志君	1987	渤海石油档案馆

续表

文　献　名	作　　者	出版或编制时间	出版社或现存地
绥中 36–1 油田储量报告	辛世刚、谢知义、梁惠文	1988	渤海石油档案馆
SZ36–1 油田东营组下段沉积特征和储层特征	林云洲、沈松宁	1988	渤海石油档案馆
绥中 36–1 油田东营组下段构造解释及砂体内涵研究	叶西友、孙玉秋、陈继松等	1988	渤海石油档案馆
绥中 36–1 油田生产试验区总体开发方案（油藏部分）	辛世刚、梁惠文、李　敏	1989	渤海石油档案馆
绥中 36–1 油田生产试验区钻后地震地质综合分析	胡光义等	1993	渤海石油档案馆
SZ36–1 油田 EOR 方法筛选研究	王士强	1993	渤海石油档案馆
绥中 36–1 油田试验区注水机理研究	于洪文	1994	渤海石油档案馆
SZ36–1 油田聚合物驱提高采收率研究	陈国风、施亚洲、王士强等	1994	渤海石油档案馆
绥中 36–1 油田新增（升级）储量报告	丁克文	1994	渤海石油档案馆
绥中 36–1 油田地震资料研究报告	夏庆龙	1994	渤海石油档案馆
绥中 36–1 油田试验区储层沉积相研究	赵翰卿	1995	渤海石油档案馆
渤海辽东湾海域辽中开发区绥中 36–1 油田油气探明储量复算升级报告	辛世刚、胡光义、赵利昌等	1997	渤海石油档案馆
绥中 36–1 油田整体开发研究	李　波、王　锋	1997	渤海石油档案馆
绥中 36–1 油田试验区实施注水研究	李　波	1997	渤海石油档案馆
绥中 36–1 油田 J 区低产原因和酸化解堵技术的研究	李　波、王景花、王惠芝、王　锋	1998	渤海石油档案馆
绥中 36–1 油田储量复算报告	黄　凯、闫凤玉、郝丹英等	2004	渤海石油档案馆

编纂始末

2008 年 12 月，中海石油（中国）有限公司天津分公司，根据中国海洋石油总公司的安排，由曾建、宋建芳、郭剑、陈来勇、朱凯等五人组成了《绥中 36–1 油田志》编纂组。编纂组根据总编纂委员会下发的油气田志若干规范化要求及样板油田志，结合本油田的实际，查阅了大量的文献，经过多次交流和讨论，于 2009 年 5 月完成了本志的初稿。

2009 年 6 月 2 日，中海石油（中国）有限公司天津分公司组织了第一次内部审查，对油田志初稿的编纂结构及内容进行了详尽的评议，对本油田志的章、节、目的设置和内容的丰富提出了具体意见，按照一审专家的意见，本志编纂人员对油田志进行了初步的修改和完善。

2009 年 6 月 24 日，中海石油（中国）有限公司天津分公司邀请了有限公司各专业的专家，对油田志进行了第二次内部审查，与会专家逐文逐字地对油田志的结构和内容进行了推敲，并就自己的实践经验对油田勘探开发过程中的事件背景及决策过程作了详细的阐述，为油田志的进一步完善和充实提供了宝贵的依据。

2009 年 7 月 1 日，中国海洋石油总公司在广东东莞召开了《中国油气田开发志》典型油气田篇及地区卷纲目评议会——《中国油田开发志》油田示范篇总编纂委员会专家评议会，与会专家对油田志的编纂进程及整体框架给予了充分的肯定，在精心审查的基础上，对油田志编纂过程中一些细节问题的处理提出了进一步的要求，并以此为依据对编纂规范进行了补充完善。

此后，编纂组根据上述的审查意见及编纂规范再次对油田志进行了修改。

2010 年 3 月，中海石油（中国）有限公司天津分公司先后又组织了三次内部审查，根据总编纂委员会最新的编纂规范对油田志的结构重新进行了调整，逐步使油田志的编纂更趋于合理。

本志在编纂过程中，中海石油（中国）有限公司天津分公司勘探开发研究院、生产部、钻井部、作业分公司的领导和同事都给予了无私的帮助，渤海石油档案馆、中海油基地采技服采油工程研究院档案室、文印组等相关同志在提供资料、印刷、装订等各项工作中给予了大力支持，在此一并表示衷心的感谢。

《绥中 36–1 油田志》编纂组

2010 年 5 月

编号：26-003

秦皇岛 32−6 油田志

《秦皇岛 32–6 油田志》编纂组　编

秦皇岛 32–6 油田浮式生产储油轮命名暨交接仪式庆典
（天津分公司作业分公司，2001 年）

秦皇岛 32-6 油田地理位置图

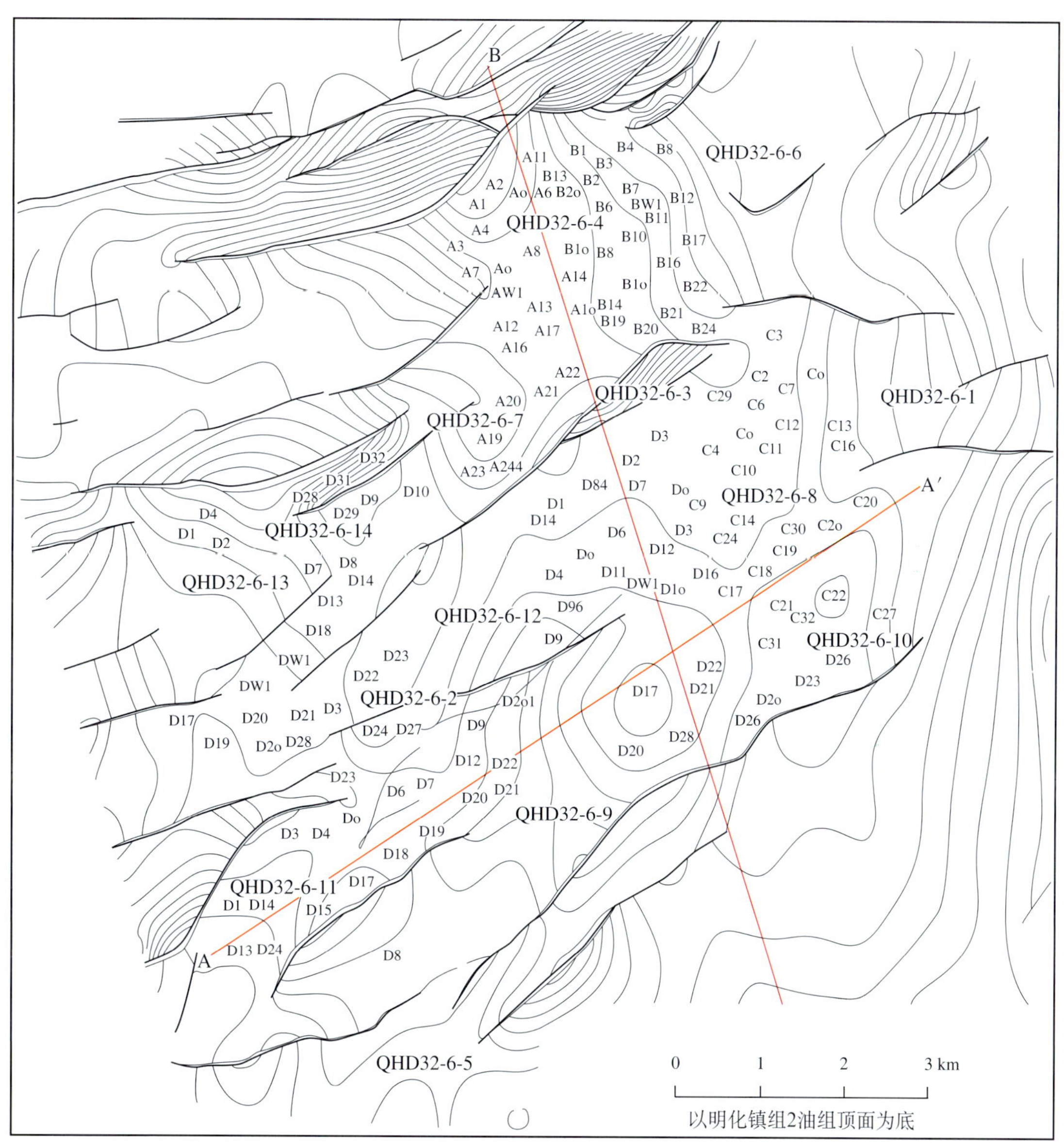

秦皇岛 32–6 油田构造井位图

（渤海油田研究院，2002 年）

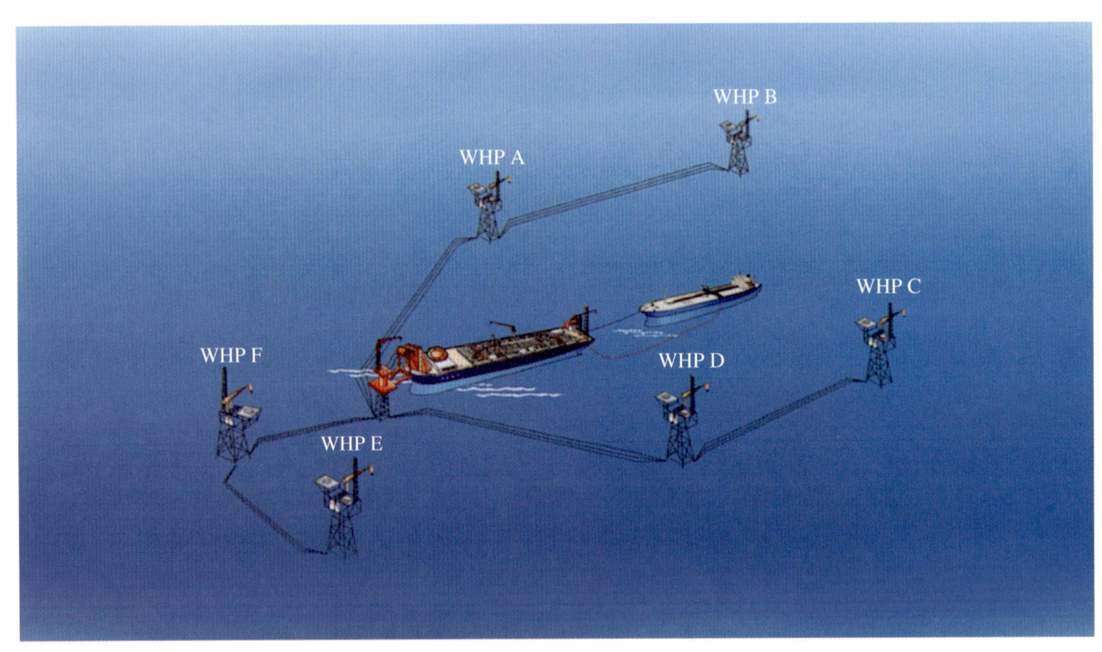

秦皇岛 32–6 油田生产系统图

（天津分公司作业分公司，2002 年）

《秦皇岛 32–6 油田志》编纂组

编纂人： 秦　薇　郭　剑　赵少伟　郑　举

参加人： 徐玉霞

《秦皇岛 32–6 油田志》审核人员

曹文贤　徐启兴　汪志勇　吴成浩　李树宽　刘　英

宫　薇　赵利昌　王力群　张敏娟

本志目录

概　述

秦皇岛 32–6 油田，是中海石油（中国）有限公司天津分公司管辖的渤海油气区对外合作开发的油气田之一；由中海石油（中国）有限公司与德士古公司合资经营，中国海洋石油总公司秦皇岛 32–6 作业分公司管理。

一

秦皇岛 32–6 油田位于渤海中部海域，构造面积 $110km^2$，含油面积 $36.6km^2$，西北距京唐港 20km。油田范围内平均水深 20m；风速年平均 6.7m/s，最大 27.5m/s；夏季平均波高 0.4 ～ 0.8m，冬季、秋季风浪较大，平均浪高 0.8 ～ 1.2m，最大浪高 2.5 ～ 6.4m；最高气温 33.5℃，最低气温 –14.5℃。

二

秦皇岛 32–6 油田位于渤中坳陷石臼坨凸起中西部，凸起周边被渤中、秦南和南堡三大富油凹陷所环绕，是渤海海域油气富集最有利地区之一。

秦皇岛 32–6 构造是在古近系古隆起背景上发育并被断层复杂化的大型披覆构造，形成于古近纪，定形于新近纪。构造轴向为北东—南西向，南北宽 12km，东西宽 13km。馆陶组构造特征与潜山面貌相近，明下段各油组构造高点自下而上逐步向西北方向迁移，构造最高点移至 14 井区，构造圈闭幅度 30 ～ 55m。秦皇岛 32–6 油田的断层按其活动性质与对油气运移的作用可分为三个级次：第一级次的断层是油田南北两侧的近东西向基底断裂带，该组断层形成早，发育时间长，成为秦皇岛 32–6 构造主体的边界，也是油源断层；第二级次的断层是油田内部发育的近北东东向的一组断层，该组断层活动时期晚，断距具有上大下小的特点，一般为 30 ～ 50m，该组断层将油田主体部位分割成几个区块，形成垒、堑相间的构造格局，同时控制着油气的再运移和再分配，并与河流相储层形成各种复杂的配置关系，构成本油田的多断块、多油水系统的油藏地质特征；第三级次的断层是由次级断层派生出来的近东西向小断层，该组断层可将储层砂体断开，从而不同程度地影响着砂岩储集层的横向连通性。

秦皇岛 32–6 油田自上而下钻遇的地层分别为新生界的第四系平原组、新近系明化镇组、馆陶组、古近系东营组、中生界、古生界和前寒武系地层。主要含油层为明化镇组下段和馆陶组上段，其中明化镇组含油井段长达 300 ～ 400m，划分为 Nm0、NmI、NmII、NmIII、NmIV、NmV 共 6 个油组 28 个小层；馆陶划分 NgI、NgII 两个油层。在油组划分和小层对比的基础上，进行了沉积微相专题研究，其中明下段为曲流河沉积，馆陶组为辨状河沉积。

不同区块不同油组的原油性质有所不同：从平面看，北区与西区地层原油性质相近，南区原油性质好于北区和西区；从纵向上看，NmII 油组以上（含 NmII 油组）的油层地层原油黏度高，以下的油层地层原油黏度较低，已属于非稠油范畴；地面脱气原油性质具有密度高、黏度高、胶质沥青质高、含蜡量低、凝固点低以及含硫量低的特点。油田含油层段埋藏较浅，由于成岩作用较弱，因此砂岩疏松，储层物性好，孔隙度平均为 35%，渗透率平均为 3000mD 储层具有高孔高渗特征。地层水水型为 $NaHCO_3$。

秦皇岛32–6油田具有正常的温度、压力系统。通过开发井的精细对比分析可知秦皇岛32–6油田的油水系统十分复杂：全油田共发现有40套油水界面（油水界面未落实的砂体，采用含油底界），展现出油田无论在纵向上或者横向上都具有油、水层频繁交互的特点，使油田内的不同区块之间、同一区块的不同断块之间以及不同油组之间、同一油组的不同油层之间、同一油层的不同砂体之间都有不同的油水界面。复杂的油水关系表明，油田具有油藏类型复杂多样化的显著特点。利用现有的完钻井资料及油藏剖面图、储层对比图总结秦皇岛32–6油田共发育有：岩性油藏、构造岩性油藏、岩性构造油藏、构造油藏等油藏类型。底水油藏在油田范围内分布较为广泛。

三

自20世纪70年代后期至今，秦皇岛32–6油田的勘探、评价、方案编制、方案实施、开发生产以及储量复算，共经历了以下几个主要阶段。

（1）区域勘探阶段（1976年至1994年）。

1976年10月在秦皇岛32–6构造南部高点钻探BZ4井，完钻井深2716.69m，钻遇新近系馆陶—明化镇组、古近系东下段、下古生界，至前寒武系花岗岩完钻。在明下段和馆陶组共5个层段内见油气显示，其中明下段1224.8～1235.2m，综合解释为油层10.4m/1层，1359～1367.4m为油水同层8.4m/1层。虽然因油层薄未经测试，但是该井明下段油层的发现预示着整个秦皇岛32–6构造含油的可能性。

20世纪80年代初到1990年，先后开始了与法国ELF公司、美国AMOCO公司和英国BP公司的合作勘探及地质综合研究。ELF公司于1980年至1982年，在渤中、渤西完成了1km×1km测网密度的二维地震，并在430构造钻井一口，因未获商业发现而中止合同。1987年至1988年、1990年至1994年美国AMOCO公司和英国BP公司分别对石臼坨凸起等海域进行了地质综合研究，在本区未能确定出可供钻探的目标。

（2）预探和早期评价阶段（1994年至1995年）。

1994年按照总公司对渤海海域的勘探部署，重新开始自营勘探。1995年6月，在秦皇岛32–6构造东端较高部位以明下段和馆陶组为目标，钻探了QHD32–6–1井（简称1井，以下秦皇岛32–6油田井号均以此方法简称）；于东营组、馆陶组和明下段都发现了油层，综合解释累计油层厚29.2m。测试结果证实，明下段为主力含油层，折算最高日产达61m^3，油层顶面埋深1100～1300m；从而发现了秦皇岛32–6油田，同期秦皇岛32–6油田储量综合评价项目队正式组建。

为了尽快查明油田的储量规模，渤海公司在油田范围内部署了154.5km^{2}高分辨率三维地震采集；并于1995年7月至9月间在秦皇岛32–6油田的西南部和北部分别钻探了2井、3井两口评价井，进一步证实了明下段、馆陶组良好的含油性。尤其是3井，在明下段获得油层14层，累计厚度44.4m，单层测试折算最高日产原油91.38m^3。之后勘探项目队利用3口探井、评价井和450m×500m线距的高分辨率二维地震资料，完成了油田早期油藏预评价。评价结果，秦皇岛32–6油田石油地质储量可望达到1.9×10^8t。

（3）储量评价阶段（1996年至1997年）。

在勘探阶段的早期油藏预评价基础上，为满足GBn.269–88规范规定的基本探明级储量要求，结合海上实际，针对油田的特点，又部署了11口评价井。钻探结果除5井未见油气显示外，其余各井都钻遇油层，钻井成功率达88.9%。尤其是北部的4井，钻遇明下段油层厚度58.5m。利用已钻井资料和新采集、处理的154.5km^{2}三维高分辨率地震资料，在按照储量规范要求取全、取准各项分析化验资料的基础上，秦皇岛32–6油田储量综合评价项目队通过对秦皇岛32–6油田的储量综合评价及开发可行性研究，于1996年12月完成了油田的油气探明储量计算。在总公司、渤海公司各级主管领导和部门的直接领导和支持下，秦皇岛 32–6 油田储量综合评价项目队于 1997 年 1 月完成了油田范围内的 3 井区、2 井区、14 井区探明储量的申报；全国矿产资源委员会于 1997 年 4 月 6 日，批准了秦皇岛 32–6 油田基本探明储量 10345×10^4t，可采储量 2172×10^4t，溶解气储量 17.19×10^8m^3，基本探明含油面积 28.3km^2。在申报油田基本探明储量的同时，还在 8 井区计算了控制储量 6220×10^4t。

油田主体基本探明储量申报完成之后，秦皇岛 32–6 油田储量综合评价项目队结合 8 井区在 1997 年新增加的两口评价井，进行了更为细致的油藏描述工作和油田地质综合研究，于 1997 年 8 月完成了 8 井区的储量升级的研究工作。1997 年 9 月中国海洋石油渤海公司向全资委提交了由渤海公司研究院赵立昌、徐洪玲等编写的《渤海石臼坨开发区秦皇岛 32–6 油田 8 井区油气探明储量升级报告》，正式申报基本探明储量 6689×10^4t，可采储量 1338×10^4t，溶解气储量 11.61×10^8m^3，基本探明含油面积 14.7km^2。1998 年 3 月 5 日获得全国矿产资源委员会办公室批复的［全资准字（1998）第 077 号］《绥中 36–1、秦皇岛 32–6、歧口 17–3 和歧口 18–1 油田油气探明储量复算和新增报告》批准书。至此秦皇岛 32–6 油田总计基本探明储量 17790×10^4m^3（17034×10^4t），含油面积 39.7km^2。

（4）油田 ODP 编制及优化阶段（1997 年至 1998 年）。

1997 年 2 月底，中海石油生产研究中心进行了秦皇岛 32–6 油田的油藏研究工作，并于 1997 年底完成了 ODP 报告。1998 年 7 月中外三方（CNOOC/Texaco/ARCO）联合对秦皇岛 32–6 油田的 ODP 进行优化，最终提出早期注水维持地层压力，以定向井为主，钻 163 口井的推荐方案。

（5）开发井随钻及钻后评价阶段（1999 年至 2002 年）。

1999 年 10 月，秦皇岛 32–6 油田开始钻开发井，至 2002 年 1 月全部井完钻。全油田共钻井 163 口，其中开发井 156 口、水源井 6 口、开发兼评价井（E8）1 口，另外还有地质报废井（D9）1 口、工程报废井（D9s）1 口。在随钻过程中，开发地震运用新井资料进行了多次的迭代反演，结合地质油藏跟踪研究，及时进行了随钻调整，并编制了开发井井位调整建议书、油田射孔方案、投产方案等。开发井完钻后还提交了题为《秦皇岛 32–6 油田 ODP 方案实施跟踪研究成果》的报告。

（6）油田投产阶段（2001 年至 2002 年）。

北区、南区、西区分别于 2001 年 10 月 8 日、2002 年 5 月 28 日、2002 年 8 月 10 日投产。

（7）储量复算阶段（2003 年至 2004 年）。

在综合运用除了评价阶段的基础资料（地震、钻井、取心、测井、测试及分析化验资料）外，还利用了油田开发实施及投产后新增的各种资料（开发井钻完井资料、测井资料、生产动态资料、生产测试资料、分析化验资料）后，由天津分公司技术部池树根、陈彬彬、王俊晓和张鹏等人于 2004 年 6 月正式向国家矿产资源委员会提交了《秦皇岛 32–6 油田油气探明储量复算报告》，申报秦皇岛 32–6 油田叠合含油面积 36.6km^2，已开发探明石油地质储量 16852×10^4m^3（16022×10^4t），已开发探明溶解气地质储量 26.82×10^8m^3。

四

秦皇岛 32–6 油田自 2001 年 10 月投产至今，经历了三个较为明显的开采阶段（图 1）。

（1）油田建产阶段（2001 年 10 月至 2002 年 8 月）。

产量上升阶段，从 2001 年 10 月北区投产开始，到 2002 年 8 月西区投产结束，至此油田全面投产。油田产量随投产油井的增加而上升，全面投产后的高峰日产量达 8400m^3，但综合含水也随之上升，本阶段末综合含水已高达 47%。

（2）产量递减阶段（2002 年 9 月至 2003 年 12 月）。

产量递减阶段，从油田全面投产到 2003 年 12 月。该阶段主要生产特征表现为含水持续上升，含水

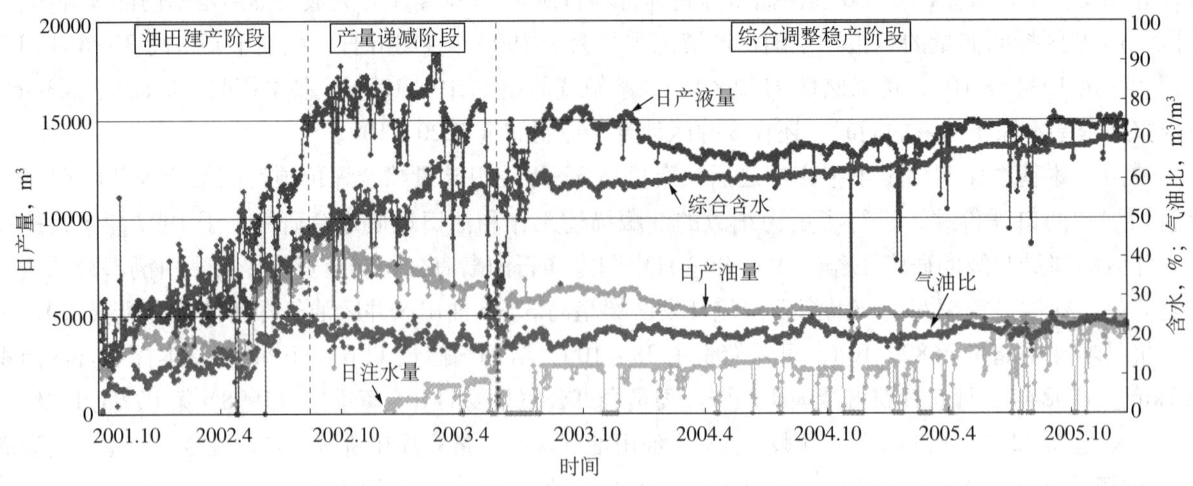

图 1　秦皇岛 32−6 油田开发阶段划分图
（天津分公司技术部，2005 年）

上升率高达 11%，由于无新井投产，产量迅速递减，综合递减率高达 27.5%。从单井统计上看投产初期日产油大于 50m³ 的井为 96 口，阶段末只有 65 口，同期内含水大于 60% 的井数从 28 口增加到 58 口。

（3）综合调整稳产阶段（2004 年 1 月至 2005 年 12 月）。

相对稳产阶段，从 2004 年至今。该阶段主要生产特征表现为生产形势相对比较稳定，含水上升减缓，产量递减减缓，综合递减率降为 5.5%。

五

截至 2005 年 12 月底油田共有生产井 144 口、注水井 14 口：其中北区共有生产井 38 口（包括 2005 年 12 月底先后投产的调整井 B18、B25 和 B13，以及生产馆陶组的 2 口水平井 A25h、A26h），注水井 8 口；南区共有生产井 51 口（包括 2003 年 4 月 27 日投产的水平分支井 D27m），注水井 6 口；西区共有生产井 55 口（包括水平井 D25h 以及 2005 年 3 月和 6 月分别投产以及侧钻的 E10h 和 E6sh），尚未实施注水。

油田海洋工程设施主要由 16 万吨级浮式生产储卸装置“渤海世纪号”、单点、6 座井口平台、海管及海底电缆组成。远端 B、C、E 平台的流体经混输海管分别输送至近端的 A、D、F 平台，与近端平台的流体混合后，经混输海管输送至单点，再通过单点到浮式生产储卸装置进行油、气、水的分离处理。合格油储存在货油舱，通过穿梭油轮外输；分离出的生产水经处理合格后通过海底注水管线输送至各井口平台，通过注水泵注入至注水井中（详见第四章）。

阶段末油田平均单井日产油水平 33m³/d，采油速度 1.0%，年产油 169.42×10^4m³，年产液 508.56×10^4m³，年产水 339.14×10^4m³，年产气 0.36×10^8m³，阶段末油田综合含水 69.5%，气油比 21m³/m³；阶段末油田累积产油 803.54×10^4m³，累积产液 1886.9×10^4m³，累积产水 1083.36×10^4m³，累积产气 16.69×10^8m³，采出程度 4.77%。阶段末油田日注水 4500m³/d，年注水 6.70×10^4m³，累积注水 227.91×10^4m³，累积注采比 0.194。

秦皇岛 32−6 油田具有以下几个方面的开采特征。

（1）油田初期产能较高。

秦皇岛 32−6 油田全面投产后，最高日产量达到 8400m³/d，但很快进入产量递减阶段。2003 年是产量快速递减的一年，但年产量达到了高峰，为 218.51×10^4m³，采油速度 1.3%。与同类油田对比，该油田在稀井网条件下（井网密度 0.2331km²/1 口井，单井控制储量 107.34 × 10⁴m³），达到油田总储量 1.3% 的采油速度是较高的。其中北区和南区的高峰期采油速度较高，西区较低。初期平均单井日产量北区为 85m³/d，南区为 75 m³/d，西区为 40 m³/d。

（2）油田前期含水上升快。

2001 年 10 月至 2002 年 5 月为北区生产阶段，北区投产即含水 20%，至 2002 年 5 月南区投产前，共生产 9 个月，含水已达 45%，平均月含水上升 5.0%；2002 年 5 月南区投产后，油田含水一度下降到 36% 左右，至 2002 年 9 月西区投产，含水又由 36% 上升到 47%，平均月含水上升 2.75%。从油田全面投产至 2003 年 1 月，含水由 47% 上升到 59%，平均月含水上升 3%；2003 年以后含水上升速度减缓，至 2005 年底含水达到 69.5%，两年间含水上升 10.5%，平均月含水上升 0.44%。该油田含水曲线的变化特点是，在含水 56% 以前，含水以月上升 3% ～ 5% 的速度大体呈直线上升，含水 56% 以后，上升速度明显减缓。

（3）前期产量递减快。

秦皇岛 32–6 油田的产量，随含水的迅速上升，产量快速递减。从 2002 年 9 月油田全面投产到 2003 年年底，日产油能力从高峰日产 8400m³ 降到 5400m³，2002 年至 2003 年综合递减率达 27.5%，2003 年年底油田综合含水达到了 60%（图 2），含水上升率高达 11%。研究综合递减率与含水上升率的相关性（图 2），可以大体看出含水上升是造成递减快的主要原因。

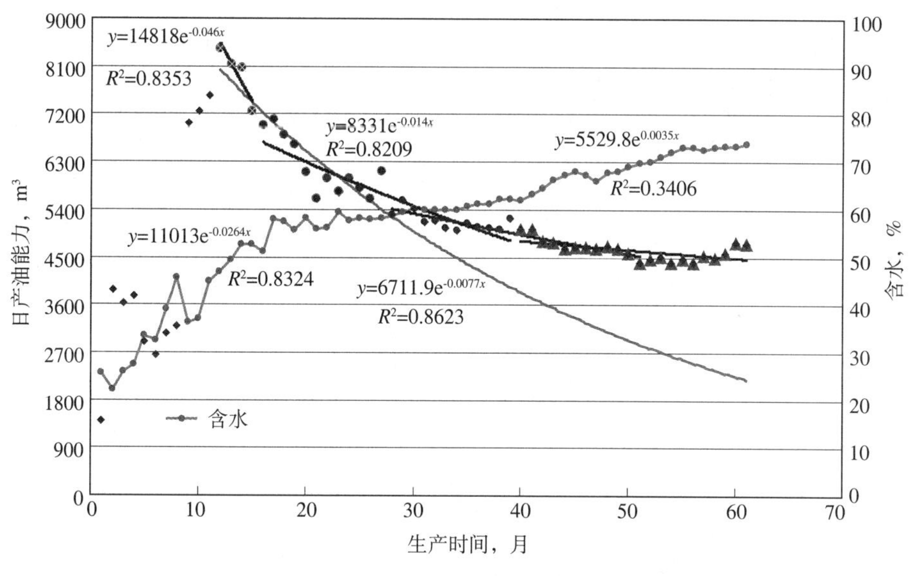

图 2　秦皇岛 32–6 油田综合递减曲线
（天津分公司技术部，2005 年）

（4）常规定向井开采西区稠油底水油藏效果差。

西区为油柱高度不大的稠油底水油藏，油柱高度平均 15m，地层原油黏度高达 226 ～ 281mPa·s。限于开发井钻前的地质认识，采用了常规定向井开发，其中 E 平台 2002 年 8 月 22 日投产结束，F 平台 2002 年 9 月 30 日投产结束；投产后底水迅速锥进，开采效果差。2003 年达到产量高峰，为 61.94 × 10⁴m³，采油速度 1.06%；2005 年，年产油量 46.28 × 10⁴m³，采油速度 0.8%；阶段末累积生产原油 193.29 × 10⁴m³，采出程度仅为 3.6%，综合含水 78.5%；平均单井日产油水平 26m³。经水驱曲线计算，水驱动储量只有 2083 × 10⁴m³，不足总储量的 40%。

六

秦皇岛 32–6 油田是我国海域第一个由中方作为作业者的合作油田，投资的三家公司分别为 CNOOC、Texaco 和 ARCO。通过各方的共同努力，逐渐摸索出了一整套河流相砂岩稠油油田开发和管理的现场经验。

秦皇岛 32–6 油田的随钻研究与调整中首次应用了渤海研究院沈章洪等用 Jason 软件构建的“开发井随钻储层模型调整技术”，这也是该技术在渤海油田随钻研究中的首次成功应用。

秦皇岛 32–6 油田 A25h 和 A26h 两口大位移水平井是国家“863”项目的重要研究课题之一，也是总公司内部利用渤海现有钻井设备、技术及人员在渤海湾首次进行的难度最大的大位移水平井。其中 A26h 井应用了裸眼筛管砾石充填技术，且其水平位移和水垂比两项指标同创渤海湾新高。

“渤海世纪”号 16 万吨级浮式生产储油轮（FPSO），可处理高黏度原油，年处理能力 450 万吨，储油能力 15 万吨，采用了当时世界上多项用于浮式生产储油轮的先进技术，并安装了世界功率最大的海上动力发电机组，可抵御渤海湾百年一遇的恶劣气候和 50 年一遇的海冰。

大事记

1976年

10月　秦皇岛32−6构造南部高点钻探BZ4井。

1995年

6月8日　由渤海4号钻井平台承钻的1井开钻，6月27日钻至1976m完井，渤海公司对1井进行了产能测试，日产油196m^3，发现秦皇岛32−6油田。

7—9月　在秦皇岛32−6油田的西南部和北部分别钻探2井、3井。

1996年

3月　油田完成早期评价，初步估算含油面积67km^2，储量1.9×10^8t。

12月　秦皇岛32−6油田3井区、2井区、14井区的油气探明储量计算完成。

1997年

1月30日　秦皇岛32−6油田原油探明储量终审会在北京举行。

4月6日　全国矿产资源委员会批准秦皇岛32−6油田基本探明储量$10830\times10^4m^3$（10345×10^4t），溶解气储量$17.19\times10^8m^3$，基本探明含油面积28.3km^2。

4月30日—7月10日　4井进行延长测试。

9月1—3日　石臼坨开发体系暨秦皇岛32−6油田整体开发大思路研讨会在北京怀柔举行。

10月　秦皇岛32−6油田开发方案得到确定。

12月　秦皇岛32−6油田ODP由中国海洋石油生产研究中心完成。

1998年

3月8日　秦皇岛32−6油田8井区新增探明储量获得全国矿产资源委员会的批准。

3月31日　秦皇岛32−6油田油气储量报告获全国矿产资源委员会颁发的国家级一等奖。

7月1—7日　秦皇岛32−6油田中外技术交流会在天津塘沽和河北燕郊生产研究中心召开，与会的有美国Texaco和ARCO两家石油公司四位专家及秦皇岛32−6油田项目组成员。

9月18日　中国海洋石油总公司与合作伙伴美国德士古中国公司和阿科中国公司在北京签订了《渤海湾秦皇岛32−6合同区石油合同》。

9月29日　中华人民共和国对外贸易经济合作部批准了《渤海湾秦皇岛32−6合同区石油合同》。

12月　优化后的秦皇岛32−6油田总体开发方案编制完成。

12月15日　秦皇岛32−6油田开发总项目组成立。

1999年

3月29日　国家发展计划委员会批复总公司，同意秦皇岛32−6油田进行对外合作开发。

4月15日　井口导管架开工。

5月10日　中华人民共和国工商行政管理局批准下发中国海洋石油总公司秦皇岛32−6作业分公司营业执照。

6月17日　国家发展计划委员会批准了中国海洋石油总公司提交的《秦皇岛32−6油田总体开发方案》。

7 月 15 日　秦皇岛 32−6 合同区第一次联合管理委员会会议在北京召开，通过了联管会及其他管理和工作程序。

8 月 31 日　完成项目基本设计和执行计划。

9 月 30 日　开始项目工程详细设计。

10 月 15 日　总公司与大连造船新厂关于秦皇岛 32−6 油田 15 万吨浮式生产储油装置（FPSO）建造合同的签字仪式在大连举行。

10 月 29 日　秦皇岛 32−6 油田钻完井总包合同签订；秦皇岛 32−6EPC 总包工程合同签订。

12 月 8 日　开发井钻井作业开始，并同时开始开发井的随钻研究与调整。

2000 年

3 月 8 日　开始建设 FPSO 船体。

4 月 20 日　A26h 井开钻，标志着油田大位移水平井钻井作业正式启动。

6 月 12 日　A26h 大位移水平井作业顺利完成，井深 3715m，垂深 1466.6m，水平位移 2983.64m，水垂比 2 ∶ 1，其水平位移和水垂比两项指标同创渤海湾新高。

6 月 28 日　A25h 井完井，完钻井深 3038m，该井钻井周期 18.18d，打破了总公司 3001 ～ 3500m 水平井最短钻井周期记录（原记录井深 3028m，钻井周期 35.84d）。

7 月 6 日　开始单点系泊系统建设。

7 月 24 日　开始 FPSO 上部设施监造。

2001 年

3 月 9 日　开始海底管线铺设。

7 月 28 日　我国自行设计、建造的最大的浮式生产储油轮（FPSO）的命名暨交接仪式在大连举行。

8 月 25 日　FPSO“渤海世纪”离开大连赴海上，秦皇岛 32−6 油田开始安装作业。

10 月 8 日　秦皇岛 32−6 油田一期开发工程提前投产。油田一期工程由北区 A、B 两座井口平台、单点系泊、浮式生产储油轮组成。A 井口平台有 25 口生产井，B 井口平台有 21 口生产井，油田年产能力为 $27.26\times10^4m^3$。

2002 年

6 月 17 日　秦皇岛 32−6 油田的 C、D 平台成功投产。这两个平台的投产使秦皇岛 32−6 油田的产量每天增加 2bbl，中方首次在合作油田中担任作业者，拥有 51% 的权益。

8 月 10 日　秦皇岛 32−6 油田 E、F 平台投产，至此秦皇岛 32−6 油田全面投产。

12 月 12 日　北区开始注水，共有 5 口井转注。

2003 年

4 月 28 日　D 平台调整井 D27m 开钻。

7 月 18 日　中国海洋石油有限公司宣布，BP 中国勘探及生产公司将其在秦皇岛 32−6 油田油田 24.5% 的权益转让给中海油，至此中海油拥有秦皇岛 32−6 油田的权益已升至 75.5%。

2004 年

5 月 4 日　南区开始注水，共有 4 口井转注。

6 月　中海石油（中国）有限公司天津分公司技术部提交了《秦皇岛 32−6 油田油气探明储量复算报告》。

8 月 20 日　南堡 35−2 油田接入秦皇岛 32−6 油田工程动工。

9 月 17 日　无人平台改造工程动工。

2005 年

1 月 14 日　E 平台调整井 E10h 开钻。该井为用水平井开发稠油底水油藏的探索试验井。

3 月 28 日　国家科学技术奖励大会在人民大会堂隆重召开。中国海洋石油总公司申报的秦皇岛 32–6 海上大型油田建设工程，荣获国家科学技术进步二等奖。

4 月 14 日　E 平台调整井 E6sh 开钻。

11 月 7 日　在北区边部钻了 N1 井，增加地质储量 $500 \times 10^4 m^3$。

12 月 28—30 日　B 平台调整井 B25 和 B18 井先后投产。

第一章

油田地质

第一节　构　造

在区域上，秦皇岛 32–6 构造位于石臼坨凸起的中部，凸起周边为渤中、秦南和南堡三大富油凹陷所环绕，是渤海海域油气富集的有利地区之一（图 1–1）。

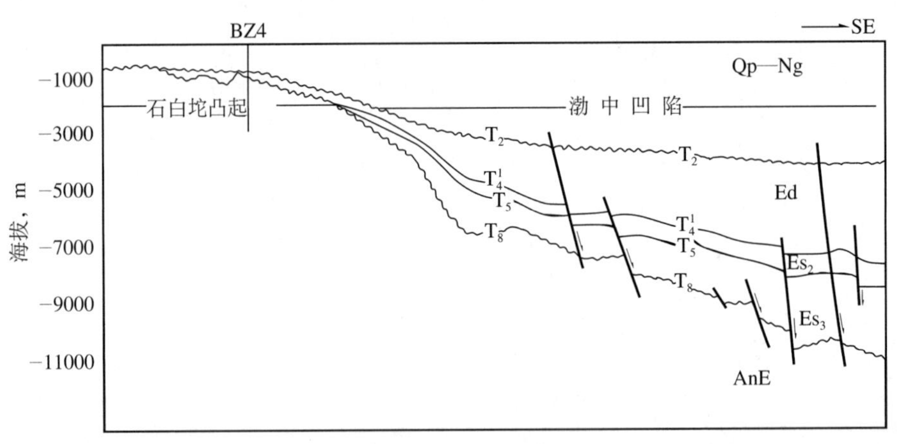

图 1–1　秦皇岛 32–6 油田构造结构示意图
（渤海油田研究院，1997 年）

在 1996 年至 1997 年的储量评价阶段以及 1997 年至 1998 年 ODP 设计和优化阶段，对秦皇岛 32–6 油田构造和断层认识基本一致，认为秦皇岛 32–6 构造是一个在古近系古潜山（石臼坨凸起）背景上，发育起来的为断层复杂化了的大型低幅度披覆构造。其构造轴向近北东—南西向，南北宽 12km，东西宽 13km，构造面积近 110km^2。馆陶组构造高点、主体部位构造特征与古近系潜山构造面貌相近，明下段各油组构造高点自下而上逐步向西北方向迁移，构造最高点移至 14 井区（图 1–2）。

南北两组北东东向基底断层构成了构造的南北边界，并在构造主体发育浅层次级断层；这些断层通常高达海底，消失于明化镇组或馆陶组下部。构造解释结果表明，秦皇岛 32–6 构造除南北两组基底边界断层以外，构造主体主要发育五条断距大于 30m 的浅层次级断层，自北向南把构造分隔成堑垒相间的构造格局，控制了构造带上油气的再运移和再分配，形成 5 个含油区块。其中被评价井探明的主要含油区块有：2 号断层以北的 3 井区；1 号断层以南的 14 井区；3 号断层以南的 2 井区；14 井区和 2 井区之间虽有 2、3 号断层相隔，但油田地质综合评价认为断块高部位的两条断层断距很小，不足以对油藏起分割作用，而且 14 井与 2 井间的距离不到 1.5km，因此认为这两井区之间的储量可以被这两口评价井控制（图 1–3）。

1999 年至 2002 年 1 月秦皇岛 32–6 油田在随钻及钻后评价阶段结合新增开发井的地质、地震、测井资料，对北区、南区和西区的构造有了更为具体和深入的认识。其中南区和西区钻后构造特征、断层

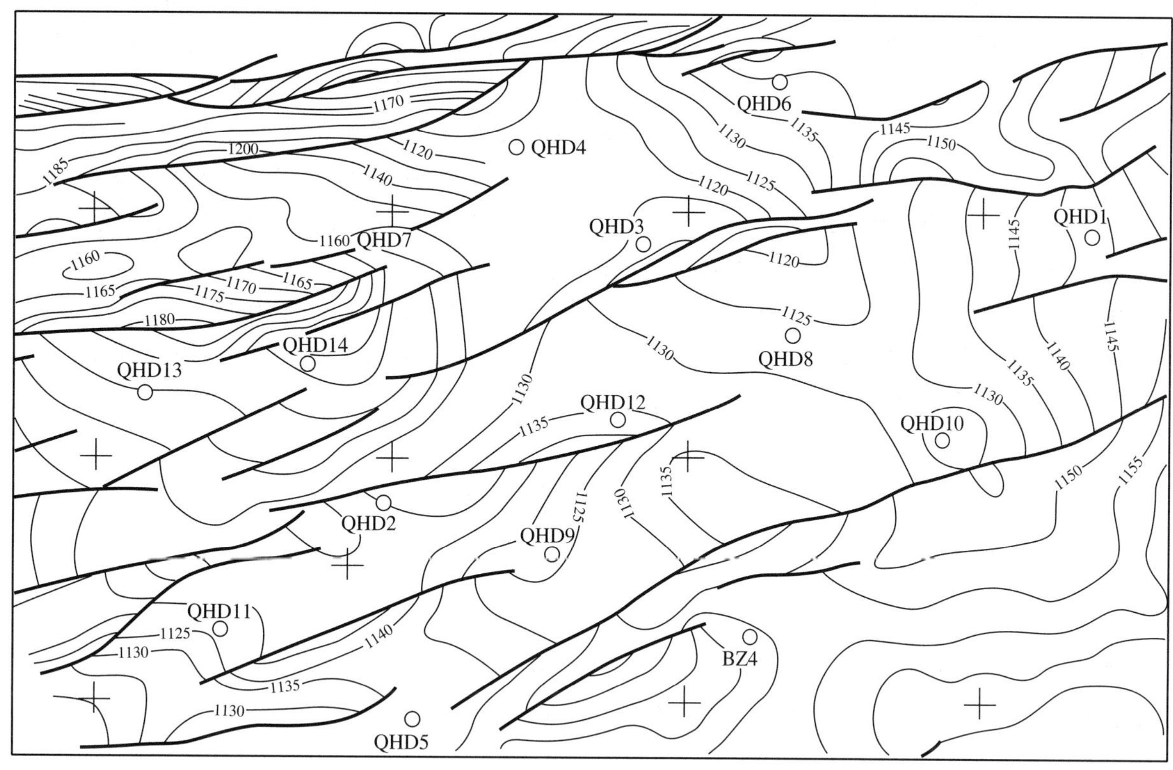

图 1–2　秦皇岛 32–6 油田 Nm Ⅱ油组顶面构造图（评价阶段）
（渤海油田研究院，1997 年）

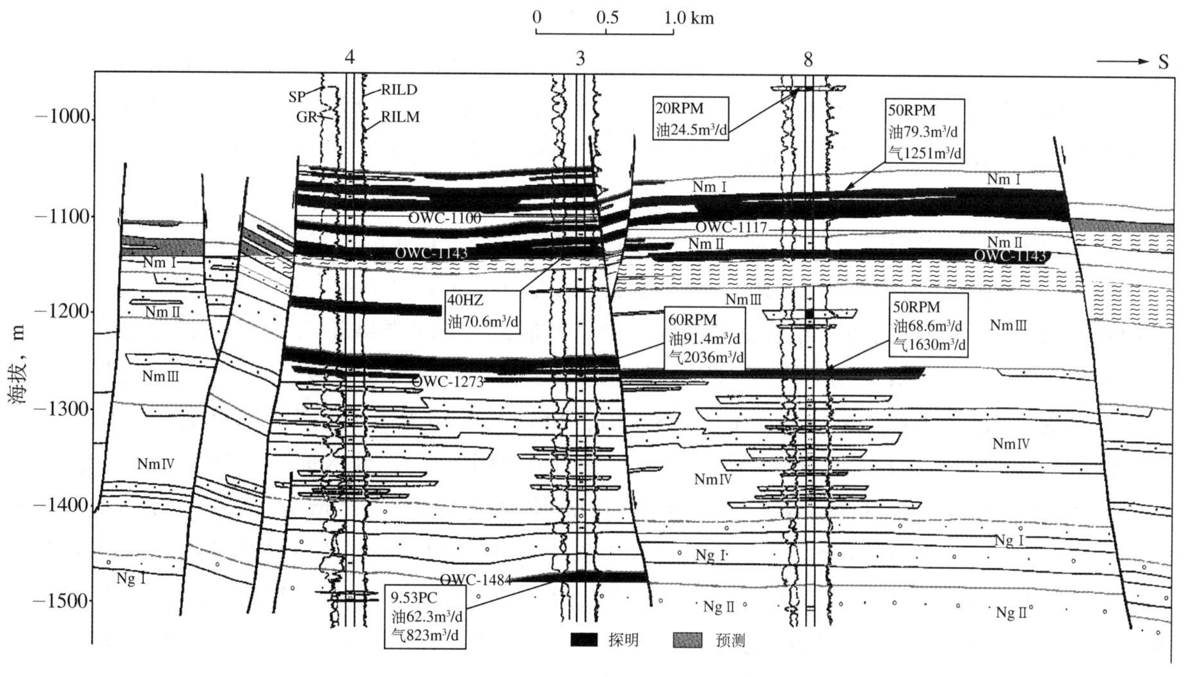

图 1–3　秦皇岛 32–6 油田 4 井—8 井油藏剖面图
（渤海油田研究院，1997 年）

分布与评价阶段认识是基本一致的，两区的明下段各油组各小层间构造继承性较强，整体是受近东西向断层挟持，只是开发井较多，各层的构造细微特征略有不同。北区构造变复杂：明下段各油组各小层间构造具有一定继承性，整体是南北受近东西向断层挟持，向东西倾伏的断裂背斜。发育两个局部高点，分别位于 A2 及 A22 井附近，高部位沿断层东西展布，两高点间为宽缓的鞍部，东西两翼受断层切割。

A23 井所在的垒块向西逐渐抬高，与秦皇岛 32–6 油田西区相连。断裂系统为近东西向，A2 井以北断层是油田探明含油范围的北界断层，该断层延伸 10km，断距 50 ~ 60m，A22 井以南是分割北区与南区的油田内部分区断层，延伸 5km，断距 20 ~ 30m，位于东西两翼的断层，平面延伸短，断距中间大，两头小。各油组小层间构造特征大体一致，只是鞍部大小略有变化。Nm Ⅲ 2 小层鞍部略窄，Nm Ⅳ油组顶面鞍部略宽，其他各层相当。Ng Ⅰ油组：为受东西向断层切割的断鼻构造，近南北走向，A1 井位于高部位，圈闭较小。Ng Ⅱ油组：整体为批覆背斜，受东西向断层切割，局部高点含油。两口水平井沿构造轴向分布在北区和西区的两个局部高点，两高点间为鞍部。

2004 年储量复算阶段，与储量评价阶段和钻后评价相比，秦皇岛 32–6 油田的构造类型、基本构造形态、断层组合、圈闭类型没有发生变化。开发井钻后，随着井资料的增加，局部的构造形态发生非常小的变化；仅在 Ng Ⅱ油组顶，新解释一条规模不大的断层。

第二节　储　层

一、地层

1997 年 1 月由辛世刚、赵利昌提交的《秦皇岛 32–6 油田油气探明储量报告》，概括了秦皇岛 32–6 油田钻遇的地层：自上而下有平原组，明化镇组、馆陶组，东营组，中生界、古生界和前寒武系地层（图 1–4）。

二、储层

1997 年 1 月由辛世刚、赵利昌提交的《秦皇岛 32–6 油田油气探明储量报告》指出油层主要发育在明化镇组下段和馆陶组上段。明下段主要含油层段厚 300 ~ 400m，为一套由不同粒级的砂质岩、泥岩互层，横向分布较稳定。ODP 阶段按旋回对比、分级控制的原则，结合油层段的岩性、电性组合特征，把含油层段分为 Nm Ⅰ、Nm Ⅱ、Nm Ⅲ、Nm Ⅳ 4 个油组，每个油组包含若干套单砂层，整个含油层段包括 17 到 20 个单砂层（图 1–5）。其中 Nm Ⅰ、Nm Ⅱ油组砂层较厚，砂层多、砂岩含量高，砂层在全区分布较稳定，是油田的主力含油组。馆陶组含油层段为一套含砾砂岩、砂砾岩夹泥岩组合。自上而下分为 Ng Ⅰ、Ng Ⅱ两个油组，包括 5 个单砂层，油层集中分布在 Ng Ⅱ油组的顶部。

1999 年随钻工作开始之后，随着钻遇油井数量的增加，逐渐对秦皇岛 32–6 油田的储层有了更为完整和深入的认识。钻后油组划分、小层对比方案与 ODP 一致，但较 ODP 多，其中北区钻后将明下段地层从上至下划分为：Nm0、Nm Ⅰ、Nm Ⅱ、Nm Ⅲ、Nm Ⅳ、Nm Ⅴ 6 个油组，馆陶划分 Ng Ⅰ、Ng Ⅱ两个油层；与评价阶段相比新增 Nm0 油组和 Nm Ⅴ油组（图 1–6）；北区明下段从上至下共划分出 28 个小层，其中，Nm0 油组 8 个，Nm Ⅰ、Nm Ⅱ、Nm Ⅲ油组各 4 个，Nm Ⅳ油组 3 个，Nm Ⅴ油组 5 个；馆陶组从上至下划分出 3 个小层，NgI 油组 2 个，Ng Ⅱ油组 1 个。南区将明下段地层从上至下划分为：Nm0、Nm Ⅰ、Nm Ⅱ、Nm Ⅲ、Nm Ⅳ 5 个油组；从上至下共划分出 24 个小层，其中，Nm0 油组 8 个，Nm Ⅰ、Nm Ⅱ、Nm Ⅲ油组各 4 个，Nm Ⅳ油组 3 个，Nm Ⅳ之下 1 个；与评价阶段相比新增 Nm0 油组、向下 Nm Ⅳ以下油组也在局部含油，含油井段加长，开发井钻遇的 NmI、Ⅱ油组砂层厚度变化不大，Nm Ⅲ和 Nm Ⅳ油组砂层厚度较 ODP 预测的发育。西区明下段地层从上至下划分为：Nm0、Nm Ⅰ、Nm Ⅱ、Nm Ⅲ、Nm Ⅳ 5 个油组及馆陶组的 Ng Ⅱ油组；从上至下共划分出 24 个小层，其中，Nm0 油组 8 个，Nm Ⅰ、Nm Ⅱ、Nm Ⅲ油组各 4 个，Nm Ⅳ油组 3 个，Ng Ⅱ油组 1 个。钻后向上增加了零油组，含油井段加长，开发井钻遇的 Nm Ⅰ厚度变化较大，Nm Ⅱ的油组砂层厚度变化不大。虽然实钻 Nm Ⅲ和 Nm Ⅳ油组砂层比较孤立，连通性差，但较 ODP 预测的发育。

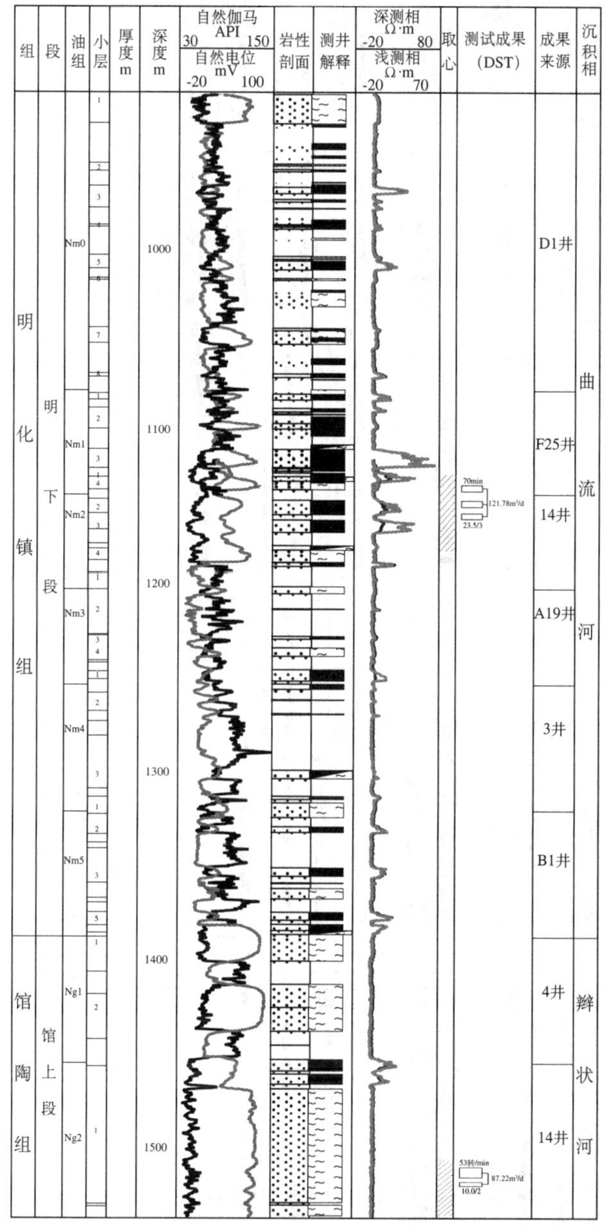

图 1–4　秦皇岛 32–6 油田油层综合柱状图
（渤海油田研究院，1997 年）

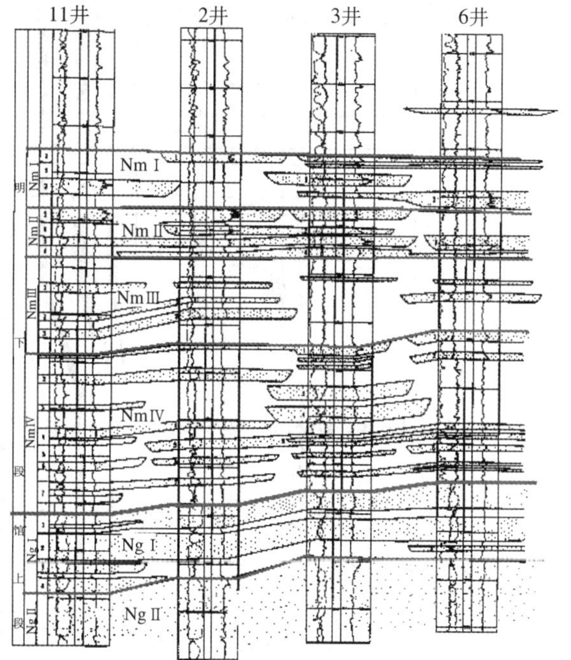

图 1–5　秦皇岛 32–6 油田油组划分、对比图
（渤海油田研究院，1997 年）

2004 年 6 月由池树根、陈彬彬等提交的《秦皇岛 32–6 油田油气探明储量复算报告》中关于地质构造特征的表述与钻后评价阶段一致。

三、沉积

1997 年 1 月由辛世刚、赵利昌提交的《秦皇岛 32–6 油田油气探明储量报告》中表述：秦皇岛 32–6 油田明下段为曲流河相沉积，总体水流方向为北西—南东向；是一套以下粗上细为主的正韵律沉积，由下而上层理规模变小；可进一步细分出三种沉积微相，即点砂坝、天然堤、泛滥平原微相，其中曲流河沉积的点砂坝砂体，岩性主要为长石岩屑中细砂岩、细砂岩，储集物性好，是油田的主要含油砂体。馆陶组的两个油组为辫状河沉积，水流总体流向和明下段总体水流方向一致；馆陶组岩性偏粗，也是一套以下粗上细为主的正韵律沉积，可分出泛滥平原和心滩两个微相，其中心滩是该组的主要含油砂体。

根据油田地质建立的秦皇岛 32–6 油田沉积微相模式，明下段曲流河相的点砂坝砂体，剖面形态表现为透镜状，平面呈弯曲带状。结合陆地同类油田河流相砂体研究成果的调研，以及对秦皇岛 32–6 油田开发地震的描述结果认为，由于沉积时期河床摆动、砂体叠置，明下段曲流河相砂体宽度一般为 1000 ～ 1500m，钻井证实单砂层厚度主要变化于 5 ～ 15m 之间。钻井及地震储层预测结果显示，明下段曲流河砂体平面上叠合连片，纵向上不同油组含油砂体有各自的油水系统，特别是油田主体部位的 Nm Ⅱ油组测试证实，具有大体相近的油水界面，显示了砂体纵向上不同程度的叠置连通。但是，各井钻遇油水界面的差异（3 ～ 5m），也不能排除一些砂体，纵向连通程度差自成系统的可能性。开发地震储层描述提供的砂体展布显示，明下段 Nm Ⅰ油组砂体，分西、东两个带，西带沿 13 井、11 井方向

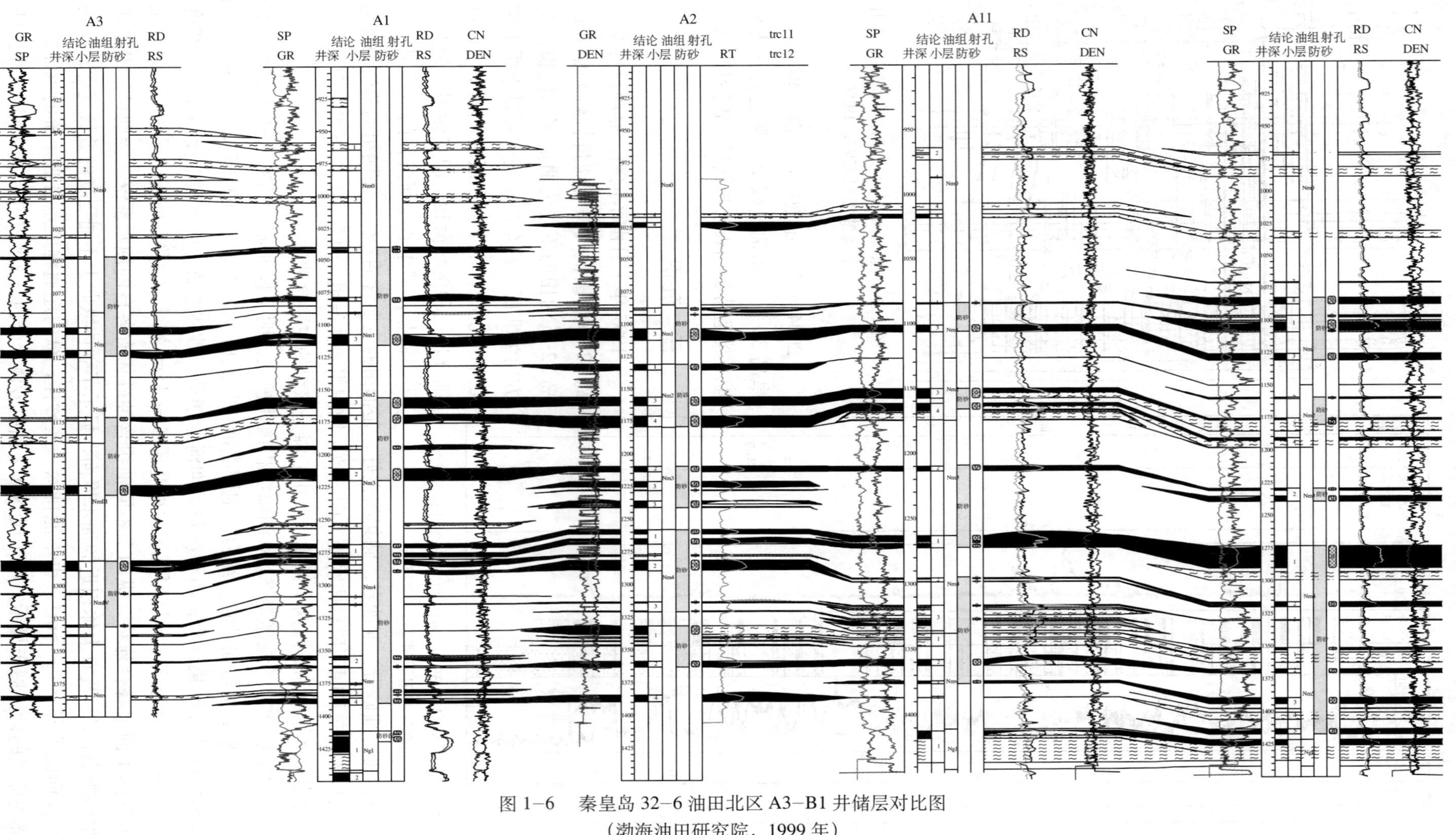

图 1–6　秦皇岛 32–6 油田北区 A3–B1 井储层对比图
（渤海油田研究院，1999 年）

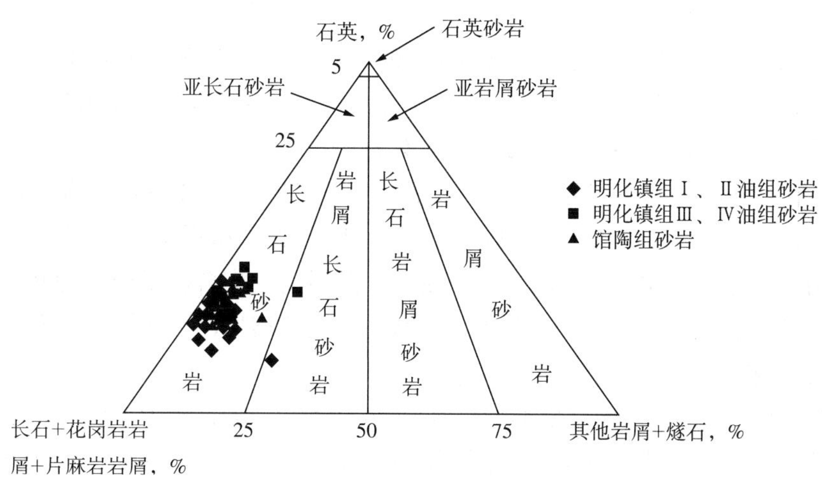

图 1–7　秦皇岛 32–6 油田储层砂岩分类三角图
（天津分公司技术部，2004 年）

展布，东带沿 4 井、3 井、8 井方向展布，两带交会于 9 井附近；Nm Ⅱ、Nm Ⅲ、Nm Ⅳ油组砂体总体呈东西向展布：Nm Ⅱ油组全区分布较广泛，分带性不明显，是油田的主力油组之一，该油组砂岩厚度大，横向砂体叠置、连通性较好；纵向上砂层发育，砂岩含量高，泥岩隔层较薄且不稳定，砂岩与泥岩呈不等厚互层；平面上，砂体呈近东西向连片分布，全区较稳定。单纯的曲流河沉积难以形成 Nm Ⅱ油组如此可观的砂体，经油田沉积相综合研究后推断，Nm Ⅱ油组砂体是曲流河上游介于曲流河与辫状河之间的产物，它具有辫状河或高弯度曲流河的沉积特征；Nm Ⅲ油组砂体，零星分布；Nm Ⅳ油组砂体的分布特点介于 Nm Ⅱ油组与 Nm Ⅲ油组之间，各油组砂体的展布规律与沉积时期的古水流方向一致。

1999 年至 2001 年随钻及钻后评价阶段，对主要的构造、沉积相、油水界面的认识与 ODP 认识基本一致，但 Nm Ⅱ油组变化较大。在评价阶段认为 Nm Ⅱ油组横向叠合连片、纵向叠置、砂体全区分布，在南区为底水油藏，而在西区和北区为边水油藏。钻后揭示 Nm Ⅱ油组在南区仍以底水油藏为主，西区、北区的 Nm Ⅱ油组也由边水油藏变为以底水油藏为主。

2004 年储量复算阶段与钻后评价阶段相比，由于没有新增岩心资料，对储层岩性、物性及孔喉特征的认识仍沿用评价阶段的研究成果。储层的岩石类型均为长石砂岩，砂岩分类三角图显示（图 1–7）石英、长石及岩屑三端元的平均含量分别为：明下段，石英为 43% ~ 50%，长石为 28% ~ 34%，岩屑为 15% ~ 21%；馆陶组，石英为 51.8%，长石为 27.8%，岩屑为 27.8%。

第三节　流体与渗流特征

一、流体性质

（一）原油性质

ODP 阶段，油田明下段地面原油特征为：密度高：0.943 ~ 0.965g/cm^3，平均 0.958g/cm^3；黏度高：229 ~ 1357mPa·s，平均 818mPa·s；胶质、沥青含量高：22.17% ~ 49.18%，平均 35.63%；含蜡量中等：4.25% ~ 9.53%，平均 5.24%；含硫量低：0.23% ~ 0.37%，平均 0.30%；凝固点低：−12 ~ −4℃，平均 −7℃；属重质稠油。

ODP 阶段，油田明下段原油具有轻质组分含量低（C_1 为 16.17%）、饱和压力低（5.40 ~ 9.70MPa）、溶解气油比低（13 ~ 22m^3/m^3）、地饱压差大（2 ~ 5MPa）、地层原油黏度偏高等特点。馆陶组原油性质好于明下段。油藏工程研究结果认为，整个油田原油性质具有纵向上从上到下变好，平面上具有从油田中部到边部变差的趋势。

钻后评价及储量评价阶段油田地面脱气原油性质的认识与ODP段相比变化不大，具有密度高、黏度高、胶质沥青质高、含蜡量低、凝固点低、含硫量低的特点：密度明下段为0.941～0.967g/cm^3、平均为0.956g/cm^3，馆陶组为0.935～0.958g/cm^3、平均为0.941g/cm^3；黏度明下段为163～1358mPa·s、平均为678mPa·s，馆陶组介于95～242mPa·s的范围内、平均为138 mPa·s；胶质沥青质含量明下段平均为37%，馆陶组平均为28%；含蜡量明下段平均为3.84%，馆陶组平均约5.4%；凝固点明下段平均为−10.9℃，馆陶组平均为−26.8℃；含硫量明下段和馆陶组的平均含硫量分别为0.30%和0.38%。可以看出：秦皇岛32−6油田地面脱气原油的性质，一般随深度的增加，原油物性有逐渐变好的趋势；馆陶组原油比明下段原油物性好。

钻后评价及储量评价阶段油田地层原油性质具有如下特点：饱和压力中等，明化镇组4.06～9.94 MPa，平均为7.80MPa，馆陶组4.60MPa；地饱压差中等，明化镇组2.46～7.26MPa，平均为3.60 MPa，馆陶组9.98MPa；溶解气油比低，明化镇组8～25m^3/m^3，平均为18 m^3/m^3，馆陶组11m^3/m^3；体积系数小，明化镇组1.035～1.096，平均为1.059，馆陶组1.057；密度高，明化镇组0.882～0.936g/cm^3，平均为0.911g/cm^3，馆陶组0.944g/cm^3；原油黏度高，明化镇组28～260 mPa·s，馆陶组22mPa·s。地层原油性质的分布规律与地面脱气原油性质相似。从纵向上看，随深度的增加，密度和黏度逐渐降低。从平面上看，南区的原油黏度普遍优于北区和西区的原油黏度。

（二）天然气性质

ODP阶段分析天然气主要以溶解气的形式存在，明下段天然气以轻组分为主，甲烷含量为95%～99%，平均97%，不含硫化氢，相对密度变化于0.56～0.58，属干气范畴；馆陶组天然气甲烷含量稍低，平均93.5%，相对密度0.609。

储量复算阶段分析明下段原油的溶解气中甲烷含量平均为96.97%，乙烷含量平均为0.5%，气体相对密度平均为0.571；馆陶组原油的溶解气中甲烷含量平均为94%，乙烷含量平均为2.14%，气体相对密度平均为0.60。

（三）地层水性质

ODP阶段分析明下段与馆陶组地层水性质相近，总矿化度为2630～7941mg/L，平均4538mg/L，水型为重碳酸钠型。

储量复算阶段分析油田地层水为$NaHCO_3$型，矿化度不高，明下段与馆陶组地层水矿化度平均约4500mg/L，两者的pH值均在7左右。

二、渗流特征

ODP阶段岩心分析及测井综合解释结果认为，秦皇岛32−6油田储层岩性为细砂岩、粉细砂岩；孔隙度、渗透率分布范围相对集中。明下段NmⅠ—NmⅣ孔隙度主要分布于25%～45%之间，平均35%～38%；渗透率分布于100～11487mD之间，平均1492～2747mD。馆陶组NgⅡ油组孔隙度分布于20%～43%之间，平均33%；渗透率分布于500～18443mD之间，平均4811mD。明下段储层的孔隙度与渗透率具有较好的相关性。

储量评价阶段据562块岩石物性样品的常压分析统计，明下段K、ϕ区间值分布范围较广，孔隙度在25%～45%之间，平均35%；渗透率介于100～11487mD之间，平均3000mD。馆陶组孔隙度介于25%～43%之间，平均40%，渗透率介于500～18443mD之间，平均3000mD。由于储集层埋藏浅（<1500m），成岩作用较弱，因此砂岩疏松，常压下的孔渗值较地层条件下要高，因此储层物性较好；物性分析显示为高孔、高渗储层。

第四节　油　藏

一、压力与温度

秦皇岛32–6油田温度、压力资料表明，油田具有正常的温度、压力系统。

二、油藏类型

ODP阶段分析秦皇岛32–6油田是在潜山披覆构造上，以明下段和馆陶组河道砂岩为储层形成的砂岩油藏，受沉积环境和构造因素的影响，形成了各种不同类型的砂质岩油藏。主要油藏类型包括岩性油藏、构造岩性油藏、岩性构造复合油藏和构造油藏4类（图1–8），不同类型的油藏，其油气控制因素、油气分布规律和油藏的含油产状各具特色。岩性油藏含油范围受砂体分布的控制，平面上表现为或者砂体连片油层也连片或者单个砂体含油，这类油藏只在NmⅠ油组可见。构造岩性油藏含油范围主要受砂体分布的控制，油气沿储层的上倾尖灭方向分布，下倾方向常可见油水界面，NmⅠ、NmⅢ、NmⅣ各油组均可见这类油藏。岩性构造复合油藏由于不同时期河道摆动，曲流河砂体纵向叠置、平面连片，油气分布主要受构造控制，全区具有大体一致的油水系统，局部可能由于少数砂体纵向连通差，含油自成体系，造成个别井点油水界面的深度差异。本区以高弯度曲流河沉积的NmⅡ油组就是典型的岩性构造复合油藏。构造油藏以NgⅡ油组大套的砂砾岩油藏为代表，油气分布在各局部断块的高部，钻探证实每个含油断块具有各自的油水界面，是典型的构造块状油藏。

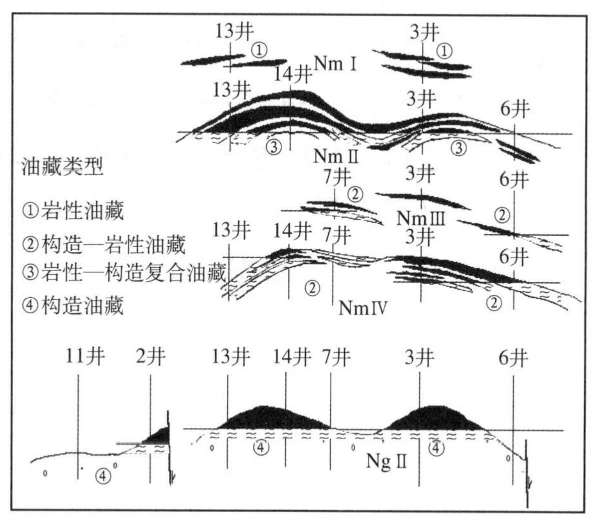

图1–8　秦皇岛32–6油田油藏模式图
（生产研究中心，1998年）

钻后评价阶段和储量评价阶段的结论一致，都是通过对开发井的钻后分析，对油田的油藏类型认识更加清晰：北区Nm0油组以岩性油藏为主；NmⅠ油组第1、2、4小层为岩性油藏，3小层为构造层油藏；NmⅡ油组1、2小层为岩性油藏，3、4小层为构造层状油藏，其边水能量较大；NmⅢ油组1、3、4小层为岩性油藏，2小层为构造层状油藏；NmⅣ油组1小层为构造层状油藏，2、3小层为岩性油藏；NmⅤ油组以岩性油藏为主；NgⅠ、NgⅡ油组为构造块状油藏（图1–9）。南区Nm0油组以岩性油藏为主；NmⅠ油组第1、4小层为岩性油藏，2+3小层为构造层状油藏；NmⅡ油组1小层为岩性油藏，2+3小层为构造层状油藏，其边水能量较大，4小层为层状水层；NmⅢ油组为岩性油藏；NmⅣ油组为岩性油藏。西区Nm0油组以岩性油藏为主；NmⅠ油组第1、2、4小层为岩性油藏，3小层为岩性构造层状油藏；NmⅡ油组主要为带不稳定泥岩隔层的构造底水油藏，4小层为层状水层；NmⅢ油组为岩性油藏；NmⅣ油组为岩性油藏；NgⅡ油组为构造底水油藏。

三、驱动类型

ODP阶段秦皇岛32–6油田主力油层明下段具有一定的边水，但边水能量不足，驱动类型为早期人工注水开发；馆陶组和南区明化镇下段NmⅡ油组为底水油藏，底水能量充足为，天然能量驱动。

钻后由于油藏类型发生了一定的变化，北区、南区、西区的注水时间也与ODP阶段的设计有所不同；北区投产后14个月开始注水；南区投产后2年开始注水；西区由于天然水能量较为充足，尚未实施注水。

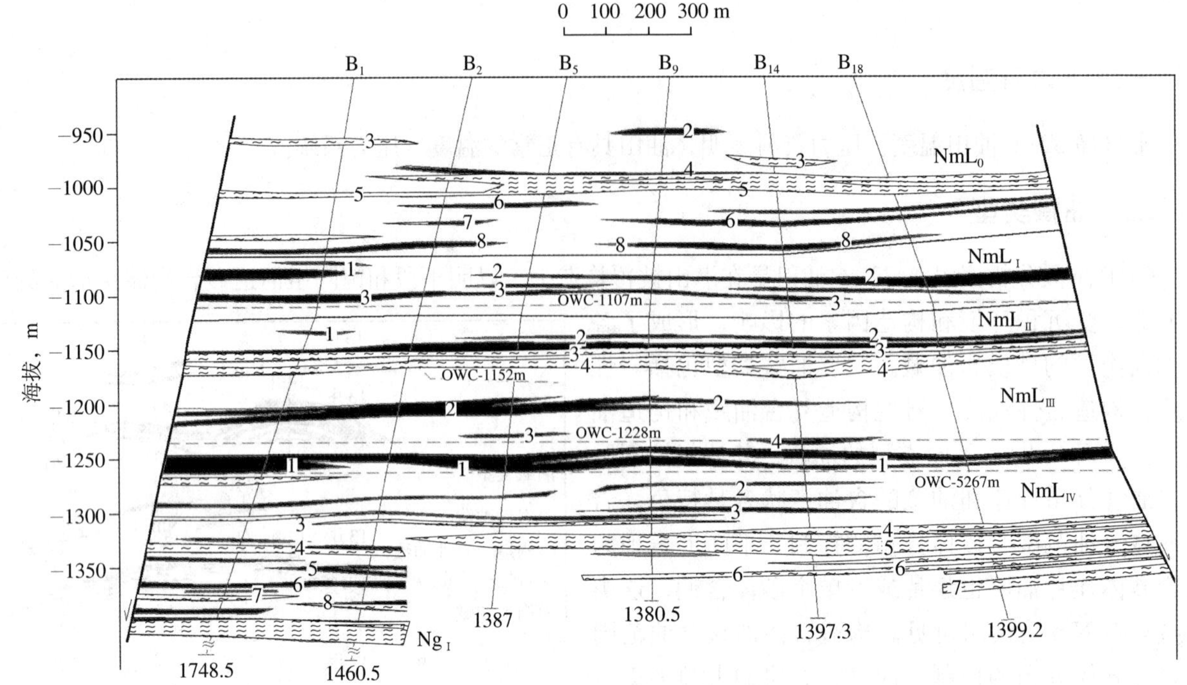

图1-9 秦皇岛32-6油田B1-B19井油藏剖面图
（渤海油田研究院，2002年）

第五节 储 量

一、地质储量

从1995年至2005年，油田进行了多次储量计算。

（一）预评价阶段

1995年油田早期油藏预评价阶段的石油地质储量为1.9×10^8t。

（二）储量评价阶段

1997年1月秦皇岛32-6油田储量综合评价项目队完成了油田范围内的3井区、2井区、14井区探明储量的申报；全国矿产资源委员会于1997年4月6日，批准了秦皇岛32-6油田基本探明储量$10830\times10^4m^3$（10345×10^4t），溶解气储量$17.19\times10^8m^3$，基本探明含油面积$28.3km^2$。

（三）探明储量升级阶段

1997年8月秦皇岛32-6油田储量综合评价项目队完成了8井区的储量升级的研究工作。在1997年9月9日向全资委提交了由渤海公司研究院赵立昌、徐洪玲等编写的《秦皇岛32-6油田8井区储量升级报告》，正式申报该井区基本探明储量6689×10^4t，可采储量1338×10^4t，溶解气储量$11.61\times10^8m^3$，基本探明含油面积$14.7km^2$。1998年3月8日获得全国资产资源委员会的批准。因此截至阶段末秦皇岛32-6油田总计基本探明储量$17790\times10^4m^3$（17034×10^4t）；基本探明溶解气储量$28.78\times10^8m^3$；含油面积$39.7km^2$。

（四）钻后石油地质储量

2002年12月，中海石油研究中心渤海研究院根据实际钻遇砂体的情况，重新计算了秦皇岛32-6

油田钻后地质储量，钻后总地质储量 18951 × 10^4m^3，比 ODP 增加 1244 × 10^4m^3（7%）；原主力油组（Nm Ⅰ、Nm Ⅱ）的地质储量为 15313 × 10^4m^3，钻后变为 11902 × 10^4m^3，比 ODP 阶段减少 3411 × 10^4m^3（占原储量的 22%）；Nm Ⅲ油组 ODP 地质储量 949 × 10^4m^3 钻后增加到 1689 × 10^4m^3，增加 740 × 10^4m^3（比原储量增加 78%）；Nm Ⅳ油组 ODP 地质储量有 566 × 10^4m^3 钻后增加到 2382 × 10^4m^3，增加 1816 × 10^4m^3（比原储量增加 321%）；新发现 Nm0 和 Nm Ⅴ及 NgI 增加储量 2052 × 10^4m^3。

（五）储量复算阶段

2004 年 6 月天津分公司技术部池树根、陈彬彬、王俊晓和张鹏等人正式向国土资源部提交了《秦皇岛 32–6 油田油气探明储量复算报告》，申报秦皇岛 32–6 油田已开发探明储量 16852 × 10^4m^3（16022 × 10^4t），叠合含油面积 36.6km^2，已开发探明溶解气地质储量 26.82 × 10^8m^3。

二、可采储量

（一）储量评价阶段

1997 年 1 月秦皇岛 32–6 油田储量综合评价项目队使用能源部 1989 年颁布的《油田开采储量标定方法》一书推荐的经验公式法、实验室法、水动力学分析法等多种方法，进行了采收率的理论计算。与此同时，通过调研、类比渤海周边陆地同类已开发油田的产出程度，并结合海上油田开发的具体条件，用数值模拟技术对油田的采收率进行了综合预测和标定：秦皇岛 32–6 油田在含水达到 95% 时，其注水开发采收率有望达到 21%。根据对采收率的预测和标定，计算油田可采储量为 2172 × 10^4t。

（二）储量升级阶段

1997 年 9 月在 8 井区储量升级之后，秦皇岛 32–6 油田储量综合评价项目队结合周边同类油田的开发、开采实践，用数值模拟技术对本区及全油田开发指标进行了模拟预测。预测结果认为，立足渤海的海况和现有的工程技术条件，油田生产 15 年时，采出程度为 20.6%，含水 93.4%，累积产油 3364 × 10^4m^3。油田生产 19 年时，采出程度为 21.7%，含水 96.7%，累积产油 3554 × 10^4m^3。其中预测 8 井区生产 15 年时，累计产油 1231 × 10^4m^3，采出程度为 19.5%，含水 93.6%。

（三）ODP 阶段

1998 年经过 CNOOC 和 Texaco 以及 Arco 三家公司共同确认，利用数值模拟法预测秦皇岛 32–6 油田累计生产 20 年，石油可采储量 3372 × 10^4m^3（212.10 × 10^6bbl），采出程度 17.4%。

（四）储量复算阶段

2004 年根据能源部颁布的《油田可采储量标定方法》，天津分公司技术部张鹏等运用水驱曲线法、递减法及油藏数值模拟等多种方法对油田采收率进行了研究；并于 2004 年 6 月提交的《秦皇岛 32–6 油田油气探明储量复算报告》中罗列了秦皇岛 32–6 油田采用数模法研究可采储量的结果：油田生产至 2020 年，采收率为 11.9%，可采储量 2005.9 × 10^4m^3。

第二章

开发部署与调整

第一节　开发可行性研究

1997 年 2 月底，中国海洋石油生产研究中心进行了秦皇岛 32–6 油田的油藏研究工作，在油藏描述、油藏工程和数值模拟研究的基础上，对秦皇岛 32–6 油田的海上开发工程进行了概念设计，并于 1997 年底完成了 ODP 报告。1998 年初，由于国际油价下跌，中海石油自行开展了 ODP 优化工作。1998 年 7 月 CNOOC/Texaco/ARCO 三家公司关于合作开发秦皇岛 32–6 油田谈判成功，同年 9 月三方签订的《渤海湾秦皇岛 32–6 合同区石油合同》获得国家对外贸易经济部的批准；自此进入了中国海洋石油总公司为作业者、中外三方联合开发秦皇岛 32–6 油田的阶段。中外三方在原 ODP 对秦皇岛 32–6 油田地质认识基础上，对油田开发的可行性进行了研究。研究认为：秦皇岛 32–6 油田从上至下分为明化镇组（Nm Ⅰ—Nm Ⅳ，4 个油组）以及馆陶组，由于油藏类型的不同，北区和西区明化镇组采用一套开发层系；馆陶组为另一套开发层系，采用水平井开发；南区 Nm Ⅱ油组单独为一套开发层系，用水平井开发，其他开发层系为一套。馆陶组和南区 Nm Ⅱ油组的底水油藏利用天然能量进行开发，明化镇组采用早期注水开发方式、实施反九点面积注水井网；全油田范围内实施人工举升采油工艺和全井段防砂的完井方式；北区采用 350 ~ 400m 井距，南区和西区分别采用 400 ~ 500m 井距；总井数 163 口，其中生产井 123 口、注水井 34 口、水源井 6 口；油田所辖三个开发区块（北区、南区和西区），每区建两座生产平台，分别于 2001 年 7 月、2002 年 5 月和 2003 年 5 月投产；高峰期年产量在 2003 年，达 $400\times10^4m^3$ 左右，生产 20 年累计产油 $3372\times10^4m^3$，采收率 17.4%，综合含水 93%。

第二节　开发方案编制与实施

一、开发方案编制

在上述研究基础上，1998 年 12 月由吴植融、籍宁、江文学、周建良、李志军、粟京、邱里、王旭、高立国等人编制，李志军、陈国风审核，吴植融和徐启兴复核的《秦皇岛 32–6 油田总体开发方案》编制完成。为了减少和规避风险，降低成本，减少消耗，以最少的投人，获得最大经济效益，在编制开发方案时，制定了以下开发原则：①借鉴同类型油田的开发经验，采用世界上、特别是合作伙伴成功的新工艺、新技术；②合理利用天然能量，采用人工注水方式，保持地层压力；③合理部署井网，完善注采系统，充分动用储量；④油井防砂和机械采油。

开发方案要点如下。

(1) 开发井网：全油田采用反九点面积井网布井，井距 350 ~ 400m，局部 500 ~ 600m（图 2–1）；

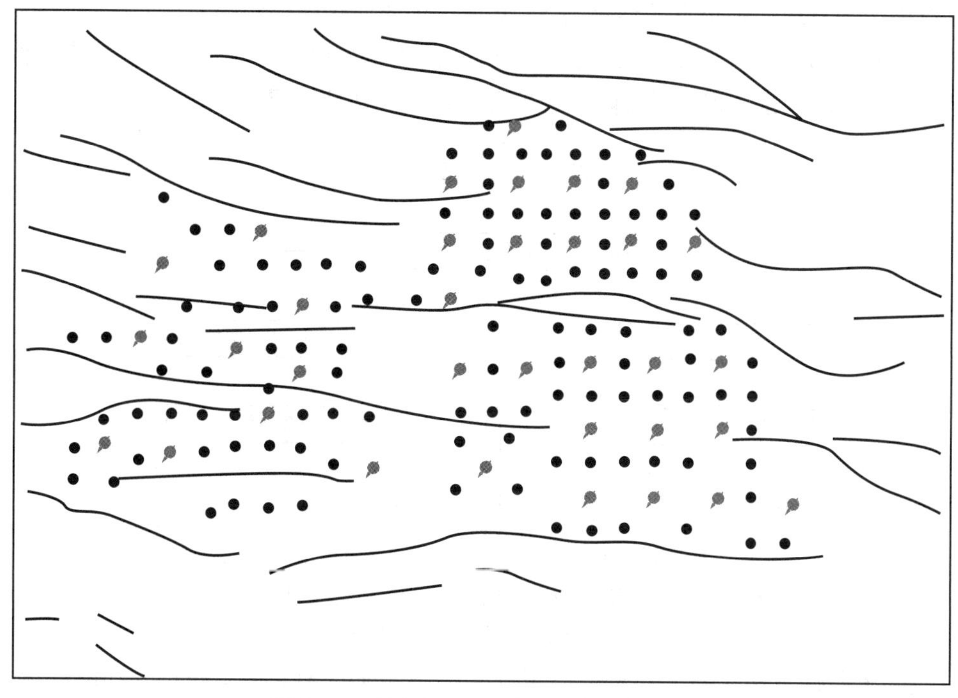

图 2–1　秦皇岛 32–6 油田开发井位部署图
（生产研究中心，1998 年）

（2）开发层系：北区和西区明化镇组采用一套开发层系；馆陶组为另一套开发层系，用水平井开发；南区 NmL2 油组单独为一套开发层系，用一口水平井开发，其他油组合为一套开发层系；

（3）开发方式：主要采用注水开发，少量馆陶组油藏和南区 Nm2 油组采用水平井天然能量开发；

（4）开发井数：全油田分 6 个平台，共布生产井 157 口（其中油井 123 口，注水井 34 口），水源井 6 口；

（5）产能设计：全区生产压差为 2.5MPa，北区米采油指数为 1.66m^3/（d·MPa·m），平均单井产能 80 ～ 100t/d；南区米采油指数为 2.1m^3/（d·MPa·m），平均单井产能 80 ～ 100t/d；西区米采油指数为 2.38m^3/（d·MPa），平均单井产能 60 ～ 90t/d；

（6）开发指标：油田高峰年产 $400 \times 10^4 m^3$，采油速度 2.1%，20 年累计产油 $3372 \times 10^4 m^3$，采收率 17.4%，综合含水 93%。开发计划北区于 2001 年投产，之后南区和西区按次序每年投产 2 座平台；

（7）钻井工程：秦皇岛 32–6 油田油井的自喷能力较弱、储层岩石疏松，为了使油井能够正常生产，在钻完井方面采用了优快钻完井技术和以管内砾石充填为主的先期防砂方式；

（8）采油工程：采用以电潜泵为主的人工举升方式；

（9）海洋工程：秦皇岛 32–6 油田在开发工程方案研究与优化过程中借鉴绥中 36–1 油田二期成功开发的经验，以“三新（新思想、新技术、新方法）三化（国产化、标准化、简易化）”为指导原则，采用全海浮式生产系统和 6 座 35 井槽大型标准化井口平台设计方案，除此之外，采用国际国内先进适用的技术，自主研究制造了亚洲海上最大的 16 万吨级的浮式生产储油装置和与其相匹配的单点系泊系统。

二、开发方案实施

（一）地质油藏项目组的成立

1999 年 6 月 17 日，中华人民共和国国家计划委员会批准了中国海洋石油总公司提交的《秦皇岛 32–6 油田总体开发方案》。1999 年底，受秦皇岛 32–6 油田开发项目组的委托，由中海石油（中国）有限公司牵头，有限公司总地质师负责的秦皇岛 32–6 油田地质油藏项目组正式成立，项目组下设勘探开发部、研究院两个分支机构，分别由地质、油藏、测井、地震等相关专业技术人员组成（图 2–2），机构设置简练，工作效率高；是实现高质量随钻管理和“优快”钻井的保证。

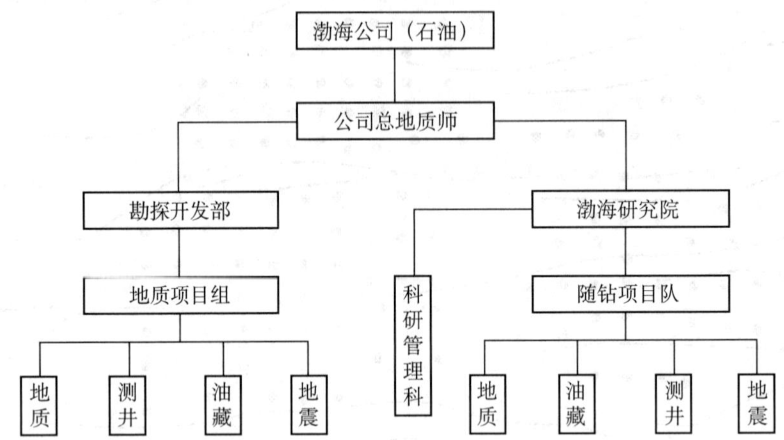

图 2–2　秦皇岛 32–6 油田地质油藏项目组组织机构图
（渤海油田研究院，1999 年）

经过项目组的不断探索和实践，初步形成了一套复杂河流相稠油油田随钻工作的程序（图 2–3），包括开发井钻前优化设计和开发井实施过程的随钻研究两个阶段的研究内容。

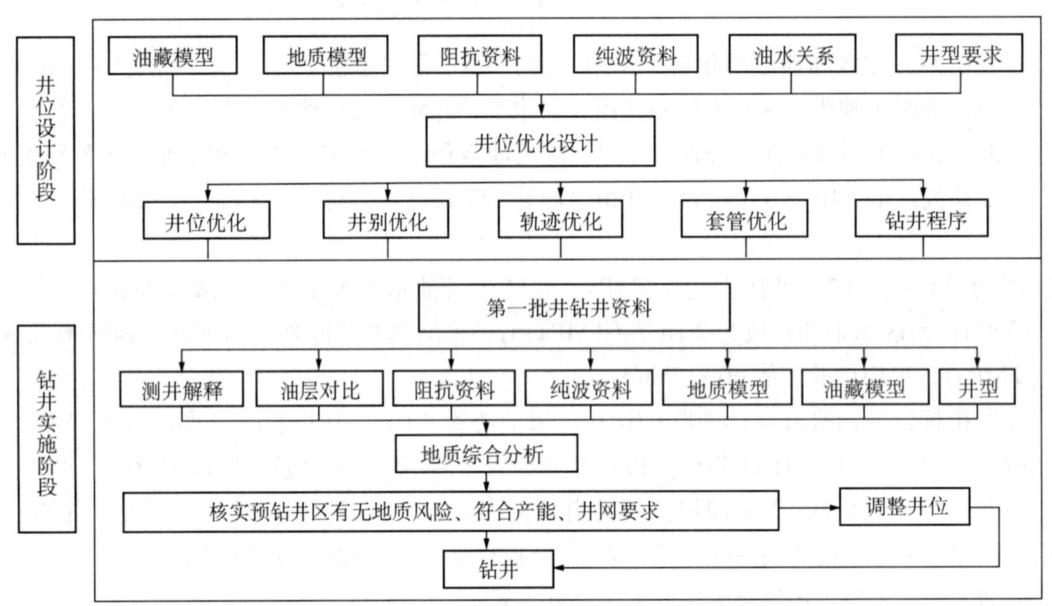

图 2–3　秦皇岛 32–6 油田开发随钻研究工作流程
（渤海油田研究院，1999 年）

（二）钻前优化及调整

从项目组成立至 1999 年 12 月 8 日正式开钻前，地质油藏项目组行了钻前精细油藏描述及开发井优化设计，其中精细油藏描述主要包括利用高分辨率的地震资料（如阻抗数据体）进行构造描述及储层描述精细；而开发井优化设计主要包括井位坐标优化、井别优化、井眼轨迹优化、套管配置的优化以及钻井顺序的优化等内容。

井位坐标的优化减少了钻遇断层和非储层的风险，同时也减少了低效井和高风险井，并进一步完善了反九点面积注水系统，该阶段主要进行了 13 口井的井位优化（图 2–4）。首先将北区 A、B 平台取消的低效井（A15、B13、B18、B23）调整到南区 C 平台，完善 C 平台的开发井网（C 平台所增加的 4 口

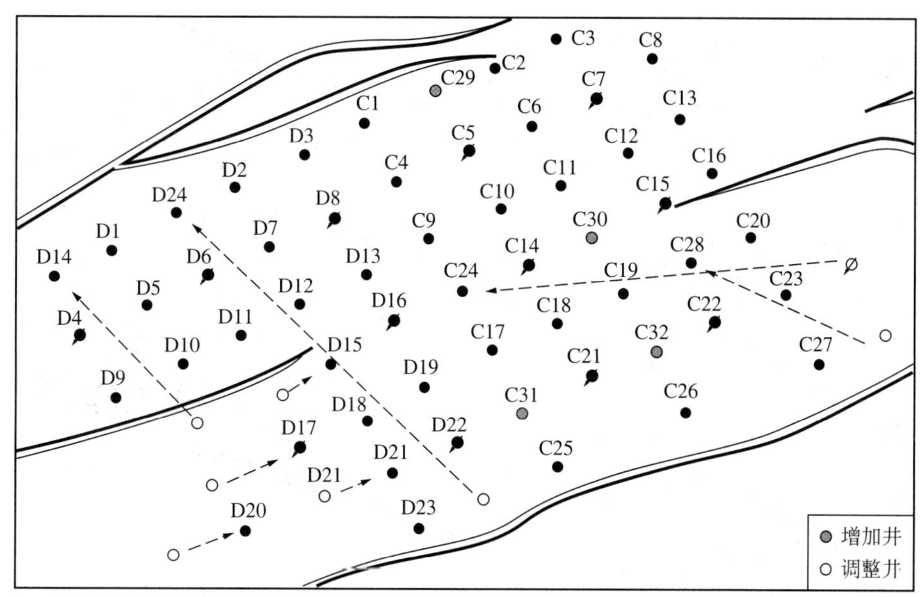

图 2–4 秦皇岛 32–6 油田南区钻前井位优化示意图
（渤海油田研究院，1999 年）

井为 C5 井组的 C29 井、C14 井组的 C30 井和 C21 井组的 C31 井、C32 井）。其次南区，将 D17 井组东移 400 ～ 500m，继续保持 D22 井组九点法面积注水井网；将 D24 井调整到 D6 井组完善 D6 井组的注采井网；另外 D17 井组的 D14 井油层发育差，将 D14 井调整到 D4 井组；预计位于南区东部 C24 井、C28 井油层较薄，将这两口井向中心移动，并完善 C14、C22 井组。西区 E24、E25、E26 和 E27 4 口井位于 Nm Ⅰ油组含油面积边界外和 Nm Ⅱ油组含油面积的边部；所以将 E24 井井位进行了调整，取消了 E25、E26、E27 的井位，相应的在 F 平台增加三口井 F28、F29 和 F30；另外发现 E12、E22 的储层风险也比较大，对其井位也进行了大的调整。

由于秦皇岛 32–6 油田新近系为开发目的层直接覆盖在潜山上，若开发井钻入潜山将给钻井工程带来诸如井漏、井喷和卡钻等工程事故；另外由于开发井较多（163 口），总共 6 座生产平台，平均每个平台需钻开发井 27 口（个别平台达 33 口），而平台又相对较小，在井口附近井距小，因而钻井过程中可能在浅层发生井眼碰撞的情况；另外油田储层埋深较浅，油层段相对较长，在平台边部的开发井井斜角较大、也有发生深部井眼碰撞的危险；因此，根据实际情况对部分井的井眼轨迹进行了微调，对个别井设计了双靶心或多靶心，不但避免了井眼碰撞，同时也基本满足开发井井距、井网的要求（图 2–5）。

ODP 阶段的套管数只是一个整体数目，没有具体指定每个区的套管分配，所以钻前优化阶段根据油田不同区块油层发育情况对套管进行了分配，对不同尺寸的油层套管进行了合理部署。通过分析油田各区块油层的特点以后，认为北区油层多、含油井段长、纵向上油水关系复杂，完井防砂工艺将采用多个防砂段，因此为了后续生产过程中能够更便捷地实现机械卡堵水措施，钻前把 46% 的 9 $^5/_8$in 套管调整应用到北区。

钻井顺序的优化方法通常采用：①根据井位优化研究利用的各种地质、地球物理资料，以钻遇经济性油层为尺度，按地质把握大小合理排序；②根据钻井工程设计数据，按工程实施的难、易程度，由钻井工程专业合理排序；③地质油藏与钻井工程两个专业共同研究，提出优化的钻井顺序。对秦皇岛 32–6 油田而言，开发井钻井顺序的优化不是一般的钻井生产安排，而是对一个不确定地质因素较多的在建设油田进行滚动钻探、滚动研究、滚动评价的科学方法。

（三）随钻研究及调整

1999 年 12 月 8 日秦皇岛 32–6 油田开发井正式开钻。

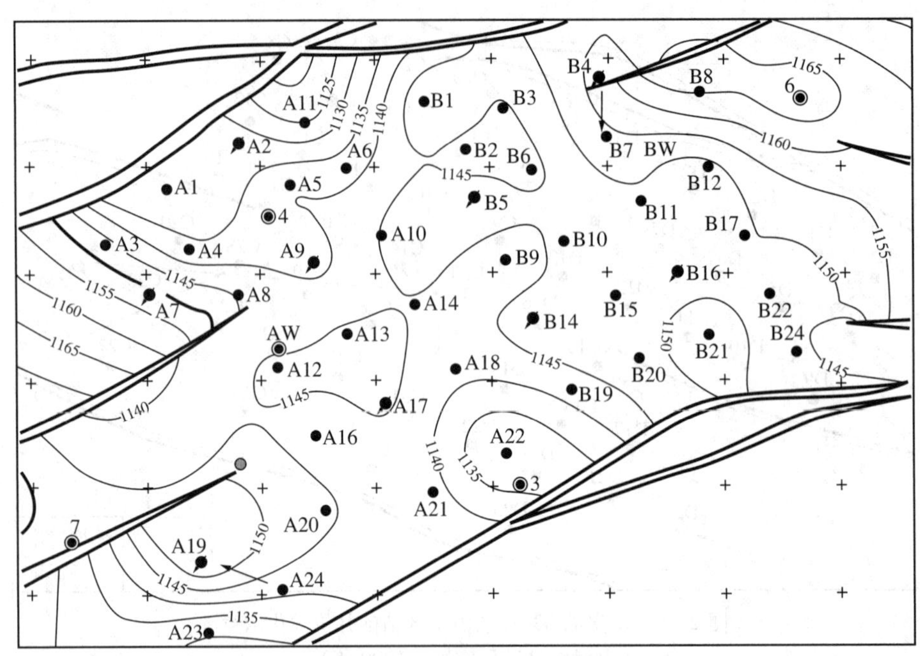

图 2–5 秦皇岛 32–6 油田北区钻前井别优化示意

（渤海油田研究院，1999 年）

对秦皇岛 32–6 复杂的河流相油田而言，开发井钻前的优化设计只是随钻地质研究的开始，一旦进入开发钻井实施阶段，地质油藏的各种复杂性都将逐步显露出来。因此，边钻井、边研究、边评价、边调整，即利用开发井进行滚动钻探、滚动研究和滚动评价，是秦皇岛 32–6 油田开发钻井实施中往复不断的过程，也是秦皇岛 32–6 油田随钻研究的特点，正是通过这个过程，秦皇岛 32–6 油田的复杂地质油藏模式开始逐渐被解析和掌握。

秦皇岛 32–6 复杂河流相油田随钻研究的上述特点，在技术上则基于以下思路：①对于在 ODP 阶段建立起来的关于河流相油藏的地质认识，承认其与地质实际之间存在较大差异，这种差异仅仅依靠十几口探井和三维地震资料是消除不了的，并且这种差异在平面上的分布是不均匀的；②覆盖全区的高分辨率三维地震资料可以估计地质认识与地质实际之间差异的程度，从而在随钻研究与调整中可提供地质油藏风险程度的信息，指导挑选规避地质油藏风险的最佳井点；③随着新钻井资料的获得，修改既有地质认识，重新估计地质认识与地质实际之间差异的程度，并以此为依据确定新的有效开发井点；④如此循环，使依据地震资料估计的地质认识与地质实际之间的差异程度越来越小，最终实现整个开发井网在有效规避地质油藏风险条件下的最优化。

秦皇岛 32–6 油田在开发实施中，为实现以上技术思路采用了诸如小层对比、构造对比、油水关系对比等多种常规实用技术，并在随钻研究中起到了重要作用。其中渤海研究院沈章洪等利用 Jason 软件构建的“开发井随钻储层模型调整技术”（图 2–6）在随钻研究与调整中成为主流技术，首次成功应用于渤海油田的随钻研究。

1. 技术概述

该技术的主要内容是在开发井钻前建立一个综合了既有探井和三维高分辨率地震资料又有构造解释、地层对比、测井解释、沉积相研究等成果的储层模型，包括波阻抗模型、岩性模型、孔隙度模型。据此，可以确定第一批比较可靠的开发井，并在实钻后用新获得的井资料修正先前的储层模型，进而确定可供部署下一批开发井的比较可靠的井点位置。此过程不断反复，使得所有开发井在兼顾井网合理性的前提下都钻到最优的油藏部位，实现复杂河流相油藏开发效果达到最大化的总体目标。

2. 主要内容

秦皇岛 32–6 油田应用的开发随钻储层模型调整技术的主要内容包括：测井曲线环境校正和井间一致性校正、井—震匹配、地质框架模型建立、波阻抗反演、岩性随机模拟、孔隙度随机模拟、时深转换等。这些主要内容随着开发井钻井的实施反复循环，使油田的储层模型一步步走向完善。

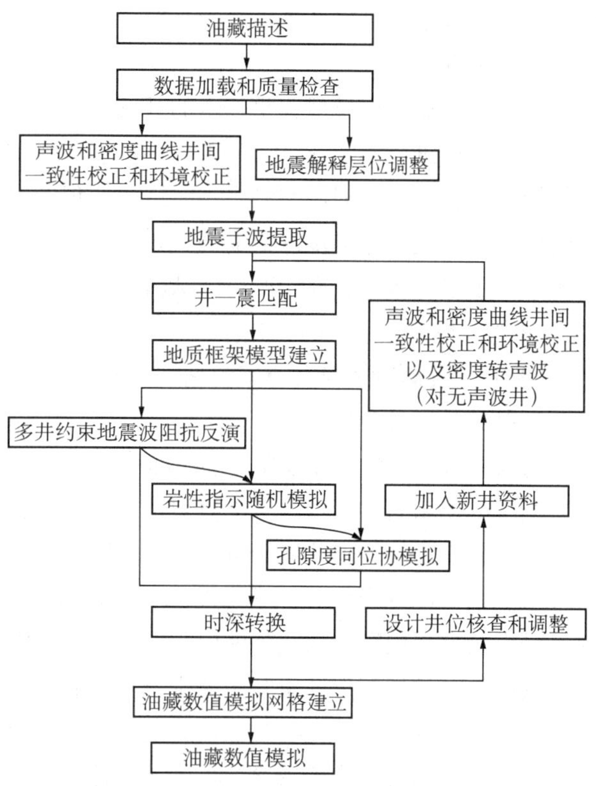

图 2–6　开发随钻储层模型调整技术流程
（渤海油田研究院，1999 年）

测井曲线环境校正和井间一致性校正保证井数据的合理性，为随机模拟奠定了基础；子波提取和井—震匹配把测井与地震两个技术领域联系在一起，使纵向和横向上的高分辨能力有机地结合起来；地质框架模型引入沉积和构造研究成果，使反演和随机模拟在可靠的地质背景下进行，从而结果更加准确；波阻抗反演、岩性随机模拟、孔隙度随机模拟三步，既统一由地质框架模型控制，又步步深化，逐一递进，最后获得的储层孔隙度模型不仅反映了储层的几何形态、还反映了储层的品质变化。

每一轮调整后的储层模型，一方面用于评价未钻井区的储层状况；一方面结合已钻井的油水关系评价未钻井区的油层分布状况，从而指导下一批开发井靶点布置；另外还可以直接作为油藏地质建模的有关属性进行输入，提高三维油田地质模型的精度以及油藏数值模拟的可靠性。

3. 预测误差分析

选择在秦皇岛 32–6 油田 A、B 平台分布较广的 Nm Ⅰ油组第 3 小层、Nm Ⅱ油组第 3 和第 4 小层作为误差分析对象以统计模型误差。经对比分析发现，模型误差随着实钻井数的增加而减小（图 2–7）。对于埋深 1200m 左右的油层，模型预测的油层顶深与实钻油层顶深的误差基本不超过 2.7‰。可见，模

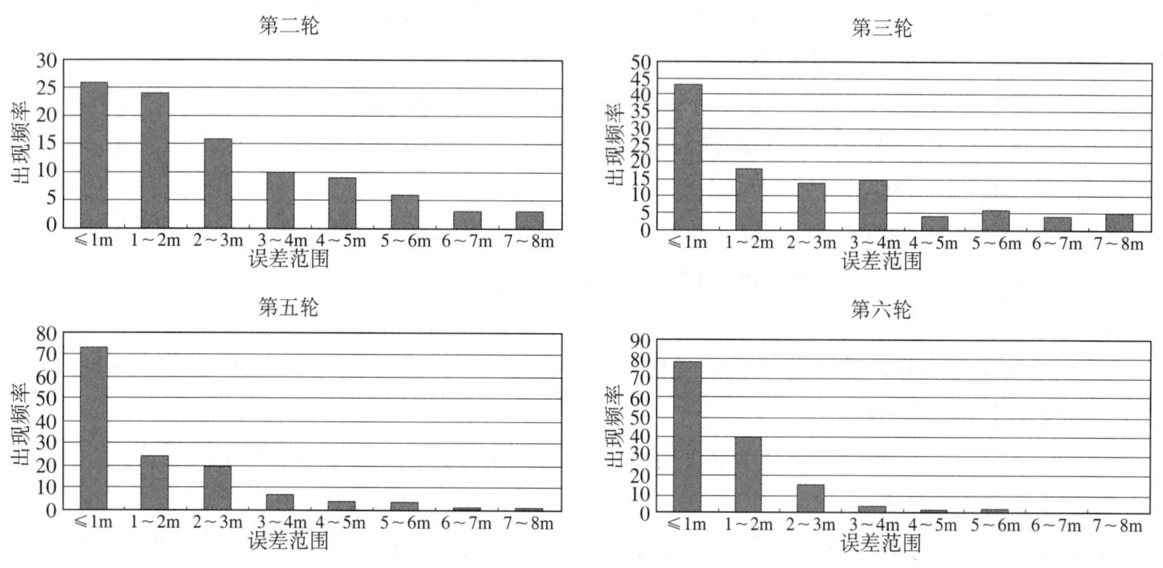

图 2–7　不同反演轮次模型厚度与实钻厚度误差统计对比
（渤海油田研究院，2002 年）

型反演的最终结果可靠性是较高的。

4. 应用效果

开发井随钻储层模型调整技术的开发应用，一是为油田开发实施过程提供了一个可用的、随着钻井数量的增加可进行不断修正、完善、逐步接近地质实际的储层模型；二是提供了利用高分辨率三维地震资料结合已钻井资料即可预测出当时地质认识条件下的最佳井点位置的方法；三是使随钻研究与调整更加迅捷，使研究成果的反映具有较高的可视化程度。秦皇岛 32–6 复杂河流相油田随钻研究中应用该项技术取得了显著效果：在 1999 年 12 月至 2002 年 1 月间的随钻过程中，E8 井的储层预测得到证实；对 16 口井的井位进行了大的调整。

（四）射孔原则及射孔方案的精细研究

1. 射孔原则的研究

对秦皇岛 32–6 油田这样复杂的油藏模式，采用一套井网开发和管内砾石充填方式完井，如何既能最大程度的动用石油储量，又能有效地控制水层，还能满足防砂完井工艺要求是油田开发所面临的难题之一。因此，正确处理动用储量、控制水层和防砂工艺这三者的关系，是油田射孔方案优化的核心。

根据前期的地质认识，秦皇岛 32–6 油田既存在气顶底油的油藏类型，也存在底水油藏类型，因此射孔研究的主要内容包括气顶油层避气的射孔原则和底水油藏避水的射孔原则。

其中气顶油层的射孔研究主要围绕垂向和平面避气两个方面展开，以油田地质、油藏和开发的有关实际数据为基础，运用数模方法，分别设计了多个方案，最终得到了分析结果：考虑到油田将实施早期注水的策略，另外从生产安全方面考虑，距含气外边界 200m 以内的油层也应实施避射，因此推荐射开距油气界面 6m 以下油层。

由于秦皇岛 32–6 油田底水油藏分布具有如下特点：底水油藏所占储量比例较大；底水油藏夹于油层段之间；油柱高度低、油水黏度比较大。因此针对底水油藏的射孔也进行了相应的数模研究。通过多个方案的对比，认为当油藏中的油层与下部水层之间无不渗透夹层时，距油水界面 4m 射孔（即射开距油水界面 4m 以上的油层）可以保持一定的无水采收期，且射开程度较高；如果油藏中的油层与下部水层之间有泥质夹层时，则借鉴胜利埕东油田的经验，即如果油水层之间存在厚度大于等于 1.5m 的稳定泥质夹层时，不考虑避射。

2. 生产井射孔原则

（1）位于纯油区的油井，纯油层全部射开；但距内含油边界的距离小于 175m 或 200m（井距之半）的油井，射开油层上部的 1/3 或距油水界面 4.0m 以上的油层；

（2）位于油水过渡带的油井，若油层与水层间有 1.5m 以上的稳定泥岩隔层，油层全部射开；油层与水层间无隔层，且油层厚度大于 4m，则射开油层上部的 1/3 或距油水界面 4.0m 以上的油层；油层厚度小于 4m 的底水油藏不射孔；

（3）油层集中段以外的孤立、薄油层不射孔；

（4）位于射孔井段之内、厚度 <1m 的泥岩夹层可与油层同时射开；

（5）单独气层一律不射孔；

（6）钻遇气顶的油井，油层与气层间无隔层者，油层厚度大于 6m 时射开距油气界面 6m 以下油层；油层厚度小于 6m 不射开；

（7）距含气外边界 175m 或 200m 以内的油层要避射，射开距油气界面 6m 以下油层。

3. 防砂井段的设计原则

秦皇岛 32–6 油田的生产井采用管内砾石充填防砂方式，注水井采用优质筛管防砂方式。防砂井段的设计原则：①鉴于各油组的油水关系不尽相同，生产井尽量将一个油组作为一个防砂段；②生产井射开的油层若为气顶油层，或与相邻气层垂向距离小于 10m，或横向与油气边界小于 200m 者，单独作为防砂段，以便利用滑套控气；③生产井射开的油层若为底水油层，单独作为防砂段，以便利用滑套控水；④根据完井工艺要求，砾石填充井的防砂段的最大长度 100m，防砂段之间的最小距离 10m；⑤注水井防砂段的设计，要求在每个油组划分一个防砂段的基础上进一步根据油层分布情况细分防砂段，以便实施细分注水。

根据以上射孔原则及防砂井段的设计原则，秦皇岛 32–6 油田平均单井油层射开程度 83.94%；生产井单井防砂段北、南区平均 3 段，西区平均 2.2 段。由射孔方案的统计数据可看出：油田的射孔方案保证了较高的储量动用程度；满足了管内砾石充填防砂工艺技术的要求，保证了油、水井防砂的质量；射孔方案中，将底水油藏（包括部分非主力层状油藏）单独作为一个防砂段，使油井控水在井身结构上有了保证；较好地处理了动用储量、控制气水和防砂工艺三者之间的关系。

通过钻前优化、随钻研究和调整、编制合理的射孔方案和防砂井段设计方案，秦皇岛 32–6 油田实际钻井 163 口，开发井随钻过程中共有 16 口（被调整井的油层厚度均小于 15m）井的井位进行了大的调整；以钻遇油层厚度小于 10m 作为低效井界限，根据已完钻的 163 口开发井统计，被调整的低效井总数 14 口，减少钻完井直接损失费用 14000 万元，减少总产量损失 $150 \times 10^4 \sim 200 \times 10^4 m^3$。

第三节　开发过程控制

秦皇岛 32–6 油田投产初期的生产形势较为严峻：基本没有无水产油期，含水上升快、产量递减迅速。造成这种生产形势的主要原因在于构造幅度低、油柱高度低、油水关系复杂、含油层系多、边底水合采等，同时海上油田特殊的防砂方式也加剧了该油田投产初期比较被动的生产局面。面对这样的困难，从 2002 年下半年起油田就陆续展开了以含水、压力以及递减率为主要对象的开发过程的相关控制，因此自 2003 年起生产形势明显好转（图 2–8）。

一、含水控制

2001 年 10 月至 2002 年 5 月为北区单独生产阶段，该区一投产即含水 20%，至 2002 年 5 月南区投产前，共生产 9 个月，含水已达 45%，平均月含水上升 5.0%；2002 年 5 月南区投产后，油田含水一度下降到 36% 左右，至 2002 年 8 月西区投产，含水由 36% 上升到 47%，平均月含水上升 2.75%。油田全面投产至 2003 年 1 月，含水由 47% 上升到 59%，平均月含水上升 3%。面对这一不利形势，油藏人员对含水上升的原因进行了分析，主要包括以下几个方面：首先，地层原油黏度高；秦皇岛 32–6 油田的主力油组 Nm Ⅰ及 Nm Ⅱ油组属于常规稠油，其中北区和西区的 Nm Ⅰ及 Nm Ⅱ油组地层原油黏度高达 226 ～ 281mPa·s，其地质储量为 $6993 \times 10^4 m^3$，占油田总储量的 41.5%；而高油水黏度正比是导致油田边、底水迅速舌进和锥进的内在原因；第二，底水油藏油柱高度低（北区和南区平均 10m，西区平均 15m），完井射孔不能有效避底水；油田各区在开采初期均为边、底水合采，导致了底水的锥进和迅速突破，使得油井见水早、含水上升快；第三，7in 套管井控水作业可操作性差。全油田有近半数的生产井为 7in 套管井，由于套管内通径较小，不能使用“Y”管柱，仅能用“丢手工具”进行井下控水，但“丢手工具”控水要求动油井管柱作业，不光增加了作业成本，也增加了作业时间以及油层保护和控水成功率的风险；底水锥进引发含水迅速上升后，部分井不能及时进行控水作业也是油田初期含水迅速上升的主要原因之一。

（一）油井卡堵水

找到了初期含水上升的主要根源，接下来秦皇岛 32–6 油田围绕出水层位做了一系列的分析和研究，为了更准确地识别水淹层并判断水淹级别，2003 年 4 月，油田引进了饱和度生产测井技术。曾采用斯伦贝谢（Schlumberger）公司 RST 测试技术对 C32、D26、E4 和 E12 井进行了解释；但解释结果与

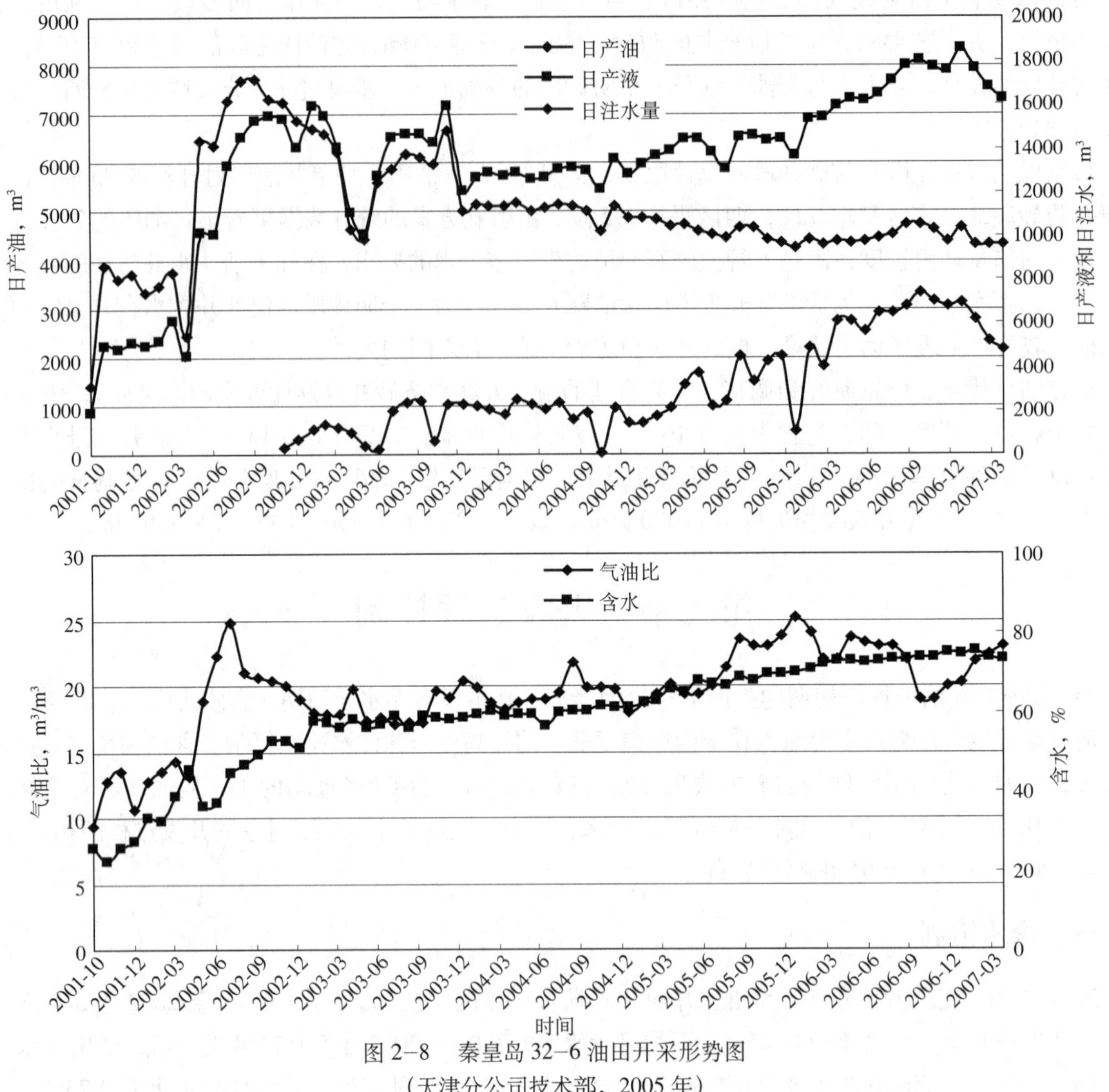

图 2–8　秦皇岛 32–6 油田开采形势图
（天津分公司技术部，2005 年）

静态油层对比、生产历史及动态认识存在一定的矛盾。另外也采用过中海油服油田技术事业部测井服务中心 RPM 测试技术对 D18 井进行了解释；其中对主要目的层的解释结论为底部水淹，与动、静资料相吻合。

根据油井生产状况，结合上述测试和解释成果，自 2003 年起油井卡堵水作业开始大规模地在油田范围内加以实施；截至 2005 年底，全油田累计实施卡堵水作业 141 井次（其中包括 5 井次化学堵水），累计增油 $44\times10^4m^3$。

（二）注水井调剖

根据油田开发原则，北区于 2002 年 12 月开始实施注水，南区也于 2004 年 5 月实施了转注。随着注水时间的增长，层间、层内非均质性导致了转注时间较长的北区注入水逐渐突破，随着后期注水量的不断加大，注入水沿着高渗层指进的现象也在逐步加剧。经测试分析得知在油田北区，主力油组 NmⅠ3 存在注入水突进现象，但通过油井产液剖面测试可知该层也是主要的产出层；考虑到机械卡水不适用于油水同产的情况，因此决定采用水井调剖。2005 年底对 A9 井进行了注水井调剖作业，单调 NmⅠ3 小层后，注水井吸水剖面发生变化，层间矛盾得到一定程度的改善；周边油井 A10、A12、A13 和 A14 井先后受效，单井日增油量为 8 ~ 10m³/d，井组全年累计增油 $0.5953\times10^4m^3$。

通过历年的卡堵水作业和 2005 年的调剖作业，2003 年以后油田综合含水上升速度明显减缓，2004

年至 2005 年两年间含水上升 10.5%，平均月含水上升从 2003 年之前的 3% 减缓到 0.44%；控水作业效果非常显著。

二、递减率控制

从 2002 年 8 月秦皇岛 32–6 油田全面投产到 2003 年 12 月，由于无新井投产，产量递减迅速，综合递减率高达 27.5%。动态分析认为造成产量递减的主要因素包括：受钻完井污染或者各种修井作业的二次污染，部分单井产能低、跟地质油藏设计差异较大；进入中高含水阶段的部分油井生产压差逐渐减小导致产油量下降；油井出砂影响产能；地层能量不断下降；没有新井的接替。

（一）油井酸化

从 2003 年开始，通过从区块到平台再到单井的产能对比，发现部分油井产能没有达到设计水平，即使生产层位、产层厚度都接近的情况下，这部分油井的产能却比邻井少很多；综合判断是钻完井过程中造成的油层伤害或作业过程中造成的二次污染造成了这种现象。针对这种情况，油田采取了酸化作业来解除井筒和近井地带的污染，恢复单井产能。截止到 2005 年年底，全油田累计酸化井次达 27 井次，累计增油 $10.14\times10^4m^3$。

（二）大泵提液

随着油田综合含水的升高，采液强度逐渐增加，采油强度逐渐降低，生产压差逐渐减小，进入中高含水阶段的油井产量递减加大，从而加速了油田的递减。通过分析发现通常含水上升快的油井，多是由于受到了边、底水的影响，这是不利的一方面；但换个角度考虑，正是由于有边底水的不断补给，这部分油井所在的区域地层能量往往较低含水井区更为充足，因而针对如何利用充分利用边、底水能量来改善油井的递减状况成为自 2003 年起油田不断追求的一个目标。自此旨在扩大油井生产压差的大泵提液技术逐渐开始在油田范围内出现，2003 年油田做了 12 口井的大泵提液实验，但成功率很低；2004 年通过总结之前的经验教训，展开了大泵提液在可行性研究和提液机理研究；2005 年经过论证最终得到在秦皇岛 32–6 油田可以利用边、底水能量进行大泵提液的结论，同时还针对边水油藏和底水油藏等不同的油藏类型提出了合理的生产压差、提液幅度和提液周期，并成功将研究成果应用于生产实践，当年的作业成功率提高到 67%。纵观 2003 年至 2005 年的大泵提液历程，秦皇岛 32–6 油田已经逐渐摸索出一套符合油田生产实际的大泵提液理论，截至 2005 年油田累计实施大泵提液 20 井次，累计增油 $2.85\times10^4m^3$。

（三）油井大修

2003 年之后，油田各区都先后出现了油井出砂的状况，其中大部分出砂井通过冲砂作业就可以恢复产能，但仍然有少数井由于出砂严重需要进行大修作业才能恢复产能。截至 2005 年底油田共有 4 口井进行过更换管柱的大修作业，作业成功率 100%，平均单井日增油量为 $46m^3/d$，累计增油量为 $3.9\times10^4m^3$。

（四）优化注水

油田 ODP 设计为反九点面积注水；注水时间的设计为北区及南区投产即注水，西区投产一年后注水。油田投产后，考虑到该油田主力油组的实际地层原油黏度高达 260mPa·s，比开发设计时的地层原油黏度高一倍，已超过渤海周边陆上常规注水开发油田地层原油黏度的上限（150mPa·s），同时油层的连通性也发生了较大变化，决定开展注水实施方案的研究。实施方案的研究以油田开发实施后，特别是投产以后的静、动态资料为依据，以注水井位、注入模式的优化为中心内容。主要研究结果如下。

（1）实施油田开发设计的反九点面积注水井网；

（2）在满足前述条件的基础上，兼顾生产井的合理利用（将部分低产井转为注水井），方案共选择注水井 14 口，其中开发设计注水井为 9 口，生产井转注 5 口（图 2–9）；

（3）选择“初期低强度温和注水，注水强度逐渐增大”的注水模式，根据该注水模式，秦皇岛

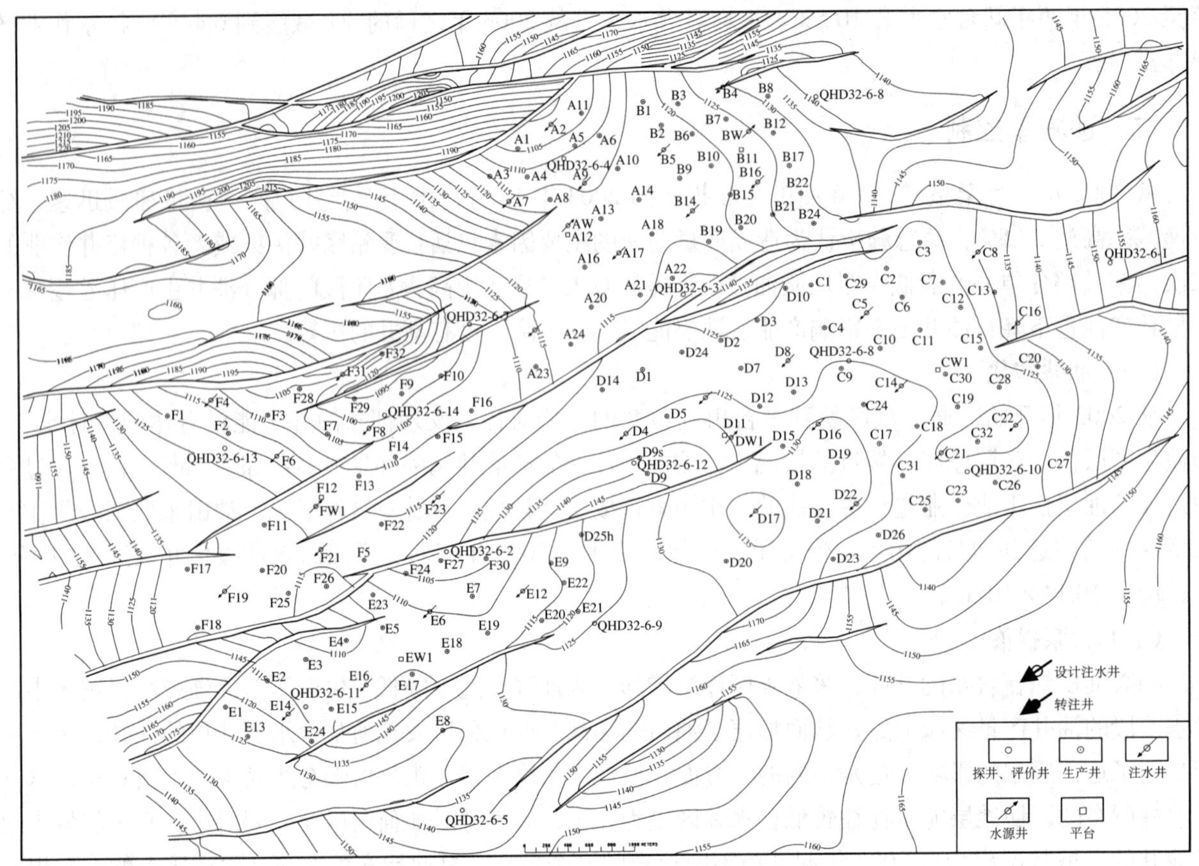

图 2–9 秦皇岛 32–6 油田注采井网示意图
（生产研究中心，1998 年）

32–6 油田北区在 2002 年年底开始转注，南区在 2004 年 5 月开始转注，初期井组注采比平均为 0.4 左右，其后配注量逐渐增大；

（4）注水顺序整体考虑并根据地层压降分步实施。

在注水实施方案研究基础上，从 2002 年 12 月到 2005 年 12 月，秦皇岛 32–6 油田先后共转注 14 口注水井，取得了较好注水效果；主要表现在：①各区块地层压力都有不同程度的恢复；②产液量上升趋势明显，这是注水见效局部地层压力回升最直观的反应；③自然递减减缓；④含水上升速度减缓，说明注入水在较长时间内没有发生突破；⑤水驱动储量逐年增加，说明注入水具有很好的驱油效果。

（五）早期调整

早期调整指早打调整井。一般情况下调整井在油田开发的中后期进行，但秦皇岛 32–6 油田由于开发实施后地质模式变化较大，油田开采中也暴露出不少矛盾，有些矛盾需补钻调整井才能解决；因此油田钻调整井主要解决局部井网不完善和西区底水油藏的开发问题。

1. 水平调整井开采稠油底水油藏

秦皇岛 32–6 油田西区主力产层为新近系 Nm Ⅱ油组第一小层。该层为稠油底水油藏，油层厚度 11 ～ 23m，地层原油黏度高达 260mPa·s。由于开发方案设计时认为是边水油藏，采用 400m 井距、反九点面积注水井网、常规定向井开发。2002 年 8 月投产后，该区含水上升快，开采效果差；截止到 2005 年底，累产原油 $193.79\times10^4m^3$，综合含水 79%，采出程度仅为 3.61%；2005 年 12 月份平均单井日产油水平 $26m^3/d$，采油速度 0.8%；水驱动储量只有 $290\times10^4m^3$，占总储量不足 50%。

为了改善开发效果，进行了水平井开采稠油底水油藏的可行性研究，研究主要围绕秦皇岛 32–6 油田西区剩余油分布规律展开，内容包括：小层油层厚度及变化规律的研究；夹层分布规律的研究；通过油藏数值模拟研究水淹规律及剩余油饱和度分布；通过 E7 和 E19 井剩余油饱和度测井了解纵向上剩余油的分布状况。下面重点介绍油藏数值模拟研究和剩余油饱和度测井解释的结果。

根据开发井钻后重建的油藏数值模型进行生产历史拟合，结果表明：油井含水上升主要是由于底水锥进所致，而油井井间和油层上部动用程度较差，是剩余油富集区（图 2–10）。为了进一步落实剩余油分布规律，对 E7 和 E19 井进行了剩余油饱和度测井（RPM）（图 2–11），结果显示油井底部油层全部水淹，但油层上部没有动用。这一测试结果与生产动态研究的初步结论，即“井间和油层顶部是剩余油分布的富集部位”相符合。

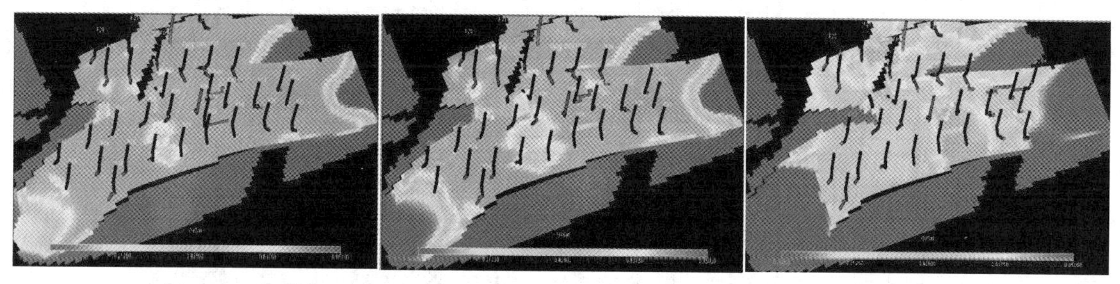

图 2–10　秦皇岛 32–6 油田西区 Nm Ⅱ 1 小层顶部—中部—底部含油饱和度分布图
（天津分公司技术部，2004 年）

上述研究结果表明，秦皇岛 32–6 油田西区稠油底水油藏经开采发生底水锥进而导致高含水后，油层顶部及油井之间仍是剩余油的主要分布区。

针对该区剩余油分布特点，水平调整井的布井主要考虑以下三个原则：第一，在油层厚度大于 12m 的区域布井；第二，在有隔夹层分布的区域布井；第三，在剩余油饱和度高的部位布井。根据上述布井原则，在 E 平台井排间部署了 2 口水平调整井，井号分别是 E6sh 和 E10h（图 2–12），开采层位均为 Nm Ⅱ 1 小层顶油底水油藏，水平段长度均为 300m。E6sh 井，位于秦皇岛 32–6 油田西区 E 平台的 E6、E7、F27、F30 井附近，Nm Ⅱ 1 小层厚度 23m；E10h 井，位于秦皇岛 32–6 油田西区 E 平台的 E6、E7、E18、E19 井附近，Nm Ⅱ 1 小层厚 20m。设计初期单井日产油为 80m^3/d 左右。

油藏值数模研究结果，钻两口水平调整井可明显改善该区开采效果。预测至 2020 年累积产油量从 $457\times10^4m^3$ 增加到 $479\times10^4m^3$，累积产油量增加 $22\times10^4m^3$；采收率从 8.5% 增加到 8.9%，采收率提高 0.4%。

2005 年 3 月至 6 月间，2 口调整井先后完钻。两口井水平井段长度均为 300m，且在钻水平段之前都钻了领眼，分别钻遇 NmII1 小层的油层 8.1m 和 7.1m（未穿），均为纯油层，证实了钻前关于剩余油分布规律的认识是正确的。

E10h 井和 E6sh 井分别于 2005 年 4 月和 6 月投产，初期产油量 80 m^3/d、75m^3/d，含水均为 5%，生产压差 0.64 ~ 0.76MPa，达到了设计配产指标。为降低底水锥进风险，两口井在后期的生产中均限制了生产压差：E10h 井生产压差控制为 0.16MPa；E6sh 井控制为 0.26MPa，但后期产油量均保持 40m^3/d，仍然高于相邻定向井约一倍，含水上升较定向井而言更为平缓。

利用甲型水驱曲线预测，可增加水驱动储量 $130\times10^4m^3$。根据水驱曲线和数值模拟预测，这两口水平井在正常生产的情况下，可累计增产 16×10^4（数值模拟预测）~ $21\times10^4m^3$（水驱曲线预测）。

2. 定向调整井完善北区和南区开发井网

秦皇岛 32–6 油田开发实施后，局部井区存在井网不完善问题，主要是北区的 A—B 平台间和南区的 C—D 平台间开发井距较大的地区；另外是储量控制程度较低的构造边部地区。这些井网不完善的地区也是剩余油分布集中的部位。

首先也对剩余油分布进行了研究：秦皇岛 32–6 油田北区和南区的含油井段长（图 2–13），开发井

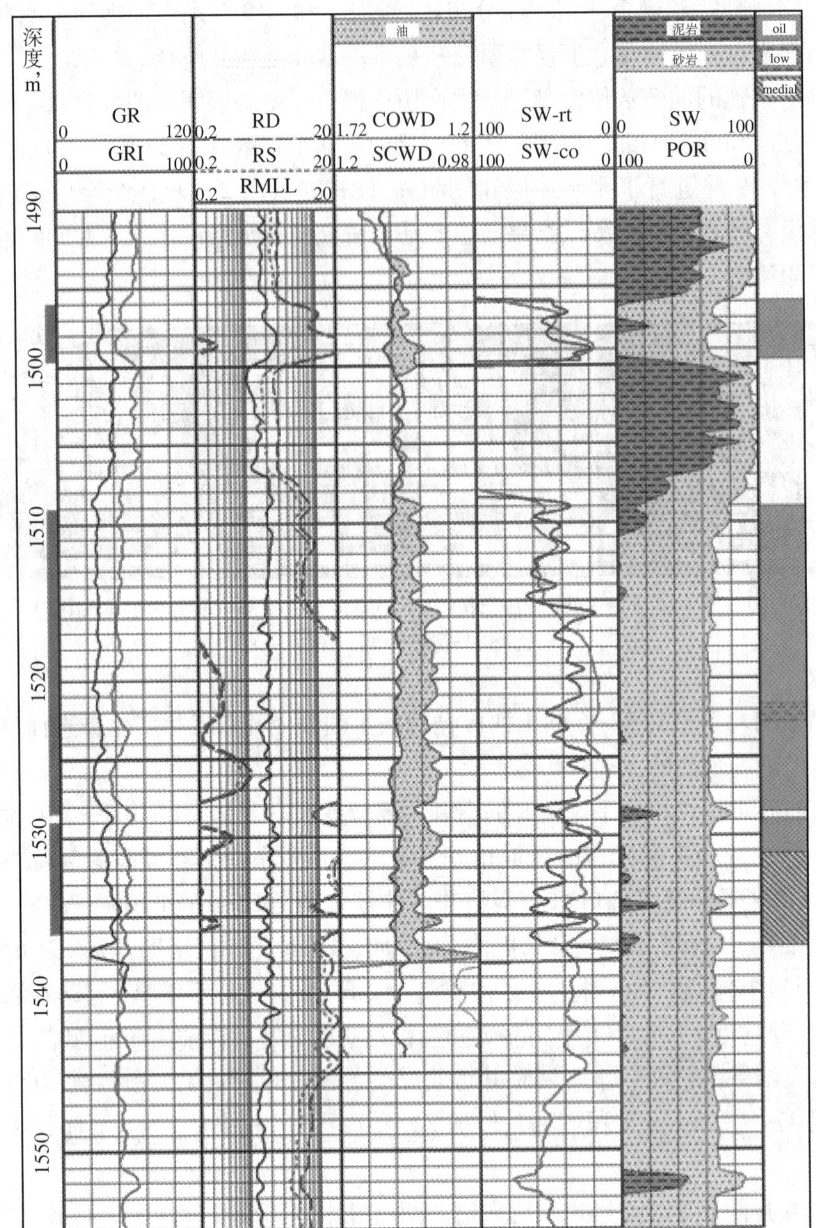

图 2–11　秦皇岛 32–6 油田 E19 井 RPM 测井解释结果
（天津分公司技术部，2004 年）

均为轨迹呈“J”型的定向井，使 A、B 区，C、D 区相邻的生产井之间上部油层的井距过大，且留有“死油区”。

为挖掘其潜力进行了以优化加密井井位为重点内容的油藏研究。通过油藏数值模拟研究，对本区剩余油饱和度的分布规律有了明确认识，即两个相邻井区之间油层的剩余油饱和度，自下而上有随井距增大而增高的趋势，位于生产井段顶部的油层基本未动用（图 2–14）。为动用平台间位于含油井段上部的这部分油层，进行了定向调整井的井位优化设计，优化后的井位如图 2–14 所示。

B13、B18、B25 三口调整井于 2005 年底完钻，于 2005 年 12 月底初陆续投产，初期日产量分别为 $55m^3/d$，$60m^3/d$ 和 $70m^3/d$。数值模拟预测，三口井的累计产量分别可达 $18.5\times10^4m^3$，$18.7\times10^4m^3$ 和 $21.5\times10^4m^3$。

3. 秦皇岛 32–6 油田调整井综合效果

秦皇岛 32–6 油田自 2003 年到 2005 年先后共完钻 6 口调整井，2003 年钻 D27m 井；2005 年钻西

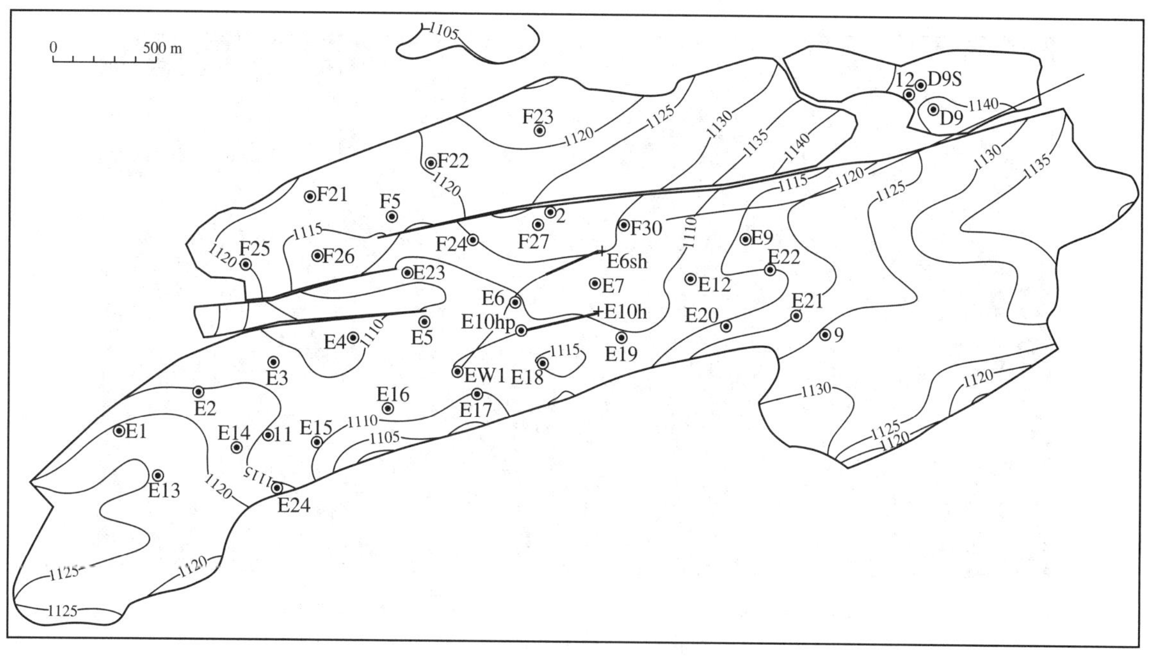

图 2–12　秦皇岛 32–6 油田西区调整井井位图
（天津分公司技术部，2004 年）

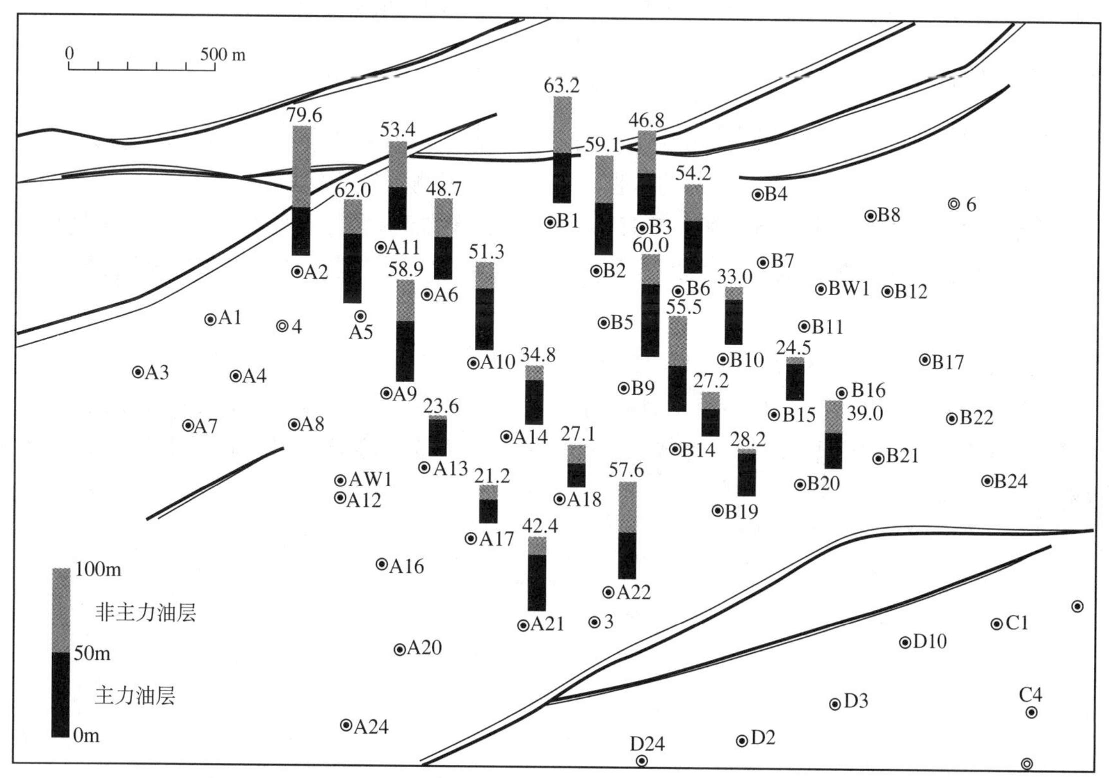

图 2–13　秦皇岛 32–6 油田北区油层厚度柱状图
（天津分公司技术部，2005 年）

区开发底水油藏的水平调整井 E10h、E6sh 和北区的 B13、B18、B25 三口调整井；6 口调整井实际日增油 370m³/d，至 2005 年底，累计增油 $8.253 \times 10^4 m^3$。

通过上述 5 个方面的递减率控制，秦皇岛 32–6 油田从 2004 年开始逐渐扭转了被动的生产局面，自然递减率从 2002 年的 58.7% 降低到 2005 年的 23.9%；综合递减率从 2002 年的 43% 降低到 2005 年

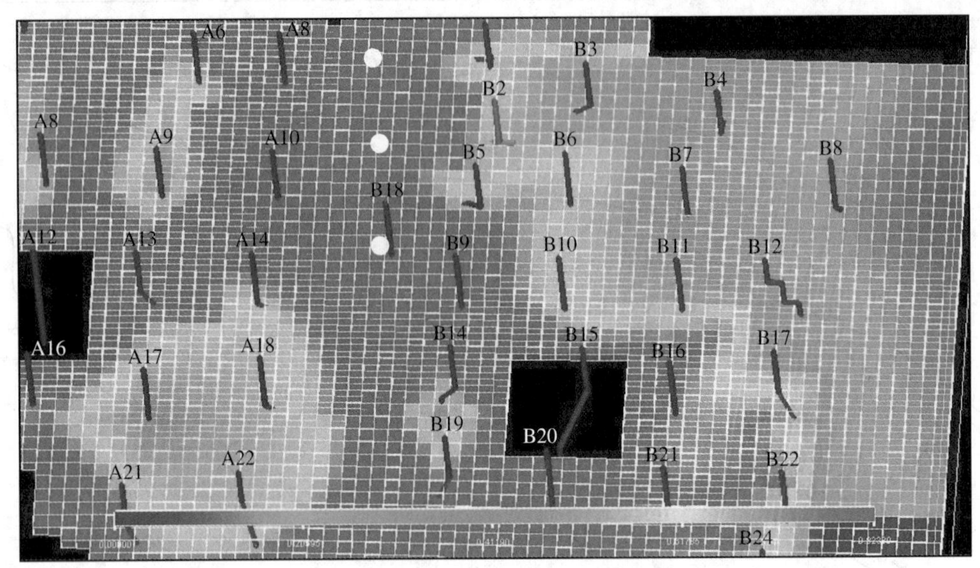

图 2–14　北区 Nm Ⅰ 3 小层含油饱和度及调整井位示意图
（天津分公司技术部，2005 年）

的 10.3% 年。如果按照 2002 年至 2003 年综合递减趋势预测到 2005 年末油田日产油能力只有 2000m³/d 左右，而 2005 年油田实际日产油能力为 4700m³/d，说明上述措施取得了很好的效果。

三、压力控制

由于地层压力的变化直接影响到油田和单井能否正常生产，因此油田从投产开始就建立了一套压力监测系统，作为生产过程中进行压力控制的依据，主要由以下测压方法构成。

（1）从秦皇岛 32–6 油田投产至 2005 年 12 月底，共有 8 口油井下入永久压力计，测取地层压力。

（2）选取 26 口油井下入地面直读式井下电子压力计，观察井下流压变化，并随时可以关井测地层压力。

（3）在全油田范围内每年挑选 33% 的油井进行定点压力监测。

截至 2005 年底，秦皇岛 32–6 油田累计进行定点压力监测 88 井次，永久压力计监测达 40 井次，形成了平面上分布均匀、搭配合理的压力观察系统。根据压力变化趋势，油田北区和南区先后转注，及时有效地补充了地层能量。

第三章

钻井与采油工程

第一节　钻井工程

全油田分为三个开发区（北区、南区和西区）、6 座井口平台，其中 A、B 平台位于北区，C、D 平台位于南区，E、F 平台位于西区。6 座生产平台全部采用 5×7 的井槽；利用自升式悬臂钻井船，导管架钻井，每个平台采用两次就位钻井方案。钻井过程中，采用了优快钻完井技术。天津分公司组建了钻完井项目组，并实行封闭矩阵式管理模式，担任该油田钻井项目经理的是曾参加岐口 18–9–1 试验井、岐口 18–1、岐口 17–3 及锦州 9–3 油田优快钻井项目的王长利，完井项目经理为邓建明，项目组按照国际作业模式，将优快钻井的管理和技术运用到中外合作开发的油田中：用 637 天的时间就完成了全部的钻井作业，平均钻井周期为 3.93 天；用 827 天完成了完井作业，平均完井周期为 5.1 天。钻井和完井的速度和质量得到了联合作业公司的好评，在渤海的钻井史上掀开了优快钻井进入合作油田的崭新一页。

1999 年底至 2001 年 10 月完成了 ODP 方案实施，2001 年 10 月至 2002 年 8 月相继投产。全油田共钻 163 口井，其中水源井 6 口，注水井 34 口，生产井 123 口（其中水平井 3 口）。北区采用 350 ~ 400m 井距，生产井 50 口，水源井 2 口；南区采用 400 ~ 450m 井距，生产井 53 口，水源井 2 口；西区采用 400 ~ 500m 井距，生产井 54 口，水源井 2 口，全油田平均井距 500m。2003 年之后，又先后完成了 16 口调整井的钻井作业。

油田布井 163 口，其中水源井 6 口，常规开发井 154 口，水平井 3 口，其中 A26h 井为国家 863 科技项目的依托工程。常规井平均井深 1807m，平均建井周期 3.82 天，比 1994 年同区同类井效率提高 2.21 倍。3 口水平井平均井深 3095m，平均建井周期 20.21 天。项目共打破中国海油 4 项钻井纪录，填补海油总钻井单项纪录两项空白（水平位移和水垂比），节约成本过亿元，与 ODP 比较节约船天 158.2 天。钻井工程质量全部为优，平均成绩 98.7 分。

2000 年钻成 A26h 井，该井完井井深 3715m，垂深 1492m，最大井斜角 92°，水平段长 981m，位移 2997m，水垂比 2：1，其水平位移和水垂比两项指标同创渤海湾新高（图 3–1）。钻井周期 27.89 天，填补了总公司 3501 ~ 4500m 水平井最短钻井周期记录的空白。

A25h 井完井井深 3038m，垂深 1494.4m，水平位移 1609.02m，水平段长 702m，最大井斜角 91°。该井钻井周期 18.18 天，打破了总公司 3001 ~ 3500m 水平井最短钻井周期记录。

A25h 和 A26h 两口大位移水平井是国家 863 项目的重要研究课题之一，也是总公司内部利用渤海现有钻井设备、技术和人员在渤海湾首次进行的难度最大的大位移水平井。该油田取得了一批可以推广的科研成果，主要的技术成果有以下几方面：研制出可变径稳定器，一定程度上解决了井下工具由于井眼轨迹变化造成的阻卡、卡钻等问题；开发完善了一套水基聚合醇钻井液—PEM 钻井液体系，该体系具有携砂能力好、井壁稳定抑制性强等特点，解决了水平井易漏易垮等一系列问题；开发应用了一套扭矩摩阻预测分析等钻井力学软件并摸索总结出一套大位移水平井下套管和固井技术。

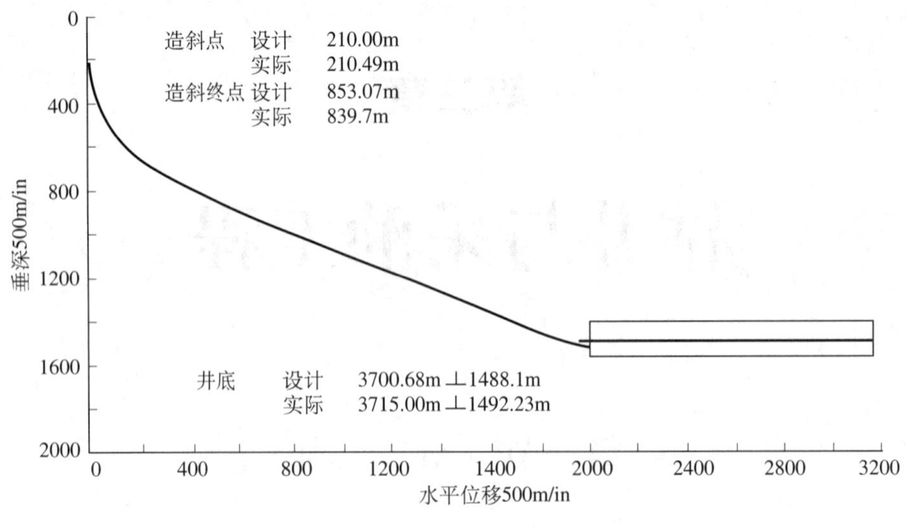

图 3–1 秦皇岛 A26h 井井眼轨道
（天津分公司钻完井项目组，2000 年）

第二节 完井工程

秦皇岛 32–6 油田的 163 口井中，7in 套管生产井 90 口，9 $^{5}/_{8}$in 套管生产监测井 30 口，9 $^{5}/_{8}$in 套管生产井转注水井 34 口。水源井 6 口上部采用 13 $^{3}/_{8}$in 套管，下部悬挂 9 $^{5}/_{8}$in 管。部分生产井下 9 $^{5}/_{8}$in 套管并带 Y 型管柱，以便进行生产测井和测试。根据油藏工程研究，下 Y 型管柱的生产井不少于 50 口。

所有的套管井都使用高密度负压射孔工艺，常规定向井采用管内砾石充填防砂。大位移水平井 A25h 井和 A26h 井均采用裸眼完井，在油层内下入优质筛管；其中 A25h 未进行砾石充填，A26h 井进行了砾石充填防砂作业。

注水井由于要先期排液，采用双绕丝预充填筛管防砂，水源井采用优质筛管防砂。防砂层段按照不同的井分为 1 ～ 4 层。定向井总共 313 层防砂段，每口井分 2 ～ 4 个防砂段，能进行分层配产配注，平均每井 2.03 层。

第三节 采油工程

油田采油工程方案由中国海洋石油生产研究中心纪少君编制，王平双审核，徐嘉信批准，于 1998 年 12 月完成。1998 年 12 月 10 日至 11 日在中海石油生产研究中心召开了 ODP 优化方案审查会，专家建议包括将原方案中的井口注入压力由 9MPa 提高到 12MPa，选择 12MPa 的注水设备；建议井口安装定压放气阀、测液面口、毛细管测压装置和变频切换软启动装置；平台输油建议更改采用电潜泵直接进油海管的方式，采用加装混输泵的方式等。根据专家意见，采油工程方案进行了进一步优化。

一、举升

油田原油为普通稠油，溶解气油比 13 ～ 24m^3/m^3，油井无法自喷生产，需采用人工举升方式。由于潜油电泵具有技术成熟可靠、排量范围较宽、操作简便、正确使用条件下检泵周期长、地面设备简单、机组发热对原油有一定降黏作用、适用于直井和斜井、测试手段多且可靠等显著优点，全油田所有油井均采用电潜泵人工举升方式投产。投产时选择电泵供应商包括大庆力神泵业公司、重庆虎溪电泵公司，以及美国 Centrilift 公司。

稠油井因平台设备故障失电、测试以及措施等原因关井后，重新启井时电流高，对电潜泵机组的损害很大。为延长机组运转寿命，油田在投产时全面采用“一变多控”系统（图 3–2），每平台配备两台变频器，一台变频器控制 15 口井的变频启动，降低启泵时高启动电流对电机的冲击，延长电机的使用

图 3–2　潜油电泵一变多控系统
（作业分公司，2002 年）

寿命。变频器的供应商包括华北油田科达开发有限公司、梅兰日岚公司以及中国科技大学。采用“一变多控”系统以来，未发生电潜泵在启动过程中电机损坏现象，有效延长了电泵的检泵周期。

油田西区是底水油藏，生产形势属于低水平的稳产，进行综合调整势在必行。综合调整途径一是打调整井（地质条件许可，主要在油田内部），二是改变生产方式，主要是针对油田边部不具备打调整井条件的井，特别是低效井，大泵提液增油是有效利用这些井的最佳选择。南区有部分含水较高的井，生产层底部水淹，卡水解决不了问题，这部分井大泵提液取得了较好的效果。以 D21 井为例，2005 年 11 月 16 日进行了换大泵作业，由额定排量 120m^3/d，额定扬程 1000m 机组换为额定排量 300m^3/d，额定扬程 1500m 机组，换泵作业前油井产液 144m^3/d，含水 84%，产油 23m^3/d，井口油压 1.5MPa，措施后油井产液 360m^3/d，含水 87%，产油 47m^3/d，井口油压 2.8MPa，日增油 24 m^3。北区注水 3 年，地层压力趋于稳定，换大泵加大生产压差也是未来的措施方向。

二、卡水

油田投产后含水上升快，卡水成为主要的增产措施。油田钻完井阶段使用 9 $^5/_8$in 和 7in 两种规格生产套管，油管有 3 $^1/_2$in 和 2 $^7/_8$in 两种规格。9 $^5/_8$in 套管生产管柱为 Y 型分采、9 $^5/_8$inY 型合采、9 $^5/_8$in 普通合采，7in 套管生产管柱为 7in 丢手、7in 普通合采，共计五种管柱类型（图 3–3）。Y 型分采管柱卡水作业时无需起管柱作业、通过钢丝作业可以实现。Y 型管柱的核心部件“Y 接头”由渤海石油采油技术服务公司生产，有 210 和 216 两种规格。由于 7in 生产套管中无法下入 Y 型管柱，使用丢手管柱可以满足在 7in 生产套管中对不同防砂段分采的要求，但无法实现不动管柱测试、卡水。

对于 9 $^5/_8$inY 型分采的高含水井，卡水作业通过钢丝作业可以实现；7in 丢手管柱的卡水作业需要

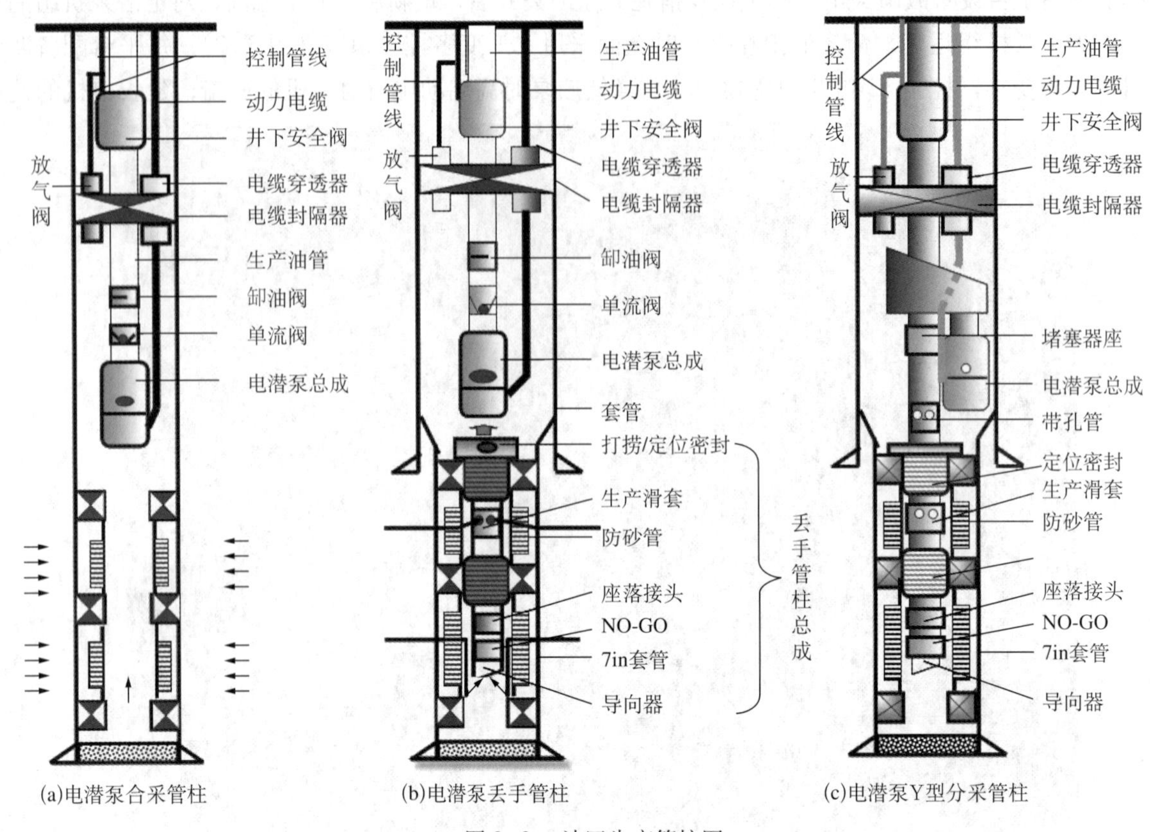

图 3-3　油田生产管柱图
（作业分公司，2002 年）

动管柱才能实现。实际生产中，部分 7in 丢手管柱油井进行卡水作业后含水无明显变化。经过秦皇岛 32-6 作业分公司油藏和作业人员分析和现场验证后，认为完井阶段 7in 丢手管柱使用的定位密封在生产过程中出现了分采管柱向上移位的现象，从而影响到卡水的效果。经作业公司井下作业人员（修井监督柯春茂、修井工程师韩联合、郑伟）和厂家技术人员的探讨，对 7in 管柱使用的定位密封提出了加装卡瓦的变更要求。2002 年 11 月 E15 井使用加装卡瓦的定位密封进行丢手管柱卡水作业后，含水率从卡水作业前的 80% 降为 6%，日产油量由 25m^3 增加到 88m^3。

三、酸化

油田采用不动管柱酸化作业，直接启动电潜泵排酸。酸化方案及配方研究由西南石油学院编写，酸化作业由中海油田服务股份有限公司生产事业部承担。酸液配方主剂为 31% 盐酸、50% 氟硼酸体系，添加剂包括互溶剂、缓蚀剂、铁稳剂、防膨剂、破乳剂、助排剂、清洗剂，以及碳酸钠等；返排方式为井下电潜泵排酸至井口后，从采油树油管压力表处安装三通，连接注入管线，用泵打入用于中和的 5% ～ 10% 的碳酸钠水溶液，在取样口处化验 pH 值，然后直接进流程。截至 2005 年底，全油田已经累计进行酸化作业 27 井次。2005 年实施了两口井酸化作业，均取得成功，全年累计增油 $1.38 \times 10^4 m^3$。

第四章

海 洋 工 程

第一节 海洋工程方案

1998 年 12 月 15 日，秦皇岛 32–6 油田开发项目组成立，王恒岐任项目总经理。1999 年 6 月 17 日，国家计委批准中国海洋石油总公司提交的《秦皇岛 32–6 油田总体开发方案》，同年 8 月 31 日，项目基本设计和执行计划完成，9 月 30 日开始项目工程详细设计。工程从 1999 年 4 月 15 日井口导管架开工，到 2002 年 8 月 10 日秦皇岛 32–6 油田全面投产，完成了 16 万吨级 FPSO、单点、海底注水管线、海底混输管线、海底动力电缆和 6 座井口平台的连接，油田投产时间大大提前，投资大幅节省，项目管理高效且符合国际惯例，得到中外双方一致好评。2005 年 3 月 28 日，中国海洋石油总公司申报的秦皇岛 32–6 海上大型油田建设工程，荣获国家科技技术进步二等奖。

1997 年 12 月中国海洋石油生产研究中心完成了 QHD32–6 油田的开发方案报告，1998 年 6 月，又完成了一个修改版的报告，并在此基础上与美国的德士古（Texaco）公司和阿科（Arco）公司的专家进行了交流。1998 年 7 月，中国海洋石油总公司，德士古和阿科公司决定联合开发 QHD32–6 油田，并签订了合作协议，在协议中三方同意，为了选择经济、可靠的开发方案，共同编制 QHD32–6 油田的优化总体开发方案报告。1998 年 12 月，优化后的 ODP 报告经过中外双方专家四个多月的紧张工作后完成。

为了经济可靠地开发 QHD32–6 油田，优化后的 ODP 方案对三个可能的油田开发方案进行了研究和比较。

方案一（陆上终端方案）：从各井口平台生产的流体集输在中心平台，将气分离后，油水送至陆上终端（京唐港），油水在陆上终端分离处理后，原油经单点由穿梭油轮外输，处理后的生产水返输至海上回注地层。

方案二（FPSO 方案）：从各井口平台生产的流体通过单点系泊输至 FPSO，油、气、水在 FPSO 上分离处理后，油通过穿梭油轮外输，处理后的生产污水经单点在各井口平台回注地层。

方案三（CEP+FSO 方案）：从各井口平台生产的流体集输至中心平台（CEP），油、气、水在中心平台分离处理后，原油经单点输至 FSO 沉降、储存，然后通过穿梭油轮外输，处理后的生产污水输至各井口平台回注地层。

通过对三个方案优缺点、技术、投资和操作费等因素的综合评价，推荐选择方案三，即中心平台 + 浮式储油轮的方式，并建议将“南海希望”号改造为 FSO 以用于秦皇岛 32–6 油田。

1999 年 7 月，中海石油工程设计公司完成了秦皇岛 32–6 油田总体开发方案补充，根据工程项目组 1999 年 5 月 25 日备忘录（QHD990525–MM–103–HJL）的要求，将秦皇岛 32–6 油田开发方案由中心平台 + 浮式储油轮方案改为浮式生产储卸装置方案；投产方案由三年三期改为两年三期投产。

2001 年 10 月 WHPA、WHPB、FPSO 首期投产，2002 年 6 月 WHPC、WHPD 二期投产，2002 年

8 月 WHPE、WHPF 三期投产。WHPA、WHPB、WHPC、WHPD、WHPE、WHPF 井口平台产出的油气水在各自的平台上经加热后通过海底管线混输至 FPSO，在 FPSO 经过脱水脱气处理成为合格原油后，通过穿梭油轮外输。分离出的生产水经处理合格后通过海底管线输送到各井口平台回注地层，注水量不足部分由各井口平台的水源井补充。

第二节　海洋工程设计

一、浮式生产储卸装置（FPSO）

油田开发工程的关键设备“渤海世纪”号 FPSO 由中国船舶设计研究所设计，大连造船新厂承建，于 2000 年 3 月开始建造，2001 年 7 月交接并命名（图 4–1）。它采用了目前世界上多项用于浮式生产储油轮的先进技术，并安装了当时世界功率最大的海上动力发电机组，该机组由德国 MANB&W 公司生产，由五台 7350kW 的发电机组成。甲板上安装了原油处理、发电、热介质、污水处理等模块，总吊装重量为 5400 吨，海底管线和立管总长约 16000m，各种电缆 23×10^4m，可抵御渤海湾百年一遇的台风和 50 年一遇的海冰。“渤海世纪”号为双壳双底结构，设计寿命 25 年，总长 287.4m，型宽 51m，型深 20.6m，载重量 160587.8t，有 10 个货油舱，货油舱总舱容 156369m^3，工艺舱舱容 15925.6m^3。

图 4–1　“渤海世纪”号 FPSO
（作业分公司，2001 年）

“渤海世纪”油气水处理系统主要由自由水分离器（V–101A/B），热处理器（V–102A/B），热交换器（HE–101A/B/C/D），电脱水器（V–103A/B），电脱入口加热器（H–102A/B/C/D），海水冷却器（WC–101A/B），斜板除油器（V–301），气悬浮分离器（V–302）以及核桃壳过滤器（F–301）组成。流程最大液日处理量 35616m^3，最大油日处理量 11500m^3，最大污水日处理量 23800 m^3，最大天然气日处理量 20×10^6m^3，最大日注水量 23091 m^3。工艺流程如下（图 4–2）：

油流程：油海管—SPM–PR–101A—单点油管汇—油路软管—V–101A—HE–101AB—V–102A—P–101AB—H–102AB—V–103A—HE–101AB—WC–101AB—工艺油舱—货油舱。

水流程：V–101A—进工艺水舱；V–102A—进工艺水舱；V103A—V–101A 入口；工艺水舱—V–301—V–302—F–301—T–401—排海；

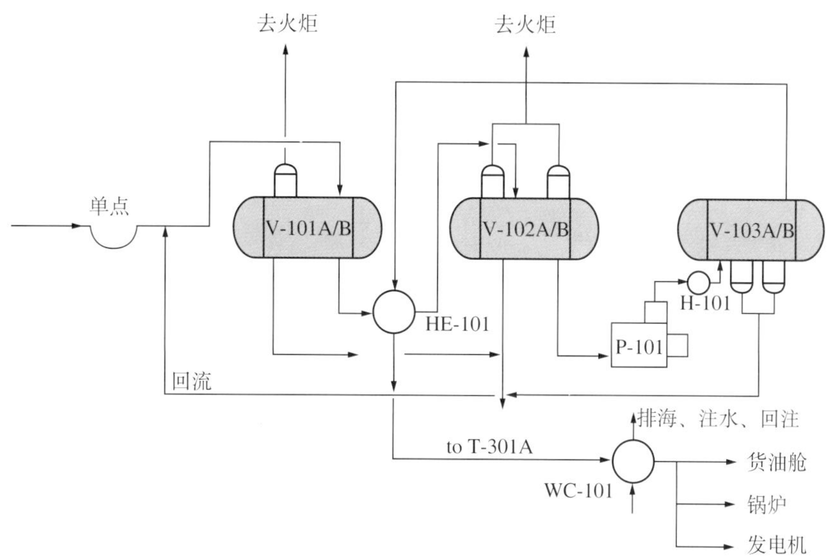

图 4–2 “渤海世纪”号 FPSO 生产处理流程
（作业分公司，2001 年）

气流程：V–101A—V–201—V–501—X–501；V–102A—V–501—X–501（适当时机点火）。

二、单点系泊系统（SPM）

渤海世纪号配套单点系泊方式为塔架软刚臂单点（图 4–3），由美国 SOFEC 公司做设计建造总承包，中海石油工程股份有限公司作为分包商承担了单点导管架结构的设计制造安装、单点系泊塔上部结构的组装和海上安装，软钢臂结构的建造安装（YOKE 头和万向接头由 SOFEC 提供）以及系泊支架的组装和在船厂的安装工作。

图 4–3 秦皇岛 32–6 油田单点系泊系统
（作业分公司，2001 年）

单点系泊系统的系泊塔由四腿导管架支撑，导管架工作点处的平面尺寸为 15m × 15m，高 25m，上部结构包括管汇甲板、旋转甲板、软管甲板和 2 个操作平台。导管架 4 个角的内侧分别装有 7 根立管和 3 根电缆护管。

三、井口平台（WHP）

全油田6个井口平台（A、B、C、D、E、F）均设计为无人值守平台，参照并沿用绥中36–1油田二期井口平台设计（图4–4）。共设计生产井157口（油井133口，注水井24口），其中10口油井投产当年转注，水源井6口。设计最大产油量$4.08 \times 10^6 m^3/a$，最大产水量$8.74 \times 10^6 m^3/a$，最大产气量$70.97 \times 10^6 Sm^3/a$，最大日注水量$25533m^3/d$；单井最大产油量$290m^3/d$，单井最大产液量$290m^3/d$，单井最大产气量$4350Sm^3/d$，单井最大产水量$305m^3/d$，单井最大注水量$800m^3/d$。平台计量系统由单井流量计和平台总流量计两部分构成，均使用多相流量计。平台总流量计A平台使用西安大地公司生产的TFM–500型多相流量计，其余平台使用兰州海默科技股份有限公司生产的海默MFM–2000多相流量计。投产后1～2个月后，在对A平台总流量计进行测试时，发现西安大地公司生产的流量计不适合秦皇岛32–6油田的油品，无法达到正常工况，因此不再使用该产品。单井流量计使用挪威Roxar公司生产的Fluenta MPFM 1900VI型多相流量计。Fluenta多相流量计在投产后含水率较低时能够满足计量精度，但2003年下半年随着油田含水升高，出现井口计量液量与分配液量相差较大的现象。经厂家现场调整设备参数后，能阶段性的满足计量要求，但始终未能根本解决问题，且Fluenta多相流量计的维护费比较昂贵。多相流量计计量误差大成为长期困扰现场生产的难题。

图4–4　秦皇岛32–6油田井口平台
（作业分公司，2002年）

附　录

附录一　附　图

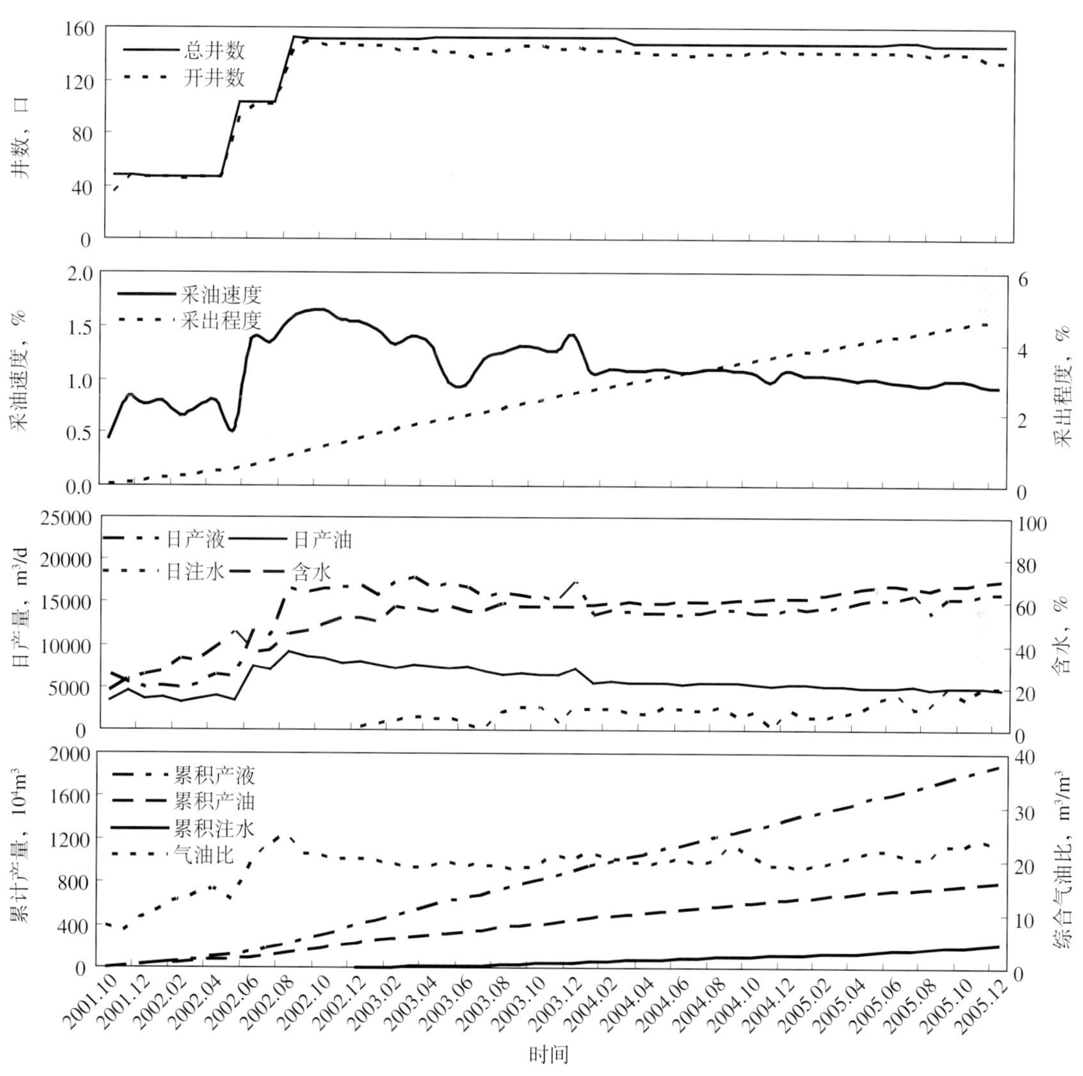

附图 1　秦皇岛 32–6 油田开发综合曲线图

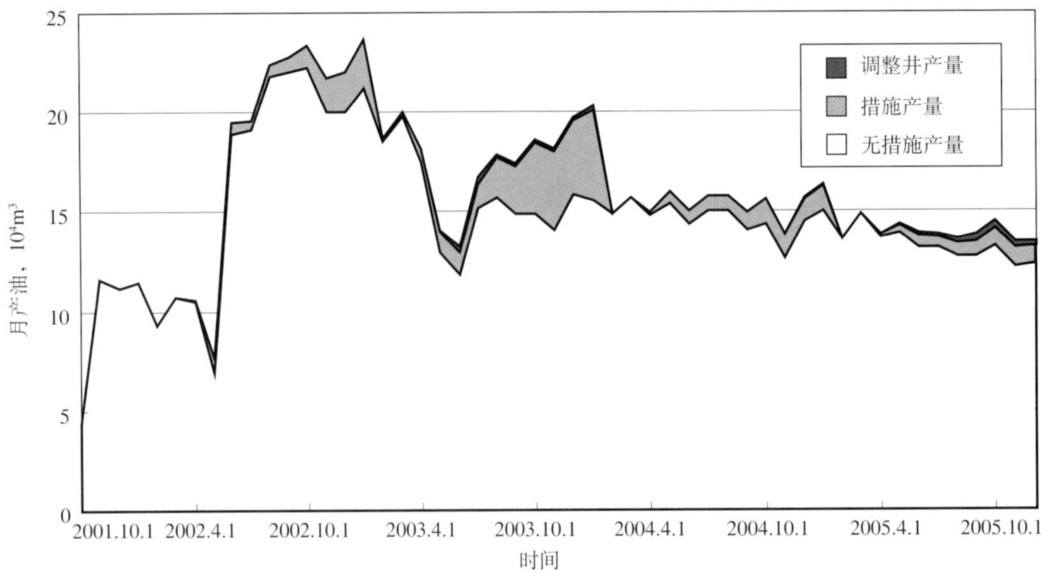

附图 2　秦皇岛 32–6 油田历年产量构成曲线

附录二　附　表

附表 1　秦皇岛 32–6 油田综合地质参数表

油组	含油面积 km^2	有效厚度 m	孔隙度 %	含油饱和度 %	体积系数	石油地质储量 10^4m^3	石油地质储量 10^4t	溶解气地质储量 10^8m^3
Nm0	13.3	5.5	31	70	1.059	1505	1427	2.72
NmI	25.6	8.8	33	77	1.054	5440	5175	8.80
NmII	26.9	8.8	33	73	1.044	5479	5244	6.53
NmIII	14.3	4.6	31	67	1.070	1280	1206	2.91
NmIV	13.8	7.1	31	65	1.070	1839	1734	4.22
NmV	1.6	6.1	30	61	1.068	170	161	0.38
NgI	1.4	6.3	32	67	1.057	179	169	0.20
NgII	7.6	7.1	32	59	1.057	960	906	1.06
总计	36.6	21.1	32	72	1.055	16852	16022	26.82

附表 2　秦皇岛 32–6 油田历年开采综合数据表

时间	开发井 口			开井井数 口		产油量 10^4m^3		日产油能力 m^3	单井日产水平 m^3/d	注水量 10^4m^3		累积注采比	累积亏空 10^4m^3	综合气油比 m^3/m^3	综合含水 %	采油速度 %	采出程度 %	递减	
	总数	生产井	注水井	生产井	注水井	年	累计			年	累计							自然 %	综合 %
2001	46	46	0	46	0	27.26	27.26	4068	77	—	—	—	—	12	26.9	2.1	0.47	—	—
2002	156	150	6	149	5	203.41	230.68	9055	55	1.0097	1.01	0.002	654	19	45.6	1.6	1.37	46.5	40.7
2003	157	151	6	146	6	218.5	449.2	6936.7	44.1	48.1	49.1	0.038	1226	18.44	45.63	1.18	2.67	29.8	20.2

续表

时间	开发井			开井井数		产油量 10^4m^3		日产油能力 m^3	单井日产水平 m^3/d	注水量 10^4m^3		累积注采比	累积亏空 10^4m^3	综合气油比 m^3/m^3	综合含水 %	采油速度 %	采出程度 %	递减	
	总数	生产井	注水井	生产井	注水井														
	口			口		年	累计			年	累计							自然 %	综合 %
2004	157	146	11	144	11	185.08	634.3	5085.8	36.8	71.9	121.0	0.053	2157	19.56	61.41	1.10	3.76	21.1	15.2
2005	158	144	14	140	14	169.42	803.8	4643.0	34.0	107.4	227.9	0.086	1676	20.8	69.76	1.00	4.77	13.2	8.47

注：秦皇岛 32–6 油田已开发探明石油地质储量为 $1.6852\times10^8m^3$，动用储量为 $1.6852\times10^8m^3$。

附录三　人物名录

（一）领导人名录

1. 作业分公司

总经理：

朱明才（1999 年 5 月—2003 年 6 月）

蒋　清（2003 年 6 月—2005 年 9 月）

阎洪涛（2005 年 9 月—2005 年 12 月）

2. 生产部

经理：

蒋　清（1999 年 5 月—2003 年 6 月）

温哲华（2003 年 6 月—2005 年 12 月）

3. 油田总监

刘　海（2001 年 2 月—2004 年 7 月）

谭家祥（2001 年 2 月—2002 年 4 月）

徐占军（2002 年 4 月—2003 年 7 月）

彭英伟（2003 年 8 月—　）

刘建忠（2004 年 8 月—　）

（二）劳动模范名录

刘良跃　2005 年天津市五一劳动奖章

附录四　获奖项目

项目名称	获奖等级	获奖时间	获奖人
秦皇岛 32–6 油田油气储量报告	国家一等奖	1998	辛世刚、赵利昌等
海上河流相砂岩油田开发井随钻研究	研究中心一等奖	2001	张国明、孙英涛等
海上河流相砂岩油田开发井随钻研究	总公司科技进步三等奖	2002	张国明、刘　英等
渤海油田射孔隔板传爆技术	总公司科技进步三等奖	2002	董星亮、岳江河等
秦皇岛 32–6 海上大型油田建设工程	国家科技进步二等奖	2005	中国海洋石油总公司

附录五　征引文献

文　献　名	作　　者	出版或编制时间	出版社或现存地
秦皇岛 32–6 油田油气探明储量报告	辛世刚、赵利昌等	1997.1	渤海石油档案馆
秦皇岛 32–6 油田油田地质研究	刘福平、徐洪玲	1997.1	渤海石油档案馆
秦皇岛 32–6 油田 8 井区油气探明储量升级报告	赵利昌、徐洪玲	1997.8	渤海石油档案馆
秦皇岛 32–6 油田总体开发方案	吴植融、籍　宁等	1998.12	渤海石油档案馆

续表

文　献　名	作　　者	出版或编制时间	出版社或现存地
秦皇岛 32–6 油田随钻调整总结报告	池树根	2002	渤海石油档案馆
渤海中部海域秦皇岛 32–6 油田油气探明储量复算报告	池树根、陈彬彬等	2004.6	渤海石油档案馆
中国近海典型油田开发实践	周守为	2009	石油工业出版社
秦皇岛 32–6 油田 2005 年年报	葛丽珍、柴世超等	2005.12	渤海油田勘探开发研究院秦皇岛 32–6 及渤中 25–1 开发生产综合项目队

编纂始末

秦皇岛 32–6 油田于 2001 年 10 月正式投产，到 2005 年底已连续生产 4 年时间，采出程度 4.77%，《秦皇岛 32–6 油田志》属于简写的开发志。

该油田志由中海石油（中国）有限公司天津分公司负责编纂，总体架构按照《中国油气田开发志·油气田篇》编纂内容和基本要求，分七个部分记述。由于海洋石油开发的环境和工程设施与陆上油气田有别，第四章的地面生产系统改为海洋石油工程，而概述、第一章、第二章、第三章、大事记、附录等不变。

本志断限：上限为秦皇岛 32–6 含油气构造 BZ4 井的钻探时间 1976 年 10 月，下限截至 2005 年 12 月 31 日。

资料来源：主要为历年库存资料和文书档案及相关资料汇编。文内所有数据均来自中海石油（中国）有限公司天津分公司历年科研成果。

计量单位：采用国家法定计量单位。

技术术语：一律采用现代术语。在文中第一次出现时，注释所代表的原术语如新近系（上第三系）、古近系（下第三系）等。

管理机构名称：为当时名称，不做统一改变。

2008 年 12 月，中海石油（中国）有限公司天津分公司，根据中国海洋石油总公司的安排，由秦薇、徐玉霞、郭剑、赵少伟和郑举等组成了《秦皇岛 32–6 油田志》编纂组。编纂组根据总编纂委员会下发的《油气田篇编纂工作若干规范化要求》及样板油田志，结合本油田的实际，查阅了大量的文献，经过多次交流和讨论，于 2009 年 3 月完成了本志的初稿。

2010 年 3 月 8 日，中海石油（中国）有限公司天津分公司组织了第一次内部审查，对油田志初稿的编纂结构及内容进行了详尽的评议，对油田志的章、节、目的设置和内容的丰富提出了具体意见，按照一审专家的意见，本志编纂人员对油田志进行了修改。

2010 年 3 月 12 日，中海石油（中国）有限公司天津分公司邀请了有限公司各专业的专家，在天津塘沽对油田志进行了第二次内部审查，与会专家再次对油田志的结构和内容进行了推敲，并就油田勘探开发过程中的事件背景及决策过程作了详细的阐述，为志书的进一步完善和充实提供了宝贵的依据。

2010 年 4 月 16 日，在天津宝成宾馆召开了渤海油气区油田志统稿研讨会，与会专家对油田志整体框架以及编纂体例给予了细致的讲解，对一些细节问题的处理提出了进一步的要求；编纂人员以此为依据对志书进行了最终的完善和调整。

本志在编纂过程中，中海石油（中国）有限公司天津分公司勘探开发研究院、生产部、钻井部、作业分公司的领导和同事都给予了无私的帮助，渤海石油档案馆、中海油基地采技服采油工程研究院档案室、文印组等相关同志在提供资料、印刷、装订等各项工作中给予了大力支持，在此一并表示衷心的感谢。

《秦皇岛 32–6 油田志》编纂组

2010 年 5 月

编号：26–004

渤中 25–1 南油田志

《渤中 25–1 南油田志》编纂组　编

渤中 25–1 和渤中 25–1 南油田一体化开发协议签字仪式

（秦皇岛 32–6/ 渤中作业公司，2002 年）

渤中 25-1 南油田地理位置图

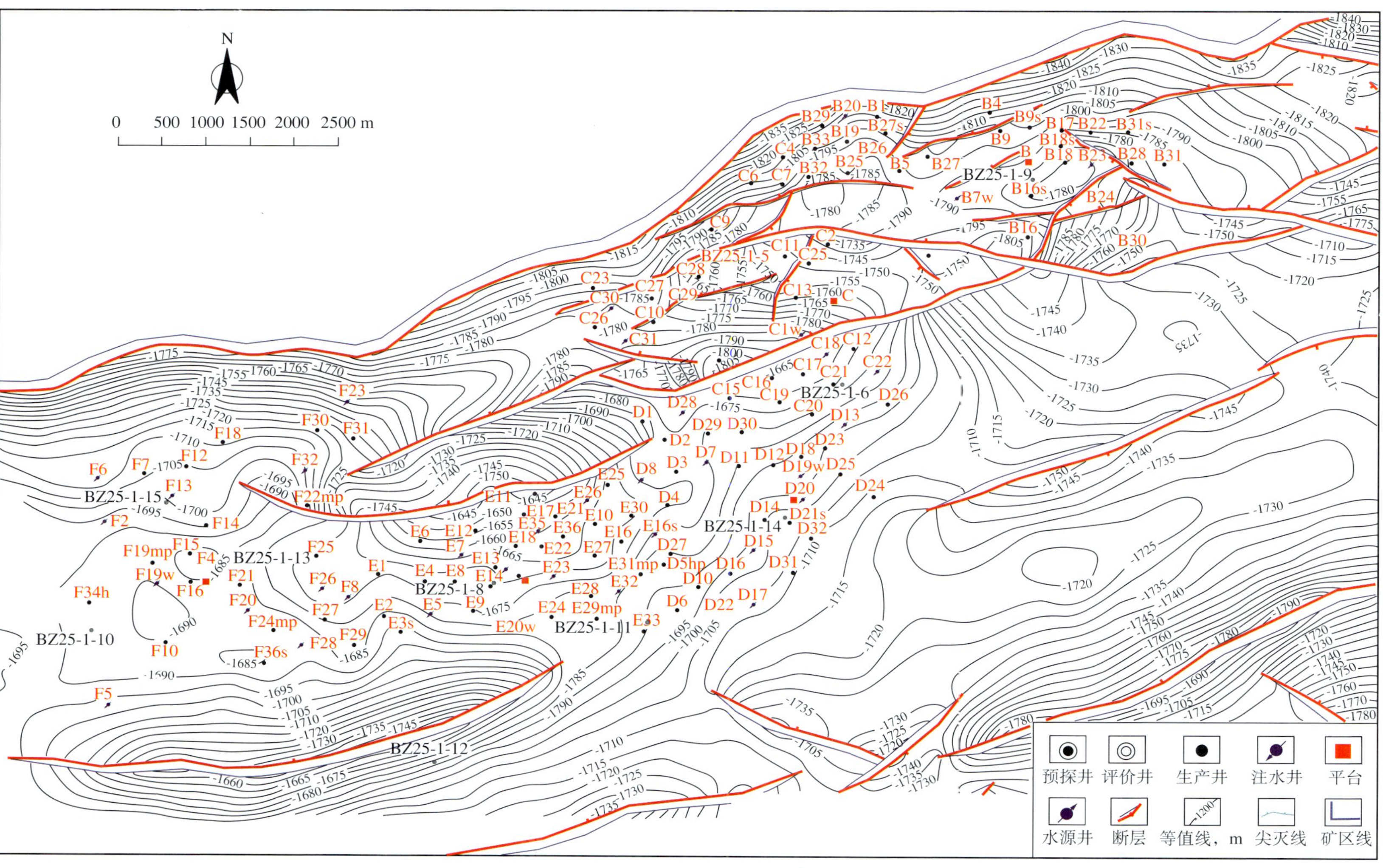

渤中 25−1 南油田构造井位图

（渤海油田勘探开发研究院，2010 年）

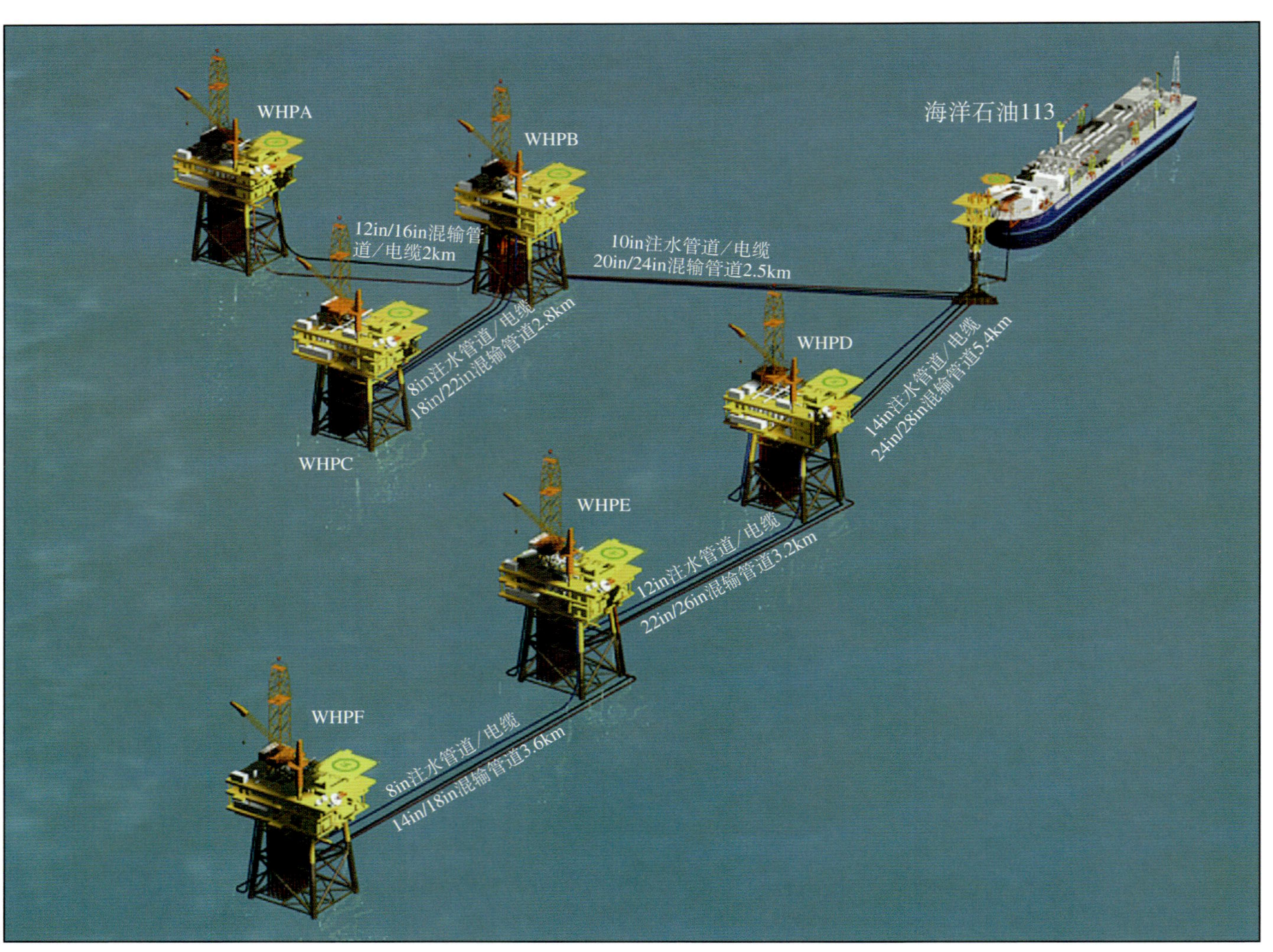

渤中25–1南油田海上生产系统布置图
（秦皇岛32–6渤中作业公司，2005年）

《渤中 25-1 南油田志》编纂组

周子钧　郑　举　崔治军　赵少伟

《渤中 25-1 南油田志》审核人员

曹文贤　徐启兴　汪志勇　吴成浩　李树宽　刘　英
宫　薇　赵利昌　谭　吕　廖新武　王力群　张敏娟

本志目录

概　述

渤中 25–1 南油田为中国海洋石油总公司与美国雪佛龙—德士古公司合作开发的油田。位于渤海南部海域，西北距塘沽约 150km，东南距龙口 127km。油田范围内，平均水深 17m，年平均气温 13.6℃。区域上，渤中 25–1 南、渤中 25–1 油田位于渤海湾盆地、渤南低凸起西端渤中凹陷与黄河口凹陷的分界处。渤中 25–1 油田是位于渤中 25–1 南油田以北的古近系油田，二者以渤中 25–1 南主断裂为界。

一

（一）构造特征

渤中 25–1 南构造位于渤中 25–1 构造南界大断层下降盘，是一个被西南—东北向断层和东西向断层分割的明下段断裂背斜，三维工区内圈闭面积为 60km²。该断裂背斜由北、中、南 3 个断块构成，北块包括两个高点，一个是 BZ25–1–7 井（简称 7 井，以下渤中 25–1 油田井号均以此方法简称）钻遇的 1 号高点，一个是 9 井钻遇的 2 号高点；中块仅钻遇 5 井；南块包括 3 个高点，从西到东依次被 10 井（1 号高点）、8 井（2 号高点）、6 井（3 号高点）钻遇，11 井位于 2、3 号高点中间的鞍部。

（二）储层特征

1. 地层

渤中 25–1 南油田主要目的层段为明化镇组下段，根据区域沉积环境、岩心观察及分析化验资料、录井资料以及测井资料的研究成果进行的综合分析表明，该油田岩性特征为一套泥岩与砂岩的不等厚互层，砂岩单层厚度 2 ~ 20m 不等。

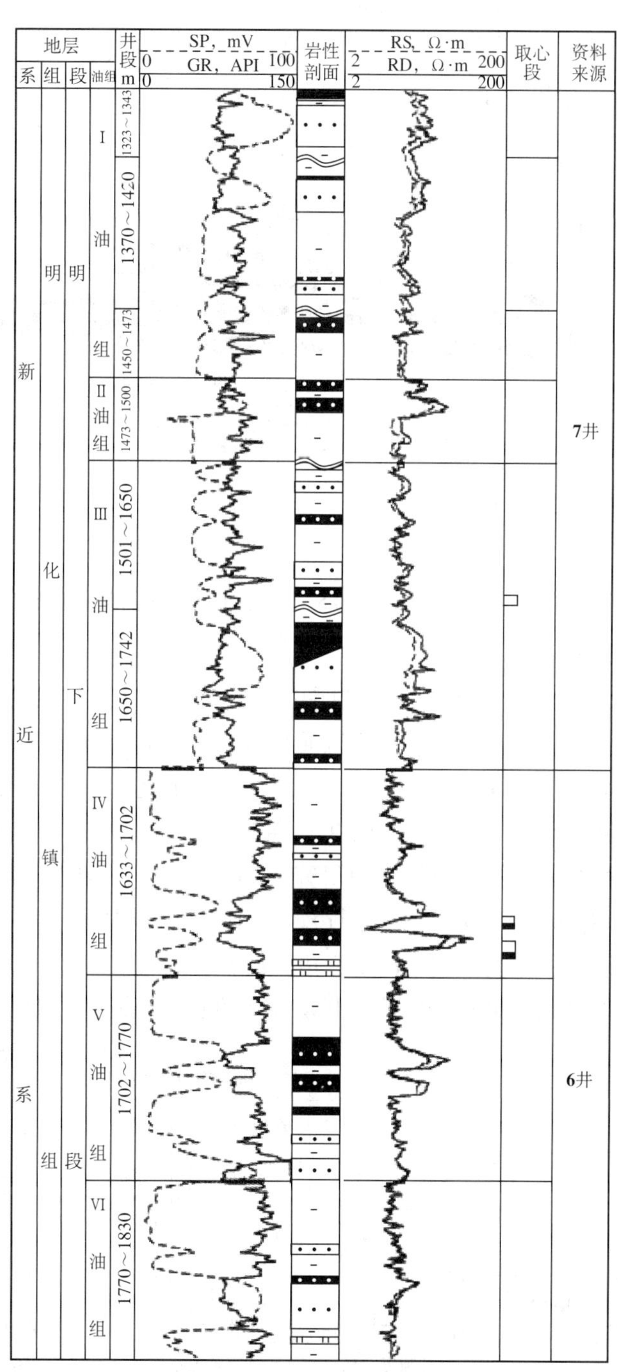

图 1　渤中 25–1 南油田明下段油层综合柱状图

明下段储层油藏埋深在 1650 ~ 1850m 之间。以馆陶组顶部的砂砾岩或中细砂岩顶和明下段高伽马段地层顶作为主要对比标志层，依据沉积相、沉积旋回性和流体分布特征将明下段油层由下至上划分为：N1m^L Ⅵ、N1m^L Ⅴ、N1m^L Ⅳ、N1m^L Ⅲ、N1m^L Ⅱ、N1m^L Ⅰ六个油组（图 1）。

明化镇下段Ⅳ、Ⅴ油层组的砂体厚度相对较小，含砂率较低，平均在 27% 左右，平面上受河道方向影响，横向分布范围有限等发育特点决定了对其认识的难度，因此也就不可避免地出现砂体钻前预测与钻后实际认识的差异性。ODP 阶段认为，Ⅳ、Ⅴ两个主力油组连续分布且稳定，厚度大。实钻后发现，Ⅳ油组砂体个数增多，单砂体厚度变薄，横向变化较大，砂体之间连通性也不一样；Ⅴ油组横向变化大，表现为河道砂体叠加体；而 B 平台基本上是井钻遇的储层厚度变小，变得更加零散和破碎油水界面增多（图 2）。

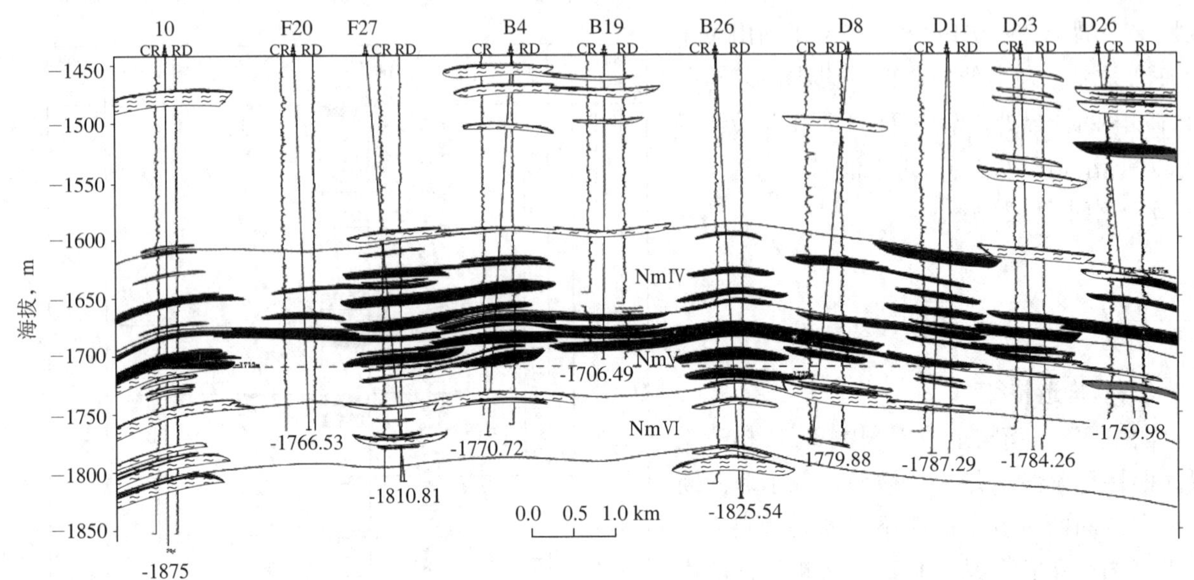

图 2 渤中 25–1 南油田东西向油藏剖面图（渤海油田勘探开发研究院，2006 年）

2. 沉积相

ODP 的认识认为，本区明化镇Ⅰ、Ⅱ、Ⅲ油层组发育典型的曲流河砂体，多呈透镜状，而Ⅳ、Ⅴ油层组是曲流河上游介于曲流河与辫状河之间的沉积物，粒度偏粗、砂岩含量高、单层厚度较大，地震反射可追踪性强，砂体纵向上叠置，平面上连片，分布范围大。

针对渤中 25–1 南油田在一期开发实施中发现的储层的复杂变化，开展了《渤中 25–1 南油田储层沉积相 / 微相研究》专题研究。2005 年 8 月，由中国地质大学（武汉）的杨香华教授所做的《渤中 25–1 南油田 C、F 平台及周边地区明下段沉积相、隔夹层研究》分析认为，明下段主要含油层段Ⅳ、Ⅴ油组沉积相类型属于浅水三角洲沉积。

该研究成果对正确进行开发方案的实施与调整，对合理确定注采井别，编制完井、射孔方案及初期配产配注方案，以及开发井完钻后的储量复算等均起到了重要指导作用。同时对油田开发的重点与难点也得到更为清晰的认识。

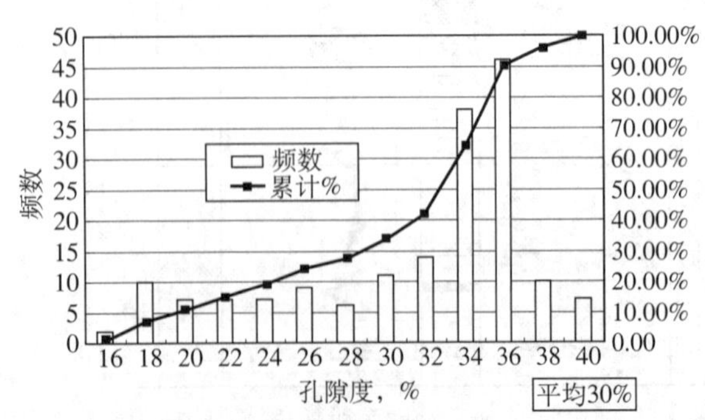

图 3 渤中 25–1 南油田孔隙度分布图

3. 储层物性

明下段储层埋藏浅、成岩程度低，具有粒间孔发育、连通喉道大、连通性好的特点。235 块岩心样品的孔隙度分析结果，孔隙度变化在 20% ~ 40% 之间，平均 30%（图 3）；渗透率主要分布在 300 ~ 6000mD 范围内，平均 1750mD（图 4）。这表明储层孔隙度高，而且渗透率也很好。中细砂岩和粉细砂岩的点砂坝是其最有利的储集相带，一般具有良好的含油性；而天然堤沉积的粉砂岩，一般物性较差、含油性也差。

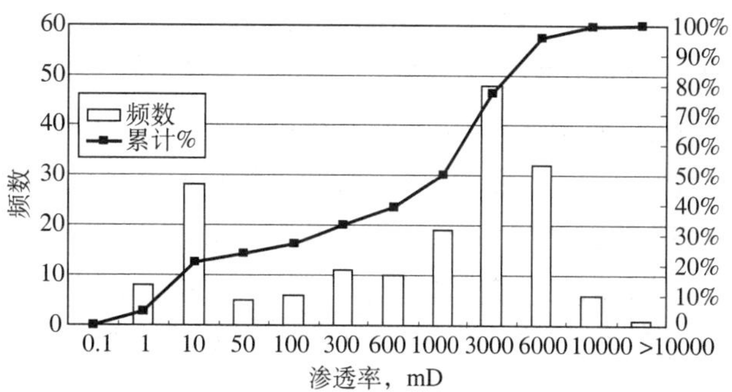

图 4 渤中 25−1 南油田渗透率分布图

（三）油藏特征

1. 油藏类型

ODP 阶段认为油藏类型，在 D、E 平台控制范围内，油藏类型是边水层状构造油藏。实钻后结果表明，在 D、E 平台控制范围内，出现了几种不同类型的油气藏，既有边水层状构造油藏，同时也出现了不少的构造岩性油气藏。

实钻后精细油藏描述和油田地质综合研究结果表明，明下段Ⅰ、Ⅱ、Ⅲ油组油气藏类型以岩性油气藏为主；Ⅳ、Ⅴ油组受岩性和断层分割作用的影响，不同断块、或同一断块的不同油组之间均具有独立的油水系统，其油藏类型包括岩性—构造油藏、构造—岩性油藏以及岩性油藏等。油田驱动类型主要为弱边水驱动。

2. 地层压力和温度

该油田明下段油藏为正常的温度、压力系统。油藏压力在 16MPa 左右，油藏温度在 60 ~ 75℃之间。

3. 流体性质

渤中 25−1 南油田明下段地面原油具有密度高（0.937 ~ 0.966g/cm^3）、黏度高（124.9 ~ 934.8mPa·s）、凝固点低（−15 ~ 12℃）等特点，属常规稠油。

地层原油密度 0.861 ~ 0.9304g/cm^3；原始地层压力 14.3 ~ 16.7MPa；饱和压力 2.08 ~ 13.28MPa；气油比 4.3 ~ 35.3m^3/m^3；地层原油黏度 20 ~ 209mPa·s；体积系数 1.067 ~ 1.095。

天然气多以溶解气的形式出现，甲烷含量平均 97%。该油田 7 井区的地层水为重碳酸氢钠（$NaHCO_3$）型，总矿化度为 3799mg/L，氯离子含量为 1648mg/L，pH 值为 6.5。6、8 井区地层水为氯化钙（$CaCl_2$）型，总矿化度为 9462 ~ 11332mg/L，平均为 10563mg/L。

（四）石油储量

2002 年 3 月国家储委批准渤中 25−1 南油田含油面积 58.10km^2，基本探明石油地质储量 15303.00 × 10^{4}m^3（14491.00 × 10^{4}t），溶解气地质储量 44.84 × 10^{8}m^3，天然气地质储量 5.70 × 10^{8}m^3，可采石油储量 2601.60 × 10^{4}m^3（2463.60 × 10^{4}t），可采溶解气储量 7.62 × 10^{8}m^3。另外，该油田还计算了石油控制地质储量 1486.00 × 10^{4}m^3（1413.00 × 10^{4}t），溶解气控制地质储量 5.20 × 10^{8}m^3，石油预测地质储量 4381.00 × 10^{4}m^3（4107.00 × 10^{4}t），溶解气预测地质储量 15.33 × 10^{8}m^3。

二

受渤海大量明下段油气田（秦皇岛 32−6、歧口 17−2、南堡 35−2 等油田）发现的启发，在渤南凸起西倾没端以明下段、馆陶组、沙河街组为主要目的层部署 5 井，并于 1998 年 11 月完钻。该井在明下段、馆陶组、东营组及沙河街组皆见到油气显示；经 DST 测试，在明下段、沙二段获得高产油气流，沙三段获得低产油气流。该井的钻探成功，尤其是明化镇组下段油层的发现，实现了渤南地区乃至渤海海域浅层勘探的新突破，标志着渤中 25−1 南油田的发现。

为了进一步搞清楚该构造的储量规模，为开发提供可靠的地质依据，于 1999 年部署了 350km^2 的高分辨率三维地震采集工作。针对该区实际地质情况，以明下段为主要目的层，先后部署钻探了 6、7、

8、9、10、11、12、13、14、15 共 10 口评价井，按照 GBn269−88 石油储量规范要求，获取了储量评价所必需的钻井取心、测试、分析化验等基础数据。

在此基础上，为尽早编制油田开发方案，1999 年渤海油田研究院组建了渤中 25−1 南油田储量评价项目组，米立军总地质师为该项目的技术总负责，由赵利昌、王力生、隋桂梅等人参与，对渤中 25−1 南油田进行了储量评价研究工作。2001 年 8 月，渤海油田研究院请邓运华、韩庆炳、周德湘等人组成专家组对储量研究报告进行了审查，并提出了修改意见。经过修改，2002 年 3 月，《渤中 25−1 南油田储量评价报告》经国土资源部审查并获得通过。

大事记

1998 年

11 月　5 井完钻，该井在明下段、馆陶组、东营组及沙河街组见到油气显示，DST 测试在明下段、沙二段获得高产油气流，沙三段获得低产油气流，发现渤中 25-1 南油田。

2001 年

8 月 20 日至 21 日　渤中 25-1 油田储量研究审查会在中海石油研究中心渤海研究院召开。

2002 年

3 月 11 日　渤中 25-1 油田 ODP 研究中间成果审查会在北京京信大厦召开。

3 月底　渤中 25-1 南油田储量通过了国土资源部的审查。

5 月　中海油、雪佛龙德士古公司双方高层制定了渤中 25-1 及渤中 25-1 南油田“一体化开发、一套生产设施、一个管理机构、一个作业者、一次性确定权益比例”的“五个一”原则。

7 月　中国海洋石油生产研究中心完成了渤中 25-1 南油田总体开发方案（ODP）的编制，同年 10 月完成 ODP 修改。

8 月　渤海油田研究院向国土资源部油气储量评审办公室申报渤中 25-1 南油田基本探明石油地质储量并获批准。

9 月 5 日　渤中 25-1/25-1 南油田油藏工程讨论会在渤海石油迎宾馆举行。

9 月 28 日至 29 日　渤中 25-1/25-1 南油田 ODP 专家审查会在北京运河苑度假村召开。

10 月　《渤中 25-1/25-1 南油田总体开发方案》通过中国海洋石油总公司投资风险委员会审查。

10 月 11 日　中国洋石油总公司与德士古中国公司，在北京长城饭店签订了《渤中 25-1 和渤中 25-1 南油田一体化开发协议》。这是中海油已经签订的 153 个对外合作协议中第一个跨界开发的一体化协议。

11 月 15 日　渤中 25-1/25-1 南油田地质油藏方案优化研讨会在渤海石油迎宾馆举行。

11 月 21 日　渤中 25-1 油田开发项目组正式成立，负责渤中 25-1 及渤中 25-1 南油田开发。

11 月 28 日　中国海洋石油渤海公司与中国船舶工业集团公司上海外高桥造船有限公司在上海签订了 16 万吨渤中 25-1 油田 FPSO（浮式生产储卸油装置）建造合同。总公司总经理卫留成、副总经理周守为、副总工程师曾恒一以及上海市、中国船舶工业集团公司、上海外高桥造船有限公司的有关领导出席了签字仪式。

12 月 31 日　渤中 25-1/25-1 南油田 ODP 地质油藏实施方案审查会在渤海石油迎宾馆召开。

2003 年

2 月 18 日　渤中 25-1/25-1 南油田浮式生产储油装置（FPSO）船体部分在上海外高桥船厂正式开工建造。

3 月 10 日　渤中 25-1 油田Ⅰ期导管架陆地建造完工，提前出海安装。

是日　渤中 25-1/25-1 南油田一期 B、D、E 平台开发井井位调整方案审查会在渤海石油迎宾馆举行。

3月26日　渤中25−1开发项目联管会正式成立。

5月1日　渤海八号钻井平台就位于渤中25−1油田B平台，至此，渤中25−1油田钻完井项目海上作业正式开始。

7月7日　渤中25−1南油田B平台射孔原则审查会议在北京海油大厦举行。

8月　渤中25−1南油田首次采用一次多层压裂充填防砂技术，这种技术在国际上也是首例。

9月10日　渤中25−1油田开发项目组与渤海公司首次以干租模式进行FPSO合同谈判，弃置湿租的原方案。

9月22日　渤中25−1/南油田海洋工程总包合同签字仪式在北京凯宾斯基饭店举行。

9月26日　渤中25−1南油田D、E平台射孔原则审查会议在北京海油大厦举行。

9月23日　第三次联合管理委员会会议在上海召开，会议签署了《项目执行计划》。

10月29日　雪佛龙德士古公司正式宣布加入渤中25−1项目，所占权益为16.2%，中海石油有限公司为操作方，所占权益为83.8%。

10月31日至11月1日　渤中25−1南油田专题研究阶段成果讨论会在天津宝成宾馆召开。

11月5日　渤中25−1油田开发项目组与渤海公司以干租为前提的BZ25−1FPSO谈判全部结束。

12月18日　渤中25−1/25−1南油田地质油藏联合管理组正式成立。

2004年

2月28日　渤中25−1FPSO“海洋石油113”在外高桥船厂出坞。

5月18日　渤中25−1油田一期B、D、E三个平台顺利完成了一期钻井作业，实钻开发井84口（包括3口水平井和2口分支井）。

6月8日　渤中25−1FPSO“海洋石油113”命名暨完工交接庆典在上海外高桥船厂举行，其不满16个月的建设周期创造了我国大吨位FPSO建造速度新纪录。

6月28日　中海石油（中国）有限公司渤中作业公司注册成立。

7月16日　渤中25−1FPSO技术服务合同签字仪式在渤海石油迎宾馆召开。

7月21日　渤中25−1FPSO“海洋石油113”正式拖航，前往渤中25−1/南油田作业现场，进行单点连接安装。

8月27日　渤中25−1油田一期B、D平台投产。

9月6日　渤中25−1油田一期E平台投产。

10月3日　国家发展与改革委员会正式批准《渤中25−1/25−1南油田总体开发方案》。

10月9日　由中海油承租的“丹池”号油轮驶入渤中25−1油田，标志着该油田第一船原油外输。

10月12日　中国海油与美国雪佛龙德士古公司共同在北京凯宾斯基饭店庆祝渤中25−1油田一期工程投产。交通部副部长徐祖远，中国海洋石油总公司总经理、有限公司董事长傅成玉，有限公司总裁周守为，雪佛龙德士古公司副董事长Peter Robertson等120人出席庆典活动。

11月25日　秦皇岛32−6/渤中25−1开发生产综合项目队正式组建。

2005年

5月初　渤中25−1南油田一期B、D、E平台第一批注水井陆续转注。

8月13日　渤中25−1油田二期第一阶段C平台投产。

8月19日　渤中25−1油田二期第一阶段F平台投产。

第一章

油 田 开 发

第一节　ODP 方案编制与对外合作

2001 年 11 月 30 日周守为总经理在开发生产工作会上指示：渤中 25−1 油田深层浅层作为两个油田、两个区块一体化开发的思路不变。最近正在就德士古提出南堡 35−2 与渤中 25−1 储量置换的想法进行谈判，但不管是否置换，ODP 报告的编制与作业肯定是以中方为主。

根据 2001 年 12 月 24 日有限公司领导办公会议中关于尽快开展 BZ25−1 油田 ODP 研究的要求，开发生产部要求天津分公司按照渤中 25−1 油田中方一体化开发的模式委托并组织研究中心开展研究工作，研究工作要求于 4 月底完成。

2002 年初中海石油研究中心开发设计院孙立春、崇仁杰等人开始了对渤中 25−1/25−1 南油田联合开发方案进行了设计与编制。

3 月 11 日渤中 25−1 油田 ODP 研究中间成果审查会在北京京信大厦召开，由李波主持，刘德福、谭忠建、姜锡肇等人参与。会上对探明地质储量、流体参数、产能、采收率布井方式等做了相应讨论与决定。

4 月初德士古公司已正式通知中海油不进行渤中 25−1 油田合作区与南堡 35−2 油田的储量交换。开发生产部协调该项目研究工作的重点向自营开发方案转移，并对一体化开发方案中的自营部分单独进行经济评价，探索通过合同、谈判方式与德士古共同一体化开发渤中 25−1 油田。

8 月 20 日，中外双方在北京对 ODP 中使用中方的地质油藏模型的问题进行了磋商，外方对中方建议表示理解，但提出今后执行 ODP 时的调整幅度及灵活性问题。

9 月 28 日至 29 日，渤中 25−1/25−1 南油田 ODP 专家审查会由张凤久主持，孙福街、汪志勇、张仰胜等人参加。会上确立了渤中 25−1 南油田的开发原则，即："全面动用储量品质较好的明化镇Ⅳ、Ⅴ油组探明储量；立足于早期注水，并采用先进的工艺技术，使油田获得最佳开发效果和最大的经济效益；渤中 25−1 南油田砂体平面分布稳定，分布面积大，根据类似油田开发经验，渤中 25−1 南油田适合于反九点井网开采，采用 400m 井距开采，开发后期可转化成五点法井网或行列注水。"

10 月，经过修改后，《渤中 25−1/25−1 南油田 ODP》通过中国海洋石油总公司投资风险委员会审查。

2003 年 10 月 11 日，中国洋石油总公司与德士古中国公司，在北京长城饭店签订了《渤中 25−1 和渤中 25−1 南油田一体化开发协议》。10 月 29 日，雪佛龙—德士古公司正式宣布加入渤中 25−1 项目，中海石油有限公司为操作方。

11 月 15 日渤中 25−1/25−1 南油田地质油藏方案优化研讨会在渤海石油迎宾馆举行，会议由李波主持，董星亮、李炎波、赵利昌、汪志勇等人参加。会议对分两期进行开发的 ODP 优化方案予以肯定，并详细规划了 B、D、E 各平台的井数、井别和钻井顺序。

第二节　ODP 方案实施

在开发井井位设计阶段及随钻过程中，对储层展布以及连通性有了新的认识。为了高效开发油田，秦皇岛 32−6/ 渤中 25−1 开发生产综合项目队依据油描砂体，对明下段的开发井井位、井别及井型作了优化调整，采用非规则井网、不同的井型开发是该油田布井方式的合理选择。

一、B 平台

ODP 中 B 平台的布井均在 9 井区。由于该井区储层横向变化较大，连通性差；同时断层发育，每个小断块为一个独立油水系统。而 7 井区储层较发育，主力砂体连通性好。因此将 9 井区的 9 口井转移到 7 井区，同时另外取消 10 口井位。经过实钻证实，7 井区将成为 B 平台生产的主力井区。

二、D 平台

D 平台的井位、井网进行了两轮大的优化调整。井网由原来的正方形反九点法面积注水井网变为按地下油砂体的展布来部署的不规则面积注水井网，从而也更加适应地下储层的发育情况。

三、E 平台

对 E 平台的在构造低部位储层不太发育的井位进行了必要的调整。与 B、D 平台相比，E 平台的井网变化不大，为反九点法面积注水井网。

四、C 平台

C 平台的井位在随钻过程中经过两次较大的调整。

首先是将 ODP 井位部署中储层不发育区的开发井位优化调整到储层发育区。

其次是在 C 平台井位实施过程中，在第一批开发井钻后认识的基础上，分析 C 平台原设计第二批开发井的井控储量、储层连通性以及新发现 $N1m^L$ Ⅱ油组、$N1m^L$ Ⅲ油组、东营组潜力构造等因素，并重新设计第二批开发井。

C 平台第一批开发井钻后的调整结果是 C 平台共取消 6 口井井位，其余井位均可形成较完善的注采系统。

五、F 平台

F 平台储层沉积相和储层分布比 B、D、E 平台更复杂，随钻过程中对 F 平台的井位经过三次较大的调整。

首先因为 F 平台主力砂体层位单一，在平面上的叠合连片性较差、厚度薄、物性差，因此将 ODP 中 11 口部署在储层不发育或储层连续性较差区域的开发井（包含 3 口水平井）进行了优化。

其次是为了实现 F 平台井位的最优化，随钻中对Ⅳ油组的含油潜力进行深入评价，对 F 平台北侧原 ODP 没有布井的潜力区域完善了注采井网，既探明了 $N1m^L$ Ⅳ油组的油水界面，同时兼顾了Ⅲ油组的含油砂层的开发。

第三次调整是在先期完钻的开发井钻后认识的基础上，重新分析 F 平台原设计第二批开发井的井控储量、储层连通性，提出尽可能部署水平（分支）井。

F 平台的井位、井网经过多次优化调整后，由原来的正方形反九点法面积注水井网变为以砂体为开发单元的非规则注水井网。

第三节　开发现状

渤中 25–1 南油田共分两期，5 个平台（B、C、D、E、F）进行开发。其中，一期投产 B、D、E 平台，于 2004 年 8 月 27 日投产，二期投产 C、F 平台，于 2005 年 8 月 13 日投产。

截至 2005 年底，渤中 25–1 南油田共有生产井 96 口，注水井 7 口。2005 年 12 月份生产井开井 95 口，日产油 4113m^3。2005 年渤中 25–1 南油田共产油 $119.78 \times 10^4m^3$，采油速度 1.00%，累计产油 $149.20 \times 10^4m^3$，采出程度 0.99%，综合含水 19.6%。自然递减率 17.31%，综合递减率 6.89%。

渤中 25–1 南油田 2005 年 12 月份注水井开井 7 口，日注水 766m^3，月注采比 0.15。累计注水 $5.61 \times 10^4m^3$，累计注采比 0.03，地下累计亏空 $190.43 \times 10^4m^3$。

第二章

钻采与海洋工程

第一节　钻井完井工程

一、钻井工程

渤中 25–1 开发项目采用对外合作的方式，由中国海洋石油总公司担任作业者。该项目钻完井工作由天津分公司负责管理，由钻井部具体负责组织实施，常设机构为渤中 25–1 钻完井项目组，张滨海时任渤中 25–1 钻完井项目组项目经理，这是中方在合作油田中第一次担任钻完井工程方面作业者，该项目按照国际惯例运作，具有项目投资大、持续时间长、工期短、油田开发意义重大、组织结构复杂的特点。

该油田大部分区块具有两个以上的单油层，适用定向井开发，但部分井区仅发育一个油层。由于此类井区地层原油黏度较大，如果应用定向井开发，则会因油层揭露面积较小，导致开发效果较差。针对这样的地质条件，为经济、高效开发单一储层区块，方案中设计了部分水平（分支）井进行开发。

水平井与定向井高峰产量时的采油强度对比展现了水平（分支）井开采稠油油藏的优势（图 2–1）。

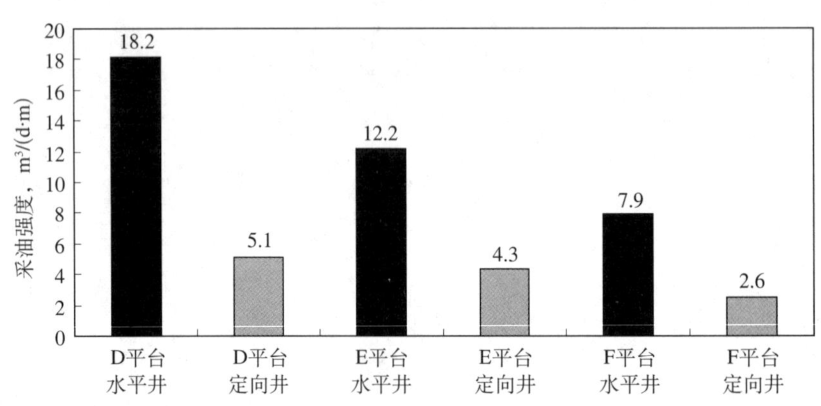

图 2–1　渤中 25–1 南油田水平井与定向井采油强度对比图

在水平（分支）井钻进时，渤海油田首次采用实时可视决策钻井系统，基地人员通过信息传输系统，在陆地随时掌握现场的各种钻井参数和钻进情况。该系统组织专家及时调整井眼轨迹，对重大作业进行现场决断，确保最大化钻遇油层（图 2–2、图 2–3）。

渤中 25–1 南油田实现对外合作大型项目的钻完井项目管理模式，与外方打下了合作基础。钻完井与地质油藏进行联合办公，实现了与地质油藏的无缝连接。并将该联合办公管理模式推广到自营油田项目。

二、完井工程

由于渤中 25−1 南油田地层岩性为疏松砂岩，渤中 25−1 南油田开发井采用了管内砾石充填、压裂充填、管内筛管和裸眼筛管等 4 种防砂方式。全油田开发井中管内砾石充填防砂井共计 25 口，占 19%；管内筛管防砂井共计 39 口，占 30%；压裂充填防砂井共计 47 口，占 36%；裸眼筛管防砂井 20 口，占 15%。渤中 25−1 南油田是渤海应用压裂充填防砂方式井数最多的油田。

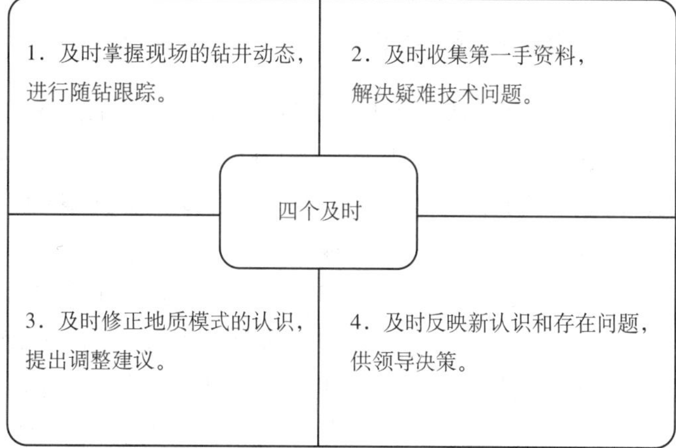

图 2−2　实时可视决策系统的四个及时
（天津分公司钻井部，2005 年）

据投产后有生产测试资料的 23 口井统计，管内砾石压裂充填防砂井表皮系数均为负值，平均为 −2.0 左右；裸眼筛管井表皮系数均在 4.0 以下，平均 1.0 左右；管内砾石高速水充填防砂井表皮系数一般在 4 左右。

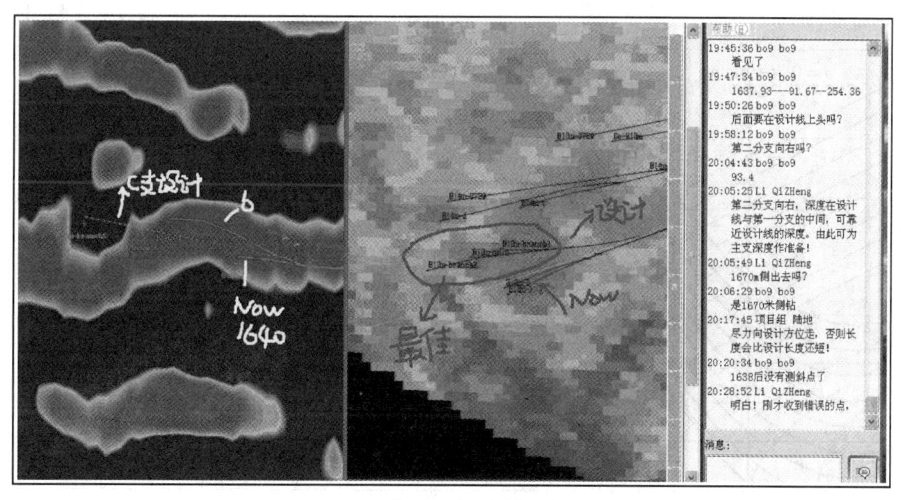

图 2−3　实时可视决策系统界面

钻完井项目组在渤中 25−1 南油田二期的压裂防砂作业中首次采用一次多层压裂充填防砂技术，该技术使用哈里巴顿公司的 STMZ 井下工具，通过一期压裂防砂技术、调节设计压裂参数和充填砂比、合理控制充填系数，提高了防砂作业效果，F 平台的油井通过压裂提高了产能，达到了油藏配产。

第二节　采油工程

渤中 25−1/25−1 南油田采油工程方案由中海石油研究中心纪少君、齐桃编写，李敏审核，周建良审定，王平双批准，于 2002 年 9 月通过中海石油（中国）有限公司专家审查，2002 年 10 月上报投委会并获得通过。

一、举升方式选择

针对渤中 25−1 油田及渤中 25−1 南油田的实际情况进行了电潜泵、电潜螺杆泵、射流泵等机采方式的对比研究，由于沙河街油藏为异常高压油藏，具有原油低密、低黏、油质较好的特点，设计为自喷投产，适时采用电潜泵转抽；而明化镇油组的原油高密、高黏，油质稠，综合考虑后全部以电潜泵生产，电潜泵泵挂垂深设计为1400～1900m，沉没度为300～500m。

二、电泵生产优化

渤中25−1南油田一期B、D、E平台投产后，未达到ODP设计产能，单井产量低，产量和地层压力下降快。投产后三个月的11口井的压力恢复测试表明，平均地层压力下降达到3MPa。以E15h井为例，地层压力由2004年9月的15.88MPa下降到2004年12月的12MPa，日产油由9月的75m³下降到12月的63m³，并且有持续下降的趋势。

针对以上问题，秦皇岛32−6作业分公司生产部经理温哲华、油藏主管兰利川带领生产部工程师与雪佛龙专家、天津分公司技术部秦皇岛32−6/渤中25−1项目队工程师一起，开展了地质油藏产能分析、转注方案优化、电泵选型及工况节点分析、井筒流动模拟、工作制度选取等多方面的分析和研究工作。分析认为导致压力、产量下降的内因为河道砂体窄，边底水能量比预期小；外因为随地层压力下降，井底流压下降，部分投产时下入的电泵沉没度不足；且由于部分初期下入电泵扬程不足，无法通过调整工作制度、改变流出曲线来维持原有生产压差（图2−4）。

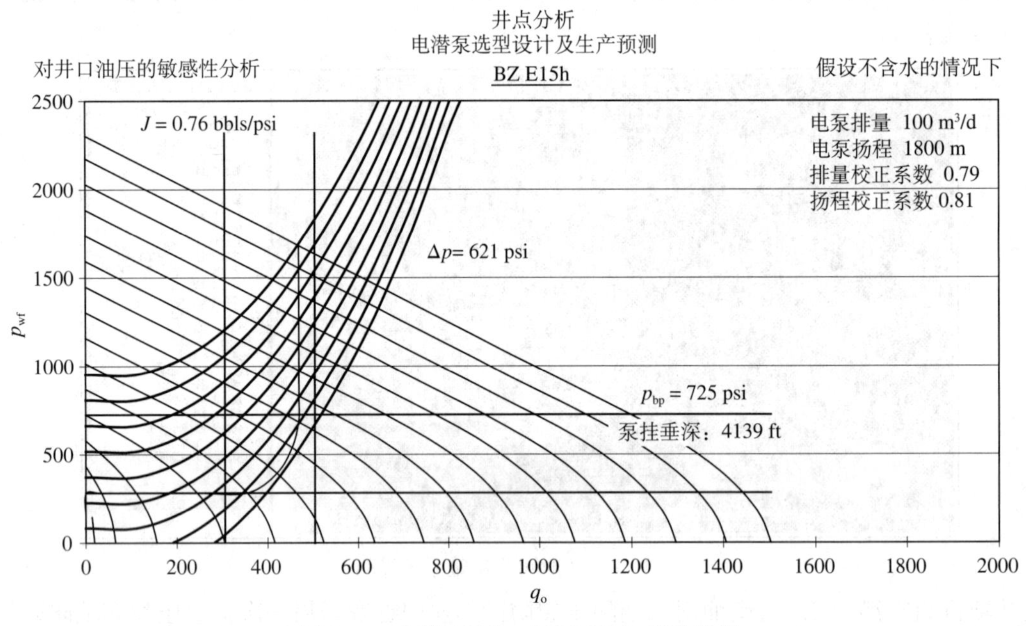

图2−4 “增加扬程、加深泵挂”理论依据

基于以上分析，除实施转注方案外，提出了针对电泵“增加扬程，加深泵挂”的优化措施建议。2005年共实施电泵优化34井次，平均单井日增油23m³，为渤中25−1南油田电泵井选型提供了成熟的经验。

第三节 海洋工程

一、海洋工程方案

渤中25−1/25−1南油田开发工程设施主要包括：WHPA、WHPB、WHPC、WHPD、WHPE、WHPF 6座井口平台，共设计生产井185口（油井140口，注水井45口），水源井7口，设计最大产油量339×10^4m³/a，最大产水量732×10^4m³/a，最大产气量13814×10^4m³/a，最大注水量383×10^4m³/a，单井最大产液量241m³/d，单井最大产油量140m³/d，单井最大产水量237m³/d，单井最大产气量13761m³/d，单井最大注水量602m³/d；1座单点系泊系统（SPM）和1艘浮式生产储油轮（FPSO）；平台之间以及平台与单点系泊装置之间有油 / 气 / 水双层保温海底混输管线、单层注水管线、海底复合电缆连接（油田工程设施图如文前“渤中 25–1 南油田海上生产系统布置图”所示）。

二、海洋工程设计

2002 年 11 月 21 日，渤中 25–1 油田开发项目组成立，田楠任开发项目总经理，黄业华与雪佛龙公司 Ron Seguin 担任项目副总经理。开发项目组的职责是负责海上主要生产设施的建造，并整体协调平台建造、单点和 FPSO 建造、地质油藏、钻完井、和生产准备等各分项目组的工作。2002 年 12 月 10 日，B、D、E 平台导管架陆地建造开工，标志着工程建设进入全面实施阶段。在渤中 25–1 开发项目的实施过程中，项目组克服了工程资源紧缺、异常气候窗、非典等一系列不利因素的影响，认真履行“石油合同”和“一体化开发协议”，严格执行《工程项目管理规定》，全面推行“地面为地下服务，工程为生产服务”的管理理念，截至 2005 年 8 月 19 日成功实现了工程一期、二期第一阶段五个平台和 FPSO 的提前投产，同时成功地将项目投资控制在概算范围之内并有节余。

（一）浮式生产储卸装置（FPSO）

FPSO“海洋石油 113”由 708 所设计，中国船舶工业集团公司上海外高桥造船有限公司承建，于 2003 年 2 月 18 日开工建造，2004 年 6 月 8 日交接，当年 7 月 21 日正式拖航，是集原油 / 生产水处理、原油储存和外输、各平台注水集输、全油田动力供给、海上工作人员支持于一体的大型浮式原油处理和储存结构（图 2–5）。

图 2–5　FPSO——“海洋石油 113”

“海洋石油 113”为双壳双底结构，设计寿命 25 年，船体总长 287.4m，船体宽度 51m，吃水深度 14.5m，满载排水量 201287t，有 10 个货油舱，总舱容为 156369m^3，工艺舱舱容 15925.6m^3。油气水处理系统由游离水分离器（V—101A/B）、合格原油 / 原油换热器（HE—101—A/B/C/D）、原油热处理器以及热处理器预热器（V—102A/B 以及 H—101A/B/C/D）、电脱水供给泵（P—101A/B/C/D）、电脱水器预热器（H—102A/B/C/D）、电脱水器（V—103A/B）、合格原油海水冷却器（WC—101A/B）、原油处理工艺舱（T—101A/B）、合格原油缓冲舱（T—102）、合格原油缓冲舱油泵（P—103A/B/C）以及合格原油缓冲舱水泵（P—104）组成。设计油处理能力 339 × 10^{4}m^3/a，设计水处理能力 732 × 10^{4}m^3/a，设计气处理能力 13814 × 10^{4}m^3/a。

来自井口平台的生产流体首先经过单点进入游离水分离器 V—101A/B 进行油、气、水三相分离：分离出来的伴生气输至燃料气系统作进一步的处理，作为主机的燃料；分离出来的生产污水则进入污水处理系统作进一步的处理，详细流程见工艺处理流程图（图 2–6）。

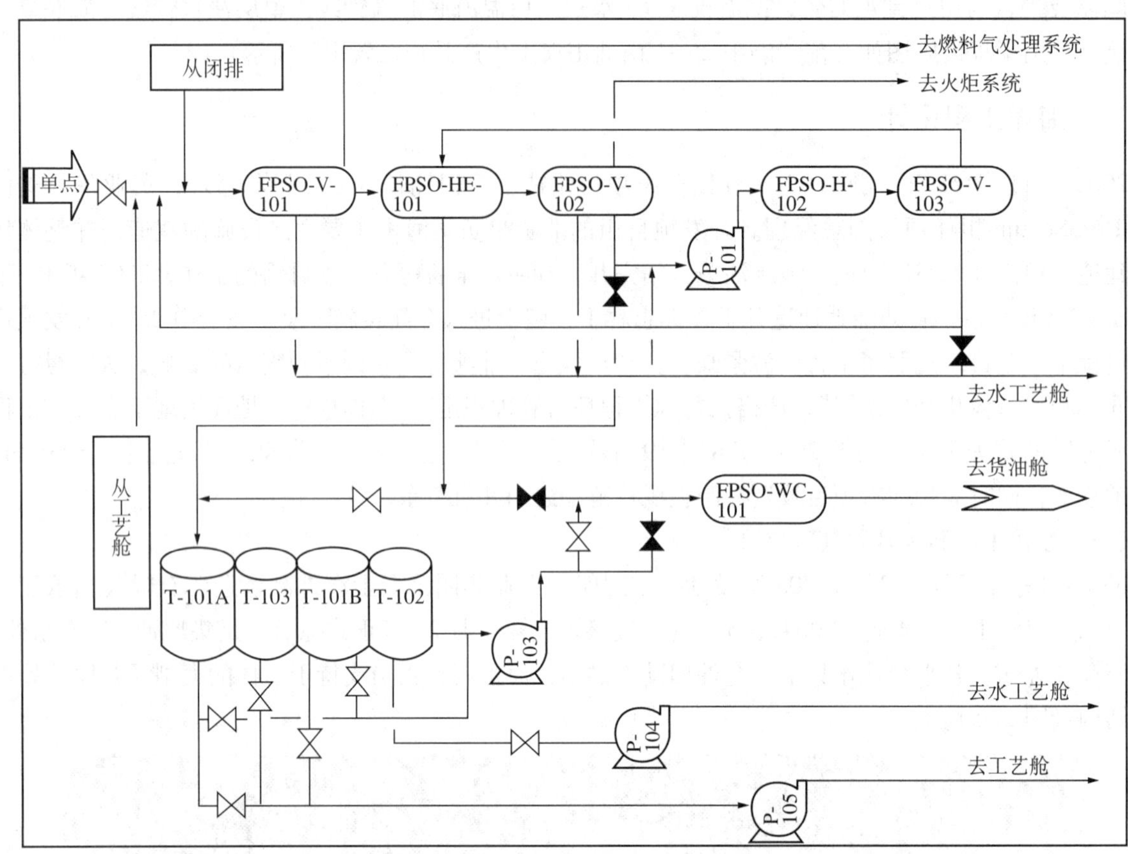

图 2–6　“海洋石油 113”工艺处理流程图

图 2–7　渤中 25–1 南油田单点系泊装置

（二）单点系泊系统（SPM）

单点系泊形式为锚链悬挂水下软刚臂单点，由荷兰 APL 公司设计和建造（图 2–7）。

2004 年 5 月 5 日，单点 YOKE 海上安装和压载完成，同年 8 月 2 日，FPSO 实现与单点的海上连接。

（三）井口平台

WHPA—WHPF 井口平台均为 4 腿式导管架平台，各有 36 个井槽（图 2–8）。各平台的生产生活设施相似，主要有：生产系统、化学药剂系统、海水系统、淡水系统、柴油系统、修井机、吊机、空压机系统、应急电站、控制系统、消防系统、通讯系统、污水处理系统、24 人生活住房等。单井物流计量后利用电潜泵压力经油、气、水双层保温海底混输管线输出井口平台，最终至 SPM/FPSO 进行处理、储存及外输。渤中 25–1 南油田的供电采用自发电方案，在 FPSO 上设 1 座独立的主电站，为各井口平台及 FPSO 上的电气设备供电。主电站容量为 4 台 12MW 透平发电机，运行方式为三用一备。通过单点上的电滑环和海底复合电缆向各井口平台供电。各井口平台及 FPSO 之间的电力和控制信号通过各自间的海底复合电缆传输。

在平台导管架施工中，项目组经过调研，采用了 UT（超声波检测）方法代替以往常规使用的 RT（射线检验）方法来对环焊缝进行检验，不仅使导管架陆地建造周期大为缩短，而且降低了建造成本。

图 2-8　渤中 25-1 南油田井口平台

同时，用于压力容器、管道和焊接结构等永久性结构安全分析的 CTOD 试验（裂纹尖端开口位移试验）的成功应用，使大量的厚壁管焊后热处理工作得以免除，也为缩短工程建造周期起到了强有力的保障作用。

附 录

附录一 附 图

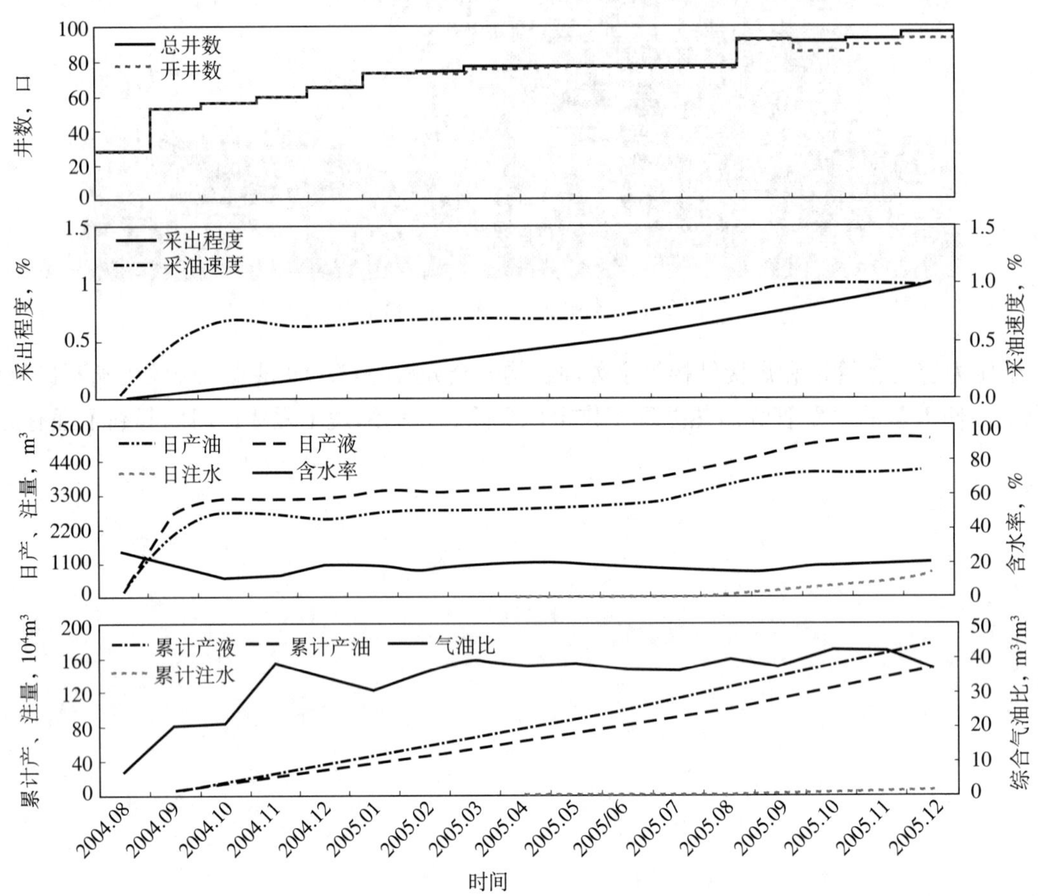

附图 1 渤中 25-1 南油田开发综合曲线图

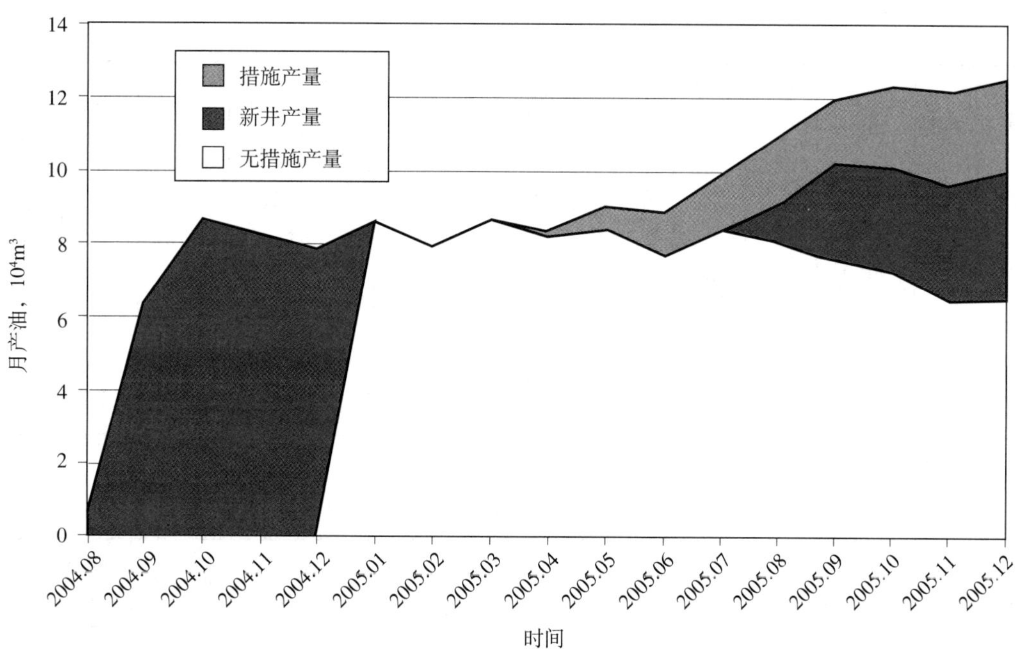

附图 2　渤中 25−1 南油田历年产量构成曲线图

附录二　附　表

附表 1　渤中 25−1 南油田地质综合数据表

<table>
<tr><th>区块</th><th>层系</th><th>岩性</th><th>油气藏类型</th><th>埋藏深度
m</th><th>有效厚度
m</th><th>含油面积
km^2</th><th>地质储量
10^4m^3</th><th>孔隙度
%</th><th>渗透率
mD</th><th>油层压力
MPa</th><th>原油密度
g/cm^3</th><th>天然气甲烷含量
%</th><th>硫含量
%</th><th>地层水矿化度</th><th>水型</th></tr>
<tr><td rowspan="5">7 井区</td><td>Nm1—Ⅱ</td><td>砂岩</td><td>岩性油藏</td><td>−1463</td><td>4.5</td><td>1.1</td><td>110</td><td>34</td><td>9397</td><td>14.27</td><td>0.921</td><td>98.33</td><td>—</td><td>—</td><td>—</td></tr>
<tr><td>Nm1—Ⅲ</td><td>砂岩</td><td>岩性油藏</td><td></td><td>4.5</td><td>0.8</td><td>67</td><td>33</td><td>5498.5</td><td>15.6</td><td>0.918</td><td>98.71</td><td></td><td>3799</td><td>$NaHCO_3$</td></tr>
<tr><td>Nm1—Ⅳ</td><td>砂岩</td><td>构造—岩性油藏</td><td>−1782</td><td>10.5</td><td>13.7</td><td>2680</td><td>30</td><td>1371.8</td><td>—</td><td>0.937</td><td>—</td><td>—</td><td>—</td><td>—</td></tr>
<tr><td rowspan="2">Nm1—Ⅴ</td><td>砂岩</td><td>构造—岩性油藏</td><td>—</td><td>6.8</td><td>0.8</td><td>124</td><td>32</td><td>1929.1</td><td>—</td><td>0.937</td><td>—</td><td>—</td><td>—</td><td>—</td></tr>
<tr><td>砂岩</td><td>构造—岩性油藏</td><td>—</td><td>7.3</td><td>0.8</td><td>118</td><td>30</td><td>992.4</td><td>—</td><td>0.937</td><td>—</td><td>—</td><td>—</td><td>—</td></tr>
<tr><td rowspan="2">5 井区</td><td>Nm1—Ⅳ</td><td>砂岩</td><td>岩性油藏</td><td>−1750</td><td>13.6</td><td>3.6</td><td>1062</td><td>33</td><td>3193.4</td><td>16.39</td><td>0.937</td><td>95.47</td><td>0.269</td><td>—</td><td>—</td></tr>
<tr><td>Nm1—Ⅴ</td><td>砂岩</td><td>岩性油藏</td><td></td><td>3</td><td>0.6</td><td>28</td><td>31</td><td>1103.2</td><td>—</td><td>0.937</td><td>—</td><td>—</td><td>—</td><td>—</td></tr>
<tr><td rowspan="2">6 井区</td><td>Nm1—Ⅳ</td><td>砂岩</td><td>构造—岩性油藏</td><td>−1703</td><td>9</td><td>8.7</td><td>1679</td><td>33</td><td>3031</td><td>16.32</td><td>0.95</td><td>98.84</td><td>0.292</td><td>—</td><td>—</td></tr>
<tr><td>Nm1—Ⅴ</td><td>砂岩</td><td>构造—岩性油藏</td><td>−1717</td><td>6.6</td><td>4.1</td><td>511</td><td>31</td><td>1339</td><td>16.43</td><td>0.951</td><td>97.57</td><td>0.293</td><td>—</td><td>—</td></tr>
<tr><td rowspan="3">8 井区</td><td rowspan="3">Nm1—Ⅳ</td><td>砂岩</td><td>构造—岩性油藏</td><td>—</td><td>9.6</td><td>0.8</td><td>173</td><td>32</td><td>2839</td><td rowspan="3">16.73</td><td>0.953</td><td>—</td><td>—</td><td>—</td><td>—</td></tr>
<tr><td>砂岩</td><td>构造—岩性油藏</td><td>—</td><td>4.9</td><td>0.8</td><td>89</td><td>31</td><td>1617.7</td><td>0.95</td><td>—</td><td>—</td><td>—</td><td>—</td></tr>
<tr><td>砂岩</td><td>构造—岩性油藏</td><td>−1703</td><td>8.5</td><td>31.6</td><td>5798</td><td>31</td><td>2794</td><td>0.95</td><td>—</td><td>—</td><td>—</td><td>—</td></tr>
</table>

续表

区块	层系	岩性	油气藏类型	埋藏深度 m	有效厚度 m	含油面积 km^2	地质储量 10^4m^3	孔隙度 %	渗透率 mD	油层压力 MPa	原油密度 g/cm^3	天然气甲烷含量 %	硫含量 %	地层水矿化度	水型
8 井区	Nm1—V	砂岩	构造—岩性油藏	−1712	8.5	4.7	815	32	2554.6	—	0.96	—	—	10563	$CaCl_2$
		砂岩	构造—岩性油藏	−1717	12	7	1965	32	1881.7	—	0.951	—	—		
	Ng	砂岩	构造—岩性油藏	—	7.6	0.8	84	26	209.1	—	0.937	—	—	—	—
总　计				—	12.5	58.1	15303	31.4	3312.6	—	0.95	—	—	—	—

注：数据均出自《渤中 25−1 南油田 OIP》。

附表 2　渤中 25−1 南油田历年开发综合数据表

时间	动用储量 10^4m^3	采油井		年产油量 10^4m^3	累计产油量 10^4m^3	综合含水 %	采油速度 %	采出程度 %	注水井数	年注水量 10^4m^3	累计注水量 10^4m^3
		总井数	开井数								
2004	15042	65	64	29.42	29.42	19.2	0.62	0.20	0	0	0
2005	15042	96	95	119.78	149.20	19.6	1.00	0.99	7	5.61	5.61

附录三　人物名录

领导人名录

渤中 25−1 油田开发项目组总经理：

田　楠（2002.11—2006.7）

秦皇岛 32−6 作业分公司 / 渤中作业分公司经理：

蒋　清（2003.6—2005 .9）

阎洪涛（2005.9 至今）

秦皇岛 32−6 作业分公司 / 渤中作业分公司生产部经理：

温哲华（2003.6—2005.12）

渤中作业公司总监

崔　航（2003.12—2007.2）

潘亿勇（2004.1—2006.6）

附录四　获奖项目

项目名称	获奖等级	获奖时间	完成单位及获奖人
渤中 25−1 南复杂河流相油田随钻技术创新与高质高效建设	中海石油（中国）有限公司天津分公司科技进步一等奖	2004.6	杨庆红、葛尊增、杨　莉、吕丁友、冯　鑫、侯东梅
实时可视决策系统	总公司科技进步三等奖	2004	李　勇、刘良跃、刘　松、赵利昌、张春阳、安文忠、王建勇
2005 年度先进集体	中海石油（中国）有限公司天津分公司	2005	秦皇岛 32−6/ 渤中 25−1 开发生产综合项目队

附录五　征引文献

文　献　名	作　　者	出版或编制时间	出版社或现存地
渤中 25–1 构造油藏再评价	陈国童	1999 年	渤海石油档案馆
渤中 25–1 油田沉积相研究及储层评价	魏　刚	2000 年	渤海石油档案馆
渤中 25–1 南油田储量评价报告	赵利昌、王力生等	2001 年	渤海石油档案馆
渤中 25–1/ 渤中 25–1 南油田总体开发方案	孙立春、崇仁杰等	2002 年	渤海石油档案馆
渤中 25–1 油田储量研究审查会议纪要		2001 年	渤海石油档案馆
关于渤中 25–1/25–1 南油田油藏工程讨论会会议纪要		2002 年	渤海石油档案馆
关于渤中 25–1 油田 ODP 研究中间成果审查会会议纪要		2002 年	渤海石油档案馆
渤中 25–1/25–1 南油田 ODP 专家审查会议纪要		2002 年	渤海石油档案馆
关于渤中 25–1/25–1 南油田地质油藏方案优化研讨会会议纪要		2002 年	渤海石油档案馆
关于渤中 25–1/25–1 南油田 ODP 地质油藏实施审查会会议纪要		2003 年	渤海石油档案馆

编纂始末

2007年12月下旬和2008年元月中旬，中海石油（有限）公司天津分公司渤海油田勘探开发研究院分别收到总编纂委员会下发的《油气田篇编纂工作若干规范化要求》及三个（详写、简写和略写）样板油田志后，并要求各个项目队指派人员编纂本项目队所辖油田的油田志。此后经过协调，由渤海油田勘探开发研究院的周子钧同志编纂本志书中地质、油藏、开发部分，由秦皇岛32–6/渤中作业公司的郑举同志编纂本志书的采油工程、海洋工程部分，由钻井部的崔志军、赵少伟同志编纂本志书的钻完井工程部分。本志书于2008年年中形成审查稿。

2008年7月，中海石油（有限）公司天津分公司对油气田篇的志书编纂要求进行了全面、细致的宣贯，并以埕北油田为例对志书编纂规范、章节的设立等做了全面、细致的介绍。经过一年多的修改，2010年2月至4月，《中国油气田开发志》渤海油气区编纂委员会和特邀专家对本油田志进行了三次审查，按章节逐一进行评议，并对节、目的设置和内容等提出了具体意见，经编纂人员多次修改完成此志。

本油田志在编纂过程中，中海石油（中国）有限公司天津分公司各部门无缝沟通，并得到了渤海石油档案馆的大力支持，在此表示衷心的感谢。

《渤中25–1南油田志》编纂组

2010年5月

编号：26-005

曹妃甸 11–1 油田志

《曹妃甸 11–1 油田志》编纂组　编

曹妃甸 11-1 油田地理位置图

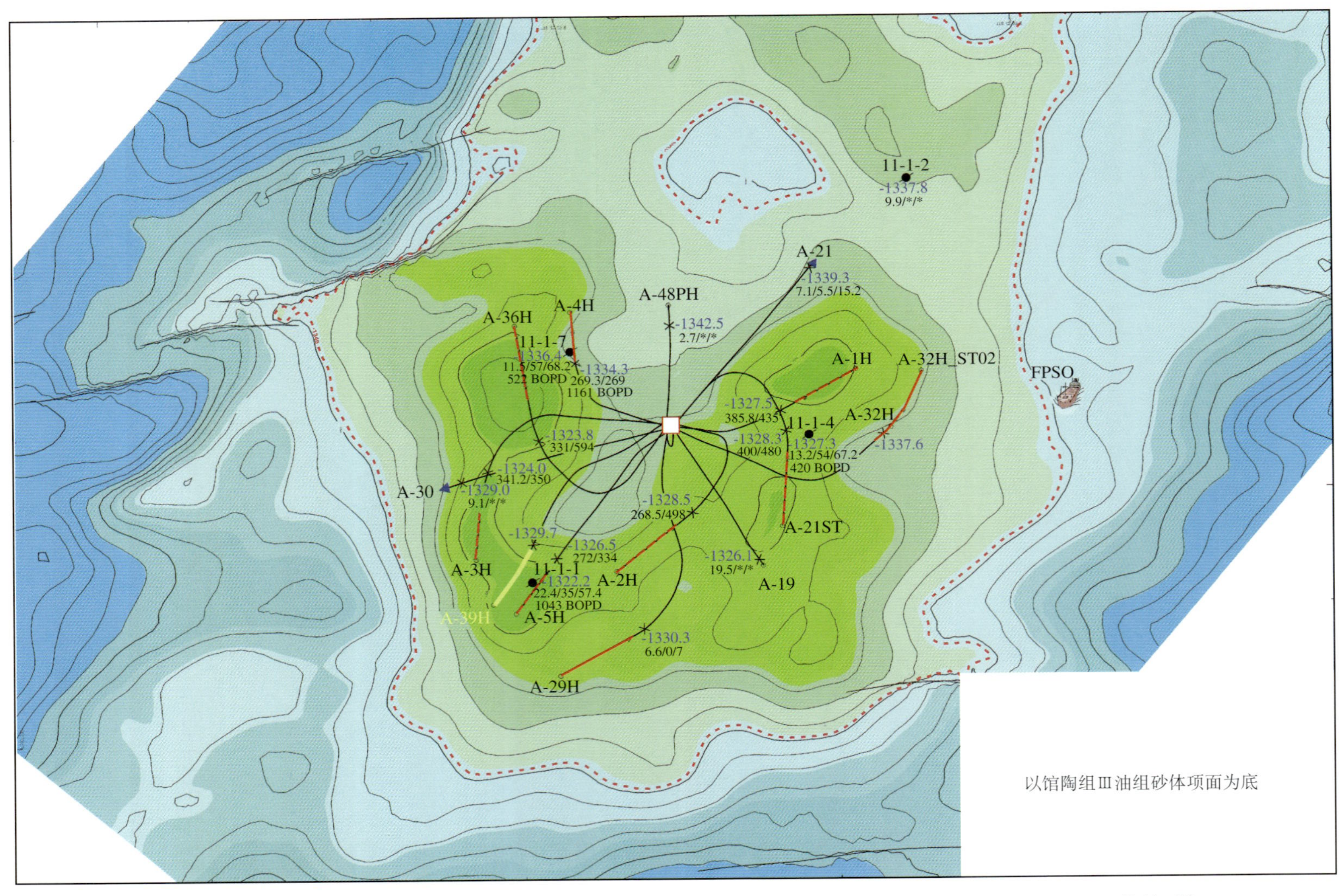

曹妃甸 11−1 油田构造井位图（天津分公司科麦奇联管会，2005 年 11 月 28 日，A−32HST02 井钻后）

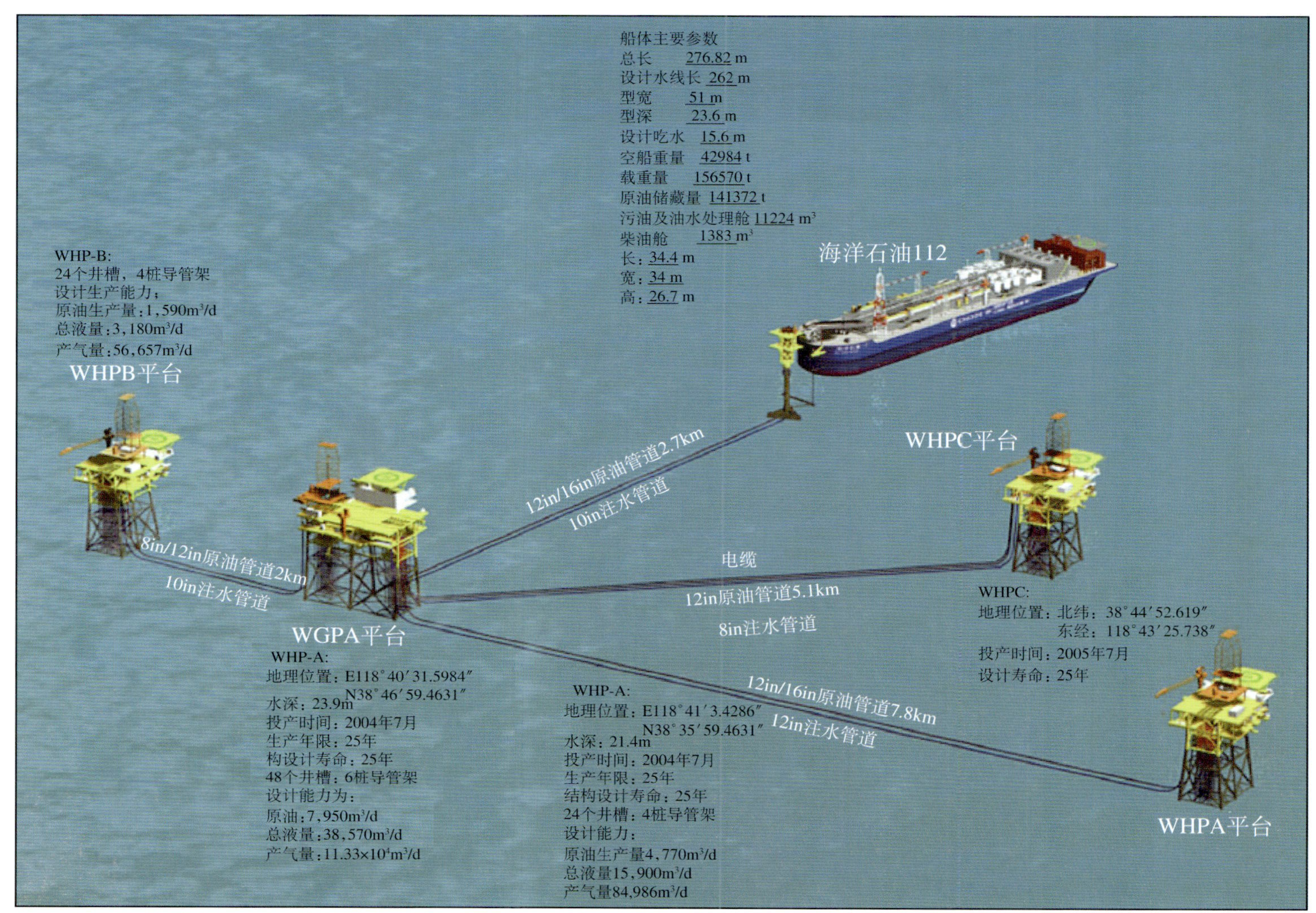

曹妃甸油田群生产系统示意图（摘自 2005 年度工程设施汇编）

《曹妃甸 11–1 油田志》编纂组

刘丽芬　范海燕　兰利川　马　超　翟慧颖　吴智文

《曹妃甸 11–1 油田志》审核人员

曹文贤　徐启兴　汪志勇　吴成浩　李树宽　刘　英
宫　薇　赵利昌　孙景耀　修海媚　王力群　张敏娟

本志目录

概　述

曹妃甸 11–1 油田属中国海洋石油总公司在渤海湾开发建设的油田，油田所在的 04/36 区块是由中国海洋石油总公司和科麦奇中国石油有限公司及莫菲太平洋地区有限公司（科麦奇中国石油有限公司和莫菲太平洋地区有限公司简称为“外国合同者”）于 1994 年 8 月 17 日在北京签订石油合同，并在中华人民共和国矿区管理局登记的合作勘探区块。2002 年 9 月 6 日，科麦奇中国石油有限公司及能源资源公司作为原签字方（或石油合同中外国合同者）所有参股权益的继承者，与中国海洋石油总公司共同签订了渤海 04/36 合同区曹妃甸 11–1 油田、曹妃甸 11–2 油田开发补充协议，由科麦奇中国石油有限公司担任作业者至 2010 年 12 月 31 日。中国海洋石油总公司、科麦奇中国石油有限公司及能源资源公司的参股比例分别为 51.00%、40.09% 和 8.91%。

一

曹妃甸 11–1 油田位于渤海西部海域，西北距天津塘沽约 90km，东北距河北省京塘港 60km。西北距曹妃甸 2–1 油田 50km，向东 20km 为曹妃甸 12–1 油田。油田范围内平均水深 23m，年平均气温 10.5℃，平均浪高 3.3m，海况条件对开发工程较为有利。

油田构造位于渤海湾盆地沙垒田凸起东高块中部，是沙垒田凸起的最高部位。沙垒田凸起呈东西走向，东西分别倾没于渤中凹陷和歧口凹陷，南北分别与沙南断裂和沙北断裂、沙南凹陷和南堡凹陷相接。钻井证实，沙垒田凸起四周被生油凹陷所包围，各凹陷中古近—新近系沉积巨厚，生烃量大，油源较为丰富，具有有利的成藏条件。

曹妃甸 11–1 油田油层主要发育于新近系的明化镇组和馆陶组，含油井段位于 640 ~ 1380m。明化镇组分为明化镇组上段和明化镇组下段，为砂泥岩互层沉积。明化镇组上段划分为两个油组，明化镇组下段划分为三个油组，馆陶组划分为三个油组。馆陶组和明化镇组储层在岩性剖面上为正韵律沉积特征，明化镇组是典型的曲流河沉积砂体，馆陶组是典型的辫状河沉积砂体。

油田主力砂体有：明化镇组上段 Um1–696–W4 和 Um2–797–W1 砂体；明化镇组下段 Lm1–943–W1 砂体和 Lm1–943–W2 砂体，Lm2–1040–W2 和 Lm2–1040–W1 砂体；馆陶组 Ⅱ 油组（Ng2）和Ⅲ油组（Ng3）厚层砂砾岩。

油田的储层物性好，属于高孔高渗型储层。明化镇组储层平均孔隙度为 32.7%，测井解释平均渗透率 2600mD；馆陶组储层平均孔隙度 29.3%，平均渗透率 1600mD。评价井的试井解释有效渗透率均高于测井解释结果，明化镇组试井解释平均渗透率为 14750mD，而馆陶组试井解释的渗透率范围变化较大（1060 ~ 15800mD），平均试井解释渗透率为 4233mD。

曹妃甸 11–1 油田是常压超温油藏，地层压力梯度为 1.0MPa/hm，油藏中部压力为 10MPa；地层温度梯度 5.7℃ /hm，油藏中部温度 70℃。

油田的油藏类型为岩性构造复合油藏。明化镇组主要发育层状构造和岩性构造油藏，馆陶组的 Ⅱ 油组和Ⅲ油组为层状构造油藏。

油田的原油性质总体以重质油为主，由浅至深原油性质渐好，馆陶组平面上由南向北变好。明化镇组地面原油为重质原油，明化镇组上段原油平均密度为 0.981g/cm^3，胶质沥青质含量为 35%。明化镇组下段，纵向上不同砂层原油性质有一定差异，Lm1–943 砂体平均原油密度 0.972g/cm^3，Lm2–1040 砂体原油平均密度 0.958g/cm^3。馆陶组地面原油以重质油为主，平面上原油性质有差异：南区 1 井区、4 井区、7 井区平均密度 0.944g/cm^3，胶质沥青质含量中等，平均 21%，含蜡量中等（平均 4.8%）；2 井区为中质油，原油密度为 0.897g/cm^3；北区 3 井区为中到轻质油，原油密度为 0.846g/cm^3。明化镇组上段地层原油黏度为 350.4 ~ 425.2mPa·s，明化镇组下段地层原油黏度为 38.0 ~ 142mPa·s，馆陶组地层原油黏度为 2.1 ~ 30.0mPa·s。

原油溶解气中甲烷含量为 86.87% ~ 98.3%，平均 92.73%；气体平均相对密度 0.618。所有气样均不含硫化氢。

油田馆陶组和明化镇组地层水性质差异不大，氯根含量 2700 ~ 3500mg/L，矿化度为 5122 ~ 6660mg/L，平均 5849mg/L；平均 pH 值 7.4，水型为 $NaHCO_3$ 型。

油田具有较强的水动力条件，水体能量较强，驱动类型为边、底水驱。

二

曹妃甸 11–1 油田所在的沙垒田凸起，自 20 世纪 70 年代开始勘探至油田储量申报，主要经历了三个阶段。

1973 年 5 月至 1994 年 7 月为自营勘探阶段。基于当时的航磁、重力、模拟地震和数字地震资料，当时即对地震资料进行了多轮解释，基本圈定了沙垒田凸起的范围、构造形态和周边凹陷的分布。1973 年 5 月海中 1 井（HZ1）钻探了曹妃甸 11–1 构造（原海中 1 构造）并在新近系地层钻遇 74.6m 油层。由于 HZ1 井测试产能低（29m^3/d），特别是随后进行的周边钻探仅发现零星薄油层（在距海中 1 井北 4.6km 钻探的海中 12 井（HZ12），在明化镇组下段钻遇 5.0m 油层），经研究认为曹妃甸 11–1 构造储层横向变化大、储量规模小、产能低，因而暂时终止了进一步钻探及评价工作。

1994 年 8 月至 2005 年 12 月为合作勘探阶段。1994 年 8 月，中国海洋石油总公司与科麦奇中国石油有限公司和莫菲太平洋地区有限公司共同签订了 04/36 区块石油合同。经过几年的研究，1998 年科麦奇中国石油有限公司在沙垒田凸起新采集二维地震资料的基础上，重新解释并落实了曹妃甸 11–1 含油构造，并于 1999 年 11 月 19 日在海中 1 井以北 100m 处钻探了 CFD11–1–1 井（简称 1 井，以下曹妃甸 11–1 油田井号均以此方法简称）。1 井共钻遇油层 88.5m，其中包括馆陶组油层 35.0m，明化镇组下段油层 28.4m，明化镇组上段油层 25.1m。钻杆地层测试（DST）了其中 5 层，并在馆陶组和明化镇组下段获高产油气流（分别为 166m^3/d 和 46m^3/d）。之后，科麦奇中国石油有限公司分别于 2000 年 1 月 3 日和 2000 年 6 月 5 日先后钻探了两口评价井（2 井和 3 井）。两口井均在新近系获工业油流。

2000 年 7 月至 2002 年 3 月为储量评价阶段。随着对沙垒田油气勘探和研究的不断深入，2000 年 11 月，科麦奇中国石油有限公司在曹妃甸 11–1 构造采集了 1030km^2 的三维地震资料，在三维构造解释、储层反演、砂体描述的基础上，先后加钻了五口评价井（4 井、5 井、6 井、7 井和 8 井）。2001 年，在二维和三维地震资料基础上，结合 10 口井（1 口预探井和 9 口评价井）的资料开展了油田储量评价研究。2002 年 1 月，中海研究中心渤海研究院与科麦奇中国石油有限公司共同编制完成了《曹妃甸 11–1 油田新增油气探明储量报告》，报告由高东升、王明臣、Barbara Anderson 等共同编制完成，由米立军审核，武文来负责。2002 年 3 月，油田新增油气探明储量报告通过了国土资源部的审查。

国土资源部批准曹妃甸 11–1 油田探明叠合含油面积 26.10km^2，探明石油地质储量 11440.00 × 10^{4}m^3（11046.00 × 10^{4}t）；溶解气探明地质储量 14.30 × 10^{8}m^3；控制叠合含油面积 17.60km^2，控制石油地质储量 4469.00 × 10^{4}m^3（4355.00 × 10^{4}t），溶解气控制地质储量 7.17 × 10^{8}m^3。

大事记

1973年

5月　在沙垒田凸起钻海中1井（HZ1），经DST测试，在明化镇组下段1088.0～1093.2m获得日产油29m^3。

1994年

8月17日　中国海洋石油总公司与科麦奇中国石油有限公司和莫菲太平洋地区有限公司签订中国渤海湾04/36合同区石油合同。

1999年

11月19日　科麦奇中国石油有限公司在HZ1井以北100m处钻探1井，钻遇88.5m油层，测试5层，馆陶组测试产能为166m^3/d，明化镇组下段测试产能为46m^3/d，从而标志着曹妃甸11–1油田的发现。

2001年

1月15日　中方项目组赴美参与曹妃甸11–1油田项目评价。

2002年

3月29日　国土资源部批准了中国海洋石油总公司提交的曹妃甸11–1油田的新增油气探明地质储量报告。

5月　由中国海洋石油总公司与科麦奇中国石油有限公司共同编制完成了曹妃甸11–1油田的总体开发方案。

8月23日　科麦奇中国石油有限公司与海洋石油工程股份有限公司签订曹妃甸11–1油田平台、海底管线、海底电缆设计、采办、建造、安装（EPCI）合同意向书。

9月6日　中国海洋石油总公司与科麦奇中国石油有限公司签订曹妃甸11–1油田的开发补充协议。

是日　科麦奇中国石油有限公司与中国海洋石油渤海公司签订曹妃甸11–1油田FPSO建造/租赁/操作维护合同的意向书。

9月　工程启动详细设计。

10月28日　中国海洋石油总公司投资委员会批准曹妃甸11–1油田总体开发方案。

12月25日　中国海洋石油渤海公司与大连新船重工有限责任公司签订FPSO船体建造合同。

2003年

1月5日　大连新船重工有限责任公司开始FPSO船体建造。

1月8日　开始井口导管架预制。

1月14日　中国海洋石油渤海公司与APL公司签订单点设计及建造合同。

3月8日　中国海洋石油渤海公司与海洋石油工程股份有限公司签订FPSO上部模块合同协议。

5月23日　国家发展和改革委员会批准曹妃甸11–1油田总体开发方案。

10月　曹妃甸11–1油田开始钻开发井。

2004 年

3 月 5 日　中海石油（中国）有限公司天津分公司批准曹妃甸 11−1 采用以水平井为主的开发方案。

3 月 30 日　WGP−A 平台安装、调试。

5 月 15 日　在大连进行交船命名仪式，FPSO 命名为海洋石油 112 号。

7 月 7 日　中国海洋石油作业安全办公室对曹妃甸 11−1 油田进行发证检验并颁发投产许可证。

7 月 16 日　曹妃甸 11−1 油田第一口开发井投产，标志着油田正式投产运行。

8 月 12 日　曹妃甸 11−1 油田第一船原油外输。

第一章

油 田 开 发

2002 年 5 月，由中国海洋石油总公司与科麦奇中国石油有限公司共同编制完成了《曹妃甸 11–1/11–2 油田的总体开发方案》。曹妃甸 11–2 油田西北距曹妃甸 11–1 油田 6.7km。曹妃甸 11–1 油田发现后，2001 年 5 月在曹妃甸 11–2 构造中高点距海中 2 井西南方向 625m 处钻探了 CFD11–2–1 井，在馆陶组和东营组地层进行测试均获得了高产油气流。2002 年，国土资源部批准曹妃甸 11–2 油田探明叠合含油面积 6.00km^2，探明石油地质储量 928.97 × 10^{4}t（1030.49 × 10^{4}m^3）。在总体开发方案中提出曹妃甸 11–1 油田与曹妃甸 11–2 油田联合开发，开发策略是：使用最新的技术，经济有效地分期开发曹妃甸 11–1 油田和曹妃甸 11–2 油田，同时使风险降到最低；采用灵活的开发方式，考虑与周边油田进行联合开发以改善项目的整体开发效益。

开发区划分为曹妃甸 11–1 油田南区、北区和曹妃甸 11–2 油田。鉴于油藏的复杂性，计划进行分期开发以降低开发风险。第一期开发曹妃甸 11–2 油田和曹妃甸 11–1 油田的优质储量，即南区的明化镇组下段和馆陶组。若确定油田具有经济开采价值，第二期开发曹妃甸 11–1 油田的明化镇组上段稠油和油田的北区。曹妃甸 11–1 油田明化镇组上段的油藏以底水油藏为主、黏度高、产能底；明化镇组下段油藏的特征是黏度和采油指数均为中到高；馆陶组以底水驱动为主的油藏，黏度中等，采油指数中到高。

由于主要油层之间黏度和采油指数差异较大，油藏类型也不尽相同，因而计划将主要油层分层系开采。这就要求采用一种灵活的开发方案来优化曹妃甸 11–1 油田的开发。由于明化镇组上段油藏的原油属特稠油，馆陶组是底水油藏，明化镇组上段和馆陶组均采用水平井进行分层开发。明化镇组下段油藏对三种方案进行了评价：即全部采用定向井开发、全部采用水平井开发、采用水平井和定向井的组合方案开发。因此，在总体开发方案中提出了一种既有水平井又有定向井的灵活方案。最终方案将在钻完馆陶 III 油组的首批井实施后，根据钻遇明化镇组下段的砂体情况和油水界面再进一步确定。

在井型的选择上，总体开发方案设计中的生产井既有水平生产井，也有定向生产井；注水井均为定向井。所有生产井都以人工举升的方式开采（电潜泵或螺杆泵）。曹妃甸 11–1 油田明化镇组上段和明化镇组下段油组均建议采用注水以保持地层压力的开发方式。馆陶Ⅱ油组和馆陶Ⅲ油组具有较强的水体能量，开发方案设计中不采用注水开发方式。开发井井距确定的主要思路是，使油井尽可能远离所有水源、注水井和油水界面，使得生产井和水源之间的有效距离最大，以延迟见水时间。

总体开发方案的推荐方案动用地质储量 11440 × 10^{4}m^3。方案设计 33 口生产井，15 口注水井，高峰年产油 209.38 × 10^{4}m^3。开采 20 年将累计产油 1616.38 × 10^{4}m^3，地质储量采出程度为 14.1%。

油田总体开发方案于 2003 年 5 月开始实施。方案实施过程中，对油田的井网、井数和井型均进行了较大的调整。主要原因是对地质油藏的认识发生了较大变化。随钻及钻后分析认为，虽然曹妃甸 11–1 油田整体构造变化不大，依然是一个披覆背斜，但构造幅度发生了略微变化。在油层分布上，明化镇组上段新增两个潜力砂体，明化镇组下段新增一个潜力砂体。明化镇组下段 1040 砂体和明化镇组下段 1049 砂体储层的连通性变差，油水系统更为复杂化。生产动态表明，主力砂体明化镇组下段 943

砂体被认为是一个与上覆砂体局部连通的复杂渗流体。2004 年 1 月 5 日，对曹妃甸 11–1 油田产层为馆陶组的第一口水平井（即 A–4H 井）进行了测试，产能为 270m³/d，不含水。2004 年 1 月 14 日，对产层为明化镇组下段的第一口水平井（即 A–26H 井）进行了测试，产能为 588 m³/d，也不含水。

鉴于明化镇组下段砂体水平井测试产能较高，经中外双方共同研究后，决定将曹妃甸 11–1 油田的井型进行优化和调整。2004 年 3 月 5 日，中海石油（中国）有限公司天津分公司批准了曹妃甸 11–1 油田采用以水平井为主的方式进行油田开发。

2004 年 7 月 16 日，曹妃甸 11–1 油田第一口开发井投产。同月，第一批井全面投产，共计 8 口，其中产层为明化镇组下段 943 砂体的生产井投产 5 口（ 4 口水平井和 1 口定向井）；产层为馆陶组的生产井投产 3 口（2 口水平井和 1 口定向井）。产层为明化镇组下段 943 砂体的水平井（A–27H 井）投产后，日产油最高达 1050m³，而馆陶三油组砂体上投产的水平井（A–5H 井），日产油最高达 1860m³。单井生产动态表明，水平井开发获得了较高的日产能力，从而确立了“细分开发层系，以水平井为主”的开发模式。同时，生产动态表明在明化镇组下段 943 砂体实施的 5 口生产井，尽管日产液较高，但地层压力基本稳定在原始地层压力附近，说明油藏天然能量较为充足。另外，明化镇组下段 943 砂体上投产的 1 口定向井（A–20 井），虽作为方案设计中的注水井，钻遇 15m（垂厚）油层，项目组决定对 A–20 井进行先期生产，待时机成熟后再转注。A–20 井投产后，高峰日产油达到 235m³/d，但含水上升较快，生产两个月后含水达到 78%，这也表明明化镇组下段 943 砂体具有较为充足的水体能量支持。因此，按照总体开发方案的开发原则，项目组将明化镇组上段、明化镇组下段砂体的注水开发调整为利用天然能量开发，并全面实施水平井的开发方式。

在总体开发方案的实施中，对各主力砂体的井数也作出了相应调整，其中，调整力度最大的是馆陶Ⅲ油组。总体开发方案中馆陶Ⅲ油组设计了 7 口水平井，其中 6 口井位于砾岩隔层之上，另一口井位于砾岩隔层之下靠近构造顶部的位置。2004 年 7 月实施第一批井后，在砾岩层下部署的水平井（A–5H 井）获得较高的产能，因此，随后又将开发策略进一步调整为“上下兼顾”的探索式开发。截至 2005 年 12 月 31 日，馆陶组共投产 10 口生产井，其中砾岩层上投产 4 口，初期平均单井日产量为 186m³；砾岩层下投产 6 口，初期平均单井日产量为 543m³。

截至 2005 年 12 月 31 日，曹妃甸 11–1 油田共投产一座集输平台（WGP–A），二期工程尚未实施。油田共投产生产井 36 口，污水处理井 1 口，1 口井待投，其余 10 口井待后续实施。生产井开井 36 口，日产水平为 4842 m³，平均单井日产油 134 m³，油田综合含水 75%，油田生产气油比 15m³/m³。累计产油 229.73 × 10⁴m³，2005 年年采油速度 1.75%，采出程度 2.24%。

第二章

钻采与海洋工程

第一节　钻井完井工程

2002 年 5 月，由中国海洋石油总公司与科麦奇中国石油有限公司共同编制完成了曹妃甸 11–1 油田的总体开发方案钻完井工程分。其策略为：主要砂体采用独立井网开发，以产能较高的裸眼水平井井型为主，定向井为辅。

油田所在海域水深 25m，方案设计 48 口井，其中定向采油井 8 口，水平生产井 25 口，注水井 15 口。油田设计为 WGP–A 平台一座，槽口排列方式为 2×（4×6）。隔水导管在安装导管架时锤入。项目采用批钻批完和边钻边采的联合作业方式进行，以最大限度地提高作业效率，降低项目费用。

在总体开发方案中，曹妃甸 11–1 油田设计的完井方式如下：所有水平生产井均为 $8^1/_2$ in 裸眼砾石充填；注水井推荐独立的复合式优质筛管，不进行压裂充填；高注水量的注水井考虑用绕丝筛管并实施压裂充填防砂。

油田采用悬臂式自升钻井平台渤海 8 号就位导管架进行钻井和完井作业，井槽间距为 1.8m×2.0m。2003 年 10 月开始进行钻完井作业，至 2005 年 12 月 31 日，共完成了 38 口井的钻完井作业量，钻完井作业时间共 666.66 天，单井平均作业时间为 17.54 天；3 口井仍在进行钻完井作业，7 口井还未进行钻完井作业。曹妃甸 11–1 油田总体开发方案中设计的钻完井总工期为 743 天，单井平均工期为 15.48 天。其中，部分井先钻领眼探测构造后再进行侧钻，这是单井实际平均工期大于总体开发方案设计中平均工期的主要原因之一。

方案实施中，采用贝克（Baker INTEQ）公司的旋转导向和 LWD 定向随钻测量地质导向系统进行钻井作业。这种钻井技术不仅提高了作业效率，同时也提高了井眼轨迹的控制精度，满足了油藏对水平井定向轨迹精确控制的要求。

在整个钻完井作业期间，选用无损害地层钻完井液，以最大限度地降低对地层的损害。所用的钻完井液体系如下：海水 / 般土泥浆（表层井眼）、低 pH 值的 EMI 泥浆体系（技术井眼）、无固相钻开液 FloPro（水平井段）、甲酸盐和氯化钾清洁盐水（完井液）。

截至 2005 年 12 月 31 日，曹妃甸 11–1 油田共有 32 口水平井实施了裸眼砾石充填防砂，6 口定向井采用绕丝筛管压裂充填防砂。30 口水平井下入罐装电潜泵系统（ESP Can System），其中 29 口井下入了油藏保护阀（RC–1 Valve）；1 口定向采油井下入罐装电潜泵系统（ESP Can System）；2 口定向采油井下入“Y”工具；1 口定向采油井、2 口水平井下入过电缆封隔器（ESP–Packer）生产管柱。生产井试井解释成果显示，大部分井的表皮系数在 0 ～ 3 之间。

第二节 采油工程

2002 年 5 月，由中国海洋石油总公司与科麦奇中国石油有限公司共同编制完成了曹妃甸 11–1 油田总体开发方案采油工程部分。曹妃甸 11–1 油田总体开发方案设计的定向井和水平井均使用 4 $^{1}/_{2}$ in N80 油管。机械采油方式经比选后确定生产明化镇组上段油层的采油井使用电潜螺杆泵；生产明化镇组下段油层和馆陶油组油层的采油井使用电潜泵。推荐每口井均使用永久性测量系统进行电潜泵的监测和管理，同时基于单井产能高且产能不稳定考虑，推荐每口井均配备一对一变频器进行控制。修井频率设计为 2.5 年，推荐改造现有的标准固定修井机进行修井作业。地层水配伍性研究表明，明化镇组和馆陶组水质是匹配的，注水设计使用污水回注方式。注水水质需满足如下要求：当两种地层水混合后，必须无垢及无固体颗粒的沉淀；不造成地层黏土的膨胀；水中尽可能少地含固体颗粒，以防堵塞地层的孔喉。地层破裂压力的 85% 作为最大井底注入压力，一旦注水井完成就马上实施注水作业。

截至 2005 年 12 月 31 日，曹妃甸 11–1 油田共有 32 口水平井和 6 口定向井完井。机采方式均采用电潜泵生产，电潜泵以租赁方式使用贝克休斯公司产品，主要泵型为 88GC10000 型和 65GC6100 型，排量范围分别为 400 ~ 1990m^3/d 和 320 ~ 1350m^3/d。每口井均配备了贝克休斯公司变频器和永久式井下测量装置，使电潜泵在宽幅排量下能够正常运行，同时还能够对井下压力和温度进行实时监测。在 30 口水平井中还使用了罐装电潜泵，罐装系统有利于高排量运转时的电泵有效散热，以延长电泵寿命。所有井均安装了油藏保护阀（RC–1 Valve），隔离了产出液与套管的接触，避免了后期修井液的漏失，以达到油藏保护目的。此外，部分定向井和部分水平井为 Y 型生产管柱，采油井均设有化学药剂注入管线和井下安全阀。由于地层压力基本保持在原始地层压力附近，曹妃甸 11–1 油田未实施注水。

第三节 海洋工程

2002 年 5 月，由中国海洋石油总公司与科麦奇中国石油有限公司共同编制完成了曹妃甸 11–1 油田总体开发方案海洋工程部分。总体开发方案设计中，渤海湾 04/36 区块曹妃甸 11–1 和曹妃甸 11–2 油田开发项目海上工程设施主要包括一座集输平台（WGP–A）、两座井口平台（一期为 WHP–A、二期为 WHP–B）、一座塔—软刚臂单点系泊装置（SPM）、一艘浮式生产储油和外输油轮（FPSO）、混输海底管线、注水管线、海底动力电缆 / 光缆等。其中，WGP–A 和 WHP–B 为曹妃甸 11–1 油田开发的平台设施，而 WHP–A 为曹妃甸 11–2 油田开发的平台设施。2002 年 5 月发现曹妃甸 11–3/5 油田，其油田开发的海上工程部分将建造一座井口平台 WHP–C，但主要设施也将依托于 WGP–A 平台。

FPSO—海洋石油 112（简称“HYSY112”）是中国海洋石油渤海公司投资专门用于曹妃甸 11–1 油田的浮式生产储卸油装置，采用单甲板双层底壳双舷侧结构，艏部设 YOKE 式单点系泊系统，工艺甲板上设置主发电站、热站、生产水处理、原油和天然气处理等模块，艉部甲板设有艉卸油系统。船体设计由中国船舶及海洋工程设计研究院（MARIC，即上海 708 所）完成，由大连新船重工有限责任公司（DNS）负责建造。船长 276.82m，宽 51.00m，型深 23.60m，最大吃水 15.60m，载重 159000t，设计寿命 25 年，年生产处理能力 4000000t。FPSO 具有 12 个原油舱，2 个污油水舱，1 个原油燃料油舱，3 个柴油舱和 16 个压载舱。船上最多可住宿 120 人。FPSO 上部组块的设计和建造由海洋石油工程股份有限公司完成，设计采用双系列流程，最大日处理液量为 35 × 10^{4}bbl，最大日处理原油能力为 8 × 10^{4}bbl，最大日处理生产水能力为 26 × 10^{4}bbl。FPSO 单点系泊系统的设计由 APL/MARIC 共同完成，由海洋石油工程股份有限公司和 APL 负责建造，其上有 2 条生产跨接软管，1 条注水跨接软管，2 条消防水跨接软管，2 条 11KVA 高压电缆，2 条 400V 低压电缆，还有 1 条公用气跨接软管。

集输平台（WGP–A）是一座 6 腿 6 桩并具有 48 个井槽的平台，二期的 WHP–B 平台将根据一期投产后对地质油藏的重新认识和对开发方案的重新调整后再决定。WGP–A 上的所有井产出液通过 2.5km 长的海底混输管线经单点到 FPSO 上进行综合处理，合格后的原油定期向穿梭油轮外输。

曹妃甸 11–1 油田工程从 2002 年 9 月开始启动详细设计，2002 年 12 月 25 日中国海洋石油总公司与中国船舶重工集团公司签署曹妃甸 11–1 油田浮式生产储油轮建造合同，2003 年 10 月 1 日在大连新船重工进行建造和单机调试。2004 年 3 月 30 日，WGP–A 平台安装、调试；2004 年 5 月 15 日，在大连进行交船命名仪式，FPSO 正式命名为海洋石油 112 号。2004 年 7 月 16 日油田投产，比原计划提前半个月。

附　录

附录一　附　表

附表 1　曹妃甸 11–1 油田地质综合数据表

<table>
<tr><th>层位</th><th>砂　体</th><th>岩性</th><th>油藏深度 m</th><th>单砂体有效厚度 m</th><th>含油面积 km^2</th><th>地质储量 10^4m^3</th><th>油气藏类型</th><th>驱动类型</th><th>孔隙度 %</th><th>渗透率 mD</th><th>原始地层压力 MPa</th><th>地面原油密度 g/cm^3</th><th>天然气甲烷含量 %</th><th>硫含量 %</th><th>地层水矿化度 mg/L</th><th>水型</th></tr>
<tr><td>明化镇组上段</td><td>Um696
Um733
Um797
Um871</td><td>砂岩</td><td>640 ~ 910</td><td>7 ~ 15</td><td rowspan="3">26.1</td><td rowspan="3">11440</td><td rowspan="3">岩性构造、层状构造油藏</td><td rowspan="2">边、底水</td><td>32.7</td><td>3000</td><td>1148</td><td>0.977</td><td>97</td><td>0</td><td rowspan="2">5210</td><td rowspan="3">$NaHCO_3$</td></tr>
<tr><td>明化镇组下段</td><td>Lm943S，Lm943onlap，Lm972，Lm985，Lm1040S，Lm1040N，Lm1049</td><td>砂岩</td><td>910 ~ 1170</td><td>7 ~ 15</td><td>32</td><td>2600</td><td>1350</td><td>0.970</td><td>97</td><td>0</td></tr>
<tr><td>馆陶组</td><td>NG2，NG3_Above，NG3_Below</td><td>砂岩</td><td>1170 ~ 1350</td><td>7 ~ 15</td><td>底水</td><td>29.3</td><td>1800</td><td>1900</td><td>0.943</td><td>91</td><td>0</td><td>6402</td></tr>
</table>

附表 2　曹妃甸 11–1 油田开发综合数据表

时间	动用储量 10^4m^3	总井数 口	开井数 口	年产油 10^4m^3	累计产油 10^4m^3	综合含水 %	采油速度 %	采出程度 %	注水井数 口	年注水量 10^4m^3	累计注水量 10^4m^3
2004	7965	20	20	63.58	63.58	51	0.80	0.80	0	0.00	0.00
2005	9482	36	36	166.15	229.73	75	1.75	2.42	0	0.00	0.00

附录二　领导人名录

中海石油（中国）有限公司天津分公司科麦奇联管会历任首席代表：

戴焕栋（1994 年 9 月—1995 年 7 月）

李秉铨（1995 年 8 月—1996 年 9 月）

周守为（1996 年 10 月—1999 年 9 月）

邓运华（1999 年 10 月—2001 年 4 月）

陈卓彪（2001 年 5 月—2003 年 6 月）

杜玉杰（2003 年 6 月—2004 年 1 月）

高东升（2004 年 1 月—2005 年 12 月）

编纂始末

《曹妃甸 11–1 油田志》属于《中国油气田开发志 · 渤海油气区油气田卷》略写油田志之一。2008 年 7 月《中国油气田开发志》渤海油气区油气田卷编纂启动会召开，会议由编纂委员会常设联系人王力群主持，会上渤海油气区油田志示范篇《埕北油田志》作者张敏娟详细介绍了开发志油气田篇的编纂要求。通过学习《中国油气田开发志》总编纂委员会指导文件，在参考《胜坨油田志》、《大民屯油田志》、《涠洲 11–4 油田志》、《陆丰 22–1 油田志》四个示范篇的基础上，搜集整理资料，开始编纂工作，2009 年 5 月完成了《曹妃甸 11–1 油田志》初稿，志书由天津分公司科麦奇联管会中方首席代表田楠审核。

《中国油气田开发志》渤海油气区编纂委员会一级审查组于 2010 年 2 月 26 日在中海石油（中国）有限公司天津分公司海洋石油大厦 B 座 C606 召开《曹妃甸 11–1 油田志》（一审稿）评审会，由中海石油（中国）有限公司天津分公司油气田开发志编纂委员会常设联系人王力群主持，专家张敏娟、汪志勇、科麦奇联管会油藏代表刘丽芬和工程师范海燕等参加了评审会。按照《中国油气田开发志 · 油气田卷》编纂内容和要求，专家对《曹妃甸 11–1 油田志》由概述、大事记、专志和附录的组成结构予以肯定。提出曹妃甸 11–1 油田作为渤海油田的合作油田之一，建议明确油田的隶属关系；建议进一步丰富部分章节内容，增加海洋工程部分的相关内容等。参照专家修改建议，编纂组人员查阅了更多的资料，于 2010 年 3 月上旬完成《曹妃甸 11–1 油田志》第二稿。

2010 年 3 月 12 日中海石油（中国）有限公司天津分公司生产部油藏经理赵利昌在天津经济技术开发区滨海建国大酒店主持召开了《曹妃甸 11–1 油田志》（二审稿）评审会，中国海洋石油有限公司开发生产部综合经理许红和专家曹文贤、徐启兴、汪志勇、刘英、宫薇、温哲华、王力群及科麦奇联管会生产监督兰利川和工程师范海燕等参加了审查会。专家提出进一步完善开发过程中对开发方式、井型、井网作出重大调整的依据及效果；增加钻完井和油层保护技术、宽幅电潜泵的生产管理技术等内容，并按最新要求修改附录内容等建议，会后参照专家修改建议，进行修改，于 3 月下旬完成了《曹妃甸 11–1 油田志》第三稿。

2010 年 4 月 28 日中海石油（中国）有限公司天津分公司生产部油藏经理赵利昌在海洋石油大厦 B 座 C606 主持召开了《曹妃甸 11–1 油田志》（三审稿）评审会，天津分公司副总经理陈明、生产部部门经理刘光成、专家张敏娟、王力群等参加审查会。专家主要指出了志书各章节中个别描述不恰当的地方，并提出认真核实大事记等建议，会后参照专家建议进行了修改，于 5 月初完成了《曹妃甸 11–1 油田志》最终稿。

《曹妃甸 11–1 油田志》分为五部分，其中，概述由孙景耀、范海燕编写；大事记由刘丽芬编写；油田开发由刘丽芬、范海燕编写；钻采与海洋工程由修海媚、翟慧颖、吴智文、兰利川、马超编写；附录由范海燕编写；全书由刘丽芬统稿。

志书的体裁及结构则按照总编纂委员会提出的总体要求进行组织和编纂。油田志编纂的起止时间为 1973 年 5 月到 2005 年 12 月 31 日，资料主要来源于曹妃甸 11–1 油田新增探明油气地质储量报告、总体开发方案报告、开发图册以及开发生产数据等。计量单位采用公制单位。

在本志的编纂过程中得到《中国油气田开发志》中国海洋石油公司编纂委员会和《中国油气田开发志》渤海油气区编纂委员会的悉心指导，在此表示衷心的感谢。

《曹妃甸11–1油田志》编纂组

2010年5月

编号：26–006

南堡 35–2 油田志

《南堡 35–2 油田志》编纂组　编

南堡 35–2 油田地理位置图

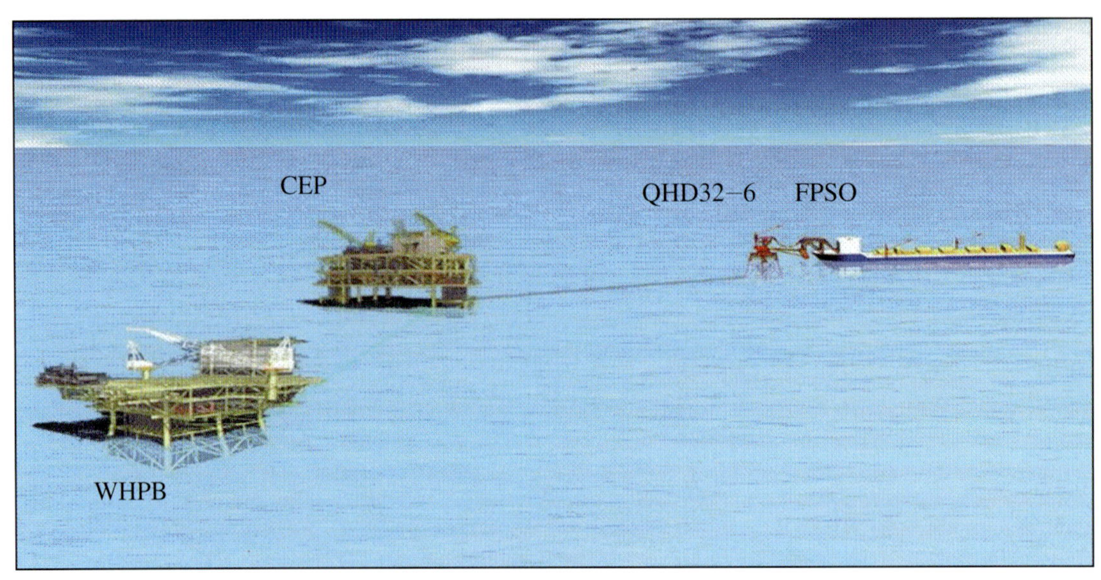

南堡 35–2 油田生产系统图

（南堡 35–2 油田 ODP 报告，2003 年）

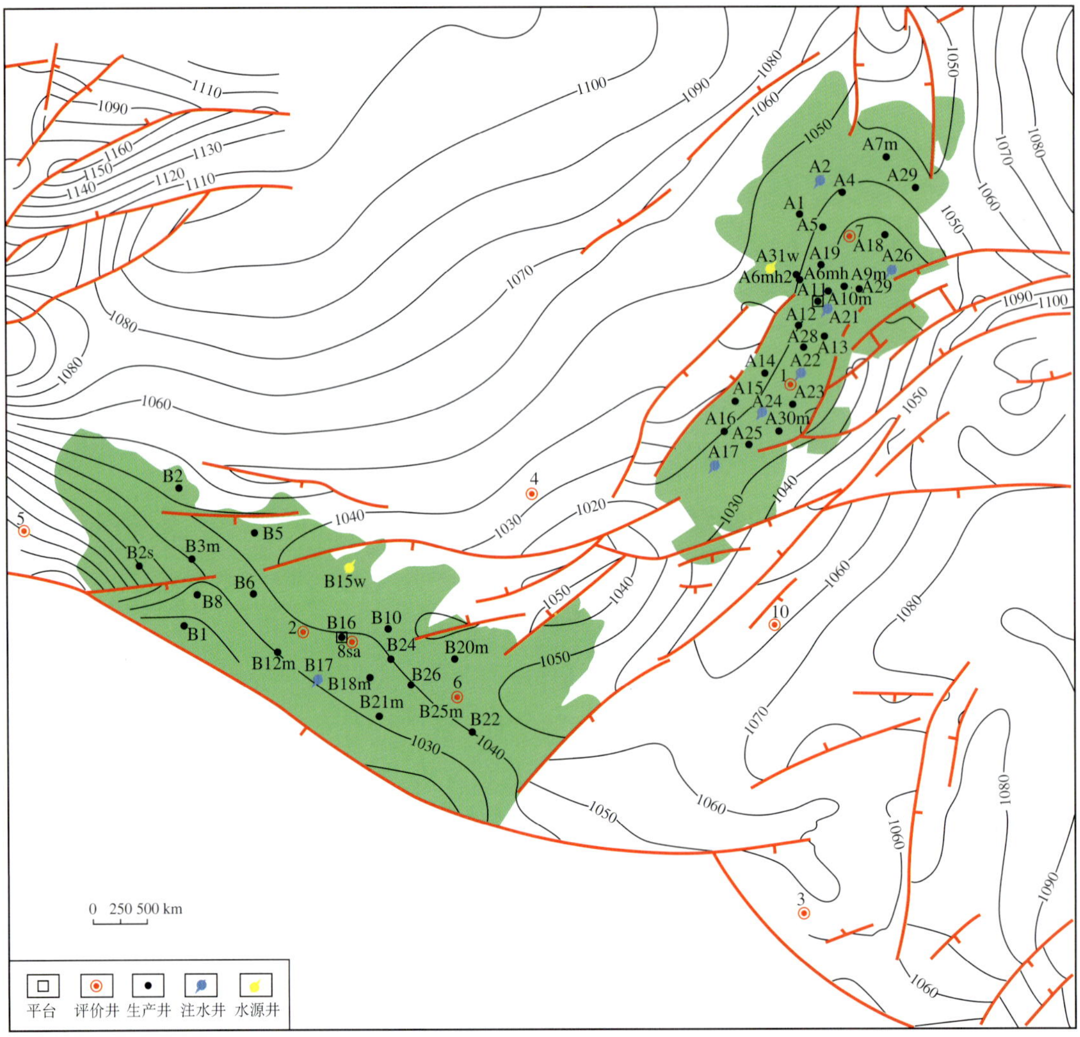

南堡 35–2 油田构造井位图

（天津分公司勘探开发研究院，2010 年）

《南堡 35–2 油田志》编纂组

顾伟民　陈　毅　任宜伟　李　飞　周　晶　贾云林

《南堡 35–2 油田志》审核人员

曹文贤　徐启兴　汪志勇　吴成浩　李树宽　刘　英
宫　薇　赵利昌　邓常红　王力群　张敏娟

本志目录

概　述

南堡 35–2 油田位于渤海中部海域，西南距塘沽 110km，东距秦皇岛 32–6 油田 27km。油田所处海域平均水深 13.2m，有效冰期平均 22 天。所处海域的气候具有明显的季风特征，年平均气温 10.2℃，平均浪高 2m 左右。表层平均水温 12.10℃，平均盐度为 31.53‰。1996 年 5 月油田发现，2005 年 9 月油田投产。

一

南堡 35–2 油田位于渤海湾盆地、渤中凹陷北部石臼坨凸起的西南端。构造整体是一个由半背斜、复杂断块和斜坡带三种圈闭类型组成的北东走向的复式鼻状构造。油田由南区和北区组成，两区相距 4.56km。南区构造为北西—南东走向的半背斜构造，北区为北东走向的复杂断块，南北区之间则为斜坡带。全油田共有 7 个圈闭，圈闭面积为 30.7 ~ 68.3km²，圈闭幅度在 110 ~ 450m 之间。

油田构造的断裂系统主要分北西—南东向和北东—南西向，局部可见近南北向小断层。

油田在古生界基底之上沉积了古近系东营组、新近系馆陶组、明化镇组和第四系，东营组和馆陶组在本油田发育不完整，主力油层段发育于明化镇组下段与馆陶组顶部。

北区油藏埋藏深度为 900 ~ 1400m, 南区油藏埋深 900 ~ 1300m。

明下段储层具高孔高渗特征，平均孔隙度 37.8%，平均渗透率 1664mD。储集空间以原生粒间孔为主，局部发育有溶孔，颗粒间为点状接触，孔隙式胶结，孔隙连通性较好。

馆陶组储层同样具有高孔高渗的特征，平均孔隙度 34.1%，平均渗透率 965mD。储集空间以原生孔隙为主，孔隙连通性较好。

明下段储层是典型的曲流河相沉积砂体。馆陶组储层为辫状河相沉积砂体，砂体厚度大，平面上分布范围广，连通性较好。

地面原油具有黏度高、密度大、含硫量低、凝固点低、含蜡量中等等特点，属常规稠油。地面原油密度与黏度有较好的相关性。南堡 35–2 油田北区地面原油密度（20℃）0.939 ~ 0.969g/cm³，地面原油黏度（50℃）163 ~ 1942mPa·s，含蜡量 1.97% ~ 6.37%，胶质 + 沥青质含量 18.45% ~ 38.44%，含硫量 0.253% ~ 0.322%；地层原油黏度 50 ~ 317mPa·s，原始气油比 15.0 ~ 24.0m³/m³。南区地面原油密度（20℃）0.964 ~ 0.978g/cm³，地面原油黏度（50℃）1789 ~ 3635mPa·s，含蜡量 1.53% ~ 8.10%，胶质 + 沥青质含量 19.81% ~ 50.30%，含硫量 0.287% ~ 0.508%；地层原油黏度 449 ~ 926mPa·s，原始气油比 6.0m³/m³。油田产气为溶解气，平均 CH_4 含量 96.76%，属干气，含少量 N_2 和 CO_2，不含 H_2S，平均气体相对密度 0.576。地层水平均矿化度北区 3851mg/L，南区 1477mg/L，水型为碳酸氢钠型（$NaHCO_3$）；平均 pH 值北区 7.56，南区 8.2。

油田具有正常的温度和压力系统，地层压力梯度 1.0MPa/100m，地层温度梯度 3.0℃ /100m。北区原始地层压力 10.6MPa，饱和压力 7.7MPa，地层温度 52.1 ~ 63.1℃。南区原始地层压力 10.05MPa，饱和压力 4.1MPa，地层温度 52.1 ~ 56.1℃。

油水关系复杂，不同油组、同一油组不同井区油水界面不同。

明化镇组油藏类型以构造—岩性油藏和岩性—构造油藏为主。馆陶组油藏类型为构造控制的岩性油藏。

2006 年 9 月，南堡 35–2 油田进行了储量套改，套改后确定石油探明地质储量 $7917.00\times10^4m^3$，溶解气探明地质储量 $10.57\times10^8m^3$。石油探明技术可采储量 $1169.21\times10^4m^3$，溶解气探明技术可采储量 $1.62\times10^8m^3$。

南堡 35–2 油田属于常规稠油油田，是迄今为止中海石油在油田开发中所面临的最具挑战性的稠油油田。

二

1996 年 5 月在石臼坨突起的西南端钻探了 NB35–2–1 井（简称 1 井，以下南堡 35–2 油田井号均以此方法简称），一举发现了南堡 35–2 油田。中国海洋石油渤海公司 1997 年 9 月在该油田实施 $200km^2$ 的高分辨率三维地震采集工作，1998 年 4 月补充完成该油田西部 $40km^2$ 的常规三维地震采集工作，在三维构造精细解释的基础上 1998 年 4 月—6 月部署完钻两口评价井：5 井和 6 井。结合已钻井开展深入的地质综合研究，对南堡 35–2 油田有了初步了解：油田古生界基底之上沉积了古近系东营组、新近系馆陶组、明化镇组和第四系；东营组和馆陶组在本油田发育不完整；主力油层段发育于明化镇组下段与馆陶组顶部，构造、储层及流体特征复杂。1998 年南堡 35–2 油田进行了首次储量评价和探明储量申报。1999 年 3 月在北京全国矿产资源委员会评审组专家杨通佑、查全衡、程永才等审查并通过了由中国海洋石油渤海公司高东升、童廉行、李兴丽等人编写的《南堡 35 – 2 油田油气探明储量报告》（矿产证号：0200009820014），批准南堡 35–2 油田探明含油面积 $16.4km^2$，探明石油地质储量 $6124\times10^4m^3$，溶解气地质储量 $9.48\times10^8m^3$，可采石油地质储量 $919\times10^4m^3$，可采溶解气储量 $1.42\times10^8m^3$。

2001 年 6 月至 11 月，南堡 35–2 油田完钻三口评价井（7 井、8Sa 井、10 井），通过大量岩心分析化验、测试资料分析等工作，进一步加深了对该油田的油藏特征的认识：北区主力油组为明化镇零、Ⅰ、Ⅱ油组和馆陶组顶部油层，明下段储层对比性、连续性较差，储层薄。南区主力油组为明化镇零油组、Ⅰ油组、Ⅱ油组，储层可对比性和砂体连续性较好，砂体厚度大，平面延伸较为稳定。油藏类型为具多油组、多油水系统的复杂油藏。主要油藏模式明化镇组为岩性—构造油藏、构造—岩性油藏；馆陶组为构造层状油藏。在新认识的基础上重新计算了该油田的油气探明储量。2002 年 3 月，在北京海淀区召开的评审会议上审查通过了由中海石油研究中心渤海研究院高东升、王明臣、宋艺、徐洪玲等人编写的《南堡 35 – 2 油田油气探明储量重算报告》（矿产证号：0200000020440）。本轮储量评价结果，探明含油面积 $19.0km^2$，探明石油地质储量 $7917\times10^4m^3$，溶解气地质储量 $10.57\times10^8m^3$，可采石油地质储量 $1070.0\times10^4m^3$，可采溶解气储量 $1.46\times10^8m^3$。与 1999 年储量评价结果相比，南堡 35–2 油田新增探明含油面积 $2.6km^2$，新增探明石油地质储量 $1793\times10^4m^3$，新增溶解气地质储量 $1.09\times10^8m^3$，可采石油地质储量增加 $151.0\times10^4m^3$，可采溶解气储量增加 $0.04\times10^8m^3$。

大事记

1996 年

5 月 25 日　由渤海 10 号钻井平台承钻石臼坨凸起 1 井开钻，6 月 11 日钻至 1504m 完井，在新近系明化镇组测试，日产油 155m^3，发现了南堡 35−2 油田。

1999 年

3 月　全国矿产资源委员会通过南堡 35−2 油田申报探明储量。

是月　南堡 35−2 油田开发项目启动。

2002 年

3 月　国土资源部通过南堡 35−2 油田重算探明地质储量。

4 月 27 日　中海石油有限公司确定南堡 35−2 油田自营开发。

2003 年

7 月　中海石油研究中心完成“自营开发”背景下的 ODP 报告并通过中国海洋石油总公司投委审查。

2004 年

6 月 1 日—2005 年 4 月 4 日　CEP 平台组块陆地建造。

6 月 20 日—2005 年 4 月 20 日　WHPB 平台组块陆地建造。

2005 年

1 月 11 日　油田第一井 A17 井开钻，2005 年 1 月 19 日完钻。

4 月 15 日—5 月 16 日　平台组块海上安装。

6 月 8 日　渤海油气区第一口树根型水平分支井 A7m 井开钻，9 月 8 日完钻，9 月 16 日投产。A7m 井有一个主井眼，6 个分支井眼，是渤海地区迄今为止最多分支的树根井。

9 月 10 日　CEP 投产。

9 月 30 日　WHPB 投产。

12 月 21 日　北区 A24 井转注，油田北区进入注水开发阶段。

第一章

油 田 开 发

1999 年 3 月南堡 35–2 油田开发项目启动。1999 年 6 月，经过多次方案研究和专题研究后认为目前认识不够清楚，且受技术和资金约束，单独开发有难度，寻求与外方合作开发。2000 年 5 月，德士古中国有限公司表示了参与并合作开发南堡 35–2 油田的意愿。从 2000 年 5 月至 2001 年 7 月，中海石油有限公司一方面与德士古中国有限公司进行关于合作开发的多轮谈判，另一方面继续对油田进行评价研究。2001 年 7 月国家计委不同意南堡 35–2 油田对外合作。2001 年底中海石油有限公司拟与德士古公司以渤中 25 – 1 油田合作区块与南堡 35 – 2 油田进行储量交换，实现由外方单独开发南堡 35 – 2 油田。2002 年 4 月初，德士古公司表示拒绝储量交换。2002 年 4 月 27 日在北京海油大厦组织召开的“南堡 35 – 2 油田 ODP 开发要点协调会”上，中海石油有限公司明确指示南堡 35 – 2 油田自营开发。2003 年 7 月中海石油研究中心完成了新一轮的南堡 35–2 油田总体开发（ODP）设计报告并通过中国海洋石油总公司投委审查。

南堡 35–2 油田 ODP 开发总体思路为：南区和北区整体开发、分步实施；全油田采用注水开发(热采技术现阶段不适合南堡 35–2 油田)；尽可能采用水平分支井技术；采用水平分支井压裂加适度防砂技术；积极依托秦皇岛 32–6 FPSO 设施能力，降低工程投资。

经过综合分析后，设计推荐：北区采用自升式钻井船钻井和完井；南区采用平台钻机钻井和完井。

南堡 35–2 油田 2005 年初进入 ODP 实施阶段，边钻边投。2005 年 1 月 11 日油田第一井 A17 井开钻，2005 年 1 月 19 日完钻。2005 年 12 月底，北区所有 28 口井全部完钻；南区开钻 19 口井，有 16 口完钻。南区另有 7 口井 2006 年 2 月以后开钻。2006 年 6 月底，油田共钻开发井 51 口井（注水井 6 口，生产井 45 口），水源井 2 口。

在钻井过程中，经过深入的综合地质油藏研究，对南堡 35–2 油田有了更深一步的认识。构造认识和 ODP 基本一致，但对油田的储层、油水系统、油藏类型和储量等方面的认识与钻前的 ODP 认识相比均有一定变化，其中北区馆陶组和南区的变化较大。馆陶组由钻前认识的构造层状油藏变为受构造影响的岩性油藏，由一个油水系统变为多个油水系统，北区开发调整为主要以定向井为主，并有少量的水平分支井；南区认识也发生较大变化，ODP 实施前认为南区基本不存在边水能量，开发方式设计为注水开发，但钻后发现存在一定边水能量，南区开发方式调整为天然能量开发，主要以水平分支井为主。总体来说，钻后认识与 ODP 认识相比，具有以下特点：单砂体变得更加破碎，连通性变差；油水系统更加复杂，ODP 认识的单砂体为单一油水系统，经钻后证实为多个油水系统；构造幅度小，过渡带所占比例大；单砂体规模减小，储量减少。

2005 年 9 月 10 日，第一批 3 口井投产（A6mh1 井、A14 井、A23 井），当月共投产 16 口井（北区 15 口，南区 1 口），日产油 443.2m^3，日产气 8481m^3，日产水 242.4m^3，综合含水 35.35%，综合气油比 19.13m^3/m^3，当月共产油 $1.3296\times10^4m^3$，产气 $25.4416\times10^4m^3$，产水 $0.7271\times10^4m^3$。2005 年 12 月底，北区完钻 28 口井，投产 27 口（A29 井 2006 年 1 月 12 日投产），南区完钻 16 口井，投产 6 口井（B2s 井、B3m 井、B5 井、B12m 井、B14m 井、B26 井）。累计产油 $9.4027\times10^4m^3$，累计产气 220.5744 ×

10^4m^3，累计产水 $5.5182 \times 10^4m^3$，综合含水 33.86%，综合气油比 $21.3m^3/m^3$（图 1–1）。到 2006 年 9 月，南堡 35–2 油田开发井全部投产，真正从油田建设期转为油田开发期。2005 年 12 月，北区 3 口井（A2 井、A17 井、A24 井）转注，采用笼统注水方式注水，油田北区进入注水开发阶段。当月日注量达到 $99.4m^3/d$，当月累计注水 $0.3083 \times 10^4m^3$，当月注采比 0.07 m^3/m^3。

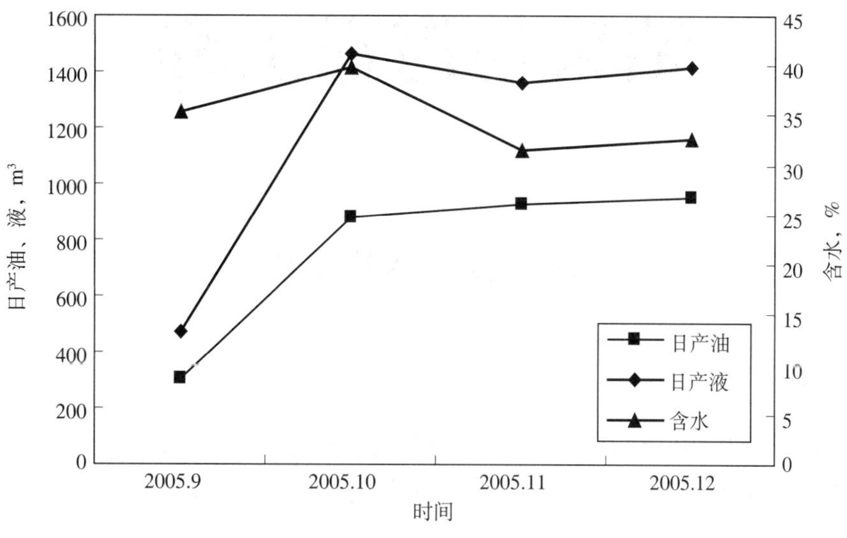

图 1–1　南堡 35–2 油田开采曲线

由于储层发育、岩性变化、储层和流体物性差异以及油井完井方式等方面因素的影响，在投产的几个月里，各井区生产上已经初步显现一些不同：1 井区油井产量高而 7 井区和南区产量相对较低；构造高部位井产量高，含水低，具有无水采油期，而构造低部位和靠近处于油水过渡带的井产量相对较低，含水相对较高，基本不存在无水采油期。

第二章

钻采与海洋工程

第一节　钻井工程

一、开发钻井

南堡 35–2 油田分设 WHPB 和 CEP 两个平台分别开发南北油区（图 2–1、图 2–2）。南区实际地层原油黏度大，且油水关系复杂，储层变化大，开发前曾进行了多次技术论证。全油田共钻井 53 口，其

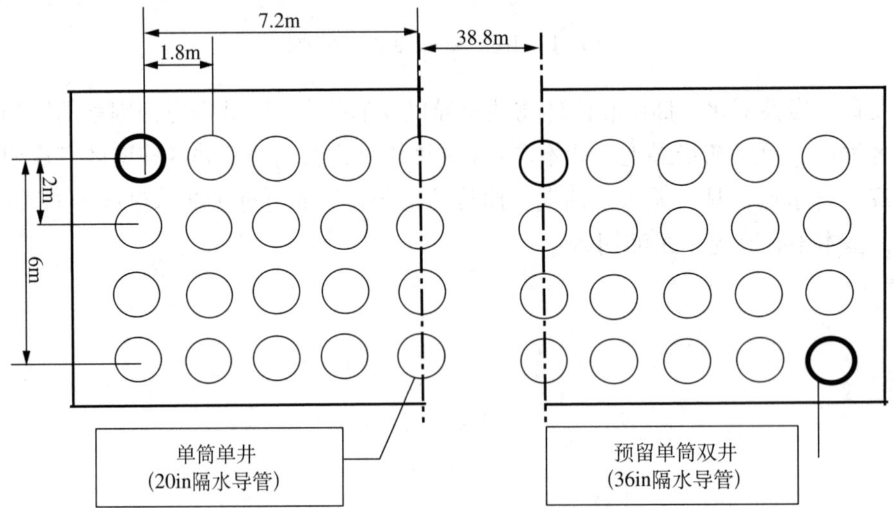

图 2–1　南堡 35–2 油田北平台（CEP）平台槽口示意图

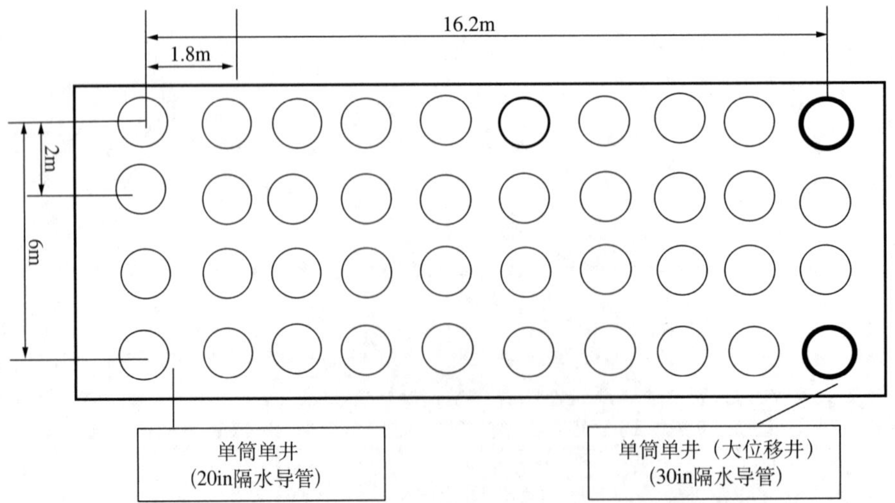

图 2–2　南堡 35–2 油田南平台（WHPB）平台槽口示意图

中常规定向井 34 口，水平分支井 19 口。钻完井项目组采用钻完井一体化管理，在天津分公司钻井部领导下，范白涛任钻完井项目经理，通过精心钻研，积极引进新技术、新方法，将南堡 35–2 油田建成为渤海湾稠油开发的示范工程，带动和指导了旅大 27–2、旅大 32–2 等周边一大批类似稠油油田储量的开发利用。

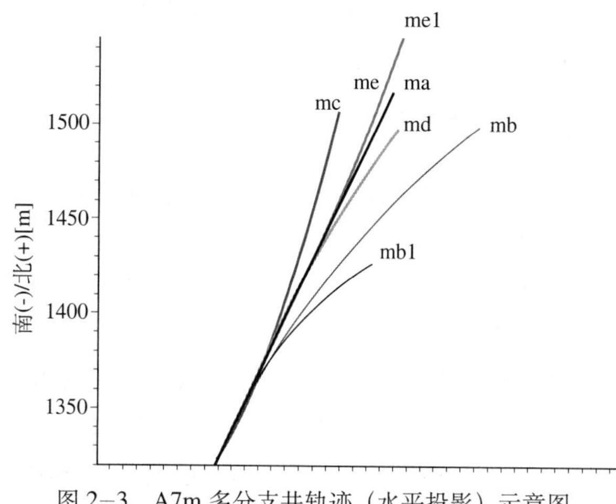

图 2–3　A7m 多分支井轨迹（水平投影）示意图（天津分公司钻井部，2005 年）

油田 2005 年 1 月 11 日开钻，CEP 平台组块采用 FLOATOVER 方式安装，组块两侧挂导管架，渤海 10 号和海洋石油 935 钻井平台先后就位两侧对打，有效缩短工期。B 平台在渤海首次采用平台模块钻机进行钻完井。由于油田地质情况复杂，随钻调整频繁：2 口井调整井别，8 口井调整井型，18 口井调整井位，2 口井侧钻，2 口井取消。2006 年 9 月 6 日，油田钻完井作业全部结束。在钻完井方面使用了一些针对稠油开发的多枝导流配套技术，钻井方面首次采用 PRD 无固相泥浆体系，成功使用 PEC 正电胶钻井液体系，并首次引进应用了 Geo–Pilot 旋转导向工具和实时可视决策系统等新工艺、新技术，完成了渤海油气区第一口树根型水平分支井 A7m 和多底水平分支井 A6mh（图 2–3、图 2–4）。

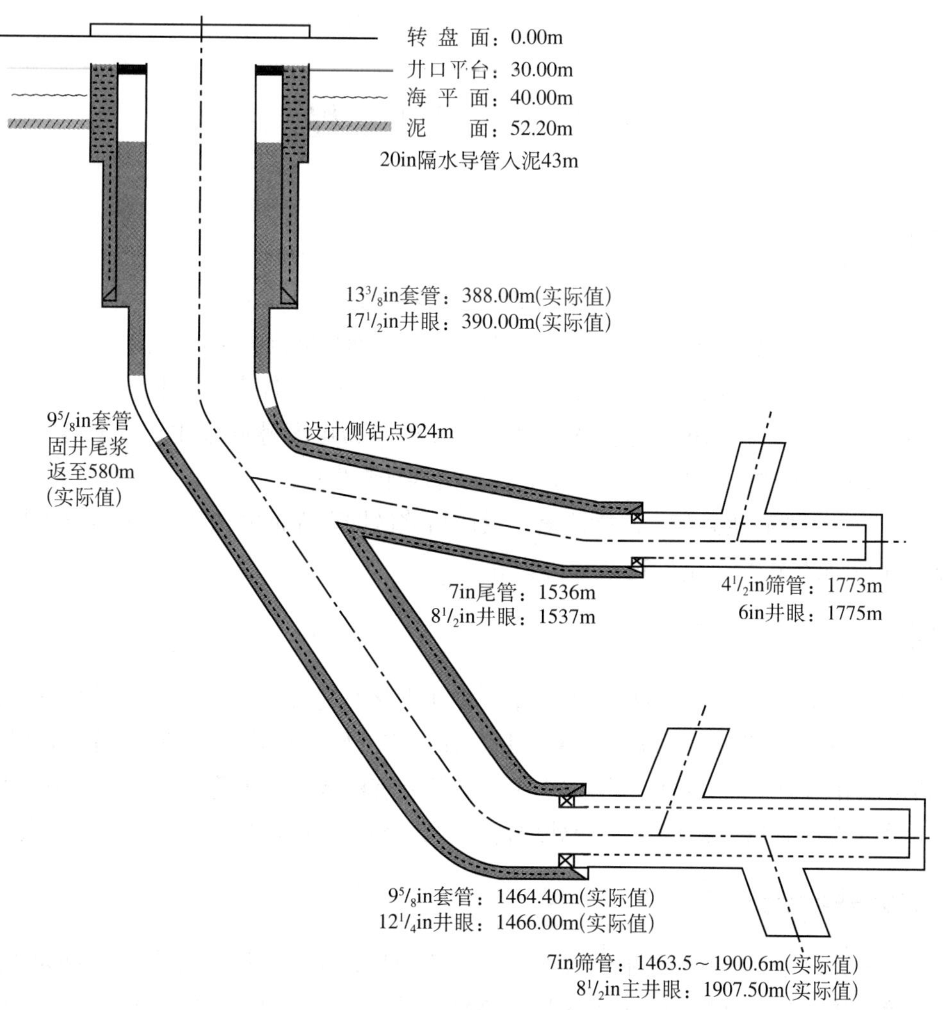

图 2–4　A6mh 多底井

A6mh 井上支顺利座封膨胀管、开窗作业后，在进行套铣沟通作业中遇到问题，经过领导指示，鉴于下分支井眼的含水已经达到了 84% 左右，下入电泵生产管柱对上分支进行生产。

二、完井工程

南堡 35–2 油田防砂方式为优质筛管简易防砂和砾石充填两种方式。综合运用了钻完井全过程油藏保护技术，形成了以多枝导流适度出砂技术为主的技术体系，主要完井技术包括：高效井眼清洗工艺；大孔径高孔密深穿透射孔技术和负压返涌清洗工艺；优质筛管适度防砂。以及运用了低频启泵，先期返排等投产精细化管理技术。

在优质筛管简易防砂方面，尝试了编织网和金属绵等多种结构形式的优质筛管类型，丰富和发展了渤海出砂管理的内容；首次尝试应用了 Schlumberger 皮碗式一次多层充填防砂工具，根据储层情况量体裁衣，灵活选择压裂、低效压裂或高速水充填等防砂方式；并在渤海湾首次成功进行了 B25h 井裸眼砾石充填的防砂方式（图 2–5）。每口井完井结束后进行返排作业，避免油井投产前长时间浸泡带来的污染问题。在 B 平台首次实现了水平井一对一变频控制，实现油井投产的精细化管理。

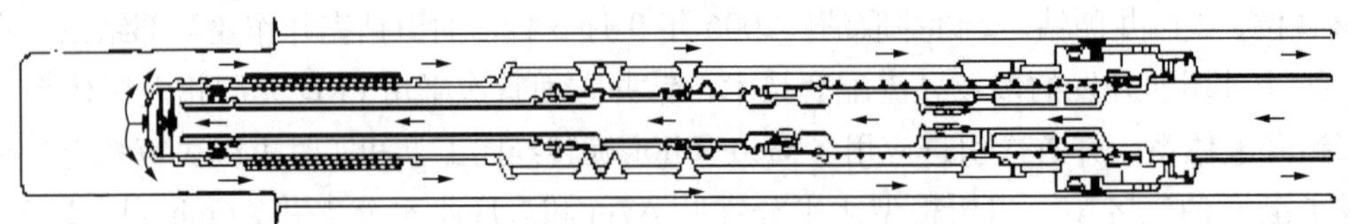

图 2–5　裸眼水平井砾石充填防砂服务工具

第二节　采油工程

一、举升

根据南堡 35–2 油田的实际情况和各种人工举升的特点，考虑采用电潜泵和电潜螺杆泵采油方式。北区原油黏度小，以电潜泵生产为主；南区油品性质差，原油黏度高，考虑在南区开发初期含水不高时采用电潜螺杆泵，随着含水率的上升改为电潜泵 + 化学降黏方式或电潜泵采油方式开采。

截至 2005 年 12 月，北区 26 口井投入生产，仅 1 口井为电潜螺杆泵生产，其他井均为电潜泵生产；南区投产 5 口井，其中 2 口电潜泵生产，3 口电潜螺杆泵生产。

油田原油黏度稠，携砂能力强，出砂严重，投产后北区即存在油井出砂问题，出砂井共 7 口，其中 2 口井电泵改成螺杆泵生产后，出砂现象有所缓解。

二、注水

南堡 35–2 油田初期依靠天然能量衰竭开采。由于北区地饱压差小，为保持地层能量，2005 年 12 月北区 4 口井（A2 井、A17 井、A21 井、A24 井）开始实施转注作业，油田转入注水开发，以处理合格的产出水和水源井馆陶组地层水作为注水水源，初期所有注水井均为笼统注水。油田两座平台之间有一条长 5.2 km 注水海底管道，将 CEP 平台处理合格的部分生产水输送至 WHPB 平台注入地层。

三、油井修井与维护

A6mh 井为设计多底水平分支井，2005 年 7 月 29 日开钻，8 月 24 日完钻，初期只钻了 NmII–(3+4) 号层的第一支生产。2005 年 11 月 6 日，停泵侧钻 NmI–4 号层的第二支，由于作业过程中的工程原因（有落物落井堵塞第一支），侧钻后封堵第一支，仅生产第二支（NmI–4 号层）。

第三节　海洋工程

2003 年 6 月南堡 35–2 油田开发项目组成立，负责整个工程项目的管理和实施。

在可研设计阶段，设计项目组重点研究的联合开发方案是通过一条海底管道将南堡 35–2 油田与已建成并投产的秦皇岛 32–6 油田工程设施（FPSO 及其单点）连接起来，充分利用秦皇岛 32–6 原有海上油气开发工程设施，从而减少油田工程投资费用，提高油田的开发经济效益。

2003 年 9 月 1 日至 2004 年 1 月 20 日，Worley 公司完成基本设计。

2004 年 1 月 6 日至 2005 年 9 月 30 日，Aker Kvaerner 公司完成了 CEP 平台的详细设计，海洋石油工程股份有限公司设计公司完成了 WHPB 平台的详细设计。

2004 年 6 月 1 日至 2005 年 4 月 4 日，由海洋石油工程股份有限公司在山东龙口完成 CEP 平台组块陆地建造，2004 年 6 月 20 日至 2005 年 4 月 20 日，由海洋石油工程股份有限公司在山东龙口完成 WHPB 平台组块陆地建造。

2005 年 4 月 15 日至 2005 年 5 月 16 日平台组块海上安装。

2005 年 9 月 10 日 CEP 平台投产，2005 年 9 月 30 日 WHPB 平台投产。

一、海洋工程方案

南堡 35–2 油田开发工程总体规划共设二座海上平台。油田南区设一座 6 腿海上钻采综合井口平台（简称 WHPB），北区设一座 8 腿海上带井口的生产、生活、动力中心处理平台（简称 CEP）。

南堡 35–2 油田 WHPB 产出流体，首先通过 5.2km 14in 双层钢管结构的海底混输管道输送至 CEP 并与油田北区产出流体混合，共同经工艺处理，合格原油经增压通过 29.5km 12in 双层钢管结构海底管道输送至秦皇岛 32–6 FPSO（“世纪号”）储存和销售。生产水处理合格后首先满足北区注水量要求，余量通过 5.2km 6in 双层钢管结构的海底管道输送至 WHPB 回注地层。

WHPB 除布置了油田注水设备、油气井口集输设备以及生活楼以外，还布置了一套完整的固定式模块钻机完成钻井、修井、侧钻及打调整井。

CEP 除布置了油田注水、油气处理、外输设备，海上电站、热站以及生活楼以外，还布置了一套海上修井机完成油田生产期间的修井作业。为了适应和满足油田生产期间打调整井和侧钻作业要求，北区采用自升式钻井船再就位打调整井，为了使今后钻井船确实能实现踩原脚印再就位打调整井要求以及采用 Floatover 进行海上 CEP 平台组块安装的需要，设计上将井口区分成两个部分，分别布置在平台的南、北两侧，并对其他上部工艺处理、公用设施等进行全面调整。

油田开发主要工程设施包括：

（1）北区中心平台（CEP）　　1 座

（2）南区井口平台（WHPB）　　1 座

（3）油田内部油气集输管道（14in × 20in，4.57km）　　1 条

（4）油田内部注水管道（6in × 10in，4.57km）　　1 条

（5）原油外输管道（12in × 18in，25.7km）　　1 条

（6）油田内部动力 / 光纤复合海底电缆（4.57km）　　1 条

（7）QHD32–6 FPSO 及单点相关设施（原有，部分改造）

平台规模：

（1）最大原油处理能力　　$130 \times 10^4 m^3/a$

(2) 最大天然气处理能力　　$0.15 \times 10^8 Sm^3/a$

(3) 最大生产水处理能力　　$380 \times 10^4 m^3/a$

(4) 设计寿命　　25a

二、平台系统设计

工艺流程系统：鉴于南堡 35–2 原油属重质、高黏原油，在本次工艺设计中，借鉴了秦皇岛 32–6 油田、绥中 36–1 油田稠油处理工艺的生产实践，采用传统的三段脱水流程，并结合污水回掺的工艺来处理高黏、重质原油，以满足出矿原油水含量的质量要求。三段脱水：一段自由水分离；二段热化学沉降脱水；三段电脱水。污水回掺：先将电脱水器脱除的含油污水回掺到一级自由水分离器后再去污水处理系统处理。

工艺流程系统包括油气处理系统、生产污水处理系统、注水系统。

生产辅助系统：包括安全系统、中央控制系统、电力系统、热介质系统、化学药剂注入系统、海水和淡水供应系统、柴油燃料系统、通讯系统、空调通风系统、压缩空气系统等。

消防与安全逃生系统：平台上所有油气处理设备均由消防水喷淋系统保护。消防泵共设两台，每台排量 $400m^3/h$，一用一备，均为电动消防泵。每一台同时连接主电源和应急电源，每台泵可单独提供最大火区 100% 的消防水量。

附 录

附录一 附 图

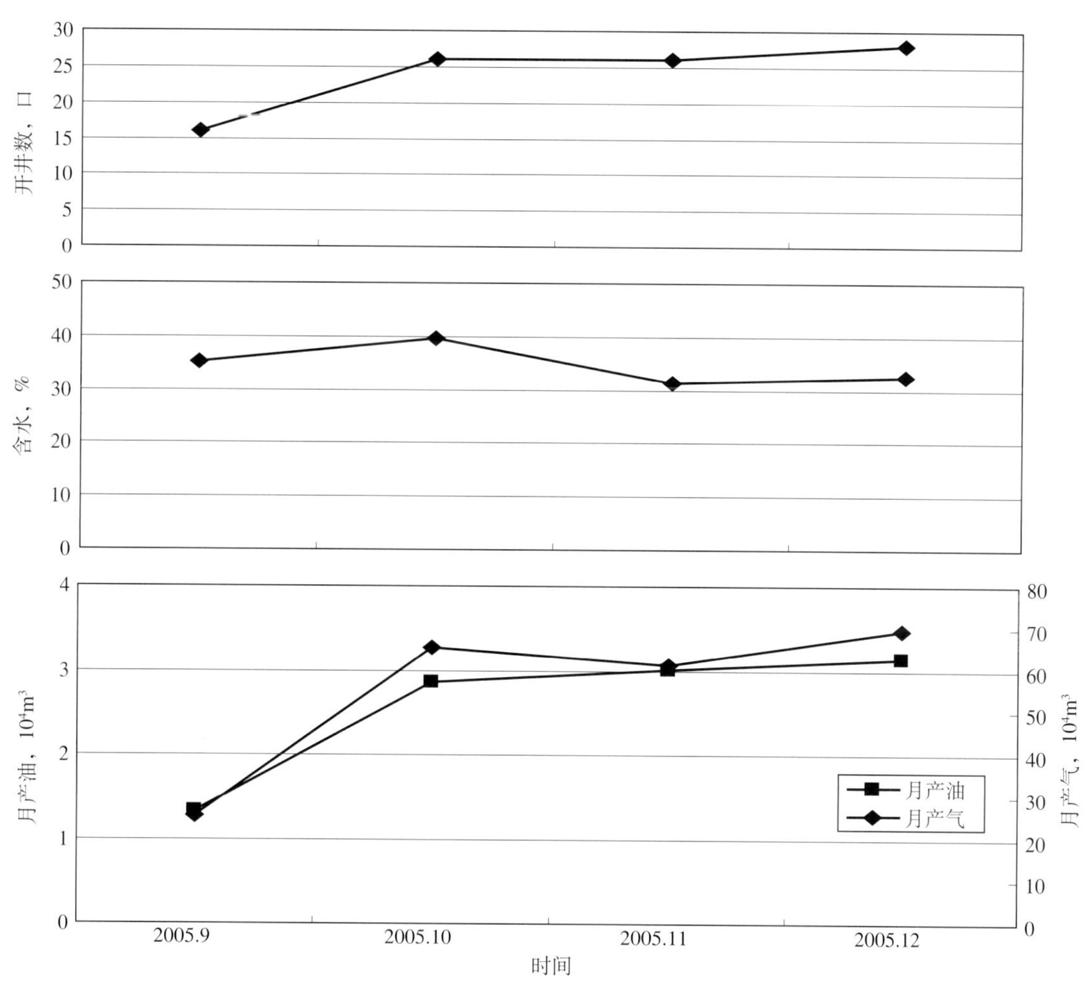

附图 1 南堡 35–2 油田综合曲线图
（天津分公司勘探开发研究院，2010 年）

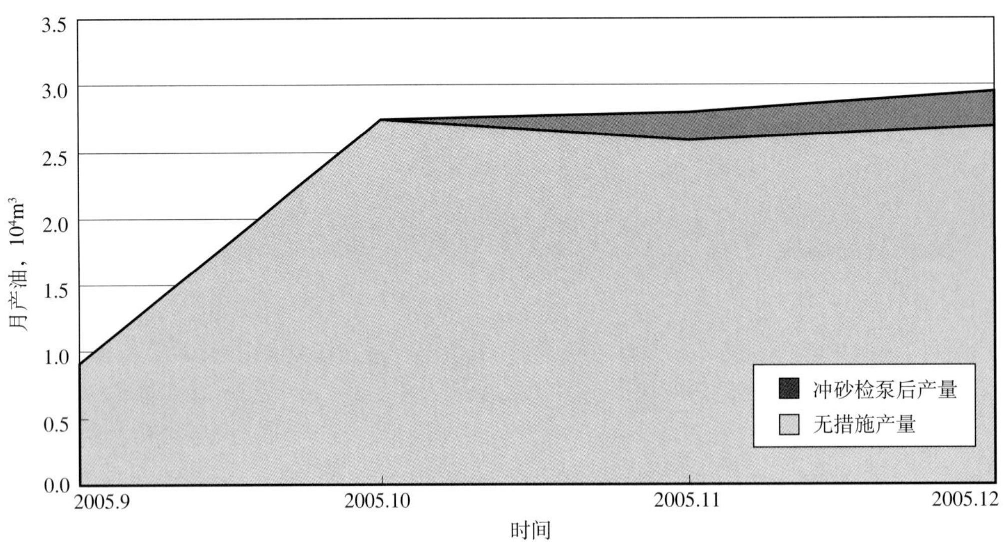

附图 2　南堡 35–2 油田产量构成曲线图
（天津分公司勘探开发研究院，2010 年）

附录二　附　表

附表 1　南堡 35–2 油田地质综合数据表

区块	岩性	埋藏深度 m	有效厚度 m	含油面积 km^2	地质储量 10^4m^3	油藏类型	孔隙度 %	渗透率 mD	油层压力 MPa	原油密度 g/cm^3	含硫量 %	CH_4 含量 %	地层水矿化度 mg/L	水型
北区	砂岩	900 ~ 1400	4.5	10.7	3164	构造—岩性 岩性—构造	34.8	1258	10.8	0.939 ~ 0.969	0.253 ~ 0.322	96.76	3851	$NaHCO_3$
南区	砂岩	900 ~ 1300	4.9	8.4	4753	构造—岩性 岩性—构造	37.8	1705	10.8	0.964 ~ 0.978	0.287 ~ 0.508	96.76	1477	$NaHCO_3$

附表 2　南堡 35–2 油田开发综合数据表

时间	探明面积 km²	探明储量 10^4m^3	动用面积 km²	动用储量 10^4 m^3		采收率 %	油井数 口		产油量			产水量			采油速度 %	采出程度 %	年平均含水 %	含水 %	含水上升率	溶解气含量 10^8m^3			气油比	注水井 口		注水量			注采比		累计亏空 10^4m^3
				地质	可采		总井	开井	日产 m^3	年产 10^4m^3	累计 10^4m^3	日产 m^3	年产 10^4m^3	累计 10^4m^3						日产	年产	累计		总井	开井	日注 m^3	年注 10^4m^3	累计 10^4m^3	月	累计	
2005	19	7917	—	7611	—	—	29	28	832	9.40	9.40	488	5.52	5.52	0.11	0.11	36.97	33.86	—	0.0002	0.0222	0.0222	24	3	3	99.45	0.31	0.31	0.07	0.02	14.65

附录三 领导人名录

油田总监（经理）：

NB35－2CEP 平台总监：王聚峰（2005 年） 张重德（2005 年）

NB35－2WHPB 平台总监：王韶东（2005 年） 张 晶（2005 年）

附录四 征引文献

文献名	作者	编制时间	现存地
南堡 35－2 油田油气探明储量报告	高东升等	1999	中海石油渤海公司
南堡 35－2 油田油气探明储量重算报告	高东升等	2002	中海石油研究中心渤海研究院

编纂始末

2008 年 6 月，根据中国海洋石油总公司的指示，中海石油（中国）有限公司天津分公司安排勘探开发研究院负责《南堡 35–2 油田志》的编纂工作。

2008 年 8 月，编写人员根据总编纂委员会下发的油气田若干规范化要求及示范篇，结合本油田的实际，查阅了相关文献，完成油田志一稿。

2009 年 3 月根据新搜集资料完成油田志二稿。

2009 年 4 月根据专家组意见决定油田志分别由勘探开发研究院、钻井部、生产部和作业区编写相应部分，并由研究院负责汇总。同年 5 月完成油田志三稿。

2009 年 6 月，根据专家组编写的油田志编写纲要修改完成油田志四稿。

2010 年 2 月油田志一审，评审过程中，评委提出油田志相应部分进行结构调整，简练语言文字，编写人员进行了修改。

2010 年 3 月 11 日油田志二审，评委提出对相关事件进行落实，部分文字不够准确，编写人员进行了针对性的修改。

2010 年 4 月 16 日，根据专家关于油田志“统稿”讲座的相关精神，对油田志进行最终修改，完成终稿。

在编纂过程中，各部门各级领导专家给予大力支持和指导，志书编纂得以顺利完成，在此表示衷心感谢。由于首次编纂志书，不足之处，敬请批评指正。

《南堡 35–2 油田志》编纂组

2010 年 5 月

编号：26-007

锦州 9–3 油田志

《锦州 9–3 油田志》编纂组　编

锦州 9–3 油田西平台（天津分公司辽东作业区，2005 年）

锦州 9–3 油田东平台（天津分公司辽东作业区，2005 年）

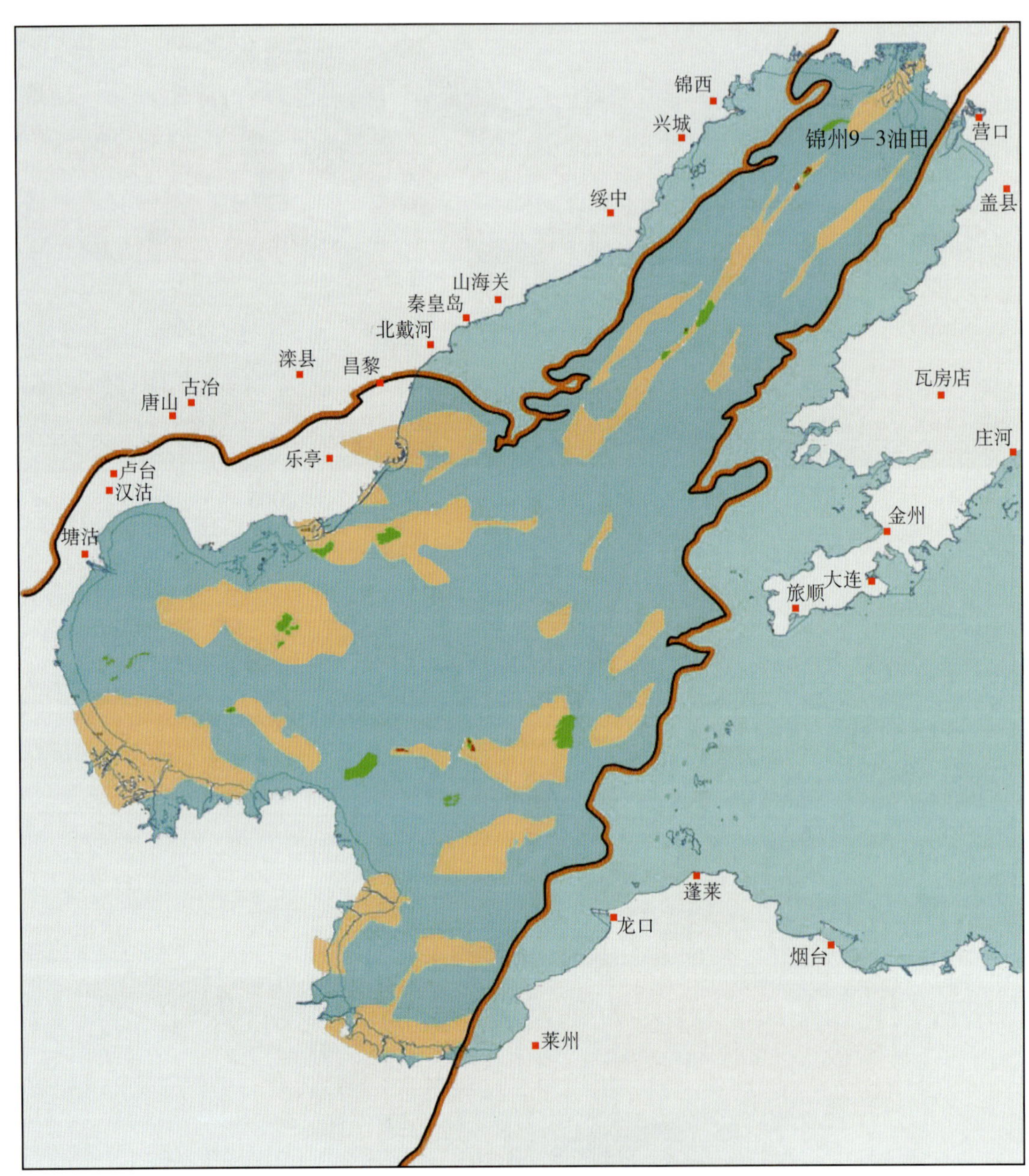

锦州 9–3 油田地理位置图

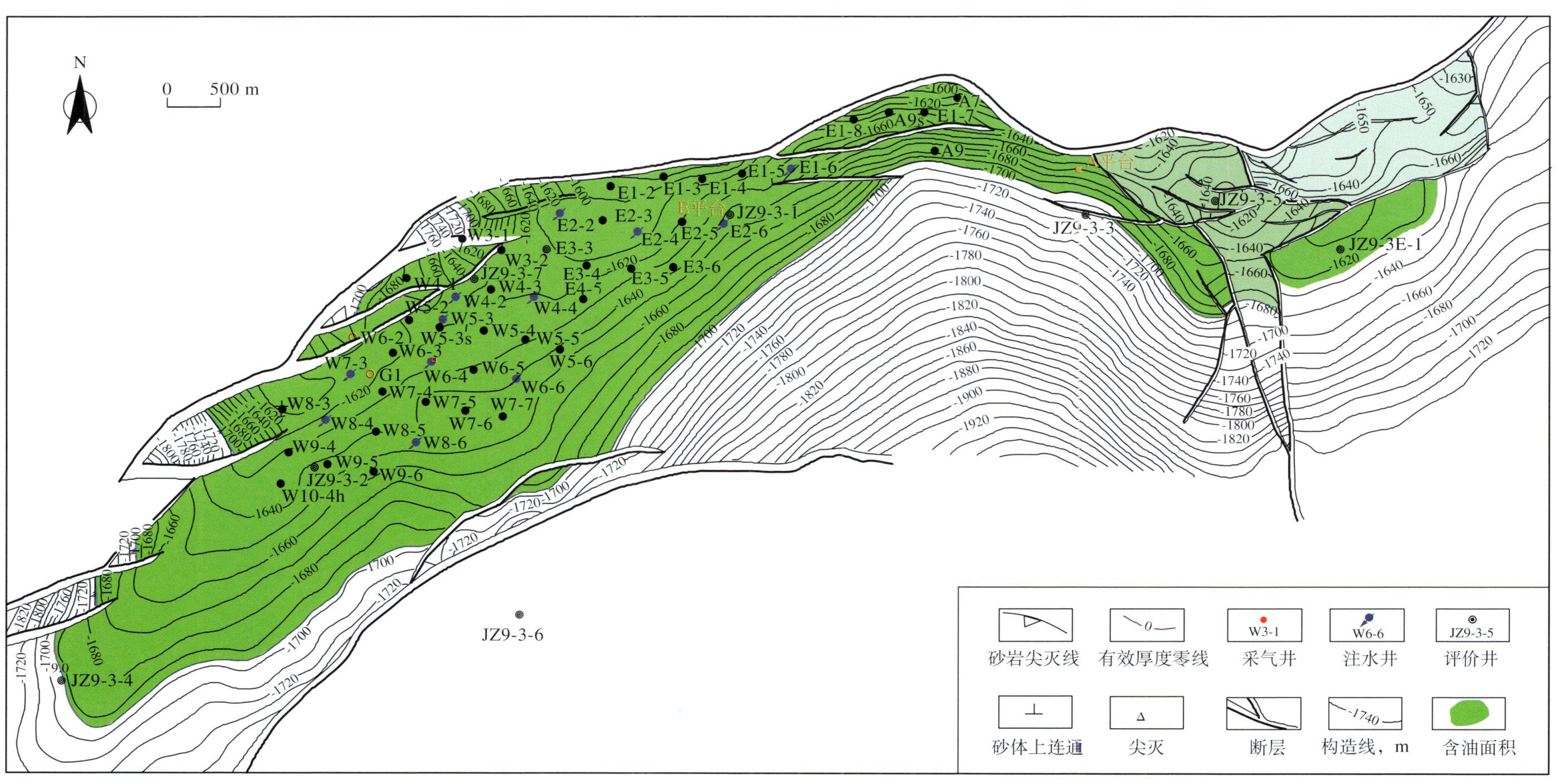

锦州 9–3 油田构造井位图（天津分公司技术部，2005 年）

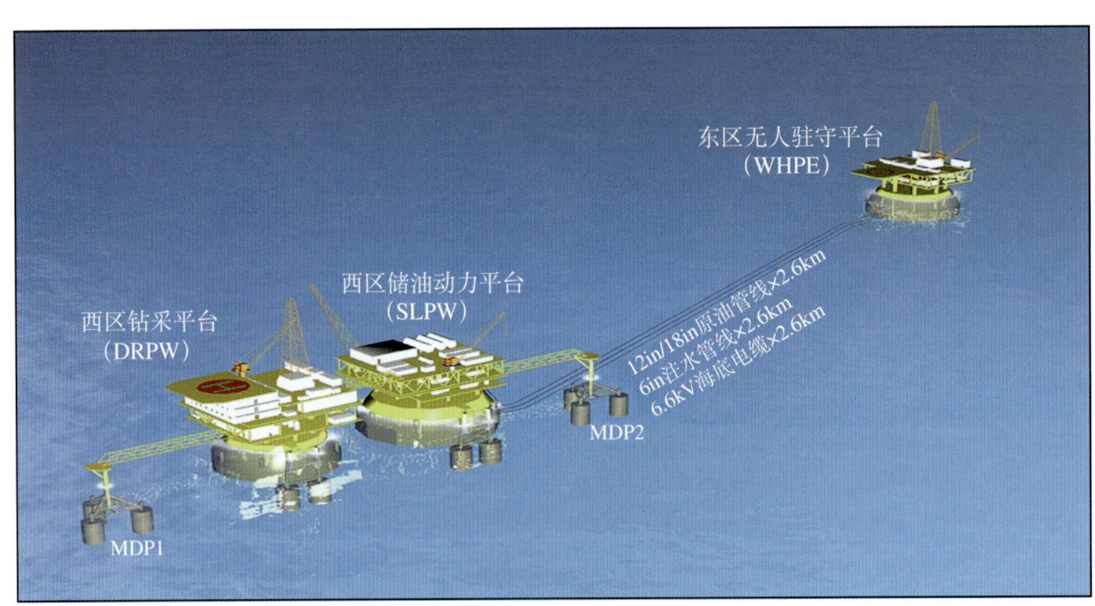

锦州 9–3 油田生产系统图（天津分公司辽东作业区，2005 年）

《锦州 9–3 油田志》编纂组

金宝强　郑　旭　郭　剑　郭秩英　施晓东

《锦州 9–3 油田志》审核人员

汪志勇　许　红　曹文贤　徐启兴　吴成浩　李树宽
戴照辉　刘　英　宫　薇　赵利昌　王力群　张敏娟
赵春明　张迎春

本志目录

概　述

锦州 9–3 油田隶属于中海石油（中国）有限公司天津分公司辽东作业区，属自营油田。油田采矿许可证号：0200009910061。

一

锦州 9–3 油田位于中国渤海辽东湾北部海域，距锦西市约 53km，距锦州 20–2 凝析气田约 22km。油田范围内水深 6.5 ~ 10.5m，常年最高温度 34℃，最高气温 29.2℃，最低温度 −23℃，结冰期约 90 天，12 月中旬至来年 3 月初有流冰出现。海况条件一般，海流较大，流向为北东—南西向。夏季多南或西南风，秋、冬季多为西北或东北风，7—10 月份主要受西南风影响，10—12 月受北、西北或东北风影响。10 分钟平均风速 22.5m/s，有效波高 1.9m，最大波高 3.0m。

二

锦州 9–3 油田位于渤海湾盆地辽中凹陷辽西低凸起北端，发育于陆地辽东湾坳陷中央隆起带与海域辽西低凸起之间的海域部分。其北东侧为鸳鸯沟洼陷，西南侧为辽西洼陷，受两个生油凹陷长期挟持，锦州 9–3 构造为油气聚集的良好场所，该构造为新近系地层直接覆盖于前中生界基底隆起上而形成的披覆半背斜构造。

锦州 9–3 油田含油层系为东营组二段下部和东营组三段（以下简称东二下段和东三段），其中，东二下段为主要含油层系。自上而下分 11 个油组，0—Ⅲ油组为东二下段，Ⅳ—Ⅹ油组属东三段，Ⅰ—Ⅲ油组为主力油层。

锦州 9–3 油田东营组下段沉积时期，存在两个方向的沉积作用，即北东向及正北方向，三角洲异常发育。主力油层段储层为三角洲和扇三角洲叠置沉积，Ⅰ、Ⅱ和Ⅲ油组第一小层为三角洲沉积，Ⅲ油组第二、三小层和Ⅴ油组上部为扇三角洲沉积，物源为北东方向。

储层分为四类，Ⅰ类储层岩性以含砾中—粗砂岩和中—细砂岩为主，孔隙度介于 23% ~ 38% 之间，渗透率大于 100mD；Ⅱ类储层岩性以细砂岩、粉砂岩为主，孔隙度介于 20% ~ 32% 之间，渗透率大于 10 ~ 100mD；Ⅲ类储层岩性以粉砂岩为主，孔隙度介于 19% ~ 24% 之间，渗透率大于 1 ~ 10mD；Ⅳ类储层岩性以泥质粉砂岩为主，孔隙度介于 13% ~ 20% 之间，渗透率大于 0.1 ~ 10 mD。

锦州 9–3 油田具有典型的常规重质油藏的流体规律。地面原油密度为 0.923 ~ 0.951 g/cm^3，地面原油黏度为 41.9 ~ 181.5 mPa·s，原油凝固点为 −35 ~ −22℃。

锦州 9–3 油田油藏类型多样。Ⅰ、Ⅱ油组为层状构造边水油藏，Ⅲ为构造和岩性共同控制的岩性—构造油藏，Ⅳ油组发育多个孤立存在的岩性油藏，Ⅴ油组为具气顶和底水的饱和油藏，Ⅵ为块状岩性油藏，Ⅶ—Ⅹ为构造层状气藏。

1999 年锦州 9–3 油田全面投产，随后进行了油田的储量复算工作，含油面积为 19.4km^2，探明石油地质储量 4874 × 10^{4}m^3（4537 × 10^{4}t），可采储量 1023.5 × 10^{4}m^3（952.7 × 10^{4}t）。

2005年底国家储量套改后新增了东块的油气储量，全油田石油地质储量共$5150.75\times10^4m^3$，天然气地质储量共$13.49\times10^8m^3$。套改前后石油地质储量变化增幅5.6%，天然气地质储量变化增幅2.6%。

三

锦州9–3地区的勘探工作始于1959年，先后完成航磁、重力、高精度航磁和数字地震等地球物理工作，基本搞清了该区的构造。

1984年，辽东湾开始自营勘探。

1988年8月在锦州9–3构造主体首钻JZ9–3–1（简称1井，以下锦州9–3油田井号均以此方法简称）井，该井在东营组下段（以下简称东下段）地层中获折算日产量百吨以上的工业油气流，同年又沿构造走向钻2井、3井及4井等三口评价井，除3井钻遇水层外，其余井均获成功。

1989年月在构造东北侧钻5井，获得成功。同年在上述5口井及$0.5km\times0.5km$测网、共400km二维地震资料基础上进行储量评价工作。

1990年，渤海石油公司向国家储量委员会申报基本探明级石油地质储量3080×10^4t，溶解气地质储量$11.7\times10^8m^3$。同年5月通过审查，以全储决字（1990）221号决议批准。

四

1991年，编制了油田总体开发方案，根据总体开发方案，锦州9–3油田自西南向北东共建三座平台，分别为A、B、C区，其中B区设置人工岛，A、C区设置两个生产平台。新钻开发井68口，其中生产井56口，注水井12口。

1992年至1994年，为提高油田的开发效益，先后多次对油田的开发方案进行调整修改，期间钻探评价井7井，进行了面元$30m\times12.5m$的三维地震资料研究。

1993年和1994年又分别对前期编制的方案进行了优化，最后比1991年的方案少了一个生产平台，并逐步将部分生产效益较差的边部井（主要是西部区域）舍掉，最终还是由于综合效益不佳而被搁置。

1995年，为精确评价油田的产能，渤海公司在锦州9–3油田构造主体高部位钻了8D井并进行了延长测试。钻井结果显示：主力油层之下还发育两套新油层，三套新气层。延长测试结果进一步证实，与开发方案预测结果相比，产能高于方案预期值。为此，又开展了新一轮油藏评价，并对开发方案进行再优化。

1996年，渤海石油研究院根据7井、8D井出现新情况，对主力油层的储量进行了复算，并对新发现油气层储量进行了计算。全油田合计石油地质储量3396×10^4t，天然气储量$2.68\times10^8m^3$。

1997年，锦州9–3油田基本设计修改资料汇编完成，同年中国海洋石油总公司批准实施锦州9–3油田总体开发方案。根据开发实施方案，锦州9–3油田需建两座生产平台，新钻开发井46口（水源井2口、气源井1口，其他开发井43口），加上保留井口的8D井（E3–3井），锦州9–3油田将以47口井投入开发。

1997年11月底，锦州9–3油田开发井钻井工作正式进行，至1999年5月底全部结束。至此，历时10年、经历多轮滚动评价的锦州9–3油田终于拉开了开发的序幕。

1999年12月油田全面投入生产。开发井钻后，揭示了一系列新的地质现象，尤其是油层厚度、油藏模式都发生了相应变化。为此，同年进行了锦州9–3油田的储量复算工作。锦州9–3油田复算后储量类别由Ⅲ类升为Ⅰ类，含油面积为$19.4km^2$，探明石油地质储量4537×10^4t（$4874\times10^4m^3$），可采储量952.7×10^4t（$1023.5\times10^4m^3$）；溶解气地质储量$20.02\times10^8m^3$，可采储量$4.20\times10^8m^3$；新增天然气已开发探明储量（Ⅰ类）的含气面积 5.3km^2，地质储量 13.15 × 10^{8}m^3，可采储量 8.55 × 10^{8}m^3。

2002 年完成了 W5–3 井的侧钻，W8–3 上返，W–G1 井的钻井。

2004 年底在平台西区开钻了 1 口调整井 W10–4H，该井已于 2005 年底投产。

2004 年 12 月 25 日，在东块完钻 E–1 井，在东下段Ⅰ、Ⅲ油组发现油层 16.3m，并在潜山发现油气显示。但时值冰期，该井未进行测试。

2005 年 10 月，结合已有认识和新钻井资料，完成了《渤海辽东湾海域锦州 9–3 油田东块新增油气探明储量报告》。此次，共计算探明石油地质储量 276.75 × 10^{4}m^3，溶解气地质储量 1.63 × 10^{8}m^3，探明天然气地质储量 0.34 × 10^{8}m^3。

2005 年底，根据全国石油天然气套改技术方案，对锦州 9–3 油田油气地质储量进行了套改。套改前油田的油气地质储量分布于主体区，石油地质储量 4874 × 10^{4}m^3，天然气地质储量 13.49 × 10^{8}m^3。套改后新增了东块的油气地质储量，全油田石油地质储量共 5150.75 × 10^{4}m^3，天然气地质储量共 13.49 × 10^{8}m^3。套改前后石油地质储量变化增幅 5.6%，天然气地质储量变化增幅 2.6%。

五

锦州 9–3 油田投产初期采用衰竭式开采，充分利用地层天然能量开发，2000 年 8 月开始，相继有 9 口先期排液井转注，油田进入注水开发期。与此同时，油井也相继由自喷转为机采。2002 年至 2004 年初，为了减缓产油量递减，油井相继下泵生产，通过提高产液量加快采油速度，减缓油田递减，但是由于锦州 9–3 油田的非均质性比较严重，油田早期采用“点强面弱”的强注模式导致注入水出现突破，油田的综合含水急剧上升。2004 年，针对油田含水上升过快的矛盾，在油藏地质特征和生产动态研究的基础上，实施了 5 口注水井的笼统调剖，含水上升势头得到了有效抑制。

自 2005 年 2 月以来，随着调剖效果逐渐消失，油田原油产量递减、含水上升的速度加快，常规措施的增油效果逐渐变差。为了延缓油田产量递减，提高油田井控储量，2005 年在锦州 9–3 油田西侧利用西平台剩余井槽钻水平调整井 W10–4h。该井 2005 年 12 月 4 日投产，初期日产油在 100m^3 左右，达到预期效果，同时水井开始进行分层配注等综合治理，油田进入了稳油控水期。

至 2005 年 12 月底有生产平台两座，采油井 32 口，日产原油水平 1697m^3，综合含水 68.4%，累计产油 502 × 10^{4}m^3，按 2005 年全国储量套改，核实原油地质储量 4874 × 10^{4}m^3 计算，采出程度 10.3%。

六

锦州 9–3 油田是由中国海洋石油总公司自营勘探发现、自营开发管理的海上油田。该油田开发设计阶段，经历了多次反复，地质油藏方案和工程设计经过多轮优化，最终实现了开发。这一历程不仅增加了对地质油藏的认识，同时工程设计中采用沉箱式储油装置进行开发，既解决了储油问题，又很好地解决了防冰问题，在中国海上油田开发中尚属首例，对类似油田开发具有很好的指导意义。

油田注水开发过程中针对储层非均质性强的特点，围绕提高油田注水开发效果先后实施了油井转注、分层配注、整体和分层调剖等措施，摸索出了一套东营组砂岩油藏常规重质原油注水开发的成功经验。经过深入研究和精心管理，锦州 9–3 油田生产 6 年累计产出商品油 502 × 10^{4}m^3，取得了良好的经济效益和社会效益。

大事记

1988 年

8 月 20 日　在构造主体首钻探井 1 井，于 10 月 10 日完钻，经测试在东下段地层中获折算日产量百吨以上工业油气流，从而发现了锦州 9–3 油田。

12 月　对人工岛方案进行研究。

1989 年

5 月　在构造东冀钻 5 井，钻探结果虽不理想，但搞清楚了油田范围储量规模。

1990 年

5 月　锦州 9–3 油田的基本探明石油储量通过国家储量委员会审查，以全储决字（1990）221 号决议批准，渤海研究院提交的储量报告获该年度的国家储量金奖。

1991 年

11 月　油田开发方案通过国家能源部批准。

1992 年

1 月　完成桩基式沉箱方案研究。

10 月 29 日　钻评价井 7 井。

1993 年

10 月 21 日　西区钻井沉箱 DRPW 下水。

11 月 1 日　西区钻井沉箱海上就位。

12 月　完成《锦州 9–3 油田总体开发方案（修正稿）》。

1994 年

1 月 24 日　葫芦岛船厂生活动力沉箱钢桩预制完工。

7 月 28 日　总体开发工程方案和原油上岸方案的概念设计比较，后因油价下跌，油田开发经济效益不能满足总公司对油田开发最低回报率的要求，总公司决策锦州 9–3 油田开发工程暂缓。

8 月 22 日　西区生活动力沉箱下水。

5 月　启动西区三个沉箱变两个沉箱的基本设计。

1995 年

5 月 20 日　在构造主体北部增补一口评价井（8 井）并为落实产能进行了延长测试，于同年 6 月 14 日完钻。

9 月 1 日　8D 井进行 DST 测试，于 10 月 9 日结束，测试产能比 1 井高出一倍，为新一轮油藏模拟方案的编制奠定基础。

1996 年

3 月 3 日　渤海公司向总公司开发生产总（副）师第一次技术会议汇报了 JZ9–3 油田的开发方案。

8 月　锦州 9–3 油田的西区钻采沉箱（DRPW）在安装期间产生了明显的沉降，沉箱就位后实际超沉了 1.39m。

1997 年

4 月　总公司批准锦州 9–3 油田总体开发方案，确定西区三个平台改为两个平台，东区一座平台。

9 月　在赤湾胜宝旺造船厂完成西区储油沉箱建造工作。

10 月　生活楼在新河船厂开工建造。

10 月 14 日　完成油管线的铺设。

11 月底　开发井钻井工作正式开始。

1999 年

5 月　开发井钻井全部结束。

5 月 16 日　完成海管软管连接。

6 月　生活楼吊装就位。

10 月底　油田建设投产。

12 月　完成储量复算工作，油田共有原油地质储量 $4874\times10^4m^3$，同时新增自由气储量 $13.15\times10^8m^3$。

2000 年

7 月 20 日　W8–4 井投注，东营组下段一、二、三、五油组合注，油田转入注水开发阶段。

2001 年

9 月　中海石油生产研究中心完成《锦州 20–2 及周边油气田向下游增加供气方案研究》。

2002 年

1 月 24 日　锦州 9–3 油田天然气综合利用项目组正式组建。

2 月　锦州 9–3 油田天然气综合利用项目全面启动。

3 月 14 日　锦州 9–3 油田天然气综合利用改造设计工作正式开始。

8 月 23 日　锦州 9–3 油田天然气综合利用项目 GCP 导管架主结构在海油工程建设公司容器车间下料，陆地预制正式开工。

8 月 17 日　锦州 9–3 油田第一次使用修井机进行调整井钻井作业，于 10 月 8 日完成 W–G1 和 W5–3 S 两口井的钻完井作业，其中，W5–3 S 井首次使用斜向器进行开窗侧钻，从 1411.1m 开窗，侧钻到 1444.9m 结束，侧钻时间为 20.5h。

2003 年

3 月 18 日　22 : 15 锦州 9–3 油田天然气综合利用项目成功实现向锦州 20–2 下游供气。

2004 年

3 月　W4–4、W6–4 井调剖作业。

4 月　W4–2、E2–4 井调剖作业。

6 月　E2–2 井调剖作业。

11 月　开始进行锦州 9–3E 平台由无人平台改为驻人平台工作，于 2005 年 1 月份完工验收。

2005 年

8 月 15 日　清污混注二氧化氯设施施工开始。

10 月　完成《渤海辽东湾海域锦州 9–3 油田东块新增油气探明储量报告》。

12 月　根据石油天然气套改技术方案，对油气地质储量进行了套改，套改后全油田探明石油地质储量 $5150.75\times10^4m^3$，天然气地质储量 $13.49\times10^8m^3$。

是月　调整井 W10–4h 正式投产。

第一章

油田地质

第一节　构　造

锦州 9–3 构造位于辽西低凸起北端，辽西低凸起是位于辽西凹陷和辽中凹陷之间的北北东向凸起，西北侧以一条北东走向的正断层为界，东南侧成斜坡状向辽西凹陷逐渐过渡，构造东南侧发育一条北东走向的南掉正断层。

锦州 9–3 地区的勘探工作始于 1959 年，先后完成航磁、重力、高精度航磁和数字地震等地球物理工作，基本搞清了该区的构造。早期构造评价只对Ⅰ、Ⅲ、Ⅴ、Ⅵ、Ⅶ（部分）油组顶面构造进行了三维地震解释，解释结果认为：锦州 9–3 构造是一北东向展布的狭长状半背斜构造。西北侧以一条北东走向的正断层为界，东南侧成斜坡状向辽西凹陷逐渐过渡，整个构造长 17km，宽 2.5km，构造东南侧发育一条北东走向的南掉正断层。构造顶部靠近西侧边界发育若干条平行于边界断层的次级小断层。总体而言，构造主体断层不发育，为一相对简单的半背斜构造。

1990 年渤海石油公司结合新的地震资料编制完成《锦州 9–3 油田地震资料研究》一书，对锦州 9–3 构造及发育特征有了进一步认识。锦州 9–3 构造为一披覆在潜山之上的半背斜构造，深、浅层构造特征基本一致。它的北西面是一条向北西下掉的正断层，与清水沟洼陷相接，该断层自西向东，由北东走向逐渐转为近东西向，复又转为北东东向，形成反 S 形。构造南面为斜坡向洼陷过渡，在斜坡部位有一顺向正断层，在断层下降盘形成一个滚动构造—锦州 15–4（图 1–1）。锦州 9–3 构造东段的 5 井区是一个被断层复杂化的断块区，由于资料有限，该区的断层组合，断块形态不够落实，尚待进一步工作。

1992 年钻探 7 井，次年对油田主体进行了三维地震解释。

1996 年，渤海石油研究院结合三维地震解释结果和新钻评价井资料进行了储量复算研究工作，认为锦州 9–3 构造与前人认识基本一致，但此次三维地震解释结果对断层的刻画更为清晰，构造高部位靠近西北侧的边界断层附近，发育若干条平行于边界断层的次一级小断层（图 1–2）。

1998 年 12 月底，油田共完钻井 34 口，其中，西平台 30 口，东平台 4 口，部分开发井尚未开钻。赵春明等根据新钻井资料对锦州 9–3 构造进行了精细研究，本次构造解释结果与前期结果基本相似，但对断裂组合进行了精细刻画，与钻井结果更加吻合。

此次研究认为：锦州 9–3 油田西北侧边界断层是一条形成于前新生界、至馆陶及明化镇时期仍在活动的同生断层。断层活动强烈期为沙河街时期及东营时期。受主断层影响，主断层上升盘形成若干条与主断层斜交的次生断层。平面上形成若干个北东走向的菱形小断块，使边界断层附近构造特征复杂化。因此，边界断层一定程度上控制着锦州 9–3 油田的形成及油气藏的分布规律。

平面上，边界断层附近仍然是构造的最高部位。向东南方向，构造主体呈斜坡状向凹陷逐渐过渡。纵向上，由于潜山构造形态对东下段深层（Ⅹ、Ⅸ、Ⅷ、Ⅶ、Ⅵ、Ⅴ油组）构造影响较大，导致油田主

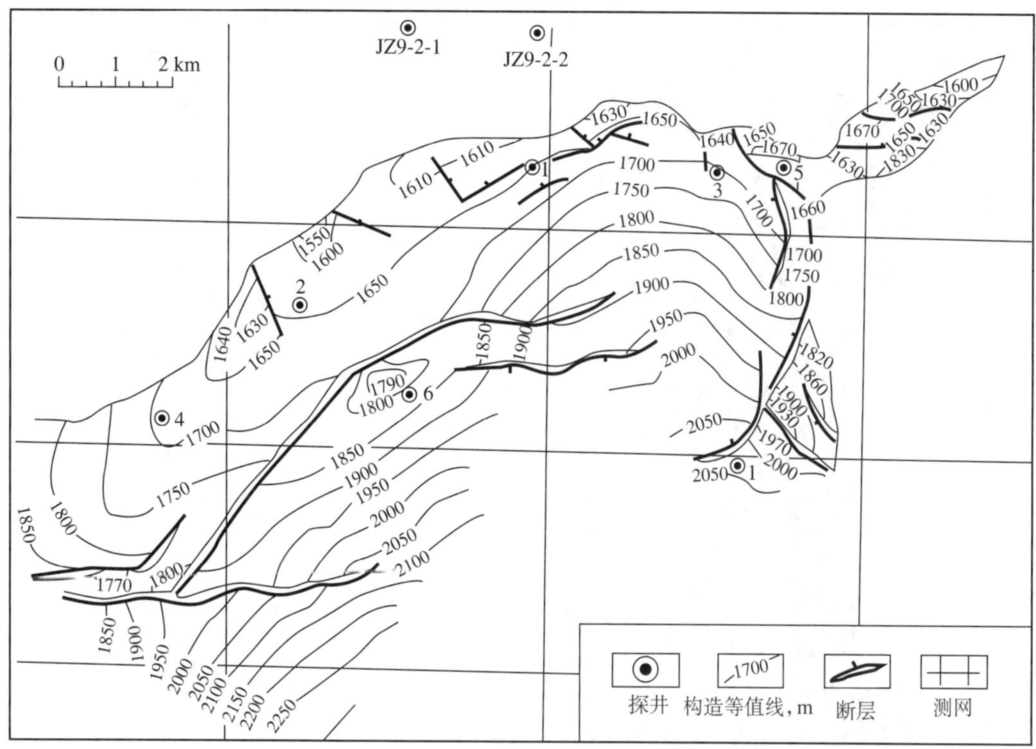

图 1–1 锦州 9–3 油田东下段油层顶面构造图
（渤海石油公司研究院，1990 年）

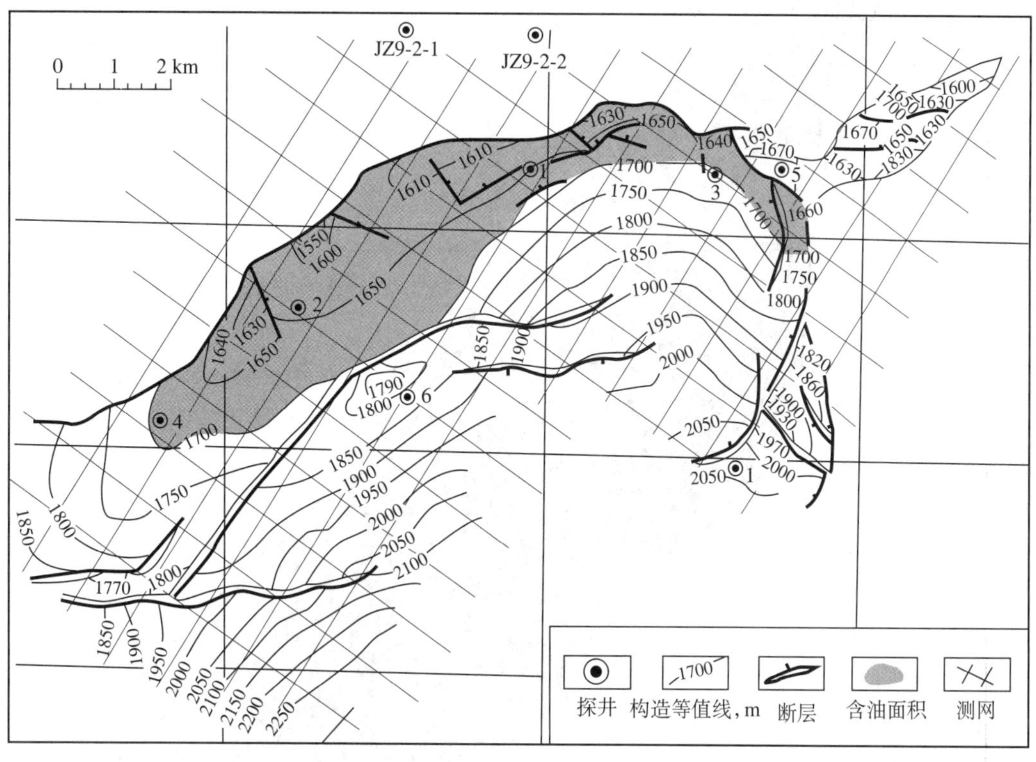

图 1–2 锦州 9–3 油田东下段第二砂层组顶面构造图
（渤海油田研究院，1996 年）

体构造变化幅度相对较大，出现以 W9–4、W7–3、W3–2、E1–4、E1–8 井断块为代表的几个局部构造高点，使各构造层平面形态差异化，在东下段深层形成有利于油气聚集的局部圈闭，构造发育晚期（Ⅲ、Ⅱ、Ⅰ油组发育时期），本区沉积水体逐渐变浅，由于受大规模的三角区、扇三角洲沉积充填补偿

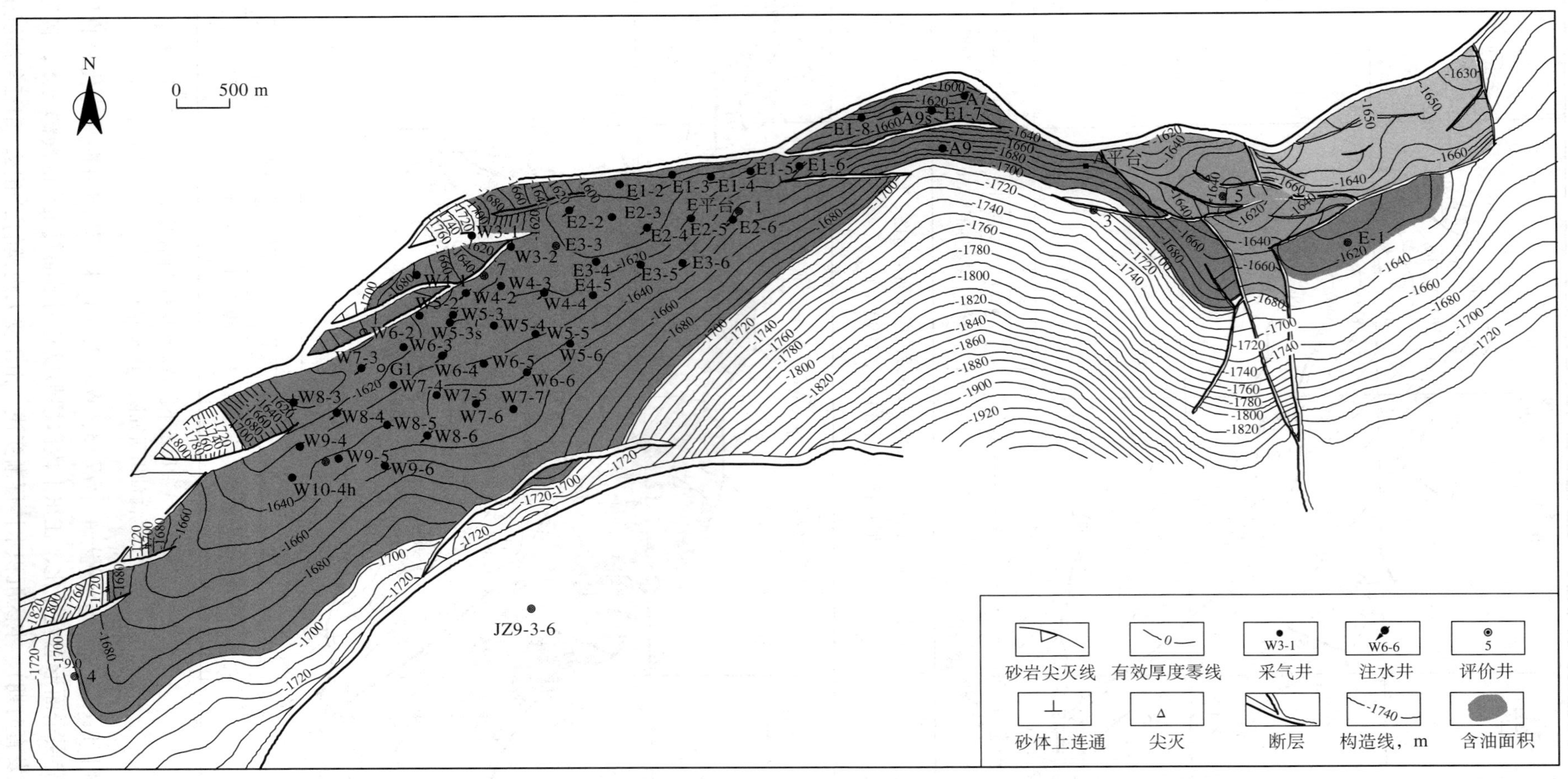

图 1-3 锦州 9-3 油田东下段第二砂层组顶面构造图
（天津分公司技术部，2005 年）

作用及构造活动双重因素影响，浅层构造平面均一化，局部高点基本消失。

1999 年 12 月底，油田全面投产。油田范围内共有探井评价井 7 口，开发井 46 口，其中 1、2、E2–5、W6–4 井有 VSP 资料。渤海公司结合井资料，对地震标准基准面进行了统一校正并对层位进行了标定，完成了更为精细的构造解释，对锦州 9–3 构造特征和断裂带有了更为全面的认识。

北西侧—北侧边界断层是一条北西倾的正断层，该断层下降盘为锦州 9–2 构造，此断层形成于中生代，活动于新生代，对锦州 9–3 油田的构造演化及油气聚集起重要作用。

W3–1 井在钻遇东营组设计深度时发现异常，认为 W3–1 井位于西侧断裂内，这样就需要对原设计的位于断裂带内的开发井位作调整，对断层的平面组合和断裂带进行重新认识，并精确解释断裂带地层，但油田西侧，靠近主断层处存在许多次级小断层，对油田生产起着重要作用。但由于老资料的品质较差，次级断层在地震资料上断点不清晰，难以分辨这些小断层，划分小断块。

为了提高锦州 9–3 油田的上产能力和进一步评价锦州 9–2 含油气构造，2002 年 8 月开始新一轮地震资料采集，2003 年 5 月完成地震资料处理。新资料对主体区构造特征的认识与之前基本相同，但对东区有了更加清晰的认识。锦州 9–3 油田东区包括 E1–6 以东的主体区东侧和东块两个部分。

主体东侧构造形态简单，近似一北高南低的单斜。构造最高部位位于 E1–7 井附近。在 E1–8 井以南，E1–6 井以东约 500m 处局部存在一个较小的鞍部。主体东侧依靠边界大断层封堵形成油藏，油柱高度 60 ~ 100m。受边界断裂活动的影响，主体东侧内部平行发育两条近东西向北掉小断层，延伸长度 1 ~ 2km，最大断距 20 ~ 30m，断距自西向东逐渐变小。靠北的断层规模相对较大，以该断层为界，断层以北为 E1–7 井区，以南为 E1–7 井区南。依据目前资料分析，断层属“总体封闭、部分开启”型。

锦州 9–3 油田东块为一受断层切割的复合断块，走向近北东。复合断块区主要由其北侧的 5 井区、5 井东区以及南侧的 E–1 井区三个次级断块组成。每个断块各发育两个局部高点。锦州 9–3 油田东块共解释出 13 条断层。根据断层特征，将其划分为两组，一组为近东西向展布的北掉正断层，另一组为近南北向展布的西掉正断层。断层平面延伸长度一般为 0.4 ~ 5.4km，断距 10 ~ 130m。断层的存在，使东块的构造形态和油气分布复杂化（图 1–3）。

第二节　储　层

一、地层

经过地质人员的多年研究，对渤海湾盆地的地层进行了统层、命名和划分。将渤海海域新近—古近系划分了 5 个组。自上而下分别为新近系明化镇组、馆陶组，古近系东营组、沙河街组和孔店组。1998 年 8 月，由朱伟林任编委会主任、张国华主编的《石油和天然气勘探地质评价规范》汇总了这一成果。

近年来，随着海上钻井资料的增多，渤海公司研究院的地层、古生物研究人员对渤海海域的地层认识集中反映在图 1–4 上。结合锦州 9–3 地区的钻井资料对地层描述如下：

第四系平原组：为一套上细下粗的正韵律沉积。上部为厚层黏土夹薄层散砂层，见少许白色蚌壳碎片及少量褐色轻变质木屑；下部为砂砾层夹黏土及厚层砂砾岩层，厚度 250 ~ 400m。

新近系明化镇组上段：顶部以泥岩为主夹薄层含砾砂岩，中、下部以厚层含砾砂岩为主夹薄层泥岩。厚度 283 ~ 430m。

新近系明化镇组下段：上部为厚层含砾砂岩与中厚层泥岩，呈不等厚交互层，自西向东泥岩厚度减薄，间夹少量薄层砂岩。下部为厚层砂砾岩，含砾砂岩间夹薄层泥岩，自西向东泥岩层逐渐加厚。厚度 292 ~ 350m。

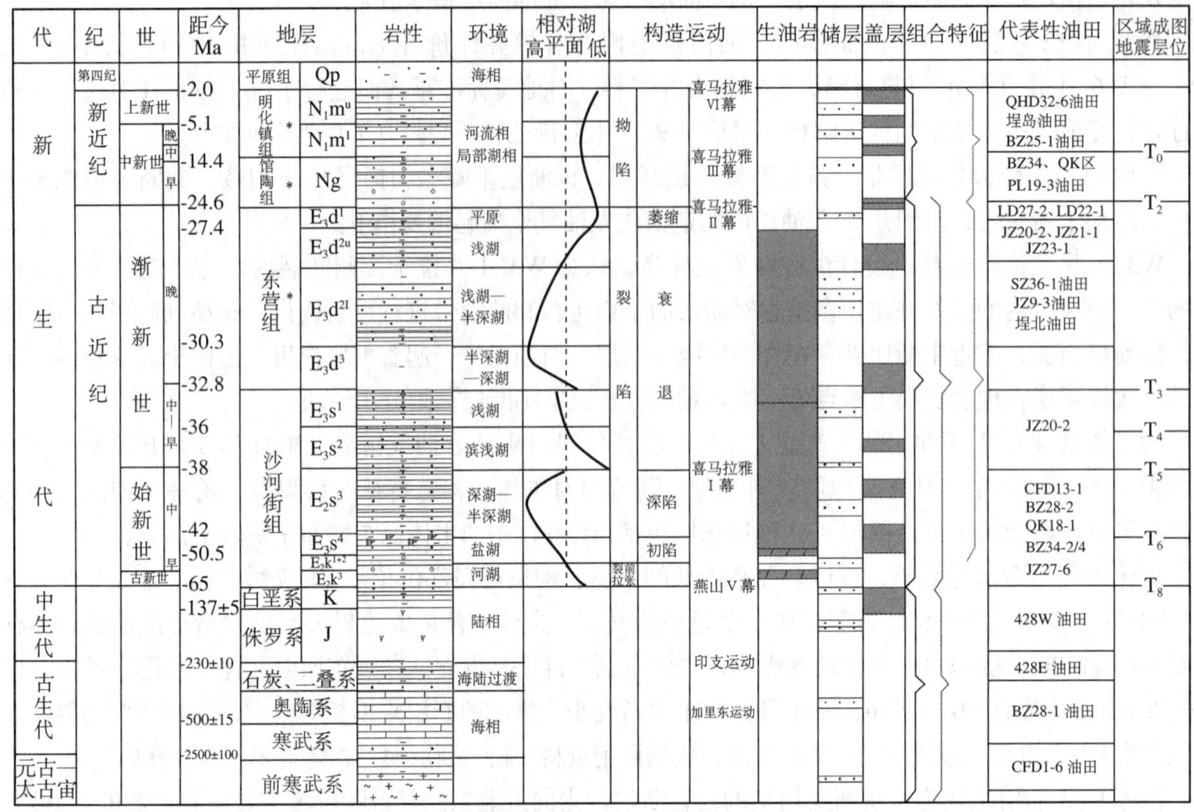

图 1–4　渤海海域地层综合柱状图

（中海石油（中国）有限公司天津分公司技术部，2004 年）

新近系馆陶组：杂色砂砾岩与含砾砂岩为主，夹薄层泥岩。砾径 2 ~ 15mm，含砾量 40% ~ 75%，部分小于 30%，成分主要为石英，次为长石、燧石、火山岩块等，次圆至次棱角状。厚度 290 ~ 350m。

古近系东营组上段：上部灰绿、暗灰绿、绿黑色泥岩为主与砂岩互层，下部以灰白、浅灰、中灰色细—粗粒砂岩为主，局部钙质胶结，与泥岩互层，厚度 157 ~ 350m，主体区略厚，东块略薄。

古近系东营组下段（简称东下段）：顶、底部以厚层泥岩为主夹薄层砂岩；中部为砂泥互层段，其中中上部为油层段，钻井取心和壁心见油砂层。厚度 224 ~ 500m。

古近系沙河街组一段（简称沙一段）：褐黑色泥页岩，橄榄灰、灰褐色片状泥岩和中褐至暗黄褐色隐晶质白云岩为主，偶见薄层砂岩。39 ~ 160m 不等，东块略薄。

古近系沙河街组二、三段（简称沙二、三段）：上部为厚层生物碎屑白云岩，以棕黄色为主，次为深灰，浅灰色等，隐晶质，砂状断口或不规则断口。粒屑含量不均，含螺、介形虫及一些难以定名的化石极为丰富，部分成礁块状，在螺体腔内含有丰富的有机质和粒状物或泥沙质，螺体腔部分呈空或半充填状，孔隙极发育。见荧光显示。厚度 160 ~ 542m，其中 1 井厚度较大，为 542m。

太古界：仅 1 井钻遇。灰白色、灰色，少量肉红色花岗岩，成分为石英，长石，少量黑云母及角闪石，细晶结构，块状构造，致密。风化较重，易碎。见荧光显示。厚度 56m。

锦州 9–3 油田含油层属新近系地层，湖相三角洲前缘沉积。油田共有 10 个油层组。Ⅰ—Ⅹ油组均属东下段地层。10 个油组均为砂泥互层沉积，Ⅰ—Ⅲ油组砂岩分布较为稳定。

二、沉积相

早期的区域地震地层学研究认为，东营组下段时期，锦州 9–3 地区存在两个方向的沉积作用，即北东向和正北向。第五到第三砂层组沉积时期水体较深，水域开阔，存在重力流沉积。第一、二砂层组沉积时期，辽东湾地区由于抬升和沉积充填作用，水体变浅，湖面开始收缩，三角洲异常发育。

1990 年，辛世刚、丁克文等编写了《锦州 9–3 油田储集层研究》一书，通过对 1 井、2 井、5 井的一百多米岩心的深入分析，确定东下段第二、三砂层组由一套三角洲沉积物构成。并结合测井、录井等有关资料，划分了三角洲前缘和前三角洲两个亚相，进一步将三角洲前缘亚相划分为水下分流河道、河口坝、远端沙坝和水道间湾 4 个微相。认为古水流方向为北偏东方向，在本区浅水中，形成向南西延伸的多期三角洲沉积，所形成的复砂层由下向上分布范围逐渐扩大。对单一砂层，由北东至南西，砂层变薄甚至尖灭，砂岩变细，泥质有所增加。

1996 年，赵鹏飞、赵春明等在对新钻井 7 井和 8D 井进行分析的过程中，发现主力油层中，特别是Ⅲ油组岩性明显变粗，为含砾砂岩甚至砾岩，分选极差，大小不一混杂在一起。结合测井、录井资料及岩心分析结果，认为所钻遇的储层应属扇三角洲沉积环境。经过与类似油田储层对比，初步确定目前钻遇的砂砾岩为扇三角洲前缘亚相中的水道及前缘砂。

综合分析表明，第二、三砂层组的古水流方向为北东—南西向，表明沉积体物缘方向为北东向，但在 7 井和 8D 井区砂层有效厚度有自北向南变薄的趋势。说明整个区域总体上受北东—南西向水流控制，但在 7 井和 8D 井区局部受南北水流控制。

1999 年，赵鹏飞等编写了《辽东湾锦州 9–3 油田油气探明储量复算报告》，文中对沉积相进行了进一步描述，继评价井之后，W8–3、W6–4、E3–4 井也进行了钻井取心，结合新的岩心资料对沉积相进行了分析，认为两种沉积背景下形成的储集体叠置于主力油层段内，一类为三角洲沉积，另一类为扇三角洲沉积。其中，以三角洲储集体为主，该类储集层主要分布于Ⅰ、Ⅱ油组及Ⅲ油组第一小层；以扇三角洲为辅，该类储集体主要分布在Ⅲ油组的 2、3 小层，其平面分布模式有待于进一步研究。主要储集体展布方向为北东—南西向，即由北东至南西储层厚度逐渐变薄，小层数也由多变少（图 1–5）。

沙三段储层沉积相特征：通过研究 W8–3 井取心资料，结合区域地质背景，认为沙三段储层为浊积扇沉积，该井主要发育扇中亚相的辫状沟道微相和滑塌重力沉积。

三、储层物性

1990 年，丁克文等编写了《锦州 9–3 油田储集层研究》一书，运用 1 井、2 井、3 井、4 井、5 井 5 口井的钻井及取心资料，结合录井、测井等成果对油田的储层物性进行了详细描述。

通过铸体薄片鉴定和电镜观察，发现东下段油层的储集空间可分为 4 类 8 种，即粒间孔、颗粒溶孔、胶结物溶孔和裂缝，以粒间孔为主。粒间孔包括原生粒间孔和次生粒间孔。原生粒间孔具有孔隙较大，连通性好，数量多等特点，是主要的储集空间。

样品分析结果表明，物性分布范围较广，孔隙度值较高，主要集中在 27% ~ 31% 之间。渗透率中等偏低，在 100 ~ 500mD 间形成高峰，在 1 ~ 5mD 间形成一个小峰。经回归分析，孔渗之间具有相关性（图 1–6），但图上可见孔隙度一定时，渗透率变化较大。东下段砂岩毛管压力曲线形态具分选较好，歪度中等偏粗的特征。排驱压力（0.02 ~ 2.5MPa）和饱和度中值压力（0.08 ~ 10MPa）大多偏小，进汞量（70% ~ 90%）较高。孔喉分布范围较广，从 100μm 到 0.02μm 均有。分布特征常为单峰状，主峰多在 10μm 到 1μm 间，少数双峰状。

1999 年，《辽东湾锦州 9–3 油田油气探明储量复算报告》中对储层物性进行了分析，本次储层物性分析是在原有 5 口钻井（1990 年储量评价前）、新增评价井 2 口、开发井 46 口的基础上进行的，分析层段分别对东下段和沙三段。

（一）东下段储层

锦州 9–3 油田储层主要分布于东下段，储层埋藏浅，成岩作用不强烈，储集空间以原生粒间孔为主。

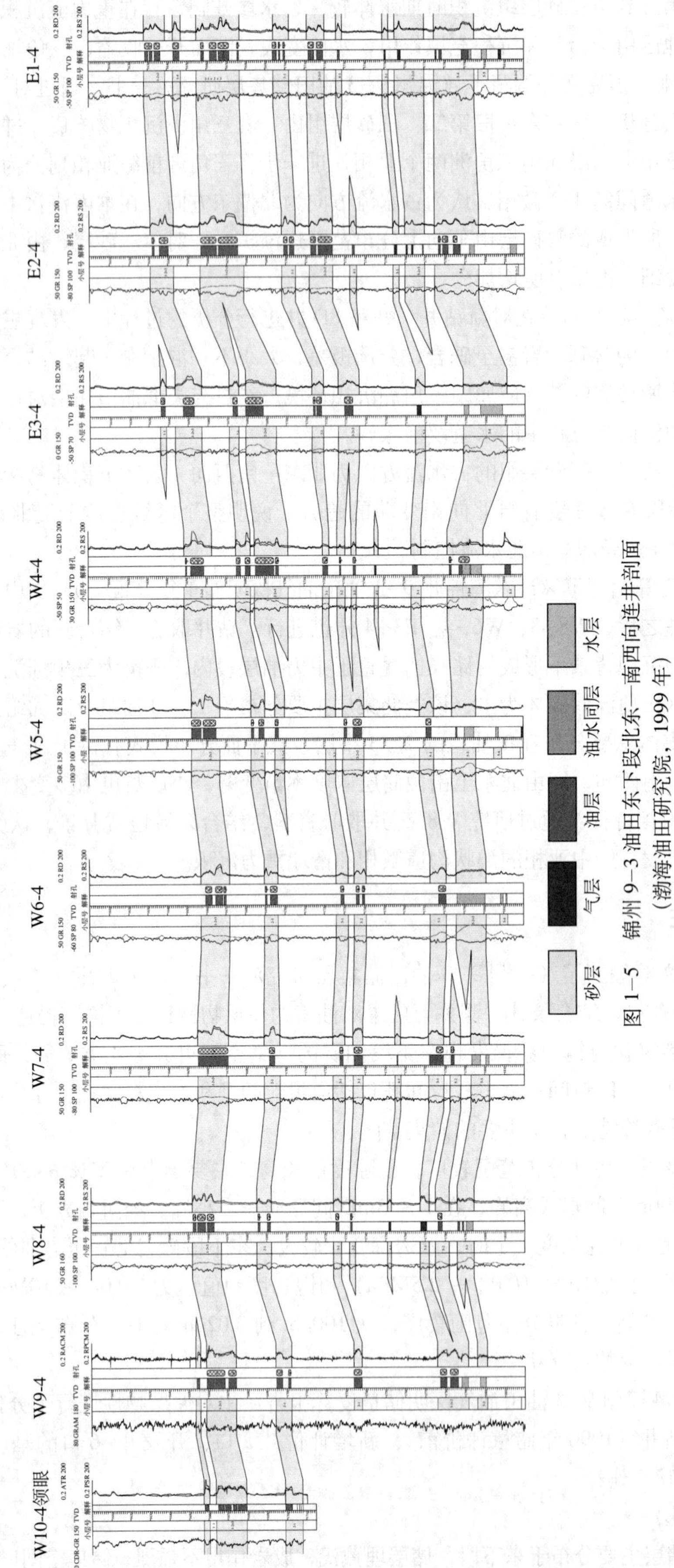

图 1-5　锦州 9-3 油田东下段北东—南西向连井剖面
（渤海油田研究院，1999 年）

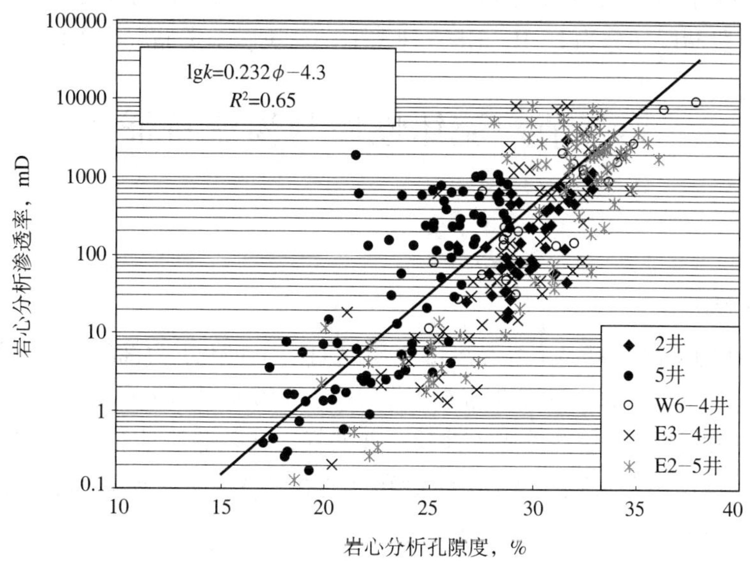

图 1–6　锦州 9–3 油田东下段孔隙度、渗透率关系曲线图
（渤海油田研究院，1990 年）

常规岩心分析结果表明：储层物性分布范围较广，孔隙度较高，多数样品变化于 26% ～ 36%，渗透率中等偏高，大于 100mD 的样品占 70% 以上。

渗透率与孔隙度及孔隙结构参数具有较好的相关性。据此，结合沉积相特征、岩性特征及物性参数可将本区储层分为三类。本区储层以 I、II 类为主，个别低阻油层为 III 类储层。

（二）沙三段储层

沙三段储集空间仍以粒间孔为主，常规岩心分心结果表明：储层物性分布范围较宽，砂岩孔隙度主要分布于 18% ～ 30% 之间，渗透率分布于两个区间，即 0.1 ～ 10mD 区间，大于 100mD 区间。

根据沉积相特征、岩性特征及物性参数可将沙三段储层分为 II 类，即 I 类储层和 III 类储层。油层主要分布于沙三段上部的 I 类储层之中。

2005 年，《渤海辽东湾海域锦州 9–3 油田东块新增油气探明储量报告》中对东块的储层特征进行了分析。岩心和壁心分析结果表明，东下段储层的孔隙度主要集中在 22% ～ 33% 之间，渗透率主要分布在 1 ～ 1000mD 之间。储层具有中高孔渗的储集物性特征（图 1–7）。

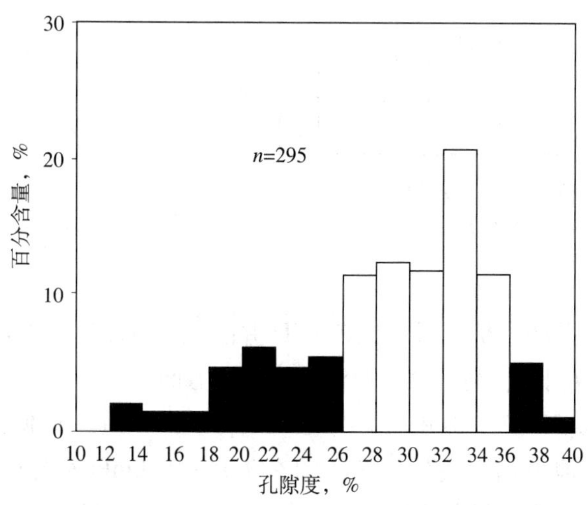

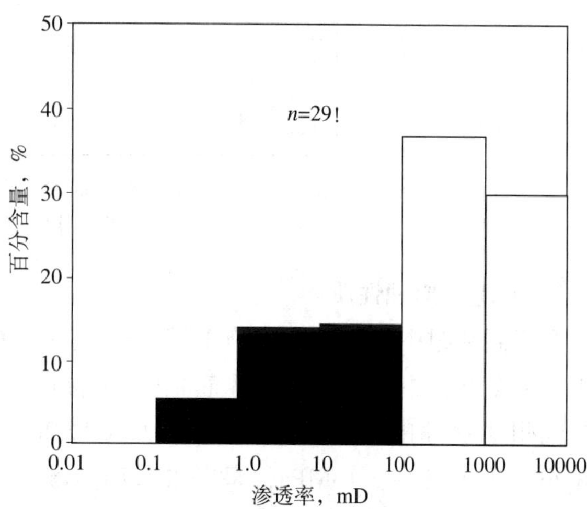

图 1–7　锦州 9–3 油田东块东下段孔隙度、渗透率分布直方图
（天津分公司技术部，2005 年）

综合储层岩性、沉积微相、物性及毛管压力曲线特征，参考陆源碎屑储层分类方法和标准（王允诚等，1981 年），将东下段储层划分为Ⅰ、Ⅱ、Ⅲ三种类型，东块以Ⅰ类储层为主，约占 60%。

第三节　流体性质与渗流特征

一、流体性质

（一）地面原油性质

锦州 9–3 油田原油为低凝固点、中等黏度的重质原油。在油田主力油层（Ⅰ—Ⅳ油组），地面原油密度为 0.923 ~ 0.951 g/cm³，地面原油黏度为 41.9 ~ 181.5 mPa·s，原油凝固点为 −35 ~ −22℃。

从平面上看，8D 井的地面原油性质比 1 井和 2 井的好，从各井所处的构造位置上看，8D 井高于 1 井和 2 井，从所钻遇的储层埋深与脱气原油的密度和黏度的关系可明显看出在相同油组下构造高部位的原油性质好于构造低部位的原油性质（图 1–8）。

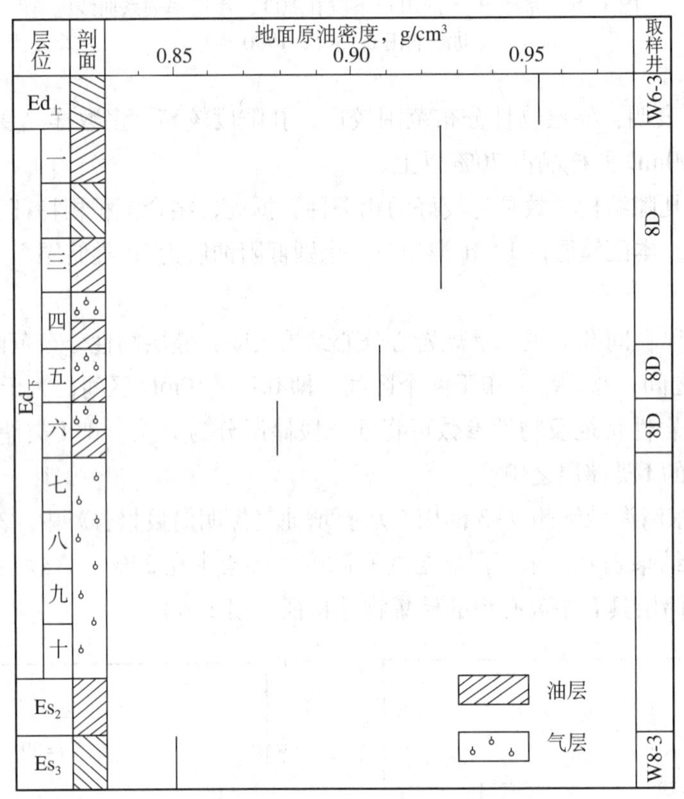

图 1–8　锦州 9–3 原油密度分布规律图
（渤海油田研究院，1999 年）

（二）地下原油性质

在不同油组中，8D 井均取有 PVT 样。与 1 井和 2 井的分析结果相比较，8D 井的地下流体性质也好于 1 井和 2 井，主要表现在溶解气油比、原油体积系数相对较高，地下原油黏度低等方面。

锦州 9–3 油田Ⅰ—Ⅳ油组地层压力为 16.26 ~ 16.83MPa，饱和压力为 13.30 ~ 15.10MPa，地饱压差较小，为 1.75 ~ 3.13MPa，是一未饱和油藏。油藏地下黏度较低，其范围在 7.0 ~ 26.0mPa·s 之间，平均值为 16.9mPa·s，油田溶解气油比变化范围较大，从 2 井区的 35m³/m³ 变化到 8D 井区的 43 m³/m³，相对应的体积系数分别为 1.091 和 1.100。

（三）天然气性质

天然气以轻组分为主，甲烷含量在 90% 以上。

（四）地层水性质

地层水总矿化度变化范围在 6401 ～ 9182mg/L。水型为碳酸氢钠型。

二、油水分布和油藏类型

（一）油藏类型

油田主体范围内，Ⅰ、Ⅱ油组为一构造油藏，Ⅲ、Ⅳ油组为一受岩性和构造共同控制的油藏，Ⅴ油组为受储层分布控制的岩性油气藏，Ⅵ油组是受构造控制的块状油气藏，Ⅶ油组推测是受岩性和构造共同控制的气藏。按油水关系和流体性质分，Ⅰ～Ⅳ油组为多油水系统、未饱和重质油藏，Ⅴ、Ⅵ油组为带气顶的重质油藏，Ⅶ油组为气藏。综上所述，锦州 9–3 油田主体范围内，Ⅰ～Ⅳ油组为多油水系统、受构造控制、断层和岩性影响的层状砂岩、未饱和重质油藏（图 1–9）。

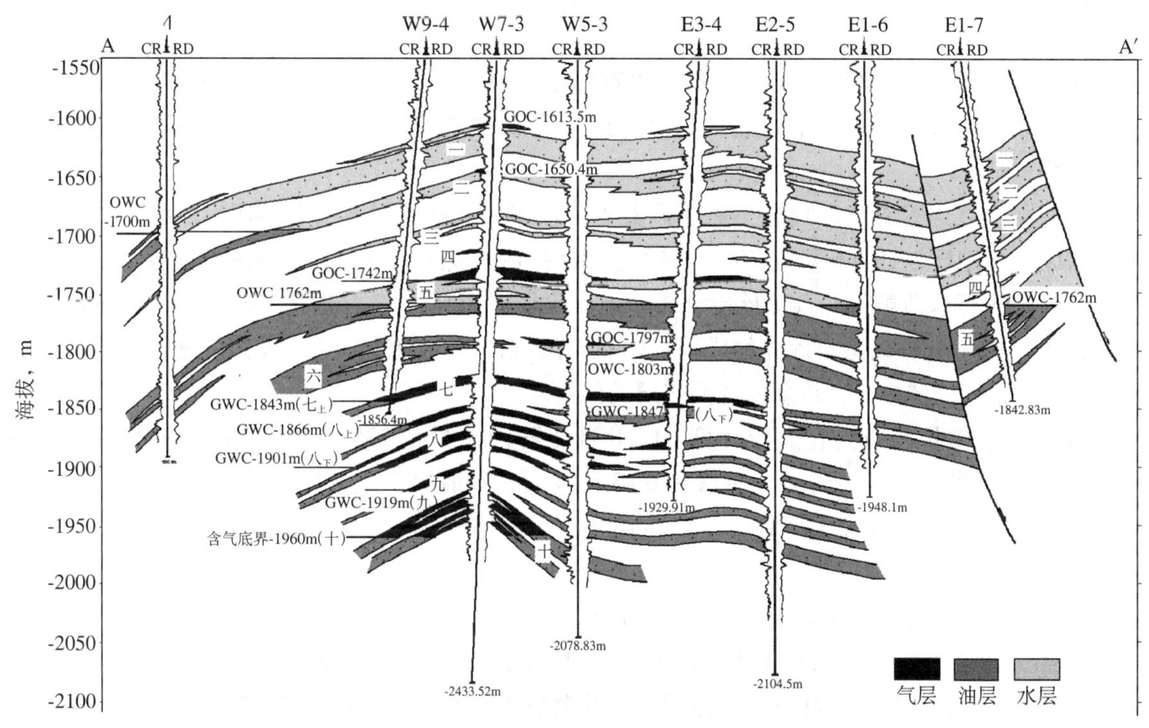

图 1–9 锦州 9–3 油田北东—南西向油藏剖面图
（渤海油田研究院，1999 年）

东块为一复杂断块油藏。

（二）油气水系统

锦州 9–3 油田具有多个油气水系统。主力油组Ⅰ、Ⅱ油组和Ⅲ、Ⅳ油组分属两个油水系统，油水界面分别为海拔 –1700m 和 –1760m。Ⅴ油组内油层，推测是多个小砂体叠合连片的产物，分布于 1 井和 7 井之间的区块，确切的油水界面尚不清楚。Ⅵ油组内油气层，在 8D 井中钻遇，是一独立的油气水系统，其中，气油界面为海拔 –1795m，油水界面为海拔 –1803m，油气层主要分布于 8D 井和 7 井之间的构造高部位。Ⅶ油组内气层，受岩性和构造共同控制，流体界面尚不清楚，主要分布在 8D 井附近的构造高部位。

（三）储层温度、压力

据 1 井、2 井、7 井、8D 井试油时地层测试所取得的压力数据与静水柱压力比较，可以看出油层压力与静水柱压力相当，属于正常压力系统。

油层温度梯度为 3.1℃ /100m，属正常的温度系统。

第四节 储 量

一、1990 年储量计算

1990 年向国家储量委员会申报含油面积 18.9km^2，基本探明级石油地质储量 3080×10^{4}t，并获得批准。

二、1996 年储量复查

为了进一步落实储层及油气分布规律，尤其是油藏顶部是否存在气顶，于 1992 年钻探 7 井。1993 年在全油田范围内进行三维地震解释，以便对该油田的地质模式、流体分布规律及油气富集区作进一步评价。

1995 年，为搞清油田的合理产能，在构造高部位钻探 8D 井，并进行了延长测试工作。钻探结果发现，油层主力油组下部存在三套新气层、二套新油层，经测试均获较高产能，从而揭开了本次油田地质新评价的序幕。

本次研究的主要内容有：①收集、整理锦州 9−3 油田的基础资料及前人的研究成果；②根据新的钻井资料对以前的地层划分进行补充完善；③结合 8D 井钻井成果，对三维地震解释成果进行修改，对新发现的油气层进行构造解释并预测储层分布情况；④根据 8D 井、7 井出现的新情况，在早期沉积相研究的基础上，进一步研究储集砂体的成因；⑤对新发现油气层的油、气、水关系进行分析，深化认识；⑥复算主力油层的储量，计算新发现油气层的储量。

1996 年，完成储量复查工作。经计算，I、II 油组石油储量为 2357×10^{4}t，III、IV 油组石油储量为 871×10^{4}t，V 油组上部气层天然气储量为 0.43×10^{8}m^3，V 油组下部油层石油地质储量为 87×10^{4}t，VI 油组气层天然气储量为 0.32×10^{8}m^3，VI 油组油层石油储量为 81×10^{4}t，VII 油组气层天然气储量为 1.93×10^{8}m^3。

全油田合计石油储量 3396×10^{4}t，天然气储量 2.68×10^{8}m^3。

与 1990 年上报国家储委的储量相比，I、II 油组储量减少 302×10^{4}t。减少原因主要是平均有效厚度变小造成的，其次，孔隙度、原油密度、体积系数的微小变化也对储量计算结果有一定影响。

与 1990 年储量相比，III、IV 油组储量增加 450×10^{4}t，造成储量增加的主要原因是油层有效厚度变大。此外，本单元含油面积、孔隙度及饱和度的变大，对储量变化也有影响。I 到 IV 油组石油储量实际增加 148×10^{4}t。此外，V 到 VII 油组新增石油储量 168×10^{4}t，天然气储量 2.68×10^{8}m^3。总计增加石油储量 316×10^{4}t，天然气储量 2.68×10^{8}m^3。

三、1999 年储量复算

1997 年 11 月底，该油田的开发井钻井工作正式启动，至 1999 年 5 月底，开发井钻井工作全部结束，历时 1 年 6 个月。同时，进行了储量复算的研究工作。

采用容积法计算的已开发探明级石油地质储量为 4537×10^{4}t（4874×10^{4}m^3），其中，储量复算部分石油地质储量为 4181×10^{4}t（4481×10^{4}m^3），新增油层石油地质储量为 356×10^{4}t（393×10^{4}m^3）。最大叠合含油面积为 19.4km^2，其中油田主体最大叠合含油面积为 18.6km^2；溶解气地质储量为 20.02×10^{8}m^3。其中复算部分溶解气地质储量为 18.15×10^{8}m^3，比复算前增加 6.45×10^{8}m^3。新增油层溶解气地

质储量为 $1.87\times10^8m^3$；以开发探明级天然气地质储量为 $13.15\times10^8m^3$。

应用经验公式法、水动力学分析法、相似油田类比法及数值模拟法等多种方法研究油田常规注水开发的采收率，确定锦州 9–3 油田水驱采收率为 21%。可采储量为 952.8×10^4t（$1023.5\times10^4m^3$），其中储量复算部分（Ⅰ—Ⅲ油组）可采储量为 878.1×10^4t（$1023.5\times10^4m^3$），新增油层的可采储量为 74.7×10^4t（$82.5\times10^4m^3$）。

天然气地质储量为 $13.15\times10^8m^3$，根据《气田可采储量标定方法》中列举的气藏类型及数值模拟研究结果综合确定锦州 9–3 油田天然气采收率为 65%，可采储量为 $8.55\times10^8m^3$。溶解气采收率为 21%，可采储量为 $4.20\times10^8m^3$。

四、2005 年东块储量计算

2005 年 3 月中海石油（中国）有限公司天津分公司组建了《锦州 9–3 油田东块储量评价项目队》，开展了全面的油田地质研究和储量评价工作。

锦州 9–3 油田东块探明含气面积 $0.09km^2$，探明天然气地质储量 $0.34\times10^8m^3$；探明含油面积 $1.68km^2$，探明石油地质储量 $276.75\times10^4m^3$（254.23×10^4t），探明溶解气地质储量 $1.63\times10^8m^3$。控制含气面积 $1.60km^2$，控制天然气地质储量 $5.03\times10^8m^3$；控制含油面积 $4.53km^2$，控制石油地质储量 $644.71\times10^4m^3$（586.62×10^4t），控制溶解气地质储量 $3.81\times10^8m^3$。

油藏数值模拟比较全面地考虑了油田开发的实际情况，最终推荐油藏数值模拟法的预测结果，即锦州 9–3 油田东块综合含水达到 98% 时，原油技术采收率为 28.4%。

东块的天然气留待开发后期动用，其技术采收率由类比法选取，取值为 60.0%。

锦州 9–3 油田东块探明天然气技术可采储量 $0.20\times10^8m^3$；探明石油技术可采储量 $78.60\times10^4m^3$（72.21×10^4t）；探明溶解气技术可采储量 $0.46\times10^8m^3$。控制天然气技术可采储量 $3.02\times10^8m^3$；控制石油技术可采储量 $183.09\times10^4m^3$（166.61×10^4t）；控制溶解气技术可采储量 $1.08\times10^8m^3$。

五、2005 年国家储量套改

根据全国石油天然气储量套改技术方案，并经综合分析，主体区地质储量直接套改，技术可采储量重新标定。东块为扩边新增区块，地质储量及技术可采储量重新计算。

套改前油田的油气探明储量分布于主体区，石油地质储量共 $4874.00\times10^4m^3$，天然气地质储量共 $13.15\times10^8m^3$；套改后新增了东块的油气储量，全油田石油地质储量共 $5150.75\times10^4m^3$，天然气地质储量共 $13.49\times10^8m^3$。套改前后探明石油地质储量增幅 5.6%（重量单位比例），天然气地质储量增幅 2.6%；探明石油技术可采储量增幅 3.9%（重量单位比例）；探明天然气技术可采储量增幅 2.3%。

第二章

开发部署与调整

第一节　开发方案编制

一、开发方案编制历程

1990 年，渤海石油公司向国家储量委员会申报基本探明级石油地质储量 $3080 \times 10^4 t$，溶解气地质储量 $11.7 \times 10^8 m^3$。同年 5 月通过审查，以全储决字（1990）221 号决议批准。1990 年 7 月开始锦州 9–3 油田开发工程概念设计，于 1991 年 9 月完成。1991 年 11 月完成了锦州 9–3 油田总体开发方案的编制，该开发方案于 1992 年 1 月得到了能源部的批准（能源油 [1992]52 号文）。1991 年 12 月开始基本设计，到 1992 年 12 月完成。由于基本设计对总体开发方案进行了较大调整，导致开发投资超出了总体开发方案的水平，预算出来的经济效益较差，鉴于这种情况，总公司领导要求对锦州 9–3 油田总体开发方案进行修改。该项工作从 1992 年 9 月开始。1993 年 3 月 3 日向总公司汇报调整方案，总公司决定首先开发东、西两区。1993 年 12 月《锦州 9–3 油田总体开发方案（修正稿）》完成。修正后的主要工程方案是东区设一座井口平台，西区设生活动力平台、井口平台和生产储油平台。该方案仍未能达到总公司规定的盈利标准。1994 年 7 月 15 日，由于可以利用第三次能源低息贷款，渤海公司再次向总公司汇报开发工作及经济评价，因当时油价降到 11.83 美元 / 桶，内部收益率只达到 5.49%。总公司未同意锦州 9–3 油田的启动。

自 1992 年钻探 7 井，并进行了三维地震解释工作后，1995 年 5 月 20 日又开钻了 8D 井，该井到 6 月 18 日完钻。通过对 8D 井的钻探和延长测试新发现了 5、6、7 三个油组，产能达到 80 ～ $120 m^3/d$，比总体开发方案配产的单井产能 40 ～ $60 m^3/d$ 天提高了 1 倍，并发现天然气储量比原来储量有所增加，这样又解决了油田开发燃料来源的问题。经对油田主体探明级储量再次计算，结果为 $3228 \times 10^4 t$，比 1990 年计算结果增加 $148 \times 10^4 t$，同时新发现的 V—VII 油组的油气储量进行计算，新增石油地质储量 $168 \times 10^4 t$，天然气储量增加 $2.68 \times 10^8 m^3$。

鉴于对 8D 井延长测试所得资料，1995 年 8 月 17 日渤海公司组织了锦州 9–3 油田的重新启动的研究工作。1996 年 3 月 3 日向总公司开发生产总（副）师第一次技术会议汇报了锦州 9–3 油田的开发方案。会后总公司领导指示进行锦州 9–3 油田基本设计修改工作，总公司于 1997 年 4 月通过基本设计修改。

二、开发方案简介

1991 年油田总体开发方案的研究结果认为：锦州 9–3 油田的开发应采取一套开发层系、正方形井网、400m 井距、反九点面积注水的方式开采，采油速度控制在 2% ～ 3% 之间，初期单井平均产能为 40 ～ $60 m^3/d$。通过 38 个方案的数值模拟研究，最终推荐方案为 400m 井距，68 口井（生产井 56 口，注水井 12 口），分三个平台，以反九点面积注水为主的方式保持地层压力，平均单井日产油 48m^3，采油速度 2.5%，稳产 4 年，15 年累计产油 604×10^{4}m^3。该方案于 1991 年 11 月通过国家能源部的审查。

至 1994 年，对上述方案进行了两次优化，最终结果与 ODP 方案相比，平台由三个减至两个，总井数由 68 口减至 44 口。

1996 年 1 月，丁克文等人完成《锦州 9－3 油田开发可行性研究》，主要针对产能的变化以及 8D 井区储层的局部变化做了进一步优化工作，同时考虑以尽量少的井和相对高的采油速度作为方案设计的指导思想，力争使油田开发取得较好的效益。

经过几轮油藏开发评价，加上多次专家论证，对锦州 9－3 油田开发的基本做法，如：井网、井距和开发方式等已达成共识。开发方案经多次修改，也已更加完善。因此，此次调整方案的编制是在 1994 年方案的基础上，依据 8D 井钻后的新认识来开展的，主要调整内容包括以下几点：

（1）提高单井产能，全油田平均单井产能由过去的 40 ～ 60m^3/d 调至 80 ～ 100m^3/d；

（2）减少开发井数的可行性分析，即由 44 口井压缩至 40 口井的可能性；

（3）对油藏高部位分两套层系开采的效果分析，由于 8D 井附近 III 油组明显增厚，且距油水界面较远，拟将其与 I、II 油组分开，单独开采；

（4）为满足油田生产中后期注水量的需要，反九点法中角井转注的效果分析。

经过油藏数值模拟，得出以下认识：

（1）采油速度越大，早期原油采出量越多，但最终采出程度相差不大；

（2）井数多，有利控制储量，开发效果好，但投资明显增加。因此，合理的可采井数应依据经济评价的结果而定；

（3）采用分层配注、合层开采的方针，即可高速开发，也简化了采油工艺，效果明显优于合采合注；

（4）在油田开发中后期，通过角井转注，形成五点法注水井网，对于提高单井产液量，减少地层亏空是十分有益的，采出程度也有所提高。

1997 年推荐油田地质开发方案采用一套层段、正方形井网、400m 井距、反九点面积注水开发，在油田开发中、后期，通过角井转注转成五点法面积注水，以满足油田注水要求。西区三个平台改为两个平台，东区 1 座平台，共钻井 47 口，其中开发井 44 口（生产井 27 口、注水井 9 口、中后期转注井 8 口），气源井 1 口，水源井 2 口。东区全部为开发井 16 口，其中生产井 12 口、注水井 2 口、中后期转注井 2 口；西区总井数 31 口，开发井 28 口（生产井 15 口、注水井 7 口、中后期转注井 6 口），气源井 1 口，水源井 2 口。总体上仍采用一套层系（Ⅰ—Ⅳ油组）开发，为满足油田生产中后期注水量的需求，在反九点面积注水方式基础上考虑角井转注；油田投产初期以自喷生产为主，在生产 1 ～ 2 年以后含水上升到 20% 左右注水，油井的开采方式以机械采油为主。

锦州 9–3 油田注水开发，其水源为馆陶组的地层水。根据天津市地矿局环境地质研究所对辽河平原及海上石油勘探的地质、水文地质资料调研与分析认为，辽东湾锦州 9–3 油田区域在 20 年内平均日采水 4600m^3 是有保证的。根据 7 井馆陶组的试水资料分析认为，本区馆陶组的采水指数为 2000m^3/（MPa·d）以上，如果水源井为 2 口，加上生产的污水回注，基本上能满足本油田的注水量需要。东区平台生产的油气水通过海底管线输往西区平台进行处理和储存，然后用 5000t 的油轮将东、西平台的合格原油倒运到绥中基地储存和销售。

开发方案预测，第一年年产油 107×10^{4}m^3，稳产期三年，15 年累计产油 707×10^{4}m^3，综合含水 93.8%，采收率 20%；生产期间，最大年产液量 248×10^{4}m^3，最大年注水量 247×10^{4}m^3，平均单井最大日注水量 612m^3，最大产液量 279m^3/d。本方案与 1994 年推荐方案相比，在 15 年内可多产油 190.5×10^{4}m^3/d。其原因主要是单井产能增加（提高了采油速度）、流体性质变好、8D 井区储量增加以及累积注水量增加等。

第二节 开发方案实施

1997年12月底，西平台快速钻井工作正式展开，一个历时10年、经历数十人多轮回滚动评价的锦州9－3油田终于拉开了启动投产的序幕。在钻开发井之前，渤海公司研究院为项目队组建了多学科的随钻分析人员，并且提出“打准打全油层、增储增效是锦州9－3油田快速随钻跟踪分析的首要任务”。围绕这一中心任务，实行了“分级负责，层层把关”、“室内研究工作与现场工作相结合”、“及时发现问题、及时研究解决问题、及时向决策层反馈意见”的全新工作方法，在具体工作中要求技术人员“善于抓住资料的蛛丝马迹，认识油田内部的深刻内涵”，“不仅要取得钻井工作新成果，而且要在工作实践中不断提高技术人员油田地质理论水平”。

钻井跟踪过程中，根据钻井揭示的油田地质新内容，对原定开发井进行两次较大规模的调整（井位、井深），赵鹏飞等编写了《锦州9–3油田随钻分析及油藏综合评价》报告，锦州9–3油田随钻分析工作取得如下成果。

（1）通过现场取样，锦州9–3油田东营组普遍存在的低阻油层得到了证实，扩大了油层有效厚度；

（2）部分井加深钻进，扩大了Ⅴ油组含油、含气面积，使Ⅴ油组成为锦州9–3油田仅次于Ⅲ油组的又一新的开发层系；

（3）发现Ⅶ油组新的含气区块，而且在Ⅶ油组之下还发现了Ⅷ、Ⅸ、Ⅹ等三套气层；

（4）在沙二、沙三段中发现新的轻质油藏；

（5）个别井在东上段发现新油层；

与此同时，项目组也进行了一系列钻后分析工作。

（1）进行八个构造层位的开发地震解释工作；

（2）结合新的钻井取心资料，进行储层沉积相研究，完善储层分布模式；

（3）综合分析油气藏特征及其成藏机制；

（4）开展了30口井、近500个小层的地层对比，为射孔方案及油田开发提供了可靠的地质依据。

赵春明同志负责该油田储层研究工作，并编写《锦州9–3油田储层特征研究》。

开发井实际钻探后，通过地震及地质的研究，发现锦州9–3油田在构造上与钻前相比有所变化，靠近西北侧边界断层处，原来认为发育一些与边界断层平行或相交，对油气不起分割作用的次级小断层，钻后证实为一些与构造主体不连通的独立小断块，因此方案设计中位于断块内的部分开发井需要调整。同时为了保证油田产能，对一些井的井位及井别也作了调整，调整后生产井由原来的35口变为34口（包括8口转注井），注水井仍为9口，气源井由原来的1口气源井变为1口气源井和1口后备气源井，水源井仍为2口。各平台井数分别为：东（E）平台全部为开发井17口，其中生产井12口，注水井3口，中后期转注井2口；西（W）平台总井数30口，开发井26口，其中生产井14口、注水井6口、中后期转注井6口，气源井1口、后备气源井1口，水源井2口。

锦州9–3油田生产井钻井完毕后，1999年12月，由杨俊茹等编写了“锦州9–3油田射孔方案”，对锦州9–3油田射孔原则进行了研究，确定射孔原则主要如下。

（1）针对东下段主力油层：Ⅰ、Ⅱ、Ⅲ油组，除避射部分外，油层一律射开；避射距离，生产井纵向上避气10m以上，平面上避水距离200m以上，注水井考虑注采关系确定避水与否；Ⅴ油组为顶气底水薄油层，按上述避射原则，Ⅴ油组射开程度很小，因此Ⅴ油组平面避气、避水距离为200m，纵向避气、避水高度为5m；Ⅳ、Ⅵ油组为构造岩性油藏，原则上不动用；对应接近油层标准的、泥质含量小于40%的表外油层，若满足避射条件则一律射开；

（2）夹层：生产井中位于射孔井段之间、厚度小于 1m 的泥质夹层射开，注水井泥质夹层不射开；

（3）东下段Ⅶ—Ⅹ油组气层：除 W6–2 井射开气层作为气源井外，其余井一律不射开，留待另作开发部署；

（4）沙河街组及东上段油层：除 W8–3 井已在 DST 测试时射开沙三段外，其余井一律不射开，留待另作开发部署；

（5）注水井原则上生产井段不论油水层一律射开；气源井射开全部气层（W6–2，W3–1），W6–2 井 I 油组也同时射开，水源井部分射开厚度 50m。

根据射孔原则，制定出锦州 9–3 油田 47 口井的射孔意见，锦州 9–3 油田射开总厚度 1184.7m（垂厚），射孔总段数 359 个，大部分井射开程度在 85% 以上，最低为 W3–2 井，射开程度 69.2 %。

第三节　开发过程与控制

一、油田生产动态

（一）开发阶段划分

（1）天然能量开发阶段。锦州 9–3 油田 1999 年 10 月底投产，投产初期采用衰竭式开采，地层压力下降较快。在这一阶段油田主要依靠地层天然能量开发，受边水和底水作用，部分油井见水，油田含水较低。

（2）含水快速上升阶段。2000 年 8 月开始，相继有 9 口先期排液井转注，油田进入注水开发期。由于储层非均质性比较严重，非均质系数为 0.748，油田早期采用“点强面弱”的强注模式导致注入水出现了严重的指进和单层突进现象，与此同时，2002 年至 2004 年初，为了减缓产油量递减，油井也相继由自喷转为机采，尽管采用“提液稳油”的增产措施取得了较好增油效果，但却进一步加剧了注入水突破，油田的综合含水急剧上升。

（3）控水稳油阶段。2004 年，针对油田含水上升过快的矛盾，在油藏地质特征和生产动态研究的基础上，筛选了 E2–2、E2–4、W4–2、W4–4、W6–4 共 5 口注水井实施了笼统调剖措施，起到了显著的“控水稳油”作用。油田含水上升率明显下降，油田进入稳油控水阶段。

自 2005 年 2 月以来，调剖效果逐渐消失，油田原油产量递减、含水上升的速度加快，常规措施的增油效果逐渐变差。为了延缓油田产量递减，提高油田井控储量，2005 年在锦州 9–3 油田西侧利用西平台剩余井槽钻水平调整井 W10–4h，该井 2005 年 12 月 4 日投产，初期日产油在 $100m^3$ 左右，达到预期效果（图 2–1）。

（二）开发特征

从锦州 9–3 油田静压测试资料来看，油田地层压力初期下降，注水开发后降幅逐渐减小，并呈现平稳趋势，但油田总体地层压力依然偏低，地层仍然存在较大亏空，同时平面上存在不均匀现象：截至 2005 年底，全油田累计亏空 $441.95 \times 10^4m^3$，西区全面注水，能量得到一定的补充，地层压力趋稳，是全油田压力最高的区域，平均地层压力 14.6MPa 左右、累计亏空 $56.60 \times 10^4m^3$；东区因注水井转注较晚，地层亏空较严重，截至 2005 年 12 月底累计亏空 $385.35 \times 10^4m^3$，地层平均压力 13.5MPa 左右。其中，E1–3 井测静压结果为 12.6MPa；E1–7 区块，由于断层的隔挡作用，地层能量得不到补充，亏空严重，地层压力已经降落到泡点压力以下，平均地层压力 10.6MPa 单井已经出现脱气现象。

截至 2005 年锦州 9–3 油田 35 口油井中日产油大于 $100m^3$ 的井有 2 口，占全油田总生产井数的 5.88%；80 ～ $100m^3/d$ 的井 6 口，占 17.65%；80 ～ $60m^3/d$ 的井 1 口，占 2.94%；60 ～ $40m^3/d$ 的井 11 口，占 32.35%；低于 $40m^3/d$ 的井 14 口，占 41.18%。产量大于 $80m^3/d$ 的井基本上属于东平台，大多数

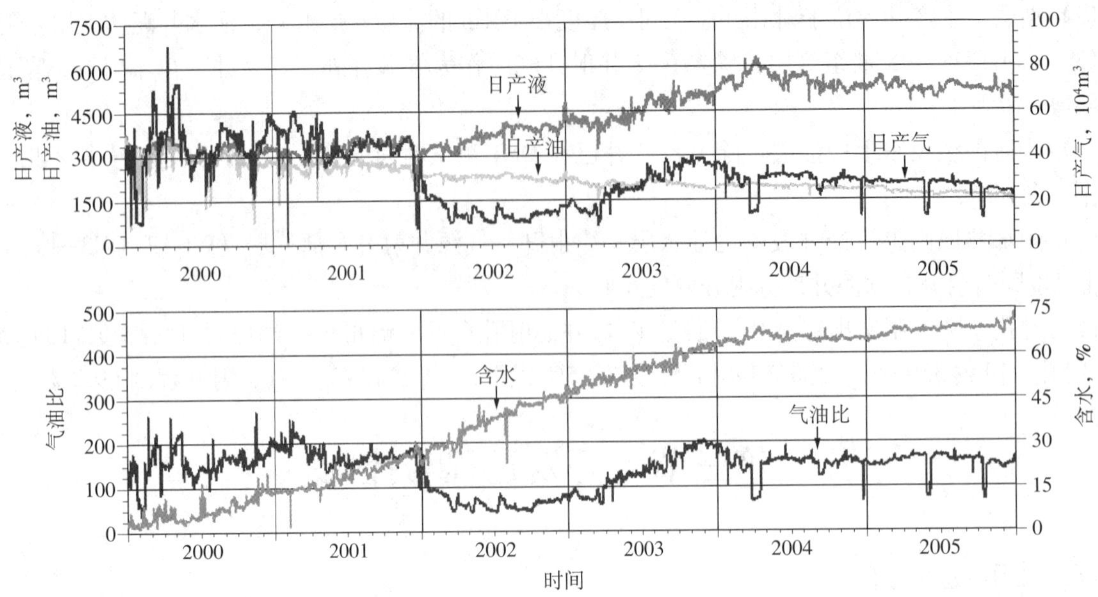

图 2–1　锦州 9–3 油田开发阶段划分图

（天津分公司技术部，2005 年）

低产井在西平台，这主要是由于油田储集体展布方向为北东—南西向，储层厚度由厚变薄，物性由好变差（图 2–2）。

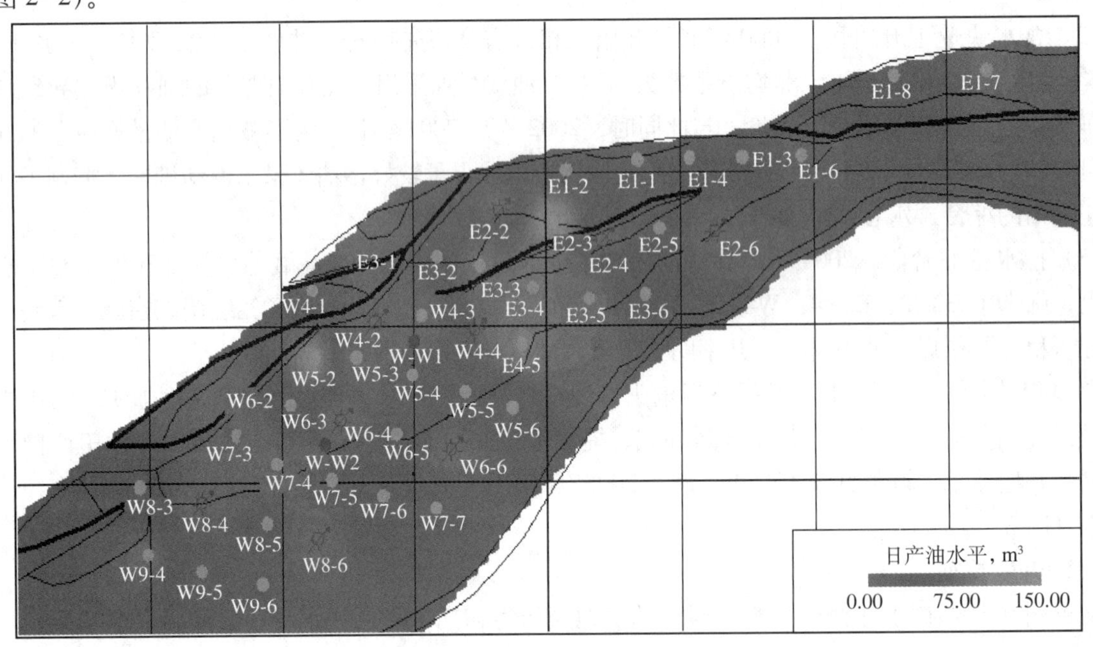

图 2–2　锦州 9–3 油田单井产量分布图

（天津分公司技术部，2005 年）

油井产油量相比初期，呈明显下降趋势的井有 9 口，主要原因分析：E1–3 井和 E1–6 井由于边水推进含水上升，且地层能量亏空较大；E1–7 井和 E1–8 井是处于一个相对独立的断块，由于能量补充很小，地层压力下降快，平均地层压力为 10.5MPa，产液量下降的同时，产油量也下降；E3–3 井、E3–4 井、E3–6 井和 W8–3 井层间矛盾恶化，注水突进，使含水快速上升，产油量急剧下降；W7–5 井生产压差很大，但产液能力降低，怀疑地层存在污染。

东区原油递减主要是受边水和地层能量亏空严重的影响，递减加速，2005 年递减率为 14.30%；而西区原油递减主要是受注入水指进的影响，2005 年通过对西区井提液、检泵和打调整井（W10–4h）等措施一定程度减缓了西区综合递减，全年西区原油递减率为 9.25%（图 2–3）。

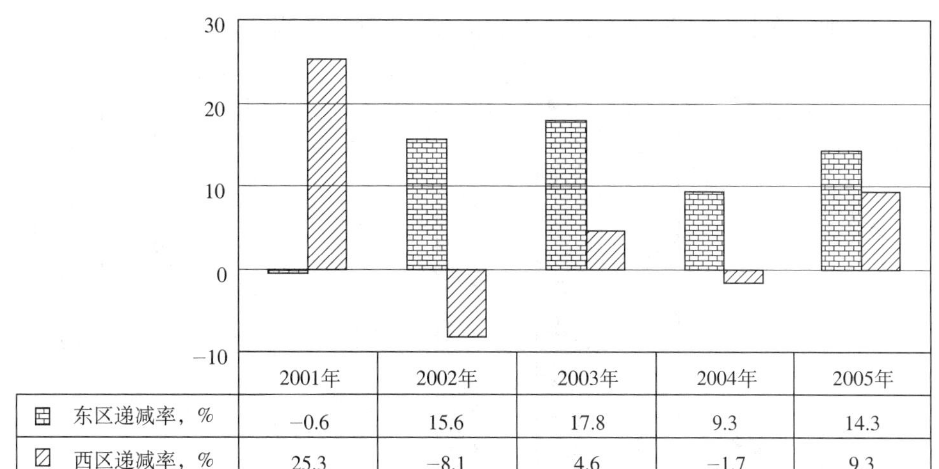

	2001年	2002年	2003年	2004年	2005年
东区递减率，%	–0.6	15.6	17.8	9.3	14.3
西区递减率，%	25.3	–8.1	4.6	–1.7	9.3

图 2–3　锦州 9–3 油田产量递减直方图
（天津分公司技术部，2005 年）

截至 2005 年底，锦州 9–3 油田在生产油井共有 32 口见水，单井含水大于 60% 的高含水井有 26 口，占 76.5%；含水介于 20% ～ 60% 间的中含水井有 7 口，占 20.6%；含水小于 20% 的低含水井有 1 口，占 2.9%。

从平面上看，油田部分井受边底水侵入，进入中高含水阶段，如 E1–3、E1–4、E1–5、E1–6、E2–5、W5–6、W6–5、W7–6、W7–7；部分油井产出水主要来自注水井，如 E3–3、E3–4、E3–5、W3–2、W4–1、W6–3、W7–4、W7–5、W8–3、W8–5、W9–4、W9–5。这主要是由于油田储层物性在平面和纵向上非均质性严重，而油田注水井采用笼统注水且为了稳产注采强度不断提高，注入水单层突进和指进尤其严重。

从单井产液剖面和生产动态分析，E3–4 井主要是受 W4–4 井调剖的影响，产油物性较好的 II 油组被堵，所以产液量下降，整口井产油下降，含水上升。

E3–6 井是一口典型的注入水突进井，含水高达 75%，其主要原因是注水井 E2–4 井的注入水沿高渗透层 I 油组突进。E2–4 井调剖后，强吸水层 I 油组吸水得到限制，其他弱吸水层得到加强，E3–6 井调剖受效，含水下降，产油增加。但随着 E2–6 井注水，油组吸水再次加强，E3–6 井含水再次升高，开发效果变差。

W4–1 井也是一口典型的注入水突破井，含水达 72%，其主要原因是周边的注水井 W4–2 井调剖后，注入地层的所有水都进入 I 油组，导致 W4–1 井含水迅速上升。

通过对各井含水上升规律的研究，认为影响油井见水快慢的主要因素是受井周围致密层物性、避射段的高度和纵向渗透率控制；而影响油井含水上升速度的因素是受油层纵向的非均质性控制。

（三）开发现状

截至 2005 年 12 月底，锦州 9–3 油田共有东、西平台 2 座，总井数 49 口，其中东平台共有 17 口井（油井 13 口，注水井 4 口），西平台共有 32 口井（油井 19 口，注水井 8 口，水源井 2 口，气源井 3 口），油田注采井数比 1 : 2.7。油田累计生产原油 $502\times10^4m^3$（核实产量），采出地质储量 10.3%（采出井控储量 19.1%），地质储量采油速度 1.3%（井控储量采油速度 1.7%），油田综合含水率为 68.4%，全油田平均日产油 $1697m^3$，平均单井日产油 $49.9m^3$，分平台开发状况为：东平台累计产油 $308.5\times10^4m^3$，综合含水率为 64.3%；西平台累计产油 $193.5\times10^4m^3$，综合含水率为 71.9% 。

油田进入中高含水阶段，东区注采比相对较低，地层亏空严重。生产井生产压差大，采液强度大。从平面上看，产量较高的井主要分布在油田中—东部，而油田西部在全面注水，地层能量补充比较充足的情况下，产量依然不高，其内因是该油田的物源由北东向西南展布，物性由好变差，油层厚度由厚变薄，储量丰度由高变低；外因则是西区部分井由于注水突进含水急剧上升（图 2–4）。

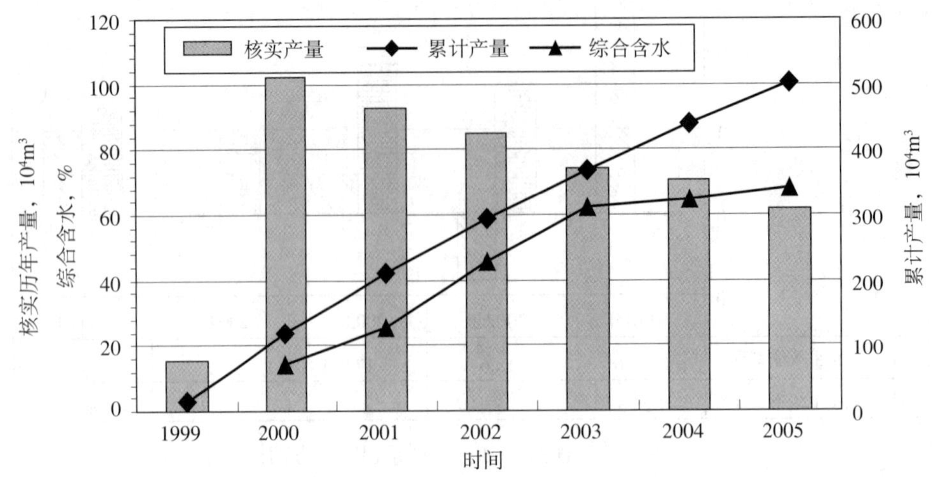

图 2–4　锦州 9–3 油田历年产油量含水曲线图
（天津分公司技术部，2005 年）

二、生产中的油藏管理

（一）油藏动态监测要求

锦州 9–3 油田自投产起就建立起了一套较为完整的油藏动态监测体系。其主要内容有：

（1）油井监测要求，包括取样、测压、井口资料录取和油井产量测试；

（2）注水井监测要求，包括注水井试注、井口资料及吸水能力资料录取；

（3）油田计量要求，包括油田日产油量、日产水量、日注水量的计量；

（4）对建立健全“井史”的要求。

锦州 9–3 油田于 1999 年 10 月 30 日投产，根据油藏监测要求，对油田已投产的 32 口油井每年进行井口取样，每年进行常规油气水样品的全分析建立了油田油、气、水性质数据库。

（二）建立油田压力观察系统

锦州 9–3 油田为砂岩边水油藏，地饱压差小，天然能量不足，油井自喷生产一段时间后逐步转为下电泵采油。由于锦州 9–3 油田储层非均质性较为严重，加之东区西区产出情况不平衡，且受边水作用不同影响，造成油田压力分布不同。建立油田压力观察系统，是在不影响油田正常生产情况下确保压力资料取得的一种较好方法。压力观察系统由以下测压方法构成。

（1）锦州 9–3 油田下有井下压力装置的油井共有 9 口，其中 2 口油井下入地面直读式井下电子压力计，7 口油井下入毛细管氮气筒测压装置观察井下流压变化，并随时可以关井测地层压力；

（2）油井中除下有过电缆封隔器的 6 口井以外，每月对每口井进行动液面测试，并折算地层流压；

（3）每年选取油田不同部位油井测量地层静压及流压，了解油田整体压力分布情况。

考虑到生产动态资料录取的规范，2005 年锦州 9–3 油田依据固定与非固定监测井点相结合，兼顾油田高部位与低部位、油田边部与内部的方针，依托已有测压点资料，确定了锦州 9–3 油田压力动态监测系统。其中固定监测井点从设有井下压力装置的油井中选取 4 口为基础，非固定井点从已有测压资料的井中选取有代表性的 3 口油井作为补充，一方面照顾到压力监测系统覆盖油田内部和边部，同时还可以对采用井下压力监测设备的固定监测井点的测压结果进行验证和补充。井点情况如图 2–5 所示。整个压力监测系统既充分利用了井下测压装置，减少了常规测试作业成本，同时考虑了油气田的地质、油藏特征和开发需要，具有较好的覆盖性，从监测时间上也保证了具有连续性和监测结果的可对比性。

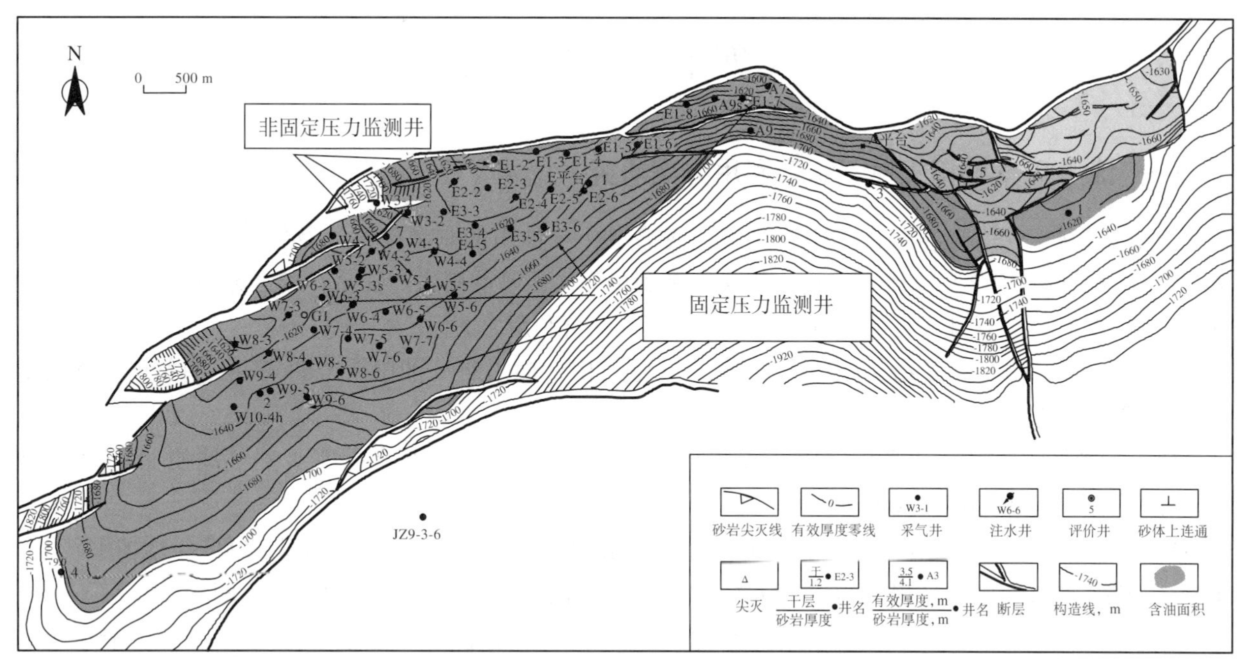

图 2–5　锦州 9–3 油田压力动态监测系统
（天津分公司技术部，2005 年）

（三）生产测井

油田生产测井包括常规油井产液剖面、水井吸水剖面、剩余油饱和度测试、示踪剂测试等。

油井产液剖面测试仪器主要包括磁定位、伽马、温度、压力计、连续涡轮流量计、流体密度和持水率计。测试项目包括涡轮流量计测量流量、温度和压力计测量流温和流压、流体密度和流体电容用于区分流体性质。

水井吸水剖面早期采用涡轮连续流量计，该测试方法具有测量准确可靠等优点，但无法测量分段内小层吸水量，后期锦州 9–3 油田测试引入了氧活化水流测井：氧活化水流测井是一种测量水流速度的测井方法，它不受流体黏度的影响，不受管柱结构的影响，不受岩性、孔隙结构和大小的影响，能够有针对性地为改善注聚井、注水井驱油效果及措施改造提供可靠的基础资料。

随着油田注水开发的逐步深入，为了了解油田（区块）内井间连通情况，判断来水方向及油层水驱动用状况，了解油藏平面上和纵向上的非均质状况、了解注入水前缘水线推进状况及注入水对周围油井的体积分布情况，完善注采关系，改善油田注水开发效果提供措施依据，2003 年在 JZ9–3 油田 W4–4、W6–6 两个井组进行井间示踪剂监测。渤海石油采油工程技术服务公司刘文辉、易飞、何瑞兵、赵秀娟编写了示踪剂注入及检测报告，油田静态资料及示踪剂测试资料显示，W4–4、W6–6 井与其周边对应油井是连通的，两井区主力吸水层的前缘水线以高达每天几百米的速度推进，示踪剂在对应油井的突破时间均在 10 天以内，注入水分配不均，指进现象严重，测试表明油层内部已出现了多个高渗带甚至大孔道，储层平面及纵向上的非均质性加剧。井组中高渗带及大孔道的形成，使注入水在平面上形成短路循环，纵向上单层突进，大大降低了平面及纵向上的水驱波及体积，降低了油藏的最终采收率。通过示踪剂注入检测解释技术在渤海 JZ9–3 油田 W4–4、W6–6 两个井组成功的应用，为采取调剖、堵水等相应措施，及时遏制高渗带及大孔道进一步扩大，改善油藏注水开发效果提供了依据，指导了油田下步注水开发策略方针。

第四节 开发调整

一、锦州 9–3 油田天然气综合利用方案研究

为依托锦州 20–2 凝析气田的生产设施，使锦州 9–3 油田的剩余伴生气及气层气资源得以充分利用，同时为了解放锦州 9–3 油田产能，提高油井利用率，保障油田生产安全，推迟锦州 20–2 北高点的投产时间，2001 年 10 月开展了锦州 9–3 油田天然气综合利用方案研究。

辽北地区的锦州 20–2 凝析气田、锦州 21–1 油气田、锦州 9–3 油田 3 个油气田共有探明天然气地质储量 $192.3\times10^8m^3$，可采储量为 $123.8\times10^8m^3$。

研究只涉及锦州 20–2 凝析气田和锦州 9–3 油田，2 个油气田共有探明天然气地质储量 $165.6\times10^8m^3$，可采储量为 $106.7\times10^8m^3$。

锦州 20–2 凝析气田原合同 20 年供气累计产气需求量约为 $76\times10^8m^3$，如若从 2003 年增加供气 $1\times10^8m^3$，则到 2012 年共需产出气 $86\times10^8m^3$，分别占两个油气田可采储量的 74.7% 和 84.5%。

截止到 2001 年 10 月，锦州 20–2 凝析气田和锦州 9–3 油田共产出天然气 $36.6\times10^8m^3$，剩余可采储量 $70.1\times10^8m^3$。

根据要求及油气田的实际情况，做出以下两个供气方案：

方案 1：在锦州 9–3 油田计划钻 2 口新气井，方案实施先期钻 1 口新气井并利用 1 口原气源井，生产 VII—X 油组气层气。同时，尽量利用油田伴生气，2003 年 1 季度锦州 9–3 油田向下游供气，在前 3 年供气 $1\times10^8\ m^3/a$。另 1 口待钻气井要根据供气量需求及第 1 口新钻气井的实际情况再确定。锦州 20–2 气田中、南高点维持当前气产量至 2005 年，2006 年投产北高点。2003 年开始年产气 $4.8\times10^8m^3$ 至 2012 年。

方案 2：锦州 9–3 油田钻 1 口新气井，2003 年 1 季度锦州 9–3 油田向下游供气，年供气 $0.5\times10^8\ m^3$ 至 2012 年，此期间可不上北平台，年产气 $3.8\times10^8\ m^3$ 至 2012 年。

方案 1 动用锦州 20–2 凝析气田和锦州 9–3 油田的全部探明地质储量，为 $165.6\times10^8m^3$，可采储量为 $101.7\times10^8m^3$。到 2002 年底，天然气气产出将达到 $41\times10^8m^3$，剩余可采储量 $60.7\times10^8m^3$。由 2003 年算起，到 2012 年还需产气近 $49\times10^8m^3$，占剩余可采储量的 80.7%。

方案 2 不动用锦州 20–2 凝析气田北高点探明凝析气地质储量，动用的天然气地质储量为 $147\times10^8m^3$，可采储量为 $88.3\times10^8m^3$（锦州 9–3 油田溶解气除外），到 2002 年底，剩余可采储量 $47.3\times10^8m^3$。由 2003 年算起，到 2012 年还需生产 $38\times10^8m^3$，占剩余可采储量的 80%。

根据总公司 2001 年关于《锦州 20–2 及周边油气田增加供气方案》，2002 年 8 月锦州 9–3 油田新钻气井 WG–1 井，生产 VII–X 油组气层气，2003 年 3 月 31 日该井正式投产，配合锦州 9–3 油田后备气源井 W3–1、W6–2 井以及经过压缩机增压后的剩余溶解气一起通过海底管道输到锦州 20–2 气田参加供气，初期补充日供气 $20\times10^8m^3$ 左右，最高日供气 $25\times10^8m^3$。

二、锦州 9–3 油田 W10–4h 调整井

锦州 9–3 油田含油面积较大，呈狭长带状且有边水。ODP 阶段考虑到油田边部油层有效厚度较薄，为保证经济效益，避免出现低效井，开发井主要集中在油田内部靠断层一侧，主力油组井控程度较低，其中一油组井控程度较高的石油地质储量约占一油组探明石油地质储量 70%。油田西区南侧是油田边部最具潜力的未开发区。其中 I—III 油组叠合含油面积约 $3.8km^2$，估算已开发探明石油地质储量约 $460\times10^4m^3$。生产动态表明，油田西区南侧表现为弱边水特征，边部采出程度较低。由于西区注水较早，地

下能量亏空得到及时补偿，因此边水推进还会受到进一步抑制，使西区南侧未布井区成为剩余油的主要富集区。钻调整井的主要目的是实施边部调整，提高井网控制程度，增加产量，减缓递减，提高油田的最终采收率。经过地质油藏和开发地震综合研究，选择的井位位于西平台 W9–4 井西南约 300 ~ 700m 处，井名为 W10–4h。

2004 年利用新三维资料对构造进行精细研究，和 1999 年的成果相比，西侧边界断层的位置略有变化，构造形态基本不变，构造是落实的，地震剖面显示 W10–4h 井周围同相轴连续性较好，反射能量较强，与 W9–4 井相似，表明该井周围储层较发育。W10–4h 井平面距离边水较远，其中距 I 油组内含油边界约 700m。数模研究认为该井具有产量较高、含水上升缓慢、总体开发指标较好的特点，预测调整井方案全油田累积增油量 $17.6 \times 10^4 m^3$，可提高原油采收率约 0.36%。

2005 年 12 月 W10–4h 井正式投产，该井人工井底 3179m，垂深 1683.52m，油补距 14.7m，最大井斜 89.6°，初期日产油 150 m^3，为油田后期调整挖潜提供了第一手地质资料。

第三章

钻井与采油工程

第一节　钻井工程

该油田于 1988 年钻探 1 井发现高产油流，油田构造位于辽西凹陷，是一个东北向展布的狭长半背斜构造。由于当时油价偏低、钻井时效低，经多次论证评价没有经济效益，以致搁置多年。后因优快钻井技术过关，油价也有所回升，于 1997 年决定投入开发。

在快速钻井试验的初级阶段，钻井的目标是将钻井速度提高 40% 左右，由原来的 57 天缩短为 32 天，突出强调的是速度。经过科学实验，一举将速度由 57 天缩短到平均 18 天左右，是原来的的三分之一，使钻完井成本大幅度降低，通过大面积推广，使得锦州 9–3 原来根本无法开发的油气田得到有效开发。

根据锦州 9–3 油田油藏开发的需要，钻井工程在丛式井设计上，利用目前已经掌握的地质油藏条件及其对已钻井的认识以及优快钻井技术和丛式井钻井技术，多次全方位优化锦州 9–3 油田钻井设计。根据油藏开发方式的要求，分为东、西两个区域开发。因此，以两个钻井沉箱平台为中心向四周打丛式定向井，控制油田的主要含油面积区域，东区最大水平位移的井达到 2100m，西区最大水平位移的井达到 1950m，保证轨迹覆盖全油田主体。井眼轨迹的选择考虑到采油工艺、生产管柱的需要以及钻井工艺的特点，采取“直—增—稳”三段制的井身轨迹剖面，其斜直井段可以解放钻压提高钻速，利于电测井及方便今后生产管柱的起下、电潜泵的安放和后期生产井下作业的进行，并合理控制最大狗腿度。井身结构及套管程序的选择从油田钻井及采油工艺的需要和特点出发，并尽可能地节约开发成本，确定全井套管程序为：24in 隔水管（入泥 35 ~ 40m）；$13^3/_8$in 表层套管下入 200m；$9^5/_8$in 或者 7in 作为生产套管。考虑到该油田的生产寿命及地层特点，全部采用管内砾石充填防砂的方法：生产套管全部固井完，然后射孔下入绕丝防砂管，再用管内砾石充填的方法完井。井眼轨迹控制及其防碰设计，从锦州 9–3 油田井网密集井口间距极小（仅为 2m）的实际情况出发，将防碰摆在十分重要位置。采用陀螺测量仪器量上部直井段井眼轨迹数据，下部井眼避开磁干扰井段后，采用 MWD 测量工具，保证井眼轨迹的精确控制。

在锦州 9–3 油田区块进行钻完井作业存在诸多困难，井眼密集，防碰要求高，一个平台上钻 30 口丛式定向井，创当时渤海丛式井井数之最，从设计到施工，都要严格按照防碰要求，保证安全。该油田上部地层的馆陶组地层，可钻性差，大套的砾石，对于井眼净化和提高机械钻速，都是极大的障碍。从作业量上分析，东、西区两个沉箱井口平台，需钻 47 口井，总进尺 107126m，是当时渤海生产井井数最多的开发井井数和总进尺数最多的项目。加之作业时间很长，夏天的高温、冬天的严寒，对于钻井队伍的管理和施工人员的意志都是挑战和考验。客观方面，该油田远离塘沽基地，任何一项紧急用料或人员调配从塘沽港出发送到作业现场，需要 20 多个小时，对于项目的组织管理和技术管理提出了严格的要求。

通过锦州 9–3 油田的开发作业，辽东项目组探索熟悉并掌握了丛式井组的井眼防碰技术。根据现场实际情况，项目组开发了一套从设计开始到实施过程控制的防碰扫描软件计算分析软件以及根据已钻井眼轨迹和实测正在钻时井数轨迹的调整技术、现场陀螺仪和 MWD 随钻测量三大技术，摸索出了一套轨迹控制和井眼防碰技术，保证了井眼轨迹的控制和安全。在渤海后来的开发丛式井中也得到了极好的应用。

在锦州 9–3 项目中，采用了 BAKER、HAGHES 的 9⁵/₈in 导向马达和 ANADRILL 的 9⁵/₈in 导向马达，其最大排量可达 4000 ～ 4510L/min，马达功率为 200 ～ 400kW，钻头转速为 80 ～ 260r/min，满足了在该地区定向作业和稳斜钻井作业的要求。马达使用的平均寿命在 200h 以上，表现出良好的定向钻井及导向性能。

在油田开发过程中使用 MWD 随钻测量技术对井眼实行全程控制，井眼轨迹准确钻达靶区。在锦州 9–3 项目中，有 4 口井是双靶井，平均井深 2504m，平均第 2 靶的靶区半径为 15.95m，完全达到设计要求，为提高机械钻速，保证井眼轨迹的控制精度，创造了良好的条件。

在井斜超过 60° 以后，用常规电缆测井工具难以完成电测任务，因此，在东区平台两口井中采用了 LWD 随钻测井技术。E1–8 井井深 3292m，井斜 68.39° ；E1–7 井井深 3830m，井斜 76.24° 。这两口井均采用了 LWD 测井技术。除此还采用了优快钻井的一些其他配套技术，也取得了较好的效果。

在锦州 9–3 油田还首次使用滑移钻井方式在沉箱平台上钻生产井并获得成功，首次在渤海一个平台上井数达到 30 口，首次使用低温速凝水泥浆体系固表层套管并取得成功。尤其是优快钻井成功，将该油田建井周期从原来平均 25 天左右缩短到 7.79 天，为加快油田开发的速度，节约油田开发成本作出了新的贡献。

第二节　完井工程

锦州 9–3 油田为东区和西区两部分组成，油气主要分布于东营组下段，将含油气层段划分为 10 个油组。根据锦州 9–3 油田东下段油层以细砂、粉砂为主，泥质含量高，单层较薄、夹层发育、净毛比较低，且纵向上有多个油水系统的储层特征，生产井采用压裂充填防砂或高速水充填防砂方式完井，每口井分三个防砂层段；注水井采用下优质筛管防砂完井，东块的注水井每口井分三个防砂层段。从锦州 9–3 油田主体区生产情况看，防砂效果好，产量达到了 ODP 配产的要求，虽后期在生产中表皮系数有所增加，但采用酸化解堵效果明显。根据注水井不排液或排液时间较短的特点，采用套管射孔 + 优质筛管简易防砂方式，同时根据油层特点，为提高作业时效，采用一次多层防砂作业方式，防砂管柱能够灵活改变，以满足不同地层条件配管要求：9⁵/₈in 套管防砂管柱最小内径不小于 4.75in；7in 套管防砂管柱最小内径不小于 3.25in。

从探井测井曲线可以看出，大部分油层处于可能出砂的范围。锦州 9–3 油田相同储层的油井进行了防砂措施，其中防砂失败的油井 W5–3、W9–5 在生产时出砂，后经过采取措施才能正常生产；而注水井 W4–4、W8–4 没有防砂，其中 W8–4 注水一直正常，但是 W4–4 初期生产中有出砂问题，冲砂后注水正常，后来经过论证，两口井进行了防砂作业，防砂效果良好，注水功能保持稳定，因此锦州 9–3 油田无论是生产井还是注水井都需防砂。

通过对锦州 9–3 油田东侧的两口生产井 E1–7 和 E1–8 井以及东块探井的油藏分析及储层特点，统一采用地层砂粒度中值的 5 ～ 6 倍来选用充填防砂用砾石或支撑剂。锦州 9–3 油田西区采用优质筛管简易防砂，裸眼下优质筛管 + 砾石充填防砂的完井方式。水平生产井开发东二下段 I 油组，采用裸眼下优质筛管 + 砾石充填防砂；定向注水井目的层为东二下段 I —Ⅲ油组，采用套管射孔下入优质筛管简易防砂。在水平井砾石充填防砂技术较为成熟的前提下，将水平砾石充填井的优质筛管和注水井的优质筛管的挡砂精度适度进行放大，W10–4h 井于 2005 年 12 月投入生产，该井采用金属蠕动棉优质筛管防砂，挡砂精度 80μm（相当于 40 ~ 50 目砾石的挡砂精度），生产 I 油组，生产状况良好，未见出砂，以此为借鉴将后续井优质筛管的挡砂精度放大至 80 ~ 100μm。

1999 年隐形酸完井液在锦州 9–3 东平台 17 口生产井完井作业中已经使用，这是隐形酸完井液在海上油田的第一次大规模应用。经验证和分析表明：该酸性完井液不仅自身储层保护效果好，而且能够有效解除前期钻井、固井作业对储层造成的损害；酸性射孔液在 80℃下腐蚀速率可控制在 1.10g/m^2•h 以下，与原油配伍性较好；黏土稳定剂 HCS 能有效地抑制储层中黏土矿物的水化膨胀；螯合剂 HTA 对储层岩石作用为弱溶蚀，可扩大储层渗流通道，同时又不会危及岩石强度，且 HTA 溶蚀碳酸钙时不会产生沉淀物；降低破胶时间，对于潜山地层使用的 PRD 钻开液，在 60℃下经 4 ~ 6 h 后基本可完全破胶。因此在后续调整开发中继续使用并对螯合剂 HTA、黏土稳定剂 HCS 的使用量及配方进行优化。锦州 9–3 油田西区继续使用隐形酸完井液，水平井使用破胶液破胶，在此基础上，工艺及配方不断完善，使之成为在开发实施阶段可应用储层保护效果更佳、操作简便且保证作业安全的新完井液体系。

锦州 9–3 油田储层为东营组下段，其埋藏浅，纵向非均质严重，为减小射孔孔道压实程度和射孔液侵入地层，设计采用负压射孔，选择合理的负压值，既能把射孔碎屑及压实层清除干净，又不会破坏地层结构。根据定向井射孔段长等特点，设计油管传输射孔（TCP）方式，依据试验结果和实用经验，TCP 射孔的射孔枪外径与套管内径的间距为 1in 左右枪的对中效果较好，且能充分发挥聚能射孔弹的聚能效果，可提高压裂效果和产能，因此选用 9^5/$_8$in 套管内使用 7in 射孔枪配以用 RDX 无碎屑或低碎屑射孔弹。锦州 9–3 油田西区同样使用隔板传爆技术，采用高孔密、大孔径射孔弹负压射孔技术；套管注水井采用平衡压力射孔大负压返涌技术。采用平衡压力射孔大负压返涌工艺，返涌负压值为 4.2mPa 左右，该负压值既能把射孔碎屑及压实层消除干净，又不会破坏地层结构。

第三节　采油工程

一、举升工艺

锦州 9–3 油田举升工艺主要采用了自喷采油、电潜泵采油、自喷采气等方式。

（1）自喷采油。1999 年 10 月 30 日至 11 月 30 日，锦州 9–3 油田 29 口采油井自喷投产，自喷投产的采油井数占当时投产采油井总数（40 口）的 72.5%。自喷投产的 29 口采油井中，28 口井完井时井下生产管柱为自喷生产管柱；1 口井（W6–3 井）完井时井下生产管柱为电潜泵采油生产管柱，因投产初期该井产能较强、所以自喷投产，计划在后期该井能量不足之后启动电潜泵生产。

自喷采油初期，大部分自喷采油井的油嘴开度在 7.3 ~ 12.3mm 之间，在以后的开采过程中根据产量、油压的变化对油嘴开度逐步进行了调整。

因为油田开发初期没有注水、地层能量无法补充；同时，随着气顶气的采出，气顶能量也逐渐减弱，因此 2000 年 4 月，部分自喷采油井产液量开始降低、自喷能力开始降低。若继续采用自喷采油方式，井口采出的产油量显然不能满足开发指标的要求。2000 年 3 月之后，部分自喷采油井产气量增加、气窜严重，有些自喷采油井甚至因气窜严重而关井停产。

针对部分自喷采油井气窜严重的情况，地质人员重新分析了相关的地质资料，发现这些井所在的储层均存在着或大或小的气顶，建议通过关闭气顶所对应的生产滑套来控制气窜；地质人员对关闭气顶所对应的生产滑套后这些自喷采油井的产能进行了重新评价，发现关闭气顶所对应的生产滑套后这些自喷采油井的产能下降、自喷方式采出的产油量不能满足开发指标的要求，建议改变井下生产管柱，将这些井的采油方式由自喷采油改变为电潜泵采油。

为了保持开发效果，天津分公司生产部决定采取转注和转电潜泵两项措施：对 ODP 设计的注水井实施转注，对产液量明显降低的自喷采油井实施电潜泵采油。2000 年 4 月下旬，天津分公司生产部开始实施转电潜泵措施。在转电潜泵的作业过程中，对油管尺寸和井下生产管柱类型进行了优化：①为了满足开发指标对井口产油量的要求，将原先自喷管柱中的 J–55 $2^7/_8$in 油管换成 $3^1/_2$in 油管；②结合完井时套管尺寸，兼顾油藏动态监测和生产层位调整的需要，部分采油井采用普通电潜泵生产管柱，部分采油井采用普通电潜泵加毛细管测压装置的生产管柱，部分采油井采用 Y 合电潜泵生产管柱，部分采油井采用 Y 分电潜泵生产管柱。

2000 年 11 月，一些气窜严重的自喷采油井率先实施改变采油方式、卡气层的措施：起出井下原先的自喷生产管柱，在地面关闭了一些可疑气层（东营组下段一、二、五油组）所对应的生产滑套，然后将生产滑套已经调整好的 Y 分电潜泵生产管柱下入井下。在生产过程中对这一批次的井进行钢丝作业开关滑套试验，得出如下认识：二油组产气量不大，五油组产气量大，一油组部分井产气、部分井不产气。借鉴开关滑套试验得到的成果，后续批次因气窜需要转电潜泵采油的井都关闭了五油组所对应的生产滑套、部分井关闭一油组所对应的生产滑套。

2001 年 11 月 10 日，锦州 9–3 油田西平台最后一口自喷采油井 W9–4 井转电潜泵作业结束、启泵生产，标志着锦州 9–3 油田初期自喷投产的采油井完成了采油方式从自喷采油向电潜泵采油的转化。

（2）机械采油。锦州 9–3 油田的机械采油方式主要是电潜泵采油。

1999 年 10 月 30 日至 11 月 30 日，锦州 9–3 油田 11 口采油井以电潜泵采油方式投产，占当时投产采油井总数（40 口）的 27.5%。电潜泵采油方式投产的采油井采用了 4 种类型的井下生产管柱：① Y 分管柱；② Y 合管柱；③普通合采管柱；④带丢手的普通合采管柱。其中，部分普通合采管柱和部分 Y 分、Y 合管柱安装了井下永久式测压装置。

截至 2005 年底，锦州 9–3 油田在生产采油井共 34 口；其中：采用 Y 分管柱的采油井 18 口，占 52.9%；采用 Y 合管柱的采油井 7 口，占 20.6%；采用普通合采管柱采油井 8 口，占 23.5%；采用丢手分采管柱采油井 1 口，占 2.9%。

在采油井生产过程中，对安装了永久式测压装置的井，实施了周期性和非周期性进行“产液量—流压”历史数据的试井解释工作，为油田生产动态分析提供了丰富的资料。

2005 年 12 月 5 日，锦州 9–3 油田的第一口调整井 W10–4h 投产，该井采用电潜泵采油方式生产，井下生产管柱为普通电潜泵合采管柱。为了控制含水上升，该井一直控制油嘴生产。

从 2001 年 3 月开始，部分动液面距离井口较近的采油井实施了换大泵作业，作业后这些采油井产油量增加、动液面下降。在油田转入注水开发后，采油井动液面下降的趋势得到了抑制，在生产过程中采油井的动液面保持稳定。

从自喷转电潜泵后，部分采油井出现了井口套压升高的现象，油田管理者对这些井实施手动停泵，将这些井重新转自喷生产。转自喷生产一段时间后，这些井的产气量逐渐下降、井口套压开始回落。在井口套压回落之后，为了保证较高的井口产油量，这些井重新启动电潜泵，由自喷采油重新转向电潜泵采油。

锦州 9–3 油田电潜泵运行情况良好：电潜泵机组运行稳定，排量效率高，运行时间长。截至 2005 年底，锦州 9–3 油田东平台采油井平均排量效率达到 141%，平均运行周期 1239 天；锦州 9–3 油田西平台采油井平均排量效率达到 168%，平均运行周期 864 天。其中运行周期大于 1000 天的采油井有 15 口，占 44.1%；运行周期大于 700 天小于 1000 天的采油井有 9 口，占 26.5%；运行周期最长的采油井为 E2–5 井，运行周期达到 2263 天（该井 1999 年 10 月 23 日启泵生产，2005 年 12 月 31 日仍然保持正常运行状态）。

（3）自喷采气。锦州 9–3 油田的采气井有 3 口，在 2003 年 3 月中旬至 4 月中旬之间陆续自喷投产。井下生产管柱为自喷分采管柱。

二、增产措施

锦州 9–3 油田投产初期采用衰竭式开采，这一阶段没有对采油井采取增产措施；2000 年 8 月，油田进入注水开发阶段，随着注水开发的不断深入，地层能量得到了保持，油井的供液能力维持稳定，在 2001 年至 2004 年期间，为了减缓产油量递减趋势，采油井主要采用酸化、卡水等增产措施。

（1）采油井酸化。2001 年至 2004 年期间，锦州 9–3 油田共实施采油井酸化 12 井次。挤注方式采用油管正挤或环空反挤。酸化工艺采用胶束酸暂堵分流酸化：①处理液使用氟硼酸；②前置液、后置液中加入胶束剂；③在前置液与处理液中加入暂堵剂，以达到使酸液向中、低渗透层进行有效分流的目的。酸化后启动采油井井下电潜泵进行残酸返排。

实施酸化作业的 12 口采油井中，效果较好的采油井 6 口，效果一般的采油井 3 口，效果较差的采油井 2 口。

酸化效果明显的 6 口井中，不仅在酸化前表现出明显的近井严重堵塞的迹象，在酸化作业过程中，施工参数的变化特征也尤其明显。例如锦州 9–3 油田西平台的 W8–3 井，该井 2003 年 7 月 2 日至 7 月 10 日进行酸化作业。酸化前该井产液量 $46m^3/d$，产油量 $25m^3/d$，含水 46%，动液面垂深 963m。在挤注清洗剂及挤注酸液初期，泵压较高，泵排量小，清洗剂和酸液挤入地层困难，表明近井堵塞程度严重、地层注入能力偏低；挤注酸液中后期，泵排量大幅升高，酸液挤入地层相对容易，表明经过挤注酸液该井近井堵塞有一定程度的减弱、地层注入能力增强，酸化施工效果较好。该井酸后初期产液量 $168m^3/d$，产油量 $148m^3/d$，含水 12%，动液面垂深 637m；随后产液量逐渐下降，2003 年 8 月，产液量趋于稳定：产液量 $110m^3/d$，产油量 $85m^3/d$，日增油 $60m^3$。

（2）卡水。由于锦州 9–3 油田储层物性存在严重的非均质性，在注水开发的过程中出现注入水单层突进的可能性较大；在 ODP 设计阶段，锦州 9–3 油田 ODP 项目组钻完井工程小组就考虑油藏工程小组提出的生产过程中层位调整的需要对该油田的完井管柱进行了详尽的设计。对于 ODP 方案油藏工程小组认为可能出现某个小层内注入水突进或者边水突进现象的采油井，其完井管柱采用 Y 分管柱，这种类型的管柱为后期钢丝作业关闭怀疑出水层所作好了准备。对于在 ODP 设计阶段没有考虑到、在油田投产后根据生产情况分析可能会出现注入水突进或者边水突进而需要进行层位调整的采油井，油藏管理部门都在修井地质设计中提交了将井下生产管柱更换为 Y 分管柱的需求，作业部门在后续的修井作业中都予以了实施。

随着开发的不断深入，部分采油井出现了含水突然上升的现象。由于在 ODP 阶段和后续油藏动态分析中都充分考虑了层位调整卡水的需要，锦州 9–3 油田在注采井组内单井含水上升时顺利的对采油井实施了层位调整卡水作业。当发现采油井的含水突然上升后，采取关闭可疑出水层、化验含水的办法对产水层进行验证；当找到出水层之后关闭对应的生产滑套实施卡水。

投产时，锦州 9–3 油田东西平台均配备有轨道式修井机，修井机可以到达任何一个井槽进行油井维护和修井作业。

（3）套管堵漏。截至 2005 年底，锦州 9–3 油田出现 1 井次采油井（E1–6 井）套管漏失事件，该井套管破损井段斜深 1243 ~ 1280m，破损井段长度共计 37m，顶部封隔器斜深 2096m，破损井段底部距离顶部封隔器 816m；处理办法为：下入过电缆封隔器至漏失位置上部，通过该电缆封隔器与顶部封隔器一起对套管漏失部位实施卡封。

2003 年 7 月 17 日，锦州 9–3 油田 E1–6 井化验含水 100%。

2003 年 9 月 7 日至 9 月 8 日，该井进行产出剖面测试，通过测井温度曲线分析，发现在斜深 1300m 处有大量水产出；因该井固井时水泥返高为 1750m，在斜深 1750m 至井口段套管与地层之间没有固井，判断可能馆陶水在套管外长期浸泡导致套管在斜深 1300m 处被腐蚀破裂。

2003 年 9 月 10 日，为了阻止馆陶水倒灌进入产层，关闭产层所对应的所有生产滑套；关井。

2003 年 9 月 22 日至 9 月 26 日，对该井实施过油管套损测试。

2003 年 11 月 8 日开始挤水泥修补套管的作业准备。

2003 年 11 月 20 日，通过下入封隔器验封查明套管破损段斜深为 1243 ～ 1280m，破损井段长度共计 37m；鉴于破损井段过长，挤水泥作业难度大，成功率低，原作业计划被迫中断，经讨论决定下过油管封隔器简易卡水；2003 年 12 月 13 日，下入过油管封隔器简易卡水作业结束，启泵生产。

该井自卡封作业结束、启泵生产以来，电潜泵运行稳定，生产状况良好：产液量 $88m^3/d$，产油量 $9m^3/d$，含水 90%。

第四节　注入工程

2000 年 7 月 20 日，锦州 9–3 油田 W8–4 井投注，该井的投注标志着锦州 9–3 油田进入注水开发阶段。

从先期试注时的全井段先期简易防砂笼统注水到设计注水井转注时采用普通合注管柱笼统注水，从小剂量单井调剖到区块整体调剖，从注水井转注前防膨到注水井周期性防膨，锦州 9–3 油田的注入工艺随着油田的逐步开发而不断发展。

截至 2005 年 12 月 31 日，锦州 9–3 油田的注水井陆续采取了笼统注水、调剖、改善注水水质、防膨、冲砂等多项措施。

（1）笼统注水。为了缓解注水井层间矛盾，保证注水开发效果，锦州 9–3 油田在 ODP 设计阶段就考虑了细分注水的需要，对注水井的完井管柱进行了优化设计，锦州 9–3 油田的注水井的完井管柱分为两类：①部分设计转注井按照采油井的防砂模式进行分段防砂；②两口先期试注井（W8–4 井、W4–4 井）进行了先期简易防砂、为后期实现细分注水提供条件。

2000 年 7 月 20 日，设计的先期试注井 W8–4 井投注，注入方式为笼统注水。

2001 年 4 月 25 日，设计的先期试注井 W4–4 井投注，注入方式为笼统注水。

2001 年 8 月 8 日，设计注水井 W4–2 井转注，注入方式为笼统注水。

截至 2005 年年底，锦州 9–3 油田共有注水井 9 口，全部为笼统注水。

2004 年 5 月 12 日至 5 月 29 日，W8–4 井吸水剖面测试；测试结果如下：①东营组下段一油组为主要吸水层段；②东营组下段二、三油组少量吸水；③东营组下段五油组不吸水。从 2004 年 5 月吸水剖面测试结果看，W8–4 井在笼统注水的情况下层间矛盾突出，油层单层突进系数为 2.1；结合注采井组内采油井含水上升加快的情况，判断 W8–4 井注入水的单层突进已经严重影响注采井组的水驱动用程度和注水开发效果，表现出了将该井注入方式由笼统注水转化为分层注水的迫切需要。

在 2004 年 5 月，对锦州 9–3 油田的其余 8 个注采井组的含水上升情况进行了统计分析，这些注采井组内对应的采油井的含水快速上升情况与 W8–4 注采井组类似；根据这一现象能够判断其余 8 口注水井同样存在着严重的注入水单层突进的问题、同样迫切需要将注入方式由笼统注水转化为分层注水。

（2）调剖。由于锦州 9–3 油田的非均质性强，注水开发早期采用的“点强面弱”强注模式使得注入水出现了严重的平面指进和单层突进现象，导致油田的综合含水急剧上升。2004 年实施了 5 口注水井的笼统调剖，起到了“控水稳油”作用。

2004 年 5 月 12 日至 5 月 29 日，W8–4 井进行吸水剖面测试，暴露出了笼统注水注入方式下的注入水单层突进严重的问题。

结合同期锦州 9–3 油田其他注采井组内表现出的含水上升明显加快的情况，在 2004 年 3 月至 2004

年 6 月先后对 W4–4 井、W6–4 井、W4–2 井、E2–4 井、E2–2 井 5 口注水井实施了深部调剖作业。调剖方式为油管正挤、笼统注入方式，调剖剂采用交联调剖剂及颗粒调剖剂交替注入。这一批次的调剖作业治理了层间矛盾，有效抑制了油田的含水上升：2004 年 1 月，锦州 9–3 油田的综合含水为 63.4%；2004 年 12 月，锦州 9–3 油田的综合含水为 64.7%；一年内油田的综合含水仅上升 1.3 个百分点。这一批次的调剖作业累积增油 $4.06 \times 10^4 m^3$。

由于该批次的调剖采取的全井笼统注入方式，虽然高渗透层的吸水能力有所降低，但是低渗透层的吸水能力同样被抑制，没有起到动用低渗透层原油的作用。

(3) 注水水质。2000 年 7 月 20 日，锦州 9–3 油田 W8–4 井投注。在 2000 年 7 月 20 日至 2001 年 8 月期间，锦州 9–3 油田的注入水均采用水源井采出的馆陶组地层水。

2001 年 8 月，生产污水和馆陶组地层水开始清污混注。

随着注水工作的进一步深入，逐渐发现清污混注后注入水水质存在一些问题：注入水 SRB 菌严重超标，悬浮物含量也超标。如果长期运行下去，将会造成注水井近井地层堵塞，影响油田的开发效果。2005 年 3 月，天津分公司生产部提出需要进行清污混注改造；天津分公司辽东作业区同意进行清污混注改造。

借鉴 SZ36–1 油矿 CEP 平台清污混注改造经验，2005 年 9 月份，天津分公司辽东作业区引进了北京东晟世纪科技有限公司的高纯二氧化氯技术，完成平台清污混注改造项目。改造后，注入水中的 SRB 菌、TGB 菌、铁细菌含量得到有效控制，注入水水质得到了一定程度的改善。

(4) 防膨。结合锦州 9–3 油田储集层的岩性和 ODP 设计的注入水注入速度，分析认为该油田在注水过程中会出现严重的水敏和速敏、从而降低注水井的注入能力。为了控制水敏和速敏，提高注水井的注入能力，注水井需要进行防膨作业。

锦州 9–3 油田大部分设计注水井在转注前都实施了防膨作业。

设计注水井转注后，在后期注水过程中，每年实施 1 ~ 2 批次的防膨作业。

防膨作业中以黏土稳定剂作为防膨剂；注入方式为油管正挤。

截至 2005 年底，锦州 9–3 油田共实施注水井防膨作业 33 井次。

(5) 注水井冲砂。锦州 9–3 油田 2 口先期试注井（W4–4、W8–4）均采取简易防砂。从第一口先期试注井投注到 2005 年年底，锦州 9–3 油田的先期试注井冲砂作业 2 井次。先期试注井冲砂后增注效果明显，注入能力显著提高。

2004 年 6 月 2 日至 6 月 4 日，W4–4 井冲砂洗井；冲砂作业后，东营组下段二油组以下的注水能力得到了恢复。

2005 年 3 月 3 日，W4–4 井因注水压力高而停注；2005 年 3 月 4 日至 3 月 10 日，冲砂洗井；冲砂作业后，该井井口注水压力降低，恢复了正常注水。

第四章

海 洋 工 程

锦州 9–3 油田是中国海洋石油渤海公司于 1988 年在渤海辽东湾自营勘探开发的年产 100 万吨级的大油田。从 1988 年开始进行工程概念研究到 1999 年 10 月建成投产，历时 12 年，是海洋石油单一油田开发准备时间最长的油田。

第一节　工程方案

油田开发海洋工程方案是指建立一套能够确保在海上长期生存和安全运转的生产设施、生活设施和原油储存销售设施的规划。1989 年渤海公司对该油田进行全面评价，次年国家储量委员会批准该油田基本探明含油面积 18.9km^2，基本探明石油地质储量 3080×10^4t；1991 年 11 月渤海公司研究院提交油田总体开发方案，次年 1 月国家能源部批准该方案。1992 年 12 月完成基本设计，1993 年 12 月完成《锦州 9–3 油田总体开发方案（修正稿)》。1994 年 7 月 15 日，由于可以利用日元第三次能源低息贷款，渤海公司再次向总公司汇报开发工作及经济评价，因当时油价降至 11.83 美元 / 桶，内部收益率只达到 5.49%，总公司未同意锦州 9–3 油田的启动。1995 年 8 月 17 日渤海公司组织了锦州 9–3 油田重新启动的研究工作。1996 年 3 月 3 日向总公司开发生产总（副）师第一次技术会议汇报了锦州 9–3 油田的开发方案。会后总公司领导指示进行锦州 9–3 油田基本设计修改工作，总公司于 1997 年 4 月通过基本设计，本次开发方案西区三个平台改为二个平台，东区一座平台。锦州 9–3 油田于 1999 年底建成投产。

锦州 9–3 油田采用一套层系，正方形井网、400m 井距、反九点法面积注水开发。在开发中、后期，通过角井转注成五点面积注水。

在油田主体范围内分东、西两区，共计钻井 47 口，其中开发井 43 口，水源井 2 口，气源井 1 口，后备气源井 1 口。东区全部为开发井，其中生产井 12 口，注水井 3 口，中后期转注井 2 口。西区总井数 30 口，开发井 26 口，水源井 2 口，气源井 1 口，后备气源井 1 口。

开发方案预测第一年年产油 100×10^4t，稳产期 3 年，15 年累计开采原油 616×10^4t，综合含水 93.8%，采收率 20%；生产期间最大年产液量 248 $\times10^4$m^3，最大年注水量 247 $\times10^4$m^3，平均单井最大日注水量 900 m^3，单井最大日产液量 500 m^3。

第二节　工程设计

一、油田工程设施

锦州 9–3 油田经过多种论证可供选择的开发工程方案，开展过大规模的基本设计达 4 次，工程建设经历了 5 个阶段，对多种大的开发工程方案进行设计并优选方案。

1989 年 2 月渤海工程设计公司进行初步概念研究，提出初步方案设计采用沉箱岛方案、斜坡式人工岛方案、圆形沉箱（单个）岛方案。1989 年 4 月渤海工程设计公司根据总公司要求对 6 种方案进行比较，最终确定锦州 9–3 全海式开发工程方案，主要两大类为人工岛方案与导管架平台方案。1991 年至 1992 年进行桩基式沉箱方案研究；1993 年完成 4 个沉箱方案的基本设计；1994 年总体开发工程方案和原油上岸方案的概念设计比较，后因油价下跌，油田开发经济效益不能满足总公司对油田开发最低回报率的要求，总公司决策锦州 9–3 油田开发工程暂缓；1996 年锦州 9–3 油田开发工程重新启动，进行基本设计修改，三个沉箱方案获准实施。详细设计包括完成工程结构详图、电气控制图、仪表控制图、三维配管图、编制工程招标和采办包的技术文件、批准供货商橇块制造图。锦州 9–3 项目的详细设计由海洋石油开发工程设计公司完成。

西区包括一座钻采平台（DRPW）、一座动力储油平台（SLPW）、一座后期新增天然气压缩机平台（GCP）和两座系缆小平台（MDP1 和 MDP2）；东区（WHPE）包括一座井口采油平台。东区的井口物流经海底管线混输到西区储油动力平台，并与通过栈桥输送至储油动力平台的西区钻采平台井口物流混合后一并在储油动力平台进行油、气、水分离处理。分离后的伴生气经天然气压缩机增压后作为平台透平发电机组燃料气；另一部分伴生气和气井的天然气经 GCP 平台升压后通过海底管线输送至锦州 20–2 气矿，再由锦州 20–2 气矿处理后输往陆地终端。原油脱水合格后送至储油沉箱储存，并定期经外输油轮运出；生产水经平台处理合格后作为油田注水，回注地层。锦州 9–3 油田工程开发示意图如图 4–1 所示：

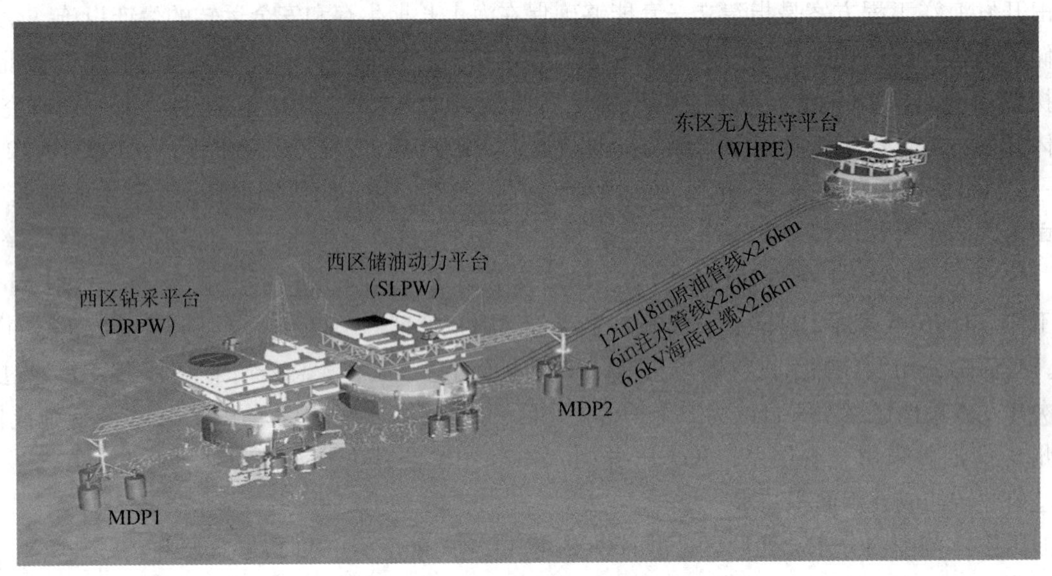

图 4–1　锦州 9–3 油田工程设施图
（天津分公司辽东作业区，2005 年）

锦州 9–3 油田地处辽东湾海域重冰区，为解决抗冰问题，该油田采用了不同以往导管架桩基式结构的沉箱结构基础。1993 年在大连造船厂完成西区钻采沉箱与东区钻采沉箱建造工作，1998 年在赤湾胜宝旺造船厂完成西区储油沉箱建造工作。西区储油沉箱的储油能力为 $14000m^3$，可以满足该油田生产 4 天的合格原油储存量。

2002 年，随着三口气井的发现，节约能源、提高油田天然气和伴生气的利用效率提到日程上，锦州 9–3 油田的投入开发给解决以上问题提供了新的机遇。设计图如图 4–2 所示。

二、生产工艺流程

（一）原油处理流程

1. 西区

井产流体经油嘴截流降压后，压力 / 温度为 0.5mPa/30 ~ 40℃，进入生产管汇（W–M–102），在

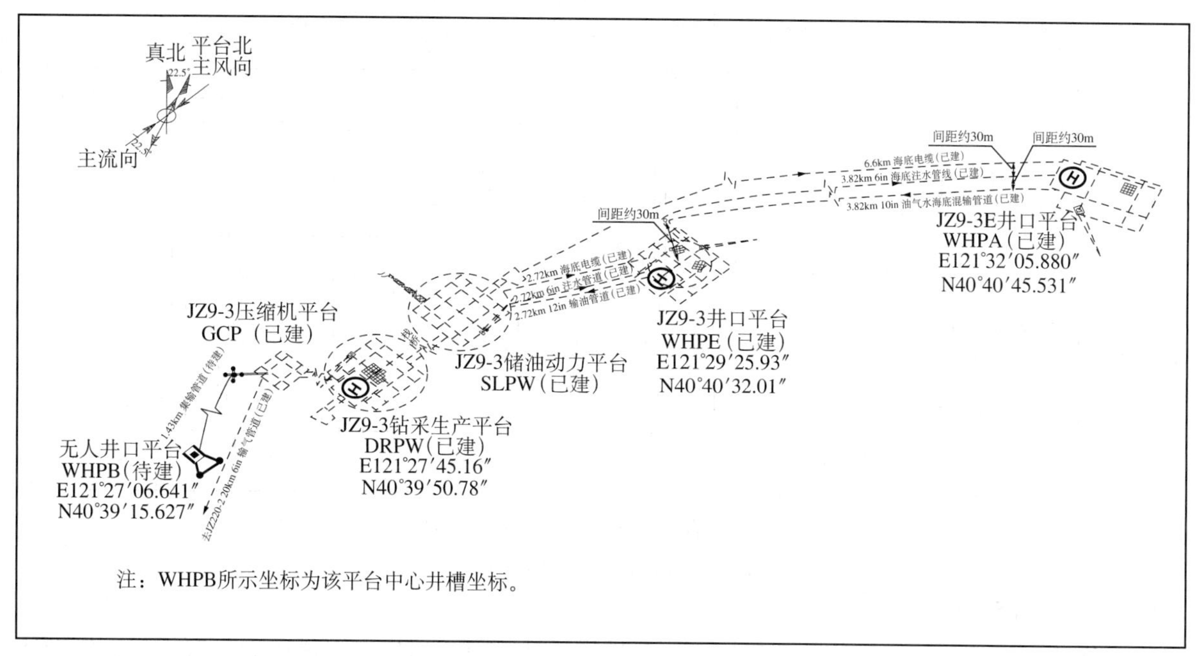

图 4–2　锦州 9–3 油田工程开发总体布置图

（天津分公司辽东作业区，2005 年）

生产加热器（W–HE–102）加热至 40℃，进入游离水分离器（W–V–102）内三相分离（操作条件 0.3 MPa/40℃），再进入原油热交换器（W–HE–103）换热后，经原油预加热器（W–HE–104）加热至 80℃，在原油热处理器（W–V–103）内初步脱水、除气（操作条件 0.03 MPa/80℃），经电脱水供给泵（W–P–101A/B）增压后进入电脱水器（W–V–104A/B），脱水至含水小于 1% 后经原油冷却器冷却到 60℃，进入储油沉箱等待外输。

西区设置了单井计量系统，包括计量管汇（W–M–101）、计量加热器（W–HE–101），计量分离器（W–V–101）。如图 4–3 所示。

2. 东区

井产流体经节流降压后，压力 / 温度为 2.9 MPa/30 ~ 40℃，经生产管汇（E–M–102）和多相混输管线输送至西区，经东区加热器（W–HE–105）加热至 40℃，在东区分离 / 缓冲罐（W–V–106）中三相分离（操作条件 0.3MPa/40℃）后进入西区油气生产系统。

东区设置了单井计量系统，包括计量管汇（E–M–101）、电水浴加热器（E–H–101），计量分离器（E–V–101）。

（二）含油污水处理流程

来自原油处理系统的生产污水首先进入斜板除油器，将污水中携带的浮油脱出，浮油撇入污油槽，排入闭式排放系统，除掉污油的污水进入含油污水输送泵，经泵增压后进入水力旋流器处理，处理分离出的污油进入闭式排放系统，经处理后的污水进入核桃壳过滤器过滤，核桃壳过滤器排出的生产污水进入双介质过滤器过滤。经核桃壳过滤器和双介质过滤器处理生产污水中油和悬浮固体，最终达到注水标准（含油量，悬浮固体含量）后进入净水缓冲罐。

（三）注水系统流程

油田注水系统的水源由西区钻井生活平台水源井提供的地下水和西区动力储油平台处理合格后的生产污水组成，两种水源经注水泵增压后注入水源井，注水压力为 15000kPa，最大注水量为 7280.2 m^3/d，两种水源可以混注，也可以分注。

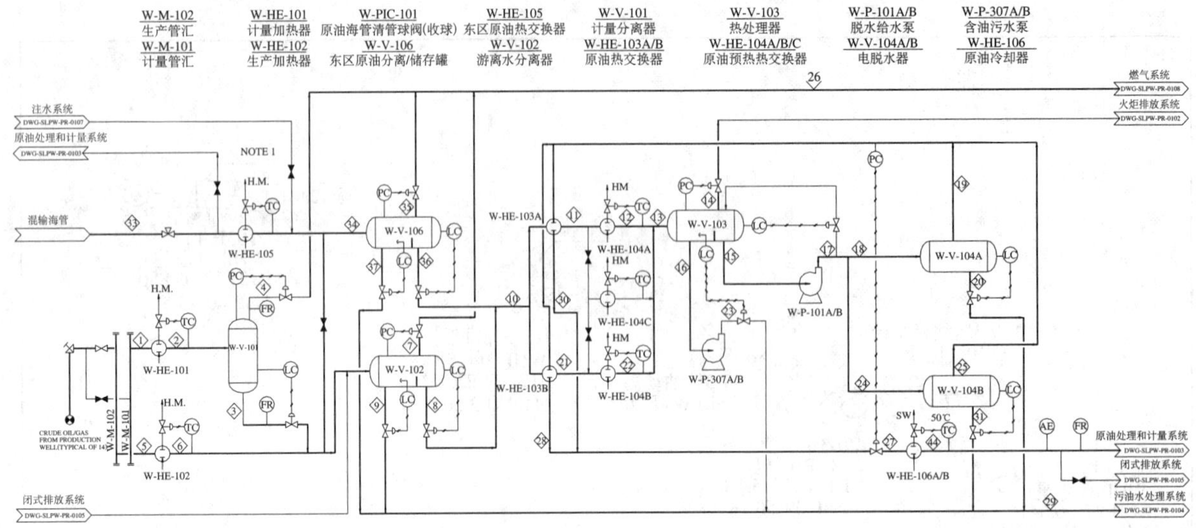

图 4–3　锦州 9–3 油田原油处理流程图
（天津分公司辽东作业区，2005 年）

（四）天然气系统流程

高压气井产出的天然气经井口节流、加热后进行单井计量，然后汇同增压后的溶解气，经天然气分离器（GCP–V–2201）分离后，进入 6 in 20.5km 海底管线输至锦州 20–2MNW 新增的段塞流捕集器（M–V–2201），然后进入生产 / 计量管汇（M–M–204）与原锦州 20–2MNW、SW 及 MSW 的流体一起进入 12 in 海底管线输至陆地终端气体处理厂。

三、公用系统

公用系统包括：

（1）热介质系统。

在西区 SLPW 上甲板设置了一套供热系统，该系统负责向本平台（SLPW）的用户和 DRPW 平台上的用户提供热介质，是一个密闭循环系统，WHPE 平台上用电加热器进行加热。热介质系统分别由热介质炉、热介质循环泵、热介质膨胀罐、热介质过滤器、热介质排放罐及热介质提升泵、DRPW 平台热介质排放罐及热介质提升泵、热介质炉日用柴油柜及泵组成。

（2）压缩空气系统。

仪表气 / 公用气系统分为两部分：①西区仪表气 / 公用气系统的空压机组位于 DRPW 中层甲板空压机间，为 DRPW 和 SLPW 平台上的用户供应清洁和不含油、水的压缩公用气，以及为扫线和气动仪表提供仪表用气。空气压缩机的设计能力为 330 m^3/h；②东区仪表气 / 公用气系统也是由两台空气压缩机向本平台用户供应清洁的公用气及干燥的气动仪表用气。空气压缩机的设计能力为 52m^3/h。

（3）蒸汽系统。

DRPW 平台的蒸汽系统主要由蒸汽系统进料水罐、淡水输送泵、蒸汽锅炉、蒸汽进料水罐加热器和柴油加热系统等设备组成。

（4）柴油系统。

柴油系统分为如下两个系统：① DRPW 平台柴油系统，主要为本平台和 SLPW 平台的柴油用户提供柴油。主要由柴油罐、柴油泵、柴油过滤器、加热器组成，主用用户为应急发电机、化学药剂的稀释剂、蒸汽系统、压井泵、主发电机、热介质炉、惰气发生器及公用软管站等；② WHPE 平台柴油系统，主要为本平台用户提供柴油。它主要由柴油罐、柴油泵、加热器组成，主要用户为应急发电机、化学药剂稀释剂、压井泵、修井机及公用软管站等。

（5）应急发电系统。

在 DRPW 平台和 WHPE 平台上分别配有一台 630kW 和 160kW 的应急柴油发电机及其附属设备。应急发电机组主要用途：一是用作平台主电站机组的黑启动电源；二是作为平台的应急电源；为之服务的附属设备有日用柴油罐和应急发电机房进、排气百叶窗。两台应急发电机组分别布置安装在西区和东区的应急发电机间。

（6）淡水 / 热水系统。

淡水系统在 DRPW 平台、WHPE 平台上各设置一套。DRPW 平台的淡水系统为 DRPW 平台的用户提供淡水和热水，WHPE 平台的淡水系统为 WHPE 平台提供淡水。

（7）海水系统。

DRPW 平台的海水系统为 DRPW 和 SLPW 平台提供公用海水。海水由海水提升泵提升到 DRPW 平台，经过海水过滤器过滤后供给各个用户。

（8）生活污水处理系统。

DRPW 平台上设有生活住房、厨房、洗衣间、淋浴间、厕所和洗手间等生活设施。DRPW 平台上的人员都在此平台上，生活污水量很大，所以专门设置了生活污水处理系统。

经生活污水处理橇处理过的生活污物液体部分排海，较重的部分打到污泥柜，运往陆地处理。

四、启动和事故处理系统

火灾事故发生时，启动消防应急程序，向应急指挥中心汇报，立即采取措施组织灭火，必要时实施相应级别关断，组织人员撤离平台，所有人员到安全区域并通知值班船随时听从现场负责人的指挥。

井喷、爆炸事故发生时，启动相应应急程序，向应急指挥中心汇报，采取有效手段，保证人员及设施安全。情况危急时，现场除留必须的少数人员外，其他人员立即撤离平台，把人员伤亡和损失减少到最低程度。

溢油发生时，启动应急溢油回收程序，向应急指挥中心汇报，按溢油应急计划进行溢油回收及消油剂喷洒。

天然气泄漏发生时，启动天然气泄漏应急程序，向应急指挥中心汇报，停止所有热工作业，无关人员到应急避难所集合，对泄漏点进行处理。

人员发生中毒，落水，伤亡时，现场值班大夫根据情况给予抢救或送伤员到陆地治疗。

五、安全逃生系统

在 DRPW、SLPW 以及 WHPE 平台配备了相应的救生设备，全封闭式救生艇，气胀式救生筏，救生圈。在生产区和生活区至少提供两条分开的逃生路线，以醒目的符号显示，而且根据现场的情况，使现场的人员能够很容易到达逃生的集合地点。

第三节　工程承包与建造

一、锦州 9–3 油矿东西区工程承包建设

锦州 9–3 油田工程详细设计由中海石油工程设计公司承担，于 1997 年 4 月开始，1998 年 2 月完成。上部组块预制由中海石油平台制造公司承担。西区储油动力组块预制于 1998 年 8 月开始，1999 年 7 月 7 日结束，陆地预制工期为 14 个月。西区采油生产组块陆地预制 1998 年 6 月 15 日开始，1999 年 6 月 12 日结束，历时近 1 年。东区组块陆地预制 1998 年 5 月 8 日开始，1999 年 8 月 25 日完成，陆地

预制工期为16个月，1999年10月28（西区）、10月29日（东区）油田正式投产。

西区、东区钻采沉箱由大连造船厂负责建造，西区储油沉箱（SLPW）由深圳赤湾胜宝旺工程有限公司负责制造，沉箱建造工作于1998年6月24日建造完毕；沉箱的海上安装工程由中海海上工程公司承包进行，1998年7月11日完成东西区钻采沉箱海上安装，1998年08月24完成西区储油沉箱海上安装；

平台组块由中海平台制造公司承包建造，西区采油生产组块于1999年6月2日完成陆地预制；西区储油动力组块于1999年7月7日完成陆地预制；东区组块于1999年8月25日完成陆地预制；西区生活组块由天津新河船厂承包建造，于1999年6月23日完成陆地预制。

海上安装：1999年7月7日完成西区生活组块海上安装；1999年8月15日完成西区生产组块安装和机械完工；1999年10月15日完成西区动力组块安装和机械完工；1999年9月9日完成东区组块海上安装和机械完工；1999年10月30日完成系统连接、调试及投产（表4–1，表4–2）。

表4–1　锦州9–3工程建设里程碑

项目名称	计划开始日期	计划结束日期	实际开始日期	实际结束日期
基本设计审查	1997.04.10	1997.04.10	1997.04.04	1997.04.11
详细设计	1997.04.15	1997.12.31	1997.04.15	1998.02.28
渤五改造	1997.5.10	1997.08.10	1997.06.20	1997.09.17
渤五拖航及海上连接	1997.08.15	1997.09.15	1997.09.17	1997.10.10
西区钻井帽陆地预制	1997.03.01	1997.07.15	1997.03.03	1997.07.23
西区钻井帽海上安装	1997.07.16	1997.08.15	1997.07.26	1997.08.30
长线设备采办	1997.05.20	1998.10.15	1997.05.20	1998.10.15
西区钻井帽改造	1997.03.15	1997.06.15	1997.03.18	1997.06.07
西区生活组块陆地预制	1998.09.01	1999.06.10	1998.10.22	1997.06.23
西区生活组块海上安装	1999.06.21	1999.07.01	1999.06.27	1999.07.07
西区采油生产组块陆地预制	1998.05.30	1999.05.20	1998.06.15	1999.06.02
西区生产组块安装、机械完工	1999.06.08	1999.10.02	1999.06.11	1999.08.15
西区储油沉箱陆地预制	1997.10.10	1998.06.30	1997.12.25	1998.06.24
西区储油沉箱海上安装	1998.07.25	1998.09.30	1998.07.22	1998.08.24
西区储油帽预制	1998.07.30	1999.05.20	1998.08.20	1999.06.01
西区储油帽海上安装	1999.05.25	1999.06.15	1999.06.07	1999.06.28
西区储油动力组块陆地预制	1998.05.01	1999.06.30	1998.05.08	1999.07.07
西区动力组块安装、机械完工	1999.07.05	1999.10.16	1999.08.18	1999.10.15
西区平台系统调试及投产	1999.10.03	1999.11.15	1999.10.05	1999.10.30
西区系泊系统导管架安装	1999.08.10	1999.11.10	1999.09.20	1999.09.27
海管铺设	1998.09.15	1998.11.20	1998.09.13	1998.10.28
软管连接 / 清管试压 / 电缆铺设	1999.04.15	1999.06.15	1999.04.07	1999.05.16
东区钻井沉箱改造	1998.04.20	1998.05.15	1998.04.30	1998.05.26
东钻井沉箱海上安装	1998.05.20	1998.07.20	1998.05.26	1998.07.08
东区组块陆地预制	1998.05.01	1998.06.30	1998.05.08	1999.08.25
东区组块海上安装	1999.07.13	1999.07.20	1999.09.02	1999.09.09
东区组块系统连接、调试及投产	1999.07.21	1999.11.20	1999.09.10	1999.10.30

表 4–2　锦州 9–3 油田主要工程设施承包情况一览表

承包内容	承包单位
西区、东区钻采沉箱制造	大连造船厂
西区沉箱帽（DRPW）改造及安装	中海海上工程公司
西区沉箱帽（SLPW）安装	中海海上工程公司
西区沉箱（DRPW）L/Q 安装	中海海上工程公司
DRPW–APP 组块 / 栈桥 / 火炬臂安装	中海海上工程公司
西区沉箱组块（SLPW）安装	中海海上工程公司
东区沉箱组块（WHPE）安装	中海海上工程公司
系泊平台 / 栈桥	中海海上工程公司
西区储油沉箱（SLPW）制造	深圳赤湾胜宝旺工程有限公司
西区钻井沉箱（DRPW）改造	渤海胜宝旺船厂（天津）有限公司
东区沉箱（WHPE）部分改造	中海平台制造公司
东区沉箱海域抛沙	中海海上工程公司
东区沉箱（WHPE）海上安装	中海海上工程公司
海缆海管海上铺设	中海海上工程公司
西区生活住房建造	天津新河船厂

二、天然气综合利用海上工程承包与建造

2002 年锦州 9–3 油田天然气综合利用项目批准立项后，工程项目组在前期主要进行了准备工作，编制设计、采办、施工的招标策略，并报请有限公司工程建设部批准；编制项目总体进度计划；进行天然气压缩机组合海底管线管材采办调研；收集海管路由调查报告、平台场址调查报告、原平台设计文件等各种基础资料；与中海油研究中心开发设计院及海油工程公司的设计人员就《方案研究》报告与改造设计相关的一些具体问题进行澄清，并与海油工程公司各个专业的设计人员多次进行海上调研，确定最佳改造设计方案；工程项目组还与国家海洋局北海分局联系，着手办理《海底电缆管道施工许可证》。

（一）工程招标与采办

2002 年 4 月 18 日，工程项目组向三菱商事株式会社、日铁商事株式会社、德国沙士基达集团公司等公司发出 6IN 海管管材标书。6 月 13 日工程项目组与三菱商事株式会社签订锦州 9–3 油田天然气综合利用项目海管管材供货合同。4 月 22 日，工程项目组向加拿大帕克系统公司、Universal Comperession Inc.、Leobersdorfei Mashine abrikag、美国汉诺华等公司发出天然气压缩机组标书。5 月 26 日、27 日工程项目组，海油工程锦州 9–3 设计项目组分别与上述四家公司就天然气压缩机组提供的一些技术和商务条款进行澄清。6 月 4 日开完价格标后进行了综合评比，在报上级主管领导批准后，确定中标厂家为美国汉诺华公司。6 月 17 日与汉诺华公司签署了天然气压缩机组提供合同。在压缩机组采办中遇到的困难，两套机组制造完工后，由于受码头工潮的影响，美国西海岸港口运输基本停顿，无法按计划装船。工程项目组与供货商沟通后，要求将发货港由原来的长摊改为斯顿港。

（二）陆地预制

陆地预制工作主要包括导管架建造，组块建造，牺牲阳极预制，橇块预制，海管涂敷，海管陆地接长等项工作。海油工程建造公司负责导管架的陆地预制工作。2002 年 8 月 23 日，锦州 9–3 油田天然气综合利用项目 GCP 导管架主结构在海油工程建设公司容器车间下料，陆地预制正式开工。10 月 18 日导管架陆地建造完工，导管架焊接 RT 检验焊接一次合格率 99.6%，UT 检验焊接一次合格率 99.84%。

（三）海上施工

海上施工工作主要包括导管架/组块的海上安装、海管铺设、锦州9–3平台改造、锦州20–2平台改造等。导管架的入水就位时间为2003年11月13日15:30，11月15日8:00全部安装工作结束。11月20日开始组块海上安装，11月25日全部结束。9月12日海底管线铺设开始，11月25日结束。12月16日海管试压成功，12月20日锦州9–3端立管8°弯头施工结束，锦州9–3油田天然气综合利用项目海底管线施工全部完成。

锦州9–3油田天然气综合利用项目的海上改造施工分两个阶段进行，第一个阶段从12月2日至12月29日，第二阶段从2月9日至4月1日。

改造施工第一阶段后期，因为关断阀、控制阀、其他电仪材料及有关设备的延迟到货，带压开孔作业的准备工作尚不充分，而且最主要的是因恶劣的气候条件（浮冰）而不能进行压缩机等设备的吊装作业，所以当时可进行的改造施工工作量越来越小，于是海工项目组撤回了大部分施工人员（12月25日工程项目组组织天津分公司安全环保部、协调部、生产部/油气矿、海油工程公司等相关部门和单位召开锦州9–3油田天然气综合利用项目冬季海上施工讨论会，天津分公司罗国英副总经理、海油工程房晓明总工程师参加会议，由于1–2月份锦州9–3海域冰情严重，确定天然气压缩机等设备的吊装工作改在2003年2月中下旬进行）。

海上改造施工的第二阶段从2003年2月9日开始，直至本项目全面投产。这期间主要进行了海管带压开孔作业、老设备拆卸、新设备吊装、机/电/仪各专业施工、管线试压、通讯系统改造、单机调试、系统交接等。2月10日开始进行开孔带压作业，在锦州9–3共进行了7处管线带压封堵作业9处管线带压开孔作业，该项工作开始工作效率较低，后经项目组协调，更换了试压介质，调整开孔/封堵作业的人员安排和工序安排，做好充分的准备工作，施工效率有明显提高，最后按原定计划完成了锦州9–3平台的带压开孔/封堵作业。2月17日华盛公司又连续作战，完成了锦州20–2MNW平台的两处管线带压开孔作业，2月18日复员回陆地。

锦州20–2MNW，MUQ平台的改造施工基本与锦州9–3平台的改造施工同步进行，施工单位为海油工程维修公司。锦州9–3平台及锦州20–2平台通讯系统的改造由渤海石油通讯公司完成。3月17日提前投运的准备工作基本完成。3月18日22:15，锦州9–3油田天然气综合利用项目成功实现向锦州20–2下游供气，比原计划提前13天。

第四节　工程项目管理

根据总公司开发生产部颁发的“新油气田投产条件和验收标准”，锦州9–3油田在联合调试前成立生产部门、工程部门组成的投产领导小组，全权代表有限公司负责投产的组织管理与协调，对投产中的重大问题做出决定等管理事宜。在工程机械完工前，由工程项目组组织、协调在海上的全面工作。在机械完工后，由生产部组织海上的联合调试及投产前的各项工作。

渤海公司生产部专门成立锦州9–3油田工程项目组负责油田设施的建造工作，锦州9–3油田设施主要分为沉箱建造、DRPW/SLPW/WHPE平台组块建造、生活楼建造几大部分进行。沉箱建造主要由大连造船厂和赤湾胜宝旺造船厂负责建造。先期建造的DRPW/WHPE沉箱由大连造船厂1993年完成，SLPW沉箱由赤湾胜宝旺造船厂1998年建造完毕。DRPW/SLPW/WHPE平台组块由中海海洋工程公司负责建造。建造分陆地和海上两个部分进行。陆地主要完成平台主体结构建造、主要设备安装和部分设备调试，主要流程配管。海上完善工艺配管及剩余部分的安装调试。锦州油田工程建造主要由锦州9–3项目组负责监督建造各项目项目组分派代表负责监督现场建造，同时协同CCS船检进行项目的建造监督，使各个项目按照预定的工期如期开工。并按国家相关规定进行，确保平台建造质量。

2002 年 1 月 24 日，锦州 9–3 油田天然气综合利用项目组正式组建，2002 年 2 月，锦州 9–3 油田天然气综合利用项目全面启动。工程项目组负责整个项目运作，根据天津分公司《工作手册》进行项目各阶段的管理工作。

附　录

附录一　附　图

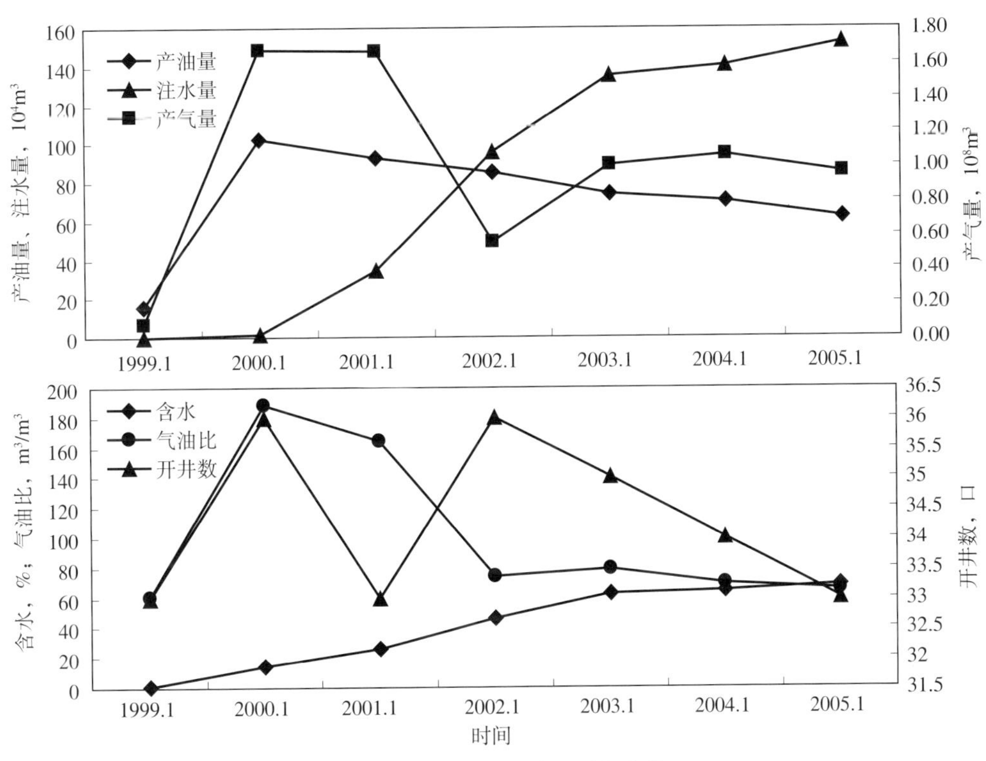

附图 1　锦州 9–3 油田开发曲线

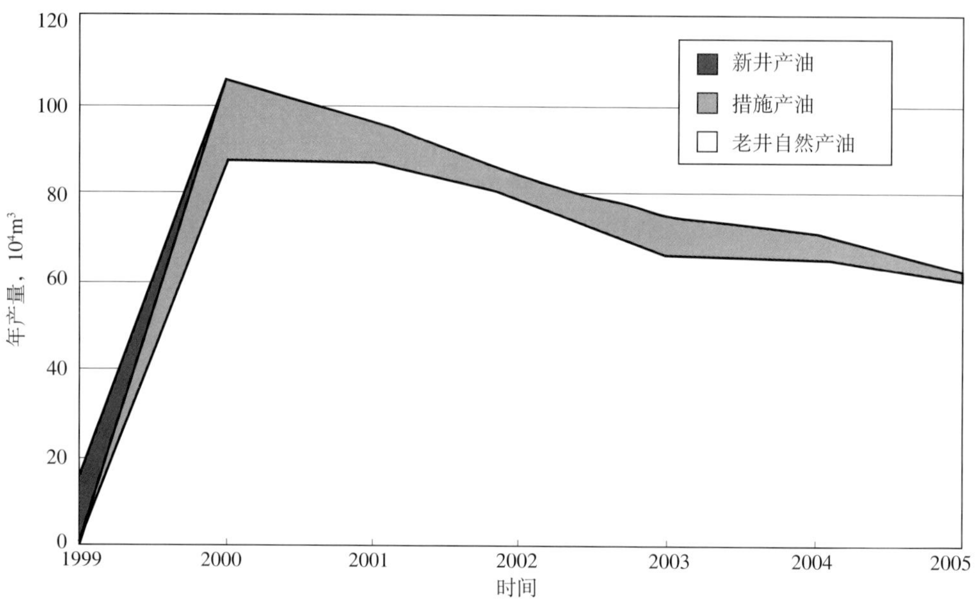

附图 2　锦州 9—3 油田历年产量构成

附录二　附　表

附表 1　锦州 9—3 油田综合地质参数表

区块	计算单元 井块	计算单元 层位（层组）	储量类别	含油面积 km^2 过渡带	含油面积 km^2 纯油区	有效厚度 m 过渡带	有效厚度 m 纯油区	有效孔隙度 %	含油饱和度 %	原油体积系数	溶解气油比 m^3/m^3	地面原油密度 g/cm^3	地质储量 原油 10^4m^3	地质储量 原油 10^4t	地质储量 溶解气 10^8m^3	套改说明
主体区	主体	Ed^L	已开发	18.60		8.1		27.0	60.0	1.120	41	0.931	2179.00	2029.00	8.93	直接套改
	W4—1 井断块	Ed^L	已开发	0.40		12.8		25.0	56.0	1.120	41	0.931	64.00	60.00	0.26	直接套改
	W6—2 井断块	Ed^L	已开发	0.40		7.4		26.0	61.0	1.120	41	0.931	42.00	39.00	0.17	直接套改
	主体	Ed^L	已开发	13.60		6.3		28.0	54.0	1.120	41	0.931	1157.00	1077.00	4.74	直接套改
	主体	Ed^L	已开发	15.00		5.8		26.0	51.0	1.110	39	0.939	1039.00	976.00	4.05	直接套改
	主体	Ed^L	已开发	8.00		3.9		26.0	50.0	1.145	47	0.908	354.00	322.00	1.66	直接套改
	E3—3、W4—3 井区	Ed^L	已开发	1.10		3.0		27.0	51.0	1.178	53	0.879	39.00	34.00	0.21	直接套改
小　计				19.40									4874.00	4537.00	20.02	
东块	JZ29—3E—1 井区	Ed^L	未开发	0.97	0.41	8.9	4.5	28.2	66.1	1.176	59	0.919	166.08	152.63	0.98	重新计算
	JZ9—3—5 井区	Ed^L	未开发	0.07	0.01	7.5	3.8	25.3	56.8	1.176	59	0.907	6.88	6.24	0.04	重新计算
	JZ9—3—5 井区	Ed^L	未开发	0.08	0.02	2.3	1.2	21.1	53.8	1.176	59	0.907	2.01	1.82	0.01	重新计算
	JZ9—3E—1 井区	Ed^L	未开发	1.08	0.29	4.9	2.5	27.9	71.3	1.176	59	0.919	101.78	93.54	0.60	重新计算
小　计				1.68									276.75	254.23	1.63	
合　计				21.08									5150.75	4791.23	21.65	

附表 2　锦州 9–3 油田历年油田开发综合数据表

时间	采油井		日产油水平 m³	核实产油		地质储量采油速度 %	地质储量采出程度 %	综合气油比 m³/m³	综合含水 %	注采比	
	总井数 口	开井数 口		年 10⁴m³	累计 10⁴m³					月	累计
1999.12	41	33	2750	15.36	15.36	0.32	0.32	60.3	1.0	0.00	0.00
2000.12	41	36	2797	102.13	117.49	2.10	2.41	188.9	14.1	0.02	0.01
2001.12	38	33	2205	92.77	210.25	1.90	4.31	164.4	25.7	0.49	0.14
2002.12	36	36	2216	85.14	295.39	1.75	6.06	74.1	45.7	0.72	0.34
2003.12	35	35	1895	74.12	369.51	1.52	7.58	190.2	62.2	0.90	0.48
2004.12	34	34	1869	70.50	440.01	1.45	9.03	146.3	64.7	0.74	0.54
2005.12	35	33	1661	61.95	501.96	1.27	10.30	143.4	68.4	0.87	0.59

附录三　领导人名录

锦州 9–3 油田总监（经理）：

吴跃进 1998 年 8 月—2003 年 7 月

李静峰 1998 年 8 月—2005 年 12 月

李相春 2003 年 7 月—2004 年 10 月

李志联 2004 年 10 月—2005 年 12 月

附录四　获奖项目

获奖时间	项目名称	颁发单位	获奖单位
1990	国家储量金奖	国家储量委员会	渤海研究院
2002	最佳油井管理单位	天津分公司生产部	锦州 9–3 油矿
2003	最佳健康安全环保管理	天津分公司	锦州 9–3 油矿
2003	最佳环保先进单位	天津分公司	锦州 9–3 油矿
2003—2004	百日安全无事故、安全月活动	天津分公司	锦州 9–3 油矿
2004	健康安全环保管理优秀油气生产单位	天津分公司	锦州 9–3 油矿
2004	先进集体	国家海洋局北海分局	锦州 9–3 油矿

附录五　征引文献

文　献　名	作　者	编制时间	现　存　地
锦州 9–3 油田地震资料研究	叶西有、李可明	1990	研究院档案馆
锦州 9–3 油田储量报告	吴锡安、丁克文	1990	研究院档案馆
锦州 9–3 油田储集层研究	丁克文	1990	研究院档案馆
锦州 9–3 油田采收率研究	彭　涛	1990	研究院档案馆
锦州 9–3 油田开发方案简介	李洪文	1990	研究院档案馆
渤海辽东湾锦州 9–3 油田总体开发方案油藏研究	陈国风	1991	研究院档案馆

气贯长虹／Rainbow across the river

China Fasten Cable Album

Fasten Group

续表

文 献 名	作 者	编制时间	现 存 地
锦州 9–3 油田产能论证	王介忠、崔晓朵	1995	研究院档案馆
锦州 9–3 油田调整方案	刘 英	1996	研究院档案馆
锦州 9–3 油田开发可行性研究	丁克文	1996	研究院档案馆
锦州 9–3 油田储量复算	赵鹏飞、赵春明	1996	研究院档案馆
锦州 9–3 油田随钻分析及油藏综合评价	赵鹏飞	1996	研究院档案馆
锦州 9–3 地区三维地震资料研究	郝丹英	1997	研究院档案馆
辽东湾锦州 9–3 油田油气探明储量复算报告	赵鹏飞、李宛京、杨洪伟	1999	研究院档案馆
锦州 9–3 油田油气藏特征研究	赵春明	1999	研究院档案馆
锦州 9–3 油田三维地震资料采集处理项目汇报	渤海研究院 金鹰旭日能源技术公司	2003	研究院档案馆
锦州 9–3 油田三维地震资料精细解释	天津分公司技术部 保定双狐软件公司	2004	研究院档案馆
渤海辽东湾海域锦州 9–3 油田东块新增油气探明储量报告	黄保纲、郭铁恩、杨洪伟	2005	研究院档案馆

编纂始末

2008 年 12 月，中海石油（中国）有限公司天津分公司，根据中国海洋石油总公司的安排，由金宝强、郑旭、郭剑、郭秩英、施晓东等组成了《锦州 9–3 油田志》编纂组。编纂组根据总编纂委员会下发的《油气田篇编纂工作若干规范化要求》及样板油田志，结合本油田的实际，查阅了大量的文献，经过多次交流和讨论，于 2009 年 5 月完成了《锦州 9–3 油田志》初稿。

在借鉴《埕北油田志》编写经验的基础上，参照专家修改建议，查阅了更多的资料，于 2009 年 8 月完成《锦州 9–3 油田志》第二稿。

2009 年 9 月渤海油气区开发志主编汪志勇针对渤海开发志油气田篇编纂存在的问题，对编纂内容和编纂格式提出了具体要求，参照以上要求，进行修改，2010 年 2 月完成《锦州 9–3 油田志》第三稿及一审。

2010 年 3 月 12 日中海石油（中国）有限公司天津分公司生产部油藏经理赵利昌在塘沽滨海建国大酒店主持召开《锦州 9–3 油田志》第二次审查会，中国海洋石油有限公司开发生产部综合经理许红和专家曹文贤、徐启兴、汪志勇、刘英、宫薇、王力群等参加了审查会。专家提出开发过程控制的动态监测部分应按时间顺序纵写和应将正文中记述的开发技术政策记入大事记中等建议，参照专家修改建议，进行修改，完成了《锦州 9–3 油田志》第四稿，并于 2010 年 4 月通过三审。

《锦州 9–3 油田志》分为七个部分，其中概述和大事记由金宝强、郑旭编写；第一章油田地质和 第二章开发部署与调整由金宝强、郑旭编写；第三章钻井与采油工程由郭剑、郭秩英编写；第四章海洋油田工程由施晓东编写；附录由金宝强、郑旭、施晓东编写；全书由金宝强、郑旭统稿。刘英、宫薇、王惠芝、黄保纲、潘玲黎、王月杰、王迪等帮助搜集、整理、提供了大量资料。

在本志的编纂过程中得到《中国油气田开发志》中国海洋石油总公司综合卷编纂委员会和《中国油气田开发志》渤海油气区编纂委员会的悉心指导，采油工程院档案馆和渤海石油公司档案馆在提供编纂资料方面给予了大力支持，在此表示衷心的感谢。

《锦州 9–3 油田志》编纂组

2010 年 5 月

编号：26–008

渤中 34–2/4 油田志

《渤中 34–2/4 油田志》编纂组　编

1990 年 7 月，能源部部长黄毅诚（右三）视察渤海渤中 34–2/4 油田
（渤海石油档案馆，1990 年）

渤中 34–2/4 油田全景
（渤海石油档案馆，1990 年）

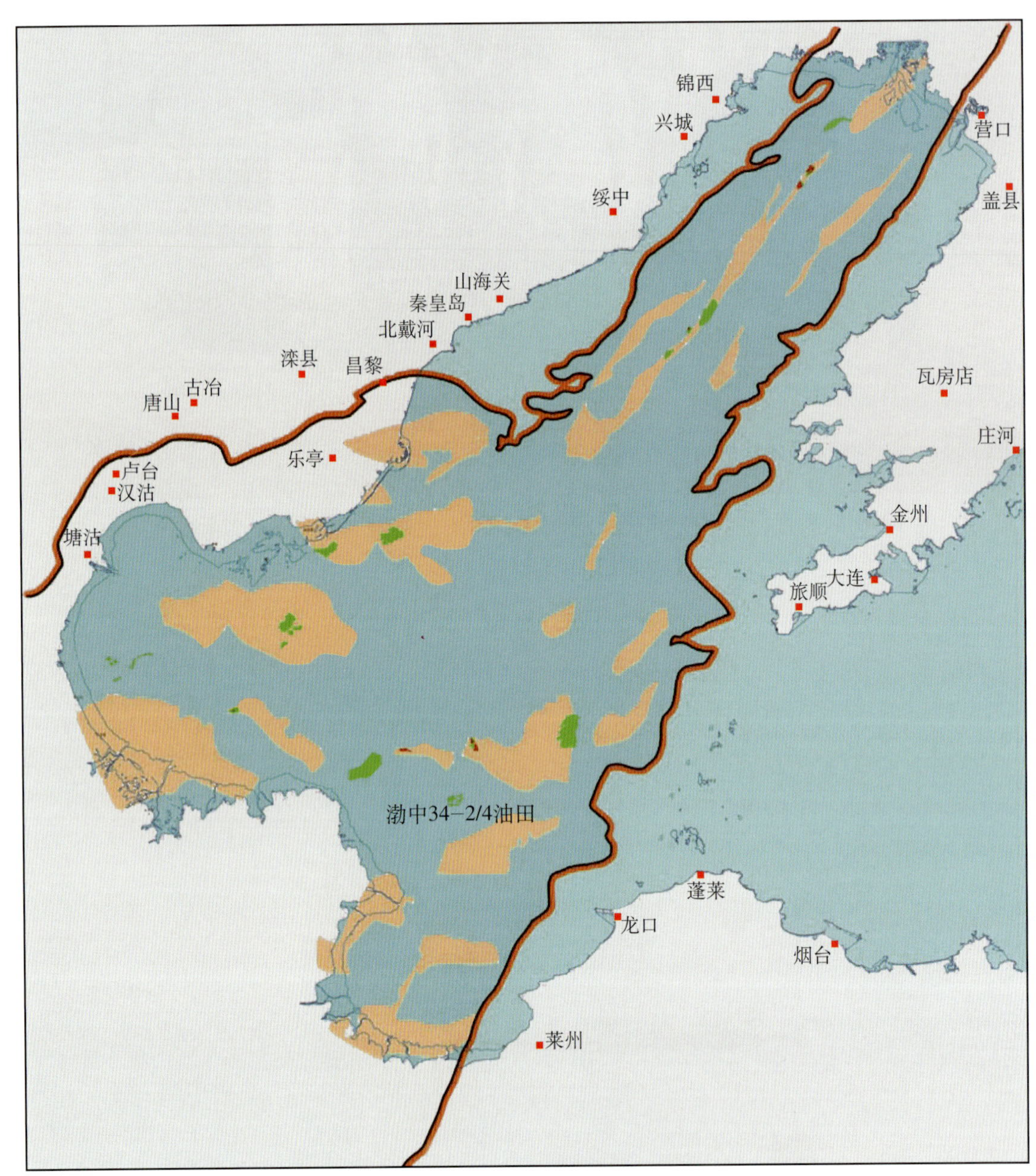

渤中 34−2/4 油田地理位置图

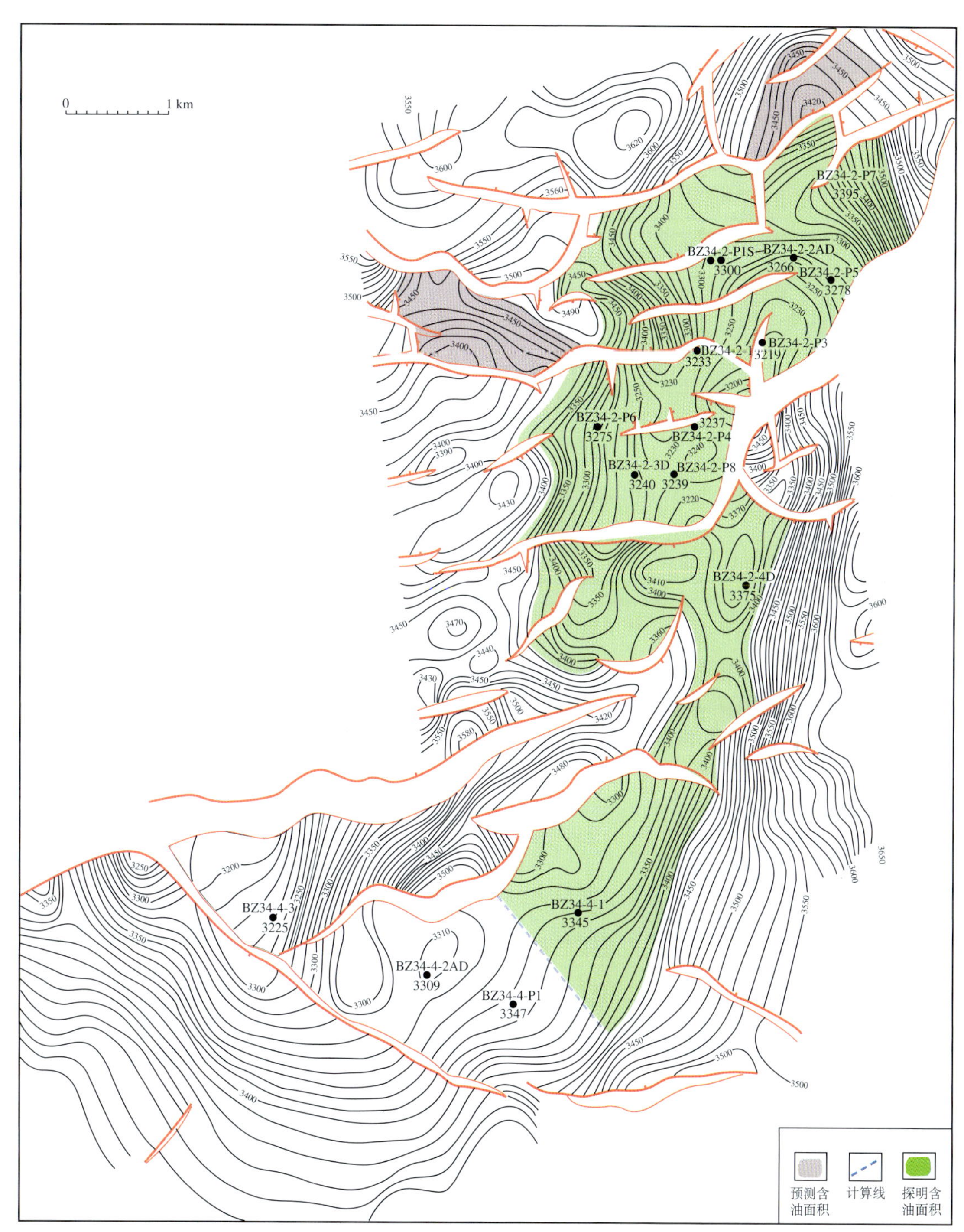

渤中 34–2/4 油田构造井位图

（储量套改报告，2005 年）

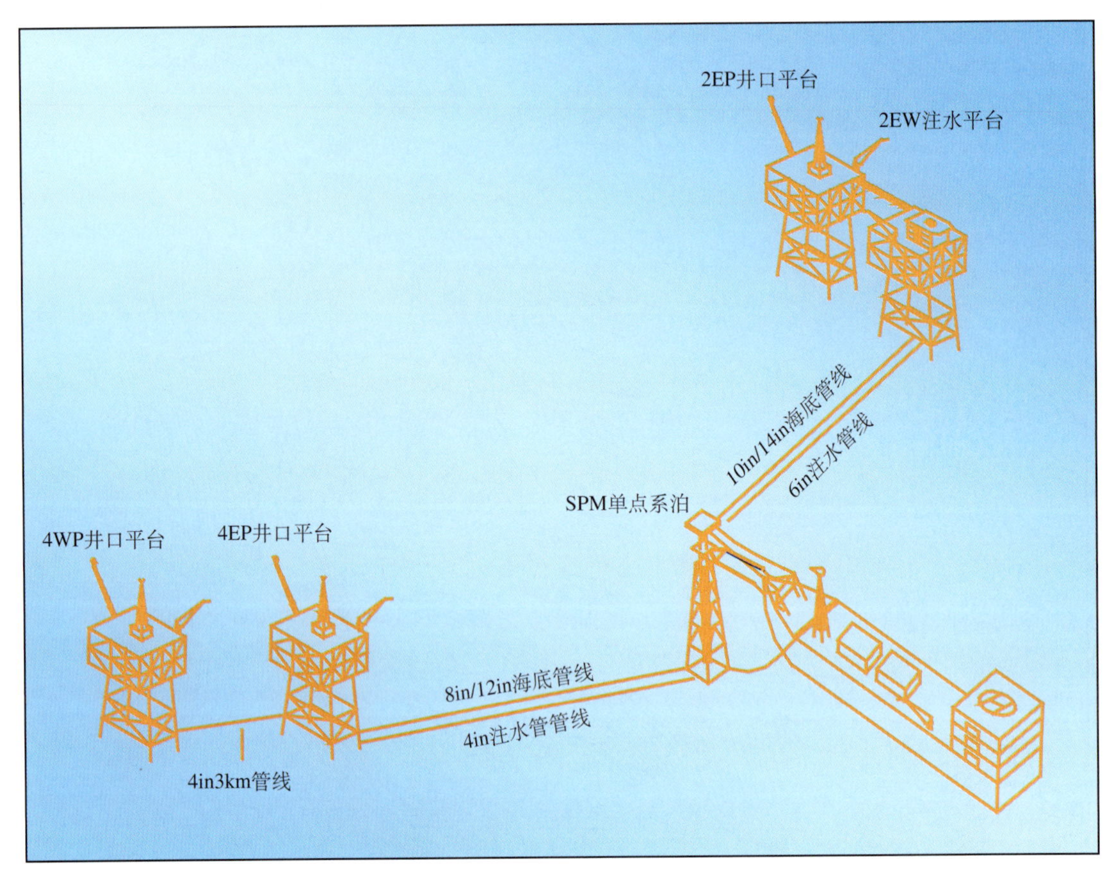

渤中 34–2/4 油田生产系统图

（BZ34–2/4 油田生产设施，1991 年）

《渤中 34-2/4 油田志》编纂组

组　长：王飞琼　黄显平　吴小张

成　员：何瑞兵　马　跃　马　亮　赵军红　王立红

《渤中 34-2/4 油田志》审核人员

汪志勇　许　红　曹文贤　徐启兴　吴成浩　李树宽
刘　英　宫　薇　赵利昌　贾云林　王力群　马奎前
段国宝　张敏娟

本志目录

概　述

渤中 34–2/4 油田是渤中 34–2 油田和渤中 34–4 油田的总称。该油田位于渤海海域中日合作区东南部，是中国海洋石油渤海公司与日本国日中石油开发株式会社共同合作开发的油田之一，油田早期为中日合作开发，后期转自营开发管理，现隶属于中海石油（中国）有限公司天津分公司渤南作业区。

一

渤中 34–2/4 油田位于渤海南部海域，西距天津市塘沽港约 180km，南距山东省龙口市 80km，油田海域水深 20.5m。常年最高气温 40℃，最低气温 –15℃。最高表层水温 32℃，最低表层水温 –2℃。一般最大风速 21.5m/s，波浪潮差 2.3m，海面最大冰厚 0.45m。五十年一遇风速（三秒钟阵风）43m/s，百年一遇风速 45m/s。

油田管理、研究和后勤基地设在天津市塘沽，塘沽地势低洼平坦，属暖温带季风型大陆气候，物产丰富，近海主要水产品种有对虾、螃蟹、梭鱼、毛蚶、海蜇等近 20 种，是天津市主要水产品供给和出口基地。

塘沽历来为海防军事要地，素有“京津屏障”、“北方门户”之称。天津经济技术开发区、天津港保税区、国家级海洋高新技术开发区和天津滨海高新区在这里兴建。海、陆、空交通十分便捷，临近港口的优越地理位置和发达的海陆空交通，为渤海油气区勘探开发提供了便利条件。

塘沽基地有海事卫星等通讯系统，采用有线、无线通讯相结合，沟通基地对平台的通讯，实现渤海海域及全国的通讯网络。设有直升机场，提供便捷的基地与平台的人员往来。基地码头可停靠各种钻井平台、物探船、铺管船、浮吊、油轮、物资供应以及人员倒班乘用的工作船。

二

渤中 34–2/4 油田是继埕北油田和渤中 28–1 油田之后，日中石油开发株式会社（JCODC）和渤海石油公司共同开发的第三个商业性油田。它是中日合同区的重点探区，是一个典型的油气富集并具有商业价值的油田群。

渤中 34–2/4 油田位于渤中 34 构造群北部，区域上这个构造群发育于渤南潜山带南侧，向南一直延伸到垦东潜山带的北坡。古近纪沉积时期这里是分割黄河口凹陷，东西部沉积中心的水下低隆起带。

油田位于南缓北陡的狭长“箕形”生油凹陷中，圈闭内有大面积分布的东营组和沙河街组湖相泥岩的两套生油岩系，与三角洲前缘砂体、水下扇体、浊积岩体等储集体互相叠置，油气直接由生油层进入储层，并沿断层向聚油圈闭呈阶梯式侧向或垂向运移，形成了“自生自储—下生上储”的混合型生储组合。巨厚的东营组泥岩，既是生油层也是主要的区域盖层，油藏保存条件较好，有利完整的生储盖组合为渤中 34–2/4 油田的形成奠定了基础。

渤中 34–2/4 油田是被断裂复杂化的背斜构造。储层有馆陶组、东营组下段和沙河街组三段。沙河街组三段是油田的主力油层段，分为 4 个油组（Ⅰ、Ⅱ、Ⅲ、Ⅳ），岩性组合为一套含砾砂岩、砂岩、粉细砂岩等各种粒级的砂质岩与泥岩不等厚互层。顶部以一套泥岩为盖层，下部发育的大套暗色泥岩是黄河口凹陷中良好的生油层。因此，在剖面上构成了完整的生储盖组合。储层储集空间类型以原生孔隙为主，其次为次生溶蚀孔和微小晶间孔。储层物性由南往北逐渐变好，孔隙度为 10% ～ 18%，渗透率为 10 ～ 100mD。

渤中 34–2/4 油田属构造层状油藏，受断层切割油水关系比较复杂，在油田范围内，控制局部构造和断块的边界断层大多是封闭的，因此，各断块天然边水能量不足。驱动方式为水驱 + 弹性驱和溶解气驱混合驱动的油藏。

油田原油性质较好，为轻质原油，地面原油密度 0.842 ～ $0.868g/cm^3$，凝固点 22 ～ 34℃，含硫量 0.08% ～ 0.46%。地下原油黏度 0.34 ～ 0.75mPa·s，溶解气油比 134 ～ $152m^3/m^3$，饱和压力 17.3 ～ 25.3MPa，地饱压差大，为 3.7 ～ 15.3MPa。地层水为重碳酸钠型，总矿化度为 8000 ～ 12000mg/L。

三

1979 年 6 月，日本国日中石油开发株式会社与中国海洋石油总公司渤海石油公司于东京签署了在“渤海南部及西部海域合作进行石油和天然气勘探开发协议书”，并在 1980 年 6 月正式生效。

1981 年—1985 年，由日中石油开发株式会社为操作者，在渤南、渤中海域的中日合同区，进行二维及三维地震详查、细测。二维地震为 48 ～ 60 次覆盖，测网密度由 1km × 1km 逐渐加密到 0.5km × 0.5km。三维地震为 60 次覆盖，ROW 方向线距 60m，共有测线 2196km，覆盖面积约 $100km^2$。

1982 年 10 月，在渤中 34–2 构造部署了第一口预探井 BZ34–2–1 井，次年 2 月该井于古近系孔店组中完钻。经 DST 测试分别在古近系沙河街组、东营组上、下段及新近系馆陶组获得高产油气流，其中馆陶组日产油 $164m^3$，东营及沙河街组日产油 $200m^3$。此后在该构造上钻探了 3 口评价井，并从沙河街组三段砂岩层中成功地获得了油流。

在 BZ34–2–1 井出油以后，其边缘构造也受到关注，特别是渤中 34–4 构造，1983 年实施的三维地震勘探只覆盖了部分构造，对其形态还不甚了解。为此，1984 年对该构造追加了二维地震详查，并对其数据作了记录、处理和解释，结果发现在距渤中 34–2 构造中心部位以南约 4.5km 处有一高点，横贯东西，并具相当规模的构造。

1984 年 10 月，在渤中 34–2 油田南部的相邻构造上钻探第一口探井 BZ34–4–1 井，钻遇油层约 60m，该井又在沙河街组获得油流，发现了渤中 34–4 油田。1985 年至 1986 年在该构造上钻探了 2 口评价井，并从沙河街组砂岩层中出油成功，从而进一步证实了渤中 34–2/4 油田。

1985 年日中石油开发株式会社在东京成立了由油藏地质、工程、开发以及经济等专家组成的技术小组（STT），邀请当时世界上最有经济实力和开发经验的壳牌（Shell）高级技术顾问参加小组工作。与此同时，渤海公司派员全程参加了小组的综合研究，渤海石油公司研究院和日中石油开发株式会社分别组织力量在塘沽和日本东京进行平行研究。

1985 年 11 月，日中石油开发株式会社委托 GSI 公司对渤中 34–2 构造的三维地震资料进行重新处理，1986 年 4 月将处理后的资料提交给中方，渤海石油公司研究院勘探室于同年 5 月下旬到 11 月中旬，对资料进行了再解释，提交了沙一段底、沙三段Ⅱ油层组顶、沙三段泥岩段上部一个反射界面等三层 t_0 构造图。

渤中 34–2/4 油田发现后，中日双方组成项目组对油田开展了平行研究，根据 7 口探井资料，三维地震资料处理和解释结果，完成了储量评价工作。经过多次滚动评价和相关的技术交流，1987 年 10 月中国海洋石油渤海公司项目队代表中日联管会向全国储委申报了渤中 34–2/4 油田的基本探明石油地质储量。同年 11 月，全国储委批准了油田的基本探明含油面积 $12.9km^2$，基本探明石油地质储量 2523.0×10^4t。

四

1987 年 11 月 17 日，国家能源部批准了渤中 34–2/4 油田总体开发方案。油田作业者是日中石油开发株式会社，中国海洋石油总公司授权渤海石油公司执行合同，与作业者合作。中方股份 51%，日方股份 49%。

1988 年 1 月 1 日，中日召开第 24 次联管会，通过启动油田开发建设的决定。油田相继完成了 BZ34–2EP、BZ34–4EP、BZ34–2EW 和 BZ34–4WP 共 4 个平台的建设。新钻开发井 8 口，加上原有 7 口探井转为开发井，全油田共有 15 口开发井。其中 12 口生产井，3 口注水井。

1990 年 6 月油田建成投产，投入开发的油层有馆陶组、东营组 J 砂层和沙河街组三段，其中沙河街组油层厚度大、产能高，为油田的主力油层，产量占整个油田的 84.1%。1990 年 7 月，第一船原油销往日本。

1990 年投产的早期，为油田的建产稳产阶段，采用衰竭式开采，地层压力下降快。为补充地层能量，保持油田稳产，两年后，渤中 34–2 油田的北块、中块转入注水开发，同时通过新井投产和部分老井上返，进行产量接替等稳产措施，使油田产量稳定在年产油 40×10^4t 左右的水平，一直持续到 1995 年。

1995 年以后，由于再没有接替产量的有效措施，且注水跟不上，地层无足够能量补充，以及机采措施不利等因素，从 1995 年 3 月到 1998 年 12 月，油田生产进入产量递减阶段，该阶段产量大幅度下降。

1996 年油田操作者由日方转移给中方，为了进一步落实油田的储量，开展了油田再评价工作。针对油田动、静态资料，根据新解释的各个油层组顶面构造和测井资料再解释结果，对沙河街组三段和东下段油藏的地质模式进行了新一轮研究。在此基础上，用容积法复算了油田地质储量。

1997 年 4 月，全国矿产资源委员会审查批准了渤中 34–2/4 油田探明石油地质储量 2943×10^4t，可采储量 466.3×10^4t，溶解气储量 48.4×10^8m^3。

1997 年 8 月中国海洋石油渤海公司研究院使用数值模拟技术，对渤中 34–2/4 油田综合调整方案进行了研究，并从多方面研究了油田的增产措施，优化了调整方案，为改善油田开发效果，提高油田采收率提供了油田的调整方案。

2000 年 10 月，中日提前终止合同，渤中 34–2/4 油田转入自营开发生产，此时油田进入了产量挖潜阶段。天津分公司通过采取各种有效的产量挖潜措施，油田生产状况开始好转，产量下降的趋势得到了控制。

2003 年，为了改善油田开发效果，对 5 口油井进行了大修，将双管井变为单管井，所有大修井下入电泵生产，对 BZ34–2–P1 井进行了侧钻，下电泵生产。2004 年 9 月，投产了调整井 BZ34–2–P8。

2006 年按全国统一标准进行储量套改，套改后油田探明含油面积 17.30km^2，石油探明地质储量 2943.00×10^4t（3471.87×10^4m^3）。

目前，由于渤中矿区新近系浅层油气藏的不断发现，天津分公司技术主管部门及渤海石油研究院正在渤中 34–2/4 油田的周围积极寻找浅层油气藏，作为主要开发目的层转换的技术准备。

五

油田投产初期主要采油方式是自喷，开发方案设计油田开采后期采用气举，但在油田投产后发现产气量比预期的产气量低，因气源缺乏和气举设备投资大而终止该方案的实施，中日合作双方对该油田的机采方式重新进行了论证。转机采后少数井采用射流泵生产，部分井采取间断放喷生产，并在 BZ34–2–P1 井进行了电潜泵试验，但由于供液不足等方面的原因，增产效果不明显。射流泵采油效果差，动力液量大，地层采出液量少，投捞钢丝作业成功率低，油管结垢严重，部分井含水高达 95% 以上。

渤中 34–2/4 油田工程建设分为三期进行，由于渤中 34–2/4 油田断块多、油层厚、连通较好，初期利用天然弹性与边水能量以自喷方式开采，此阶段为期 2 年，建有 BZ34–2EP 和 BZ34–4EP 二个小平台，9 口生产井共 15 个管，油井产能可达到年产 40×10^4t 的设计指标，采油速度达 5% ～ 6%，但压力与产量下降明显，边水推进较快，阶段末有 2 个管因含水停喷，5 个管因低产和污染严重不能正常自喷，油田急需解决停喷井的机采、解堵和完善开发井网，并实施注水工程。

油田第二期工程建成 BZ34–2EW 平台，于 1992 年投产，补钻 4 口井 8 个管，其中 BZ34–2–P3、BZ34–2–P6 为注水井，一期在油田主力的北块、中块完善注采系统，注水实施二年来，北块、中块地层压力与产量平稳或略有回升。其中Ⅲ油组水驱动用储量占地质储量的 40%，E_2s_3 Ⅱ油组注水效果不如 E_2s_3 Ⅲ油组明显。此阶段为增加注入量，注水井投注前采取酸化措施（BZ34–2–P6），BZ34–4EP 平台 2 口低产井提前转采东营组“J”砂层，增加产量 100t/d。

油田第三期工程包括 1993 年建成投产的 BZ34–4WP 无人平台，回接评价井（BZ34–4–3 井）下双管生产，增加产量 270t/d。另外在渤中 34–2 油田北块、中块补钻注水井 BZ34–2–P7 井，进一步完善注水井网。对 BZ34–2–3D、BZ34–2–4D 两口低产井上返东营组，对 BZ34–2–3D 井下部沙河街组Ⅱ油组进行压裂。

2000 年，油井大量停喷，管柱坏损严重。由于大多数油井采用双管生产，油井井况复杂，措施作业难度大，费用高，一般大修都需要钻井船作业，大部分油井处于关井状态，导致油井利用率低，人工举升困难重重，这些都是困扰油田正常生产的重要原因。

截至 2005 年 12 月底，油田共有生产平台 4 座，采油井 11 口（15 根管），开井 6 口（6 根管），注水井 5 口（8 根管），开井 3 口（3 根管）。地层压力保持在饱和压力以上，油田日产原油水平 281.1m^3，采油速度 0.32%，累计产油 $413.7\times10^4m^3$，采出程度 11.91%，综合含水 27.97%，注采比 1.5，累计注采比 0.78。

六

渤中 34–2/4 油田是中国海上复杂的断块油田之一，拥有现代化海上浮式生产储油装置，在渤海油气田开发史上具有重要地位。

渤中 34–2/4 油田含油层系多、油层厚度大、储量丰富、产量高，属于中深层、中低孔渗、可采储量丰度中等、千米井深稳定产量高、低含硫、轻质原油的海上中型油田。

油田设计了 4 座固定式井口平台、单点系泊系统和浮式生产储油装置组成全海式开采系统，相互间由海底输油、注水管线及海底电缆连接。工程方案的主要特点是采用了注水开发工艺并采用海底注水管线供水，井口平台原油加热首次采用大功率电加热器，井口平台动力首次采用海底电缆供电方案。

油田纵向上开发层系多，横向上断裂系统复杂，造成该油田开发单元多达 11 个。由于断层复杂及储层物性的差异导致油田开采状况不平衡。平面上，渤中 34–2 油田北中块油层物性好、产量高，初期平均单井日产油 200m^3 左右，开发效果好。南块和渤中 34–4 油田东块油层物性差、产能低，开发效果差。针对油田的地质特点、生产动态变化、开发特征和存在的问题，研究制定了阶段性的技术政策，指导油田的生产和管理，为油田的高产稳产奠定了基础。

在采油工艺上，针对油田断块多，油层厚的特点，渤中 34–2 油田和后期建造的渤中 34–4 油田西区的 BZ 34–4WP 无人操作平台，生产井采用长短管分层系开发。渤中 34–4 油田的 BZ 34–4EP 平台采用单油管加滑套分采。长短管的开采方式有效地提高了油井产能，但油井井况复杂，措施作业难度增大。

渤中 34–2/4 油田断层多，油水关系复杂，开发难度大，储量动用程度低，靠层间、井间和块间产量接替保持油田稳产。在开发调整中不断完善注采系统，对储层物性较差和污染严重的油层进行酸化；对储量动用程度较低的油层进行上返补孔，提高储量动用程度；对井况复杂的油井进行双管改单管，实施有效机采；对剩余油较多的储层进行侧钻和打调整井等增产措施，使油田以年产油 40×10^4t 连续稳产 4 年，为渤海完成年产量起了一定的作用，同时摸索出一套复杂断块油藏开发管理经验，对同类油藏的开发有指导、借鉴意义。

2000 年 10 月，油田转入自营开发生产。天津分公司采取各种有效的产量挖潜措施，使油田生产状况好转，产量下降的趋势得到了控制，取得了良好的经济效益。

大事记

1979 年

6 月　日本国日中石油开发株式会社与中国海洋石油总公司渤海石油公司于东京签署了在我国“渤海南部及西部海域合作进行石油和天然气勘探开发协议书”。

1980 年

5 月　渤海公司与日本国日中石油开发株式会社签订了在渤海投资合作进行油气勘探的风险合同。

1981 年

是年　日中石油开发株式会社为操作者，在渤南、渤中海域的中日合同区，进行二维及三维地震详查、细测。其中作了测网密度由 1km × 1km 加密至 0.5km × 0.5km 的二维地震和覆盖面积约 $100km^2$ 的三维地震，发现了渤中 34 构造群。

1982 年

10 月　在渤中 34–2 构造部署的第一口预探井 BZ34–2–1 井开钻，次年 2 月 23 日该井钻至 3823m 于古近系孔店组中完钻。经 DST 测试分别在古近系沙河街组、东营组上、下段及新近系馆陶组获得高产油气流，发现了渤中 34–2 油田。

1984 年

10 月　在渤中 34–2 油田南部的相邻构造上钻探第一口探井 BZ34–4–1 井，钻遇油层约 60m，该井在沙河街组获得油流，发现了渤中 34–4 油田。

1985 年

1 月　BZ34–4–1 井古近系测试，日产油 91t，天然气 $1.25 \times 10^4m^3$。日方在东京成立了由油藏地质、工程、开发以及经济等专家组成的技术小组（STT），邀请当时世界上最有经济实力和开发经验的壳牌（shell）高级技术顾问参加技术小组工作。

1986 年

是年　日中石油开发株式会对南部一些构造进行了 $216km^2$ 的三维地震，并对构造群内可供开采的油气资源储量进行了初步估算。

1987 年

9 月 18 日　总经理钟一鸣与井上亮社长在北京签署了渤中 34–2/4 油田开发协议。

10 月　中国海洋石油渤海公司项目队代表中日联管会向全国矿产储量委员会申报了渤中 34–2/4 油田的基本探明石油地质储量，全国矿产储量委员会批准了油田的基本探明含油面积 $12.9km^2$，基本探明石油地质储量 2523.0×10^4t。

11 月 17 日　国家能源部批准了渤中 34–2/4 油田总体开发方案。油田作业者是日中石油开发株式会社，中国海洋石油总公司授权渤海石油公司执行合同，与作业者合作。

1988 年

1 月 1 日　中日召开第 24 次联管会，通过启动油田开发建设的决定。

6 月 13 至 15 日　中日第 25 次联合委员会在日本东京召开，研究渤中 34–2/4 油田开发井的开钻时间等问题。

6 月　BZ34–2EP 新钻生产井开钻，9 月 BZ34–4EP 新钻生产井开钻，11 月生产储油轮模块开始建造。12 月 BZ34–2EP 平台 2 口生产井完钻，开始 6 口生产井完井作业，BZ34–2EP、BZ34–4EP 组块开始建造。

1989 年

1 月　生产储油轮船体开始建造。2 月 4EP 平台 1 口生产井完钻，开始 3 口井完井作业；2EW 井口导管架开始预制。4 月油轮模块建造完成，单点系泊导管架预制完成。

4 月 17 日　赤湾海洋工程公司承建的渤中 34–2/4 单点系泊导管架建成。

9 月 26 日　渤海 34–2/4 油田两条约 4.1km 海底管线及电缆铺设完工。

11 月 28 日　中日第 30 次联合委员会在日本东京召开，研究讨论渤中 34–2/4 油田的开发和原油生产等问题。

1990 年

6 月 10 日　渤中 34–2/4 油田一期工程建成，渤中 34–2/4 油田开始生产。

7 月 15 日　渤中 34–2/4 油田投入生产，第一船原油销往日本。

7 月 13 至 15 日　能源部部长黄毅诚和国务院进口市场办、国家计委、中国工商银行、中国人民银行、中国建设银行、财政部、海关总署、工商管理总局、海洋石油税务局及中国海洋石油总公司的有关负责同志一行 32 人来油田视察渤中 34–2/4 油田。

7 月 20 日　油田与日中石油开发株式会社就渤中 34–2/4 油田建成并正式投入生产联合举行庆祝大会。天津市副市长李慧芬、中国海洋石油总公司总经理钟一鸣、日本石油公团理事中山劝到会致词祝贺。

1991 年

4 月　对沙河街组产量极低的 BZ34–4–1 和 BZ34–4–P1 井上返新层东营组 J 砂层，2 口井上返接替产量占当年全油田总产量的 14.5%。

1992 年

5 月　渤中 34–2 油田的北块、中块转入注水开发，注水井 BZ34–2–P3–L/S 投注。

6 月　BZ34–2EW 平台投产，补钻 4 口井 8 根管，BZ34–2–3D–L 开始压裂试验。

9 月　BZ34–2–P2–S、BZ34–2–3D–L、BZ34–2–P1–L 井开始射流泵试验；BZ34–2–P4–L/S 和 BZ34–2–P5–L/S 两口井 4 根管同时投产。

1993 年

2 月　中块新增一口注水井 BZ34–2–P6 井投注，长短管分注 E_2s_3 Ⅱ、E_2s_3 Ⅲ油组。

9 月　油田Ⅲ期建设工程增建一座 BZ 34–4WP 平台，BZ34–4–3–L/S 井投产，长短管分采 E_2s_3 Ⅱ、E_2s_3 Ⅰ油组，接替产量占该年全油田产量的 34.7%。

1994 年

3 月和 5 月　BZ34–2–4D、BZ34–2–3D 两口井分别上返 J 砂层，两口井的上返见到一定效果，改变了长期不出油的状况。

5 月　BZ34–2–3D–L 井因储层物性差、污染严重，进行水力压裂，措施后效果不理想。

10 月 9 日　BZ34 油矿漂浮软管外输时，被滨海 244 船挤压受损，直接威胁到今后的正常外输。11 月 5 日，完成对漂浮软管的维修工作。

1996 年

7 月　BZ34–2–P7–L 井投注，BZ34–2–P1 井进行油田首次下电潜泵试验。9 月 BZ34–2–2AD–S、BZ34–2–P4–S 井酸化。

1997 年

4 月 渤中 34–2/4 油田探明储量复算。申报已开发探明级石油地质储量 2943.00 × 10^4t（3471.87 × 10^4m^3），含油面积 17.3km^2，可采储量 580.85 × 10^4t（685.49 × 10^4m^3）。

2000 年

10 月 28 日 渤中 34–2/4 油田中日合作开发合同正式宣告结束，从此转入自营开发，此时油田进入了产量挖潜阶段。

2003 年

1 月至 5 月 对 5 口井进行大修，其中 1 口井产量达到设计要求，4 口井效果不理想。

2 月 BZ34–2–P1 井侧钻，生产 E_2s_3 Ⅱ + Ⅲ油组，产量达到设计要求。

2004 年

8 月 BZ34–2–P8 调整井完钻，9 月 BZ34–2–P8 井启泵生产，初期日产液 300m^3 左右，含水 100%。10 月修井后启泵生产，但一直不正常，11 月 BZ34–2–P8 井修井。

2005 年

7 月 BZ34–2–P8 井酸化见效，日产油 150m^3，含水 34.3% 左右。9 月底 BZ34–2–P1S 井酸化见效，日产油 50m^3，含水 59.3%。

第一章

油 田 地 质

1983 年 2 月，BZ34–2–1 井测试获得高产油流，渤中 34–2/4 油田发现后，中日双方组成项目组对油田开展了平行研究，主要包括构造、储层、流体、油藏及储量等，对油田的认识逐渐加深。经过多次滚动评价研究结果表明，该油田是被断裂复杂化的背斜构造，由于受多条断层切割，油水关系复杂，不同断块具有不同的油水系统，相同断块不同油组具有不同的油水系统。沙河街组三段是油田的主力油层段，油藏类型是以构造层状油藏为主，部分受岩性控制的复合式油气田。

第一节 构 造

渤中 34–2/4 油田位于渤中 34 构造群北部，该构造群属于济阳坳陷东北部的黄河口凹陷中央部位。区域上这个构造群发育于渤南潜山带南侧，向南一直延伸到垦东潜山带的北坡，古近纪沉积时期这里是分割黄河口凹陷，东西部沉积中心的水下低隆起带。

渐新世早期，由于郯庐断裂带的强烈活动，受其影响，沿断裂西侧的下降盘堆积了近 3000m 的地层，形成了平行断裂带展布的黄河口凹陷东部沉积中心。生油研究结果认为，黄河口凹陷内的古近系沙河街组三段、东营组下段内有机质丰富，母质类型好，烃类转化程度高，是两套好的生油层。

渐新世中晚期，由于巨厚的沉积，使地层沿断层面重力滑动，产生的水平挤压与上覆地层差异压实共同作用，造成沉积中心内部地层拱升、破裂形成了一系列北东向展布的断裂背斜、断鼻或断块。

中上新世时期，受喜马拉雅运动的影响，东西向晚期断裂活动频繁，在新近系中形成大量与断层走向一致的断鼻或断块。

钻探揭示，构造群范围内在新生界中发育多种不同类型的储集体和多套生储盖组合，相应的发育了多种类型的油气藏。

渤中 34 构造群是一个在新生代漫长的地质时期中，由相似的地质应力形成的，其与有利的生油相带、储油相带叠置，形成不同时期、不同类型的油气藏纵向上叠合、平面上连片的复式油气聚集带。由于本区受断裂影响，构造破碎。

一、含油构造发现

1982 年 10 月，在渤中 34–2 构造部署了第一口预探井 BZ34–2–1 井，经 DST 测试分别在古近系沙河街组、东营组上、下段及新近系馆陶组获得高产油气流，从而发现了渤中 34–2 油田。此后在该构造上钻探了 3 口评价井，并从沙河街组三段砂岩层中成功地获得了油流。

渤中 34–2 油田发现后，其边缘构造也受到关注。1984 年 10 月，在渤中 34–2 油田南部的相邻构造上钻探第一口探井 BZ34–4–1 井，钻遇油层约 60m，该井在沙河街组获得油流，相继发现了渤中 34–4 油田。1985 年至 1986 年在该构造上钻探了 2 口评价井，并从沙河街组砂岩层中出油成功，从而进一步证实了渤中 34–2/4 油田。

1985 年日中石油开发株式会社在东京成立了专门技术小组（STT），对渤中 34–2/4 油田进行地质、储量评价，渤海石油公司研究院开发室也组织研究人员开展了平行研究。

二、构造评价

1987 年在新钻探井资料及三维解释的基础上，渤海石油公司研究院对渤中 34–2/4 油田作了重新评价，评价结果如下：

渤中 34–2 构造是一个北东向展布的断裂背斜，东侧以一条北东走向、东掉西升的断裂带为界，西部向西平缓过渡，主体北陡南缓。在构造主体范围内发育北东和近东西向两组断裂系统，两组断裂在平面上相互交切，将油田分割成北、中、南三个断块。其中，中块含油面积最大，是油田开发的主力断块（图 1–1）。

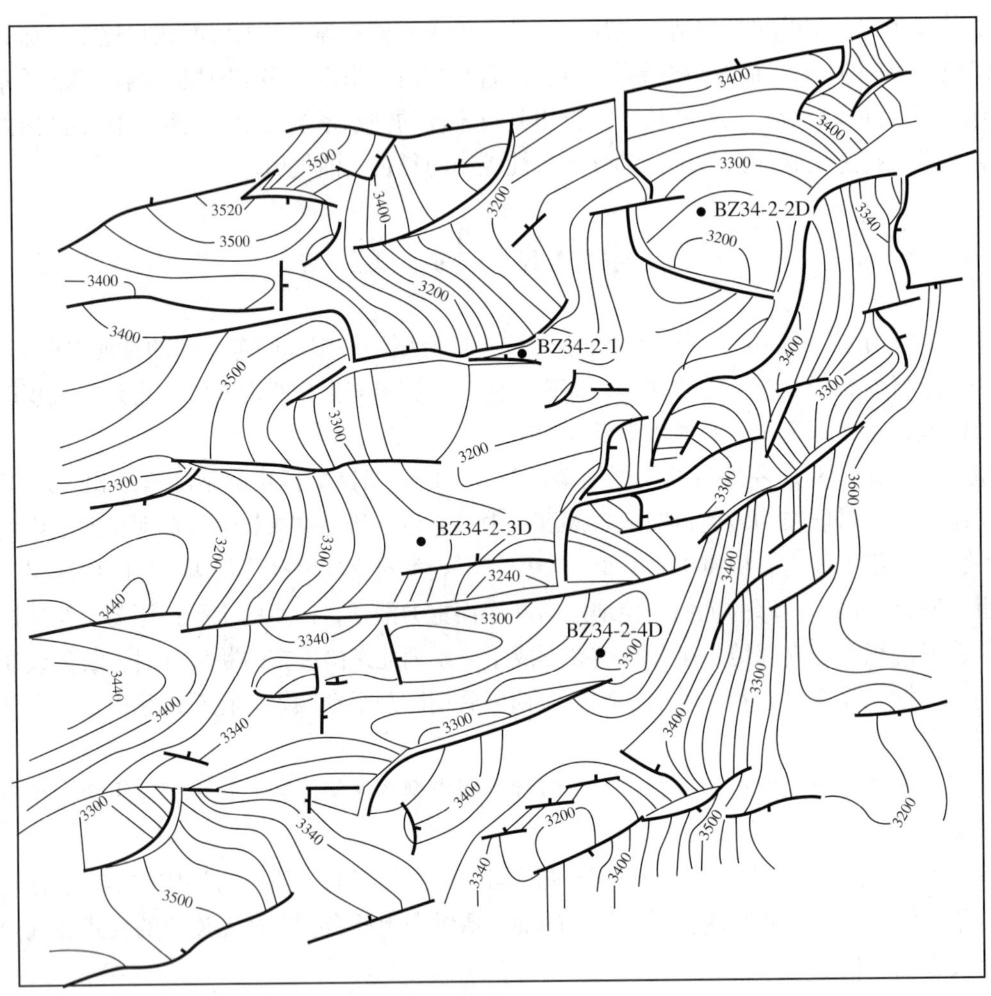

图 1–1　渤中 34–2 油田 E_2s_3 Ⅱ油组顶面构造图
（渤海石油公司研究院，1986 年）

渤中 34–4 构造是渤中 34–2 构造向南延伸部分，是一个走向近东西的半背斜，北侧以一条北掉断层为界，南部与渤中 34–5 构造呈鞍部过渡，三条近东西向断层将构造分割成东块、西北块和西南块（图 1–2）。

三、构造再认识

1997 年渤海石油研究院根据新钻开发井和生产动态资料，认为油田地质模式虽然与 1987 年评价结

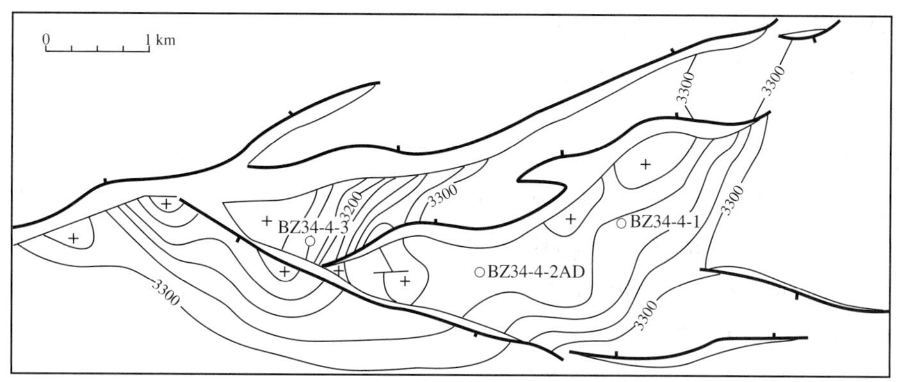

图 1–2　渤中 34–4 油田 E_2s_3 Ⅰ油组顶面构造图

（渤海石油公司研究院，1987 年）

果基本一致，但是，仍然存在一些问题，需要进一步研究。例如，北块与中块之间的划分、沙河街组Ⅰ油组储层的分布和油水分布关系等一些问题，需要进一步研究。因此，开展了三维地震及测井资料的重新解释，对油田构造进行了再认识。

1997 年三维地震资料重新解释了沙三段Ⅰ、Ⅱ、Ⅲ、Ⅳ油层组储层顶面构造，与 1987 年解释结果比较，构造形态基本相似，但其细节和中、小断层的展布特征有所变化（图 1–3）。例如，北、中块的划分，重新解释结果表明，在原中块范围内新钻的 BZ34–2–P1、BZ34–2–P3 两口开发井，与北块 BZ34–2–2AD 井处于同一断块区，并且，这两口井的油水分布特征与 BZ34–2–2AD 井一致。因此，北块的圈闭面积与含油范围比 1987 年评价结果有较大的增加。其中，E_2s_3 Ⅱ油组顶面构造圈闭面积由原来的 1.12km^2 增大到 5.06km^2，该区块已成为油田开发的主要目标。相比之下，BZ34–2–1 井所处的中块，储量评价阶段认为是油田开发的主力区块。本次评价后，无论从圈闭面积或油层的发育程度都不如北块。

图 1–3　渤中 34–2/4 油田沙三段Ⅱ砂组顶构造

（渤海石油公司研究院 ,1996 年）

BZ34−2−4D井所在的南块，其构造特征与1987年评价结果基本一致。

渤中34−4构造新钻BZ 34−4−P1井结果与1987年解释方案基本吻合。因此，对原构造解释仅进行了补充和完善。

东下段J砂层顶面构造具有继承性的披覆背斜特征，其中渤中34−2油田东下段J砂层的构造形态是被一系列东西向断层切割的北东向背斜构造，圈闭面积为7.6km²；渤中34−4油田的构造形态呈现为两条北东东向北掉正断层控制的断鼻，圈闭面积3.0km²（图1−4）。由北往南，分布有渤中34−2构造的BZ34−2−2AD井断块、BZ34−2−P1井断块、BZ34−2−1井断块、BZ34−2−3D井断块、BZ34−2−4D井断块和渤中34−4构造的BZ34−4−1、BZ34−4−P1井断块。

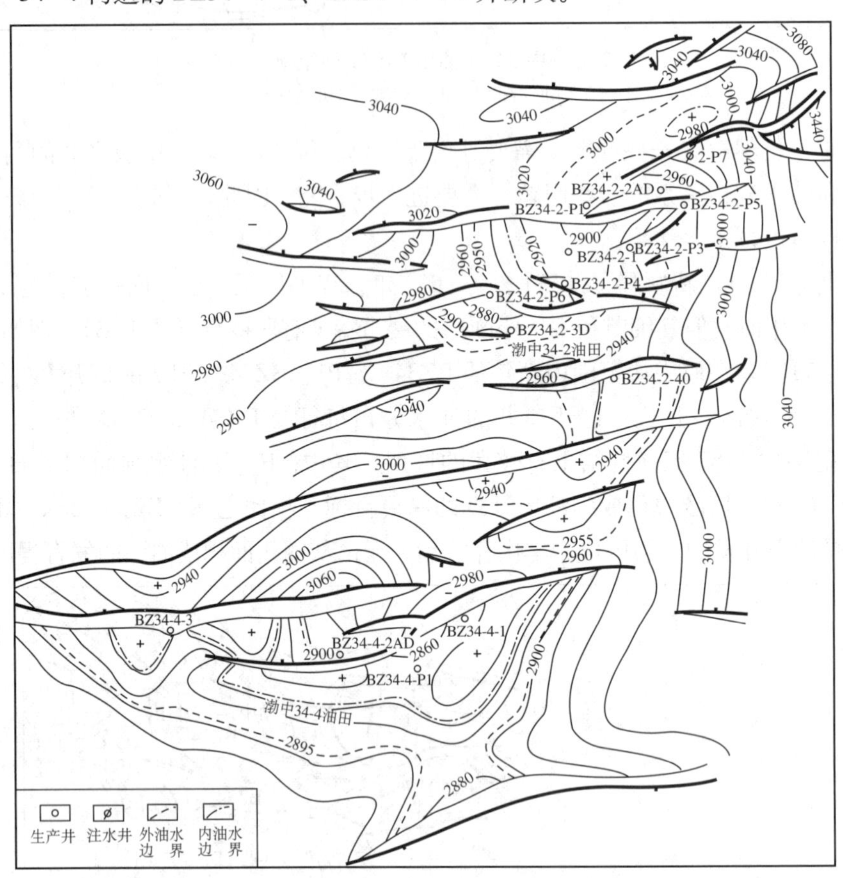

图1−4　渤中34−2/4油田东下段J砂层顶构造

（渤海石油公司研究院，1996年）

第二节　储　层

一、 地层层序

本区钻遇的地层层序自上而下为：第四系平原组、新近系明化镇组、馆陶组和古近系东营组、沙河街组及孔店组。地层对比结果表明，新生界发育齐全，分布稳定。其中馆陶组、东营组和沙河街组中见到了工业油气流。沙河街组三段为本区主力油层，岩性为一套含砾砂岩、砂岩、粉细砂岩与泥岩的不等厚互层。

二、储层分布

渤中34−2/4油田储层主要分布在沙河街组三段，其次是东营组、馆陶组，明化镇组也有含油层，储层为中孔低渗透砂岩油层，非均质严重。沙河街组三段是该油田的主力油层，分为 4 个油层组。油层埋深 3238 ~ 3875m，油层平均有效厚度 50 ~ 70m。

（一） 沙河街组

根据旋回对比、分级控制的原则，将渤中 34–2/4 油田沙河街组三段储层自上而下划分为 4 个油层组。

E_2s_3 Ⅰ油层组分布于渤中 34–4 油田及渤中 34–2 油田的南块，是渤中 34–4 油田的主力油层段，渤中 34–2 油田北、中块缺失。

E_2s_3 Ⅱ油层组全区普遍发育，是渤中 34–2 油田的主力油层。

E_2s_3 Ⅲ、E_2s_3 Ⅳ油层组单层厚度小，分布不稳定，但井间对比关系清楚（图 1–5）。

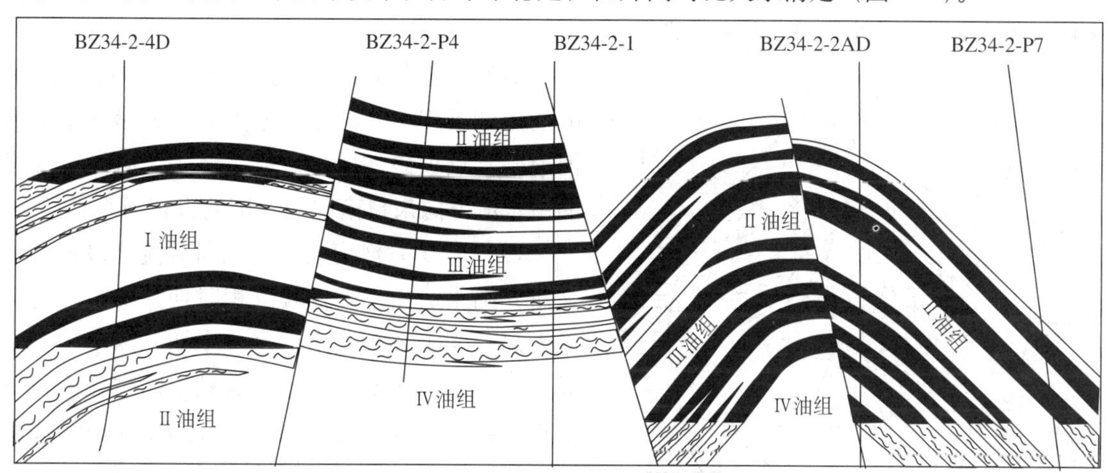

图 1–5　渤中 34–2 油田沙河街油藏剖面图

（二） 东下段 J 砂层

东下段 J 砂层分布于古近系东营组下段大套泥岩之中。储层顶界埋深 2850 ~ 2900m，油田范围内，有 11 口井都钻遇了厚度不等的 J 砂层，其中 9 口井钻遇油层，2 口井钻遇水层。DST 测试，日产油 202t。东下段 J 砂层储层厚度不大，但分布较广，由 2 个砂层组成，井间对比关系清楚，油层厚度 6 ~ 19m（图 1–6）。

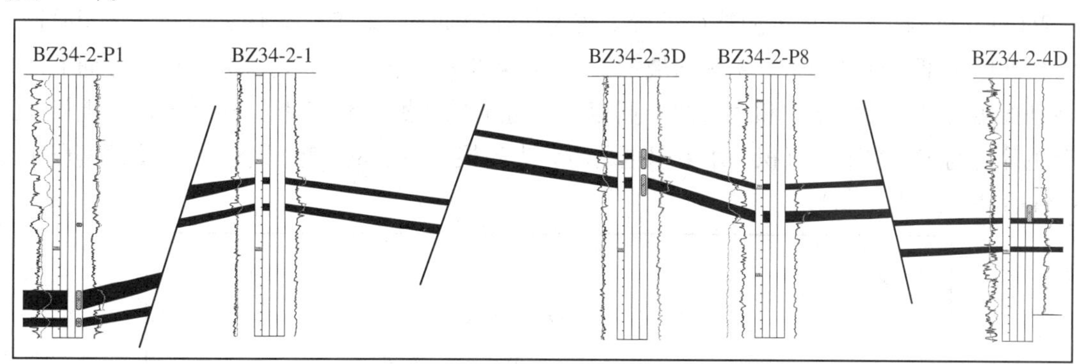

图 1–6　渤中 34–2 油田 J 砂层油藏剖面图

（三） 储层分布再认识

1997 年根据油田范围内新增 8 口开发井的油层对比结果，与 1987 年评价时认识基本一致，即沙河街组三段储层纵向上仍分为 4 个油层组。但新钻井资料进一步落实了各油层组储层的空间展布。

1．E_2s_3 Ⅰ油组储层分布新认识

以往认为 E_2s_3 Ⅰ油组主要分布于渤中 34–4 及 34–2 构造的南块，中块、北块缺失。新资料认为，

BZ34–2–P5 井在北块的斜坡部位钻遇了一套新油层，经对比与 BZ34–2–4D 井的 E_2s_3 Ⅰ油组相当，储层厚度约 30m。说明沙河街组沉积时期，渤中 34–2 构造北、中块局部地区也沉积了 E_2s_3 Ⅰ砂组储层。但分布很不稳定，为一较小的岩性体，圈闭面积仅 1.44km^2。

2．北块与中块 E_2s_3 Ⅱ、Ⅲ、Ⅳ储层特点

井间对比表明，油层组内部小层横向分布不稳定，但油层组全区分布较稳定。新钻井的各油层组油层厚度与原评价井基本相当，北块钻遇的油层厚度普遍大于中块的油层厚度（图 1–5）。

三、沉积相

1986 年渤海石油公司研究院和会社东京 STT 小组分别根据岩心资料进行了沉积相研究，研究结果在沙河街组三段沉积模式的认识上双方差别很大。

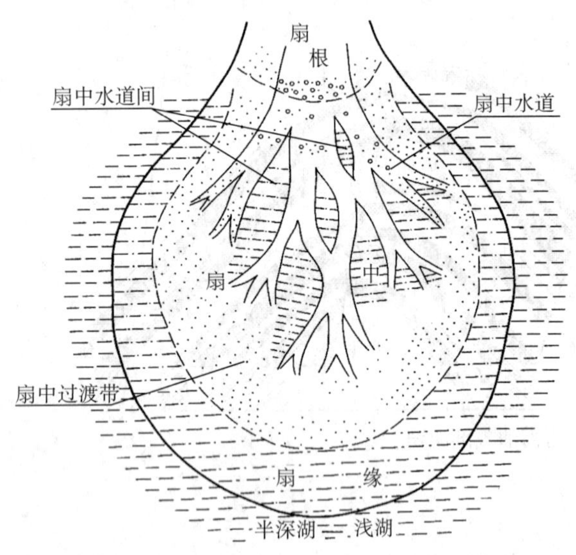

图 1–7　渤中 34 地区沙三段水下扇体沉积模式

STT 小组的 Shell 专家们认为，本区为浅水湖盆的三角洲沉积，其砂体类型为湖盆近岸或水上部分的河道砂、点坝砂、风暴砂或泛滥平原砂等，沉积时期的主水流方向来自南部的所谓的古黄河水系。

1987 年 1 月渤海石油公司研究院高级地质师丁克文研究结果认为，沙三段沉积时期，本区是处于湖面以下深—浅水环境之中，早—中期以深湖—半深湖相为主，晚期水体变浅。泥岩的黏土矿物分析同样可得出这一结论。从而推断沙三段储集体可能为近物源、强水流、快速堆积条件下的水下冲积扇。水下扇进一步分为扇根、扇中及扇缘三个亚相，由于井网密度限制，本区只发现了扇中及扇缘，扇根尚未钻遇，其中扇中亚相可进一步细分为扇中水道、水道间及过渡带三个微相，岩心观察结果表明不同亚相、微相的岩性组合，沉积构造及粒序特征各不相同。以水道为骨架，平面上呈网状分布，其沉积模式如图 1–7。

1987 年渤海石油公司研究院评价时，结合钻井、取心、分析化验、测井及 DST 测试等大量资料对渤中 34–2/4 油田沙河街组三段沉积特征进行了较为详细的研究。研究结果认为沙三段沉积时期，本区处于黄河口凹陷中部的低隆起带，南侧斜坡的渤中 34–4 构造堆积了一套物源来自西南方向的浊积扇沉积，岩性剖面可划分出浊积扇中和扇端两个亚相。北侧陡坡的渤中 34–2 构造由渤南凸起提供物源，形成了一套粗碎屑为主的水下扇沉积，水下扇进一步分为扇根、扇中及扇缘三个亚相。南北两股水流交汇于 BZ34–4–1 井区（图 1–8）。

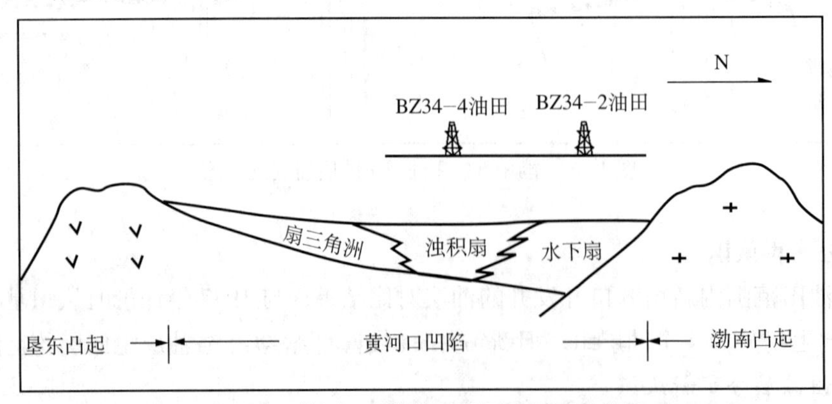

图 1–8　黄河口凹陷沙三段沉积剖面示意图

油田范围内，东下段 J 砂层广泛分布。沉积相研究认为，东下段沉积时期，有一次比较大的水进水退过程，渤中 34-4 构造及其以南地区沉积了一套较薄的三角洲前缘席状砂体，渤中 34-2 构造及其北区为前三角洲浊流沉积砂体。

四、储层物性

渤中 34-2 油田储层储集空间类型以原生孔隙为主，其次为次生溶蚀孔和微小晶间孔。储层物性由南往北逐渐变好，孔隙度为 10% ~ 18%，渗透率变化比较大，粗碎屑岩为 9.8 ~ 98.7mD，粉砂岩为 0.98 ~ 9.87mD。砂岩单层厚度 0.5 ~ 13m，一般 4 ~ 5m。

渤中 34-2 油田物性分析表明，北块与中块的孔隙度值相近，渗透率变化略大。以 E_2s_3 Ⅱ油组为例，北块平均孔隙度 12.8%，渗透率 68.4mD，中块平均孔隙度 13.3%，渗透率 50.5mD（图 1-9）。

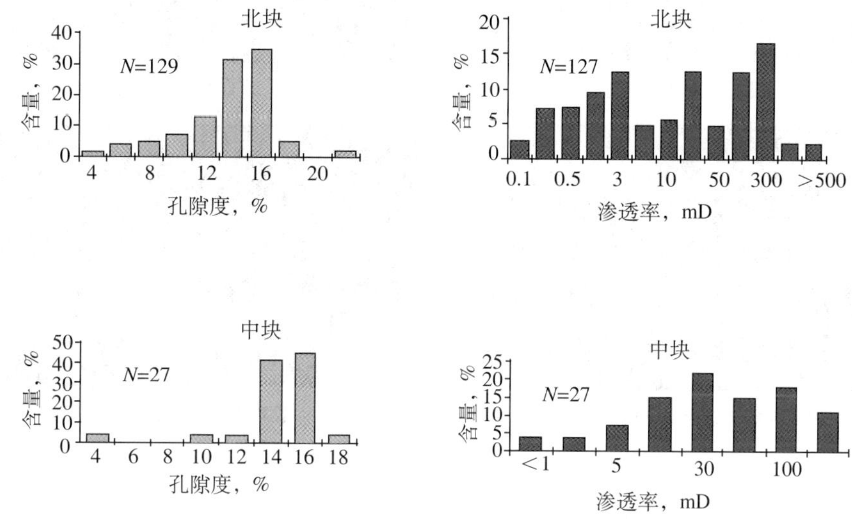

图 1-9　渤中 34-2 油田北、中块沙河街组Ⅱ油组孔隙度、渗透率分布图

渤中 34-4 油田几百个常规物性、薄片、粒度、电镜、压汞分析数据统计分析结果表明，沙三段油层的物性差，非均质性强。孔隙度的区间在 5% ~ 20%，一般分布在 8% ~ 16%，渗透率值变化范围大，在 0.1 ~ 1000mD，多数样品分布在 1 ~ 50mD。

造成油层岩石物性不均质的原因主要是沉积相的变化和成岩后生作用，对沙三段近 400m 岩心的详细描述分析工作，认为该区的沙三段为一套浊积序列的中细砂岩沉积，沉积物的粒度、基质及胶结物的含量是影响岩石物性的主要因素。浊积水道沉积砂体颗粒粗，且淡水作用强，相对碳酸盐胶结物含量低，岩石物性一般较好，渗透率在 100 ~ 1000mD。扇缘沉积颗粒较细，且地层水浓缩咸化作用，Ga、Mg 离子增加，碳酸盐胶结物相对较高。岩石物性一般稍差，渗透率在 0.1 ~ 50mD。

渤中 34-4 油田储层的储集空间以原生孔隙为主，并常见溶蚀孔和晶间孔，平均孔喉半径 0.63 ~ 6.30μm。黏土矿物基质的结晶往往阻塞孔喉，影响油层的岩石物性。受沉积相带的控制沙三段油层的物性横向上有自东向西变好的趋势。

渤中 34-2/4 油田东下段 J 砂层储层是由长石石英砂岩组成，胶结物含量在 10% ~ 30% 之间，砂岩成熟度高，分选中等，孔隙类型以粒间孔为主，孔隙连通性好。物性分析表明，孔隙度为 10% ~ 20%，渗透率为 0.1 ~ 150mD，平面上，储层物性由北往南逐渐变好。

渤中 34-2/4 油田储层评价结果，分为Ⅰ、Ⅱ、Ⅲ、Ⅳ四类，Ⅰ类最好，Ⅳ类最差。就单井而言，BZ34-2-1 井、BZ34-2-2AD 井储层物性最好，BZ34-4-1 井最差。上述结果与 DST 测试结果一致。

五、储层空间特征

（一） 孔隙类型

大量的铸体薄片及扫描电境资料表明，储集空间类型以原生粒间孔隙为主，其次为次生的溶蚀孔、微小的晶间孔及裂缝（图 1–10）。

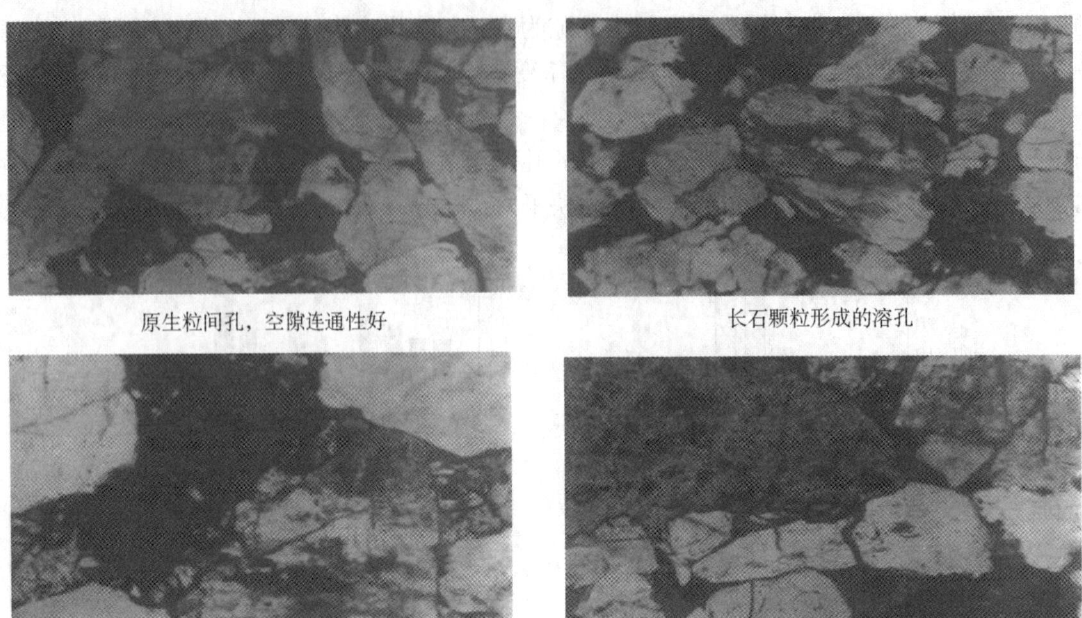

原生粒间孔，空隙连通性好　　长石颗粒形成的溶孔

颗粒强烈溶蚀形成印模孔　　长石岩屑被压裂形成微裂缝

图 1–10　渤中 34–2/4 油田孔隙类型

（二）孔隙结构特征

孔喉概率累积曲线呈四段式分布（图 1–11），说明受沉积条件、成岩及后生作用的影响，孔喉结构比较复杂。各直线段位置的高低、斜率大小取决于各类孔喉在样品中的分布及分选程度，其中 BZ34–2–1 井的样品位置最高。1 ~ 2 直线段斜率大，说明以大孔喉为主。

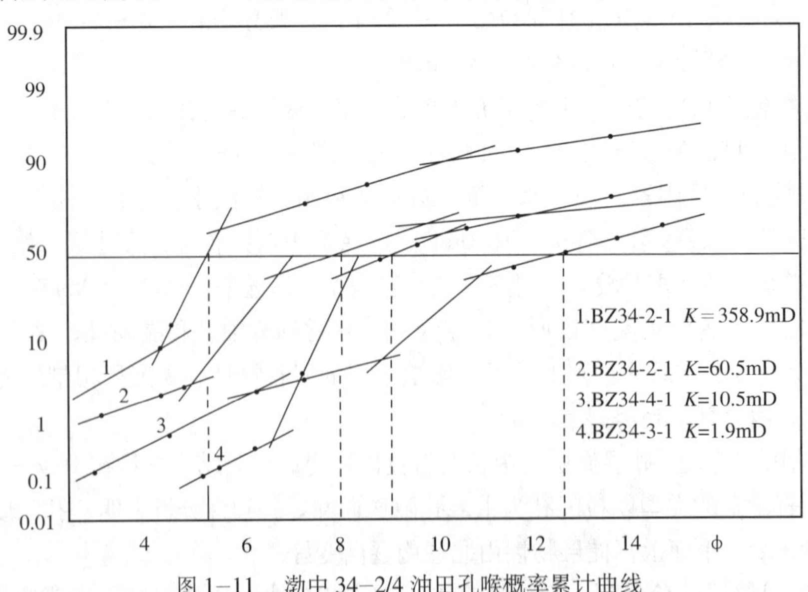

图 1–11　渤中 34–2/4 油田孔喉概率累计曲线

喉道半径一般大于 0.1 μ m，但不同的井段，不同部位的样品，喉道分布不同，表现为四种单峰型分布。

综上所述，渤中 34–2/4 油田沙三段储层的孔隙结构情况较复杂。各种参数变化范围较大，孔喉体积的分布变化也很大。同时，大量孔隙结构参数与渗透性之间的相关关系，充分说明孔隙结构的好坏直接影响着渗透性的变化。

第三节　流　体

一、流体性质

（一）地面流体

渤中 34–2/4 油田原油性质好，具有三低两高的特点，即密度低、黏度低、含硫量低、含蜡量高、凝固点高。地面原油密度 0.842 ～ 0.868g/cm^3，地面原油黏度 3.10 ～ 7.2mPa·s，含蜡 15.1% ～ 22.6%，凝固点 22 ～ 34℃，含硫 0.08% ～ 0.46%。

天然气相对密度 0.641 ～ 0.763，以甲烷为主，甲烷含量 64.2% ～ 88.6%，不含量硫化氢。

地层水为重碳酸钠型，总矿化度为 8000 ～ 12000mg/L，pH 值 7.0 ～ 9.0。

（二）地下流体

该油田地饱压差为 3.7 ～ 15.3MPa，饱和压力 17.3 ～ 29.5MPa，溶解气油比 117 ～ 158m^3/m^3，原油黏度 0.35 ～ 0.78mPa·s，原油体积系数 1.348 ～ 1.693。

二、流体分布

渤中 34–2/4 油田由于受多条断层切割，油水关系比较复杂，不同断块具有不同的油水系统，相同断块不同油组具有不同的油水系统，沙河街组各区块油水界面详见表 1–1。

表 1–1　渤中 34–2/4 油田沙河街组油水界面深度确定表

区块	油组	井号	测井解释		DST 测试		RFT，m	选用值，m
			油底，m	水顶，m	油底，m	水顶，m		
北块	Ⅱ + Ⅲ + Ⅳ	BZ34–2–P1	3459.5	3472.9	—	—	3457.1	3472
		BZ34–2–2AD	3472.7	—	3472	—		
		BZ34–2–P7	3468.4	—	—	—		
	Ⅳ	BZ34–2–2P3	3400.2	3402.3	—	—	—	3400
中块	Ⅱ + Ⅲ + Ⅳ	BZ34–2–1	3375.1	3380.6	3376	—	3392.1	3380
		BZ34–2–P6	3374.9	3381.4	—	—		
		BZ34–2–P4	3378.8	3387.2	—	—		
		BZ34–2–3D	3370.8	3384.8	3372.8	3385		
南块	Ⅰ	BZ34–2–4D	3288.7	3289.3	3269.5	—	3289.1	3288
	Ⅱ	BZ34–2–4D	3418.0	3426.5	3414.9	3428	3418.3	3418
东块	Ⅰ	BZ34–4–1	3278.5	—	3278	—	3279.6	3276
西北块		BZ34–4–P1	3273.1	3276.7	—	—		
		BZ34–4–3	3189.1	—	3189	—		
东块	Ⅱ	BZ34–4–1	3414.9	—	3414	—	3417.6	3414
西北块	Ⅱ	BZ34–4–3	3263.1	3268.1	3248	3268	3262.1	3264

（一）沙河街组

全油田 5 个断块共 7 个油水系统，其中渤中 34−2 油田北块和中块的 E_2s_3 Ⅱ、E_2s_3 Ⅲ、E_2s_3 Ⅳ油组为统一的油水系统，渤中 34−4 油田 E_2s_3 Ⅰ、E_2s_3 Ⅱ油组是相互独立的油水系统。

1．北块

1987 年评价时，北块仅钻 1 口井，即 BZ34−2−2AD 井，该井 DST 测试证实 3472m 以上未见到明显的水层，据此推断油水界面深度应在 3480m 以下，储量计算时，以构造最大圈闭深度 3460m 等深线圈定含油面积。

1997 年评价时，新增开发井 BZ34−2−P1、BZ34−2−P3、BZ34−2−P5 和 BZ34−2−P7 井，其中 BZ34−2−P1 井测井解释的水层顶界深度是 3472.9m。结合其他资料，认为北块油水界面深度为 3472m，比 1987 年储量计算使用值降低 12m。

2．中块

1987 年评价时，中块已钻 BZ34−2−1、BZ34−2−3D 两口探井，油水界面深度为 3418m，储量计算时选用构造最大圈闭深度 3400m 等深线圈定外含油边界。测井解释结果，BZ34−2−P6 井的油层底界深度为 3374.9m，水层顶界深度是 3381.4m，BZ34−2−P4 井的油层底界深度是 3378.8m。

1997 年重新分析原评价井资料后，BZ34−2−1 井测井解释的水层顶界深度为 3380.6m，该井 DST 测试得到的油层底界深度是 3376m，BZ34−2−3D 井 DST 测试结果得到的水层顶界深度是 3385m。参考 RFT 压力资料，认为中块油水界面深度应调整为 3380m，比上次储量计算使用值提高 20m。

3．南块

该断块因没有新钻井，1997 年重新分析后认为，油水界面分布与 1987 年评价结果一致。即，E_2s_3 Ⅰ、E_2s_3 Ⅱ油层组为各自独立的油水系统，E_2s_3 Ⅰ油组油水界面深度为 3288m，E_2s_3 Ⅱ油组油水界面深度为 3418m。

4．东块和西北块

1987 年评价时，东块与西北块 E_2s_3 Ⅰ油组油藏为统一油水压力系统的构造层状油藏，油水界面深度为 3300m。E_2s_3 Ⅱ油组油藏是相互独立的油水系统。

1997 年评价新增的 BZ34−4−P1 井测井解释结果，水层顶界深度为 3276.7m，综合分析后认为，E_2s_3 Ⅰ油组油水界面深度为 3276m，比 1987 年评价结果提高 24m。西北块 E_2s_3 Ⅱ油组油水界面深度仍为 3264m。东块 E_2s_3 Ⅱ油组油水分布关系较为复杂，分析后认为油水界面深度为 3414m。

（二）东下段 J 砂层

渤中 34−2/4 油田 J 砂层构造复杂破碎，受多条近东西走向的断层分割，形成了五个断块，不同的断块具有不同的油水系统。大多数井在 J 砂层未见到油水界面及水层，确定油水界面主要根据 RFT、DST 和测井解释的油层底界、水层顶界来确定每个断块的油水界面，同时参考油井的生产动态资料（表 1−2）。

表 1−2　渤中 34−2/4 油田东下段 J 砂层油水界面深度确定表

井区	井号	测井解释		DST 测试		RFT，m	选用值，m
		油底，m	水顶，m	油底，m	水顶，m		
2−P1	BZ34−2−P1	2993.5	—	—	—	3043.5	3000
2−1/2−P3	BZ34−2−1	2926.9	—	2927	—	2957.0	2950
	BZ34−2−P3	2947.0	2962.7	—	—		

续表

井区	井号	测井解释		DST 测试		RFT，m	选用值，m
		油底，m	水顶，m	油底，m	水顶，m		
2–3D/2–P6	BZ34–2–3D	2913.5	—	—	—	—	2920
	BZ34–2–P6	2878.2	—	—	—		
2–4D	BZ34–2–4D	2949.0	—	—	—	—	2955
4–1/4–P1	BZ34–4–1	2888.6	—	—	—	—	2895
	BZ34–4–P1	2890.7	—	—	—		
	BZ34–4–2AD	—	2900	—	—		

三、渗流特征

1986 年 8 月渤海石油公司研究院高级工程师辛世刚、梁慧文等人编写的《渤中 34–2/4 油田开发总体方案》报告中，对毛细管压力特征、油水相对渗透率、岩石的润湿性和水驱油实验进行了分析，研究结论如下。

（一）毛细管压力特征

从渤中 34–2/4 油田沙三段五十多条毛细管压力曲线来看，其分选性从偏好到较差的情况都有，主要是分选较差的情况，歪度从偏粗到细都有，多数是偏细歪度，毛细管压力曲线的歪度特征表现为四种形态。

（1）粗歪度：反映了储层以大孔喉、高渗透为主，以 BZ34–2–1（图 1–12）、BZ34–2–2AD 井的样品资料为代表。

（2）中粗歪度：以中粗孔喉、中高渗透为主，以 BZ34–2–2AD、BZ34–2–3D（图 1–13）井为代表。

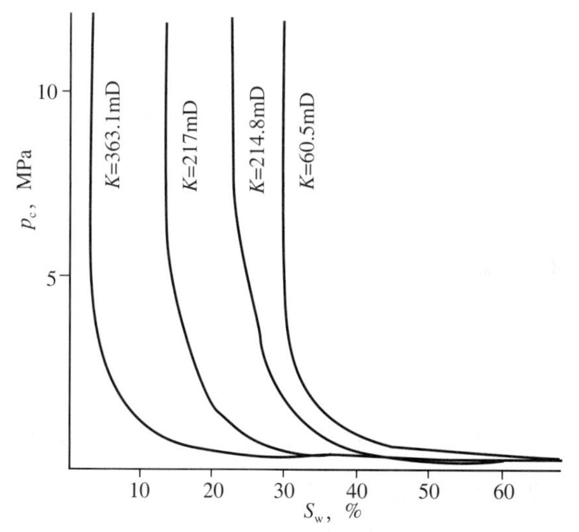

图 1–12　BZ34–2–1 井毛细管压力曲线

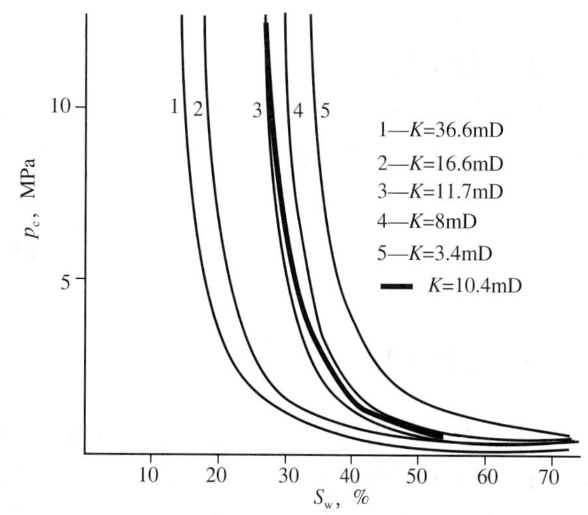

图 1–13　BZ34–2–3D 井毛细管压力曲线

（3）中细歪度：以中细孔喉、中低渗透为主，以 BZ34–4–1 井为代表。

（4）细歪度：以细孔喉、低渗透为主，如 BZ34–4–1 井的样品。

毛细管压力曲线形态表明，沙三段储层物性自北向南变差，其中渤中 34–2 油田储层物性较好，储层以大中孔喉为主，渗透率高，束缚水随着地层渗透率的增加而降低。渤中 34–4 油田储层物性较差，储层以中细孔喉为主，渗透率较低，束缚水随着地层渗透率的减小而增加。

（二）油水相对渗透率

BZ34−2−2AD 和 BZ34−2−3D 井在沙三段共做了 21 条相对渗透率曲线，经规格化后获得的平均油水、油气相对渗透率曲线见图 1−14、图 1−15，其油层束缚水饱和度为 0.234 ~ 0.225，残余油饱和度为 0.337 ~ 0.317。

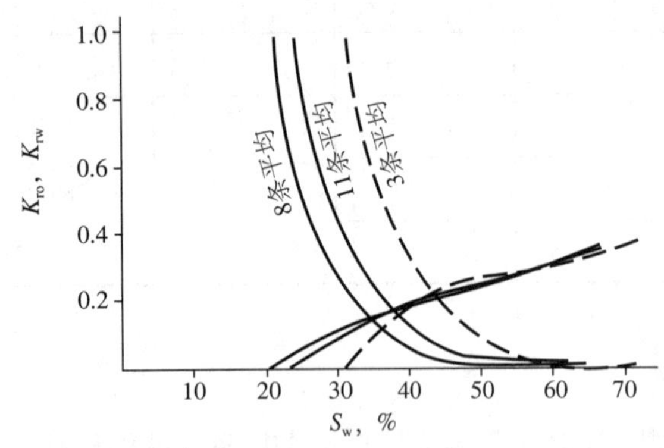

图 1−14 BZ34−2−2AD 油水相对渗透率曲线

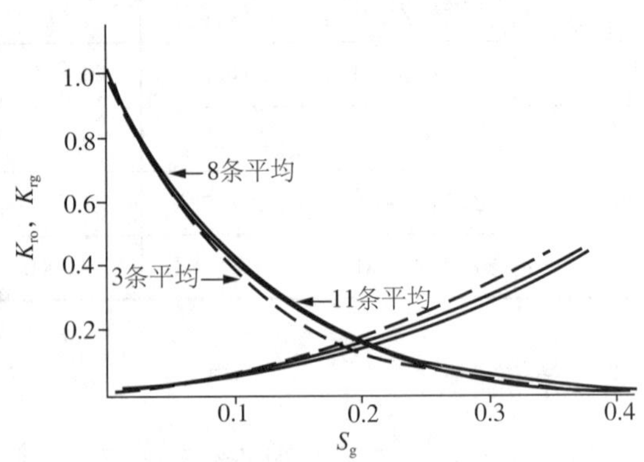

图 1−15 BZ34−2−2AD 油气相对渗透率曲线

（三）岩石的润湿性

BZ34−2−4D 井的 6 块岩心样品，用 Amott 法做了润湿性实验，其中 4 块样品对油的润湿性指数为零，1 块样品对油润湿性指数大于水润湿指数，属于偏亲油非均匀润湿，另一块由于渗透率太低没有完成实验，润湿性实验结果表明油层岩石以亲水型为主，6 块岩心的润湿指数见表 1−3。

表 1−3 渤中 34−2/4 油田岩石润湿性实验结果对比表

样品号	1	2	3	4	5	6
水润湿指数	—	0.176	0.123	0.333	0.158	0.118
油润湿指数	—	0.208	0	0	0	0

（四）水驱油实验

26 块岩心样品水驱油实验表明，当瞬时含水 100% 时，最终采出油量约占总孔隙体积的 30% ~ 50%，此时注水量相当于孔隙体积的 20 ~ 50 倍。

第四节 油 藏

一、油藏类型

渤中 34−2/4 油田沙河街组是一个以构造层状油藏为主，部分受岩性控制的复合式油气田。根据油水界面的分布特征进一步将油藏分为：①具统一油水界面的构造层状油藏；②多油水界面的构造层状油藏。两种类型的油藏大体上以中块南部边界断层为界，断层以北具统一的油水系统，断层以南各油层组具独自的油水系统。

渤中 34−2/4 油田东下段 J 砂层油藏是一个受断裂控制作用明显的构造层状油藏。

二、油藏温度、压力

渤中 34−2/4 油田属于正常的温度和压力系统。根据 4 口井 12 个层段的地层温度测点可知，深度在 3000m 以上的地温梯度为 3.2℃ /100m，测点基本分布在一条直线上，属于正常的地温梯度。根据 RFT 资料分析结果，压力梯度为 0.96 ～ 1.02MPa/100m，接近于静水柱压力，该油田属于正常压力系统。

三、驱动方式

渤中 34–2/4 油田驱动方式为水驱、弹性驱和溶解气驱混合驱动的油藏，在油田开发中，主要驱动方式为水驱。

第五节 储 量

渤中 34–2/4 油田自 1982 年发现后，中日双方经过油藏开发评价，进行过多次石油地质储量的计算，到 2005 年分别进行三次储量计算，随着油田资料的增加，对构造、储层及油水分布有了新的认识，储量计算结果更加靠近油田实际。

一、1987 年储量计算

1987 年根据 7 口探井资料、三维地震资料处理和解释结果，完成了渤中 34–2/4 油田沙河街组油藏储量评价工作，向全国矿产储量委员会申报并批准了该油田的储量。

（一）中方储量计算结果

渤海石油公司研究院高级地质师辛世刚、王勤等在油田地质认识基础上，根据油藏地质模式和油水分布规律，按照储量规范要求，对渤中 34–2/4 油田进行了储量计算。储量计算结果，渤中 34–2 油田沙河街组基本探明石油储量 1586×10^4t，溶解气储量 27.20×10^8m^3。渤中 34–4 油田沙河街组基本探明石油储量 937×10^4t，溶解气储量 11.60×10^8m^3。

（二）日方储量计算结果

日方应用蒙特卡洛法对渤中 34–2/4 油田进行了储量计算。储量参数的分布按三角分布、双三角分布、正态分布。储量计算结果，渤中 34–2 油田沙河街组基本探明石油储量 1737×10^4t，渤中 34–4 油田沙河街组基本探明石油储量 1505×10^4t。

（三）申报批准储量

1987 年 10 月渤海石油公司研究院向全国矿产储量委员会申报渤中 34–2/4 油田储量，批准了该油田沙河街组含油面积 12.9km^2，基本探明石油储量 2523×10^4t，溶解气储量 38.8×10^8m^3，其中，渤中 34–2 油田基本探明石油储量 1586×10^4t，渤中 34–4 油田基本探明石油储量 937×10^4t。

东下段 J 砂层含油面积 7.1km^2，预测石油地质储量 344×10^4t，其中，渤中 34–2 油田预测石油地质储量 195×10^4t，渤中 34–4 油田预测石油地质储量 149×10^4t。

二、1997 年储量复算

1997 年为了进一步落实油田的储量，在 7 口探井和新钻 8 口开发井的基础上，充分运用现有动、静态资料，开展了该油田的三维地震资料、岩石物理资料的新一轮解释，深化了油田地质模式的认识，并按储量规范要求，完成了储量复算工作。

渤海公司研究院高级地质师施亚洲等对油田储量进行了复算，本次储量复算是在 1987 年储量评价基础上，补充新钻井资料，进行了新一轮构造解释和测井资料解释，进一步落实了油水界面和储层分布，从而对油田地质模式有了进一步的认识。在储量参数确定时，使用了全部评价井和生产井的资料，按储量规范要求，各项参数的选取力求做到准确可靠，更加合理，符合油田生产实际。

（一） 储量复算结果

储量复算结果，渤中34–2/4油田沙河街组已开发探明石油地质储量2407×10^4t，叠合含油面积13.2km²，溶解气地质储量$39.66\times10^8m^3$，其中，渤中34–2油田已开发探明石油地质储量1657×10^4t，渤中34–4油田已开发探明石油地质储量750×10^4t。预测级石油地质储量271×10^4t，含油面积4.5km²，溶解气储量$4.44\times10^8m^3$。

东下段J砂层已开发探明石油地质储量536×10^4t，含油面积9.4km²，溶解气储量$8.74\times10^8m^3$。其中，渤中34–2油田已开发探明石油地质储量176×10^4t，渤中34–4油田已开发探明石油地质储量360×10^4t。

（二）储量复算对比

1．渤中34–2油田沙河街组

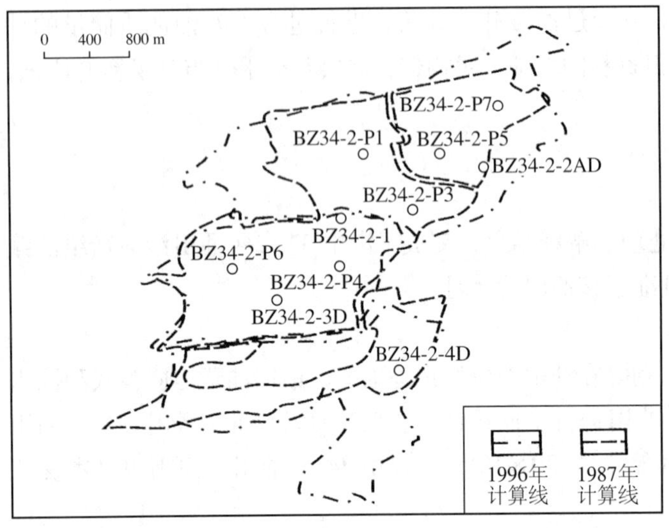

图1–16 渤中34–2油田沙河街组含油面积对比（渤海石油公司研究院，1996年）

本次储量计算结果，渤中34–2油田沙河街组探明石油地质储量为1657×10^4t，比1987年批准数增加71×10^4t，虽然两次计算结果相差不超过5%，但两次储量计算的参数及分区块的储量仍有较大的变化，主要原因如下：

（1）两次储量计算所依据的中块和北块含油面积等参数有较大的变化（图1–16）。

（2）本次储量计算，比1987年新增了7口井地质资料，并对全部测井资料进行了重新解释。

（3）1987年储量计算时，纵向上多个油层组合为一个计算单元，本次储量计算采用纵向上按油层组分别计算，平面上分内外含油边界分别选取有效厚度值。

2．渤中34–4油田沙河街组

1987年评价时，渤中34–4油田沙河街组探明石油地质储量937×10^4t，本次计算结果为750×10^4t，比上次减少20%。两次计算结果差别主要原因如下：

（1）Ⅰ油组油水界面的提高致使含油面积减少。

（2）测井资料重新解释后，单井有效厚度较1987年单井解释值有一定的减少。并且，储量计算时分内外含油边界分别取值，也比1987年使用值有所减少（图1–17）。

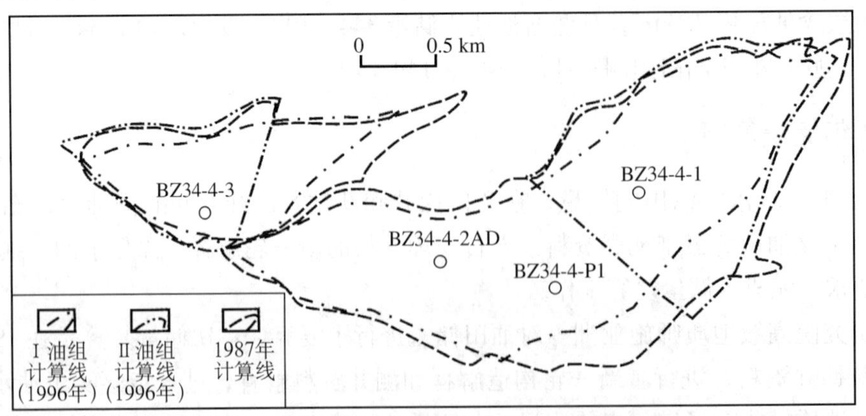

图1–17 渤中34–4油田沙河街组含油面积对比图（渤海石油公司研究院，1996年）

渤中 34–2/4 油田沙河街组储量复算结果与 1987 年对比见表 1–4。

表 1–4 渤中 34–2/4 油田沙河街组储量对比表

油田名称	计算时间	含油面积 km²	有效厚度 m	孔隙度 %	含油饱和度 %	原油密度 g/cm³	体积系数	储量 10^4t	溶解气油比 m³/t	溶解气储量 10^8m³
渤中 34–2	1987 年	7.3	50.0	13	59	0.851	1.50	1586	172	27.2
	1996 年	8.7	44.9	12	63	0.849	1.51	1657	166	27.6
	增减值	1.4	–5.1	–1	4	–0.002	0.01	71	–6	0.4
	变化率，%	19.2	–10.2	–7.7	6.8	–0.200	0.80	4.5	–3.5	1.3
渤中 34–4	1987 年	5.6	42.7	12	58	0.850	1.51	937	124	11.6
	1996 年	4.5	40.5	12	60	0.848	1.48	750	162	12.1
	增减值	–1.1	–2.2	0	2	–0.002	–0.03	–187	38	0.5
	变化率，%	–19.6	–5.2	0	3.4	–0.200	–1.70	–20	31	4.4

3．*渤中 34–2/4 东下段 J 砂层*

1987 年上报的该油田东下段 J 砂层石油地质储量为 344 × 10^4t，储量级别属预测级，此结果是渤海公司研究院于 1984 年 12 月根据 BZ34–2–1 井的钻井地质资料和二维地震资料用蒙特卡洛法计算的。本次评价，结合 11 口探井和开发井的钻井地质、生产动态资料及三维地震新成果，在重新解释了东下段 J 砂层顶面构造和测井资料的基础上，用容积法计算了该油田的地质储量。计算结果，已开发探明含油面积 9.4km²，石油地质储量 536 × 10^4t，溶解气地质储量 8.74 × 10^8m³。

两次计算结果对比表明，渤中 34–2 油田东下段 J 砂层石油地质储量变化不大，变化值小于 10%。渤中 34–4 油田东下段 J 砂层地质储量变化较大，石油地质储量比上次计算结果增加 211 × 10^4t，其原因主要是由于含油面积和有效厚度值增大所致，详见表 1–5。

表 1–5 渤中 34–2/4 油田东下段 J 砂层储量参数对比表

油田名称	计算时间	含油面积 km²	有效厚度 m	孔隙度 %	含油饱和度 %	原油密度 g/cm³	体积系数	储量 10^4t	级别
渤中 34–2	1987 年	3.6	8.4	18	68	0.846	1.608	195.0	预测
	1996 年	3.9	7	17	69	0.843	1.533	176.0	探明
	增减值	0.3	–1.4	–1	1	0	–0.075	–19.0	—
	变化率，%	8.3	–16.7	–5.6	1.5	–0.4	–4.7	–9.7	
渤中 34–4	1987 年	3.5	6.6	18	68	0.846	1.608	149.0	预测
	1996 年	5.5	8.6	21	66	0.843	1.533	360.0	探明
	增减值	2	2	3	–2	0	–0.075	211.0	—
	变化率，%	57.1	30.3	16.7	–2.9	–0.4	–4.7	141.6	

（三） 申报批准储量

1997 年 4 月，全国矿产资源委员会批准了渤中 34–2/4 油田复算储量，储量报告编写单位渤海石油公司研究院，编写人施亚洲、王世民，审核人曾昭伟，由渤海石油公司总地质师汪志勇、曹文贤批准。

批准渤中 34–2/4 油田沙河街组含油面积 13.2km²，已开发探明储量 2407 × 10^4t，可采储量 388.5 × 10^4t，溶解气储量 39.66 × 10^8m³，可采储量 6.37 × 10^8m³。其中，渤中 34–2 油田含油面积 8.7km²，已开发探明储量 1657 × 10^4t，可采储量 291 × 10^4t，溶解气储量 27.55 × 10^8m³；渤中 34–4 油田含油面积

4.5km²，已开发探明储量 750×10⁴t，可采储量 97.5×10⁴t，溶解气储量 12.11×10⁸m³。

东营组下段 J 砂层新增含油面积 9.4km²，已开发探明储量 536×10⁴t，可采储量 77.78×10⁴t，溶解气地质储量 8.74×10⁸m³，可采储量 1.26×10⁸m³。其中，渤中 34–2 油田含油面积 3.9km²，已开发探明储量 176×10⁴t，可采储量 30.98×10⁴t，溶解气储量 2.87×10⁸m³；渤中 34–4 油田含油面积 5.5km²，已开发探明储量 360×10⁴t，可采储量 46.8×10⁴t，溶解气地质储量 5.87×10⁸m³。

三、2006 年储量套改

2006 年按照全国矿产资源委员会统一要求进行储量套改，套改前，渤中 34–2/4 油田储量为 1997 年全国矿产资源委员会备案储量，油田全面投产后，2004 年 8 月在渤中 34–2 区块新钻生产井 BZ34–2–P8 井，BZ34–2–P8 井的钻探没有改变油藏模式，同时生产动态分析资料表明地质储量没有发生变化，根据石油天然气储量套改的技术方案，油田地质储量直接套改。

2006 年天津分公司套改后油田探明含油面积 17.30km²，石油探明地质储量 2943.00×10⁴t（3471.87×10⁴m³），溶解气探明地质储量 48.40×10⁸m³，石油探明技术可采储量 580.85×10⁴t（685.49×10⁴m³），溶解气探明技术可采储量 9.55×10⁸m³。套改后石油探明可采储量详见表 1–6。

表 1–6 渤中 34–2/4 油田套改后石油探明可采储量数据表

区块	层位	含油面积 km²	地质储量			技术采收率		技术可采储量		
			原油		溶解气	原油	溶解气	原油		溶解气
			10⁴m³	10⁴t	10⁸m³	%	%	10⁴m³	10⁴t	10⁸m³
渤中 34–2	E_2s_3—北中块	6.10	1607.71	1364.00	22.66	21.5	21.5	345.66	293.26	4.87
	E_2s_3—南块	2.60	343.90	293.00	4.89	12.2	12.2	41.96	35.75	0.6
	E_2d—J 砂层	3.90	208.78	176.00	2.87	24.2	24.2	50.52	42.59	0.69
小计		9.10	2160.39	1833.00	30.42	20.3	20.2	438.14	371.60	6.16
渤中 34–4	E_2s_3—西北块Ⅰ、Ⅱ油组和东块Ⅰ油组	4.50	617.61	524.00	8.46	17.7	17.7	109.32	92.75	1.5
	E_2s_3 Ⅱ（东块）	2.10	266.82	226.00	3.65	13.0	13.0	34.69	29.38	0.47
	E_3d—J 砂层	5.50	427.05	360.00	5.87	24.2	24.2	103.34	87.12	1.42
小计		8.20	1311.48	1110.00	17.98	18.9	18.9	247.35	209.25	3.39
合计		17.3	3471.87	2943.00	48.40	19.7	19.7	685.49	580.85	9.55

四、可采储量标定

随着油田开发时间的增长，对油田地质模式、开采特征认识的不断加深，以及油田开发的不断调整和注采系统的完善，需要对可采储量进行估算。通过多种方法对可采储量进行研究，可以落实油田的剩余可采储量，并指出油田今后挖潜的方向和增产措施。

（一）1986 年可采储量标定

1986 年中方编制开发方案时，应用物质平衡法对渤中 34–2 油田沙河街组油藏分别计算了天然弹性能量开采、溶解气驱开采及注水开采的最终采收率。计算结果，弹性阶段采收率为 2% ～ 3%，溶解气驱采收率 7.5% ～ 8.8%，弹性 + 溶解气驱采收率为 9.8% ～ 10.6%。数值模拟研究结果，渤中 34–2 油田沙河街组油藏按已有 4 口探井生产两年后，当地层压力降到饱和压力附近时，补打 6 口新井，注水井 3 口，生产井 3 口，预测 15 年可采储量 403.7×10⁴t，采收率为 22.0%。在注水系统完善，井密度合理，油田储量全部动用的情况下，油田的最终采收率可达到 27.9%。

（二）1997 年可采储量标定

1997 年 12 月渤海石油公司研究院高级工程师王飞琼、王为民对渤中 34–2/4 油田的可采储量进行了标定，使用油藏数值模拟法、水驱曲线法、递减曲线法、预测模型、新模型和灰色系统等动态法进行预测。

多种方法可采储量计算结果，若按 15 年开采，到 2005 年渤中 34–2 油田可采储量为 270.0×10^4 ~ 310.0×10^4t，渤中 34–4 油田可采储量为 70.0×10^4 ~ 90.0×10^4t。其中数值模拟法与其他方法计算的可采储量相近。经验公式法反映在目前开采状况下未来油田产量的变化，其结果受历史产量影响较大，数值模拟法较为综合全面地反映油田未来的生产动态，可对各项措施后的开发效果进行预测，计算的生产指标也全面。综合上述，渤中 34–2/4 油田可采储量标定以数值模拟计算结果为主，各种经验方法为辅。

因此，建议采用数值模拟计算结果作为渤中 34–2/4 油田可采储量标定值。按现有井网开采，不采取任何措施，预测到 2005 年渤中 34–2/4 油田可采储量 400.0×10^4t，其中，渤中 34–2 油田可采储量为 310.0×10^4t，渤中 34–4 油田可采储量为 90.0×10^4t。

第二章

开发部署与调整

1985 年，中日双方对渤中 34–2/4 油田地质、油藏、工程和经济评价等进行了开发可行性研究。在可行性评价的基础上，1987 年 11 月，油田总体开发方案编制完成，渤中 34–2/4 油田进入全面开发阶段。由于该油田开发难度大，储量动用程度低，靠层间、井间和块间产量接替保持油田稳产。在开发调整中不断完善注采系统，对储量动用程度较低的油层进行上返补孔；对井况复杂的油井进行双管改单管；对剩余油较多的储层钻调整井等措施，油田以年产油 40×10^4t 连续稳产 4 年。

第一节　开发可行性研究

在油田评价阶段，渤海石油公司研究院和日中石油开发株式会社分别对渤中 34–2/4 油田进行了开发可行性研究，包括地质研究、储量计算、油藏工程和工程经济评价等工作，并派人参加了作业者的研究和设计，作业者请壳牌石油公司作了咨询。

按照滚动勘探开发的部署原则，渤海石油公司研究院高级地质师辛世刚、高级工程师梁惠文等负责，于 1985 年、1986 年连续两年对渤中 34–2 油田开展了开发可行性研究。为了探讨渤中 34–2 构造的独立可开发性以及作为渤中 34 构造群滚动开发的起点的可能性，在渤中 34–2 油田地质及油藏工程初步研究的基础上，进行了海洋工程设计和经济评价论证，为油田开发的经济可行性和编制油田总体开发方案做了技术上的准备。

针对主要目的层非均性严重的问题，在进行沉积相及油层物性研究中，选择以渗透率的变化为主线，利用地球物理、钻井、矿场地球物理及 DST 测试等多种资料进行综合研究，从而弄清楚了沙河街组三段的沉积相模式，并对油层做了客观的评价，建立了油田地质模型，在此基础上进行油藏工程方面的研究。

油藏数值模拟是油藏工程研究的重点，模拟工作是在 1984 年引进的美国岩心公司的 ENCORE BETA 模拟的半隐式版本上完成的，通过四个辅助模型、初始模型和主模型的运行，对油田不同的布井方案，不同的前景进行了预测，从中选出推荐方案进行工程概念设计和经济论证。

一、可行性研究认识

（1）三维地震资料的精细解释结果，基本上搞清了渤中 34–2 油田沙河街组三段的构造形态及断裂系统。总体看来，为一个北东向展布的断裂背斜，构造北陡南缓，东部断裂带两侧复杂破碎，西部逐渐向西南平缓倾没，形态相对简单。

（2）大量的铸体薄片及扫描电境资料表明，储集空间类型以原生粒间孔隙为主，其次为次生的溶蚀孔、微小的晶间孔及裂缝。

（3）DST 及 RFT 测试证实，沙河街组三段各套油层属于正常的温度、压力系统，其压力梯度约为 1.09at/10m，稍高于静水柱压力，油层温度随埋深增加而增加，地温梯度 3.34℃ /100m，属于正常地温梯度范围。

(4) 经过两年来的可行性研究，所提供的储量数据基本上是可靠的，1915 × 10^4m^3 这个储量数据经总公司储量小组的专家审查，已被总公司储委会认可通过，作为基本探明储量上报。

二、可行性研究成果

(一) 开发方式

本区沙河街组三段油藏外围水体的大小及边水能量不清。推断是受断层的控制，天然水体能量不会太大，油藏原始驱动类型应以弹性驱动及溶解气驱动为主。鉴于沙河街三段油藏地饱压差大，油田开采中可利用的弹性能量高，初步设想渤中 34–2 油田的开发方案为：

早期利用天然弹性能量进行一次采油，中期当地层压力下降到饱和压力附近时，开始注水补充能量。

油田开采过程当中，当地层压力下降到饱和压力之前，油层中尚未脱气，仍为油水两相流动，油水黏度比保持原始状态。当地层下降到饱和压力以下时，由于气体脱出，地层内出现油气水三相流动，油的相渗透率大幅度降低，井筒周围的流动阻力增大，使开发效果变差。

因此，在地层压力下降到饱和压力附近时开始注水补充能量，即可充分利用地层的弹性能量，也可保持地下流体的初始状态，获得较好的开发效果。

(二) 开发层系

沙三段油层井段比较长，为减小层间干扰，改善开发效果，计划分两套层系进行开发即（Ⅰ + Ⅱ + Ⅲ）和（Ⅳ + Ⅴ）。每套层系都有一定的厚度，两套层系之间有较厚的隔层分开，并且每套层系都有一定的产能，因此在开发方案中采用双管单井分采的开采方式。

(三) 采收率确定

为了确定最终开采方式，分别用物质平衡法计算了天然弹性能量开采、溶解气驱开采及注水开采的最终采收率。计算结果，渤中 34–2 油田沙三段油层弹性采收率为 2.3%，靠天然能量开采（弹性 + 溶解气驱能量），采收率为 9.8% ～ 10.6%，当地层压力下降到饱和压力附近时，油层注水效果最好，在注水系统完善、井网密度合理、油田储量全部动用的情况下，油田的最终采收率可达 27.9%。

(四) 开发原则及方案

海上油气田勘探开发的特殊性决定了本区开发井布署的原则：

(1) 开发方案的设计要把开发费用的支出限制到最低限度。

(2) 在油田投产的初期，尽可能以较高的采油速度生产，以便在最短时间内回收投资，获得最佳的经济效益。

根据上述开发原则，初步拟定三个布井方案。

方案Ⅰ：现有的四口井，采用天然能量进行消耗式开采。

方案Ⅱ：现有 4 口井生产两年后，当地层压力降到饱和压力附近时，补充 6 口新井（注水井 3 口、生产井 3 口）。

方案Ⅲ：充分利用现有导管架的设计能力，中块再补打 3 口井。前两年 7 口井全部用天然能量开采，两年后中块两口井转注，通过注水补充能量开采，南、北两块各用一口井用天然能量开采（表 2–1）。

表 2–1 渤中 34–2 油田不同方案 15 年生产动态表

指标 \ 方案	方案Ⅰ				方案Ⅱ				方案Ⅲ			
	北块	中块	南块	全油田	北块	中块	南块	全油田	北块	中块	南块	全油田
最高年产量，10^4t	12.9	19.3	4.9	37.2	12.1	36.3	5.4	53.8	11.9	57.8	449	74.1
最高采油速度，%	3.02	1.71	2.08	2.06	3.87	3.22	2.3	2.97	2.79	5.1	1.9	4.1
最低年产量，10^4t	1.4	2.3	—	3.7	1.3	8.5	0.38	9.8	1	3.6	0.4	4.6

续表

指标＼方案	方案Ⅰ				方案Ⅱ				方案Ⅲ			
	北块	中块	南块	全油田	北块	中块	南块	全油田	北块	中块	南块	全油田
最低采油速度，%	0.32	0.2	—	0.1	0.3	0.75	0.16	0.5	0.2	0.31	0.17	0.3
15 年平均递减率，%	6.5	6.6	—	5.95	6.5	5.1	11.6	4.78	6.1	6.3	7	6.1
15 年累计采油量，10^4t	80.6	137.7	10.5	228.8	84.7	300	19	403.7	52.7	247.3	15.6	315.6
15 年累计采出程度，%	18.8	12.2	4.5	12.6	19.8	26.6	8.1	22.3	12.3	22	6.6	17.5

从开发效果和油田建设的工程设施等方面综合考虑，认为方案Ⅲ比较好，可作为推荐方案。该方案的优点是：

（1）抓住了油田的主要矛盾，以中块为开发的重点，带动整个油田。中块面积大，地质储量占总储量的63%，采用注水保持压力开采，5 口注采井，15 年采出程度可达 22%。南北两块各用现有的一口井天然开采，尽管采出程度低，但由于断块小，占总储量的比例小，因此对总的开发效果影响亦小。

（2）充分利用现有平台的钻井能力不增加新工程设施，降低开发投资。

（3）油田初期油井利用率高，采油速度高，有利于少投入，多产出，快回收。

（五）海洋工程方案

海洋工程方案设计了两套，分别由渤海石油公司合作部、开发工程部和经济评价室完成。

方案一是将原油通过管线输送到渤中 28–1 进行处理和储存。优点是工程设施简单、充分利用渤中 28–1 油田的 FPSU 装置；缺点是工程投资大，根据 Shell 公司研究，需要投资 3900 万～ 8100 万美元，已经超过 FPSU 投资，另外距离渤中 28–1 油田远，生产管理不方便。

方案二在渤中 34–2 单独建造一套生产处理和储油系统。这里又可以有两种选择，一用固定平台储油，其优点是安全可靠、技术成熟，缺点是储油量小、投资高；二用浮式生产储油系统，其优点是投资省、储油量大、管理方便，缺点是在渤海湾还没有使用经验。

综合上述各种选择，在渤中 34–2 推荐选用“井口平台 + 海底管线 + 单点 +FPSU”的开发工程方式。

三、可行性研究结论

（1）渤中 34–2 油田是一个复杂断块油田，它同周边陆地发现的断块油田一样，具有含油面积小，断块复杂、油层非均质性严重、埋藏深、物性差、天然能量有限的地质特点。

（2）海上油气勘探投资大，成本高。尽管渤中 34–2 油田具有一定的储量，但经过经济论证，认为在目前油价和技术条件下，仍属一个海上的边际油田。

（3）对这类油田的开发，应通过一系列对油藏评价工作的合理部署，把认识油田和开发油田紧密结合起来。即通过滚动式评价，搞好勘探、开发两个环节的紧密结合，从而制定出合理的滚动开发程序，以指导油田的合理开发。

（4）渤中 34–2 油田这样的海上复杂断块油田开发方案的编制不能完全仿效陆地大油田的做法，一味追求长期稳产高产，而应根据油田的实际，初期以尽可能高的采油速度生产，以便在最短的时间回收投资，获得最佳的经济效益。

（5）开发层系、井网、开采方式的选择应充分考虑复杂断块油田的特点，最大限度地利用天然能量，充分挖掘油层的生产能力。应根据各个断块的油藏类型、油层特点选择适宜的强化开采技术。对面积小、断层复杂、油层生产能力旺盛的断块可考虑只布少量的生产井，充分利用天然能量开采；对油层物性差的低产断块，采用压裂酸化等增产措施；对面积大、油层横向连通性好的断块，采用不规则的面积注水。

(6) 在注水系统完善、井网密度合理、油田储量全部动用的情况下，油田的最终采收率可达27.9%。

总之，对像渤中 34–2 油田这样的海上复杂断块油田，不能采用单一的开采方式，只有根据油田范围内各断块的不同特点，把油田中可利用的各种能量充分调动起来，才能实现少投入、多产出。

第二节　方案编制与实施

一、开发方案

到 1986 年 8 月编制开发方案为止，渤中 34–2/4 油田先后多次进行了二维及三维地震资料的采集、处理和解释，油田范围内共钻探井 2 口、评价井 5 口，在 7 口井中进行了取心，进尺 288.4m，心长 279.5m，收获率 96.5%；先后在 7 口井进行试油 36 个层次；常规分析 706 块次，特殊分析 86 次，微观分析 683 次，流体样品分析 50 个。

根据上述资料，1986 年 8 月中日双方编制了《渤中 34–2/4 油田总体开发方案》，在编制油田总体开发方案过程中，中日双方专家多次进行技术交流，采纳了中方关于注水保持油层压力的建议，双方在主要技术问题上的认识和结论是相近的。

1987 年 10 月 16 日，渤海石油公司对作业者提交的总体开发方案和平行作业的研究成果进行了审议。11 月 5—6 日总公司召开了总体开发方案审查会，方案得到与会专家的一致通过。11 月 17 日，国家能源部批准了渤中 34–2/4 油田总体开发方案。

（一）开发区域

(1) 沙三段：渤中 34–2 构造的 N2、N1/3、S4 区块，渤中 34–4 构造的 S1/2（东）区块，共计 4 块。

(2) 东营组 J 砂层：钻探了 BZ34–2–1 井的北区块。

(3) 馆陶组 2200m 处的砂层：钻探了 BZ34–2–1 井的 BZ34–2–1 区块。

（二）开发层系

渤中 34–2/4 油田含油层系主要分布于东营组下段 J 砂层和沙河街组三段，沙河街组三段是油田的主力油层，含油井段长，因此采用两套层系开采，J 砂层采用一套层系开采。

（三）动用储量

渤中 34–2/4 油田动用储量 2718.0×10^4t，其中渤中 34–2 油田沙河街组动用储量 1586.0×10^4t，东营组 J 砂层动用储量 195.0×10^4t，渤中 34–4 油田沙河街组动用储量 937.0×10^4t。

（四）开发方式

渤中 34–2/4 油田初期利用天然能量衰竭开采，油田开发 2 年后采用人工注水开发。

（五）可采储量

油藏模拟研究结果，渤中 34–2 构造 N2、N1/3、S4 各区块及渤中 34–4 构造 S1/2（东）区块沙三段油层的可采储量为 448.8×10^4t（生产年限为 15 年）。

浅层（渤中 34–2 构造北块东营组 J 砂层及渤中 34–2–1 区块馆陶组 2200m 处砂层）1 口生产井，可采储量为 11.1×10^4t。

渤中 34–2/4 油田开发计划的可采储量为 459.9×10^4t（生产年限 15 年）。

（六）开发方针

(1) 采用注水法确保所期望的可采储量。为此，在投产 2 年后，增设注水系统设施。

(2) 为适应含水率上升，在投产后的第 7 ～ 8 年，用人工采油法。

(3) 设施采用经济优越的浮式储油装置。

(4) 生产设施的位置要尽可能适应开发周围构造的需要，其设备在技术上要有适应性。

(5) 为了维持较高的生产水平，设计要考虑将来易于安装采用注水法、人工采油法等所需的作业设备。

（七）开发井配置

渤中 34–2 油田设计 12 口开发井（利用原有探井 4 口），其中生产井 8 口，注水井 4 口。分布在沙河街组北 2 区块 4 口，北 1/3 区块 5 口，南 4 区块 2 口，浅层北区块 1 口；渤中 34–4 油田设计 3 口开发井（利用原有探井 2 口），其中生产井 2 口，注水井 1 口。分布在沙河街层南 1/2（东）区块（图 2–1）。

（八）生产系统

由 3 座固定式井口平台、单点系泊系统和浮式生产储油装置组成全海式开采系统，相互间由海底输油、注水管线及海底电缆连接。

（九）油田建设

转入开发后，本油田分两个阶段建设。

第一阶段（自喷采油）：计划 1989 年 9 月开始商业性生产。

第二阶段（注水采油）：计划 1991 年 8 月开始注水生产。

（十）工程设施

1. 井口平台

共有 3 座井口平台，其中 BZ34–2EP、BZ34–2EW 两座平台在渤中 34–2 油田，BZ34–4EP 平台在渤中 34–4 油田。在 BZ34–2EP 井口平台上有生产井 6 口；BZ34–2EW 井口平台上有生产井 6 口，其中注水井 3 口；BZ34–4EP 井口平台有生产井 3 口，其中注水井 1 口（图 2–2）。设计年生产能力 44.0×10^4t。

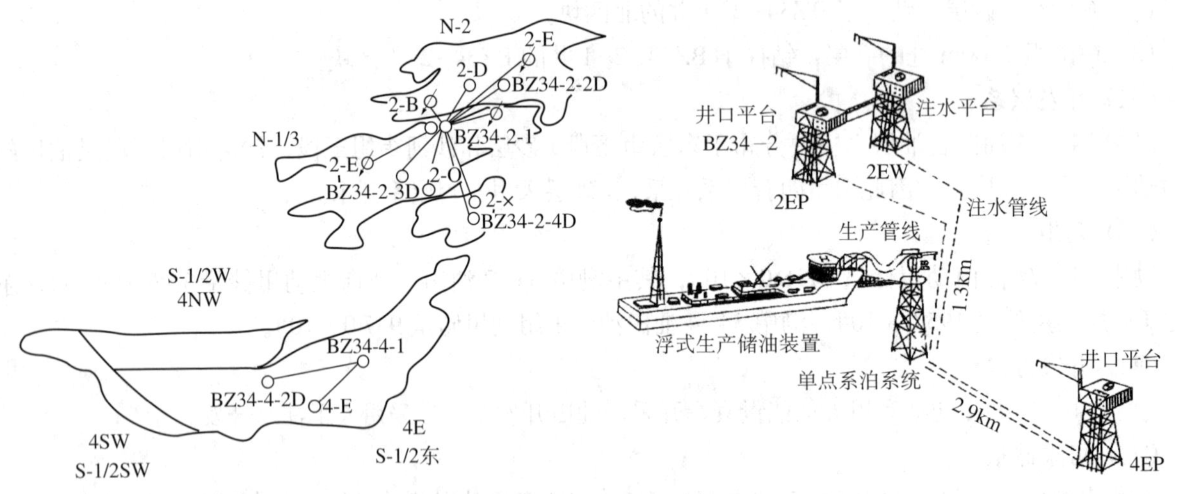

图 2–1　渤中 34–2/4 油田开发方案井位设图

图 2–2　渤中 34–2 油田开发工程示意图

渤中 34–2 油田分两套层系双管生产，设计最高产量 1474.0t/d，设计日注水量 3180.0m³。在 BZ34–2EP 平台上的 6 口井，所产原油经长 1300m、直径 406.4mm × 254mm 的双重海底管线和单点系泊系统送到生产储油轮上，经分离、脱水等处理后外输。

渤中 34–4 油田设计日产油量约 350.0t，设计日注水量 800.0m³。在 BZ34–4EP 平台上的 2 口井，所产原油经长 2900m、直径 355.6mm × 203.2mm 的双重海底管线送到油轮上，同样经分离、脱水等处理后外输。

2．浮式生产储油轮

油轮储油能力为 5.2×10^4t，可接受 8.0×10^4t 级的穿梭油轮进行外输作业。油田实行滚动开发，工程分期进行。第一阶段为自喷采油，第二阶段为注水采油，第三阶段为人工采油。油田开发采用全海式工程方案。

二、方案实施

渤中 34–2 油田方案实施从 1990 年 6 月至 1992 年 6 月，共完钻 11 口井，投产油井 8 口，平均单井日产油 123.0m³，油田日产油 986.0m³，年产油 36.0×10^4m³。在开发方案实施过程中，对原方案进行了部分调整，主要是开发井的井位和井数与原方案设计有所不同。方案设计了 12 口开发井，其中生产井 8 口，注水井 4 口，方案实施过程中调整为 11 口井，生产井 8 口，注水井 3 口，因此，开发方案与实际产量对比，开发方案的年产油比实际值高（图 2–3），造成产量差别的主要原因是开发井数减少 1 口井，井位也进行了调整。

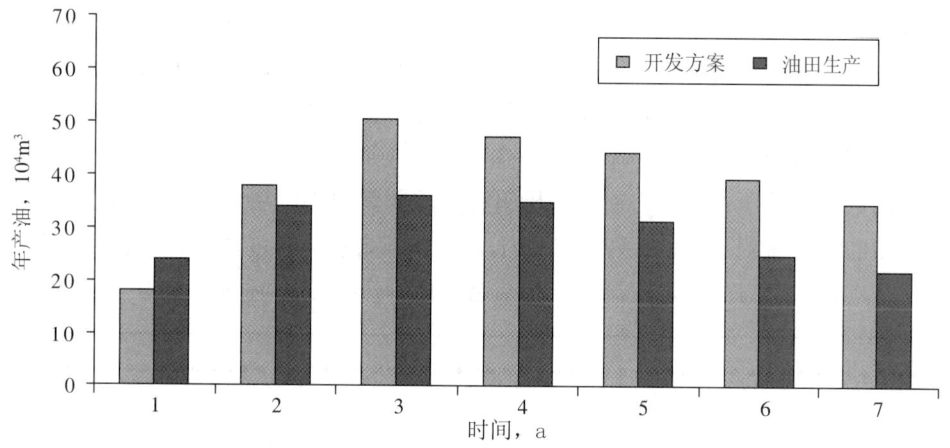

图 2–3　渤中 34–2 油田开发方案与实际生产产油量对比图

渤中 34–4 油田方案实施从 1990 年 8 月至 1993 年 9 月，共完钻 4 口井，投产油井 3 口，平均单井日产油 127.8 m³，油田日产油 383.5m³，年产油 14.0×10^4m³。在开发方案实施过程中，对原方案进行了调整，主要是开发井数与原方案设计有所不同。方案设计了 3 口开发井，其中生产井 2 口，注水井 1 口。方案实施过程中调整为 4 口井，生产井 3 口，转注井 1 口，比原方案设计多 1 口井 BZ34–4–3 井，因此，开发方案与实际年产量对比，开发方案的年产油比实际值低（图 2–4），造成产量差别的主要原因是开发井数增加 1 口井。

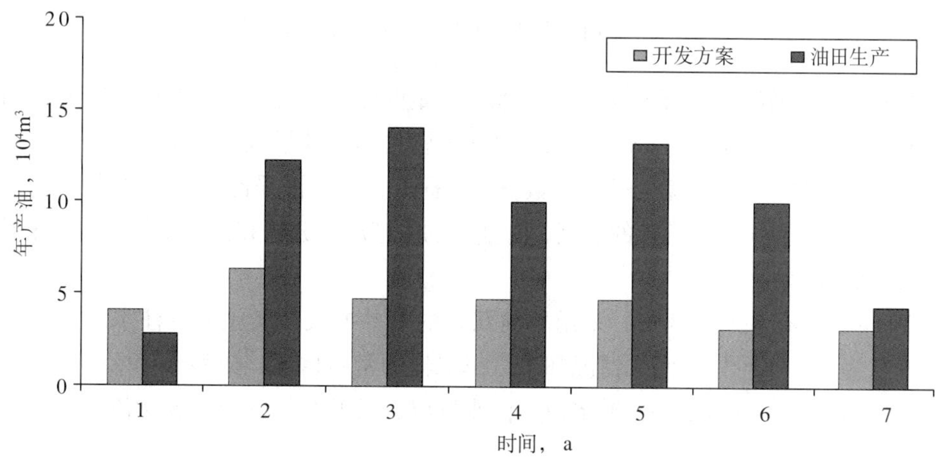

图 2–4　渤中 34–4 油田开发方案与实际生产产油量对比图

第三节 开发过程控制

油田投入开发，地下油层及流体特性就开始不断地发生着变化，及时、正确地掌握油田动态变化，并进行系统的动态分析，是搞好油田调整和提高采收率的重要基础工作。开发过程控制是为实现开发目标和生产任务而经常进行的一项开发活动，渤中34–2/4油田根据《海上油气田开发井动态监测资料录取要求》进行动态监测，针对油田的地质特点和不同阶段的开发动态和规律，研究制定相应的开发技术政策和措施，以指导油田合理开发。

一、油藏动态监测

渤中34–2/4油田严格按油、水井产量计量、含水含砂化验等标准录取资料，发现波动值大于规定范围的，重新取资料复核，有关部门定期检查取资料情况，确保取全取准日常动态分析所需的基础资料。

（一）压力监测

油田投产初期所有井为自喷生产，选择具有代表性的井进行测压，每年定期测压1～2次，随着油田开发时间的增长，油井故障逐渐增多，油井修井下入井下压力计后，不长时间就发生故障，给油田压力监测工作带来了不小困难。

为了尽可能的取全取准压力资料，通过分析研究，不同区块不同层位都选取部分油井作为固定监测井点，建立了油田的压力监测系统，在建立油田压力动态监测系统的过程中，根据油田地质、油藏特征和开发部署情况，本着固定与非固定监测井点相结合的原则进行压力监测（图2–5）。

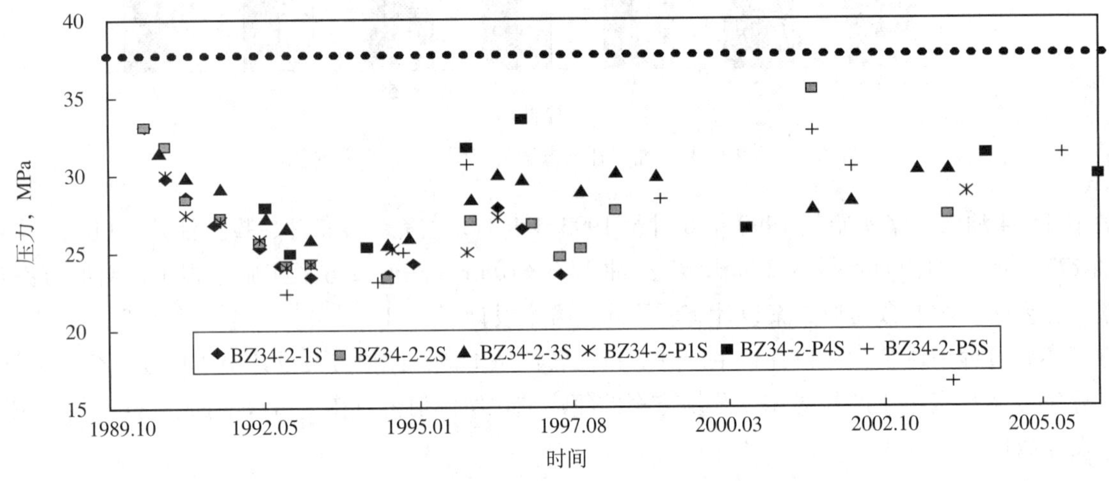

图2–5 渤中34–2/4油田北中块压力变化曲线

通过固定井点每年定期测试油藏压力，了解地层能量的变化情况，根据油藏动态分析的需要，实时增加非固定监测井点录取压力资料，这样就保证了压力资料的合理录取，同时不至于影响油田的正常开发。这些压力资料的录取，为油田动态分析、数值模拟研究、油田注采比、单井以及区块注水量的调整、油田综合调整研究等工作提供了最直接的数据，对油田的生产动态分析和开发调整起到了重要的作用。

（二）吸水剖面测试

渤中34–2/4油田共有注水井3口，采用单筒双管的完井方式，实施分层注水。为了解油藏的分层吸水情况、检查长短管注水管柱的漏失情况和单管封隔器的密封情况，先后于1995年和1997年进行了吸水剖面测试。内容包括：自然伽马、磁定位、注水井温、关井恢复井温、连续流量计、同位素示踪和流动压力等。

1995 年 9 月，大港石油管理局测井公司对 BZ34–2–P3 井的长管注水层位进行了吸水剖面测试。1997 年 7 月，大港油田集团测井公司对 BZ34–2–P6 井进行了注入剖面测井。同年 9 月，中国海洋石油测井公司对 BZ34–2–P3 和 BZ34–2–P7 进行了吸水剖面测量。

测试结果表明，BZ34–2–P3 井长管在 3272 ～ 3281m 处有破漏，漏失量占长管总注入量的 15.8%；短管封隔器不密封，有漏失，两个油组各自吸水总量无法判定，E_2s_3 Ⅲ油组吸水总量比 E_2s_3 Ⅱ油组大，两个油组均是中部层段为主要吸水层位。BZ34–2–P6 井长管测试仪器在 3614.2m 处遇阻，没有达到 E_2s_3 Ⅲ油组深度，无法确定吸水情况，但在 3485 ～ 3522m 处管柱漏失，占 11% 左右。短管测试表明短管管柱无漏失，由于 E_2s_3 Ⅲ油组压力高于 E_2s_3 Ⅱ油组，在井口关井后，E_2s_3 Ⅲ油组有流体产出灌入 E_2s_3 Ⅱ油组，表明单管封隔器可能漏失。BZ34–2–P7 井短管无破漏，长管在测试时仪器落井，没有得到结果。通过测试资料对油组吸水状况的了解，对后续相关措施的制定起到了指导作用。

二、开发技术政策

渤中 34–2/4 油田自 1996 年投产至 2005 年，为了合理开发和管理好该油田，提高油田的采收率，针对油田的地质特点、生产动态变化、开发特征和存在的问题，研究制定了阶段性的技术政策，指导油田的生产和管理。

（1）2002 年技术政策。

随着油田的开采，各种新的矛盾显现出来。1996 年以来，油田生产进入产量递减阶段，这一阶段油田存在的主要问题是：机采效果不明显，油井停喷严重；油井污染严重，影响油田产量；注采井网不完善，井控程度低；井况复杂，措施难度大。

针对油田开发过程中存在的问题，2002 年制定了“完善注采系统、提高储量控制程度；改善开发井井况、提高开发井利用率；强化 E_2s_3 Ⅱ油组的开采、提高采收率”的技术政策，在此技术政策指导下，为完善注采系统，实施了老井 BZ34–2–4D 井转注；为提高开发井利用率，提高采收率，在总结了油田生产历史的基础上，逐井排查，确定了北中块 E_2s_3 Ⅱ油组、渤中 34–4 油田 E_2s_3 Ⅰ油组为主要潜力块，找出了潜力井，并完成了 BZ34–2–P1、BZ34–2–P5、BZ34–4–1、BZ34–4–2AD 井四口井的增产措施研究。

2003 年对渤中 34–2/4 油田 6 口井实施了增产措施（表 2–2），其中 1 口侧钻井，大修井 5 口。大修后 BZ34–2–P4 、BZ34–2–P1S 井措施效果较好，修井后产量达到设计要求，提高了渤中 34–2/4 油田的产量。BZ34–2–P5 、BZ34–4–2AD 井措施效果不太理想，修井后产量比设计产量低，其主要原因是 BZ34–2–P5 井未能封堵 E_2s_3 Ⅲ，BZ34–4–2AD 井酸化不成功。全年措施增油 $6.33 \times 10^4 m^3$，占 2003 年全年油田产量的 47.3%，为渤海完成年产 $1015 \times 10^4 m^3$ 赢得了时间。

表 2–2　渤中 34–2/4 油田增产措施效果分析表

措施井号	措施时间	措施目的	措施效果	生产层位	日产油，m^3		备注
					措施前	措施后	
BZ 34–2–P5	2003.1	大修后电泵单采 E_2s_3 Ⅱ	大修后电泵合采 E_2s_3 Ⅱ + Ⅲ	E_2s_3 Ⅱ + Ⅲ	0	40	未能封堵 E_2s_3 Ⅲ
BZ 34–2–P1	2003.2	侧钻后单采 E_2s_3 Ⅱ	侧钻后合采 E_2s_3 Ⅱ + Ⅲ	E_2s_3 Ⅱ + Ⅲ	0	80	侧钻后 E_2s_3 Ⅲ存在未动用层
BZ 34–2–P4	2003.2	大修后电泵单采 E_2s_3 Ⅱ	大修后电泵单采 E_2s_3 Ⅱ	E_2s_3 Ⅱ	0	130	封堵 E_2s_3 Ⅲ油组
BZ 34–4–2AD	2003.4	大修后电泵机采 E_2s_3 Ⅰ	大修后电泵单采 E_2s_3 Ⅰ	E_2s_3 Ⅰ	0	20	酸化不成功，套管替液间喷
BZ 34–2–P2	2003.3	大修后电泵机采 EdJ	大修后电泵机采 EdJ	EdJ	0	0	封堵 Ng 组（管柱问题）
BZ 34–4–1	2003.4	大修后电泵机采 E_2s_3 Ⅰ	大修后电泵机采 EdJ	EdJ	0	1	E_2s_3 Ⅰ油组未打开

（2）2004年技术政策。

2004年油田只有5根管在生产，其中3根管是自喷生产，井口压力低，停喷风险大，油井大修后下电泵的井较多（6口井），由于平台缺少修井机，应科学管理电泵生产井，确保油井时率。北块生产井供液不足，需加强注水保持地层能量。针对油田存在的问题，技术政策调整为“以E_2s_3 Ⅱ油组为主要调整对象，兼顾其他单元的开发；增加开发井点，完善注采系统；双管改单管，改善开发井井况，完善采油工艺，提高开发井利用率；强化E_2s_3 Ⅱ油组的开采，力争达到20%以上的采收率”的技术政策。在总结了油田生产历史的基础上，逐井排查，确定中块E_2s_3 Ⅱ油组为主要潜力块，建议在中块打1口调整井BZ34−2−P8，同时完成了BZ34−2−1、BZ34−2−2AD井两口井的增产措施研究。

（3）2005年技术政策。

2005年油田存在的主要问题：油田井况复杂，开发井利用率低；检泵作业时间长，电泵井的生产时率低；自喷井自喷年限长，有停喷可能；油田储量规模较大，采出程度低。针对油田存在的问题，技术政策调整为“利用老井侧钻，加快开采步伐；缩短检泵周期，提高生产时率；加强生产管理，延长自喷周期；加强油藏研究，找准挖潜方向”。对应措施如下：

①为了加强E_2s_3 Ⅱ油组的开采，提高油田采收率和油井利用率，计划BZ34−2−1、BZ34−2−2AD两口井大修。经分析认为BZ34−2−1、BZ34−2−2AD尚有一定潜力，但因两口井都为双管生产，不便于机采，因此建议拔出双管，封堵E_2s_3 Ⅲ油组，下Y型电潜泵生产管柱生产E_2s_3 Ⅱ油组。

②油田平台已安装修井机，能展开有效的机采工作，缩短检泵周期，提高生产时率。对于自喷年限长的油井，需要加强管理，避免回压波动导致停喷。

三、生产动态跟踪

油田开发15年以来数值模拟研究工作在不间断地进行，研究成果对油田开发起到宏观控制作用。数值模拟研究始于油藏开发评价阶段编制开发方案，在实施阶段研究射孔方案，进入生产阶段，应用数值模拟技术，跟踪油田生产动态，研究油田调整措施，进行生产前景预测以及研究剩余油分布规律，为油田调整挖潜提供依据。针对油田不同开发时期存在的问题及时进行数值模拟研究，提出增产措施方案，其研究成果为油田的生产管理起到了指导作用。数值模拟研究及应用主要如下。

（1）年度配产方案。渤中34−2/4油田于1990年6月投产以来，数值模拟研究工作每年都在进行，在油田压力、含水率、气油比、井底流压等指标拟合的基础上，进行年度的原油配产方案以及生产前景预测，为渤海石油公司编制年度原油生产计划提供依据。编制配产方案时考虑了当年油田的开发方针以及所需要进行的措施等以保证油田持续稳产和合理开发。

（2）跟踪油田动态。在当年生产历史拟合的基础上，利用数值模拟方法跟踪油田生产动态，分析油、气、水变化规律，了解油田的水体能量大小，压力随时间的变化情况，单井和油田的产量变化，气窜、水锥演变情况及含水率、气油比的变化情况及影响因素等，将这些预测的指标结果及时提供给生产部门参考。

（3）研究增产措施。1997年中国海洋石油渤海公司研究院高级工程师王飞琼、王为民等使用数值模拟技术，对渤中34−2/4油田综合调整方案进行了研究。在历史拟合基础上，研究了油田剩余油分布特征，为油田调整挖潜提供了依据。根据剩余油分布及断块油田的开发特点，对开发调整方案进行了研究，并从多方面研究了油田的增产措施，优化了调整方案，为改善油田开发效果，提高油田采收率提供了调整方案。

通过该项专题研究，完成了油田的综合调整方案，并对油田提出“综合调整、分步实施”的开发思路，在此方针的指导下，首先完善北中块的井网，包括对停产井进行修井和实施调整井；然后在南块实施一口先导试验井，根据生产情况指导下步调整；最后是渤中34−4油田区块的调整。第一口调整井

BZ34–2–P8 于 2004 年投产，目前生产状况良好，后期准备继续实施调整方案。

四、增产措施

渤中 34–2/4 油田为复杂断块油田，因此，开发难度大，储量动用程度低。为了改善油田开发效果，扭转油田产量递减较快的被动局面，实施转注，保持地层能量开采；对储层物性较差和污染严重的油层进行酸化；井况复杂的油井进行双管改单管，实施有效机采。

（一）实施转注

由于边水能量弱，地层压力下降快，油田产量也呈下降趋势。根据开发方案的要求，1992 年 6 月新井 BZ34–2–P4 井、BZ34–2–P5 井陆续投入生产。1992 年 9 月渤中 34–2 油田北中块沙河街组 E_2s_3 Ⅱ、E_2s_3 Ⅲ油组正式转入注水开发。注水井 BZ34–2–P3–L/S 井、BZZ34–2–P6–L/S 井分别于 1992 年 9 月和 1993 年 1 月投注，两口注水井均采用长短管分注，长管注 E_2s_3 Ⅲ油组，短管注 E_2s_3 Ⅱ油组。注水后各生产井见效明显，使油田产量保持了稳产，采油速度在 1.2% 以上水平达两年之久。随着生产的深入，含水率逐渐上升，油田产量又出现递减。这一阶段，油井在见水以前自喷能力强，产量高，采油指数大，随着含水率上升，井筒积液严重，油井开始出现停喷。

（二）油井酸化

渤中 34–2/4 油田地层渗透率低，钻井和完井过程中压井液对地层造成的污染严重，测试资料表明各井表皮系数较高，其中 BZ34–2–2AD–S 井表皮系数最高为 91。

针对该油田油层渗透率低，易造成油藏伤害的因素，为改善油层物性，油田共进行了 4 井次的酸化，酸化效果良好，不但恢复了停喷井的生产，提高了油井利用率，而且提高了油井的产能。1996 年上半年，经中日双方研究决定对 BZ34–2–2AD–S 和 BZ34–2–P4–S 两口井进行酸化。BZ34–2–2AD–S 井酸化前油井停喷，酸化后恢复自喷，日产油达到 318.0m³。BZ34–2–P4–S 井酸化前油井为停喷状态，酸化后日产油 103.0m³，日产油高于历史水平。

（三）双管改单管

随着油田生产，含水率上升，越来越多的油井由于井底积液等原因停喷，需要有效的机采措施恢复油井生产。但是复杂的完井方式造成机采困难，双管管柱不能下电潜泵，只能下射流泵。由于渤中 34–2/4 油田的油井深度均在 3000m 以上，射流泵的泵效较低，无法满足生产的需要。为提高油井利用率，提高油田产量，油田于 2003 年进行了较大规模的修井作业，共五井次。工程上通过作业，将双管从封隔器上部切割并拔出，封堵废弃管柱后，在上部重新下入电泵管柱机采。此工艺在渤中 34–2/4 油田应用取得成功，完井初期单井日产油 70.0m³，综合含水 50.0%。

第四节　开发调整

渤中 34–2/4 油田于 1990 年 6 月投产，初期油井产量高，但由于注采井网不完善，天然能量又不足，机采效果不明显，油井污染较严重，产量递减快。1997 年，渤海石油公司研究院高级工程师王飞琼等人负责对渤中 34–2/4 油田开发综合调整方案进行了研究，采用油藏工程方法对各断块的开采特征、地层压降和含水规律进行了分析。

在新的地质模式和储量复算的基础上，分别使用 Eclipse 和 Simbest Ⅱ油藏数值模拟软件，对渤中 34–2/4 油田沙河街组及东下段 J 砂层进行了数值模拟研究，在模型中对 20 多条断层进行了精确地描述，并计算出非相邻连接网格的传导率（NNC），充分描述了各层之间流体错综复杂的交换，使油藏模型更加符合油田实际。

在生产历史拟合的基础上，研究了油田剩余油分布特征，为油田调整挖潜提供依据。根据剩余油分布及断块油田的开发特点，对开发调整方案进行了研究，并从多方面研究了调整措施，优化了调整方案，为改善油田开发效果，提高油田采收率提供了油田的开发调整方案。

一、开采简况

渤中 34–2/4 油田 1988 年 1 月开始施工，1990 年 6 月一期工程建成 BZ34–2EP 平台投产。1990 年 9 月建成 BZ34–4EP 平台并投入生产。1992 年 4 月二期工程竣工，BZ34–2EW 注水平台投入生产。为适应人工采油在平台上增设 2AL 污水处理模块，于 1996 年 6 月投入使用。1993 年 9 月三期工程竣工投产，BZ34–4WP 无人操作平台投产。

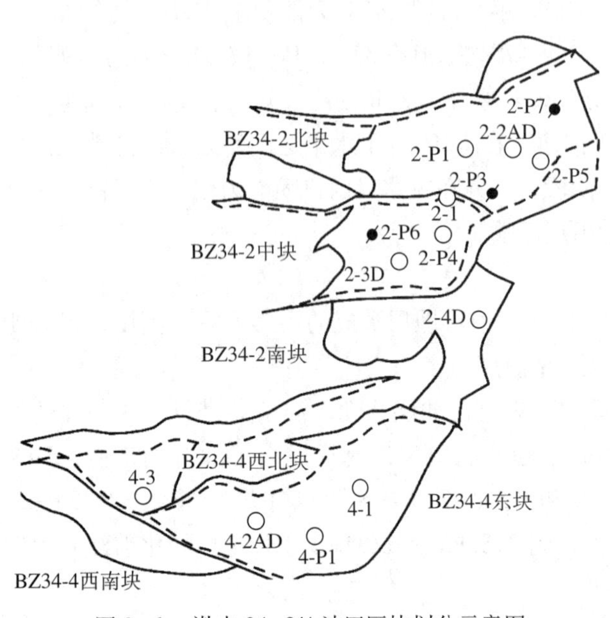

图 2–6　渤中 34–2/4 油田区块划分示意图

渤中 34–2/4 油田在平面上投入开发的断块有渤中 34–2 油田的北块、中块、南块和渤中 34–4 油田东块、西北块。渤中 34–2 油田和渤中 34–4 油田的东块分别于 1990 年 6 月和 8 月投产，渤中 34–4 油田西北块于 1993 年 9 月投产。

全油田共有 14 口井（渤中 34–2 油田北块 5 口井，中块 4 口井，南块 1 口井，渤中 34–4 油田东块 3 口井，西北块 1 口井），油井 11 口，注水井 3 口（图 2–6）。除渤中 34–4 油田东块采用单管生产以外，其他区块均采用双管分层开采、分层注水。在 11 个开发单元中只有主力开发单元北中块 E_2s_3 Ⅱ、E_2s_3 Ⅲ油组于 1992 年 9 月正式转入注水开发，注水后各井见效明显，生产情况较好。其余 9 个开发单元采用天然能量开采，产量递减快，油井停喷严重。

渤中 34–2/4 油田纵向上开发层系多，横向上断裂系统复杂，造成该油田开发单元多达 11 个。由于断层复杂及储层物性的差异导致各开发单元油层产能差别大，开采状况不平衡（图 2–7）。平面上，渤中 34–2 油田北中块油层物性好，产量高，初期平均单井日产油 200.0m³ 左右，开发效果好。南块和渤中 34–4 油田东块油层物性差，产能低，开发效果差。

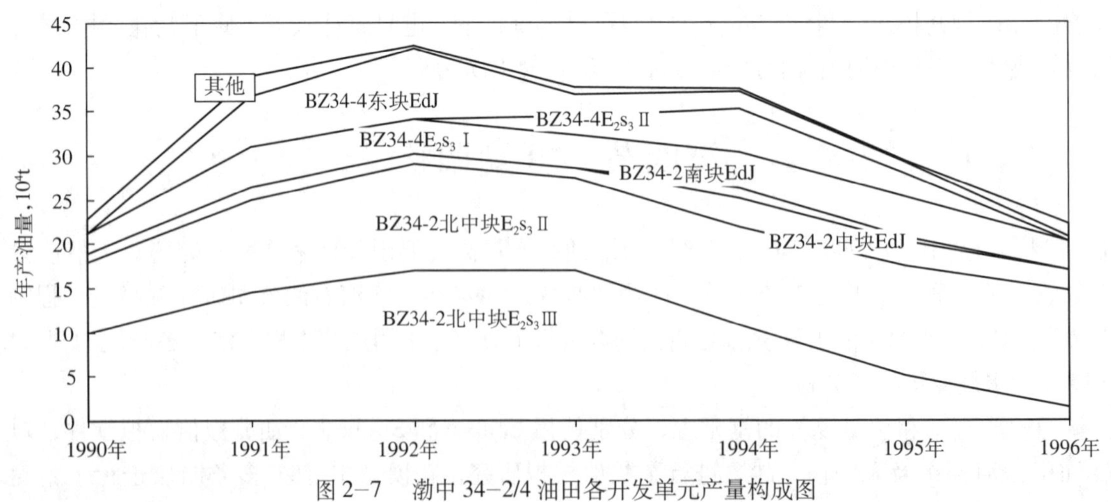

图 2–7　渤中 34–2/4 油田各开发单元产量构成图

渤中 34–2/4 油田共钻遇东下段 J 砂层 9 口井，截至 1997 年 6 月已上返 J 砂层采油 5 口井，其中渤中 34–2 油田 3 口井（BZ34–2–3D、BZ34–2–4D 和 BZ34–2–P2 井）、渤中 34–4 油田 2 口井

（BZ34–4–1、BZ34–4–P1 井）。上返 J 砂层 5 口井中，除 BZ34–2–P2 井长管投产生产 J 砂层外，其他 4 口井均在沙河街组无产量时上返 J 砂层。由于 J 砂层断层复杂及储层物性的差异导致各生产井之间产量差别较大。渤中 34–4 油田开采状况比渤中 34–2 油田好。生产证明，上返 J 砂层生产开发效果好，增产效果明显，对渤中 34–2/4 油田的稳产起了重要的作用。

经过以上开采，认为渤中 34–2/4 油田有以下开采特点：

（1）原油物性好，初期产量高。渤中 34–2/4 油田原油物性好，油井初期产量高，但由于天然能量不足，稳产时间不长，稳产时间为 3 ~ 4 年。油井产量递减快，主要靠层间、井间和区块产量接替保持全油田基本稳产 4 年。

（2）无水及低含水采油期较长。渤中 34–2/4 油田无水及低含水采油期较长，一般无水采油期为 4 ~ 7 年。低含水期含水上升慢，中含水期含水上升较快，并呈台阶状，其主要原因是油水黏度比低，仅为 1.5 ~ 1.9。

（3）天然能量不足，地层压降快。渤中 34–2/4 油田纵向上开发层系多，横向上断裂系统复杂，造成该油田开发单元多达 11 个。由于断层及岩性影响，造成各开发单元边水能量不足，地层压力下降快。北中块 E_2s_3 Ⅱ、E_2s_3 Ⅲ油组注水前地层压降达 9.0MPa，每采出 1% 的地质储量地层压降 0.9MPa，其他开发单元每采出 1% 的地质储量地层压降一般在 2.0MPa 以上。

（4）断块内油层连通好，注水后各井均见到明显效果。北中块 E_2s_3 Ⅱ、E_2s_3 Ⅲ油组为渤中 34–2/4 油田的主力区块，于 1992 年 9 月转入注水开发，注水井 BZ34–2–P3、BZ34–2–P6 和 BZ34–2–P7 井，长管注 E_2s_3 Ⅲ油组，短管注 E_2s_3 Ⅱ油组。转注时地层压力接近饱和压力，注水时机好，注入水为处理后的海水，注水 13 年来，地层吸水情况一直较好。北中块 E_2s_3 Ⅱ、E_2s_3 Ⅲ油组注水后，各井均见到明显效果，见效初期产量明显回升。地层能量得到了补充，E_2s_3 Ⅱ油组地层压力稳中有升，E_2s_3 Ⅲ油组地层压力回升较快。

（5）油井污染严重，酸化效果好。渤中 34–2/4 油田地层渗透率低，钻井和完井过程中压井液对地层造成的污染严重，测试资料表明各井表皮系数较高，其中 BZ34–2–2ADS 井表皮系数最高为 91。1996 年上半年，经中日双方研究决定对 BZ34–2–2ADS 和 BZ34–2–P4S 两口井进行酸化，两口井酸化后效果都很好。BZ34–2–2ADS 井酸化前油井停喷，酸化后恢复自喷，日产油达到 318.0m^3。BZ34–2–P4S 井酸化前油井为停喷状态，酸化后日产油 103.0m^3。

（6）采油、采液指数随含水上升而下降。渤中 34–2/4 油田体现了典型稀油油田的特点，其无因次采油、采液指数随油井含水上升而下降。

同时也存在问题：

（1）注采井网不完善，采出程度低。渤中 34–2 油田北中块 E_2s_3 Ⅱ油组和渤中 34–4 油田 J 砂层井控储量低，储量动用程度差，采出程度低，尤其是渤中 34–2 油田北中块 E_2s_3 Ⅱ油组，由于注采系统不完善，采出程度低，目前采出程度 8.4%。E_2s_3 Ⅱ油组储量大，含水率低，应尽早打调整井，完善注采系统，提高 E_2s_3 Ⅱ油组采出程度。

（2）未注水区块天然能量不足，产量递减快。渤中 34–4 油田和渤中 34–2/4 油田 J 砂层目前仍采用天然能量衰竭开采，由于天然能量不足，地层压降快，油井自喷能力减弱，油田产量递减快，为了补充油层能量，应尽早实施注水。

（3）油井污染严重，影响油田产量。渤中 34–2/4 油田由于地层渗透率低，加之钻井及完井过程中压井液对油层造成的污染严重，希望对污染严重的油井进行酸化，以提高油井产能。

（4）机采效果不明显，油井停喷严重。自 1992 年 10 月以来共有 10 口井进行过射流泵试验，由于渤中 34–2/4 油田井深并采用双管完井，井下作业难度大，地面管线结垢、油管断裂等原因，致使射流泵下泵工作很不顺利，困难较大，经反复试验，总结经验，最终使下泵成功率得到改善，到目前为止共有 4 口井下泵成功并基本达到设计要求。总之，渤中 34–2/4 油田机采效果不理想，增产效果不明显。

（5）油层非均质严重，具有注入水和边水突进现象。渤中 34–2 油田北中块 E_2s_3 Ⅱ、E_2s_3 Ⅲ油组注水后油井受效明显，但纵向上各小层由于渗透性差异造成吸水不均，具有单层突进现象，尤其是 E_2s_3 Ⅲ油组，解决单层注入水和边水突进的有效办法只有堵水调剖。

二、综合调整方案

渤中 34–2/4 油田为复杂断块油田，开发难度大，储量动用程度低，靠层间、井间和块间产量接替来保持油田稳产。1997 年，渤海石油公司研究院高级工程师王飞琼负责对渤中 34–2/4 油田开发综合调整方案进行了研究，并提出了油田调整方案。

针对油田存在的问题，在 1997 年新的地质模式和储量复算的基础上，使用 Eclipse 和 Simbest Ⅱ油藏数值模拟软件，对渤中 34–2/4 油田沙河街组及东下段 J 砂层进行了数值模拟研究。根据各油田的地质特征共建 4 个油藏模型，其中渤中 34–2 油田沙河街组及 J 砂层各一个，渤中 34–4 油田沙河街组及 J 砂层各一个。

渤中 34–2/4 油田是一个复杂的断块油田，断层多、油水关系复杂，根据油田的具体情况，此次油藏数值模拟主要作了如下研究：①拟合油田和各单井的生产动态历史，进一步落实油藏模式；②通过数值模拟进一步确定各油田及断块的储量；③落实各断块及油组的水体大小和边水活跃程度；④了解油田内部断层的封闭性和连通性；⑤分析油田剩余油分布规律，为油田调整挖潜提供依据；⑥研究调整措施，优化调整方案，提高油田最终采收率。

渤中 34–2/4 油田断层多、无水采油期较长，油井见水后，含水率上升迅猛，因此给历史拟合带来一定的难度。为了提高历史拟合精度，减少工作量和计算机时，在历史拟合时，对不确定参数进行了敏感性分析，为了避免或减少修改参数的随意性，确定了模型参数的可调范围，使模型的参数修改在合理的范围之内。在生产历史拟合基础上对油田剩余油分布进行了分析。

（一）剩余油分布

剩余油分布规律研究是老油田调整挖潜的主要手段，为了分析目前油田剩余油分布特点，挖掘油层潜力，使用数值模拟方法，对油田剩余油分布特征进行了研究，为油田调整、挖潜提供依据。

数值模拟研究结果，渤中 34–2 油田在平面上剩余油分布差异较大。E_2s_3 Ⅱ油组储量大（地质储量 1044.0×10^4t），边水又不活跃，储量动用程度较低，因此，剩余油较多。E_2s_3 Ⅲ油组储量较小（地质储量 366.0×10^4t），边水相对活跃，储量动用程度较高，剩余油少，主要分布在 BZ34–2–2AD、BZ34–2–P4 和 BZ34–2–P1 井区。油田边部和注水井周围剩余油饱和度低，一般在 20% ～ 30% 左右。在纵向上 E_2s_3 Ⅱ油组比 E_2s_3 Ⅲ油组剩余油饱和度高，E_2s_3 Ⅲ油组在第一小层剩余油饱和度相对较高（图 2–8）。

渤中 34–4 油田剩余油主要分布在 E_2s_3 Ⅰ油组 1 ～ 2 小层，BZ34–4–1、BZ34–4–2AD 井周围剩余油相对较高。E_2s_3 Ⅱ油组 BZ34–4–1、BZ34–4–3 井区还有一些剩余油，含油饱和度在 45% ～ 65%。

剩余油分布研究结果，渤中 34–2 油田 E_2s_3 Ⅱ油组剩余油饱和度高，生产潜力较大，是今后油田挖潜的主要区域。E_2s_3 Ⅲ油组剩余油较少，主要分布在 BZ34–2–3D、BZ34–2–P4 和 BZ34–2–P1 井区，还有一定的生产潜力，但要采取一定的措施。渤中 34–4 油田 E_2s_3 Ⅰ油组 BZ34–4–1、BZ34–4–2AD 井区剩余油较多，是油田挖潜的主要区域。

在剩余油分布研究的基础上，确定了方案调整的原则，方案采取整体设计、分步实施、滚动开发调整的原则。调整方案目的是挖掘油田剩余油的潜力，增加可采储量，实现剩余油的高效开采。针对油田存在问题，调整方案主要考虑几个方面：①完善注采井网；②合理注采比确定；③调整井及注水井优选；④高含水层堵水、酸化增产措施。

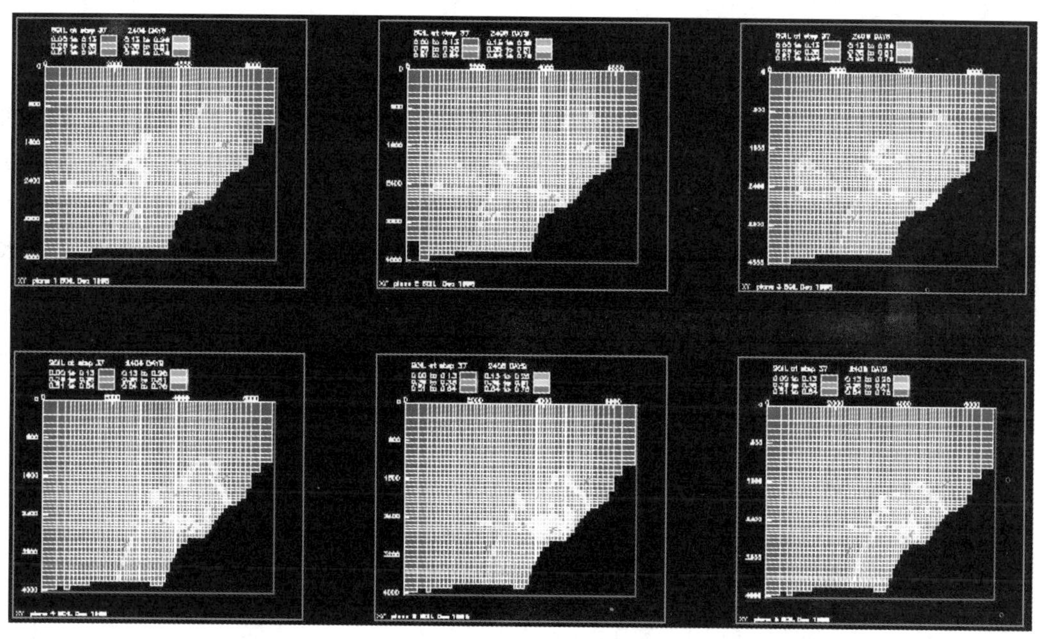

图 2–8　渤中 34–2 油田沙河街组各小层含油饱和度分布图

（二）调整方案结果

1. 渤中 34–2 油田

根据剩余油分布研究结果和渤中 34–2 油田沙河街组油藏的实际情况，调整方案针对以下几个方面的内容进行研究。考虑到 E_2s_3 Ⅱ油组储量大，储量动用程度差，通过逐渐完善注采井网，增加 3 ~ 4 口调整井来提高 E_2s_3 Ⅱ油组的采出程度，对污染严重的油井进行酸化。E_2s_3 Ⅲ油组的主要措施是对低渗透油井进行酸化措施来改善开发效果，对含水较高的层进行堵水以及 E_2s_3 Ⅱ、E_2s_3 Ⅲ油组的注采平衡研究等。方案优选结果，如果该油田采取以上措施，到 2005 年油田累计增油 $136.9 \times 10^4 m^3$，采出程度提高 8.2%。

渤中 34–2 油田 J 砂层储量小（$176.0 \times 10^4 t$），也较分散，已钻遇 J 砂层 7 口井，因此，方案设计只考虑注水和上返，不考虑打调整井。即 2 口注水井，3 口生产井，到 2005 年与不调整方案相比，油田累计增油 $11.5 \times 10^4 m^3$，采出程度提高 4.5%。

2. 渤中 34–4 油田

渤中 34–4 油田沙河街组靠天然能量衰竭开采，地层压降快，为了补充油层能量，改善油田开发效果，调整方案考虑 E_2s_3 Ⅰ油组注水，在西南块打 1 口调整井和 BZ34–4–1 井补射 E_2s_3 Ⅱ油组等。与不调整方案相比，油田累计增油 $11.3 \times 10^4 m^3$，采出程度提高 1.1%。

渤中 34–4 油田 J 砂层储量较大，也比较集中，1996 年储量复算结果为 $360.0 \times 10^4 t$，含油面积 $5.5 km^2$，仅有 2 口生产井，单井控制储量低，因此，方案设计考虑注水和打调整井。到 2005 年与不调整方案相比，油田累计增油 $38.2 \times 10^4 m^3$。

通过上述综合研究，得出以下结论与建议：

（1）渤中 34–2/4 油田是一个复杂的断块油田，断层多、油水关系复杂，因此开发难度大，储量动用程度低。

（2）水体拟合结果，渤中 34–2/4 油田天然边水能量不足，水体体积较小，各断块水体差异较大，水与油的体积之比为 3 ~ 16 倍，其中渤中 34–2 油田 E_2s_3 Ⅲ油组和渤中 34–4 油田 J 砂层边水相对较活跃，水与油的体积之比为 14 ~ 16 倍。

（3）数值模拟研究结果，渤中 34–2 油田 E_2s_3 Ⅱ油组储量动用程度低，剩余油多，生产潜力大，是今后油田挖潜的主要区域。E_2s_3 Ⅲ油组储量动用程度高，剩余油及生产潜力较小，但还有一定的潜力，需要采取一定的措施。

（4）渤中 34–2/4 油田 J 砂层目前地层压力已降到饱和压力附近，油井停喷严重，为了改善 J 砂层的开发效果，延长稳产期，必须及时采用人工注水补充油层能量，从而减缓油田的产量递减速度。

（5）调整方案研究结果，渤中 34–2/4 油田经过各项调整措施，到 2005 年全油田累计增油 192.0×10^4m^3，采出程度提高 5.9%，其中打 5 口调整井开发效果最好，增油量最多，其次是酸化和注水等措施（图 2–9）。因此，建议尽早打 4 ~ 5 口调整井，完善注采井网，以提高油田最终采收率。

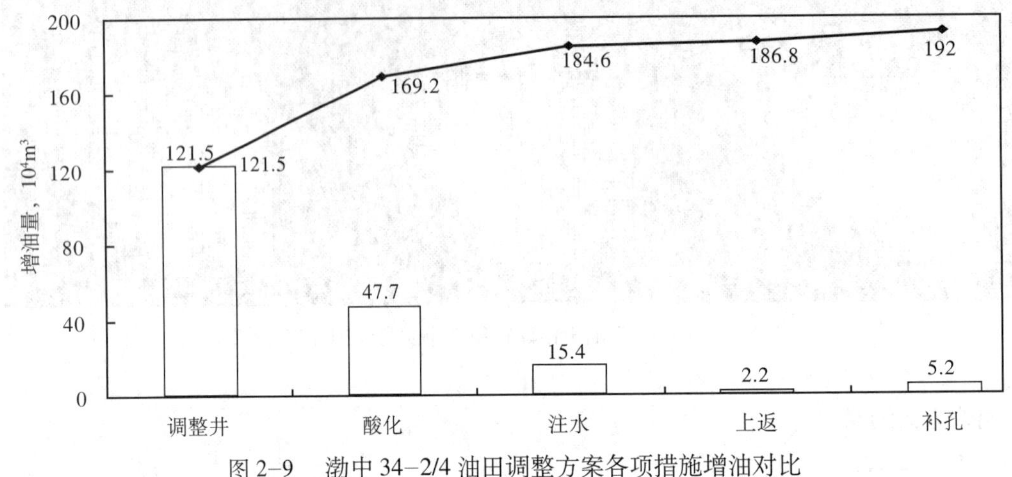

图 2–9　渤中 34–2/4 油田调整方案各项措施增油对比

三、调整方案实施

在开发调整中不断完善注采系统，对储量动用程度较低的油层进行上返补孔，提高储量动用程度；对剩余油较多的储层进行侧钻和打调整井等增产措施，使油田以 40.0×10^4m^3 的年产量稳产 4 年，历年增产措施及其增油效果见图 2–10。

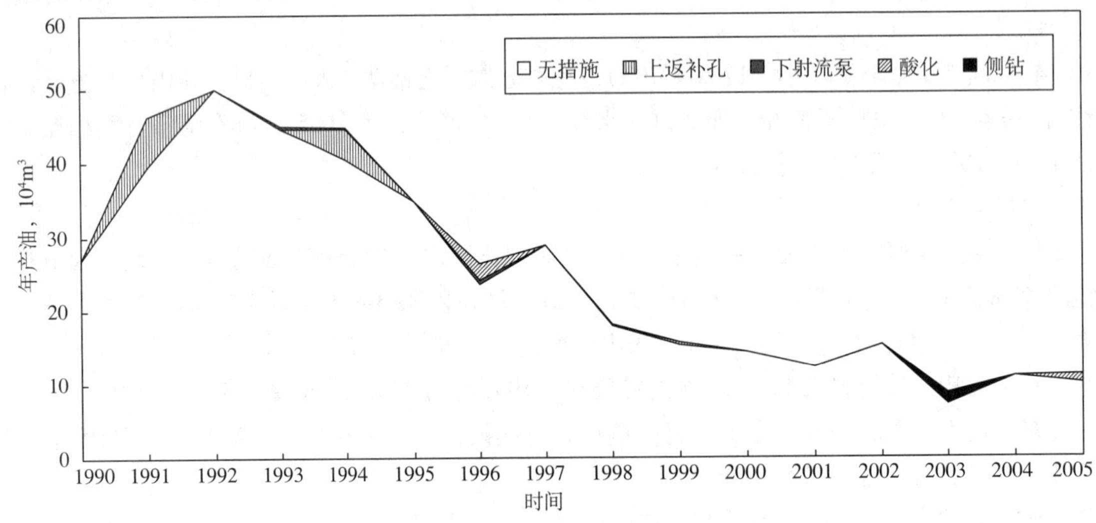

图 2–10　渤中 34–2/4 油田历年增产措施图

（一）开发方式转换

渤中 34–2/4 油田在经历了两年的衰竭开采后，由于边水能量较弱，地层能量下降快。为补充地层能量，1992 年 9 月，油田新钻的 BZ34–2–P3–L/S、BZ34–2–P6–L/S 井投注，同样采用单井双管的完井方式，对沙河街组Ⅱ、Ⅲ油组分层注水，1996 年又在油田的边部新增一口注水井 BZ34–2–P7–L/S 井，补充了油田主力产层的能量，实现了油田的高速开采。油田开采后期，油井利用率低，产量递减明显，针对不同时期暴露出的井网不完善，及时将生产井转注，注采井数比由 1 ∶ 3 提高到 1 ∶ 2。

（二）上返补孔

由于油田具有多套含油层系，使得油藏层间储量动用程度差异大，所以在渤中 34–2/4 油田采用细分层系，逐层段上返的技术，提高层间储量动用程度。1991 年 4 月，对沙河街组产量极低的 BZ34–4–1 和 BZ34–4–P1 井上返了东营组 J 砂层，两口井上返效果较好。上返作业后，单井产量提高，2 口井日增原油 450.0m^3，使全油田日产水平从 1100m^3 上升到 1500m^3。油田投产以来，已有 5 井次上返，累计增油 51.7×10^{4}m^3，及时地补充了油田产量，并实现了开发早期的稳产。

（三）老井侧钻

随着油田的进一步开发，老井井况问题日益突出，直接影响了油田的持续稳产。普通的大修工艺已不能适应油田发展的要求。近几年发展起来的侧钻技术从根本上解决了井况恶化的问题。2003 年，BZ34–2–P1 井在该油田首次应用老井眼进行了侧钻，新井在老井的油层顶部开窗，侧钻至老井相同层位。同时该侧钻井充当了检查井，通过测试分析及和老井资料的对比，发现主力油层的部分小层已水淹。该井射孔投产后，初期产量 150.0m^3/d，不含水。

（四）钻调整井

由于渤中 34–2/4 油田井筒的特殊完井方式，油井后期作业的措施难度大，部分油井由于井筒结垢和落物堵塞等原因而停产。多数油井是双管，不能下入电泵生产，改单管才能下电泵，若要使这些油井恢复生产，需要动用钻井船作业，修井难度大，作业费用高，成功率没有保障。诸多原因造成渤中 34–2/4 油田存在油井利用率低、主力区块井网不完善、各区块采出程度不均匀等问题。

为了完善井网，提高储量动用程度，改善油田开发效果，实现剩余油的高效开采，地质油藏通过综合研究后，在渤中 34–2 构造中块 BZ34–2–3D 井附近部署了一口调整井 BZ34–2–P8 井，井型为常规定向井。该井于 2004 年 9 月投产，高峰日产油达 170.0m^3，含水 35.0%。

第三章

钻井与采油工程

1982 年 10 月进行渤中 34–2/4 油田勘探钻井，1988 年 6 月进行生产井钻井，1990 年 6 月油田正式投产。截至 2005 年底，油田共钻井 17 口井，其中钻探井 7 口（探井全部转生产井），开发井 8 口和调整井 2 口。

第一节　钻井工程

一、探井、评价井钻井

渤中 34–2/4 油田勘探钻井始于 1982 年，前期探井钻井作业由日方负责，采用了渤海 8 号和渤海 4 号钻井船进行钻井作业。

1982 年 10 月 8 日，由日中石油开发株式会社作为操作者在油田群的主体渤中 34–2 构造部署的第一口预探井（BZ34–2–1 井）开钻，1983 年 2 月 23 日完钻。此后在该区块成功地钻了 3 口评价井（BZ34–2–2AD、BZ34–2–3D 和 BZ34–2–4D 井）。

1984 年 10 月，由日中石油开发株式会社作为操作者在渤中 34–2 油田南部相邻构造完钻了探井 BZ34–4–1 井，此后在该区块成功地钻了 2 口评价井（BZ34–4–2AD 和 BZ34–4–3 井）。

探井和评价井的井型为直井和定向井，所有探井和评价井测试结束后保留水下井口，以此架设平台导管架，油田投产时探井全部回接转为生产井。

二、生产井钻井

1988 年，渤中 34–2/4 油田进入开发方案实施阶段，开发井井型设计为常规定向井。生产井钻井由渤海石油公司总承包并担任作业者，采用渤海 8 号、渤海 10 号、渤海 12 号钻井船进行钻井作业，钻井作业的主要负责人是殷嘉德。生产井钻井作业分两阶段进行。

第一阶段：1988 年 6 月 BZ34–2EP 平台生产井（BZ34–2–P1 井和 BZ34–2–P2 井）开钻，12 月 2 口生产井完钻；1988 年 9 月采用渤海 8 号钻井船钻 BZ34–4EP 平台 1 口生产井（BZ34–4–P1 井），1989 年 2 月完钻。两平台分别在 1990 年 6 月和 8 月完井投产。

第二阶段：1989 年至 1992 年钻 BZ34–2EW 平台 4 口井（BZ34–2–P3 井、BZ34–2–P4 井、BZ34–2–P5 井和 BZ34–2–P6 井），1992 年 4 月完钻投产，1993 年补钻 1 口注水井（BZ34–2–P7 井）。

2003 年渤中 34–2/4 油田进入油田调整钻井阶段，钻了 BZ34–2–P1S 侧钻调整井，2004 年钻了 BZ34–2–P8 调整井。

渤中 34–2/4 油田主力油层为沙河街组三段，储层埋深 3400 ~ 3550m，断层多，地应力强，钻井作业困难，主要的难点如下：

（1）油井深，钻井周期长，井塌、井漏和卡钻等井下事故和复杂情况多，以 BZ34–2–P7 井为例，钻井周期 254.83 天。

（2）油田断层发育，容易发生严重的断层井漏，堵漏困难。

（3）东营组和沙河街组地层泥岩水化分散严重、易膨胀。

（4）油田地层断层分隔，受地应力影响严重，坍塌压力高，所用钻井液密度高。

（5）断层易漏与高坍塌压力地层易塌成为油田钻井中的一对主要矛盾。

在实际钻井作业中由于井塌造成了多口井频繁卡钻，打捞无效后侧钻，因此增加了钻井作业周期，降低了钻井作业时效。

渤中 34−2/4 油田共有 4 座平台，包括生产平台 3 座（BZ34−2EP、BZ34−4EP、BZ34−4WP）和 1 座注水平台（BZ34−2EW）。渤中 34−2 油田共有开发井 12 口（包括回接原有探井 4 口）；渤中 34−4 油田共有 4 口井（包括回接原有探井 3 口）。各平台槽口图和对应的井号见图 3−1、图 3−2、图 3−3、图 3−4 和表 3−1、表 3−2、表 3−3 和表 3−4。

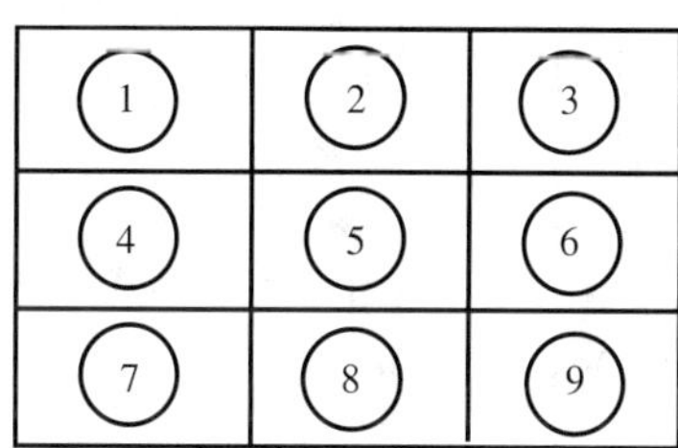

图 3−1　BZ34−2EW 平台槽口图

表 3−1　BZ34−2EW 平台对应井号

槽口号	对应井号	井别
3	BZ34−2−P7	注水井
4	BZ34−2−P6	生产井
6	BZ34−2−P5	生产井
7	BZ34−2−P4	生产井
9	BZ34−2−P3	注水井

表 3−2　BZ34−2EP 平台对应井号

槽口号	对应井号	井别
1	BZ34−2−2AD	探井转生产井
2	BZ34−2−3D	探井转生产井
3	BZ34−2−4D	探井转生产井
4	BZ34−2−1	探井转生产井
5	BZ34−2−P8	生产井
6	BZ34−2−P1	生产井
7	BZ34−2−P2	生产井

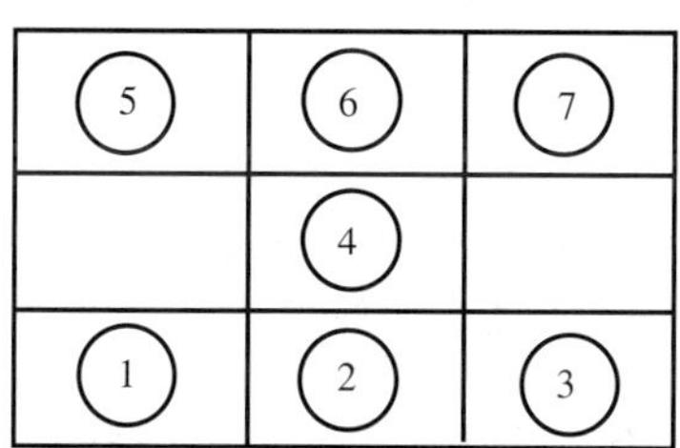

图 3−2　BZ34−2EP 平台槽口图

表 3−3　BZ34−4EP 平台对应井号

槽口号	对应井号	井别
6	BZ34−4−P1	生产井
5	BZ34−4−1	探井转生产井
4	BZ34−4−2AD	探井转生产井

图 3−3　BZ34−4EP 平台槽口图

表 3−4　BZ34−4WP 平台对应井号

槽口号	对应井号	井别
2	BZ34−4−3	探井转生产井

图 3−4　BZ34−4WP 平台槽口图

渤中 34−2/4 油田生产井为常规定向井，30in 隔水导管随导管架一起提前锤入。井深小于 4000m 的井通常采用如下的井身结构（图 3−5）。

（1）26in 井眼下 20in（直径 508mm）表层套管，一般下深 500m，封固上部泥岩地层。

（2）$17^{1}/_{2}$in 井眼下 $13^{3}/_{8}$in 技术套管（直径 339.725mm），一般下深 2200m，封固 Nm 和 Ng 上部地层。

（3）对于不开发沙河街组三段只开发东营组储层的井（如 BZ34−2−P2 井），钻 $12^{1}/_{4}$in 井眼后下 $9^{5}/_{8}$in 套管作为油层套管封固东营组油气层。

（4）对于开发沙河街组三段储层井 $12^{1}/_{4}$in 井眼下 $9^{5}/_{8}$in 套管（直径 244.475mm），下深 3200m 左右，封固 Ng 下部和 Ed 地层。

（5）$8^{1}/_{2}$in 井眼下 7in 尾管（直径 177.8mm），封固沙河街组油气层段。

井深接近或超过 4000m 的井（如 BZ34−2−P5 和 BZ34−2−P7 井），增加一层套管程序，7in 尾管下在沙河街组三段储层上部，采用 6in 井眼钻开沙河街组三段储层，下 $4^{1}/_{2}$in 尾管固井，井身结构见图 3−6。

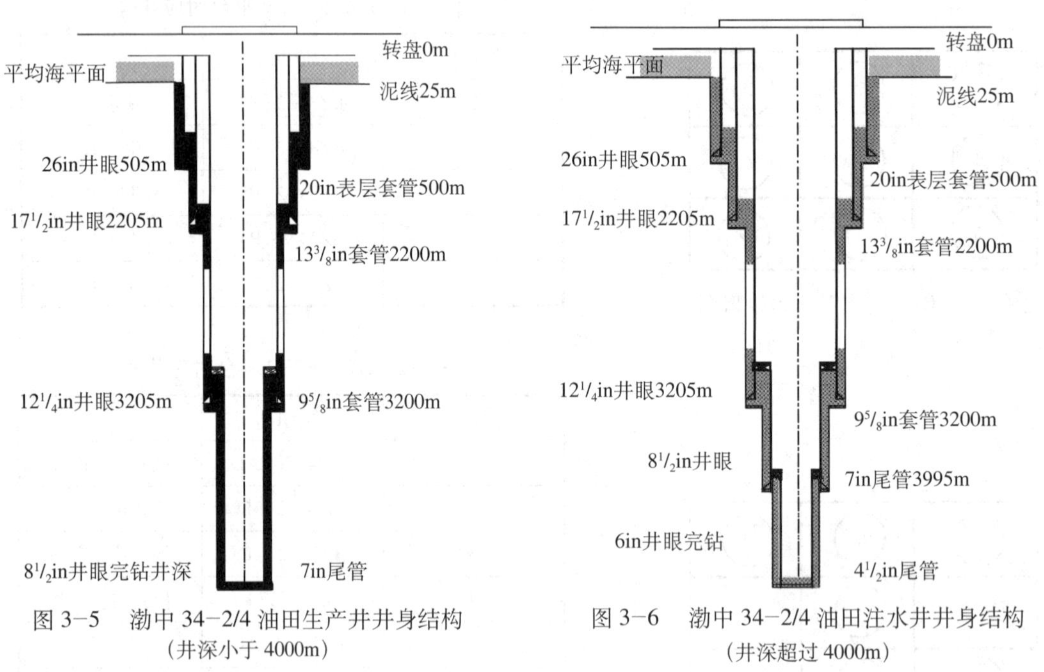

图 3−5　渤中 34−2/4 油田生产井井身结构（井深小于 4000m）

图 3−6　渤中 34−2/4 油田注水井井身结构（井深超过 4000m）

根据油井深、地层温度高、钻井作业周期长、井塌和井漏风险大等情况出发，油田钻井采用了南海 M−I（南海麦克巴）公司的 KCl/POLYMER 体系和渤海石油技术服务公司泥浆专业公司的 KCl/BD−PLUS/POLYMER 钻井液体系。渤海石油技术服务公司泥浆专业公司经理是徐国钧，现场钻井液工程师包括李自立、于志杰、周志华、莫成孝和张荣等。油田钻井液维护措施包括以下几点：

（1）$12^{1}/_{4}$in 井段和 $8^{1}/_{2}$in 井段采用强抑制性 KCl/BD−PLUS/POLYMER 钻井液和麦克巴的 KCl/POLYMER 体系。为抑制水化膨胀，增强井眼稳定，减少井下复杂情况，采取强抑制，强包被技术措施，使用 KCl，BD−PLUS 抑制泥岩水化膨胀和阻止钻井液密度不断上升。

（2）东营组和沙河街组都容易坍塌，因此加入 5 ～ 15kg/m^3 的 FT−1 和 4 ～ 5kg/m^3 的 BD−FLOHTR 来降低高温高压失水，减少形成虚泥饼，防止黏卡和拔活塞现象。

（3）$12^{1}/_{4}$in 井段裸眼井段长，斜度大，为减少钻进过程中的扭矩，加入 3% 润滑油，以及保证钻井液中的 BD−PLUS 含量。

（4）为减少岩屑床形成，在推荐的大排量的前提下使用低黏或低黏低切的钻井液，并尽可能采用紊流携砂。

（5）进入深部地层后加入 SMP、PAC−LV 和 BDFLO 作为抗高温降失水剂。

渤中 34–2/4 油田生产井采用渤海 7 号钻井船进行钻井作业，采用当时比较先进的顶部驱动装置进行钻井作业，提高了钻井作业效率和处理井下复杂情况的能力。上部井段采用陀螺定向，下部采用东方人公司的 MWD 随钻测井斜和方位或采用单点照相测斜仪测斜等定向井技术。钻井中多采用牙轮钻头，由于井较深，牙轮钻头在深部地层钻井时一直存在纯钻时间少、磨损严重、钻速低、钻头掉牙轮等问题，因此开始实验 PDC 钻头以提高深部地层钻速，取得了不错的效果。

渤中 34–2/4 油田钻井过程中井塌、井漏、粘卡、卡钻和卡套管等井下事故和复杂情况较多，造成井塌埋钻具，卡钻后无法解卡，爆炸切割和多次回填侧钻等。

（1）BZ34–2–P1 井发生多次井塌卡钻事故。

1988 年 7 月 21 日，在下钻过程中，下钻至 2394m 时遇阻 20tf，上提遇卡，上提至 190tf，下压放到 90T，无法活动，震击器不工作，初步分析卡点在 2296m 处，卡钻层位东上段。由于转盘转不动，但可以建立循环，判断是钻具粘附卡钻，决定泡油解卡。泵入解卡剂 12.9m^3（柴油 11m^3，解卡剂 5bbl，润滑剂 3bbl），替至卡点后每 30 分钟替 30 冲，配合上下活动钻具，最后解卡成功，起钻，更换震击器。该井钻进至东营组和沙河街组时还发生过 6 次严重的井塌卡钻，均填井侧钻。

（2）BZ34–2–2AD 井明化镇组卡钻事故。

1984 年 8 月 4 日处理完落鱼后更换新钻具组合，下钻到底，划眼循环钻井液，双泵工作后循环划眼，上提遇卡，钻具卡死。浸泡 15m^3 柴油 20 小时后未解卡，用 23m^3 柴油加 SPEEDER–P 2160kg 和 SPEEDER–X 2040kg，共 28m^3，替入井眼边泡边活动钻具，解卡成功。

（3）BZ34–2–P3 及 BZ34–2–P4 井卡钻事故。

BZ34–2–P3 井 1990 年 1 月 2 日钻进至 2333m，起出 2 柱后遇卡，上提 50tf 发生卡钻。泵入解卡剂，活动钻具不能解卡，上提至 243tf，钻具拉断。下 9$^5/_8$in 卡瓦打捞筒打捞成功。测卡点 2047m、2056m，在 2056m 处倒开，下入对扣接头对口成功，最后泡酸，施加扭矩并活动钻具，解卡。

BZ34–2–P4 井 1990 年 5 月 29 日钻进至 3137.7m 后，卸 E.P.S 小钻杆时间长，投单点照相测斜仪，准备起钻时钻具被卡，泡柴油 22m^3，20 分钟后解卡。

（4）BZ34–2–P7 井卡钻事故。

第一次卡钻是 12$^1/_4$in 钻头钻进至 3551m，起钻后下钻至 3396m 卡死，下斯伦贝谢爆炸切割工具至 3325m 切割成功，注水泥回填侧钻；第二次卡钻是下钻至 2287m 发生钻具粘卡，无法解卡，下爆炸切割工具至 2186m 切割成功，注水泥回填至 2080m 侧钻。

渤中 34–2/4 油田在钻井中采取了以管理模式。

（1）甲乙方管理制度。

在生产井钻井作业过程中，派驻平台的钻井监督是甲方代表，负责平台钻井作业的组织和技术管理，对钻井作业安全、环保、质量、进度、成本进行监督和控制，向乙方下达作业指令。钻井承包商和其他承包商是乙方，负责平台设备、人员的管理，接受甲方指令，以为甲方提供优质服务为宗旨。甲、乙方管理的行为准则，就是双方签订的合同，不论是甲方还是乙方，都要根据合同规定的条款说话办事，出现分歧，发生纠纷，也要依据合同来解决。

通过全面实施甲乙方管理，中方各钻井队伍逐渐树立起了乙方的服务意识，努力适应乙方的位置，通过不断增强服务观念，熟悉国际钻井作业程序和惯例，逐步达到了甲方服务标准。

（2）总承包钻井。

1986 年国际油价开始下降，为了节约勘探开发作业成本，日方正式提出并经中日双方协商，从 1986 年 3 月份起，日本石油开发株式会社将渤中 34–2/4 油田剩余的探井和开发井，由渤海石油公司总承包并任作业者，在钻井中日方只派一名钻井和一名地质巡视员，确认中方的作业质量。所谓总承包，又称交钥匙工程，由作业者提出钻井作业要求，总承包方按照国际通用的规范进行钻井作业，全部工作包括施工设计、物资采办、作业船只、专业公司及服务等第三方招标，组织生产，控制质量，控制成本和控制进度等诸多方面均由总承包商负责，一切作业风险都由总承包商承担。

通过几口井的钻井作业，渤海石油公司逐渐摸清了油田地质和地层特点，钻井效率不断提高。通过总承包钻井，平均建井周期比日本石油开发株式会社为作业者钻同类井有所提前，钻井成本降低，锻炼和培养了中方大批高素质钻井工程管理和技术人才，也为渤海公司创造了上亿元人民币的经济效益，更进一步提高了渤海石油公司在国际石油行业的地位和信誉。继日本石油开发株式会社之后，BP 等国际大石油公司也纷纷效仿日本石油开发株式会社的做法，在渤海作业区块全井或部分井段（主要上部井段）由中方总承包钻井。

也正是通过总承包钻井，引进了国外的先进钻井技术和管理理念，逐渐壮大了渤海油田各专业公司队伍，包括理念、管理、技术和素质等方面都有了很大提高。通过与外方的合作，像泥浆、固井、定向井等专业公司都得到了不同程度的锤炼，队伍不断壮大，技术水平不断提升，钻井作业和管理也开始向程序化、规范化、标准化起步，为渤海油田在 20 世纪 90 年代中后期实施的优快钻井储备了人才和技术队伍。

第二节　完井工程

1988 年 12 月 BZ34−2EP 平台开始 6 口生产井完井作业，1989 年 6 月完井结束，1990 年 6 月投产。1989 年 2 月 BZ34−4EP 平台开始 3 口井完井作业，5 月完井结束，1990 年 8 月平台投产。1992 年 BZ34−2EW 平台进行完井作业并投产。1993 年 BZ34−4WP 平台回接 BZ34−4−3 井并投产。

渤中 34−2/4 油田主要目的层为沙河街组三段储层，属于低渗透的砂岩油层，非均质性严重。沙河街组三段储层又分为Ⅰ油组、Ⅱ油组和Ⅲ油组，储层地层静压 30.0 ～ 36.0MPa（地层压力系数 0.98 ～ 1.10），各储层压力相差较大。为减少各储层在生产过程中的层间干扰，完井时下入双油管 + 滑套的双管生产管柱，实现分层开采和注水，其自喷生产井和注水井的双管完井管柱图见图 3−7。3 座生产平台（BZ34−2EP、BZ34−4EP、BZ34−4WP）和注水平台（BZ34−2EW）投产时，除 BZ34−4EP 平台 3 口油井（BZ34−4−1、BZ34−4−2AD 和 BZ34−4−P1 井）采用单油管 + 滑套分采的完井管柱的单管生产外，其余平台的井均采用双管生产管柱（不包括后期调整井 BZ34−2−P8 井和侧钻井 BZ34−2−P1S 井）。

渤中 34−2/4 油田在渤海油田完井工程及工艺技术上进行了许多前期探索，主要包括：

（1）在渤海油田第一次使用双管生产管柱及其配套井口设备；

（2）在渤海油田第一次使用 VAM 扣油管；

（3）在渤海油田第一次使用双管对向 120 度射孔技术；

（4）在渤海油田第一次同一生产管柱中采用多个分层注水注气偏心工作筒；

（5）在渤海油田第一次双管上使用伸缩接头；

（6）在渤海油田第一次使用双管封隔器；

（7）完井过程中，采用密度 1.08 ～ 1.10g/cm^3 盐水完井液；

（8）部分井投产前对其进行酸化解堵作业。

双油管生产管柱是该油田完井工程中采取的主要完井工艺技术，虽然实现了对不同储层的分采，但由此带来了生产管柱复杂，油管结蜡严重，钢丝工具下入困难，完井时油管中频繁卡电缆和钢丝工具等问题。

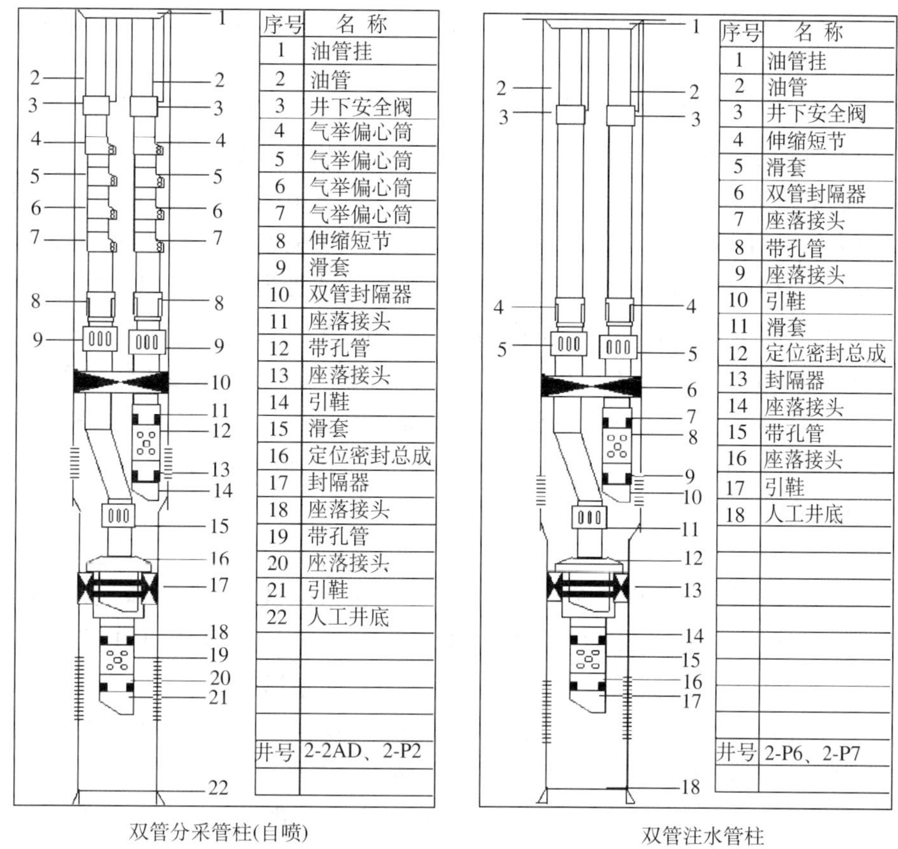

图 3–7　渤中 34–2/4 油田双油管开发井管柱图

第三节　采油工程

一、举升工艺

渤中 34–2/4 油田油层埋藏较深，断块多，油层厚，连通较好，初期利用天然能量以自喷方式衰竭开采，为了减少层间干扰，提高采油速度，在最短的时间回收投资，获得最佳的经济效益，除渤中 34–4 油田东块采用单管生产以外，其他区块均采用双管分层自喷生产。随着地层能量的下降，油井逐渐停喷，随后进行了射流泵机采和电潜泵机采的试验，但由于油井深，下射流泵采油效果差，而且钢丝作业投捞射流泵成功率低，又由于电泵采油强度大，泵吸入口处脱气后气液比上升，下泵后频繁出现欠载停泵，试验没有成功。2003 年进行了大修作业后下入电泵生产，增油效果显著。

（一）采油方式

开发方案设计油田投产后 7 ～ 8 年安装人工采油设施转为气举采油。但在油田投产后发现产气量比预期的产气量低，因气源缺乏和气举设备投资大而终止该方案的实施。另外从投产后各井的生产动态来看，油井停喷和产量下降的时间会比预计提前，因此在 1992 年 7 月的第 55 次中日技术专门委员会上决定委托日本工程公司对当时广泛使用的人工举升采油方法进行方案研究。同时渤海石油公司采油公司也着手进行机采方式的研究， 1993 年 1 月到 1994 年 6 月，由李奎元等从工艺技术、工程改造和经济效益等多方面入手，对渤中 34–2/4 油田机采方式进行了综合研究，提出了以“射流泵与电潜泵混合使用”的适合渤中 34–2/4 这种高温、高油气比油田的机采方案建议。

从油田开发效果方面来预测，采用电潜泵、射流泵单一采油方式或者两者混合采油方式，三种方式差别不大，每种方式投资差别在 10 万～ 20 万元之间，考虑人为选值及计算误差比较这几种方式结果差别就很小。

从采油工艺和平台改造方面来看，采用电泵生产，生产压差大，采油速度高，平台需要加固，并存在修井问题；采用射流泵方式对地层分采，开发效果较好，但和电泵方式相比，开发效果相近，以海水为动力液易结垢，供电系统和平台工艺流程改造大，一次投资费用高，后期钢丝作业投捞射流泵，事故率高，修井工作量大；采用电潜泵、射流泵混合机采方案可以避免上述存在的部分问题，如供电、动力液供给、工程量改造大及电泵地面机组的安装空间等问题。油水处理可在 FPSU 上的原设计气举模块安装处增加一个 2500m^3 的油水分离器解决 V−201 的处理问题。平台及流程改造工作量小，接近于电泵方式的投资费用。因此选用混合方式可以尽量减少单一方式的缺点，平台改造工作量接近于最小工作量，修井工作量也接近于最小工作量，经济效益最好。研究结果认为采用电潜泵及射流泵混合机采方案存在的问题少，工程改造量小，在渤中 34−2/4 油田是一种经济可行的机采方式。

（二）机采方式试验

1. 射流泵

从 1992 年 10 月 8 日开始至 1993 年 7 月份，进行射流泵采油试验，但受海上条件限制，只在 6 口井（BZ34−2−P2S、BZ34−2−3DL、BZ34−2−P1L、BZ34−2−4DL、BZ34−2−P4L 和 BZ34−2−P5S）进行射流泵试验后就初步确认机采方式以射流泵为主。6 口井中下泵增产效果好的有 2 口（BZ34−2−P2S、BZ34−2−P4L），另 4 口井（BZ34−2−3DL、BZ34−2−P1L、BZ34−2−4DL 和 BZ34−2−P5S）遇到下入泵不密封、滑套打不开、下泵遇阻或增产效果不佳等问题。

BZ34−2−P2S 是第一口射流泵试验井，首先通过钢丝作业在井下 2023m 处管柱上安装了 SSD（滑套），然后钢丝作业打开 SSD，将射流泵安装在 SSD 上，动力液使用由于 FPSU 供给的注水用水，试验作业按原计划试验日程完成，从泵的产出能力来看产液量是动力液（水）的 1.1 ～ 1.2 倍左右，计算值与实际数值拟合后差距较大，井口温度波动大，SSD 的安装比较顺利。

为满足渤中 34−2 油田 BZ34−4EP 平台采用射流泵机采所需动力液量的要求，根据新的机采方案设计要求，于 1997 年在 BZ34−2EW 平台上增建了 2AL 动力液组块，对油井产出液进行分离，分离出的高温水经柱塞泵增压后作为射流泵的动力液。但是，系统启动后，造成生产井井口回压升高，影响了自喷井生产，故系统未能正常运转。

1998 年进行了小油管射流泵试验，即在原 3$^1/_2$in 油管内下入 1$^1/_2$in 连续油管，将一种从 COLEMAN 公司引进的小型射流泵安装在连续油管内，采用正循环方式生产。试验井数 3 口（BZ34−2−1S、BZ34−2−P5S、BZ34−2−2ADS），由于井下管柱原因，成功 1 口井，失败 2 口井。获得成功的 BZ34−2−1S 井日产油达 100.0m^3 左右。

总之，从 1992 年 10 月开始至 1998 年 7 月份，共下射流泵 10 口井，18 井次，均未取得明显的增油效果。

2. 螺杆泵

为了降低井口回压，1996 年 4 月在 BZ34−2−2ADL 进行了地面螺杆泵降压试验，在油井的油嘴后增设地面螺杆泵，但由于气油比太高，产气量大，油井不可能达到十分稳定的供液能力，泵的入口压力要求也很低，泵抽吸能力不够，造成井口降压不理想，螺杆泵没有继续推广。

3. 电潜泵

1996 年进行了第一口双管改单管的下电泵试验，井号为 BZ34−2−P1，原计划作业封堵长管 E_2s_3 Ⅲ油组，单采 E_2s_3 Ⅱ油组然后下电泵生产。由于作业难度大，改简易完井，即 E_2s_3 Ⅲ与 E_2s_3 Ⅱ油组合采，作业后下入排量 400m^3/d 的电泵，频率 40Hz 时最大扬程 1562m，泵挂深度 2552m，由于受气体影响、泵的扬程以及作业中对地层的伤害，下泵后效果不明显，产液量没有达到自喷时的产液量。1998 年 8 月对 BZ34–2–P1 进行了检泵，重新下入适应于高气油比、可变频的美国 REDA 公司生产的带 AGH 装置（Advanced Gas Handler，一种通过压缩原理处理井下游离气的装置）的电潜泵机组，但因气量大导致液面下降，机组经常出现欠载而不能正常工作，未达到预期目的。

二、油井维护与修井

（一）油井大修

2003 年，由于油田缺乏有效的机采手段，仅 4 口自喷井维持生产，并且其中 3 口井已接近停喷状态，油井利用率仅 27%，日产油 448.0m³。鉴于油田采出程度较低（9.91%），综合含水不高（28.4%），为了提高油田采收率，增加油田的经济效益，天津分公司对该油田的剩余可采储量及有关作业费用进行了经济评价测算后，决定优选该油田的 6 口井进行大修作业（包括 1 口侧钻井）。

同年，由天津分公司生产部、渤海石油实业公司和油服天津分公司 IPM 组成渤中 34–2/4 油田大修联合作业项目组。项目组负责大修作业，生产部负责项目的总体协调、安全监督、质量、费用和作业进度控制。天津分公司组织相关单位对大修方案进行了优选、费用预算和经济评价。有限公司开发生产部先后三次组织研究中心及有限公司的专家对《渤中 34–2/4 油田油井大修方案》进行了审查。经过反复优化，批准在 2003 年侧钻 1 口井（BZ34–2–P1），大修 5 口井（BZ34–2–P2、BZ34–2–P4、BZ34–2–P5、BZ34–4–1 和 BZ34–4–2AD）的增产措施方案。

2003 年 1 月 21 日至 2003 年 5 月 4 日，天津分公司使用渤海 10 号钻井船分别对 6 口井（3 口双管、3 口单管）进行了大修，其中 BZ34–2–P2、BZ34–2–P4 和 BZ34–2–P5 井为双管。由于井况复杂，大修作业没有达到《渤中 34–2/4 油田油井大修方案》中的施工要求。即彻底拔出双管，清理井筒后封堵已经水淹的 E_2s_3 Ⅲ油组，下入电泵单采 E_2s_3 Ⅱ油组，实际上由于双管封隔器解封困难，只实现了切割上部双管，然后下入 $3^1/_2$in EUE 单管，下电泵生产（图 3–8）。作业过程中自始至终将作业安全和油层保护放在首位，作业过程中没出现任何大小安全责任事故。修井作业达到了预期的增油效果，各井修井后生产效果见表 2–2。

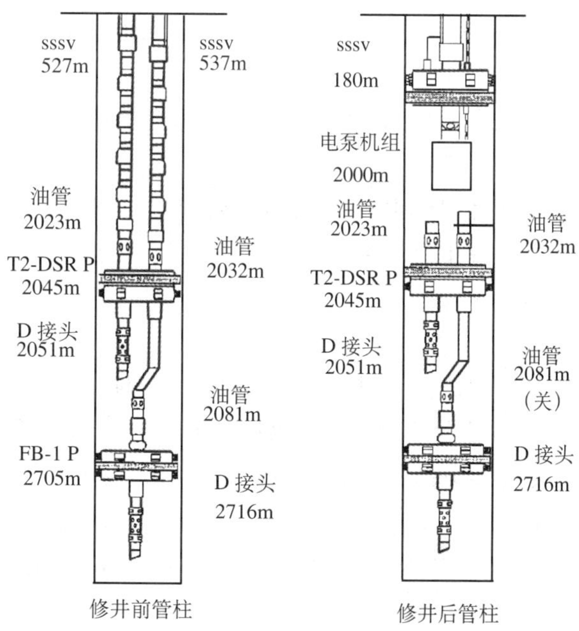

图 3–8 渤中 34–2/4 油田 BZ34–2–P2 井生产管柱图

考虑到油井由自喷生产改为机采后需要进行检泵作业，而租用钻井船进行作业的费用高，经过可行性分析及经济评价 2003 年定购了 HXJ90B 海洋修井机并安装在 BZ34–2EW 井口平台，于 2004 年 7 月中旬完成了修井机的调试、验收、资格认证等一系列工作。修井机负荷60t，井架高度18m，抗风能力30m/s，满足渤中34–2/4油田BZ34–2EP、BZ34–2EW、BZ34–4EP平台电潜泵井的检泵作业，BZ34–4WP的修井作业需要依靠钻井船进行。

（二）增产措施

1. 水力压裂

BZ34–2–3DL井因储层物性差、污染严重，投产以来一直低产，1994年进行水力压裂，措施后无效果。

2. 酸化

针对油田油层渗透率低、易造成油藏伤害的因素，为改善油层物性结合测试资料，经中日双方研究决定在1996年9月和1997年9月两次共对4口井（BZ34–2–2ADS、BZ34–2–P4S、BZ34–2–3DL、BZ34–2–P1L）进行了酸化作业，除BZ34–2–P1L采取盐酸体系酸化，其他三口井的酸化体系为土酸体系，酸化后均采取氮气气举反排。酸化后自喷生产效果明显，不但恢复了停喷井的生产，提高了油井利用率，而且提高了油井的产能。2003年5月和2005年6月又采用氟硼酸体系先后对4口井（BZ34–4–2AD、BZ34–2–P2L、BZ34–2–P8、BZ34–2–P1S）进行了酸化作业，酸化后BZ34–4–2AD、BZ34–2–P2L采用电泵排酸，酸化无效，BZ34–2–P8、BZ34–2–P1S采用射流泵排酸，BZ34–2–P8井恢复自喷生产，BZ34–2–P1S下电泵生产，增油效果明显。

3. 老井上返和补孔

BZ34–4–1井和BZ34–4–P1井两口井投产后没有达到预期产能，而且产量递减快，渤海石油公司生产运销部何生平等同志通过研究提出了上返补孔作业，1991年2月28日至4月12日采用负压射孔技术，孔密132孔/m，对BZ34–4–1井补射2854.5～2857.5m和2880.0～2890.0m两个层段共13.0m，对BZ34–4–P1井补射3021.5～3023.0m和3042.0～3062.0m两个层段共21.5m，上返作业后与原沙三段油层合采，作业后效果显著，不仅创造了经济效益，并为渤中34–4油田油藏地质再认识提供了可靠资料。

1994年3月和5月，BZ34–2–4D、BZ34–2–3D两口井分别上返J砂层，两口井的上返见到一定效果，改变了长期不出油的状况。

2003年3月，BZ34–2–P2井大修封堵Ng油组，补孔后生产东营组J砂层。

4. 氮气诱喷

BZ34–2–1井和BZ34–2–2AD井因出水造成井底积液停喷后，利用液氮气举诱喷，辅以井口降低回压，对延长自喷期起到一定作用，一般可维持2～3个月。

三、流程防垢

1992年底，油田开始射流泵采油试验，因海水（动力液）与地层水化学性质不配伍，带来了工艺流程的结垢问题，1994年1月至1995年12月渤海石油公司采油公司赵明等同志进行了《渤中34–2/4油田工艺流程防垢技术研究》，通过对垢样、水样分析认为垢物的主要类型为碳酸钙垢，经过多次的配方优选、调整以及现场试验研究，最后研制成功HEDP阻垢剂，投入使用后换热器E–202和污水系统的清垢周期由20～40天延长到3～4个月，基本解决了工艺流程结垢问题，满足了生产需要。

第四节 注水工艺

渤中32–2/4油田主力开发单元北块和中块E_2s_3 Ⅱ、E_2s_3 Ⅲ油组于1992年9月正式转入注水开发，先期投注3口井（BZ34–2–P3、BZ34–2–P6、BZ34–2–P7）6根管，注水层位E_2s_3 Ⅱ、E_2s_3 Ⅲ油组，

1998 年测试发现 E_2s_3 Ⅲ已水淹，于是 E_2s_3 Ⅲ油组停注。后期又转注 2 口井（BZ34–4–P1、BZ34–2–4D）。注水方式除 BZ34–4–P1 井为单管注水外，其他井为单井双管分层注水，如图 3–7 所示。

一、试注与转注

根据油田投产后的油井动态及压力测试资料，在第 50 次中日技术专门委员会上通过了《BZ34–2/4 注水作业实施基本计划书》。1992 年 2 月 7 日开始对 BZ34–2–P3 井进行试注作业，首先对长管进行氢氟酸酸洗作业，然后进行氮举，然后开始注水，作业中发现长短管出现串通现象，处理后对长、短管进行了氢氟酸酸洗和酸化作业，随后进行了试水，3 月 24 日试水结束，5 月 15 日投注。

BZ34–4–P1 井 1997 年转注沙河街组Ⅰ油组，为单管注水，但测试资料证实绝大部分水注入到了东营组 J 砂层， 2003 年 6 月停止注水。BZ34–2–4D 井于 2002 年转注，为双管注水，转注后效果不明显，注水系统损坏严重，2006 年 6 月停止注水。

二、注水量预测与设计

根据 BZ34–2–P3 试水结果，对 BZ34–2/4 油田 E_2s_3 Ⅱ、E_2s_3 Ⅲ油组 1992 年 5 月份的基准面深度处的地层压力进行了预测，在保持当前地层压力的情况下，使油藏注采平衡，对各油组的吸水指数进行了计算，考虑到注入能力及注水泵排放压力的限制，最后确定 E_2s_3 Ⅱ油组日配注量 489.0m^3，E_2s_3 Ⅲ油组日配注量 419.0m^3。

三、注水流程与水质处理

渤中 34–2/4 油田注水设备放在 BZ34–2EW 平台上。海水提升泵从海中直接吸取海水，经过粗滤器、细滤器、脱氧塔或经注水增压泵，通过海管输送到井口平台进行注水（图 3–9）。

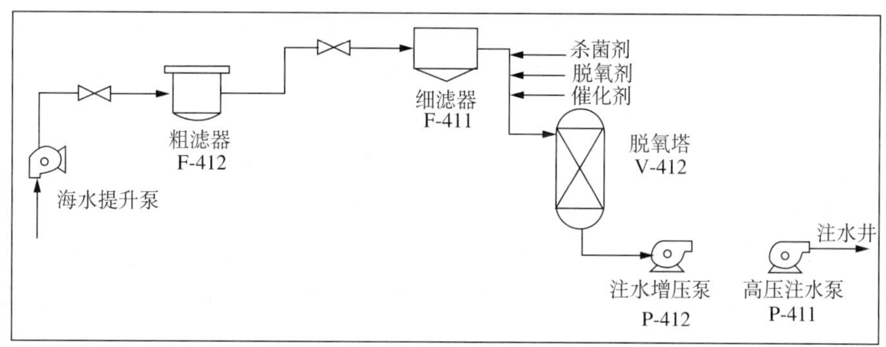

图 3–9　渤中 34–2/4 油田注水流程简图

由于注水方式为海水回注，在水质处理中使用脱氧剂、催化剂、杀菌剂、海水消泡剂、助滤剂。从水质检测结果看总铁含量、SRB 菌含量超标，其他各项达到水质标准。

四、注水井调剖

1998 年 Schlumberger–Dowell 公司对 BZ34–2–P3L 井进行了渤中 34–2/4 油田唯一一次化学堵水作业，在实施过程中，因化学药剂提前胶结固化，使此次堵水作业失败。

第四章

海洋油田工程

渤中 34–2/4 油田开发的海洋工程包括一艘浮式生产储油轮（渤海长青号）及其导管架软钢臂单点系泊系统、4 座井口平台、5 条海底管线（其中油气混输管线 3 条、注水海底管线 2 条）及 3 条海底电缆，并且在井口平台原油加热中首次采用大功率电加热器，井口平台动力系统首次采用海底电缆供电的方案，为今后油气田的开发积累了宝贵的经验。

第一节 海洋工程方案

日中石油开发株式会社 STT 专家小组和渤海渤中 34–2/4 油田油藏专家对本区海洋工程方案进行了 4 年之久的平行研究。鉴于本区断层发达，地质构造复杂，油层非均匀性严重，渗透率相差悬殊、具有多套含油层系等特点，联管会围绕如何合理投资，提前投产同时确保工程质量，对海洋工程方案进行了反复讨论及优化。

为了提高资源的有效利用率，经过中日双方的多次论证，在 1987 年 9 月，中日第九次联合委员会上对渤中 34–2/4 的油田开发方针及方案达成了共识，并获国家主管部门的批准。联管会对渤中 34–2/4 油田开发工程概念做了设计，同意用 3 座平台，设计钻开发井 14 口，设计年生产能力 44.0×10^4t 的总体开发方案。整个工程包括两座井口采油平台（BZ34–2EP、BZ34–4EP），一座注水平台（BZ34–2EW），一座导管架软钢臂单点系泊装置和系泊在其上的一艘浮式储油轮（渤海长青号），两条海底原油生产管线，两条注水管线，两条 3.3kV 海底电缆。并且最终确定了如下的工程方案：设在渤中 34–2/4 油田的 BZ34–2EP 井口平台及 BZ34–2EW 注水平台，设在渤中 34–2/4 油田的 BZ34–4EP 井口平台和设在两井口平台之间的单点系泊系统（SPM）以及系泊其上的浮式生产储油轮（渤海长青号），还有平台至单点系泊系统之间的两条 1.3km 和 2.9km 海底电缆。

整个工程分二期启动，油田开发作业从 1988 年 1 月开始，并于 1990 年 6 月完成一期工程建设。一期工程主要包括“渤海长青号”浮式生产储油轮、BZ34–2EP、BZ34–4EP 平台的建造及海底管线的铺设，其中 BZ34–2EP 平台上共有生产井 6 口， BZ34–4EP 平台有开发井 3 口（包括 1 口注水井）。1990 年 6 月 BZ34–2EP 平台 6 口井陆续投产，8 月 BZ34–4EP 平台 3 口井陆续投产。

二期工程包括 BZ34–2EW 井口平台 6 口开发井的钻井、完井及上部组块建造、安装工作。并于 1992 年上半年投入生产。

为适应渤中 34–2/4 油田西区开发，提高渤中 34–2/4 油田储量动用程度，在第 24 次联管会之后，作为油田三期建设工程又增建一座 BZ34–4WP 无人平台，该平台有生产井 1 口，预留 2 个井槽。渤中 34–2/4 油田整体开发工程如图 4–1 所示。

经过 4 年滚动开发，渤中 34–2/4 油田共建有平台 4 座，渤中 34–2EP 井口平台和渤中 34–4EP 井口平台共用一套单点系泊和生产储油轮，节约了开发投资，缩短了开发建设周期，取得了良好的经济效益。

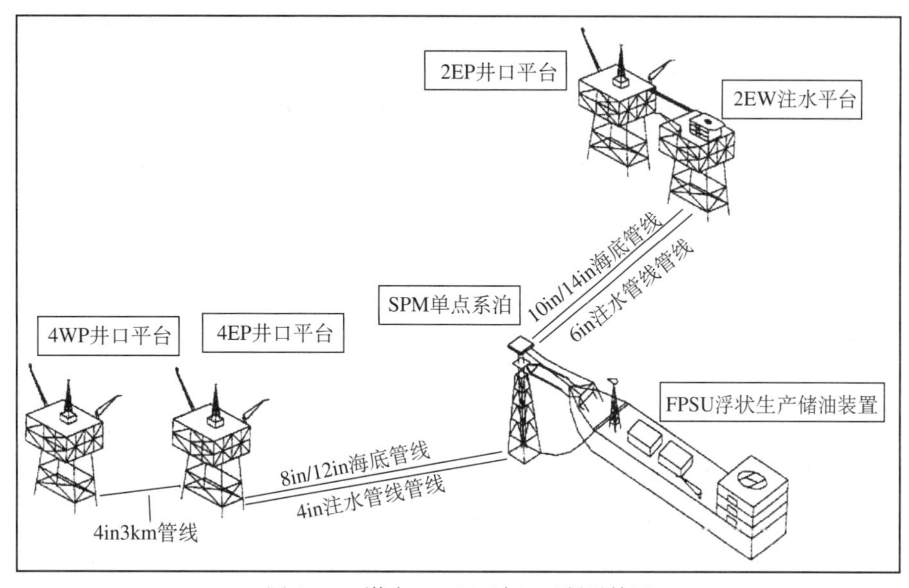

图 4–1　渤中 34–2/4 油田工程设施图

渤中 34–2/4 油田群整体开发的海洋工程方案提高了资源的有效利用程度，增大了油田开发的经济效益和社会效益。

第二节　海洋工程设计与项目管理

渤中 34–2/4 油田是中海石油渤海公司在 20 世纪 80 年代初期渤海对外合作期间，与日本国日中石油开发株式会社在渤海中南部海域合作勘探开发的油田，是一座具有现代化及海上浮式生产储油装置的油田。

一、工程项目管理

渤中 34–2/4 油田开发工程项目启动后，组建了渤中 34–2/4 油田开发工程项目组，对工程进行集中统一管理，编制了多个项目管理文件，使得项目人员“有法可依”，其中主要的 8 个：《渤中 34–2/4 油田开发工程项目总协调程序（机构及行政管理部分）》、《渤中 34–2/4 油田开发工程项目总协调程序（合同部分）》、《渤中 34–2/4 油田开发工程项目总协调程序（采办部分）》、《渤中 34–2/4 油田开发工程项目采办通用程序》、《渤中 34–2/4 油田开发工程项目控制部工作程序》、《渤中 34–2/4 油田开发工程项目建造管理大纲》、《渤中 34–2/4 油田开发工程项目建造部工作程序》、《渤中 34–2/4 油田开发工程项目质量保证手册》等。

二、工程设计

在总体方案确定后，基本设计任务为：按照海况气象条件、安全、技术先进和成熟的原则选用工艺流程，进行工艺流程计算并决定工艺流程；初步选定容器机泵等设备；解决各个辅助专业的设备和流程；按海上安全要求（海上安全吊装、逃生通道、维修空间等）和设备尺寸，本着尽量节约的原则，确定平面和立面布置；估算平台上部总重量，确定导管架结构，计算导管架钢材量等。基本设计除了完成设计图纸、规格书、数据表外必须完成采办招标文件。海洋石油开发工程设计公司与日中石油开发株式会社合作完成了渤中 34–2/4 油田开发工程基本设计。

详细设计是基本设计的深化，详细设计任务包括：完成工程结构详图、电器控制图、仪表控制图、三维配管图；编制工程招标和采办包的技术文件，批准供货商撬块制造图。由海洋石油开发工程设计公司完成详细设计。

BZ34–2EP 平台开发工程系统包括：一座井口平台（BZ34–2EP）和一座注水平台（BZ34–2EW），两座平台之间有栈桥进行连接；一条 ϕ 10in × 1.3km 到渤海长青号单点系泊输油管线和 3.3kV 的海底电缆。

BZ34–4EP 平台开发工程系统包括：一座井口平台；一条 ϕ 8in × 2.93km 到“渤海长青号”单点系泊输油管线和 3.3kV 的海底电缆；连接无人平台 BZ34–4WP 到 BZ34–4EP 的 ϕ 4in × 3km 的原油生产管线和 3.3kV 的海底电缆。

（一）平台结构

BZ34–2EP 井口平台、BZ34–4EP 井口平台是两座钢制固定平台，他们的基础是四桩导管架，上部为井口设施组块，每座组块内设有工艺系统、公用系统和生活供应系统的设施。

BZ34–2EP 井口平台有四层甲板，主甲板布置有：生活住房、化学药剂注入泵及罐、天然气放空塔、救生艇、吊机等；中层甲板布置有：计量 / 生产管汇、计量 / 生产加热器、计量分离器、主配电间、仪表 / 消防 / 通信控制室、导航设施、消防设施等；下层甲板布置有：采油树、消防泵、清管球发射器、闭式排放系统、柴油罐及泵、淡水罐及泵、淡水压力柜、应急发电间、空气压缩机组、井口控制盘、压井泵等；工作甲板布置有：采油树套管头、海水泵、开式排放系统、膨胀式救生筏等。下部导管架采用 4 腿 /4 桩方案。总重量 1570t。

BZ34–4EP 井口平台有四层甲板，主甲板布置有：天然气放空塔、吊机；中层甲板布置有：住房、计量 / 生产管汇、计量加热器、计量分离器、化学药剂注入泵及罐、空气压缩机组、应急发电机间、海水灌、热水柜、救生艇、导航设施、消防设备；下层甲板布置有：油井 / 注水井采油树、井口控制盘、消防泵、清管球发射器、闭式排放系统、柴油罐及泵、淡水罐及泵、淡水压力柜、注水过滤器、注水清管球接收器、仪表 / 消防 / 通信控制室、主配电间、消防设施等；工作甲板布置有：采油树套管头、海水泵、开式排放系统、膨胀式救生筏等。下部导管架采用 4 腿 /4 桩方案。总重量 1571t。

BZ34–2EW 注水平台是渤中 34–2/4 油田开发工程第二期建造的工程，距离 BZ34–2EP 井口平台 30m，它是四桩腿钢制导管架固定平台，上部设有井口设施组块、工艺与公用设施。工艺系统包括生产井口双翼采油树、生产 / 计量管汇、注水管汇、注水管线清管球接收器、电潜泵控制室（改造后设置）等。BZ34–2EW 注水平台建有 30m 栈桥与 BZ34–2EP 平台相连接组成一座平台，BZ34–2EW 井口平台不设生产操作值班人员，由 BZ34–2EP 井口值班人员管理、操作。

BZ34–4WP 井口平台是中国海洋石油第一座钢质固定式无人平台，由上部模块和下部导管架组成。上部组块设有井口设施、工艺与公用系统设施，没有生活组块和直升机甲板组块。工艺系统包括井口采油装置、井口管汇、生产原油电加热器；公用与辅助系统包括闭式、开式排放罐与泵、放空系统、化学药剂注入罐与泵、柴油罐与泵、空压机与仪表气系统、电气间、动力供电开关设施等。下部导管架采用 3 腿 /3 桩方案。总重量 730t。

（二）平台规模

BZ34–2EP 平台共有生产井 6 口，除预探井、评价井 4 口外，再钻生产井 2 口，1993 年补钻 1 口注水井，2005 年再打调整井 1 口。设计处理能力：最大总液量 1908m³/d，最小总液量 237.6m³/d，最大油产量 1749.6m³/d，最大水产量 952.8m³/d，最大气产量 367296m³/d，井口最大注水压力 17.24MPa，单井最大注入量 3180m³/d。

BZ34–4EP 平台有 6 个井槽，布置油井 2 口，注水井 1 口，设计处理能力为: 最大总液量 429.6m³/d，最小总液量 79.44m³/d，最大油产量 825.6m³/d，最大水产量 192.0m³/d，最大气产量 169920m³/d，最大注水量 794.4m³/d，最终含水定为 75% ~ 80%。

BZ34–4WP 有 3 个井位。生产初期安装 1 个双翼采油树，一口生产油井。单油管最大设计液量 312.8 m³/d, 其中油 95m³/d，水 61m³/d，最大设计气量 128825m³/d。

（三）工艺处理流程

1. 油气处理流程

由于 BZ34–2EP 平台及 BZ34–4EP 平台是井口平台，只能对本平台及无人平台所产油气进行简单的计量以及加热处理，然后通过海底管线外输，而不能进行油气水的三相分离及更复杂的处理。

油气处理流程如图 4–2 所示，管汇收集各井来的流体，并把平台流体或单井流体分别引至生产加热器或计量加热器。为保证分离完全，计量准确，油井来的低温原油可从 30℃左右加热到 50℃，加热器采用功率 100kW 的电加热器。加热后的流体在计量分离器内进行油气水的三相分离，油气水产量分别由经过自出口处的流量计进行自动连续计量，计量后的流体进入外输海底管线外输到“渤海长青号”浮式储油轮上。

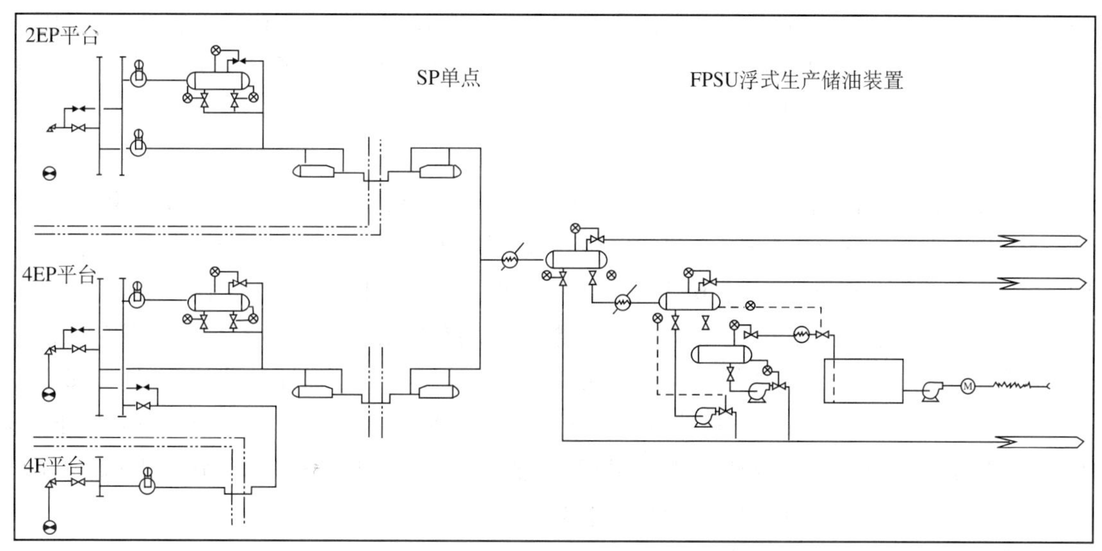

图 4–2　渤中 34–2/4 油田处理工艺流程图

2. 注水处理流程

BZ342 和 BZ34–4EP 平台注水井的水源都来自“渤海长青号”浮式生产储油轮，海水在储油轮上经过粗滤、细滤、脱氧、添加化学药剂等处理，处理后的海水由增压泵和注水泵把压力增加到所需压力，经过从单点系泊站到 BZ34–2EW 井口平台长约 1.3km 的海底注水管线，输送到 BZ34–2EW 平台，进入到 BZ34–2EW 平台的注水系统用于注水；经过从单点系泊站到 BZ34–4EP 井口平台长约 2.93km 的海底注水管线，输送到 BZ34–4EP 平台，进入到 BZ34–4EP 平台的注水系统用于注水。

（四）公用系统

BZ34–2EP 平台与 BZ34–4EP 平台设计相同，其公用系统包括：

（1）电力系统：包括主电力系统、应急电力系统、交流不间断电源（UPS）以及维持平台正常作业和生活的照明小动力系统等。但平台并没有设置独立的主发电站，主电力来自油田的浮式生产储油轮“渤海长青号”上 3300V 高压输电系统。应急电源采用一台柴油应急发电机提供。

同时在 BZ34–4EP 平台设有一块高压配电盘，通过海底电缆，将 3300V 电源输送到 BZ34–4WP 高压配电盘，为 BZ34–4WP 无人平台的生产运转提供电力。BZ34–4WP 电力系统包括主电力系统和交流不间断电源系统，未设计生活用电系统、应急电力系统。

（2）水供应系统：淡水系统设有饮用水罐、压力水柜、饮用水泵，由供应船供水。海水系统有海水提升泵两台，作为公用系统、消防系统供应海水用。

(3) 柴油燃料系统：BZ34−2EP 平台设 67m³ 柴油罐系统一套，BZ34−4EP 平台设 95m³ 柴油罐系统一套，BZ34−4WP 平台设 30m³ 柴油罐系统一套，柴油通过供应船供应，同时设有柴油分配系统。

(4) 仪表控制系统：仪表控制系统中心在仪表间，主要用来集中监测和控制从井口到海底管线的全部油、气、水处理系统及公用设施的各种运转情况。平台仪表控制系统采用以微机为中心的集散控制系统（DCS），既有数据监测也有过程控制。平台间由海底通讯电缆建立信息通道，主要生产数据集中传到中控室。同时鉴于 BZ34−4WP 为无人平台，在 BZ34−4EP 电气间内增设遥控报警盘，可对 BZ34−4WP 平台工艺系统的状况进行监视和控制。

(5) 通信系统：操作者通过该系统中的各种设备可以实现与海上的船舶、油田内部的浮式储油轮、井口平台之间以及油田各个设施上工作人员之间的通信联络。平台内及对外各项通信采用程控交换机，工艺生产防爆区采用独立声力电话联系，救生艇用应急通信设备，与外部联系用单边带收发信机和海事卫星船站等无线路由所组成。

(6) 空调通风系统：在住房、实验室、仪表间均装有窗式空调器，具有夏季制冷、冬季取暖双重性能，在环境温度为 32℃（夏季）、−15℃（冬季）时，可保持 27℃（夏季）、20℃（冬季）。同时在餐厅、电控间分别安装有 FL−9 型、FL−18 型分体柜式空调器各一台。BZ34−4WP 井口平台的中控室设有分体式空调器一台。

(7) 供应交通系统：由相关船只提供人员与陆岸交通，物资由供应船运送，在 BZ34−2EP、BZ34−4EP、BZ34−2EW 平台分别有吊车一台，在 BZ34−4WP 平台配有吊重 3.2t 的电动葫芦一台。

(8) 压缩空气系统：BZ34−2EP、BZ34−4EP 平台仪表和公用压缩空气均由两台并联（100% 备用）的空气压缩机提供，仪表风对空气露点、含油和微粒含量均有严格要求。空气经过滤后进入公用空气罐供平台公用系统用气，另一部分再经干燥后进入仪表气贮藏罐贮存，保证气动仪表用气。BZ34−2EP、BZ34−4EP 平台公用空气罐、仪表气贮藏罐设计压力均为 0.965MPa。两台空气压缩机高低压开关控制自动启停，主机设定压力为 0.862MPa 和 0.793MPa，辅机启动设定压力为 0.829MPa 和 0.758MPa。同时 BZ34−2EW 注水平台的仪表气和公用压缩气来自 BZ34−2EP 井口平台。

BZ34−4WP 平台仪表和公用压缩空气由两台并联（100% 备用）的空气压缩机提供，公用空气瓶设计压力和工作压力均为 1.137MPa，仪表空气瓶的设计压力 1.137MPa，工作压力为 1.034MPa。公用空气排出压力调节在 0.45MPa 以下，仪表空气排出压力调节在 0.45MPa 以上。

(9) 信号系统：为了保证平台的安全，根据中国北方海区石油勘探开发作业航政管理暂行规定（1987 年），平台上设置了如下设备：航行灯、障碍灯、雾笛、直升机平台甲板降落区信号照明等。

（五）启动和事故处理系统

由于渤中 34−2/4 油田原油凝固点高达 30℃，油田又处于渤海中部海域，海面宽阔，所在海区属东亚季风气候区，所处海域海况条件较为恶劣，主要表现为风大浪高流急，冬季温度较低。投产先要用加热后的海水预热包括海底管线在内的全部流程管汇。正常防台风生产储油轮解脱油田停产，关井用热水进行扫线，将流程中存油扫入油轮污油舱。

生产中设备出现问题可将该设备存油靠重力放入低位的密闭排放罐中，立即对该设备进行抢修。

（六）安全逃生系统

BZ34−2EP、BZ34−4EP 平台生产区和生活区均设有应急逃生通道，通道有醒目的逃生方向指示。寝室和逃生通道出口甲板处存放有救生衣。BZ34−2EP、BZ34−4EP 平台各设一条可乘坐 32 人全封闭式耐火救生艇，两套气胀式救生筏。另外 BZ34−2EW 平台存放两套气胀式救生筏，BZ34−4WP 平台存放一套气胀式救生筏。

海上设备试运转由渤海公司主管领导统一指挥，工程项目组、采油公司、中国海洋石油工程设计公司以及部分设备供应厂商协同完成。1990 年 8 月投产试油运转成功。

中国船级社（CCS）为渤中 34-2/4 油田海洋建设工程的第三方认证检验机构。检验结果表明施工质量符合要求，并发给检验证书。渤中 34-2/4 油田正式投产前经中国海洋作业安全办公室检查合格并发给生产许可证书。

第三节　工程招标与采办建造

由于海上油田各种设备（包括橇块）处于海洋潮湿、易腐蚀环境中，对其安全性、可靠性、耐久性和自动化程度要求极高，因此，工程招标与采办要求极为严格。

油田开发工程的管理由日中石油开发株式会社负责。整个工程分两部分，一部分由渤海菱重平台工程有限公司作为工艺设施的主要承包者，负责井口平台、海底管线、单点系泊装置及油轮上部工艺模块的建造与安装工作；另一部分由中国国际海洋石油工程公司承包油轮的船体部分。

在渤海菱重平台工程有限公司承包的部分，日本三菱重工分包油轮上部工艺模块的制造与安装；美国单浮筒系泊公司（SBM）分包单点系泊系统的详细设计和专利件的供货工作；井口平台、海底管线、电缆以及单点导管架由渤海石油公司承担建造与安装。项目管理工作由渤海菱重平台工程有限公司和渤海石油公司共同组建的联合项目负责。

1988 年 12 月，BZ34-2EP、BZ34-4EP 井口平台组块开始建造。1989 年 2 月 BZ34-2EW 井口导管架开始预置，6 月开始海上安装，9 月 BZ34-2EW 井口导管架海上安装完。10 月 BZ34-2EP 组块建造完，11 月 BZ34-4EP 组块建造完。平台模块建造完成后，由滨海 306 船从渤海码头运往渤中 34-2/4 油田海上现场，BZ34-4EP 平台在 12 月完成组块海上安装工作。图 4-3、图 4-4 分别为建成后的渤中 34-2/4 油田 BZ34-2EP 和 BZ34-4EP 井口平台。

图 4-3　渤中 34-2/4 油田 2EP 平台

图 4-4　渤中 34-2/4 油田 4EP 平台

上海沪东造船厂作为中国国际海洋石油工程公司的分包者承担“渤海长青号”浮式生产储油轮船体的建造工作。1988 年 11 月，生产储油轮模块开始建造。12 月，单点系泊导管架开始预置。1989 年 1 月，生产储油轮船体开始建造。4 月，油轮模块建造完成，单点系泊导管架预置完，开始海上安装。6 月，单点导管架海上安装完成 8.4km（4.2km 输油管线、4.2km 注水管线）海底管线开始铺设。9 月，海底管线铺设完成。10 月 31 日，“渤海长青号”浮式生产储油轮在上海沪东造船厂下水。12 月，单点上部结构开始安装。1990 年 1 月，单点上部结构安装完。3 月 6 日，“渤海长青号”浮式生产储油轮安装施工工作结束，且 JCODC 完成部分调试工作。3 月 25 日，“渤海长青号”拖航开始，3 月 31 日顺利到达渤海海上现场，并于4月10日完成海上实验，15日实现了与SPM的连接。图4–5为投产时的“渤海长青号”浮式生产储油轮。

图4–5　渤中34–2/4油田投产时的“渤海长青号”

BZ34–4WP平台的海底管线铺设工程由中国海洋石油总公司渤海海上工程公司承包，1992年12月23日，滨海109船开往BZ34–4WP平台施工现场，管线铺设从1993年4月29日开工，同年5月1日工程施工完成，共铺设电缆3095m。

油田开发总预算为21800万美元，至1990年底，完成投资14656万美元，为总预算的67.2%。中日双方各按51 ： 49比例提供开发资金。

2001年在BZ34–2EW平台投资建设2AL模块，新建2AL配电间，新增射流泵流程、小油管系统、透平、空压机、分离器等。2005年为了解决修井问题需要加装简易移动式修井机，于是整体拆除了BZ34–2EW平台的2AL模块，在其位置上增加了修井机甲板及修井机。

附　录

附录一　附　图

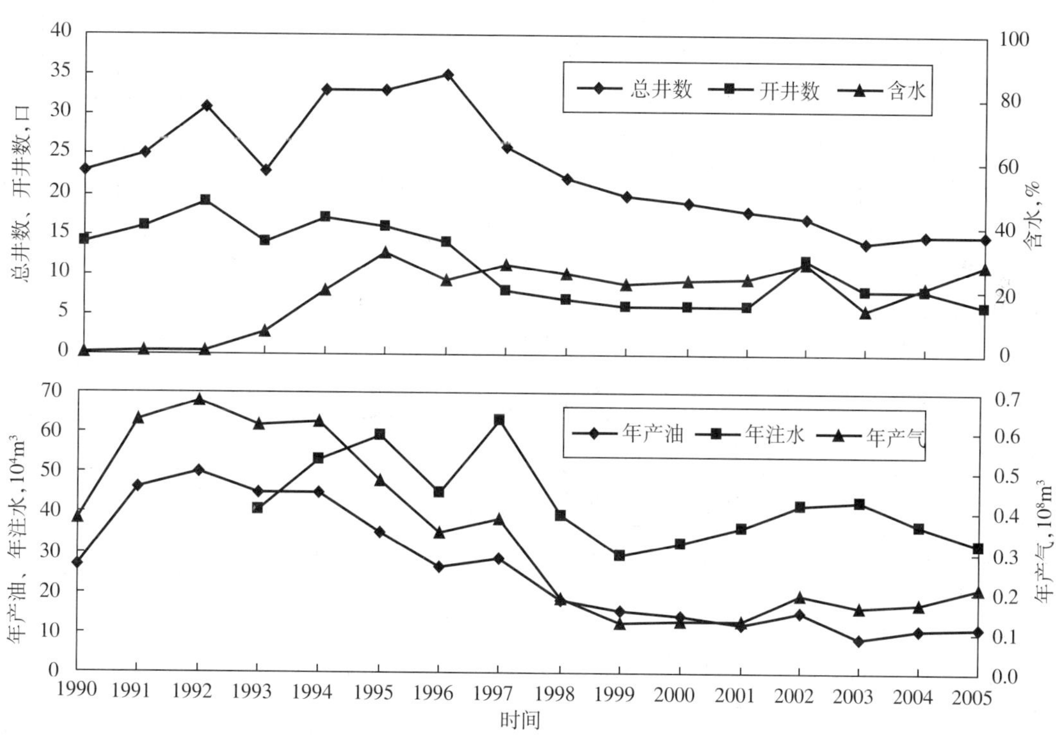

附图 1　渤中 34–2/4 油田开发综合曲线图（开发生产数据库，2005 年）

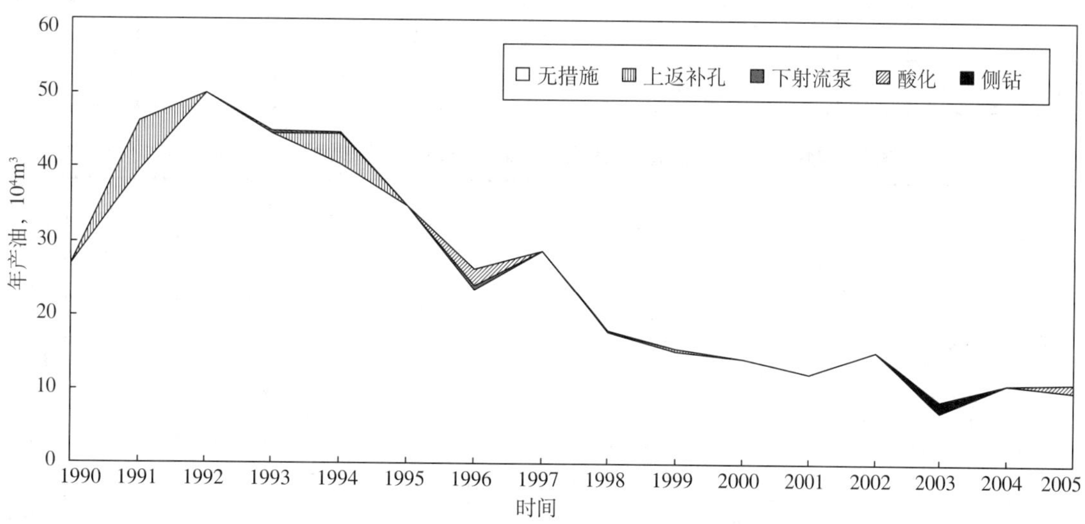

附图 2　渤中 34–2/4 油田历年产量构成曲线图（开发生产数据库，2005 年）

附录二　附　表

附表 1　渤中 34–2/4 油田地质综合数据表（开发生产数据库，2005 年）

区块		层位	油藏类型	岩性	含油面积 km^2	地质储量 10^4m^3	动用储量 10^4m^3	有效厚度 m	孔隙度 %	含油饱和度 %	原油体积系数	溶解气油比 m^3/m^3	地面原油密度 g/cm^3	硫含量 %	地层水水型
渤中34–2	北块	E_2s_3 Ⅰ	岩性	粉细砂岩	0.40	61.39	—	26.9	13.0	66.0	1.501	137	0.847	—	$NaHCO_3$
		E_2s_3 Ⅱ	构造		3.90	664.70	664.70	33.8	12.0	63.0	1.501	137	0.847	0.11	$NaHCO_3$
		E_2s_3 Ⅲ	构造		2.30	218.42	218.42	17.5	12.0	68.0	1.501	137	0.847	0.12	$NaHCO_3$
		E_2s_3 Ⅳ	构造		1.00	73.20	73.20	15.8	12.0	58.0	1.501	137	0.847	0.14	$NaHCO_3$
		E_2s_3 Ⅳ	构造		0.30	16.53	16.53	9.6	13.0	65.0	1.501	137	0.847	—	$NaHCO_3$
	中块	E_2s_3 Ⅱ	构造		2.20	424.88	424.88	38.0	12.0	65.0	1.533	152	0.852	0.08	$NaHCO_3$
		E_2s_3 Ⅲ	构造		1.90	148.59	148.59	16.2	12.0	61.0	1.513	137	0.848	0.08	$NaHCO_3$
	南块	E_2s_3 Ⅰ	构造		1.10	90.38	90.38	12.8	14.0	69.0	1.517	142	0.852	0.13	$NaHCO_3$
		E_2s_3 Ⅱ	构造		2.60	253.52	253.52	20.6	12.0	60.0	1.517	142	0.852	0.11	$NaHCO_3$
	2–P1	E_3d–J	构造		1.00	86.59	86.59	13.0	16.0	64.0	1.533	137	0.843	—	$NaHCO_3$
	2–1/2–P3	E_3d–J	构造		1.60	64.06	64.06	5.5	17.0	66.0	1.533	137	0.843	0.12	$NaHCO_3$
	2–3D/2–P6	E_3d–J	构造		0.60	32.03	32.03	6.5	17.0	74.0	1.533	137	0.843	—	$NaHCO_3$
	2–4D	E_3d–J	构造		0.70	26.10	26.10	4.3	17.0	79.0	1.533	137	0.843	—	$NaHCO_3$
渤中34–4	东块	E_2s_3 Ⅱ	构造—岩性		2.10	266.82	—	27.5	12.0	57.0	1.482	137	0.847	0.11	$NaHCO_3$
		E_2s_3 Ⅰ	构造		3.50	364.83	364.83	21.5	12.0	60.0	1.482	137	0.847	0.12	$NaHCO_3$
渤中34–4	西北块	E_2s_3 Ⅰ	构造		1.00	63.60	63.60	13.1	13.0	56.0	1.505	143	0.849	—	$NaHCO_3$
		E_2s_3 Ⅱ	构造		0.80	125.73	125.73	26.3	13.0	68.0	1.479	134	0.851	0.11	$NaHCO_3$
		E_2s_3 Ⅱ	构造		0.70	63.45	63.45	15.1	13.0	68.0	1.479	134	0.851	—	$NaHCO_3$
	4–1/4–P1	E_3d–J	构造		5.50	427.05	427.05	8.6	21.0	66.0	1.533	137	0.843	—	$NaHCO_3$

附表 2　渤中 34–2/4 油田开发综合数据表（开发生产数据库，2005 年）

时间	生产井，口		年产油量 10^4m^3	累计产油量 10^4m^3	综合含水率 %	采油速度 %	采出程度 %	注水井，口		年注水量 10^4m^3	累计注水量 10^4m^3
	总井数	开井数						总井数	开井数		
1990	23	14	26.84	26.84	0.28	0.77	0.77	—	—	—	—
1991	25	16	46.22	73.05	1.00	1.33	2.10	—	—	—	—
1992	31	19	50.06	123.11	0.85	1.44	3.55	2	0	—	—
1993	23	14	44.91	168.02	7.20	1.29	4.84	4	4	40.75	40.75
1994	33	17	44.74	212.76	20.02	1.29	6.13	4	4	53.09	93.84

续表

时间	生产井，口		年产油量 10^4m^3	累计产油量 10^4m^3	综合含水率 %	采油速度 %	采出程度 %	注水井，口		年注水量 10^4m^3	累计注水量 10^4m^3
	总井数	开井数						总井数	开井数		
1995	33	16	34.86	247.62	32.13	1.00	7.13	6	5	59.38	153.22
1996	35	14	26.37	273.99	23.07	0.76	7.89	6	5	44.91	198.12
1997	26	8	28.71	302.70	27.92	0.83	8.72	7	6	62.89	261.01
1998	22	7	18.11	320.81	25.32	0.52	9.24	7	2	39.17	300.18
1999	20	6	15.53	336.34	21.91	0.45	9.69	7	4	29.42	329.61
2000	19	6	14.36	350.70	23.28	0.41	10.10	7	4	32.57	362.17
2001	18	6	12.20	362.89	23.81	0.35	10.45	7	4	36.25	398.42
2002	17	12	15.20	378.09	28.68	0.44	10.89	8	5	41.96	440.38
2003	14	8	13.37	391.46	13.91	0.39	11.28	8	5	42.92	483.30
2004	15	8	11.01	402.48	20.93	0.32	11.59	8	5	36.69	519.99
2005	15	6	11.17	413.65	27.97	0.32	11.91	8	5	31.92	551.91

附录三　人物名录

（一）领导人名录

1．渤南作业区经理：

闫洪涛（2003.6—2005.5）

杨　寨（2005.5—　）

2．渤中 34-2/4 油田历任总监（经理）：

田树棠 / 郭健国（1990.03—1991.08）

郭健国 / 陈玉强（1991.08—1992.06）

刘继伦 / 石建荣（1992.06—1996.07）

刘继伦 / 聂宝栋（1996.07—1998.08）

刘继伦 / 闫洪涛（1998.08—1999.04）

刘继伦 / 戴照辉（1999.04—2000.05）

刘继伦 / 稽海滨（2000.05—2003.07）

稽海滨 / 宋玉东（2003.07—　）

3．渤中 34-2/4 油田历任平台长

2EP：

郭玉强 / 路东南（1990.03—1991.04）

郭玉强 / 卢启发（1991.04—1993.06）

卢启发 / 吴国民（1993.06—1996.04）

吴国民 / 胡志忠（1996.04—1998.09）

张绍谦 / 胡志忠（1998.09—1999.10）

宋玉东 / 汪本武（1999.10—2000.08）

赵海青 / 李建利（2000.08—2001.11）

赵海青 / 黄显平（2001.11—　）

4EP：

卢启发 / 张守员（1990.03—1991.06）

张守员 / 吴国民（1991.06—1993.10）

张守员 / 李建利（1993.10—1996.05）

张绍谦 / 韩柏青（1996.05—1997.04）

李志刚 / 张绍谦（1997.04—1998.12）

李志刚 / 吴美仁（1998.12—2001.10）

吴美仁 / 刘建林（2001.10—2005.01）

刘建林 / 符学兵（2005.01—　）

（二）劳动模范名录

杨　寨：获 2002 年天津市劳动模范

附录四　获奖项目

项目名称	获奖等级	获奖时间	获奖人
渤中 34–4 井口平台导管架设计	总公司科技进步一等奖	1986	李玉珊、郑时风、梁　焕、魏津生
渤中 34–2/4 油田地质再任识及储量复核动态分析及生产预测	渤海公司科技进步二等奖	1993	王　星、王　勤、兰利川、胡宪义
渤中 34–2/4 地区 J 砂层油藏描述	渤海公司科技进步二等奖	1993	胡宪义、王应斌、赵永生、陈　琪
渤中 34–2/4E 油田投产出经济效益分析及经营对策	渤海公司科技进步二等奖	1994	扬培兰、岳云伏、聂家丽、王宏林
渤中 34–2/4 油田开发调整及可采储量研究	渤海公司科技进步二等奖	1998	王飞琼、王为民、孙福街、王慧芝

附录五　征引文献

文　献　名	作者	出版或编制时间	出版社或现存地
渤中 34–2 油田开发总体方案	辛世刚、梁惠文	1986	研究院档案馆
渤中 34–2/4 油田储量复算报告	施亚洲、王世民	1997	研究院档案馆
渤中 34–2/4 油田开发调整方案	王飞琼、王为民	1997	研究院档案馆
渤海油田志	李秉铨、刘仁杰	1992	天津人民出版社
渤中 34–2/4 油田可采储量研究	王飞琼、王为民	1998	研究院档案馆

编纂始末

渤中34–2/4油田是原渤海中日合同区内，渤中34–2油田和渤中34–4油田两个合作油田的总称。1990年6月油田正式投产，到2005年底已生产15年，油田累计产油413.65×10^4m^3，采出程度11.91%，综合含水率27.97%。

《渤中34–2/4油田志》按照《中国油气田开发志·油气田篇》编纂内容和基本要求，横分门类七个部分编纂。由于海洋石油开发所处的环境和工作设施与陆上油气田有别，因此，在章目上做了一些改动。其中概述、大事记、第一章、第二章、第三章、附录等不变，第四章的"地面生产系统"改为"海洋油田工程"。记述时间从1980年5月渤海石油公司与日中石油开发株式会社签订了在渤海投资合作进行油气勘探的风险合同开始，到2005年12月31日止。

《渤中34–2/4油田志》按总编纂委员会的要求，以忠于史实，突出本油田特点为原则，精心编纂，反复核实、审查完成的，属于详写的开发志。志书结构上做到了 "三突出"，达到了"五条标准"的要求。各章节比例较适当，符合专业志书的要求，并在"二审"中得到中国海洋石油总公司专家的好评。

编纂工作从2008年9月开始至2010年3月终审定稿，历时近一年半，王飞琼负责前言、概述、第一章油田地质、第二章开发部署与调整、获奖者名录、编纂始末等编纂，并负责该油田志的统纂工作。吴小张主要负责第二章的第三节、大事记、附录五等编纂，第三章钻井与采油工程分别由何瑞兵和马跃编纂，第四章海洋油田工程由黄显平、马亮、赵军红编纂，另外王立红对志书中的部分图件进行了清绘，在此表示感谢。

《渤中34–2/4油田志》系统记述了渤中34–2/4油田的开发特点、开发模式和配套的工艺技术手段，突出了该油田的开发特色，对整个开发过程中的一些做法和认识过程进行较全面地叙述，同时摸索出一套复杂断块油藏开发管理经验，对同类油藏的开发有指导、借鉴意义。

在天津分公司及各部门领导大力支持下，渤中34–2/4油田志编纂人员以科学的态度、严谨的作风，顺利完成了该油田志的编纂工作。回顾油田志编纂过程中的点点滴滴，编纂成员都难以忘怀。在接到油田志编纂通知后，各部门领导给予了高度重视，并组织了相应的编纂组。编纂成员按照油田志编纂的统一要求，制定了详细的编纂计划，以饱满的热情投入到油田志的编纂中。

渤中34–2/4油田是一个复杂断块油田，纵向上开发层系多，横向上断裂系统复杂，油田开发时间长，编纂内容时间跨度大，专题研究报告较少，没有电子文档，多数资料是日文，因此给编纂工作带来一定的难度。编纂成员发挥团结拼搏、锐意进取的精神，坚定信心，克服了编纂过程中遇到的各种困难，按时完成了该油田志的编纂。

《渤中34–2/4油田志》的面世，是编纂成员共同努力辛勤劳动的成果，希望该油田志作为专业志，能为今后油田开发起到参考、借鉴作用。由于编纂水平有限，难免有疏漏，不足之处，敬请读者批评指正。

《渤中34–2/4油田志》编纂组

2010年5月

编号：26-009

旅大 10-1 油田志

《旅大 10-1 油田志》编纂组　编

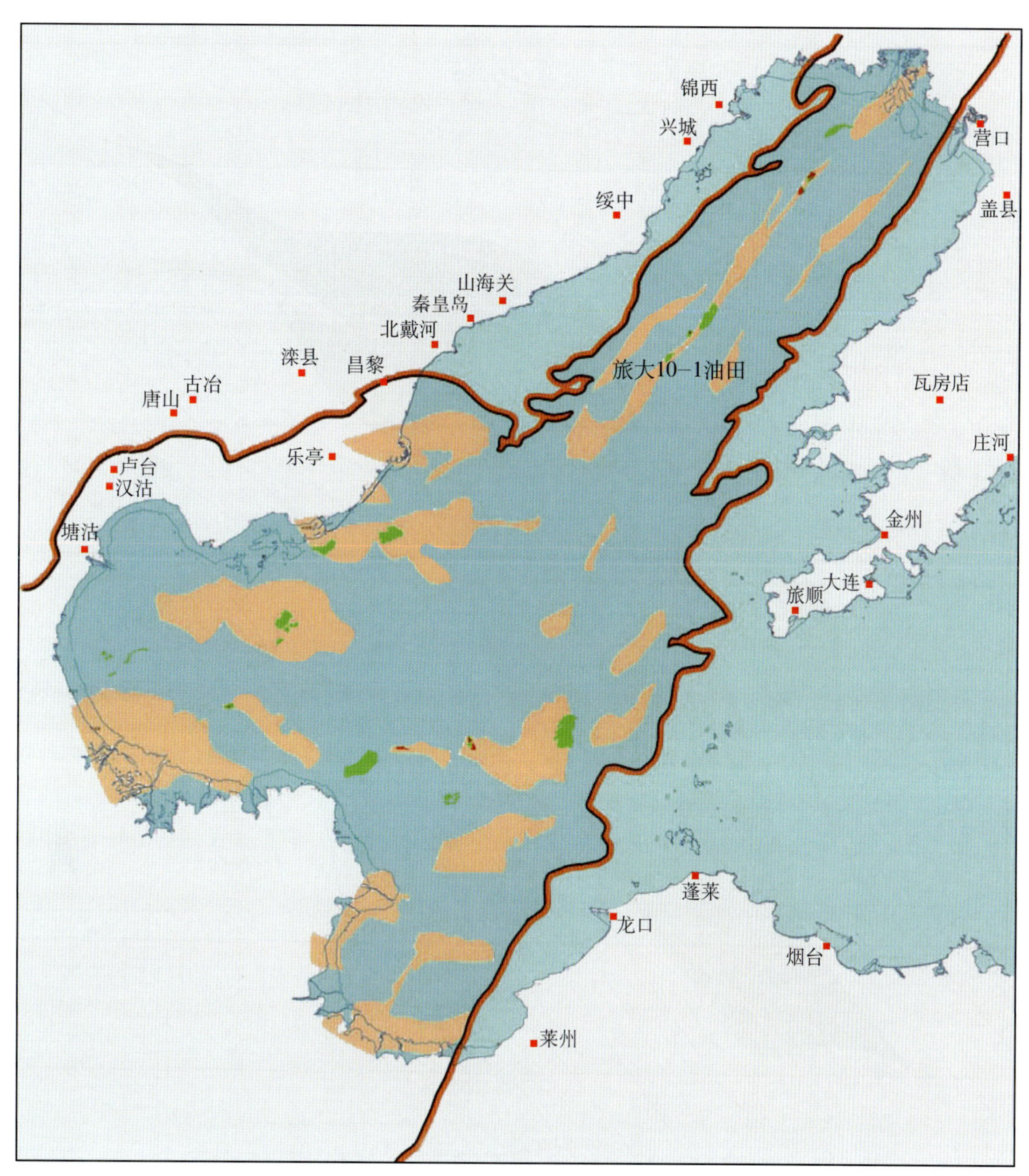

旅大 10-1 油田地理位置图

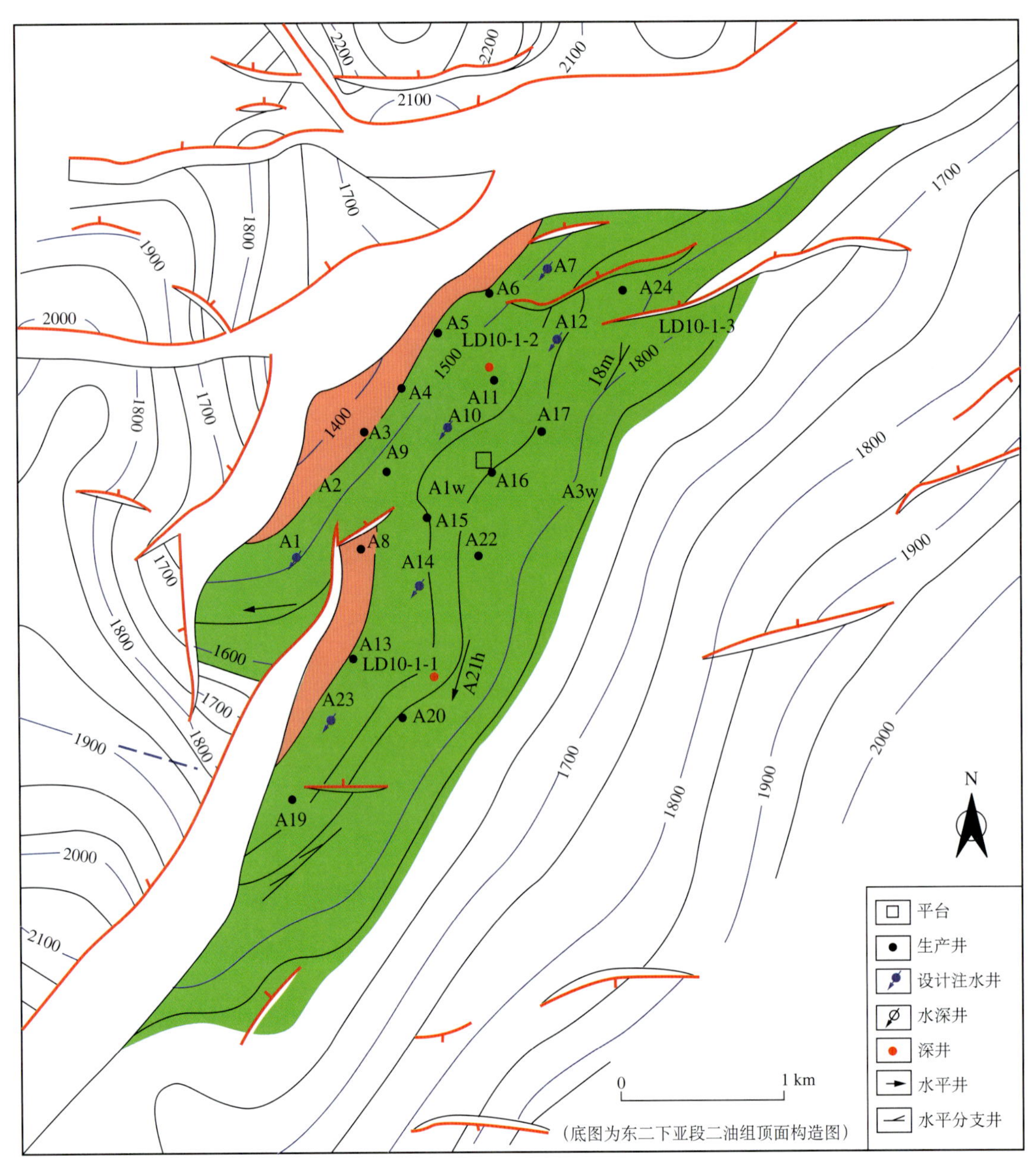

旅大 10–1 油田构造井位图

（天津分公司勘探开发研究院，2005 年）

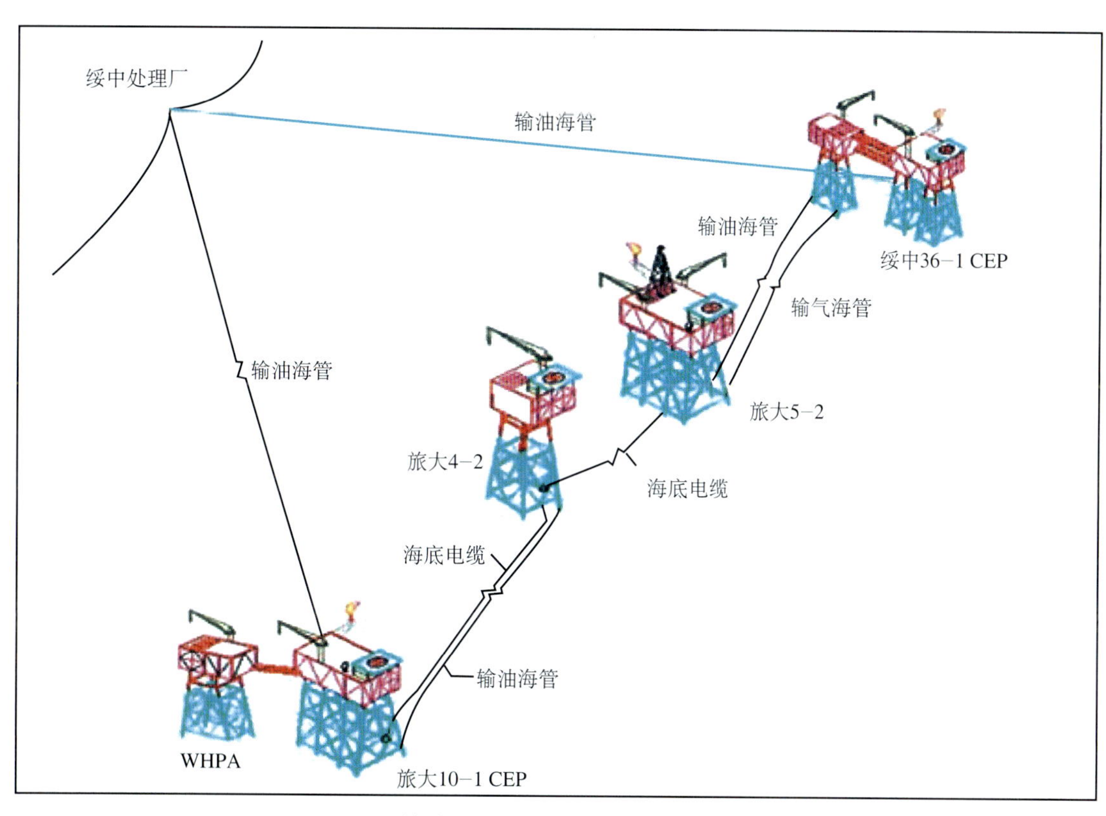

旅大 10-1 油田生产系统图
(旅大 10-1 工程项目总结)

《旅大 10-1 油田志》编纂组

但　华　朱　凯　陈来勇　陈　毅

《旅大 10-1 油田志》审核人员

曹文贤　徐启兴　汪志勇　吴成浩　李树宽　潘亿勇
刘　英　宫　薇　赵利昌　王聚峰　王力群　李其正
张英勇　张敏娟

本志目录

概　述

旅大 10–1 油田位于渤海辽东湾海域，东北距绥中 36–1 油田中心平台约 24km，西北距绥中市约 65km，油田范围内水深 31.5 ～ 32.4m。旅大 10–1 油田隶属中海石油（中国）有限公司天津分公司绥中 36–1 作业区。2002 年发现，2005 年投入开发。

旅大 10–1 地区的油气勘探工作始于 1959 年，20 世纪 60 年代中期进行了海底重力和高精度的航磁测量，80 年代中后期，中海石油物探公司完成二维地震资料采集（测网线距 1km × 1km，0.5km × 0.5km）。地震资料的处理工作由东方数据处理公司承担，方法为一般常规处理。2001 年渤海研究院对该构造进行了初步解释，确认了构造类型和圈闭规模，并完成 1 ： 25000 古近系东营组东二下亚段砂层顶面构造图和新生界底面（T_8）构造图。

为确保辽中开发区的高产稳产，2002 年加速了对绥中 36–1 油田周边地区的勘探评价工作，旅大 10–1 构造作为有利勘探目标之一，于同年 1 月初，在构造的西南部完钻第一口探井 LD10–1–1 井（简称 1 井，以下旅大 10–1 油田井量均以此方法简称）。该井完钻井深 1592m，完钻层位古近系东营组，根据测井资料在东二下亚段解释出油层 10.5m，从而发现了旅大 10–1 油田。

探井的钻探成功，进一步加快了对旅大 10–1 油田的评价工作。为全面把握油层的分布规律，探明油田的原油储量，2002 年对该区的二维地震资料进行了重新处理和精细解释，进一步落实了构造形态和断裂系统特征，并于 2002 年 7 月在构造的高部位先后完钻两口评价井（2、3 井）。2 井完钻井深 1802m，完钻层位古近系东营组，在东二下亚段钻遇 73.8m 油层，经 DST 测试，获最高日产原油 87.1m^3，日产气 3953m^3；3 井位于 2 井的东北 1.2km，在东二下亚段测井解释油层厚度 10.3m，两口评价井进一步证实了古近系东营组东二下亚段是本油田的主力含油层系。

2002 年由中海石油研究中心渤海研究院郭太现、刘英、赵春明等人研究并编写《渤海辽东湾海域旅大 10–1 油田新增油气探明储量报告》。按照《石油储量规范》（GBn269—88）中对探明储量的要求，项目队在 2001 年研究成果的基础上，使用 1986、1987 年度采集、2002 年重新处理的二维地震资料，结合三口井的钻井成果，精细描述了一、二两个油组的顶、底面构造形态和断层发育规律；把油田地质、岩石物理、油藏资料以及各种分析化验成果有机地结合在一起，详细论述了油田地质模式和油藏特征，系统确定了各项储量参数，并使用类比法就各参数的取值可信度做了分析。

同年由中海石油（中国）有限公司天津分公司对储量进行申报，并于 2003 年 2 月通过国家储量委员会审查。国家储量委员会批准全油田探明叠合含油面积 7.3km^2，探明石油地质储量 4150 × 10^4m^3。其中，I 油组 249 × 10^4m^3，II 油组 3901 × 10^4m^3。

大事记

2002 年

1 月　1 井解释出油层 10.5m，发现了旅大 10−1 油田。

8 月 21 日　2 井完钻，井深 1802m，在东二下亚段钻遇 73.8m 油层，经 DST 测试，获最高日产原油 $87.1m^3$，日产气 $3953m^3$。

2003 年

1 月 6 日　旅大 4−2/10−1 环境影响评价工作大纲审查会。

2 月　《渤海辽东湾海域旅大 10−1 油田新增油气探明储量报告》通过国土资源部审查，批准全油田探明叠合含油面积 $7.3km^2$，探明石油地质储量 $4150\times10^4m^3$。

6 月　中海石油研究中心编写完成《旅大 4−2/5−2/10−1 油田总体开发方案》。

7 月 4 日　《旅大 4−2/5−2/10−1 油田总体开发方案》获得中国海洋石油总公司批准。

8 月 1 日　海上设施设计开工。

2004 年

3 月 28 日　《旅大 4−2/5−2/10−1 油田总体开发方案》获得国家发展和改革委员会批准（发改能源[2004] 535 号）。

4 月 27 日　开发井钻井工作正式启动。

9 月　开发井全部完钻，完钻总井数 27 口。

2005 年

1 月 28 日　旅大 10−1 油田顺利投产，投产井包括 A1、A5、A8、A17、A18m、A19、A21h、A23、A24 井。

3 月 29 日　A11 井启泵生产，4 月 21 日最高日产油 $1721m^3$，是渤海油田第一口稳产千立方米的井。

7 月 30 日　A9 井投产，日产原油 $252m^3$，至此旅大 10−1 油田全面投产。

第一章

油田地质

区域上，旅大 10–1 油田位于辽东湾地区辽西低凸起的中段，西侧紧邻辽西凹陷，是渤海最有利的油气富集区之一， 具有良好油气富集成藏的石油地质条件。旅大 10–1 构造是一个在古潜山背景上发育起来的断层半背斜，近北东走向，西北边界为辽西 1 号断层，东南侧呈缓坡向凹陷过渡，油田范围内断层不甚发育，构造较为完整。

辽西 1 号断层呈北东走向，延伸长度达 100km 以上，是分割辽西低凸起和辽西凹陷的边界大断层，在油田范围内呈弧形绕曲，目的层段的断距为 150 ~ 250m，该断层对旅大 10–1 油田的构造演化及沉积起着明显的控制作用。油田范围内，发育一条北东走向的内幕断层，延伸长度 1.4km，目的层段平均断距 60m，为辽西断裂带的派生断层。旅大 10–1 构造长约 10.0km，宽约 2.5km。东营组倾向近南东，构造顶部较缓，翼部相对较陡，地层倾角 3° ~ 6.7°。

根据地震、岩心、测井以及古生物等资料分析，结合区域沉积相研究，综合分析认为旅大 10–1 油田东二段主要为湖相三角洲沉积。油田主体区主要发育三角洲前缘和前三角洲亚相，其中，三角洲前缘亚相可细分为水下分流河道、河口坝和分流河道间三个微相。

常规物性分析样品统计表明，东二下亚段储层孔隙度主要分布在 27% ~ 35% 之间，渗透率为 10 ~ 5500mD ，储层具有高孔、高渗的储集物性特征。根据铸体薄片及扫描电镜分析，东二下亚段储层岩性较为疏松，粒间孔隙发育，连通性好，见少量粒内溶蚀孔。

根据压汞资料，毛细管压力曲线表现为分选好、粗歪度，排驱压力一般小于 0.02MPa，饱和度中值压力小于 0.2MPa，最大孔喉半径大于 50μm，属于大孔隙、粗喉道。旅大 10–1 油田温度资料相对较少，仅在 DST 测试段取到两个合格的温度数据，温度与深度关系不明显，因此与相邻绥中 36–1 油田进行了类比，其油藏温度梯度约为 3.12℃ /100m；根据 2、3 两口井的测压资料，油田的压力系数约为 1.02，油田属于正常的温度、压力系统。

从 2 井 DST 测试段获取 4 个脱气原油样品，分析结果，地面原油性质具有密度较高、含蜡量低、含硫量低、凝固点低、胶质沥青质含量中等的特点。油田原油密度（20℃）0.945 ~ $0.952g/cm^3$；原油黏度（50℃）107.3 ~ 204.6mPa·s；含蜡量 1.90% ~ 2.18%；含硫量 0.24% ~ 0.26%；胶质和沥青质含量：13.4% ~ 14.6%；凝固点 −33 ~ −26 ℃。

2 井 Ⅱ 油组 PVT 地下取样分析结果，原油密度 0.872 ~ $0.882g/cm^3$，饱和压力 12.81 ~ 13.16MPa，地饱压差 1.57 ~ 2.36MPa，气油比 38 ~ $42m^3/m^3$，原油黏度 13.9 ~ 19.4mPa·s。

旅大 10–1 油田天然气主要以溶解气形式存在，相对密度 0.818 ~ 0.864，平均 0.841。甲烷含量 73.92% ~ 75.17% ，乙烷及以上烃类（C_2H_6—C_6H_{14}）含量约 24.6%，二氧化碳 0.15% ~ 0.21% ，不含硫化氢，属于湿气范畴。

旅大 10–1 油田油层主要发育在构造的高部位，油气沿砂体呈层状分布，流体分布的产状明显受到构造的控制，油藏类型属于在纵向上存在多个油水系统的构造层状油藏。

旅大 10–1 油田探明叠合含油面积 $7.3km^2$，探明石油地质储量 $4150 \times 10^4m^3$（3938×10^4t），探明溶解气地质储量 $16.60 \times 10^8m^3$。

第二章

油 田 开 发

2002 年 1 月初，在构造的西南部完钻第一口探井 1 井解释出油层 10.5m，从而发现了旅大 10–1 油田后，到 2005 年 12 月 31 日止，旅大 10–1 油田经历了储量评价阶段、油田开放方案设计及实施阶段。

旅大 10–1 油田探井 1 井的钻探成功，进一步加快了对旅大 10–1 油田的评价工作，根据中海石油有限公司天津分公司关于旅大油田资源评价及开发工作的总体部署，2002 年渤海石油研究院成立项目队，对该油田的油气资源和开发可行性展开了全面研究。

2002 年由中海石油研究中心渤海研究院郭太现、刘英、赵春明等人研究并编写《渤海辽东湾海域旅大 10–1 油田新增油气探明储量报告》。其成果于 2003 年 2 月通过国家储量委员会的审查。国家储量委员会批准全油田探明叠合含油面积 7.3 km^2，探明石油地质储量 $4150\times10^4m^3$。

在储量评价成果的基础上，2003 年 1 月，中国海洋石油生产研究中心完成《旅大 4–2/5–2/10–1 油田总体开发方案》(ODP)，2003 年 6 月，完成《旅大 4–2/5–2/10–1 油田总体开发方案》修改版报告， 7 月 4 日获得中国海洋石油总公司批准。2004 年 3 月 28 日，ODP 获得国家发展与改革委员会批准(发改能源 [2004] 535 号)。

该方案采用一套层系开采Ⅱ油组。开发方式为反九点法面积注水井网，适时机械采油。设计总井数 26 口，其中常规定向生产井 13 口，水平井 3 口，注水井 6 口，探井兼生产井 1 口，水源井 3 口。预测高峰年产油量 $126.3\times10^4m^3$，到 2020 年累计产油 $1009.4\times10^4m^3$，采出程度 25.9%。

油田于 2005 年 1 月底相继投产，2005 年 8 月全面投产，高峰日产油 5368m^3，比 ODP 高峰日产油增加 40.3%。截至 2005 年 12 月 31 日，旅大 10–1 油田总井数为 29 口，其中水源井 2 口，生产井 23 口，注水井 4 口。

油田从 2005 年 1 月底投产以来，一年的时间大致经历两个开发阶段（图 2–1）。

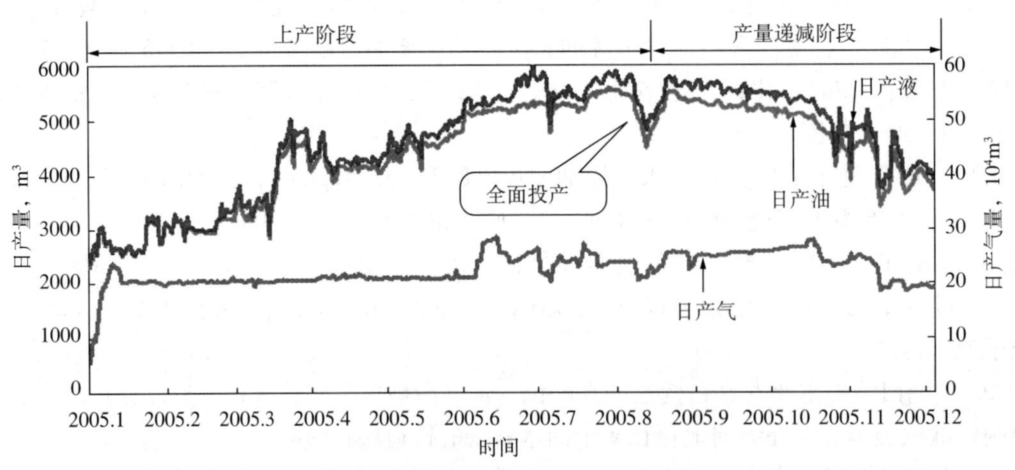

图 2–1　旅大 10–1 油田开发阶段划分曲线

（天津分公司勘探开发研究院）

2005 年 1 月至 8 月中旬为第一阶段（油田建产阶段），油田日产量随着油井陆续投产而增加。2005 年 1 月投产 14 口井，其中包括 1 口水平井 A18m 井，1 口水平分支井 A21h 井；2005 年 3 月投产 3 口井；2005 年 4 月投产 1 口井； 2005 年 5 月投产 2 口井，其中 1 口水平井 A25m 井，1 口水平分支井 A26h 井；2005 年 6 月投产 2 口井；2005 年 7 月投产 4 口井。油田高峰日产油达到 5368m^3。

2005 年 8 月下旬到 12 月底为第二阶段（产量递减阶段），到 12 月底日产油能力为 4687m^3。

该油田主力油组Ⅱ、Ⅲ油组的年采油速度为 3.9%，开采速度较快，油田边水能量较弱，高速开采使得地层压力下降，油田主体区 A11 井附近压力由投产初期的 15.5MPa 到 2005 年 10 月降至 13MPa 左右。油田平均地层压降在 2.7MPa 左右，地层压降最大的达 3.7MPa。油田产量出现递减，到 2005 年 12 月 A11 井日产量由生产初期的 1623m^3/d 变为 974m^3/d，不含水。地层压力下降快，油田产量出现递减。为减缓油田产量递减，恢复地层能量，2005 年 12 月前已有四口井 A5、A10、A23、A18m 按照注水方案要求转注。

到 2005 年 12 月，旅大 10–1 油田共部署了各类井 29 口，其中水源井 2 口，生产井 23 口，注水井 4 口。油井以电潜泵采油为主，油田累计生产原油 146.63 × 10^{4}m^3，采出程度为 2.9%，综合含水 5.9%，气油比 52m^3/m^3。

第三章

钻采与海洋工程

第一节　钻井工程

旅大 10–1/4–2/5–2 油田群是渤海湾钻完井一体化管理的代表项目之一，安文忠同志担任项目经理，在管理和技术上实现钻完井一体化。项目执行过程中，实现地质油藏和钻完井联合办公，紧贴油藏同时引进了先进钻完井工艺技术，有效地提高了单井产能和作业效率。同时创造了中国海洋石油总公司表层平均作业时间 3.55h 的最短纪录，并打破了两项中国海洋石油总公司两个最短钻井周期记录，其中 A19 井钻井周期 6.88 天，打破了中国海洋石油总公司 3001 ~ 3500m 最短钻井周期单项纪录；A21h 井钻井周期 5.90 天，打破 2001 ~ 2500m 水平井最短钻井周期的单项纪录。

旅大 10–1 油田 ODP 由中海石油研究中心 2003 年完成，平台设有 36 个井槽，ODP 设计采用自升悬臂式钻井平台进行 26 口井作业。旅大 10–1 油田基本设计由中海石油有限天津分公司钻井部安文忠于 2003 年 11 月编写完成，为了缓解自升悬臂式钻机紧张局面，采用渤海 7 号非悬臂钻机 + 钻井帽模式作业。钻井作业于 2004 年 4 月 27 日开钻，共钻井 29 口，其中 27 口井采用渤海 7 号非悬臂钻机 + 钻井帽模式作业完成，油田投产后，为了最大限度的发挥生产潜能，增加了 2 口补充开发井，采用渤海 10 号单独进行钻完井作业。整个油田实钻 20 口 $9^5/_8$in 套管井，1 口 7in 尾管井，4 口 $8^1/_2$in 裸眼定向井，2 口 $8^1/_2$in 水平井和 2 口 $8^1/_2$in 水平分支井。

在旅大 10–1 油田钻井作业中，继续采用优快钻井技术的同时，创新应用了实时可视决策系统、水平井及水平分支井不钻领眼技术并取得了很好的效果。

旅大 10–1 油田完井作业于 2004 年 8 月 12 日开始，共完成 29 口井完井作业（渤海七号钻井船完井 20 口，修井机完井 7 口，2 口补充开发井由渤海十号钻井船完井）。其中 8 口裸眼井（2 口水平井、2 口水平分支井、4 口常规定向井）下优质筛管防砂；套管井进行 TCP 射孔作业后，生产井根据各自油藏条件的不同，进行高速水充填、压裂充填或优质筛管防砂，注水井和水源井采用优质筛管防砂。

旅大油田开发处在渤海优快钻完井创新发展阶段，在提高单井产能及如何实现钻完井全过程油层保护等方面做了大量的工作，如 Pure 射孔及近平衡射孔大负压返涌放喷、套管内射孔下优质筛管防砂、大孔径深穿透射孔、完井后及时返排、低频控制生产压差启泵等多项重大技术，取得了很好的效果，整个油田产量大幅度超 ODP 配产。

第二节　采油工程

根据旅大 10–1 油田开发方案，油田开发初期以自喷为主，当油层压力下降，生产井含水上升到一定程度，为保证油井产能应采用机械采油，主要应用电潜泵和电潜螺杆泵采油方式。要求 $9^5/_8$in 套管带 Y 型管柱，以便进行生产测井和测试。要求完善电泵井工况监测系统，使每口电泵井都具有泵下测压、测温手段。建议每口水平井都下入地面直读式电子压力计，具备测油层压力的条件。

油田于 2005 年 1 月陆续投产，共 27 口井，先期全部为电潜泵生产，并采用“一变多控”方式变频启泵，主要生产管柱有“Y”型合采、“Y”型分采和普通合采管柱。共有 5 口井下入电潜泵工况监测装置，7 口井下入电子压力计。截至 2005 年 12 月 31 日，油田共有生产井 23 口，其中 A6 井在 4 月 7 日因气顶窜气造成电缆穿透器鼓包破裂而转自喷，A7 井在 8 月 3 日因电潜泵受气体影响欠载停泵后转自喷。

旅大 10–1 油田注水开发比衰竭开发效果好，设计采用反九点法注水方式生产，注水井先排液后注水，生产一年后转注内部 3 口井，生产两年后再转注边部 3 口井，若开发后期地层压力下降较快，可将角井转注，补充地层能量，提高油田采收率，以及时补充油层能量，设计注水井 6 口，水源井 3 口。要求注入水为馆陶组地层水，保证注入水的水质，防止注入水污染油层，引起注水困难，同时均需考虑防垢问题。注水井最大允许井口注入压力值分别为 12MPa。

油田投产后，2005 年 5 月 A10 井首先转注，随后 A23 井、A18m 井和 A05 井陆续转注，截至 2005 年 12 月 31 日，旅大 10–1 油田共有注水井 4 口，其中 A05 井、A10 井、A23 井下入分注管柱。年配注量为 $30 \times 10^4 m^3$，实注 $8.6 \times 10^4 m^3$，完成率为 29%。未完成注水指标的主要原因是旅大 10–1 油田投产方案原计划 A10 井和 A14 井 2 口先期排液注水井在生产 2 个月后转注，但是根据投产后的实际生产情况，考虑到气窜的影响，转注的井号和时间有所调整，导致注水时间延后至 2005 年 9 月，从而未能完成配注量的要求。

2005 年油田共酸化油井 2 井次，主要考虑投产后与 ODP 设计产量相差较大且与周围井产量相差较大的井。酸化后总增油量为 $1792m^3$。其中 A14 井酸化效果明显，A21h 井酸化无效，主要是完井时该井筛管下入错位造成堵塞。

2005 年油田共卡层 4 井次，累计增油 $33630m^3$，该措施作业要求对地质油藏的动态认识要深刻到位，如油田 A4 井卡层之前含水为 55%，结合构造及周围油井生产情况分析认为主要是Ⅲ油组出水，2005 年 7 月该井实施卡水作业后，含水下降到 1%，日产油由 $60m^3$ 增加到 $331m^3$，到 2005 年底累计增油 $19019m^3$，增产效果十分明显。

第三节　海洋工程

旅大 10–1 油田是旅大油田群开发中的一个油田，该油田群的开发按照 ODP 的要求采用联合开发方式，还包括旅大 4–2 油田、旅大 5–2 油田及旅大终端。

2003 年月 1 月，中国海洋石油生产研究中心完成《旅大 4–2/5–2/10–1 油田总体开发方案》，2003 年 6 月，完成《旅大 4–2/5–2/10–1 油田总体开发方案》修改版报告， 7 月 4 日获得中国海洋石油总公司批准。2004 年 3 月 28 日，ODP 获得国家发展和改革委员会的批准（发改能源［2004］535 号），批准工程总概算为 416194 万元人民币；设计原油高峰年产量为 $197 \times 10^4 t$，预计累计产油量 $1736 \times 10^4 t$，油田设计生产年限为 16 年。油田于 2005 年 1 月 28 日投产。

整个油田建设成立旅大油田群开发项目组，下设工程项目组、油藏项目组、钻完井项目组和生产准备项目组。工程项目组由开发项目组总经理直接领导和组建，其余三个项目组由天津分公司直接领导和组建。

旅大项目是成功的，达到了中国海洋石油总公司要求的当年发现、当年评价、当年完成 ODP、ODP 后两年投产的目标。

根据总体开发方案，油田群的工程设施包括三个部分，即旅大 4–2/5–2/10–1 油田海上工程设施、绥中 36–1 油田 CEP 平台改造和绥中 36–1 陆上终端改扩建。旅大 10–1 油田海上工程设施包括：新建

8腿中心平台一座，4腿井口平台一座，至陆地终端的原油外输管线一条，至旅大4–2油田的复合海底电缆一条。

旅大10–1油田中心平台（CEP）是一座集生产、动力及生活为一体的8腿平台；平台上设有主发电机系统，通过海底电缆向旅大4–2和旅大5–2油田供电；旅大10–1油田井口（WHPA）平台是一座集计量、修井、注水为一体的4腿井口平台。旅大10–1油田井口平台通过栈桥与旅大10–1油田中心平台相连。

旅大10–1油田中心平台汇集旅大4–2油田井口平台生产物流和旅大10–1油田井口平台生产物流后一并进入旅大10–1油田中心平台工艺系统进行处理，处理后含水小于1%的稳定原油经新建的海底管线（12in×18in59.3km）输送到终端进行储存、外输；分离出的生产水经旅大10–1油田中心平台上的含油污水处理系统处理后首先作为旅大10–1油田的回注用水，油田开采初期注水量不够时用水源井进行补充，油田开采后期多余的生产水经处理达标后排海。

附　录

附录一　附　图

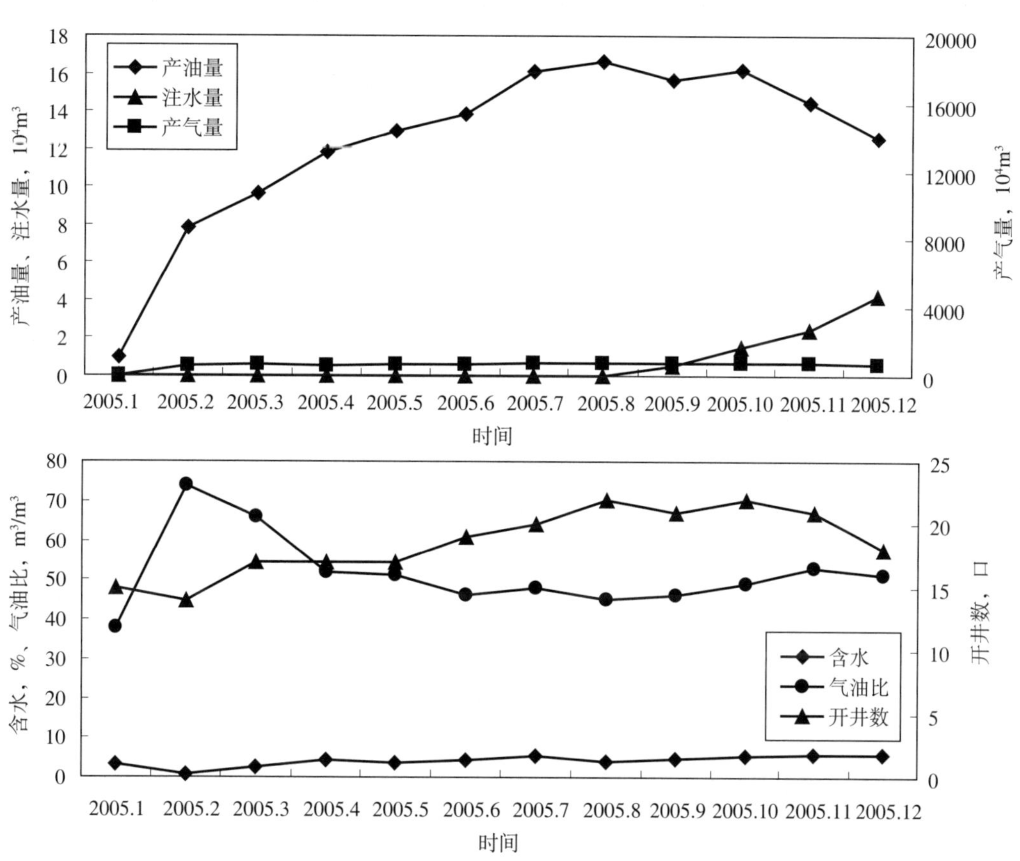

附图 1　旅大 10–1 油田开发综合曲线图（天津分公司勘探开发研究院）

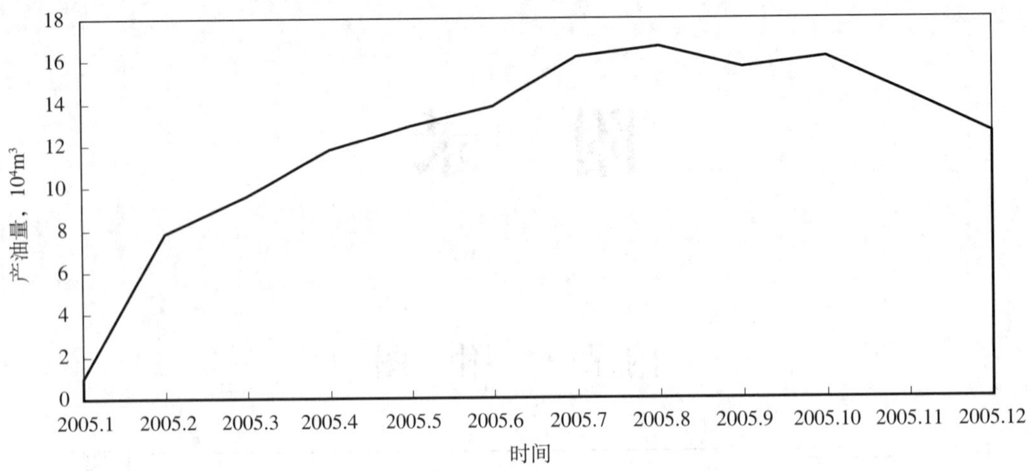

附图 2　旅大 10−1 历年产量构成曲线图（天津分公司勘探开发研究院）

附录二 附 表

附表 1 旅大 10−1 油田地质综合数据表（天津分公司勘探开发研究院）

区块	层位	岩性	油藏类型	油藏埋深 m	油层压力 MPa	含油面积 km^2	探明储量 10^4m^3	有效厚度 m	有效孔隙度 %	含油饱和度 %	渗透率 mD	原油体积系数	溶解气油比 m^3/m^3	地面原油密度 g/cm^3	凝固点 ℃	含硫 %	天然气甲烷含量 %	地层水矿化度 mg/L	地层水水型
A	Ed_2	砂岩	构造层状油藏	1300 ~ 1700	15.5	7.3	4150	30.2	27 ~ 35	73	10 ~ 5500	1.114	40	0.944	−33 ~ −26	0.24 ~ 0.26	73.92 ~ 75.17	743 ~ 2627	$NaHCO_3$

附表 2 旅大 10−1 历年油田开发综合数据表（天津分公司勘探开发研究院）

时间	动用储量 10^4m^3	采油井，口		年产油量 10^4m^3	累计产油量 10^4m^3	综合含水率 %	采油速度 %	采出程度 %	注水井，口		年注水量 10^4m^3	累计注水量 10^4m^3
		总井数	开井数						总井数	开井数		
2005	4150	24	22	146.6	146.6	6	3.5	3.5	3	3	9	9

附录三　领导人名录

绥中 36−1 作业区经理：

刘光成

旅大 10−1 油田总监：

肖茂林（2005.1—2005.12）

涂　强（2005.1—2005.12）

附录四　征引文献

文　献　名	作　　者	编制时间	现 存 地
渤海辽东湾海域旅大 10−1 油田新增油气探明储量报告	郭太现等	2002	海洋石油档案馆
旅大 4-2/5−2/10−1 油田总体开发方案	赵春明等	2003	海洋石油档案馆

编纂始末

《旅大 10–1 油田志》是《中国油气田开发志·渤海油气区油气田卷》中 20 个油气田志之一，属于略写的开发志，由中海石油（中国）有限公司天津分公司负责编纂，本志断限：上限为油田第一口发现井 LD10–1–1 井的钻探时间 2002 年 1 月，下限截至 2005 年 12 月 31 日。

2008 年 12 月，中海石油（中国）有限公司天津分公司根据中国海洋石油总公司的安排，由但华、朱凯、陈来勇、陈毅组成了《旅大 10–1 油田志》编纂组。编纂组根据总编纂委员会下发的《油气田篇编纂工作若干规范化要求》，于 2009 年 5 月完成了本志的初稿。2009 年 6 月，天津分公司在对《绥中 36–1 油田志》内审时，对油田志略写、简写及详写提出了具体规范，编纂组据此对《旅大 10–1 油田志》内容、结构、篇幅等方面进行了反复的修改。2010 年 3 月 4 日，由王力群担任主审，组织作业区生产主管、联管会生产（油藏）代表、生产部油藏主管、钻井部主管、行政管理部主管和勘探开发研究院生产项目经理或资深专家对旅大 10–1 油田志进行了一审；2010 年 3 月 12 日，由赵利昌担任主审，组织各专家、作业区生产主管、生产部油藏主管、钻井部主管和勘探开发研究院生产项目经理或资深专家对旅大 10–1 油田志进行了二审。此后，根据总编纂委员会最新的编纂规范对油田志的结构重新进行了调整，增加了附录的部分附图和附表，并对内容进行了进一步的提炼，逐步使油田志的编纂更趋于合理并于 2010 年 4 月 21 日通过由中海石油（中国）有限公司天津分公司生产部经理刘光成担任组长，中海石油（中国）有限公司天津分公司副总经理陈明等专家、领导组成的三审专家审查组的审查。

本志在编纂过程中，中海石油（中国）有限公司天津分公司勘探开发研究院、生产部、钻井部的领导和同事都给予了无私的帮助，渤海石油档案馆、文印组等相关同志在提供资料、印刷、装订等各项工作中给予了大力支持，在此一并表示衷心的感谢。

《旅大 10–1 油田志》编纂组

2010 年 5 月

编号：26–010

锦州 20–2 凝析气田志

《锦州 20–2 凝析气田志》编纂组　编

1992 年 8 月 12 日，锦州 20–2 凝析气田试投产庆祝大会
（渤海石油档案馆提供）

锦州 20–2 凝析气田中北井口平台
（渤海石油档案馆提供，2005 年）

锦州 20–2 凝析气田地理位置图

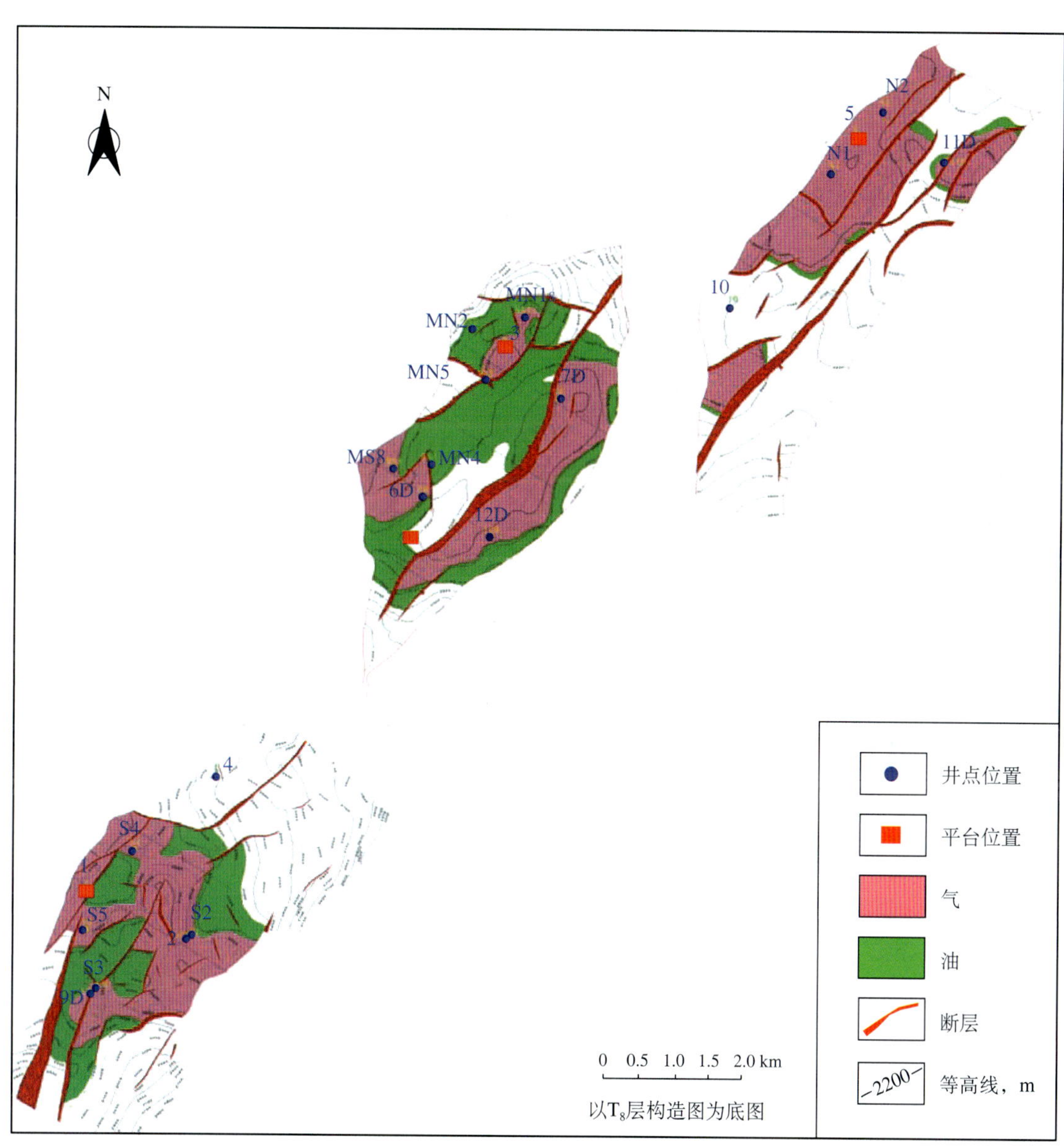

锦州 20−2 凝析气田构造井位图
（天津分公司技术部编制，2005 年）

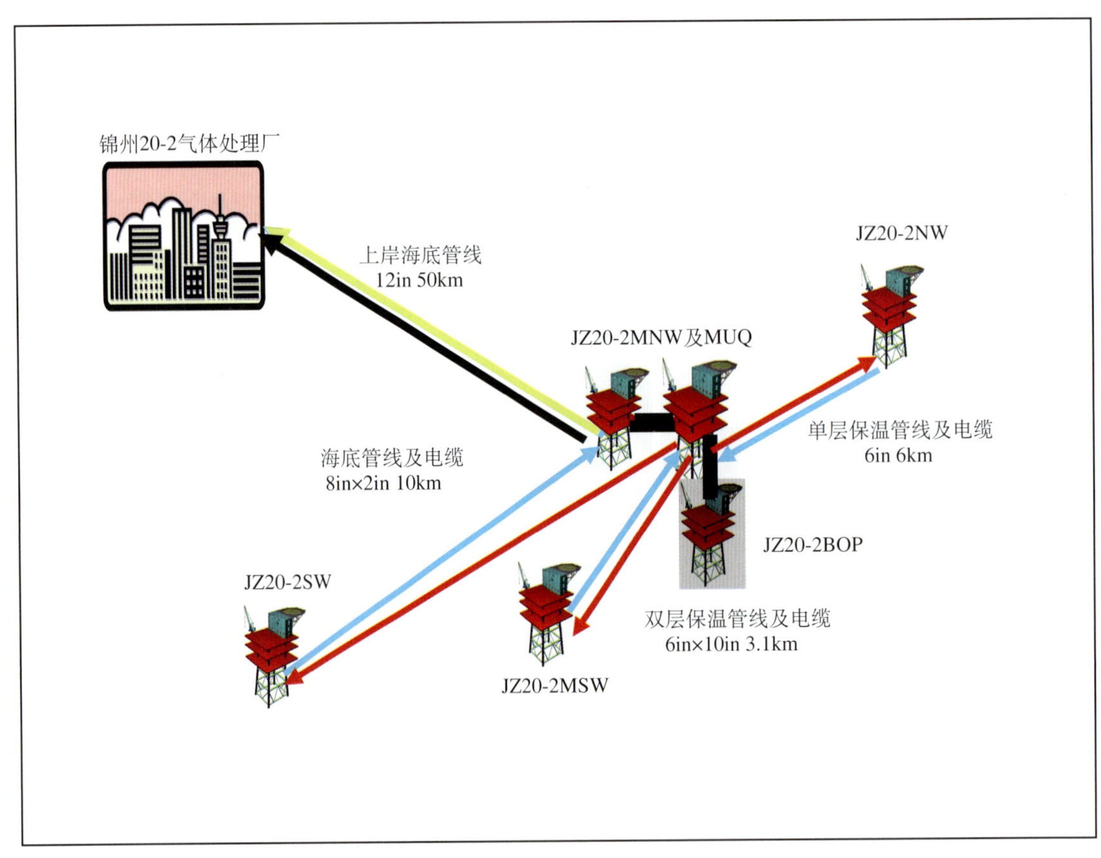

锦州 20–2 凝析气田地面生产系统图
（中海油研究中心开发设计院编制，2005 年）

《锦州 20–2 凝析气田志》编纂组

黄保纲　潘玲黎　王惠芝　郭　剑　郭秩英　褚振全
施晓东

《锦州 20–2 凝析气田志》审核人员

曹文贤　徐启兴　汪志勇　吴成浩　李树宽　赵春明
戴照辉　刘　英　宫　薇　赵利昌　王力群　张敏娟
张迎春　李　军

本志目录

概　述

锦州 20–2 凝析气田隶属于中海石油（中国）有限公司天津分公司辽东作业区，是中国海上第一个按国际标准自行设计建造并自营开发管理的海上气田。

一

气田位于渤海辽东湾北部海域，北距锦州市 80km，距最近海岸 50km。气田所处的海域范围，水深 16 ~ 20m，最大流速 3.5 节，流向 35° ~ 215° ；6 级以上的大风期每年 150 天，最大风速 32 ~ 41m/s，常风向 SSW，强风向 N 和 SSW；每年结冰期 90 天，冰厚 1.2m，最大流冰速度 1.9m/s。一到冬天本区为冰封区，船只无法来往，海上供应、维持平台作业和生产都会遇到许多困难。其他环境条件：有效波高 4.4m，波浪周期 8.1s；地震水平加速度 0.2*g*。

二

区域上，渤海辽东湾属于辽东湾—下辽河坳陷的一部分。辽东湾—下辽河坳陷是 NNE—SSW 方向的新生代断陷盆地，海域部分东西宽 70km，南北长 180km，由两个凸起和三个凹陷组成，自西向东，辽西凹陷、辽西低凸起、辽中凹陷、辽东凸起和辽东凹陷依次平行排列。位于辽中和辽西 2 个生油凹陷之间的辽西低凸起长期隆起，具备形成大中型油气田的石油地质条件。

锦州 20–2 构造位于辽西低凸起北端，是古近系在中生界和元古宇潜山背景上形成的披覆构造，前古近系基岩埋藏深度 2000 ~ 2500m。构造呈北东向延伸，长 21km，宽 2 ~ 3km，分为南、中、北 3 个高点，高点间以鞍部过渡。构造内北东向断层较发育。

构造西北侧为辽西大断层。辽西大断层形成于中生代末期，到新生代古近纪东营期末才停止活动，是贯穿整个锦州 20–2 构造的同生大断层。构造东南侧还发育一条断续分布的东掉正断层。构造主体为受这两条断层夹持、由中生界和元古宇组成的垒块。各高点构造呈双峰环状特征，即构造横剖面上为东西两侧高、中间低，平面上呈四周高峰环状分布、中心低洼的格局。

气田范围内发育 4 套含油气层系共 5 种储集岩类型，分别为东营组细粉砂岩、沙河街组生屑云岩和白云质砂砾岩、中生界火山岩系和元古宇混合花岗岩。储集空间既有孔隙又有裂缝。主要开采层位为沙河街组，储集物性好，分布范围相对较广。

锦州 20–2 凝析气田凝析油含量 172 ~ 251g/m^3。凝析气层底部黑油以含蜡量及凝固点高、密度和黏度低为特征。东营组黑油为中质常规原油，凝固点和含蜡量低。凝析气干气甲烷含量较低，油层溶解气甲烷含量高。地层水属 $NaHCO_3$ 型。

锦州 20–2 凝析气田沙河街组—潜山气藏在各高点具有独立的压力系统，是以不整合面为中心、由不同层位及不同岩性组合、受构造控制、受岩性影响且具有边、底油和边、底水的异常高温高压块状凝析气藏。东营组油藏为具有多个油水界面的层状油藏。

三

锦州20–2凝析气田发现于1984年，1987年完成储量评价并向国家申报基本探明地质储量，勘探评价历程可划分为2个阶段。

（1）发现阶段：辽东湾地区到1980年已先后开展了航磁、重力及地震工作，并钻区域探井1口（辽1井）。基本搞清了新生代沉积盆地的范围、次一级构造单元的分布规律以及区域地质演化特征，证实辽东湾是一个油气资源十分丰富的有利勘探领域。1984年以前锦州20–2地区完成了测网为2km×2km 24次叠加的二维地震采集、处理和解释工作，初步掌握了构造轮廓。为进一步落实构造细节，1984年进行了1km×1km 48次叠加的地震采集工作并部署钻探JZ20–2–1井（简称1井，以下锦州20–2凝析气田井量均以此方法简称）。经测试，1井在沙河街组二段白云质砂砾岩地层获折算日产天然气$23.0\times10^4m^3$、凝析油$85m^3$，在沙河街组一段生屑云岩地层获折算日产天然气$41.8\times10^4m^3$、凝析油$208m^3$，发现了锦州20–2凝析气田，由此揭开了气田滚动评价的序幕。

（2）滚动评价阶段：为进一步落实气田构造内幕并开展细致的油藏评价工作，从1985年至1988年，相继部署了5700km的三维地震并钻了9口评价井。

1985年，完成了构造范围内的二维地震解释，同时采集三维地震资料，新钻评价井3口（2、3和4井）。在东营组、沙河街组、中生界及元古宇等多套地层中获得油气流，从而确认锦州20–2凝析气田是一个多含油气层位、多油气藏类型、以凝析气为主同时又有原油的复式油气田。

1987年，通过5700km的三维地震资料解释，对油气田的构造特征开展了进一步的研究，新钻4口评价井（5、6D、7D和9D井）。根据三维地震解释结果，结合8口探井和评价井资料，由渤海石油公司研究院对气田进行了全面评价，同年8月渤海石油公司向全国矿产储量委员会申报基本探明级含气面积$14.4km^2$、基本探明天然气地质储量$135.4\times10^8m^3$，获得批准。

四

锦州20–2凝析气田是中国首个海上凝析气田，地质情况复杂，没有开发经验可以借鉴，因此在开展气田总体开发方案研究时注重录取大量的原始资料并进行多方评价研究。采用滚动评价方式，边增加钻井边评价。开展了初期评价、中间评价、储量评价、开发可行性、方案编制和各种专题的研究。为保证研究结论的准确性，在不同的阶段还采取委托和合作研究的形式，分别与法国及美国的石油研究部门在地震、地质和油藏工程等领域进行合作研究，为气田总体开发方案研究打下了坚实的基础。在勘探评价工作中使用了世界银行技术援助贷款，贷款额3200万美元，主要用于三维地震资料处理和解释、钻井技术服务、地质油藏研究、工程设计和购买油藏工程数值模拟设备及软件等。

1988年编制了气田总体开发方案（ODP）。开发方案研究内容包括油气藏评价、气田开发方案、海上工程、钻完井工艺及经济评价等。针对气田的地质条件和认识程度，开发方案中重点论证具有边、底油和边、底水凝析气田的开发方式、开发部署及生产动态预测，形成“以气为主，衰竭开采，整体部署，分步实施”的开发策略。工程上采用的是一套半海半陆式生产系统。方案设计年产天然气$5\times10^8m^3$，向下游稳定供气20年，建4座生产平台（南、北高点各1座，中高点2座），共14口生产井，分3期实施，先投产中高点和南高点，根据气田到中后期的供气情况，确定北高点投产时机，实现储量和产能的接替。

1989年，气田总体开发方案获得中华人民共和国能源部批准，中国海洋石油工程设计总公司北京设计公司成立海上工程详细设计项目组并开始详细设计。

1990 年开工建设。1992 年海上施工完毕。新钻 6 口开发井（MN1、MN4、MN5、S2、S3 和 S4 井），加上 3 口探井回接成生产井，中北平台和南平台共 8 口井（MN4、MN5、3、7D、S2、S3、S4 和 1 井）投入生产。

气田投产后，气井生产能力旺盛，单井平均日产气 $20 \times 10^4 m^3$。气田按合同向下游日供天然气 $110 \times 10^4 m^3$，同时产出 260t 凝析油和黑油，年供气 $3.5 \times 10^8 \sim 3.8 \times 10^8 m^3$。

随着生产的进行，部分井出现边、底油及水锥进，造成气井产能下降。1994 年 4 月南高点 S4 井出黑油，影响地面设备正常工作被迫停产。1995 年陆续又有 3 口井产出黑油。为了摸清黑油地质储量及其生产规律，1995 年 11 月工程上采取由“自强号”自升式生产平台停靠南平台接收 S4 井黑油、MN5 井产出油进海底管线的措施接收黑油，S4 井恢复开井生产。工程设施的配套改造缓解了气田出黑油给生产带来的被动局面。

1997 年实施二期工程，中南平台于当年建成投产。新钻 1 口开发井（MS8 井），评价井回接成生产井 2 口（6D 和 12D 井）。

2005 年三期工程实施，北高点钻 N1 和 N2 共 2 口开发井，北平台投产。

五

气田从投产至今已生产 13 年，总体生产情况较好，主力气井生产稳定，油水干扰井产气量递减较大，气田通过区块接替及调整井维持稳定供气。截至 2005 年 12 月，气田累计产气 $48.78 \times 10^8 m^3$，采出程度为 34.59%，累计产油 $175.37 \times 10^4 m^3$。全国储量套改确认的探明天然气地质储量为 $141.06 \times 10^8 m^3$。有 12 口井、4 座生产平台和一套油气水处理和集输系统在正常生产。

六

锦州 20–2 凝析气田是由中国海洋石油总公司自营勘探发现、中国第一个按国际标准设计、自行建造并自营开发管理的海上气田。正如渤海石油公司总经理李秉铨在气田试投产庆功大会上所指出的，“锦州 20–2 凝析气田一期开发工程的完工和试投产具有重要的意义，它是 20 世纪 80 年代对外开放以来，我们利用对外合作积累的资金、技术和管理经验，自营勘探开发建设的第一个海上气田，它标志着我们具备了按照国际标准独立完成海上油气田开发建设的能力”。

锦州 20–2 凝析气田是渤海最早投入开发的规模较大、具异常高温高压、具边、底油和边、底水的凝析气田。气田在方案编制和动态预测研究中首次引进组分模型，其开发模式及管理经验对中国海洋气田的研究和开发具有重要指导意义。

经过深入研究和精心管理，锦州 20–2 凝析气田取得了良好的经济效益和社会效益。气田投产 13 年来，累计为下游输送商品气 $48.79 \times 10^8 m^3$、轻油 $120.02 \times 10^4 t$ 和液化气 $42.25 \times 10^4 t$，价值人民币 13.21 亿元。

大事记

1984 年

8 月 2 日　由渤海 7 号钻井平台承钻的 1 井开钻，11 月 22 日钻至井深 2395m 完井。11 月 25 日 1 井在古近系沙河街组测试获高产油气流，发现锦州 20–2 凝析气田。该井是辽东湾第一口油气井，是渤海公司对外合作以来自营的第一口探井。

1985 年

12 月　渤海石油公司研究院完成了《渤海辽东湾锦州 20–2 地区古近系沉积环境和陆屑白云岩成因》。

1986 年

5 月　渤海石油公司研究院完成了《锦州 20–2 构造早期油气藏评价》。

1987 年

3 月 24 日　渤海石油公司与美国岩心实验公司签署了合同号为 BOC（87）LD–022WB 的中国辽东湾锦州 20–2 构造油藏研究合同。

5 月　海洋石油公司勘探开发研究中心完成了《锦州 20–2 油气田开发可行性研究》。

7 月　渤海石油公司研究院完成了《渤海辽东湾锦州 20–2 凝析气田储量报告》。

8 月 13 日　渤海石油公司向国家申报锦州 20–2 凝析气田基本探明储量。

9 月 5 日　全国矿产储量委员会以编号为全储决字（1987）133 号的审查批准石油、天然气储量报告决议书，批准渤海石油公司提交的《渤海辽东湾锦州 20–2 凝析气田储量报告》；以储发（1987）110 号批准辽宁省锦西市化工总厂利用锦州 20–2 凝析气田生产的天然气建设年产 30×10^4t 合成氨、52×10^4t 尿素化肥厂的项目建议书。11 月 17 日国家计委以计原（贷）（1987）2189 号文批准。

1988 年

3 月　渤海石油公司研究院完成了《锦州 20–2 凝析气田油藏工程研究》。

10 月　渤海石油公司组织完成了《锦州 20–2 凝析气田总体开发方案》。

1989 年

1 月 21 日　海洋石油总公司钟一鸣总经理指示：上游由渤海石油公司管理，详细设计由中国海洋石油工程设计总公司北京设计公司承包。下游由北京设计公司代甲方工作。

1 月 24 日　中华人民共和国能源部文件能源油（1989）72 号，《关于锦州 20–2 气田总体开发方案的批复》批准气田总体开发方案。渤海石油公司为作业者，开始自营开发建设。

2 月　由中国海洋石油工程设计总公司北京设计公司分别与英国环球公司（GLOBAL）、美国哈德森公司（HUDSON）合作，完成了锦州 20–2 凝析气田海上一期工程的基本设计。

4 月 25 日　北京设计公司成立海上工程详细设计项目组并开始详细设计。

5 月 6 日　中国海洋石油总公司以《关于锦州 20–2 气田开发项目和上下游同步建成的通知》（89）海油总（计）126 号文批准锦州 20–2 凝析气田进行开发建设。

7 月 25 日　渤海石油公司渤油劳（1989）254 号《关于成立渤海石油公司锦西天然气处理厂筹建处

的函》批准成立“渤海石油公司锦西天然气处理厂筹建处”。

9 月 12 日　第一口开发井 MN5 井开钻。

10 月 6 日　总公司钟一鸣总经理就气体处理厂厂址问题会见了锦西市市长赵祥。

12 月 31 日　渤海石油公司与北京设计公司签署了终端设施建设的一揽子合同。

1990 年

3 月 14 日　锦西市人民政府批准渤海石油公司天然气处理厂使用兴城市双树乡东窑村旱地 232 亩 1 分 6 厘。

6 月 21 日　锦西市人民政府与渤海石油公司签订《关于锦西天然气处理厂迁址的议定书》。

6 月 28 日　中国海洋石油总公司（90）海油设字第 073 号批准《锦州 20–2 海上凝析气田终端设施工程开工报告》。

7 月 5 日　锦西市环保局文件锦环字（90）29 号批准《锦州 20–2 环境影响评价补充报告》。

10 月　北京设计公司完成了海上工程设施的详细设计。

1991 年

1 月 14 日　渤海公司张钧副总经理主持召开“JZ20–2 海上工程建造开工会”。中国海洋石油总公司工程部、北京设计公司、平台制造公司、海工公司、通讯公司、采油公司及 JZ20–2 项目组等有关单位和领导约 100 人参加会议。

3 月 20 日　渤海石油公司（91）电字第 03 号批准锦州 20–2 海上凝析气田终端设施筹建处。

11 月 20 日　锦州 20–2 处理厂轻烃回收区安装完工。

1992 年

3 月 21 日　中国海洋石油总公司与辽宁省人民政府签订《锦州 20–2 凝析气田供气协议书》。

7 月 28 日　锦州 20–2 处理厂国内配套区安装完工。

8 月 5 日　中北平台投产，10 日向兴城甲醇厂供气，11 日向锦西大化肥厂供气。

8 月 12 日　渤海石油公司在东沽俱乐部召开“锦州 20–2 凝析气田试投产庆祝大会”。

11 月 5 日　南平台投产，海上一期工程全面建成投产。

1993 年

8 月　向锦西大化肥厂满负荷供气。

1994 年

4 月　南高点 S4 井出现黑油，影响地面设备正常运行。

1995 年

7 月　中国海洋石油生产研究中心完成《锦州 20–2 凝析气田黑油对策方案》编制。

11 月　“自强号”自升式生产平台停靠南高点南平台，接收黑油。

1996 年

1 月　渤海石油公司研究院完成了《锦州 20–2 凝析气田开发方案调整研究》。

12 月 19 日　国家科技授奖大会在京召开，中国海洋石油总公司《锦州 20–2 海上凝析气田开采与集输技术》获国家科技奖二等奖。

1997 年

7 月 28 日　我国第一座无人驻守平台锦州 20–2 中南平台投产。

11 月　渤海石油公司研究院完成《锦州 20–2 凝析气田储量复算报告》、《锦州 20–2 凝析气田储量复算（动态法）》和《锦州 20–2 凝析气田可采储量标定》。

1998 年

4 月 19 日　渤海石油公司向国家申报复算储量。

5月4日　全国矿产资源委员会石油天然气储量委员会办公室以全国矿产资源委员会石油天然气储量委员会文件（98）油气委办字第5号批复锦州20–2凝析气田复算储量。

8月6日　锦州20–2天然气处理厂向辽宁省葫芦岛市管输民用气。

2003年

3月　锦州9–3油田的后备气源井W3–1、W6–2、补打气井Wg–1井以及剩余溶解气输送到锦州20–2上游参与供气。

8月　天津分公司启动北高点ODP研究项目。

12月　天津分公司技术部完成《锦州20–2凝析气田北高点油气探明储量重算报告》。

2004年

1月18日　锦州20–2凝析气田北高点ODP方案通过中海石油（中国）有限公司专家审查。

8月　南高点调整井S5井投产。

11月9日　中海石油有限公司批准了锦州20–2北平台ODP报告。

2005年

1月5日　锦州20–2北平台项目陆地建造开工。

11月12日　锦州20–2北平台建成投产。

第一章

气 田 地 质

第一节 构 造

锦州 20 2 凝析气田发育潜山构造和古近系披覆构造，断裂发育。评价早期主要依赖二维地震和少量钻井资料，通过手工解释地震剖面，手工成图，对构造格局和圈闭形态有了大致的认识。随着三维地震资料和钻井资料增加、处理技术进步和解释工作站的引入，加上对三维地震资料进行了多次重新处理和解释，对构造的认识趋于精细，也更接近地下实际。

辽东湾全区 1970 年至 1972 年完成 3km×6km 模拟地震，1978 年至 1979 年完成 2km×2km 电火花震源 24 次覆盖数字地震，发现了锦州 20–2 构造。区域上，锦州 20–2 构造位于辽西低凸起北段，东、西两侧分别紧邻辽中和辽西生油凹陷，是一个背斜构造，地震 T_8 层圈闭面积 $49km^2$，闭合幅度 500m；T_4 层（沙河街组一段底）圈闭面积 $43km^2$，闭合幅度 170m；T_3 层（东营组底）圈闭面积 $37km^2$，闭合幅度 150m；$T_3{}^{上}$层（东营组上段底）圈闭面积 $37.8km^2$，闭合幅度 150m。

1984 年 7 月至 10 月，在对已采集的 14000km 地震资料进行重新处理和解释的基础上，在锦州 20–2 构造部署钻探了 1 井。经测试，该井在沙河街组获高产油气流。1 井钻后评价认为：锦州 20–2 构造为复式圈闭，古近系为披覆背斜，其下为潜山，构造主体在上升盘，发育 3 个高点，圈闭面积和幅度均较大，如图 1–1 所示。

1986 年 5 月，为给油气藏早期研究提供地质依据，渤海石油公司研究院结合新钻 3 口评价井的钻井资料，对 1984 年 1km×1km 48 次叠加的二维地震资料进行重新解释，由陈国风和曾昭伟完成了《锦州 20–2 构造早期油气藏评价》报告。编绘了 7 个层位的构造图，其中 5 个层位（潜山顶面、元古宇混合岩层顶面、沙河街组一段底、东营组底、东营组上段底）在锦州 20–2 部位有构造圈闭。经过研究，对锦州 20–2 构造圈闭有了更深入的认识：锦州 20–2 构造西侧以辽西大断裂与辽西凹陷为邻，东翼倾没于辽中凹陷；各层圈闭面积不一，但高点位置基本叠合，组成了多层位、多类型圈闭的复合式构造；平面上发育 3 个高点，自南向北分别称为 I 号、II 号和 III 号高点，其中 II 号高点规模最大。锦州 20–2 构造断裂较发育，辽西 3 号断裂平面延伸长达 40km，是一条 NNE 向长期活动的西掉断层，也是贯穿锦州 20–2 构造西部的主要断裂。除此之外，在断层上升盘主体部位还发育多条小断裂，分成两组：一组是与辽西断裂平行的 NNE 向断裂，另一组是近东西向断裂，这两组断裂都按雁形排列，相互交错，把构造分割成许多小断块。

1987 年，又相继完钻 4 口评价井。在 8 口评价井的基础上，渤海石油公司完成气田整体评价，由陈国风和曾昭伟编写了《渤海辽东湾锦州 20–2 凝析气田储量报告》。对 5700km 三维地震资料进行人工解释，重新编绘了 5 层构造图：东营组上段储层顶面和底面（$T_3{}^{上}$顶和 $T_3{}^{上}$）、沙河街组顶面和底面（T_3 和 T_8）以及沙河街组储层顶面构造图，并将其作为储量计算的依据。其中，T_8 和 $T_3{}^{上}$层构造图为解释成图，T_3 层和 $T_3{}^{上}$顶构造图是根据钻井资料结合上下层产状换算成图。总体而言，解释结果与以往二维

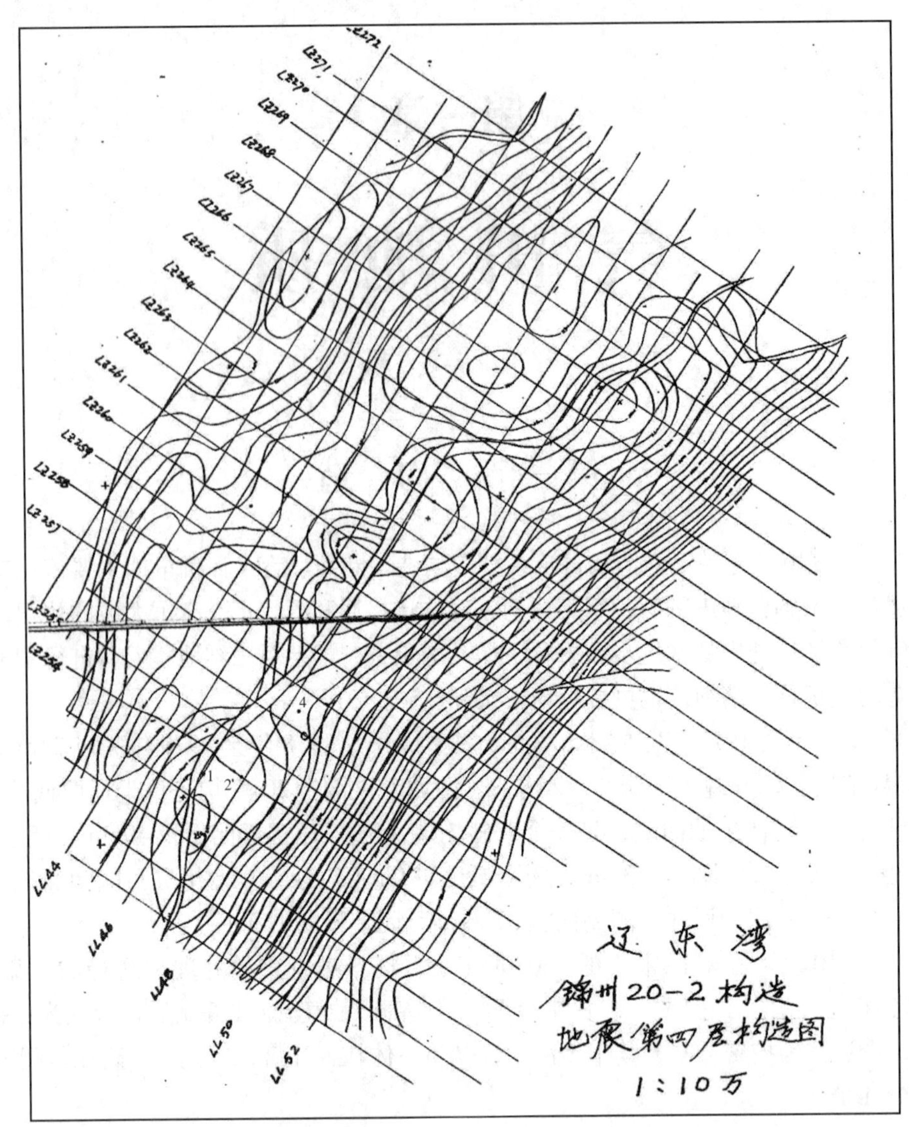

图 1-1 锦州 20-2 构造地震第四层构造图
（渤海石油公司编制，1984 年）

地震资料解释的构造图相比，构造形态相似，但依据三维地震资料解释的构造图，在内部断裂组合及细节上更加精细。T_8 层和 T_3 层构造图显示，锦州 20-2 构造主体是一个北东走向的高垒带，长 21km，宽 2 ~ 3km，T_8 层 2700m 等深线的圈闭面积为 52.4km^2。潜山内幕由中生界和元古宇组成。潜山上覆盖着古近系。构造仍分 3 个高点，从南到北依次称南高点、中高点和北高点，南、中高点沿主轴方向分布，北高点从主轴向东偏移。构造内断裂发育，除辽西大断裂外，还存在一组次一级断裂。此外，在构造内部还有一些小断裂把构造的主体切割成为许多地垒块。3 个高点共同的特点是被多条与长轴平行的断裂切割成若干断块，形成断裂背斜构造。由于断裂作用，在断裂背斜的高带上沿长轴方向分东、西排列着两行高垒块，形成“双峰”结构，如图 1-2 所示。

$T_3{}^{上}$顶和 $T_3{}^{上}$构造图是锦州 20-2 构造中高点东营组上段油层的顶面和底面构造图。构造总体面貌是一个大的背斜圈闭，受 3 条北东向断层切割，构造变得较为复杂。

1988 年初渤海石油公司结合 2 口新增评价井资料，利用法国 CGG 公司的三维地震常规和特殊处理资料对构造进行了细致研究，并在此基础上对地质储量进行复查。由曾昭伟、董逢春等编写了《锦州 20-2 凝析气田地质特征研究及地质储量复查》报告。研究结果，构造细节更清楚，3 个高点间鞍部关系明确，每个高点发育 2 个次级高带，每个次级高带上由数个局部高点组成；北高点明确为断裂背斜，

图 1–2　锦州 20–2 凝析气田沙河街组储层顶面构造图
（渤海石油公司研究院编制，1987 年）

新发现了东高带和 5 井以南的圈闭；新发现中高点南端的局部高点；南高点 2 井以东断层比以往更协调，主要为 NE 向正断层，构造形态明朗化，新发现一条东掉大断层。

1992 年，渤海石油公司研究院王志君以 1989 年至 1990 年渤海石油公司计算中心重新处理的三维地震资料（面元 12.5m × 25m，60 次覆盖）为基础，在 GeoQuest 工作站上，利用 IES 系统的交互解释、正演等功能，准确标定层位，落实南高点构造，完成《油藏描述技术在锦州 20–2 凝析气田南高点的应用》，审核人辛世刚，负责人肖启唐。研究认为“双峰环状结构”与南高点实况不符，南高点自西向东由 3 个高带组成，即西侧靠近辽西大断层的西高带、中部西掉断层控制的中高带和东部东掉大断层一侧的东高带，3 个高带之间是两个凹带。

1994 年南高点 S4 井产出黑油，为了解决出黑油带来的一系列问题，由胡光义审核负责，赵鹏飞、黄军斌和赵利昌技术负责，完成了《锦州 20–2 凝析气田中、北高点储量复查及南高点油环问题浅析》报告，重点对中高点开展了精细油藏描述。依据的资料为 1985 年采集、1992 年重新处理和特殊处理而得到的三维相对波阻抗资料，同1986年法国CGG公司处理的资料相比，新资料信噪比高而且断点清楚，尤其辽西断层极为清晰，同相轴连续性好，便于追踪解释，但分辨率改善不大。解释了反射能量强的东营组底界（T_3）和新生界底（T_8）两个层位，经换算得到储层顶面构造图。成果与1987年三维解释结果比较，存在如下3方面差异：一是辽西断层偏西，使中高点在油水界面内形成了一个形态比较完整的复合型背斜；二是MN5井块比以前解释至少深了50m；三是MN1井块与中央凹带不再是一个统一的低凹带，而是一个局部深凹，而中央凹带浅于以前解释的。

1995年初，为深化地质认识，为气田合理开采提供依据，渤海石油公司对三维地震资料进行重新处理。采用强化子波处理、高度保真效果，保持野外资料的频带不受破坏并尽量拓宽有效频宽等措施，显著提高了沙河街组目的层的分辨率，为储量复算研究奠定了基础。结合气田投产后取得的动态资料，开始开展储量复算工作。

1997年11月，由丁克文编写、于洪文审核负责的《锦州20–2凝析气田地质再研究》，以12口评价井、7口生产井及1995年重新处理的三维地震资料为基础，对构造展开新一轮解释，以3个高点气层顶面为重点，同时兼顾潜山顶面及沙河街组顶面的构造认识。与以往认识相比较，构造总体格局变化不大，高点形态变化较大，如图1–3所示。①南高点西侧的辽西大断层及东侧断层认识同前，但在高

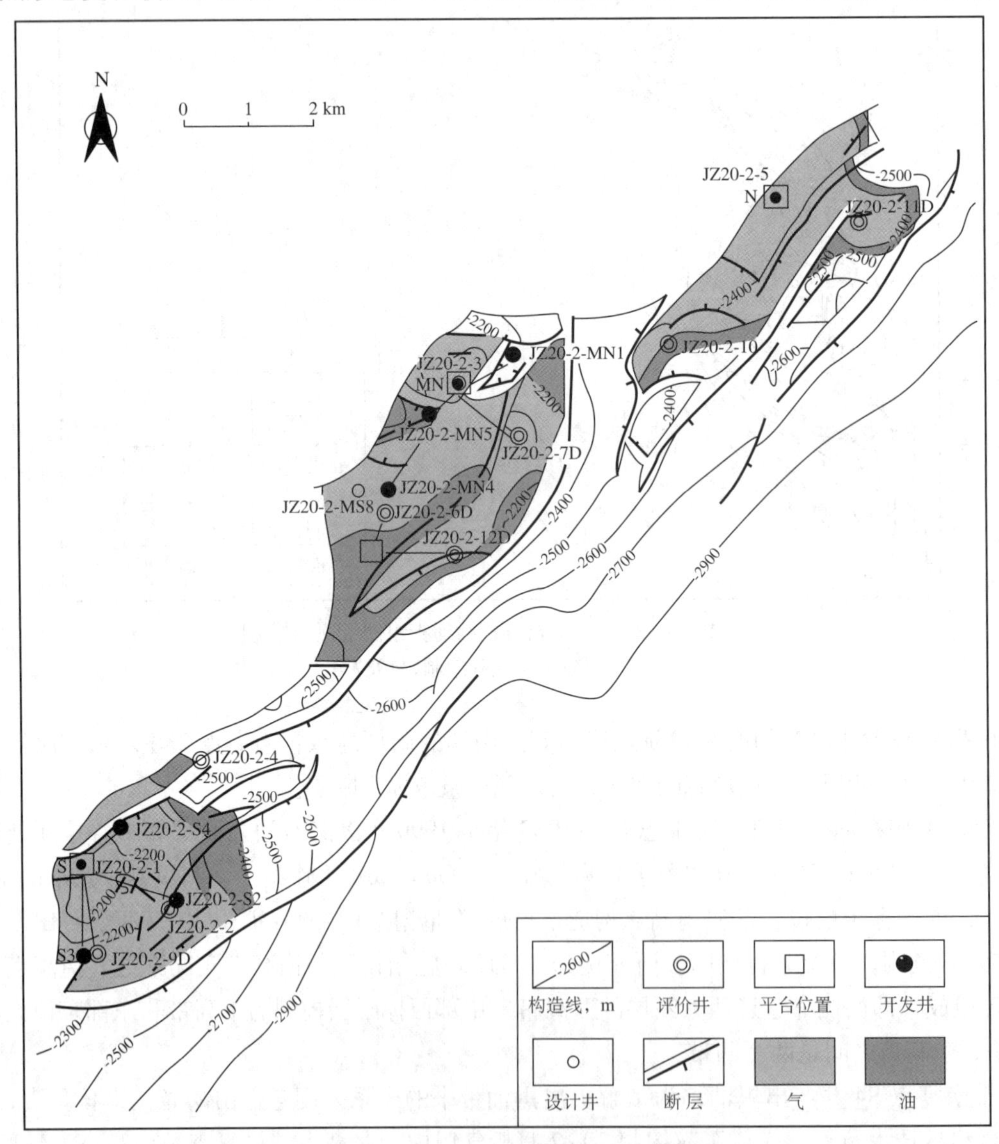

图1–3 锦州20–2凝析气田T_8层构造图
（渤海石油公司研究院编制，1997年）

点西南发现一条近南北向断层与上述两断层相交，形成三边受断层限制的特点；构造顶面呈现为南西抬起、北东倾覆的斜坡状单面山，最高部位处在高点西侧。②中高点双峰特征仍然存在，东高带仍位于 7D 井和 12D 井一带，西侧高带由 3 井和 6D 井分别所在的两个局部高点组成；构造的最低洼处已不在构造中心部位，而是处在东高带与西侧两个高点中间；构造中心部位相对抬高，较为平缓；另外，小断层也有所增加。③北高点构造表现为北西高、南东低的特点，邻近辽西大断层的西高带仍然存在，原先的东高带，仅在 11D 井附近形成一个局部高点。

2003 年 8 月中海石油（中国）有限公司天津分公司技术部组建项目组对北高点的构造特征、油田地质模式以及油气分布规律进行了系统研究，并由黄保纲编写、郭太现审核、夏庆龙负责完成了《锦州 20–2 凝析气田北高点油气探明储量重算报告》，对北高点构造认识与以前认识基本相同，但对构造形态和断层刻画更为精细。

2005 年北高点开发方案实施，完钻 2 口开发井 N1 和 N2 井。在 2003 年构造解释的基础上，结合开发井资料修正了潜山顶面构造、东营组底面构造和沙河街组储层顶面构造图。和评价阶段的解释结果相比，北高点构造整体格局不变，局部构造形态略有变化。

第二节　储　层

一、地层

地层研究人员历经多年研究，对渤海湾盆地地层进行了统层、命名和划分，将渤海海域新生界自上而下划为第四系平原组，新近系明化镇组和馆陶组，古近系东营组、沙河街组和孔店组。1998 年 8 月，由朱伟林任编委会主任、张国华主编的《石油和天然气勘探地质评价规范》汇总了这一成果。随着海上钻井资料的增多，地层研究人员对渤海海域的地层认识集中反映在图 1–4。

1986 年 5 月，渤海石油公司研究院在 4 口钻井资料的基础上完成的《锦州 20–2 构造早期油气藏评价》报告认为：锦州 20–2 构造钻井揭示的地层自上而下为第四系平原组，新近系明化镇组、馆陶组，古近系东营组、沙河街组、孔店组，中生界及元古宇。

1987 年，随着钻井资料增多，研究人员对地层有了更进一步的认识，认为锦州 20–2 地区整体缺失孔店组，地层层序及特征如下：

第四系平原组：黄褐色、灰色黏土夹砂层，底部为砾岩层。厚 391 ～ 421m。

新近系明化镇组：灰绿色泥岩与灰白色砂岩不等厚互层，以砂岩为主，砂岩含砾。厚 607 ～ 662m。

新近系馆陶组：厚层砂砾岩夹薄层泥岩，底部为砾岩层。与下伏地层呈不整合接触。测井曲线显示为明显的高阻段。厚 320 ～ 407m。

古近系东营组上段：绿灰色泥岩与浅灰色砂岩不等厚互层。全段大致可分为上、中、下三个砂层组，以下部砂层组最稳定，各井间对比性好，是主要含油层段之一。厚 307 ～ 381m。

古近系东营组下段：岩性单一，以绿黑色泥岩为主。富含介形类和孢粉化石，与区域古生物资料可对比。藻类化石含量高达 19%，说明这一时期沉积环境为半深湖。厚 324 ～ 530m。

古近系沙河街组一段：上部为灰色、褐灰色泥岩及油页岩夹薄层白云岩，下部为粒屑白云岩，富含生物化石。是重要含气层，厚 27 ～ 57m。

古近系沙河街组二段：上部为粒屑白云岩，白云质砾岩，含生物化石，下部为砾岩层，是主要含油气层之一。岩性变化大，分布不均匀，局部缺失。厚 0 ～ 67m。

古近系沙河街组三段： 上部为灰色泥岩和粉砂质泥岩，底部为砾岩，砾石成分以玄武岩为主。钻遇厚度 0 ～ 51m。

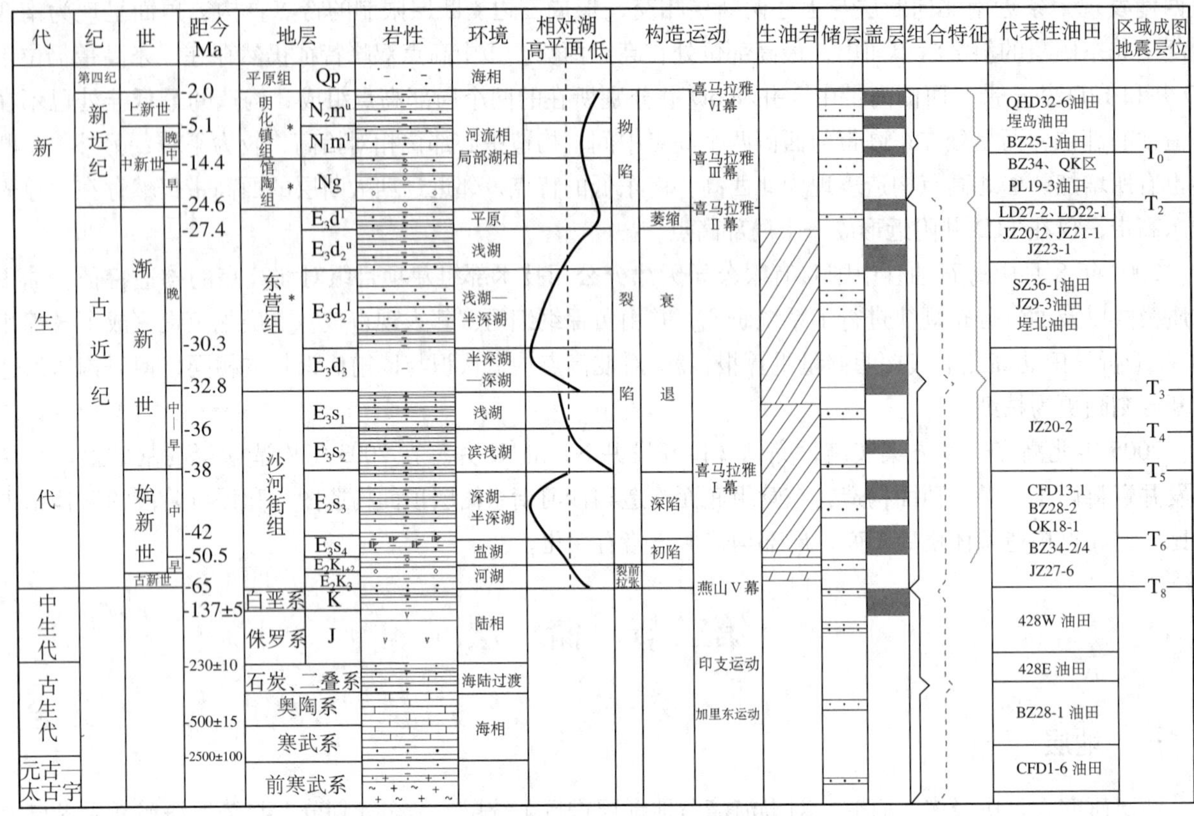

图 1–4　渤海海域地层综合柱状图
（天津分公司技术部编制，2004 年）

中生界：为玄武岩、泥岩、凝灰岩和安山岩等复杂岩性组合，与上覆地层为区域性不整合接触。由于中生界岩性复杂，岩性变化大，局部剥蚀严重，造成不同岩性与古近系地层接触。钻遇厚度 0 ~ 418.5m。

元古宇：肉红色及灰黑色花岗片麻岩，镜下鉴定为混合岩。混合岩中见基性火山岩脉穿刺现象，地层未钻穿。

油气分布于元古宇、中生界、沙二段、沙一段和东上段中。结合钻井和地震反射特征，《渤海辽东湾锦州 20–2 凝析气田储量报告》对这几套地层的平面分布认识如下：元古宇仅在西高带 3 井及 5 井区出露；中生界火山岩主要分布于东高带，在西高带构造低部位也有分布，但厚度不大；沙二段主要分布于构造的低洼处；沙一段分布相对稳定，范围广；东上段在构造范围内分布稳定。

二、沉积

锦州 20–2 凝析气田基底由元古宇混合花岗岩和中生界火山岩组成，上覆新生界，主要含油气储层为发育于沙河街组二段和沙一段的生物碳酸盐岩。

1985 年 12 月在 4 口钻井资料的基础上，由渤海石油公司研究院杨智庆编写的《渤海辽东湾锦州 20–2 地区古近系沉积环境和陆屑白云岩成因》对气田的沉积环境和储层进行了分析，认为沙河街组一段和东营组的沉积特征与渤海地区具有统一性，沙河街组二段和沙河街组三段地层特征与其邻区及辽河陆地油田则有较大差别，这个时期锦州 20–2 地区有其独特的沉积特征。沙河街组的沉积环境为凸起上受地貌制约、以浅湖为主且具有一定程度半封闭条件的碳酸盐盆，相对两侧凹陷而言，又具备台地特征；沉积物为由外来陆屑、盆内碳酸盐岩碎屑和少量火山碎屑构成的具充填性质的重力流沉积；物源来自凸起暴露在水体之上的基岩风化产物。

沙河街组三段分布局限。沙三段沉积早期为在重力作用下沉积物以密度流形式搬运入湖，在搬运沉积过程中侵蚀、干扰了正常碳酸盐岩沉积，属主水道沉积。后期以细粒级的正常碳酸盐岩类沉积告终。

沙河街组二段沉积时期，区域整体下沉，锦州 20—2 地区大部分接受了沙二段的沉积。沙二段沉积主要为正常沉积与非正常沉积即静止期与活动期的交替更迭，所形成的储层岩性较复杂，静止期形成低能碳酸盐岩沉积，活动期则形成较强侵蚀能力的密度流体，在能量衰减时堆积下来。

沙河街组一段沉积早期是沙二段沉积环境的继续，具充填性质的重力流沉积一直延续到沙一段的中期结束，形成了区域上的浅湖或湖相台地，后期以生物灰岩、油页岩等特殊岩性沉积而告终。

东营组自下而上经历了“半深湖—滨浅湖—河流相”的演化过程。

1987 年储量评价时，曾昭伟等人依据 8 口井的钻井资料，对沙河街组的沉积相进行了详细研究，认为沙河街（渐新世）时期具有台地沉积特征，沉积建造包括碎屑砾岩相、碳酸盐岩相和泥岩相。沙三段沉积时期，台地大部为水上剥蚀区，湖水逐渐浸漫到台地边部和台内低洼地带，早期形成重力流水道沉积，晚期出现湖相泥岩沉积；沙二段沉积时期，台地大部置于浅至极浅水中，少数岛丘露出水面，受区域性构造运动控制，形成正常碳酸盐沉积与碳酸盐条件下重力流沉积的频繁交替；沙一段沉积早期，台地全部没于浅水之中，趋于台坪化，沉积了一套典型的台坪相碳酸盐岩，中后期，台坪向坳陷演化，出现泥坪相。

1997 年，丁克文在《锦州 20—2 凝析气田地质再研究》中对各高点碳酸盐岩储层的发育特点进行了分析描述，结合新增评价井和开发井的钻井资料、气田动态以及渤海周边类似油田和四川气田的调研资料，认为 3 个高点沙河街组储层沉积特征各不相同：南高点相对简单，储层纵向分布集中，横向分布广，连通性好，储层沉积时，地貌平缓，且有利于碳酸盐岩形成的时间较短，仅发育于沙一段沉积早期，所形成的储层，在高点范围内广泛分布，但厚度较薄；中高点较为复杂，储层纵向分布层位及岩性有差异，厚度悬殊，储层沉积时，地貌高低不平，接受储层沉积的时间较长，高点的不同部位在不同时期均可出现有利于碳酸盐岩沉积的环境，故不同时期形成的储层发育规律各不相同；北高点特征更接近南高点，其储层的分布应当较广泛。

三、储层

1987 年完成的《渤海辽东湾锦州 20—2 凝析气田储量报告》对储层性质描述如下：储层由 4 种地层和多种岩性组成，如图 1—5 所示，涉及沉积岩、火山岩和变质岩，沉积岩中有碎屑岩，也有碳酸盐岩。

储集性质差别大，储集空间类型多，既有原生孔隙，也有次生孔隙，还有构造裂缝。储层物性以高—中孔隙度和中—低渗透率为特征。综合以上特点，把储层分成 3 类，其中 I 类为好储层，以东上段和沙一段储层为主；Ⅱ类储层中等，多分布在沙二段，Ⅲ类最差，主要为中生界和元古宇基质（表 1—1）。

表 1—1　锦州 20—2 凝析气田储层特征统计表（渤海石油公司研究院编制，1996 年）

地层	岩性	储集空间	孔隙度 %	渗透率 mD	毛细管压力曲线及 孔喉分布	储层分类	储层宏观分布特征
$E_3s^{上}$	长石细粉砂岩	粒间孔	31.2	198	正偏曲线，孔喉分布较均匀	I	呈砂泥岩互层，分布较广
E_3s_1	生物屑白云岩、陆屑白云岩	生物溶孔、生物体腔孔	24.9	149	正偏曲线，孔喉分布较均匀	I	分布较广，厚度变化不大，非均质性相对较小
E_3s_2	砂砾岩、白云质砾岩	粒间溶孔、粒内溶孔	19.4	11	负偏曲线，孔喉分布偏细	Ⅱ	主要靠近大断层一侧分布，厚度变化大，层内非均质性较明显

续表

地层	岩性	储集空间	孔隙度 %	渗透率 mD	毛细管压力曲线及孔喉分布	储层分类	储层宏观分布特征
Mz	凝灰岩、安山岩	溶蚀孔、裂缝	11.2	0.21	负偏曲线，孔喉分布明显偏细	Ⅲ	主要靠近不整合面附近的风化壳分布
Pt	混合花岗岩	裂缝、溶蚀孔	1.78	0.41	负偏曲线，孔喉分布明显偏细	Ⅲ	受断裂运动形成的裂缝是主要储集空间，基质储集物性明显偏差

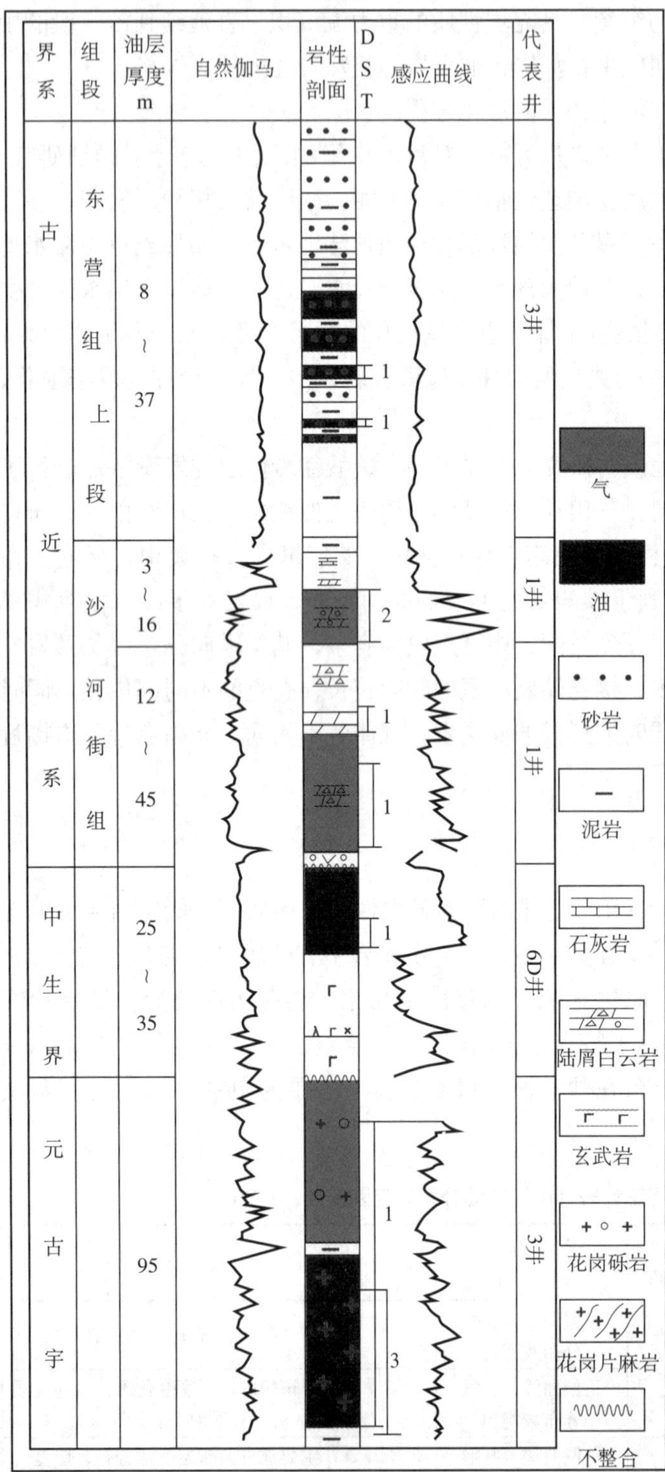

图 1–5　锦州 20–2 凝析气田油气层综合柱状图
（渤海石油公司研究院编制，1987 年）

东营组上段储集岩为长石细粉砂岩，孔隙度平均值达 31.2%，平均渗透率为 198mD。

沙河街组储层岩性为陆屑、生物屑白云岩、白云质砾岩和砂砾岩，储集空间主要是溶蚀孔隙和晶间孔，如图 1–6 所示。生物屑白云岩储层较好，富含螺等化石，发育生物体腔孔，主要分布在沙一段，有时在沙二段也能遇到，如 6D 井区，岩心分析孔隙度平均值为 24.9%，平均渗透率为 149mD。陆屑白云岩或白云质砾岩储层性质明显变差，这类储层主要分布在沙二段。

中生界储层岩性为安山岩、玄武岩、凝灰岩和凝灰质角砾岩，储集空间以裂缝和溶蚀孔洞为主，平均孔隙度为 11.2%，平均渗透率为 0.21mD。

元古宇混合岩的储集空间主要是裂缝、溶蚀孔洞和溶蚀缝。岩心分析孔隙度和渗透率都很小，根据 3 井和 5 井压力恢复曲线资料，求得有效渗透率值分别为 93mD 和 0.72mD，说明混合岩本身储层性质是很差的，但在裂缝发育的地方仍可以成为好储层。

1988 年 3 月增加 2 口新井资料后，曾昭伟、董逢春等在《锦州 20–2 凝析气田地质特征研究及地质储量复查》报告中对储层进行综合评价，认为东上段砂层分布稳定，井间对比关系好。沙一段储层在中高点东侧较大范围内缺失。预测北高点沙一段分布较广，沙二段分布较局限。中生界储层与风化壳关系密切，物性表现为孔隙度中等、渗透性极低。整个气田孔隙度变化大，为 0.1% ~ 35%，渗透率偏低，大多数低于 100mD，各套储层的物性差别较大。储层微观特性表现为孔隙度结构较差。毛管压力曲线形态多数为细歪度、分选差的情况，特征参数具有“两高一低”的特点，即高排驱压力、高饱和度中值压力和低最大进汞量。

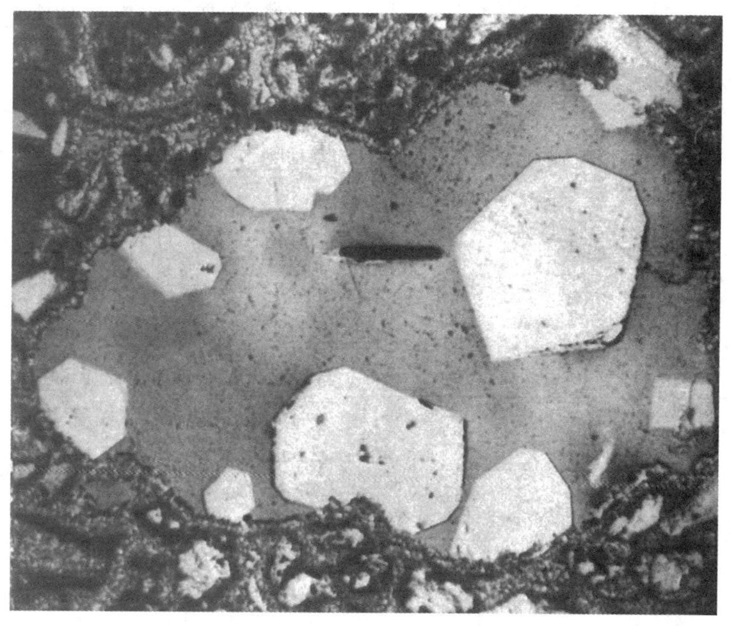

图 1–6　铸体薄片镜下照片（渤海石油公司研究院编制，1986 年）

1 井 2181.03m，陆屑白云岩溶蚀孔中充填自生石英和高岭石，蓝色为铸体

第三节　流　体

锦州 20–2 凝析气田凝析油密度为 0.75 ~ 0.76g/cm³，50℃黏度小于 1mPa·s，凝固点 –2 ~ –6℃，胶质和沥青质含量 0.65% ~ 1.47%，含硫量 0.01% ~ 0.05%。

凝析气藏边底油密度 0.842 ~ 0.846 g/cm³，黏度 4.95mPa·s，含蜡量 9.6% ~ 13.6%，凝固点 17 ~ 26℃。

东营组原油密度 0.883 ~ 0.919g/cm³，黏度 14.8 ~ 40.4mPa·s，凝固点 0 ~ 6℃，含蜡量 7.9% ~ 15%。

凝析气干气相对密度为 0.649 ~ 0.6123，甲烷含量 83.7% ~ 90.6%。

油层溶解气相对密度为 0.6022，甲烷含量 91.5%。

地层水属 $NaHCO_3$ 型，总矿化度 2646 ~ 11031mg/L。

表 1–2　锦州 20–2 凝析气田油藏地层流体分析数据表（渤海石油公司研究院编制，1986 年）

井名	地层	地层压力 kg/cm²	地层温度 ℃	饱和压力 kg/cm²	体积系数		地层油密度 g/cm³	地层油黏度 mPa·s	原始溶解气油比 m³/m³	压缩系数 10^{-4}/atm
					$B_{饱}$	$B_{地}$				
3	E_3d	159.3	67	133.6	1.173	1.17	0.7806	1.74	48.6	1.048
12D	E_3d	158.5	66	133.1	1.117	1.115	0.8465	9.42	39.7	0.85
3	Pt	350.9	97.6	334	1.566	1.561	0.658	0.42	192.7	1.404
6D	Mz	351.4	99.4	318	1.555	1.545	0.6626	0.641	185.5	1.98

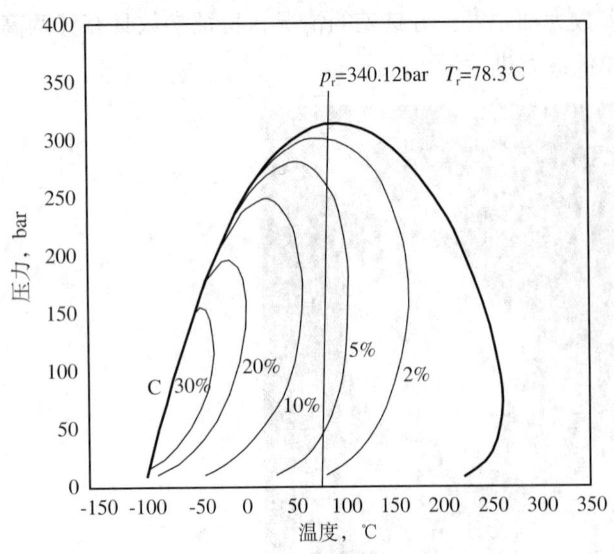

图 1–7 锦州 20–2 凝析气田 1 井 p—T 相图
（渤海石油公司研究院编制，1986 年）

如表 1–2 所示，油藏地层流体性质分析表明东营组原油密度和黏度比较大，油气比低；元古宇和中生界油层则相反，它们的饱和压力都接近于地层压力；中高点元古宇油层和中生界油层流体性质非常接近，推测它们处于同一个油藏内。

图 1–7 为 1 井井流物相态图，据图判断沙河街组气藏是一个典型的凝析气藏。而且露点压力接近于地层压力，很可能是一个具有油环的凝析气藏，后来的钻井证实了油环的存在。分析各井的井流物含量，Cl^- 的含量为 80% ~ 86%，从南高点到北高点逐渐增加；C_{7+} 含量为 2.47% ~ 4.26%，凝析油含量 172 ~ 251g/m^3，由南高点到北高点逐渐减少。气油比 2852 ~ 4275m^3/m^3，从南高点到北高点逐渐增加。

第四节 油 藏

一、温度压力

锦州 20–2 凝析气田沙河街组及潜山气藏具异常高温高压，温度梯度为 9.3 ~ 11.7℃ /100m，地层压力系数为 1.545 ~ 1.72；东营组上段油藏为正常温度和压力系统。

二、气油水界面

南高点气油及油水界面尚未落实，根据 S4 井投产不久即产出黑油这一生产动态特征，推测气油界面在 S4 井气层底界 –2237m，采用压力和流体密度资料推测油水界面为 –2333m。中高点气油界面 –2140m，油水界面 –2210m，均为钻井证实。北高点气油界面 –2412m，未钻遇水层，油水界面暂时以 10 井油层底界 –2421m 代替。

中高点东营组上段油藏受断层和局部高点控制，平面及纵向上存在多个油水系统，推测为“一块一藏”或“一砂一藏”，油水界面均未探明。

三、油气藏类型

凝析气藏分布于 3 个高点，流体性质、压力系数及流体界面明显不同。对于每一个高点而言，气藏是由不同层位（沙河街组、中生界及元古宇）、不同岩性（生屑云岩、白云质砂砾岩、火山岩类和混合花岗岩）组成的，受构造控制、受岩性影响、具有底油和底水的异常高温高压块状凝析气藏（图 1–8）。

东营组上段油藏主要分布于中高点，为受构造控制、具有多个油水界面的层状油藏。由于储量规模小，至今未投入开发。

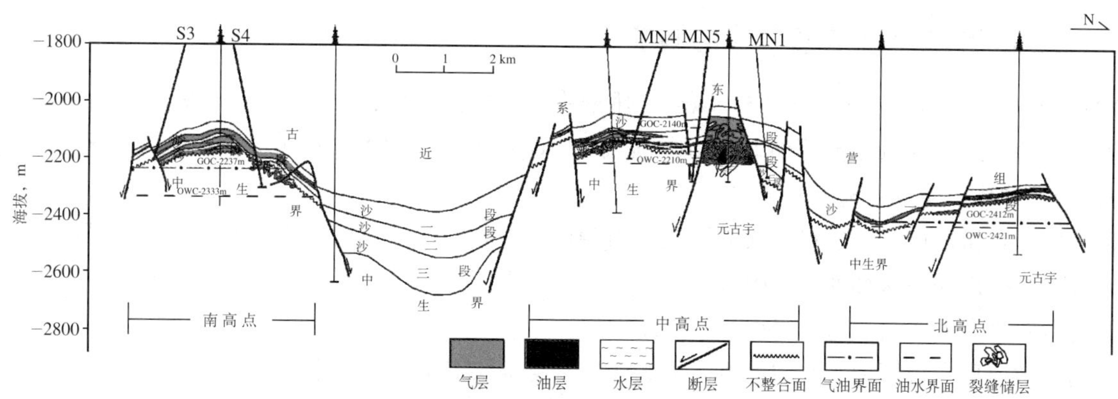

图 1−8 锦州 20−2 凝析气田纵向气藏剖面图
（渤海石油公司研究编制，1996 年）

第五节 储 量

锦州 20−2 凝析气田于 1987 年向全国矿产储量委员会申报基本探明地质储量（Ⅲ类）天然气 $135.4\times10^8m^3$、凝析油 332.7×10^4t、原油 452×10^4t 和溶解气 $5.93\times10^8m^3$ 获得批准，评审组包括石油部天然气司总地质师叶秉三等 7 人。此后，随着静、动态资料的陆续补充和丰富，还进行过多轮储量复查，对储量的认识也不断深入。1997 年运用静态和动态 2 种方法结合完成储量复算，进一步落实了天然气地质储量。历次计算结果与全国矿产储量委员会备案数相比，探明级天然气地质储量变化在 10% 以内。

一、早期估算的储量

1985 年初，渤海石油公司研究院依据发现井 1 井的钻井资料，结合二维地震解释成果，认为构造主体有南、北两个高点，在沙一段底（T_4）构造图上，根据不同圈闭线圈定含烃面积，假定 3 种情况：第一种情况以等高线 2250m 作为圈闭线，南高点含烃，北高点不含烃，含烃面积 3.755 km^2；第二种情况仍以等高线 2250m 作为圈闭线，南、北 2 个高点都含烃，面积 13.34 km^2；第三种情况以等高线 2350m 作为圈闭线，南北高点含烃连片，面积 24.6 km^2。估算天然气地质储量为 50.9×10^8 ～ $333.3\times10^8m^3$（表 1−3）。

表 1−3 锦州 20−2 构造天然气储量估算表（渤海石油公司研究院编制，1985 年）

情况		含烃面积 km^2	孔隙度 %	饱和度 %	有效厚度 m	凝析油 10^4m^3	天然气 10^8m^3
Ⅰ	悲观的	3.755	17	55	54	203.5	50.9
Ⅱ	中等的	13.34	17	55	54	722	180.7
Ⅲ	乐观的	24.6	17	55	54	1333	333.3

1986 年 5 月，渤海石油公司研究院在第二轮油气藏研究中，结合 4 口井的资料及 1km×1km 二维地震资料，采用容积法和蒙特卡洛法对锦州 20−2 构造地质储量再次进行估算，两种方法结果比较接近，其中，容积法估算南高点和中高点控制及预测级地质储量为天然气 $147.41\times10^8m^3$，凝析油 373.5×10^4t；中高点原油 1411.8×10^4t，溶解气 $36.58\times10^8m^3$。

二、上报全国矿产储量委员会的储量

1987年8月，渤海石油公司在5700km三维地震与8口评价井的基础上，采用容积法、分层并分高点计算基本探明地质储量和预测储量，由陈国风和曾昭伟编写了《渤海辽东湾锦州20−2凝析气田储量报告》。储量计算主要参数选值方法如下：

含烃面积：试油证实、资料落实的油气，用测试层下限圈含烃面积计算储量；与测试层相当、测井解释的气层，采用测井解释油气下限圈含气面积；另外由压力梯度曲线推算的含油气下限圈闭面积超过相应的构造图最大圈闭面积时，采用最大圈闭面积。

平均有效厚度：根据地震地层厚度等值线图求平均地层厚度，乘上平均净毛比得到。

孔隙度和饱和度：根据不同高点、不同层位、不同区块选用不同的值。东营组直接采用测井解释结果；沙河街组油气层孔隙度采用测井解释结果打5%的折扣，饱和度采用测井解释结果减去5%的绝对值，其中南高点借用中、北高点测井解释和压汞资料确定；中生界孔隙度打22%的折扣，含气饱和度采用测井解释值减去5%的残余油饱和度；元古宇基质孔隙度采用岩心分析数据，裂缝孔隙度根据统计裂缝面孔率推算，饱和度参考渤中28−1油田的经验值，基质为40%，裂缝按100%考虑。

1987年8月12日渤海公司向国家申报的基本探明储量为：含气面积14.4km^2，天然气地质储量$135.4\times10^8m^3$，凝析油地质储量332.7×10^4t，含油面积3.4 km^2，原油地质储量452×10^4t，溶解气地质储量$5.93\times10^8m^3$。南、中、北3个高点基本探明天然气地质储量分别为$57.29\times10^8m^3$、$69.74\times10^8m^3$和$8.37\times10^8m^3$。

1987年9月5日，全国矿产储量委员会以编号为全储决字（1987）133号的审查批准石油、天然气储量报告决议书，批准渤海石油公司提交的《渤海辽东湾锦州20−2凝析气田储量报告》。批复的储量为：天然气含气面积14.4km^2，天然气地质储量$135.4\times10^8m^3$，可采储量$95.2\times10^8m^3$；凝析油地质储量332.7×10^4t，可采储量117.14×10^4t；原油含油面积3.4 km^2，原油地质储量452×10^4t，可采储量55.1×10^4t；溶解气地质储量$5.93\times10^8m^3$，可采溶解气储量$3.38\times10^8m^3$。

三、复查的地质储量

为编制气田总体开发方案，1988年3月渤海石油公司研究院在1987年储量计算的基础上，结合新增2口评价井的资料，对地质储量进行了复查，进一步落实了储量，由曾昭伟、董逢春等编写了《锦州20−2凝析气田地质特征研究及地质储量复查》报告。

根据石油天然气储量规范，结合气田的实际情况，将所算储量分为基本探明、控制和预测级，三者的差别表现为有无井控制、有无测试资料、含烃界面数据是否准确及油层认识程度等4方面。对沙河街组和东营组采用容积法，对中生界和元古宇采用体积作图法，元古宇又按双重介质进行计算。计算结果，天然气地质储量共计 $176.43\times10^8m^3$，其中基本探明$126.14\times10^8m^3$，控制$50.29\times10^8m^3$；凝析油地质储量共计439.6×10^4t，其中基本探明311.7×10^4t，控制127.9×10^4t；原油基本探明地质储量702×10^4t，控制150×10^4t，预测2136×10^4t。

1990年，渤海石油公司计算中心完成了南高点的三维地震资料重新处理。以这次处理成果为基础，1992年王志君利用GeoQuest工作站IES系统的交互解释、特殊处理功能和声阻抗反演技术，结合ZYCOR绘图系统的数据加工和运算功能，客观地描述油气藏，完成了南高点储层分布范围圈定、用地震信息描述储层及其含油气性和利用地震方法计算和落实储量。计算南高点沙河街组天然气地质储量为$46.71\times10^8m^3$。

1994年1月，由胡光义审核负责，赵鹏飞、黄军斌和赵利昌完成了《锦州20−2凝析气田中、北高点储量复查及南高点油环问题浅析》。结合中高点新增开发井MN1、MN4、MN5井及北高点新增评价井 11D 井的资料，在利用三维地震资料重新进行构造解释的基础上，再次用容积法复核了中高点和北高点气藏的油气地质储量。新增钻井资料加深了对有效厚度和气油界面的认识。计算结果为：中高点天然气地质储量 $52.08\times10^8m^3$，原油地质储量 789×10^4t；北高点天然气地质储量 $21.81\times10^8m^3$。

四、复算的储量

1997 年 11 月，渤海石油公司在气田投产 5 年后，运用地震、测井及地质新一轮评价结果，结合生产动态特征，在修改完善地质模式的基础上，采用容积法对 3 个高点沙河街组及下部地层的天然气、石油地质储量进行了计算。同时用动态法对中高点和南高点气藏开展储量复算，并向国家申报复算储量。《锦州 20–2 凝析气田储量复算报告》由丁克文编写、于洪文审核负责，《锦州 20–2 凝析气田储量复算(动态法)》由宫薇和谭吕编写、孙福街审核、于洪文负责，上述 2 册报告体现了油藏研究认识及储量复算成果。

依据规范，按认识程度的不同，将计算单元划归 3 个储量级别：即已开发探明级、基本探明级和预测级。容积法储量计算结果：含气面积 $15.7km^2$，天然气地质储量 $122.97\times10^8m^3$，凝析油地质储量 294.5×10^4t，其中，探明级以上天然气地质储量 $91.84\times10^8m^3$，可采储量 $64.29\times10^8m^3$，凝析油地质储量 216.8×10^4t，可采储量 76.7×10^4t，主要分布于沙河街组；预测级天然气地质储量 $31.82\times10^8m^3$，凝析油地质储量 79.4×10^4t，分布于中生界。此外，计算石油地质储量 583×10^4t，溶解气地质储量 $13.0\times10^8m^3$，其中，基本探明级石油地质储量 115×10^4t，溶解气地质储量 $2.6\times10^8m^3$，分布于元古宇，沙河街组含油面积为 $9.0km^2$，预测级石油地质储量 468×10^4t，溶解气地质储量 $10.4\times10^8m^3$。

南高点和中高点投产后共取得 7 次地层压力资料。经过 5 年生产，已积累了丰富的动态资料，对气藏特征也有了更进一步认识，为运用动态法计算气田储量奠定了基础。采用压降曲线、物质平衡等 6 种方法，计算了中高点和南高点的动态地质储量。计算结果，南高点天然气地质储量为 40.5×10^8 ~ $61.61\times10^8m^3$，中高点为 46.7×10^8 ~ $73.95\times10^8m^3$。动态法计算结果与静态容积法计算结果互相佐证。总之，气田实际动用的地质储量与开发方案的动用地质储量相当。

1998 年 5 月 4 日，全国矿产资源委员会石油天然气储量委员会办公室以全国矿产资源委员会石油天然气储量委员会文件（98）油气委办字第 5 号批复锦州 20–2 凝析气田复算储量，主要评审意见为“该凝析气田 1987 年 8 月全国矿产储量委员会批准的储量与以动态法为主的方法落实的天然气地质储量有一定差别，但原批准数据仍比较符合目前现状。因此同意你办申报的仍维持 1987 年 8 月全国矿产储量委员会批准的储量数值不变的意见，但中块、南块天然气储量级别由基本探明储量（Ⅲ）类升级为已开发探明储量（Ⅰ）类”。批准的储量如下：已开发探明天然气地质储量 $127.03\times10^8m^3$，可采储量 $88.92\times10^8m^3$，凝析油地质储量 317.4×10^4t，可采储量 111.3×10^4t；基本探明天然气地质储量 $8.37\times10^8m^3$，可采储量 $6.28\times10^8m^3$，凝析油地质储量 15.3×10^4t，可采储量 5.8×10^4t；基本探明石油地质储量 452×10^4t，可采储量 55.1×10^4t，溶解气地质储量 $5.93\times10^8m^3$，可采溶解气储量 $3.38\times10^8m^3$。

2003 年 8 月中海石油（中国）有限公司天津分公司启动北高点开发方案研究项目。技术部对北高点的构造特征、油田地质模式以及油气分布规律进行了复核，由黄保纲编写、郭太现审核、夏庆龙负责完成了《锦州 20–2 凝析气田北高点油气探明储量重算报告》，落实北高点基本探明天然气地质储量为 $14.03\times10^8m^3$，并经中海石油油气储委办公室审查备案，作为北高点开发方案编制的依据。

五、套改后的储量

2005 年底中海石油（中国）有限公司天津分公司依据全国石油天然气储量套改技术方案，开展储量套改。经综合分析，中、南高点地质储量直接套用 1987 年全国矿产储量委员会批复的数据，套改前为基本探明地质储量，直接套改为探明已开发地质储量。北高点套改后地质储量采用 2003 年储量重算、在海洋储委办备案的数据，套改后北高点探明天然气地质储量为 $14.03\times10^8m^3$，较套改前增加 $5.66\times10^8m^3$。3 个高点的技术可采储量根据实际生产动态重新标定。

套改后，锦州 20–2 凝析气田探明含气面积 $16.60km^2$，天然气探明地质储量 $141.06\times10^8m^3$，探明技术可采储量 $89.98\times10^8m^3$；凝析油探明地质储量 343.00×10^4t（$453.82\times10^4m^3$），探明技术可采储量 134.03×10^4t（$177.98\times10^4m^3$）。探明含油面积 $3.40km^2$，石油探明地质储量 452.00×10^4t （$522.25\times10^4m^3$），石油探明技术可采储量 63.80×10^4t （$74.30\times10^4m^3$）。

历次探明天然气地质储量计算结果汇总在表 1–4 中。

表 1–4 锦州 20–2 凝析气田历次储量计算成果汇总表（天津分公司技术部编制，2005 年）

年度	钻井数 口	地层	探明天然气地质储量，10^8m^3			
			南	中	北	合计
1987 申报	8	Es	57.29	66.64	8.37	132.30
		Pt	—	3.10	—	3.10
		合计	57.29	69.74	8.37	135.40
1997 复算	18	Es	39.42	33.21	16.78	89.41
		Pt	—	2.43	—	2.43
		合计	39.42	35.64	16.78	91.84
		动态法	40.5~61.61	46.7~73.95	—	87.2~135.56
2005 套改	23	Es	57.29	66.64	14.03	137.96
		Pt	—	3.10	—	3.10
		合计	57.29	69.74	14.03	141.06

六、可采储量标定

1995 年至 1997 年渤海石油公司对气田开展了以地震资料的重新处理、解释为开端的，包括地球物理、油田地质、岩石物理、油藏工程和油田动态等方法的全面储量评价工作，1997 年 11 月在储量复算的基础上渤海石油公司研究院完成了《锦州 20–2 凝析气田可采储量标定》的研究工作。项目主要完成人宫薇、杨俊如、谭吕等，技术负责人汪志勇。

1998 年 4 月 19 日在北京昌平进行了储量报告评审，报告包括《锦州 20–2 凝析气田储量复算（动态法)》和《锦州 20–2 凝析气田可采储量标定》，评审组长杨通佑，组员有程永才、陈元千、张德林、孙兵义、陈秀梅、刘德福、张凤久等。评审认为，根据气田的实际情况，对中、南两高点采用压降法、物质平衡法和数值模拟法进行储量复算是符合规范要求的。可采储量经标定审查，认为可以维持原标定的可采储量数值。

锦州 20–2 凝析气田可采储量批准如下：

已开发探明储量（I 类）：天然气 $127.03\times10^8m^3$，可采储量 $88.92\times10^8m^3$（中、南高点）；凝析油 317.4×10^4t，可采储量 111.3×10^4t（中、南高点）。

基本探明储量（III 类）：天然气 $8.37\times10^8m^3$，可采储量 $6.28\times10^8m^3$（北高点）；凝析油 15.3×10^4t，可采储量 5.8×10^4t（北高点）；石油 452×10^4t，可采储量 55.1×10^4t；溶解气 $5.93\times10^8m^3$，可采储量 $3.38\times10^8m^3$。

第二章

气田开发部署与调整

自 1984 年 12 月至 1988 年 10 月，由渤海石油公司组织和承担了对整个气田开发的全面评价作业。评价期间相继钻了 10 口评价井，完成了油藏工程评价、储量计算、天然气综合利用方案、工程设施可行性研究、总体概念设计、经济测算及环境影响评价报告。锦州 20–2 凝析气田开发项目，由中国海洋石油总公司于 1987 年 12 月以（87）海油总（计）329 号文件批准立项。

1988 年 10 月以上述研究和评价结果为基础，综合研究和编制了《锦州 20–2 凝析气田总体开发方案》，其要点如下：

采用衰竭方式开采。为满足下游工程要求、充分利用气田的高压并使南、中、北 3 个高点的生产接替协调合理，开发井网以年产 $5\times10^8m^3$ 天然气部署，共计 14 口生产井，生产期共计 20 年。

第一节　开发可行性研究

锦州 20–2 是中国在海上开发的第一个凝析气田，开发这样的气田没有经验，因此采用滚动的方式评价，边打井边评价。在录取了大量原始资料的基础上进行了多方、多轮的评价研究。渤海石油公司研究院和海洋石油勘探开发研究中心对该气田进行了平行研究，同时委托美国岩心实验公司进行了相关研究，总体开发方案是在渤海研究院评价研究的基础上进行的。

一、渤海石油公司评价研究

渤海石油公司对锦州 20–2 凝析气田进行了多轮油藏研究，于 1985 年初完成初步评价，1986 年完成早期评价，1987 年完成储量计算，1988 年完成总体开发方案编制。为保证研究结论的准确性，在不同的时期还采取委托和合作研究的形式，分别与法国及美国的石油研究部门合作，在地震、地质和油藏工程等领域开展合作研究，为 ODP 的研究打下了坚实的基础。

（一）初步评价

勘探井 1 井于 1984 年 7 月 30 日开钻，10 月 29 日完井，11 月 24 日经试油喜喷高产凝析油和天然气。该井试油成功，是辽东湾石油勘探的一个重大突破，展现出该地区良好的勘探开发前景。

为了评估该地区的含油气潜力，1985 年 3 月完成了《锦州 20–2 构造油气藏初步规划》，分 3 部分，包括油气藏初步评价、开发设想和可行性分析、滚动开发初步规划。项目负责人陈国风、曾昭伟，审批人李秉铨。

初步评价结论如下：

（1）沙一段白云岩地层是一个具有较高产量的凝析气层。

（2）根据现有资料初步判断，该凝析气藏具有油环的可能性大。

（3）储量预测分悲观、中等和乐观三种情况，对应的预测储量分别为 $50\times10^8m^3$、$180\times10^8m^3$ 和 $333\times10^8m^3$。

（4）按无阻流量的 1/4 ～ 1/3 预测单井气产能为 40×10^4 ～ $50\times10^4m^3$。对应悲观、中等和乐观 3 种储量情况，开发井数分别为一座平台 3 ～ 4 口井、3 座平台 8 ～ 10 口井及 5 座平台 15 ～ 18 口井。

（5）根据经济分析结果，悲观情况需要投资 1.3×10^8 ～ 1.6×10^8 美元，中等情况需要投资 3×10^8 ～ 3.6×10^8 美元，乐观情况需要投资 4.5×10^8 ～ 5.2×10^8 美元，即使出现最悲观的情况，其总产值基本上能够收回总投资额，在出现可能和乐观的情况，则国家和企业都有较大的收益。因此，该区做出进一步投资决策是合理的、必要的，而当前的重要任务是通过综合性的勘探工作对油、气储量作出较准确的评价。

（二）早期油气藏评价

继发现井 1 井在构造南部古近系沙河街组陆屑白云岩地层中获得高产天然气和凝析油后，1985 年又打了 3 口评价井（2、3 和 4 井），做了 5700km 的三维地震资料采集和 150km 二维地震资料的特殊处理工作，试油 11 层，在 2 口井 4 个层位中获得高产油气流，其中 2 井位于发现井东南 1.5km，在沙一段陆屑和生屑白云岩中获得高产天然气和凝析油；3 井位于发现井东北 9.4km，在古近系东营组上段砂岩油层中获得日产 $89m^3$ 的中等产量油流，在沙河街组四段和孔店组砂岩层中获得日产 625 m^3 的高产油流，在沙河街组二段的白云质砾岩气层中获日产 $20\times10^4m^3$ 的天然气；4 井位于发现井东北 2.4km，在前寒武系混合岩和沙河街组陆屑白云岩中获得低产油流。

通过对以上资料进行研究和分析，得出以下结论：

（1）发现有 5 组储层，其中有 3 组为主要储层，在试油中获得高产油气；

（2）是一个多含油层系，多油气藏类型组合的既含有凝析气又含有油的复合式含油气构造；

（3）初步估算地质储量：天然气 $150\times10^8m^3$，凝析油 370×10^4t，原油 1400×10^4t；

（4）初步评价证实在此建立一个具有中等规模的海上油气田在经济上是可行的。

项目完成时间为 1986 年 5 月，项目负责人为陈国风、曾昭伟，审核人为李秉铨。

（三）开发可行性研究

截至 1986 年底锦州 20–2 构造共打探井及评价井 8 口，其中南高点 4 口，中高点 3 口，北高点 1 口。在此资料基础上 1987 年 8 月向国家上报的基本探明地质储量为天然气 $135.4\times10^8m^3$，凝析油 332.7×10^4t，原油 452×10^4t，溶解气 $5.93\times10^8m^3$，获得批准。

1987 年新打 2 口评价井（12D 和 10 井）。根据 2 口井的新资料，1988 年元月，对上报国家的地质储量进行了复查。复查结果认为 1987 年向国家上报的基本探明地质储量是有根据和有把握的。

经过 3 年评价，至 1987 年底共打评价井 9 口（预探井 1 井除外）。在 4 套地层中发现了 5 种储集岩，经试油除一口井获得低产油气流外，其余的井均获得中等以上的油气流。

为了使气田的开发建立在稳固可靠的基础上，1985 年以来，组织专家在油藏、天然气综合利用、工程设施及经济测算等各方面进行了反复深入的研究，并在各项研究的基础上于 1988 年 3 月完成了《锦州 20–2 凝析气田总体开发可行性研究》，完成单位为渤海石油公司，油藏研究项目负责人为陈国风，审核人为肖启唐。

研究主要结论：

（1）根据压力恢复和产能分析资料认为，沙河街组气层分布范围广、渗透率中等，在南高点和中高点单井合理产能可以达到 $35\times10^4m^3/d$，北高点单井合理产能可以达到 $25\times10^4m^3/d$；中生界渗透率低，岩性变化大，储层分布比较局限，对气层单井合理产能不超过 $10\times10^4m^3/d$，对油层则没有开采价值；元古宇在裂缝发育的地方可以获得高产油气流，裂缝不发育的地方无开采价值；东营组油层渗透率中等，单井合理产能为 50 ～ $80m^3/d$。

（2）本气田的凝析气藏是一个饱和的贫凝析气藏，因此采用衰竭开采方式。开发井网以年产 $5\times10^8m^3$ 天然气配产，若 3 个高点接替生产，南高点需打 6 口井，中高点打 8 口井，北高点打 3 口井，共

17 口井；若南高点同中高点同时生产，则南高点可以少打 3 口井，只需 14 口井。凝析气藏中的气和油用一套井网进行双管分采；东营组油藏需要打另一套井网进行开发。

（3）经中国海洋石油总公司与国家计委和辽宁省协商，确定将甲烷气供锦西化工总厂，乙烷供辽宁省区内的化工厂作乙烯原料，丙丁烷（液化石油气）国内销售。

（4）以年产 $5\times10^8m^3$ 天然气生产 20 年全部产品收入，扣除工商统一税和操作费后，在不回收勘探费的情况下，投产 15 年可以回收全部开发费本利，企业内部盈利率为 7%。

（5）锦州 20–2 凝析气田开发是可行的。已具备了投入开发的条件，但属一个边际油气田。

二、勘探开发研究中心评价研究

根据（85）渤油总（科）375 号文件的安排，中国海洋石油总公司勘探开发部委托勘探开发研究中心对该构造开发可行性进行全面研究。自 1986 年 4 月，研究中心与渤海公司平行作业，开展了对该构造的开发可行性研究，工作分两个阶段进行。

第一阶段研究工作于 1986 年底完成，主要内容：在取得的三维地震资料及法国 CGG 构造图的基础上，综合应用了 8 口井的钻井、测井、测试及南高点 3 个气层和中高点 2 个油层的 PVT 资料对该构造的地层、储层、油气藏类型、流体性质及相态特征等进行了初步研究，并分高点、分层进行了储量计算；用物质平衡法的计算程序预测了中高点东营组油藏天然能量驱动下的开发指标，用 EN64 循环注气程序和 EN38 气顶溶气驱动程序对南高点凝析气藏衰竭式开发及循环注气开发的指标进行了预测。

1987 年 5 月由中国海洋石油总公司勘探开发研究中心完成了《锦州 20–2 油气田开发可行性研究》报告，课题负责人为胡仲琴、邵佩珍、何素梅。

研究主要结论：

（1）该油气田分为南、中、北三个高点，基本探明天然气地质储量 $111.31\times10^8m^3$，凝析油 247.0×10^4t，原油 264.93×10^4t。

（2）沙一段最大反凝析液饱和度占孔隙体积的 6.2%，因此采用衰竭式开采对凝析油的采收率影响不大。衰竭式开采天然气采收率 64% 以上，凝析油采收率 42%，年产 $5\times10^8m^3$ 气可稳产 6 年。东营组油层产能低，储层分布及产能变化大，预测结果初期单井日产 $48m^3$ 只能生产 7.5 年，采收率仅 7.6%。在目前的条件下不具备单独开发的条件。

为进一步深化对该油气藏地质特征及储量参数的认识，研究中心于 1987 年初至 1988 年在第一次可行性研究的基础上进行了第二阶段可行性研究工作，此次工作是 1988 年《锦州 20–2 油气田开发可行性研究》的继续和发展。报告于 1988 年 10 月完成，编写人为胡钟琴、何素梅、王星等，审核人样祖序。

认识及建议：

（1）沙河街组为主要的产气层，其分布受前古近系古地貌控制，在构造范围内没有沙四段—孔店组的沉积。沙二段和沙三段为碳酸盐环境下的重力流沉积，在古地貌低洼处，地层厚度大，在高部位地层变薄或缺失。沙一段为碳酸盐台地生物滩坝沉积，在台地边缘浅水高能带，生物碎屑岩发育，物性好，是高产气层。但横向变化大，分布有一定的局限性。

（2）三个高点天然气地质储量（基本探明 + 控制）为 $83\times10^8m^3$，凝析油储量 186×10^4t，原油储量 823×10^4t。

（3）在等容衰竭实验中最大反凝析液饱和度为烃类体积的 2.9% ~ 9.1%，采用衰竭式开发凝析油的损失不大。

（4）先采气、先采油和油气同采 3 种开发方式对比，采收率均可达到 75% 以上，而凝析油和原油的采收率则有较大的区别，先采油与先采凝析气相比，可多采 8% 的油量，对中高点来说最多可多采 30 ×

10^4t 的原油。工程概算认为所增加的原油收入不能弥补由于输油而增加的一套输油管线及设备的投资，因而经济上是不合算的。因此衰竭式开发先采气较合理。

（5）用物质平衡法及 SIMBEST II 扩展黑油模型模拟南、中高点开发方案指标：南、中高点储量在 78×10^8 ～ 112×10^8m^3 范围内，采取同时生产或接替生产，年产气 5×10^8 ～ 5.5×10^8m^3 可稳产 10 ～ 15 年。

（6）按照目前经济评价的原则及分成模式，三个方案都是可行的，盈利率在 14.95% ～ 16.54%，如果扣除所得税，盈利率不到 10%，低于中国海洋石油总公司平均利润率，因此该项目属经济边际油田。

（7）推荐方案采取南、中接替生产，压力下降速度比较一致，有利于油气输送。

三、美国岩心实验公司评价研究

1987 年 3 月 24 日，中国海洋石油渤海石油公司与美国岩心实验公司签署了合同号为 BOC（87）LD–022WB 的《中国辽东湾 JZ20–2 构造油藏研究合同》。美国岩心实验公司于 1987 年 11 月完成了该合同所要求的工作，通过地球物理、地质、岩石物理和油藏工程研究，评估了南高点烃类体积和工业储量，推荐了最适合的开采方式。主要研究结论为：南高点探明天然气储量 14.00×10^8m^3、凝析油 19.78×10^4m^3，控制天然气储量 2.60×10^8m^3、凝析油 3.67×10^4m^3；南高点以 15% 的采气速度进行衰竭开采效果最佳，但单独开发没有经济效益，建议与中、北高点一起开发。

第二节　开发方案编制及实施

一、开发方案编制

经过反复评价，认为该气田储量资料可靠、生产能力较高，具备自营开发的条件，并具有商业开采价值。鉴于该气田的储量报告于 1987 年 9 月 5 日获得全国矿产储量委员会批准，国家计委亦于 1987 年 11 月 17 日批准辽宁省锦西化工总厂利用该气田生产的天然气建设年产 30×10^4t 合成氨、52×10^4t 尿素化肥厂的项目建议书，中国海洋石油总公司于 1987 年 12 月 5 日以（87）海油总（计）329 号文批准立项，决定着手进行该气田的开发建设工作，并列入 1988 年计划，要求加快该气田的总体开发方案编制工作。

《锦州 20–2 凝析气田总体开发方案》于 1988 年 10 月编制完成，油气藏研究部分编写人为陈国风，审核人肖启唐。主要包括以下内容。

储量动用及可采储量：天然气动用地质储量 135×10^8m^3，可采储量 95×10^8m^3，凝析油动用地质储量 332×10^8t，可采储量 117×10^8t。

开发层系的划分：沙河街组及潜山，无论油层还是气层，都属于同一个块状凝析气藏，所以开发气层时，油层和气层要同时考虑，用一套层系开发。因为中生界油层渗透率低未计算储量，沙河街组底部的油层产能不清楚，凝析气藏中原油的储量不落实，不确定因素较多，故开发凝析气藏时，以开采气层为主，兼顾油层。

开发部署：本构造 3 个高点凝析气藏为各自独立的压力系统。为了满足下游工程的要求，设计年产气 5×10^8m^3，20 年不变，建议 3 个高点陆续投入开发。即先开发南高点和中高点北平台，两年后中高点南平台接着投产，北高点平台作为后备在第 12 年投产，以弥补产量的递减。东营组油层一部分油层尚未探明，建议在钻沙河街组开发井时，补充东营组试油资料，落实基本探明地质储量。

开发方式：根据凝析气田流体分析资料表明，本气田的凝析气属贫气。气藏压力为高压异常，凝析气藏底部的水层同区域的水层是互相隔绝的。气藏本身受岩性控制，处在一个封闭的高压系统内，天然驱动类型为消耗驱动。故采用衰竭方式开采是合理的。

井网部署：产能分析结果，单井产能为 $25 \times 10^4 \sim 35 \times 10^4 m^3/d$，要保证年产气 $5 \times 10^8 m^3$ 的要求，需要 5 ~ 6 口井生产。考虑到随着气藏压力下降，气井无阻流量会减少，单井产能会降低，井数需要翻一倍。根据国内外的经验，开发气田大约每平方千米需要打一口井。渗透率高的气田井距还可以大点，渗透率小的，井距可以小点。本气田为中低渗透气层，因此，建议南高点建一个生产平台，4 口生产井，保证 3 口井正常生产；中高点建 2 个生产平台，8 口生产井，保持有 6 口井正常生产；北高点建一个生产平台，2 口生产井，共计 14 口生产井。

生产预测：南高点最初两年按日产 $80 \times 10^4 m^3$ 天然气配产，后来按日产 $40 \times 10^4 \sim 55 \times 10^4 m^3$ 天然气配产；中高点开始按日产 $70 \times 10^4 m^3$ 天然气配产，生产两年后按日产 $110 \times 10^4 m^3$ 天然气配产；北高点在第 12 年投产，按日产 $40 \times 10^4 m^3$ 天然气配产，以弥补中高点产量的递减。整个气田可以维持 20 年稳产。

经济测算：年产 $5 \times 10^8 m^3$ 天然气生产 20 年全部产品收入，扣除工商统一税和操作费后，在不回收勘探费的情况下，投产 15 年可以回收全部开发费本息，企业内部盈利率为 4.61%，累计向国家上交税金 2.32 亿元人民币。

1988 年 11 月 16 日至 17 日专家对该方案进行了审查，参加审查的有中国石油天然气总公司机关、北京石油勘探开发研究院及中国海洋石油总公司的专家。能源部石油总工程师参加了审查会。会议认为气田的物探及地质资料取得比较好，方案的依据是充分的，各种资料的处理、解释和研究凝析气田开发的方法和手段是先进的，结论是可信的，利用天然能量衰竭的开发方式是符合海上凝析气田开采条件的，认为渤海石油公司提交的锦州 20–2 凝析气藏总体开发方案是可行的，并提请能源部审批。1989 年 1 月 24 日能源部批复，同意采用衰竭式开采方式，按年产 $5 \times 10^8 m^3$ 天然气安排开发井网，同意所选择的工程设施方案。

二、开发方案实施及调整

锦州 20–2 凝析气田开发方案于 1989 年下半年开始实施，与 ODP 设计一样，分三期投产。一期南高点和中高点北平台 1992 年底投产，二期中高点南平台 1997 年 7 月底投产，三期北高点 2005 年 11 月投产。中高点南平台较 ODP 设计投产时间晚 2 年多，北高点较 ODP 设计投产时间晚一年多。南高点、北高点生产井数与 ODP 设计井数均一样，中高点北平台比设计少打一口井，将此井调整到中高点南平台，整个中高点的实钻井数与设计井数一样。

（一）一期

1989 年 9 月 12 日，第一口开发井 MN5 井开钻，同年 11 月 5 日完钻。到 1992 年 3 月 15 日，中高点北平台和南平台的井相继完钻，共钻生产井 6 口，南高点 3 口，中高点北平台 3 口。

中高点方案设计打 4 口生产井。实钻过程中，MN1 井完钻后经测试不产气，MN5 井完钻后测试出气和黑油，电测解释表明气层薄而且下部为油层，认为打在了气油界面上。中高点两口井钻后结果与预计出入较大。经过对构造进行钻后分析，决定对井位进行调整，暂不考虑打中高点南平台的井，在中高点北平台再钻一口生产井，既将原设计的 MN4 井位向中高点南平台的控制区域内延伸，以便使中高点北平台能够尽量地控制整个中高点的油、气层。相对中高点，南高点生产井的钻探与预测结果基本相符，又经三维地震解释做出了新的构造图，认为储量不会变化太大，但仍存在一些不确定因素。

南高点平台与中高点北平台于 1992 年 8 月建成投产。南高点生产的油、气通过海底管道输送到中北平台，与中高点的油、气汇合，然后通过海底管线输送到陆地终端和气体处理厂。按下游锦西化肥厂的需要，日供天然气 $110 \times 10^4 m^3$，同时产出 260t 的凝析油和黑油。南平台井口日产气 $73 \times 10^4 m^3$，平均

单井日产气 $18 \times 10^4 m^3$，按五分之一无阻流量计算南平台日产气能力 $84 \times 10^4 m^3$，可以达到 ODP 设计的 $80 \times 10^4 m^3/d$ 的日产气量。中高点北平台井口日产气 $49 \times 10^4 m^3$，平均单井日产气 $9.8 \times 10^4 m^3$，按五分之一无阻流量计算中高点北平台日产气能力 $56 \times 10^4 m^3$，达不到 ODP 设计的 $70 \times 10^4 m^3/d$ 的日产气量，主要原因是中北平台 MN1 井钻在了构造外侧，MN5 井钻遇油层，初期无法生产，而且 MN4 井的产能达不到 ODP 设计的要求。由于下游不需要每年 $5 \times 10^8 m^3$ 的供气量，同时中高点产能未达到 ODP 设计，投产后实际年供气 $3.45 \times 10^8 \sim 3.8 \times 10^8 m^3$。

（二）二期

鉴于黑油对产能的影响，也为二期工程做准备，1995 年对二期方案进行了调整研究，1996 年 1 月渤海石油公司研究院完成了《锦州 20–2 凝析气田开发方案调整研究》，编写人宫微，审核人孙福街。研究结果认为气田开发方针是采气为主，兼顾油层，具体安排有两点，一是 ODP 设计中的气井 MS8 井打在中高点低凹处改为排油井；二是 3 井改双管，一管采气，一管采油。

为了优化二期工程方案，进一步提高该油气田的经济效益，在龚再升总地质师的领导下，由中国海洋石油总公司开发生产部经理焦多奎主持，于 1996 年 8 月 5 日至 7 日在生产研究中心组织召开了锦州 20–2 凝析气田开发技术研讨会。会议邀请了大港油田、石油大学及勘探开发研究院的气田开发专家和教授，参加会议的还有中国海洋石油总公司开发生产部、生产研究中心及渤海石油公司的专家。会议听取了渤海石油公司和生产研究中心关于地质、油藏工程、排液采气试验和二期工程研究的报告，经过讨论，基本取得共识，提出“因势利导、排油采气”的工作思路，建议 MS8 井打在西南侧高部位作为一口产气井。

1997 年中高点南平台的井完钻，共三口井：6D、12D、MS8。其中 6D、12D 井为评价井回接作为生产井，只新钻一口井 MS8 井。

MS8 井实钻井位位于中高点西南部的高带上。钻前认为应钻遇沙一段、沙二段两套地层，储层厚度较大。钻井结果表明：东营组底界与预测深度相差不大，实钻结果比预测浅 16.9m，储层顶面深度预测较准，实钻比预测仅浅 7.4m。中生界顶面深度比预测深 20.1m。

中高点南平台 1997 年 7 月投产，平台日产气 $35 \times 10^4 m^3$。6D 和 MS8 井产能高，初期由于供气需求有限，控制生产，单井平均日产气控制在 $18 \times 10^4 m^3$，随着生产的进行，为了控制底油底水的锥进，产量一直控制在 $20 \times 10^4 m^3$ 以下，这两口井到目前为止仍然未受油水锥进的影响，日产气保持在 $15 \times 10^4 m^3$，生产稳定。12D 井由于污染严重投产后一直无产出。

（三）三期

根据 2003 年 6 月 5 日中海石油（中国）有限公司开发生产部和销售部“关于研究确认锦州 20–2 及周边油气田供气能力”的通知，天津分公司开发生产部组织研究院对此开展研究，并于 6 月 27 日组织中海石油（中国）有限公司开发生产部、工程部、销售部及天津分公司开发生产部及渤海研究院等召开协调会，会议主持人刘松，参加人中海石油（中国）有限公司张凤久、郭永明，天津分公司李波和刘英等。会议认为当时的供气形势非常紧迫，2005 年到 2015 年增供气 $0.5 \times 10^8 m^3$ 是可行的，要求马上立项启动锦州 20–2 凝析气田北高点和锦州 21–1 油气田 ODP 研究工作。

北高点 ODP 方案于 2004 年 1 月完成，地质油藏编写人为黄保纲、王惠芝和张占女，审核人王国栋，1 月 17 日在北京召开专家审查会，中海石油（中国）有限公司高级副总裁刘建及中海石油（中国）有限公司、研究中心和天津分公司等单位的有关人员参加了会议，会议聘请了 20 位专家。

方案在 3 口评价井的基础上对储量进行了重新认识，天然气地质储量 $14.03 \times 10^8 m^3$，凝析油 $25.6 \times 10^4 t$。方案研究的设计井数为 2+1 口井方案，单井产气量 $15 \times 10^4 m^3/d$。初期在 5 井区断块内钻 2 口井，如果生产证明 5 井区断层封闭，则动用储量为 $10.55 \times 10^8 m^3$，投产 4 年后在 5 井东侧斜坡带再钻 1 口井，动用 5 井区斜坡带储量；如果 5 井区断层不封闭，则只用先期投产的 2 口井生产即可动用 5 井区斜坡带储量，动用储量为 $13.8\times10^8m^3$。生产规模 $30\times10^4m^3/d$。

北高点于 2005 年底完钻 2 口生产井，均位于 5 井区，N1 井和 N2 井分别位于 5 井的南北两侧。北高点钻后与钻前构造变化不大，生产井储层较评价井 5 井稍差。两口井潜山顶面深度较钻前预测分别浅 36m 和 23m。N1 井和 N2 井在沙河街组分别钻遇 10.5m 和 14.4m 气层，较 5 井钻遇的 17.0m 薄。开发井揭示的储层岩性与 5 井基本一致，井间对比关系较好。沙河街组天然气地质储量初步复算结果，储量略有减少。主要原因是开发井气层有效厚度变薄造成（平均厚度减少约 10%）。

2005 年 11 月北高点投产，两口井日产气能力 $25\times10^4m^3$，略低于 ODP 设计，到目前为止这两口井生产稳定，该区块的投产大大缓解了供气压力，确保了从 2005 年开始的年增加供气 $0.5\times10^8m^3$ 任务的完成。

第三节　开发过程控制

经过十年多的开发生产，锦州 20−2 凝析气田取得了很好的开发效果，保持着良好的势头，气田的开发生产中有如下具体作法。

一、生产监测

气井投入生产以前，都进行过试井，确定其产能。在投入开发以后，每年都利用化肥厂停产检修期间，对全气田进行关井静压测试及流压测试，同时，选择合适的时间进行单关井测试，因此，气田每口井每年基本上都要进行压力测试，掌握井间连通关系和气田的动态，为进一步研究气田的各种地质和动态特性，核实动态、地质储量提供了充实的基础资料。对有条件的井进行系统试井，根据无阻流量确定合理产能，以平衡生产及控制油水锥进。

气田每天都记录各种反映动态状况数据，包括开井状态、井口压力、产气量、产油量、气油比及含水等，密切注意着气田的细小动态变化，随时进行合理的生产调整。对气田定期取得高压物性和油气水样品分析，以监测气田的相态变化及分析地下油水驱动状况。

大量的测试资料和流体样品分析为气井的动态管理提供了保障，给气井的合理生产打下了坚实的基础。利用测试及流体分析结果管理气井的例子很多，如出黑油井出黑油前的初期征兆是油样颜色变黑，但气油比不变，产气量不受影响，组分及相对密度均与凝析油相同，S4 井在 1993 年 4 月测压时压力计带出黑油，1993 年 10 月 31 日取样发现油的颜色呈棕褐色，1994 年 3 月 11 日因大量出黑油关井，该井在正式出黑油的半年之前，就监测到了出黑油的迹象，提高了气田处理黑油的主动性。又如 S5 为南高点较高部位的井，2004 年 8 月投产，初期认为该井生产早期受油水锥进的可能性较小，但是取样分析发现，该井当日产气量从 2005 年 5 月 14 日的 $12.45\times10^4m^3$ 上升至 8 月 26 日的 $15.01\times10^4m^3$，油样颜色很快加深，9 月 8 日日产气量下调为 $13.6\times10^4m^3$，颜色变浅，表明该井存在底油，为延缓底油锥进的影响，控制该井合理产气量为 $12\times10^4m^3/d$，到目前为止该井仍未见黑油，生产稳定。

二、出黑油对策

气田 1992 年投产后生产稳定，直到 1994 年南高点的 S4 井出黑油，1995 年日趋严重，气井产气量明显下降，出黑油问题提到议事日程。虽然之前的研究结论从流体评价和油藏模式认识方面均认为是有油环的可能，但在南高点的 6 口井中均未遇到油环，因此生产流程设计没有考虑这一问题，对这个高点在生产的初级阶段出黑油还是没有足够的思想准备。1995 年中高点的 7D 井也发现凝析油颜色变深，有要出黑油的迹象，一度使人们对气田能否达到 20 年稳定供气产生了怀疑。

出黑油的问题引起了渤海石油公司和中国海洋石油总公司的高度重视，多次召开会议研讨对策。

1995 年 2 月 9 日在合作楼 601 会议室召开了锦州 20–2 气田黑油处理方案讨论会，周守为主持会议，参加会议的有刘宗芳、曹文贤、刘建和汪志勇等，会议对出黑油现象及处理办法从多方面进行了分析和讨论，要求想办法维持生产攻克难关，保证长期稳定供气，严格执行合理配产，加强观察和取样，用加化学药剂的方法维持短期正常生产。会议还要求进行现场不同黑油浓度的凝固点试验并部署了具体的中长期工作。1995 年 2 月 28 日在研究院勘探楼会议室召开了渤海石油公司勘探开发工作汇报会，曹文贤主持会议，中国海洋石油总公司领导龚再生和渤海石油公司周守为等参加了会议。会上由生产部、研究院和开发部就黑油生产现状、黑油资源量、前景预测、油气同产设想、工程对策及经济分析进行了汇报。通过讨论，与会者一致认为出黑油不可避免，要采取积极态度应对，中长期规划应该是油气同采，有油要油，有气要气，会议同时安排了锦州 20–2 凝析气田的储量复算及锦州 21–1 油气田的储量申报工作。

根据中国海洋石油总公司和渤海石油公司的安排，1995 年开展了以黑油对策为专题的系列研究。从油藏方案到工程、工艺和经济评价，经过论证提出了切实可行的方案和设计，1995 年 7 月中国海洋石油生产研究中心完成《锦州 20–2 凝析气田黑油对策方案》编制，编写人为陈国风、李敏、陈胜森、谢锦和宫薇。结合 ODP 制定的开发方针和原则，治理黑油的主要对策为：稳气控油、合理配产和产能接替。1995 年 11 月，用改造的“自强号”钻井船靠在南平台旁边，专门处理和储存 S4 井产出的黑油，同时对上游进行改造，使其满足海底管线和下游对黑油的承受能力，使得 MN5 井也能够投入生产。在下游改造中，解决终端处理厂的乙二醇再生问题及生产流程中由于黑油引起的堵塞、腐蚀、穿孔及外输的困难。上、下游的深化改造，基本解决了气井出黑油所带来的困扰。

三、动储量跟踪研究

由于锦州 20–2 凝析气田储层分布及物性变化大，尤其是火山岩储层计算储量的一些参数很难求准，容积法计算的储量具有不确定性。因此，自气田投产以来储量的研究工作一直以采用动态跟踪的方法。几乎每一口具备条件的井，每年测地层压力 1 ~ 2 次，特别是下游设备检修停产近一个月，在此期间测得的地层压力十分可靠，根据测试结果每年都用各种动态方法计算动态储量。经过多年的摸索和总结，最终确定压降法和物质平衡法为比较有效的动态储量计算方法，气田的地质储量得到进一步的落实，同时也验证了 ODP 报告中静态储量的可靠性，消除了生产初期对气田储量不足的担忧。

1995 年四川石油管理局对锦州 20–2 凝析气田的动态储量计算结果曾经引起人们对储量及供气形势的担心。1995 年至 1996 年期间，经过不断咨询、学习和兄弟单位的协助，1996 年后对动态储量的认识趋于一致，动态储量计算结果与 1987 年静态储量结果相近（表 2–1）。

表 2–1　历次动态储量计算结果

时　间	研究单位	动储量，10^8m^3		结论及认识
		南高点	中高点	
1995 年 8 月	四川石油管理局研究院	36.9 ~ 63.6	27.2 ~ 68.8	处于开发早期阶段，还有待资料的增加，才能显示出明显的规律
1996 年 1 月	渤海石油公司研究院	73.0	85.2	
1997 年 11 月	渤海石油公司研究院	61.61	74.0	
2003 年	四川石油管理局研究院	56.7	80.4	
2005 年	天津分公司技术部	62.2	71.9	

四、平稳供气

该气田虽然总体生产情况较好，经济效益可观，但是随着生产的进行，部分气井都受到了黑油和边水的影响，产气能力下降明显，生产情况没有开发方案设计的指标理想。为了保证长时间的供气合同，气田管理上主要采取了三个方面的措施，即：稳气控油、排液采气和产能接替，使气田生产保持了较稳定的势头，保证了平稳供气。

（一）稳气控油

投产后南高点采气速度 4.26% ～ 2.44%，中高点采气速度 2.15%；至中高点南平台投产后中高点采气速度提高为 3.86%，南高点采气速度降为 2.44%；全气田采气速度 2.4% ～ 3.2%。一直保持低速开采的目的是为了控制流体界面平稳上移，尽量避免和推迟底油底水锥进的发生，十多年的实践证明这一策略是正确的。

中高点 3 井储层自上而下为沙河街组孔隙型生物碎屑云岩和元古宇的孔隙裂缝型花岗岩，含气井段 80m，含油井段 70m，含水井段 40m，中间没有有效隔层。DST 测试折算气层日产气 20×10^4 ～ $35.6 \times 10^4 m^3$，油层日产油 344.6 ～ $561.6m^3$，水层日产水 $112.6m^3$，均为高产层。射孔方案设计时为避免底油底水的锥进，气层射孔底界距气油界面 34.8m，但也射开了部分元古宇的裂隙发育段。这口井很容易发生油锥和水锥，生产管理上对这口井有特别严格的政策和规定：配产是无阻流量的 1/7 ～ 1/9，并设置最高产量界限，平稳生产，严格监测动态。本井是气田采气强度最低的，生产 10 年后，这口井才发生底油锥进，锥进后产气能力即大幅度下降。

（二）排液采气

经过多方面研究，并借鉴四川石油管理局排水采气的经验，气田出黑油后的开发对策为排液采气。南高点将 S4 井作为排液点，S4 井的黑油产出，一方面可以起到排液采气的作用，另一方面可以利用油环油的资源。

中高点选择两口井进行排液采气：一是由于气油层均太薄、一直关闭的 MN5 井排液；二是底油储量比较集中储层分布比较明确的 3 井，3 井射开底部的油层进行排液采气，该方案由于补射下部油层作业费用很高尚未实施。

对于未被安排作为排液井的其他黑油锥进井，采取减低产量控制锥进进一步发生的方法。如 S2 井发现出黑油后，为避免发生象 S4 井迅速被油淹的情况，采取控制产量的手段，另外，为了避免产量低引起的井底积液，把产气量控制在最小携液量之上生产。

（三）产能接替

截至 2005 年 12 月，锦州 20–2 凝析气田生产历史上进行了 4 次产量接替，弥补了气井递减和油水锥进造成的产气量下降。接替分三种：区块接替、油田之间的接替和内部调整井。

（1）区块接替：区块接替为 ODP 设计内容，属于正常接替，包括中高点南平台和北高点共两次。

1997 年 7 月投产了第 3 座生产平台即中南平台，开采中高点的西南部区域，增加两口井的产能，补充日供气能力 $35 \times 10^4 m^3$。

2005 年 11 月投产了第 4 座生产平台即北平台，增加两口井的产能，补充日供气能力 $25 \times 10^4 m^3$。

（2）油田之间的接替：2003 年 3 月锦州 9–3 油田的后备气源井 W3–1 井、W6–2 井，补打气井 W–G1 井以及剩余溶解气输送到锦州 20–2 上游参与供气，补充日供气能力 $25 \times 10^4 m^3$。

（3）内部调整井：2004 年 8 月南高点调整井 S5 井顺利投产，补充日供气能力 $12 \times 10^4 m^3$。

五、气田配产

根据油藏的特性、生产井井况及开井数，每年都对气田制定配产原则，配产原则是：

（1）根据各平台所控制的储量，均衡配产，使各平台的采气速度趋于合理。

（2）通过产能分析，得出各单井的合理产能，作为单井配产的主要参考值；对可能出黑油的气井，不同程度的限产；对已产液井，则保证产气量在最小携液速度所要求的产量以上生产。

（3）对于底油锥进的井要控制生产压差，延缓锥进。

第四节　开发调整

2003年初，主力气井3井因底油和底水锥进由高产井变为低产井，日产气减少$10\times10^4m^3$，另外，自2005年开始每年增加供气$0.5\times10^8m^3$，供气形势骤然紧张。

为确保按合同要求向下游稳定供气，2003年由天津分公司技术部、生产部和四川石油研究院联合开展研究，对锦州20–2凝析气田及周边气源进行了摸底及研究，最终决定在利用锦州9–3油田现有剩余气资源的基础上，不但开发动用锦州20–2凝析气田北高点和周边锦州21–1油气田，同时在气田内部打两口调整井S5井和MN2井。其中S5井主要是增加南高点采气井点，提高采气能力。MN2布置在3井附近，提高3井区油气采收率，由于3井底油底水锥进，产气能力下降，设计打开3井下部油层进行排液采气，MN2井采气。

2004年8月南高点调整井S5井顺利投产，取得了较好的效果，补充日供气能力$12\times10^4m^3$。

中高点调整井MN2井于2005年实施。MN2井位于3井北西方向500m，该井实钻结果与钻前预测出入较大。鉴于MN2井未能达到油藏要求，按照预案，需要侧钻。因侧钻靶点位于3井北东方向，用原井眼侧钻工程难度较大，改用MN1井井眼进行侧钻，井名MN1S。MN1S井在目的层段气测显示异常活跃，一度出现井涌，压井后发生井漏。堵漏作业持续10天，在采取多种常规方法无效的情况下，不得不打水泥塞堵漏，终获成功。自井漏开始至钻完井作业结束，共漏失钻井液$1015m^3$。MN1S井于2005年8月22日完钻，测井解释沙河街组气层13.1m/4层、东营组可能油层45.3m/9层。沙河街组投产后初期日产气量仅$0.5\times10^4m^3$，且不能24小时连续放喷，被迫关井至今。

第三章

钻井与采气工程

1989 年 1 月 24 日能源部批准了气田总体开发方案。按照总体开发方案设计，锦州 20–2 凝析气田的开发需建 4 座生产平台（南、北高点各 1 座，中高点 2 座），布 14 口井，采用衰竭方式开采，年供气量 $5 \times 10^8 m^3$，稳定供气 20 年，各平台投产顺序为：南高点平台与中高点北平台先期投产，投产气井 8 口，中高点南平台和北高点平台作为接替平台陆续投产，投产气井 6 口，以保证气田稳定生产。

一期工程先开发南高点和中北高点，其中，南平台利用水下井口回接 1 口探井，新钻 3 口定向生产井，平均井深 2768m；中北平台利用水下井口回接 2 口评价井，新钻 3 口定向生产井，平均井深 2734m。气田于 20 世纪 80 年代末投入开发钻井，1992 年建成投产。

二期工程包括中南高点井口平台、北高点井口平台和天然气压缩机平台。其中，中南高点井口平台于 1997 年完成开发井 1 口，并利用 2 口评价井进行投产；北高点井口平台完成开发井 2 口，于 2005 年建成投产。

截至 2005 年底，锦州 20–2 凝析气田有 4 座生产平台，共 14 口生产井，是渤海石油公司的主力气田，为锦西大化肥厂供气。

第一节　钻井工程

一、钻探井

部署在锦州 20–2 构造南高点上的 1 井是 1984 年承包钻井作业在渤海自营打的第一口探井。该井钻探目的以探明沙河街组及潜山含油气情况为主，兼探浅层油气藏，设计井深 3500m，预计 2450m 左右进入前震旦系，东下段和沙河街组可能有异常高压。该井于古近系沙河街组中获高产油气流。这一成功发现，使中国海洋石油总公司开始了对外合作和自营勘探开发并举的新阶段。

1984 年 7 月渤海 7 号钻井平台到达井位后，于 30 日开钻。9 月 3 日 6 时 5 分，钻到井深 2121.69m 沙河街组，突然发生井涌，立即停钻，关井，进入压井程序。通过运用加重钻井液等钻井压井技术手段并未能够有效控制井涌，上喷下漏，注入重钻井液无效。经过处理后无法恢复作业，进行关井，继续加重钻井液。

9 月 4 日 9 时 15 分采用海水循环排气时，悬重突降，井口停止返出，井眼垮塌堵塞环空，测量卡点在井深 1684m 以下。现场决定注水泥封堵井底油气层，从上部倒扣侧钻。整个压井过程用钻井液 $350m^3$、海水 $2000m^3$。封住井底产层后，9 月 22 日从 1682m 炸断 ϕ 127mm 钻杆，打水泥塞侧钻。报废进尺 549.69m，埋钻具 438m。发生井喷后，渤海公司副总经理兼总工程师王炳诚和钻井副总工程师殷嘉德亲临现场指导井喷的处理。根据当时实际情况，出于安全角度考虑，决定提前完钻。1 井于 10 月 29 日完成钻井作业，完钻井深 2395m，建井周期 111 天，其间因井喷损失 38 天，卡电测仪损失 4 天，固尾管损失 9.4 天。11 月 23 日开始 DST 测试，获得高产油气流。

通过在辽东湾成功地钻探了1井，渤海石油公司的钻井管理和技术水平得到了提升。随后连续钻了8口高压油气井，也均获成功。

二、钻评价井

1985年至1988年4年间，渤海石油公司对油气藏进行了全面的评价研究工作，相继钻了10口评价井。其中南高点3口，分别为4井、2井和9D井；中高点5口，分别为3井、6D井、7D井、8井和12D井；北高点2口，即5井和10井。至1990年7月，锦州20–2凝析气田相继钻13口评价井。1992年，北高点为落实储量于构造东侧又新钻1口评价井11D。

由于地层复杂且具异常高压，钻井作业难度较大。在钻评价井期间，由于对地质构造、储层特性等认识不足，曾在13井中发生井喷，在4井发生卡套管，在9D井发生卡钻等事故。

三、钻开发井

锦州20–2凝析气田于1989年开始建设，1992年第一批气井投产，中北平台和南高点平台投产5口新钻开发井，同时利用1口预探井和2口评价井投入生产。气井发现黑油锥进后，1997年在中南高点补钻1口生产井，并利用2口评价井进行生产，建成中南平台，实行产量接替确保稳产。这是渤海石油公司首次成功完成水下井口回接作业。

一期开发井于1989年9月12日开钻，中北平台和南高点平台新钻6口井（MN1、MN4、MN5、S2、S3和S4井）。二期于1997年在中南高点钻1口生产井MS8井。

锦州20–2凝析气田钻井作业能顺利完成，得益于钻前制定了合理的方案，在实施中采用了先进的技术和有效的措施，为在异常高压及潜山裂缝地层中钻井积累了宝贵的经验。

针对锦州20–2区块的地层特点、储层物性及流体特性，钻完井项目组制定了合理的钻井方案和措施。为了保证钻井安全，在一期开发井的井身结构中，多采用两层技术套管，即 ϕ340mm和 ϕ244mm套管，并使 ϕ244mm套管下过东营组下段200m，将大段东营组欠压实地层封固好，从而保证钻下部高压层的安全。

在二期开发井钻井过程中，主要难题是如何防止高压气井在固井过程中的气窜，提高固井质量，解决套管环空气窜。1984年海洋石油固井队伍，除了继续学习、消化吸收国外的先进固井技术，满足自营井对内管柱固井、分级固井、尾管固井等技术服务的需要外，还积极的研究发展自己的技术。为了解决锦州20–2凝析气田高压油气井固井后环空气窜的难题，组织有关人员去四川石油管理局调研，吸取他们的经验，并结合实际情况制订解决方案。他们与石油施工技术研究所合作开发了G60不渗透水泥外加剂系列，并于1987年在又喷又漏的高压气井10井提供技术套管固井和尾管固井并获得成功。从此这种水泥外加剂成为固井公司的主力水泥外加剂之一，向自营井和中方总承包的合资井提供服务。固井过程中，为了防止气窜，要注意环空加压，严格控制水泥浆密度，既要做到不漏失，又要防止地层气体进入固井体系，进而对固井质量造成伤害。对于油层套管，考虑选用气密套管螺纹，固井添加剂选用防气窜水泥浆体系，并将水泥浆返至井口。在套管程序上节省了 ϕ508mm表层套管，对尾管进行回接，确保环空不窜气。

由于锦州20–2地区馆陶组磨研性强，扭矩较大，钻井比较困难。为了提高钻井速度，在钻头的选用上打破旧观念，采用钢齿钻头配动力钻具钻馆陶组，避免了镶齿钻头钻该地层常常发生崩齿断齿的现象。但在实际应用情况中，效果并不理想，钢齿钻头虽然没有发生崩齿断齿现象，但馆陶组对其研磨作用极大，钻头磨损严重，单只钻头进尺较少。

为了防止井漏，钻井液性能及维护的要求显得格外严格，钻井液的密度接近于地层孔隙度压力密度，尤其是东营组泥岩要有强抑制性和润滑性，降低失水，防止泥岩水化膨胀，尽可能减少卡钻等井下复杂情况的发生。起钻之前，为了防止发生井涌井喷状况，需要测量气窜速度，安全生产放在第一位。在解决东营组泥岩缩径问题时，采用了 PEM 强抑制性的钻井液体系，密度控制在 1.44 ～ 1.46g/cm^3，并使用动力钻具与 PDC 钻头快速穿过东营组。在目的层井段，仍采用 PDC 钻头钻进，提高了机械钻速。通过在 MS8 井的实践，证明是安全可靠的，效果好，既节省了费用，又提高了效率。该井完钻井深为 2580m，钻井周期为 34.95 天，提前 17 天完成，比一期开发井提高钻井速度 90%，节约了开发成本。

第二节　完井工程

锦州 20–2 凝析气田具有构造复杂、有底油和地层压力异常高等特点，给开发增加了难度。经过攻关研究，采用了适合气田特点的完井技术，包括油管携带射孔、高密度完井液以及加强井口监督等技术措施，保证了正常生产。

中北高点 MN1S 井由于浮鞋浮箍失效，导致射孔不成功、发生出砂的复杂情况。现场先后采用捞砂筒捞砂、下连续油管冲砂等方法来解决出砂问题。中北高点 2 口井批复作业时间 74 天，由于钻井井漏和完井出砂问题实际 77.95 天完成钻完井作业，但仅超计划 3.95 天。

根据 MN1S 井当时的情况，完井液密度最大加重到 1.28g/cm^3，井发生溢流。经请示基地，决定采用泥浆完井。

锦州 20–2 凝析气田是渤海油田第一次使用溴盐完井液，该完井液密度高，压井效果好，同时又能很好地保护储层，但是溴盐完井液成本高，超出预算，鉴于成本问题该完井液没有进行广泛的推广，因此锦州 20–2 凝析气田也是渤海地区唯一使用过溴盐完井液的油气田。

当采用裸眼完井方式时，前期钻井液对储层的污染损害必须考虑并加以减弱，PRD 钻开液中含有能形成弱凝胶的聚合物，在钻进时为了避免钻井液进入储层，聚合物能形成一定的封堵带，但同时如果不及时返排、破胶，则又会对储层造成严重的甚至不可恢复的伤害，针对污染机理，通过研究在下入筛管后注入相应的能够分解 PRD 中聚合物的氧化性破胶液来解除钻井液对储层造成的损害。

针对北高点沙河街组致密，夹层不包含水层，且无边、底水的特点，设计储层段下入 7in 尾管不固井，用管外封隔器封隔东营组的泥岩。同时采用负压射孔生产联作管柱，既保证了作业的安全，又减少了完井液的漏失量，最大限度地保护了储层。

第三节　采气工程

锦州 20–2 凝析气田设计气井 15 口，举升方式均为自喷。在自喷气井的采油工艺设计中，油管尺寸选择是关键工作；在油田开发历程中，气井维护是主要工作量。

一、油管尺寸选择

1988 年锦州 20–2 凝析气田总体开发方案采油工艺部分并未对油管尺寸选择进行详细设计，所以先期投产三个平台（中北平台、中南平台、南平台）的气井均采用 3$^1/_2$in 油管进行生产。

在投产初期，气井生产稳定，在井筒举升过程中 3$^1/_2$in 油管没有表现出明显的不适应性。

1993 年 2 月，南平台 S4 井井口产出黑油；MN5 井、S2 井、MS8 井、7D 井、MN4 井、3 井先后产出黑油。1997 年 5 月，南平台 S4 井井口产出水；MN5 井、S2 井、MS8 井、7D 井、MN4 井、3 井先后产出水。随着气井的陆续产出黑油、水，由于 3$^1/_2$in 油管需要较大的临界携液流量，所以产黑油、水的气井在生产过程中逐渐暴露出一些问题：①在见黑油、水的初期，尽管 3$^1/_2$in 油管需要较大的临界携液流量，但由于大部分气井产气能力强、气液比高，$3^1/_2$in 油管还是对气井正常生产未造成很大影响；②随着产出黑油、水逐渐增加、气井产能逐渐衰竭，中北平台 3 井和南平台 S2 井在生产 10 年后陆续出现井筒积液。

2004 年，鉴于 $3^1/_2$in 油管在南平台、中北平台气井生产中表现出的不适应性，在锦州 20–2 凝析气田北高点总体开发方案中对油管尺寸选择进行了优化设计。

在北高点采油方案编制过程中，使用“最大产气量”、“最小井筒压力损失”作为约束条件，以“临界携液流量”作为目标函数对气井油管尺寸进行了优化设计；在对北高点气井油管进行优化设计时发现：①在给定的地面条件下，$3^1/_2$in 油管、$2^7/_8$in 油管和 $2^3/_8$in 油管均能满足开发指标对产气量的要求；②投产初期 $3^1/_2$in 油管与 $2^3/_8$in 油管井筒损失相差 1MPa，开发后期三种尺寸油管井筒损失相差不大；③ $2^7/_8$in 油管和 $2^3/_8$in 油管将在后期气井大量出油出水时具备较强的井筒携液能力。

综合考虑油管强度、井筒压力损失和井筒携液能力，北平台两口气井（N1 和 N2 井）选用 $2^7/_8$in 油管，截至 2005 年 12 月 31 日，这两口井均正常生产，未出现井筒积液现象。

二、气井维护

锦州 20–2 凝析气田有 15 口气井，14 口气井生产正常，1 口气井（3 井）因油套同压进行了重新固井大修作业。

2000 年 1 月，发现中北平台 3 井油套同压；经检查后发现该井 30in 导管破裂、破裂处有气液外刺；为了解决安全隐患，决定对该井实施重新固井大修。

2001 年 11 月 2 日至 12 月 22 日，该井实施重新固井大修。锦州 20–2 凝析气田生产平台未配备修井机，此次作业动用渤海 4 号钻井船作为修井船。大修作业中采用连续油管压井，随后采用连续油管下入切割工具切割 $3^1/_2$in 油管，然后下入过油管封隔器，再下入 7in 气密扣套管并回接至井口，最后注入水泥浆进行固井。在注入水泥浆过程中让水泥浆一直返至井口，达到从井口至 7in 气密扣套管底部全段密封稳固，杜绝油套环空气窜，从源头上解决 30in 导管破裂处有气液外刺的问题。由于锦州 20–2 凝析气藏为异常高压气藏，虽然经过十年生产，但当时 3 井地层静压仍然高达 26.6MPa，压力系数高达 1.27。若压井液密度偏低，则压井时会发生井喷；若压井液密度偏高，则压井时会井漏，不利于与修井作业结束后气井产能的恢复。针对以上情况，压井液选择时以不溢不漏为原则，选用 1.30g/cm^3 $CaCl_2$ 压井液作为该井此次修井作业的压井液。该井作业后套压为零，并且保持了作业前较强的生产能力；该井作业后的生产状况表明压井液的选择较为合理，既起到压井作用又没有污染储层。

第四章

海 洋 工 程

锦州 20–2 凝析气田是中国按照国际规范自行设计、自行建造的第一个海上凝析气田，是中国第一个建成的海陆联体的大型配套工程。

第一节 海洋工程方案

根据《锦州 20–2 凝析气田总体开发方案》，开发该凝析气田的全部工程设施包括：

井口平台	4 座	南高点、中高点北部、中高点南部、北高点
动力 / 生活平台	1 座	位于中高点北部
压缩机平台	1 座	位于中高点北部
气田内海底管线	3 条	6in，总长 19.5km
海底电缆	3 条	总长 19.5km
上岸海底管线	1 条	12in，50km（包括陆地管线 1.5km）
陆上终端及气体处理厂	1 座	总面积 $15 \times 10^4 m^2$

锦州 20–2 凝析气田工程设施分一期工程和二期工程：

一期工程由中北高点井口及生产平台（简称 MNW）、生活动力平台（简称 MUQ）、南高点井口平台（简称 SW）三个平台及陆上终端组成。

二期工程包括中南高点井口平台（简称 MSW）、北高点井口平台（简称 NW）、天然气压缩机平台（简称 GCP）。

第二节 海上工程设计

锦州 20–2 凝析气田海上一期工程的基本设计由中国海洋石油工程设计总公司北京设计公司（COODEC）分别与英国环球公司（GLOBAL）、美国哈德森公司（HUDSON）合作，于 1988 年 9 月至 1989 年 2 月完成的。海上工程设施的详细设计由北京设计公司承担，于 1989 年 4 月开始，至 1990 年 10 月完成。详细设计中，海底管线（除工艺部分外）由渤海设计公司承担。详细设计的以下内容又由北京设计公司分包给其他设计单位承担完成：MUQ 平台的生活楼（L/Q）由上海 708 所 83 室分包；浅海通讯电缆由北京志华公司分包；安全系统由上海船舶研究设计院分包。

锦州 20–2 凝析气田是中国首次在海上开发的高压气田，在确保安全生产的前提下，一期工程的基本设计采用了国际标准规范和比较先进的技术，具有以下特点：

（1）在井口至生产分离器间采用两级节流，使天然气加热器处在较低压力下工作，工艺流程合理、易于操作，并降低了加热设备的投资和抑制水化物生成所需的乙二醇注入量。

（2）采用多点喷注乙二醇抑制生产流程中的水化物生成，充分发挥乙二醇无毒，易于再生回收和寒冷地区抗冻等性能。乙二醇回收装置使乙二醇得到重复循环使用。

（3）平台至陆上终端的长距离上岸海底管线采用了油气混输工艺。输气管道外敷以混凝土加重层。

（4）平台间海底管线设计采用输气、输乙二醇二根大、小管先绑扎在一起呈“子母管”一次铺设。

（5）集中控制采用计算机管理集散系统。

（6）采用计算机控制透平发电及 10.5kV 高压配电系统。

（7）集中供电并采用 10.5kV 高压海底动力、通信和控制综合电缆，三项功能汇聚一体。

（8）采用了全部 ESD 应急自动关断系统，确保工艺系统及公用系统的安全生产和事故自动停车。

（9）对全部三个导管架腿柱采用正倒椎体抗冰结构，以减缓平台在海冰作用下引起的振动。

详细设计以基本设计为基础进行，根据油藏变化情况和对基本设计、详细设计的审查意见，进行了一些设计修改，主要修改内容如下：

（1）1989 年 11 月中北井口平台 MN5 生产井试油结果出现原油，这种情况对工程设计影响较大。鉴于设计时按产气工程设施设计，因此不作方案性的变动，但为了后期也能生产原油，设计上采取了局部修改生产管汇的措施，以适应流程的调整切换。

（2）将原工艺流程的一级节流修改为二级节流。

（3）将各井乙二醇管网分配注入系统改为一台注入泵对一口井的直接注入系统。

（4）将每口井拆卸式井管汇系统改为每一口井都设置固定管线，使关井后的重新开井迅速方便。

（5）在中北井口平台的 SW 段塞流捕集器出口和上岸海底管线入口共二处外加设了注乙二醇高压喷嘴。

（6）清管器收、发装置的快装盲扳，将撞击螺旋式改为侧开式。

（7）增设了井口高压取样接头和各井孔板流量计。

（8）MUQ 平台结构设计采用柔性结构。

（9）SW 至 MNW 海底输气管道改为 8in。向 SW 井口平台输送乙二醇，基本设计修改为单独管线与海底管线绑扎在一起铺设。

（10）通信系统修改为浅海海底通信电缆，海上中心平台至 SW 井口平台之间修改为包括通信在内的海底综合电缆。

锦州 20–2 凝析气田海上二期工程的中南平台和北平台均按无人平台设计，其设计特点是：

（1）设计理念先进。降低海洋石油工程开发成本，有效开发渤海边际油气田，探索低成本的简易设施设计技术。

（2）设计原则具有针对性。采用无人平台的概念进行设计，设计要安全可靠、操作简单；遵守国家颁布的有关法规及中国海洋石油总公司的有关文件规定；减少现场操作、维修、作业的频率，从而减少登平台的频率，增加平台的自持能力；减少旋转设备；采用有效的生产系统；加强远程控制能力；提高平台外移动设备设施的支持能力。

（3）大量采用新技术新工艺。如北平台简易的独腿三桩平台结构；第一次由海总独立设计的单层保温配重管线；采用国家 863 项目——“冰区平台的减震装置”；第一次在气田使用最新的 GLCC 技术多项流量计；使用海总独立设计和制造的海上平台吊机；采用太阳能应急供电系统；第一次使用室外安装的油浸式变压器。

一、平台结构

中心平台的井口平台（MNW）共有四层甲板、4 桩导管架。顶甲板为了修井的需要，除了一台吊机外，不再布置任何设备；主甲板共分为 3 个区，井口区以及两个油气处理区；下甲板共分为 4 个区，井口区、油气处理区、公用系统区以及非危险区。

中心平台的生活动力平台（MUQ）共有 4 层甲板、4 桩导管架。顶甲板分为东西组块，西组块顶甲板有再生系统和饮用水系统，东组块有 3 层生活模块，二、三层以住房为主；直升机坪设在生活模块顶上，供紧急情况时使用；西组块主甲板有柴油系统和生活饮用水系统，西组块下甲板有再生系统、热介质系统、海水系统以及仪表风、公用风系统；东组块主甲板为非危险区，设有应急发电机间、电池间、中控室、主配电间、变压器间以及燃气轮机变电盘间，东组块下甲板设有燃料气系统，底甲板设有污水处理系统。

二、中心平台规模

天然气设计处理能力：$150 \times 10^4 m^3/d$；

原油设计处理能力：$800m^3/d$。

三、工艺处理流程

中心平台（MNW）油气处理流程：设计生产气井 4 口，自井口采出的油气，先经一级节流降压，然后电加热，最后进入生产和计量系统。其中一口井的油气进入计量管汇，经计量电加热器升温，并再次降压后进入计量分离器分出油、气和乙二醇水溶液并分别计量。其余 3 口井的油气进入生产管汇，来自管汇的油气经加热和降压后进入生产分离器进行分离，分离出的气相与计量分离器的气相一起进入海底管线入口汇管；分离出的液相与计量分离器的液相汇合进入聚集分离器。由聚集分离器分离出的凝析油进入海底管线与天然气混输上岸，分离出的乙二醇水溶液则进入生活动力平台上的乙二醇再生系统进行再生。MNW 平台除了处理本平台生产的油气外，还处理南平台（SW）井口平台来的油气和二期工程中南平台（MSW）和北平台（NW）来的油气。来自海底管线的南平台（SW）、中南平台（MSW）和北平台（NW）井口平台的油气分别进入南平台（SW）段塞流捕集器、中南平台（MSW）段塞流捕集器和北平台（NW）段塞流捕集器进行气液分离，分离出的天然气直接进入海底管线外输上岸，分离出的凝析油和乙二醇水溶液同样进入聚集分离器进行脱水处理。

卫星平台油气处理流程：自井口采出的油气经节流降压后进入生产管汇，汇合后直接进入海底管线混输至中北平台（MNW）。当某一气井需要计量时，则该井油气经计量电加热器升温后进入计量分离器（北平台为多相流量计），对分离出的油、气、水三相分别计量，计量完成后，油、气、水均进入海底管线输送至中北平台（MNW）。

压缩机平台油气处理流程：压缩机平台的流程是把进入海底管线之前的天然气转换方向进入压缩机平台。天然气经气液分离器进入压缩机。在压缩机中，气体的压力和温度同时升高，出口需通过冷却器降低天然气温度。最后被增压的天然气再返回中高点北井口平台进入上岸海底管线。而从气液分离器出来的油水混合液则返回中高点井口平台入油水分离器。

四、共用系统

电力系统：采用集中发电系统。在各井口平台上只设变压器和应急发电机。为了满足所需电量，在中高点动力 / 生活平台上配备两台 2000kW 燃气轮发电机组。

供热系统：在动力 / 生活平台上配备热油系统，热油由燃料气加热，加热后的高温热油进入乙二醇再生装置。从再生器出来的低温热油由循环泵打入热油炉重新加热。为了提高系统的传热效果，还装有脱气缓冲罐和膨胀箱。

水供应系统：MUQ 平台淡水系统的用户分两种，一种是供生活模块的生活用水，另一种是工业用水。淡水系统由淡水罐、淡水泵、工业水泵和压力水罐组成。

柴油燃料系统：柴油系统主要由柴油贮藏、柴油输送泵橇以及柴油精过滤器橇组成，柴油用户主要是透平发电机、应急发电机、热介质炉以及其他设备。燃料系统由燃料气加热器、燃料气分液罐和燃料气后加热器组成。燃料气的用户为燃气透平、热介质炉、生产模块厨房等。

仪表控制系统：仪表控制系统的核心是中央监控系统。在生活 / 动力平台有两套独立的中央控制系统，一套是监控燃气发电机组的；另一套系统用于监控工艺过程和其他共用设施的。SW 平台也安装了一套 MICRO–DCI 系统，用于监控该平台上的工艺过程，其结构与 MUQ 平台的系统一样，只是控制器相对少。两个平台上的 MICRO–DCI 通过调制解调器和海底电缆联为一体，能够实现相互之间的监控。

通信系统：通信系统包括全部的通信设施。本系统的任务是保证在气田开发过程中对岸、对船、对空，平台内部和紧急情况下能够进行可靠有效的通信联系。

空调通风系统：空调系统的柜式空调器具有降温、采暖、去湿和通风等功能，使舱室保持稳定的温湿度，空调采用封闭制冷压缩机、低噪声风机、耐海水腐蚀的冷凝器，还有较完全的安全保护装置和温度控制装置，全部构件采取了抗冲击、耐震动、防摇摆等措施，工作安全可靠。

供应交通系统：船舶和直升机组成供应交通系统。日常的生产物资、生活物资及人员往来由船舶支持，船舶资源紧张或应急情况下由直升机支持。

压缩空气系统：中北生活动力平台（MUQ）和南平台（SW）各选用一套压缩空气系统。该系统的空气来自大气，经压缩处理后，提供平台作为工厂和仪表用风。

五、启动和事故处理系统

锦州 20–2 凝析气田具有高压和易燃易爆的特性，其紧急关断（ESD）系统具有自己的特殊性和完整性。它是以 API–14C、API–14G 等国际安全规范为准则，结合气田的实际情况并参照国际国内海上油田的紧急关断系统来设计的。其 ESD 关断系统由高到低分五级来设计：

零级紧急关断为平台的全部系统关断，是最高等级的关断。它由平台经理决定，并手动实现。零级紧急关断发生后，整个平台的生产系统、生活设施、井下安全阀都将关断，人员撤离平台。一般情况下，此关断是在其余几级关断之后进行的。

一级紧急关断是平台出现火气情况下的紧急关断。一级紧急关断发生后将关断所有的 ESD 阀、井下安全阀，打开所有的 BDV 阀，也就是整个平台的生产系统关闭，但公用系统的设备保持运行。

二级紧急关断是重要公用设施发生故障时出现的关断。分为三种：2A——仪表风系统故障时产生的紧急关断；2B——平台失电时产生的紧急关断；2C——主电源故障时产生的紧急关断。

三级紧急关断为主要工艺系统故障而产生的紧急关断。

四级紧急关断是指单元生产设施出现故障时产生的关断。它由现场设置的高高、低低报警开关发出报警信号，通过 ESD 紧急关断系统来自动实施相应的关断 ESDV 阀或停泵等动作。

六、消防与安全逃生系统

平台安全系统的主要目的是保障正常生产，防止任何意外事故的发生，一旦事故发生，可立即做出反应并采取相应措施，以保护平台上人员、设备以及周围环境的安全，尽量减少事故带来的危险。

从安全的角度出发，在平台的总体布置上必须考虑如下几点：将易燃易爆物质与点火源隔开；将生活区与主要危险区隔开；合理设置逃生通道、救生设备、消防设备和应急设备；为平台操作维修人员提供良好的工作环境。

按照美国石油学会关于危险区划分的推荐做法 API 500B 和 ZC 规范中关于固定式海上平台危险区划分的条款，锦州 20–2 平台可划分为一类危险区、二类危险区和非危险区。

消防系统由固定消防系统和移动消防系统组成。固定消防系统包括水消防雨淋系统、水喷淋系统

（仅在南平台生活区内）、分散式泡沫系统、海伦 1301 系统、干粉灭火系统、固定式泡沫灭火系统等。移动消防系统包括干粉灭火器、二氧化碳灭火器及海伦 1211 灭火器等便携式灭火器。

救生设备有救生艇、救生筏、救生衣、救生圈等。

第三节 陆地终端工程设计

锦州 20–2 上、下游工程的基本设计是通过招标选定的合作单位。海洋石油开发工程设计公司（COODEC）与英国环球公司（GLOBAL）合作完成终端站，COODEC 与美国哈德森公司（HUDSON）合作完成气体处理及全厂配套工程。HUDSON 负责主装置区的详细设计，COODEC 完成总图道路及设备基础，辽河油田设计院完成装置区、生产辅助区的详细设计（即国内配套工程）。CLOBAL 完成段塞流捕集器的详细设计。COODEC 专门成立的锦州 20–2 下游项目组负责全部设计组织协调工作。1990 年 2 月 1 日至 1991 年 2 月 18 日详细设计全部完成。

该终端是一座工艺设计先进、能耗低、配套设施完善、自动化程度高、无污染、经济效益好、达到当代国际设计水平的中型天然气处理装置，具有六个完善的系统、十大特点、两个第一流。

六个完善的系统：

（1）它与一般轻烃回收厂相比较，增设了油气分离、轻油稳定及乙二醇再生装置。

（2）自动化程度高的 RS3 集散控制系统。它与一次仪表和执行机构配套实现了生产过程的集中控制。

（3）安全监测、自动报警系统及消防安全设施先进完善。

（4）全厂安全阀、放气点分高低压两个系统排至火炬；全厂污水分为开、闭式两个系统。

（5）通讯联络系统配套完善。

（6）供电系统先进完善。

十大特点：

（1）采用段塞流捕集器。

（2）取消凝析液的增压泵。

（3）凝析油中压稳定。

（4）充分利用高压天然气的压力能。

（5）选用膨胀发电机。

（6）分子筛脱水器同压再生。

（7）采用热油供热系统。

（8）整体压力控制系统稳定合理。

（9）多项有效的节冷措施及防止干冰生成技术。

（10）工艺流程适应化肥厂投产前期供气要求。

两个第一流：

（1）段塞流捕集器是国内第一次引进的技术。

（2）轻烃回收区设置了膨胀 / 发电机，这是国内第一次引进的先进技术。

为了安全高效投产和经济运行，投产前又进行了进一步的设计修改：增加 $30\times10^4m^3/d$ 临时供气方案；增设轻油管线；增加 C3 和 C4 管线；增加 2 台 ϕ1.6m 油气分离器；增加防冻剂注入系统。

一、陆地终端的组成

该终端由生产区和厂前区组成。生产区由国内轻油稳定区、国外轻烃回收区和辅助区组成；厂前区由办公楼、宿舍楼、餐厅、供暖系统、饮用水系统、仪表风系统、维修车间和库房等组成。

国内轻油稳定区主要由段塞流捕集器、甲醇及乙二醇注入系统、分离器、加热器、换热器、轻油稳定塔和中压压缩机组成；国外轻烃回收区主要由分子筛脱水器、再生气压缩机、冷箱、膨胀发电机、甲烷塔、乙烷塔、丙烷塔、丁烷塔、丙烷制冷压缩机、热油炉等组成；辅助区由越站、配气站、轻油罐、球罐、装车台、火炬、泵房、化验室、变电所等组成。

二、陆地终端设施规模

该终端占地面积 $14.5\times10^4m^2$，工业及公用建筑面积共 $8177m^2$，铺设道路、场地 $22890m^2$，铺设厂外管线 21.1km，架设输电、通信线路 32.5km。

该终端生产能力为天然气处理量 $150\times10^4m^3/d$，凝析油稳定为 466t/d。

三、陆地终端工艺处理流程

（1）轻油稳定区工艺处理系统：来自海上平台的原料气及凝析液在段塞流捕集器中进行气液初步分离，分离出的天然气进入轻烃回收区，分离出的凝析液进入轻油稳定区。段塞流捕集器分离出的凝析液经减压后进入轻油稳定区，凝析液经预热器后进入中压分离器。中压分离器分离出来的气相进入中压压缩机入口分离器，经中压压缩机增压后并入轻烃回收区；分离出的乙二醇富液经开、闭式排放进入到调节池或溢流池；分离出的凝析油经预热后进入轻油稳定塔。轻油稳定塔分离出的气相经中压压缩机增压后并入轻烃回收区，分离出的轻油产品经冷却后进入轻烃回收区，与轻烃回收区的轻油产品混合计量后进入轻油储罐。

（2）轻烃回收区工艺处理系统：段塞流捕集器分离出的气相和轻油稳定区分离出的气相混合后，进入轻烃回收区入口原料气分离器。原料气分离器分离出的气相进入分子筛脱水器，脱水后的气相进入冷箱系统，在各冷箱内，原料气被部分冷凝最后在低温分离器中进行气液分离。从低温分离器出来的气体经膨胀 / 发电机膨胀制冷后，依次进入脱甲烷塔、脱乙烷塔、脱丙烷塔和脱丁烷塔，依次分离出甲烷、乙烷、丙烷、丁烷，甲烷、乙烷管输至下游用户，丙烷、丁烷进入丙烷罐、丁烷罐。

（3）辅助区工艺处理系统：装置区内所有含有烃类气体的排污均接入闭式排入系统，要求不高或无压的排污均接至开式排放系统；循环水池的循环水经循环水泵进入循环冷水管，送至各换热设备，从各换热设备出来的循环回水利用余压进入冷却塔进行冷却，然后自流进入循环水池，完成循环；当主装置区停运时，天然气要进行越站外输，向天然气中注入甲醇以防形成水化物堵塞管线；分离出的丙烷和丁烷产品分别进入丙烷储罐和丁烷储罐中进行储存，丙丁烷可以经过一定的比例配比进入液化气储罐中；分离出的轻油产品进入轻油储罐中进行储存，经地中衡称重后外运；放空气经火炬底部分离，气相至火炬头被放空烧掉，液相则经火炬分离罐液相出口的火炬分流泵打至轻油储罐。

四、共用设施

（1）供电系统：该终端利用东北电网充足电力以双回路供电与本厂工艺工程能量回收发电相结合的供电方式，自发电可以满足全厂 30% ~ 90% 的用电量；在供电系统设计上，主变压器采用了特殊订货，设计、制造的三线圈变压器，它可以将 10kV、6kV、0.4/0.23kV 之间的电能通过一台变压器实现相互转换，全厂生产设备均由变电所集中供电，采用现场、中心控制及变电之间三点连锁自动控制，实现计算机操作，增加了自动化程序；对计算机等关键设备，设有不停电系统（UPS），能在全厂停电情况下供电半小时以上，使全厂在紧急状态下能安全关闭；主要供电设备选用了目前国内比较先进的手车式高压开关柜、抽屉式低压柜和真空高压断路器。

（2）热油系统：热油系统选用了一种合成导热液体（Thermino 166#）作为介质，是一个闭式回路系统，它有两个温度位。其中高温位向再生气加热器、E–606、凝析液预热器（开工时用）供热；中温位向脱乙烷塔重沸器、脱丙烷塔重沸器、脱丁烷塔重沸器、凝析液预热器供热。

（3）水供应系统：水源由锦西化工厂供给，经管道将水送至贮水池中，贮备全厂用水，贮水池与吸水池相连。贮水池总容积 5000m³。

（4）燃料气系统：燃料气为热油炉、热水锅炉、水套炉、茶炉、食堂及火炬的长明灯提供燃料，还为热油缓冲罐作覆盖气，为乙二醇贫液罐作补压气。

（5）仪表风系统：空气经空气压缩机二级增压至 0.9MPa，且经二级冷却分离，再经空气分离器和无热再生干燥塔，最后通过空气过滤器净化后，零点为 −40℃的净化空气进入了压缩空气储罐和净化空气储罐。

（6）锅炉供热系统：生水来自全厂供水总管，经计量进入补水泵，软化后再进入卧式水罐，通过补压泵给锅炉循环泵进行补水和定压。启动循环泵，循环水经热水锅炉升温后，由分水罐分配给用户，热用户回水由集水罐汇合，经立式角通除污器进循环泵入口。

（7）污水提升系统：全厂设有地下排水管网，各生产装置及单体产生的生产废水及经处理合格后的含油污水及经化粪池处理的粪便污水连同其他生活污水排入管网，最后集中到污水提升泵房的污水池中。

五、启动事故处理系统

（1）生产装置联锁保护：生产装置设有三级停车，即单体停车（USD）、工艺停车（PSD）、紧急停车（ESD）。

（2）辅助装置区 UPS 失电：由于 UPS 本身故障或断电情况下，辅助装置区的 PMCS 将因断电而失去控制。为保证向下游正常供气，操作人员需到现场进行手动操作，使相关 ESDV 阀和 BDV 阀恢复正常工作状态。

（3）海上关井：海上发生部分或全部关井后，可根据实际情况，采取下游用户减量、增大脱乙烷塔出塔气量、降低膨胀发电机处理量、膨胀发电机和 J—T 阀同时运行、J—T 阀单独运行，甚至越站供气、海管降压的方式来维持向下游供气。

（4）轻烃回收区故障停运：轻烃回收区故障停运后，来自段塞流捕集器区和轻油稳定区的天然气将通过越站向下游用户继续供气。

（5）热油系统中高温热油温度达不到要求：即停中压压缩机，同时将轻油稳定区气相并入外输管线。

（6）轻油稳定装置故障停运：轻油稳定区故障停运后，要加密关注段塞流捕集器的液位上涨趋势，必要时可协调海上平台减少凝析油产量，并做好临时处理段塞流捕集器内凝析油的准备工作，最大限度地避免联合停车。

（7）电网瞬时低电压：电网发生瞬时低电压后，立即通知下游用户，迅速启动空气压缩机，导通越站供气流程，及时进行越站供气，然后再进行其他公用系统、轻油稳定区、轻烃回收区的启动工作。

六、安全消防系统

（1）消防冷却水系统：消防水泵分别从吸水池取水，加压后送入全厂环行消防管网。另设一台消防稳压泵保持运转，维持消防管网压力为 0.5MPa，多余的水回流到吸水池。轻烃储罐区喷淋冷却水管与消防管相连，每根支管上均有阀门控制，需要用时打开阀门即可喷水冷却。全厂消防栓和消防水泡的供水均为消防冷却水。

(2) 喷淋冷却水系统：喷淋冷却系统设在球罐区。喷淋水泵自喷淋水回收池吸水，出水管与消防管网相连，球罐喷冷水亦与消防管网相连。降温时启动喷淋水泵或打开球罐区喷淋冷却水与消防管网相连的阀门，再打开喷淋管控制阀，即可喷淋冷却。喷淋水自球罐罐壁流到下面的收水盘，然后通过排水管自流到沉淀池，再溢流至喷淋水回收池中，循环使用。喷淋水回收池中水少时，可将补充水管控制阀打开进行补水。轻油灌区的喷淋水管或消防水管网相连，需喷淋时，打开控制阀门即可进行喷淋。

(3) 泡沫灭火系统：泡沫灭火主要在轻油储罐灭火时使用。泡沫泵自吸水池取水加压，出水管压力水带动环泵式空气泡沫比例混合器将泡沫液从泡沫储液罐带到泵的吸水管，经泵叶轮搅拌后打到泡沫混合液环状管网。轻油灌上安装的PC型空气泡沫产生器的支管与干管相连，灭火时打开支管上的控制阀。另外干管上装有泡沫栓，用泡沫枪灭火。

第四节　工程承包与建造

一、海上工程承包与建造

海上工程的施工由中国海洋石油总公司直接安排渤海石油公司自己承担。由项目组按照工程内容分别与渤海平台公司、渤海海工公司签署施工合同。合同规定由渤海平台公司承包导管架、模块的预制和海上联接；渤海海工公司承包海底管线、平台间动力电缆铺设以及导管架、模块的预制和海上安装。此外，划为局外的一项工程由项目组委托渤海通讯公司，通过招标选定海军的志华公司承包浅海通信电缆铺设。在施工中，渤海的两家承包公司又通过招标，将单项分包给局外单位承担，由渤海平台公司将MUQ模块的生活楼（L/Q）分包给锦州葫芦岛渤海船厂，模块舾装分包给天津新港船厂；由渤海海工公司将海底管线铺设中的定位、近岸段回填分包给38610部队。

1992年9月30日中北平台机械完工，8月5日建成投产；1992年10月25日南平台机械完工，11月5日投产，海上一期工程全面建成投产。

1997年7月28日中高点南平台投产，2005年11月12日北高点投产。中高点南平台较ODP设计投产时间晚两年多，北高点较ODP设计投产时间晚一年多，期间，2003年3月锦州9–3油矿的天然气作为补充气源并入锦州20–2凝析气田。

二、终端工程承包与建造

根据中国海洋石油总公司分工，由北京设计公司负责终端设施建设和交钥匙工程，1989年12月31日渤海石油公司与北京设计公司签署了终端设施建设的一揽子合同。

轻烃回收区由中国石油天然气总公司第一建设工程公司（洛阳）总承包，国内配套工程由辽河石油勘探局第一建设公司总承包。厂外工程均依靠分包给地方的施工力量。1991年4月23日轻烃回收区施工，11月20日安装完工，工期7个月。1990年9月5日国内配套工程开工，1992年7月28日安装完工，工期16个月。

1992年8月6日终端设施临时旁通供气开始，段塞流、管网、火炬等局部设施投入试运，11月16日各装置陆续投入全面系统调试及联合试运。试运过程主要解决和处理了段塞流捕集器气相带油、分离水化物冻堵问题，至1993年6月以后全部装置运转正常并于7月22日至27日进行了最终72小时性能考核。考核结果性能操作稳定，轻烃回收率和产品质量达到设计要求，8月1日渤海石油公司正式验收，终端设施正式投产。

第五节　工程项目管理

一、海上工程项目管理

（一）一期工程项目管理

在实施一期工程的前期工作阶段就已经成立了项目组实行项目管理，即完成前期评价和总体开发方案报批之后进入项目建设实施阶段，中国海洋石油总公司、渤海石油公司确定项目组继续实施工程建设职能并直到竣工投产。鉴于前期项目管理都执行的是油公司职能且采用矩阵式管理体制，当时小机构的项目组编制是适应工作需要的。当项目进入建设阶段，由于工程承包公司限于渤海石油公司内部体制，没有总包这种层次的机构。因而项目管理不仅是要执行油公司的职能，而是相当一部分要执行承包公司总包层次的职能。为了保证项目管理的顺利实施，进行了局部人员的调整并采取了以下一些相应的措施：

（1）以甲乙方合同为基础，重点协调设计与施工存在的问题，处理问题依靠渤海石油公司承包单位较强的实力和经验。

（2）在工程的关键阶段，疑难及长时间悬而未决的问题，借助和依靠中国海洋石油总公司、渤海石油公司和北京设计公司领导直接强有力的行政手段干预解决。

（3）施工质量以第三方检验机构为主，行使整个工程建造、安装、联接和预调式等各阶段的全面检验以保证工程质量。

（4）以提供主要设备的国内、外制造厂家派遣的技术人员为主进行安装和单机调试的指导和技术服务。

（二）二期工程项目管理

（1）采用天津分公司工程建设办公室行政管理框架下的矩阵式管理模式，即人员来源于不同的部门，所有人员在为项目服务的同时，也同时兼顾本部门的工作，实现了人员的充分共享。

（2）工程项目组同天津分公司商务合同部共同制定了项目的招投标策略。签订合同后，设专人制定并定期跟踪更新采办跟踪计划表。

（3）根据工程较小特点，将基本设计和详细设计合二为一，一步进入详细设计。

（4）平台上下部同时在陆地建造，并在陆地组装、陆地进行全部单机和单系统的所有调试及系统水压试验。

（5）在项目的进度控制上，进行了合理的 WBS 分解并确定了计划控制包，确定了可行的关键点。

（6）在费用的控制管理上，将每一项标的工作内容和费用组成进行分解和重新整合，再根据实际工作量和最新信息对每项标的费用进行测算。

（7）由项目组的质量和安全工程师根据设计要求以及天津分公司 HSE 体系编写了《健康安全环保管理程序》。

二、终端工程项目管理

北京设计公司负责终端设施建设和交钥匙工程。项目管理的主要内容包括设计分工、设计进度、设计优化，设计修改；采办分工、采办工作量、采办程序、进口设备材料的检验；施工建造的组织和分工、总工程量和总工期、施工技术措施；设计质量、采办质量、质量体系、质量验收与评定、工程验交与竣工资料；试运组织、试运前的准备工作、临时供气方案、全面投产方案。

附 录

附录一 附 图

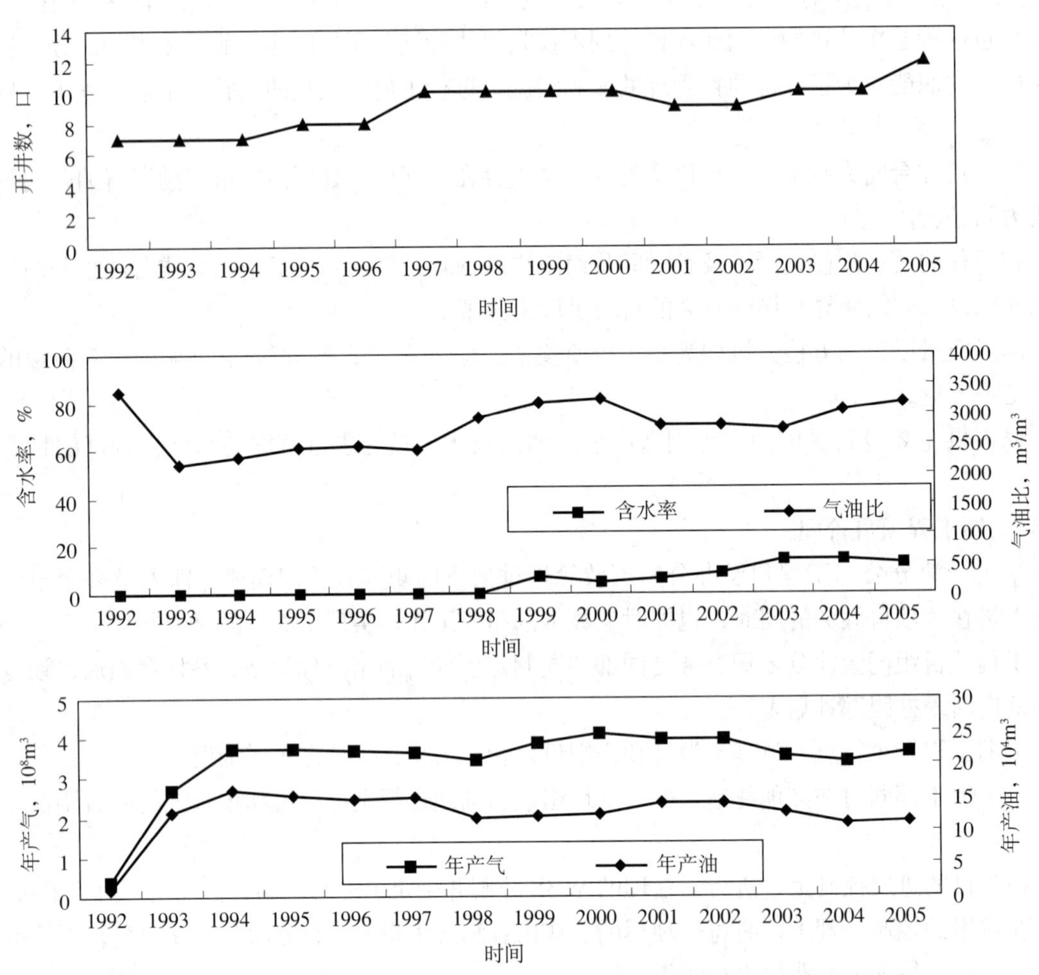

附图 1 锦州 20−2 凝析气田开发综合曲线图（天津分公司技术部编制，2005 年）

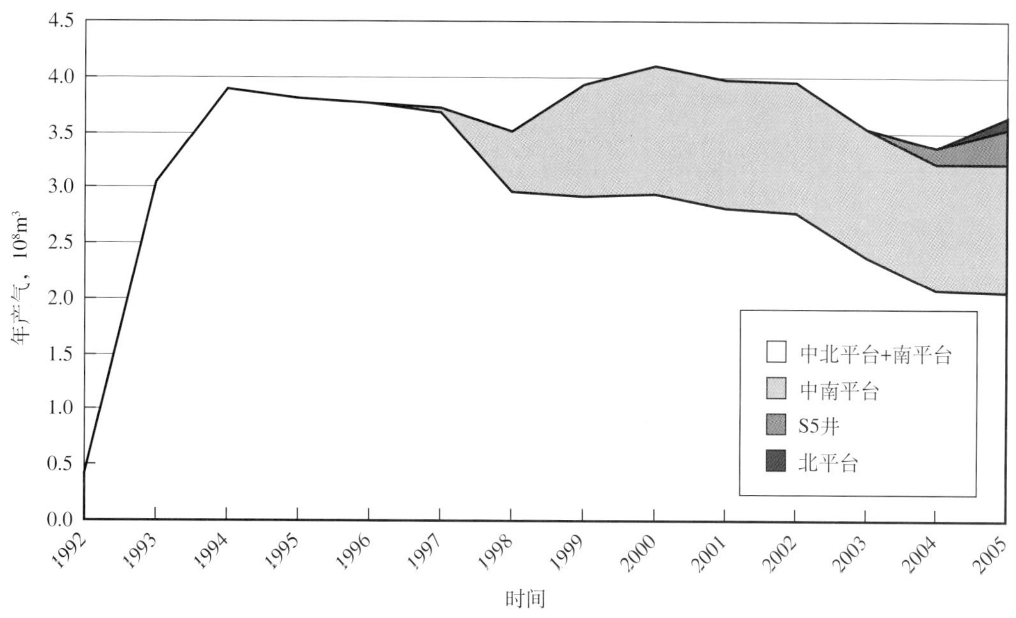

附图 2　锦州 20–2 凝析气田历年产量构成曲线图（天津分公司技术部编制，2005 年）

附录二　附　表

附表 1　锦州 20–2 凝析气田地质综合数据表（天津分公司技术部编制，2005 年）

计算单元		气藏类型	埋藏深度 m	储量类别	面积 km^2	有效厚度 m	孔隙度 %	饱和度 %	凝析气油比 m^3/m^3	凝析油密度 g/cm^3	地质储量		
区块	层位										天然气 10^8m^3	凝析油 10^4m^3	凝析油 10^4t
南高点	E_3s_1	层状	−2167	已开发	7.0	12.0	26	68	2991	0.750	38.63	129.2	96.9
	E_3s_2	层状		已开发	1.6	34.1	22	60	2852	0.760	18.66	65.4	49.7
中高点西块	E_3s	层状	−2094	已开发	4.7	35.8	24	64	3086	0.756	66.64	215.9	163.2
中高点 3 井区	Pt 基质	层状		已开发	0.91	34.5	2.8	40	3086	0.756	0.88	2.9	2.2
	Pt 裂缝	块状		已开发	0.91	34.5	2.7	100	3086	0.756	2.22	7.1	5.4
北高点	E_3s	层状	−2359	已开发	4.0	9.4	24.4	56	4217	0.769	14.03	33.3	25.6
合计				已开发	16.6						141.06	453.8	343.0

附表 2　锦州 20–2 凝析气田历年开发综合数据表（天津分公司技术部编制，2005 年）

时间	采油井，口		气			凝析油			综合含水 %	采气速度 %	采出程度 %	动用储量 10^4m^3
	总	开	日 10^4m^3	年 10^8m^3	累计 10^8m^3	日 m^3	年 10^4m^3	累计 10^4m^3				
1992.12	7	7	131.81	0.4144	0.414	376.4	1.17	1.17	0	3.91	0.33	127
1993.12	7	7	105.66	3.0515	3.466	462.7	12.66	13.83	0	3.16	2.73	127
1994.12	7	6	120.65	3.8941	7.360	471.1	16.15	29.97	0	3.53	5.79	127

续表

时间	采油井，口		气			凝析油			综合含水 %	采气速度 %	采出程度 %	动用储量 10^4m^3
	总	开	日 10^4m^3	年 10^8m^3	累计 10^8m^3	日 m^3	年 10^4m^3	累计 10^4m^3				
1995.12	8	8	118.42	3.8022	11.162	459.1	15.26	45.23	0	3.47	8.79	127
1996.12	8	6	112.33	3.7565	14.919	384.8	14.85	60.09	0	3.29	11.74	127
1997.12	11	8	110.78	3.7187	18.638	391.8	15.1	75.19	0	3.24	14.67	127
1998.12	11	9	110.28	3.5068	22.144	335.5	11.77	86.96	0	3.23	17.43	127
1999.12	11	9	121.41	3.9222	26.067	358.3	12.2	99.16	5.5	3.56	20.52	127
2000.12	11	9	114.10	4.0943	30.161	409.3	12.53	111.7	2.7	3.34	23.74	127
2001.12	11	9	113.96	3.9795	34.140	418.8	14.22	125.91	8.5	3.34	26.88	127
2002.12	11	9	114.86	3.9622	38.102	412.2	14.16	140.08	13.0	3.36	29.99	127
2003.12	11	9	93.73	3.5399	41.642	329.7	12.85	152.93	13.4	2.74	32.78	127
2004.12	12	10	101.52	3.3530	44.995	338.1	10.93	163.86	15.7	2.97	35.42	127
2005.12	15	12	124.46	3.7651	48.760	387.2	11.44	175.299	12.2	3.28	34.57	141

附录三　领导人名录

（一）锦州 20–2 气矿

总监（经理）：陶炳全（1990—1993）、郭永明（1991—1995）、刘　健（1993—1995）、李静峰（1995—1997）、吴红卫（1995—1997）、石建荣（1997—2003）、马冶平（1997—2005）、秦　鹏（2003—2005）

书记：曹建海（1990—1995）、高国良（1995—1997）、孟宪安（1997—2003）

（二）锦州 20–2 天然气分离厂

总监（厂长）：刘长水（1991—1994）、陶炳全（1994—1995）、关　德（1995—1996）、万国奎（1996—2003）、刘树宏（2000—2003）、石建荣（2003—2005）、林世春（2003—2005）

书记：左　超（1991—2003）

附录四　获奖项目

项目名称	获奖等级	获奖时间	获奖人
锦州 20–2 构造浅析	渤海公司科技进步一等奖	1985	段希芳、孙玉堂、刘瑞兰、吴秉权、史书玲、沈文玉、王根照、莫　慧、黎文忠、付瑾平、王忠和、左柯庆
渤海辽东湾锦州 20–2 构造勘探开发规划	总公司科技进步二等奖	1986	陈国风、曾昭伟、刘星利、周德湘、李克明、王建华、张国祥、宫　薇、孙德刚、唐欣满、张荣华
辽东湾锦州 20–2 构造开发地震综合研究	总公司科技进步二等奖	1986	李克明、王建华、于日萱、刘瑞兰、戴明贤
渤海辽东湾锦州 20–2 凝析气田开发总体方案油气藏研究	渤海公司科技进步一等奖	1989	陈国风、曾昭伟、董逢春、张国祥、王景花、丁克文、宫　薇、王力群
锦州 20–2 凝析气田开发工程方案及经济评价	渤海公司科技进步一等奖	1990	孙德刚、丁九亮、余绍祖、王德森、杨培兰
锦州 20–2 高压油气井钻井技术	渤海公司科技进步一等奖	1991	欧长美、彭修道、邓启富、芦长林
油藏描述技术在锦州 20–2 南高点的应用	渤海公司科技进步一等奖	1992	王志君、胡光义、王应斌、常青林、李宛泉
锦州 20–2 海上凝析气田开采与集输技术	国家科技奖二等奖	1996	仰书陶、孙德刚、杨炳益、章文蔚、梅孝恒、薛宝禄、李广文、姚小华

附录五　征引文献

文献名	作者	出版时间	出版社
渤海油田志	《渤海油田志》编辑委员会	1992	天津人民出版社
中国海洋石油总公司志	《中国海洋石油总公司志》编辑委员会	1999	改革出版社
中国石油地质志（卷十六）	王善书、赵柳生	1987	石油工业出版社

编纂始末

锦州 20–2 凝析气田是中国海洋石油总公司自营勘探发现、第一个按国际标准自行设计建造并自营开发管理的海上气田。气田发现于 1984 年，1992 年投产。至 2005 年 12 月，气田生产形势稳定，累计产气 $48.78 \times 10^8 m^3$，采出程度为 34.59%。

《锦州 20–2 凝析气田志》的编纂工作由中海石油（中国）有限公司天津分公司生产部组织、渤海油田勘探开发研究院与辽东作业区及钻井部密切合作并由研究院汇总。编纂工作始于 2009 年 2 月，负责资料收集及编纂的人员有黄保纲、潘玲黎（开发地质）、王惠芝（油藏工程）、郭剑（钻完井工程）、郭秩英（采气工程）、褚振全和施晓东（海洋工程），由黄保纲统稿。2010 年 2 月 24 日《中国油气田开发志》渤海油气区编纂委员会组织完成一级审查，3 月 11 日邀请专家进行二级审查，4 月 16 日在徐启兴等专家指导下进行了最后一次修改，并于 4 月 29 日通过《中国油气田开发志》渤海油气区编纂委员会的三审验收。

《锦州 20–2 凝析气田志》编纂组

2010 年 5 月

编号：26-011

埕北油田志

《埕北油田志》编纂组　编

1985 年 4 月 11 日，国务委员康世恩视察渤海油田，参观埕北油田平台模型

（渤海石油档案馆，1985 年）

1980 年 5 月 29 日，中华人民共和国石油公司海洋分公司代表钟一鸣与

日本埕北石油开发株式会社代表在日本东京签署

《渤海西部海域埕北油田合作勘探开发石油合同》

（渤海油田志，1993 年）

1987 年 7 月 1 日，埕北油田操作者地位转移仪式
（渤海油田志，1993 年）

埕北油田 B 区平台群
（天津分公司行政管理部，2005 年）

证　书

获奖项目：埕北油田A钻井平台设计和海洋丛式钻井技术

获奖单位：渤海石油公司

奖励等级：壹等

奖励日期：一九八五年

85-DK-1-004

国家科学技术进步奖
评审委员会

埕北油田国家科学技术进步一等奖获奖证
（渤海石油档案馆，1985 年）

锦西
兴城
营口
盖县
绥中
山海关
秦皇岛
北戴河
滦县
昌黎
瓦房店
古冶
唐山
庄河
乐亭
卢台
汉沽
金州
塘沽
大连
旅顺
埕北油田
蓬莱
龙口
烟台
莱州

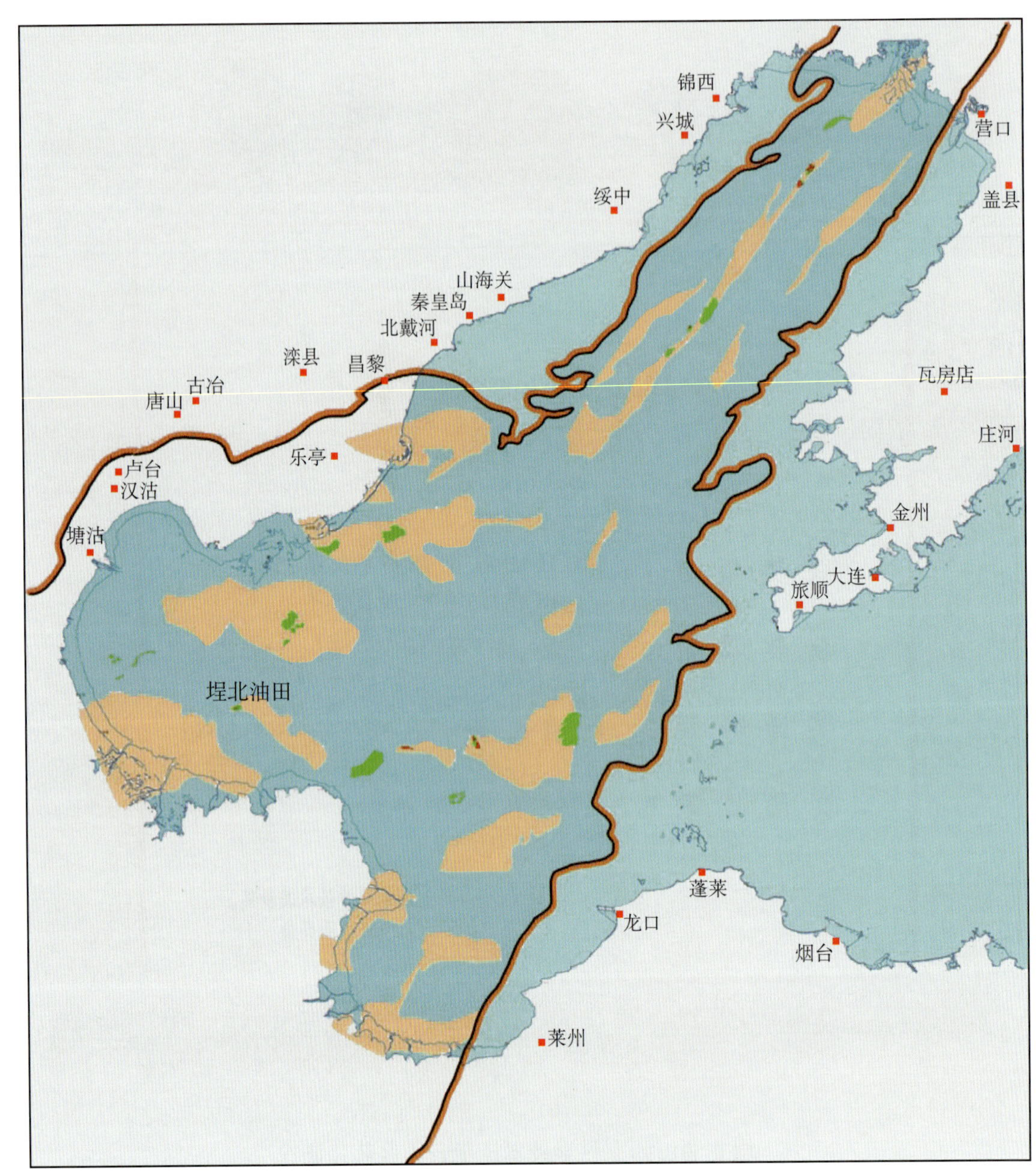

埕北油田地理位置图

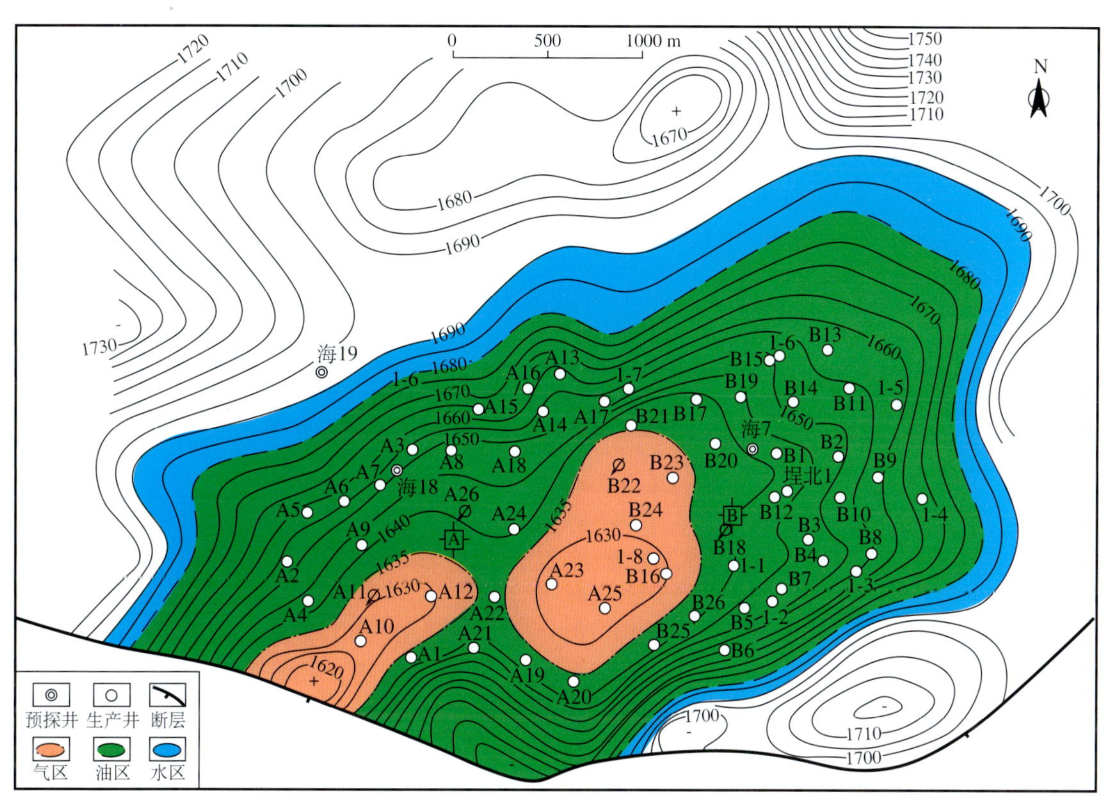

埕北油田构造井位图

（渤海石油研究院，1986 年）

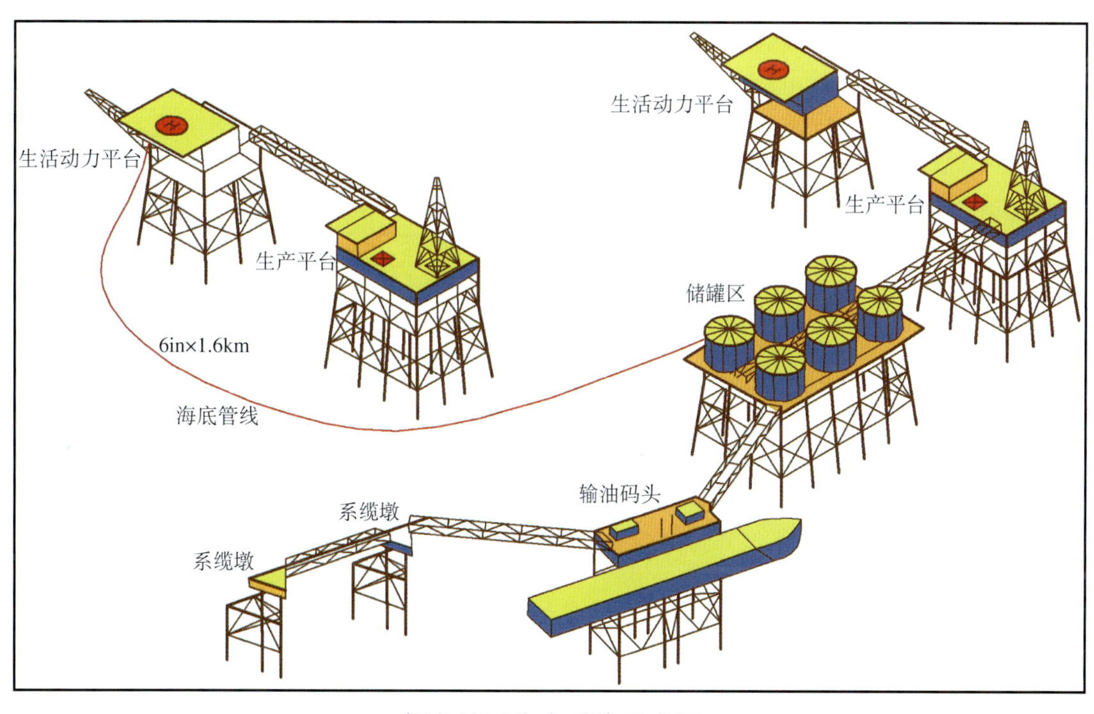

埕北油田生产系统示意图

（中海石油研究中心渤海研究院，2001 年）

《埕北油田志》编纂组

张敏娟　何瑞兵　范增昌　刘鹏飞　杜　娟　王力群
余俊雄　石　静　刘春艳

《埕北油田志》审核人员

汪志勇　许　红　曹文贤　徐启兴　秦志勤　余洪骥
赵春明　王为民　温哲华　安桂荣　吴成浩　刘　英
宫　薇　王力群　王世骞　蒋维军　李树宽　郭　剑

本志目录

概　述

埕北油田隶属于中海石油（中国）有限公司天津分公司（简称天津分公司）渤西生产作业区，是海洋勘探指挥部发现，中日合作开发，中国第一个按国际规范进行建设的现代化海上油田。

一

埕北油田位于渤海西部海域，天津市塘沽东南 88km 处，油田范围内平均水深 16m。油田百年一遇的海洋环境条件如下：最大波高 11.2m，周期 10.5s，海水最大流速 1.34m/s，平整冰厚 70cm，重叠冰厚 140cm，最大风速（3s 阵风）45m/s，平均风速（1min）42m/s，最高气温 40℃，最低气温 −19℃。

油田的管理、研究和后勤基地设在天津市塘沽滨海地区，距天津 45km，距北京 160km，东临渤海湾。华北、津晋等高速公路将塘沽与中国东北、西北、华南相连，京津塘高速公路和京津高速公路将北京、天津、塘沽连成一线，从塘沽驱车至天津滨海国际机场仅需 20min，到北京机场也只需 90min。京津城际高铁往返于北京—塘沽两地，全程用时 56min。临近港口的地理位置和发达的海陆空交通，为油田开发提供了便利条件。

塘沽基地有海事卫星等通信系统，采用有线、无线通讯手段相结合，沟通基地对平台的通讯，实现渤海海域及全国的通讯网络。基地设有直升机场，提供便捷的基地与平台的人员往来。基地的码头可停靠钻井平台、物探船、铺管船、浮吊、油轮、物资供应以及人员倒班乘用的工作船。

二

油田位于埕北低凸起的西高点上，西南以断层相隔紧靠埕北凹陷，西面及东北与沙南凹陷相邻。埕北低凸起呈北西—南东走向，面积 490km^2，是在前古近系潜山基底上发育的披覆构造。

控制潜山生成与发育的埕北大断裂，为北西走向、倾向南西，是形成于前中生代、中—新生代继承性发育的断层。断层具有延伸长（55km）、断距大（超过 1000m）、断至层位高、活动时间长的特征，对中—新生界的沉积起着控制作用，也是油气由埕北凹陷向低凸起之上的储层运移的油源断层。

位于埕北低凸起西高点的埕北油田为背斜构造，东西长 5km，南北宽 2.8km，圈闭面积 10km^2，闭合幅度 64m。油田主体部位形成东、西两个局部高点，东高点为主高点。油田内部断层不发育，构造形态完整。构造倾角顶部陡，翼部缓。

油田发育古近系东营组和新近系馆陶组两套油层。

东营组主要油层段厚度 16 ~ 40m，储层为辫状河三角洲沉积，砂体横向展布稳定。岩性为中细岩屑长石砂岩。储层为高孔高渗型，平均孔隙度 28%，平均渗透率 1670mD。次要油层段厚度 0 ~ 5m，岩性横向变化大，砂岩呈透镜体分布，与主要油层之间以一套分布稳定的泥质岩为隔层，隔层厚度 1 ~ 7m。

馆陶组储层为辫状河沉积，砂体平面连通性好，岩性为中粗砂岩及含砾中粗砂岩，具高孔高渗储集特征，孔隙度 30% ~ 35%，渗透率 1100 ~ 3700mD。

油田原油具有密度大、黏度高、气油比低的特点。

东营组主要油层地面原油密度 0.955g/cm^3，地层原油黏度 57mPa·s，溶解气油比 38m^3/m^3。

馆陶组油层地面原油密度 0.980g/cm^3，地层原油黏度 577mPa·s，溶解气油比 10m^3/m^3。

东营组主要油层的地层水为低矿化度的重碳酸钠水型；天然气以气顶气和溶解气两种形式存在，属干气范畴；油藏属于正常压力、温度系统。

油田东营组主要油层具有气顶和边水，为构造层状油藏；次要油层为砂岩透镜体，属岩性层状油藏；馆陶组油层为块状底水油藏。

三

1972 年 11 月燃料化学工业部海洋勘探指挥部 32190 钻井队在埕北低凸起西高点（曹妃甸 21–1 构造）钻 H7 井（海 7 井），在古近系东营组钻遇 20.2m 油层，12 月 16 日测试日产油 91t，在中国近海发现了第一个稠油油田——埕北油田。为落实含油边界，1975 年 5 月钻 H16 井（海 16 井），钻遇水层。

同年在海 7 井东南 162m 处建六号试采平台，钻评价井 1 口（ CB1 即埕北 1 井），钻试采生产井 8 口（CB1–1 井—CB1–8 井），1977 年 12 月投入试采。

1978 年 12 月为落实含油面积，把握油层在纵、横向的变化规律，渤海一号钻井船钻 H18 井（海 18 井），在东营组钻遇 29m 油层。1979 年 5 月钻 H19 井（海 19 井），钻遇干层和水层。同年进行了 1km × 1km 的 14 条测线 122km 的二维地震采集和解释工作。

1979 年 6 月埕北油田向石油工业部申报并备案含油面积 9.2km^2，探明石油地质储量 2084.00 × 10^{4}t (2182.00 × 10^{4}m^3)。同年石油工业部海洋石油勘探局勘探开发设计研究院（简称勘探开发设计研究院）组织专家对油田进行了一系列评价工作，1980 年 1 月编制完成了《埕北油田开发方案》。这是中国海洋石油系统编制的第一个油田开发方案。

1980 年 5 月 29 日，中华人民共和国石油公司海洋分公司代表钟一鸣与日本埕北石油开发株式会社（简称埕北石油开发株式会社）代表在日本东京签署《渤海西部海域埕北油田合作勘探开发石油合同》。这是海洋石油对外合作签署的第一批合同之一。6 月 16 日国家进出口管理委员会批准了上述合同。合同签订后，埕北石油开发株式会社出资 20 万美元，勘探开发设计研究院提供了《埕北油田开发方案》。该方案主要是地质油藏方案，1981 年 4 月 8 日获石油工业部批准。

1981 年 10 月由于合作需要，六号采油平台结束试采。

1981 年至 1987 年，埕北石油开发株式会社作为操作者，主持完成了油田开发数值模拟研究、编制开发实施方案和开发工程设计方案。在开发实施方案和工程设计中，全面采用了国际通用的规范、标准和国际通用的计算机软件。海洋石油勘探局选派雇员学习，同时组织技术力量进行平行作业，掌握了油田开发数值模拟和工程设计技术。在平台导管架与组块的制造和平台海上安装方面也按国际规范和标准执行。实施对外合作，将渤海油田的开发提升到国际规范、国际标准和国际水平。

1982 年 4 月 28 日 B 平台第一口井开钻，1983 年 12 月 4 日 A 平台第一口井开钻，1985 年 6 月 21 日 52 口开发井和 4 口水源井全部完钻。

1981 年 5 月开始工程设施建设，1985 年 9 月 B 平台投产，1987 年 1 月 A 平台投产，1987 年 6 月 12 日油田全面投产，1987 年 7 月 1 日埕北石油开发株式会社将油田的操作者地位移交中国海洋石油总公司渤海石油公司（简称渤海石油公司）。

油田东营组主要油层容积法储量计算有 4 次，1977 年 12 月计算了探明加控制石油地质储量；1979 年 6 月向石油工业部申报并备案探明石油地质储量；1985 年 8 月埕北石油开发株式会社计算了探明石油地质储量；完钻 52 口开发井后，1986 年 1 月进行了石油地质储量复算，探明含油面积 7.72km^2，探明石油地质储量 1959.50×10^4t（2051.83×10^4m^3），此次复算结果为国家储量套改后采用的石油地质储量。

四

油田开发历程分为早期试生产、产量上升（油井陆续投产）、稳产开发和产量递减四个阶段，形成了早期充分利用边水能量，以 30% 液量递增率，保持 2% 采油速度稳产 6 年；在油田出现低压区后，实施点状注水；在平台污水处理量和用电量满负荷的状况下，实施产液结构调整（控制高含水井产液量，提高低含水井产液量）；在合作合同期满后，实施综合调整等具有“埕北”特色的开发模式（图 1）。

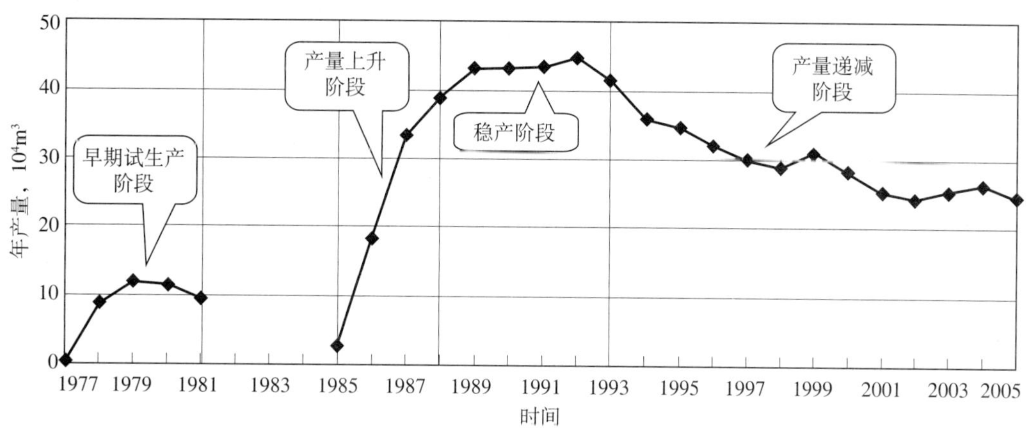

图 1　埕北油田开发阶段划分图
（天津分公司技术部，2005 年）

早期试生产阶段：1977 年 12 月至 1981 年 10 月六号试采平台共有生产井 9 口，位于气顶区的 CB1–8 井只产气关井，其余 8 口井投产初期自喷生产，1979 年有 3 口井转为水力活塞泵抽油。试采期间累计产油 40.06×10^4t，采油速度 0.50%，采出程度 2.04%，累计产水 2.45×10^4t，累计产液 42.51×10^4t，油层总压降 0.60MPa，封井前油田综合含水 6.10%。

试采中暴露出靠近气顶的油井容易发生气窜；处于油水过渡带的油井见水早，见水后含水上升快；由于油层疏松，生产中油井容易出砂等问题。

产量上升阶段：1985 年 9 月至 1987 年 12 月为开发第二阶段。由于停产四年，油、气、水的分布状况得到调整，接近原始状态，射孔时边部油井又避射了底部高渗透层，所以 1985 年 9 月 B 平台投产后的一年多时间油田处于无水采油期。1987 年 1—6 月 A 平台油井陆续投产，1987 年 6 月 12 日油田全面投产后，50 口油井全部自喷开采（2 口设计注水井未投注），逐渐放大油嘴生产，采油速度提高到 1.61%，见水井数增加到 26 口，此阶段采出地质储量的 2.64%，含水上升 12.62%，含水上升率为 4.78%。

稳产阶段：1988 年 1 月至 1993 年 12 月为油田开发第三阶段，该阶段的前三年（1988 年 1 月至 1990 年 12 月）油田处于中含水阶段，采用放大油嘴、下射流泵、下电潜泵等增大生产压差措施，每年以 30% 的液量递增率，保持了油田年产油 40×10^4t 的稳产，采油速度由 1.89% 提高到 2.11%，阶段末综合含水 63.00%，稳产期前三年采出地质储量的 6.09%，含水上升 44.30%，含水上升率 7.27%。

后三年（1991 年 1 月至 1993 年 12 月）油田综合含水超过 60%，边部油井含水大多超过 75%，采用适时放大纯油区油井生产压差和东部气顶东侧 5 口井转机械采油等措施接替稳产，由于开发技术政策和各项措施适合油田实际，使区块之间，井与井之间，层与层之间接替稳产得以实现。1992 年油田最高年产油 42.16×10^4t，采油速度 2.16%。稳产期后三年采出地质储量的 6.30%，含水上升 14%，含水上升率为 2.20%。

六年稳产期间，采出地质储量的 12.40%，一直保持设计高峰年产油 40×10^4t 的水平，平均采油速度 2%。1993 年 12 月累计产油 332.89×10^4t，地质储量采出程度 17.08%，油田综合含水 77%。

产量递减阶段：1994 年 1 月至 2005 年 12 月为第四阶段，该阶段细分为两个阶段，第一阶段为 1994 年 1 月至 2000 年 10 月 27 日，仍处于中日合作期。第二阶段为 2000 年 10 月 28 日至 2005 年 12 月 31 日，为自营期。

油田 A 区（A 平台油井控制的油田西部地区）油层物性比 B 区（B 平台油井控制的油田东部地区）差，边水活跃程度比 B 区弱，油井供液能力相对差，油田内部出现了低压区，地下条件限制了 A 区提液增油的幅度；B 区油层物性及油井供液能力比 A 区强，由于 B 平台污水处理量和用电量满负荷，提高产液量的措施已无法实施，故 1994 年油田进入产量递减阶段。为改善油田开发效果，1993 年 4 月 19 日位于低压区中心部位的 CB–A26 井进行注水试验，这是中国海上的第一口注水井。1995 年又有 3 口井转为注水井。由于实施点状注水，采取控制高含水井产液量，提高低含水井产液量的稳油控水措施，1994 年至 2000 年 7 年间的含水上升率降至 0.82%，采油速度 1.50%。

2000 年 10 月 28 日，中日合作开发合同结束，油田转入自营开发。中国海洋石油总公司提出了利用原有海上工程设施，充分挖掘油藏潜力，对油田进行调整的开发部署。天津分公司实施了开发调整方案，一些开发技术难点列入国家“863”重点攻关项目进行研究和试验，为海上老油田调整挖潜做好技术储备。2001 年至 2004 年分步实施调整方案，在此期间，共有 10 口井上返补射东营组顶部未动用油层；新钻 2 口水平井试采馆陶组 2 油组；2 口侧钻水平井开采东营组主要油层的顶部剩余油。截至 2005 年 12 月，东营组顶部油层 10 口上返补孔井增产原油 $7.50\times10^4m^3$；馆陶组 2 油组新钻 2 口水平井增产原油 $1.80\times10^4m^3$；挖掘东营组主要油层顶部剩余油的 2 口侧钻水平井增产原油 $2\times10^4m^3$。

五

2005 年 12 月，东营组主要油层探明含油面积 $7.72km^2$，探明石油地质储量 1959.50×10^4t（$2051.83\times10^4m^3$），储量全部动用，可采储量 757.36×10^4t（$793.05\times10^4m^3$）。为挖掘潜力，2001 年 8 月至 10 月，CB–A21 井在主要油层上部未动用的东营组顶部油层和馆陶组油层试出工业油流。通过地震、地质、测井等方面的研究认为，已钻遇而未开发的东营组顶部油层和馆陶组油层未开发的地质储量有 $1139\times10^4m^3$，其中馆陶组石油地质储量 $862\times10^4m^3$。

油田海洋工程采用全海式钢质桩基平台固定生产系统，海上油气生产与集输设施分 A、B 两个作业区进行建设。B 区的工程设施有钻井、生产平台一座；生活、动力平台一座；储油平台一座，共有六个储罐，可储油 $12000m^3$；输油码头一座；系缆墩 2 座。A 区只有钻井、生产平台和生活、动力平台各一座。A、B 两区之间用 1.6km 海底管线相连。A 区生产的原油通过海底管线输到 B 区，A、B 两区生产的原油输送到储罐，经输油码头装船外运。

2005 年 12 月油田开发井总井数 54 口，其中采油井 49 口（电潜泵井 32 口，射流泵井 12 口），开井 39 口，日产油 $682m^3$（648t），日产液 $5090m^3$，油田综合含水 86.60%，年产油 $24.50\times10^4m^3$（23.45×10^4t），采油速度 1.18%，注水井 5 口，开井 5 口，日注水 $725m^3$，年注水量 $24.68\times10^4m^3$，年产出地下体积 $180.44\times10^4m^3$，年注采比 0.14。

2005 年 12 月油田累计产油 $696.14\times10^4m^3$（661.99×10^4t），地质储量采出程度 33.93%，可采储量采出程度 87.78%，累计生产天然气 $3.86\times10^8m^3$，累计注水 $258.91\times10^4m^3$，累计产出地下体积 $2957.18\times10^4m^3$，累计注采比 0.09，油层总压降 0.78MPa。

六

埕北油田是渤海的第一个稠油油田，为渤海大规模开发稠油油田提供了许多重要启示。

油田天然能量充足，立足于一套井网，一套开发层系，开发实施效果好于开发方案设计指标，以2% 采油速度连续稳产了6年，提前4年（在1996年）完成了开发方案设计油田开采15年（到2000年），累计产油 416.80×10^4t，采出20% 可采储量的采收率指标，油田实际综合含水81.20%，比方案预测的低6.30%，油田开发指标达到一类油田标准。

埕北油田是海洋石油系统第一个编制油田开发方案的油田，是中国第一个建成投产的中外合作开发的海上现代化油田，是中国海洋石油工业的人才培养基地。油田开发建设20年来，培养了一支工种齐全、专业配套、素质较高的职工队伍，大批专业技术人员走向海洋石油各海域新油田的开发建设之中，造就了大批优秀的石油开发管理专家，大批管理人才走上重要的领导岗位，在中国海上油气开发史上具有重要地位。

在海洋工程建设承包方面，以协商分摊的方式确定承包者，使渤海石油公司的专业承包队伍素质迅速提高，反承包创汇额达到8047万美元，占劳务承包总额的75%。

通过技术培训和严格考核，使承包队伍水平迅速提高，以导管架制造为例，在埕北工程承包的几年中，111名电焊工通过考核获得了ABS颁发的国际合格证书，其中92人获得AWS 6GR国际标准证书，46人获得氩弧焊国际合格证书，10人获得11个无损探伤美国船级社国际标准合格证书，其中一人成为取得国际三级标准证书的高级检验人员，其他关键岗位上的工人，也取得了190个国际合格证，建立了一支能按国际标准建造导管架的承包队伍。

在工程项目承包方面，首次建立了“项目经理责任制”的管理体制，从工程投标开始到工程建设中的进度计划管理、成本控制、质量控制等都形成了一整套适应国际要求的严格做法。

在工程项目管理方面，通过对等机构的形式，渤海石油公司与埕北石油开发株式会社操作者一起进行管理，从制定油田开发计划开始，一直到油田工程建成投产的各个环节都进行了严格的控制。

通过埕北油田的对外合作开发，不仅解决了国内资金不足的问题，而且促进了企业的改革，提高了油田开发管理水平和企业素质。使海洋石油钻井、海洋石油工程设计、建造和海上安装能力得到加强，为参与渤海和南海其他对外合作油田工程项目的竞争与承包，直至走出国门承揽国际项目和自营油田的开发建设打下了基础。

1985年7月30日《埕北油田A钻井平台设计和丛式钻井技术》获国家科技进步一等奖；1987年7月《埕北油田组块安装与连接工程的管理与工艺技术》获国家科技进步三等奖；1988年7月15日《埕北油田A区建造工程》获国家科技进步一等奖；1992年11月《埕北油田开发方案及效果》获国家科技进步三等奖。

大事记

1972年

11月　燃料化学工业部海洋勘探指挥部在渤海西部海域埕北低凸起的西高点（曹妃甸21–1构造）钻探H7（海7）井，在古近系东营组钻遇20.2m油层，12月16日测试日产原油91t，发现了埕北油田。

1975年

5月　钻H16（海16）井，钻遇水层。

9月　在H7井东南162m处建成六号钻井、试采平台。

1976年

11月　六号平台共钻井9口，其中评价井1口（CB1井即埕北1井），试采生产井8口（CB1–1—CB1–8井）。

1977年

12月15日　埕北油田六号采油平台投入试采。

12月　海洋石油勘探指挥部地质队进行油田储量计算，含油面积14.19km^2，探明加控制石油地质储量2103.9×10^4t。

1978年

2月11日　6号试采平台发生火灾，造成3人死亡、1人重伤，直接经济损失20余万元。

12月　渤海一号钻井船钻H18（海18）井，在东营组钻遇29m油层。

1979年

5月　渤海一号钻井船钻H19（海19）井，钻遇干层和水层。

12月　海洋石油勘探局勘探开发设计研究院向石油工业部申报含油面积9.19km^2，探明石油地质储量2084.00×10^4t（$2182.00\times10^4m^3$），可采储量416.8×10^4t，采收率20%。油田开发方案以上述储量计算结果为依据。

是年　进行了1km×1km的14条测线122km二维地震采集和解释工作。

1980年

1月　海洋石油勘探局勘探开发设计研究院完成油田开发方案的编制。《埕北油田开发方案》包含十一个附件。

5月29日　中华人民共和国石油公司海洋分公司代表钟一鸣与日本埕北石油开发株式会社代表在日本东京签署《渤海西部海域埕北油田合作勘探开发石油合同》。

6月16日　国家进出口管理委员会批准《渤海西部海域埕北油田合作勘探开发石油合同》。

7月7日—11日　中日渤海西部、南部石油勘探开发合作首次联委会在塘沽举行，会议议定成立天津矿业所及渤西、渤南勘探实施计划和埕北油田经济评价计划及预算等。

7月29日　日本埕北石油开发株式会社常设机构天津矿业所成立。仪式在天津友谊俱乐部餐厅举行。日本埕北石油开发株式会社井上亮社长、松泽明副社长、大使馆商务参赞出诚一郎、中方石油工业部张文彬副部长、天津市郭春原、王光英副市长和渤海石油勘探局钟一鸣等110多人出席了成立仪式。

1981 年

4 月 8 日　石油工业部批准了埕北油田开发方案。

5 月　油田开始工程设施建设。

10 月　由于对外合作的需要，六号采油平台结束试采。

1982 年

4 月 28 日　B 平台第一口井开钻。

6 月 15 日　举行了首次按国际标准承包建造的埕北油田 A 区固定式平台导管架工程开工典礼。

1983 年

4 月 21 日　举行“埕北油田 A 区导管架制造完工典礼”。

12 月 4 日　A 平台第一口井开钻。

1984 年

5 月 3 日　B 平台最后一口井完钻，共钻进尺 51600m，平均井深 1842.50m，平均建井周期 22.04 天。

1985 年

1 月　天津市政府授予渤海石油公司埕北油田 A 钻井平台“1984 年度劳动模范集体”称号。

4 月 11 日　国务委员康世恩视察渤海油田，参观埕北油田平台模型。

6 月 21 日　A 平台最后一口井完钻，共钻进尺 53187m，平均井深 1899.50m，平均建井周期 16.80 天。

6 月 22 日　召开埕北 B 平台海上安装联合工程竣工表彰大会。

7 月 30 日　渤海石油公司的《埕北油田 A 钻井平台设计和丛式钻井技术》获得 1985 年度国家科技进步一等奖。

8 月 7 日　召开“埕北 A 平台钻井工程总结表彰大会”，中国海洋石油总公司秦文彩总经理、赵声振副总经理和中国海洋石油总公司二次办公扩大会的 63 名代表到会祝贺，并嘉奖了钻井有功人员。

8 月　日本埕北石油株式会社计算含油面积 10.64km^2，探明石油地质储量 2639.60 × 10^{4}t，确定采收率 20.90%，原油可采储量 551.70 × 10^{4}t。

8—9 月　渤海石油公司与日本新日铁株式会社合作在渤海埕北油田铺设了中国海上第一条 1.6km 双重管海底管线。

9 月　B 平台投产。

10 月 1 日　油田第一船原油装船外运。油田和埕北石油开发株式会社分别在塘沽（9 月 27 日）、北京（10 月 7 日）举行庆祝会。天津市副市长李岚清、石油工业部副部长赵宗鼐、中国海洋石油总公司总经理秦文彩等领导和中外人员 300 多人应邀出席了庆祝活动。

12 月 17 日　在大连举行油田第一船调和原油外输庆祝会。下午 3 点 50 分，满载 21500t 埕北调和原油的“大庆 51 号”油轮驶往日本。

1986 年

1 月　渤海石油公司研究院进行了油田石油地质储量复算，含油面积 7.72km^2，探明石油地质储量 1959.50 × 10^{4}t（2051.83 × 10^{4}m^3），确定采收率 21%，原油可采储量 411.50 × 10^{4}t。

5 月 6 日　中国海洋石油总公司在渤海石油公司召开劳模表彰会，授予埕北油田 A 平台钻井队“双文明单位”称号。

1987 年

1 月　A 平台油井投产。

6 月 12 日　中国第一个现代化海上油田——埕北油田全面投产，18 日召开庆祝大会，中国海洋石油总公司发电祝贺。

7 月 1 日　渤海石油公司与埕北石油开发株式会社在塘沽胜利宾馆隆重举行“渤海埕北油田操作者地位转移仪式”。

7 月　《埕北油田组块安装与连接工程的管理与工艺技术》获国家科技进步三等奖。

1988 年

7 月 15 日　渤海石油公司的《埕北油田 A 区建造工程》获得 1988 年度国家科技进步一等奖 。

是年　由于纯油区的高速开采，油田出现边水沿油层底部快速推进，导致见水井急剧增加、综合含水上升快和气顶周边油井频繁气窜的矛盾，因此制定了“强采边部区，稳定纯油区，保护气顶区”的开发技术政策，提出了边部井进行机械采油的方案。

1990 年

7 月 13—15 日　能源部部长黄毅诚和国务院进口市场办、国家计委、中国工商银行、中国人民银行、中国建设银行、财政部、海关总署、工商管理总局、海洋石油税务局及中国海洋石油总公司的有关负责同志一行 32 人视察埕北油田。

是年　由于“强采边部区，稳定纯油区，保护气顶区”开发技术政策的实施，提高了边部地区的储量动用程度；边部油井产量由 1987 年的 8.30×10^4t，提高到 1990 年的 21.49×10^4t，占油田产量的百分比由 26.30% 上升到 52.20%。

1991 年

是年　油田暴露出新的矛盾，主要是 A 区内部 CB–A26 至 CB–A12 井一带出现了低压区和气顶东侧发生油侵，将油田开发技术政策调整为“强采边部，保护气顶，东西分治，确保稳产”。

1992 年

11 月《埕北油田开发方案及效果》获国家科技进步三等奖。

1993 年

4 月 19 日　CB–A26 井进行注水试验。

是年　针对油田 A、B 两区不同的开采特点，采取不同的调整措施，实施“强采边部，保护气顶，东西分治，确保稳产”的技术政策，减少了储量损失，收到了预期的效果。

1994 年

1 月　A 区内部水驱能量不足，低压区进一步扩大，B 区污水处理能力和用电量满负荷，限制了继续提高液量，油田进入递减阶段。

3 月　中国海洋石油总公司油气田开发技术和管理经验交流会上，渤海石油公司生产部对 B 平台增加污水处理量和增加电站容量的可行性进行了论证。由于当时原油价格低，B 平台增加污水处理量和增加电站容量的方案未能实施。

4 月　根据出现的新情况，研究制定了新的技术政策，即“充分利用边水能量，合理利用气顶能量，在油田内部实施点状注水，进行产液结构调整”。

1995 年

5 月　设计注水井 CB–A25 井投注，CB–B18、CB–B22 井由采油井转为注水井，油田驱动类型由天然边水驱动转变为天然边水加点状注水。

1996 年

3 月　渤海石油公司研究院进行了油田石油地质储量复算。根据油田生产动态资料，采用水驱曲线法计算水驱动态地质储量为 2164×10^4t。与 1979 年上报石油工业部备案的石油储量相比，差值为 80×10^4t，不超过 10% 的界限，因此计算油田开发指标时仍采用上报备案的石油地质储量 2084×10^4t。

是月　渤海石油公司研究院对埕北油田可采储量进行了标定。综合预测结果，到 2000 年埕北油田可采储量为 493×10^4 ~ 521×10^4t，数值模拟预测油田生产到 2000 年中日合作期满时，可采储量为

521×10^4t，即开采 15 年后，可比开发方案多采出原油 100×10^4t。

12 月　提前 4 年完成了开发方案设计油田开采 15 年（到 2000 年），累计产油 416.80×10^4t，采出 20% 可采储量的采收率指标，油田实际综合含水 81.20%，比方案预测的综合含水低 6.30%。

1997 年

1 月　中国海洋石油总公司批准设立生产科研项目《埕北油田开发中后期油层伤害敏感性研究》。

6 月　设计注水井 CB−A11 井补孔，补射油层井段，9 月下射流泵排液生产。

8 月　设计注水井 CB−A25 井补孔，补射油层井段，自喷生产，只产气，不出油关井。

1998 年

6 月　CB−A11 井转为注水井。

9 月　由于 A 平台天然气产量不能满足发电机需要，CB−A25 井转为供气井。

12 月　根据大庆油田研究院研究成果，埕北油田东上段储层属辫状河三角洲相，主要油层内部可进一步细分为四个相对稳定的宏观流动单元，代表四期河流或三角洲叠置沉积而成。上部的薄层湖相砂岩构成了次要含油层系。

是月　由渤海石油研究院与石油大学（华东）油藏驱替机理研究室联合进行的《埕北油田开发中后期油层伤害敏感性研究》表明，由于部分井生产压差大，在井底附近脱气、降温，造成石蜡析出，沥青和胶质沉积在防砂筛管上，造成有机垢堵塞。选用“U−01”溶剂进行有机垢解堵作业。

1999 年

2 月　B 平台污水处理流程进行酸化除垢措施，增加了污水处理能力，提高了平台产液量。

11 月　渤海石油公司研究院对油田的可采储量进行了标定，经国土资源部矿产资源储量评审中心石油天然气专业办公室评审，批准埕北油田原油可采储量为 650.00×10^4t（$716.00 \times 10^4 m^3$），采收率 31%。

2000 年

9 月　由于“充分利用边水能量，合理利用气顶能量，在油田内部实施点状注水，进行产液结构调整”技术政策的实施，使油田内部地层压力回升，多年气窜的油井恢复生产，注水井周边油井产量上升，稳油控水的产液结构调整见到成效，油田产量递减速度减慢，综合含水保持稳定。

10 月 28 日　中日合作开发合同结束，埕北油田转入自营开发。

2001 年

8 月　中海石油研究中心根据中海石油（中国）有限公司天津分公司《埕北油田开发调整改造方案》工作委托书，完成了埕北油田开发调整方案（地质、油藏部分）的研究工作。

8 月—10 月　CB−A21 井在主要油层上部未动用的东营组顶部油层和馆陶组油层试出工业油流。

2002 年

4 月—7 月　3 口井上返补孔作业，进行开采东营组顶部油层试验。

12 月 1 日　《埕北油田分步调整方案》编制完成。全部内容分为六卷：第一卷“总论”；第二卷“地质油藏”；第三卷“钻完井”；第四卷“电站增容及平台改造”；第五卷“投资估算及经济评价”；第六卷“安全分析”。

12 月 2 日　在北京海油大厦 308 会议室由中海石油有限公司开发生产部组织《埕北油田分步调整方案》专家审查会，形成了专家意见。会议同意方案通过审查，报有限公司总裁审批。

2003 年

1 月 22 日　中海石油（中国）有限公司天津分公司签发了《关于埕北油田分步调整方案 2003 年实施计划的请示》。

3 月 25 日　中海石油有限公司批复，要求老油田调整“从易到难、分步实施、充分利用油田原有海上工程设施，少投入多产出，力争最佳经济效益”。天津分公司根据油田实际情况和投资总额控制的要求，决定先实施A平台的调整改造。

5月—7月　6口井上返补孔，开采东营组顶部油层。

10月11日　CB–A29m井投产，开采馆陶组2油组油层。

12月13日　CB–A22井侧钻为CB–A22hs井，开采东营组主要油层顶部剩余油。

2004年

3月11日　CB–A10井侧钻为CB–A10hs井，开采东营组主要油层顶部剩余油。

9月19日　CB–A31h井投产，开采馆陶组2油组油层。

2005年

是年　渤西生产项目队对油田调整方案实施效果进行了总结，截至2005年12月，10口上返补孔井累计增油$7.50\times10^4m^3$；利用CB–A22井筒，在剩余油富集区，成功侧钻的CB–A22hs，累计增油$2\times10^4m^3$；开采馆陶组2油组的水平分支井CB–A29m和水平井CB–A31h井，累计增油$1.80\times10^4m^3$。

2006年

5月　按照国土资源部要求，对油田进行了储量套改，套改后含油面积$7.72km^2$，探明已开发石油地质储量1959.50×10^4t（$2051.83\times10^4m^3$），技术可采储量757.36×10^4t（$793.05\times10^4m^3$），采收率38.70%；溶解气地质储量$7.84\times10^8m^3$，天然气地质储量$1.70\times10^8m^3$，溶解气技术可采储量$3.03\times10^8m^3$，天然气技术可采储量$1.19\times10^8m^3$。

第一章

油 田 地 质

第一节 构 造

区域构造上，油田位于埕北低凸起的西端，西、南边界紧靠埕北凹陷，北面与沙南凹陷相邻，是油气富集的有利地带（图 1–1）。

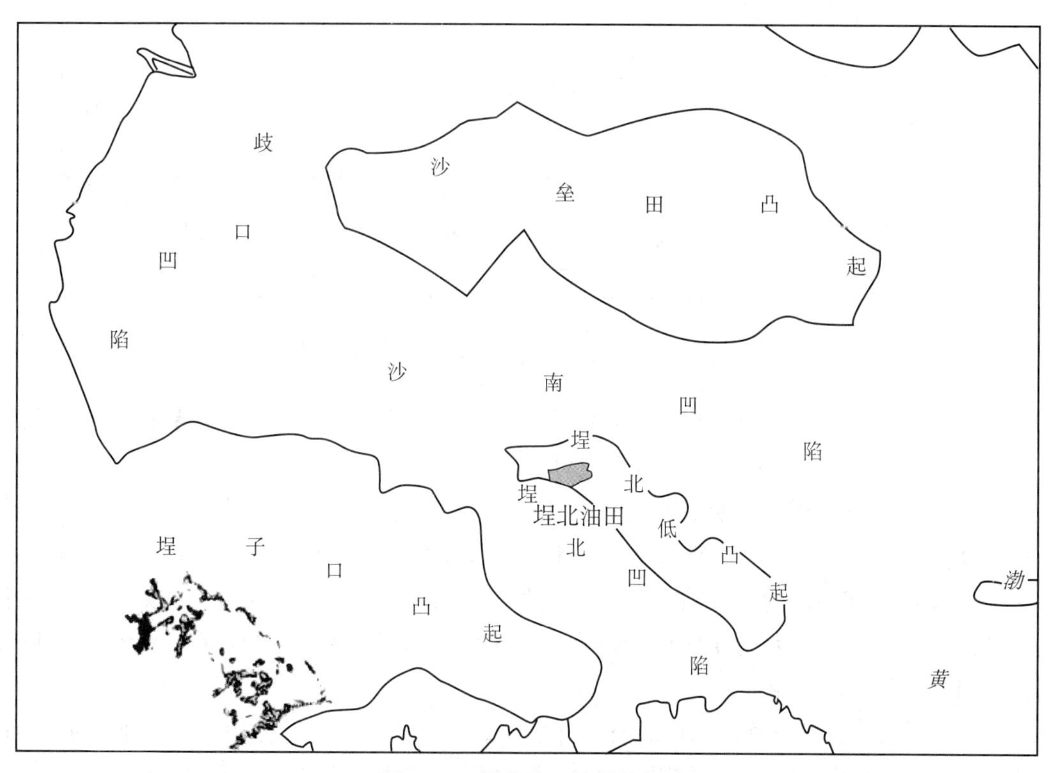

图 1–1 埕北油田构造位置图

（中海石油研究中心渤海研究院，2000 年）

油田构造基底为前古近系潜山，新生界古近系东营组直接超覆在潜山风化面之上，受后期构造作用的影响，油田的主体部位拱升，形成披覆背斜构造。根据区域地质研究，构造形成于古近纪，定形于新近纪。

中生代末，埕北低凸起为一大面积遭受剥蚀的隆起带，受燕山运动（末期）的影响，早古近纪开始沉降。由于油田位于埕北低凸起的高部位，该地区至渐新世中后期才全面接收沉积。随着湖盆水域的扩张和古地貌的改变，东营组沉积时期三角洲沉积比较发育，流经埕北低凸起带的古埕宁水系已具相当规模，并自西向东形成了规模较大的沙南三角洲体系。

新近纪开始，油田处于一个较为稳定的沉积环境，馆陶组、明化镇组和第四系全面覆盖其上，形成了古潜山背景上的披覆背斜构造。

自1977年至1986年油田共进行了4轮地质构造研究。

1977年12月油田共钻直井3口（H7、H16、CB1井），斜井8口（CB1–1井—CB1–8井）。在以上资料基础上研究认为：油田是被南面断层切割的背斜构造，构造简单平缓，地层倾角1°。构造的南西面和北面各有一条继承性发育的正断层。南部断层断距大，新生界最大断距可达1000m，控制着油气聚集。北面断层断距小，为300～700m。根据小层对比结果，绘制了东营组油层顶部构造图（图1–2）。1978年12月和1979年5月又钻了两口详探井（H18井、H19井），并在油田区域完成了地震

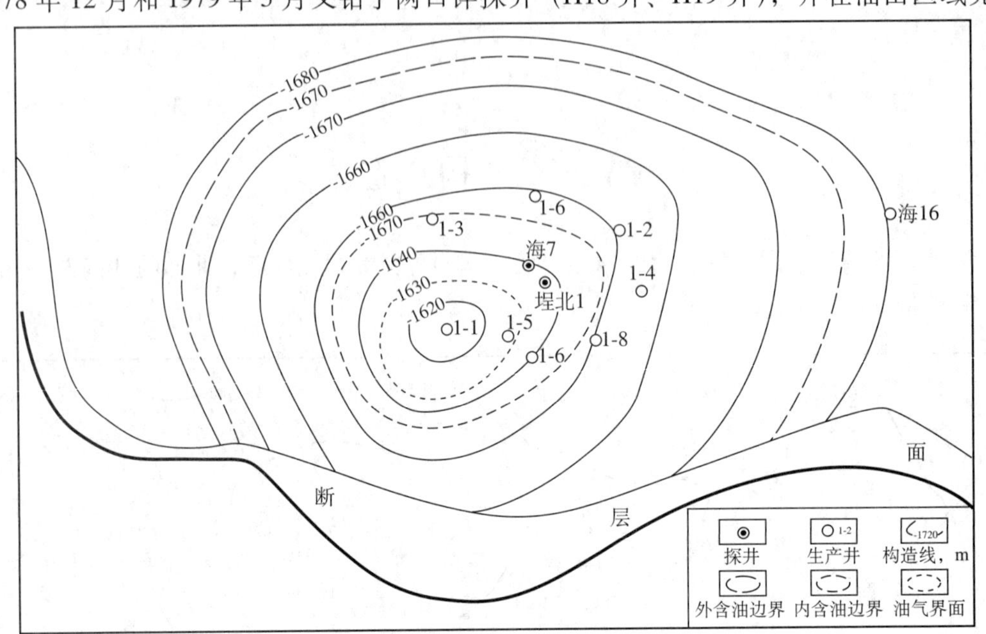

图1–2 埕北油田东营组油层顶部构造图
（海洋石油勘探指挥部地质队，1977年）

14条测线122km的工作量。经过这些工作对油田构造形态、储油层物性、油水界面等有了新的认识。在以上资料基础上，海洋石油勘探局勘探开发设计研究院范瑞芳等研究认为，油田为一形态完整，两翼对称平缓的鼻状构造。位于埕北断层（西段）上升盘，鼻子向东北倾没，倾角1°～2°。西部2号断层从鼻子边侧切与埕北断层相交，构造圈闭面积8.86km²，闭合幅度60m（图1–3）。油田南部为埕北断层西段，为一条南掉长期活动的基底断层，走向东西，全长55km，断距大，断达层位高，控制了中生代和古近纪的沉积。油田西侧为2号西掉正断层，走向南北，断距小，上述两条断层在已钻井中均未钻遇。此研究成果为开发方案采用。

1985年8月完钻52口开发井后，埕北石油开发株式会社研究认为，油田是一个轴线走向为东北东—西南西方向，边缘不规则的长方形或椭圆形的穹隆构造，圈闭面积11.50km²（图1–4）。

1986年1月完钻52口开发井后，渤海石油公司研究院对油田构造形态有了新的认识。油田为北东走向的背斜构造，长5km，宽2.80km。受古地貌和后期构造作用的影响，在油田主体部位形成东、西两个局部高点。油田构造圈闭等深线为1690m，闭合面积9.72km²，闭合幅度64.40m。根据测井资料，新生界地层倾角小于3°，构造平缓。

油田南以埕北断层（西段）为界，该断层形成于前中生代，长期持续活动，长55km，是分割埕北低凸起和埕北凹陷的边界大断裂。在低凸起的西段，断层由西北向东转为近东西向，新生界的最大断距达1000m以上，是油气由凹陷向低凸起之上的储集体运移的主要通道。油田内幕断层不发育，构造形态较为完整（图1–5）。此研究成果为目前采用的构造图。

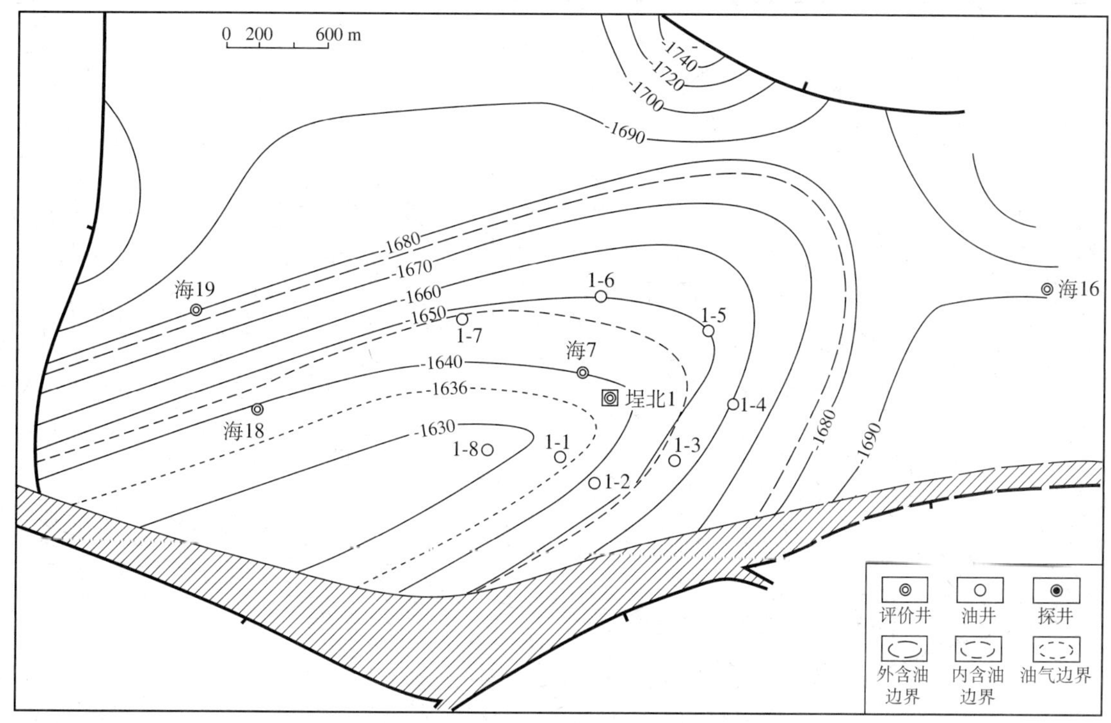

图 1-3 埕北油田东营组油层顶部构造图
（海洋石油勘探局勘探开发设计研究院，1979 年）

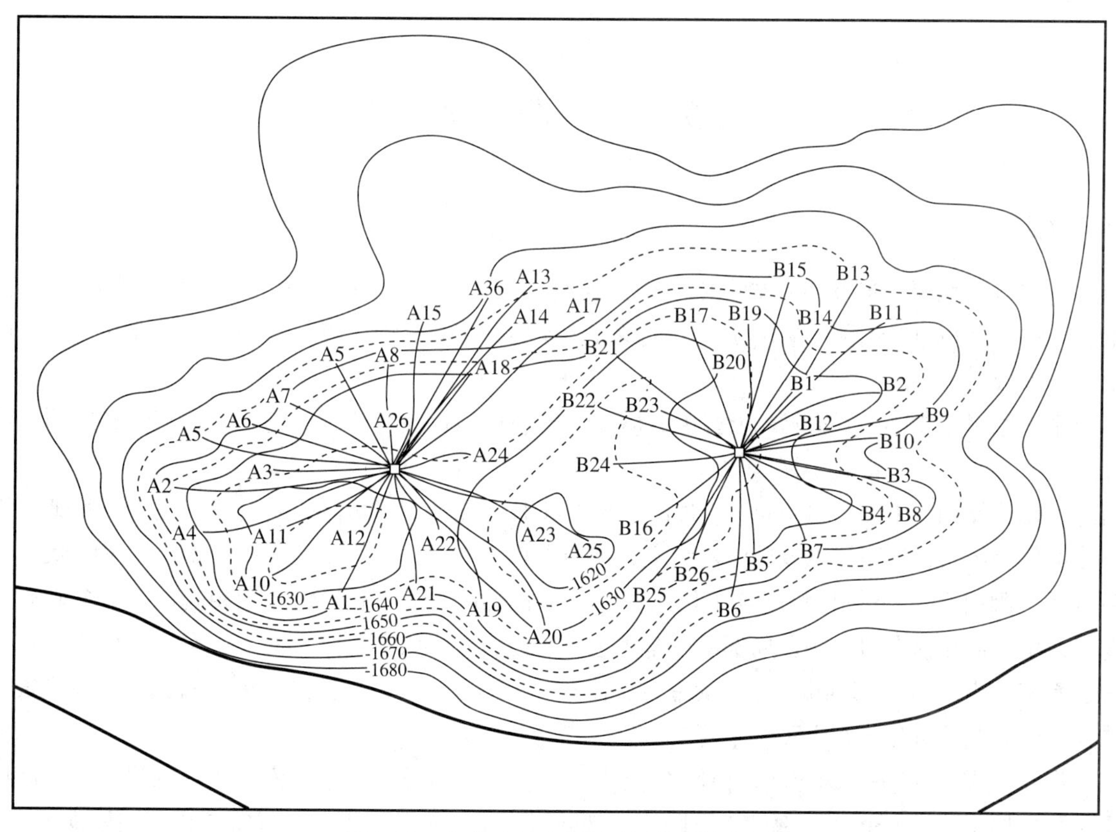

图 1-4 埕北油田东营组油层顶部构造图
（埕北石油开发株式会社，1985 年）

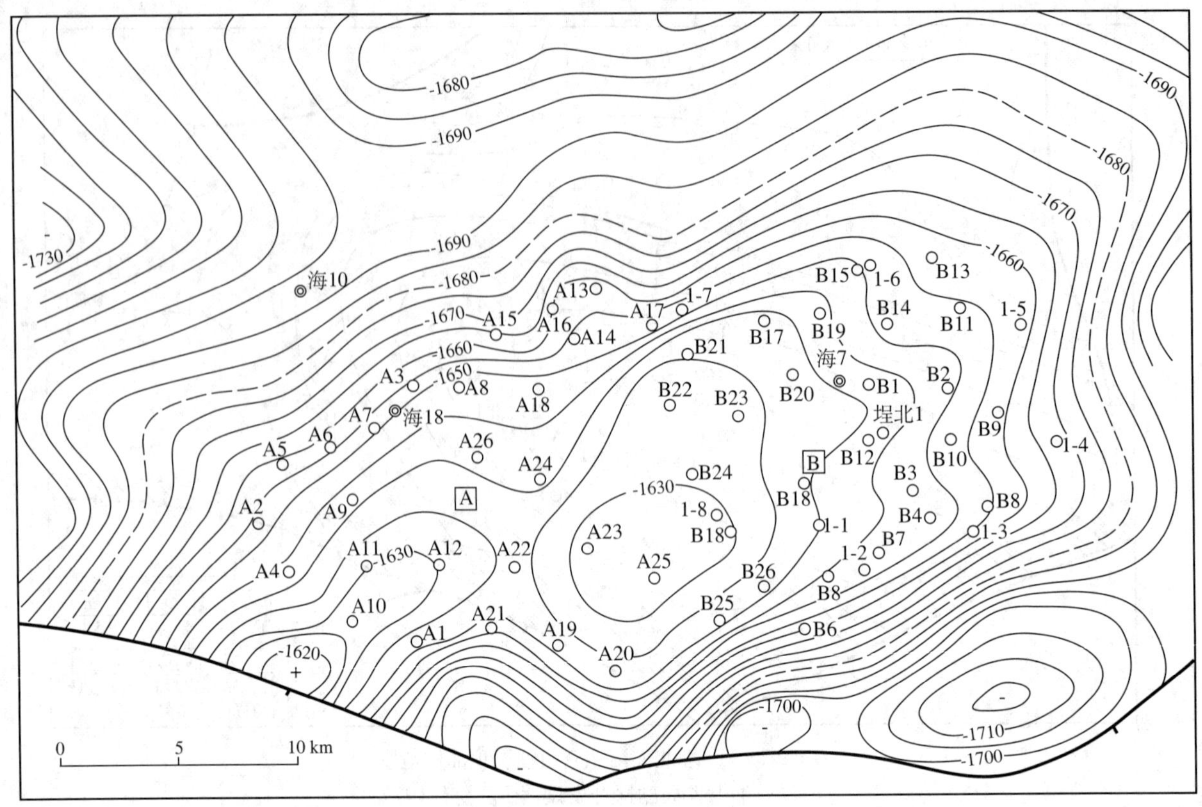

图 1–5　埕北油田东营组主要油层顶部构造图
（渤海石油公司研究院，1986 年）

第二节　储　层

一、地层

油田钻遇两套地层，即新生界砂泥岩和中生界凝灰质砂岩地层，新生界包括第四系平原组（Qp），新近系明化镇组（Nm）、馆陶组（Ng）和古近系的东营组（Ed）；中生界钻遇的地层主要为侏罗—白垩系的凝灰质砂岩。

第四系平原组厚 450m 为浅灰、土黄色砂质黏土与灰色—棕黄色粉细砂的互层，富含钙质团块和贝壳碎片。

新近系明化镇组厚 650 ～ 850m，根据岩性变化可细分成上、下两段。明上段为泥岩与粉细砂岩互层，自然电位呈箱状；明下段以厚层泥岩为主，夹薄层粉细砂岩，电阻率曲线中等偏低，呈齿状。

新近系馆陶组厚 400m，区域上与下伏东营组呈不整合接触。主要岩性为中粗粒砂岩、含砾砂岩夹薄层泥岩，中下部见喷发岩堆积，局部层位含黑色碳质泥岩及煤线。电阻率曲线中等，呈齿状。

古近系东营组厚 70 ～ 150m，与下伏中生界侏罗—白垩系呈不整合接触。区域对比及古生物资料分析结果，本区东营组可分为东下和东上两段。

东上段钻遇厚度 43 ～ 124.50m，由四个岩性段组成。上部泥岩段为灰色、灰绿色泥岩，夹砂质泥岩薄层，残留厚度 5 ～ 23m；上部砂岩段以粉—细砂岩为主，夹薄层泥岩，局部含砾，层厚 5 ～ 25m；中部泥岩段厚 10 ～ 30m，横向分布稳定，是区域地层对比的标志层；下部砂岩段为本油田的主要目的层，厚度 17.50 ～ 41.50m。

东上段下部砂岩段根据砂层发育程度及储油物性，划分为下部主要油层段和上部次要油层段。主要油层段厚 16 ~ 40m，以中细砂岩为主，泥质、方解石胶结，岩性疏松，含分布不稳定的泥岩夹层；次要油层段厚度 0 ~ 5m，岩性横向变化大，由粉细砂岩、泥质砂岩以及泥岩组成，砂岩多呈透镜体分布。两油层之间以一套横向分布比较稳定的泥质岩为隔层，隔层厚度 1 ~ 7m（图 1–6）。

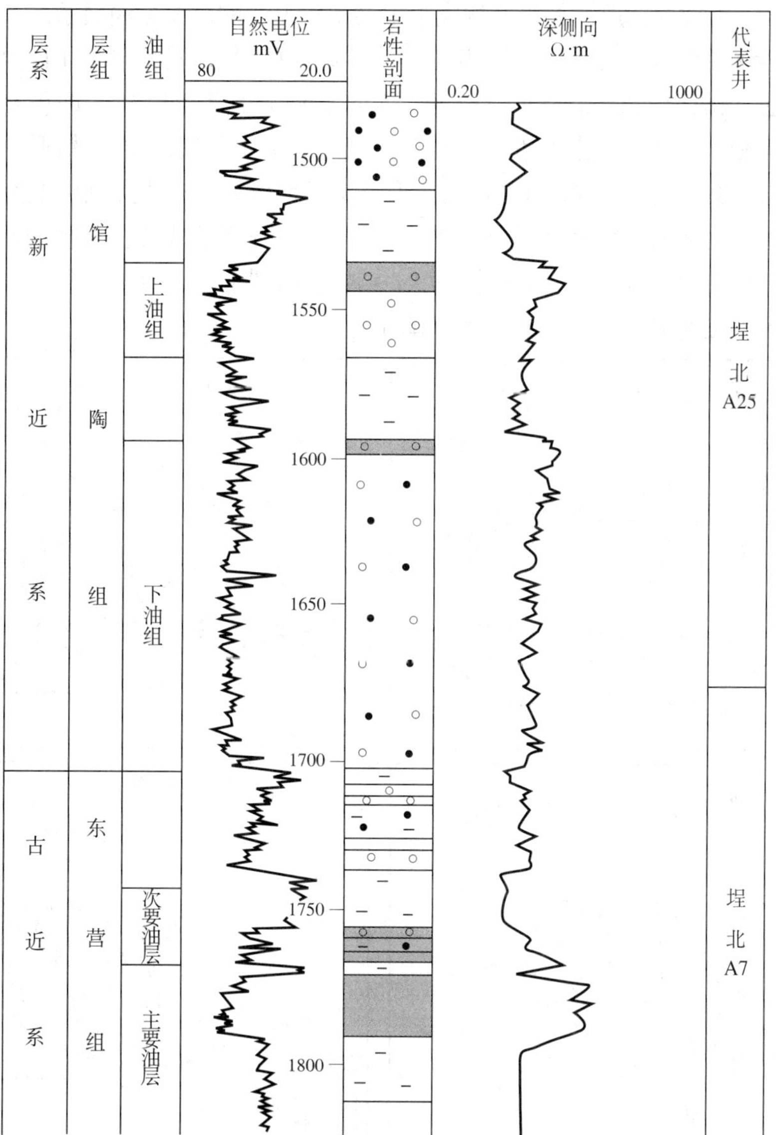

图 1–6 埕北油田油层综合柱状图
（渤海石油公司研究院，1986 年）

东下段钻遇厚度 0 ~ 39.50m，在油田的东高点缺失。岩性以厚层灰绿色泥岩为主，夹薄层泥质粉砂岩。

中生界侏罗—白垩系未钻穿，岩性以灰白色凝灰质粉细砂岩为主，夹杂色凝灰岩及灰绿色泥岩薄层，电测曲线形态明显与上覆地层不同，显示出高电阻、高速度的致密岩性特征。

二、沉积相

区域沉积相研究表明，该区东下段沉积末期，由于湖盆的扩张，在油田构造的翼部以及四周凹陷沉积了厚层的泥岩，至东上段沉积时，湖泊开始大规模收缩变浅，出现以河流相—辫状河三角洲相为主的沉积环境。东营组沉积末期，由于区域性的隆起运动使凸起上的东营组遭受不同程度的剥蚀，导致东营组的厚度变化较大。

根据大庆油田研究院赵翰卿等人 1998 年的研究，油田东上段储层属辫状河三角洲相，纵向上具明显的正旋回性沉积，底部由厚层块状砂岩组成下部主要油层，其上为泥岩隔层及一层较薄的湖相砂岩，最后结束于湖侵泥岩中。主要油层内部可进一步细分为四个相对稳定的宏观流动单元，代表四期河流或三角洲叠置沉积而成。上部的薄层湖相砂岩构成了本油田东上段的次要含油层系。

底部第 1 单元砂体属辫状河三角洲前缘相（图 1–7 第 1 单元），其骨架砂体自西向东呈较宽的分叉条带状，主要分布在油田西侧和南北两翼，厚度由西向东明显变薄。第 2、3 两单元的砂体呈厚层状在全区连续分布，厚度较大，侧向上连续性好，以中—细砂岩为主，属砂质辫状河沉积（图 1–7 第 2、3 单元）。两期砂体在油田的西高点小旋回以正韵律型占主导地位，至东高点则演变为均匀层，表明了河流自西向东随搬动距离的增加粒度逐渐变细且分布变均匀的基本沉积规律。主要油层中的第 4 单元砂体厚度较薄，骨架砂体自西向东呈逐渐分叉的树枝状，分布连续性较差，在东、西高点小旋回性质均以正韵律为主，属三角洲分流河道沉积（图 1–7 第 4 单元）。

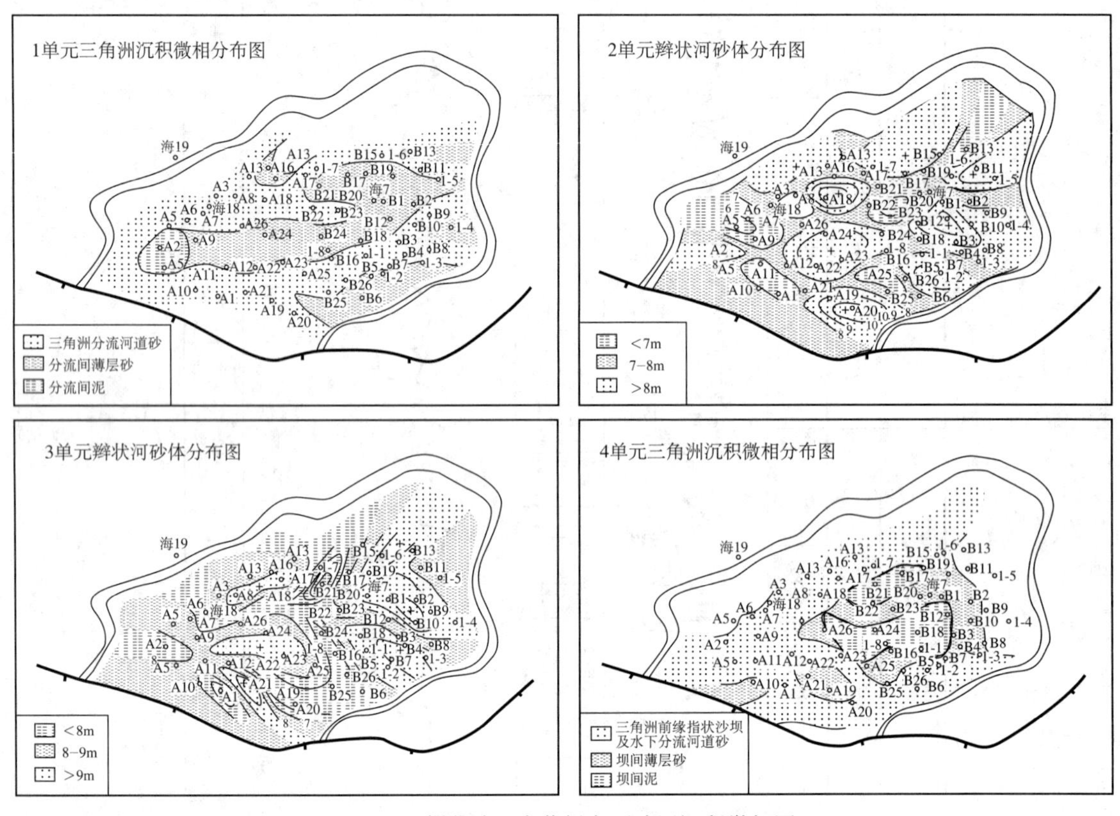

图 1–7　埕北油田东营组主要油层沉积微相图
（渤海石油公司研究院，1998 年）

次要油层砂体呈薄互层状，纵向上不够稳定，平面上连续性差，以正韵律小旋回为主，砂层发育向上渐次变差，最后结束于广泛湖侵的泥岩中，显示出明显的湖侵沉积特征。

主要油层与次要油层之间的泥质隔层在油田范围内普遍发育，且厚度相对较大，岩性致密，具有较好的封隔性。主要油层内部的三套夹层发育程度比上者显著变差，分布不够稳定，单层厚度小于 1m，有相当比例的井点测井曲线难以识别。

三、储层

主要油层的四套沉积砂体，反映了四个正韵律沉积层序，底部第 1 单元的粒度中值为 0.27 ~ 0.35mm，第 4 单元的粒度中值为 0.14 ~ 0.16mm，在每个韵律层的内部同样具有下粗上细的粒序递变特征。根据岩石薄片分析，主要油层的岩性以中—细粒岩屑长石砂岩为主，其次是中—粗粒砂岩，砾状砂岩主要分布在第 1 ~ 3 单元的中下部。碎屑成分中，石英占 40% ~ 62%，长石占 25% ~ 40%，各类岩屑为 10% ~ 22%，碎屑颗粒呈次棱角—次圆状，分选中等，胶结物为泥质和方解石。储集空间以原生粒间孔、粒间缝为主，其次为粒间溶孔、粒内溶孔以及自生矿物的晶间孔，前两类孔隙占总有效孔隙的 80% 以上，为最重要的储油空间。根据岩心毛细管压力分析（图 1–8），储层的排驱压力为 0.11 ~ 0.70kg/cm^2，饱和度中值压力 0.37 ~ 3.15kg/cm^2，孔隙分选系数 0.768 ~ 1.013，偏度变化范围为 0.690 ~ 0.809，分选好，粗歪度，为Ⅰa 类储层。孔喉半径主要分布在 4 ~ 50μm 之间。主要油层的孔隙度为 25.40% ~ 34.50%，渗透率 1000 ~ 1800mD，含油饱和度 67% ~ 72%。

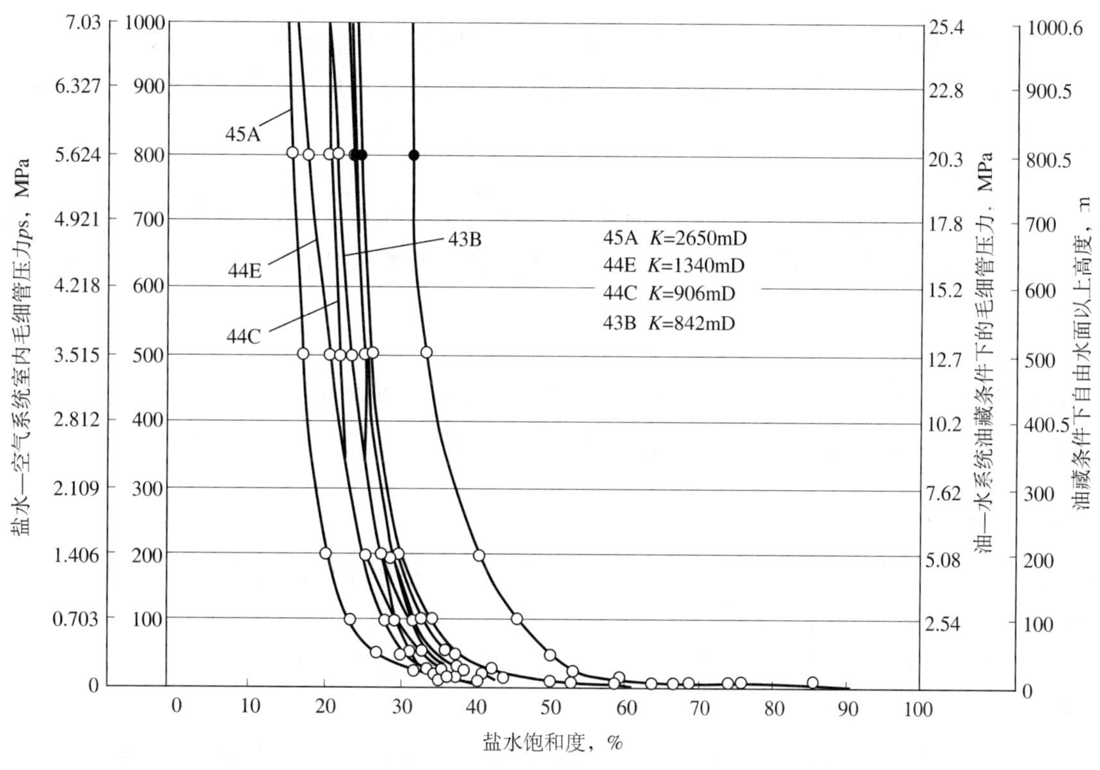

图 1–8　埕北油田 CB–B20 井毛细管压力曲线

（海洋石油勘探局勘探开发设计研究院，1980 年）

次要油层的岩性以粉—细粒岩屑长石砂岩为主，与主要油层比较，粗砂和砾石成分有所减少，岩性明显变细，平均孔隙度 28%，渗透率平面上变化较大，为 400 ~ 7000mD，平均含油饱和度 57%，属Ⅰc 类储层。

第三节　流　体

一、流体性质

（一）原油性质

油层埋深 1630 ~ 1680m，油气成藏后，生物降解作用和水洗作用活跃并明显地改变了原油的化学组分和物理性质。

东营组主要油层地面原油密度 0.955g/cm^3，地面原油黏度 650 ~ 1200mPa·s；地层原油密度 0.883g/cm^3，地层原油黏度 57mPa·s，油水黏度比 160.79，溶解气油比 38m^3/m^3，原油体积系数 1.118。

流体属于稠油中的较好类型。

馆陶组油层地面原油密度 0.980g/cm^3，地面原油黏度 4700 ~ 5600mPa·s；地层原油密度 0.925g/cm^3，地层原油黏度 577mPa·s，溶解气油比 10m^3/m^3。

根据多井点分析，东、西两构造高点的原油性质略有差别，东高点（B 区）原油的含蜡量相对低，原油密度、凝固点，特别是地面黏度明显低于西高点（A 区）。

油田原油溶解气油比 38m^3/m^3，轻质馏分少，原油初馏点较高，为 122 ~ 185℃，在 220℃馏出体积为 3.90%，300℃时馏出体积为 12.30%。

以上迹象显示，原油在地层中的流度小，油水黏度比大，水驱油效率低，这些特点对油田的最终采收率有较大的影响。

东营组主要油层原油黏温试验表明，原油运动黏度急剧变化的温度在 70 ~ 75℃，低于这个温度时，原油的运动黏度将数倍的增加。东营组主要油层的实测温度为 76℃，因此，开发过程中保持这个温度是十分重要的。

（二）天然气性质

油田主要油层天然气以气顶气和溶解气两种形式存在，气顶气的平均相对密度为 0.5778，甲烷含量在 95% 以上，非烃类组分占 3%。溶解气的甲烷含量为 92%，平均相对密度 0.6247。上述两类气体不含硫化氢，属干气范畴。

（三）地层水性质

油田主要油层地层水密度为 1.04g/cm^3，黏度 0.35mPa·s，氯离子含量 1276 ~ 4201mg/L，平均 2441mg/L，总矿化度 5391mg/L，属于低矿化度重碳酸钠水型。

二、流体分布

主要油层：52 口开发井中，东、西构造高点各有 5 口井钻遇水层，测井解释的油水界面为海拔 −1680m，全油田有统一的油水界面。

根据试采井 CB1−8 井 DST 测试资料确定的油气界面深度在海拔 −1636m。此外，有 6 口开发井钻遇油气界面，平均海拔深度为 −1635m。

次要油层：次要油层为透镜体分布，油水界面不清楚；气层主要分布在构造顶部，CB−A19 井钻遇油气界面的海拔深度为 −1634m。

三、渗流特征

润湿性：油田 CB1 井 6 块样品和 H18 井的 9 块油层岩心，采用吸入法进行了定性的润湿性能测定，实验结果表明油层岩心的润湿性是亲水的，毛细管孔道将吸水排油，毛细管力成为动力。同时，由于岩石颗粒表面为水膜所包裹，减小了原油流动阻力，有利于原油在孔道中的流动，提高了水驱油效率，是提高油田采收率的有利因素。

相对渗透率：利用 H18 井的油层岩心和油田的流体，采用水驱油过程相似的非稳定流恒压法进行了油水相对渗透率测定，实验结果表明：由于岩心表面亲水，曲线交点含水饱和度大于 50%；束缚水饱和度大于 20%；最大含水时水的相对渗透率小于 30%，即具有水的相对渗透率较低的特征；水相渗透率上升较快，油相渗透率下降较快；无水采收率和最终采收率较一般砂岩油田偏低。相渗曲线与润湿性分析结果是一致的，东营组油层的润湿性为亲水。

第四节　油　藏

一、压力与温度

油田原始地层压力（基准面 −1660m）16.60MPa，压力系数 1.00。饱和压力 15.16MPa，地饱压差 1.44MPa。油层实测温度 76℃，地温梯度 3℃ /100m。属于正常压力、温度油藏。

二、驱动类型

油田天然边水能量充足，为天然边水驱动类型。油田靠天然边水开采 8 年到 1993 年，采出程度 17.08%，油层总压降 1.06MPa。1993 年至 1995 年 4 口井相继转为注水井，油田驱动类型转变为天然边水加点状注水，截至 2005 年，累计注采比 0.09，油层总压降 0.78MPa。

三、油藏类型

埕北油田为披覆构造油田，在构造高部位，东营组主要油层的砂体沿古潜山面呈层状分布，砂体间的泥质夹层不发育，油田范围内没有统一的隔层，四套砂体具统一油水界面。纵向上，油层具有气顶和边水；平面上，可分为气顶区、纯油区和油水过渡带，为典型的构造层状油藏。次要油层储集体为砂岩透镜体，属岩性层状油藏（图 1–9）。次要油层馆陶组为块状底水油藏。

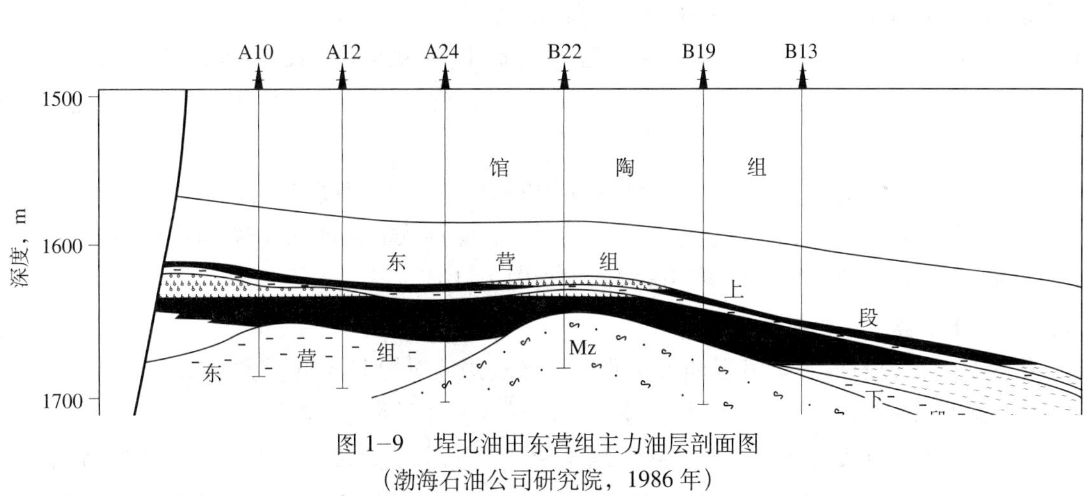

图 1–9　埕北油田东营组主力油层剖面图
（渤海石油公司研究院，1986 年）

第五节　储　量

一、地质储量

（一）1977 年计算

到 1977 年油田共钻直井 3 口（H7、H16、CB1 井），斜井 8 口（CB1–1—CB1–8 井）。采用以上资料，1977 年 12 月由海洋石油勘探指挥部地质队范瑞芳、宫薇采用容积法计算了石油和天然气的地质储量，含油面积 14.19km²，探明加控制石油地质储量 2103.90×10⁴t。1977 年储量报告由海洋石油勘探指挥部副总地质师陶瑞明审核，由海洋石油勘探指挥部副指挥曹德安批准。

（二）1979 年石油工业部备案

1975 年在 H7 井东南 162m 处建六号试采平台，试采生产井 9 口，1977 年 12 月投入试采。

1978 年 12 月和 1979 年 5 月又钻了两口详探井（H18 井、H19 井）；并完成了 1km × 1km 的 14 条测线二维地震 122km 的采集和解释；4 口评价井取心，取心总进尺 61.14m，总心长 40.06m，收获率 65.50%；11 口井试油，10 口井获工业油气流；8 口试采生产井 1977 年 12 月投入试产，分析流体样品 39 个，其中 3 口井进行了 4 井次高压物性分析，有 43 块岩心进行了孔隙度分析。

通过上述工作，对油田的地质和油藏特征有了新的认识，1979 年 6 月由海洋石油勘探局勘探开发设计研究院范瑞芳等采用容积法计算含油面积 9.19km²，向石油工业部申报了探明石油地质储量 2084.00×10^4t（$2182.00 \times 10^4 m^3$），溶解气地质储量 $7.96 \times 10^8 m^3$，天然气地质储量 $4.82 \times 10^8 m^3$，该储量为开发方案采用。1979 年储量报告由宋善昆审核。

（三）1985 年日方计算

中日合作后，1985 年 8 月日本埕北石油开发株式会社计算油田探明含油面积 10.64km²，探明石油地质储量 2639.60×10^4t。

（四）1986 年 1 月复算

到 1986 年 1 月油田共钻井 65 口，其中探井 1 口，评价井 4 口，试采井 8 口，新完钻 52 口生产井；在 8 口井中取心，取心总进尺 170.32m，总心长 107.28m，收获率 63.00%；共有 11 口井试油，10 口井获工业油气流，分析流体样品 39 个，其中 3 口井进行了 4 井次高压物性分析；对 218 块岩心进行了常规物性、粒度、毛细管压力、油气水相对渗透率及注水动态分析；新增 52 口生产井均进行了一系列常规测井。用此资料渤海石油公司研究院范瑞芳、汪志勇对油田进行了储量复算，1986 年储量报告由渤海石油公司研究院主任地质师肖启唐审核，院长丁清友批准。

储量复算结果为含油面积 7.72km²，探明石油地质储量 1959.50×10^4t（$2051.83 \times 10^4 m^3$），溶解气地质储量 $7.84 \times 10^8 m^3$，天然气地质储量 $1.70 \times 10^8 m^3$。油、气集中分布于主要油层段，占油田总储量的 99%。

4 次容积法计算储量变化的原因主要是含油面积的变化。为了提高单井控制储量，油田的开发井没有一口井打在含油外边界附近，因而含油外边界的确定，必须依靠二维地震解释所作的构造图，给开发井控制以外的含油面积带来一定程度的不确定因素（图 1–10）。

（五）1996 年复算

1996 年 3 月储量复算时，渤海石油公司研究院张敏娟等对埕北油田历次储量研究成果进行了系统总结，同时根据油田生产动态资料，采用水驱曲线法计算了水驱动态地质储量。

油田 1986 年水驱指数为 9%，到 1994 年增至 90%。低含水阶段，油井全部采用自喷开采，平均生产压差 0.61MPa，水驱动态地质储量 499.30×10^4t，动用程度为 25%；中含水阶段，自喷井不断放大油嘴，机采井增至 30 口，平均生产压差增加到 1.00MPa，年产液量递增率 30%，水驱动态地质储量 1043.60×10^4t，动用程度为 50%；高含水阶段，平均生产压差达到 1.50MPa，油田综合含水 78.60%，水驱动态地质储量为 2164×10^4t（图 1–11），储量全部动用。

1996 年储量复算报告由渤海石油公司研究院主任地质师辛世刚、副院长于洪文审核，渤海石油公司副总地质师汪志勇、总地质师曹文贤批准。

1986 年容积法和 1996 年动态法计算的石油地质储量与 1979 年上报石油工业部备案的石油储量 2084×10^4t 相比，差值分别为 -124.50×10^4t 和 80×10^4t，误差不超过正负 10% 的界限。因此，计算油田开发指标时仍采用上报备案的石油地质储量 2084×10^4t。

（六）2006 年 5 月国家储量套改

2006 年 5 月由天津分公司技术部张敏娟、朱玉国、刘小鸿等按照国家储量委员会要求，对油田

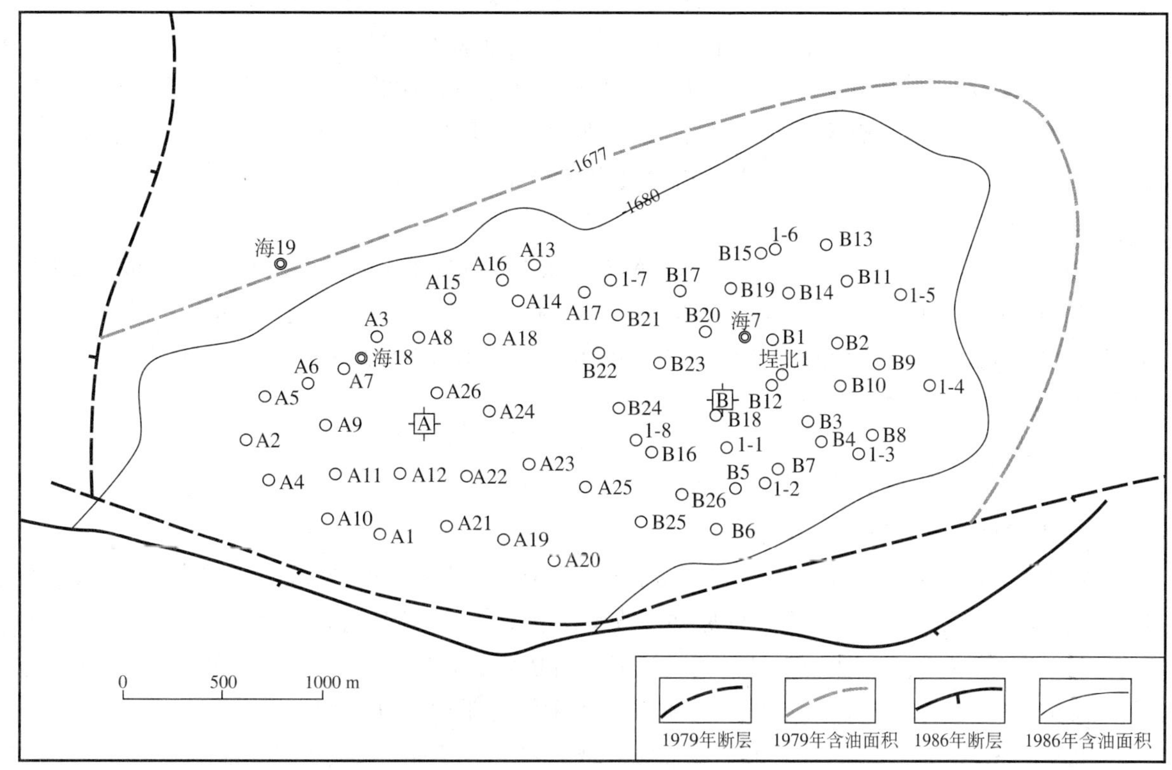

图 1–10　埕北油田东营组油层含油面积对比图
（渤海石油公司研究院，1986 年）

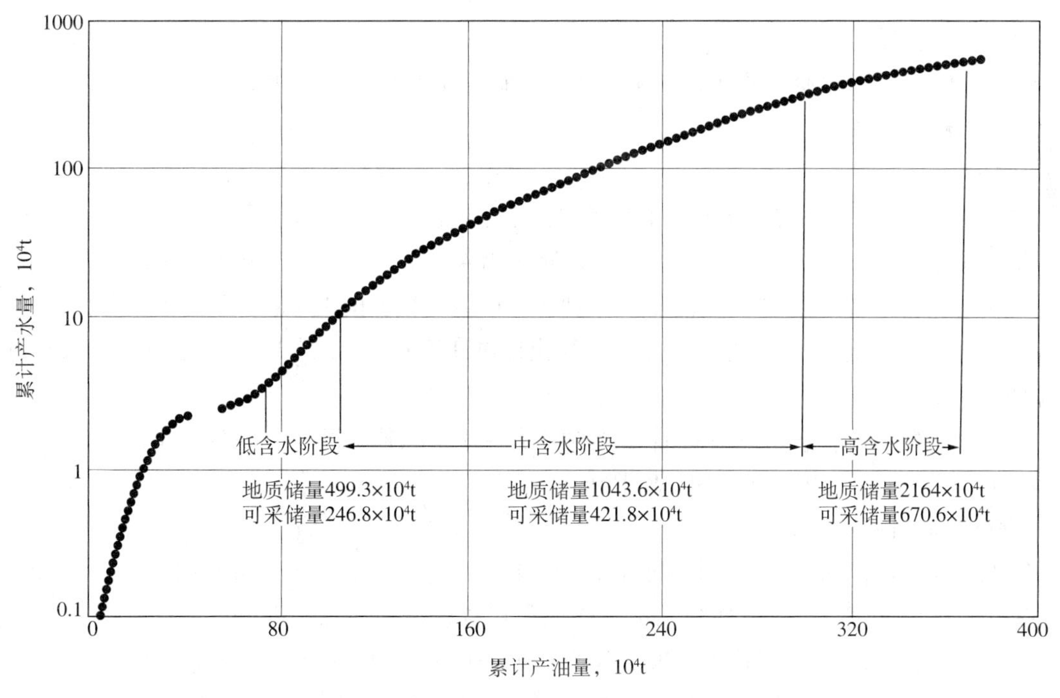

图 1–11　埕北油田水驱曲线
（渤海石油公司研究院，1996 年）

储量进行了套改，油田套改前含油面积 9.20km^2，已开发探明石油地质储量 2084.00 × 10^{4}t（2182.00 × 10^{4}m^3），探明溶解气地质储量 7.80 × 10^{8}m^3，为 1979 年上报石油工业部备案的数据。

经本次储量套改评价，认为1986年储量复算是在新增52口开发井资料基础上计算的，储量落实，作为套改后石油、天然气地质储量。油田储量套改后，含油面积7.72km²，探明石油地质储量1959.50×10⁴t（2051.83×10⁴m³），溶解气地质储量7.84×10⁸m³，天然气地质储量1.70×10⁸m³。

2006年储量套改报告由天津分公司技术部开发总工程师赵春明、储量室项目队长郭铁恩审核，中海石油（中国）有限公司天津分公司技术部经理夏庆龙批准。

（七）储量挖潜

为挖掘潜力，2001年8月—10月，CB–A21井在主要油层上部未动用的东营组顶部油层和馆陶组油层试出工业油流。通过地质、地震、测井等方面的综合研究认为，已钻遇而未射孔开采的东营组顶部油层和馆陶组油层未开发的地质储量有1139×10⁴m³，其中馆陶组油层石油地质储量862×10⁴m³，东营组顶部油层石油地质储量277×10⁴m³。

二、可采储量

（一）1979年方案计算

在编制开发方案时，曾利用相关经验公式法、相对渗透率曲线法、物理模型试验法、水动力学图版法和相似油田类比法，预测水驱开发的原油采收率在28.50%～43%之间。考虑到油田的地层原油黏度较高、油水过渡带宽以及海上开发调整的难度较大等因素，采用25%的采收率作为预测原油可采储量的基础，考虑平台使用寿命，15年可采出80%的可采储量即416.80×10⁴t，采收率为20%。

1979年国家储量委员会根据埕北油田油藏类型，参考相似油田采收率值，备案时采收率采用25%，可采储量为521×10⁴t（未明确含水界限和开发年限）。

（二）1985年日方计算

1985年8月日方计算确定采收率20.90%，原油可采储量为551.70×10⁴t。

（三）1986年储量复算

1986年中方储量复算时确定采收率21%，原油可采储量为411.50×10⁴t。

（四）1996年储量标定

1996年渤海石油公司研究院张敏娟、孙福街、王飞琼、王世骞等对埕北油田十年的生产动态做了系统总结，在此基础上，采用数值模拟、驱替系列、水驱曲线以及翁氏模型等多种方法对可采储量进行了标定。综合预测结果，到2000年埕北油田可采储量为493×10⁴～521×10⁴t，到2005年可采储量为560×10⁴t～600×10⁴t，数值模拟预测油田生产到2000年中日合作期满时，可采储量为521×10⁴t，采收率为25%，即开采15年后，可比开发方案多采出原油100×10⁴t。到2005年油田的可采储量为603×10⁴t，采收率为30%。

1996年可采储量标定报告由渤海石油公司研究院主任工程师陈国风、副院长于洪文审核，渤海石油公司副总地质师汪志勇、总地质师曹文贤批准。

（五）1999年储量标定

1999年11月中海石油研究中心渤海研究院王飞琼、马尚福等对油田的可采储量进行了标定，利用油藏数值模拟法、水驱曲线、产量递减、预测模型和灰色系统等动态法进行可采储量预测。按现有井网注水开采，油田生产到2005年技术可采储量为615×10⁴～642×10⁴t，生产到2010年（平台寿命已达25年）技术可采储量可达到668×10⁴～679×10⁴t，采收率31.60%～34.60%。经国土资源部矿产资源储量评审中心石油天然气专业办公室评审，批准埕北油田原油可采储量为650.00×10⁴t（716.00×10⁴m³），采收率31%。

1999年可采储量标定报告由中海石油（中国）有限公司天津分公司副总地质师孙福街审核，天津分公司副总经理周守为批准。

（六）2006 年储量套改

2006 年 5 月按照国家储量套改要求，应用数值模拟法、水驱曲线法、类比法、综合评价等方法进行石油技术可采储量的计算，此次储量套改以单井日极限产量 $5m^3$ 为下限标准，采用数值模拟和产量递减预测相结合的方法，确定技术可采储量为 757.36×10^4t（$793.05\times10^4m^3$），技术采收率 38.7%，溶解气技术可采储量 $3.03\times10^8m^3$，天然气技术可采储量 $1.19\times10^8m^3$。

埕北油田历次储量计算、可采储量标定结果见表 1–1。

表 1–1　埕北油田历年地质储量、可采储量计算结果汇总表（天津分公司技术部，2005 年）

计算时间	地质储量，10^4t			可采储量 10^4t	备　注
	探明	控制	合计		
1977 年	1296.2	807.7	2103.9	—	
1979 年	2084	—	2084	521	开发方案采用值，石油工业部备案
1985 年	2639.6	—	2639.6	551.7	日本埕北石油开发株式会社计算
1986 年	1959.5	—	1959.5	411.5	完钻 52 口开发井后储量复算
1996 年	—	—	2164	521	动态法计算储量，可采储量标定
1999 年	—	—	—	650	可采储量标定
2005 年	1959.5	—	1959.5	751.09	国家储量套改

第二章

开发部署与调整

埕北油田的开发经历了1977年12月下海初期利用简易的六号采油平台试生产，1985年9月中日合作建成的中国第一个按国际规范进行建设的现代化海上油田投产和2000年10月合作期满转为自营开发三个阶段。

第一节　早期试生产

1975年在H7井东南162m处建六号钻井试采平台，钻评价井1口（CB1井），钻试采生产井8口（CB1–1井—CB1–8井）。1977年12月六号平台投入试采，1981年10月由于合作需要结束试采。

六号试采平台共有油井9口，除位于气顶区的CB1–8井投产初期只产气关井外，其余8口井初期自喷生产，1979年有3口井转为水力活塞泵抽油。试采期间累计产油40.06×10^4t，采油速度0.53%，采出程度1.92%，累计产水2.45×10^4t，累计产液42.51×10^4t，封井前油田综合含水6.10%。

经过试采发现油田具有以下特点：

（1）油藏边水能量充足。油田试采近4年，地层压力下降缓慢，总压降0.64MPa。在试采过程中，随着地层压力下降，油藏水侵量不断增加，说明油田在低采油速度下试采（采油速度0.53%），油藏边水能量供给充足。

（2）油井具有一定的生产能力。试采初期，8口井自喷开采，纯油区自喷能力旺盛。由于油稠、钻井泥浆污染及出砂严重，试采初期产能未发挥出来，通过实施防砂、挤原油、堵水及在油水过渡带油井下泵抽油等措施后，油井产能逐渐提高，平均单井日产油超过40t。

（3）生产压差。气顶区及其周边的油井，为了防止气窜，采用低压差生产，生产压差为0.50～0.60MPa，位于油水过渡带的油井，生产压差采用0.80～1.00MPa，处于纯油区的油井，生产压差采用1.00～1.20MPa。

（4）停喷压力高。在试采过程中虽然得到边水能量的补充，由于油稠、原油密度大，原油在井筒中的压力消耗大，自喷时间短。油井含水20%～30%时停喷，此时的井底流压为15.00MPa。例如CB1–4井，投产12天开始见水，仅生产186天，油压由2.50MPa下降到0.21MPa，日产量只有11t，由于井底积水无法排出，已处于停喷阶段。

（5）机械采油效果明显。在试采期间，有3口井下排量为200m^3的水力活塞泵抽油，对因含水停喷的油井，机械采油能够提高产能。

试采中暴露出以下问题：

（1）靠近气顶区的油井容易气窜。试采中构造高部位的油井得不到边水能量补充，当地层压力下降时，气顶膨胀，容易发生气窜。1978年4月，CB1–1井发生气窜，气油比由38m^3/m^3升至180m^3/m^3，气窜时，生产压差为0.77MPa，油井产量没有下降，采取挤原油措施后，使气油比下降到原始气油比附近，然后再逐渐上升。

（2）处于油水过渡带的油井见水早，含水上升快。油田油水过渡带占含油面积的 50%，在 8 口试采井中，有 5 口井处于油水过渡带上，其中 4 口井先后见水，油井见水后，产量下降，含水上升速度快，月含水上升 1.50% 以上。原因是射孔位置不合理，4 口见水井的射孔底界距油水界面距离近，为 1.00 ~ 3.50m。

（3）油层疏松，油井出砂明显。油田储层疏松，含油岩心出筒呈“红砂糖状”，生产中容易出砂。试采期间，油井普遍出砂，但严重程度不同，CB1 井未进行防砂措施时，每采 1t 原油砂面上升 0.70 ~ 1.70m，采用滤砂管防砂后才能正常生产。

埕北油田六号采油平台经过 3 年 11 个月的试采，得出以下认识：油田天然边水能量供给充足，地层压降小；单井日产能达到 30 ~ 50t，纯油区产能相对高；生产井必须进行防砂和机械采油；靠近气顶区的油井容易发生气窜；处于油水过渡带的油井，见水早，含水上升快；通过试采为油田正式开发提供了经验，为编制开发方案和射孔方案提供了依据。

第二节　开发方案

1980 年 1 月由海洋石油勘探局勘探开发设计研究院（简称研究院）徐嘉信、陈国风等按石油工业部颁发的标准，应用当时先进的评价手段，结合海上油田开发特点，编制完成了《埕北油田开发方案》，《埕北油田开发方案》包含储量、压汞分析、油层润湿性、相渗曲线、水驱油试验、采收率研究、试采总结、水动力学计算和油层参数解释等 11 个报告附件。

一、开发方案简介

开发方针：开发方针应充分考虑海上稠油油田的开发特点，结合中国具体情况，在确保经济效益的前提下，尽可能采用先进的工艺技术，维持较高的采油速度，力争在短时间内采出最大的可采储量。

开发原则：在充分利用天然能量的同时，采用人工注水方式，适当地补充地层能量，使地层压力保持相对稳定，抑制气顶膨胀的开发原则。采用油藏内部注水方式；在无水采油期，采用自喷开采，当油井见水后，立足于机械采油；开发初期采油速度保持在 2 % 以上，稳产 3 年，十五年采出大部分可采储量；海上油田开发需要一次布井和多次调整，所以在布置井网以及选择注水方式时，要为油田开发后期调整留有余地；建立适合于海上稠油开发和斜井开采的配套采油工艺与技术，包括人工防砂、注稠化水、找水堵水、机械采油等工艺技术。

开发方式：在充分利用天然能量的同时，采用人工注水的开发方式适当地补充一部分地层能量，使地层压力保持相对稳定，气顶不膨胀；使油藏各部位都收到水驱油的效果，保证有较高的水驱采收率。但油藏压力应低于原始地层压力，以便充分发挥边水能量的作用。

注水方式：在充分利用天然能量的前提下，采用油藏内部注水方式。为了防止气顶膨胀，油井发生气窜，首先在气顶区内注水，并在开发初期投注，边水能量补给充分的部位，不布注水井，若开发过程中边水能量补给不足，可将部分生产井改为注水井。

注入量：根据方案要求，开发初期单井日注水量 150m^3；开发后期，由于采取强注强采措施，单井日注水量提高到 300m^3。

合理注采比：根据油藏能量预测，合理注采比应在 0.30 ~ 0.50 之间。由于试采期较短，采油速度低，对边水能量的预测不够精确。因此在油田全面投入开发初期应根据油藏压力下降情况和边水能量大小，选择合理注采比。

开采方式：在无水采油期，依靠自喷开采，油井见水后，立足于机械采油。

合理井距：根据国内外开发稠油油田的经验，不宜采用稀井网，因此埕北油田采用 300 ~ 350m 井距，单井控制储量为 $35\times10^4\sim50\times10^4$t。

合理井数：根据童宪章工程师提出的概算方法计算，如果采油速度在 2% 以上，所需要的采油井数为 32 ~ 40 口井，相应的总井数为 40 ~ 52 口。

布井范围：以有效厚度 15m 为界，在油水过渡带，油层厚度小于 15m 的地区不布生产井，也就是在构造等深线 1662m 以内布井。生产井主要布在纯油区，过渡带少布井，气顶区布少量的井。

布井推荐方案：经过多种布井方案比较和优选，选择了不规则井网，井距 300 ~ 350m，总井数 52 口井，油田开发 15 年，累计产油 416.80×10^4t，采出程度 20%，综合含水 87.50%。

二、实施方案要点

1980 中日合作开发埕北油田时，埕北石油开发株式会社是操作者，其编制的油田开发实施方案要点概括如下。

地质储量：日方通过对地层构造形态和储层特征的分析，用容积法计算出埕北油田东营组储层的地质储量，原油 2493×10^4t，天然气 $12.99\times10^8m^3$（其中游离气 $3.23\times10^8m^3$）。

开发方式：为获得最高原油采收率（21.99%），确定以气顶区内注水和控制气生产量的方案为油田开发的最佳方案。

井数：用单相放射性流动模型，根据不同井距计算出对排油半径的影响，生产井距定为 300m。生产井尽量布在纯油区，为回收气顶下部的油，少量井可布在气顶区。总井数 52 口（不包括采水井 4 口），其中油井 47 口，注水井 5 口。

平台数：建两组平台。A 平台井数 28 口，其中采油井 23 口，注水井 3 口，采水井 2 口；B 平台井数 28 口，其中采油井 24 口，注水井 2 口，采水井 2 口。

完井方法：为防止油层出砂，开发井全都采用高密度砾石充填的完井措施。

采油方式：日产量大于 $100m^3$ 时使用电潜泵，日产量小于 $100m^3$ 并且平台设施有可能时，使用开放型水力泵。

生产预测：预测前 15 年，累计产油 468×10^4t，采出程度 19.98%，综合含水 87.30%。高峰年产油 46.70×10^4t，年产油 30×10^4t 以上可维持 9 年。

三、方案实施

（一）井位调整

在油田建设期间操作者是埕北石油开发株式会社，渤海石油公司研究院坚持钻井信息的跟踪与反馈，搞好和操作者的平行研究，主要有井位调整、油田地质研究、石油地质储量复算和射孔方案编制。

1984 年 6 月，B 平台 26 口井全部完钻，A 平台西侧完钻了 7 口井，A 区尚有 19 口井未开钻，根据已钻的 33 口井油层对比成果修正了构造图。根据修改后的构造图中方提出 6 口井的井位调整。调整原因是 CB–A10、CB–A8 井离油水界面太近，CB–A13 和 CB–A14 井又位于过渡带的外缘，有可能钻遇油层太薄。日方采纳了调整 A 区 6 口井井位调整建议。井位调整后，CB–A10 井落入了气顶区，CB–A8 井落入了纯油区，CB–A13 井钻遇了 18.56m 油层，CB–A14 井钻遇了 17.70m 油层，CB–A16 井钻遇了 19.90m 油层，井位调整达到了预期效果。

针对试采过程中暴露出的问题，为保持气顶压力，减缓气窜，中方提出气顶区的生产井避射 5 ~ 10m 气层厚度；油水过渡带油井避射底部高渗透层的射孔方案原则。日方采纳了中方提出的射孔方案，对于减缓气窜，防止底水锥进和边水沿高渗透层突进起了重要的作用。

（二）开发井钻井、完井

埕北油田开发井的钻井、完井，日方是操作者，中方渤海钻井公司反承包钻井作业。B 平台于

1982 年 4 月 28 日开钻第一口井，最后一口井 1984 年 5 月 3 日结束，A 平台于 1983 年 12 月 4 日开钻第一口井，最后一口井 1985 年 6 月 21 日结束，历时 3 年 2 个月。

中日合作开发时，油田完井采用了国际先进的完井技术，主要包括美国 HALLILBURTON（哈里巴顿）公司的高密度砾石充填防砂技术、美国 GEOVANN（吉欧文）测井公司的油管携带射孔枪负压反涌射孔技术、日本 TEINITE（特力特）泥浆公司完井液、美国 OTIS（奥蒂斯）工程有限公司的完井管柱等。

（三）油田投产

1985 年 9 月 B 平台投产，1985 年 10 月 1 日，埕北油田第一船原油装船外运。1987 年 1 月 A 平台投产，1987 年 6 月油井全部投产，生产井由 26 口增加到 50 口（CB—A11、CB—A25 井 2 口设计注水井未投注）。通过动态监测和研究，认识到油田为统一压力系统，边水能量充沛，压降缓慢，因此推迟了注水井转注时间。

第三节　开发过程控制

根据《海上油气田开发井动态监测资料录取要求》进行油田动态监测，针对油田的地质特点、不同阶段的开采特征和开发动态，研究制定相应的开发技术政策和措施，改善了开发效果，提高了油田采收率。

一、动态监测

在油田不同的生产阶段，实施不同的油藏动态监测。油田开发初期以流体性质监测和自喷井试井为主，监测油藏动态；进入中含水阶段，研制了测压阀测压技术，对电潜泵井测压；进入高含水时期，增加了吸水剖面、产出剖面和剩余油饱和度测试监测油藏动态。

（1）开发初期。

1985 年至 1987 年油田投产初期，埕北石油开发株式会社为操作者，对 50 口生产井都进行了系统试井，为确定合理工作制度提供依据，同时根据压降和恢复压力测试求取渗透率、表皮系数、供油半径、流动效率等反映储层性质和完井质量的各种参数，为油藏、油井动态分析提供依据。渤海采油公司谢梅波对上述成果进行了系统整理。

1987 年 7 月操作者地位转移以后，渤海采油公司负责编制油田年度测压计划、测压实施要求并进行测试结果解释。

油田每年全面测压 1 ～ 2 次，内容包括：测静压、系统试井、测流压梯度和干扰试井等。油田根据三分之二以上油井所测的压力值，绘制基准面等压图，同时监测随时间推移油田压力剖面变化（图 2—1），针对 CB—A26—CB—A12 井一带出现低压区，并有逐年扩大的趋势，1993—1998 年先后有 5 口井实施点状注水。

参照测压程序，系统试井要求测出静压梯度和流压梯度，三个油嘴系统试井的油井，要求每个油嘴稳定生产 24 小时并计量产量，化验含水、含砂一次。

油田还进行多井次流压梯度测试，为应用节点分析软件提供第一手资料。

1991 年 6 月以 CB—B9 井为观察井，以 CB—B2 井为激动井，进行了井间干扰试井，两口井井距 230m。CB—B9 井一直保持关井，CB—B2 井以日产 230.40m^3 的产量生产 37h，关井 11.45h，再以日产 232.80m^3 的产量生产 17.60h，关井 24h，接着以日产 235.10m^3 的产量生产 46.25h，起出电子压力计，结束测试工作，历时近 6 天（136.30h）。解释结果说明 CB—B2 井和 CB—B9 井之间的连通性较好，干扰延迟时间为 1h，最大干扰压力为 0.0257MPa，表明 CB—B2 井以日产 230m^3 的产量生产，对 CB—B9

井干扰不大（图 2–2）。

油田每 2 年取地面流体样品 1 次，进行原油、天然气、地层水流体性质监测，观察流体变化状况。

1991 年地面原油黏度对比分析表明，油田东南部边水驱油作用明显，稠油大量采出，采出地面原油黏度变大；油田北部低产区油井下泵强采，但边水驱效果相对差，气顶驱起主导作用，采出地面原油黏度变小。

（2）中含水阶段。

进入中含水期，机械采油井增多，为解决电潜泵井的测压问题，1991 年 1 月渤海采油公司研究所张贵宝等研制了测压阀（压力联通器）测压技术。

正常生产时，油、套管之间不连通，电潜泵井测压时，下专用工具使油套管之间连通（压力连通

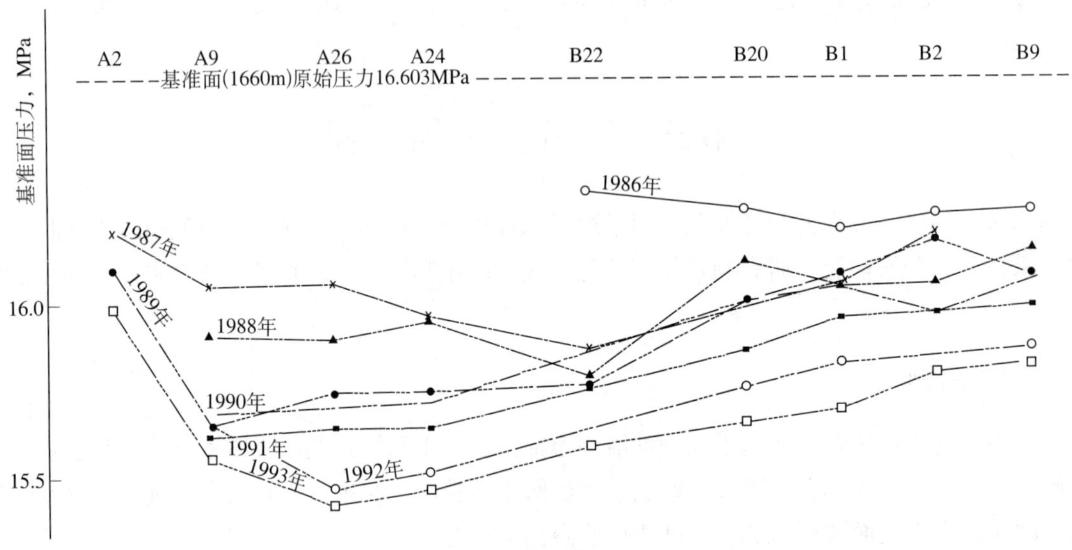

图 2–1　埕北油田压力剖面图

（渤海石油公司研究院，1994 年）

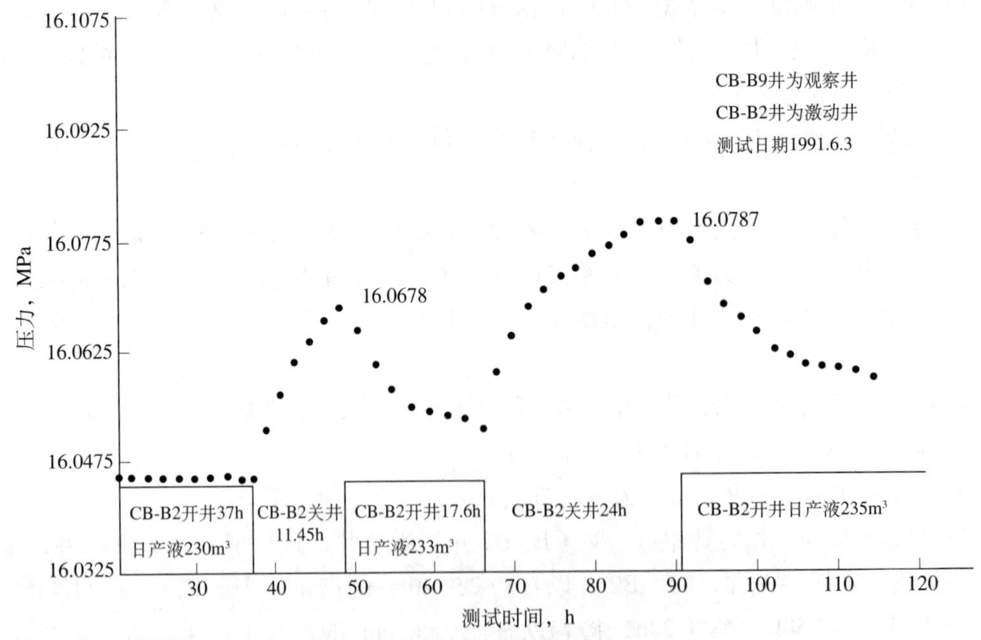

图 2–2　埕北油田 CB–B2—CB–B9 井井间干扰试验曲线

（渤海采油公司，1991 年）

器动作），该管柱可精确测试泵吸入口附近的压力，为电潜泵管理提供齐全的数据，测压阀也是检泵作业时的压井液循环通道和起管柱时的泄流通道。针对某些电潜泵井吸入口流压低、生产压差大的动态反映，及时采取了缩小油嘴，更换小排量电潜泵、加深泵挂和挤柴油解堵的措施。

（3）高含水时期。

电潜泵井动、静液面监测：油田进入高含水期，油井自喷能力减弱，渤海采油公司研究所梁凤儒、杨彩莲引进回声仪，进行测试电潜泵井动液面的试验。1994 年 1 月首次在埕北油田 5 口电潜泵井进行动液面测试，其中 CB–B2 井动液面深 200.50m，电潜泵沉没度 1094m，CB–A6 井动液面深 1276.50m，电潜泵沉没度 33.50m，油井供液不足。

电潜泵井动液面、静液面测试是监测油藏压力变化，分析油井供液状况的主要手段。井况正常的井每个月测试动液面 1 次，电潜泵工况出现异常时可随时测试，为机采井动态分析提供了可靠的依据。根据液面折算压力，可减少电潜泵井钢丝测压次数，节省测压费用。

吸水、产出剖面测试：油田进入高含水期后，开始进行吸水剖面和产出剖面测试，为找水、堵水提供依据。在 CB–A26 注水井中先后进行了 5 次吸水剖面测试，测试结果表明，CB–A26 井油层上部射孔段储层物性好，为主要吸水层，南部的 CB–A22 井储层电测曲线与 CB–A26 井相似，下射流泵抽油后，一年内含水上升 80%，分析来水方向为 CB–A26 井。在 13 口井中进行了 20 井次的产出剖面测试，为研究油层动用状况、寻找潜力区提供了直接的资料。CB–B3 井测的三次产出剖面表明，随生产压差增大，出油厚度增加，纵向水驱波及系数提高，采液强度提高，在采用 19.10mm 油嘴自喷生产，生产压差 0.66MPa 条件下，产液强度大于 $50m^3/(d \cdot m)$ 的 2.90m 油层（占全井射孔厚度的 16%）产量占全井的 67%，此段高产液层分析判断为主要产水层，其上部的中低渗透层为潜力区。

剩余油饱和度测井：进入高含水期，针对油层水淹严重、剩余油分布零散的特点，开展了 PND 和 RST 方法的剩余油饱和度测井，为挖掘剩余油潜力提供依据。

为寻找剩余油富集区，研究油田剩余油分布规律，2001 年 3—5 月进行了 PND 测井。利用该项技术测得 CB–A19 井剩余油饱和度为 49% ～ 60%，CB–B12 井的剩余油饱和度为 40% ～ 42%。这 2 口井的测试油层段自下而上的规律是：底部水淹程度高，剩余油饱和度低；顶部水淹程度低，剩余油饱和度高。

2004 年 CB–A24 井进行了 RST 测井，测试地层剩余油饱和度和防砂筛管质量。CB–A24 井 RST 测量的防砂筛管位置与完井资料是一致的，而且具有较好的质量，防砂筛管质量评价曲线表明砂子的充填情况较好。RST 解释 CB–A24 井地层有明显的水淹特征，特别是 1719.00m 以下（第一个射孔段的下部）水淹较严重，地层在 1721.06m 和 1725.00m 处，RST 测井解释的地层含水饱和度达到了 68% 和 65%，是两处明显的产水井段。1719.00m 以上地层 RST 解释的含水饱和度在 50% 以下，尚有部分剩余油的存在（第一个射孔段的上部）。

CB–B21 井测量表明，即使在非射孔井段地层含水饱和度也有较大的增加。1820.00m 处水淹情况严重，RST 测井解释的含水饱和度达到了 60%，与裸眼井测井解释的含水饱和度相差 34%，是明显的注入水突进特征。综合 RST 测井解释和裸眼井测井解释结果，该井水淹情况比较严重。针对上述 2 口井的水淹情况严重，取消了本年度 CB–A24 井的侧钻东营组主力层的计划。

二、开发技术政策

自 1985 年投产至 2000 年，中日合作开发的 15 年期间，针对油田的地质特点、开采特征和生产动态，先后研究不同阶段的开发技术政策，采取相应调整措施，使油田开发效果得到明显改善。

（1）1988 年至 1990 年技术政策。

1985 年 9 月 B 平台投产，由于四年停产，油、气、水的地下分布状况得到调整，接近原始状态，射孔时边部油井又避射了底部高渗透层，所以 B 平台 1985 年 9 月投产后的一年多时间油田处于无水采油期。1987 年 1—6 月 A 平台油井陆续投产。1987 年 6 月油田全面投产，生产井由 26 口增加到 50 口（CB−A11、CB−A25 井 2 口设计注水井未投注）。

1987 年油田开采特点：油田为统一压力系统，边水能量充沛，压降缓慢；平面上边水推进速度较快，但较均匀；在纵向上边水推进不均衡，上弱下强；含水上升较快，平均月含水上升 1.50%，每采出 1% 的地质储量含水上升率为 10.90%；纯油区开采速度快，1987 年的原油产量主要从纯油区采出，纯油区产量占油田总产量的 67.07%。而位于油田边部的 23 口油井产量只占油田的 26.30%；A 区边部油稠低产。

油田开发出现的主要矛盾是由于纯油区的高速开采，出现边水沿油层底部快速推进，导致见水井数急剧增加、综合含水上升快和气顶周边油井频繁气窜的矛盾。

技术政策和措施：针对油田开发出现的矛盾，渤海采油公司主任地质师汪志勇、渤海采油公司研究所副所长黄秉辉等在 1988 年上半年为油田制定了“强采边部区，稳定纯油区，保护气顶区”的开发技术政策，提出了边部井进行机械采油的方案。

实施效果：技术政策实施后的效果一是边部油井产量提高，边部油井产量由 1987 年的 8.30×10^4t，提高到 1990 年的 21.49×10^4t，占油田产量的百分比由 26.30% 上升到 52.20%；二是改变了 A 区边部井的低产面貌，对 A 区地面黏度较高（高达 1000mPa·s）、油层渗透率相对较低的 12 口低产井，通过机械采油措施，生产压差由 0.50MPa 提高到 2.00MPa，12 口井的日产水平由 70t 提高到 350t；三是水驱指数大幅度增加，水驱动储量提高。根据截至 1990 年 9 月底的水驱特征曲线计算，水驱动储量由 1988 年 9 月前的 495×10^4t 提高到 1990 年 9 月的 1059×10^4t，由占油田容积法地质储量的 25% 提高到 50% 以上，天然水驱指数上升；四是油田含水上升率得到改善，含水上升率由 1988 年 8 月以前的 11.92% 下降为 6.30%；五是纯油区保存了一定自喷潜力；六是气顶区产量得到合理控制。通过调整气顶和两侧纯油区油井的产量，至 1990 年上半年，压力趋于平衡，气顶区得到了有效保护。

“强采边部区，稳定纯油区，保护气顶区”开发技术政策的实施，提高了边部地区的储量动用程度；诱导了 A 区边水的活跃程度；抑制了 B 区边水的推进速度；保存了纯油区的后备潜力；油田连续三年以 30% 的液量递增率，保持了在年产 40×10^4t 基础上的稳产。

（2）1991 年至 1993 年技术政策。

油田动态新特点：油田总体看天然边水能量充足，地层压力下降缓慢。但平面上存在不均衡，靠近边水的油井累计采出量大而压降小，油田内部油井由于得不到边水能量的及时补充，累计采出量小而压降大。1991 年，油田暴露出新的矛盾，主要是 A 区内部 CB−A26 至 CB−A12 井一带出现了低压区和气顶东侧发生油侵。

技术政策和措施：根据油田动态新特点，将油田开发技术政策调整为“强采边部，保护气顶，东西分治，确保稳产”。

实施的主要内容是：边部油井全部转为机采井，用较大的生产压差生产；纯油区油井适当放大生产压差（达到 1.00 ~ 2.00MPa）；A 区在低压区实施点状注水试验；东气顶东部油井进行机械采油，调整油气边界两侧的压力，使其保持平衡状态；西气顶在确认顶气与底油之间有较连续的不渗透层隔层条件下，底油储量投入开采。

实施效果：效果之一是使油田以 40×10^4t 的年产量连续又稳产了 3 年（1990 年至 1993 年），稳产期的采油速度为 2%；二是 CB−A26 井于 1993 年 4 月实施注水试验后，周边油井压力回升，A 区产量上升；三是水驱曲线计算的动态地质储量大幅度增加；四是含水上升减缓，采出 1% 的地质储量含水上升率 2.70%。

“强采边部，保护气顶，东西分治，确保稳产”技术政策是针对 A、B 两区不同的开采特点，采取不同的调整措施。B区边水能量充沛，东气顶东侧油侵，采取东气顶东侧五口自喷井转机械采油，提高排液量，采用调整压差的办法保持油、气区压力的平衡，保持油气界面的相对稳定，收到了预期的效果，东气顶与B区纯油区的压力差值减小，减少了油侵造成的储量损失。A区内部存在低压区，采取点状注水和控制低压区油井采出量的措施。

（3）1994至2000年技术政策。

油田开发面临新的矛盾：新矛盾之一是1993年底已采出可采储量的58.70%。根据前苏联23个水驱砂岩油田的统计，采出可采储量的50%时，油田稳产结束。1994年油田进入递减阶段，采油速度下降到1.64%，年递减率达13.41%；二是B区污水处理能力和用电量均达到满负荷，限制了继续提高液量；三是A区内部水驱能量不足，低压区进一步扩大；四是A区增产措施效果变差，部分油井因水驱能量低，供液不足，部分油井由于高含水及层内非均质影响，导致提液不增油；五是东气顶以西的相邻油井和西气顶周边的油井发生气窜，造成天然气能量的浪费。

1994年3月，在深圳召开的中国海洋石油总公司油气田开发技术和管理经验交流会上，渤海石油公司生产部张国祥针对上述状况作了《埕北油田开采中面临的主要矛盾及其对策》的专题发言，渤海石油公司生产部俞华在《埕北油田B平台生产设施面临的主要矛盾及其对策》专题发言中，对B平台增加污水处理量和增加电站容量的可行性进行了论证。上述两个报告均由渤海石油公司副总经理周守为审核。

技术政策和措施：由于当时原油价格低，B平台增加污水处理量和增加电站容量的方案未能实施。根据出现的新情况，1994年研究制定了新的技术政策，即“充分利用边水能量，合理利用气顶能量，在油田内部实施点状注水，进行产液结构调整”。

措施之一是合理利用气顶能量。油田整个开发过程始终注意保护气顶，从开发角度考虑合理利用气顶能量驱油，防止油侵造成储量损失；从经济效益考虑，延长两个采油平台以天然气作为发电机动力燃料年限，推迟烧柴油时间，可节约大量操作费；因此采取挤柴油、挤原油、缩小油嘴和关井压气锥的方式，控制油井气窜，保护气顶能量。

措施之二是油田内部实施点状注水。动态监测和分析资料反映出在CB–A26—CB–A12井一带低压区有逐年扩大的趋势，为了改善低压区的开发效果，CB–A26井1993年4月19日实施注水试验。CB–A26井注水后周边油井压力回升。由于注入水将低含水油推向边部油井，抑制了边水的内侵，多口高含水井含水下降，产油量增加，CB–A8井含水由95%下降至50%，日产油量由9m^{3}增加到75m^3。由于点状注水提高了内部油井的压力水平，许多因气窜长期关井的油井实施机械采油而不发生气窜，提高了气顶及周边油井的产能。

在CB–A26井注水试验取得初步效果的基础上，1994年采用数值模拟法，在生产历史拟合的基础上，进行了油田内部点状注水方案的研究，优选注水井位、注水层位、确定注水量和合理注采比。

经中日双方研究决定，1995年在油田内部再增加三口注水井，采用原生产管柱注水。CB–A25井1995年5月1日实施注水，CB–B18井1995年5月19日由采油井转为注水井，CB–B22井1995年5月18日由采油井转为注水井。

四口井注水后，地层压力回升，低压区15.40～15.60MPa的等压线消失，油田总压降由1.06MPa回升到0.89MPa，放大压差生产井未发生气窜现象。东气顶多年停产的气窜井也恢复了生产，位于气顶区的CB–B16、CB–B23井于1996年2月恢复生产，日产油25～45m^3，生产气油比正常。实施油田内部点状注水后，油田开发效果明显改善。

措施之三是进行产液结构调整。将A区边部含水为95%以上的CB–A2、CB–A3和CB–A5井关井，转为观察井，减少了边水能量的消耗，使边水向二线井推进，起到了充分利用边水驱油的作用。数值模拟研究结果表明，油田内部实施四口井注水后，内部压力回升较快，可适当放大生产压差。

1995 年提高了油田内部 5 口低含水井的产液量，油井产量明显上升（图 2–3），CB–A12 井生产压差由 0.28MPa 增加到 0.52MPa，日产油量由 7.60m³ 上升到 25.30m³。油田内部放大压差后，使 A 区生产形势明显好转，年产油量增加，综合含水下降，1995 年上半年与 1994 同期相比多产油 3973t，少产水 3.50×10^4m³。

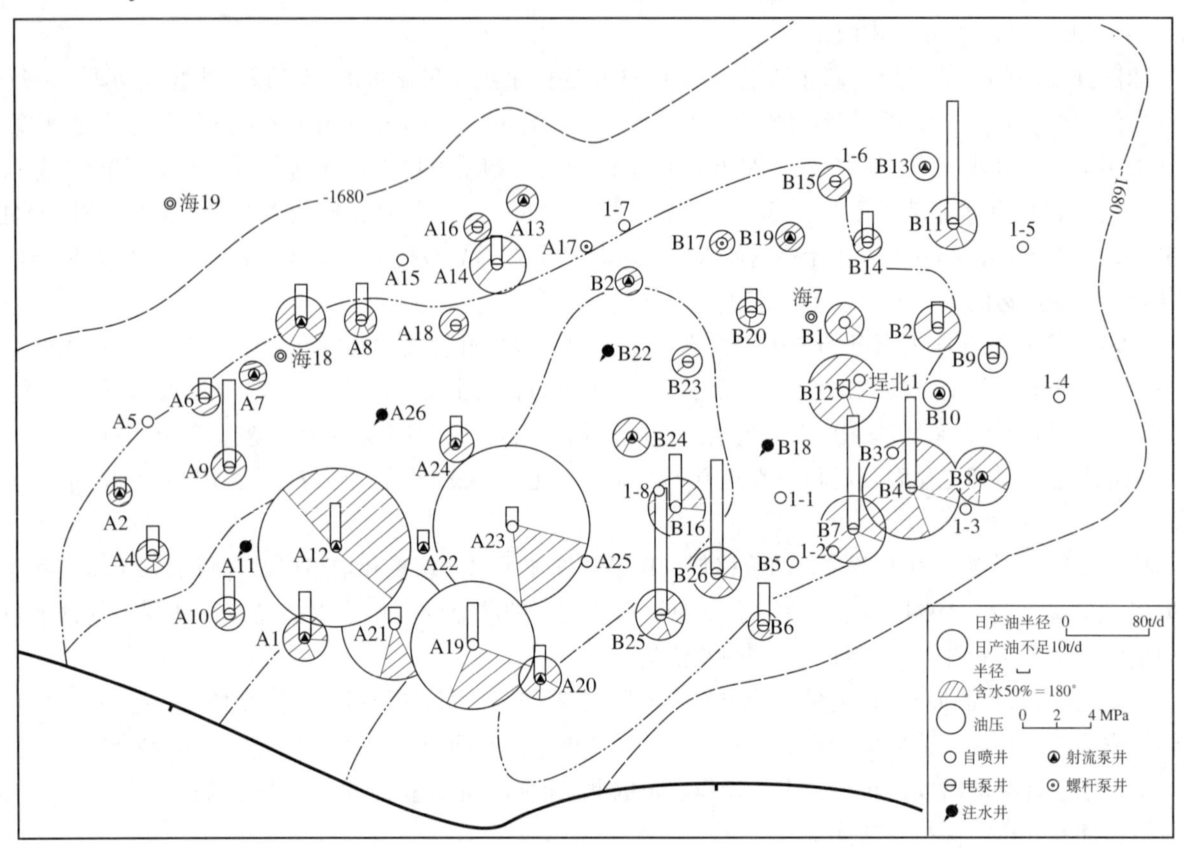

图 2–3　埕北油田开采现状图

（渤海石油公司研究院，1998 年）

措施之四是研究开发中后期油层伤害机理，进行解除有机垢堵塞试验。油田产油能力和产液能力变化规律表明，随着含水上升，含水饱和度不断增大，黏滞阻力大幅度下降，采液指数增加，油田含水 70% 时，无因次采液指数为初期的 2.50 倍（图 2–4）。

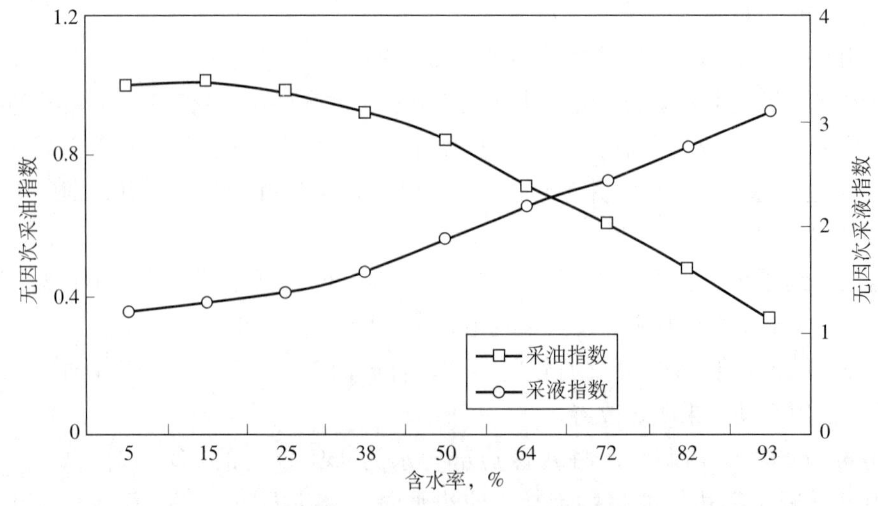

图 2–4　埕北油田无因次采液、采油指数与含水关系曲线

（渤海石油公司研究院，1998 年）

油田地层能量充沛，理应供液充足，可是自1994年以后油田年产液量呈现下降趋势，部分电潜泵井也出现供液不足现象，不符合稠油油田的开采规律，因此1997年中国海洋石油总公司批准经费设立生产科研项目《埕北油田开发中后期油层伤害敏感性研究》。

1997至1998年由渤海石油公司研究院、渤海采油公司与石油大学（华东）联合立项，进行《埕北油田开发中后期油层伤害敏感性研究》。研究表明，油田的地层具有速敏性、水敏性和盐敏性，生产压差过大可能造成弹性、塑性变形、产生微粒运移、油井附近存在有机垢堵塞。油田的油层伤害属晚期伤害，是在油田开发中后期，由于油层的微粒运移和有机垢的沉淀导致防砂管周围渗流通道的堵塞而形成的。这种油层晚期伤害导致油井在中、高含水期发生产液量的下降，直接影响提液稳产。

针对埕北油田晚期伤害的形成因素，石油大学（华东）筛选出U−01油层解堵剂，解除有机垢造成的堵塞。

有机垢解堵先导试验井的选井原则为生产历史上有过高峰产量，由于生产压差大，可能在井底附近脱气、降温，造成石蜡析出、沥青和胶质沉积，造成有机垢堵塞，目前产液量下降幅度较大的井。有机垢解堵先导试验井为CB−B9井和CB−B15井。

采用“U−01”溶剂进行解堵试验，CB−B9井解堵后油压由0.80MPa上升到3.20MPa，含水稳定，日增液100m^3，日增油11m^3，动液面由1080m上升到井口。CB−B15井解堵后油压由0.80MPa上升到4.50MPa，日增液80m^3，含水由78%上升到88%，未增油，因此需研究和堵水相结合的配套工艺技术。

1999年以来先后在多口井进行了有机垢解堵，增产效果明显，截至2005年12月，有机垢解堵累计增油2.65×10^4m^3。

“充分利用边水能量，合理利用气顶能量，在油田内部实施点状注水，进行产液结构调整”技术政策的实施，使油田内部地层压力回升，多年气窜的油井恢复生产，注水井周边油井产量上升，稳油控水的产液结构调整见到成效，边水和气顶能量得到充分利用，油田产量递减速度减缓，综合含水保持稳定。

第四节　开发调整

2000年10月28日油田转为自营生产，中国海洋石油总公司提出了利用原有海上工程设施，充分挖掘油藏潜力的开发部署，天津分公司要求中海石油研究中心编制《埕北油田调整方案》，一些技术难点列入国家“863”重点攻关项目进行研究和试验，为海上老油田调整挖潜做技术储备。

2001年8月至10月，CB−A21井在主要油层上部未动用的东营组顶部油层和馆陶组油层试出工业油流。

一、调整方案

《埕北油田分步调整方案》是在2001年8月中海石油研究中心编制的《埕北油田调整方案》基础上编制而成的，全部内容分为六卷。

第一卷总论由中海石油研究中心开发设计院朱江编写；第二卷地质油藏由中海研究中心渤海研究院王飞琼编写；第三卷钻完井部分由中海石油研究中心开发设计院何保生编写；修井机部分由中海石油（中国）有限公司天津分公司生产部欧阳隆绪编写；第四卷电站增容机平台改造由中海石油（中国）有限公司天津分公司生产部李守禄编写；第五卷投资估算及经济评价由中海石油研究中心开发设计院王晖编写；第六卷安全分析由中海石油研究中心开发设计院郝静敏编写。

2002年12月2日专家审查会通过了埕北油田调整方案。2003年1月22日天津分公司签发了《关于埕北油田分步调整方案2003年实施计划的请示》，2003年3月25日中国海洋石油总公司签发了对上述请示的批复。

根据中海石油（中国）有限公司对老油田调整要“从易到难、分步实施、充分利用油田原有海上工程设施，少投入多产出，力争最佳经济效益”的指示精神，天津分公司根据油田实际情况和投资总额控制的要求，决定先进行A平台2003年至2004年的调整改造。

（1）调整依据。

2002年底，东营组主要油层采出程度为30.22%，油层顶部及油田内部剩余油较富集，剩余油饱和度平均为48%。

油田钻井时，有41口井钻遇东营组顶部层状油藏，23口井钻遇馆陶组1油组，29口井钻遇馆陶组2油组（图2–5）。通过地质、地震、测井等方面的综合研究认为，已钻遇而未射孔开采的东营组顶部油层以及馆陶组油层未开发的地质储量有1139×10⁴m³。

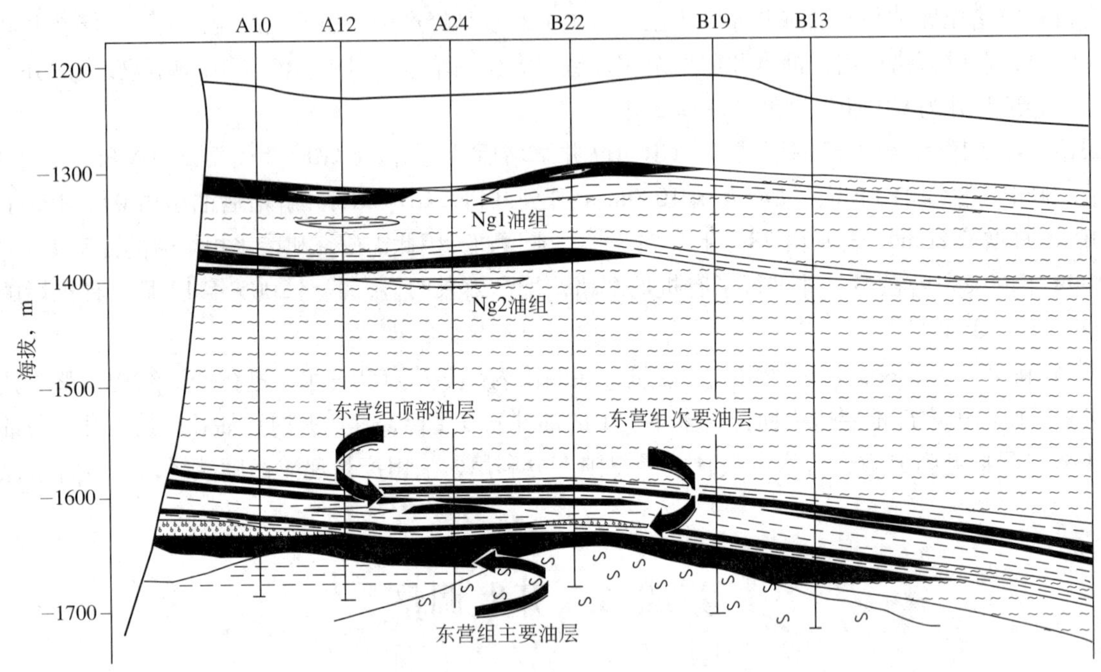

图2–5　埕北油田油藏剖面示意图

（中海石油研究中心渤海研究院，2001年）

（2）调整原则。

充分利用油田原有海上工程设施，少投入多产出，力争获得最佳经济效益；油田调整后要既能增加可采储量，又能提高油田最终采收率；综合调整方案应具有可实施性和抗风险能力。

通过对已开发的东营组主要油层挖潜以及对未开发油层的研究，决定利用原平台预留井槽或低产井的井筒，打水平井或侧钻水平井，挖掘各油层潜力。

（3）调整井钻井。

按调整计划2003—2004年钻调整井的步骤如下：

第一是整体调整方案按2+3+1钻井顺序实施，其中东营组主要油层利用低产井侧钻2口水平井（保留老井眼），利用预留井槽钻3口馆陶组水平井和1口分支井。第一批钻3口井、2+1或1+2。第3口井视前2口井实施效果而定，分支井视第一批井实施效果再确定。

第二是2003年计划打3口调整井，先打2口水平井，其中利用预留井槽钻1口分支压裂适度防砂井，开采馆陶组油层；利用CB–A22井侧钻1口水平井，开采东营组主要油层顶部剩余油，视这两口井实施效果，决定第3口井的布井层位。

第三是2004年计划钻3口水平井，根据2003年调整井的效果，决定实施的时间、钻井的井位和井型。

二、实施效果

调整方案实施主要包括 2 口侧钻水平井挖掘主要油层顶部剩余油潜力，2 口水平井试采馆陶组新油层和 10 口井补孔上返东营组顶部油层。

调整井的选井、随钻分析工作由中海石油研究中心渤海研究院王世民、黄保刚、侯东梅等完成，中海石油研究中心渤海研究院开发总工程师郭太现审核；油井产能设计和生产指标预测等工作由中海石油研究中心渤海研究院王为民、刘瑞果等完成，上返井的选井主要由中海石油研究中心渤海研究院刘小鸿、张敏娟等完成，中海石油研究中心渤海研究院油藏总工程师刘松审核。

渤西生产项目队王世民、王为民、刘瑞果、朱玉国等对埕北油田调整方案实施及效果进行了总结。

（一）东营组主要油层挖潜

由于主要油层属于正韵律沉积，储层纵向渗透率下高上低，边水推进下强上弱，因此上部油层水淹程度较低，剩余油饱和度较高。根据 CB−A19、CB−A23 和 CB−A25 三口井饱和度测井解释结果，上部油层含油饱和度为 50% ~ 58%，下部油层含油饱和度为 39% ~ 48%，底部油层为强水淹。

平面上，由于油田天然边水能量充足，逐年向油田内部推进，边部区域储量动用程度及水淹程度较高，剩余油饱和度相对低；内部区域储量动用程度比边部差，水淹程度低，剩余油饱和度相对高。

在上述认识的基础上，2003 年 12 月利用 CB−A22 井筒，在剩余油富集区成功侧钻了 CB−A22hs 井（图 2−6），该井采用修井机钻井，复合筛管防砂，水平段长 400m，同时在钻前根据最新饱和度测试资料分析结果，认为水淹层顶为海拔 −1643m，并结合生产动态资料分析，认为上部气顶已经萎缩，对该井生产不会造成影响，因此对井位进行了优化，水平段由海拔 −1638m 上提至 −1636m，距水淹层顶部距离由 5m 增加到 7m。

CB−A22hs 井投产初期日产液 123.40m^3，日产油 122.00m^3，气油比 48m^3/m^3，含水 1.10%，截至 2005 年 12 月单井累计增油 $2\times10^4m^3$。

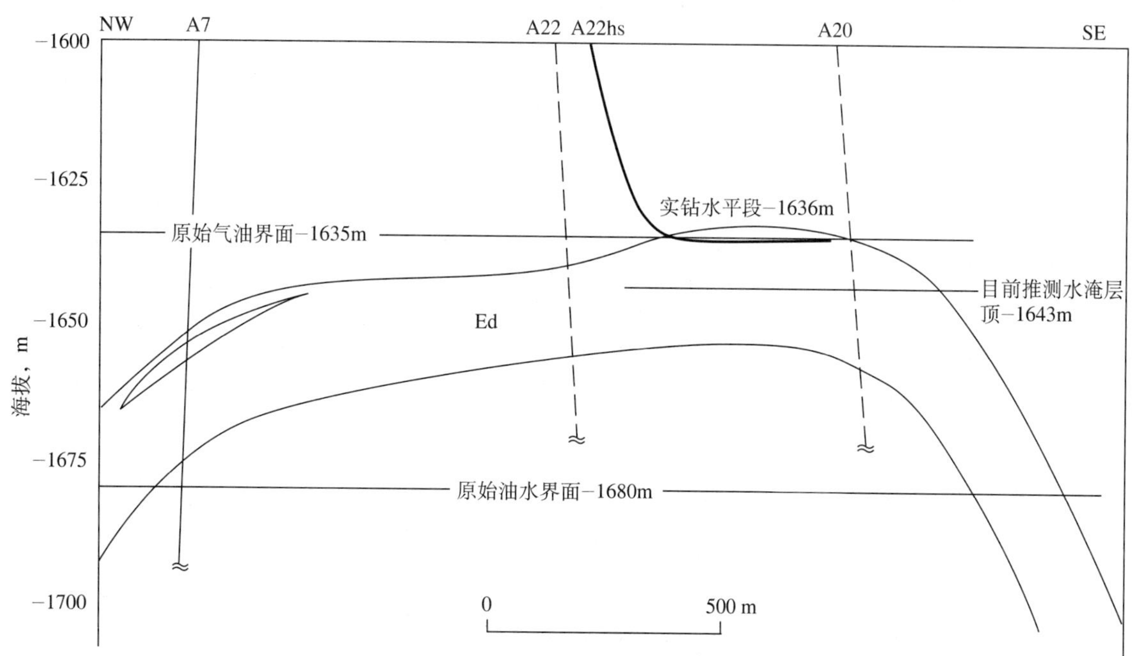

图 2−6　埕北油田 CB−A22hs 井油藏剖面图
（中海石油研究中心渤海研究院，2003 年）

（二）馆陶组新层试采

馆陶组油质稠（地下原油黏度 577mPa·s），可能会造成供液不足；底水油藏容易发生水淹，采用水平分支井适度防砂开发，可增加泄油面积，减缓底水的锥进速度。

2003 年 10 月在 Ng2 油组完钻一口水平分支井 CB−A29m 井，水平段布在厚度大、井控程度高的部位，实钻水平段长 375m，两个分支各为 150m，采用优质筛管适度防砂。

CB−A29m 井 2003 年 10 月投产，采用变频电潜泵生产，启泵压差 0.20MPa，之后逐渐调高频率，使生产压差逐渐放大，至生产压差 1.60MPa，日产液 30.96m^3，日产油 29.47m^3，含水 4.80%。第二口调整井 CB−A31h 井也取得了较好效果，截至 2005 年 12 月馆陶组 2 口生产井累计增油 $1.8\times10^4m^3$。

（三）东营组顶部新油层开采

东营组顶部油层分布范围较广，油田范围内有 41 口开发井钻遇，含油面积 4.00km^2，平均油层有效厚度 5.00m，孔隙度 25% ～ 30%，含油饱和度 55% ～ 60%。对这部分储量，采取老井上返补孔方式开发动用。

选井原则：主要油层停产或高含水的井；东营组顶部油层有效厚度大、储层物性好的井；东营组顶部油层部位已固井，射孔井段距主要油层防砂筛管顶部有一定距离，上返作业工艺相对容易的井。

在试验阶段，2001 年和 2002 年上返补孔 4 口井，取得较好的效果，油田综合递减率由 2001 年的 10.30% 下降到 4.50%；2003 年全面实施，又上返补孔 6 口井，初期平均单井日增油 21t，油田综合含水下降，截至 2005 年 12 月，10 口上返井补孔井累计增油 $7.50\times10^4m^3$。

第三章

钻井与采油工程

埕北油田的钻井与采油工程以1980年为界，经历了两个阶段，前期为摸索下海艰苦创业阶段，使用的是从陆上油田借鉴来的国内技术和装备，后期为中日合作阶段，采用了国际先进技术和装备。

第一节 钻井工程

渤海钻井1979年以前沿用陆地的一些做法和自己摸索的一些经验、技术进行钻井。从1980年开始，通过对外合作，使渤海油田的钻井队伍掌握了具有20世纪80年代先进水平的钻井配套技术（顶部驱动、随钻测斜、井控、PDC钻头、优选参数钻井等），掌握了海上丛式井的三维定向井井身轨迹设计先进程序。

一、丛式井

（一）早期试生产平台

在1975年建造的埕北油田6号固定式钻井平台上，共钻了当时渤海最早、最多的10口丛式井（其中一口水源井）。承担钻井作业的是32190钻井队，队长李洪泰，技术员牛世广。

六号固定式平台的丛式井地面井位，按正方形布置了16口井，深度为2000m，每口井相距2m。除在井口中部位置打了一口直井和边部位置打了一口水源井外，其他定向井都分布在四周，特别注意彼此相邻距离较近的井，将造斜点上下错开100m，其他井造斜位置上下错开不少于50m。埕北油田的油层只有东营组油层，而且油层埋藏较浅，井身剖面都向外扩展成放射状，上部井段不会发生相交互碰，钻井中也不需绕障。当时仍使用苏联的办法，采用地面定向造斜技术，不但效率低，而且准确性不高。由于渤海湾上部地层松软，涡轮钻具的功率也低，造斜较困难，地面定向每口井要进行2～3次，CB1–1井达到7次，CB1–2井多达12次。当井斜达5°以上，方位符合要求，立即改旋转钻造斜钻进。如中途测斜和方位不符合要求，还要井下定向进行纠正。那时还是用氢氟酸测斜仪进行定向，不但速度慢、效率低，还容易造成卡钻，准确度也不高。六号钻井平台打的9口定向井，只有CB1–3井进行过井下定向2次。其他井的井斜、方位稍有误差，因为地质不强求，不再进行井下定向纠斜或矫正方位。钻达目的层东营组，地层不太坚实且地层倾角很小（3°～10°），造斜钻进中方位不易变化。稳斜钻具多在钻头上部6m和16m处各加一直径210mm稳定器，用正常钻压钻进就能稳斜，只要控制钻压或采用摆锤式钻具结构就能达到降斜或加速降斜目的。钻井过程中还及时进行单点或起钻电测（平台配有撬装式电测绞车和仪器，专供钻定向井使用），按照设计要求及时调整钻具结构和钻压。埕北油田6号固定式钻井平台共打丛式井9口（不包括采水井），平均钻井深度1959.55m，平均钻井周期为22.94天，按设计靶区半径50m，井身质量合格率为37.50%，固井合格率100%。

（二）合作开发平台

按开发实施方案油田所钻的开发井均为定向井，日方是操作者，渤海钻井公司反承包钻井作业，日方聘用了美国东方人造斜器公司（下称东方人公司）的技术人员对钻定向井技术负责。

定向井井身结构：ϕ 762mm 隔水导管下深入泥 25 ～ 30m，ϕ 340mm 表层套管下入深度 250m，油层套管 ϕ 178mm。

定向井剖面采用垂直、造斜和稳斜三段制。最大造斜率控制 1°/10m，最大井斜控制在 45° 以内。根据需要每钻 50 ～ 100 m 测井斜及方位一次，及时掌握井眼轨迹变化。东方人公司所用的随钻随测井下定位仪器简称 DOT，可以直接观察井斜方位变化。当井斜和方位达到设计要求时，改用稳斜钻具打完井深。防止井眼相碰，主要采取将上部（表层）井眼打直；井眼相近的井，安排好钻井的顺序（图 3–1），并上下错开造斜点的深度（图 3–2）；及时测量井斜方位，必要时进行纠正。A 平台钻定向井 26 口，按设计靶区半径为 50m，中靶率为 73.90%；B 平台钻定向井 26 口，中靶率为 77%，固井质量合格为 100%。

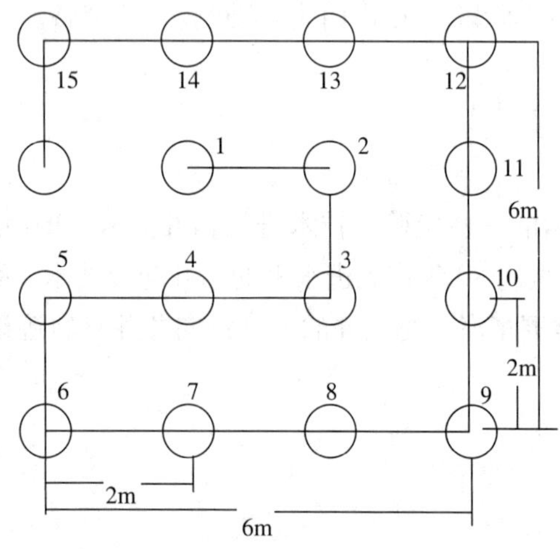

图 3–1　丛式井地面井位布置图
（中国石油钻井海洋石油总公司卷，2004 年）

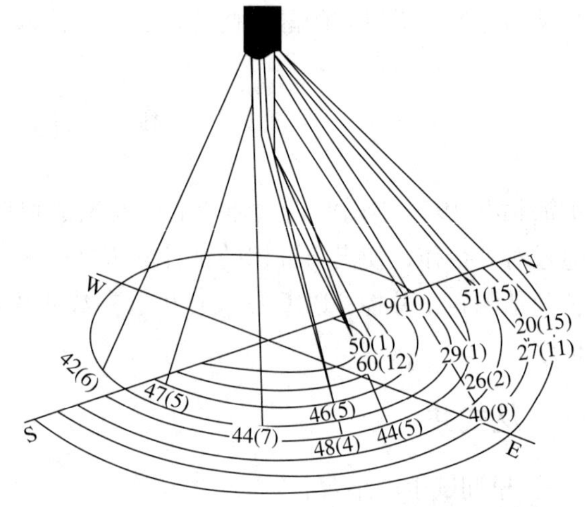

图 3–2　丛式井钻井方案示意图
（中国石油钻井海洋石油总公司卷，2004 年）

B 平台 1982 年 4 月 28 日开钻第一口井，1984 年 5 月 3 日最后一口井结束，共钻进尺 51600m，平均井深 1842.50m，平均建井周期 22.04 天；A 平台 1983 年 12 月 4 日第一口井开钻，最后一口井 1985 年 6 月 21 日结束，共进尺 53187m，平均井深 1899.50m，平均建井周期为 16.80 天。

（三）钻井平台模块设计建造

总体设计要求在油田 A 区建一组生产平台，这组平台要在采出原油前钻 26 口生产井（井深为 2000m 的定向井）和 2 口水源井。该平台组块由渤海工程设计公司承包设计，其主要特点：

按照中国“海上固定平台入级与建造规范”并参照美国 API 规范进行设计，经中国的船舶检验局检验合格，并获得检验证书，经日本石油开发株式会社的专家组检验合格，签订承包合同。

钻井组块的设计满足了钻井工艺的要求，设备配套齐全，属于全自给式的钻井平台，能够完成钻井液配制、固井、防喷、测井、录井工作，具有发电、消防、救生、供热、通风、通信、生活等功能系统和直升飞机场地，提高了钻机功能效率。

采用先进的工艺技术，在消防设计中采用了“1211”自动灭火技术、空气泡沫灭火技术、可燃气体自动报警、火灾报警、应急电站等安全设施，按防爆区划分进行设计，危险区进行强制通风换气。消防、救生完全符合规范要求。

在环境保护方面，选用了国内先进技术，平台向大海的污水排放符合国家规定，减少了对大海的污染。

钻井平台生活设施比以前大为改善，住房有空调，部分采用了防火材料。

主要钻井设备钻机、泥浆泵等都采用国产的，降低了平台造价，节约了很多外汇，经济效益显著。

1985 年 7 月 30 日埕北油田 A 钻井平台模块设计与海洋丛式钻井技术一起获得国家科技进步一等奖。

二、水平井

在埕北油田调整方案的实施中，一些技术难点列入国家“863”项目重点攻关项目进行研究和试验，为海上老油田调整挖潜做好技术储备。因此，埕北油田的调整井钻井采用了旋转导向工具 Autotrak/Powerdrive、随钻地质测井技术 LWD、针对裸眼侧钻的特殊 PDC 钻头、油基钻井液技术、泥饼清除技术和低生产压差反排措施、小井眼（7in）侧钻水平分支井、零排放等钻井新技术。

埕北油田先后钻“鱼骨刺”型水平分支井 1 口（CB−A29m）、侧钻水平井 2 口（CB−A22hs、CB−A10hs）和水平井 1 口（CB−A31h）。

CB−A29m 井利用 A 平台预留井槽，钻水平分支压裂适度防砂井，目的层为 Ng2 油组。主支设计水平段长 400m，水平段起始点深度 −1375m，终止点深度 −1377m。水平段距油层顶面 3 ~ 5m。钻井时，要求进行地质导向，确保井轨迹达到地质油藏的设计要求；考虑到 Ng2 油组油水关系比较复杂，钻井时要求先钻领眼，以便进一步落实油水分布情况；钻井时应注意防碰绕障，避免与老井相撞。要求在 Ng1 和 Ng2 油层冷冻取心，取心井段为 −1310 ~ −1330m 和 −1373 ~ −1396m。

东营组主力油层利用 CB−A22hs 井侧钻水平井，挖掘上部油层剩余油的潜力。侧钻水平井时，要求进行地质导向，确定水平段轨迹达到地质油藏的设计要求；考虑到目前流体界面不清，要求先钻领眼，进一步落实油气界面，然后再确定水平段的深度；东营组主力油层生产井多，且都在正常生产，侧钻水平井时应注意防碰绕障，避免与老井相撞；CB−A22hs 井距气顶较近，钻井过程中应注意安全；严格筛选优质钻井液、避免钻井过程中油层污染；保留 CB−A22 井井眼，完井要求新侧钻水平井与原 CB−A22 井既可分采也可合采。侧钻的水平井先生产，待水平井含水率与 CB−A22 井接近时，再考虑合采。

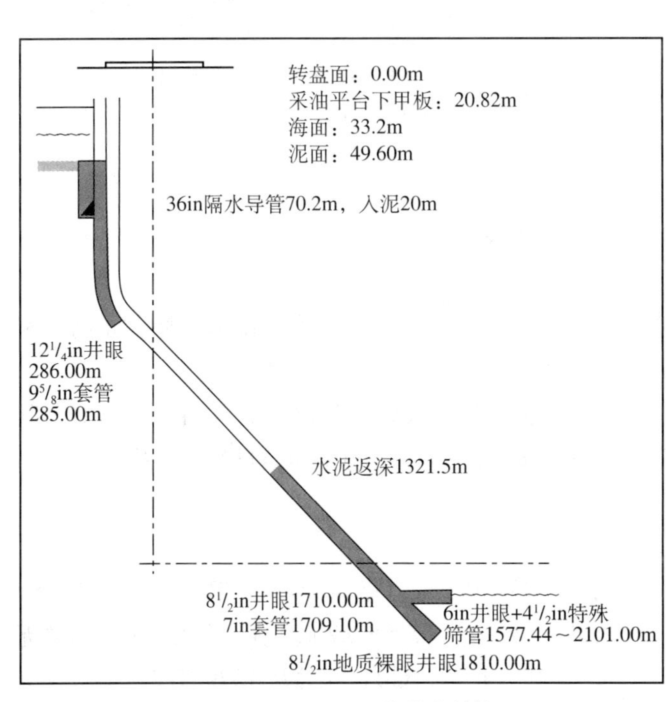

图 3−3　CB−A29m 井井身结构图
（中海石油（中国）有限公司天津分公司钻井部，2003 年）

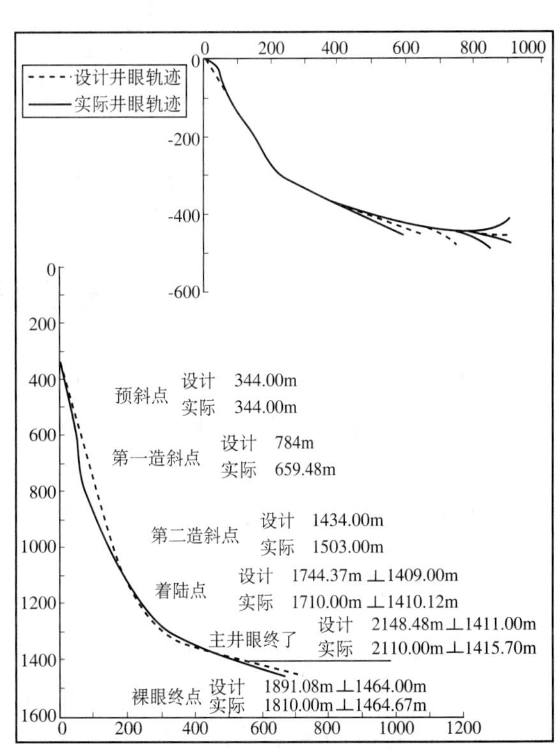

图 3−4　CB−A29m 井井眼轨迹图
（中海石油（中国）有限公司天津分公司钻井部，2003 年）

钻井液的选择原则是所选用的钻井液体系既能满足钻井要求，又能达到保护储层的目的。根据埕北油田已开发井的钻井泥浆报告，所选用的钻井泥浆体系为聚合物泥浆，钻井过程中井径规则，由复杂地层引起的地下特殊情况较少发生，地层测试所得表皮系数也较低，所以新钻调整井和水平井仍选用聚合物体系泥浆。

“鱼骨刺”型水平分支井 CB–A29m 井井身结构见图 3–3，井眼轨迹见图 3–4。

侧钻水平井 CB–A22hs 井井身结构见图 3–5，井眼轨迹见图 3–6。

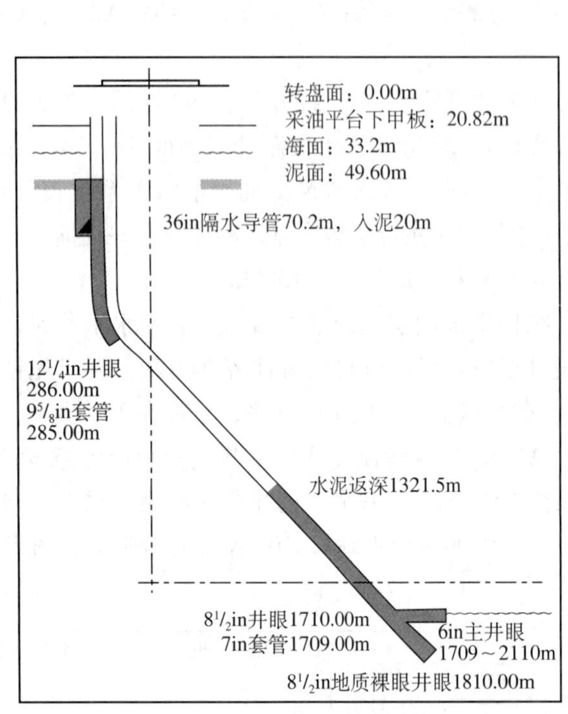

图 3–5 CB–A22hs 井井身结构图
（中海石油（中国）有限公司天津分公司钻井部，2003 年）

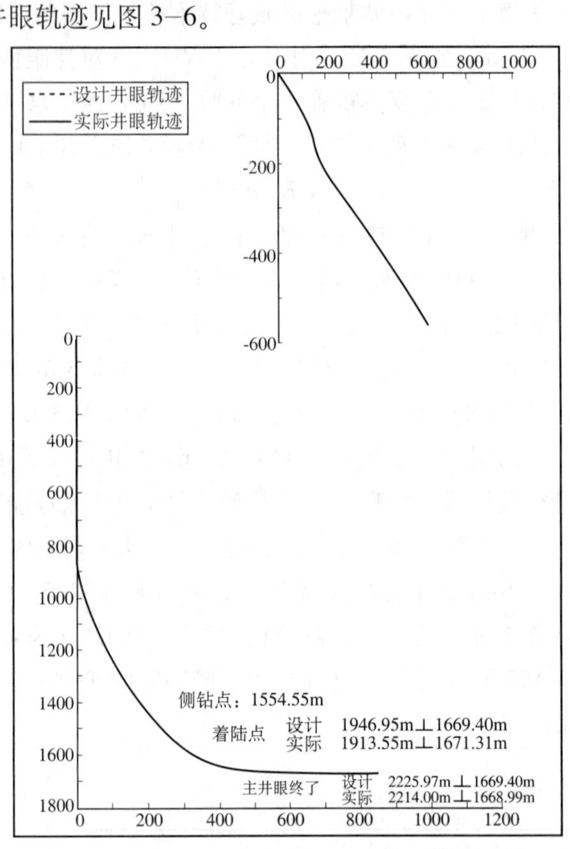

图 3–6 CB–A22hs 井井眼轨迹图
（中海石油（中国）有限公司天津分公司钻井部，2003 年）

第二节 完井工程

在六号试采平台上，采用国内陆上油田完井技术，国产的过油管射孔枪射孔；酚醛树脂化学防砂和滤砂管防砂；无正规完井液；技术和装备不适合海上作业的需要。

1980 中日合作开发埕北油田后，引进了多项国外先进工艺技术及装备。油田完井由日方监督，其射孔、防砂、钢丝电缆作业、完井液服务都由外国专业公司承包，施工成功率和质量有很大提高。

一、丛式井完井

埕北油田油层疏松，生产中容易出砂。六号平台试采过程中，油井普遍出砂，CB1 井试油中 6mm 油嘴生产，含砂量为 0.30% ～ 0.50%，平均 1 ～ 2h 油嘴砂堵一次，采油 0.70t，砂面上升 1m，油井无法生产，先后进行酚醛树脂防砂和滤砂管防砂后，生产才转入正常。CB1–4 井从 1979 年 3 月起，9 个月内进行四次防砂措施，平均防砂周期只有 61 天，下水力活塞泵抽油，往往因为砂卡一个月内需检泵数次。

针对试采过程中油井易出砂的状况，中日合作开发埕北油田时，采用了先进的防砂完井技术，主要包括美国 HALLILBURTON（哈里巴顿）公司的高密度砾石充填防砂技术、美国 GEOVANN（吉欧文）测井公司的油管携带射孔枪负压反涌射孔技术、日本 TEINITE（特力特）泥浆公司完井液，美国 OTIS（奥蒂斯）工程有限公司的完井管柱等。

（1）采用无固相完井液。不配伍的完井液会使地层渗透性遭到损害，导致油井产量下降，也严重地影响先期防砂完井的成功。埕北油田主要油层以泥质胶结为主，主要黏土矿物为高岭土、伊利石、蒙皂石，如果这些移动型和膨胀型黏土矿物得不到很好的控制，就会给油层的渗透性带来影响。为了防止这些影响，埕北油田采用了无固相低失水完井液。这种完井液具有携带能力强、防止黏土膨胀、减少固体颗粒和细菌对地层的堵塞以及对地层污染较小等特点。

（2）负压反涌射孔技术。井筒内完井液液柱压力高于地层压力的条件下射开油气层称为正压射孔，但井筒液柱压力高于地层压力，可能造成射孔液侵入地层，射孔碎屑残留在射孔孔道内，孔道周围的压实层无法清除。

负压射孔是在井筒完井液液柱压力低于地层压力的条件下射开油气层。负压射孔既可消除射孔液侵入地层，又可把射孔孔道内的碎屑和孔道周围的压实层清除干净，在井筒周围建立清洁畅通的油气流动通道。埕北油田采用油管携带射孔枪负压反涌射孔技术，具有孔眼直径大（15.24mm）、高孔密（39 孔 /m），可实现 60° 相位。

（3）高密度砾石充填防砂。根据埕北油田的特点以及六号试采平台生产情况，要确保油井正常生产，必须采用先期防砂完井。根据国内外的经验，认为高密度砾石充填比较好，所谓高密度砾石充填就是用高密度的携砂液，在合适的泵送速率下，使砾石携带到筛管和套管之间，并将一部分砾石挤入炮眼，形成有较好渗透性的砾石层，达到防止地层砂随油流出的一种防砂技术。

针对试采过程中油井易出砂的状况，埕北油田在 48 口油井中实施了管内砾石充填先期防砂，4 口设计注水井实施了双层绕丝筛管砾石预充填防砂，其中只有 1 口井（CB–B5）防砂失败，成功率在 98% 以上。生产 20 年来，基本无冲砂作业，部分电潜泵井生产压差大于 4MPa，CB–B4 井电潜泵日产液 400m^3，CB–B2 井采液强度 25m^3/（d·m），均能正常生产，砾石充填先期防砂的成功为埕北油田提高排液量，保持高产、稳产提供了保证。

（4）完井管柱。对海上油井，为了保证安全生产，必须使用井下安全阀。油田采用了美国 OTIS（奥蒂斯）工程有限公司的完井管柱，每口井均使用了井下安全阀。其特点是：

在地面对安全阀进行控制，一旦平台或油井有意外情况，可立即自动或手动关闭油井，防止事故扩大；油套管环空不承受压力，防止了由于套管外没有全部固井所带来的不利因素；因油稠，仪器下入井底有困难，因此在管柱上增设了偏心单流阀，可反替柴油；有利于机械采油。在不动防砂管柱的情况下，可进行压井，起出自喷生产管柱，下机械采油管柱。自喷井完井管柱见图 3–7。

二、水平井完井

对新钻水平井及侧钻水平井完井液体系优选为隐型酸完井液，经已有的室内研究和渤海部分油田的使用，证明该体系不仅能够消除和防止钻井液滤液与水泥浆滤液产生的沉淀，同时其本身又对储层具有良好的保护效果，不会对储层造成新的损害。

采用优质筛管适度防砂完井新技术。防砂及充填方式：6in 水平主井眼下优质筛管防砂，分支为裸眼。

CB–A29m 井完井管柱和 CB–A22hs 生产管柱见图 3–8、图 3–9。

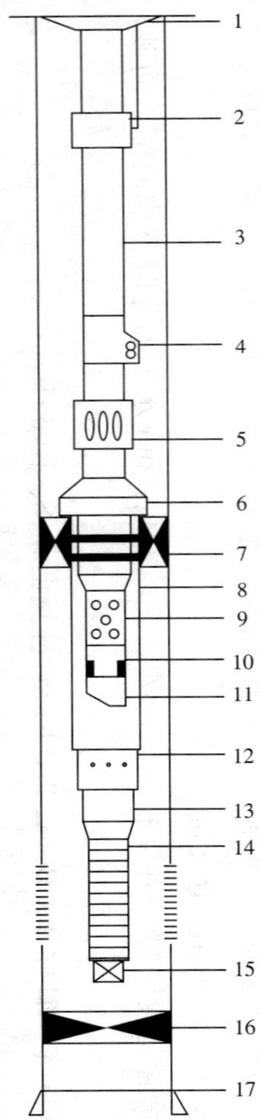

序号	名称	外径，in	内径，in	长度，m
1	油管柱	6.75	2.441	0.35
2	井下安全阀	4.65	2.31	1.92
3	油管	2.785	2.44	—
4	偏心阀	3.75	2.31	2.03
5	滑套	3.75	2.31	0.97
6	定位密封总成	3.97	2.38	0.35
7	防砂封隔器	6	3.25	2.34
8	$4^1/_2$in套管	4.5	3.96	—
9	带孔管	2.87	2.44	3.12
10	测试短节	3.06	2.2	0.39
11	引鞋	3.21	2.5	0.13
12	安全剪切接头	4.75	3.56	0.23
13	盲管	4	3.56	—
14	防砂筛管	3.26	2.44	28.9
15	盲墙	3.75	—	0.13
16	桥塞	5.61	—	0.5
17	人工井底	—	—	—
井号	CB-A5(观察井)、CB-A15(观察井)、CB-A19、CB-A21 CB-A23、CB-B1、CB-B5(防砂失败停产井)、CB-B12			

图 3-7　油井完井管柱图
(天津分公司开发部，2005 年)

公司	中海石油(中国)有限公司天津分公司	油田	CB-A		日期	2003-10-10
技术套管	7in23#N80	井号	A29m		层数	1
序号	名称规范	外径	内径	长度	深度	
		in	in	m	m	
1	油补距			18.01	0.00	
2	油管挂$3^1/_2$inEUE B×B	10.375	3.000	0.25	18.01	
3	$3^1/_2$inEUP $2^7/_8$inEUP	2.875	2.441	0.15	18.26	
4	$2^7/_8$inEUE J556.4ppf油管(119根)	2.875	2.441	1144.77	18.41	
5	滑油阀	3.500		0.15	1163.18	
6	$2^7/_8$inEUE J556.4ppf油管(2根)	2.875	2.441	19.26	1163.33	
7	单流阀	3.500		0.15	1182.59	
8	$3^1/_2$inEUE J559.3ppf油管(1根)	3.500	2.992	9.64	1182.74	
9	滑油电泵—泵出口变扣	3.976		6.40	1192.38	
10	分离器	3.976		0.76	1198.78	
11	保护器	3.976		3.71	1199.54	
12	电机	5.400		4.11	1203.25	
13	测压测温装置	5.400		1.03	1207.36	
14	扶正器	5.906		0.56	1208.39	
					1208.95	
A	SC-1R 70B-40封隔器	6.000	4.000	1.44	1577.44	
B	$4^1/_2$in套管	4.500	3.950	110.51	1580.83	
C	$4^1/_2$in金属棉筛管	4.500	3.614	405.03	1691.34	
D	井底深度				2110.00	

备注：基准面以CB-A平台转盘面为0点；
转盘面距海平面距离：33.2m。

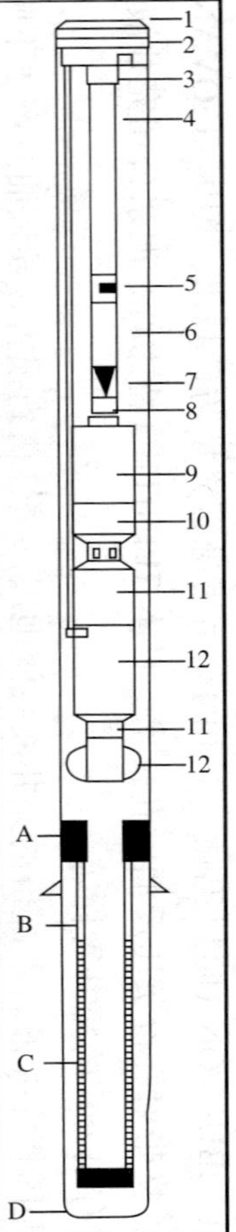

图 3-8　CB-A29m 井完井管柱图
(天津分公司钻井部，2003 年)

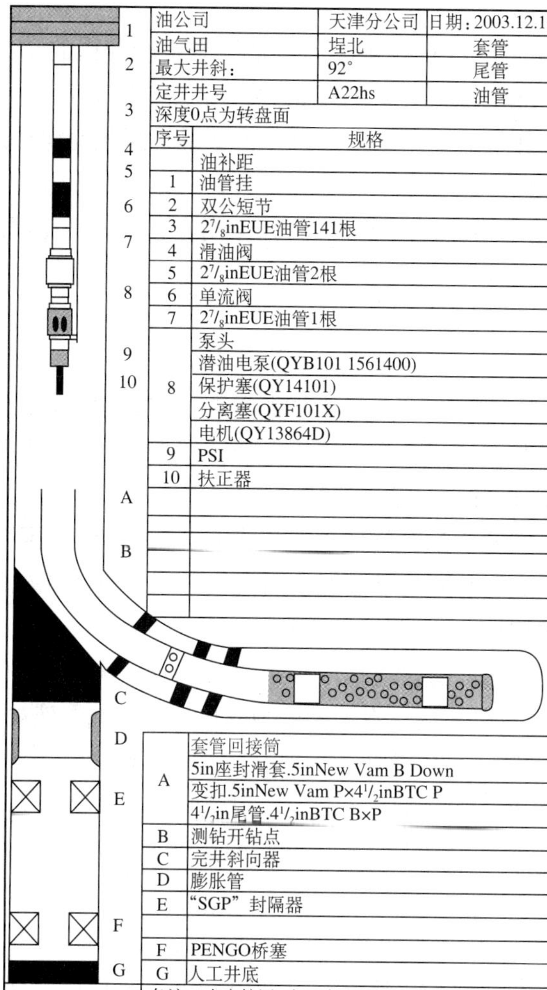

油公司	天津分公司	日期：2003.12.12	外径，in	重量，ppf	钢级	扣型
油气田	埕北	套管	7	23.00	J55	BUTT
最大井斜：	92°	尾管	$4\frac{1}{2}$			BTC
定井井号	A22hs	油管	$2\frac{7}{8}$	6.300	J55	EUE
深度0点为转盘面						

序号	规格	外径，in	内径，in	长度，m	深度，m
	油补距			19.07	0.00
1	油管挂	7.000	2.441	0.25	19.07
2	双公短节	2.875	2.441	1.00	19.32
3	$2\frac{7}{8}$inEUE油管141根	2.875	2.441	1355.64	20.32
4	滑油阀	3.42		0.15	1375.96
5	$2\frac{7}{8}$inEUE油管2根	2.875	2.441	19.25	1376.11
6	单流阀	3.94		0.15	1395.96
7	$2\frac{7}{8}$inEUE油管1根	2.875	2.441	9.60	1395.51
8	泵头	2.875		0.17	1405.11
	潜油电泵(QYB101 1561400)	3.98		5.80	1405.28
	保护塞(QY14101)	3.98		3.71	1411.08
	分离塞(QYF101X)	3.98		0.760	1414.79
	电机(QY13864D)	5.43		4.360	1415.55
9	PSI	4.5		0.88	1419.91
10	扶正器	5.5		0.550	1420.79
					1421.34
A	套管回接筒	5.750	5.250	2.20	1533.895
	5in座封滑套.5inNew Vam B Down	5.790	4.300	0.81	1536.095
	变扣.5inNew Vam P×$4\frac{1}{2}$inBTC P	4.990	3.980	0.41	1536.905
	$4\frac{1}{2}$in尾管.$4\frac{1}{2}$inBTC B×P	4.960	3.950		1537.315
B	测钻开钻点				1541.00
C	完井斜向器				
D	膨胀管				
E	“SGP”封隔器	6.000	3.250	2.58	1718.35
F	PENGO桥塞	5.610		0.50	1792.42
G	人工井底				1779.53
	备注：小扁护罩5个，大扁护罩142个				

图 3-9　CB-A22hs 井生产管柱图

（天津分公司钻井部，2003 年）

第三节　采油工程

试采初期，所有油井全部自喷开采，随着含水上升，油水过渡带部分井井底积液，处于停喷状态，有 3 口井采用水力活塞泵开采，其产量为自喷方式开采的 1.50 倍，由于出砂问题未解决，严重影响泵的时率。

针对稠油开采见水早、含水上升快、油井自喷期短、主要采油期在高含水阶段的特点，合作后生产井管柱都配有滑套，不必动管柱，采用钢丝作业，随时可将停喷井投入射流泵转为机械采油，每个平台都配备有轨道式修井机，保证了电潜泵下泵及检泵工作的顺利进行。合作开发初期，所有油井全部自喷开采，采油速度达到 1.50%。

中含水期以自喷和射流泵为主，辅以少量电潜泵和螺杆泵，自喷井在油田东部边水活跃地区效果好，含水 70% 尚可维持日产 200 ～ 300m^3 液量，西部低产井应用射流泵在中含水前期也获得好的效果，水温 70℃的动力液有效地改善了稠油举升状况，生产压差由自喷时 0.30MPa 提高到 1.50MPa，此阶段射流泵占总井数的三分之一。随着含水上升和平台处理液量的限制，以及进一步加大生产压差，提高产液量的要求，电潜泵逐渐取代射流泵。

高含水期，机采井46口，占总生产井数（49口）的93.90%，产液量占全油田的97.20%，产油量占全油田的92.90%。主要机采方式为电潜泵和射流泵，其中31口井采用电潜泵机采，占总采油井数的63.30%；14口井采用射流泵采油，占总采油井数的28.60%；4口井曾采用地面驱动螺杆泵采油，地面驱动螺杆泵由于受条件限制，一直未能推广应用。

进入高含水期，一直寻找适合本油田的堵水措施，由于主要油层采用全井段砾石充填防砂，堵水措施难度大。

一、射流泵采油

射流泵采油工艺在埕北油田现场试验始于1988年3月，由渤海石油采油公司综合研究所承担，使用美国GUIBERSON公司制造的水力密封型射流泵。射流泵的优点是结构简单，没有相对运动件，适合高黏多砂的油田条件；射流泵设计的泵挂深度和排量范围比较宽，泵挂深度由500m至3000m，日排量由$20m^3$至$150m^3$；起下泵用钢丝作业，不需起下油井管柱，节省作业费用。缺点是泵效低，地面动力耗量比较大，泵在井下只能作开式安装，动力液和地层液混合后流出井口，进入流程的液量成倍增加，所以海上油田射流泵大排量采油受平台处理流程和设备容量限制。

埕北油田射流泵采用反循环方案，即从套管打入高压动力液，射流泵置于滑套中，动力液由滑套进入射流泵的喷嘴高速喷出，在喷嘴出口周围形成低压区，在地层压力的作用下，地层液被吸入泵内与动力液一起进入喉管混合后，进入扩散管，速度减小，压力升高，把混合液举升到地面。

CB–B8井为射流泵试验的首选井，1988年3月10日下C–6型射流泵，动力液压力10MPa，动力液$109m^3/d$，日产液$99.30m^3$，日产油量$85.20m^3$，含水15.20%。射流泵生产至2002年1月31日射流泵喉管堵塞，打捞射流泵，射流泵运转周期5055天。

1988年3月至1989年3月一年期间，先后在A区西北部低产井下射流泵13口井、B区油水过渡带下射流泵3口井，下泵施工一次成功率达100%，增产效果明显，16口井一年增产原油44578t，按当时原油价格计算，平均每台泵一年净增值29.6万元，成本回收周期只有29天。

1989年11月杨彩莲等人对《射流泵在埕北油田的应用和研究》生产科研项目进行了系统总结，成果报告由采油公司李敏审核。由于该项目采用计算机程序确定参数，结合矿场下井试验数据，完善了选泵程序；1989年增产6.70×10^4t，经济效益显著；为射流泵在海上油田的推广打下了基础；该项目1990年6月被评为渤海石油公司科技进步二等奖。

由于射流泵结构简单，下泵、检泵不需起下油管，操作费低，油田先后有35口井曾采用射流泵采油技术，成为油田中低含水期主要的机械采油方式。

射流泵采用处理后的污水作动力液，动力液和地层液混合后流出井口，增加了平台油水处理系统的负荷，随着油田产液量的增加，污水处理系统处于满负荷运转状态，油井要进一步提高产液量难度增大，因此油田进入高含水期以后，部分井转为电潜泵采油。

2005年12月，仍有14口射流泵采油井，占采油井总井数（47口）的28.60%。射流泵采油井产液量占全油田的21.00%，产油量占全油田的16.90%。

二、电潜泵采油

埕北油田第一口电潜泵采油井是CB–B11井，1991年9月23日下电潜泵抽油，泵排量$100m^3$，日产液$139m^3$，日产油$38m^3$，含水73%。

截至1991年12月油田已有7口电潜泵采油井，由于电潜泵的管理工作没有跟上，有3口井因选井、选泵不当，引起地层供液不足，使电潜泵处于间开或打回流的工作状态，影响油井生产时率和井下机组寿命；有的井因选泵扬程偏高而引起油压过高，不仅使电潜泵轴承磨损影响寿命，还造成了大量的电力浪费。为使电潜泵经常处于合理的工作状态，为今后选泵提供可靠经验，1992 年初采油研究所成立了专门的课题小组，对电潜泵井工况分析技术进行研究，李成见等人先后走访了大庆、胜利、大港等陆地油田，了解了这些油田电潜泵井工况分析技术。经综合对比分析，认为大庆油田采油四厂的电潜泵井工况分析技术新颖独特、原理简单、已用于实际多年，准确性好，因此选定大庆油田采油四厂为合作单位。在引进软件的基础上，针对海上油田实际情况，于 1992 年底合作完成了适合渤海油田工况分析的软件开发。

通过定性分析技术确定电潜泵井工况，定量分析技术将黏度、气体含量及机械状况对泵排量、扬程和功率的影响程度量化，一目了然地反映泵况影响因素，便于采取相应改善工况的措施。电潜泵工况分析技术将定性和定量分析技术完全微机软件化，可以将结果以表格和图形方式输出，便于保存和到现场落实，提高了工作效率。

采用全面质量管理的方法，建立质量管理体系，制订完善电潜泵井管理制度，延长电潜泵机组寿命，完善了电潜泵井资料档案，加强电潜泵井的动态分析和日常生产管理，保证施工作业质量，消除减少各环节影响电潜泵井寿命的因素，延长了机采井检泵周期。

该项技术于 1993 年开始在埕北油田投入使用，经过 1 年的运用，使 20 口电潜泵井平均检泵周期从 1992 年的 296 天提高到 556 天，机组损坏率从 86.70% 下降到 38.90%，下井一次成功率达到 100%，取得的直接经济效益达 624 万元，提高了电潜泵井工况分析的准确率和分析速度，便于及时发现和处理问题，减轻了技术人员的劳动强度和工作量，填补了渤海石油公司在电潜泵管理技术领域内的一项空白。1993 年 12 月李成见等人对《埕北油田电潜泵井工况分析》进行了总结，郭会敏等人对《电潜泵的应用分析与管理研究》进行了总结，两项成果报告由渤海采油公司李奎元和杨彩莲审核。该项目 1994 年 3 月获得渤海石油公司科技进步三等奖。

埕北油田电潜泵采油生产管柱有带泄油阀和回音标的生产管柱、带井下测压装置 PSI 的生产管柱和采用测压阀的生产管柱。

CB−B2 井 1991 年 11 月 27 日下泵，2002 年 6 月 8 日检泵，电潜泵运行周期 3846 天。CB−B4 井产液量高，1992 年 4 月下泵以来，日产液一直保持在 400m^3，CB−B12 井最高日产液量达到 530m^3。

2005 年 12 月油田有电潜泵采油井 31 口，占采油井总井数的 63.30%。电潜泵采油井产液量占全油田的 76%，产油量占全油田的 75.90%。2005 年平均电潜泵运转周期 614 天。

从 2005 年 2 月至 6 月份，油田共有 4 口井换大泵，作业后产量上升，动液面加深，单井日增油 10 ～ 33m^3；4 口井截至年底增油 12975m^3。

三、螺杆泵采油

为解决射流泵动力液会增加油水处理装置的运行负荷问题，在不宜采用电潜泵的低产井上，开展了螺杆泵采油的适用性试验工作。

螺杆泵采油管柱主要由驱动头、抽油杆、扶正器、泵体等部件组成。

油田先后在 CB−A17、CB−B15、CB−B17、CB−B20 四口井中进行过螺杆泵采油试验，从试运行情况看，采用顶部驱动螺杆泵采油效果不佳，主要表现在抽油杆和定子经常脱落、皮带老化等问题，未能在油田推广使用。

四、选择性堵水

CB−B03 井测的三次产出剖面表明，随生产压差增大，出油厚度增加，采液强度提高，在采用 19.10mm 油嘴自喷生产，生产压差 0.66MPa 条件下，产液强度大于 50m^3/（d·m）的 2.90m 油层（占全井射孔厚度的 16%）产量占全井的 67%，此段高产液层分析判断为主要产水层，其上部的中低渗透层为潜力区。

由于 CB−B03 井是自喷井，可以通过产液剖面的变化对比选择性堵水，1992 年 7 月选择 CB−B03 井作为选择性堵水试验井，选用 TP−915 化学堵剂，施工效果欠佳，把防砂筛管全部堵死，无液量产出，日减产原油 50m³。先后于 1993 年 4 月和 1995 年 8 月两次解堵，1996 年 7 月一次挤液，未能解除堵塞。

第四节 注水工程

油田天然能量充足，未按开发方案设计时间注水。投产 8 年后的 1993 年油田内部出现了低压区以后，才开始实施点状注水。

一、注水井管柱

埕北油田分层注水管柱见图 3−10，合层注水管柱见图 3−11。

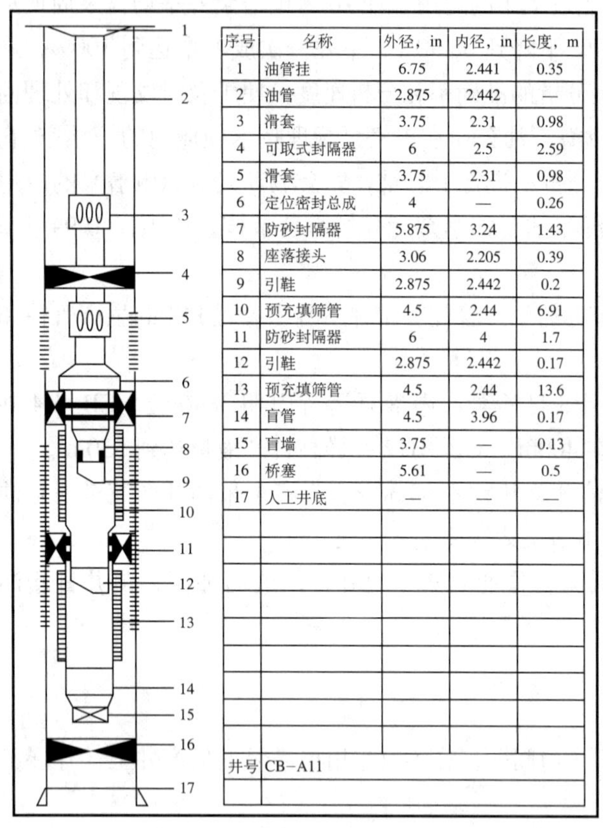

序号	名称	外径，in	内径，in	长度，m
1	油管挂	6.75	2.441	0.35
2	油管	2.875	2.442	—
3	滑套	3.75	2.31	0.98
4	可取式封隔器	6	2.5	2.59
5	滑套	3.75	2.31	0.98
6	定位密封总成	4	—	0.26
7	防砂封隔器	5.875	3.24	1.43
8	座落接头	3.06	2.205	0.39
9	引鞋	2.875	2.442	0.2
10	预充填筛管	4.5	2.44	6.91
11	防砂封隔器	6	4	1.7
12	引鞋	2.875	2.442	0.17
13	预充填筛管	4.5	2.44	13.6
14	盲管	4.5	3.96	0.17
15	盲堵	3.75	—	0.13
16	桥塞	5.61	—	0.5
17	人工井底	—	—	—
井号	CB−A11			

图 3−10 埕北油田分层注水管柱
（天津分公司开发部，2005 年）

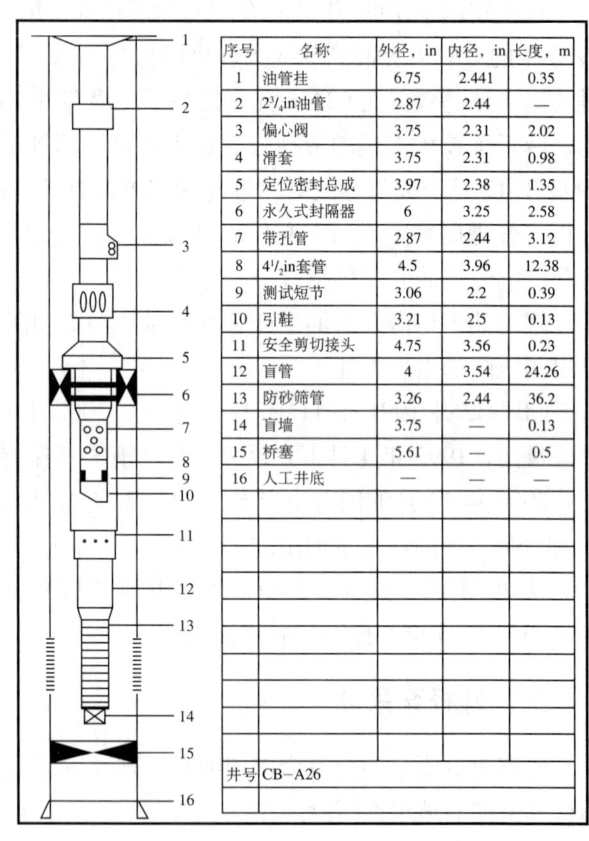

序号	名称	外径，in	内径，in	长度，m
1	油管挂	6.75	2.441	0.35
2	$2\frac{3}{4}$in油管	2.87	2.44	—
3	偏心阀	3.75	2.31	2.02
4	滑套	3.75	2.31	0.98
5	定位密封总成	3.97	2.38	1.35
6	永久式封隔器	6	3.25	2.58
7	带孔管	2.87	2.44	3.12
8	$4\frac{1}{2}$in套管	4.5	3.96	12.38
9	测试短节	3.06	2.2	0.39
10	引鞋	3.21	2.5	0.13
11	安全剪切接头	4.75	3.56	0.23
12	盲管	4	3.54	24.26
13	防砂筛管	3.26	2.44	36.2
14	盲堵	3.75	—	0.13
15	桥塞	5.61	—	0.5
16	人工井底	—	—	—
井号	CB−A26			

图 3−11 埕北油田合层注水管柱
（天津分公司开发部，2005 年）

二、注水井转注前预处理

CB−A26 井 1993 年 4 月 19 日转注时未采取任何预处理措施直接由油井转为注水井。注水量达不到设计要求，经室内分析和现场调研认为，造成该井日注水量达不到配注要求的主要原因是污油和机械杂质堵塞井筒、防砂筛管、炮眼及近井地带。为了使注水量达到配注要求，1994 年 7 月由渤海采油研究所沈燕来等对CB–A26井进行了解堵增注试验，采用冲砂洗井工艺，同时使用CY–3/CY–6对该井进行了解堵增注施工，地层吸水的启动压力从7.50MPa降低到2.70MPa，日注水量从189m^{3}提高到360m^3。

1995年的3口注水井均采用CY–3/CY–6预处理后转注。

三、开发后期水质处理

2000年发现埕北油田A、B平台注水水质中悬浮物颗粒直径中值偏高，A平台全年注入水的悬浮物颗粒直径中值范围为8.2 ~ 11.78，B平台全年注入水的悬浮物颗粒直径中值范围为4.38 ~ 6.05，均超过控制标准。针对这个问题，在污水处理系统中添加助滤剂和浮选剂后效果逐步改善。

2000年埕北油田A、B平台的硫酸盐还原菌超标，这主要是与污水处理系统没有投加杀菌剂有关。硫酸盐还原菌超标导致部分注水井注水压力升高，注不进水。针对这个问题进行了杀菌剂实验，取得较好的效果。后来平台增加了两台杀菌器，彻底解决了硫酸盐还原菌含量超标的问题。

第四章

海 洋 工 程

1980年以前，油田建造了六号采油平台，具有独立的生产、生活设施，采用了两级分离，保证了净化油质量及污水排放的标准，可直接停靠油轮、吊装作业。

1980年以后，中日合作第一个按国际标准进行建设的埕北油田海洋工程，具有灵活、周密、自动化的安全消防设施，符合国际标准的生产流程和操作工艺。

埕北油田的开发工程建设自1980年8月开始评价，到1986年9月20日“A”区平台组块海上安装机械完工，历时六年。

第一节　工程方案

1980至1987年，日本埕北石油开发株式会社作为操作者，主持完成了埕北油田的开发工程设计与实施。工程设计中，采用了国际通用的规范和标准；采用了国际通用的计算机软件。渤海石油公司一方面选派雇员学习，同时组织技术力量进行平行作业，从而逐步掌握了油田开发设计技术。在平台导管架与组块的制造和石油平台海上安装方面也均按国际规范和标准执行。该阶段的对外合作，将渤海油田的开发迅速提升到国际规范、国际标准和国际水平，使渤海油田的开发进入了正规开发阶段。

埕北油田工程方案采用全海式钢质桩基平台固定生产系统，即井口平台+中心处理平台+储油平台及输油码头。

工程建设内容包括A、B两区的8座钢质桩基固定平台和一条1.60km的海底管线以及52口生产井和4口采水井的钻井。

第二节　工程设计

一、油田工程设施

油田工程设施分A、B两区，两区相距1.60km，由6in海底管线相连。

A区是由一座钻井/生产平台和一座公用/生活平台组成。B区是由钻井/生产平台、公用/生活平台、储油平台、靠船码头和两个系缆平台组成。A、B两区的钻井/生产平台是在导管架安装完后，先安装钻井组块打井，打完井后，拆下钻井组块，再安装生产平台组块，每一区的平台之间均设有连接栈桥，便于操作人员通行和通过平台间的管线及电缆。A、B两区各有生产井26口，采水井2口。生产的原油各区分别处理，A区处理后合格的原油通过海底管线输到B区，A、B两区生产的合格原油输送到储罐平台，再经输油码头装船外运。

工程设施的主要参数如下：

钻井/生产平台分三层，底甲板为井口采油树及管线；中层甲板为原油、天然气、污水处理系统和注水系统；顶甲板为作业机及测试设备置放处。

公用 / 生活平台共设两层甲板，生产操作所需的公用系统均布置在下层甲板，可供 63 人居住的生活楼位于上层甲板的南半部。生活楼房顶上设有直升机甲板。中控室安装在生活楼组块中。

储油平台甲板上布置了 6 个 2000m^3 的原油储罐，并有辅助管线、装油泵设备、输送原油的计量设备和其他辅助设备。轻型钢造的装油操作间设置在油罐甲板面的东部以便观察外输码头上的装油操作。该操作间设置了装油控制盘和呼叫系统等。

外输码头主要由两个系船墩、一个工作 / 带缆平台和连接他们的栈桥组成。

二、生产工艺流程

（一）油气处理系统

埕北 A 区和 B 区各有生产井 26 口。各平台设置了双系列的原油和天然气处理系统、生产污水处理以及地下水处理、注水等系统。来自各区井口流体经各自的工艺生产系统处理原油合格后送到储油平台上的原油储存罐中等待外输。

分离出来的天然气经处理合格后送至公用生活平台并用作平台电站、热站、生活楼等的燃料，还用作生活平台上的生产污水处理和地下水处理以及注水系统等的密封复盖气。剩余气体通过悬臂式火炬烧掉。

从生产工艺系统分离出来的含油污水被送到生产污水处理系统。经处理达标后，可用做对油层的地下注入水或动力液，剩余部分排海。近年来由于环境保护的要求，正在探索把经处理达标后的含油污水回注到废水井中。

埕北油田 A 区和 B 区最大生产工艺处理能力如下：

液：2700 × 2（双系列）m^3/d；

油：480 × 2（双系列）m^3/d；

气：24000 × 2（双系列）m^3/d；

水：1800 × 2（双系列）m^3/d。

原油和天然气处理工艺流程系统主要包括油井计量系统、伴生气的分离和原油中自由水的分离系统、乳化液处理系统、脱水和脱盐系统以及储存和装卸原油系统。

油井计量系统：从计量管汇来的油流通过计量原油加热器加热到 75℃后，进入计量分离器分别进行原油、天然气和水的计量。

伴生气和自由水分离系统：来自井口的产出液首先进入到生产管汇，然后经换热进入自由水分离器进行分离，分离成伴生气、游离水和有乳化液的原油。

分离出来的天然气进入高压洗涤器进而把液体除掉。然后天然气进入高压气管线并用作燃气、密封气和火炬设备的点火气，剩余天然气在火炬中烧掉。分离出来的游离水排到生产污水处理系统。

乳化液处理系统：从游离水分离器出来的乳化原油通过原油换热器输送到热处理器中。在热处理器中，又有少量的伴生气从原油中分离出来，同时有大量的夹带水和乳化水被从原油中分离出来。分离出来的天然气流到低压气洗涤器中，所夹带的液体被除掉，然后经低压气管线流到火炬并烧掉。分离出的水被输送到游离水分离器或生产污水处理系统。

脱水和脱盐处理系统：从热处理器出来的减少了含水量的原油被打到脱水预热器。在脱水预热器，原油从 75℃加热到脱水和脱盐所要求的温度，然后进入电脱水器中。

在电脱水器中，大部分的乳化水被分解并经静电聚结成为大的游离水滴。聚结的游离水以重力沉降下来并在油水界面液位控制下进行排放。脱过水的原油被送入电脱盐器，从而进一步脱水脱盐使原油达到合格的成品标准（图 4–1）。

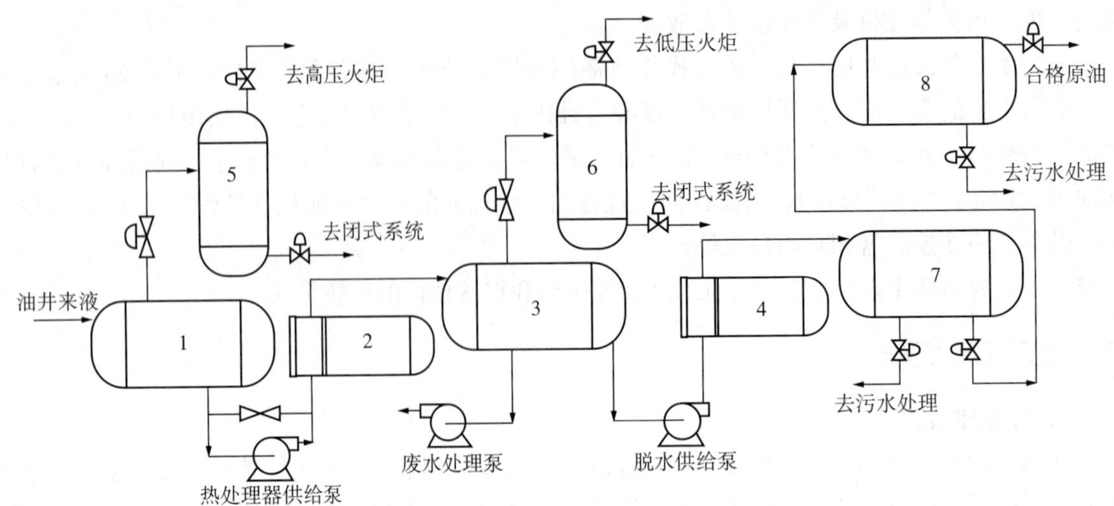

图 4–1　埕北油田原油和天然气处理工艺流程图

（中海研究中心渤海研究院，2003 年）

1—高压分离器；2—原油加热器；3—二级分离器；4—原油加热器；5—高压火炬分液器；6—低压火炬分液器；7—电脱水器；8—电脱盐器

原油储存和装载系统：A 区所生产的原油和 B 区所生产的原油储存于 B 区储油平台上的原油储罐中。连接 A 区生产平台和 B 区储油平台的海底管线进行了保温处理以减少原油输送过程中的热损失。

B 区储油平台共有 6 个原油储罐，每个原油储罐具有 2000m³ 的储油能力。在装油操作时，由装油泵将额定量的储存原油送到装油臂，有两条装油管线，管线上装有计量系统。该系统由除气器、过滤器、容积式流量计和装载控制盘组成。由空气除气器可除掉外输原油中的任何伴随气体，而后由容积式流量计计量累计体积。

（二）污水处理系统

油田每个平台污水处理系统有 2 个系列，每个系列分别由聚结器、加气浮选器、砂滤器和清洁水缓冲罐组成，它们接受来自自由水分离器、热处理器、电脱水器、电脱盐器分离出来的污水，以及过滤器反冲洗污水和部分用于流程降温的浅层水。油田含油污水处理工艺流程见图 4–2。

含油生产污水首先流入聚结器，在聚结器中，污水中的悬浮油和可沉淀固体由于它们与水的密度差

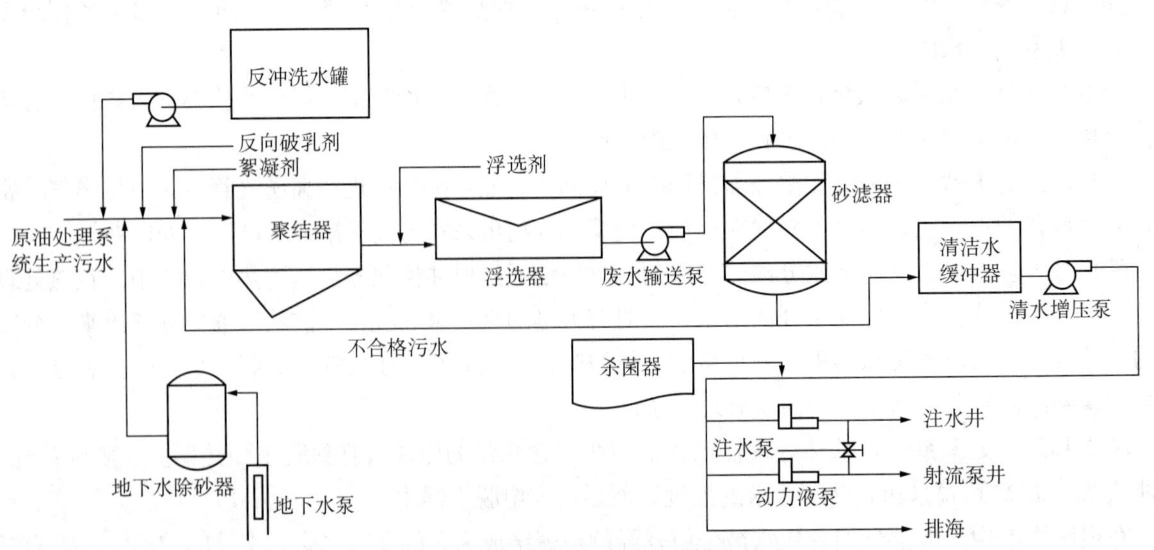

图 4–2　埕北油田含油污水处理工艺流程图

（中海研究中心渤海研究院，2003 年）

进行凝聚和分离，处理后的污水含油量可达 200mg/L。分离出来的污油流入渣油罐，污水则进入浮选器。

浮选器设计为加气浮选，由底部加入少量天然气，污水进入浮选机后，水中的油和悬浮固体黏附在分散的小气泡上浮到表面从而被去除，处理后的污水含油量可达 50mg/L。渣油自动撇出流入渣油罐，污水则经污水输送泵加压进入核桃壳过滤器中。

污水经过核桃壳过滤器过滤处理后，其含油量可达到低于 30mg/L 的排放标准。处理后的净化水流入并储存在清洁水缓冲罐，而过滤器的反冲洗水则流入反冲洗罐，再经反冲洗回流泵打回污水处理流程的进口处。

（三）注水系统

埕北油田采用生产污水回注。由于处理后的污水水质达到了污水回注水质标准，所以没有增加新的污水再处理设施。油田注水流程见图 4–3，回注污水来自净化水缓冲罐，缓冲罐上部有天然气注入口，设计注入天然气，防止氧气进入；顶部设有呼吸阀；经杀菌器注入次氯酸，消灭注水中的硫化物；增压泵将污水提取供给注水、动力液用水系统及排海，注入的污水经注水泵增压至 10MPa，通过注水管汇分至各注水井。

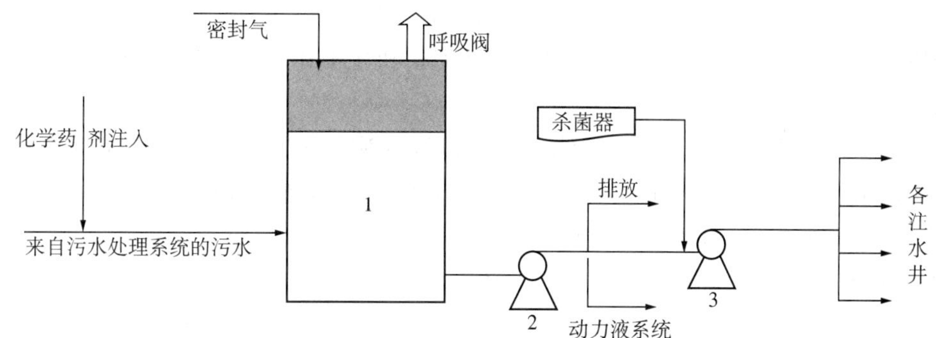

图 4–3　埕北油田注水工艺流程图
（中海研究中心渤海研究院，2003 年）
1—净化水缓冲罐；2—增压泵；3—注水泵；4—注水管汇

三、公用系统

安装在公用 / 生活平台的公用系统主要包括有燃油系统、燃气和火炬系统、水系统（含海水、淡水、工业用水和饮用水系统）、蒸汽系统、仪表和公用压缩空气系统以及发电和配电系统等。

（一）发电系统

埕北油田 A 区和 B 区公用 / 生活平台各配置有 3 台双燃料的主发电机组（其中 1 台备用），单机发电量均为燃油 1050kW；燃气 900kW。除此之外，A/B 区公用 / 生活平台还各配置有 480kW 应急发电机 1 台。三台主发电机自投产至今已运行均超过 10×10^4h，柴油机输出功率及各系统性能下降，现单机最大负荷为燃油 800kW，燃气 750kW，平台目前存在电量不足问题。

（二）供热系统

埕北 A/B 平台各有 2 台蒸汽锅炉供热，最大蒸汽流量 8t/h，设计压力 1MPa，正常工作压力为 0.80MPa（现降为 0.60MPa），蒸汽温度 174.50℃，燃料为柴油和天然气。正常供汽时使用一台备用一台。

（三）水供应系统

埕北 A/B 区的生活平台各有四台海水提升泵，其中一台为消防应急海水泵，平时备用，其他三台为主机和造水机提供海水源。

淡水系统：生活平台配置有 120m³ 的淡水罐，其中有 30m³ 的罐为造水机储存蒸馏水，剩余 90m³ 为生活饮用水，由船供应。

（四）柴油燃料系统

在生产平台中层甲板配置有 180m³ 的柴油储罐，由此罐输送到主机燃油罐、应急消防泵柴油罐和应急发电机柴油罐，由船供应。

（五）仪表控制系统

埕北 A/B 平台中控仪表控制系统于 2004 年进行了改造，采用以微机为中心的 PLC 控制系统；PLC 控制系统是由 PAC 和 ESD 两个系统组成的，ESD 是通过光纤进行热备冗余。上位微机与下位 PLC 是通过以太网建立信息通道。主要生产数据集中都是通过 PAC 传到上位微机。

（六）通信系统

平台与塘沽基地之间主要通讯路由使用小型通信卫星电话地球站，该系统可提供高质量的电话、传真服务及高速度的数据传输等。在埕北油田平台上的单边带无线收发信机是平台与陆地之间通讯的备用路由。

A、B 平台间及平台与供应船和守护船之间的声音通信由设置在平台上的船用甚高频（VHF–FM，海上无线电台）完成。A、B 平台间还有一专用高频对讲机。

此外，配置便携式船用甚高频（VHF–FM）无线对讲机主要用于供应船等船只停靠、过往时操作人员相互联系使用。

在埕北油田 A、B 区的平台上，对空无线电台（VHF–AM）（一个主用、一个备用）将服务于直升机起降时与平台通讯的要求，亦被用作直升机在工作区域内工作时与平台间的通信。

对于内部通信，平台上装有 PA 广播系统。

（七）空调通风系统

由于渤海湾水域冬冷夏热，空调采用冷暖供热方式，生活平台采用集中空调。另外中央控制室和现场电潜泵间、开关间都装有柜式空调。

（八）供应交通系统

生活平台的直升机坪和供应船提供人员与陆岸交通，物资由供应船运送，生产平台和生活平台配置有两台起重吊机，负责吊运货物和人员。

（九）压缩空气系统

平台安装了两台带有空气冷却式的压缩机，其中一台工作一台备用，首先将压缩空气输送到储气罐内，再经过干燥器后输送到平台各仪表装置用户。

四、启动和事故处理系统

由于埕北油田原油凝固点高达 30℃，油田投产前先要用柴油置换流程和 A 平台至 B 平台的海管。突发事故或生产中设备出现问题，可将该设备、流程存油靠重力放入低位的密闭排放罐中，然后立即对该设备进行抢修。

五、消防与安全逃生系统

消防主要设备及灭火设施：生活区设有消防泵 3 台、应急柴油机消防泵 1 台、泡沫灭火站（泡沫罐 8m³/2 个、消防泵一台）、消防炮 1 台、海伦灭火系统 8 处、二氧化碳灭火系统一处、起火报警与监控系统及消防水灭火软管站和手提式灭火器等。生产区设有海轮灭火系统 2 处、二氧化碳灭火系统 2 处、水喷淋系统、空气泡沫控制释放系统、起火报警与监控系统、消防炮 2 台及消防水灭火软管站和手提式灭火器等。储油罐区设有海水喷淋系统、泡沫灭火释放系统、消防水灭火软管站和手提式灭火器等。外输码头设有水幕系统、泡沫灭火系统、消防炮 2 台、消防水灭火软管站 2 处。

生产区和生活区均设有应急逃生通道，通道有醒目的逃生方向指示。寝室和救生艇甲板处存放有救生衣。B 平台共配置有 4 个救生艇和一条工作艇（生活平台 2 个救生艇，井口平台一个救生艇和一个工作艇，罐区平台一个救生艇，每个救生艇可乘坐 40 人），A 平台也同样配置了 4 个救生艇和一条工作艇。

第三节　工程承包与建造

埕北油田海洋工程设计与建造自 1980 年 8 月开始评价、编制油田开发总计划，至 1986 年 9 月 A 区组块海上安装连接机械完工，历时 6 年。

各单项工程项目基本都在合同期限内完成。其中 A 区 28 口丛式井的钻井作业比合同规定提前了 238 天；B 区组块海上安装，按合同要求提前了一个月竣工；A 区组块的建造，由于新港船厂遭受大海潮影响，大连船厂遭到台风影响，到海上安装、连接、机械完工的进度比计划推迟了 20 天。

一、协商工程建造承包

前期工程采用协商方式确定工程建造承包，埕北油田合作开发合同于 1980 年 5 月 29 日签署以后，8 月份即开始了油田开发可行性研究，于 1980 年底编制出开发方案，根据开发方案要求，埕北油田分 A、B 两区，每区打井 28 口，每井按 26 天钻井周期考虑，两区 56 口井共需四年的打井时间，钻井周期长。面对油田海洋工程中的承包是钻井平台的设计、建造、安装与打井作业，当时渤海石油公司处于对外合作的初期，承包能力较低。国际工程承包方面尚处于探索和学习阶段。如采用国际招标，渤海石油公司要取得承包任务，是极其困难的，要实现充分利用渤海石油公司的力量，达到最大限度的承包，只有走协商的道路。经中日双方反复协商，最后确定 B 区钻井 / 生产平台导管架和贮油平台导管架由新日铁设计、建造和海上安装。A、B 两区的钻井平台组块由渤海石油公司利用原有的钻井组块改建并安装；A、B 两区全部 56 口井的钻井作业由渤海石油公司承包；此外，B 区公用 / 生活导管架、输油码头包括两个系缆平台、A 区钻井 / 生产导管架、公用 / 生活导管架等由渤海石油公司建造和安装，新日铁负责设计和材料的采办。由新日铁派技术专家小组，指导和协助渤海石油公司建造及海上安装工作。

实践证明，在对外合作的初期，在中方的施工力量还达不到与国外公司竞争的条件下，既要充分利用中方自身的施工队伍，争取最大限度的承包量，又要使建设工程达到国际水平，是一件很不容易的事。工程初期阶段采取的指定承包方式，不但达到了这一目的，而且在工程实践中，使我们的工程承包水平、设计、施工能力都得到了迅速提高。

在埕北油田建设的前期阶段，渤海石油公司自己承包的工作量是相当大的，共 8 座导管架的制造安装任务中，中方承包了 6 座，且承包了全部两区 56 口井的钻井作业和钻井平台的改建与安装。其中 A 平台钻井模块的改建设计，是我国第一座正式参照国际规范和我国入级规范设计的海上全自给式固定钻井平台，经一年半的使用证明，基本达到了国际同类钻井平台的水平。钻井承包方面，继 B 平台优质、提前完成 28 口井的钻井作业后，A 平台的钻井作业在生产时效、建井周期、钻井质量和经济效益上都创出最好水平，比合同规定提前 238 天完成 28 口丛式井的钻井作业，提高了工作效率 32.17%，该平台的钻井承包作业得到了会社的专项奖。1985 年 7 月 30 日渤海石油公司的《埕北油田 A 钻井平台设计和丛式钻井技术》，获国家科技进步一等奖。按国际规范标准制造并安装的 6 座导管架也全部按期完成，经严格检测都符合国际标准。

二、有限工程建造承包

埕北油田后期工程包括 A、B 两区生产、生活、贮油组块和一条 1.60km 海底管线的详细设计、建造与海上安装。渤海石油公司在平台组块的详细设计与建造方面，力量是较弱的，主要是设备采办能力不足，没有单独承包能力，只有利用国外或国内其他单位的力量。但渤海石油公司的海上安装能力是比较强的，在劳务价格和地利上都占有相当的优势，足可以在招标竞争中把海上安装的工作量分承包回来。因此埕北油田后期工程的五座平台组块（A 区生产、生活及 B 区生产、生活、贮油组块）和海底管线均采取有限范围招标方式确定工程建造承包。

在平台组块招标过程中，由于新日铁放弃投标以及其他原因，最后采取协商决定承包商，由日本三菱重工总包 B 区三大组块，中国海上平台工程公司总包 A 区两个组块，A、B 两区组块的海上安装均由渤海石油公司分包。

海底管线通过新日铁与日本钢管报价竞争，确定由新日铁与渤海石油公司共同承包。新日铁负责设计、采办及短管预制，渤海石油公司负责海上铺设，由新日铁派技术专家指导。

三、提高工程承包竞争力

中方参与工程项目承包，除具备承包工程的技术与资格外，价格低是有竞争力的重要因素。在埕北工程项目中，有些方面我们有相当的竞争力，但有些方面则缺乏竞争力，即使获得了承包，也是勉强的。

在降低承包费上尽管做了一定努力，但最后确定 A 区承包价格时，在项目管理、设计、制造、采办、间接费用等可比项目上，中国海洋平台公司的总价格比三菱重工的价格高出 145.6 万美元。他们之所以缺乏竞争力，主要是其项目管理设计、采办、制造都要请“洋拐棍”，要支付一大笔专家费用，把其仅有的劳动力便宜的优势抵消了。为了支持平台公司，中方说服了会社，以高于外国公司的价格，委托平台公司承包 A 区组块建造。

渤海石油公司所属子公司承包了 56 口井的钻井、6 个导管架的制造和海上安装，所有组块的海上安装与联接以及海底管线的海上铺设作业。

在国际承包中首先要树立信誉，学到技术打好基础，而不能仅仅着眼于追求眼前利益。渤海石油公司对埕北各项工程的报价，都大大低于国际价格，外商无法与我们竞争。例如：钻生产井，核定钻机日费用为 1.35 万美元远远低于当时平台钻机日费用 2 万～ 2.50 万美元的国际价格，使钻井费用大大下降，控制在石油工业部批准的预算范围之内。

在 A 区钻井导管架的承包方面，尽管其比 B 区新日铁承包的 B 导管架重 105t，且中方要进口材料，并花 196 万美元请技术指导小组，但中方的承包价格仍比日本石油开发株式会社的价格便宜 5%，虽然我们在从 A 区钻井导管架的承包中获利不多，但造出了我国第一座具有国际水平的导管架，培养了人才，学到了外国的先进管理方法，建立了信誉，为今后导管架建造与安装承包打下了良好的基础，也为我们承包南海涠 10−3 导管架创造了条件。1988 年 7 月 15 日渤海石油公司的《埕北油田 A 区建造工程》获国家科技进步一等奖 。

第四节　工程项目管理

埕北油田海上开发工程，是中国建成的第一座具有先进技术水平的海上石油开发工程项目。整个建设过程基本上按计划运行，质量管理和成本控制都是成功的。日方为操作者，中方以对等机构方式与日方一起管理，其职能是监督、配合和学习，通过油田开发全过程的管理实践，中方管理机构学习了一整套从油田开发可行性研究到建成投产的国际先进管理方式。

一、操作者项目管理

依据中日双方共同签署的埕北油田开发合同规定，在开发工程建设阶段，埕北石油开发株式会社作为操作者，以联合委员会批准的计划为依据，按照石油工业界公认的国际惯例，负责管理和实施油田开发工程建设作业。

埕北油田的开发工程建设按下列步骤进行：首先进行油田开发可行性研究，编制工程总计划和概算；然后是基本设计与工程预算；第三是招标选择详细设计与建造承包商；第四是详细设计、采办与建造；第五是海上拖航、安装与连接；最后是试运转及投产。

从油田开发可行性研究到详细设计阶段，主要的管理和审查工作在会社的东京本部进行，塘沽矿业所只负责制造与海上安装连接和试运转阶段的管理。

油田开发可行性研究是委托新日铁和日本石油工程公司（JOE）来做的，可行性研究阶段是属于勘探阶段与开发阶段的衔接部分，是决定油田是否开发的重要一环，这一阶段的工作主要由两部分组成，即油藏评价和工程总计划。前者是在油田地质研究的基础上，经过数值模拟计算确定油气的地质储量、可采储量、逐年采出量、选择制定出油田开发方案。而工程总计划是在油田开发方案的基础上制定出开发工程方案、作出概念设计和编制出油田开发概算。

油田开发方案于 1980 年底完成，并于 1981 年 4 月 8 日经石油工业部批准，油田投入开发。为使油田尽快完成先期钻井（预计钻井周期 4 年），初期的开发工程没有采用招标而是指定承包方式，B 区钻井导管架的设计、制造与安装由新日铁承包，生产井的钻井由渤海石油公司承包，其中包括利用渤海石油公司原有钻井组块的改造与安装，工程进度比较快，导管架的制造安装及钻井组块的改建安装工作仅用了半年时间，于 1981 年底开始了生产井的钻井，如果采用招标方式，估计至少要一年时间。

基本设计是由会社委托日本石油工程公司做的，包括后来的修改，从 1981 年 10 月 1 日开始到 1983 年 2 月 10 日结果，共用了一年 4 个月。

在工程建造质量控制方面，对于导管架的建造与安装，除会社派出代表进行现场监督外，其质量控制主要依靠入 ABS 级和中国船检局的法定检验。这些专门检验机构对工程建造的质量控制是有经验的，既仔细又严格，对工程建造和安装的质量控制起到了很好的保证作用。

工程费用控制做到了应开支的项目都有预算，经联合委员会批准后，决不轻易变更，基本上不发生计划外的项目开支。各项合同和开支项目都要得到中方的认可。

对于工程进度的控制，会社方面除在合同上做出延期罚款的规定外，也尽量与承包者做好配合工作。操作者对工程进度的控制，在做法上主要采用日报、周报、月报的方式进行督促。根据工作情况，每周或每月召开一次进度会，解决进度上存在的问题。

二、中方的监督、配合与学习

根据合同规定，为了促进合作项目的进行，协助埕北石油开发株式会社做好工作，中方设立相应的管理机构，作为油田开发的当事者和主权国，有义务对操作者实施监督与配合，并向操作者学习油田开发管理技术。

对于开发工程建设来讲，中方对应管理部门是勘探开发部的开发工程部，其监督、配合、学习三大职能的作用主要体现在对等部门的日常工作、技术委员会和项目平行研究三个方面。

（一）对等部门的日常工作

中方对等部门的日常工作，除配合操作者做好与国内上级部门和各有关单位的申请联络、协调工作外（如海洋石油总公司、国家管理部门、检验部门、制造厂家等），为实现强有力的监督，对等机构本身要与操作者平行做出工程计划、投资预算、招标评定意见等，而且还要掌握工程中的各个环节与较重要的技术问题，除此之外，还要利用一切渠道在中外合资开发油田的有利条件下，努力促进民族工业的发展，使中方获得尽可能多的经济效益。

充分发挥对等机构的作用，对控制工程投资、掌握工程进度、了解技术工艺措施、取得信息、从而更好地监督操作者采取合理措施、先进技术、高效工作、降低成本，具有重要意义，要取得这些效果，重要的是选择技术内行，具有丰富的工程设计、施工经验、懂外语，善于打交道的技术骨干来从事此项工作。使对方认识到对等机构不仅能给他们在中国工作提供很多方便，而且能在技术上、业务问题上获得有益的见解，得到不具备的知识和实际经验。这样，双方就能建立起良好的工作关系，使对方能主动地与中方讨论问题，交流情况，促进合作的开展。

（二）技术委员会的作用

技术委员会是合同规定的双方合作的最高权力机构（联合委员会）下设的常设机构，主要讨论油田开发过程中的重大技术问题，并可代替联合委员会行使审查、批准实施计划和预算的变更，以及由此引起的基本计划和预算的变更。

技术委员会原则上每月召开一次，临时重要事项可以举行临时技术委员会议。如果中方发现在工程建设管理中违背了联合委员会精神，可召开技术委员会予以纠正，中方对操作者的技术措施有不同意见，可在技术委员会上申明，遇有侵害中方利益，或者触犯中国法律规定或者招标评定不利中方承包单位时，我们都可据理力争。

（三）平行研究

在联合委员会、技术委员会或专门技术会议上，对开发工程方案、预算、重要技术措施等较重大问题进行讨论，双方都要以经常的、深入的研究成果为依据，否则讨论就缺乏基础。只有操作者一方的研究，我方就失掉了发言权。因此，在操作者对各种问题进行研究的同时，我们必须选择其中重要的、对中方利益有紧要关系的问题，自己组织力量进行研究。平行研究能使自己深入掌握工程情况，搞清问题的关键所在，提出解决办法，形成自己的见解，把握工程的进度，从而起到有效的监督作用，也能从中学到东西。

埕北工程设施基本设计完成以后，设施庞大，造价高，我们及时组织了力量，重新对工程设施方案进行研究、论证。提出了铺设海底管线，A 区取消贮油及外输设施，对流程工艺设备调整布置，减少甲板层次等重大修改方案，此方案的提出，即没有降低生产技术指标要求，又大大简化了工程设施。日方按此方案修改了基本设计，使投资预算大幅度下降。因此，在一定意义上说，“平行研究”是一种带根本性的监督、配合和学习。

BZ28−1 油田及 BZ34−2/4 油田合作项目中，推广了埕北管理经验，开展了平行作业，在评价阶段充分发挥了中方的作用，中方承包额比埕北更为增加。JZ20−2 和 SZ36−1 自营油田开发，也借鉴埕北油田的经验，重视可行性研究与概念设计，掌握了招标评标技术，建立甲乙方合同制，请第三方检验机构进行质量控制。埕北油田管理经验在渤海和南海得到广泛的应用。

附　录

附录一　附　图

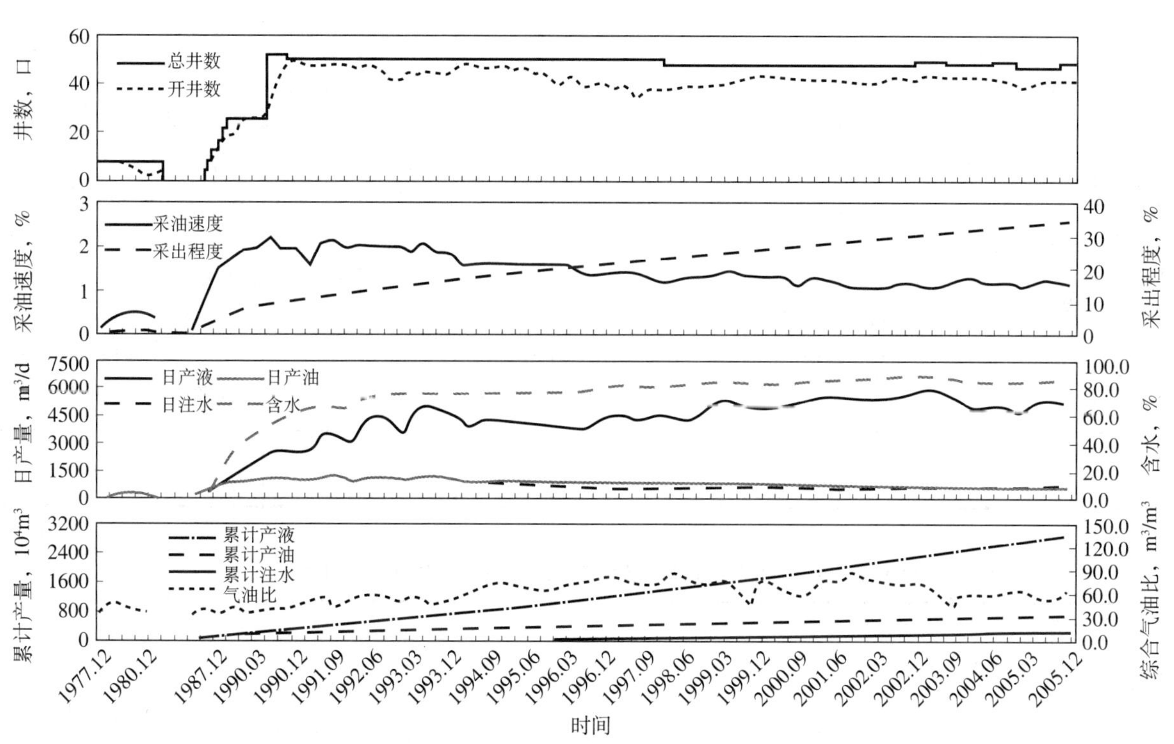

附图 1　埕北油田综合开采曲线（天津分公司技术部，2005 年）

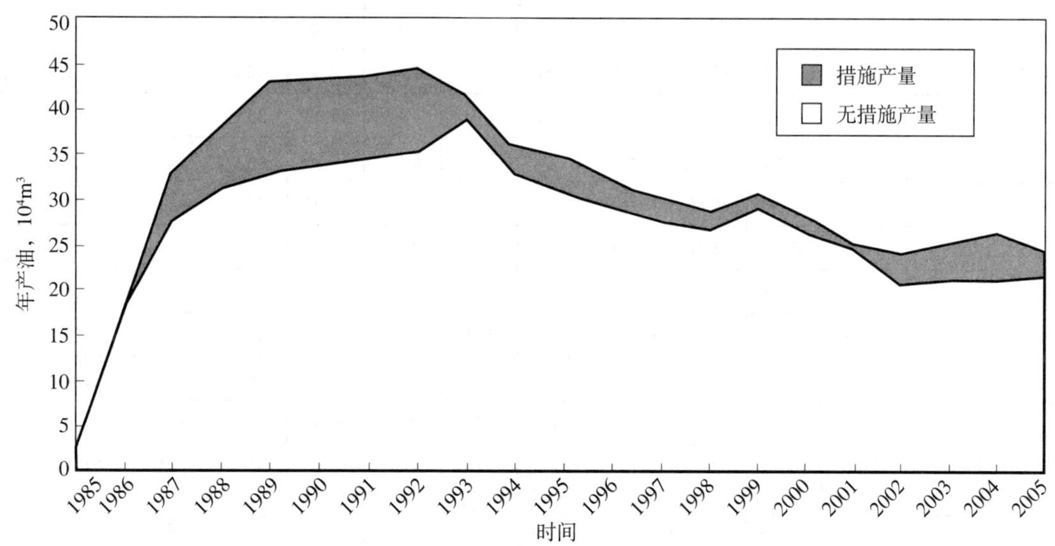

附图 2　埕北油田历年产量构成曲线（天津分公司技术部，2005 年）

附录二　附　表

附表 1　埕北油田地质综合数据表（天津分公司技术部，2005 年）

计算单元		储量类别	含油面积 km²	有效厚度 m	有效孔隙度 %	含油饱和度 %	原油体积系数	溶解气油比 m³/m³	地面原油密度 g/cm³	地质储量		
井块	层位									原油		溶解气
										10^4m^3	10^4t	10^8m^3
主要油层全区	Ed	已开发	7.72	14.3	28.9	71.5	1.118	38	0.955	2040.31	1948.50	7.80
次要油层A1	Ed	已开发	0.32	1.1	28.0	57.0	1.118	38	0.955	5.131	4.90	0.03
次要油层A2	Ed	已开发	0.12	0.8	28.0	57.0	1.118	38	0.955	1.361	1.30	—
次要油层B1	Ed	已开发	0.08	0.9	28.0	57.0	1.118	38	0.955	1.047	1.00	—
次要油层B2	Ed	已开发	0.25	0.7	28.0	57.0	1.118	38	0.955	2.618	2.50	0.01
次要油层B3	Ed	已开发	0.14	0.7	28.0	57.0	1.118	38	0.955	1.361	1.30	—
次要油层全区	Ed	已开发	0.90	0.9	28.0	57.0	1.118	38	0.955	11.52	11.00	0.04
全油田合计	Ed	已开发	7.72	15.2	28.9	71.4	1.118	38	0.955	2051.83	1959.50	7.84

附表 2　埕北油田开发综合数据表（天津分公司技术部，2005 年）

时间	采油井总井数 口	采油井开井数 口	日产油水平 m³	核实产油				采油速度 %	采出程度		综合气油比 m³/m³	综合含水 %	注采比		地层总压降 MPa
				年		累计			地质储量 %	可采储量 %			月	累计	
				10^4m^3	10^4t	10^4m^3	10^4t								
1981.10	—	—	—	—	—	—	40.06	—	2.04	—	—	6.1	—	—	—
1985.12	13	13	245	2.63	2.50	44.80	42.56	0.07	2.18	5.65	32.0	0.7	—	—	—
1986.12	26	25	535	18.15	17.25	62.95	59.80	0.88	3.07	7.94	42.0	1.4	—	—	0.36
1987.12	50	49	918	33.12	31.46	96.07	91.26	1.61	4.68	12.11	35.0	18.7	—	—	0.52
1988.12	50	48	911	38.69	36.75	134.76	128.02	1.89	6.57	16.99	44.0	36.7	—	—	0.63
1989.12	50	44	1083	43.01	40.86	177.76	168.87	2.10	8.66	22.41	35.0	43.3	—	—	0.68
1990.12	50	45	966	43.33	41.16	221.09	210.04	2.11	10.78	27.88	42.0	63.0	—	—	0.74
1991.12	50	47	967	43.48	41.31	264.57	251.34	2.12	12.89	33.36	55.0	69.6	—	—	0.85
1992.12	50	41	1025	44.38	42.16	308.96	293.51	2.16	15.06	38.96	50.0	72.6	—	—	0.95
1993.12	50	41	1057	41.45	39.38	350.41	332.89	2.02	17.08	44.19	49.4	77.0	0.02	0.00	1.06
1994.12	49	37	982	35.90	34.10	386.31	366.99	1.75	18.83	48.71	73.4	77.6	0.05	0.01	1.06
1995.12	47	37	884	34.71	32.97	421.01	399.96	1.69	20.52	53.09	66.5	77.9	0.14	0.03	0.68
1996.12	47	41	858	31.90	30.31	452.92	430.27	1.55	22.07	57.11	81.7	81.2	0.10	0.04	0.75
1997.12	48	42	767	30.06	28.56	482.98	458.83	1.47	23.54	60.90	71.7	82.5	0.12	0.05	0.83

续表

时间	采油井总井数口	采油井开井数口	日产油水平 m^3	核实产油				采油速度%	采出程度		综合气油比 m^3/m^3	综合含水%	注采比		地层总压降 MPa
				年		累计			地质储量%	可采储量%			月	累计	
				10^4m^3	10^4t	10^4m^3	10^4t								
1998.12	48	42	791	28.79	27.35	511.77	486.18	1.40	24.94	64.53	79.2	84.0	0.12	0.06	0.89
1999.12	48	43	805	30.76	29.22	542.53	515.41	1.50	26.44	68.41	83.9	83.6	0.16	0.07	0.85
2000.12	49	44	804	28.18	26.77	570.71	542.18	1.37	27.81	71.96	72.8	85.8	0.07	0.07	0.72
2001.12	48	42	658	25.27	24.00	595.98	566.18	1.23	29.05	75.15	85.5	87.8	0.11	0.08	0.78
2002.12	47	38	692	24.13	23.05	620.10	589.23	1.18	30.22	78.19	73.8	88.1	0.14	0.08	0.87
2003.12	48	40	774	25.26	24.17	644.72	613.40	1.23	31.42	81.30	66.7	84.8	0.14	0.08	0.75
2004.12	49	41	673	26.28	25.14	671.64	638.54	1.28	32.73	84.69	63.0	84.9	0.14	0.09	0.78
2005.12	49	39	682	24.50	23.45	696.14	661.99	1.19	33.93	87.78	67.0	86.6	0.14	0.09	0.78

注：埕北油田探明石油地质储量 1959.50×10^4t（$2051.83\times10^4m^3$），可采储量 757.36×10^4t（$793.05\times10^4m^3$）。

附录三　人物名录

（一）领导人名录

埕北油矿包括 A 平台和 B 平台，油田领导由总监（矿长）、党支部书记和值班经理组成。

埕北油田历任领导（1985 年至 2005 年）

1985 年：陶炳全、吉延章、薛成元（B 平台投产）

1986 年：陶炳全、周守为、薛成元、吉延章、万国奎

1987 年：陶炳全、周守为、薛成元、陈树春、万国奎

1988 年：陶炳全、陈玉强、薛成元、陈树春、万国奎

1989 年：陈玉强、薛兴才、万国奎、郭永明、薛成元、杨　寨

1990 年：陈玉强、曹建海、万国奎、张志诚、薛成元、杨　寨

1991 年：陈玉强、曹建海、万国奎、王海林、薛成元、周文彬

1992 年：薛成元、吴元忠、王海林、关　德、吴跃进、周文彬

1993 年：薛成元、吴元忠、王海林、吴跃进、周文彬

1994 年：薛成元、吴跃进、吴元忠、周文彬

1995—1996 年：薛成元、吴跃进、吴元忠、邓许秋、葛扬志

1997 年：薛成元、吴跃进、邱兆怀、邓许秋、刘树宏

1998 年：薛成元、范增昌、邱兆怀、邓许秋、刘树宏

1999—2000 年：薛成元、范增昌、邓许秋、刘树宏

2001—2003 年：薛成元、范增昌、邓许秋、王　强

2004 年：魏光华、范增昌、邓许秋、张重德

2005 年：魏光华、范增昌、邓许秋、唐　勇

（二）劳动模范名录

陶炳全获 1980 年度天津市劳动模范

陶炳全获 1982 年度天津市劳动模范

陶炳全获1985年度中国海洋石油总公司海洋石油标兵

陶炳全获1986年度天津市劳动模范

附录四　获奖项目

项目名称	获奖等级	获奖时间	获奖人
埕北油田A钻井平台设计和丛式钻井技术	国家科学技术进步一等奖	1985	殷嘉德、孙得刚、谭树人、赵喜田、牛世广
埕北油田海上安装与连接工程的管理和工艺技术	国家科学技术进步三等奖	1987	肖希书、何德祥、钟兆麟、李忠杰、沈　军
埕北油田A区建造工程	国家科学技术进步一等奖	1988	胡以晨、刘维倩、关肇昌、肖希书、孙伟国、李勤修、史　同、林其杨、常文恭、王家健、陈顺赍、马永康、韩潘植、肖荣书、唐明德
埕北油田开发方案及其效果	国家科学技术进步三等奖	1992	陈国风、汪志勇、范瑞芳、何生平、赵明元
埕北油田B平台丛式井钻井技术	中国海洋石油总公司科学技术进步一等奖	1985	牛世广、邓启富、殷嘉德
埕北油田A钻井平台模块设计	中国海洋石油总公司科学技术进步一等奖	1985	渤海石油勘探局 海洋石油勘探设计研究院 海洋工程设计室
综合技术在埕北油田调整方案中的有效应用	中国海洋石油总公司科学技术进步二等奖	2003	朱　江、王飞琼、何保生、张国祥、张　红、王平双、刘　松、刘立名、罗国英、蒋世全、姜　伟、安维杰、邱　里、牟小军、丁九亮
埕北油田开发方案	渤海石油公司科学技术进步一等奖	1985	陈国风、范瑞芳、徐嘉信、李克成、张裕岐、谢知义、林云洲、周德湘
埕北油田B区射孔方案和油田地质特征研究	渤海石油公司科学技术进步一等奖	1986	范瑞芳、汪志勇、蔡兢容、吕宏志、刘　英
埕北油田开发实施的效果研究与1990年开发指标预测	渤海石油公司科学技术进步一等奖	1990	黄秉辉、赵玉生、阮志濂、刘建民、张敏娟

附录五　征引文献

文　献　名	作　　者	出版或编制时间	出版社或现存地
渤海油田志	《渤海油田志》编辑委员会	1993	天津人民出版社
中国海洋石油总公司志	《中国海洋石油总公司志》编辑委员会	1999	改革出版社
中国石油钻井海洋石油总公司卷	《中国石油钻井海洋石油总公司卷》　海洋石油总公司编写组	2004	渤海石油公司档案馆

编纂始末

《中国油气田开发志》中国海洋石油总公司综合卷编纂委员会决定《埕北油田志》作为渤海油气区的先行试写篇。2008 年 2 月编纂人张敏娟参加在广东清远召开的中国海洋系统的油田志示范篇审查会，接受了编写任务。在学习《中国油气田开发志》总编纂委员会指导文件，学习《胜坨油田志》、《大民屯油田志》、《涠洲 11–4 油田志》、《陆丰 22–1 油田志》四个示范篇的基础上，搜集整理资料，开始编纂工作，2009 年 5 月完成了《埕北油田志》初稿，志书由天津分公司渤海勘探开发研究院渤西生产项目队队长王为民审核。

2009 年 5 月 26 日中海石油（中国）有限公司天津分公司生产部油藏经理赵利昌在塘沽“中海油服油田生产事业部”（塘沽区营口道 938 号）主持召开《埕北油田志》第一次审查会，中国海洋石油有限公司开发生产部综合经理许红和专家徐启兴、汪志勇、余洪骥、安桂荣、王力群、王世骞等参加了审查会。专家对《埕北油田志》按照《中国油气田开发志·油气田篇》编纂内容和要求，由概述、大事记、专志四章和附录七部分组成的结构予以肯定，认为第二章设置“开发过程控制”一节很有必要，提出了精简概述中自然地理环境的文字记述，将第二章开发实施中关于海洋工程建造内容移至第四章，建议在章、节标题下加“无题序”，将注水单独列节等修改建议。参照专家修改建议，查阅了更多的资料，2009 年 8 月完成《埕北油田志》第二稿。

2009 年 9 月渤海油气区开发志评委汪志勇针对渤海开发志油气田卷编纂存在的问题，对编纂内容和编纂格式提出了具体要求，参照以上要求，进行修改，2010 年 2 月完成《埕北油田志》第三稿。

2010 年 3 月 12 日天津分公司生产部油藏经理赵利昌在塘沽“滨海建国大酒店”主持召开《埕北油田志》第二次审查会，中国海洋石油有限公司开发生产部综合经理许红和专家曹文贤、徐启兴、汪志勇、吴成浩、刘英、宫薇、温哲华、王力群等参加了审查会。专家提出开发过程控制的动态监测部分应按时间顺序纵写和应将正文中记述的开发技术政策记入大事记中等建议，参照专家修改建议，完成了《埕北油田志》第四稿。

2010 年 4 月 16 日天津分公司生产部油藏经理赵利昌在天津津南区“宝成宾馆”主持召开“油田志编写体例讲评会”，有限公司开发生产部综合经理许红和专家徐启兴、秦志勤等参加了会议，专家徐启兴做了《油田开发志“统稿”研讨》的发言，专家秦志勤对埕北油田志的编纂提出了文中目下的子目设置过多，目的名称过长等修改建议，参照专家建议，完成了《埕北油田志》第五稿。秦志勤专家认为，《埕北油田志》经过多次评审和修改，写得很好，资料丰富、数据翔实可靠、论述极为细致；对地质认识、油藏动态监测、钻采工艺和海洋工程都有三点式写法，符合志书编写结构。

2010 年 4 月 20 日《中国油气田开发志·渤海油气区油气田卷》编纂委员会召开第三次审查。第三次审查会在塘沽海油大厦 B 座 C606 会议室召开，由天津分公司生产部经理刘光成主持，天津分公司副总经理陈明和各生产作业区经理参加了审查会。

《埕北油田志》分为七个部分，其中概述、大事记、第一章油田地质和第二章开发部署与调整由张敏娟编纂；第三章钻井与采油工程由张敏娟、何瑞兵编纂；第四章海洋工程和附录由张敏娟、范增昌、刘鹏飞编纂；全书由张敏娟统稿。杜娟、安桂荣、王力群、余俊雄、石静、刘春艳、张洁、郭会敏、沈燕来、梁凤儒等搜集、整理、提供了大量资料。

在本志的编纂过程中得到《中国油气田开发志》中国海洋石油总公司综合卷编纂委员会和《中国油气田开发志》渤海油气区编纂委员会的悉心指导，采油工程院档案馆和渤海石油公司档案馆在提供编纂资料方面给予了大力支持，在此表示衷心的感谢。

《埕北油田志》编纂组

2010 年 5 月

编号：26–012

渤中 28–1 油田志

《渤中 28–1 油田志》编纂组　编

1990 年 7 月 13 至 15 日，国家九部委领导人视察渤中 28–1 油田

（渤海石油档案馆，1991 年）

渤中 28–1 油田地理位置图

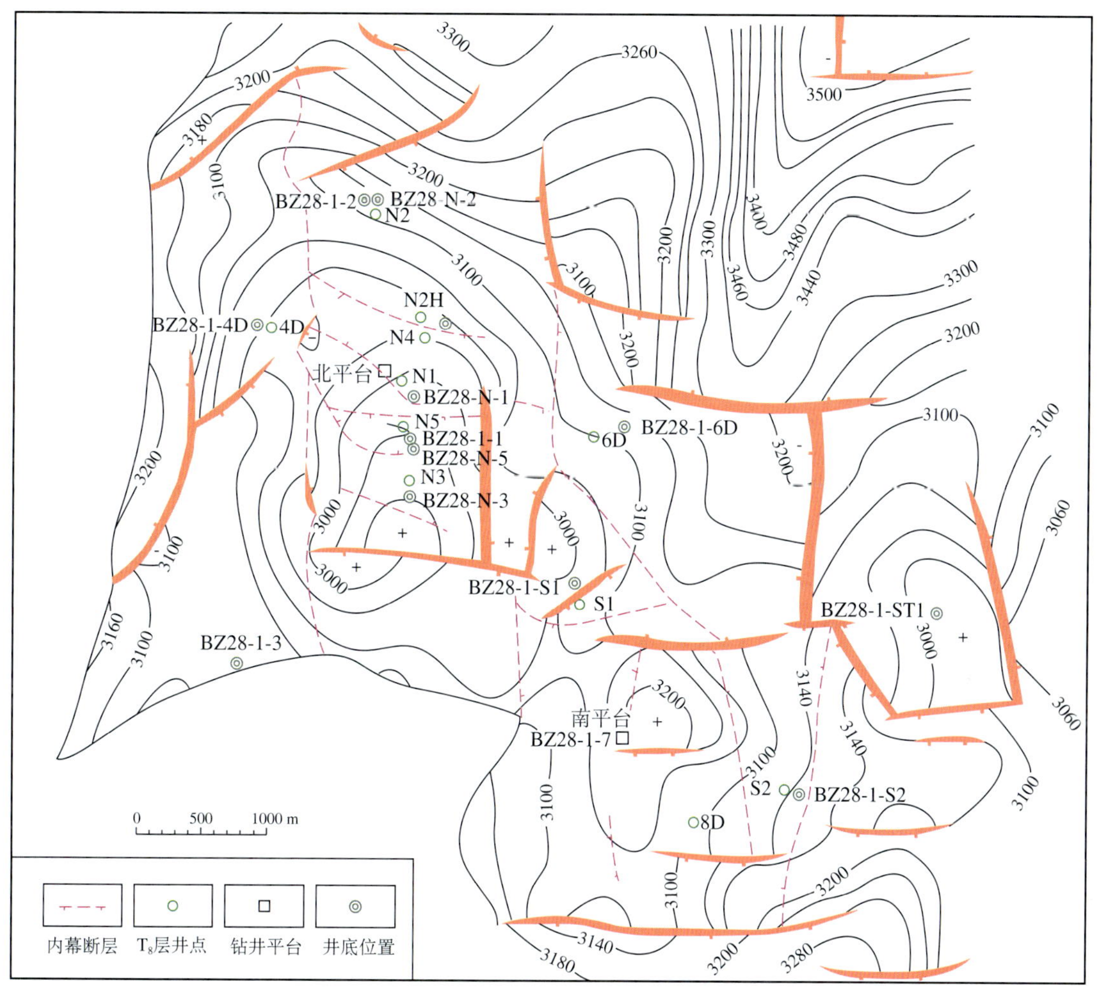

渤中 28—1 油田构造井位图

（渤海石油研究院，1997 年）

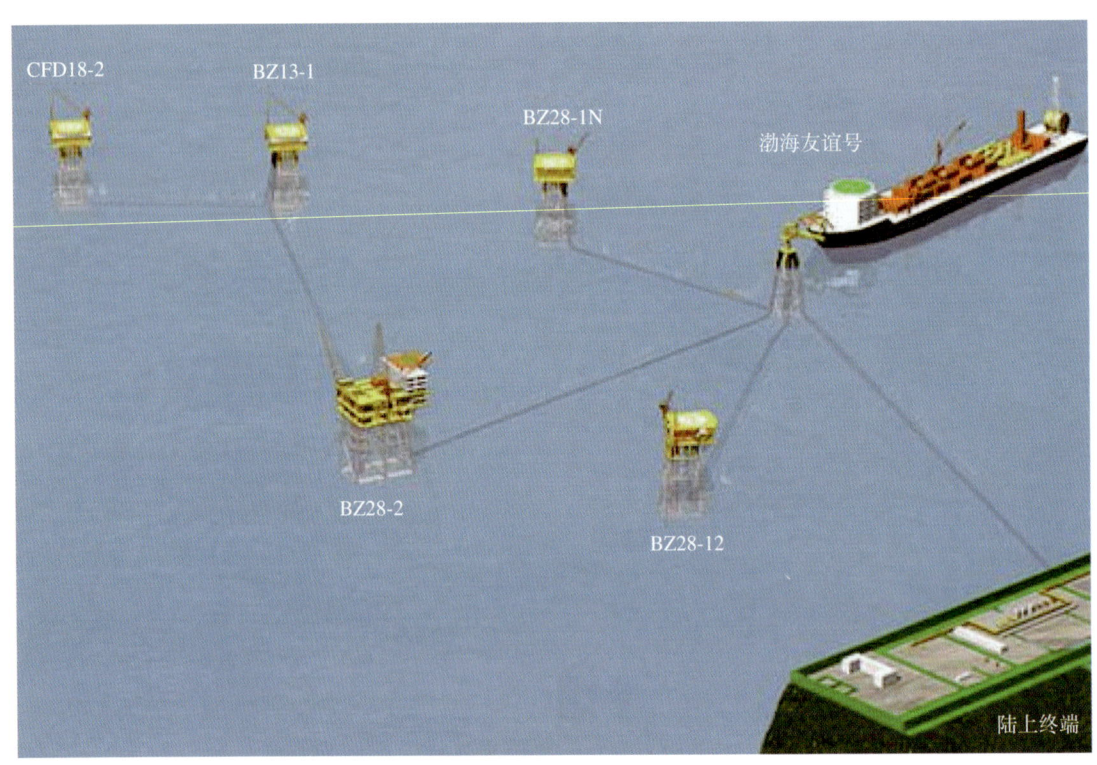

渤中 28–1 油田生产系统图
（渤海石油档案馆，2006 年）

《渤中 28-1 油田志》编纂组

田建刚　雷　源　吴小张　马　跃　孙海涛　郭　剑

《渤中 28-1 油田志》审核人员

曹文贤　徐启兴　汪志勇　吴成浩　李树宽　贾云林
赵利昌　宫　薇　马奎前　王力群　段国宝　张敏娟

本志目录

概　述

渤中 28–1 油田是渤海地区最早投入开发的一个古潜山油气藏，早期与日中开发株式会社联合勘探开发生产，1994 年 10 月转为自营。油田西距天津塘沽 190km，离海岸线最近距离为 65km。油田范围内，水深 22 ～ 25m，气温 –16 ～ 40℃，一般最大风速 21.5m/s，海面最大冰厚 0.45m。油田于 1980 年 12 月发现；1989 年 5 月投产；1994 年 10 月关闭；2004 年 7 月重新启动。该油田隶属于中海油（中国）天津分公司渤南作业区。

一

渤中 28–1 油田位于渤海南部渤南凸起，是一个断块型古潜山构造油气田，油田被西侧南北走向和南侧东西走向的边界大断层控制，内部有 11 条主要断层互相交织切割，把油田分为 8 个含油气断块（图 1）。

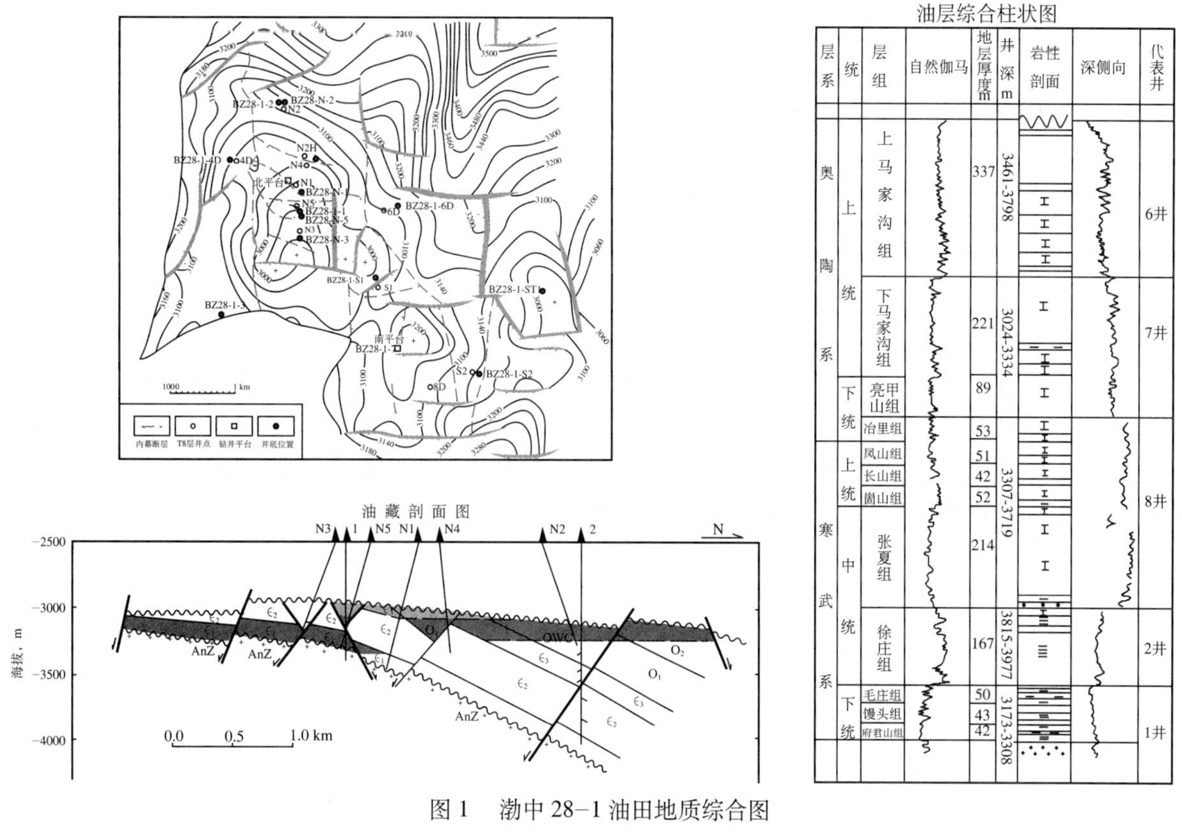

图 1　渤中 28–1 油田地质综合图
（渤海石油研究院，2006 年）

油田自上而下钻遇了新生界第四系、新近系、古近系、古生界奥陶系和寒武系地层。含油层系为沙河街组、奥陶系亮甲山组、冶里组和寒武系凤山组、长山组及府君山组，是一个断块型带边底水和气顶的古潜山油气藏。

油藏储集空间具有孔隙—裂缝型双重介质特征，岩性主要以灰岩和白云岩为主，基质孔隙度3.54%，渗透率4.86mD。储层非均质性强。油藏属于正常温压系统，油藏温度146.7℃，原始地层压力31.91MPa。1991年渤海石油公司采油公司赵玉生、汪志勇等人首次提出渤中28–1油田为过渡型挥发性油藏，1995年4月，中国海洋石油渤海公司研究院王世骞与中国石油天然气总公司石油勘探开发科学研究院开发所杨宝善等人对渤中28–1油田流体相态及油藏类型进行综合评价研究，依据本次研究结果，油田原油为弱挥发油，天然气为凝析气。地面原油性质较好，原油密度0.825 ~ 0.838g/cm^3、黏度3.59 ~ 4.27mPa·s。

油气地质储量经历三次变化。1987年1月至1988年7月中国海洋石油渤海公司研究院郭太现、赵文元等人在取得评价井资料的基础上对油气储量进行评价，负责人是曹文贤。上报全国矿产储量委员审批的探明地质储量是：含油面积9.0km^2，地质储量750×10^{4}m^3，气顶气面积6.7 km^2，气顶气储量19.1×10^{8}m^3，凝析油储量23.9×10^{4}m^3，溶解气储量14.8×10^{8}m^3；日中石油开发株式会社计算储量是1065×10^{4}m^3。1997年中国海洋石油渤海公司研究院施亚洲等人做了储量复算：探明含油面积11.3 km^2，石油地质储量1139×10^{4}m^3，溶解气地质储量30.22×10^{8}m^3，已开发探明含气面积7.4 km^2，气顶气地质储量24.59×10^{8}m^3，凝析油地质储量47.6×10^{4}m^3。2006年天津分公司储量套改，探明含油面积12.3km^2，石油地质储量1218.79×10^{4}m^3，其中凝析油储量101.39×10^{4}m^3，探明含气面积9.2km^2，天然气地质储量62.13×10^{8}m^3，其中气顶气地质储量36.95×10^{8}m^3。

二

1978年渤海石油公司在渤南凸起上完成了4km×4km测线网的数字地震测量和解释工作，在渤南凸起上发现了渤中28–1构造。

1979年以地球物理工作为主，在渤南地区完成了2km×2km的数字地震采集、处理和解释，进一步落实渤中28–1构造，构造面积29km^2。

1980年5月29日中国石油公司海洋分公司与日本日中和埕北石油开发株式会社在东京签订了在渤海西部、南部和埕北油田石油勘探、开发、生产合同。合同区位于渤南凸起及黄河口凹陷，面积25500km^2。1980—1984年，重做地震，加密测网，局部构造进行二维、三维详查。1980年12月，由日中石油开发株式会社作为操作者在渤中28–1构造钻第一口探井BZ28–1–1井（简称1井，以下渤中28–1油田井号均以此方法简称），于下古生界寒武系碳酸盐岩地层中获高产油气流，测试折日产原油200m^3，折日产气33000m^3，从而发现了渤中28–1油田。

大事记

1980 年

5 月 29 日　中国石油公司海洋分公司与日本日中和埕北石油开发株式会社在东京签订了在渤海西部、南部和埕北油田石油勘探、开发、生产合同。

12 月 15 日　日中石油开发株式会社作为操作者在渤中 28−1 构造钻的第一口探井 1 井开钻。1981 年 3 月 23 日钻至井深 3334m 完钻，在古生界古潜山试油，日产原油 137t，天然气 $32\times10^4m^3$，发现了渤中 28−1 油田。

1983 年

11 月　渤海石油公司设计研究院做了开发可行性研究，制定初步开发方案。

1985 年

6 月　日中开发株式会社做了渤中 28−1 油田构造开发技术评价。

1988 年

11 月　由中国国际海洋石油工程公司和沪东造船厂分包设计建造的 5.2×10^4t 浮式生产储油装置完成。渤中 28−1 油田成为中国第一个使用现代化海上浮式生产储油装置的油田。

1989 年

5 月 25 日　渤中 28−1 油田正式投产。设计生产能力 $43\times10^4t/a$。

6 月　渤中 28−1 油气田第一次原油外输。

1990 年

7 月 13 至 15 日　能源部部长黄毅诚和国务院进口市场办、国家计委、中国工商银行、中国人民银行、中国建设银行、财政部、海关总署、工商管理总局、海洋石油税务局及中国海洋石油总公司的有关负责同志一行 32 人来油田视察渤中 28−1 油田、埕北油田及新投产的渤中 34−2/4E 油田。

1991 年

3 月 25 日　我国海洋石油第一口水平井 N6h 井开钻，11 月 8 日完钻。该井井深 3890m，水平位移 1123m，垂深 3201.8m，水平井段 367m。

1994 年

9 月 30 日　渤中 28−1 油田由于产油量低，气量高，操作费超过总产值，无法维持正常生产，经中日双方协商决定，终止油田生产，日方退还矿区。停产后油田所有设施归中方，由中方一次性向日方支付补偿费。

1996 年

3 月　渤海石油研究院完成了渤中 28−1 油田重启动方案研究。

2002 年

4 月　中海油研究中心完成了渤南油田总体开发方案。

2004 年

5 月　渤海友谊号改造完工，实现了以“产油为主”向“产气为主”的转变。

7 月 27 日　渤海友谊号开始向龙口终端供气。

7 月　油田重新启动。

8 月　天津分公司陈壁总经理到友谊号现场调研。

第一章

油田开发

第一节 开发历程

渤中28 1油田先后经过了油田开发评价阶段、油田全面投产生产阶段、油田关闭后重新启动生产阶段。

油田开发评价阶段：自1981年中日双方开始对古潜山油气藏进行全面研究，9月25—29日中日双方技术专家对渤中28 － 1构造详探作业计划进行了讨论，10月5日将讨论结果向石油工业部做了汇报，10月6日双方代表在纪要上签字。10月6日中日第7次联合委员会在北京召开，研究渤中28—1构造的详探计划等问题。油田范围内相继完钻7口评价井。

1983年11月渤海石油公司设计研究院林云洲、肖启唐等人对渤中28−1构造北部碳酸盐岩油藏进行开发可行性研究，计算地质储量1732×10⁴t。制定初步开发方案，开发方式为衰竭开采，共设计8口井，第一批5口井，第二批3口井，预测开采期15年，采出可采储量的85%以上。

1985年6月日中开发株式会社做了渤中28−1油田构造开发技术评价和渤中28−1碳酸盐岩油藏数值模拟研究，方案设计5口井，动用地质储量1065×10⁴t，采油速度大于2%，采出程度19.7%，采收率标定参考了中国任丘油田、任北油田和西班牙的Amposta−Marino油田，裂缝采收率标定为49%，基质采收率10%至15%。

1985年12月，在构造北部和东南部各建1座生产平台，共钻开发井7口（N1、N2、N3、N4、N5、S1、S2），加上已钻的7井和8D井，此阶段共有9口生产井。

油田生产阶段：1989年5月，油田正式投产，共有开发井6口，均为自喷生产。从油田投产到1994年9月油田关闭，日产油量由1225m³/d下降至340m³/d，日产气量从27×10⁴m³/d上升到66×10⁴m³/d，气油比由221m³/m³上升到1929m³/m³，综合含水由初期的不含水上升到36%（图1−1）。出现这种生产特征的因素主要有五个：第一是开发方式，渤中28−1油田采用的开发方式是依靠天然能量衰竭开发；第二是油藏驱动类型，从动态资料分析，该油田油藏驱动类型为气顶驱、溶解气驱加边底水驱；第三是油藏流体性质，原油为弱挥发油，天然气为凝析气；第四是裂缝的垂向贯通作用；第五是生产初期采油速度高生产压差大。这几种因素导致生产过程中油藏弹性能量迅速释放，地层压力低于泡点压力，弱挥发油体积收缩，地层出现次生气顶、水锥，气油比上升，产量快速递减。比如北块下油组的N5井，生产压差17.66MPa，采油速度10.8%，月递减率达到13.6%，生产半年产量即从300m³/d降至50m³/d；N4井10.3mm油嘴生产，采油速度7.4%，仅生产40天，气油比由200m³/m³上升到1500m³/m³，投产不足3个月即被迫关井；N2井同样受裂缝、底水、生产压差大的影响，投产一个月出现底水锥进，至封井前，该井含水已达80.0%，生产气油比在5000m³/m³以上。

1992年，为改善北上块开发效果，首次尝试水平井开采，在N2井与N4井之间新钻一口水平井N6h，初期日产水平115m³ ，日产气10×10⁴m³，随后由于气窜的原因，日产气达到20×10⁴m³，日产油

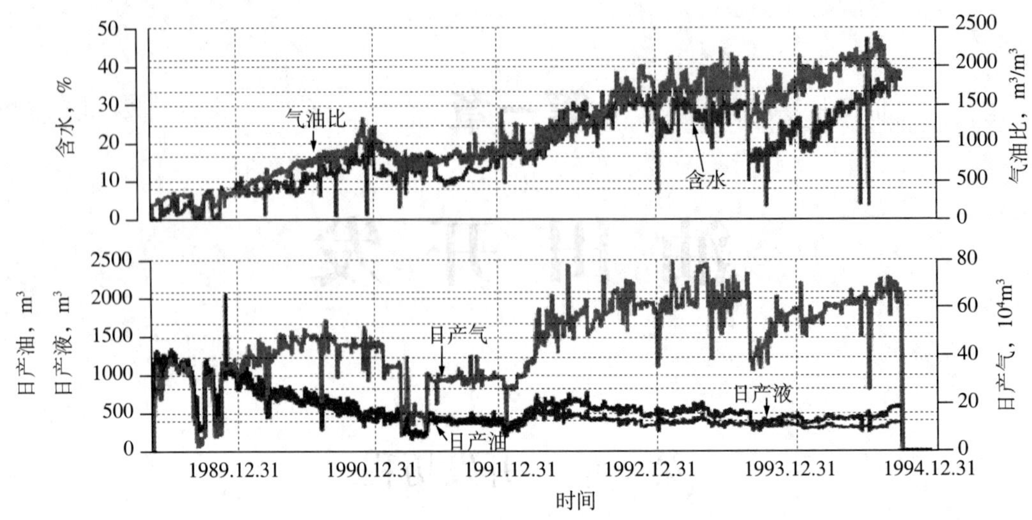

图 1–1　渤中 28–1 油田综合开采曲线
（天津分公司开发生产数据库，2006 年）

下降到 $60m^3$ ，至封井前生产气油比大于 $5000m^3/m^3$，含水率 14.0%，日产水平 $50m^3$ 。

1994 年，由于该油田生产气油比、日产气、含水率上升，日产油量降低，产出的天然气大部分被放空烧掉（每天约 $67\times10^4m^3$），造成资源浪费，开发经济效益变差。1994 年 10 月中日双方协商关闭停产，日中石油开发株式会社将矿区退还给中方。

油田重新启动：1996 年 3 月，渤海石油研究院王世骞、于洪文、孙福街等人开展了渤中 28–1 油田重启动方案研究，方案设计在油田西南块、卫星块、北下南块部署开发井 13 口，预测 15 年累计产油 $93\times10^4m^3$，累计产气 $33\times10^8m^3$，稳定年外供气 $2.0\times10^8m^3$。

为提高区域开发效果，以渤中 28–1 油田为中心，并与周边渤中 26–2、渤中 13–1 和曹妃甸 18–2 等油田形成渤南油田联合开发体系，以产气为主、油气并举的开发思路，中海石油研究中心于 2002 年 4 月编写了渤南油田总体开发方案：方案设计全区用 12 口开发井生产，其中钻新井 3 口，利用老井 9 口，北上块 4 口（N6h，N4，N1，N5）；北下块 2 口（N3、N8）；东南块 4 口（7、8D、S1、S2）；西南块 1 口（N7）；卫星块 1 口（S3）。预计 2003 年投产，高峰年产油 $18.4\times10^4m^3$，年产气 $2.37\times10^8m^3$，稳定供气 15 年。累计产油 $110.2\times10^4m^3$，累计产气 $35.52\times10^8m^3$，原油采收率为 13.37%，天然气采收率为 53.1%。

2004 年 7 月油田重新启动生产，共有生产井 9 口，其中 7 口井正常投产，2 口井（N4、S2 井）投产未成功。

油田重启前后生产特征变化明显（图 1–2），表现为气油比降低，停产前气油比 $1929m^3/m^3$，重启后气油比 $300m^3/m^3$；含水下降，关闭前油田综合含水 36%，重启后油田综合含水 9.7%；产量逐步回升，关闭前油田日产油 $340m^3/d$，重启后至 2005 年 12 月产量恢复到 $550m^3/d$；地层压力稳定，总压降只有 3.2 ～ 4.5MPa。

第二节　开发现状

截至 2005 年 12 月，渤中 28–1 油田共有生产井 9 口，其中正常生产井 7 口，长期关井 2 口。油井均自喷生产，衰竭开采。由于裂缝垂向沟通，油井出现气窜，气油比呈上升趋势。在北上块 N2 井附近和东南块 8D 井区底水锥进，油井含水上升；北下块下油组初期产能高，产量下降快，地层能量低；全油田原油采出程度明显低于天然气采出程度（表 1–1）；另外渤中 28–1 油田是渤南供气的主力油田，开发生产中受供气合同影响会做相应调整。

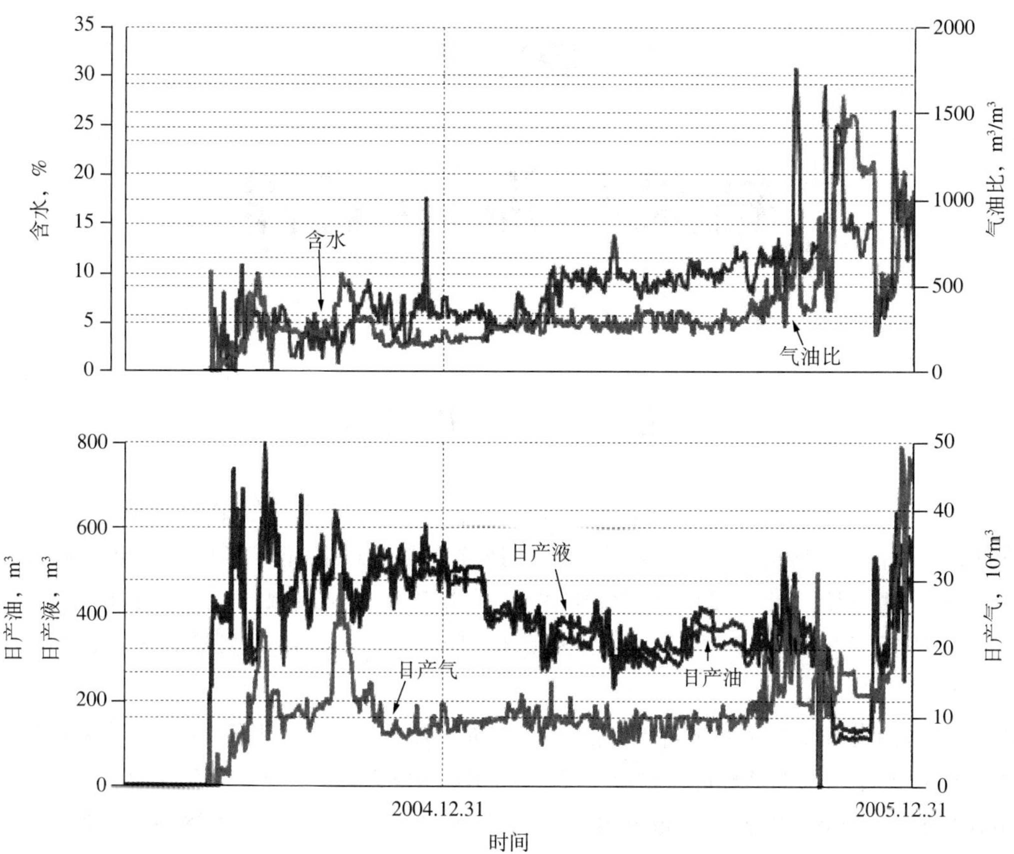

图 1-2　渤中 28-1 油田综合开采曲线
（天津分公司开发生产数据库，2006 年）

表 1-1　渤中 28-1 油田开采现状（研究院开发数据库）

井数，口		动用储量 10^4m^3	日产油 m^3/d	年产油 10^4m^3	累计产油 10^4m^3	日产气 10^4m^3	年产气 10^8m^3	累计产气 10^8m^3	含水 %	采油速度 %	气采出程度 %	油采出程度 %
总井	开井											
6	6	1139	1188.08	20.06	20.06	34.94	0.57	0.57	6.7	1.76	1.04	1.76
6	5	1139	407.44	22.74	43.44	43.7	1.56	2.13	16.84	2.00	3.89	3.81
6	5	1139	273.13	12.44	55.88	26.32	1.04	3.17	16.68	1.09	5.78	4.91
7	6	1139	341.5	15.16	71.04	60.79	1.96	5.13	29.99	1.33	9.36	6.24
7	6	1139	350.08	13.03	84.07	56.51	2.14	7.27	22.41	1.14	13.26	7.38
7	6	1139	365.85	9.94	94.01	0.66	1.66	8.93	36.48	0.87	16.29	8.25
9	7	1139	261.94	8.03	102.02	8.31	0.19	9.13	6.53	0.71	16.66	8.96
9	7	1139	560.45	12.83	114.86	26.28	0.44	9.57	13.04	1.13	17.46	10.08

第二章

钻采与海洋工程

第一节　钻井工程

1980 年 12 月日中石油开发株式会社与渤海石油公司合作勘探开发渤南及渤西地区，首钻 1 井发现了渤中 28–1 油田。1985 年 12 月开始，在构造北部和南部各建 1 座生产平台，钻开发井 7 口（N1、N2、N3、N4、N5、S1、S2），加上已钻的评价井 7 井和 8D 井，共有开发井 9 口。渤中 28–1 油气田先后完钻了 17 口井。其中，预探井和评价井 9 口，开发井和调整井 8 口，可利用的井有 10 口。

1980 年 12 月由渤海 6 号钻井平台承钻的中日合同区第一口探井 1 井开钻，钻至井深 3334m 完钻，在潜山地层测试获日产原油 200m^3，是渤中 28–1 油田的发现井。1989 年 5 月中日合作开发的渤中 28–1 油田建成投产。1991 年 3 月 N6h 井开钻，11 月 8 日完钻，该井斜深 3890m，水平位移 1123m，水平井段 367m。这是渤海石油公司完成的中国海洋石油第一口水平井。这口水平井的诞生，标明了渤海油田钻井作业水平进入了国际先进行列，同时也为大位移井钻井积累了技术储备。

1986 年国际油价开始下降，为了节约勘探开发成本，由日方提出，并经中日双方协商，从 1986 年 3 月份起，日中石油开发株式会社剩余的探井和渤中 28–1 油田部分开发井均由渤海石油公司总承包并任作业者，在钻井中日方只派一名钻井巡视员和一名地质巡视员，确认中方的作业质量。渤海石油公司先后完成日中石油开发株式会社合同区块的 10 口探井（完井井深 3000 ~ 3600m），作业效率同比提高 15.80%，平均每米探井钻井成本降低 63.56%。此后，渤海石油公司又总承包了日中石油开发株式会社合同区的 10 口开发井和渤海地区第一口水平井，完井井深均在 3800m 左右，克服了地层易塌、易漏的重重困难，按时完成总承包作业任务。平均钻井周期缩短，钻井成本降低。

通过对外总包，不仅降低了成本，还锻炼和培养了中方大批高素质钻井工程管理和技术人才，也为渤海公司创造了上亿元人民币的经济效益，同时也提高了渤海石油公司在国际石油行业中的地位和信誉。

1985 年年初，渤海公司在钻井作业时，在两口井中采用钻井公司泥浆室自己研究的磺化蓖麻子油添加剂无毒钻井液，替代了英国 IDF 的钻井液配方，这种钻井液润滑性好，防泥包作用好，无毒，对海水无污染，在以后的钻井作业中被广泛用。

该油田为潜山裂缝型油藏，在钻井时部分井发生不同程度的漏失。比如 N3、N5、ST1 井采用密度 1.03 ~ 1.08g/cm^3 的钻井液，在潜山地层最高漏速 55m^3/h。然后采用注堵漏泥浆和水泥浆进行堵漏，处理井漏平均用时 15.6 天。2003 年进行大修作业时，N4 井漏失海水完井液近 8000 m^3，至 2005 年底该井未能正常生产（表 2–1 和表 2–2）。

表 2–1　渤中 28–1 油田严重漏失情况统计表

井 号	钻井液密度 g/cm^3	作业时间	漏失地层	漏失情况及措施
N3	1.12	1986 年	潜山	漏失钻井液 2000m^3，注水泥 16 次，处理井漏 29 天
N5	1.08 ~ 1.09	1985 年	潜山	漏失钻井液 578m^3，边堵漏边钻进
ST1	1.07	1987 年	潜山	钻至 2990m 发生井漏，堵漏效果不佳，回填水泥塞堵漏后钻至 3600m 完钻，累计漏失钻井液 1400m^3
N4（钻井）	1.08 ~ 1.07	1986 年	潜山	钻至 3118m 发生井漏，打水泥堵漏，钻水泥塞到底后又发生井漏，边漏边钻，共漏失钻井液 1306m^3
N4（修井）	1.03	2003 年	潜山	修井作业，完井液密度 1.03g/cm^3，漏速大于 100 m^3/h，堵漏无效，漏失完井液 7900m^3

表 2–2　钻完井处理井漏的时效统计

井名	ST1	N3	N4	N5	平均
井漏损失时间，d	6.00	32.81	13.80	9.80	15.60

渤中 28–1 油田采用自升式悬臂钻机进行完井作业，完井方式采用套管内 TCP 射孔工艺，自喷管柱完井作业模式。完井后即采用酸化投产。

渤中 28–1 油田自从 1994 年关井后，迟迟没有进行二次开发。直到 2003 年，根据渤南整体开发方案进行了修井作业完井。重新完井运用的主要技术措施有：利用电磁探伤技术检测油套腐蚀情况；利用连续油管和油气分离设备进行压井作业；利用原井堵塞器临时封隔产层，拆采油树、装井口；优化管柱结构，预投堵塞器，临时封井，更换井口油管四通。

2003 年 8 月 23 日南北平台 9 口井大修作业开始，2003 年 11 月 12 日全部结束。基本设计施工天数为 137.67 天，实际 64.91 天，比基本设计提前 72.76 天，平均单井周期比基本设计提前 8.08 天。

第二节　采油工程

渤中 28–1 油田 1989 年 5 月投产，开采方式为自喷生产，油管尺寸采用 $3^1/_2$in 油管。油田有两座生产平台，由于未设置修井设备，平台作业方式采用悬臂式钻井船修井。生产过程中由于气窜和水锥造成产气量和含水上升，开采经济效益下降，经中、日双方商定，1994 年 10 月 1 日停产封井。为重新开启渤中 28–1 油田，2003 年 8 月至 10 月利用渤海 10 号钻井船，对所有生产井进行重新完井作业。完井后仍下入自喷生产管柱（井内有落鱼），其中 N1 和 N5 为上返需求，下入射孔、生产联作管柱。2005 年 7 月 3 日至 8 月 12 日间，利用渤海 12 号钻井船对 N1、N4、N5、N6h 进行修井作业，解决了 N1 井表层套管漏气，N5、N6h 井油套管串通问题。

完井设计阶段为选择泥浆体系，进行了《渤南油田群油层损害及钻完井液优选评价实验研究》，研究报告表明，渤中 28–1 油田储层伤害主要是固相侵入、应力敏感和酸敏，其次是碱敏、盐敏、水敏和速敏。因此，应用酸化解除近井地带污染，是提高单井产能的重要手段。1989 年 5 月油田投产时，选择了酸化解堵投产方案。

2004 年在以气为主、油气并举的技术政策前提下对 N1 井、N5 井实施上返采气措施，重新投入生产后两口井日产气能力均达 $10 \times 10^4 m^3$ 以上。

N4 井在重启动修井过程中漏失严重，漏失海水 8000m^3，不能自喷生产。2003 年 7 月 11—13 日，利用渤海 12 号钻井船对 N4 井实施连续油管氮气诱喷，未获成功。

第三节　海洋工程

渤中 28–1 油气田是中国第一个具有现代化海上浮式生产储油装置的油田。油田生产分为 3 个时期，第一是 1989 年—1994 年，中日联合勘探开发时期；第二是 1995—2003 年，停产时期；第三是 2004 年至今，油气田重启动开发时期。

中日联合勘探开发时期：渤中 28–1 油气田开发工程设施包括：南北两座井口平台，一座软刚臂单点系泊装置，一艘 5.2×10^4t 的浮式生产储油装置（渤海友谊号）以及 2 条 1.7km 的海底输油管线。设计原油年生产能力 43×10^4t，最大产液量 2150m^3/d，最大污水处理量 400m^3/d，最大天然气产量 85×10^4m^3/d。两座井口平台分别位于油田东南部和北部，相距 3.4km。两平台基础为 4 桩导管架，上部结构均为 3 层，安装有井口、管汇、发电机组、计量分离器、空气压缩机、中控盘、配电盘、清管发射器和各种泵、罐等设备。单点系泊为 4 桩导管架支承的生产储油轮系泊系统。它位于两座井口平台连线的中点，并由两条长 1.7km 的海底输油管线分别与两座井口平台相连。该系泊系统除基础外，主要由转盘、旋转密封接头、输油管线和接球器等组成。

“渤海友谊号”浮式生产储油装置型长 208m，型宽 31m，型深 17.6m，无自航能力，总载重量为 51220t。船内设有 7 个油舱，另有工艺舱和泵舱。主甲板上设有工艺处理系统、外输计量系统、放空系统、电站、热油加热系统、惰气发生系统和污水处理系统等。艏部设有可供 68 人居住的生活楼，生活楼顶部装有可供大型直升机起降的甲板，下部设提供全船动力的配电间，生活楼内设有中央控制室和无线电室。浮式生产储油装置由 A 字形刚臂与单点系泊装置连接，储油装置能绕单点作 360° 旋转，从而使储油装置始终处于风、浪、流合力方向，即系泊力最小方向。两条海底输油管线各长 1.7km，用以连接井口平台和单点系泊装置。海管为双层管，内管直径为 152.4mm，外管直径为 304.8mm，中间设有保温层，海管埋深 1.5m。

渤中 28–1 油气田工程设计建造总承包商为渤海石油公司，其中两个井口平台导管架的分包商分别为日本三菱和新日铁；5.2×10^4t 生产储油装置由中国国际海洋石油工程公司和沪东造船厂分包设计建造，其中设计工作由中国船舶工业总公司 708 所完成；两座井口平台部分机电设备、容器和配管材料的采办由国家机械委分包；海底管线的材料及铺管技术服务由日本新日铁分包；单点系泊装置的设计、特殊件的供应和制造以及安装的技术监督工作由美国单浮筒系泊公司承担。

停产时期：1994 年，渤中 28–1 油气田日产天然气达到了 67×10^4m^3/d，除少量自用外，其余全部放空燃烧，为保护天然气资源，中日双方达成停产协议。停产后，南北 2 座井口平台各派 3 人看守。1995 年，渤海友谊号经改造后用于曹妃甸 1–6 油田的开发，开发不足 1 年，油田停产。

油气田重启动开发时期：2002 年中海石油（中国）有限公司成立了渤南油气田群开发项目组，负责渤南油气田群的开发工作。渤南油气田群包括渤中 28–1 油气田、渤中 26–2 油气田、渤中 13–1 油田、曹妃甸 18–2 油气田。2002 年渤海友谊号拖至山海关船厂进行改造。改造工作由中海石油（中国）有限公司天津分公司负责，渤海石油工程公司总承包。渤海友谊号除了完成恢复功能改造外，还增加了天然气增压、脱水处理等设备，新增设备由海洋石油工程股份有限公司完成。2004 年 5 月，渤海友谊号改造完工，当月完成海上连接工作。同时还完成了南北两座平台的改造，实现了以“产油为主”向“产气为主”的转变。改造工作主要包括提高流程操作压力、增加电加热器、增加柴油发电机组等。改造工作由渤海石油工程公司承担，于 2004 年 7 月完工，7 月 5 日南井口平台投产，7 月 19 日北井口平台投产。

“渤海友谊号”的设计与建造成功实现了我国浮式生产储油装置（简称 FPSO）建造“0”的突破，

它对世界 FPSO 技术的贡献在于首次将 FPSO 用于有冰海域的油田开发。该船机动灵活，是我国海洋石油的标志性工程，荣获“中国十大名船”称号。

附　录

附录一　附　图

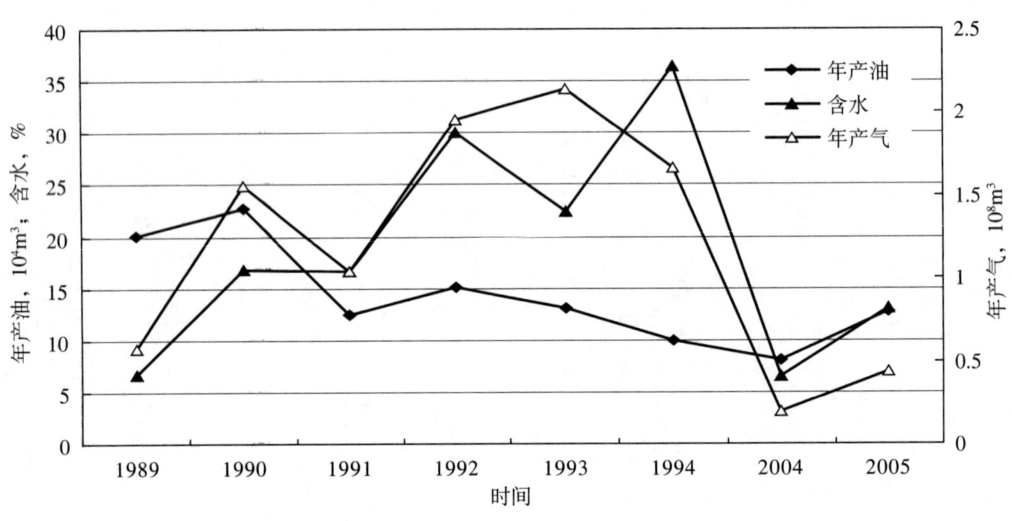

附图 1　渤中 28–1 油田综合开采曲线

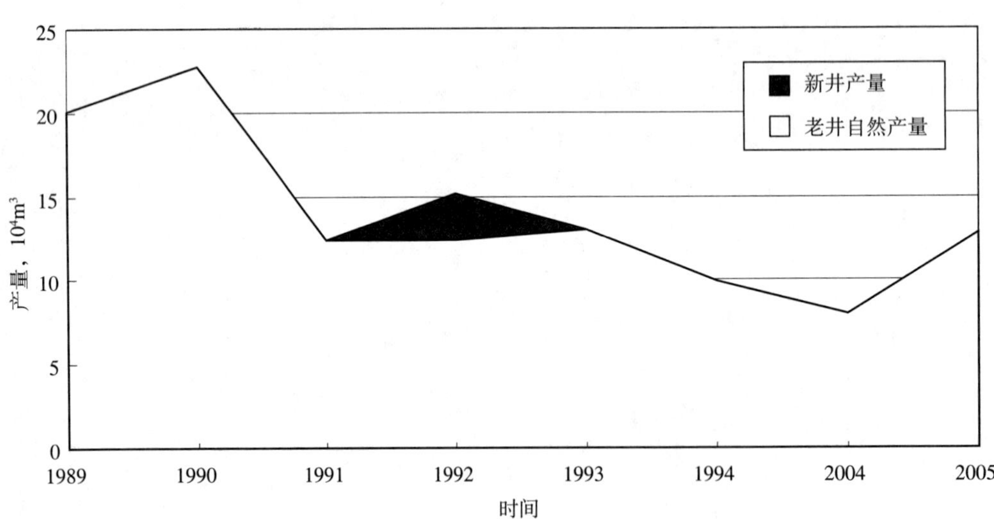

附图 2　渤中 28–1 油田历年产量构成曲线

附录二 附 表

附表 1 渤中 28−1 油田地质综合数据表

区块	油藏埋深 m	层位	岩性	油藏类型	含油面积 km^2	有效厚度 m	孔隙度 %	原油密度 g/cm^3	地质储量 10^4m^3	含硫 %	地层水	
											矿化度 mg/L	水型
北上块 2 井区	3150	$\in_3$+O	碳酸盐岩	带气顶底水裂缝块状油藏	2.6	101.1	2.640	0.824	251.21	0.16	5176	$NaHCO_3$
北上块 2 井北	3150	$\in_3$+O	碳酸盐岩	带气顶底水裂缝块状油藏	0.7	88.7	2.640	0.824	60.68	0.16	5176	$NaHCO_3$
北上块 1 井区	3244	$\in_3$	碳酸盐岩	具边水层状溶蚀孔洞	1.8	67.5	5.300	0.831	273.16	0.06	22888	$NaHCO_3$
北上块 1 井北	3244	$\in_3$	碳酸盐岩	具边水层状溶蚀孔洞	0.5	40.0	5.300	0.831	44.52	0.06	22888	$NaHCO_3$
东南块 7 井区	3194	$\in_3$+O	碳酸盐岩	带气顶底水裂缝块状油藏	1.5	97.1	3.930	0.832	251.20	0.02	26934	$NaHCO_3$
东南块 8D 井区	3372	$\in_3$+O	碳酸盐岩	带气顶底水裂缝块状油藏	2.9	98.2	2.060	0.838	189.74	0.07	36447	$NaHCO_3$
东南块 6D 井南	3471	$\in_3$+O	碳酸盐岩	带气顶底水裂缝块状油藏	0.4	67.7	3.930	0.832	46.88	0.05	—	$NaHCO_3$
西南块	3034	Es^3	砂砾岩	带气顶油环层状边水	0.5	31.1	8.800	0.837	30.87	0.17	65476	$NaHCO_3$
合计					—	—	—	—	1117.40	—	—	—

附表 2 渤中 28−1 油田历年开发综合数据表

时间	井数，口		动用储量 10^4m^3	日产油 m^3	年产油 10^4m^3	累计产油 10^4m^3	日产气 10^4m^3	年产气 10^8m^3	累计产气 10^8m^3	含水 %	采油速度 %	气采出程度 %
	总井	开井										
1989	6	6	1139	1188.08	20.06	20.06	34.94	0.57	0.57	6.7	1.76	1.04
1990	6	5	1139	407.44	22.74	43.44	43.7	1.56	2.13	16.84	2.00	3.89
1991	6	5	1139	273.13	12.44	55.88	26.32	1.04	3.17	16.68	1.09	5.78
1992	7	6	1139	341.5	15.16	71.04	60.79	1.96	5.13	29.99	1.33	9.36
1993	7	6	1139	350.08	13.03	84.07	56.51	2.14	7.27	22.41	1.14	13.26
1994	7	6	1139	365.85	9.94	94.01	0.66	1.66	8.93	36.48	0.87	16.29
2004	9	7	1139	261.94	8.03	102.02	8.31	0.19	9.13	6.53	0.71	16.66
2005	9	7	1139	560.45	12.83	114.86	26.28	0.44	9.57	13.04	1.13	17.46

附录三　领导人名录

油田总监（经理）：

1989 年—1994 年：周守为、关　德、陈玉强

2004 年 7 月—2005 年 12 月：姜　安、刘建华

附录四　获奖项目

项 目 名 称	奖项名称及等级	获奖时间	获　奖　人
渤中 28–1 油田井口导管架拖航分析	总公司科技进步三等奖	1986.12	张国衡、温宝贵、梁焕书、佟成仁
渤中 28–1 构造碳酸盐岩油藏早期开发可行性研究与原油储量核实报告	总公司科技进步三等奖	1987.9	林云洲、赵德华、郭太现、崔勇兴
渤中 28–1 海底管线铺设技术	渤海石油公司一等奖	1990.6	殷少雄、梅孝恒、刘元永、康立生
BZ28–1–N6h 水平井钻井技术	渤海石油公司一等奖	1992.3	殷嘉德、谢绍章、胡铁创、钱必信
渤中 28–1 油矿操作地位转移	渤海石油公司一等奖	1992.5	周守为、刘继伦

注：资料来自渤海石油档案馆。

附录五　征引文献

文　献　名	作　　者	编制时间	现　存　地
渤中 28–1 构造北部碳酸盐岩油藏开发可行性研究	林云洲、肖启唐等	1983.11	渤海研究院档案室
渤中 28–1 油田藏数值模拟研究	崔永兴、宫薇等	1985.5	渤海研究院档案室
关于渤中 28–1 构造开发技术评价	日中石油开发株式会社	1985.6	渤海研究院档案室
渤中 28–1 油田油气探明储量报告	郭太现、赵文元等	1988.4	渤海研究院档案室
渤中 28–1 油田开采特征及 1991 年产量预测	赵玉生、汪志勇等	1990.12	渤海研究院档案室
渤中 28–1 油田重启动生产研究	王世骞、施亚洲等	1996.3	渤海研究院档案室
渤南油田总体开发方案	张金庆、符翔等	2002.4	中海石油研究中心

编纂始末

《渤中 28-1 油田志》编纂工作是在天津分公司生产部及《中国油气田开发志》渤海油气区编纂委员会的组织领导下进行的。编纂工作经过了资料收集、当事人寻访、搭建框架、修改完善等过程。2010 年 2 月通过第一次审查，2010 年 3 月 11 日经过第二次审查，对存在的问题作了进一步修改完善，于 2010 年 4 月 22 日通过三审验收。本志编纂中参考模板是《黄沙坨油田志》。本志共有 5 部分组成，由不同部门协作完成。其中概述和油田开发部分由田建刚编写，钻采与海洋工程中的钻井工程由郭剑编写，采油工程由马跃编写，海洋工程由孙海涛编写，大事记、附录由田建刚和孙海涛编写，田建刚完成最后统稿。编纂中得到了编纂委员会的精心指导和渤海研究院档案室的大力支持，在此一并表示感谢。由于首次参加志书编纂，限于编者经验和水平，书中难免有不当之处，恳请读者批评指正。

《渤中 28-1 油田志》编纂组

2010 年 5 月

编号：26-013

歧口 17-2 油田志

《歧口 17-2 油田志》编纂组　编

歧口 17−2 油田地理位置图

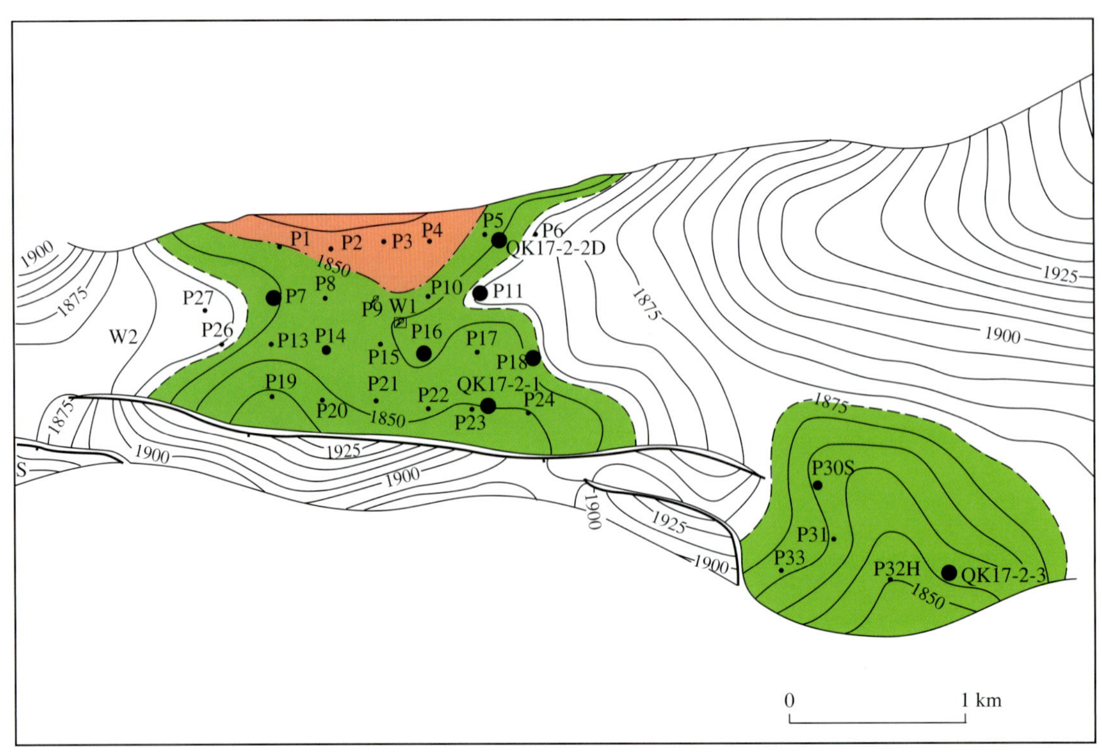

岐口 17–2 油田构造井位图

（渤海石油研究院，2002 年）

岐口 17–2 油田平台

（天津分公司渤西作业区，2005 年）

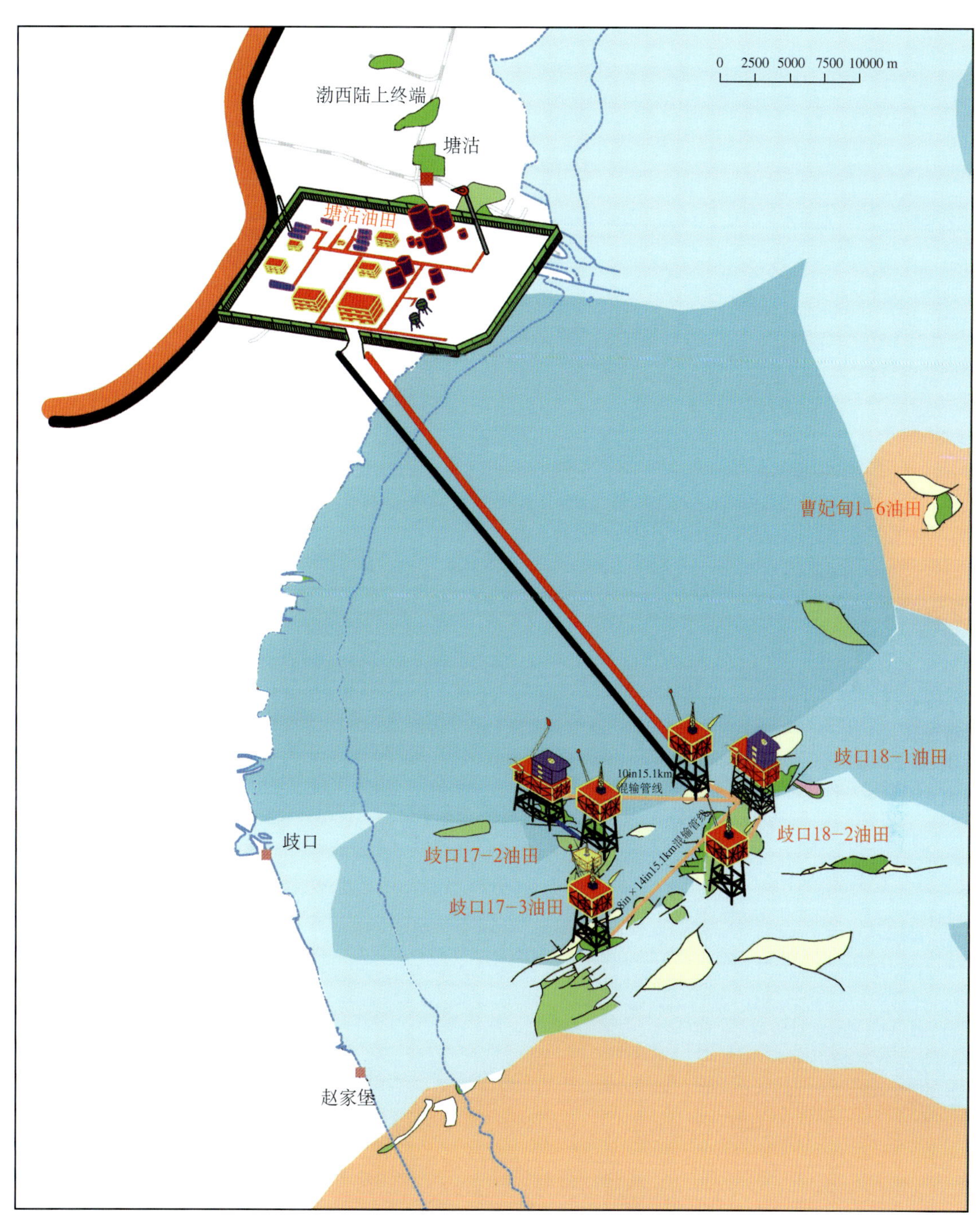

渤西油田群生产系统位置图

（天津分公司渤西作业区，2005 年）

《歧口 17-2 油田志》编纂组

编纂人： 王佩文　杜　娟　刘春艳　郭　剑　于喜艳　丁九亮

参加人： 黄小波　周海燕　石　静　张敏娟　朱玉国　汪　巍
苏进昌　夏成岗

《歧口 17-2 油田志》审核人员

曹文贤　徐启兴　汪志勇　吴成浩　李树宽　温哲华
赵利昌　宫　薇　刘　英　王力群　蒋维军　张敏娟

本志目录

概　述

岐口 17–2 油田隶属于中海石油（中国）有限公司天津分公司，1993 年油田发现后成为渤海第一个联合开发油田群——渤西油田群的一部分。

一

岐口 17–2 油田位于渤海西部海域，油田范围内水深 5.5m，常年最高气温 33.4℃，最低 –13℃，结冰期 90 天。海水最高含盐度 32.64‰，最低含盐度 21.62‰，平整冰厚 36cm，重叠冰厚 72cm（50 年一遇）。

二

岐口 17–2 构造是位于歧南断阶带海 1 断层下降盘的一个断块构造。平面上可分为西高点、东高点和南块。岐口 17–2 油田钻遇油层多，其中西高点 8 个油组，东高点 17 个油组，南块 16 个油组。

岐口 17–2 油田主力油层发育于明化镇组下段，为曲流河相沉积，储层具有高孔高渗特征，属于正常的温度压力系统，地层原油黏度小，属于轻质原油。油藏类型复杂，油藏类型包括岩性油藏、层状构造油藏和岩性构造油藏，以构造层状油藏为主。

三

1993 年 6 月在岐口 17–2 构造上钻岐口 17–2–1 井（简称 1 井，以下岐口 17–2 油田井号均以此方法简称），于明化镇组获得工业油气流，发现了岐口 17–2 油田。

1993 年 9 月至 10 月分别完钻了 2D 和 3 井，两口井均在明化镇组获得工业油气流。

全国矿产储量委员会于 1995 年 11 月 8 日以储发［1995］字第 194 号文批准该油田含油面积 9.10km^2，探明石油地质储量 1918.60 × 10^{4}m^3，溶解气地质储量 13.90 × 10^{8}m^3。

1997 年 3 月，岐口 17–2 油田总体开发方案获得中国海洋石油总公司批准。

1997 年 12 月，岐口 17–2 油田开发方案开始实施。

2002 年 4 月，中国海洋石油渤海公司研究院结合开发井资料，对油田进行了储量复算，复算结果为：油田含油面积 6.10km^2，石油探明地质储量 1709.00 × 10^{4}m^3；溶解气探明地质储量 12.62 × 10^{8}m^3；天然气探明地质储量 0.72 × 10^{8}m^3。

四

岐口 17–2 油田于 1997 年 9 月 10 日组建工程项目组，2000 年 6 月 14 日投产，建有生产平台 1 座，平台共有开发井 29 口，其中西高点 25 口，东高点 4 口。

岐口 17–2 油田是渤西油田群联合开发的二期海上工程，渤西油田群工程设施包括海上工程和陆上工程。其中海上工程由岐口 18–1、岐口 17–2、岐口 17–3 油田及岐口 18–1 至陆上终端的海底输油管线构成，岐口 17–2 油田流体计量后通过海底管线输至岐口 18–1 平台，再经过岐口 18–1 平台输至陆地终端。

五

岐口 17–2 油田经历了天然能量和人工注水两个开发阶段。

岐口 17–2 油田油井投产初期利用天然能量自喷生产，平均单井日产油 72.00m^3，采油速度 5.05%。自喷阶段累计产油 68.70×10^4m^3，动用储量采出程度为 8.60%，平均采油速度 4.63%，阶段末综合含水 32.00%。

由于初期高强度的开采，油田产量递减较快，2001 年 12 月，岐口 17–2 油田采油速度由最高的 5.05% 下降到 3.68%。2001 年 12 月 P7、P11 井转注， 2003 年 5 月 P16 井转注，2004 年 9 月 P18 井转注。油井转注有效地补充了地下亏空，注水井组地层压力下降速度有所缓解，油田产量相对稳定。

截至 2005 年 12 月，西高点累计产油 200.63×10^4m^3，采出程度为 22.02%，综合含水 70.50%；东高点累计产油 54.60×10^4m^3，采出程度为 7.16%，综合含水 31.20%。

六

岐口 17–2 油田的开发对渤海海域而言，有 3 个方面的创新：①首次在同一座平台用渤海八号钻井船钻 31 口井（其中包括 2 口水源井）；②首次采用单筒双井技术；③首次用大位移井开发平台邻近区块油田。以上开发实践和技术创新，节约了钻井资源，为渤海油田实施大位移井提供了钻井技术的实践经验。但是大位移井在生产中暴露出一些难以解决的问题：由于井段过长、井斜过大，4 口大位移井均防砂失败，且在生产过程中无法测试，难以进行开关层作业，4 口大位移井除水平井 P32h 井由于层系单一，生产压差较小，能维持生产正常外，其余 3 口井都生产不正常。大位移井的生产实践为后续其他油田的开发提供了宝贵的经验教训。

岐口 17–2 油田担负着渤西供气的任务，油田投产初期日产气 20.00×10^4m^3，2001 年初高峰日产气 30.00×10^4m^3，对天津地区的供气做出了重要贡献，取得了良好的经济和社会效益。

岐口 17–2 油田从投产到 2005 年年底，年平均采油速度保持在 4.00%，最高年采油速度达到 5.05%，平均年含水上升率为 3.50%，是截至 2005 年年底渤海区域年采油速度最高的油田，这些开发实践为高效开发海上边际小油田提供了宝贵的经验。

大事记

1993 年

6 月 10 日　1 井在歧口 17−2 构造西高点明化镇组下段发现高产油气流，从而发现了歧口 17−2 油田。

10 月　完钻 3 井，在歧口 17−2 构造东高点明化镇组获得工业油气流。

1995 年

9 月　中国海洋石油渤海公司研究院编写了《渤西油田群歧口 17−2 油田基本探明储量报告》。

11 月　《渤西油田群歧口 17−2 油田基本探明储量报告》获全国矿产储量委员会批准。

1997 年

3 月　中国海洋石油总公司批准了中国海洋石油渤海公司研究院编制的《歧口 17−2 油田的总体开发方案》。

1998 年

2 月　与中海工程设计公司签订了《歧口 17−2 油田详细设计合同》。

3 月　油田东高点第 1 口大位移井开钻。

12 月 31 日　歧口 17−2 油田东高点 4 口大位移井成功完钻。4 口井平均完钻井深 4551m，平均垂深 2007m，平均井底位移 3625m，水垂比 1.81，最大井斜角 93.8°。这是首次在渤海海域用大位移井开发平台邻近区块油田。

1999 年

3 月　油田西高点开发井钻井工程启动。

9 月　西高点 27 口开发井全部完钻，在钻井过程中首次在渤海采用单筒双井技术。

2000 年

6 月 14 日　歧口 17−2 油田投产。

8 月　P13、P7 井转电潜泵采油，油田进入机采开发阶段。

2001 年

12 月　P7、P11 井转注，油田进入注水开发阶段。

2002 年

4 月　中国海洋石油渤海公司研究院对油田主体区进行了储量复算，编写了《歧口 17−2 油田油气探明储量复算报告》，获得中国海洋石油总公司批准。

2003 年

4 月　中海石油研究中心渤海研究院编写了《歧口 17−2 油田注水井转注调整方案》，对 ODP 方案的注水井井别进行调整。

第一章

油田地质

第一节　构　造

在 3 口探井资料基础上，1995 年由渤海石油研究院编制了主力油组 2、3、8 油组的顶面构造图，其中 8 油组的顶面构造图如图 1–1 所示。对歧口 17–2 构造有如下认识：构造位于歧南断阶带海一断层的下降盘，为夹持在两条掉向相反、近东西向延伸的次级正断层之间的垒块构造。构造分东西两个高点，高点之间以鞍部相连，其中东高点较为简单，是受主断裂控制形成的断鼻，西高点南侧发育了一条南掉断层，延伸 4km，其与北部边界断层夹持控制了西高点的断块圈闭范围。总之，歧口 17–2 油田为一发育在大型逆牵引构造背景上的一个断块构造。油田最大圈闭面积 7.9km^2，其中 1、2D 井所在的西高点 6.1km^2，3 井所在的东高点 1.8 km^2，圈闭幅度 35m，最大闭合线为海拔 –1875m。

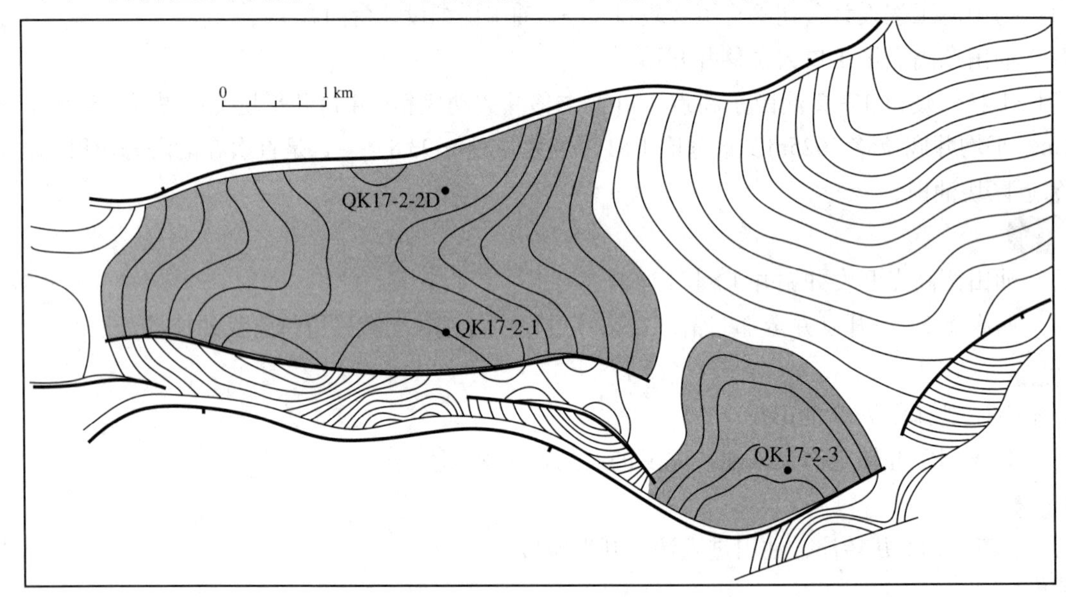

图 1–1　歧口 17–2 油田 8 油组顶面构造图
（渤海石油研究院，1995 年）

2002 年结合新钻 31 口开发井新分层数据和 2001—2002 年的生产动态资料，对 2001 年连片处理后的三维地震资料进行了精细解释，编绘了 2、3 油组及 8 油组的顶面构造图，其中 8 油组的顶面构造图如图 1–2 所示。与 1995 年解释结果相比，总的构造形态及断层展布基本相似，但油田内部由于开发井的钻探，构造形态刻画的较以前更加精细，构造幅度也有所变化，例如东高点 8 油组，两次评价油水界面均为 –1875m，而含油面积 1995 年为 1.8km^2，2002 年则为 2.2km^2，面积变化的主要原因是本次解释构造幅度变缓，西高点 3 油组具相似特征。总体上，歧口 17–2 油田仍为一发育在大型逆牵引构造背景上的断块构造。

同时，利用地震反演资料对比追踪了东高点 12—14 油组的砂体分布范围，并编绘了其顶面形态图（图 1–3），总体上以南掉断层为界，向北呈扇状展布，面积 3.8km²，与 1995 年采用振幅截止值方法追踪的岩性边界 2.9km² 相比，无论是形状还是面积，差别都较大。

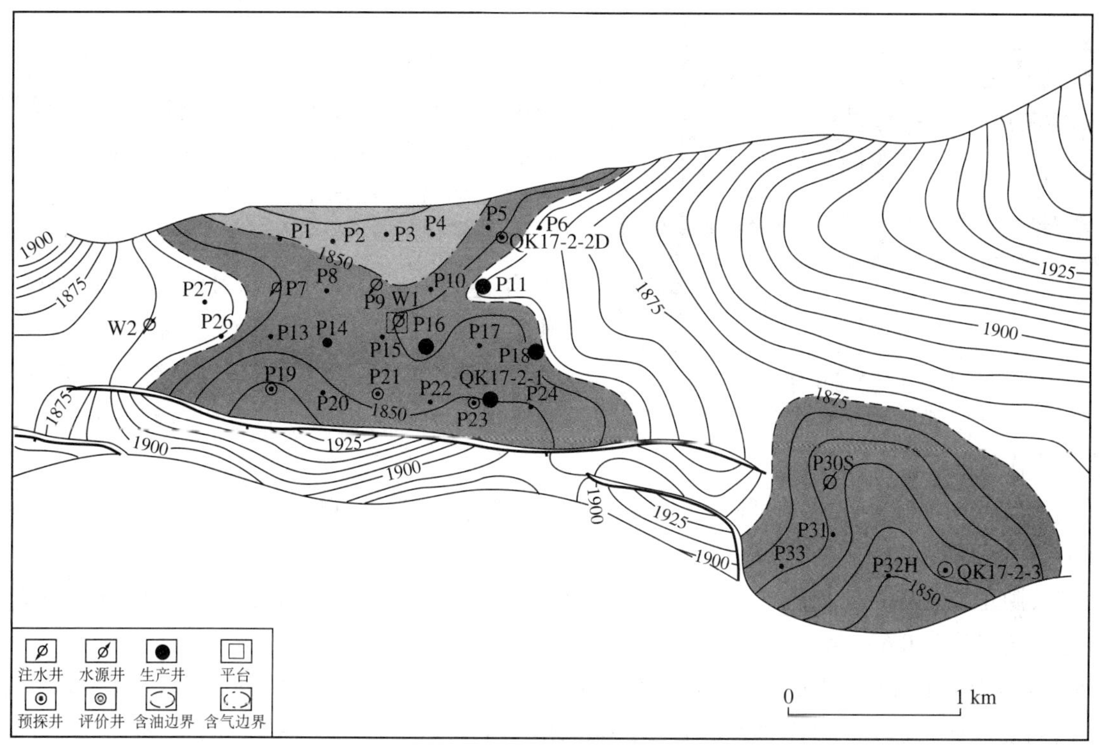

图 1–2　歧口 17–2 油田 8 油组顶面构造图
（渤海石油研究院，2002 年）

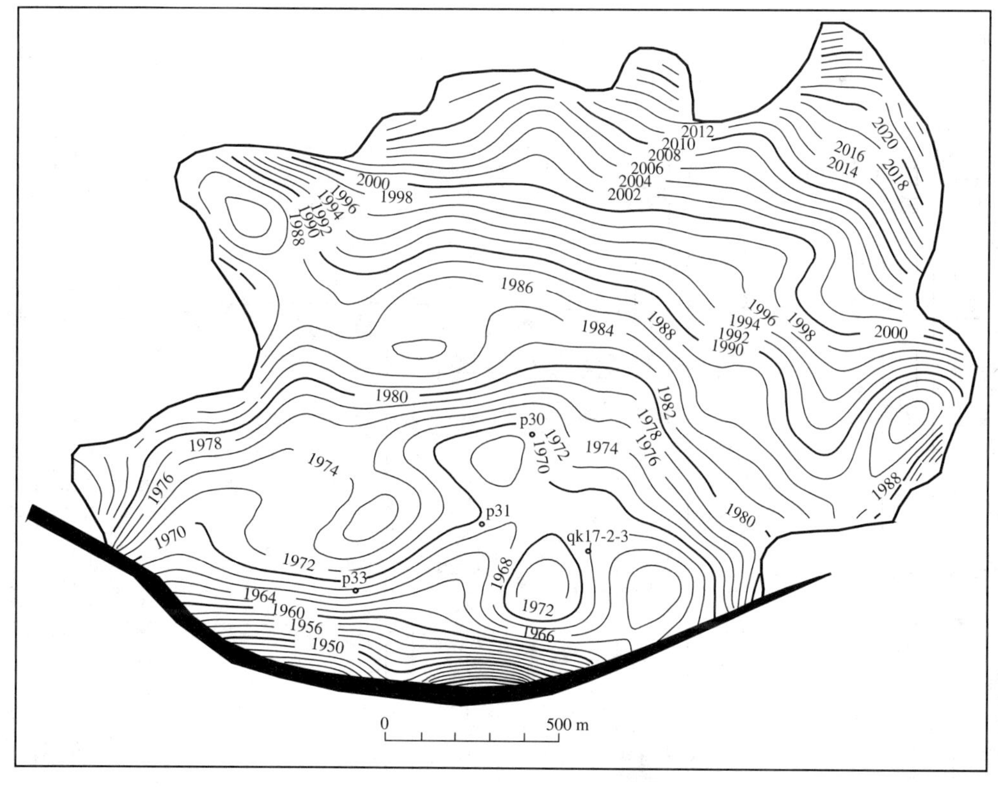

图 1–3　东高点 12 ~ 14 油组顶面形态图
（渤海石油研究院，2002 年）

第二节 储 层

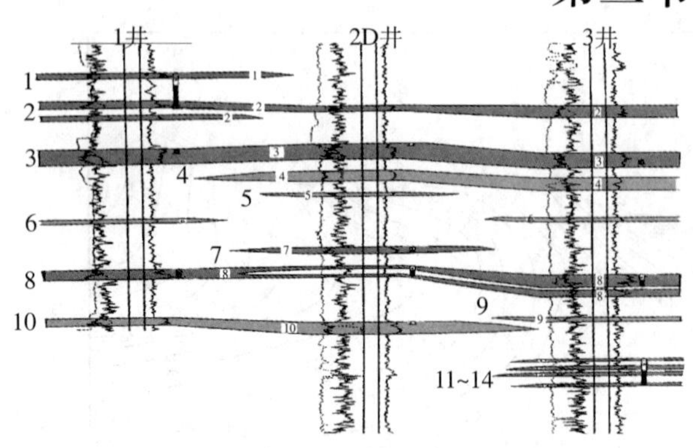

图 1-4 歧口 17-2 油田储层对比图
（渤海石油研究院，1S995 年）

1995 年在 3 口探井资料基础上，对歧口 17-2 油田储层有如下认识：明下段储层属曲流河沉积，通过对比将明下段储层细分为 14 个砂层（图 1-4），油层主要分布在第 1、2、3、7、8、11—14 等 9 套砂层中，其中 2、3、8 层三口井均有钻遇，平面上叠合连片；1（1 井）、7（2D 井）、11—14（3 井）砂层为仅在个别井钻遇的砂岩透镜体。

储层以中细砂岩、细砂岩、粉细砂岩的组合为主，岩石类型为岩屑长石砂岩，颗粒分选好，磨圆度为次圆到次棱角状。

常规物性分析统计结果表明，孔隙度变化范围为 3.6% ~ 40%，平均 32%，渗透率 0.02 ~ 7600mD，平均 1279mD。

储层孔隙主要为各类粒间孔。毛细管压力曲线特征表现为歪度粗、分选好，孔喉半径 6.3 ~ 25 μ m，最小连通喉道半径为 0.63 μ m。

2002 年根据新钻 27 口开发井的对比结果，分析认为油田范围内油组的划分与 1995 年评价时基本一致，西高点纵向上仍分为 8 个油组（4、5、6 油组为新发现的油层），主力油组仍为 2、3、8 三个油组，井间对比关系比较好，其次为 1 和 7 油组（图 1-5）；东高点钻遇油组有 2、3、6—16 油组（6、7、

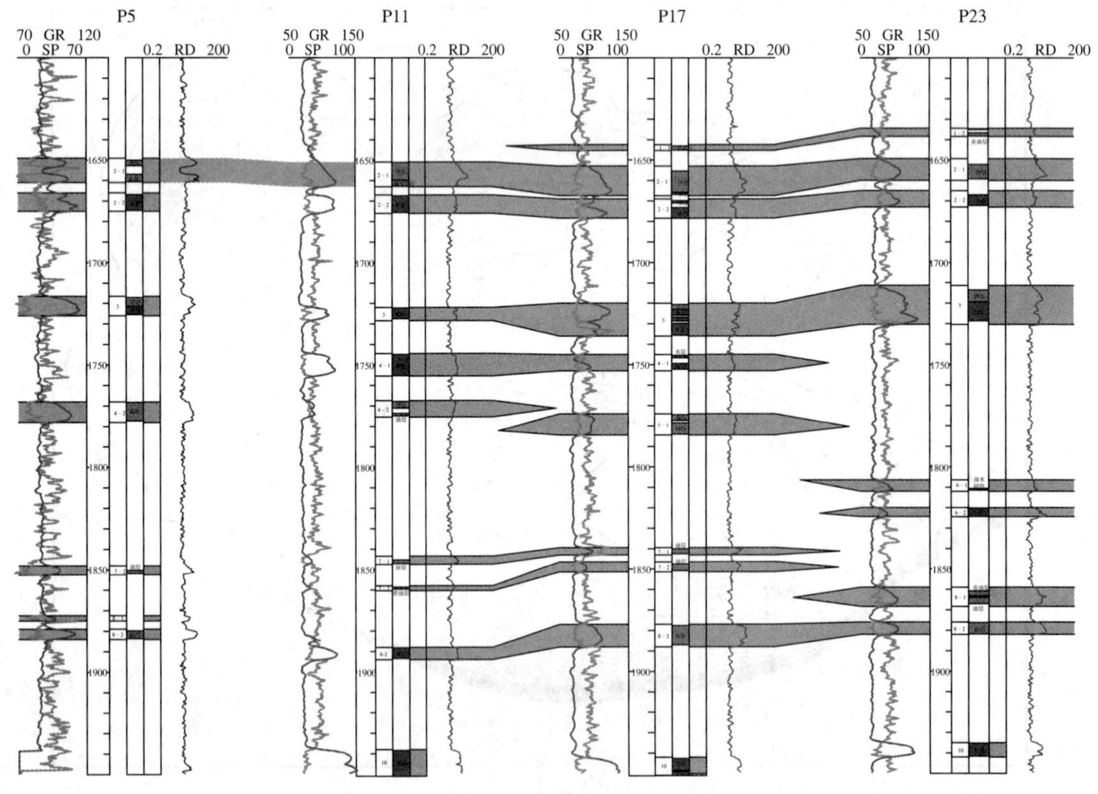

图 1-5 歧口 17-2 油田过 P5—P11—P17—P23 井储层对比图
（渤海石油研究院，2002 年）

9、10、15、16 为新发现油层)，主力油组仍为 8 油组和 11—16 油组（图 1–6）。油层综合柱状图如图 1–7 所示，主力油层埋深 1580 ~ 2100m。

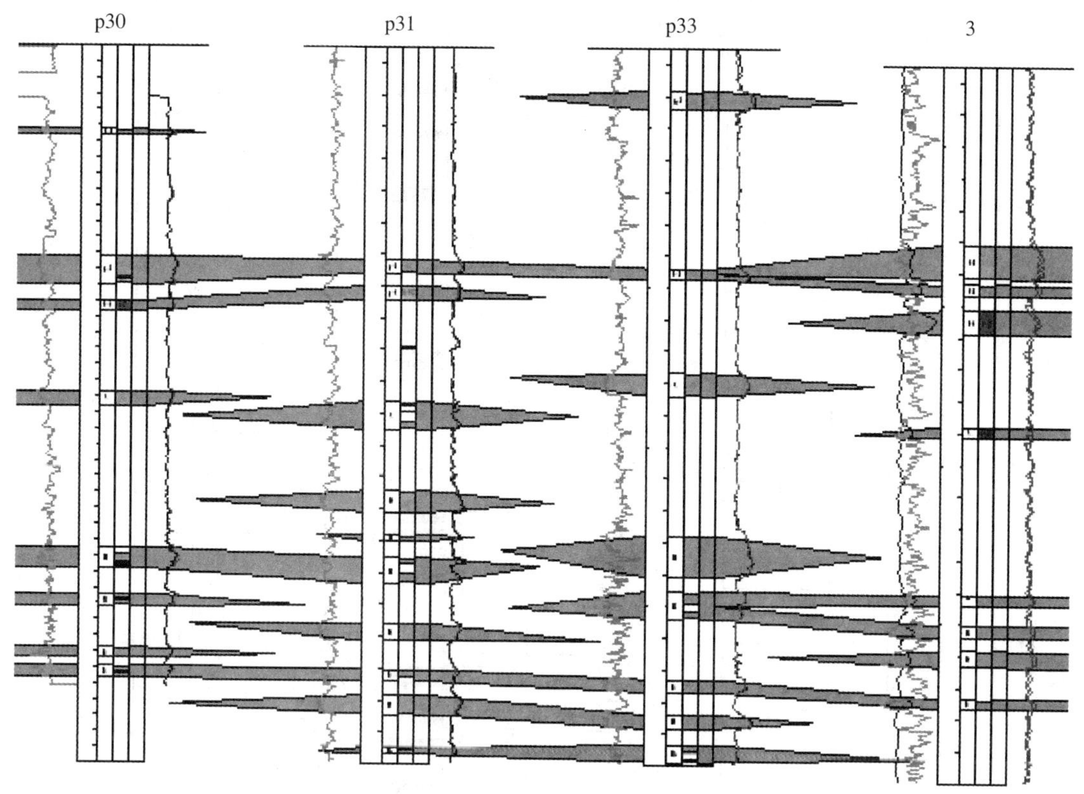

图 1–6　歧口 17–2 油田过 P30—P31—P33—3 井储层对比图
（渤海石油研究院，2002 年）

开发井除成功的钻遇主力油层外，还钻遇了一些新的油气层。西高点新油层主要有 4 油组（P5、P11 井）、5 油组（P17 井）、6 油组（P2 井）。东高点主要有 6 油组（P33 井）、7 油组（P30 井）、9 油组（P30、P31、P33 井）、10 油组（P31 井）、15 ~ 16 油组（P31、P33 井）。3 口探井并未发现气层，开发井钻完之后及油田生产过程中，又分别发现了一些气层，新发现的气层有：1 油组（P9、W1、P16 井）、6 油组（P23 井）。

歧口 17–2 油田储层岩性以褐灰、灰褐、褐色、浅灰—中灰、灰绿色细—中粒砂岩为主，砂层底部可出现砂砾岩，其中砂岩为中粗粒，砾石为灰绿色或棕红色饼状泥砾。泥岩以棕红色为主，部分为灰绿色，反映陆上淡水氧化环境快速搬运沉积。

对 1、2D、3、P8、P13 等 5 口井一百多块薄片鉴定结果统计表明，歧口 17–2 油田储层成分成熟度较低，石英为 40% ~ 50%，长石为 30%，岩屑大于 20%，岩石类型为（含泥）岩屑长石细砂岩或（泥质）岩屑长石中细砂岩，颗粒分选中等—好，磨圆次圆—次棱。

岩心观察结果表明，歧口 17–2 油田具正韵律性，即底部多为含砾砂岩或中粗粒砂岩、细砂岩，向上渐变为细砂岩、粉细砂岩至纯泥岩；沉积构造自下而上分别为槽状交错层理、水平层理和爬升层理、波状层理。

从歧口 17–2 油田主体砂岩实际资料做出的 C–M 图可看出，该图主要由 QR 和 RS 两段组成，即以递变悬浮和均匀悬浮为主，与国内外曲流河特征相同（图 1–8）。

砂层底部可出现三段式，即滚动、跳跃和悬浮三种组分；中上部多为两段式，缺乏滚动组分。跳跃组分斜率较大，为 60° ~ 75° ，粗切点 1ϕ 左右，细切点 2 ~ 3.5ϕ，悬浮组分大于 20%，与国内外曲流河沉积对比，曲线特征相似（图 1–9）。

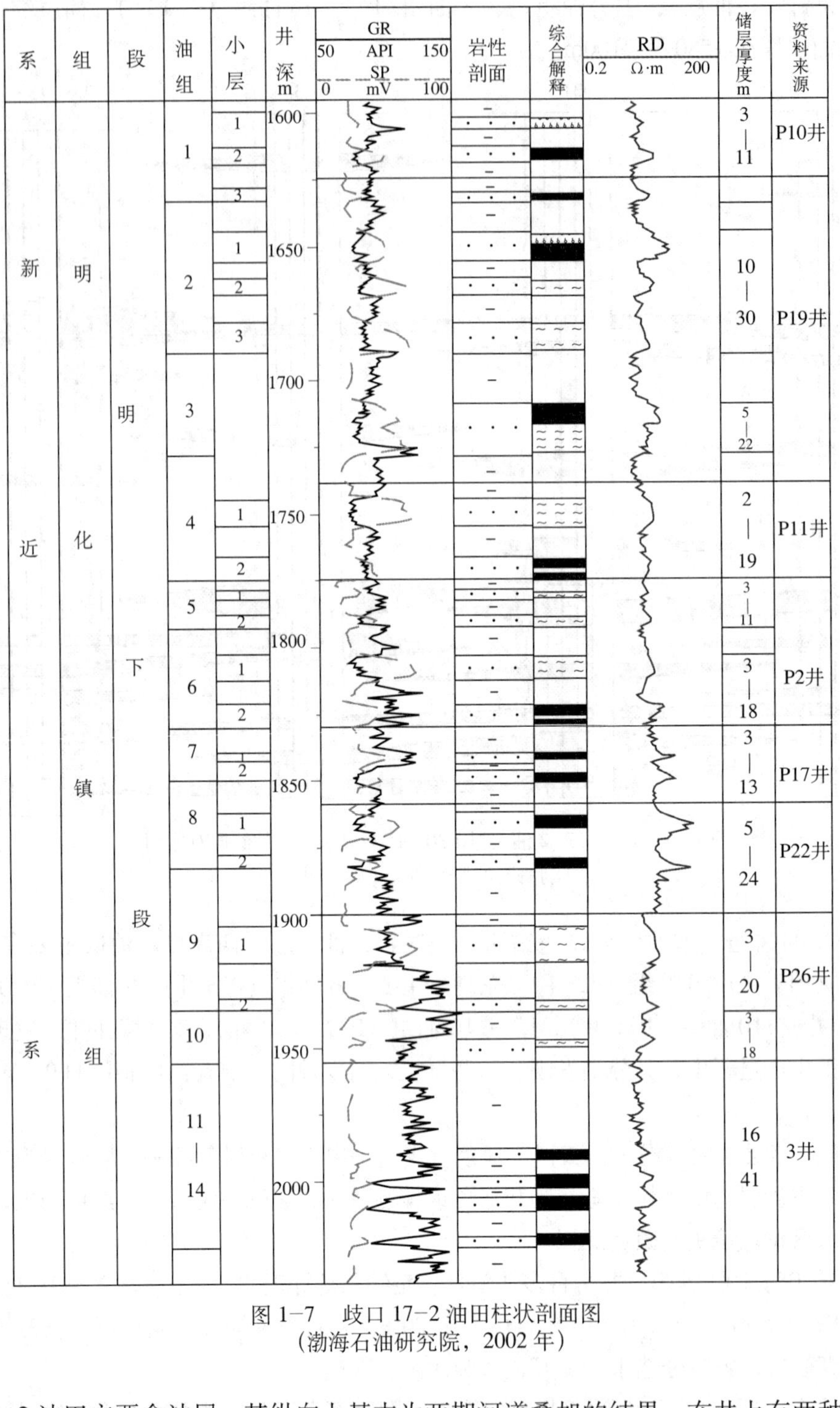

系	组	段	油组	小层	储层厚度 m	资料来源
新近系	明化镇组	明下段	1	1, 2, 3	3—11	P10井
			2	1, 2, 3	10—30	P19井
			3		5—22	
			4	1, 2	2—19	P11井
			5	1, 2	3—11	P2井
			6	1, 2	3—18	
			7	1, 2	3—13	P17井
			8	1, 2	5—24	P22井
			9	1, 2	3—20	P26井
			10		3—18	
			11—14		16—41	3井

图 1-7　歧口 17-2 油田柱状剖面图
（渤海石油研究院，2002 年）

歧口 17-2 油田主要含油层，其纵向上基本为两期河道叠加的结果，在井上有两种表现形式：一是晚期河道沉积未将早期河道沉积上部的细粒沉积物完全冲掉，而在两期沉积之间存在明显的泥质或粉砂质夹层，另一种情况则是晚期河道沉积已将早期河道沉积上部的细粒沉积物甚至部分砂体冲掉，两期沉积之间无明显夹层。图 1-10 为主要含油层 8 油组沉积相图。

歧口 17-2 油田主力油组沉积时期实际上是河流发育的三个高峰期，同时或相近时间段平面上基本上发育两条河流，两条河流沉积的砂体平面上相互叠加或与早期沉积的砂体叠加连片，形成了主力含油层平面上大面积叠合连片分布的砂体。

高峰期之外，两条河道沉积的砂体基本上独立分布，或主要发育一条河道，另一条主要只发育一些

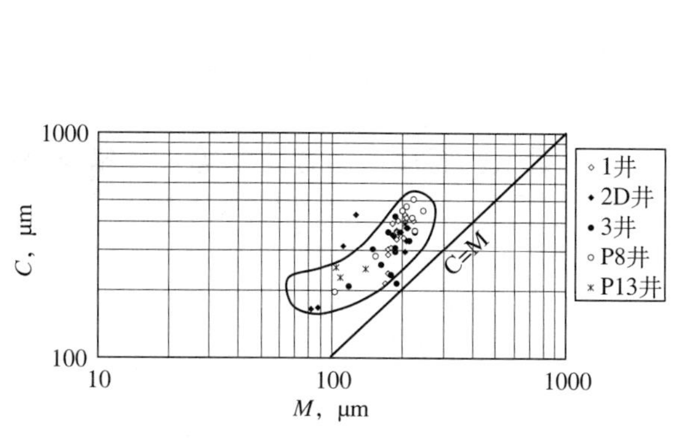

图 1-8　歧口 17-2 油田明下段 C-M 图
（渤海石油研究院，2002 年）

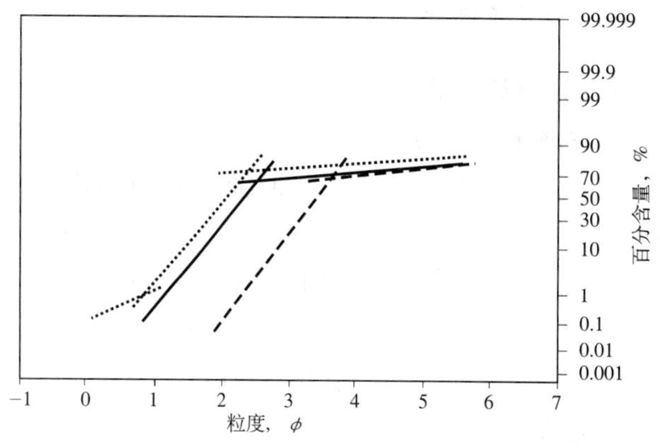

图 1-9　歧口 17-2 油田明下段概率曲线图
（渤海石油研究院，2002 年）

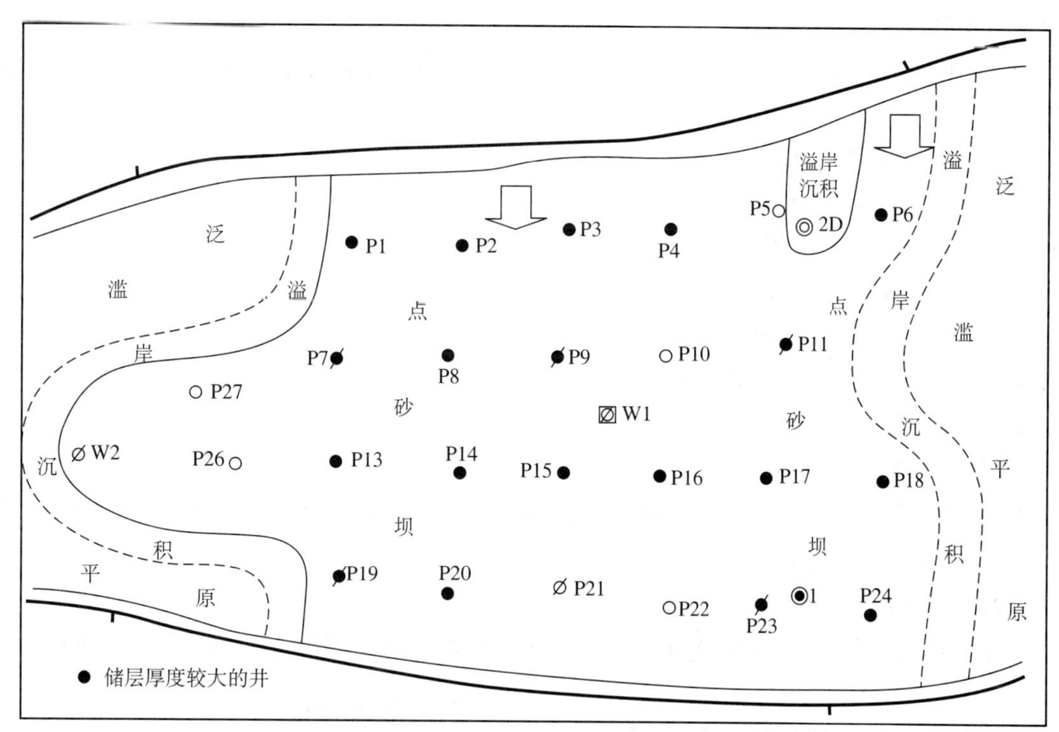

图 1-10　歧口 17-2 油田 8 油组沉积相图
（渤海石油研究院，2002 年）

溢岸沉积的砂体，砂体总体厚度不大，平面上分布局限。

对探井和部分开发井岩心分析结果表明，储层孔隙度变化范围为 4.8% ～ 40.3%，其中 86% 大于 30%，平均值为 32.3%，属于特高孔；储层渗透率变化范围为 0.18 ～ 8434.9mD，其中 87% 的样品大于 500mD，属于高渗到特高渗，储层物性与 1995 年认识基本一致。

第三节　流体与渗流特征

油田投产后，部分开发井取了地面原油及 PVT 样品并进行了分析，分析结果与探井相近，流体性质沿用渤海石油研究院 1995 年对探井流体样品的分析结果。

一、流体性质

（一）原油性质

1. 地面脱气原油性质

歧口 17–2 油田地面脱气原油具有中等相对密度，含硫量低、胶质、沥青质中等及含蜡量高的特点。

原油密度（20℃） 0.846 ~ 0.914g/cm³

黏度（50℃） 5.15 ~ 36.58mPa·s

含硫量 0.12% ~ 0.32%

含蜡量 6.51% ~ 22.3%

沥青 + 胶质含量 7.5% ~ 24.51%

凝固点 19 ~ 35℃

2. 地层原油性质

根据 PVT 样品分析结果表明，歧口 17–2 油田地层原油具有黏度小、气油比中等、饱和压力高、地饱压差小的特点。

原油密度 0.731 ~ 0.798g/cm³

原油黏度 1.10 ~ 5.80mPa·s

体积系数 1.142 ~ 1.278

溶解气油比 51 ~ 98m³/m³

地层压力 15.86 ~ 19.39MPa

饱和压力 11.7 ~ 14.99MPa

地饱压差 5.0 ~ 7.7MPa

（二）天然气性质

溶解气相对密度 0.582 ~ 0.703，以轻组分为主，甲烷含量 81.5% ~ 96.1%，乙烷含量 2.8% ~ 13.7%，不含硫化氢，二氧化碳含量小于 0.3%。

（三）地层水性质

地层水总矿化度为 2000 ~ 7000mg/L，氯离子含量为 2588 ~ 3102mg/L，水型为 $NaHCO_3$ 型。

二、渗流特征

歧口 17–2 油田选用探井 3 井的 9 块岩心，1995 年由辽河石油勘探局科学技术研究院开发试验室完成水驱油试验，获得合格油水相对渗透率曲线 7 条。对 7 条相对渗透率曲线进行规格化后，最终得到的相对渗透率曲线如图 1–11 所示。

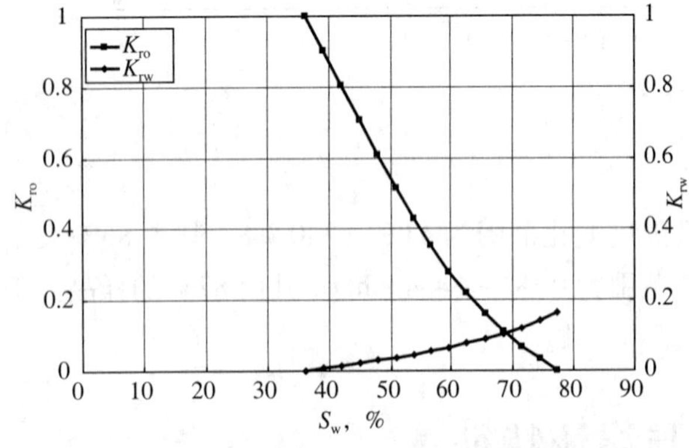

图 1–11 歧口 17–2 油田相对渗透率曲线
（辽河石油勘探局科学技术研究院，1995）

歧口 17–2 油田采用压汞法测定的毛管压力曲线如图 1–12 所示，通过对压汞曲线的分析表明：毛管压力曲线表现为歪度粗、分选好。排驱压力介于 0.02 ~ 0.8MPa，80% 以上的样品 p_d 小于 0.08MPa，饱和度中值压力（P50）介于 0.03 ~ 10MPa，80% 以上的样品小于 0.4MPa，最大进汞量大于 70%，孔喉半径 6.3 ~ 25.0μm。

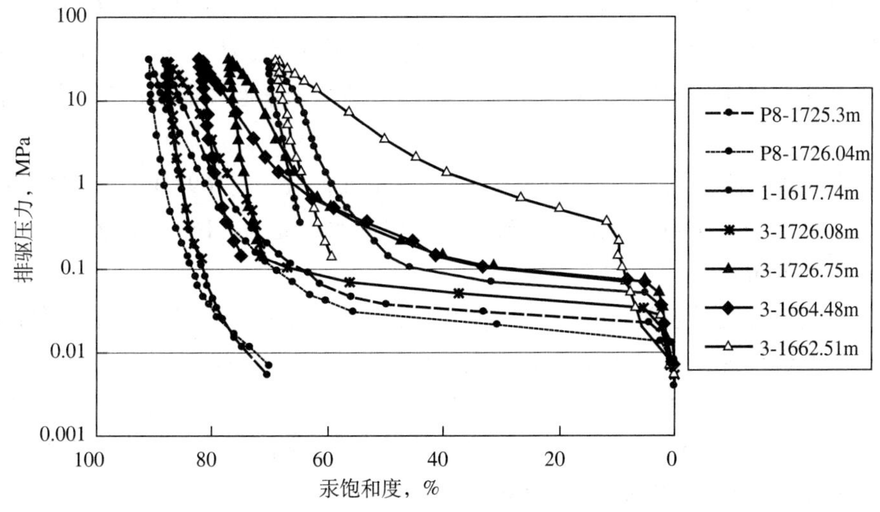

图 1–12　歧口 17–2 油田毛管压力曲线

（辽河石油勘探局科学技术研究院，1995 年）

第四节　油　藏

一、油水界面

1995 年综合 3 口探井的钻井、录井、DST 测试、 FMT 以及测井解释等资料，对叠合连片分布的第 2、第 3、第 8 油组的油水界面进行了综合分析（图 1–13）。

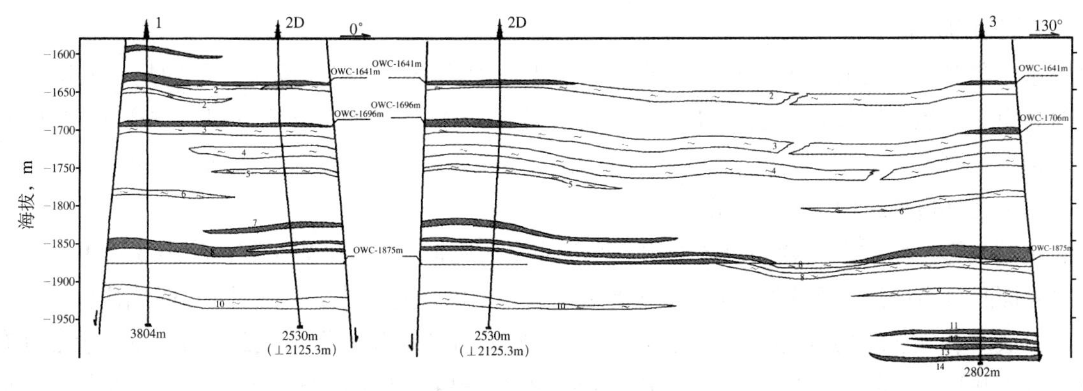

图 1–13　歧口 17–2 油田油藏剖面图

（渤海石油研究院，1995 年）

2 油组：东、西高点为统一压力系统，油水界面深度为 –1641m 。

3 油组：西高点和东高点各具独立压力系统，油水界面深度分别为 –1696m 和 –1706m。

7、8 油组：3 口井 FMT 压力回归表明，东西高点具有统一压力系统，因此，综合 3 口井 FMT 压力回归值及 3 井 8 油组 DST 测试结果，最终确定其油水界面深度为 –1875m。

2002 年通过对开发井的钻后综合分析认为，油田内油气水关系较复杂。纵向上不同油组分属不同油水系统，平面上，各高点油（气）水关系亦不尽相同。

根据储层细分对比结果，结合测试、测井及生产动态资料，确定歧口 17–2 油田目前有 6 个油水系统，4 个油气系统。

2 油组：钻井证实，2 油组东西高点各具独立油水系统。西高点 P19、P20 井顶部存在气层，依据两口井测井解释结论，确定2油组气油界面为 −1623m；P22井钻遇油水界面 −1636.3m，1井DST 测试证实油层底界深度为 −1633.4 m，综合其他井测井解释油底及水顶值，最终确定2油组油水界面为 −1636m，较1995年上提5m。东高点大斜度开发井及水平井均未钻遇2油组油层，因此，仍沿用1995年 −1641m。

3油组：为底水油藏，西高点1井及2D井DST测试证实油底为 −1693.4m 及 −1691.4m，其他开发井钻遇的油水界面多位于 −1693m 附近，最终确定该油组油水界面为 −1693m，较1995年上提3m。东高点仍沿用1995年 −1706m。

8油组：小层精细对比结果表明，西高点8油组可细分为3个小层，其中1小层为局部分布的岩性透镜体，2+3小层为叠合连片分布，综合测井解释、DST测试认为，东西高点各具独立油水系统。

动态资料证实，西高点P2、P3、P4井2小层顶部有气层存在，测井解释气底油顶分别为 −1850.3m、−1849.8m、−1848.4m，最终确定气油界面为 −1850m；另外，西高点P3、P7、P8、P14、P15、P16共6口井钻遇油水界面为：−1858m，−1857.8m，−1858.3m，−1856.7m，−1858.2m 及 −1861.3m，1井及2D井DST测试证实油底为 −1857.4m 及 −1860.5m，综合其他井测井解释油底及水顶值，最终确定西高点8油组2+3小层油水界面为 −1858m，较1995年上提17m。

东高点5口井均钻遇8油组油层，3井 DST测试证实油底为 −1874.7m，其他井均未钻遇油水界面，故最终仍采用1995年的 −1875m。

二、油气藏类型

1995年的认识为： 1、7、11—14油组为岩性油藏；西高点2、8油组为具边水的构造层状油藏；西高点3油组及东高点2、3、8油组为具一定厚度的构造底水油藏。

2002年对油气藏类型有了更加具体的认识：

（一）构造层状油藏

具边水（气顶）的构造层状油藏：西高点2油组即为此类，与早期评价不同的是，油田投入开发后，在西高点2油组顶部发现气层（P19、P20井），且在边部钻遇油水同层（W2、P11井），因此该油藏为一受构造控制且具气顶和边水的层状饱和油藏，其在西高点分布广泛，且大部分井分布在纯油区。东高点8油组为具边水的构造层状油藏。

具底水的构造层状油藏：西高点3油组、东高点2、3油组均属此类油藏，其中3油组在西高点具统一油水界面且分布广泛，而东高点的2、3油组则分布范围相对较小，仅3井一口井钻遇。

具边、底水和气顶的构造层状油藏：西高点8油组2小层即为此类。该油藏的特点是顶部具有气层（P2、P3、P4井），下部具底水（P1、P3、P7、P8、P13、P14、P15、P16、P18），部分井仅钻遇纯油层（P4、P5、P9、P10、P19、P20、P21、P22、P23、P24、W1），因此，西高点8油组2小层是一个既有边水又有底水、气顶的构造层状油藏。

（二）岩性油气藏

西高点1、4—7油组、8油组1小层，东高点6、7、9、10、11—16油组均属于此类。

三、储层温度及压力

根据对探井的测试结果，歧口17−2油田地层压力为12 ~ 20MPa，地层温度50 ~ 80℃。压力系数为1.01，地温梯度为3.63℃ /100m，属于正常压力、温度系统。

第五节 储 量

中国海洋石油渤海公司研究院于 1995 年 9 月编写了《渤西油田群歧口 17–2 油田基本探明储量报告》，编写人沈松宁、徐洪玲，审核人为辛世刚，负责人为罗毓辉。1995 年 10 月向全国矿产储量委员会进行了申报，歧口 17–2 油田含油面积 $9.10km^2$，基本探明（Ⅲ类）石油地质储量 1655.00×10^4t（$1918.60\times10^4m^3$），溶解气地质储量 $13.90\times10^8m^3$。

2002 年 4 月，中国海洋石油渤海公司研究院结合开发井及生产动态资料，在渤西三维地震资料连片处理的基础上，根据新编制的各油组顶面构造图及开发井测井解释成果，对油田主体区进行了储量复算，编写了《歧口 17–2 油田油气探明储量复算报告》，编写人为何娟、李可明、王为民等，审核人为郭太现、王世民、吕宏志，负责人为刘松。复算后，含油面积 $6.10km^2$，石油探明地质储量 1473.00×10^4t（$1709.00\times10^4m^3$），溶解气探明地质储量 $12.62\times10^8m^3$，天然气探明地质储量 $0.72\times10^8m^3$。

第二章

开发部署与调整

第一节 开发方案

1993 年 6 月 10 日在歧口 17–2 构造上钻 1 井，于明化镇组钻遇油气层，经测试获得高产油气流，单层最高产油量 121.5m³/d（生产压差为 2.53MPa），从而发现了歧口 17–2 油田。1993 年 9、10 月分别完钻了 2D 和 3 井，在明化镇组均获得工业油气流。

中国海洋石油渤海公司研究院在地球物理勘探、3 口探井的钻井、取心、测井、测试和分析化验工作的基础上，对歧口 17–2 油田的地质特征、储层特征、构造特征、油藏特征、流体物性等进行了研究，于 1995 年 11 月向全国矿产委员会上报了基本探明级油气地质储量并获得批准，1997 年 3 月编制了《歧口 17–2 油田的总体开发方案》并获得中国海洋石油总公司批准。开发方案编写人为孙惠玲，审核人为孙福街、丁克文，负责人为于洪文，批准人为汪志勇（渤海公司副总地质师）。

一、开发层系

歧口 17–2 油田油水分布复杂，整个油田既有边、底水的层状构造油藏，又有透镜体的岩性油藏。就其油藏的这些特点，从提高采收率角度应分层系开采，由于歧口 17–2 油田是海上油田，考虑到单井控制储量、油层物性和流体性质等影响因素，认为歧口 17–2 油田仍采用一套井网合采，理由如下：

（1）油层层数不多，厚度不大。

歧口 17–2 油田西高点只有 5 个砂层，平均有效厚度 13.4m；东高点 7 个砂层，平均有效厚度 12.4m。

（2）油层物性相近。

油层渗透率级差在 3 ～ 5 倍。第 7 砂层的渗透率与其他层相差最大，也只有 10 倍，且储量所占比例甚微，全油田具备一套层系开发的条件。

（3）原油物性相近。

歧口 17–2 油田各层的原油物性很相近，下部油层的原油性质好于上部油层。

（4）采油指数不高。

歧口 17–2 油田西高点每米采油指数为 4.6m³/（d·MPa·m），东高点只有 3.0m³/（d·MPa·m）。若将底水油层单独开采，西高点的单井日产油量只有 15 ～ 22m³，东高点为 20m³，这样的单井日产油量对于投资很大的海上油田来讲，显然是不经济的，所以采用多层合采的方案，对于开发过程中出现的层间矛盾，通过卡层、分层注水和井间调整等措施，也得到了有效的解决。

二、开发方式

（一）开发方式可行性分析及采收率评价

歧口 17–2 油田的天然能量并不十分充足，不考虑水体能量的补给，天然能量采收率为 15%，由水体敏感性分析可知，5 倍水体与 20 倍水体在衰竭开采结束时，最终采收率相差无几。即使考虑了 10 倍水体的边水能量，天然能量采收率也只增加了 1% ~ 3%。衰竭生产时气油比上升很快，这样将造成泵效降低或不能正常生产的状况，因此完全依靠天然能量开采是不可行的。但是，由于歧口 17–2 油田的原油物性较好，油田又具有一定的边、底水能量，因此可适当利用天然能量开采一段时间，待地层压力降至饱和压力附近时，转入注水开发。

歧口 17–2 油田较好的储层物性和流体性质，使其具备了注水开发的有利条件。经验公式计算，注水开发采收率为 37.3% ~ 42.2%；数模计算含水 90%，采出程度为 25.1%，含水 95%，采出程度为 28.9%；与歧口 17–2 油田相似的大港油田的采收率为 27.2% ~ 59.8%。

歧口 17–2 油田开发方案预测的水驱采收率在 25% ~ 30% 之间。

歧口 17–2 油田于 2001 年 12 月转注 P7、P11 井，2003 年 5 月转注 P16 井，2004 年 9 月转注 P18 井。转注后，产油量递减速度减缓（图 2–1）。

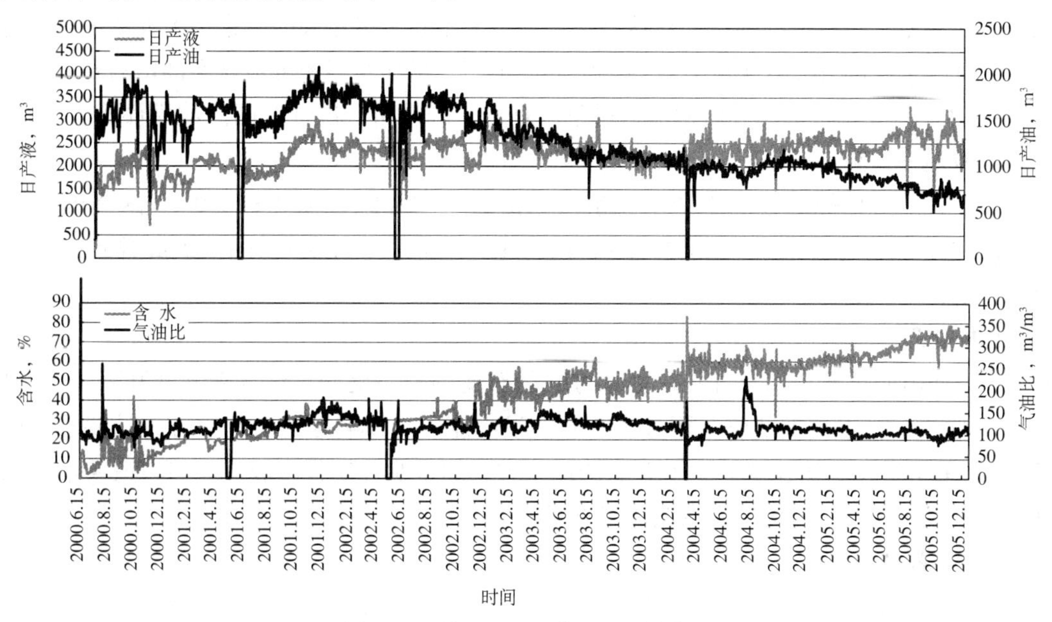

图 2–1　歧口 17–2 油田开采曲线图

（中海石油（中国）有限公司天津分公司技术部，2005 年）

（二）底水油藏开发方式研究

1. 底水油层的射开厚度

歧口 17–2 油田西高点主力油组中，2、8 油组属于边水油藏，3 油组属于底水油藏。底水油藏的开发，油层的避射厚度对开发效果影响较大，歧口 17–2 油田的数值模拟研究表明，油层射开程度小于 70% 时，随射开程度的减少，累计产量也相应下降；射开程度大于 70%，开发效果也是下降的。考虑到油井的合采和底水层的见水快等因素，认为歧口 17–2 油田的射开程度在 50% ~ 70% 为宜。

根据大港羊二庄油田的开发经验，底水油层的射开厚度为油层厚度的 1/3 较好，但是与羊二庄油田相比歧口 17–2 油田的渗透率低，原油黏度低很多，底水能量也小许多，因此认为歧口 17–2 油田底水油层射开厚度可略大于羊二庄油田。

另据国内外 7 个油田 80 口井资料统计，底水油层平均射开厚度为油层厚度的 47.5%。

综上分析认为歧口 17–2 油田底水油层的射开厚度应为油层厚度的 1/2。

2. 底水油层的投产时机

通过对底水油层投产时间的敏感性分析可知：底水油层投产越早，累计产油量越高，但生产初期含水也相对较高。按一般油田的开发经验，底水的锥进对开发会产生一定影响，因此为防止底水油层锥进的不利影响，可考虑生产井初期底水油层不生产，待其他油层生产一段时间后，再打开底水油层。这样既可防止底水油层锥进影响初期的开发效果，又可延长油田的稳产期。

在歧口 17–2 油田开发过程中，采用底水油藏和边水油藏分层系开发的方针，初期关闭底水油藏滑套，当边水油藏的含水达到 50%，打开底水油藏滑套进行合采。

三、井网系统

（一）井距

歧口 17–2 油田的东高点、南块储量较少，且分布不集中，难以按正方形井网布井开发，力求用最少的井数控制尽可能多的储量，以获得最佳的开发效果。

歧口 17–2 油田井距问题主要针对西高点而言。由于西高点既有叠合连片、分布范围广、厚度大的油层，又有分布局限、厚度薄的油层。对这种河流相砂岩不宜采用过大的井距。另外油田开采特征预测也表明，改善此类油田的开发效果的方式与稠油油田不同，增加井网密度对这类油田的开发有着重要意义。海上油田由于其特定的条件，后期加密调整困难，一般采用一次性井网。数模计算表明，300m 井距方案的内部收益率最高。

与歧口 17–2 油田相似的大港生产明化镇组油田的平均井距在 180 ～ 250m，这些油田都取得了较好的开发效果，实际采出程度已超过 40%，歧口 17–2 油田西高点应采用 300m 井距、东高点采用 400 ～ 450m 的井距开采。

（二）注水方式

歧口 17–2 油田通过五点和反九点等注水方式的对比，采用反九点法注采井网开采油水井数比高，对油层的适应性强，易于后期调整。而且生产井的吸水能力可以满足这一注水方式的要求，所以歧口 17–2 油田初期采用反九点法注水。由于五点法注水方式的水驱控制程度较高，可以改善油田的开发效果，因此油田开发中后期可考虑向五点法注水方式转换。

（三）井网部署

由于歧口 17–2 油田储层为河流相沉积，储层渗透率没有明显的方向性，亦无裂缝发育，因此储层对井排的方向性没有严格要求。考虑均匀井网的开发效果最好，结合歧口 17–2 油田的特点，为使布井区内具有完整的井组，西高点以井排方向与断层方向平行部署开发井，井数共计 25 口。

东高点由于各层含油面积不同，储量丰度差异较大，不宜部署正规井网，因此采用不规则布井方式，利用边缘注水方式开采，井数共计 4 口。

第二节　开发实施

1997 年 3 月编制的《歧口 17–2 油田总体开发方案》按东、西高点分两个开发区进行开采，每区各设置一座生产平台，称东平台和西平台。开发方案论证结果表明：东高点单独建生产平台利用丛式井开发生产经济效益差，不具备开发条件，渤海石油研究院对歧口 17–2 油田东高点采用大位移井开发进行了可行性研究，研究结果为：东高点依托西平台，利用大位移井进行开发具有经济效益上的优势。1997 年 9 月，由孙惠玲编写了《歧口 17–2 大角度斜井井位论证》，审核人为于洪文，负责人为汪志勇。

1997 年 12 月，歧口 17–2 油田开发方案实施。

1998 年 3 月开钻第 1 口大位移井，1998 年 12 月，在油田东高点成功完钻 4 口大位移井。1999 年 3 月油田西高点开发井钻井工作启动，至 1999 年 9 月，西高点 27 口开发井全部成功完钻。西高点井距采用 300m，井排与断层方向平行，采用反九点法注水；东高点采用不规则井网，点状注水。

开发策略采用开发方案设计的多层合采方案，对于 3 油组底水油藏部分避射，初期关闭 3 油组滑套，当其他油组的含水达到 50%，打开 3 油组滑套合采。

2000 年 6 月 14 日，歧口 17–2 油田投产，采用多层合采方案，开发初期平均单井日产油 80m^3，2000 年年产油为 29.75×10^4m^3。

第三节　开发过程控制

一、产量递减控制

（一）产油量递减控制

1. 酸化解堵作业

酸化解堵作业主要在注水井增注和油井增产方面发挥作用。

P18 井于 2001 年 11 月酸化后，日产油由 10m^3 增至 90m^3。

P16 井于 2003 年 5 月 23 日启动注水，但由于井底压力高，达不到 350m^3 的配注要求，分析认为是压井液未及时排出，造成地层污染所致，2003 年 7 月酸化后，日注水量为 350m^3，达到配注要求。

P4 井于 2004 年 4 月酸化后，日产油由 25m^3 增至 85m^3。

2. 下泵作业

随着油田生产的进行，地层能量下降，油井难以维持自喷生产，自喷转抽有效地减缓了产油量的递减。

P13 井于 2001 年 6 月由自喷转电泵生产，日产油由 10m^3 增至 100m^3。

P22 井于 2001 年 9 月下泵，日产油由 40m^3 增至 60m^3。

P26 井 2002 年 2 月由于蜡堵关井，5 月下泵后日产油量由 22m^3 增至 107m^3。

P23 井于 2003 年 9 月下泵，日产油量从 50m^3 增至 200m^3。

2005 年 9 月，P32h 井由于地层能量下降，停止自喷，为了恢复油井产量，决定下电泵生产。下泵后该井日产油 100m^3。

3. 换泵作业

P33 井是一口防砂失败井，出砂严重，电潜泵经常出现过载现象，经研究决定换电潜螺杆泵生产，该井于 2003 年 6 月换电潜螺杆泵后，日产油由 20m^3 增至 40m^3。

根据 P1 井的生产动态资料，分析认为该井具有大泵提液潜力，于 2005 年 7 月该井进行换泵作业，由原来 50m^3 泵换到 100m^3，日产油从 25m^3 上升到 55m^3。

4. 大修作业

P4 井投产后由于结蜡严重一直关井，在 2002 年 6 月转气井后，出砂严重。2003 年 8 月修井，10 月起泵生产，日产油 30m^3。

（二）产气量递减控制

从 1998 年开始，渤西油田群开始为天津市提供商品气。为维持平稳供气，歧口 17–2 油田陆续打开一些气层生产。

P10 井生产层位为 2+（7、8）油组，2003 年 3 月打开 1 油组气层生产，日产气由原来的 5000 m^3 增至 10000m^3，日产油由原来的 70m^3 增至 100m^3。

P19 井生产层位为 1+7+8 油组，2003 年 4 月打开 2 油组气层生产，日产气由原来的 3000m^3 增至 10000m^3，日产油由 60m^3 增至 180m^3。

二、压力控制

为了控制油田压力水平，P7、P11 井于 2001 年 12 月转注，P16 井于 2003 年 5 月转注，P18 井于 2004 年 9 月转注，从历年测压资料分析，注水井组的地层压力回升，这为大泵提液等后续措施奠定了基础。

三、含水控制

由于歧口 17–2 油田为多套层系合采，通过测试产出剖面确定高含水层，通过卡层的方式可控制油田的含水上升速度。

2001 年 4 月关 P7 井 8 油组卡水，含水从 85% 下降到 20%，日增油 $50m^3$。

P22 井由于 2 油组有底水，2002 年 9 月关闭（1、2）油组卡水，含水从 70% 下降至 5%，日产油从 $15m^3$ 增至 $100m^3$。

第四节　开发调整

歧口 17–2 油田的原油物性较好，油田又具有一定的边、底水能量，因此，ODP 设计油田适当利用天然能量开采一段时间，待地层压力降至饱和压力附近时，转入注水开发。歧口 17–2 油田投产初期靠天然能量衰竭开采，由于采油速度较大，地层压力递减较快，到 2001 年年底，地层压力下降了 3MPa，已接近饱和压力。2001 年年底西高点的 P7、P11 井转注后，地层能量得到了补充，地层压力递减趋势变缓， P7、P11 井组的地层压力有明显的回升。但其余井的地层压力基本降至饱和压力附近，油井转注已成为油田亟待解决的问题。2003 年 4 月，中海石油研究中心渤海研究院周晶、周海燕根据歧口 17–2 油田生产动态，编写了《歧口 17–2 油田注水井转注调整方案》，方案审核人为王为民，负责人为刘英。

一、调整方案简介

（一）ODP 方案的不足

歧口 17–2 油田西高点 ODP 共设计注水井 6 口（P7、P9、P11、P19、P21、P23），其中 P7、P11 井已于 2001 年年底转注。但随着生产的进行，分析认为原 ODP 注水方案存在以下不足之处：

（1）设计注水井 P19、P21、P23 井均在油田的高点，且均无底水。其中 P23 井为当时油田高产井，日产油为 $160m^3$。P19 井于 2003 年 4 月初换层作业后，日产油为 $115m^3$，日产气 $4500m^3$。如果对油田高产井进行转注，势必影响油田产量，给 2003 年产量与渤西供气任务的完成带来一定的困难。

（2）设计注水井潜力大。P23 井生产层位为 8 油组。6 油组存在 3.9m 厚气层，气储量为 $0.11 \times 10^8m^3$，未动用，可作渤西供气后备气源。1+2 油组油层厚度为 9m，将来可打开 1+2 油组合采，提高该井产量。P21 井目前生产层位为 1+2+8 油组，油层厚度为 19.32m，但目前产液量只有 $50m^3/d$，而含水高达 80%，欠载停泵现象频繁。该井油层较厚，潜力较大，可通过酸化堵水等有效措施来提高产量。

为了使地层能量能得到有效的补充，同时有利于生产任务的完成，对原 ODP 注水方案进行了再研究及调整，以数值模拟方法为主要研究手段，进行了注水井别调整、时间敏感性分析及方案优选工作。

（二）调整方案

1. 注水井别调整

设计了不同井别转注水井的方案与 ODP 设计原注水方案进行比较，通过对年产油和累计产油指标的对比可以看出，将注水井别调整为 P9、P14、P16、P18 井，转注后年产油量、累计产油量均最高，因此，将注水井方案调整为 P9、P14、P16、P18 井，调整后的注水方案相对于原 ODP 注水方案，有以下几点优点：

（1）注水井调整到低部位。P14、P16 和 P18 三口井均处于油田的低部位，从驱油机理的角度考虑，低部位注水的效果要好于高部位。

（2）低产井转注，保留油田潜力。P16 井的日产油只有 25m^3，如果转注，不会对油田产量造成太大的影响，而且调整后的三口注水井 P14、P16、P18 井的所有层位已全部打开生产，油井的潜力不大。

（3）由两口试注井 P7、P11 井的试注效果来看，储层的连通性较好。调整后的注水井的吸水能力应该较好，调整后的注水井组易于受效。

2. 转注时机的确定

在确定了转注井别的基础上，共设计了 3 个在不同时间进行转注的方案，研究了不同转注时机对油田开发指标预测的影响，确定了转注井的最佳转注时机。通过数值模拟计算，对年产油和累计产油指标进行对比，最终确定的方案为 P16 井于 2003 年 4 月转注，P14、P18 井于 2003 年 9 月转注，P9 井于 2004 年 1 月转注。

二、调整方案实施及效果

根据歧口 17–2 油田转注调整方案，P16 井按期转注，P18 井 2003 年 9 月日产油 30m^3，含水仅为 40%，同时周边井的生产状况良好，为了提高油田总体产量，推迟了转注时间，实际实施转注的时间为 2004 年 9 月。

调整方案改变转注井别后（将 P21、P23 井改为 P16、P18 井），截至转注前，累计产油量增加 14.3×10^4m^3，P23 井 6 油组气层射开生产后，日产气达到 5×10^4m^3，累计产气达到 428×10^4m^3，有效地缓解了向天津供气的压力，为地方经济的发展做出了贡献。P16、P18 井转注后，周边生产井的压力均逐步回升，为周边生产井稳定产液量以及后期的大泵提液创造了条件。

第三章

钻井与采油工程

歧口 17–2 油田是渤西油田项目之一，隶属渤西油田群联合开发体系，是油田群开发二期工程。歧口 17–2 油田分为东、西两个高点，西高点建有一座综合井口平台，与其他油田共用陆上终端。1999 年开始钻完井工程，2000 年 6 月投产，有生产井 29 口，25 口用于西高点开采，4 口开发东高点，包括 3 口大位移井和 1 口水平井。

第一节 钻井工程

在渤海发现的储量中，针对一批边际油田，经过长期的论证，十五期间，国家科技部海上大位移井钻井研究项目成立，并纳入到国家 863 项目海底大位移钻井技术研究专题，选择歧口 17–2 油田作为渤海大位移井钻井技术的实验区。

1998 年 2 月，中海石油（中国）有限公司天津分公司与中海工程设计公司签订了《歧口 17–2 油田详细设计合同》，歧口 17–2 油田优快钻井项目组成立，项目经理霍建忠。3 月，油田东高点第 1 口大位移井开钻，12 月，油田东高点成功完钻 4 口大位移井。1999 年 3 月，油田西高点开发井钻井工程启动，9 月，西高点 27 口开发井全部完钻。西高点共钻 27 口开发井，平均井深 2180m，平均建井周期 5.66 天，比 ODP 报告批复的天数提前 162 天完工。

歧口 17–2 油田钻井工程的创新主要体现在 4 口大位移井上，大位移井使距西区 3.5km 的东区得以开发，大位移井参数见表 3–1，大位移水平井 P32h 井的井身结构见图 3–1。4 口井平均井深 4551m（最大井深 4686m），平均垂深 2008m，平均水平位移 3668m（最大水平位移 3697m），最大水垂比 1.94，平均建井周期 46d/ 井，取得了钻大位移井的宝贵的第一手先导试验数据和经验，大位移井为渤海边际油田的开发开辟了新途径。

表 3–1 自营油田大位移井统计表（中国石油钻井海洋石油总公司卷，2004 年）

井 名	井深，m	垂深，m	水平位移，m	位移 / 垂深	井深 / 垂深	最大井斜角，（°）
P30	4690	2026	3697	1.82	2.31	87
P31	4435	2078	3695	1.77	2.13	76
P32h	4540	1869	3631	1.94	2.43	93.8
P33	4539	2054	3652	1.78	2.21	86

在歧口 17–2 的 4 口大位移井先导性试验以后，利用国家 863 科研项目的研究成果，研制成功正排量可变径稳定器和井下闭环可变径稳定器、聚合醇水基钻井液体系；首次在国内开发集成了一套钻大位移井的软件，包括摩阻 / 扭矩分析、轨迹设计、井壁稳定、井眼净化、卡钻及井眼净化趋势识别、轨迹

控制和钻柱设计，并配有套管柱设计、套管磨损、注水泥设计、技术经济及风险分析等模块，其中任意多点空间约束三维轨迹设计、摩阻 / 扭矩计算、最低环空返速、泥页岩吸水扩散及水应力计算具有创新性，这些技术为渤海油田提供了大位移井钻井技术的实践经验。

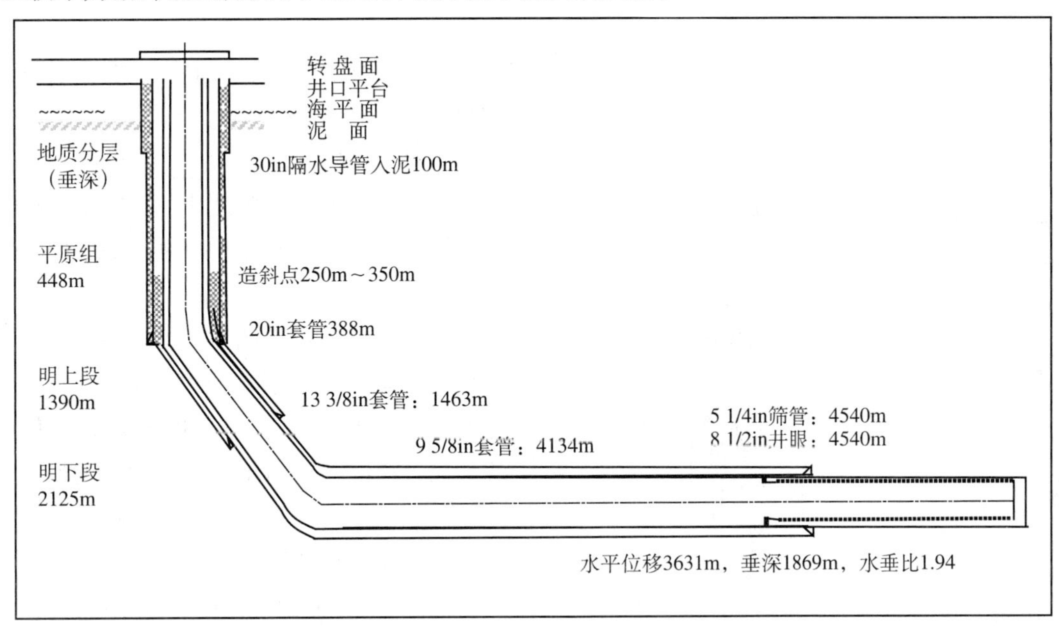

图 3–1　P32h 井身结构示意图

（中海石油（中国）有限公司天津分公司钻井部，2005 年）

大位移井钻井技术的应用，在歧口 17–2 油田节约开发投资 5000 万元，且 10 个月回收投资，油田利润达 8 亿元，经济效益十分显著。

歧口 17–2 油田钻井项目首次使用屏蔽暂堵油层保护技术，首次采用单筒双井技术，首次采用速率陀螺对表层进行测斜，把表层井段防碰提到一定高度，首次采用泥线悬挂器代替尾管挂，解决了水源井使用大尺寸电潜泵的问题。歧口 17–2 油藏呈长方形，由于受已钻的 4 口大位移井的影响，磁干扰非常严重，这给井眼防碰带来很大困难。为了进一步了解油藏状况，打破了常规丛式井的钻井顺序，保证了施工任务的完成。

第二节　完井工程

歧口 17–2 油田射孔选用高密度（12 孔 /ft）、大直径枪身（VANN 的 117.5mm）、大孔径射孔弹（22.7g，大孔径 RDX 聚能型），孔道深 203 ～ 228.6mm（19mm 直径）。采用了油管携带负压射孔打开常压油层组，下完井管柱时，再在底部带入射孔枪过永久型封隔器射开高压层，完成生产管柱和射孔全部作业，创下了一次作业井段超过 400m 的好成绩。

第三节　采油工程

《歧口 17–2 油田总体开发方案》于 1997 年经过审批，其中第三卷下卷《完井和采油工艺》部分编制人为欧阳隆绪、齐桃、郭会敏，审核人为黄庆玉、杨寨，审定人为姜伟。方案确定了歧口 17–2 油田投产初期自喷生产，自喷能量不足时油井采用电潜泵机采方式陆续转入机采生产；在油田注水方面，进行了注入水与地层配伍性分析和注入水与储层流体配伍性分析，制定了注入水水质标准，明确了注入水水源（新近系馆陶组地下水）和注水系统压力（15MPa）；同时提出了注水井整体调剖方案概念设计和油井清防蜡方案。

一、举升

根据采油工艺方案设计，歧口 17–2 油田投产初期，采用自喷生产方式，随着地层压力的下降，油井自喷能力减弱，为了保证油田稳产高产，陆续实施下泵作业，转为机械采油。

（一）机采方式

根据采油工艺方案设计，歧口 17–2 油田生产井转机采初期采用电潜泵采油。2000 年 8 月各井陆续转抽。

井下管柱结构如图 3–2（a）所示。为随时了解地层能量变化以及电泵的工作状态，对一些井下入了 Y 型接头、永久式井下电子压力 / 温度测试系统（或毛细管测压系统），井下管柱结构如图 3–2（b）所示。

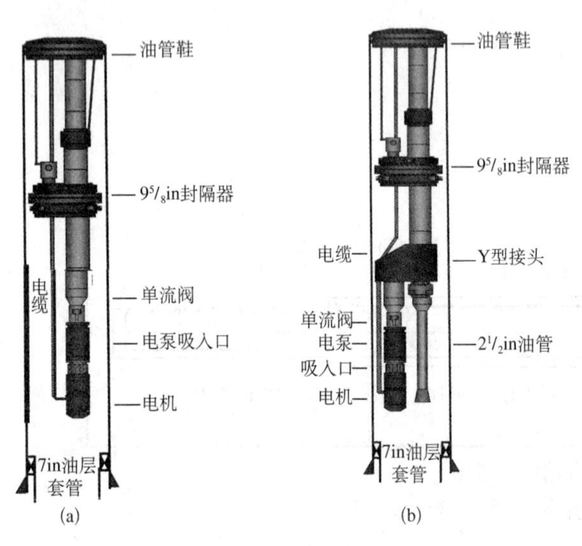

图 3–2　井下管柱图
（中海石油（中国）有限公司天津分公司生产部，2005 年）

（二）电潜泵采油

歧口 17–2 油田电潜泵采油系统由井下和地面两大部分组成，如图 3–3 所示。电潜泵井下系统主要由电机、潜油泵、保护器、分离器、测压装置（PHD/PSI）、动力电缆、单流阀、测压阀 / 泄油阀、扶正器等组成。地面部分由配电盘、变压器、控制柜或变频器、接线盒和采油树井口组成。

2005 年 12 月，歧口 17–2 油田共有电潜泵采油井 25 口，占采油井总井数的 96.15%。电潜泵采油井产液量占全油田的 99.3%，产油量占全油田的 97.7%。

（三）井下驱动螺杆泵采油

为解决部分不宜采用电潜泵的低产井的举升问题，歧口 17–2 油田采取了井下驱动螺杆泵采油。

井下驱动螺杆泵采油系统结构如图 3–4，主要由潜油电机、保护器、减速器和螺杆泵等组成。

在井下驱动螺杆泵运转时，通过动力电缆将电能传递至井下潜油电机，潜油电机经过保护器带动减速器转动，减速器将潜油电机的高转速、低扭矩转动转换为适合螺杆泵运转的低转速、高扭矩转动，带动螺杆泵转子进行旋转，经过螺杆泵增压后，井液由油管流至井口，进行生产流程。

歧口 17–2 油田于 2003 年 7 月在 P33 井实施井下驱动螺杆泵采油，从运行情况看，初期取得了较好的效果，日增油 20m³。

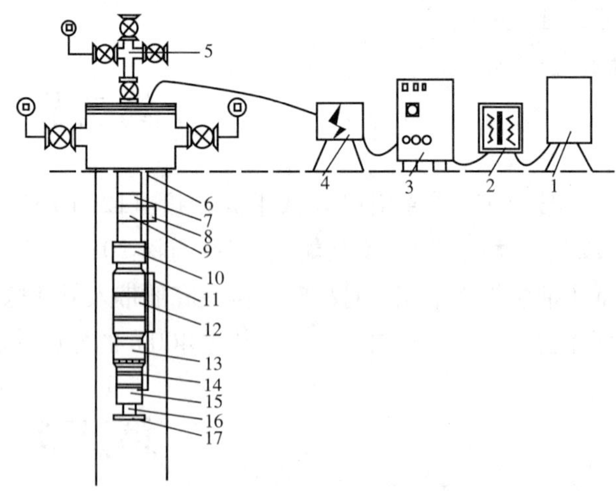

图 3–3　电潜泵采油系统组成示意图
（中海石油（中国）有限公司天津分公司生产部，2005 年）
1—配电盘；2—变压器；3—控制柜；4—接线盒；5—采油树；6—潜油电缆；7—测压阀 / 泄油阀；8—大扁护罩；9—单流阀；10—泵出口；11—小扁护罩；12—潜油泵；13—气体分离器；14—保护器；15—潜油电机；16—测压装置；17—扶正器

（四）机采管理

电潜泵的机采效果显著。通过几年的实践，对电潜泵在歧口 17–2 油田的应用特点有了较深入的认识，完善了选泵设计方法和管理技术，健全了管理制度。电潜泵运转周期最长达 2978 天。

对于供液不足的电潜泵井，井口打回流的方式维持连续生产，待作业时加深泵挂深度和换小泵措施生产。

二、工艺措施

（一）油井酸化

2001 年，歧口 17–2 油田部分井产量下降，达不到合理产能，分析认为储层存在不同程度的污染，导致油井供液能力不足。因此，决定通过不动生产管柱酸化，以解除这部分井近井地带污染，改善近井地带渗透率，提高目的层的生产能力。自 2001 年 11 月份到 2002 年 7 月份陆续酸化了 7 口井：P18、P02、P15、P22、P01、P03、P30 井。有的井（P03、P30 井）由于井段储层渗透率差异大，为了确保各小层均匀进酸，解除各小层污染堵塞，选择了暂堵酸化工艺。酸化工艺方案由西南石油学院石油工程学院编制，并对酸化施工作业提供技术指导。参加酸化施工及协作单位有天津分公司生产部、西南石油学院石油工程学院、井下作业服务公司、OTIS 完井服务有限公司、油藏试井公司、渤海石油装备技术服务公司、歧口 17–2 油矿、采油工程技术服务公司。实施酸化作业的 7 口井中 P2、P3、P18 收到了明显的效果，而 P01、P15、P22、P30 未取得预期的增油效果。

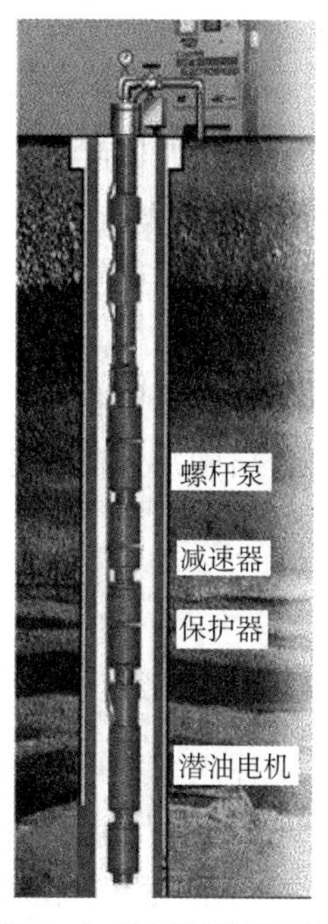

图 3–4　井下驱动螺杆泵系统组成图

（中海石油（中国）有限公司天津分公司生产部，2005 年）

从歧口 17–2 油田几口酸化井的增油效果来看，油井含水低、处于高部位、边 / 底水不活跃且分析认为存在地层污染的井，酸化效果都比较好，反之则酸化无明显效果。对于大斜度井，由于其造斜段长，注酸时井筒内酸液的分布不均匀，同时井筒内存在一定程度的分相流动，造成酸化基本无效果。针对歧口 17–2 油田油层薄，小层分布细，同时小层的边 / 底水较活跃的特点，在酸化作业中，应尽可能实施分层酸化，以达到增油控水的目的。

（二）防蜡、清蜡

歧口 17–2 油田原油含蜡量比较高（6.51% ～ 22.3%），凝固点为 19 ～ 35℃，在生产中经常析蜡堵塞油嘴，或是在生产管柱中造成堵塞。

1. 投产初期防蜡设计

歧口 17–2 油田在投产初期，设计了防蜡剂的注入流程。由于地面加药流程的压力设计和井筒加药管线的压力设计不合理，该流程始终没有按设计要求进行过加药清蜡。在 2001 年的测试作业中，测试工具在 P01、P02 等 12 口井的井口 10 ～ 100m 处遇阻。在挤注清蜡剂后，测试工具才勉强下井。其中 P04 井因为测试工具在下放时砸实油管内的结蜡，致使该井无法生产，而在 2001 年 6 月中旬关井。其他油井也存在不同程度的结蜡问题。针对油田的油井结蜡现象，措施主要为不定期化学清蜡。

2. 机采后油井结蜡情况

随着生产井陆续下泵转抽，到 2002 年全面转入电潜泵生产后，由于产液量增加、油井含水的升高和井筒压力温度的变化，电泵井结蜡情况比前期自喷井有所好转，原油高含蜡对生产的影响逐渐得到缓解。

三、修井作业

采油工艺方案设计中，歧口 17–2 平台设有修井机。修井机需要承担的作业内容主要是：电潜泵检泵作业、起下注水井的分注管柱、生产井的冲砂、洗井作业等。防砂作业和大修作业由钻井船完成。

歧口 17–2 油田 P04 井 2001 年 6 月关井后，于 2002 年 4 月下泵，无产出。2002 年 6 月，该井准备关 2 油组，开（7、8）油组产气。打捞丢手管柱时遇卡，解卡后，起出解卡管柱发现，地层砂已将油管完全堵死，半个 3.25in 滑套外套落井形成落鱼，后打捞遇卡管柱未捞出，后关井。研究决定尝试用平台修井机，对该井进行大修作业。2003 年 7 月，天津分公司生产部编写了《歧口 17–2–P4 井大修施工设计》，编写人章桂庭、郭树彬，校对人张亮，审核人李贵川，批准人杨寨（生产部作业室经理）。2003 年 8 月至 10 月使用修井机对该井进行了大修作业，把原来的防砂管柱拔出重新进行防砂，措施后效果明显，日产油 $30m^3$，日产气 $2\times10^4m^3$。

本次大修作业是尝试用修井机进行大修作业的新举措，总结了出砂井常规打捞作业的经验，也为其他平台出砂井处理方案及现场作业提供了参考依据。

第四节　注水工程

歧口 17–2 油田投产初期利用天然能量进行衰竭式开采。当地层压力下降至饱和压力附近时，转为九点法注水方式开采。在油田投产一年后部分油井陆续转为注水井。

（1）注水水源。由于采用油水混输陆地处理方案，所以歧口 17–2 平台没有污水可利用作为注水水源，采用水源井采出的馆陶组地下水作为注水水源。歧口 17–2 共有 2 口水源井（W01、W02 井）。

（2）注水压力。歧口 17–2 注水系统流程压力等级为 900LB，注水井采油树耐压达 20.7MPa，注水泵出口压力 12.5MPa，注水总管汇压力 8.0MPa，能够满足 ODP 方案设计中注水的需求。

（3）注水管柱。歧口 17–2 油田注水井采用分段注水管柱。

（4）注水井调剖。为了改善注水井纵向及平面上的非均质性，提高注入水的波及效率，增大水驱效果，提高水驱采收率。2004 年 9—10 月，对 P7、P11 井进行笼统调剖，以控制两口注水井所连通油井的含水上升速度，提高井组水驱开发效果。2004 年 7 月北京东晟世纪科技有限公司编写了《歧口 17–2 油田 P7、P11 井深部调剖工艺方案设计》；天津分公司生产部编写了《歧口 17–2 油田 P7、P11 井深部调剖施工设计》，编写人汪佑江。采油工程技术服务公司人员负责调剖施工的现场组织协调、监督、调剖施工、资料录取等工作；油服公司钻井事业部人员负责颗粒调剖剂的配制与挤注工作。调剖后各油层段吸水量改善不明显，未达预期效果。调剖的经验说明：针对歧口 17–2 油田的流体及岩石特性采用大段调剖的效果不理想，应考虑分层调剖结合选择性堵水技术来改善层间吸水矛盾。

第四章

海 洋 工 程

第一节　海洋工程方案

歧口 17 2 油田开发项目为渤西油田群联合开发二期工程。渤西油田群联合开发项目由海上工程和陆上工程组成。其中海上工程由歧口 18−1、歧口 17−3 、歧口 17−2 油田及歧口 18−1 至陆上终端的海底输油管道和海底输气管道构成，陆上工程由油气处理厂、海底管道登陆点至油气处理厂的陆地输油及输气管道、处理厂至塘沽万年桥配气站的天然气外输管道、处理厂至渤西油气转油站的原油外输管道、渤西油气转运站和处理厂至滨海电站天然气外输管道组成。

歧口 17−2 井口平台 WHP3 为 6 腿导管架钢结构，平台最大尺寸为 41m × 28m。

歧口 17−2 井口平台共计 32 个井槽，其中有 29 口生产井、2 口水源井及 2 个预留井槽。该油田各生产井物流在歧口 17−2 平台上只进行气、液两相分离，分离出来的气体部分经再处理后作为燃料气使用，以保证主电站及热介质炉的正常生产，其余气体和液体计量后通过一根 10in 海底管道混输至歧口 18−1 平台新增设的捕集器后进入歧口 18−1 平台的工艺流程。

一、初期设计方案

歧口 17−2 油田开发初期设计了两套方案。方案一，井口平台 + 生活动力平台 + 储油平台及穿梭油轮；方案二，井口平台 + 单点系泊 + 浮式生产储油轮。由于水浅，方案二在技术上不可行，但采用方案一进行开发，其盈利率远远低于中国海洋石油总公司要求的盈利指标。

二、设计方案的优化

如何提高经济效益，使歧口 17−2 这样一个边际油田能够经济有效地投入开发，是摆在工程技术人员面前的一大技术难题。

根据海洋石油总公司提出的“三新三化”的原则，开发部杨培兰、余俊雄等组织渤海石油公司及中海石油工程设计公司对该油田的开发方案进行了多次优化，终于在“技术可行、安全可靠、经济有效”的前提下，形成了该油田的总体开发方案，对总体开发方案优化的主要内容如下。

（1）引入联合开发的新思路。

1994 年，在编制歧口 18−1 等油田的总体开发方案时，考虑了歧口 17−2 油田的开发方案，设想该油田应依托歧口 18−1 油田的各种设施，实行联合开发。由于这样做减少了储油设施及油轮停靠设施，简化了工艺流程及设备，歧口 17−2 油田的工程投资和操作费用大大减少。

（2）提高初期配产。

1994 年，对歧口 17−2 油田曾设想用 600 m 井距，注水开发。1996 年，经过优化，把井距缩小到 300m，并且把初期年产油量从 47.5×10^4t 提高到 54×10^4t，加快了资金回收速度。

（3）减少平台数量。

歧口 17–2 油田西区的开发井为 26 口。参照渤海绥中 36–1 油田试验区的情况，歧口 17–2 油田共需设置 4 座平台：西区设 2 座井口平台，1 座生活动力平台；东区设 1 座综合平台。

为了减少工程投资，在应用优快钻井等最新技术的基础上，经过多种专业的技术人员的协同努力，解决了在 1 座平台上用钻井船 2 次就位打井等技术问题，终于把西区的 3 座平台减少为 1 座综合平台。

（4）优化修井方案。

由于平台井口多，为了降低操作费，平台上设置了修井机，以免频繁租用钻井船修井。

（5）优化平台位置。

根据以往的习惯做法，东、西平台原先的位置分别定在探井井口位置上。随着布井方案的调整，西平台钻井井数从 12 口增加到 26 口，而且井位均布置在平台西北方向呈 90° 的扇形区域内。这样，钻井工程上存在着磁干扰等一系列技术问题。经过论证，把西平台从探井 1 井的井口位置，移到了西区井网的中心，既解决了钻井方面存在的问题，又减少了钻井进尺。

（6）精简操作人员。

按照渤海公司与日方合作时的经验，歧口 17–2 油田西平台定员约为 70 人，东平台定员约为 60 人。为了提高管理水平，降低操作费用，经过多次精简，到 1997 年整个油田定员压缩到 45 人。

（7）适度减少设备。

歧口 17–2 油田主电站选用单机功率为 1500kW 的双燃料发电机，在满足生产需要的前提下，不设备用发电机，适度减少了发电机组设置，减少了一次性工程投资。

（8）简化导管架及组块结构。

在减少生活模块和部分设备的前提下，缩小了甲板面积，简化了导管架和组块结构，把导管架结构从 9 腿改为了 6 腿。

（9）增加备用井槽。

油藏工程专家认为，在歧口 17–2 油田西部边缘部位，油藏储量还有潜力。西平台移位后，井槽行距从 2.4m 缩小到 2m，井槽行数从 7 行增加到 8 行，井槽数从 28 个增加到 32 个。这个变更既增加了油藏工程方面的调整余地，又增大了油田的生产潜力。

（10）采用大位移井和单筒双井技术。

为进一步简化工程设施，同时为渤西油田群滚动勘探开发配套技术的运用进行突破性的探索，决定取消东平台，从西平台向该油田东高点钻大位移井。这样就导致大位移井占用了西平台的 4 个备用井槽。为尽量保留预留井槽，考虑采用单筒双井技术，把西高点的 2 口井打在 1 个井槽中。

三、油田总体开发方案简介

经过多次修改，歧口 17–2 油田总体开发方案的编制工作在 1997 年 10 月完成。该油田开发工程设施包括 1 座综合平台，1 条长 15.1km、直径为 10in 的海底油气混输管道。该平台是一座集生产、转输、修井、动力、生活于一体的 6 腿综合性平台，位于该油田的西高点。平台上生产的油、气、水经过气液分离，分离出的天然气部分用作平台上发电机和热介质炉的燃料，其余的天然气与油水混合后经海底管道混输到歧口 18–1 油田中心处理平台，并在该平台进行气液分离及脱自由水，再分别通过气、油上岸管道，输到陆地终端进行处理。

第二节　海洋工程设计

一、环境设计参数

歧口 17–2 油田海域具有明显的季风气候特征，水深 5.5m，最高气温 34.1℃，最低气温 −15.4℃。最大波高 4.5m，一小时平均风速 29.6m/s，重叠冰 72cm。

二、工艺设计基础数据

生产井最大产液量 3258m^3/d，最大产油量 1703m^3/d，最大产水量 3005m^3/d，最大产气量 12.36×10^{4}m^3/d。

三、工程设施

（一）　平台结构

歧口 17–2 平台是一座综合平台，它集生产、动力、生活于一体。该平台为 6 腿 6 桩导管架钢结构，导管架重 498.43t，桩腿间距为 16m×16m×16m，桩径为 48in。生产组块分上部三层主甲板和二层辅助甲板，甲板平面尺寸为 28m×41m。组块结构设计重量为 1280t，组块吊装重量为 2220t。生活模块结构重量为 266t，吊装重量为 440t，生活模块床位 50 个。

上层甲板标高为 EL+24500，甲板面积 41m×28m，主要分为修井区和生活区。

中层甲板标高为 EL+19500，甲板面积 41m×28m，主要分为油气处理、地下水处理及公用设施区、电器仪表控制区。

下层甲板的标高为 EL+13000，甲板面积 41m×8m，火炬臂在此甲板的北侧。

下下层甲板的标高为 EL+10000，甲板面积约为 9.0m×8.0m，该层甲板被吊到下层甲板的结构上。

工作甲板的标高为 EL+5600，甲板面积约为 16m×9.0m，该甲板设有一直梯到下层甲板，井口套管从该甲板穿过。

平台的主要设计参数如下：

结构设计寿命：20 年

导管架

重量：498.43t

工作点标高：7.6m

工作点尺度：16m×32m

导管：1371.6mm×6pcs

主桩：1219.2mm×38.1×6pcs

井槽：32 个

上部组块

吊装重量：2220t

尺度：28m×41m

各层标高：24.5m，19.5m，13m，10m

生活住房：

结构重量：266t

吊装重量：440t

尺度：23m × 10.5m × 10m

床位：50 个

（二）工艺生产及公用系统

（1）原油处理系统：歧口 17–2 油田所有的生产设施及生活设施均安装在 WHP3 平台上。本平台除经过单井计量后，所有的井口物流（除分离出部分自用气外）将通过加热增压后，经海底混输管道输往歧口 18–1 集输平台一并处理。

（2）海管工艺：歧口 17–2 油田是渤西油田群的一部分，它通过一条海底管线与其相连。这条海底管线是油、气、水混输管线，由歧口 17–2 平台起到歧口 18–1 集输平台止，全长 15.1km。

（3）天然气处理系统：天然气处理系统包括两级压缩，将对生产分离器分离出来的伴生气进行压缩，一部分提供外输能力，确保进入海管所需压力，另外一部分分离出来的气体部分经再处理后作为燃料气使用，以保证主电站及热介质炉的正常生产。压缩机为两系列，高峰期两系列同时工作。

（4）燃料气系统：WHP3 平台燃料气处理系统用于接收并处理来自天然气压缩机压缩后或生产分离器分离出的部分天然气。经处理后的天然气作为 WHP3 平台上的燃料及密封用气。本系统的最大处理能力为 $3.2 \times 10^4 m^3/d$ 天然气。

（5）火炬系统：WHP3 火炬系统由火炬管汇、火炬分液包、火炬头、火炬长明灯、火炬臂及应急点火丙烷瓶等组成，用于接收来自原油处理等系统等压力释放阀释放出的碳氢化合物气体。该系统由火炬管汇、火炬分液罐、火炬点火控制盘及火炬头等组成，最大气体处理量 $6828m^3/h$。

（6）放空系统：来自于 WHP3 的开式排放系统以及热介质膨胀罐等设备的低压天然气及惰气，将放空到大气中（由管线引入安全地方），由于数量不多，本油田不设低压放空管汇。

（7）注水系统：歧口 17–2 油田的注水系统介质是由本平台的水源井提供，经过除砂、过滤，处理合格加压后注入注水井到达地层，达到提高原油采收率的目的。注水压力为 12.5MPa，最大注水量为 $4510.8m^3/d$。

（8）闭式排放系统：井口平台闭式排放系统由闭式排放管汇、闭式排放罐、闭式排放罐加热器及闭式排放泵等设备组成，该系统将处理来自工艺流程的压力排放物。

（9）开式排放系统：井口平台开式排放系统主要包括开式排放罐及开式排放泵，开排系统是用来收集溢出液、甲板污油水、设备冲洗水等。开式排放罐收集的液体用开式排放泵将其打到闭式排放罐中。

（10）化学药剂注入系统：化学药剂注入系统为本平台上的用户提供化学药剂。所注化学药剂包括：防腐剂、防垢剂、破乳剂、防蜡剂、杀菌剂共 5 种化学药剂，这 5 种化学药剂的稀释液分别贮存在五个化学药剂罐内，每个罐内部装有由电动马达驱动的搅拌器和热介质加热盘管以防冬季结冰或凝固。

（11）热介质系统：平台的加热系统分别由热介质炉、热介质循环泵、热介质膨胀罐、热介质过滤器、热介质排放罐、热介质补给泵等组成。该系统采用的是热介质油作为加热载体，并以国内燕山石化所产的 YD325 号热介质油作为设计依据。

（12）仪表气 / 公用气系统：平台上的仪表气 / 公用气系统负责向本平台上的用户供应清洁的公用系统用压缩空气及干燥的气动仪表用压缩空气。

（13）淡水系统：平台设有一套淡水系统，该系统供 50 人用。平台淡水用户包括饮用水和生活用水及部分生产设备用水等，淡水用量很大，全部由供应船供应。

（14）热水系统：该系统向 WHP3 平台生活区提供生活冲洗用水。热水系统主要由热水压力柜及其连接和分配管线组成。

（15）海水系统：海水系统由海水提升泵、海水过滤器、电解铜装置、海水分配系统管路组成。海水由海水提升泵提升到 WHP3 平台，经过海水过滤器过滤后供给各个用户。海水泵共设两台，同时工作，泵的排出压力为 600kPa，单泵设计最大排量为 $250m^3/h$。

（16）生活污水处理系统：平台上设有生活住房、厨房、洗衣间、淋浴间、厕所和洗衣间等生活设施。整个 WHP3 平台上定员 50 人。生活污水量很大，所以专门设置了一套生活污水处理系统。

（17）柴油系统：平台的柴油系统主要是为本平台用户提供柴油，主要由柴油罐、柴油输送泵组成。本平台的主要柴油用户为：主发电机、应急发电机、化学药剂稀释剂、修井、压井泵、公用软管站。供应船供应柴油到 WHP3 平台柴油系统后，储存在柴油罐中。柴油罐总容量 100m^3。

（18）应急电站系统：WHP3 平台应急电站系统主要由应急发电机组及其日用柴油罐组成。在整个主发电机出现故障而无法继续供电时，用 WHP3 平台应急发动机来维持平台上工艺系统的操作及照明用电，应急发动机功率为 630kW。柴油罐的柴油来自柴油系统，容积为 3m^3。

（19）安全、消防系统：在平台上使用消防系统主要是用来保护人员生命及生产设施安全。平台消防设备的布置受到空间的限制，合理的布置消防设备是至关重要的。根据歧口 17–2 油田的地理位置和设施的布置情况，在 WHP3 平台上设有消防水系统和二氧化碳灭火系统，并且布置有手提式灭火器材。

（20）逃生路线：在 WHP3 平台的上层甲板布置有两艘救生艇，这是整个平台人员逃生的工具，救生艇边 2.7m 宽、3.4m 长的空间为人员逃生的紧急集合点。当平台经理下达紧急命令后，在各处的人员应按着预案逃生方向迅速到达逃生集合点，以待命执行。

第三节　工程承包与建造

歧口 17–2 至歧口 18–1 海管铺设工程由中海石油海洋工程公司承包完成，歧口 17–2 生活住房建造由渤海工贸公司承包完成，歧口 17–2 生活住房海上安装由中海石油海洋工程公司承包完成。

1997 年 9 月 10 日，歧口 17–2 油田工程项目组成立。1998 年 2 月 25 日，与中海工程设计公司签订了歧口 17–2 油田详细设计合同。1999 年 3 月 31 日，完成导管架海上安装，6 月 12 日开始铺设海底管道，2000 年 4 月 24 日，海底管道铺设工作完成，5 月 15 日，项目建造完工。

第四节　工程项目管理

1997 年 3 月，歧口 17–2 油田总体开发方案获得中国海洋石油总公司批准，渤西油田群二期工程正式启动。1997 年 9 月，歧口 17–2 油田开始基本设计。1997 年底，歧口 17–2 开发方案正式实施。1998 年 3 月，开始钻第一口大位移井，1998 年 12 月东高点成功完钻 4 口大位移井。1999 年 3 月至 9 月，西高点 27 口开发井全部完钻。歧口 17–2 基本设计修改完成后，获得总公司批准。2000 年 5 月油田机械完工，2000 年 6 月 15 日正式投产。

该项目由蔡丽丽任项目经理，王章领任项目工程师，项目总工期约为 34 个月。

附 录

附录一 附 图

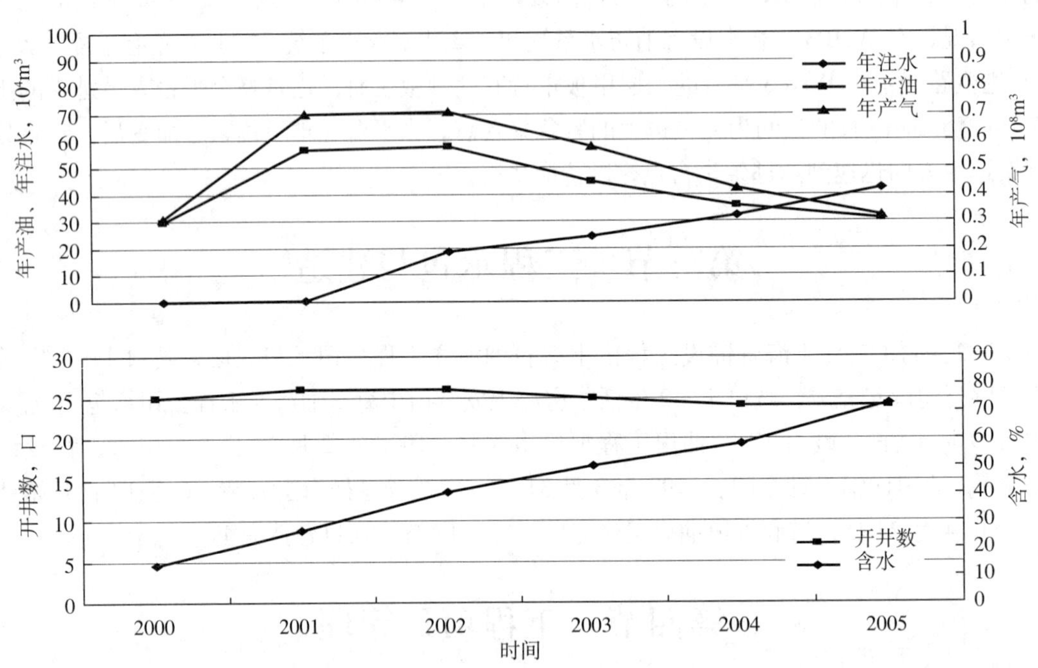

附图 1 歧口 17–2 油田开发综合曲线图
（中海石油（中国）有限公司天津分公司技术部，2005 年）

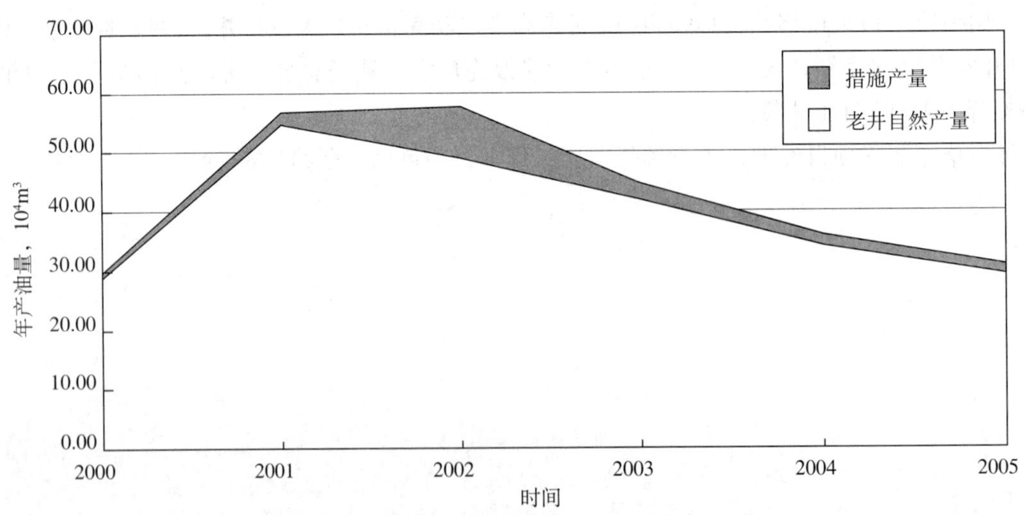

附图 2 歧口 17–2 油田历年产量构成曲线图
（中海石油（中国）有限公司天津分公司技术部，2005 年）

附录二　附　表

附表 1　歧口 17–2 油田综合地质参数表

岩性	埋藏深度 m	有效厚度 m	含油面积 km^2	地质储量 10^4m^3	油气藏类型	孔隙度 %	渗透率 mD	油层压力 MPa	原油密度 g/cm^3	天然气甲烷含量 %	原油含硫量 %	地层水矿化度 mg/L	水型
砂岩	1580 ~ 2100	17.7	6.1	1709.0	构造层状 + 岩性	32.3	965	15.86 ~ 19.39	0.731 ~ 0.798	81.5 ~ 96.1	0.12 ~ 0.32	2000 ~ 7000	$NaHCO_3$

注：中海石油（中国）有限公司天津分公司技术部，2005 年。

附表 2　歧口 17–2 油田历年开发综合数据表

时间	动用地质储量 10^4m^3	采油井数 口		核实产油量			采油速度 %	采出程度 %	综合含水 %	注水井 口		注水量		
		总井	开井	月 10^4m^3	年 10^4m^3	累计 10^4m^3				总井	开井	月 10^4m^3	年 10^4m^3	累计 10^4m^3
2000	1389	29	25	4.15	29.75	29.75	3.08	1.65	13.6	—	—	—	—	—
2001	1389	27	26	5.47	56.64	86.39	3.13	4.78	26.3	2	2	0.30	0.30	0.30
2002	1389	27	26	4.91	57.54	143.93	3.18	7.96	40.5	2	2	2.09	18.65	18.95
2003	1389	26	25	3.30	44.63	188.56	2.47	1.43	49.6	3	3	0.88	24.38	43.33
2004	1389	25	24	2.63	35.91	224.47	1.99	12.42	58.2	4	4	3.57	32.19	75.52
2005	1556	25	24	2.01	30.77	255.24	1.70	14.12	72.9	4	4	3.61	42.24	117.76

注：中海石油（中国）有限公司天津分公司技术部，2005 年。

附录三　领导人名录

油田总监：

2000 年 6 月—2001 年 1 月　陈宝林、刘锡宝

2001 年 1 月—2002 年 2 月　刘锡宝、王智俭

2002 年 2 月—2003 年 7 月　刘锡宝、王俊峰

2003 年 7 月—2005 年 12 月　王俊峰、邱　昆

附录四 获奖项目

项目名称	获奖等级	获奖时间	获奖人
渤西中小油田群联合开发研究	中国海洋石油总公司公司科技进步三等奖	1996	沈松宁、孙福街、刘英等
渤西油田群总体开发方案	渤海石油公司科技进步一等奖	1996	杨培兰、肖启唐、梁惠文、丁九亮、张作启
关于建设渤西转运站的建议	渤海石油公司科技进步一等奖	1998	周守为等

附录五 征引文献

文献名	作者	出版或编制时间	出版社或现存地
渤海油田志	《渤海油田志》编辑委员会	1992	天津人民出版社
中国海洋石油总公司志	《中国海洋石油总公司志》编辑委员会	1999	改革出版社
海上采油工程手册	《海上采油工程手册》编委会	2000	石油工业出版社
中国石油钻井海洋石油总公司卷	《中国石油钻井海洋石油总公司卷》编委会	2001	石油工业出版社
中国海洋石油高新技术与实践	《中国海洋石油高新技术与实践》编辑委员会	2005	地质出版社
中国海洋油气田开发图集	《中国海洋油气田开发图集》项目组	2005	中海石油（中国）有限公司天津分公司开发部

编纂始末

《歧口 17–2 油田志》属于《中国油气田开发志·渤海油气区油田卷》的简写篇。2008 年 7 月《中国油气田开发志》渤海油气区油气田卷编纂启动会召开，会议由编纂委员会常设联系人王力群主持，会上渤海油气区油田志示范篇《埕北油田志》作者张敏娟详细介绍了开发志油气田卷的编纂要求。通过学习《中国油气田开发志》总编纂委员会指导文件，在参考《胜坨油田志》、《大民屯油田志》、《涠洲 11–4 油田志》、《陆丰 22–1 油田志》四个示范篇的基础上，搜集整理资料，开始编纂工作，2009 年 8 月完成了《歧口 17–2 油田志》初稿。

《中国油气田开发志》渤海油气区编纂委员会一级审查组于 2010 年 3 月 4 日在中海石油（中国）有限公司天津分公司海洋石油大厦 B 座 A203 召开《歧口 17–2 油田志》（一审稿）评审会，由中海石油（中国）有限公司天津分公司渤西作业区生产安全经理余俊雄主持，专家张敏娟和渤海油田勘探开发研究院渤西生产项目经理王为民等参加了评审会。按照《中国油气田开发志·油气田篇》编纂内容和要求，专家对《歧口 17–2 油田志》由概述、专志四章、大事记和附录七部分的组成结构予以肯定。提出了强化油田历史地位、业绩与贡献，增加油田快速钻井内容，将注水内容单独列为第三章第四节等修改建议。参照专家修改建议，编纂组人员查阅了更多的资料，于 2010 年 3 月完成《歧口 17–2 油田志》第二稿。

2010 年 3 月 12 日中海石油（中国）有限公司天津分公司生产部油藏经理赵利昌在天津经济技术开发区滨海建国大酒店主持召开《歧口 17–2 油田志》（二审稿）评审会，中国海洋石油有限公司开发生产部综合经理许红和专家曹文贤、徐启兴、汪志勇、刘英、宫薇、温哲华、王力群等参加了审查会。专家提出第四章海洋油田工程改为海洋工程，内容精简，删去这章的大事纪要、里程碑；修改第二章第三节开发过程控制，按时间叙述；删去概述第六部分中有关油田开发特点的描述；查证大事记中事件的时间等建议。参照专家修改建议，进行修改，于 3 月下旬完成了《歧口 17–2 油田志》第三稿并于 2010 年 4 月 20 日通过三审验收。

《歧口 17–2 油田志》分为七个部分，其中概述由王佩文、杜娟编写；第一章由王佩文、杜娟、黄小波编写；第二章由王佩文、刘春艳、周海燕编写；第三章由郭剑、于喜艳、吴东明编写；第四章由丁九亮、兰峰、余俊雄、施永忠编写；大事记由王佩文、刘春艳编写；附录由王佩文、郭剑、于喜艳、兰峰、余俊雄编写；全书由王佩文统稿。张敏娟、石静、苏进昌等搜集、整理、提供了大量资料。

在本志的编纂过程中得到《中国油气田开发志》中国海洋石油总公司编纂委员会和《中国油气田开发志》渤海油气区编纂委员会的悉心指导，采油工程院档案馆和渤海石油档案馆在提供编纂资料方面给予了大力支持，在此表示衷心的感谢。

《歧口 17–2 油田志》编纂组

2010 年 5 月

编号：26–014

歧口 18–1 油田志

《歧口 18–1 油田志》编纂组　编

歧口 18-1 油田地理位置图

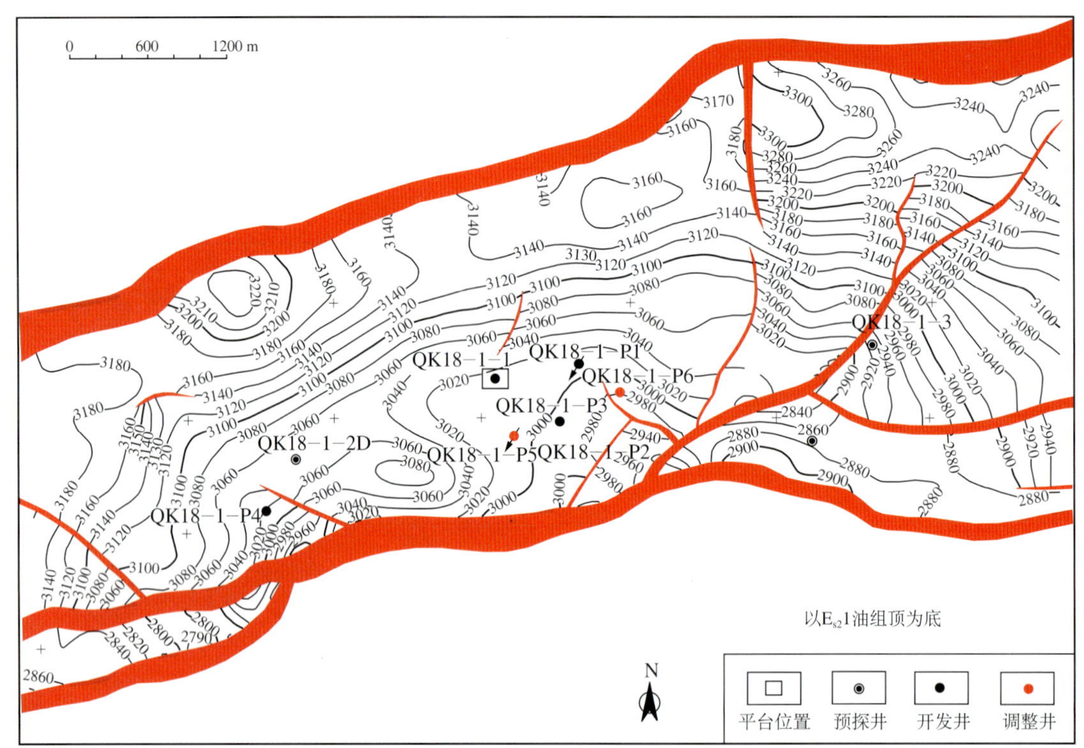

歧口 18-1 油田构造井位图
（中海石油研究中心渤海研究院，2002 年）

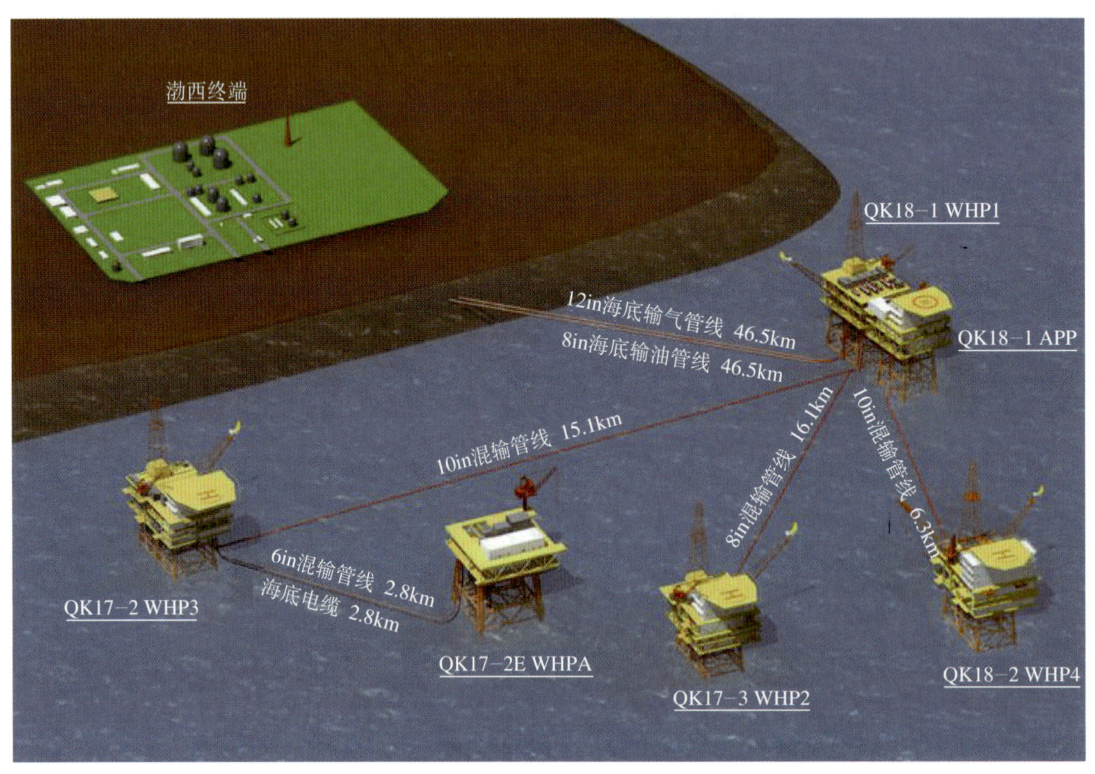

渤西油田群生产系统示意图
（天津分公司，2006 年）

岐口 18−1 油田平台
（渤海石油档案馆，1997 年）

《歧口 18–1 油田志》编纂组

编纂人： 祁秀丽　郭　剑　于喜艳　丁九亮

参加人： 刘瑞果　苏进昌　石　静　佘俊雄　兰　峰　施永忠　吴东明

《歧口 18–1 油田志》审核人员

曹文贤　徐启兴　汪志勇　吴成浩　李树宽　温哲华

赵利昌　宫　薇　刘　英　王力群　蒋维军　张敏娟

本志目录

概　述

岐口 18−1 油田隶属于中海石油（中国）有限公司天津分公司，是自营开发建设的油气田之一。

它是区域面积 900km² 的渤西油田群的中心，渤西油田群包括岐口 18−1 油田、岐口 18−2 油田、岐口 17−2 油田和岐口 17−3 油田。

一

岐口 18−1 油田位于渤海西部海域。渤西油田群所在区域属于浅海区，海域水深 12.5m，海域为典型季风气候，风向由冬至夏从北向南顺时针转换。春季风较大，夏季较小。大风日 48 ～ 60 天。海域常年最高气温 34.6℃，最低 −15℃，每年 12 月中旬到次年 2 月下旬结冰，冰期 0 ～ 90 天。冰厚 10 ～ 60cm，流冰流速 0.2 ～ 0.3m/s。

二

岐口 18−1 油田处于渤海西部岐口凹陷岐南断阶带上，沿海四大断层下降盘分为东南、中、西 3 个高点。纵向上含油层系多，主要的目的层段为沙二段和沙三段，沙二段分为 5 个油组，沙三段分为 2 个油组。目的层段储层沉积相类型为扇三角洲沉积。平面上 3 个高点分属不同的油气水系统，纵向上每个油组属于一个油气水系统。油藏类型以构造层状油藏为主，少数为构造岩性油藏。

沙二段储层以中细—细粒岩屑长石砂岩为主。储集空间以次生孔隙为主，储集层物性中等偏好，孔隙度与渗透率有很好的相关性。

原油具有密度小、黏度低、含硫低、凝固点高、含蜡量高、溶解气油比高的特征。地层水水型为重碳酸钠型。

三

渤西联合开发区油气勘探经历了区域地质调查、第一次自营勘探、合作勘探、第二次自营勘探 4 个阶段。

1959—1965 年为区域地质调查阶段。1959 年地质部航空物探大队在渤海完成 1∶100 万航空磁测。1960 年中国第一支海上地震队用国产仿苏“51”型地震仪和炸药震源，在渤海进行地震和重力、电磁测量。1965 年，石油工业部成立海洋地质调查一大队，开始在渤海进行地球物理勘探工作。本阶段在岐口凹陷的南坡自北而南相继发现了海一、张巨河、赵家堡 3 个断裂构造带，为钻探创造了条件。

1965—1979 年为自营勘探阶段，海洋石油勘探局在本区进行了大规模的综合地球物理调查和初具规模的钻探工作。1967 年采用模拟磁带记录地震仪、24 道 6 次覆盖。

1980—1987 年，对外合作期间未有重大发现。

1987 年恢复了渤海西部的自营勘探工作，在富生油凹陷寻找油气富集区的理论指导下，确定在岐口凹陷东部海一、海四带，沙垒田凸起裙边寻找中型油气田。

1987—1989年，石油工业部开展了大港—渤西海域的海陆连片二维地震勘探综合研究，地震测网密度1km×1km，24～64次覆盖。

1992—1997年，是中国海洋石油总公司油气自营勘探高潮期。1992年1月，在二维地震资料解释的基础上，在歧口18-1构造中高点部署的歧口18-1-1井（简称1井，以下歧口18-1油田井号均以此方法简称）于沙河街组地层获得高产油气流，发现了歧口18-1油田，从而打破了对外合作以来渤西海域多年的沉闷局面。后来又相继发现了歧口18-5、歧口17-1、曹妃甸18-2等含油气构造，形成了中小油田群，为联合开发创造了条件。

油田发现后，又在油田西高点和东高点各钻了一口评价井。渤海公司于1993年初组建了以研究院和计算中心为主的歧口18-1油田评价项目队，开展了以储量工作为重点的油田开发早期评价工作，基本搞清了歧口18-1油田地质特征和油藏特征，并按国家石油储量规范的要求，采用容积法计算了储量。1994年全国资源委石油天然气储量委员会批准了渤海公司申报的基本探明级石油地质储量808.00×10^4t，叠合含油面积3.90km^2。

在储量评价基础上，中国海洋石油总公司渤海公司于1994年8月完成了以歧口18-1油田为中心，联合周边2个油田（歧口17-3、歧口18-5油田）共同开发的渤西中小油田群联合开发方案。

1995年12月5日，国家计划委员会批准渤西油田群总体开发方案，其中包括歧口18-1、歧口17-3、歧口18-5等3个油田。方案设计歧口18-1油田有开发井8口，高峰年产量40×10^4t，采油速度4.95%，生产期15年。主要工程设施有：井口平台、生活动力平台、注水平台（预留）各1座，塘沽陆上油气处理终端1座（位于塘沽西潮音寺），油田至陆上终端12in、14in气液管线两条。

海上工程的基本设计、详细设计由海洋工程设计公司完成，陆上终端概念设计由辽河油田设计院承担，扩初设计由海洋工程设计公司承担，工程建造由中海平台制造公司承包，钻生产井由中海北方钻井公司承担。

1997年8月，渤海公司研究院根据新钻的5口井地质和测井资料，结合1994年储量评价成果，对本油田进行了再一次研究，完成了歧口18-1油田的地质储量复算，探明石油地质储量1011.00×10^4t，含油面积5.20km^2，9月获得全国资源委油气资源专业委员会批准。

1997年11月27日，油田建成投产，有生产井6口，水源井1口，当年产油$1.28\times10^4m^3$，生产沙二段和沙三段油层。

四

歧口18-1油田先后经历了衰竭开发、调整方案实施及现在的注水开发几个过程。

1997年底油田投入全面开发，投产初期共计6口井生产，中高点4口（1、P1、P2、P3井），东南、西高点各1口（4DS、P4井）。1998年到达历史最高值，年产油$28.70\times10^4m^3$，采油速度2.40%。1999年，年产油和采油速度都开始下降，没有稳产期，到2001年底，已有2口井（P4、4DS井）停喷。

在这样的形势下，2002年，针对该油田进行调整，为增加油田动用储量，提高对储量的控制程度，在油田主体区域——中高点打2口调整井（P5、P6井），从而进一步完善中高点的开发井网，提高油田的原油采收率，改善油田开发效果，增加油田供气能力。

油田衰竭开采7.5年，地层严重亏空，自喷井陆续停喷。P1井计划2005年1月份转注，但实际于2005年3月停产转注作业，酸化后于2005年7月开始注水，从此，油田进入注水开发阶段。P5井计划2005年6月份转注，直到2005年12月还未注水。到2005年12月31日，油田日注水410.00m^3，年注

水 $6.70 \times 10^4 m^3$。

五

歧口 18–1 油田已开发探明储量 $1011.00 \times 10^4 t$（$1208.00 \times 10^4 m^3$），储量全部动用。主力油层沙二段含油面积 $5.20 km^2$，石油储量 $845.00 \times 10^4 t$（$1010.00 \times 10^4 m^3$）。

1992 年底，肖启堂、梁惠文等油藏专家根据渤西新发现油田及已开发老油田的地质评价及开采状况，提出了以歧口 18–1 油田为中心，以 17km 为半径范围内的歧南断阶带油田群联合开发的设想。1995 年 12 月，国家计划委员会批准了渤西油田群总体开发方案。渤西油田群联合开发分期进行，一期开发歧口 18–1、歧口 17–3、歧口 18–5 三个油田，采用油、气上岸“半海半陆式”开发工程方案，以歧口 18–1 为集输中心，它包括一座井口集输平台，一座生活动力平台。歧口 17–3 和歧口 18–5 合并成一座井口平台，生产的油、气、水各自计量后一起通过海底管线混输到歧口 18–1 集输平台。经油、气分离后分别有两条海底管线输送到陆上终端进行深加工。二期开发歧口 17–2 油田，2004 年 4 月 23 日投产加入渤西联合开发的歧口 18–2 油田则为三期开发工程。

2005 年 12 月，歧口 18–1 油田开发井总井数 9 口，其中采油井 7 口（自喷井 4 口），开井 5 口（P4、4DS 井关井待修），油田年产油 $8.52 \times 10^4 m^3$，年产液 $13.31 \times 10^4 m^3$，年产水 $4.78 \times 10^4 m^3$，年产气 $0.47 \times 10^8 m^3$，含水 36.20%，气油比 $539 m^3/m^3$，累计产油 $133.09 \times 10^4 m^3$，累计产液 $164.80 \times 10^4 m^3$，累计产水 $31.71 \times 10^4 m^3$，累计产气 $6.64 \times 10^8 m^3$，全油田采出程度 11.02%。油田日注水 $410.00 m^3$，年注水 $6.70 \times 10^4 m^3$，累计注水 $6.70 \times 10^4 m^3$，中高点注水区域累计注采比 0.03。

六

1995 年 8 月，渤海 10 号钻井平台队伍，井下作业和测井等技术队伍，以及提供后勤支持保证的船舶、物资供应的队伍，一齐在歧口 18–1 油田进行“优质快速钻井试验”，通过多方协作，一举获得成功。3 口井平均井深 3561m，平均建井周期从原来的 57 天缩短到 18.82 天；其中第一口井——P1 井完钻深度为 3563m，建井周期为 13.31 天，把这个海区的钻井速度提高了 3.3 倍，平均日进尺达到 263m，居国内同类井第一；两个 PDC 钻头打破中国海油单次起下钻钻头进尺的纪录；全井固井候凝时间为零；实现不占用钻机时间检测固井质量；整个项目完成的全过程人身事故和机械事故为零，环境保护达到国际先进水平。通过歧口 18–1 3 口快速试验井，项目组取得了钻快速井的经验，制定出钻快速井的作业程序和标准，为今后的推广应用打下了良好的基础。在此之后，优质快速钻井在渤海湾很快得到了提高和推广。

1997 年 12 月，随着歧口 18–1 油田全面投产，以歧口 18–1 油田为中心的渤西油田群联合开发设想得以实现，作为渤海油田第一个油田群，它为中小油田的开发生产提供了一种新的生产模式。

1994 年 12 月，中国海洋石油渤海公司和天津市签署了渤西供气协议。歧口 18–1 油田作为渤西油田群的中心，从 1997 年投产就开始担负起渤西供气的重任，1999 年开始向滨海燃气发电厂供气，在完成原油产量的同时，确保了向天津市的平稳供气，为中国海洋石油总公司赢得了经济效益和社会效益的双丰收。

大事记

1991 年

11 月 30 日　由渤海 4 号平台承钻的 1 井开钻。1992 年 1 月 28 日钻至井深 3600m 完井，经 6 层试油，合计日产原油 1753m^3，天然气 25.4×10^{4}m^3，发现歧口 18−1 油田。

1993 年

12 月　编写完成《渤海西部海域歧口 18−1 油田储量报告》。

1994 年

10 月　中国海洋石油总公司召开钻井技术管理会议，听取赴泰国湾优快钻井考察报告，并决定由渤海公司在歧口 18−1 油田进行优快钻井试验。

12 月　中国海洋石油渤海公司和天津市签署渤西供气协议。

1995 年

10 月 21 日　歧口 18−1 油田 3 口开发井钻井作业结束，创全国当时海上最短建井周期、装井口时间纪录。其中 P1 井装井口时间为 3.5h，井深 3563m，建井周期 28d，单只 PDC 钻井进尺 2059m，机械钻速 55.43m/h，全井机械钻速 32.25m/h。

12 月 5 日　国家计划委员会批准渤西油田群总体开发方案，其中包括歧口 18−1、歧口 17−3、歧口 18−5 三个油田。

1997 年

8 月　编写完成《歧口 18−1 油田油气探明储量复算报告》。

9 月　储量复算结果获全国矿产资源委员会油气资源专业委员会批准。

11 月 27 日　歧口 18−1 油田建成投产。

是日　渤西原油上岸，处理厂投产。

12 月 5 日　渤西天然气进渤西处理厂。

12 月 18 日　正式向天津市供气。

1999 年

7 月 1 日　渤西油气处理厂按合同正式向天津滨海燃气发电厂供气，日供气量最高可达 38×10^{4}m^3（包括民用气在内）。

2002 年

3 月 18 日　4DS 井下入电潜泵，油田转为机械采油。

11 月 9 日　调整井 P6 井开钻。

11 月 11 日　调整井 P5 井开钻。

12 月 25 日　调整井 P5 井完钻。

12 月 29 日　调整井 P6 井完钻。

2003 年

3 月 1 日　调整井 P6 井投产。

3 月 20 日　调整井 P5 井投产。

10 月 12 日　P1 井停泵，准备转注。

2005 年

7 月　P1 井正式注水，油田由衰竭开采转为注水开发。

第一章

油田地质

第一节　构　造

歧口 18−1 油田处于渤海西部歧口凹陷歧南断阶带上，总体形态为沿海四断裂带下降盘近东西向展布的断鼻构造。构造主体发育在海四、海一大断层之间，海四断层贯穿整个油田。东西方向沿海四大断层下降盘分为东南、中、西三个高点，均为断背斜构造。高点间呈鞍部或断层分开，构造较简单。相邻的歧口 17−2（海一）构造和歧口 17−3（海四）构造都已发现高产油气流。

在该构造上，历年来先后做了航磁、重力、地震等各项地球物理工作。1992 年，滨海 516 船队进行了三维地震工作，对 1991 年三维抽稀成二维 500m × 500m 测网的资料进行了重点处理和解释。1993 年为进一步落实构造形态，预测砂体的形态和规模，研究储层物性参数，对已处理完成的油田主体部位的三维资料进行了解释，三维测线密度为 50m。

2000 年对该区三维地震资料做叠前时间偏移处理，其目的在于进一步落实断层位置、展布及断距，结合生产动态资料，重新解释了歧口 18−1 油田沙二段 1、2、3、4、5 油组及沙三段顶面共 6 层构造图。从 2001 年新解释的构造图与前轮解释结果对比，构造形态基本一致，但构造细节和断层的展布特征有所变化。

2001 年新解释的三维地震资料认为，P2 井断层为一个北掉正断层，该断层对中高点油藏起分割作用，使 P2 井所在区域成为一个独立断块。P1 井断层发育在 P2 井和 P3 井东侧，近北西走向，向东北掉，在 P1 井附近消失，断层东南段较为落实可靠，与西南侧 P2 井断层连接，分割 P2 井断块和主体块。断层西北段断距 5m，由深往浅（从沙二段 5 油组至 1 油组），断层延伸距离变小，该断层分布在各个油组的含油边界内，使中高点东侧油区与主体处于半分割状态（图 1−1）。

P4 井断层发育在西高点，P4 井和 2D 井之间，为一北掉的正断层，走向北西，断距自南往北变小。生产动态综合分析认为中、西高点储层互不连通，主要依据为油田投产后中高点压力从原始地层压力 30MPa，4 年后降到 20MPa，而西高点关井后（P4 井于 1999 年 7 月停喷关井），压力持续回升，2002 年升到 29MPa。由此认为，中、西高点不属同一压力系统。沉积相分析认为，中、西高点砂体可能分属两个沉积朵体，储层互不连通。

第二节　储　层

一、地层

1 井揭示的油田地层层序自上而下为：第四系平原组、新近系馆陶组、古近系东营组和沙河街组。

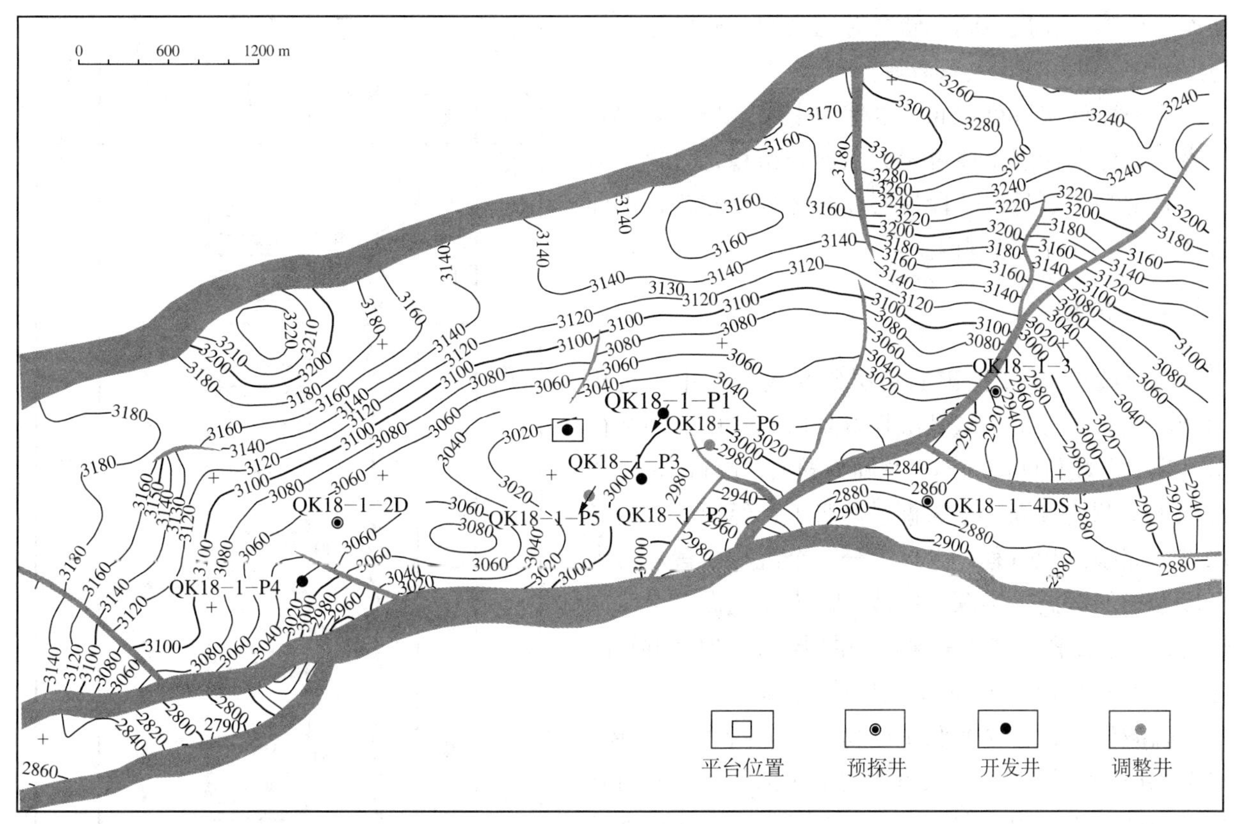

图 1−1　歧口 18−1 油田 Es_2（1）油组顶面构造图
（中海石油研究中心渤海研究院编制，2002 年）

二、储层

1994 年 7 月，中国海洋石油渤海公司沈松宁在《歧口 18−1 油田储集层研究报告》中指出：沙二段储层以次生孔隙为主，主要为粒间孔、粒内溶孔，也有胶结物溶孔和裂缝等。

130 块岩心物性分析表明，沙二段储层物性中等偏好，孔隙度和渗透率分布范围较广，多数样品孔隙度在 17% ~ 22%，渗透率大于 1mD 的样品占 65%，其中多数样品在 100mD 附近变化。孔隙度和渗透率分布具有明显的双峰特征。经回归分析，孔隙度与渗透率有着很好的相关性。

本油田在东下段及沙河街组一、二、三段均钻遇油层（图 1−2）。

依据分级控制、旋回对比的原则，在地层对比的基础上，结合油水分布特征和三维地震追踪对比特征，对沙二段储层自上而下分为 5 个油组。另外，将 1 井钻遇的沙一段油层和 2 井钻遇的沙三段油层暂定为沙一油组和沙三油组。对比表明：沙二段是本油田主力油层段，其 5 个油组井间对比关系清楚，储层连续性强。除 1、2 油组在 3 井断缺外，各油组平面上分布稳定。另外，油组之间都有较稳定的泥岩隔层。

2D 井曾在西高点钻遇一套沙三段油层，厚度较薄。中高点 3 口开发井在钻井过程中均钻遇沙三段油层，除 P2 井因未钻穿沙三段地层，仅发现 4.40m 油层外，P1、P3 井分别钻遇 50.70m 和 26.70m 油层。西高点 P4 井也钻遇原 2D 井钻遇的沙三段油层，油层厚度 10.80m。井间对比表明，该套油层在中、西高点上分布较广，单井油层厚度较大，成为歧口 18−1 油田的另一套主要含油层系。进一步细分对比，将沙三段分为 2 个油组。

此外，4 口（P1、P2、P3、P4 井）开发井还钻遇原 1 井见油气显示的东下段储层，经测井解释，中高点的 3 口井（P1、P2、P3 井）东下段储层均为油层，这套储层上部为中细砂岩，下部为粉砂岩和含泥粉砂岩，厚度40m。储层对比表明，储层分布较稳定可靠，井间对比关系清楚。

沙一段储层厚度23m，岩性为中细砂岩。井间对比表明，此套储层虽厚度不大，但分布稳定可靠，对比关系清楚，可见沙一段储层在本区分布较广，而油层则发育于中高点范围内。

三、沉积

在《歧口18−1油田储集层研究报告》中对沉积和储层进行了分析，区域沉积背景研究表明：沙河街组沉积时，歧口凹陷为一大型陆相湖泊，歧口18−1油田位于南侧的浅湖—半深湖过渡带上，经历了水退—水进的完整沉积过程，大体上分三个沉积阶段：①沙三段早期的深湖—半深湖向沙三段末期浅湖—半深湖转化，②沙二段为浅湖—半深湖向半深湖转化的阶段，③沙一段则为半深湖相向深湖相转化阶段。

区域砂岩百分含量和重矿物组分分析表明：沙二段沉积时期，处于一扇三角洲的前缘部位，主水流自埕子口凸起方向由南向北入湖。在沉积早期（4、5油组沉积时），全油田普遍接受扇三角洲近端前缘沉积，1井距主水道较近，主要沉积了水下分流河道、河口坝等微相，砂体单层厚而层数少，2D、3井处分支水道位置，除沉积河口坝、水下分流河道等微相外，还有较多的浊积岩和扇三角洲近端前缘侧翼的细粒沉积物，砂层相对薄而层数多。总起来看，这一时期，砂体发育规模大，连续性好，但分选稍差。沉积中后期（1、2、3油组沉积时），区域水进，主要以扇三角洲远端前缘沉积为主，平面上，1井区仍处主水道位置，主要沉积微相为河口坝，水下分流河道，砂体单层相对厚且层数少，2D、3井处分支水道位置，除河口坝、水下分流河道沉积外，还有较多的远砂坝和扇三角洲远端前缘侧翼沉积。

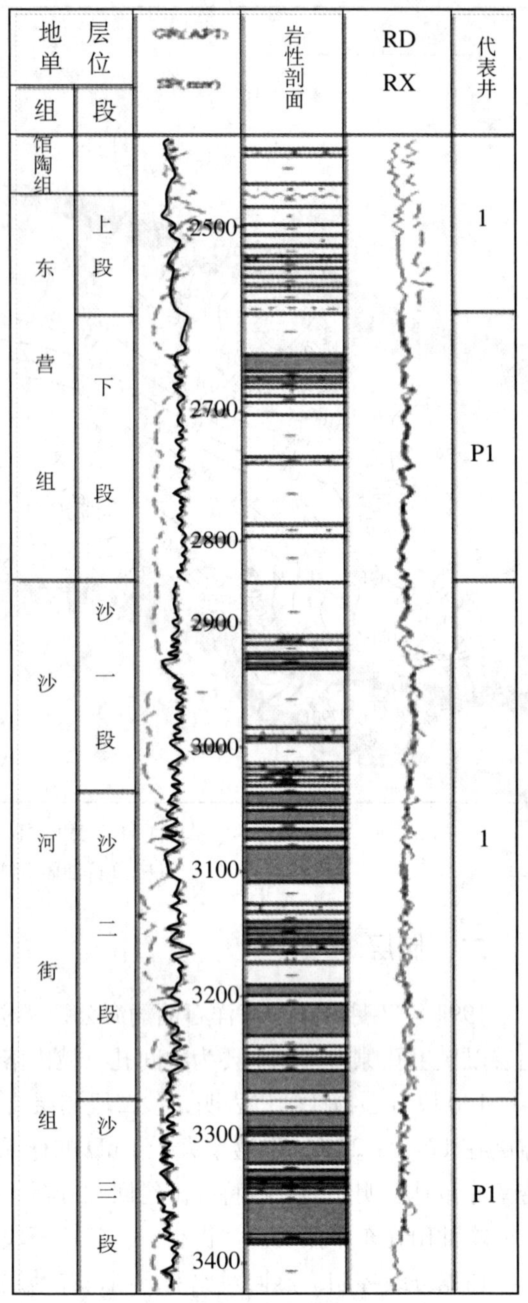

图1−2　坡口18−1油田油层综合柱状图
（中国海洋石油渤海公司研究院，1993年）

第三节　流体与渗流特征

一、流体性质

（一）原油性质

地面原油具有三低二高特征，即低密度（0.831 ~ 0.841g/cm³）、低黏度（3.030 ~ 4.760mPa·s）、低含硫（0.050% ~ 0.142%）和高凝固点（19 ~ 28℃）、高含蜡（8.58% ~ 15.34%）。

地下原油密度：0.584 ~ 0.624g/cm³；黏度：0.248 ~ 1.310mPa·s；溶解气油比：105 ~ 237m³/m³；

体积系数：1.489 ~ 1.806；地层压力：29.33 ~ 32.59MPa；饱和压力：28.32MPa；地饱压差：1.74 ~ 2.31MPa。

原油类型判断，组分分析显示，油田原油组分界于黑油与挥发油之间，但偏向于挥发油；地层油收缩物性曲线显示，油田原油特性与黑油比较接近；从相图上看，地层油远离临界点，挥发性较弱（图 1–3）。

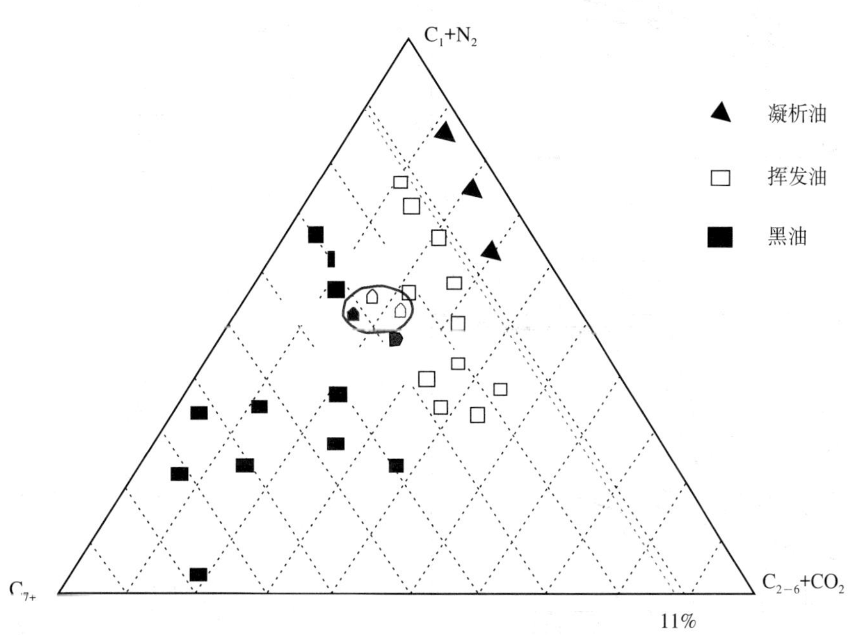

图 1–3　油气藏三角相图
（中国海洋石油渤海公司研究院，1993 年）

综合来看，歧口 18–1 油田属弱挥发性原油。

（二）天然气性质

相对密度：0.6979 ~ 0.7829；甲烷含量：61.59% ~ 85.66%；重烃含量：15%。

（三）地层水性质

总矿化度：7334 ~ 14805mg/L；氯根含量：1586 ~ 6186mg/L；水型为重碳酸钠型。

二、渗流特征

1992 年 3 月到 1993 年 12 月期间，中国海洋石油渤海公司研究院开发试验室对 1、2D 井沙二段储层 67 块压汞样品进行分析（图 1–4），毛细管压力曲线具分选好、歪度偏粗的特征，排驱压力和饱和度中值压力都属中等偏小，进汞量 70% ~ 90%。孔喉分布范围较广，从 0.01 ~ 150μm 均有，分布特征为双峰，表明有超大孔隙的存在。

1992 年 9 月胜利石油管理局地质科学研究院开发试验室陈亚宁和渤海石油公司研究院采用 1 井的油层岩心，采用稳定流法进行了油水相对渗透率测定，实验结果（图 1–5）表明：

（1）由于岩心表面亲水，曲线交点含水饱和度大于 50%；

（2）束缚水饱和度大于 20%；

（3）水相渗透率上升较快，油相渗透率下降较快。

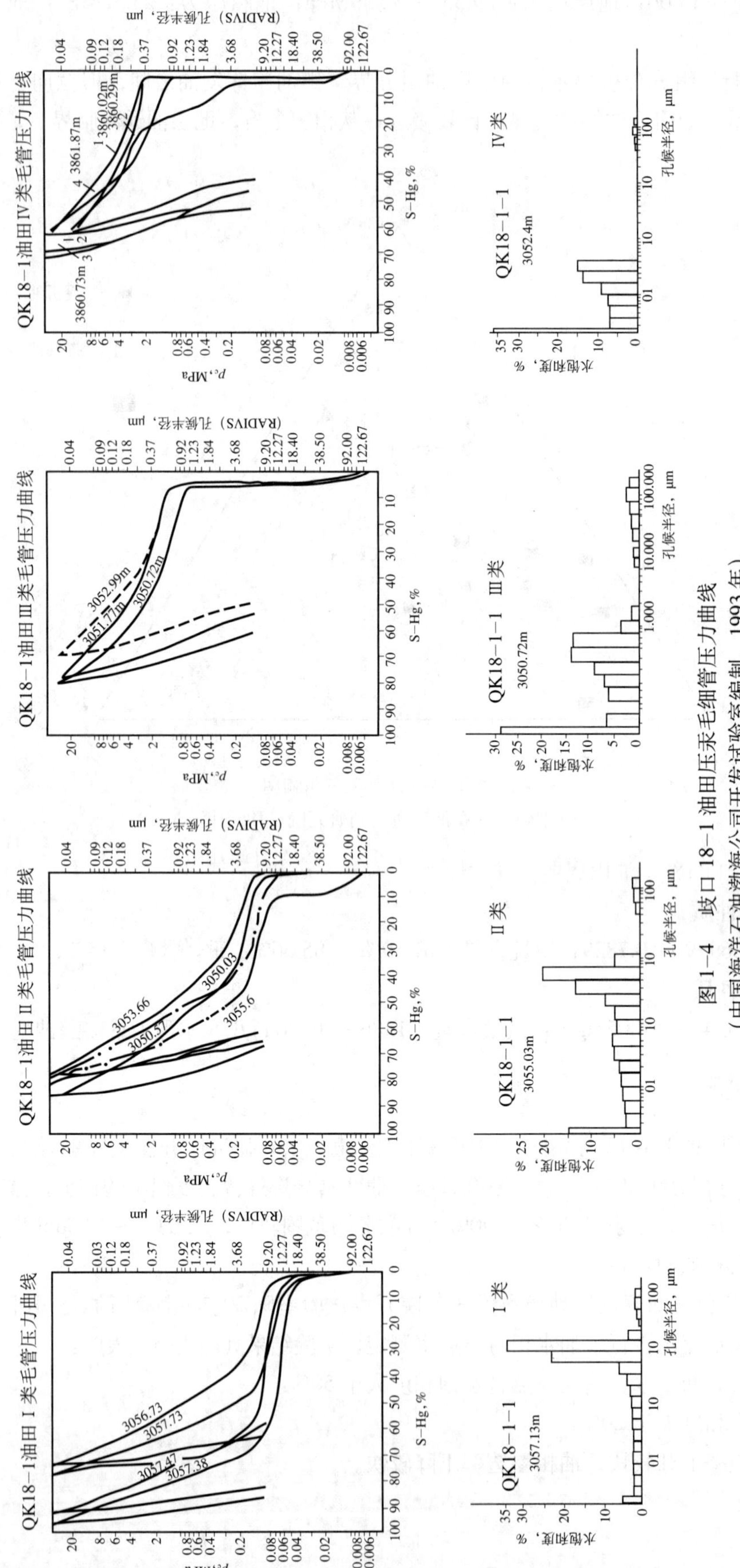

图 1-4 歧口 18-1 油田压汞毛细管压力曲线
（中国海洋石油渤海公司开发试验室编制，1993 年）

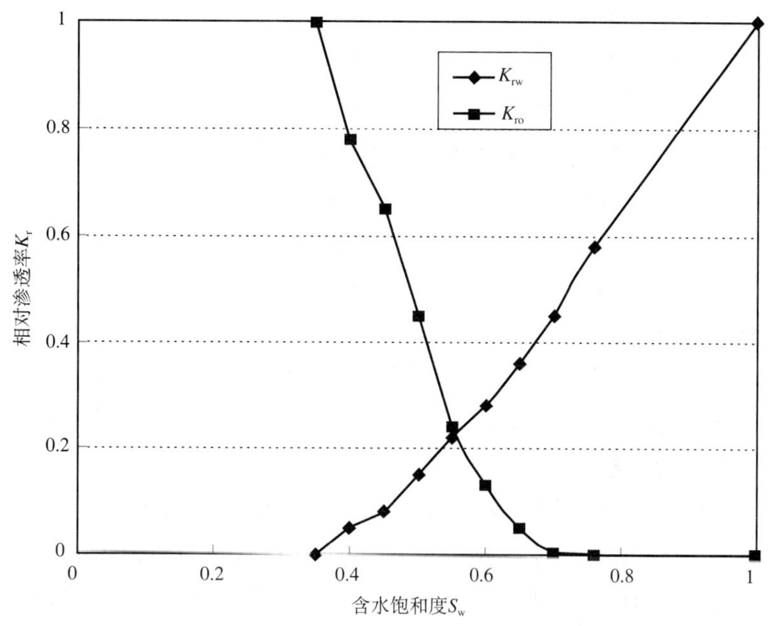

图 1−5　歧口 18−1 油田油水相对渗透率曲线（4 个样品平均值）
（胜利石油管理局地质科学研究院开发试验室编制，1993 年）

第四节　油　藏

一、压力与温度

歧口 18−1 油田沙二段油层属正常压力和正常温度系统，压力系数为 1.00MPa/100m，温度梯度为 3.38℃ /100m。油层部位 3000 ～ 3280m 处地层压力 30 ～ 32MPa，地层温度 120 ～ 125℃。

二、油藏类型

歧口 18−1 油田总体形态为断鼻构造，油藏类型多数属构造层状油藏，此外，还有少数构造岩性油藏。油田内油（气）水关系复杂。纵向上不同地层、不同油组分属不同油水系统，平面上各高点油（气）水关系也不尽相同。

三、驱动类型

歧口 18−1 油田具有一定的边水，但边水能量不足，油田驱动类型为弹性溶解气加部分边水的混合驱动，由于渤西供气的需要，注水井不能按期转注，致使油田衰竭开采 7.5 年，至 2005 年底中高点地层压力仅为 14.80MPa，地层压降高达 15.70MPa，2005 年 7 月 P1 井转注，油田驱动类型转变为部分边水加注水开发。

第五节　储　量

一、地质储量

从 1993 年到 2005 年对歧口 18−1 油田进行了多次储量计算。

（一）1993 年石油储量的计算

1992 年 1 月钻了第一口预探井 1 井，同年 4 月又钻探了 2D 井。为了油藏评价的需要，1992 年 10 月在构造的东高点又钻探了 3 井，未发现有工业价值的油气流。在此基础上，1993 年中国海洋石油渤海公司开展了以储量工作为重点的歧口 18−1 油田开发早期评价工作。12 月，沈松宁编写了《渤海西部海域歧口 18−1 油田储量报告》，按国家标准局发布的《GBn·269 石油储量规范》的要求，本次储量以常规容积法计算石油和天然气的地质储量，报告由辛世刚审核，1994 年获全国资源委石油天然气储量委员会批准基本探明含油面积 3.90km^2，石油地质储量 808.00 × 10^{4}t，溶解气 21.3 × 10^{8}m^3。

（二）1997 年石油储量的复算

1993 年以后钻井 5 口（开发井 4 口：P1、P2、P3、P4 井，基本评价井 1 口：4DS 井），取心 24.1m，分析化验 100 个。试油 3 层，取 PVT2 个。在此基础上，1997 年 8 月，中国海洋石油渤海公司研究院王世民采用容积法对储量进行了复算，编写了《歧口 18−1 油田油气探明储量复算报告》，同年 9 月在北京昌平，全国资源委油气资源专业委员会批准了歧口 18−1 油田含油面积 5.20km^2，已开发探明地质储量 1011.00 × 10^{4}t，溶解气地质储量 26.71 × 10^{8}m^3；复算后含油面积增加 1.30km^2，探明地质储量增加 203.00 × 10^{4}t，溶解气地质储量增加 5.41 × 10^{8}m^3，新增天然气含气面积 0.80km^2，已开发探明地质储量 0.44 × 10^{8}m^3。按储量规范标准，该油田属较复杂型、中深层、中丰度、高流度、每米采油指数较高、高产的中型油田。

（三）2006 年国家储量套改

2006 年中海石油（中国）有限公司天津分公司根据国土资源部《关于开展全国石油天然气储量套改工作的通知》（国土资发 [2004]161 号）要求对歧口 18−1 油田进行了储量套改工作。

本次套改是以 2004 年国家颁布的《石油天然气资源 / 储量分类》（GB/T19492—2004）、《石油天然气储量计算规范》（DZ/T0217—005）为标准，以《全国石油天然气储量套改技术方案》为原则，以储量套改的一系列相关规定和《中海油油气储量套改实施方案》为依据进行的。

中海石油（中国）有限公司天津分公司技术部葛尊增等对歧口 18−1 油田储量进行了套改，油田套改前含油面积 5.20km^2，已开发探明石油地质储量 1011.00 × 10^{4}t（1208.00 × 10^{4}m^3），探明溶解气地质储量 26.71 × 10^{8}m^3，含气面积 0.80km^2，探明天然气储量 0.44 × 10^{8}m^3，为 1997 年储量复算结果。经本次储量套改评价，认为 1997 年复算储量基本落实，根据全国石油天然气储量套改技术方案，石油、天然气地质储量直接套改。

2006 年储量套改报告由中海石油（中国）有限公司天津分公司技术部储量室项目经理郭铁恩、开发总师赵春明审核，中海石油（中国）有限公司天津分公司技术部经理夏庆龙批准。

二、可采储量

（一）1993 年储量计算的采收率

1993 年，在计算地质储量时，利用经验公式法、类比法和数值模拟法计算了油田采收率，由于油田尚未开发，采收率的估算具有许多不确定因素。综合考虑认为歧口 18−1 油田天然能量开采采收率为 18%，水驱（注水）采收率可达 25%。最后确定本油田采收率值的选定前提是油田早期开发方案提出的注水开发方式。

（二）1997 年开发方案计算的可采储量

在编制总体开发方案时，利用数值模拟法，预测油田初期衰竭开采，第三年 P1 井转注，第五年 1 井转注。生产 15 年，石油可采储量 218.00 × 10^{4}t，采出程度 27%。

（三）1999 年可采储量标定

1999 年 11 月中海石油研究中心渤海研究院赵天森、苏彦春对歧口 18−1 油田的可采储量进行了标定，宫薇进行了审核。鉴于歧口 18-1 油田投产时间短，生产规律有待进一步明朗化，加上海上油田生产、作业、措施及资料录取工作的局限性，标定方法以数值模拟方法为主，经验公式方法为辅，适当借鉴陆地类似油田的开采经验，综合考虑，确定油田的采收率。

按照现有井网条件下转注 1 口井的注水开发，预测全油田：原油采收率 15.40%，可采储量 150.08×10^4t，天然气采收率 30%，可采储量 $8.44 \times 10^8 m^3$。1999 年可采储量标定报告由宫薇审核。

（四）2006 年国家统一储量套改计算的可采储量

2006 年中海石油（中国）有限公司天津分公司技术部按照国土资源部统一储量套改要求，根据油田衰竭开发的实际状况，以单井日产油 $5m^3$ 作为下限，利用数模对油田的技术可采储量进行了重新标定。由于溶解气和天然气没有单独计量，本次套改溶解气和天然气的采收率做取值一样处理。标定后石油技术采收率 14.20%，石油技术可采储量 143.56×10^4t （$171.51 \times 10^4 m^3$）；溶解气技术采收率 28.90%，溶解气技术可采储量 $7.72 \times 10^8 m^3$。天然气技术采收率 28.90%，天然气技术可采储量 $0.13 \times 10^8 m^3$。

2006 年储量套改报告由中海石油（中国）有限公司天津分公司技术部储量室项目队长郭铁恩、开发总师赵春明审核，中海石油（中国）有限公司天津分公司技术部经理夏庆龙批准。

第二章

开发部署与调整

第一节　开发可行性研究

1992 年，针对渤海当时发现的油气田中简单的大型油气田少，绝大多数是中小油气田的现状，中国海洋石油总公司渤海公司提出了以开发好大油田为基础，大中小油田并举，向中小油田挑战的战略目标。1992 年底，油藏专家提出了以歧口 18–1 油田为中心的渤西油田群联合开发的设想。由于海上油田开发的特殊性，经济评价认为油田群内各油田均属边际油田，单独开发经济效益低：歧口 18–l 油田这一高产轻质油田单独开发经济效益也很低，歧口 17–3 油田、歧口 18–5 油田单独开发基本没有经济效益，若要获得良好经济效益，回收勘探开发投资，必须走联合开发道路。

联合开发区已有 5 个（歧口 18–1、歧口 18–5、歧口 17–3、曹妃甸 13–1、歧口 17–2）油田，均具较高产能。除曹妃甸 l3–l 仍属中日保留区外，其余 4 个油田共有石油地质储量 4×10^7t，相当于一个大型油田，通过联合开发可形成较大的生产规模。

歧口 17–3 油田能否二次开发，是联合开发是否可行的关键，该油田经重新评价，石油地质储量丰富，油井生产能力旺盛，加之已停产 10 年，地下流体重新分布，可以投入再开发。新发现歧口 18–5 油田紧邻歧口 17–3 油田，可采石油地质储量较大，是对再开发歧口 17–3 油田的最有力支持。

勘探实践表明：本区已钻 9 个构造，发现 5 个油田和两个含油气构造，钻探成功率较高。这意味着本区尚余的多个待钻构造，还可望找到 5 ～ 6 个油田，再发现 4000×10^4 ～ 6000×10^4t 石油地质储量。另外，由于下组合圈闭含油的普遍性，从主体平台出发，向附近各个下组合圈闭高点打探井兼开发井，也将会有巨大经济效益。

联合开发区内断层多，圈闭小，单个圈闭储量少，但油田具有成群成带分布的特点，油田间距离在 20km 范围内，为油田群设施共享、集中管理创造了良好条件。

地理环境优越，水浅，离岸近，海况条件较好，有利于简易、低成本的开发工程建设，提高油田经济效益。

总之，无论从地质、开发技术、经济效益还是自然环境上，联合开发都是可行的。

第二节　开发方案编制与实施

1992 年发现歧口 18–1 油田后，中国海洋石油总公司渤海公司于 1993 年初组建了以研究院和计算中心为主的歧口 18–1 油田评价项目队，开展了以储量工作为重点的油田开发早期评价工作，基本搞清了歧口 18–1 油田地质特征和油藏特征。

1994 年 8 月，渤海公司生产部油藏科杨培兰、肖启唐、梁惠文、丁九亮、张作启编制了《渤西油田群总体开发方案》，由曹文贤、曾恒一审核，戴焕栋、刘宗芳审定，李秉铨批准。整个方案分为八章。

第一章概要和结论，由杨培兰、肖启唐、梁惠文编写。

第二章地质、油藏，由肖启唐、梁惠文编写，田楠审核，曹文贤审定。

第三章钻井、完井，由李树宽、杨寨、郭会敏等编写，史玉钊、吴锡安审核，周守为审定。

第四章工程设施，由陈文金、刘天俊等编写，仰书陶、丁九亮等审核，曾恒一审定。

第五章生产作业，由张国荣、刘明编写，俞华、陈明审核，周守为审定。

第六章安全分析，由陈文金、刘天俊编写，李天恩、陈明审核，牛世广审定。

第七章投资估算及经济评价，由张作启编写，王宏林审核，杨培兰审定。

第八章环境影响评价，由曹静等编写，程建军审核，王优生审定。

中国海洋石油渤海公司将《渤西油田群总体开发方案》上报总公司和国家计划委员会，经 1994 年 8 月 30 日和 1995 年 2 月 15 日两次审查，总公司于 1995 年 12 月 5 日批准按照总体开发方案开展基本设计。当时开发方案详细设计已于 1995 年 1 月 5 日正式开始。

一、开发方案简介

按照渤西油田群联合开发的总体规划，歧口 18–1 将首先投入开发，其开发方案设计本着少投入多产出的原则，充分利用天然能量，合理高速开采，以利于提高联合开发区的整体经济效益。

（一）开发方针

歧口 18–1 油田属储量规模较小的断块型油田，应充分利用天然能量，简化生产设施，用最小的投资，在最短的时间内尽可能多拿油，以取得最佳的经济效益。

（二）开发原则

从油田群整体考虑，采用简易生产设施并与其它相邻油田联合开发，注重经济效益、高速开采、缩短开发周期、尽早收回投资。早期充分利用天然能量，中后期注水开采。

（三）开发方式

歧口 18–1 油田是断块型小油田，油田南北两侧为海四、海一大断层遮挡，油田边水只能来自东西两个方向，水体体积和活跃程度目前尚不清楚，天然能量尚不十分确定，但油田流体性质很好，溶解气油比高，相应弹性溶解气驱能量较强。鉴于此，初期利用天然能量开采，同时观测边水能量大小，若边水能量不大，则在适当时候转注水开采。

（四）开发层系

油田主力含油层段长达 250m，自上而下分 5 个油组。每个油组均为独立油水系统。

测试结果和测试解释结论分析表明：第 1、4、5 油组物性差异不大，仅 2 油组物性相对较差，1 油组和 2 油组虽然物性有差异，但两油组间隔层仅有 6 米，不易分开，油组很薄，地质储量较小，无须详细划分，且地下流体性质极好，因此建议 5 个油组作为一套开发层系，使用一套井网开采，利用井下滑套进行高含水层封堵，以调节部分层间矛盾。

（五）采油速度

按渤西联合开发总体规划，油田产量第一年应达到 40×10^4t，采油速度 4.95%。此采油速度符合单个油田高速开采，多个油田进行产量接替的渤西联合开发总体方针。

歧口 18–1 油田储层物性良好，单井产能很高，1 井全井权衡每米采油指数 13.47m^3/（MPa·d·m），完全可以达到上述采油速度。

（六）油井产能

1 井各测试层 IPR 曲线求得全井无阻流量 8656t/d，井底压力为饱和压力时，产量约为 1400t/d。

每米采油指数 13.47m^3/（MPa·d·m），考虑 1.50 ～ 2.00MPa 生产压差和 0.60 的把握系数，单井产量可达 386 ～ 515t/d。

1 井区油井产量可按 300 ~ 500t/d 设计。

（七）井位部署

井位的部署取决于开采方式。如果注水开发，则应在油藏边部布一口井，实行边部注水，提高波及系数；如果采取依靠天然能量开采的方式生产，则井应布在油藏的较高部位。由于油田储量规模不大，不宜采取规则井网布井。

按单井产量 300 ~ 500t/d 计算，达到设计年产 40×10^4t 生产规模，需 3 ~ 4 口生产井，考虑 2D 井和 1 井井位不够好，故在 1 井区再布 3 口井，全油田设计 5 口生产井，其中 2 口探井转为生产井，采用不规则井网，平均井深 3612m。

平台位置设在 1 井，新布 P1、P2、P3 井均为斜井，靶心位置在油层中部，油田井网密度 1.21 口/km^2，单井控制储量 198.50×10^4t。

二、开发方案实施

按渤西联合开发的总体规划，歧口 18−1 油田将首先投入开发，其开发方案设计应本着少投入多产出的原则，充分利用天然能量，合理高速开采，以利于提高联合开发区的整体经济效益。

（一） 开发井钻完井

1994 年 10 月在渤海歧口 18−1 油田揭开了实施优快钻井的序幕，先以 3 口（P1、P2、P3）开发井作为实验项目，中国海洋石油总公司要求钻井周期从 57 天降至 32 天。实施结果，3 口生产井平均井深 3561m，平均建井周期 18.82 天，最快一口井为 13.31 天，所花时间是该地区钻 7 口同类井平均建井周期（57 天）的 1/3。

歧口 18−1 油田完井采用 TCP 射孔完井，管柱用滑套将各油层射孔段分开，以便于开采过程中的层位调整，且不必动管柱，采用钢丝作业，随时可将停喷井投入电潜泵转为机采。通过研究、对比多种举升方式，最终确定生产井全部采用电潜泵开采。

（二）油田投产方案实施效果

1997 年 12 月油田全面投产，共有 6 口采油井生产：其中西高点有一口井 P4 井，中高点有 4 口井 1、P1、P2 和 P3 井，东南高点有 1 口 4DS 井；1 口水源井 2D 井，位于西高点。

油田投产初期，中高点 1、P1 井的产能基本可以达到方案的设计要求；但相对部位较高的 P2、P3 井由于气层的干扰，生产气油比高，产油量低。为了控制气油比，先后关掉了生产 $Es_2$1—3 油组的滑套。这样，虽然在一定程度上控制了生产气油比，但也不可避免地影响了这两口井的产能，使其产能没有达到原方案的设计要求。其余西高点和东南高点的两口油井的产能在投产之初均可以达到配产要求。

第三节 开发过程控制

1997 年 12 月歧口 18−1 油田投产后，根据《海上油气田开发井动态监测资料录取要求》进行油田动态监测，针对油田的地质特点、不同阶段的开采特征和开发动态，研究制定相应的开发技术政策和措施，改善了开发效果，提高了油田采收率。

《渤西油田群总体开发方案》之歧口 18−1 油田开发方案制定油田投产第三年（即 2000 年）P1 井转注，第五年（即 2002 年）1 井转注。但由于歧口 18−1 油田作为渤西油田群的中心，担负起渤西供气的重任，油田一直衰竭开采。

由于油田天然能量弱，地层压力下降很快。1998 年 8 月，油田根据三分之二以上油井所测的压力值发现，油田的地层压力已经降到饱和压力以下，下降速度比 ODP（即油田开发方案）预计快，油田内部油井呈现溶解气驱特征。油田年产量在 1998 年达到峰值后开始下降，没有稳产期。到 2001 年只有中高点的 4 口（1、P1、P2、P3 井）生产井在生产，西高点的 P4 井和东南高点的 4DS 井分别于 1999 年 7 月 11 日、9 月 28 日停喷关井。渤海公司研究院渤西南开发体系队针对油田此时开发出现的矛盾，制定了“完善注采系统，确保地层压力；合理利用资源，油气并举；适时下泵机采，保证正常生产”的开发技术政策。由于供气和井位的双重限制，油田一直未注水。1999 年 6 月，为保障合同供气，将 P3、4DS 井气层打开。

2002 年 3 月 4DS 井下泵生产，增产效果明显，油田由自喷采油进入机械采油。为了控制油田的产量递减，2003 年，歧口 18-1 油田新打了两口调整井 P5、P6 井，两口井分别于 12 月 25 日和 12 月 29 日完钻，2003 年 3 月投产，大大缓解了整个油田的产量递减。2003 年的油田调整效果显著，至 2004 年年产量中仍有 57% 的产量为调整井的产量。

P1 井 2004 年 4 月下泵生产，转抽后含水很高，10 月停喷关井，全年无产量。根据压力监测资料，2004 年 3 月 P5 井压力已经下降到 16.2MPa。针对此时油田的开发特点，渤海公司研究院渤西生产项目队提出了“完善注采系统，尽快补充能量；加大措施力度，维持油井产量；加强资料录取，深化动态研究”的开发技术政策。原计划于 2005 年 2 月实施 P2、P3 井酸化，但由于地层能量太低未能实施。P1 井 2005 年 3 月转为注水井，但压力过高停注，5 月酸化后，7 月正式注水，日注水量 400m^3，油田自此进入了注水开发阶段。P5 井设计 2003 年开始注水，受渤西供气及自身生产状态的影响，一直作为生产井生产。P5 井 2005 年通过开关滑套及静压测试，怀疑 $Es_2$4—5 油组可能存在污染，建议分层酸化，酸化后先排液，再转注。

第四节　开发调整

2002 年，歧口 18-1 油田经过 4 年的衰竭开采油田生产面临着诸多不利局面：一是油田天然能量弱，压力降幅大，油井面临停喷；二是渤西供气日趋紧张，预测表明，2003 年将难以满足供气合同要求。因此油田调整迫在眉睫。

2001 年地震资料重新处理后，在对构造进行再解释的基础上，结合油田生产动态、储层沉积分析和油藏模式新认识等成果，对油田储量进行了核算。通过地震、地质、油藏等综合分析和优化研究，确定以中高点的调整为主，即中高点增加两口调整井（P5、P6 井），可以较为有效地扭转油田生产的不利局面，既提高了油田的原油采收率，又可延长油田的供气能力至 2003 年，为后续油田（歧口 18-2 油田）的接替赢得了宝贵时间。

一、调整方案简介

《歧口 18-1 油田调整方案》是在 2002 年 4 月中海石油（中国）有限公司天津分公司研究中心编制。全部内容分为五章。

第一章“总论”由中海石油（中国）有限公司天津分公司勘探开发部李其正、张作启编写；李波审核，韩庆柄审定。

第二章“油田地质和油藏工程研究”由中海石油研究中心渤海研究院王世民等编写，刘松审核。

第三章“钻完井及采油工艺”部分，由中海石油（中国）有限公司天津分公司钻井部、生产部张春阳、吴成浩等编写，董星亮审核。

第四章“工程方案”由中海石油研究中心开发设计院徐正海、许立华等编写，仰书陶、陈荣旗等审核。

第五章“投资估算及经济评价”由中海石油（中国）有限公司天津分公司勘探开发部张作起、高力国编写，李波审核。

（一）开发调整目标

开发调整目标为中高点。

由于东南、中、西高点互不连通，加之东南高点和西高点储量少，现有生产井含水已高，调整的意义已不大，对此两高点主要是采取下泵机采措施，以发挥现有两口生产井 P4、4DS 井的作用。

而中高点储量大，控制程度低，作为油田的主力区块，是本次调整研究的目标。

（二）开发调整目的

（1）对中高点主力区块进行井网完善和能量补充；

（2）增加中高点的动用储量，提高井网对储量的控制程度；

（3）提高油田采收率，并确保供气合同的完成。

由于海上油田生产、作业、措施及资料录取工作的局限性，调整以数值模拟方法为主要研究手段，进行调整敏感性分析及方案优选工作。

（三）调整井布井原则

（1）P3 井西侧剩余油分布相对丰富，现有井网控制程度较低；P1 井断层东侧是现有井网难以控制的区域，储量也较大（$200 \times 10^4 m^3$）；

（2）井距与现有井网井距相当（400 ~ 550m）；

（3）注水调整井要兼顾所有层位，并继续执行 ODP 边内注水策略；

（4）调整井尽量离开断层，以减少风险。

（四）调整井产能分析

新增的两口调整井 P5、P6 井的产能主要参考与之相邻的在生产井 1、P1 井的目前生产情况而定。2001 年 5 月 P1 井测得的每米采油指数为 $0.72m^3/$（MPa·d·m），1 井的每米采油指数为 $1.55m^3/$（MPa·d·m），取两口井的平均值为 $1.13m^3/$（MPa·d·m），P1 井的生产压差为 3MPa。P5 井的预测油层厚度为 70m，P6 井的预测油层厚度为 25 ~ 40m，则 P5、P6 井的预测产能分别为 $238m^3/d$、85 ~ $136m^3/d$。综合以上分析及风险考虑，在数值模拟实际计算中，最大产油量不超过 120 m^3/d 作为上限控制条件。

调整方案推荐 P1 井 2003 年初转注，新增 P6 井采油井，P5 井注水。

（五）调整井钻井计划建议

（1）建议先打 P6 井，再打 P5 井。

（2）P6 井有可能钻遇气顶，需有相关的钻井措施准备。

（3）油井管柱后期应能够进一步细分层段（P6 井沙二段 1 油组初期作为独立封隔段处理），并便于提取及开关滑套作业。

二、调整方案实施及效果

调整方案设计两口调整井（注水井 P5 井、生产井 P6 井），于 2002 年 11 月实施，2002 年 12 月，中海石油研究中心渤海研究院马奎前、何娟编写了歧口 18−1 油田 P5、P6 井射孔方案，吕洪志审核。2003 年 3 月两口调整井正式投产。

中海石油（中国）有限公司天津分公司技术部渤西生产项目队王世民、周晶等对歧口 18−1 油田调整方案实施及效果进行了总结。

两口调整井实施后达到了方案设计要求和预期目的：

（一）钻后地质情况

（1）目的层全部钻遇，实钻油层厚度与预测基本一致；

（2）油藏模式与预测一致。

（二）射孔方案与实施

（1）P5 井初期作为生产井按一套层系开采沙二、三段，油层全部射开，射开率达到 99%；

（2）P6 井按一套层系开采沙二段，沙二段油层全部射开，射开率达到 100%。

（三）调整井增产效果

两口调整井初期日增油 300m³，日增气 4×10⁴m³。两口调整井 2003 年累计增油 6.74×10⁴m³，累计增气 0.10×10⁸m³，保证了渤西油田群 2003 年油气生产任务的超额完成，并且缓解了渤西平衡供气的紧张局面。

（四）设计注水井转注

P1 井作为歧口 18–1 油田调整方案确定的一口注水井，原计划在 2003 年初转注，由于渤西供气形势紧张，没有按期转注，后根据生产情况设计转注时间为 2005 年 1 月，实际注水时间为 2005 年 7 月。按照调整方案的设计，P1 井最大注水量为 800.00m³/d，转注初期 P1 井注水量不宜过大，否则将可能导致发生水窜，设计注水量在 300.00 m³/d。设计注水压差 3.00MPa。到 2005 年 12 月 31 日，P1 井日注水 410.00m³，年注水 6.70×10⁴m³。

第三章

钻井与采油工程

第一节　钻井工程

1994 年 10 月，中海油总公司决定把泰国湾的快速钻井经验在我国海洋石油钻井中推开，力求提高海上钻井时效，缩短钻井周期。根据中国海油钻井工作会议的要求，渤海石油公司成立了歧口 18-1 快速钻井的项目组，由王家祥任项目经理，钻井部的几位技术管理骨干任现场监督，实行项目经理负责制，直接对油公司负责，把责、权、利三者统一起来。

中国海油还委派勘探部钻井测试处处长李勇为协调员，及时解决优快钻井涉及的一些政策问题，参与快速钻井的各路承包队伍也都分别成立了各自的项目组，并纳入渤海公司大项目组的统一管理，形成一个调度自如的整体。

歧口 18-1 项目组深入分析了以前钻井作业的每一步骤，从第一次开钻到作业结束，从固井、钻井液到定向井，结合开发井的要求，分程序、分专业地进行工序的简化和优化，拟定了快速钻井的一系列配套技术。为了确保歧口 18-1 快速井试验的成功，项目组提出将各项试验方案和技术在歧口 18-9-1 井进行先期试验。歧口 18-9-1 井深 3175m，计划建井周期 72.76 天。

经过几番技术方案讨论，确定了歧口 18-1 钻井施工的大思路。比如加长钻井平台甲板上由泵舱到悬臂梁的高压胶管，悬臂梁移动时则不再进行管线的拆卸工作，以减轻劳动强度，缩短钻井辅助时间；钻前准备期间提前将各种钻具组合一次性接好，随取随用；相同井段集中钻进，以减少候凝时间；钻井泵阀、缸套等消耗件进行强制性更换，设备采用强制保养制度，利用空闲时间及时保养，确保钻进过程的连续性；单位时间内劳动强度增加，需增加多名场地工和炊事员，就餐时间由原来的 2h 改为全天候。

顶部驱动装置组合井下动力钻具，增加了井下动力，减轻了上部钻具的扭矩和振动，同时也减少了对井壁稳定性的破坏。特殊设计的 PDC 钻头使得一只钻头钻完一个井段变成现实，大幅度节约了钻井时间。采用 PDC 钻头可钻的套管附件后，又节省了一次起下钻时间。 在采取相应的安全措施确保井下安全的前提下，将取之不尽用之不竭的海水不加处理的直接用作钻井液，这在渤海湾还是首次。使用海水钻进的清洗效果和冷却效果好，机械钻速快、钻井时效高、降低了钻井成本。在目的层井段，项目组考虑到渤海湾的实际情况，决定创新使用环境可接受的水基钻井液，既满足了快速钻井的要求又满足了环保的要求。

ϕ 178mm 尾管固井技术应该是比较成熟的技术，但经过项目组改进，更适于快速钻井的应用。在快速钻井实验项目前，王家祥大胆提出，将 ϕ 178mm 尾管与 ϕ 244mm 尾管重叠段加长至 250m，注完水泥后把尾管顶部的水泥浆冲洗出来，这样既保证了套管重叠段的封固质量，又节省了至少 4 次处理水泥塞的起下钻时间，直接节约钻井时间 2.5 天。

经过前期的精心准备，歧口 18-1 油田开发的优快钻井在 1995 年的 8 月 23 日开展试验。承担实施优快钻井的渤海 10 号钻井平台队伍，还有井下作业和测井等技术队伍，以及提供后勤支持保证的船舶、物资供应的队伍，一齐聚集在渤海湾，着手进行中国海洋钻井历史上的一次新的革命。3 口生产井，平均井深 3561m，从原来平均 57 天的建井周期，缩短到平均建井周期仅 18.82 天，其中最快的一口井为 13.31 天，一下子就把这个海区的钻井速度提高了 3.3 倍，并且取得了一些突破性的重要成果。

这些成果包括 P1 井创造的国内同类井建井周期 13.31 天的最快纪录，平均日进尺达到 263m，居国内同类井第一的纪录；两个 PDC 钻头打破中国海油单次起下钻钻头进尺的纪录；单井装井口时间仅 3.5h；一只钻头，一次起下钻，完成一个井眼段；全井固井候凝时间为零；实现不占用钻机时间检测固井质量；整个项目完成的全过程人身事故和机械事故为零，环境保护达到国际先进水平。

第二节　完井工程

歧口 18–1 油田 5 口生产井均采用套管内 TCP 负压射孔，分采开采不防砂的完井方式，均下入自喷生产管柱。

歧口 18–1 油田储层岩石强度高，根据研究不需要防砂，根据油藏要求需要分采开采，各储层间通过 BWD 封隔器分隔，下入自喷分采管柱，通过后期钢丝作业开关滑套实现分采要求；出于安全考虑，各井均下入井下安全阀，安全阀下深 200m。

第三节　采油工程

1994 年，中国海洋石油渤海公司杨寨、郭会敏等编写了《渤西油区歧口 18–1、歧口 17–3、歧口 18–5 油田采油工程方案》，李奎元、郭呈柱审核，方案于当年通过审批。方案确定了歧口 18–1 油田投产初期自喷生产，第二年后部分油井采用电潜泵机采方式陆续转入机采生产；在油田注水方面，进行了注入水与地层配伍性分析，注入水与储层流体配伍性分析，制定了注入水水质标准，明确了注入水水源（新近系馆陶祖地下水）和井口注入压力（12 ~ 14MPa）；同时提出了注水井堵水调剖初步设计，油井清、防蜡方案。《歧口 18–1 油田调整方案》于 2002 年通过审批，渤海公司沈燕来编写了其中第三章第三节《采油工艺方案》，杨寨审核、审定。

一、举升

根据采油工程方案设计，歧口 18–1 油田投产初期全部依靠天然能量自喷生产。该油田属弱挥发性油田，地层压力下降较快，由于投产初期采用衰竭式开发，产量递减较快。至 1999 年 7 月底，4DS 井总压降 8MPa。为了保证油田稳产，开始实施机械采油。

歧口 18–1 油田油层埋藏较深，平均井深 3500m，分段较多，完井采用 TCP 射孔后，所有的生产封隔器用电缆下入，生产管柱带引鞋、座落接头、插入密封、滑套、定位接头、伸缩接头、安全阀一次插入，管柱用滑套将各油层射孔段分开，以便于开采过程中的层位调整。

（一）机采方式

根据采油工程方案设计，歧口 18–1 油田生产井采用电潜泵转机械采油。2002 年 3 月各井陆续转抽，一般井井下管柱结构如图 3–1（a）所示。为便于今后钢丝作业调整层位及进行生产测试，对一些井下入了 Y 型接头，井下管柱结构如图 3–1（b）所示。

（二）电潜泵采油

电潜泵采油是为适应经济有效地开采地下石油而逐渐发展起来日趋成熟的一种人工采油方式。它具

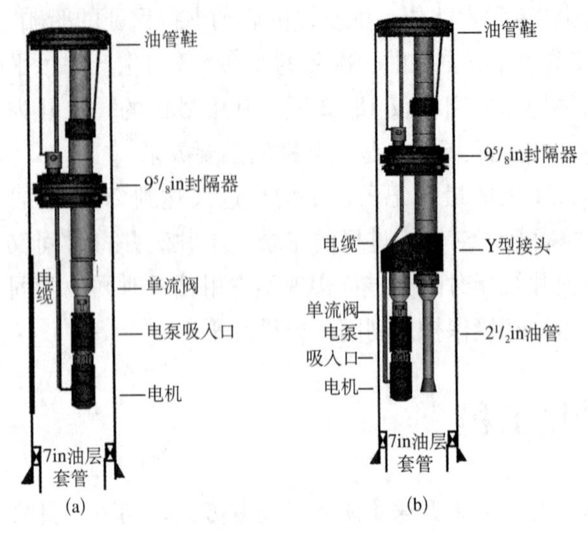

图 3-1　井下管柱图
（中国海洋石油渤海公司，1994 年）

有排量扬程范围大、功率大、生产压差大、适应性强、地面工艺流程简单、机组工作寿命长、管理方便、经济效益显著的特点。

电潜泵采油系统由井下和地面两大部分组成，如图 3-2 所示。电潜泵井下系统主要由电机、潜油泵、保护器、分离器、测压装置（PHD/PSI）、动力电缆、单流阀、测压阀 / 泄油阀、扶正器等组成。地面部分由配电盘、变压器、控制柜或变频器、接线盒和采油树井口组成，部分特殊油田还配有变频器集中切换控制柜。

截至 2005 年 12 月，歧口 18−1 油田除 1、P2、P3、P6 井仍自喷外，其他生产井均已采用电潜泵实施机采。

（三）机采管理

电潜泵的机采效果显著。通过几年的实践，对电潜泵在歧口 18−1 油田的应用特点有了较深入的认识，完善了选泵设计方法和管理技术，健全了管理制度。电潜泵运转周期最长达 2307d。

对于供液不足的电潜泵井，采取井口打回流的方式维持连续生产，待作业时采取加深泵挂深度和换小泵措施生产。

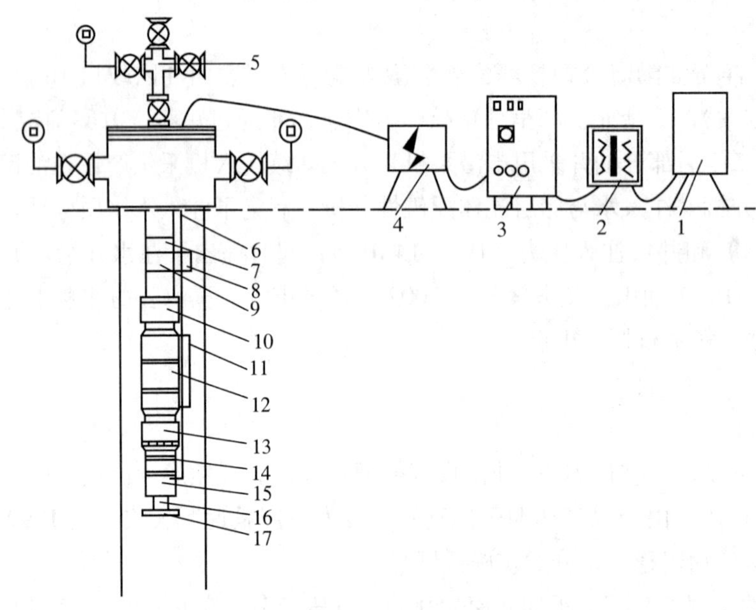

图 3-2　电潜泵采油系统组成示意图
（中国海洋石油渤海公司，1994 年）
1—配电盘；2—变压器；3—控制柜；4—接线盒；5—采油树；6—潜油电缆；7—测压阀 / 泄油阀；8—大扁护罩；9—单流阀；10—泵出口；11—小扁护罩；12—潜油泵；13—气体分离器；14—保护器；15—潜油电机；16—测压装置；17—扶正器

二、调整井酸化

2003 年打了 2 口调整井：P5、P6 井，这 2 口调整井投产初期几乎无产出，经分析怀疑两口井储层严重污染导致地层供液不足。研究决定对两口调整井进行酸化作业解除储层污染。2003 年 2 月，西南石油学院石油工程学院酸化室赵立强、刘平礼编写了《歧口 18−1 油田 P5、P6 井深部解堵酸化设计》；

天津分公司钻井部张晓诚编写了《歧口 18-1-P5、P6 井酸化施工设计》。2003 年 2 月底至 3 月初，对两口调整井进行了深部解堵酸化作业。P5 井本次酸化后，效果不佳，于 2003 年 5 月重复酸化作业。具体情况如下：

P5 井：该井于 2003 年 1 月 24 日启泵，几乎无产出。截至 3 月初仍然不能正常生产。为此，在 3 月 4 日对该井进行了深部分流解堵酸化，采用的酸液体系为氟硼酸—土酸分段注入体系。从施工曲线来看，酸化解堵效果十分明显。由于本井地层压力较低，且电泵扬程小，但酸化结束后启动电泵排酸时，电泵正常运转但无液返出，钢丝作业探液面在 1394m。故在采用连续油管氮举排酸，从 3 月 5 日至 8 日连续排酸 4 天，返出液约 600m³。3 月 8 日重新起泵，不出液，不能正常生产，钢丝作业探液面为 1430m。分析认为电泵扬程不够，不能有效举出液体，故从 3 月 12 日开始进行换泵作业。换扬程为 1800m，排量为 100m³/d 的电泵后于 3 月 18 日投产。酸化、换泵后初期能够正常生产。但到 4 月份，该井出现频繁欠载现象，生产状况不正常。考虑到本井当前生产状况、邻井状况对比及第一次酸化后排液速度较慢，可能会有一定程度二次产物对储层造成一定伤害，排液后的换泵作业对储层也有一定的伤害。决定采取重复酸化措施，解除伤害。在工艺实施方式上，采取不动管柱、以电潜泵进行排酸，拖轮作为支撑平台的作业方式。酸液体系和规模上，选用的酸液体系应着力于第一次酸化二次沉淀物和钻完井伤害的解除，适当增大酸化规模。2003 年 5 月酸化后平均产液 122.27m³/d、产油 50.79m³/d，由酸化前后产量对比可见该井产液能力增强，增油量 50.79m³/d，增产效果明显。

P6 井：该井于 2003 年 1 月 24 日井启泵，P6 井电泵运行电流一直不稳定，处于 26.7 ~ 30.3A，最大产出液量 2 ~ 3m³/h，灌完热水时 5 ~ 6m³/h，至 25 日因供液不足停泵。采取了从套管环空灌入高温热水，采用降低回压的方式来增加产液量等方法，启泵后仍无液返出。关井后观察，其井底压力恢复很慢，表现出供液能力极低。2003 年 2 月 28 日对该井进行了深部分流解堵酸化，采用的酸液体系为氟硼酸—土酸分段注入体系，电潜泵排酸。酸化后该井产液能力明显增强，产液 370m³/d、产油 369.6m³/d，含水 0.1%；产气量为 3×10^4m³/d，产能达到并远远超过设计要求，取得了很好的酸化效果。

两口调整井的酸化都取得了显著的效果，酸化改善了近井地带渗透性能，起到了较好的增产作用，达到预期增产目的。酸化施工过程及增产效果也验证了本次酸化采用的酸液体系是适合的，能够实现有效解堵；暂堵分流技术分流效果明显，能够有效实现酸液合理分流，达到均匀解堵的目的，有效改善产液剖面。同时，两口调整井酸化的成功减缓了歧口 18-1 油田产量递减速度。

第四节　注水工程

根据歧口 18-1 油田 ODP 方案，P1 井计划于 1999 年 7 月转注，但是由于该井为油田的主力产油井和供气井，因此一直推迟未转注。后调整方案将 P1 井转注时间确定为 2003 年初，但是由于上述原因仍未能如期转注。随着地层能量的进一步降低，为提高地层压力，补充地层能量，2005 年 3 月 P1 井停泵转注水井作业，2005 年 5 月酸化后于 2005 年 7 月开始注水。初期日注水量 400m³，由于地层亏空大，注水压力只有 0MPa。

一、注水水源

由于采用油水混输陆地处理方案，所以歧口 18-1 平台都没有污水可利用作为注水水源，注入水源采用水源井 2D 井采出的馆陶组地下水。

二、注水压力

歧口 18-1 油田现有注水泵出口设计压力为 13MPa，操作压力为 11MPa，可以满足调整方案中预计注水压力 11MPa 的要求。

三、注水管柱

歧口 18−1 油田注水井管柱，一般管柱结构如图 3−3 所示。

四、注水井解堵、防膨

2005 年 3 月，P1 井转注作业结束后，第一次试注，注水压力很快上升到 11.8MPa，注水量很快由

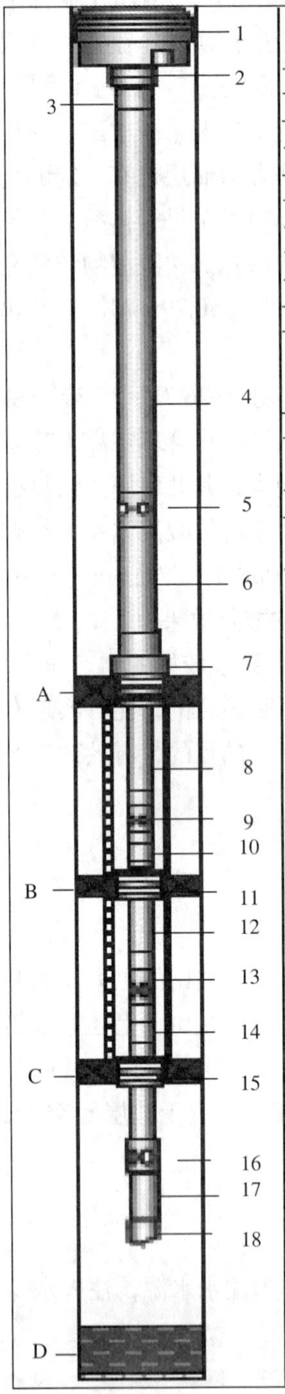

序号	名称规格型号	外径 in	内径 in	长度 m
	油补距	×	×	24.53
1	油管挂　3½inEUE BXB	10.375	2.992	0.23
	油管误差校正	×	×	−0.35
2	3½inEUE M80 油管双公短节	3.500	2.992	0.11
3	3½inEUE M80 油管短节3根	3.500	2.992	3.16
4	3½inEUE M80 油管320根	3.500	2.992	3029.86
5	OTB 2.813×D　滑套	4.750	2.813	1.20
6	3½inEUE M80 油管2根	3.500	2.992	18.97
7	OTB 4.5in　定位密封单线	4.500	2.441	2.66
8	2⅞inEUE P110 倒角油管6根	2.875	2.441	57.96
9	2⅞inEUE M80 倒角油管短节1根	2.875	2.441	1.04
	2,313 CMU　滑套（开）H810793832	3.760	2.313	1.23
	2⅞inEUE M80 油管短节1根	2.875	2.441	1.00
10	2⅞inEUE P110 油管8根	2.875	2.441	77.29
11	2⅞inEUE M80 油管短节1根	2.875	2.441	1.03
	OTB 3.88in　插入密封	3.880	2.441	2.12
12	2⅞inEUE P110 倒角油管5根	2.875	2.441	47.99
13	2⅞inEUE M80 油管短节1根	2.875	2.441	3.05
	2,313 CMU　滑套（开）H810793832	3.760	2.313	1.23
14	2⅞inEUE M80 倒角油管短节1根	2.875	2.441	1.03
	2⅞inEUE P110 倒角油管6根	2.875	2.441	57.87
15	2⅞inEUE M80 倒角油管短节1根	2.875	2.441	3.01
	OTB 3.88in　插入密封	3.880	2.441	1.55
	2⅞inEUE P110 倒角油管2根	2.875	2.441	19.25
16	2,313 CMU　滑套（开）H751111	3.760	2.313	1.23
17	2⅞inEUE P110 倒角油管1根	2.875	2.441	9.62
18	2⅞inEUE　圆堵	3.78	×	0.15
A	Harlllbutlon VTA 封隔器	6.000	3.880	1.94
B	Harlllbutlon VTA 封隔器	6.000	3.880	1.94
C	Harlllbutlon VTA 封隔器	6.000	3.880	1.94
D	人工井底			

图 3−3　歧口 18−1 油田注水管柱示意图

（中海石油（中国）有限公司天津分公司生产部，2006 年）

14m^3/h 下降到 0，第二次试注，注水压力仍很快上升到 11.8MPa，注水排量不断下降，由 9m^3/h 很快下降到 6m^3/h，注水时间 2.2h，注水量为 19.2m^3。经分析认为在沙河街组地层存在地层污染，近井地带存在有机和无机堵塞，准备对 P1 井进行笼统解堵作业，恢复和提高近井地带渗透率，提高该井的注水能力。另外，P1 井选用馆陶水作为注入水，根据油层速敏和水敏性流动试验研究，地层无临界流速，可以根据注水要求选择注水速度；但注馆陶水引起地层渗透率的较大降低，且降低是不可逆的，因此在以馆陶水作为注入水源时，为了防止黏土的膨胀运移，准备进行防膨处理后再对该井进行注水。

2005 年 3 月底，天津分公司生产部卢大艳编写了《歧口 18–1 油田 P1 井解堵及防膨方案设计》。2005 年 5 月对 P1 井实施了解堵、防膨作业。作业后，日注水量 400m^3，注水压力为 0。解堵、防膨作业取得了很好的效果。

第四章

海 洋 工 程

根据中国海洋石油总公司“当年发现，当年评价，在储量批准的同时高速完成总体开发方案，高水平评价和建设此油田，三年建成投产”的总体方针，渤海石油公司工程部于 1992 年初成立了歧口 18–1 油田开发工程项目组，并委托中海石油工程设计公司开展歧口 18–1 油田开发工程概念设计。同年 12 月，设计公司提交了设计成果报告。

报告中提出在西区建 1 座井口平台，1 座生活动力平台和 1 座生产储油平台，在东区建 l 座井口平台。东区生产的油气水经 152.4mm（6in）、3km 的海底管线混输到西区生产储油平台上，经油气分离后合格原油进入沉箱储油舱储存外输。分离出的天然气则进入 152.4mm（6in）、41km 的海底管线输往陆上气体处理厂进行处理外销。该方案为歧口 18–1 油田单独开发，工程投资高、产油量低且设施利用率低，因而经济效益差，无法投入开发。1993 年初，渤海石油公司评价室在公司领导李秉铨的大力支持下，在杨培兰、肖启堂、梁惠文、丁九亮等人的组织下，进行了渤西油田群联合开发研究，并于 1994 年最终完成了《渤西油田群总体开发方案》编制，为渤海中小边际油气田开发创出了一条新路子。

第一节 海洋工程方案

为了寻求经济有效的海上油气田开发方案，1992 年底，公司成立了评价室（后改为开发部）。

肖启堂、梁惠文等油藏专家提出：建成以歧口 18–1 油田为立足点，以歧口 17–3 油田、曹妃甸 13–1 油田及待发现油田为支撑点的油田群联合开发设施。据此设想，杨培兰、丁九亮等人提出了 6 个可供选择比较的开发工程方案，经过技术经济对比后，认为有以下 2 个方案值得深入研究。

（1）全海式方案（利用渤中 28–1 油田的 FPSO）：该方案是以歧口 18–1 油田为中心，建 1 座井口集输平台，歧口 17–3 和曹妃甸 13–1 这 2 个油田各建 1 座井口平台，油气水全部混输到歧口 18–1 并通过单点进入 FPSU 进行处理储存外输。

（2）半海半陆式方案：以歧口 18–1 油田为中心建 1 座井口集输平台，1 座生活动力平台，歧口 17–3 和曹妃甸 13–1 这 2 个油田各建 1 座井口平台，油、气、水全部混输至歧口 18–1 集输平台后再加压进入 8″、41km 海底管线输到塘沽陆上终端进行油气分离、原油脱水、污水处理、天然气处理等，各平台用电由歧口 18–1 生活动力平台电站通过海底电缆供给。

在油价低迷，成本居高不下的严峻情况下，如何经济、高效地开发中小边际油气田，是摆在技术人员面前的一个非常重要的且急需解决的课题。

为了对开发工程方案进行详细论述并做经济评价和对比，使中小边际油田能够投入开发，1993 年 2 月工程技术人员提出了如下观点：

①充分发挥和利用渤海水浅、离岸近的优势和特点，尽量采用“半海半陆式”的开发工程方案，以减少海上工程设施，降低工程造价，充分利用天然气资源，从而提高油田开发经济效益。

②简化工艺流程，减少处理设备。

在保证正常生产的前提下，要尽最大努力简化工艺流程，减少处理设备，减少操作人员，从而降低生产操作费。

③适度降低设计建造标准。

在保证人员及生产安全的条件下，对设计建造标准进行适度降低。

④走联合开发的路子。

通过对各种工程方案的深入研讨，认为海上中小边际油田必须走联合开发的路子，为以后在该区找到更多的油气田重复利用已建工程设施，为提高油田开发经济效益创造条件。中国海洋石油渤海公司开发部编制的《歧南断阶带油田群联合开发设想》为后来形成的渤西油田群联合开发思路及总体开发方案报告的编制提供了技术基础和依据。

1993 年 6 月，中国海洋石油渤海公司在渤海西部海域的歧南断阶带上，完钻了歧口 17–2–1 井，在明化镇获得了高产油气流，单层最高日产油量为 102.4t，从而发现了歧口 17–2 油田，该油田距歧口 18–1 油田 15.1km，通过地质油藏研究认为，该油由储量丰富，具有开采价值，而且距歧口 18–1 中心平台较近，可以投入渤西联合开发。

至此，以歧口 18–1 油田为中心，由歧口 17–3、歧口 17–2 等油田加入的渤西油田群联合开发的大思路正式形成了。由于曹妃甸 13–1 油田地质储量尚待探明，因而当时未进入联合开发体系。1994 年 12 月，渤海公司和天津市签署了渤西供气协议。

第二节　海洋工程设计

一、设计基础

（一）环境设计参数

歧口 18–1 油田海域水深约 10m，最高气温 33.4℃，最低气温 –15.4℃，最低泥温（1m 处）3℃。50 年一遇最大波高 7.4m，一小时平均风速 28.0m，重叠冰 64cm。

（二）工艺设计基础数据

生产井 6 口，注水井 2 口，水源井 1 口，总井数 9 口，最大产液量 1534m^3/d，最大产油量 1334m^3/d，最大产水量 829m^3/d，最大产气量 34.28 × 10^4m^3/d。

二、工程设施

（一）平台结构

歧口 18–1 WHP 1

水深：10m

投产时间：1997 年 11 月

结构设计寿命：20 年

导管架

重量：459t

工作点标高：7.8m

工作点尺度：14m × 24m

导管：1371.6mm × 6pcs

主桩：1219.2mm × 38.1 × 6pcs

歧口 18–1APP

水深：10m

投产时间：1997 年 11 月

结构设计寿命：20 年

导管架

重量：259t

工作点标高：7.8m

工作点尺度：14m × 16m

导管：1524mm × 4pcs

桩：1371.6mm × 38.1 × 4pcs

甲板	甲板
重量：753t	重量：719t
尺度：29m × 31.5m	尺度：26 m × 26.8m
各层标高：24.5m，19.5m，12.5m	各层标高：24.5m，19.5m，12.5m
井槽：9 个	生活楼钢结构重量：284t　定员：54 人

（二）工艺处理流程

渤西油田群由歧口 18–1、歧口 17–3 及歧口 17–2 等 3 个油田组成。歧口 18–1 作为集输中心，歧口 17–3、歧口 17–2 油田的井口物流通过计量、加热、增压后，经混输管线输往歧口 18–1 一并处理。歧口 18–1 将对其进行加热、分离等处理，分离出的天然气经增压脱水后，通过海底管线输往陆上终端。含有部分水的原油增压后通过海管输往陆上终端。

一期开发歧口 18–1 油田、歧口 17–3 油田；二期开发歧口 17–2 油田。

渤西油田群最大处理能力：原油 80×10^4t/a，天然气 50×10^4m^3/d，生产水 80×10^4t/a。渤西油田群总体工艺流程如图 4–1。

（三）公用系统

（1）电力系统：歧口 18–1 油田设有装机容量 4500kW 的主电站。

在 APP 平台上装有三台 1500kW 的发电机组，发动机是双燃料往复式发动机组，布置安装在 APP 的下层甲板的机舱内。不设备用机组，当主电站机组故障维修时，由本平台的应急发电机组投入运转，应急发电机组（800kW）承担部分负荷。

（2）热介质系统：在 APP_2 平台上设置了一套供热系统，系统由热介质锅炉、热介质循环泵、热介质膨胀罐、热油排放罐及泵等设备组成。热介质锅炉是供热系统的主要设备，加热工质为热油（导热油），主要为生产加热器、计量加热器、蒸汽发生器、燃油储罐等设备提供加热热量。设置了两台卧式热油锅炉。在正常工况下，两台一起运行。热油锅炉具有双燃料系统和装置，既可燃烧柴油，也可燃烧原油处理系统的伴生气。根据具体情况，燃烧一种燃料，并可随时切换到另一种燃料，但不可以同时燃烧两种燃料。

（3）应急发电机：在歧口 18–1 油田的 APP 平台有一台 800kW 的应急柴油发电机组及其附属设备。应急发电机组有三个用途：一是用作平台主电站机组的黑起动电源；二是用作油田平台的应急电源；三是当各自主电站机组故障维修时，用作承担部分生活或生产正常工作负荷。

（4）公用气、仪表气：在 APP 平台设有一台空气压缩机橇，为平台提供公用气及仪表用气。空气压缩橇由英格索兰公司（新加坡）供货，安装在 APP 平台的中层甲板。

（四）海管工艺

歧口 18–1 平台共有两条海底外输管道，一条是含水油外输管道，一条是天然气外输管道。输油管道由歧口 18–1 集输平台起到渤西陆上油气处理厂止，全长 46.5km，其中海底管道 39.5km，陆上管道 7km，管道公称直径 8in。外输天然气管道从歧口 18–1 集输平台（WHP1）起到渤西陆上终端油气处理厂全长 46.5km，管道公称直径 12in。另有一条油、气、水混输管道由歧口 17–3 井口平台（WHP2）到歧口 18–1 集输平台，全长 16.1km。

（五）天然气压缩

在歧口 18–1 的 WHP1 平台的中层甲板上安装有二台天然气压缩机橇，该橇的主要作用是将来自歧口 18–1 和歧口 17–3 及歧口 17–2 的石油伴生气增压后经三甘醇脱水系统脱水和 46.5km 的海底管道送至塘沽陆上终端处理厂。

天然气压缩机橇的工作能力是按渤西油田群（歧口 18–1、歧口 17–3、歧口 17–2 等油田）天然气产量最大年份且两台全部投入工作而设计的。

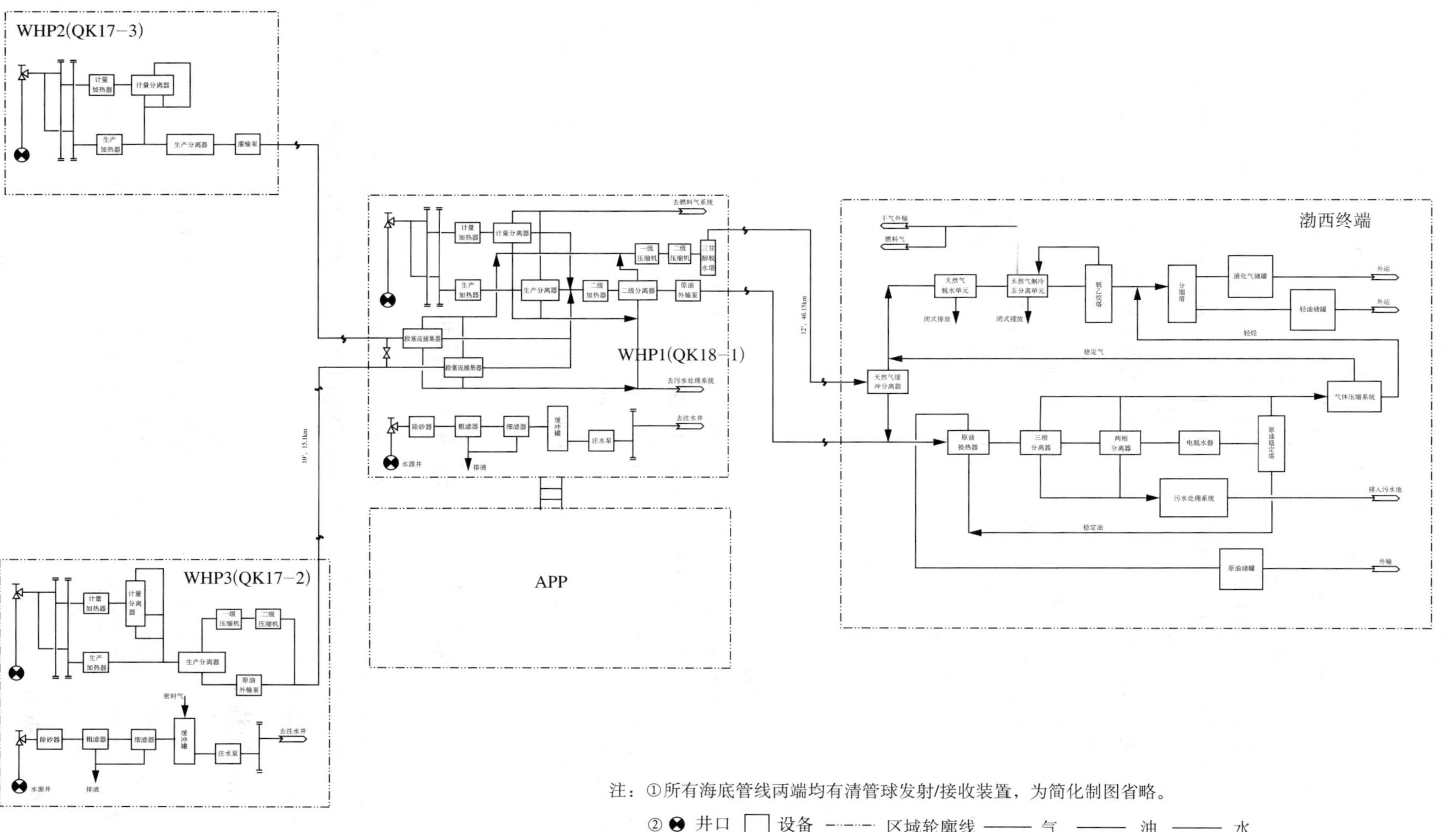

注：①所有海底管线两端均有清管球发射/接收装置，为简化制图省略。

②⊗ 井口 □ 设备 ---- 区域轮廓线 —— 气 —— 油 —— 水

图 4-1　渤西油田群总体工艺流程图

（中国海洋石油渤海公司，1994 年）

橇内主要设备有：往复式压缩机一台，功率为596560W的防爆电机一台，洗涤器二台，气体缓冲瓶四个，气体冷却器二台，滑油冷却器一台，油箱一个，现场控制盘一个。

（六）安全逃生

歧口18–1平台由APP生活动力平台、WHP1井口平台组成。APP与WHP1由栈桥联接。平台安全系统的主要目的是为了保障正常生产、防止任何意外事故的发生；一旦事故发生，可立即作出反应并采取相应措施以保护平台上人员、设备、油井以及周围环境的安全。

安全系统的设计基于对平台的安全分析，分析可能发生的意外事故的起因和可能产生的后果，以确定采取的必要措施和控制。歧口18–1油田生活动力平台与井口平台分开设立，这样就减小了危险因素的集中程度。平台总体安全合理是保障平台安全的一个重要因素。

当火灾或可燃气体探测器探测到火灾或可燃气体泄漏时，火灾盘发出相应的报警、现场确认，如确认有事故发生，手动启动相应消防设备。

逃生路线是为平台上全体人员提供的一条安全迅速的撤离路线。在平台上任何地点至少要提供两条不同方向的逃生路线，在逃生路线上应无任何障碍，所有逃生路线都能到达安全区域或到达救生设备处。在逃生路线上的各种门均应向逃生方向打开，平台上各主逃生通道至少应有1m宽，生活区内不允许设有长度7m，而一端不通的走廊等。

（七）陆上终端

地理位置：天津市塘沽区西沽潮音寺西南

投产时间：1997年11月27日

占地面积：146746m^3

渤西油气处理厂生产处理能力

天然气处理能力：$40\times10^4Sm^3/d$（预留一套，$40\times10^4Sm^3/d$处理能力）

原油处理能力：$50\times10^4t/a$（二期扩展到$80\times10^4t/a$的处理能力）

污水处理能力：一期：$60\times10^4m^3/a$，二期：$92\times10^4m^3/a$

各类储罐：5000m^3合格油油罐，2具；500m^3不合格油油罐，1具；500m^3污水除油罐，1具；300m^3斜管除油罐，2具；200m^3污水外输罐，1具；1600m^3消防水罐，2具；650m^3液化气储罐，2具；200m^3轻油储罐，2具。

第三节 工程项目实施

由中海石油工程设计公司承担的渤西油田群联合开发一、二期海上工程项目，由陈文金任项目经理，自1994年3月接受设计任务，历时4年，先后完成了概念设计、基本设计和详细设计及现场施工、调试、投产技术服务等各阶段的工作。

一、工程设计主要里程碑

中海石油工程设计公司受甲方中海石油渤海公司委托承担渤西油田群联合开发一、二期海上工程的全部设计工作，在该项目工程设计和建设长达4年的时间内，全体设计人员同心协力，精心设计，与甲方和施工单位密切合作，按期保质完成了各阶段的工作任务，攻克了一个个技术难点，为中、小边际油田经济、有效、快速地开发走出了一条新路。

（一）概念设计和ODP编制

1994年2月至1994年7月，完成一、二期海上工程概念设计和ODP报告工程部分的编制工作。在此阶段确定了以歧口18–1油田为中心，滚动接替的开发方式，联合开发渤西南体系的中小边际油田的半海半陆工程方案。

（二）专题研究

1994 年 8 月至 1995 年 5 月，完成渤西油田群联合开发总体工程专题研究工作。在此阶段按照总公司和渤海公司的要求，设计公司完成了以下专题研究：

50 万吨和 100 万吨油田设计能力的对比、论证；岐口 18–1 油田合格原油管输至曹妃甸 1–6 油田和渤中 28–1 单点和 FPSO 改造全海式方案的研究；渤西油田群开发工程基础数据专题研究；天然气输送和注水工艺流程方案研究；渤西原油及乳状液热处理试验研究：海底管道结构设计的专题研究：近岸段铺设方案专题研究；海底单层保温管道可行性研究；海底管道电阻焊管（ERW）可行性的专题研究。

（三）基本设计

1995 年 2 月至 1995 年 6 月完成渤西油田群联合开发一、二期海上工程基本设计和导管架详细工作。在基本设计阶段确定了渤西油田群原油集输处理能力 80×10^4t/a，天然气集输能力 100×10^4m^3/d 的设计规模。

（四）详细设计

1995 年 9 月至 1996 年 5 月，完成渤西油田群联合开发一、二期海上工程详细设计和设备材料的采办配合工作。在详细设计阶段，设计项目组除了完成渤西油田群一、二期海上工程的三个生产平台组块、二个生活组块和三条长输管道的全部详细设计工作之处，还承担了三百余台套各类设备从技术标书的编制、技术评价、技术澄清、合同谈判、签约及厂商图纸审查全过程的采办配合工作。

（五）现场技术服务

1996 年 6 月至 1997 年 12 月，在长达一年半的施工技术服务工作中，设计项目组进行了大量的详细设计后补“天窗”的设计工作，并完成了全部设备预调试、海上连接系统调试和投产各阶段全过程的技术支持。

二、新技术的采用

针对渤西油田群的特点和开发工程方案的要求，为了更加经济、有效地开发渤西这样中、小边际油田群，此次渤西油田群一、二期海上工程设计工作中，广大设计人员改变观念，集思广益，大胆地采用了以下多项新技术：

（1）在国内海洋石油领域首次使用工程的新技术：

① 8in × 16km 平台间油气水混输工艺和结构；

②多相混输泵和配套设施的使用。

（2）在渤海湾范围内首次使用的新技术：

①大型模块的设计、滑移装船、吊装；

② ERW 管的使用；

③三甘醇脱水工艺和干气输送工艺。

第四节　工程项目管理

渤西海上工程（一期）项目由中海油总公司批准于 1995 年 1 月正式启动，工程项目按时于 1997 年 12 月建成并投产。

渤西海上一期工程属于渤西油田群联合开发项目的主要工程，从项目开始直到项目结束，项目组紧紧抓住对工程的三大控制。工程质量符合国际、国家标准，并获得了第三方检验机构 DNV 和 CCS 证书，以及总公司颁发的海上作业许可证。

渤西海上工程按照中海油总公司的要求具体体现了“三新三化”，其突出的特点就是平台组块的大型化。

一、项目管理组织机构

根据中海油总公司颁发的管理规定，结合渤西海上工程的工作内容和工作量以及渤海公司现实条件组建了项目组。项目组以工程部人员为主，并聘用了公司内外一部分技术人员组成。机构设置分确定和实施二个阶段，并按各阶段项目组的主要工作内容确定。在项目确定阶段，项目组设 7 个部，以技术专业划分部门。而在项目实施阶段，项目组则设 9 个部，增加了施工管理部门。

上述组织机构在实际执行中又做了以下局部的调整：

(1) 1995 年 6 月，公司决定将项目组分为海上工程、陆上终端二个独立项目组。海上工程由孙德刚任项目经理，解东山任项目副经理，陆上终端由姚德彬任项目经理，属于终端专业的部门和人员都划归新成立的终端项目组。

(2) 在实施阶段建造部门增加了 QC 检验员 6 名，负责施工现场质量检验。渤海公司对自营开发工程项目的管理都是采用项目加矩阵的管理模式，渤西海上工程项目也不例外，仍是以项目组为主体，采办、财务、行政等用矩阵方式对工程实行全面的管理。

与过去做法稍微不同的是：按渤海公司新改革的体制分工，工程项目组的职责是从基本设计开始，而不是从前期研究阶段开始。在矩阵管理范围上又有所扩展。例如渤海公司对合同的统一管理以及中海油总公司对采办的统一管理等。

二、项目管理的运行

（一）设计审查

海上工程的设计与项目划分的三个阶段相对应也分为三个阶段。除了在前期研究阶段已经完成的概念设计以外，在项目的确定阶段还要进行并完成基本设计，实施阶段进行并完成详细设计和加工设计。设计在工程中占据着相当重要的地位，因而项目管理的重点是如何管理好设计，如何把好对设计的审查关。

对设计的审查，项目组都是根据项目管理的有关规定、程序、原则进行的。审查的要点偏重在以下几个方面：

油公司（甲方）所定的原则和要求，在设计中是否予以考虑和体现；重要环境、生产原始数据；ODP 报告中需再论证和调整的方案；设计使用标准；在基本设计阶段要确定的方案；重要计算结果；主要设备、材料的技术规格要求；设备的国产化。

为了将油公司的思路和要求贯穿于设计之中，项目组的首要任务就是与设计保持着紧密的联系，做好两件事：一是正确传达油公司的会议决定和领导指示；二是具体落实解决办法并监督实施。

从审查情况来看，设计均能体现和满足油公司所定的方案、原则和规定。经过项目组与设计人员的密切合作和共同研究，使设计不断优化，确立了组块整体吊装，取消备用发电机，减小设备备用系数，简化自动化控制，海底管线选用 ERW 管等方案，使设计为整个工程的有效控制奠定了基础。

（二）采办控制

渤西海上项目对采办仍采用矩阵式管理，项目采办的全部业务均由公司采办部负责实施。与过去不同点：一是在项目组设置了一名采办代表，在项目组集中办公，承担和负责安排采办工作以及与采办部的联络；二是纳入国家规定统一招标的通讯设备、UPS、电缆等，上交国家主管部门管理；三是国内外主要设备的招标、评标、授标按照中海油总公司的集中采办新规定，由中海油总公司直接管理、运畴和控制。

采办业务的运行，原则上仍采用招标方式，货比三家。中海油总公司内部承包单位，属议标的，一般通过向有关局外厂家咨询，以商定合理价格。

（三）国产化

渤西海上工程的各个设计阶段、设备材料采办以及预制安装施工等全过程，其国产化的推进工作一直受到各级领导和广大技术人员的高度重视，并取得了新的进展。主要体现在以下方面。

（1）国产化率又有提高：渤西歧口 18-1 和歧口 17-3 油田海上工程设备共计 307 台套，有 233 台套为国内产品，国产化率为 76%。

（2）开拓新的国产化领域：渤西海底管线的钢材，由于质量要求比较高，若按常规，一般应为进口钢材。而这一次实现了国产化，使平台间海底管线的 8in 直径内管国产化成功，开拓出国产化的新领域，并使海底管线钢材国产化率达到 8.4%，实现了零突破。同时，工艺橇块首次实现了全部国产化。

（四）质量、进度控制

1. 质量

工程质量由三级控制：承包单位、项目组、DNV 或 CCS。项目组内设专职质保人员和机构负责工程的质量管理，并前后聘雇了 6 名专职检验人员充实现场具体检验，施工单位的报检都由他们现场检验确认。

渤西海上工程设施全部经 DNV 和 CCS 检验合格，并取得 DNV、CCS 的质量检验合格证书。

2. 进度

进度控制历来是项目管理的重点，尤其对渤西海上工程来讲更是一大难关。难就难在工作量太大，工期太紧。中海油总公司规定渤西海上歧口 18-1 油田建成投产日期为 1997 年 11 月 30 日。面对严峻的工期进度问题，项目组采取了以下措施：大型组块整体预制吊装；歧口 18-1 先钻井后装导管架；先完井、后装组块；海上联接支持船为“渤九”和“自立”号。这些措施对完成进度计划起到了保证作用。

渤西海上工程按时建成投产：歧口 18-1 工程设施于 1997 年 10 月 30 日机械完工，11 月 27 日开井投产。比原计划分别提前了 3 天。工程总工期共 35 个月。

附　录

附录一　附　图

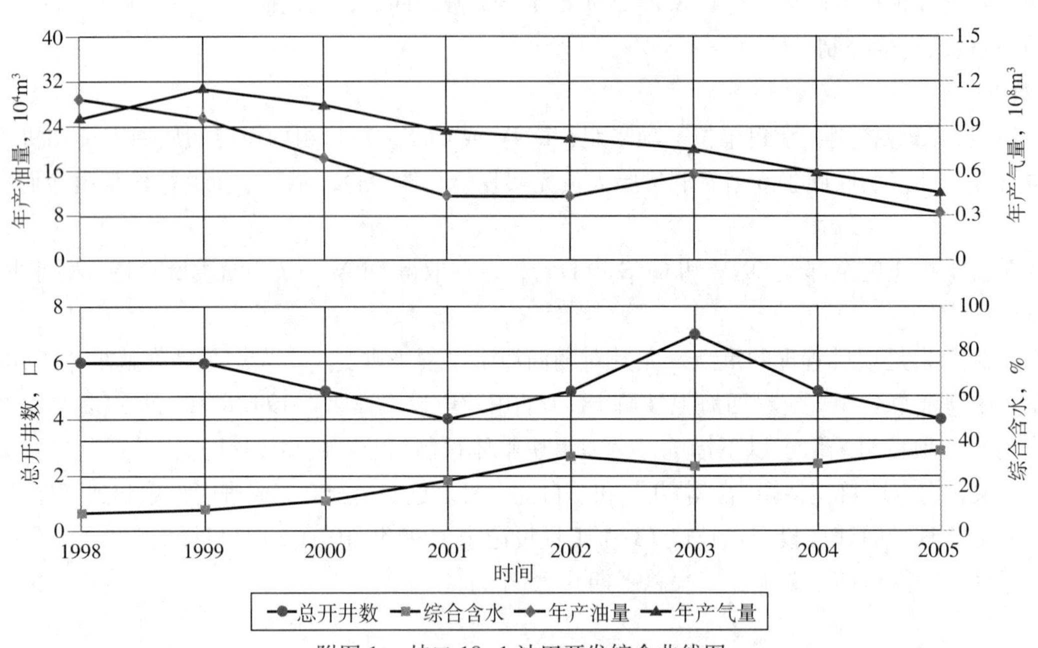

附图 1　岐口 18–1 油田开发综合曲线图

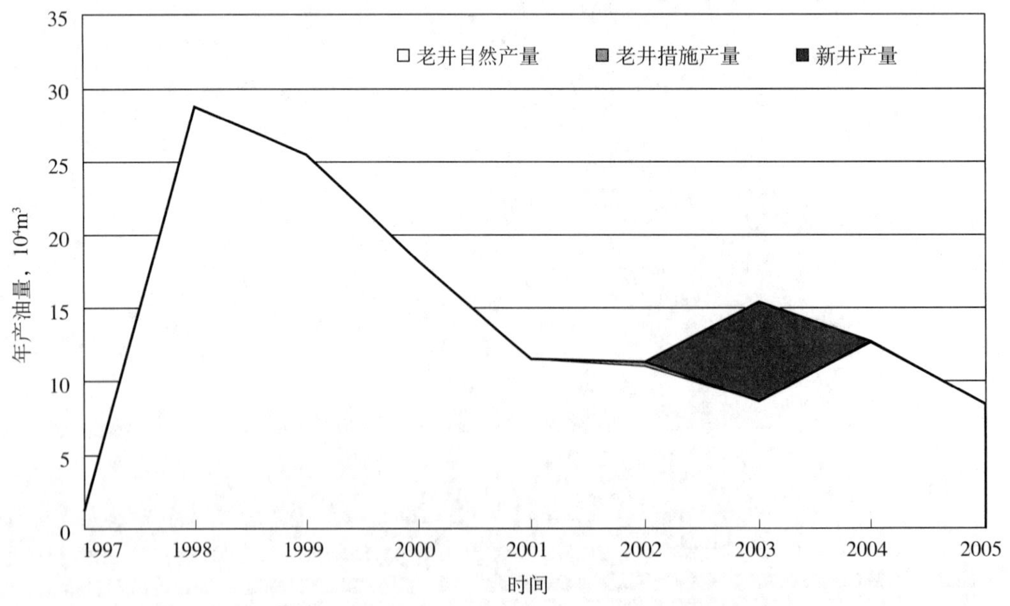

附图 2　岐口 18–1 油田历年产量构成曲线图

附录二　附　表

附表 1　歧口 18–1 油田地质综合数据表

层位	埋藏深度 m	有效厚度 m	含油面积 km^2	地质储量 10^4m^3	油气藏类型	孔隙度 %	渗透率 mD	原始地层压力 MPa	原油密度 g/cm^3	天然气甲烷含量 %	地层水矿化度 mg/L	地层水水型
Es	3150	80	5.2	1208	构造层状 + 少数构造岩性	18	100	30.5	0.835	80	8884	$NaHCO_3$

附表 2　歧口 18–1 油田历年开发综合数据表

时间	动用地质储量		采油井数口		产油量		采油速度 %	采出程度 %	综合含水 %	注水量	
	油 10^4m^3	气 10^8m^3	总井	开井	年 10^4m^3	累计 10^4m^3				年 10^4m^3	累计 10^4m^3
1997	1208	27.15	6	5	1.3	1.3	0.1	0.1	0.1	—	—
1998	1208	27.15	6	6	28.7	30.0	2.4	2.5	8.3	—	—
1999	1208	27.15	6	6	25.4	55.4	2.1	4.6	9.7	—	—
2000	1208	27.15	6	5	18.3	73.6	1.5	6.1	13.7	—	—
2001	1208	27.15	6	4	11.6	85.2	1.0	7.0	22.6	—	—
2002	1208	27.15	6	5	11.4	96.5	0.9	8.0	33.3	—	—
2003	1208	27.15	8	7	15.4	111.9	1.3	9.3	28.8	—	—
2004	1208	27.15	8	5	12.7	124.5	1.0	10.3	30.4	—	—
2005	1208	27.15	7	5	8.5	133.1	0.7	11.0	36.2	6.70	6.70

附录三　领导人名录

歧口 18–1 油田总监：

1997 年 11 月　钱巨丰　刘俊涛

2000 年 5 月　刘俊涛　刘　海

2001 年 3 月　刘俊涛　陈宝林

2003 年 7 月　陈宝林　刘锡宝

附录四　获奖项目

项 目 名 称	获奖等级	获奖时间	项目主要完成者
渤西中小油田群联合开发研究	中国海洋石油总公司公司科技进步三等奖	1996	沈松宁、孙福街、刘　英
渤西油田群总体开发方案	渤海石油公司科技进步一等奖	1996	杨培兰、肖启唐、梁惠文、丁九亮、张作启
渤海的快速钻井技术及其应用	国家科技进步二等奖	1998	王稼祥、周守为、曹式敬、方长传、王爱国、王长利、李　勇、董星亮、李自立
关于建设渤西转运站的建议	渤海石油公司科技进步一等奖	1998	周守为、刘宗芳、杨培兰、张作启、余俊雄
渤西油田一期工程建设项目管理与投产技术	渤海石油公司科技进步一等奖	1999	刘宗芳、周守为、孙德刚、陈　明、姚德彬

附录五　征引文献

文 献 名 称	作　者	时间	出版社或现存地
渤海油田志	《渤海油田志》编辑委员会	1992	天津人民出版社
中国海洋石油总公司志	《中国海洋石油总公司志》编辑委员会	1999	改革出版社
中国石油钻井　中国海油卷	《中国石油钻井　中国海油卷》编委会	2001	石油工业出版社
海上采油工程手册	《海上采油工程手册》编委会	2000	石油工业出版社
中国海洋石油高新技术与实践	《中国海洋石油高新技术与实践》编辑委员会	2005	地质出版社

编纂始末

《歧口 18−1 油田志》属于《中国油气田开发志 · 渤海油气区油气田卷》中的简写油田志之一。2008 年 7 月《中国油气田开发志》渤海油气区油气田卷编纂启动会召开，会议由编纂委员会常设联系人王力群主持，会上渤海油气区油田志示范篇《埕北油田志》作者张敏娟详细介绍了开发志油气田卷的编纂要求。通过学习《中国油气田开发志》总编纂委员会指导文件，在参考《胜坨油田志》、《大民屯油田志》、《涠洲 11−4 油田志》、《陆丰 22−1 油田志》四个示范篇的基础上，搜集整理资料，开始编纂工作，2009 年 8 月完成了《歧口 18−1 油田志》初稿，志书由天津分公司渤海勘探开发研究院渤西生产项目经理王为民审核。

《中国油气田开发志 · 渤海油气区油气田卷》编纂委员会一级审查组于 2010 年 3 月 4 日在中海石油（中国）有限公司天津分公司海洋石油大厦 B 座 A203 召开《歧口 18−1 油田志》（一审稿）评审会，由中海石油（中国）有限公司天津分公司渤西作业区生产安全经理余俊雄主持，专家张敏娟和渤海油田勘探开发研究院渤西生产项目经理王为民等参加了评审会。按照《中国油气田开发志 · 油气田篇》编纂内容和要求，专家对《歧口 18−1 油田志》由概述、大事记、专志四章和附录七部分的组成结构予以肯定。提出了强化油田历史地位、业绩与贡献，增加油田快速钻井内容，将注水内容单独列为第三章第四节等修改建议。参照专家修改建议，编纂组人员查阅了更多的资料，于 2010 年 3 月上旬完成《歧口 18−1 油田志》第二稿。

2010 年 3 月 12 日中海石油（中国）有限公司天津分公司生产部油藏经理赵利昌在天津经济技术开发区滨海建国大酒店主持召开《歧口 18−1 油田志》（二审稿）评审会，中国海洋石油有限公司开发生产部综合经理许红和专家曹文贤、徐启兴、汪志勇、刘英、宫薇、温哲华、王力群等参加了审查会。专家提出开发过程控制的动态监测部分应按时间顺序纵写和可将正文中记述的开发技术政策记入大事记中等建议，会后参照专家修改建议，进行修改，于 3 月下旬完成了《歧口 18−1 油田志》第三稿并于 2010 年 4 月 20 日通过三审验收。

《歧口 18−1 油田志》分为七个部分，其中概述由祁秀丽编写；大事记由祁秀丽编写；第一章由祁秀丽、苏进昌编写；第二章由祁秀丽、刘瑞果编写；第三章由郭剑、于喜艳、吴东明编写；第四章由丁九亮、兰峰、余俊雄、施永忠编写；附录由祁秀丽、余俊雄编写；全书由祁秀丽统稿。张敏娟、石静、苏进昌搜集、整理、提供了大量资料。

在本志的编纂过程中得到《中国油气田开发志》中国海洋石油总公司编纂委员会和《中国油气田开发志》渤海油气区编纂委员会的悉心指导，采油工程院档案馆和渤海石油档案馆在提供编纂资料方面给予了大力支持，在此表示衷心的感谢。

《歧口 18−1 油田志》编纂组

2010 年 4 月

编号：26–015

曹妃甸 11–3/5 油田志

《曹妃甸 11–3/5 油田志》编纂组　编

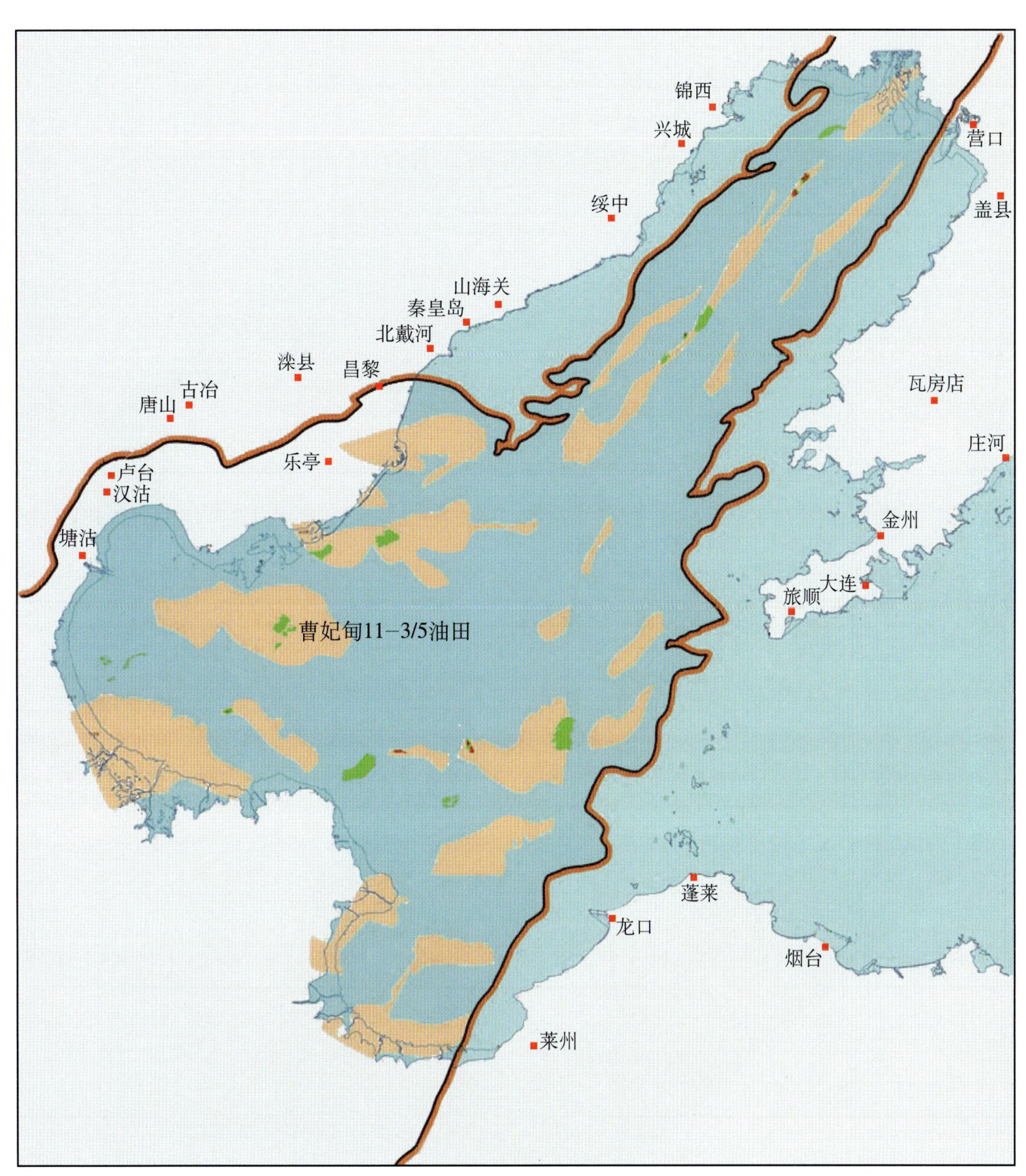

曹妃甸 11−3/5 油田地理位置图

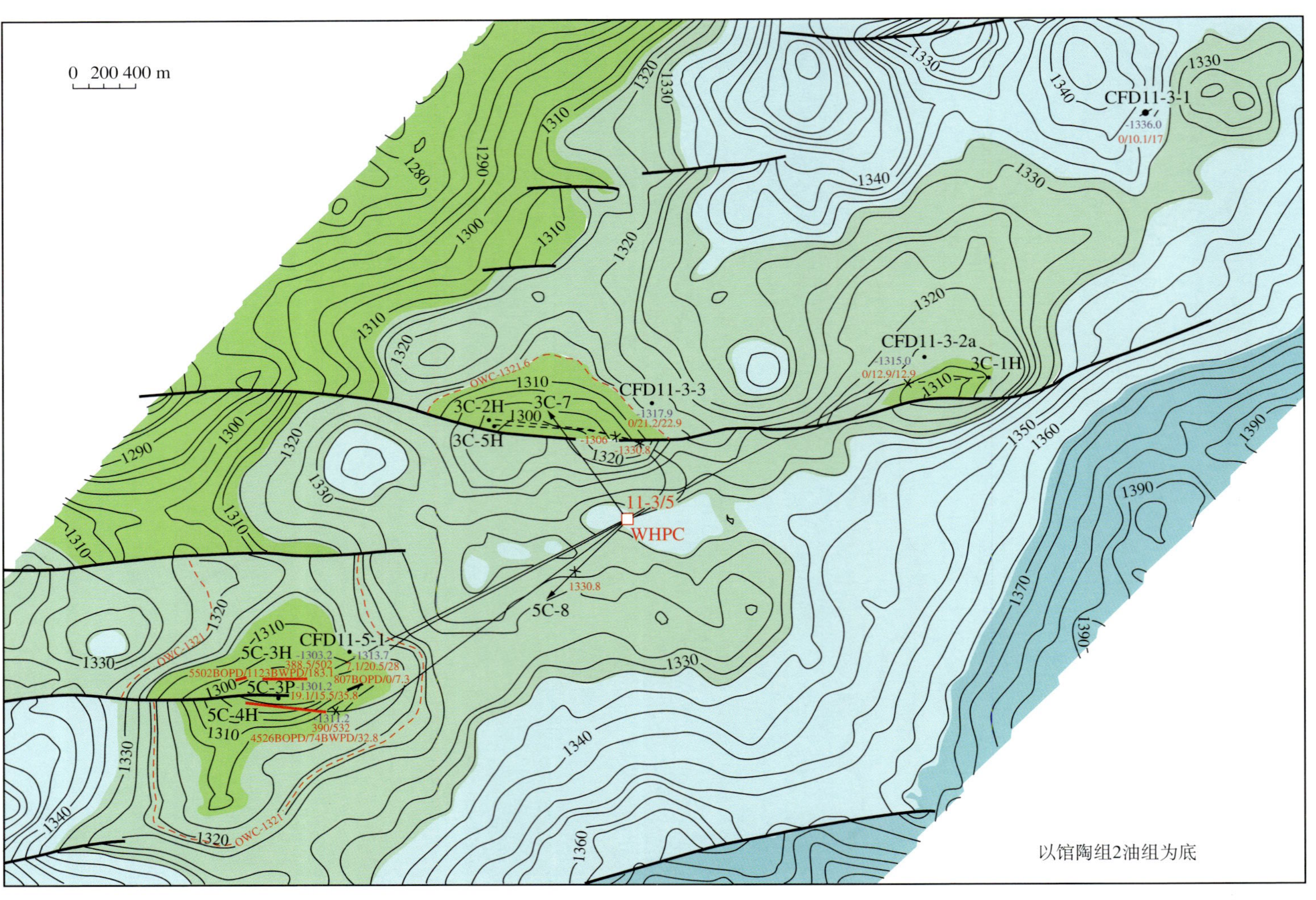

曹妃甸 11−3/5 油田构造井位图

（天津分公司科麦奇联管会，2005 年，5C−08 井钻后）

曹妃甸 11—3/5 油田生产系统示意图

（摘自 2005 年度工程设施汇编）

《曹妃甸 11—3/5 油田志》编纂组

刘丽芬　范海燕　兰利川　马　超　吴智文　翟慧颖

《曹妃甸 11—3/5 油田志》审核人员

曹文贤　徐启兴　汪志勇　吴成浩　李树宽　温哲华
赵利昌　宫　薇　刘　英　王力群　张敏娟　孙景耀

本志目录

概　述

曹妃甸 11–3/5 油田属中国海洋石油总公司在渤海湾开发建设的油田，油田所在的渤海 04/36 区块是由中国海洋石油总公司和科麦奇中国石油有限公司及莫菲太平洋地区有限公司（科麦奇中国石油有限公司和莫菲太平洋地区有限公司简称为“外国合同者”）于 1994 年 8 月 17 日在北京签订石油合同，并在中华人民共和国矿区管理局登记的合作勘探区块。2004 年 11 月 10 日，科麦奇中国石油有限公司及能源资源公司作为原签字方或石油合同中外国合同者所有参股权益的继承者，与中国海洋石油总公司共同签订了渤海 04/36 合同区曹妃甸 11–3/5 油田开发补充协议，由科麦奇中国石油有限公司担任作业者至 2012 年 12 月 31 日。中国海洋石油总公司、科麦奇中国石油有限公司及能源资源公司的参股比例分别为 51.00%、40.09% 和 8.91%。

一

曹妃甸 11–3/5 油田位于渤海湾西部海域，西北距塘沽 95km，东北距大连 240km。西北距曹妃甸 11–1 油田 3km，西南距曹妃甸 11–2 油田约 4km，东距曹妃甸 11–6 油田 10km。曹妃甸 11–3/5 油田所在的海域平均水深 25m，年平均气温 10.5℃，平均浪高 3.3m。海况条件对开发工程较为有利。

曹妃甸 11–3/5 油田位于沙垒田凸起东南部。沙垒田凸起呈东西走向，其最高部位位于曹妃甸 11–1 油田西北。曹妃甸 11–3/5 油田划分为曹妃甸 11–3 和曹妃甸 11–5 两个区块，二者之间发育一条贯穿油田范围东西走向的断层，曹妃甸 11–3 区块位于断层的上升盘，南侧以断层为界，北侧呈斜坡向下倾伏；曹妃甸 11–5 区块位于断层下降盘的南部构造高点。

曹妃甸 11–3/5 油田储层发育于新近系的明化镇组和馆陶组。曹妃甸 11–3/5 油田的明化镇组下段和馆陶组储层都呈现正韵律沉积特征，向上逐渐变细，泥岩多为灰绿色。馆陶组地层为辫状河沉积，明化镇组下段地层为曲流河沉积。明化镇组下段和馆陶组自上而下各划分为 4 个油组。馆陶组 1 油组和 2 油组是曹妃甸 11–3/5 油田的主力开发层系。

曹妃甸 11–3/5 油田储层埋藏较浅，岩性疏松，孔隙发育，连通性较好，具中—高孔渗特征。明化镇组下段孔隙度分布在 26% ～ 34%，平均孔隙度为 28%；渗透率分布在 100 ～ 2000mD，平均渗透率为 1137mD。馆陶组孔隙度分布在 26% ～ 34%，平均孔隙度为 30%；渗透率分布在 100 ～ 3000mD，平均渗透率为 2612mD。

曹妃甸 11–3/5 油田具有正常的压力系统，地层压力梯度为 1.0MPa/100m，油藏中部压力为 13MPa；油田的温度梯度为 5.8℃ /100m，油藏中部温度 90℃。

曹妃甸 11–3/5 油田油藏类型受构造和岩性双重控制，以层状构造油藏和岩性构造油藏为主。

曹妃甸 11–3 区块馆陶组地面原油密度为 0.865 ～ 0.940g/cm^3，地面原油黏度为 5.2 ～ 16.1mPa·s。曹妃甸 11–5 区块明化镇组下段地面原油密度为 0.974 ～ 0.979g/cm^3，地面原油黏度为 295.1 ～ 296.3mPa·s；馆陶组地面原油密度为 0.943g/cm^3，地面原油黏度为 32.3 ～ 33.9mPa·s。

曹妃甸 11–3 区块馆陶组地层原油密度为 0.823 ～ 0.883g/cm^3，饱和压力为 2.8 ～ 6.0MPa，溶解气油比为 7 ～ 15m^3/m^3，地层原油黏度为 2.1 ～ 12.8mPa·s。曹妃甸 11–5 区块明化镇组下段地层原油密度为 0.940 ～ 0.947g/cm^3，饱和压力为 3.9MPa，溶解气油比为 6 ～ 8m^3/m^3，地层原油黏度为 140.0 ～ 243.2mPa·s；曹妃甸 11–5 区块馆陶组地层原油密度为 0.908 ～ 0.912g/cm^3，饱和压力为 2.9MPa，溶解气油比为 6m^3/m^3，地层原油黏度为 31.2 ～ 34.3mPa·s。

曹妃甸 11–3/5 油田明化镇组下段溶解气平均相对密度为 0.571，甲烷含量分布在 97.18% ～ 99.01%，平均含量为 98.01%。馆陶组溶解气平均相对密度为 0.626，甲烷含量分布在 87.80% ～ 98.22%，平均含量为 91.78%。所有气样均不含硫化氢。

馆陶 1 油组和馆陶 2 油组上段储层的水体能量充足。明化镇组油藏的砂体分布范围较小，平均厚度也较薄，水体能量有限。

二

1994 年 8 月，中国海洋石油总公司和科麦奇中国石油有限公司签订了渤海 04/36 区块石油合同。以科麦奇中国石油有限公司为作业方，开始了合作勘探。2000 年，科麦奇中国石油有限公司对沙垒田凸起又进行了高分辨率三维地震资料的采集，并进行了处理和解释。

2002 年 5 月，在曹妃甸 11–3 构造钻探了 CFD11–3–1 井。CFD11–3–1 井距曹妃甸 11–1 油田东南 4km，井深 1805.9m。根据 CFD11–3–1 井的测井解释成果，在新近系馆陶组共钻遇油层 10.4m，在明化镇组共钻遇油层 1.7m，从而标志着曹妃甸 11–3/5 油田的发现。但鉴于油层过薄均未进行钻杆地层测试（DST）。为进一步探明曹妃甸 11–3 区块的构造轮廓、圈闭类型和油气分布等，在 CFD11–3–1 井西南的构造高部位先后钻了 2 口评价井（CFD11–3–2 井和 CFD11–3–3 井）。在 CFD11–3–2a 井的馆陶组地层（深度为 1414 ～ 1419m）进行了一次钻杆地层测试，测试日产油为 70m^3。钻井和测试结果说明，曹妃甸 11–3 区块馆陶组发育有具有商业开发潜力的油气藏。

2003 年 5 月，在曹妃甸 11–5 区块钻探了 CFD11–5–1 井，钻井井深 1770.0m。在馆陶组和明化镇组下段钻遇油层，测井解释油层厚度分别为 11.2m 和 41.4m。馆陶 1 油组测试日产油为 42 ～ 133m^3，平均 80m^3，不含水；明化镇油组测试日产油为 17m^3，不含水。

取得勘探成功之后，科麦奇中国石油有限公司成立了曹妃甸 11–3/5 油田储量研究项目组，由 Joe M. Martin 担任项目组组长。2004 年 1 月，项目组完成曹妃甸 11–3/5 油田地质特征研究和油气储量评价的初步工作。为顺利完成储量申报工作，并确保油田尽快投产，中海石油（中国）有限公司天津分公司于 2004 年 2 月成立了曹妃甸 11–3/5 油田储量评价项目组，曹妃甸 11–3/5 油田的储量评价工作由中海石油（中国）有限公司天津分公司技术部开发总师郭太现全面负责。技术部物探总师刘春成，首席工程师吕洪志、刘英，资深工程师施亚洲，计划财务部经理全昌胜分别为开发地震、岩石物理、油藏工程、油田地质和经济评价专业的技术负责人。项目组重点完成了曹妃甸 11–3/5 油田的构造特征、油气分布和油藏特征的补充研究。这些研究结果结合了科麦奇中国石油有限公司的前期研究工作，于 2004 年 5 月完成《曹妃甸 11–3/5 油田新增油气探明储量报告》的编制。

2004 年 6 月，天津分公司向国土资源部提交该油田的新增油气探明储量报告并通过了审查，批准曹妃甸 11–3/5 油田叠合含油面积 7.20km^2，探明石油地质储量 1306.00×10^4t（1394.00×10^4m^3），探明溶解气地质储量 1.17×10^8m^3；控制石油地质储量 1649.00×10^4t（1744.00×10^4m^3），控制溶解气地质储量 1.42×10^8m^3。

大事记

1994 年

8 月 中国海洋石油有限公司和科麦奇中国石油有限公司及莫菲太平洋地区有限公司在北京签订曹妃甸 11–3/5 油田所在的 04/36 合同区石油合同。

2002 年

5 月 钻探井 CFD11–3–1 井，在新近系馆陶组和明化镇组地层分别钻遇油层 10.4m 和 1.7m，标志着曹妃甸 11–3/5 油田的发现。

2004 年

6 月 曹妃甸 11–3/5 油田新增探明储量报告通过国土资源部审查。

11 月 10 日 中国海洋石油总公司与科麦奇中国石油有限公司、能源资源公司签订中国渤海湾 04/36 合同区曹妃甸 11–3/5 油田开发补充协议。

2005 年

2 月 17 日 中国海洋石油总公司投资委员会审查批准了曹妃甸 11–3/5 油田总体开发方案。

3 月 26 日 曹妃甸 11–3/5 油田导管架运抵现场开始海上安装。

4 月 2 日 曹妃甸 11–3/5 油田导管架海上安装完毕。

5 月 8 日 曹妃甸 11–3/5 油田开始钻开发井。

7 月 6 日 曹妃甸 11–3/5 油田投产。

10 月 曹妃甸 11–3/5 油田总体开发方案实施阶段钻井任务结束。

第一章

油 田 开 发

2004 年 11 月 10 日，中国海洋石油总公司与科麦奇中国石油有限公司和能源资源公司签订渤海 04/36 合同区曹妃甸 11–3/5 油田开发补充协议。在储量研究的基础上，2005 年 1 月，中国海洋石油总公司与科麦奇中国石油有限公司共同编制完成了《曹妃甸 11–3/5 油田的总体开发方案》。2005 年 2 月 17 日，中国海洋石油总公司投资委员会审查批准了总体开发方案。

馆陶 1 油组和 2 油组是曹妃甸 11–3/5 油田开发的主力油层。在总体开发方案中，设计水平生产井 4 口，分别部署于曹妃甸 11–5 区块的馆陶 1 油组砂体和曹妃甸 11–3 区块的馆陶 2 油组砂体。馆陶组储层为厚层辫状河沉积砂体，水体能量充足，因此，方案设计采用天然水驱开采方式。初期年产原油为 $58.4 \times 10^4 m^3$，生产 16 年将累计采油 $382.4 \times 10^4 m^3$，综合含水 95.3%，油田采收率为 21.5%。

2005 年 5 月 12 日，曹妃甸 11–3/5 油田开发井钻井工作正式启动，分两批完成了总体开发方案设计的 4 口水平井，并相继投入生产，依次投产井号为 CFD11–3C–2H、CFD11–5C–3H、CFD11–3C–1H 和 CFD11–5C–4H。

根据随钻地质认识，在曹妃甸 11–3 区块馆陶 3 油组和曹妃甸 11–5 区块明化镇组下段 1066 砂体各新增的一口水平生产井，井号分别为 CFD11–3C–5H 井和 CFD11–5C–6H 井，于 2005 年 10 月完钻并投产。为满足油田生产水处理的需要，在 2005 年 9 月份完成了 2 口污水回注井。

2005 年 10 月，曹妃甸 11–3/5 油田开发井实施完成。曹妃甸 11–3/5 油田共完钻 8 口井，累计进尺 17948m。主要油层段分布在馆陶组 1 油组、馆陶 2 油组、馆陶 3 油组和明化镇组下段。

2005 年 7 月 6 日，曹妃甸 11–3/5 油田第一口开发井投产，截至 2005 年 12 月 31 日，共有开发井 8 口，其中生产井 6 口，全部为水平井，2 口定向污水回注井。生产井开井 6 口，油田日产水平为 $1502m^3$，平均单井日产油 $250m^3$，综合含水 42%，生产气油比 $11m^3/m^3$。累计产油 $27.53 \times 10^4 m^3$，采出程度 2.08%，2005 年年采油速度 2.08%。

第二章

钻采与海洋工程

第一节　钻完井工程

2005 年 1 月，中国海洋石油总公司与科麦奇中国石油有限公司共同编制完成了《曹妃甸 11–3/5 油田的总体开发方案》。2005 年 2 月 17 日，中国海洋石油总公司投资委员会审查批准了总体开发方案钻完井工程部分。曹妃甸 11–3/5 油田设计有一座平台（WHP–C），共 12 个井槽，槽口分布方式为 3×4，井槽间距为 1.8m×2.0m。2005 年 5 月，一期设计的 4 口水平井开钻。这 4 口井利用自升式悬壁钻井船（油盛号）就位平台导管架进行钻完井作业，采用批钻批完的作业方式以提高作业效率。钻井过程中使用贝克休斯公司的 LWD 旋转导向工具来提供地质导向作用和控制井眼轨迹。

根据曹妃甸 11–1 油田水平井的钻井经验，曹妃甸 11–3/5 油田的水平段继续选用无固相油气层钻井液。完井液使用甲酸盐和氯化钾清洁盐水，固井作业中采用低密度水基泥浆，固井成功率达到 100%，没有发生因固井质量不合格而造成的水窜问题。

另外，在水平井的完井方式上也借鉴了曹妃甸 11–1 油田的经验，曹妃甸 11–3/5 油田的水平井均采用为裸眼砾石充填，$8^1/_2$in 井眼内下入 $5^1/_2$in 优质筛管，配合 20/40 目陶粒充填，并根据水平段长度增加使用 Beta Breaker 工具，以降低循环充填摩阻，提高充填效率。开发井投产后未出现任何出砂现象。

水平井设计为单层合采管柱。合采管柱设计简单，而且配合油藏保护阀（RC–1 阀）和罐装电潜泵系统（Can ESP）的应用，有利于防止漏失且延长电泵使用寿命。

一期 4 口水平井作业结束后，科麦奇中国石油有限公司又以相同的钻完井工艺钻了 2 口水平生产井和 2 口污水回注井。2005 年 10 月，曹妃甸 11–3/5 油田 8 口井的作业顺利结束。6 口水平井钻完井作业时间共 142.56 天，平均单井作业时间为 23.76 天；2 口污水回注井作业时间共 22.97 天，平均单井作业天数为 11.48d。6 口水平生产井均下入罐装电潜泵系统（Can ESP）。

第二节　采油工程

2005 年 1 月，中国海洋石油总公司与科麦奇中国石油有限公司共同编制完成了《曹妃甸 11–3/5 油田的总体开发方案》。2005 年 2 月 17 日，中国海洋石油总公司投资委员会审查批准了总体开发方案采油工程部分。油田总体开发方案设计所有水平井均使用 $4^1/_2$in N80 油管。机械采油方式经比选后确定采用电潜泵。推荐每口井均使用永久性测量系统进行电潜泵的监测和管理，同时基于单井产能高且产能不稳定考虑，推荐每口井均配备一对一变频器进行控制。修井频率设计为 2.5 年，推荐使用自升式钻井平台为基本方案，将来井数增加后，可使用曹妃甸 11–1/2 油田的修井机进行修井作业。曹妃甸 11–3/5 油田初期开发阶段不计划注水。

截至 2005 年 12 月 31 日，曹妃甸 11–3/5 油田采油井均采用罐装电潜泵（Can ESP）生产，电潜泵是以租赁方式使用贝克休斯公司产品，主要泵型为132GC10000型和84KC11000型，排量范围分别为400～1990 m^3/d和630～2220 m^3/d。每口井均配备了贝克休斯公司变频器和永久式井下测量装置，使电潜泵在宽幅排量下能够正常运行，同时能够对井下压力、温度进行实时监测。电潜泵系统有利于高排量运转时的电泵有效散热，以延长电泵寿命。所有井均安装了油藏保护阀（RC−1 阀），隔离了产出液与套管的接触，避免了后期修井液的漏失，以达到油藏保护目的。此外每口采油井均设有化学药剂注入管线和井下安全阀。

第三节 海洋工程

2005年1月，中国海洋石油总公司与科麦奇中国石油有限公司共同编制完成了《曹妃甸11−3/5油田的总体开发方案》。2005年2月17日，中国海洋石油总公司投资委员会审查批准了总体开发方案海洋工程部分。曹妃甸11−3/5油田有一座井口平台（WHP−C）。WHP−C平台是一座12个井槽的无人驻守平台，日常生产中由WGP−A上的操作人员进行监控管理，FPSO定期派人到现场进行维护，并与曹妃甸11−1油田共用一座单点系泊系统（SPM）、一艘浮式生产储油外输油轮（FPSO），平台海底管线和电缆通向集输平台（WGP−A）。曹妃甸11−3/5井口产出的流体将通过海底管线直接输送到中心集输平台（WGP−A）上与曹妃甸11−1油田的井液进行混合，并经海底管线将混合后的生产流体（油、气、水）输往2.5km以外的FPSO进行最终的处理，合格原油将定期向穿梭油轮外输。

2005年3月26日，曹妃甸11−3/5油田导管架运抵现场开始海上安装。2005年4月2日，曹妃甸11−3/5油田导管架海上安装完毕。2005年7月6日，曹妃甸11−3/5油田正式投产。

项目从最初就发挥了曹妃甸油田创造性的快速决策精神，采用边申报、边设计、边采办、边施工的方式。曹妃甸11−3/5油田的工程建造从2004年7月26日启动基本设计，2004年9月19日开始进入详细设计阶段，2004年12月1日陆地开工建设，到2005年7月6日油田投产，用了不到1年的时间，创造了渤海油田开发历史上同规模油田的工程建造最快纪录。

附　录

附录一　附　表

附表 1　曹妃甸 11−3/5 油田地质综合数据表

<table>
<tr><th>层位</th><th>砂体</th><th>岩性</th><th>油藏深度
m</th><th>单砂体有效厚度
m</th><th>含油面积
km²</th><th>地质储量
10⁴m³</th><th>油气藏类型</th><th>驱动类型</th><th>孔隙度
%</th><th>渗透率
mD</th><th>原始地层压力
MPa</th><th>地面原油密度
g/cm³</th><th>天然气甲烷含量
%</th><th>硫含量</th><th>地层水矿化度
mg/L</th><th>水型</th></tr>
<tr><td>Lm</td><td>Lm1066
Lm1091</td><td>砂岩</td><td rowspan="2">1050 ~ 1405</td><td>7.6</td><td rowspan="2">7.2</td><td rowspan="2">1394</td><td rowspan="2">构造层状、构造块状和层状油藏</td><td>底水</td><td>28</td><td>1130</td><td>1519</td><td>0.931</td><td>98</td><td>0</td><td rowspan="2">5100 ~ 6700</td><td rowspan="2">$NaHCO_3$</td></tr>
<tr><td>Ng</td><td>Ng1，Ng2，Ng3，GPS</td><td>砂岩</td><td>11.5</td><td>底水</td><td>30</td><td>2612</td><td>1899—2015</td><td>0.975</td><td>92</td><td>0</td></tr>
</table>

附表 2　曹妃甸 11−3/5 油田开发综合数据表

时间	动用储量 10^4m^3	总井数 口	开井数 口	年产油 10^4m^3	累计产油 10^4m^3	综合含水 %	采油速度 %	采出程度 %	注水井数 口	年注水量 10^4m^3	累计注水量 10^4m^3
2005	1324	6	6	27.53	27.53	42	2.08	2.08	0	0.00	0.00

附录二　领导人名录

中海石油（中国）有限公司天津分公司科麦奇联管会首席代表：

1994 年 9 月—1995 年 7 月　戴焕栋

1995 年 8 月—1996 年 9 月　李秉铨

1996 年 10 月—1999 年 9 月　周守为

1999 年 10 月—2001 年 4 月　邓运华

2001 年 5 月—2003 年 6 月　陈卓彪

2003 年 6 月—2004 年 1 月　杜玉杰

2004 年 1 月—2005 年 12 月　高东升

编纂始末

《曹妃甸 11–3/5 油田志》属于《中国油气田开发志 · 渤海油气区油气田卷》中的略写油田志之一。2008 年 7 月《中国油气田开发志》渤海油气区油气田卷编纂启动会召开，会议由编纂委员会常设联系人王力群主持，会上渤海油气区油田志示范篇《埕北油田志》作者张敏娟详细介绍了开发志油气田卷的编纂要求。通过学习《中国油气田开发志》总编纂委员会指导文件，在参考《胜坨油田志》、《大民屯油田志》、《涠洲 11–4 油田志》、《陆丰 22–1 油田志》四个示范篇的基础上，搜集整理资料，开始编纂工作，2009 年 5 月完成了《曹妃甸 11–3/5 油田志》初稿，志书由天津分公司科麦奇联管会中方首席代表田楠审核。

《中国油气田开发志》渤海油气区编纂委员会一级审查组于 2010 年 2 月 26 日在中海石油（中国）有限公司天津分公司海洋石油大厦 B 座 C606 召开《曹妃甸 11–3/5 油田志》（一审稿）评审会，由中海石油（中国）有限公司天津分公司油气田开发志编纂委员会常设联系人王力群主持，专家张敏娟、汪志勇、科麦奇联管会油藏代表刘丽芬和工程师范海燕等参加了评审会。按照《中国油气田开发志 · 油气田篇》编纂内容和要求，专家对《曹妃甸 11–3/5 油田志》由概述、大事记、专志四章和附录的组成结构予以肯定。提出曹妃甸 11–3/5 油田作为渤海油田的合作油田之一，建议明确油田的隶属关系；建议进一步丰富部分章节内容，增加海洋工程部分的相关内容等。参照专家修改建议，编纂组人员查阅了更多的资料，于 2010 年 3 月上旬完成《曹妃甸 11–3/5 油田志》第二稿。

2010 年 3 月 12 日中海石油（中国）有限公司天津分公司生产部油藏经理赵利昌在天津经济技术开发区滨海建国大酒店主持召开了《曹妃甸 11–3/5 油田志》（二审稿）评审会，中国海洋石油有限公司开发生产部综合经理许红和专家曹文贤、徐启兴、汪志勇、刘英、宫薇、温哲华、王力群及科麦奇联管会生产监督兰利川和工程师范海燕等参加了审查会。专家提出进一步完善钻完井和油层保护技术，增加宽幅电潜泵的生产管理技术等内容，并按最新要求修改附录内容等建议，会后参照专家修改建议，进行修改，于 3 月下旬完成了《曹妃甸 11–3/5 油田志》第三稿。

2010 年 4 月 28 日中海石油（中国）有限公司天津分公司生产部经理刘光成在海洋石油大厦 B 座 C606 主持召开了《曹妃甸 11–3/5 油田志》（三审稿）评审会，天津分公司副总经理陈明和各联管会首席、各作业区经理等参加审查会。专家在审查通过的同时，也指出了志书各章节中个别描述不恰当的地方，并提出认真核实大事记等建议。会后参照专家建议进行了修改，于 5 月初完成了《曹妃甸 11–3/5 油田志》最终稿。

《曹妃甸 11–3/5 油田志》分为五个部分，其中，概述由孙景耀、范海燕编写；大事记由刘丽芬编写；第一章由刘丽芬、范海燕编写；第二章由修海媚、吴智文、翟慧颖、兰利川、马超编写；附录由范海燕编写；全书由刘丽芬统稿。

志书的体裁及结构则按照总编纂委员会提出的总体要求进行组织和编纂。《曹妃甸 11–3/5 油田志》编纂的起止时间为 1994 年 8 月到 2005 年 12 月 31 日，资料主要来源于油田储量报告、总体开发方案报告、开发图册及开发生产数据等。计量单位采用公制单位。

在本志的编纂过程中得到《中国油气田开发志》中国海洋石油公司编纂委员会和《中国油气田开发

志》渤海油气区编纂委员会的悉心指导，在此表示衷心的感谢。

《曹妃甸 11–3/5 油田志》编纂组
2010 年 5 月

编号：26–016

歧口 17–3 油田志

《歧口 17–3 油田志》编纂组　编

海四油田

（渤海石油档案馆，1975 年）

歧口 17–3 油田平台

（渤海石油档案馆，1997 年）

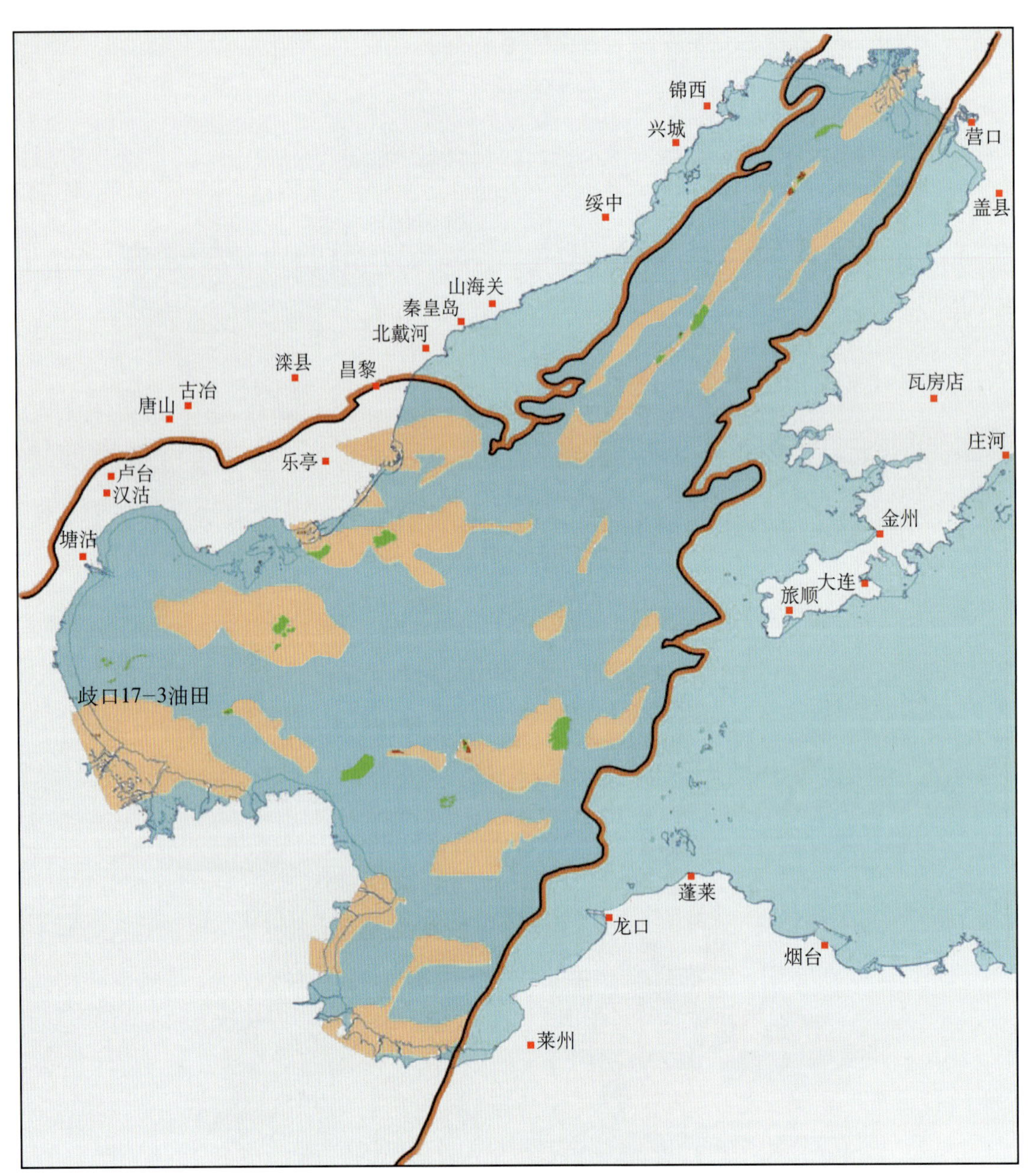

歧口 17-3 油田地理位置图

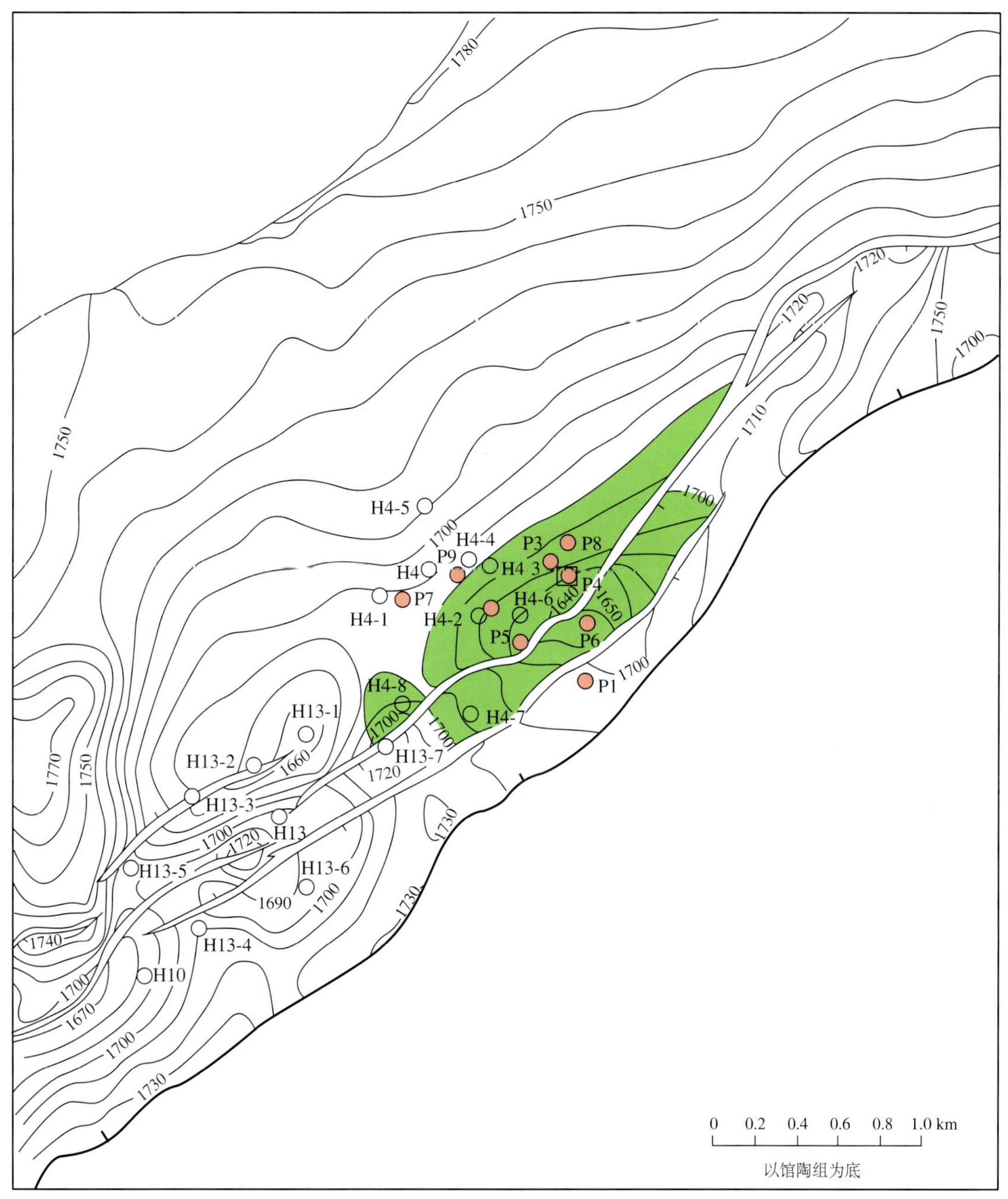

岐口 17–3 油田构造井位图

（中国海洋石油渤海公司研究院，1997 年）

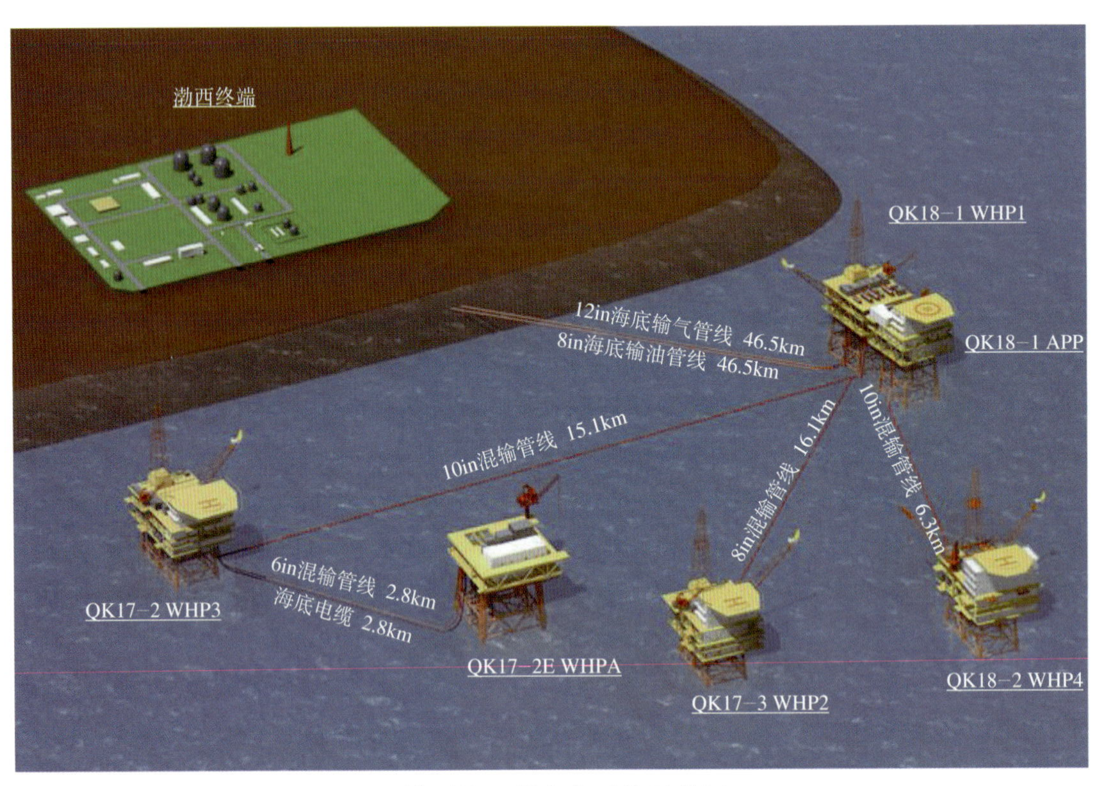

渤西油田群生产系统示意图

（中海石油（中国）有限公司天津分公司，2006 年）

《歧口 17–3 油田志》编纂组

编纂人： 徐大明　郭　剑　于喜艳　丁九亮

参加人： 黄小波　周海燕　苏进昌　石　静　佘俊雄　兰　峰
施永忠　潘　彬

《歧口 17–3 油田志》审核人员

曹文贤　徐启兴　汪志勇　吴成浩　李树宽　温哲华
赵利昌　宫　薇　刘　英　王为民　王力群　蒋维军
张敏娟

本志目录

概　述

歧口 17–3 油田隶属于中海石油（中国）有限公司天津分公司，是渤海发现的第一个海上油田，1994 年重新启动后成为渤海第一个联合开发油田群——渤西油田群的一部分。

一

歧口 17–3 油田位于渤海西部海域。油田范围内平均水深 6.50m，年最高气温 31.10℃，最低气温 −13℃。结冰期为 12 月至翌年 2 月。

二

区域地质上，歧口 17–3 油田隶属于黄骅坳陷歧南断阶带的第三、第四台阶，海四断层贯穿全油田。该油田所处的渤西海域歧南断阶带是埕子口凸起向歧口凹陷过渡的一个斜坡—断阶构造带。

以海四大断层为界，断层下降盘构造整体是一个北东走向的半背斜。沙河街组顶部构造形态较完整，地层较陡，H4 井和 H13 井附近各存在一个构造高点。断层上升盘是一个受两条断层夹持的断裂背斜构造。除海四断层外，次级断层也很发育。馆陶组构造形态为逐级递降台阶，明化镇组构造整体形态为“两垒一堑”的断裂背斜。

歧口 17–3 油田具多套含油层系，主力油层发育于明化镇组下段、馆陶组上部和沙河街组二段（简称沙二段）等地层中，油气藏埋深 1200 ～ 2850m。

该油田属于中等埋深、高孔高渗、可采储量丰度中等、中低黏度、中低含硫原油的海上小型复杂断块油田。

明化镇组油藏以岩性透镜状为主，局部发育构造层状油藏；馆陶组以构造层状油藏为主，局部发育岩性透镜状油藏和构造块状油藏；沙二段既发育构造层状油藏，又发育岩性透镜状油藏。油藏驱动类型主要为溶解气驱和边底水驱。

三

渤西联合开发区油气勘探经历了区域地质调查、第一次自营勘探、合作勘探、第二次自营勘探四个阶段。

1959—1965 年为区域地质调查阶段。1959 年地质部航空物探大队在渤海完成 1∶100 万航空磁测。1960 年中国第一支海上地震队用国产仿苏“51”型地震仪和炸药震源，在渤海进行地震和重力、电磁测量。1965 年，石油工业部成立海洋地调一大队，开始在渤海进行地球物理勘探工作，该阶段在歧口凹陷的南坡自北而南相继发现了海一、张巨河、赵家堡 3 个断裂构造带，为钻探创造了条件。

1965—1979 年为自营勘探阶段，海洋石油勘探局在该区进行了较大规模的综合地球物理调查和初具规模的钻探工作。1967 年采用模拟磁带记录地震仪、24 道 6 次覆盖。

1971年7月，燃料化学工业部海洋勘探指挥部在渤海建成钢结构导管架四号固定钻井平台，32209钻井队在张巨河构造带上钻H4井（预探井），经DST测试在沙河街组二段2809.20～2828.00m井段获日产原油261.80t，天然气50745m^3，发现海四油田（后更名为歧口17–3油田）。后补作地震工作，进一步落实构造。

1974年7月32209队用34d时间，以较大的井斜（51°），在四号平台上打完了H4–6井，日产原油1025.80t，又发现了明化镇和馆陶组油层。到1974年10月，相继钻8口评价井（H4–1井—H4–8井）。1974年8月—11月，在H4井南又钻4口评价井（H9井—H12井），1977年5月在H10井和H4井之间建七号生产平台，布8口生产井。

1980—1987年，对外合作期间未有重大发现。

1987年恢复了渤海西部的自营勘探工作，在富生油凹陷寻找油气富集区的理论指导下，确定在歧口凹陷东部海一、海四带，沙垒田凸起裙边寻找中型油气田。1987—1989年，石油工业部开展了大港—渤西海域的海陆连片二维地震勘探综合研究，地震测网密度1km×1km，24–64次覆盖。1992年1月发现了歧口18–1油田，1993年12月在海四上升盘钻探井QK18–5–1井，发现了歧口18–5油田。1994年完成了50m线距的150km^{2}的三维地震勘探工作，采集范围覆盖了歧南段阶带的海域部分。后来又探明了歧口17–2油田，发现了歧口17–1、歧口18–9、歧口18–2，形成了中小油田群，为联合开发和歧口17–3油田的重新启动创造了条件。

四

歧口17–3油田的开发历程可划分为三个阶段：早期试生产阶段（1975—1985年）；关井恢复阶段（1985—1995年）；再启动开发阶段（1994年至今）。

1971年10月，在海四构造上钻第一口探井H4井，在沙二段地层钻遇高产油气流，从而发现了海四油田。到1974年10月在海四构造共钻探18口井。海洋石油勘探局于1977年向石油化学工业部申报了新增石油地质储量并获得批准。

1975年7月石油化学工业部海洋勘探指挥部在渤海四号固定钻井平台建成我国第一座综合性采油平台（H4井区），投产海四油田。四号生产平台采油井6口，初期日产油348t，生产层位为明化镇组、馆陶组和沙河街组。由于平台腐蚀严重，1983年封井废弃平台，共生产8年，累计采油44.85×10^{4}t。

1977年5月在海四油田西南部（H13井区）建成七号生产平台进行生产，采油井5口，初期日产油155t，生产层位为明化镇组和沙河街组。1985年由于平台腐蚀严重，封井废弃平台，共生产8年，累计采油15.11×10^{4}t。

1993年在海四上升盘钻探井QK18–5–1井，又发现新油层，并对油田进行再启动评价。同时根据新的命名标准，海四油田更名为歧口17–3油田。1994年8月渤海公司编制了《渤西油田群总体开发方案》，标志着歧口17–3油田进入了再启动开发阶段。1996年1月国家计划委员会批准渤西油田群总体开发方案。1996年12月至1997年3月，在H4井区及该井区断层上升盘共钻开发井9口，1997年进行了储量复算，向全国矿产资源委员会申报了石油地质储量，并于1998年3月获得批准。

1997年12月歧口17–3油田重新投产，生产层位为明化镇组、馆陶组和沙河街组，平均单井产量为62m^3/d。采取分层系开发、衰竭式开采的生产方式。生产特征主要表现为产油量递减快、含水率上升快。为了控制产油量递减，控制含水上升速度，维持渤西供气，减缓层间干扰，经常采取转换开发层系的措施。

五

歧口 17–3 油田重新启动后隶属于渤西联合开发油田群，有 1 座生产平台，9 口生产井。歧口 18–1 平台为集输中心，歧口 17–3 平台的井口物流通过计量、加热、增压后，经油气混输管线输往歧口 18–1 平台一并处理。歧口 18–1 对其进行加热、分离等处理，分离出的天然气经增压脱水后，通过海底输气管线输往陆上终端，含有部分水的原油增压后通过海底输油管线输往陆上终端。

截至 2005 年 12 月 31 日，歧口 17–3 油田累计产油 137.52 × 10^4m^3（核实产量），累计产气（溶解气和气层气）2.77 × 10^8m^3，采油速度为 0.64%，明化镇组地层压力为 9.07MPa（原始地层压力为 14.37MPa），馆陶组地层压力为 16.60MPa（原始地层压力为 17.19MPa），沙河街组地层压力为 23.07MPa（原始地层压力为 28.69MPa）。

六

海四油田是渤海发现的第一个油田。第一口探井——H4 井在沙河街组测试日产原油 261.8t，是渤海第一口百吨井。H4–6 井日产原油 1025.80t，是中国海上第一口千吨井。

海四油田建于 1975 年，是渤海最早试验开发的自营油田。其中四号采油平台是在渤海四号固定钻井平台基础上建成的，是我国自行设计施工的第一座综合性海上采油平台，有生产平台和生活平台各一座，其间用 50m 栈桥连接。

20 世纪 70 年代试验性开发阶段的下海实践，使渤海石油人认识到，海上油气田的勘探开发必须足够重视海洋环境条件，它是进行海洋工程设计与建造的基础，海四油田的早期试生产正是遵循海洋环境的变化，由岛上钻井到浅水区（水深 5 ~ 6m）钻井，实现了在海上进行勘探开发作业“下得去、站得住”的目标。四号采油平台于 1975 年 7 月建成投入生产，七号采油平台 1977 年 5 月建成投产，各生产 8 年，是 1980 年以前海上“站得住”的典范。

1994 年在“三新三化”（新思想、新技术、新方法，标准化、国产化、简易化）开发策略的指引下，作为边际油田的歧口 17–3 油田归入了渤海第一个联合开发油田群——渤西油田群，进入了再启动开发阶段。油田大部分设备实现国产化，其中海上国产设备占 72.40%，陆上终端国产化率达 97.70%。同时在国内海洋石油领域首次使用 8in × 16km 平台间油气水混输工艺和管道结构，多相混输泵和配套设施两项新技术；在渤海湾范围内首次使用 ERW 管，三甘醇脱水工艺和干气输送工艺两项新技术。渤西油田群的建成，使小油田具有了开发价值，并产生好的经济效益。

1994 年 12 月中国海洋石油总公司向天津市供给天然气协议在天津签字。从 1998 年开始，渤西油田群开始向天津市提供商品气。商品气合同包括两部分：一是为期 15 年的民用气合同，二是为期 7 年的电厂气合同。渤西油田群供气不仅为海油创造了经济效益，同时也承担起了向天津市平稳供气社会责任。

中国海洋石油渤海公司，中海石油北方钻井公司，中海石油技术服务公司和中国海洋石油测井公司于 1996 年 12 月 31 日至 1997 年 3 月 14 日在歧口 17–3 开发井钻井过程中创造了中国海洋石油平均机械钻速、平均日进尺、PDC 钻头累计进尺、PDC 钻头单次起下钻进尺、钻井周期等六项钻井新纪录，并被录入《中国企业新纪录》。

大事记

1971 年

7 月　燃料化学工业部华北石油勘探指挥部海洋勘探指挥部在渤海建成四号固定钻井平台，在海四构造（1980 年以后称为歧口 17–3 构造）上钻 H4 井。

10 月 7 日　H4 井完钻，10 月 24 日至 11 月 11 日在沙河街组二段试油，用 12mm 油嘴，日产原油 261.80t，天然气 50745m^3，是渤海第一口日产上百吨的油井。

1974 年

7 月 7 日　32209 钻井队在四号钻井平台上完钻 H4–6 井，共发现 88.60m 厚的油层，7 月 23 日至 8 月 6 日试油，日产油 1025.80t，是海上第一口千吨井。

7 月 29 日　以张慧珍为队长的 12 名女青年奔赴海四油田平台，成为首批海上女采油工人。

12 月　海洋勘探指挥部地质队林云洲完成《一号区南部 H4 井区二、三级地质储量计算》，第一次对海四油田的石油地质储量进行了计算。

1975 年

3 月　海四油田建成七号钻井平台，投入 H13 井区钻探。

7 月 23 日　石油化学工业部华北石油勘探指挥部海洋勘探指挥部在渤海四号固定钻井平台建成我国第一座综合性采油平台——海四采油平台投产。

1977 年

1 月　海洋勘探指挥部研究所油田开发室谢知义、范瑞芳完成《海四井油田、埕北油田储量计量报告》，采用容积法计算了海四油田的二、三级地质储量。

5 月 10 日　中共中央政治局常委、解放军总政治部主任李德生，国务院副总理孙健，由天津市委第一书记、市革委会主任解学恭陪同来海洋勘探指挥部视察工作，参观了海四采油平台。

5 月　海四油田七号采油平台投产。

8 月　石油化学工业部部长康世恩到海四平台视察工作。

1978 年

1 月　海洋勘探指挥部研究所范瑞芳、宫薇完成《海四井油田地质储量核实报告》，计算了海四油田石油地质储量。

7 月　H13–1 井进行斜井下防砂衬管试验，是海上第一口进行防砂试验的斜井。

1979 年

5 月　H13–3 井下入 200m^3 水力活塞泵，海四油田转入机械采油。

1980 年

1 月　海洋石油勘探局勘探开发设计研究院范瑞芳、陈秀梅完成《海四井油田，埕北油田最终采收率测算报告》，计算了海四油田的最终采收率。

1981 年

7 月　石油工业部海洋石油勘探局海洋石油研究院赵文元、范瑞芳完成《埕北油田、海四油田天然气储量计算说明》，对海四油田天然气储量进行了计算。

1983 年

7 月　海四油田四号平台封井停产。

1985 年

12 月　海四油田七号平台封井停产。

1993 年

12 月　在海四上升盘钻探井 QK18–5–1 井，发现了歧口 18–5 油田。

1994 年

8 月　中国海洋石油渤海公司杨培兰等编制了《渤西油田群总体开发方案》。

9 月 9 日　成立渤西油田群联合开发一、二期海上工程项目组。

1995 年

12 月 5 日　中国海洋石油总公司批准《渤西油田群总体开发方案》。

1996 年

1 月 22 日　国家计划委员会批准渤西油田群总体开发方案，其中包括歧口 18–1、歧口 17–3、歧口 18–5 三个油田。

3 月　中国海洋石油渤海公司高东升编写《歧口 17–3 油田储量复算报告》，对歧口 17–3 油田储量进行了复算。

是月　中国海洋石油渤海公司宫薇、李其正、张京完成《歧口 17–3 油田可采储量标定》，对歧口 17–3 油田的可采储量进行了标定。

1997 年

4 月　经中国企业新纪录审定委员会审定：中国海洋石油渤海公司，中海石油北方钻井公司，中海石油技术服务公司和中国海洋石油测井公司于 1996 年 12 月 31 日至 1997 年 3 月 14 日在歧口 17–3 开发井钻井过程中创造了中国海洋石油平均机械钻速、平均日进尺、PDC 钻头累计进尺、PDC 钻头单次起下钻进尺、钻井周期等 6 项钻井新纪录，并被录入《中国企业新纪录》。

6 月 2 日　中国海洋石油总公司确认渤海公司歧口 17–3 油田钻井创以下新纪录：① P4 井，全井平均机械钻速 141.11m/h。② P6 井全井平均日进尺 730.48m；完钻井深 2005m，钻井周期 2.7d。③ P9 井单只 PDC 钻头，一次起下钻进尺 2354m；完钻井深 3065m，钻井周期 7.84d。

8 月　王国栋、高东升编写《渤海渤西南开发区歧口 17–3 油田油气探明储量复算报告》，根据新钻井资料对歧口 17–3 油田的储量进行了复算，向全国矿产资源委员会申报了储量。

12 月 11 日　渤海渤西油田群歧口 17–3 油田（包括歧口 18–5 油田）建成投产。

12 月 18 日　渤西油田群正式向天津市提供商品气。

1998 年

3 月　全国矿产资源委员会批准歧口 17–3 油田石油地质储量。

1999 年

11 月　中海石油研究中心渤海研究院唐东临完成《歧口 17–3 油田可采储量研究》，通过新的动态资料对歧口 17–3 油田的可采储量进行了研究。

2002 年

12 月　对 P9 井沙河街组油层实施单独酸化。排酸时电泵机组发生故障，导致酸液滞留井内，对地层造成二次污染，同时导致管柱断脱，酸化解堵作业失败。

2004 年

8 月　歧口 17–3 平台被国家海洋局北海分局授予《北海区海洋石油勘探开发环境保护先进集体》称号。

第一章

油田地质

第一节　构　造

歧口 17–3 油田所在的渤西海域 1959 年开始区域地质普查，20 世纪 60 年代末进行了初步的地球物理勘探和钻探工作，后通过 H4 井、H4–1 井—H4–8 井、H9 井—H13 井、H13–1 井—H13–7 井的钻探和试油试采工作，海洋石油勘探局于 1977 年向石油化学工业部申报了该油田的石油地质储量，对海四油田构造有了初步的认识。海四油田构造是断层下降盘上的一个继承性发育的半背斜构造。沙河街组地层沉积时有两个小高点，一个在 H4–8 井一带，一个在 H13 井一带，这两者之间则为相对低洼带，分布在 H13–1 井附近。新近系时期，构造形态比沙河街组时相对平缓，H13–1 井相对低洼带被新沉积的地层填平。主断层通过 H12 井和 H10 井之间，沙河街组最大断距 700m，倾角 40°，在新近系断距变小，一般为 100 ～ 200m。在构造运动继承性活动过程中，馆陶组沉积早期出现了一条和主断层平行、倾向相反的派生正断层，在 H4–7 井和 H4–6 井之间与主断层相交。在两断层间下降盘形成长条形地堑。由于派生正断层的切割，把海四油田分为海四和海十三两个断块。

1997 年渤海公司研究院根据三维地震和新增钻井资料（QK18–5–1 井、P1 井—P9 井）重新绘制了构造图，搞清了海四断层情况，落实了构造。同以往资料相比，三维地震资料所反映的歧口 17–3 构造的整体形态更加清晰。古近系以海四大断层为界，断层下降盘构造整体是一个北东走向的半背斜，沙河街组顶部构造形态完整，地层较陡，在 H4、H13 井区各存在一个构造高点，H13–1 井位于两者之间的鞍部；断层上升盘是一个受两条断层夹持的断裂背斜构造。新近系构造整体形态变缓，除海四断层外，次级断层也很发育，以致馆陶组构造形态呈逐级递降的台阶状；到明化镇组时期，由于断层的继续活动，构造整体形态演变成“两垒一堑”的断裂背斜（图 1–1）。

第二节　储　层

1997 年渤海公司研究院根据新增加的资料，并结合以往的资料对歧口 17–3 油田储层进行了系统的研究和总结，储层划分与 1977 年结论一致。

一、地层

歧口 17–3 油田钻遇的地层层序从上至下为：第四系平原组，新近系明化镇组、馆陶组，古近系东营组、沙河街组及中生界和古生界地层（图 1–2）。

地层对比表明：油田范围内新生界各组段地层均有发育，分布稳定。油层发育于明化镇组下段、馆陶组上部和沙河街组二段等地层中。

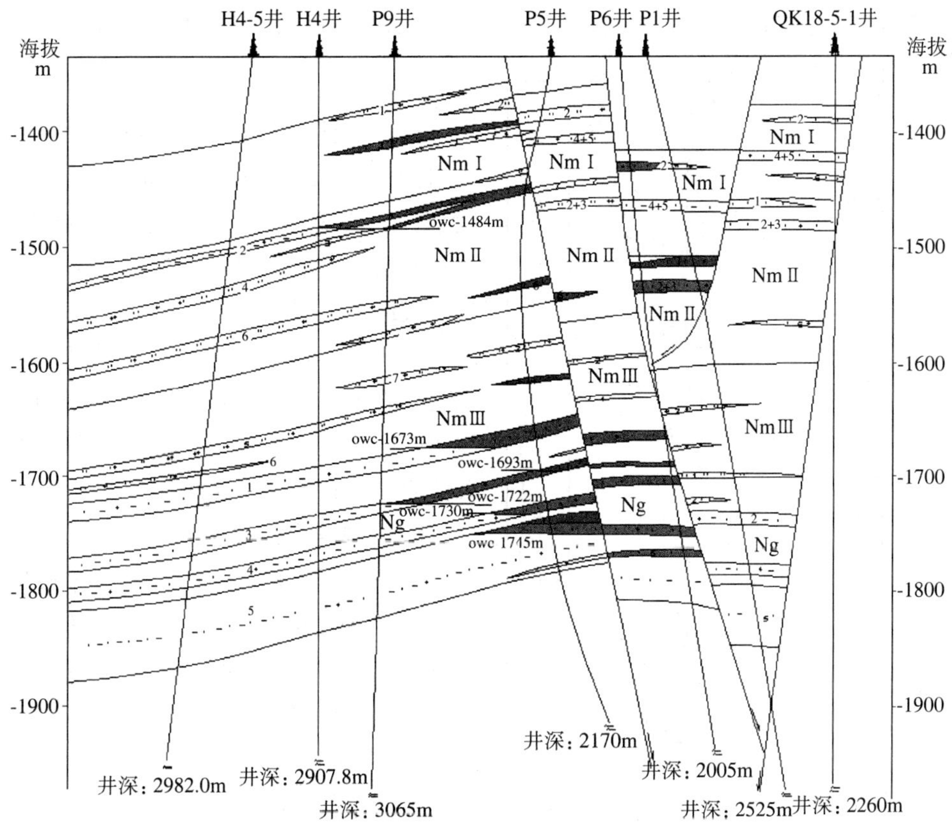

图 1–1　歧口 17–3 油田明化镇组、馆陶组地质剖面图
（渤海公司研究院编制，1997 年）

二、储层划分及对比

依据“分级控制，旋回对比”的原则，将岩性、电性特征与三维地震资料、生产动态资料相结合，对储层进行了细分对比。新近系以馆陶组大套砂砾岩为对比依据，沙河街组砂层则以沙一段底部特殊岩性段为对比依据。

（一）明化镇组

明化镇组油层段可分为 3 个油层组、19 个砂层，其中 1 油组 6 个，2 油组 7 个，3 油组 6 个。平面上明化镇组可划分为两个井区，即 H4 井区和 H13 井区。H4 井区主力油层是 1 油组 3、4、5 层，2 油组 2、3 层。H13 井区主力油层是 2 油组 4、5、6、7 层。除上述主力油层外，明化镇组其余各层多为单井钻遇的透镜状砂体，横向变化大。

（二）馆陶组

馆陶组油层主要发育于上部砂砾岩层中，横向对比关系清楚，层间均有稳定泥岩隔层。共分 5 个小层，其中除第 2 层为透镜状砂体，平面上分布范围较小外，第 1、3、4、5 层在油田范围内分布广泛，各井均有钻遇，连续性较好。

（三）沙二段

歧口 17–3 油田沙二段共分 10 个小层，各层对比关系清楚，分布比较稳定，但岩性横向有所变化。沙二段海四断层下降盘主力油层为第 1、9 小层，油田范围内，其分布较广，各井均有钻遇。沙二段海四断层上升盘油层为第 1、3、4、6—8 层，为层状展布的砂体。此外，H13 井还在沙一段地层中发现一层含油砂层。

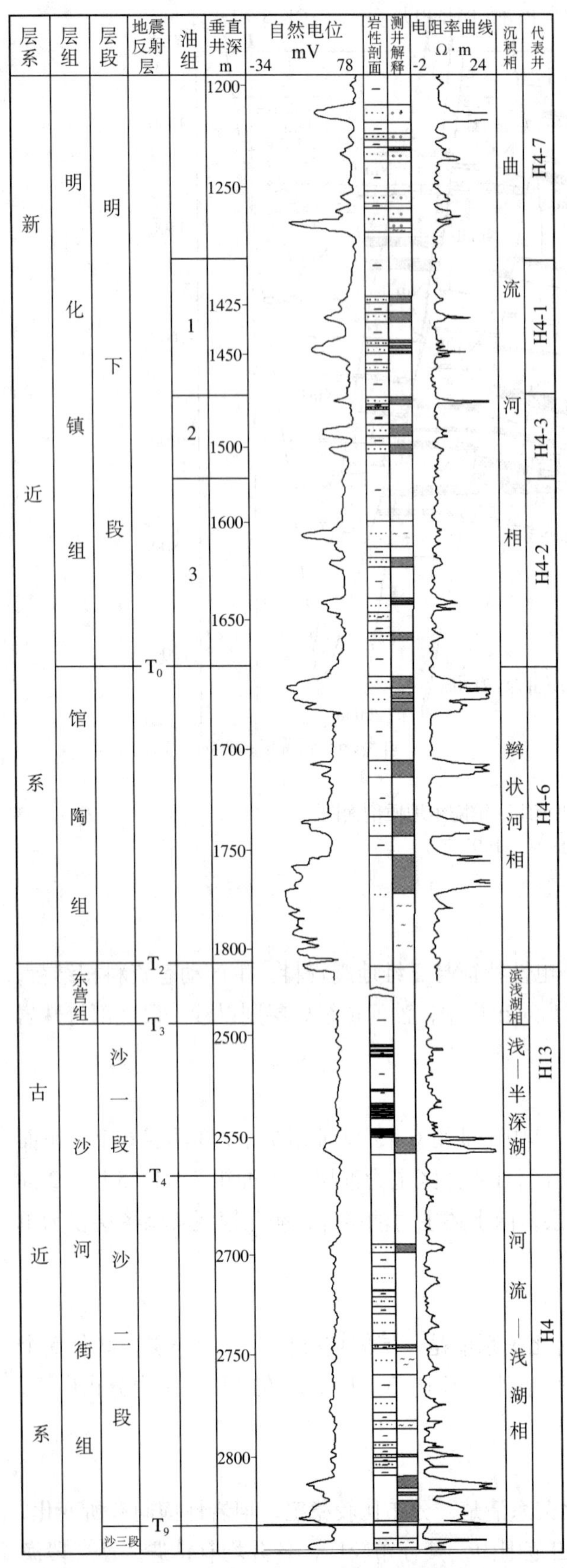

图 1–2　歧口 17–3 油田综合柱状图
（渤海公司研究院编制，1997 年）

三、储层沉积特征

（一）明化镇组

明化镇组储层由一套不稳定的曲流河沉积砂体组成，古水流方向由西向东，砂体亦近东西向展布。岩心观察砂层具正韵律。储层岩性为岩屑长石砂岩，胶结物以泥质为主。颗粒间以点接触为主，胶结类型以接触式、接触孔隙式为主。可划分出河道沉积、过渡沉积、溢岸沉积三个亚相，其中以河道沉积亚相储集物性最好。岩心平均孔隙度 32.70%，平均渗透率 7598mD。孔隙度与渗透率相关性较好，孔隙连通性好。

（二）馆陶组

区域研究成果认为馆陶组古水流方向也是由西向东，砂体沿同一方向展布。储层以含砾砂岩、砂砾岩为主，是一套辫状河沉积砂体。自然电位曲线为箱状。储集层物性较好，平均孔隙度 31%，平均渗透率 1075mD。

（三）沙二段

沙二段沉积时期，该区物源来自南部的埕子口凸起。歧口 17–3 油田位于扇三角洲前缘，水流方向由南西流向北东，砂体也沿此方向延伸，向北西方向砂体有增厚的趋势，局部发育水道间细粒沉积，造成储层相变。储层岩性为长石石英砂岩，胶结物以泥质为主，自然电位曲线为钟形或箱形。井壁取心平均孔隙度可达 26%。

第三节　流体与渗流特征

一、流体性质

（一）原油

歧口 17–3 油田含油层位多，地面原油性质差异明显。古近系原油密度 0.84 ～ 0.89g/cm³、黏度 6.23 ～ 39.34mPa·s、凝固点 30 ～ 33℃。新近系原油密度 0.90 ～ 0.92g/cm³、黏度 68 ～ 119mPa·s、凝固点 –12 ～ – 19℃。

地层原油性质从下至上，溶解气油比降低，体积系数变小，原油黏度增高。新近系溶解气油比 35 ～ 61m³/t，地下原油黏度 5.80 ～ 17.40mPa·s，古近系溶解气油比 179m³/t，地下原油黏度

0.56mPa·s。全油田地饱压差较小。

（二）天然气

相对密度为 0.57 ~ 0.67，甲烷含量 83.10% ~ 96.50%，为湿气。

（三）地层水

自上而下地层水总矿化度增大（4890 ~ 10173mg/L），水型均为重碳酸钠型。

二、渗流特征

1989 年 9 月渤海石油公司研究院开发试验室的王学军采用 H13 井 1610 ~ 1611m 井段的岩心，通过压汞法测试得到了毛管压力曲线（图 1–3）。

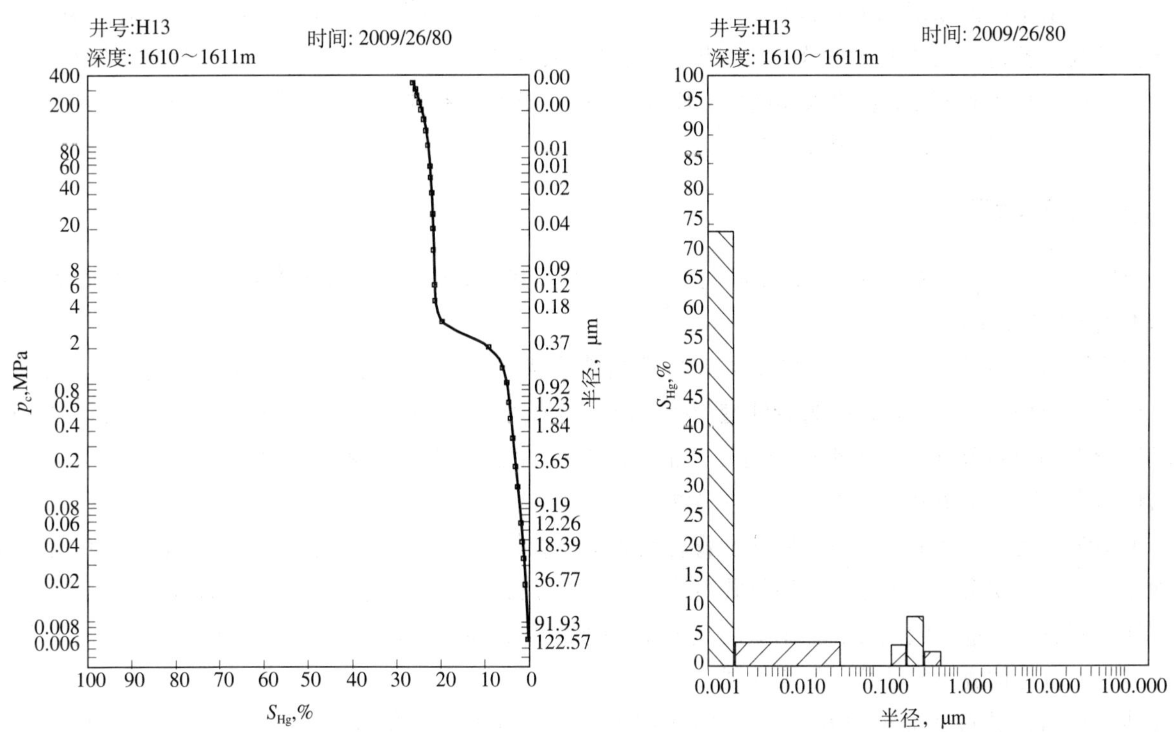

图 1–3　歧口 17–3 油田压汞毛管压力曲线

（渤海石油公司研究院开发试验室编制，1989 年）

第四节　油　藏

一、油藏温度和压力

歧口 17–3 油田油藏温度梯度为 3.30 ~ 3.50℃ /100m，压力系数 0.98 ~ 1.00MPa/100m，属正常温度、压力系统。

二、流体界面

该油田含油层位多、断层发育，加上储层岩性的变化，使得油田内油气水关系复杂。纵向上各层具有不同的油水界面，平面上由于断层分割，油水关系也不相同。

依据油层精细对比结果，以测试、测井解释成果为基础，结合生产动态资料，确定歧口 17–3 油田的油水系统有 15 个，钻井证实的油水界面 6 个，气油界面 1 个，由 RFT 资料推算的油水界面 1 个。

明化镇组地层中，1 油组 3、4、5 层和 2 油组 2、3 层分别属于两个不同的油水系统，是两个纵向连通、平面叠合连片分布的砂体，但油水界面尚未被钻遇。除此之外，还有许多单井钻遇油层均为受岩性控制的含油透镜体，规模小，分布局限。

馆陶组由于断层具有封闭作用，使得断层两侧的储层分属不同的油水系统。断层的上升盘 1、3、4、5 层油水界面已被钻井证实。其中，第 1 层油水界面海拔 −1673m。第 3 层油水界面海拔 −1722m。第 4 层油水界面海拔 −1730m。第 5 层油水界面海拔 −1749m。另外 P5 井第 5 层有气顶，气油界面由实钻证实，海拔 −1745m。断层之间的夹持带第 5 层油水界面由钻井证实，海拔 −1768m。第 1、3、4 层为各自独立的油水系统，但油水界面均未被钻遇。

沙二段由于海四断层的分割作用，上、下盘分属不同的油水系统。其中，海四断层下降盘第 1 层、第 9 层是两个各自独立的油水系统，油水界面未被钻遇；海四断层上升盘第 6 层—8 层油水界面由钻井证实，海拔 −2066m。第 1 层油水界面由 QK18−5−1 井 RFT 资料推测得到，海拔 −2020m。第 3、4 层是一个统一的油水系统，油水界面未被钻遇。

三、油藏类型

歧口 17−3 油田油藏类型复杂，受断裂活动的影响，其构造形态明显受到断层限制。同时砂体展布规律也起重要控制作用。

明化镇组以岩性透镜状油藏为主，局部发育构造层状油藏。明化镇组储层由单一的河道沉积组成，砂体分布范围小，连通性差，多为岩性透镜状油藏；当河道沉积发育，形成垂向或侧向叠置时，多个砂体组成较大的复合砂体，即可形成构造层状油藏。如 1 油组 3、4、5 层和 2 油组 2、3 层。这些构造层状油藏构成了明化镇组开发效果较好的主力油层。

馆陶组以构造层状油藏为主，局部发育岩性透镜状油藏和构造块状油藏。馆陶组储层是辫状河道沉积砂体，河道分支合并现象较多，砂体叠合连片易形成分布范围广、连通性好的层状油藏。局部的单一河道砂体构成岩性透镜状油藏。如第 2 层在全油田内都是透镜状砂体。当叠合砂体厚度较大、油气未完全充满时，就可构成块状油藏，如第 5 层。

沙一段岩性透镜状油藏发育。沙二段储层是扇三角洲沉积，砂体分布具有一定的范围，所以，沙二段既存在构造层状油藏，如海四断层下降盘第 1、9 层，上升盘第 1、3、4、6—8 层。同时由于相变，而出现一些岩性透镜状油藏，如海四断层下降盘第 3、5、7 层。

四、油藏驱动类型

歧口 17−3 油田油藏驱动类型复杂，不仅地层组之间不同，即使是同一层组内也有差异。明化镇组多为溶解气驱，少数构造层状油藏，如 1 油组 3、4、5 层、2 油组第 2 层，在生产中表现为溶解气驱加弹性水驱特征；馆陶组以层状油层为主，含油范围受构造控制，是边底水驱油藏；沙二段油层在平面上和纵向上水驱能量差异较大，既有水驱类型，如第 9 层，也有水驱加溶解气驱类型，如 H13−2 井，分布无一定规律。

第五节 储 量

一、地质储量

截至 2005 年底，歧口 17−3 油田总计进行过六次储量计算和一次国家储量套改，于 1977 年和 1997

年分别向石油化学工业部和全国矿产资源委员会申报过储量并获得批准。

（1）1974 年储量计算。

1974 年 12 月由林云洲编写，杨志长审核的报告《一号区南部 H4 井区二、三级地质储量计算》中第一次对歧口 17–3 油田的原油地质储量进行了计算。当时主要有重力、磁力、航磁测量及探井（H4 井、H4–1 井—H4–8 井、H10 井）等资料，采用容积法计算。因为没有取心、化验分析资料和地层原油资料，单储系数借用大港油田资料，计算了该油田二、三级储量，为 1570.90×10^4t。

（2）1976 年储量计算。

1976 年底，在海四井组正式投产，海十三井组钻探新井（H13 井、H13–1 井—H13–7 井）及资料井 H13 井取心后，海洋石油勘探指挥部研究所通过研究新资料，采用容积法重新计算了歧口 17–3 油田的二加三级地质储量。《海四井油田、埕北油田储量计量报告》由谢知义等编写，陶瑞明审查。全油田石油地质储量为 1022.70×10^4t。

（3）1977 年储量计算。

1977 年 4 月，海十三井组进行了试油试采和放射性测井工作，同时补作了一些静态工作的资料，海洋石油勘探指挥部研究所根据这些新资料于 1977 年底计算了歧口 17–3 油田的地质储量，范瑞芳等于 1978 年 1 月编写了《海四井油田地质储量核实报告》，由肖启唐审查。

海洋石油勘探局于 1977 年向石油化学工业部申报了该油田的石油地质储量，经审查批准：歧口 17–3 油田叠合含油面积为 2.63km^2，核实地质储量为 853.10×10^4t。该数据已作为基本探明储量（二级）在全国储量委员会备案。

（4）1981 年天然气储量计算。

1981 年 7 月按石油部（81）油开司字第 57 号文《关于天然气储量计算核实的通知》，歧口 17–3 油田进行了天然气储量的计算。《埕北油田、海四油田天然气储量计算说明》由赵文元等编写，林云洲审核。报告中认为该油田不存在气顶，故只计算了溶解气储量，原油地质储量采用 1977 年底计算值，计算得到溶解气地质储量 4.93×10^8m^3。

（5）1996 年储量复算。

1996 年，在 1994 年采集的 50m 线距的三维地震解释资料和发现歧口 17–3 构造上升盘的基础上，渤海公司组织渤西项目队，从油田地质、开发地震、岩石物理、油藏工程以及经济评价等方面入手，对油田做了较全面、深入、细致的工作，并按国家标准 GBn269—88《石油储量规范》，通过容积法、油藏描述法和动态储量法互为验证，完成了储量复算工作，为油田的再开发启动提供了准确、可靠的资料。

《歧口 17–3 油田储量复算报告》由高东升编写，辛世刚等审核，包含四个附件：《歧口 17–3 油田构造解释及储层描述》，《歧口 17–3 油田测井解释参数再研究》，《歧口 17–3 油田开发动态分析》，《歧口 18–5 油田储量报告》。

歧口 17–3 油田已开发探明叠合含油面积 3.00km^2，已开发探明石油地质储量 1026.00×10^4t，溶解气地质储量 7.08×10^8m^3，控制叠合含油面积 0.6km^2，控制石油地质储量 303.00×10^4t，天然气地质储量 2.27×10^8m^3。

（6）1997 年储量复算。

1997 年，歧口 17–3 油田进入再启动开发阶段，新钻了 9 口开发井（P1 井—P9 井）。渤海公司研究院根据三维地震和钻井资料重新落实了构造。另外对储集层和油气水分布特征进行了研究，通过测井资料与生产动态结合对油层重新解释等工作，提高了对地下油水分布规律的认识。在此基础上研究落实了储量计算参数，对歧口 17–3 油田的储量进行了复算，向全国矿产资源委员会申报了储量，并获得批准。

《渤海渤西南开发区歧口 17–3 油田油气探明储量复算报告》主要由王国栋等于 1997 年 7 月编写，

编写单位负责人是王志君。该报告包括总报告及三个附件和一个图表册。附件一：《歧口 17–3 油田构造研究报告》，附件二：《歧口 17–3 油田岩石物理研究报告》，附件三：《歧口 17–3 油田油藏工程研究报告》，图表册：《歧口 17–3 油田储量计算成果图表册》。

此次储量计算根据 GBn269–88《石油储量规范》的要求，在综合研究歧口 17–3 油田地质特征、油藏特征的基础上，结合实际生产资料，采用容积法对油田储量进行了复算。

歧口 17–3 油田总计已开发探明石油地质储量 1140.00×10^4t，叠合含油面积 3.90km^2，平均油层有效厚度 21.10m，溶解气储量 7.36×10^8m^3。已开发探明天然气储量 2.88×10^8m^3。

（7）2006 年国家储量套改。

2006 年中海石油（中国）有限公司天津分公司根据国土资源部《关于开展全国石油天然气储量套改工作的通知》（国土资发 [2004] 161 号）要求对歧口 17–3 油田进行了储量套改工作。该次套改是以我国 2004 年颁布的《石油天然气资源 / 储量分类》（GB/T 19492—2004）、《石油天然气储量计算规范》（DZ/T 0217—005）为标准，以《全国石油天然气储量套改技术方案》为原则，以储量套改的一系列相关规定和《中海油油气储量套改实施方案》为依据进行的。《歧口 17–3 油田石油探明储量套改说明》由葛尊增等编写，赵春明审核。

套改结果：歧口 17–3 油田探明储量计算结果为含油面积 3.90km^2，探明已开发石油地质储量 1265.55×10^4m^3，溶解气地质储量 7.36×10^8m^3；含气面积 0.90km^2，天然气地质储量 2.88×10^8m^3。

二、可采储量

（1）1980 年采收率测算。

1980 年，海洋石油勘探局石油勘探开发设计研究院油田开发室范瑞芳等编写了《海四井油田，埕北油田最终采收率测算报告》，由林洪枝审核。

该报告利用海四油田投产后的动态数据，采用经验公式法和矿场资料统计法（即驱替特征曲线法和产量衰减法）计算了海四油田的最终采收率。

考虑到油田利用天然能量开发，又无增产措施的保证，油田开发效果不理想，所以确定海四油田采收率为 9%。

（2）1996 年可采储量标定。

1996 年，在 1994 年采集的 50m 线距的三维地震解释资料的基础上，进一步确定了构造形态和储层分布。对歧口 17–3 油田的可采储量进行了标定。《歧口 17–3 油田可采储量标定》由宫薇等编写，辛世刚等审核。

可采储量的标定主要采用油藏数值模拟方法。歧口 17–3 油田的总可采储量为 166.28×10^4t。按探明地质储量（1026.00×10^4t）计，采收率为 16.21%。歧口 18–5 油田预测可采储量 28.63×10^4t，按探明地质储量（138.00×10^4t）计，采收率为 20.75%。

（3）1997 年可采储量标定。

1997 年，歧口 17–3 油田进入再启动开发阶段，新钻了 9 口开发井（P1 井—P9 井）。渤海公司研究院在对歧口 17–3 油田进行储量复算的同时，也对可采储量进行了重新标定，也获得了全国矿产资源委员会的批准。

王国栋等于 1997 年 7 月编写了《渤海渤西南开发区歧口 17–3 油田油气探明储量复算报告》，标定歧口 17–3 油田原油可采储量为 168.2×10^4t，溶解气可采储量为 1.34×10^8m^3。

（4）1999 年可采储量研究

1999 年，歧口 17–3 油田重新启动投产后，经过两年的开采，中海石油研究中心渤海研究院通过新的动态资料对歧口 17–3 油田的可采储量进行了研究，《歧口 17–3 油田可采储量研究》由唐东临编写，宫薇审核。

歧口 17–3 油田的采收率是采用水驱曲线法、类比法及数值模拟法等三种方法来研究的。数值模拟法以拟合了启动后的生产历史为主，建议采用数值模拟法采收率结果。

歧口 17–3 油田的总可采储量为 115.56×10^4t，按已开发探明地质储量（1120.00×10^4t）计算，油田采收率为 10.30%。预测歧口 17–3 油田溶解气加天然气可采储量为 $2.44 \times 10^8 m^3$，油田采收率为 23.10%。其中溶解气预测可采储量为 $2.17 \times 10^8 m^3$，采收率为 29.50%；天然气预测可采储量为 $0.27 \times 10^8 m^3$，采收率为 8.50%。

（5）2006 年可采储量标定。

2006 年中海石油（中国）有限公司天津分公司根据国土资源部《关于开展全国石油天然气储量套改工作的通知》（国土资发［2004］161 号）要求对歧口 17–3 油田进行了储量套改工作。由葛尊增等编写，赵春明审核的《歧口 17–3 油田石油探明储量套改说明》对可采储量进行了标定。标定后石油技术采收率 12.3%，技术可采储量 $156.49 \times 10^4 m^3$，溶解气技术采收率 13.9%。技术可采储量 $1.02 \times 10^8 m^3$。依据油田的生产动态资料，利用数值模型，重新标定了天然气的技术可采储量。天然气技术采收率 60.0%，技术可采储量 $1.72 \times 10^8 m^3$。

第二章

开发部署与调整

第一节　早期试生产

一、概况

海四油田于1971年发现，是渤海发现的第一个油田，也是渤海最早试验开发的自营油田。由于当时海洋条件限制，未作开发方案。

全油田共建两座平台，四号平台和七号平台。四号采油平台于1975年7月建成投入生产，采油井6口，初期日产油348t，生产层位为明化镇组、馆陶组和沙河街组。生产期间，因馆陶组和沙河街组油层含水上升快，产量下降幅度大，先后对油井采取封堵水层、补射新层等措施。由于平台腐蚀严重，1983年封井废弃平台，共生产8年，累计采油44.85×10^4t，采出程度5.28%，生产曲线见图2–1。

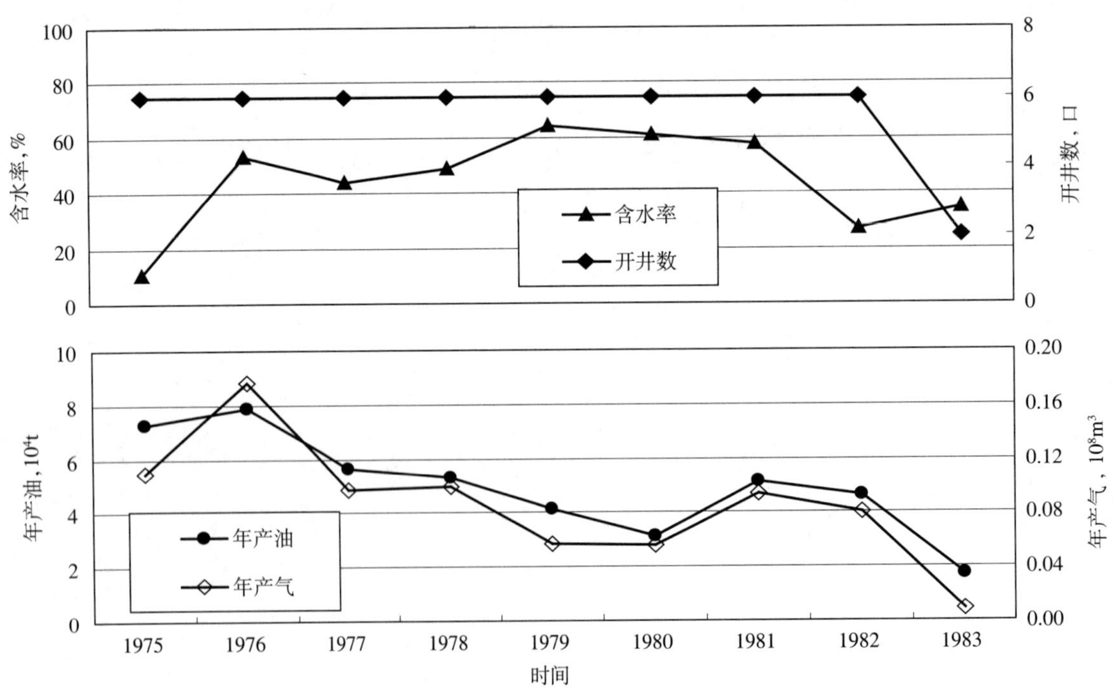

图2–1　海四油田四号采油平台生产曲线

（渤海石油公司研究院编制，1994年）

1977年5月，七号采油平台建成投产，采油井5口，初期日产油155t，生产层位为明化镇组和沙河街组。明化镇组生产半年后，显示出地层能量不足，压力、产量下降较快，先后采取了上抽措施，以维持油井的正常生产。1985年由于平台腐蚀严重，封井废弃平台。共生产8年，累计采油15.11×10^4t，采出程度 5.19%，生产曲线见图 2–2。

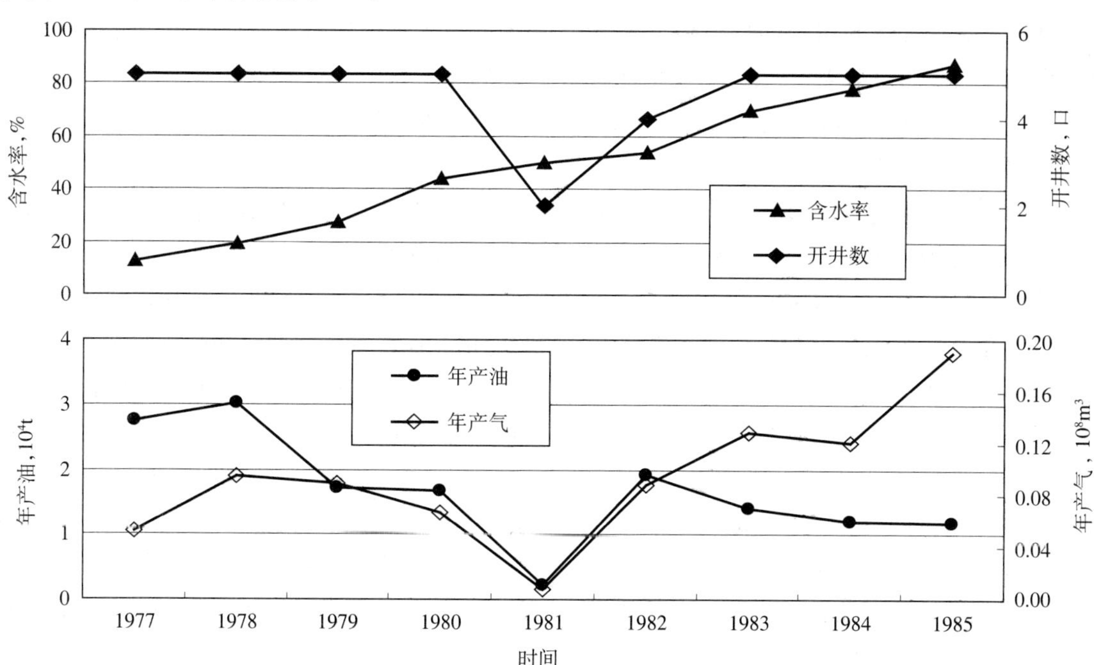

图 2–2　海四油田七号采油平台生产曲线

（渤海石油公司研究院编制，1994 年 7 月）

全油田共有 11 口生产井，其中 2 口井单采沙河街组，6 口井单采明化镇组，3 口井合采明化镇组和馆陶组。单井平均及累计产量最高的井为 H4–1 井，平均日产油 70.70t，累计采油 16.72×10^4t，生产层位为明化镇组；单井平均及累计产量最低的井为 H13 井，平均日产油 7.60t，累计采油 1.87×10^4t，生产层位也是明化镇组。

海四油田自 1975 年投产至 1985 年 12 月封井共生产 10 年，累计采油 59.96×10^4t，采出程度仅为 5.26%。

二、开发效果

油田开发初期以分层系开采为原则。采明化镇组的井 6 口，采馆陶组的井 2 口，采沙河街组的井有 2 口，明化镇组和馆陶组合采井 1 口。投产后不久由于地层压力下降，个别井见水，造成产油量下降，采取补射其他油层组等措施维持生产，采馆陶组的井均成为明化镇组和馆陶组合采井。至油田关闭时，已将绝大多数含油层段射开。各油层组油水分布规律及驱动类型不同，因此造成生产特征及开发效果不同。

（一）明化镇组

明化镇组共有几十个含油砂岩体，多数为透镜体，其中只有 2 ~ 3 个连片分布，有独立的油水界面，且具有一定的水驱能量。明化镇组累计采油 46.09×10^4t，约占全油田总采出量的 80%。

H13 井组是以溶解气驱为主的岩性透镜状油藏，压力下降快，产量递减幅度大，生产半年后先后停喷，至平台关闭时已近枯竭。如 H13–3 井，1977 年 7 月投产，日产油 40t；到 1977 年 12 月日产油仅为 10t，之后出现第一次停喷。转入机械采油前处于间喷状态，大部分时间关井，实施机械采油后由于供液不足，仍不能连续正常生产，累计产油仅为 2.05×10^4t。

H4 井组单采明化镇组的井为 H4–1 井、H4–6 井（明化镇组和馆陶组合采只半年）和 H4–8 井。H4–1 井、H4–6 井生产 1 油组的 3、4、5 层和 2 油组第 2 层，以溶解气驱加弹性水驱为主，生产能力旺盛。如 H4–1 井无水期三年半，含水上升缓慢，至关井时含水仅为 20%，仍具有日产油为 100t 的生产能力。H4−1 井共采油 16.72×10^4t，是油田累计采油最多的井；H4−6 井也具有较强的生产能力，共采油 10×10^4t，其中明化镇组产油量为 9.27×10^4t，至关井时含水仅为 30%，日产油 70t；H4−8 井生产 1 油组的第 3 层和 2 油组第 4、6 层，生产特征同 H13 井组。

H4−1、H4−6 井两口井共采原油 26×10^4t，占油田总产量的 45%，是歧口 17−3 油田主力生产井。

（二）馆陶组

馆陶组砂层在 H4 及 H13 井组均有分布，H13 井组砂层均为水层，油层集中在 H4 井组高部位，属边底水驱的构造层状油藏。共有 1、3、4、5 等 4 个油层，其中第 5 层为底水油层，未曾动用。生产馆陶组的井有 H4−2、H4−6 和 H4−7 等三口井，累计采油量为 4.28×10^4t，采出程度为 1.09%。

馆陶组含油面积不大，但油层较厚，水体大，水驱能量充足，生产初期单井产量均偏高，造成油井无水期很短；且含水上升及产量下降速度极快。为增加产量，先后补射 H4−2、H4−7 井的明化镇组油层。由于馆陶组的水驱能量大，合采后抑制了明化镇组的发挥，因此馆陶组油层陆续被封堵，以便发挥明化镇组的生产能力。

馆陶组油层是全油田采出程度最低、开发效果最差的油层。如位于构造高部位的 H4−6 井大油嘴生产，一个月见水，两个月后含水已达 70%，产油量由 225t/d 下降到 15t/d，半年后馆陶组即被封堵，单采明化镇组油层。H4−6 井是馆陶组中油层最厚的井，但其采出量仅为 8000t，造成这种开发效果差的主要原因是：初期采油速度偏大和射开程度不合理。

（三）沙河街组

沙河街组纵向上分 1、5、7、9 等 4 个含油小层。共有 2 口生产井，分别位于两个不同的小断块，油层主要分布在 H4 井组。

H13−2 井累计采油 2.23×10^4t，生产动态表现为溶解气驱，产量低，自喷时间短，产量及压力下降快。

H4 井生产 1、5、7、9 层，累计采油 7.36×10^4t，采出程度 3.91%。该井显示出典型的水驱特征，无水期为 220 天，无水累计采油 3.25×10^4t，占累计采出量的 45%；低含水期短，地层压降小，总压降仅为 2MPa。生产井见水后仅一年时间，产油量迅速从 150t/d 降到 15t/d，含水上升到 90%。

H4 井区沙河街组水驱能量大，但由于井位于油水边界附近，井控储量小，初期采油速度过快，造成油井过早进入高含水期，采出程度偏低，开发效果差，致使大部分油仍滞留地下。

经过生产动态分析认为，歧口 17−3 油田采出程度低，水驱油层采出程度更低，剩余储量大。溶解气驱油层已近枯竭，H4 井区明化镇组溶解气驱加水驱油层尚具较大潜力。

第二节　开发方案编制与实施

20 世纪 90 年代，针对渤海发现的油气田中简单的大型油气田少，绝大多数是中小油气田的现状，1992 年渤海公司提出了以开发好大油田为基础，向中小油田挑战的战略目标。渤海油田受到油田群联合（滚动）开发思路的启发，对歧口 18−1、歧口 17−3 这些“边际油田”进行了联合开发的设想。该设想一经提出，便得到公司和总公司领导的赞同。公司领导指出：联合开发是渤西乃至渤海中小油田群开发的总体思路，是渤西 900km^2 海域中的一个试验点，是市场经济条件下渤海公司的出路和基点。

歧口 17−3 油田能否二次开发，是联合开发是否可行的关键，该油田经重新评价，石油地质储量丰富，油井生产能力旺盛，加之已停产 10 年，地下流体重新分布，可以投入再开发。新发现歧口 18−5 油田紧邻歧口 17−3 油田，可采石油地质储量较大，是对再开发歧口 17−3 油田的最有力支持。

1994 年 8 月渤海公司编制了《渤西油田群总体开发方案》，并于 1996 年获得国家计划委员会批准。歧口 17−3 油田再启动开发方案针对明化镇组、馆陶组和沙河街组油层实行分层系开发，共计动用储量

836×10^4t，采用衰竭开发方式，设计总井数 9 口，设计原油年产能力是 25.00×10^4t，实施完毕共计钻井 9 口，投产油井 9 口，累计建成原油年产能力 13.30×10^4t。

一、开发方案编制

1994 年 7 月渤海公司沈松宁、孙福街、刘英等编写了《渤西油田群总体开发方案（地质油藏部分）》，辛世刚、王星、丁克文审核，曹文贤负责。按当时纳入联合开发的各个油田的开发评价现状和研究程度，分别提出对策，编制了歧口 17–3 油田再开发和歧口 18–5 油田的初步开发方案。歧口 17–3、歧口 18–5 油田初步方案由孙福街、沈松宁、宫薇、高东升等编写，后被编入《渤西油田群总体开发方案》。

1994 年 8 月杨培兰、肖启唐、梁惠文、丁九亮、张作启编制了《渤西油田群总体开发方案》，由曹文贤、曾恒一审核，戴焕栋、刘宗芳审定，李秉铨批准。其中地质油藏部分由肖启唐、梁惠文编写，田楠审核，曹文贤审定。根据方案设计，油田重新建生产平台 1 座，钻新生产井 9 口。

1994 年 8 月中国海洋石油渤海公司上报总公司和国家计划委员会，经 1994 年 8 月 30 日和 1995 年 2 月 15 日两次审查，总公司于 1995 年 12 月 5 日批准按照总体开发方案开展基本设计。开发方案基本设计已于 1995 年 1 月 5 日正式开始。1996 年 1 月 22 日国家计划委员会批准渤西油田群总体开发方案，其中歧口 17–3 油田、歧口 18–5 油田开发方案要点如下。

（一）歧口 17–3 油田

（1）开发层系：歧口 17–3 油田采用三套井网分层系分别开发明化镇组、馆陶组和沙河街组油层。

（2）井网及井距：歧口 17–3 油田含油面积小，原油物性好，储层渗透率高，但构造复杂，油藏驱动类型多样，因此采用不规则井网布井，开发方案设计 7 口生产井，其中明化镇组 3 口，馆陶组 2 口沙河街组 2 口，井距为 100 ~ 400m。

（3）开发方式：歧口 17–3 油田是一个复杂断块油田。馆陶组和沙河街组油藏水驱能量充足，不需要注水。明化镇组主力油层为溶解气驱加弹性水驱，能量补充不足，但因仅布有 9 口井，且为不规则布井，不宜注水开发。所以歧口 17–3 油田采用天然能量开采。

（4）采油方式：明化镇组油层在投产初期即采用机械采油；馆陶组和沙河街组油藏天然能量充足，油井有足够的能力自喷生产，到生产后期，视含水、压力及产量情况，考虑是否机械采油。

（5）完井方式：明化镇组和馆陶组老生产井油层均有一定程度的出砂情况，为此对此两套层系进行了先期防砂；沙河街组油层埋藏深，出砂不严重，因此不做防砂。

（6）生产预测：歧口 17–3 油田探明石油地质储量 1097×10^4t，探明天然气储量 6.60×10^8m^3，动用石油地质储量 630×10^4t，动用天然气储量 4.20×10^8m^3。

明化镇组动用 5、6、7、9+10 层，3 口井生产，日产油 163t，9 年累计采油 26.40×10^4t，采收率 9.75%，累计采收率 19.20%；

馆陶组动用 1、2 层组，2 口井日产油 102t，9 年累计采油 23.10×10^4t，采收率 10.10%，累计采收率 11.20%；

沙河街组动用 1、4、7、8+9 层，初期日产油 177t，9 年累计采油 30.60×10^4t，采收率 21.50%，累计采收率 26.60%。

歧口 17–3 油田最高年产 15×10^4t，9 年累计采油 80×10^4t，采出程度 12.70%，累计采收率 17.10%（按 H4 井区总储量计算）。

（二）歧口 18–5 油田

歧口 18–5 油田位于海四断层上升盘（投产后归为歧口 17–3 油田一部分，取消了歧口 18–5 油田的称谓），是受断层挟持的地垒块。主力油层发育于沙二段。1994 年计算含油面积 1.30km^3，预测石油

地质储量 206×10^4t，天然气储量 $1.90\times10^8m^3$。开发预测的石油地质储量和天然气储量全部动用，采取衰竭开发方式。采用 20 倍水体方案作为推荐方案，设计两口生产井，平均单井日产 156t，年产 10×10^4t，稳产 4 年，9 年累计采油 51.80×10^4t，采收率 25%。

歧口 17–3 与歧口 18–5 共用一个平台，位置设在歧口 18–5–1 井处，名称为歧口 18–5 平台。平台总井数 9 口，初期年产油 25×10^4t，开采 9 年，累计采油 132×10^4t，累计产气 $3.30\times10^8m^3$，动用储量 836×10^4t，采出程度 15.8%。

二、开发方案实施

（一）开发方案调整

根据 1996 年储量计算结果，歧口 18–5 油田石油基本探明储量 138×10^4t。渤海石油研究院基于以下方面的考虑：①平台位于西北地垒块的构造高部位，是控制油气分布的最有利的部位；②平台位于该油田储量相对集中、丰度较高的部位，可最大程度地动用油田储量；③平台基本处于各开发井的中心部位，使得开发井的井斜角度和水平位移较小，有利于油田的生产；④有利于开发井避开断层复杂区，沿着断层方向顺高钻穿多套油层，做到一口井钻穿更多开发目的层。最终确定生产平台位于 P4 井处，名称为歧口 17–3 平台。并由高东升、李其正编制了《歧口 17–3/18–5 油田开发井位设计书》，丁克文、胡光义、宫薇审核，编写单位负责人于洪文，主管部门负责人王星，批准人汪志勇。

歧口 17–3 油田开发方案实施过程中，考虑到储量的变化调整了各层系的生产井数。ODP 方案是采用 1993 年的石油地质储量 1303×10^4t 来进行预测的，而油田再启动的储量是 1997 年复算石油地质储量 1140×10^4t，总储量减少了 163×10^4t。其中明化镇组储量减少，主要是由于含油面积减小，因此设计井数减少 1 口；馆陶组储量有少量增加，主要是由于有效厚度增大，因此设计井数增加 1 口；沙河街组储量变化最大，断层下降盘储量减少，断层上升盘储量大幅减少，主要是由于有效厚度、含油面积减小造成的，设计总井数与 ODP 相同，其中断层下降盘增加 1 口井，断层上升盘减少 1 口井。

（二）开发井钻完井

中海石油北方钻井公司于 1996 年 12 月 31 日至 1997 年 3 月 14 日通过渤海 10 号钻井船在歧口 17–3 平台实施开发井钻完井。钻井顺序为 P4—P1—P2—P3—P7—P8—P5—P6—P9。

新生产井大都钻遇多套含油层系，9 口井均钻遇明化镇组油层，6 口井钻遇馆陶组，4 口井钻至沙河街组油层。其中 P1 井位于沙河街组上升盘（歧口 18–5），P2 井钻遇明化镇组、馆陶组和沙河街组油层共 44.80m，为钻遇油层最厚的井。为充分利用地下天然能量，有 6 口井射开多套油层，以便在生产后期适当时候视产量、压力及含水情况上返生产，其中 P4 井射开明化镇组、馆陶组油层共 41.60m，为射开油层最厚的井。

为了避免油井出砂，明化镇组、馆陶组和沙河街组油层（除 P9 井沙河街组）都进行了先期防砂。

（三）油田投产

歧口 17–3 油田开发方案实施后共有 1 座生产平台，9 口生产井。

1997 年 12 月 11 日歧口 17–3 油田投产，初期年产油为 13.30×10^4t，比 ODP 方案少 11.70×10^4t，主要是由于明化镇组及沙河街组产量未达到 ODP 方案指标。其中明化镇组日产油为 $260m^3$，初期日产油达到并超过了 ODP 方案指标，但由于明化镇组储量及生产井数的减少，致使初期年产油量略少于 ODP 方案指标；馆陶组 P4 井及 P5 井初期日产油达到并超过了 ODP 方案日产油指标，P6 井是由于出气造成产量减少，馆陶组储量及生产井数比 ODP 方案增加，造成馆陶组初期年产油量高于 ODP 方案指标；沙河街组 P2 井及 P9 井初期日产油低于 ODP 方案中这两口井的设计产量，P1 和 P3 两口井则由于出现气层干扰，不能正常开井，产油量极少，这样沙河街组断层上升盘几乎没有原油产量。由于明化镇组、沙河街组产量的减少，造成投产后初期年产油比 ODP 方案减少 11.70×10^4t。

从 1998 年起，渤西油田群开始向天津市提供商品气。歧口 17–3 油田供气初期以溶解气为主，从 2001 年 12 月开始，由于供气形势紧张，陆续补射了一些气层，一些采油井转为采气井生产。截至 2005 年 12 月 31 日，全油田累计产油 $137.52\times10^4m^3$（核实产量），累计产气 $2.77\times10^8m^3$。

第三节　开发过程控制

1997 年 12 月歧口 17–3 油田投产后，根据《海上油气田开发井动态监测资料录取要求》进行油田动态监测，在生产过程中由于产油量递减快，各层系间干扰严重，以及油气并举开发技术政策的实行，实施了一些措施，并取得了一定的成效，同时也有一些失败的教训。

一、油藏动态监测

在油田开发过程中，开发初期以系统试井和流体性质监测为主，进入中高含水期，开展了产液剖面测试，为油田挖掘剩余油潜力提供依据。

（一）压力监测

1998 年投产初期，歧口 17–3 油田对 P2、P4、P5 井进行了系统试井，确定合理工作制度。开发过程中，每次补射气层（P1、P3、P5 井）后，都进行了系统试井，确定气层合理工作制度。

油田每年按照测试计划对重点井次进行静压和流压测试，但是受产量压力限制，整体测试井次偏少。静压测试结果反映明化镇组地层压力下降快，馆陶组地层压力下降缓慢，能量充足，沙河街组地层压力下降较快，同一油组不同生产井地层压力变化趋势也不相同。

动液面测试也是监测油藏压力变化，分析油井供液状况的主要手段。歧口 17–3 油田井况正常的井每个月测试 1 次，电潜泵工况出现异常时可随时测试，为机采井动态分析提供了宝贵的资料。

（二）产液剖面测试

歧口 17–3 油田共进行过两井次产液剖面测试。2002 年 7 月中海油田服务有限公司对 P5 井和 P6 井进行了产液剖面测试，测试结果显示 P5 井明化镇组井下产油占总产油量的 1.30%，井下产水占总产水量的 1.50%；馆陶组为主要产出层，井下产油占总产油量的 98.70%，井下产水占总产水量的 98.50%。P6 井明化镇组基本没有产出，馆陶组为主要产出层。

（三）流体性质监测

油田每年取地面流体样品 1 次，进行流体性质监测，观察流体变化状况。开发时间越长，地面原油密度和黏度有增大的趋势。

二、稳油控水措施

（一）控制油田含水率

歧口 17–3 油田含油层系多，含油砂体分布特点为：明化镇组多为透镜体，以溶解气驱为主，少数为弹性水驱；馆陶组主要是构造层状油藏，为边底水驱，少数为溶解气驱；沙河街组受构造和岩性的控制，既有溶解气驱，又有弹性水驱。各油组及油组内小层间驱动类型及能量不同，合采时产生严重的层间干扰。

2002 年 7 月中海油田服务有限公司对 P5 井和 P6 井进行了产液剖面测试，测试结果显示明化镇组有微量产出，馆陶组为主要产出层。由于馆陶组边底水能量较大，含水上升迅速，所以单独开发馆陶组的井在含水升高后大都上返明化镇组或与明化镇组合采，如 P8 井 2000 年 11 月关闭馆陶组单采明化镇组，含水率由 87% 降为 40%。P5 井 2001 年 11 月上返明化镇组生产，由于明化镇组供液不足，后来明化镇组和馆陶组合采。

（二）控制产油量递减

(1) 减少层间干扰。歧口 17–3 油田各油组及油组内小层间油藏类型及油藏驱动类型差异很大，所以各个层系的生产特征也相差很大。明化镇组主力层生产能力旺盛，自喷和无水采油期长，低含水期含水上升缓慢；明化镇组非主力层的生产特点是含水上升缓慢，产量较低，地层能量消耗快，累计产量低；馆陶组油层生产井产量下降快，含水上升迅速，采出程度低；沙河街组油层无水采油期短，含水上升快，产量下降快。这就造成了各层系合采时层间干扰严重的问题。

明化镇组和馆陶组合采时，由于馆陶组为水驱，地层能量充足，明化镇组为溶解气驱，地层能量弱，所以馆陶组的产出抑制了明化镇组的生产，开发过程中为了避免层间干扰，尽量减少了合采的方式。P4 井 2004 年 4 月关闭馆陶组单采明化镇组，初期日增油 40m^3，含水率由 87% 降为 0%。

(2) 减少气层干扰。歧口 17–3 油田 P6 井投产初期主要产气，为了避免或减少气层影响，进行了开关层作业。P6 井初期单采馆陶组，产出气量大，无法正常生产，一直关井。于 1998 年 2 月下堵塞器封馆陶组未成功，打开明化镇组合采。产油量由 0m^3/d 增加到最高 150m^3/d。

(3) 酸化。歧口 17–3 油田截至 2005 年 12 月共有一井次的酸化解堵作业，但是由于泵的原因导致作业失败。

P9 井初期生产沙河街组，1998 年两次使用 KCl 压井，发生漏失，造成沙河街地层污染。1998 年 10 月打开明化镇组与沙河街组油层合采，2002 年 12 月单独酸化沙河街组油层。酸化作业后，启泵排酸时，泵机组发生故障，导致酸液滞留井内，对地层造成二次污染，P9 井一直关井至今。酸化解堵作业失败。

（三）控制产气量递减

从 1998 年开始，渤西油田群开始为天津市提供商品气。为维持平稳供气，歧口 17–3 油田一些具有气层的生产井进行了补孔气层作业。

2001 年 12 月为了保证元旦和春节“两节供气”，P1 井上返明化镇 2 油组气层，日增气量 $4.00 \times 10^4 m^3$，并于 2004 年 10 月再次上返明化镇 1 油组气层，实施后日增气量 $3.00 \times 10^4 m^3$。P3 井 2002 年 7 月补孔沙河街气层生产，日增气量 $2.50 \times 10^4 m^3$。P5 井 2003 年 11 月上返明化镇组和馆陶组气层，日增气量 $3.00 \times 10^4 m^3$。P2 井 2005 年 12 月正在进行上返补孔明化镇 1 油组气层作业。

这些措施为渤西油田群供气作出了重大贡献，但是同时也对歧口 17–3 油田产油量产生了重大影响。

第三章

钻井与采油工程

第一节　钻井工程

歧口17—3油田（地质构造包括海四油田及歧口18—5断块）位于渤海西部歧南断阶带海四构造西高点上。歧口17—3和歧口18—5油田合用井口平台一座，钻开发井9口。1997年12月11日，歧口17—3（包括歧口18—5）油田建成投产。

1975年海四油田建成投产，1985年12月因平台锈蚀废弃而封井停产。1993年，通过钻探歧口18—5—1井，歧口17—3油田进入再评价阶段。经过1997年储量复算，作为边际油田的歧口17—3油田作为第一个联合开发油田群——渤西油田群的开发项目进入了二次开发阶段。

H4井是于1971年开钻，该钻井平台距塘沽基地108km，水深6.50m，海四钻井平台为桩基钢结构导管架固定钻井平台。7月4日开钻，10月24日完钻，完钻井深为2907.80m，在沙二段地层钻遇高产油气流，经射孔测试，日产原油261.80t，天然气50745m^3，从而发现了海四油田。该钻井平台于1974年7月又钻成一口井深2020m的H4—6定向井，完井电测在明化镇组和馆陶组共发现油层厚88.60m，经射孔测试获日产原油1025.80t。经过4年的勘探历程，确定了海四油田的储量规模，从而确立了海四油田的经济效益。

经过改造扩建后，该平台钻井8口，实际生产井6口。从1975年7月正式投产至1983年7月，由于平台锈蚀决定封井。

1975年3月至1976年7月，七号钻井平台（海十三井区）共计钻井8口，平均井深2480m。1974年3月七号平台预制，12月建成。导管架于11月16日出海施工，甲板于12月27日出海施工，1975年1月30日全部安装完毕。在完成钻完井工程后，甲板部分于1976年9月搬迁，作为10号钻井平台甲板用，导管架改为七号生产平台基础。

歧口17—3油田在海四井区的基础上进行的再次开发，与此同时，歧口17—3项目作为优快钻井项目的第二个实验区，为推广优快钻井技术积累了大量的钻井技术和经验。歧口18—1优快项目的试验成功之后，1996年12月31日，歧口17—3油田的优快钻井项目也着手启动。担任项目经理的是歧口18—1项目监督曹式敬。歧口17—3油田优快钻井在管理上得益于与国际管理接轨的项目管理机制，建立了以项目经理和现场监督为核心的管理体系，完全改变了以往凡遇重大项目都要求领导挂帅用行政手段协调的传统办法。渤海公司承担这个项目，从开始就明确实行项目经理负责制，项目经理握有执行项目所必需的人、财、物调配的权力，在其权限之内的事，公司领导不再干预，使其在现场能够当机立断处理项目进程中的各类问题，无须事事都要请示汇报。同时也树立了项目经理现场指挥调度的权威性，避免以往现场指挥说了不算，一切都要高层领导裁决的传统弊端。现场的钻井监督直接对项目经理负责，站在油公司勘探开发大局的高度观察和考虑问题，及时监督指导和协调现场作业队伍的服务，随时与项目经理联系，与基地各职能部门沟通，保持现场与机关职能部室信息交流的通畅，使整个项目的进行紧张有序，忙而不乱。项目组对各专业承包公司，实行合同制管理，一切按合同办事。事实说明，这种管理模式，符合市场规律，适应于现代大型工程的管理要求，是提高钻井效率、降低钻井成本的科学管理办法。

在钻井设计过程中，由于H4井与歧口17–3项目年代跨度大，钻井资料、地质资料较少，给钻井工程设计带来很多困难：①海四井区和歧口18–5断层区块地层复杂，井眼轨迹要穿过卵石层，地层对于钻头要求很高，钻速也受到很大影响。②井眼轨迹采用三维多靶点，且为多靶点“S”形井眼，平均每个井2.67个靶点，最多的有4个靶点，三维多靶点“S”形井眼对定向井作业是一大考验，是渤海多年来未曾遇到过的富有挑战性的项目。③3口井要钻入已开采的海四平台，井眼轨迹碰撞问题成为现场施工作业的难点之一。

按照开发实施方案，该油田布井9口，平均井深2435米，最深的井达3158m。所钻的开发井均为定向井，由渤海钻井公司承包钻井作业。定向井井身结构：ϕ609.60mm套管下深入泥82.11m，ϕ339.73mm表层套管下入深度381m，ϕ224.50mm生产套管下入深度2417m。根需要每钻50～100m测井斜及方位一次，及时掌握井眼轨迹变化。

在项目经理的指导下，经过简化井身结构，优化井眼轨迹，采用油基钻井液段塞等措施，最终以平均建井周期7.96d的好成绩出色地完成了该项目。打破了海油总公司单项钻井纪录6项。该项目首次使用了油层保护剂QS–2和BPA，首次实行开工前制定质量标准，完工后进行质量评审的制度。歧口17–3平台各井为立体交叉作业，表层固井、部分井口作业以及测固井质量同时作业，不占用钻机时间。

第二节　完井工程

歧口17–3油田初次开发时间为1975年至1985年，所有生产井没有采用防砂措施。生产期间，因馆陶组及沙河街组含水上升快，产量大幅度下降，先后采取了堵水、补射新层、下泵等措施。

歧口17–3油田重新开发投产时间为1997年12月，共9口井投产，投产方式有自喷和机采两种，其中自喷井7口，机采井2口。该油田沙河街油层出砂，而在明化镇和馆陶组有可能存在出砂问题，因此在该油田是否进行防砂作业的判断上存在分歧。为了保证油井投产后能够正常生产，除P9井外，其他井在完井时用套管内先期金属绕丝筛管砾石充填防砂即筛管预充填防砂完井的方法进行分段防砂，然后生产管柱带引鞋、坐落接头、插入密封、滑套、定位接头、安全阀一次插入。

通过歧口17–3等项目的顺利完成，一整套适用于渤海地区的完井工艺已经成熟并加以完善。这套优快完井主流技术主要包括：长井段负压射孔和隔板传爆技术；一趟管柱多层高速水充填防砂技术；优质完井液技术；电潜泵“一变多控”技术。

第三节　采油工程

歧口17–3油田重新启动时，考虑到海四井区已生产过8年，生产情况比较清楚，根据渤西油田群总体开发方案，在开采方式上，充分利用天然能量，歧口17–3采用衰竭式开采方式，初期自喷生产，适时逐步转为机械采油，初步定为电潜泵的机采方式。

一、举升

1975年7月四号采油平台建成并投入生产，采油井6口，初期为自喷生产，日产油348t。生产期间采用水力活塞泵等上抽措施，以维持油井正常生产。由于平台腐蚀严重，于1983年封井废弃平台。

1995年根据渤西油田群联合开发的总体方案，在原海四平台位置重新建成歧口17–3油田，即油田再启动。根据渤西油田群总体开发方案中的第三章钻井、完井中的完井部分，编制是杨寨、郭会敏、齐桃，审核是吴锡安，审定是周守为，油管选用 $2^7/_8$in，根据渤西各油田单井产能及开发特点，渤西各油田在自喷不能满足生产要求时主要采用电潜泵机采；歧口 17–3 和歧口 18–5 合计最大机采用电量 278kW。

歧口 17–3 油田于 1997 年 12 月投产，投产初期 9 口井中，7 口井自喷生产，两口井（P7、P8）投产即为机采井，其中 P8 井为“Y”型管柱，既可以机采又可以实现分层开采，采用 $2^7/_8$in 油管。

1997 年 12 月投产以来，产量下降快，含水上升快。为了弥补产量下降，采用自喷转抽方式。

1998 年 3 月 7 日 P9 井开始进行下泵作业，下入天津斯波泰克厂家的潜油电泵，排量为 100m³/d，扬程 1000m。

1998 年 4 月 12 日 P2 井开始进行下泵作业，下入天津斯波泰克厂家的潜油电泵，排量为 50m³/d，扬程 1200m。

1999 年 7 月 3 日 P6 井开始进行下泵作业，下入天津斯波泰克厂家的潜油电泵，排量为 100m³/d，扬程 1400m。

1998 年 7 月 16 日 P4 井开始进行下泵作业，下入天津斯波泰克厂家的潜油电泵，排量为 100m³/d，扬程 1200m。

1998 年 8 月 26 日 P5 井开始进行下泵作业，下入胜利电泵厂家的潜油电泵，排量为 100m³/d，扬程 1200m。

2000 年 11 月 25 日 P1 井修井作业下入电潜泵，恢复油井生产。下入天津斯波泰克厂家的潜油电泵，排量为 80m³/d，扬程 1400m。

2003 年 8 月 24 日 P3 井下入电泵，自喷转抽，恢复油井正常生产。下入电泵的厂家是工程公司（虎溪的修复泵），排量为 50m³/d，扬程 1500m。

二、酸化

2002 年 12 月对 P9 井采取了酸化措施。

P9 井是明化镇和沙河街油组合采井，生产层位明化镇 1 油组 3 小层、明化镇 2 油组 2、3 小层、沙河街 2 油组 1、6—8、9 小层。P9 井初期单采沙河街油组，不能正常生产，自 1998 年 10 月沙河街油组和明化镇油组合采后，日产油 10m³，含水 59%。分析认为是沙河街油组油层射孔深度不够，又因为 1998 年 3、4 月两次修井过程中井涌，压井过程中 KCl 用量较多，油层污染严重，2002 年 12 月采取了酸化措施。酸化后由于排酸不及时，导致管柱接箍开裂，管柱断脱，下普通管柱后启泵不能正常生产。

三、油井维护与修井

2002—2003 年对部分井进行了油管诱喷、自喷转抽、补孔作业取得了较好的增产效果。

2004 年为满足下游供气，全油田全年措施 6 井次，包括 P1 井补孔、P4 井转明化镇油组生产、P6 井投捞 Y 堵、P5 井投捞 Y 堵、P5 井关馆陶组 1、4 小层、P5 井关馆陶组 5 小层。全年检泵 8 井次，包括 P3 井 4 井次、P4 井 1 井次、P5 井 2 井次、P8 井 1 井次，通过各项措施，较好地维持了油井正常生产。

2005 年为延缓产量递减，全油田全年措施 3 井次，包括 P5 井关明化镇 2 油组 1、2+3 小层、P8 井开馆陶组、P3 井中小修采取明化镇油组与馆陶油组轮采措施，措施增油量显著。

P1 井 2001 年 11 月补孔明下段 2 油组 1 小层气层，措施后 P1 井日产气量 3×10^4m³，很好地满足了渤西下游供气需要。2004 年 6 月以后 P1 井日产气量显著下降，至 2004 年 9 月维持在 50m³ 的水平。为满足下游供气，2004 年 10 月 P1 井补水泥后上返明上段气层，同明下段 2 油组 1 小层气层相比，物性相差较大。射开 P1 井层后初期日产气量 3×10^4m³，但生产 10 天，P1 井无产出关井。

P3井初期自喷生产，由于产气量较大，1997年12月11日关井。1999年6月7日开井生产，7月9日进流程计量。1999年8月20日，停喷关井。2000年3月18日开井生产，2000年3月29日关井。2000年10月26日开井。2001年9月8日巡检发现停喷，2001年9月9日放喷未成功，关井。2002年7月31日补射沙河街2油组1、4气层，2002年8月1日开井。2002年8月17日关井测静压时压力计落井。2002年8月20日开井生产。P3井补孔施工总结由于小龙和胡斌编写。

P3井修井施工设计于2003年4月23日编写，编写人是徐文江，校对人是陶德宝，审核人是张贵宝，批准人是张洪波。2003年5月17日到2003年6月9日对P3井进行了中修井作业，之后对P3井进行了气举诱喷作业，没有实现油气井自喷，在2003年8月自喷转抽，自喷转抽施工设计于2003年8月21日编写，编写人是杨冰，校对人是陶胜宝，审核人是宋海清，批准人是李贵川。2004年P3井检泵4井次，检泵发现有脏物、铁锈等堵塞泵吸入口及流道，泵内结垢，可以看出P3井几次冲砂未彻底，井内有杂物，污染较严重。P3井2005年2月无产出，4月检泵，发现泵入口被堵死，泵轴被卡，7月份进行磨铣冲砂作业，磨铣进尺4.5m，措施效果较好。2005年9月无产出关井。

P5井2003年11月为了满足渤西平衡供气的需求，转为气井。关闭馆陶组、明化镇组油层生产井段，补射馆陶组、明化镇组气层。至2004年10月27日，P5井累计生产天然气$1062\times10^4m^3$，采出地质储量的40%，为渤西供气作出了贡献。但2004年10月，P8井出液，产气量减少至日产不足$1\times10^3m^3$，2004年11月转电泵并打开以前生产过的馆陶组1、4小层，措施后含水上升很快，产油产气量少，2004年12月将馆陶组1、4小层关闭，生产层位明下段2油组1、2+3、6小层、3油组4小层、馆陶组5小层合采，措施后效果较好。

第四章

海 洋 工 程

第一节　海洋工程方案

歧口 17–3 油田开发工程属于渤西油田群联合开发一期工程，该期工程包括歧口 18–1 和歧口 17–3 两个油田的开发工程。

1995 年 1 月，渤西油田群一期工程基本设计正式启动。

1996 年 1 月，国家计委批准了渤西油田群总体开发方案。

第二节　海洋工程设计

一、设计基础

（一）环境设计参数

歧口 17–3 油田海域水深 6.50m，最高气温 34.1℃，最低气温 –15.4℃。

50 年一遇：最大波高 4.5m，一小时平均风速 29.6m/s，重叠冰 72cm。

（二）流体性质

原油密度（20℃）0.8357g/cm^3，原油密度（50℃）0.8155g/cm^3，黏度（40℃）29.557mPa·s，黏度（80℃）6.938mPa·s，凝固点 18℃。

（三）工艺设计基础数据

生产井 9 口，最大产液量 1352m^3/d，最大产油量 826m^3/d，最大产水量 1286m^3/d，最大产气量 171429m^3/d。

二、工程设施

（一）平台结构

歧口 17–3（WHP2）投产时间为 1997 年 12 月，生产年限为 9 年，结构设计寿命为 20 年。

导管架重量为 435t，工作点标高为 7.6m，工作点尺度为 14 m × 24 m，导管为 1371.6 × 6pcs，主桩 219.2 × 38.1 × 6pcs。

甲板重量为 823t，尺度为 29.7m × 31.5m，各层标高为 23m、18m、11m，生活楼钢结构重量为 288t，床位 44 个，井槽 12 个（油井：9 口，备用井槽：3 个）。

（二）工艺处理流程

渤西油田群由歧口 18–1、歧口 18–2、歧口 17–3 及歧口 17–2 等 4 个油田组成。歧口 18–1 作为集输中心，歧口 17–3、歧口 17–2 等油田的井口物流通过计量、加热、增压后，经油气混输管线输往歧口 18−1 一并处理。歧口 18−1 将对其进行加热、分离等处理，分离出的天然气经增压脱水后，通过海底输气管线输往陆上终端。含有部分水的原油增压后通过海底输油管线输往陆上终端。

一期开发歧口 18−1 油田，歧口 17−3 油田；二期开发歧口 17−2 油田、歧口 18−2 油田。

渤西油田群最大处理能力：原油 80×10^4t/a，天然气 63×10^4m^3/d，生产水 92×10^4t/a。

歧口 17−3 油田作为渤西油田群联合开发一期工程，在歧口 18−1 油田之后投产。在井口综合平台 WHP2 上布置安装了生产设施及生活设施。

该平台所有的井口物流（除分离出部分自用气外）通过加热、增压后，经海底混输管道输往歧口 18−1 集输平台一并处理。

WHP2 原油处理系统主要包括生产分离器、计量分离器、生产加热器、计量加热器以及混输泵等设施。

（1）井口管汇。

WHP2 平台上，共有 9 口生产井。地层中的原油通过油管流到地面，经油嘴节流后分别进入生产或计量管汇。出油管的流体操作压力及温度分别为 1200kPa 和 30℃。每口井均设有井下安全阀及地面安全阀，以备应急保护。

9 口生产井的井流将汇集于生产管汇。当某一口井需要计量时，将其从生产管汇切换到计量管汇，然后进入计量加热器、分离器。

（2）混输泵。

来自于生产分离器及计量分离器的气、液物流，将进入混输泵增压。其压力将提高到 3400 ~ 5600kPa（逐年不同）后通过 8in 海底管道输往歧口 18−1 集输平台一并处理。

混输泵为螺杆泵，共设有 3 台，每台处理量为 246m^3/h，功率为 400kW。在高峰期（第四、五年）需 3 台同时工作。其他年份有所备用。每台泵均有各自的控制盘，当泵出现高温、高压等异常情况时，对泵进行保护控制。

（3）海底管线置换。

海底管线置换分计划置换及紧急置换。计划置换指的是由于上下游某些设备或系统计划维修而进行的海管置换。紧急置换指的是由于上游或下游或是海管本身出现故障等所采取的紧急海管置换。

计划置换（WHP2 到 WHP1 的混输管线）：WPH2 到 WPH1 的混输管线计划置换采用的介质为海水，用量为不小于 70m^3/h。首先将置换系统流程导通，用海水泵（W2−P−1301A/B）将海水输入生产加热器（W2−H−102A/B）中，将海水加热到 50℃左右后，进入生产分离器作为缓冲，之后采用混输泵（W2−P−101）增压到 2600kPa，后送入海底管线进行置换。置换液将进入 WHP1 平台的流程。此时不影响 WHP1 的生产。

紧急置换（WHP2 到 WHP1 的混输管线）：利用海水泵将海水送入生产加热器（W2−H−102A/B）中，将海水加热到 50℃左右后，进入生产分离器作为缓冲，之后采用应急置换泵将其增压到 2600kPa 后送入海底管线进行置换作业。

（三）公用系统

公用系统包括电力系统、热介质系统、应急发电机、公用气、仪表气、海管工艺、WHP2 燃料气处理系统、WHP2 火炬及放空系统、WHP2 平台化学药剂系统、WHP2 闭式排放系统平台和安全逃生系统。

三、设计历程

由中海石油工程设计公司承担的渤西油田群联合开发一、二期海上工程项目（包括歧口 18−1 和歧口 17−3），由陈文金任项目经理，自 1994 年 3 月接受设计任务，历时 4 年，先后完成了概念设计、基本设计和详细设计及现场施工、调试、投产技术服务等各阶段的工作，为确保该油田群按期建成投产，向天津市供油供气，做出了应有的贡献。

（一）工程设计里程碑

中海石油工程设计公司受甲方中海石油渤海公司委托承担渤西油田群联合开发一、二期海上工程的全部设计工作，通过与甲方和施工单位密切合作，按期保质完成了各阶段的工作任务，受到了总公司和渤海公司领导的赞扬，为中、小边际油田经济、有效、快速地开发走出了一条新路。

1. 概念设计和 ODP 编制

1994 年 2 月至 1994 年 7 月，完成一、二期海上工程概念设计和 ODP 报告工程部分的编制工作。在此阶段确定了以歧口 18–1 油田为中心，滚动接替的开发方式，联合开发渤西南体系的中小边际油田的半海半陆工程方案。

2. 专题研究

1994 年 8 月至 1995 年 5 月，完成渤西油田群联合开发总体工程专题研究工作。在此阶段按照总公司和渤海公司的要求，设计公司完成了以下专题研究：① 50×10^4t 和 100×10^4t 油田设计能力的对比、论证；②歧口 18–1 油田合格原油管输至曹妃甸 1–6 油田和渤中 28–1 单点和 FPSU 改造全海式方案的研究；③渤西油田群开发工程基础数据专题研究；④天然气输送和注水工艺流程方案研究；⑤渤西原油及乳状液热处理试验研究；⑥海底管道结构设计的专题研究；⑦近岸段铺设方案专题研究；⑧海底单层保温管道可行性研究；⑨海底管道电阻焊管（ERW）可行性的专题研究。

3. 基本设计

1995 年 2 月至 1995 年 6 月完成渤西油田群联合开发一期海上工程基本设计和导管架详细工作。在基本设计阶段确定了渤西油田群原油集输处理能力 80×10^4t / a，天然气集输能力 100×10^4m^3 / d 的设计规模，并采用了如下主要技术方案：

（1）歧口 17–3 井口平台产出的生产物流由多相混输泵增压，通过中长距离油气水多相混输管道输至中心平台集中处理。

（2）确定以双燃料柴油发电机组为主电站，且不设备用电站。

（3）取消中控室、设置操作间和值班室，采用现场控制，简化控制系统和关断系统。

（4）采用一套可搬迁的简易修井机和配套设备，满足修井和完井作业的要求。

（5）采用 ERW 管作为海底管道的外管，降低工程投资。

（6）取消导管架帽，设计大型组块，采用大组块整体吊装、滑移装船的结构方案，利用国内施工机具和力量，提高陆地预制化程度，实现陆上完成单机调试，减少海上安装、连接、调试工作量的目标。

4. 详细设计

1995 年 9 月至 1996 年 5 月，完成渤西油田群联合开发一期海上工程详细设计和设备材料的采办配合工作。在详细设计阶段，设计项目组除了完成渤西油田群一期海上工程的三个生产平台组块、两个生活组块和三条长输管道的全部详细设计工作之外，还承担了三百余台套各类设备从技术标书的编制、技术评价、技术澄清、合同谈判、签约及厂商图纸审查全过程的采办配合工作。

5. 现场技术服务

1996 年 6 月至 1997 年 12 月，在长达 1 年半的施工技术服务工作中，设计项目组进行了大量的详细设计后补“天窗”的设计工作，并完成了全部设备预调试、海上连接系统调试和投产各阶段全过程的技术支持。

（二）新技术的采用

针对渤西油田群的特点和开发工程方案的要求，设计人员采用了多项新技术：

（1）在国内海洋石油领域首次使用的工程新技术：8in × 16km 平台间油气水混输工艺和管道结构，多相混输泵和配套设施的使用。

（2）在渤海湾范围内首次使用的新技术：ERW 管的使用，三甘醇脱水工艺和干气输送工艺。

第三节　工程承包与建造

一、承包商名录

渤西油田群海上一期工程（歧口 18–1、歧口 17–3、歧口 18–1APP）导管架和组块制造、塘沽陆上终端建造由中海石油平台制造公司承担；歧口 18–1、歧口 17–3、歧口 18–1APP 导管架、组块、海底管线敷设及生活住房等的海上安装全部由海上工程公司承担。

二、工程建设里程碑

（一）渤西油田群一期海上工程里程碑

1994 年 09 月 09 日	成立项目组
1995 年 01 月 05 日—07 月 12 日	基本设计
1995 年 07 月 26 日	渤西基本设计审查
1995 年 08 月 27 日—1996 年 05 月 22 日	详细设计
1995 年 10 月 23 日—1996 年 03 月 31 日	WHP E 导管架陆地预制
1995 年 11 月 21 日—1996 年 05 月 31 日	WHP F 导管架陆地预制
1995 年 12 月 05 日—1996 年 07 月 23 日	APP 导管架陆地预制
1996 年 01 月 22 日	国家计委批准渤西油田群海上一期工程的 ODP 开发报告
1996 年 05 月 31 日—07 月 09 日	WHP F 导管架海上安装
1996 年 08 月 09 日—1997 年 09 月 20 日	铺设歧口 18–1 平台至登陆点的输油海底管道
1996 年 10 月 28 日—1997 年 08 月 10 日	两个油田的 L/Q 生活住房陆地预制
1996 年 10 月 29 日—1997 年 04 月 05 日	WHP E 导管架海上安装
1996 年 12 月 02 日—1996 年 12 月 26 日	APP 导管架海上安装
1996 年 12 月 19 日—1997 年 03 月 16 日	铺设 WHP E 至登陆点的输气海底管道
1997 年 03 月 25 日—1997 年 06 月 10 日	铺设 WHP E 至 WHP F 间的混输管道
1996 年 07 月 18 日—1997 年 07 月 18 日	WHP E 平台组块陆地预制
1996 年 07 月 18 日—1997 年 10 月 30 日	APP 组块陆地预制
1996 年 09 月 15 日—1997 年 08 月 02 日	WHP F 组块陆地预制
1997 年 07 月 15 日	主电站完成陆地调试
1997 年 07 月 20 日	WHP E 组块拖拉上船
1997 年 07 月 22 日	APP 组块拖拉上船
1997 年 07 月 28 日—10 月 25 日	APP 组块海上安装和调试
1997 年 07 月 30 日—10 月 25 日	WHP E 组块海上安装和调试
1997 年 08 月 10 日—11 月 25 日	WHP F 组块海上安装和调试
1997 年 09 月 20 日	海管施工完工
1997 年 10 月 30 日	WHP E 机械完工
1997 年 11 月 25 日	WHP F 机械完工
1997 年 11 月 27 日	歧口 18–1 油田投产
1997 年 12 月 11 日	歧口 17–3 油田投产

（二）渤西一期工程终端里程碑

1995 年 04 月 28 日　渤西项目组与塘沽土地规划局签订了土地征用合同，分别与渤海海联经济技术开发公司和运输公司签订回填土合同
1995 年 10 月 05 日　与港口建设工程公司签订围墙建造合同
1995 年 10 月 23 日　成立终端项目组
1995 年 12 月 22 日　经总公司领导决定，中海石油平台制造公司总承包终端处理场建设工程
1996 年 01 月 02 日　中海平台制造公司与中海石油工程设计公司签订终端设施的设计合同
1996 年 02 月 12 日　扩初设计中间审查
1996 年 03 月 30 日　长线设备开始发标
1996 年 04 月 08 日　扩初设计结束
1996 年 05 月 03 日　施工设计开工会
1996 年 05 月 06 日　扩初设计终审会
1996 年 05 月 08 日　完成临时供电
1996 年 06 月 10 日　完成供水工程
1996 年 06 月 20 日　土建工程开工
1996 年 07 月 02 日　与中海石油平台制造公司签订“渤西陆上终端油气处理场总承包合同”
1997 年 01 月 01 日　开始设备安装
1997 年 09 月 30 日　完成单机调试
1997 年 11 月 27 日　渤西原油上岸，处理厂投产
1997 年 12 月 05 日　渤西天然气进厂
1997 年 12 月 18 日　正式向天津市供气

第四节　工程项目管理

一、概述

渤西海上工程（一期）项目由中海油总公司批准于 1995 年 1 月正式启动，按时于 1997 年 12 月建成并投产成功。

渤西海上一期工程属于渤西油田群联合开发项目的主要工程，从项目开始直到项目结束，项目组紧紧抓住对工程的三大控制。工程质量符合国际、国家标准，并获得了第三方检验机构 DNV 和 CCS 证书，以及总公司颁发的海上作业许可证。

渤西海上工程按照海油总的要求具体体现了“三新三化”，不少技术尚属国内首次采用，工程技术有新的突破，其突出的特点就是平台组块的大型化。这一决策大大缩短了海上联接的工期，取得了明显的经济效益。

二、项目管理组织机构

根据海油总颁发的管理规定，结合渤西海上工程的工作内容和工作量以及渤海公司现实条件组建了项目组。项目组以工程部人员为主，并聘用了公司内外一部分技术人员组成。机构设置分确定和实施两个阶段，并按各阶段项目组的主要工作内容确定。在项目确定阶段，项目组设 7 个部，以技术专业划分部门。而在项目实施阶段，项目组则设 9 个部，增加了施工管理部门。

上述组织机构在实际执行中又做了以下局部的调整：

(1) 1995 年 6 月，公司决定将项目组分为海上工程、陆上终端两个独立项目组。海上工程由孙德刚任项目经理，解东山任项目副经理，陆上终端由姚德彬任项目经理，属于终端专业的部门和人员都划归新成立的终端项目组。

(2) 在实施阶段建造部门增加了 QC 检验员 6 名，负责施工现场质量检验。

与自营开发工程项目采用项目加矩阵的管理模式有所不同的是：按渤海公司新改革的体制分工，工程项目组的职责是从基本设计开始，而不是从前期研究阶段开始。在矩阵管理范围上又有所扩展。例如渤海公司对合同的统一管理以及海油总对采办的统一管理等。

三、项目管理的运行

（一）依据

渤西海上工程项目管理执行的是海油总、渤海公司颁发的有关规定、文件以及在项目执行过程中上级主管单位所颁发的重要会议纪要等，主要文件如下：

(1)“海上油（气）田自营开发管理暂行规定”（海油总颁发，1994.6）；

(2)“油公司工作手册”（渤海公司颁发，1994.12）；

(3)“渤西油田群联合开发项目管理实施细则”（渤海公司，1995.11）；

(4)“渤西基本设计审查报告”（海油总，1995.8）；

(5)“采办工作管理暂行规定”（海油总，1995.12）；

(6)“关于 1995 年油公司项目承包价格报告的批复”（海油总，1995.9）；

(7)“渤西油田群联合开发项目投资概算”（海油总，1996.7）。

（二）设计审查

海上工程的设计与项目划分的三个阶段相对应也分为三个阶段。除了在前期研究阶段已经完成的概念设计以外，在项目的确定阶段还要进行并完成基本设计，实施阶段进行并完成详细设计和加工设计。设计在工程中占据着相当重要的地位。因而项目管理的重点是如何管理好设计，如何把好对设计的审查关。

对设计的审查，项目组都是根据项目管理的有关规定、程序、原则进行的。审查的要点偏重在以下几个方面：①渤海公司（甲方）所定的原则和要求，在设计中是否予以考虑和体现；②重要环境、生产原始数据；③ ODP 报告中需再论证和调整的方案；④设计使用标准；⑤在基本设计阶段要确定的方案；⑥重要计算结果；⑦主要设备、材料的技术规格要求；⑧设备的国产化。

为了将渤海公司的思路和要求贯穿于设计之中，项目组的首要任务就是与设计保持着紧密的联系，做好两件事：一是正确传达油公司的会议决定和领导指示；二是具体落实解决办法并监督实施。

从审查情况来看，设计均能体现和满足渤海公司所定的方案、原则和规定。经过项目组与设计人员的密切合作和共同研究，使设计不断优化，确立了组块整体吊装，取消备用发电机，减小设备备用系数，简化自动化控制，海底管线选用 ERW 管等方案，使设计为整个工程的有效控制奠定了基础。

（三）采办控制

渤西海上项目对采办仍采用矩阵式管理，项目采办的全部业务均由公司采办部负责实施。与过去不同点：一是在项目组设置了一名采办代表，在项目组集中办公，承担和负责安排采办工作以及与采办部的联络；二是纳入国家规定统一招标的通讯设备、UPS、电缆等，上交国家主管部门管理。三是国内外主要设备的招标、评标、授标按照中海油总公司的集中采办新规定，由中海油总公司直接管理、运畴和控制。

采办业务的运行，原则上仍采用招标方式，货比三家。海油总内部承包单位，属议标的，一般通过向有关局外厂家咨询，以商定合理价格。

（四）国产化

渤西海上工程的各个设计阶段、设备材料采办以及与预制安装施工等全过程，其国产化的推进工作一直受到各级领导和广大技术人员的高度重视，并取得了新的进展。主要体现在以下两个方面：

（1）国产化率又有提高。渤西岐口 18–1 和岐口 17–3 油田海上工程设备共计 307 台套，有 233 台套为国内产品，国产化率为 76%。

（2）开拓新的国产化领域。渤西海底管线的钢材，由于质量要求比较高，若按常规，一般应为进口钢材。这一次为了国产化，做了大量细致的工作，使平台间海底管线的 8″ 直径内管国产化成功，开拓出国产化的新领域，并使海底管线钢材国产化率达到 8.4%，实现了零的突破。同时，工艺橇块首次实现了全部国产化。

（五）质量、进度、费用控制

1. 质量

工程质量由三级控制：承包单位、项目组、DNV 或 CCS。项目组内设专职质保人员和机构负责工程的质量管理，并前后聘雇了 6 名专职检验人员充实现场具体检验，施工单位的报检都由他们现场检验确认。

渤西海上工程设施全部经 DNV 和 CCS 检验合格，并取得了 DNV、CCS 的质量检验合格证书。

2. 进度

进度控制历来是项目管理的重点，尤其对渤西海上工程来讲更是一大难关。难就难在工作量太大，工期太紧。中海油总公司规定渤西海上岐口 18–1 油田建成投产日期为 1997 年 11 月 30 日，岐口 17–3 为 1998 年 2 月 15 日，后又将岐口 17–3 调整为 1997 年 12 月 30 日。面对严峻的工期进度问题，项目组先是从总体方案着手分析、协调和落实，并采取了以下措施：①大型组块整体预制吊装；②岐口 18–1 先钻井后装导管架，岐口 17–3 先装导管架后钻井；③先完井、后装组块；④海上联接支持船为“渤九”和“自立”号。

渤西海上工程按时建成投产：岐口 18–1 工程设施于 1997 年 10 月 30 日机械完工，11 月 27 日开井投产。岐口 17–3 工程设施也于 1998 年 11 月 25 日机械完工，12 月 11 日开井投产。比原计划分别提前了 3 天和 19 天。工程总工期共 35 个月。

3. 费用

工程费用的控制原则和方法与已建项目的管理基本一致，也是从以下 4 个方面严格控制：①对设计的控制重点在于不断优化方案。②对采办坚持招标促成竞争，严格招标程序，货比三家，最后选定供货厂家和工程承包公司。③提高国产化程度。尽量开拓新领域，为国内厂家创造机会并予以帮助。该项目其中一部分海底管线钢管选定国产管，工艺橇块国产化等，对节省费用起到了一定的作用。④计划进度的合理安排、有效控制。最终项目投资决算完全控制在 ODP 报告的预算之内。

附　录

附录一　附　图

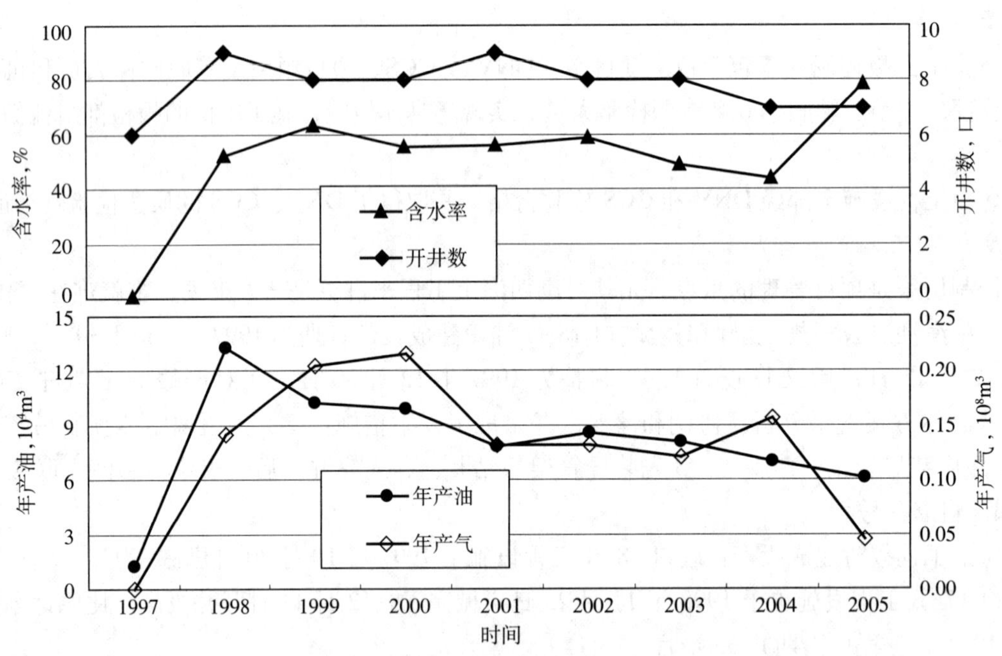

附图 1　歧口 17–3 油田开发综合曲线图
（中海石油（中国）有限公司天津分公司，2005 年）

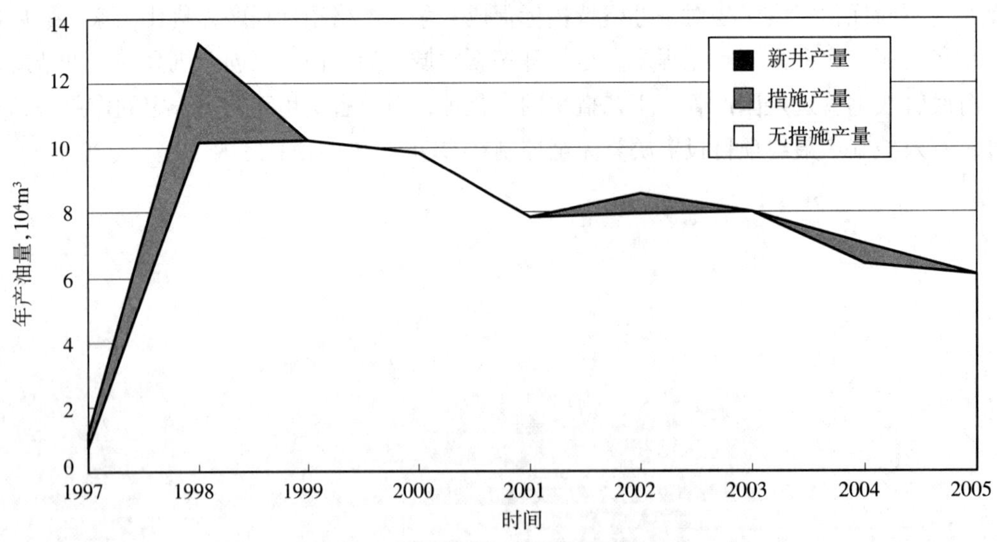

附图 2　歧口 17–3 油田历年产量构成曲线
（中海石油（中国）有限公司天津分公司，2005 年）

附录二　附　表

附表 1　歧口 17–3 油田地质综合数据表

层系	岩性	埋藏深度海拔 m	有效厚度 m	含油面积 km^2	地质储量 10^4m^3	油气藏类型	孔隙度 %	渗透率 mD	油层压力 MPa	原油密度 g/cm^3	天然气甲烷含量 %	原油含硫量 %	地层水矿化度 mg/L	水型
明化镇组	砂岩	−1200 ～ −1640	12.20	2.03	1265.55	岩性 + 构造层状	33.10	7598	14.37	0.92	93 ～ 94	0.19 ～ 0.34	4890	$NaHCO_3$
馆陶组	砂岩	−1682 ～ −1827	17.40	1.23		构造层状 + 岩性	32.70	4593	17.19	0.91	89 ～ 96	0.19 ～ 0.43	4978	$NaHCO_3$
沙河街组	砂岩	−1965 ～ −2850	8.40	2.37		岩性 + 构造层状	25.80	1578	28.69	0.85	83 ～ 92	0.09 ～ 0.14	10173	$NaHCO_3$

注：中海石油（中国）有限公司天津分公司，2005 年。

附表 2　歧口 17–3 油田历年开发综合数据表

时　间	动用储量 10^4m^3	采油井数 口		年产油量 10^4m^3	累计产油量 10^4m^3	采油速度 %	采出程度 %	综合气油比 m^3/m^3	综合含水 %	采气井数 口		年产气量 10^8m^3	累计产气量 10^8m^3
		总井	开井							总井	开井		
1975	946.72	6	6	7.87	7.87	1.99	0.62	139	7.41	0	0	0.11	0.11
1976	946.72	6	6	8.53	16.40	0.90	1.30	207	36.75	0	0	0.18	0.29
1977	1265.55	11	11	9.15	25.55	2.02	2.02	163	43.36	0	0	0.15	0.44
1978	1265.55	11	11	9.07	34.62	2.74	2.74	215	36.25	0	0	0.19	0.63
1979	1265.55	11	11	6.51	41.13	3.25	3.25	235	47.50	0	0	0.15	0.78
1980	1265.55	11	11	5.31	46.44	3.67	3.67	231	53.91	0	0	0.12	0.90
1981	1265.55	11	8	5.80	52.24	4.13	4.13	175	59.92	0	0	0.10	1.00
1982	1265.55	11	10	7.16	59.41	4.69	4.69	237	44.58	0	0	0.17	1.17
1983	1265.55	11	7	3.39	62.80	4.96	4.69	405	53.63	0	0	0.14	1.31
1984	318.83	5	5	1.30	64.10	20.11	5.07	923	76.33	0	0	0.12	1.43
1985	318.83	5	5	1.28	65.38	20.51	5.17	1479	75.26	0	0	0.19	1.62
1986—1996	封井停产阶段												
1997	946.72	9	6	1.22	66.60	1.54	5.26	5	0.40	0	0	0.00	1.62
1998	946.72	9	9	13.25	79.85	1.40	6.31	107	52.00	0	0	0.14	1.76
1999	946.72	9	8	10.23	90.08	1.08	7.12	200	63.20	0	0	0.20	1.96
2000	946.72	9	8	9.87	99.95	1.04	7.90	219	55.50	0	0	0.22	2.18
2001	946.72	8	8	7.84	107.79	0.83	8.52	168	56.30	1	1	0.13	2.31
2002	946.72	8	8	8.56	116.35	0.90	9.19	154	58.61	1	0	0.13	2.44
2003	946.72	7	6	8.04	124.39	0.85	9.83	151	48.68	2	2	0.12	2.57
2004	946.72	7	6	7.04	131.43	0.74	10.39	222	44.22	2	1	0.16	2.72
2005	946.72	6	5	6.09	137.52	0.64	10.87	75	78.55	3	2	0.05	2.77

注：1997 年，歧口 17–3 油田重新启动海四井区投产，故动用储量填写的是海四井区储量；中海石油（中国）有限公司天津分公司，2005 年。

附录三 领导人名录

岐口 17–3 油田总监（经理）：

刘　海（1996 年 5 月—2000 年 1 月）

张树培（1996 年 5 月—2002 年 9 月）

王智俭（2000 年 1 月—2001 年 2 月）

李凤荣（2001 年 2 月—2003 年 6 月）

李克祥（2003 年 6 月—2003 年 10 月）

邓常红（2003 年 6 月—2004 年 9 月）

郭长进（2003 年 10 月—2005 年 12 月）

赵德喜（2004 年 4 月—2005 年 12 月）

附录四 获奖项目

项目名称	获奖等级	获奖时间	项目主要完成者
渤西中小油田群联合开发研究	中国海洋石油总公司公司科技进步三等奖	1996	沈松宁、孙福街、刘　英
渤西油田群总体开发方案	渤海石油公司科技进步一等奖	1996	杨培兰、肖启唐、梁惠文、丁九亮、张作启
渤西油田一期工程建设项目管理与投产技术	渤海石油公司科技进步一等奖	1999	刘宗芳、周守为、孙德刚、陈　明、姚德彬

附录五 征引文献

作　者	文　献　名	出版时间	出版社
渤海油田志	《渤海油田志》编纂委员会	1993	天津人民出版社
中国海洋石油总公司志	《中国海洋石油总公司志》编纂委员会	1999	改革出版社
中国石油钻井海洋石油总公司卷	《中国石油钻井海洋石油总公司卷》编纂委员会	2001	石油工业出版社
海上采油工程手册	《海上采油工程手册》编纂委员会	2001	石油工业出版社
《中国海洋石油高新技术与实践》编纂委员会	中国海洋石油高新技术与实践	2005	地质出版社

编纂始末

《歧口 17–3 油田志》属于《中国油气田开发志·渤海油气区油气田卷》中的简写篇。2008 年 7 月《中国油气田开发志》渤海油气区油气田卷编纂启动会召开，会议由编纂委员会常设联系人王力群主持，会上渤海油气区油田志示范篇《埕北油田志》作者张敏娟详细介绍了开发志油气田卷的编纂要求。通过学习《中国油气田开发志》总编纂委员会指导文件，在参考《胜坨油田志》、《大民屯油田志》、《涠洲 11–4 油田志》、《陆丰 22–1 油田志》四个示范篇的基础上，搜集整理资料，开始编纂工作，2009 年 8 月完成了《歧口 17–3 油田志》初稿。

《中国油气田开发志》渤海油气区编纂委员会一级审查组于 2010 年 2 月 25 日在中海石油（中国）有限公司天津分公司海洋石油大厦 B 座召开了《歧口 17–3 油田志》第一次评审会，与会专家汪志勇、张敏娟、王为民等对《歧口 17–3 油田志》由概述、大事记、专志四章和附录七部分的组成结构予以肯定。提出了强化油田历史地位、业绩与贡献，将第二章第一节更改为“早期试生产”，丰富钻完井部分内容，精简海洋工程内容等修改建议。参照专家修改建议，编纂组人员查阅了更多的资料，于 2010 年 3 月完成《歧口 17–3 油田志》第二稿。

渤海油气田编纂委员会二级审查组于 2010 年 3 月 12 日组织了《歧口 17–3 油田志》第二次评审会，与会专家主要针对大事记和附录等提出了修改意见。会后编纂组人员根据相关意见进一步落实了资料的来源，完成了《歧口 17–3 油田志》第三稿并于 4 月 20 日通过了中海石油（中国）有限公司天津分公司编纂委员会的三审验收。

《歧口 17–3 油田志》分为七个部分，其中概述、大事记由徐大明编写；第一章由徐大明、黄小波编写；第二章由徐大明、周海燕编写；第三章由郭剑、于喜艳、吴东明编写；第四章由丁九亮、兰峰、余俊雄、施永忠编写；附录由徐大明、郭剑、于喜艳、兰峰、余俊雄编写；全书由徐大明统稿。张敏娟、石静、苏进昌搜集、整理、提供了大量资料。

在本志的编纂过程中得到中国海洋石油总公司《中国油气田开发志》编纂委员会和《中国油气田开发志》渤海油气区编纂委员会的悉心指导，采油工程院档案馆和渤海石油档案馆在提供编纂资料方面给予了大力支持，在此表示衷心的感谢。

《歧口 17–3 油田志》编纂组

2010 年 4 月

编号：26−017

曹妃甸 11−2 油田志

《曹妃甸 11−2 油田志》编纂组　编

曹妃甸 11–2 油田地理位置图

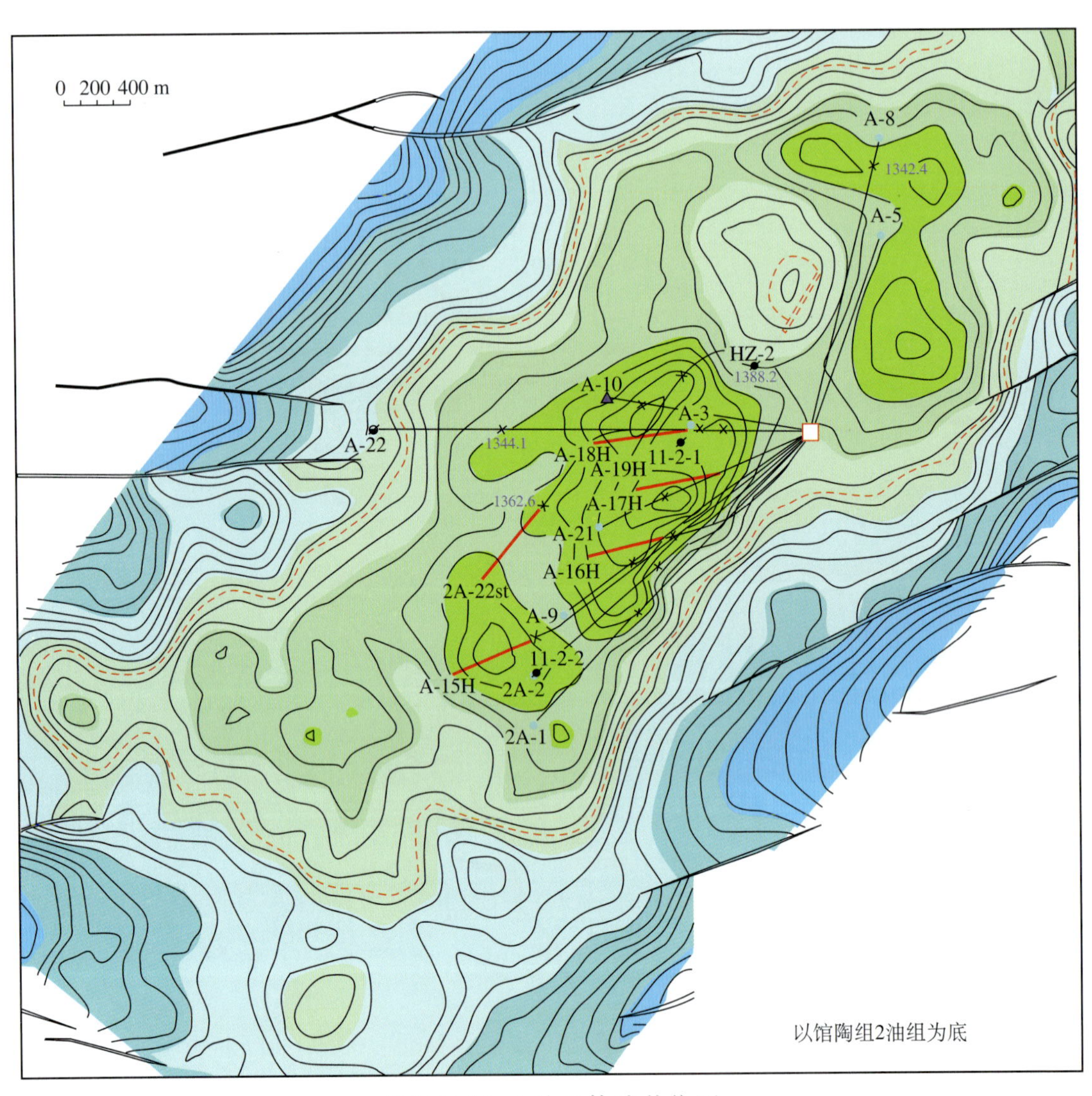

曹妃甸 11–2 油田构造井位图

（天津分公司科麦奇联管会，2005 年，2A–22ST 井钻后）

曹妃甸 11−2 油田生产系统示意图（摘自 2005 年度工程设施汇编）

《曹妃甸 11–2 油田志》编纂组

刘丽芬　范海燕　兰利川　马　超　翟慧颖　吴智文

《曹妃甸 11–2 油田志》审核人员

曹文贤　徐启兴　汪志勇　吴成浩　李树宽　赵利昌
宫　薇　刘　英　王力群　张敏娟　孙景耀　修海媚

本志目录

概　述

曹妃甸 11–2 油田属中国海洋石油总公司在渤海湾开发建设的油田，油田所在的 04/36 合作勘探区块是由中国海洋石油总公司和科麦奇中国石油有限公司及莫菲太平洋地区有限公司（科麦奇中国石油有限公司和莫菲太平洋地区有限公司简称为“外国合同者”）于 1994 年 8 月 17 日在北京签订石油合同，并在中华人民共和国矿区管理局登记的合作区块。2002 年 9 月 6 日，科麦奇中国石油有限公司及能源资源公司作为原签字方或石油合同中外国合同者所有参股权益的继承者，与中国海洋石油总公司共同签订了 04/36 合同区曹妃甸 11–2 油田开发补充协议，由科麦奇中国石油有限公司担任作业者至 2012 年 12 月 31 日。中国海洋石油总公司、科麦奇中国石油有限公司及能源资源公司的参股比例分别为 51.00%、40.09% 和 8.91%。

一

曹妃甸 11–2 油田位于渤海西部海域，西北距天津塘沽 90km，北距河北省京塘港 60km。曹妃甸 11–2 油田西北距曹妃甸 11–1 油田 6.7km，东距曹妃甸 12–1 油田 18km。油田范围内平均水深 23m，年平均气温 10.5℃，平均浪高 3.3m，海况条件对开发工程较为有利。

油田构造位于渤海湾盆地埕宁隆起区，沙垒田凸起东高块中部，是沙垒田凸起的最高部位。曹妃甸 11–2 油田整体是北东走向的披覆背斜构造，由南中北 3 个高点构成，断裂系统相对比较简单，主要发育了深浅两期以南掉为主的断裂带，而且深层断裂较少，浅层断裂发育。

油田主要含油目的层段为新近系馆陶组及古近系东营组地层。馆陶组储层以辫状河沉积为主，以河道砂体发育为主要特征；东营组储层主要是扇三角洲相沉积，发育近源的分流河道砂体。岩心分析结果显示，馆陶组储层具有高孔高渗的特征，平均孔隙度为 28.0%，平均渗透率为 1400mD；东营组储层同样具有高孔高渗的特征，平均孔隙度为 29.7%，平均渗透率为 1120mD。

油田具有正常的温度和压力系统，地层压力梯度为 1.0MPa/100m，地层中部压力为 13MPa，地层温度梯度 3.3℃ /100m，地层中部温度 93℃。

油田主要发育两种油藏类型，即层状构造油藏和岩性构造油藏。

曹妃甸 11–2 油田明化镇组下段地面原油属重质稠油，平均密度 0.959g/cm^3。馆陶组地面脱气原油密度介于 0.903 ～ 0.928g/cm^3，平均 0.914g/cm^3；东营组介于 0.865 ～ 0.928g/cm^3，平均 0.882g/cm^3。地层原油以中质原油为主，纵向上原油性质有差异，随着深度的增加，原油性质逐渐变好。

油田馆陶组溶解气中甲烷含量为 90.81% ～ 90.97%，平均 90.89%，溶解气平均相对密度 0.638；东营组溶解气中甲烷含量 69.06% ～ 84.49%，平均 77.95%，气体平均相对密度 0.803。所有气样均不含硫化氢。

曹妃甸 11–2 油田馆陶组和东营组地层水性质差异不大，氯根含量 3000mg/L，矿化度为 5718mg/L；平均 pH 值 7.0，水型为碳酸氢钠型。

油田具有较强的边、底水能量，油藏驱动类型为边、底水驱。

二

曹妃甸 11–2 油田所在的沙垒田凸起的勘探先后经历了以下几个阶段：

1973 年 5 月—1994 年 7 月为自营勘探阶段。20 世纪 70 年代经模拟磁带地震和重力普查，基本圈定了沙垒田凸起的范围、构造形态和周边凹陷的分布。1973 年 5 月在原海中 1 构造钻探了海中 1 井（HZ1），并在新近系地层钻遇 74.6m 油层，从而发现了曹妃甸 11–1 含油构造。但由于 HZ1 井测试产能低（$29m^3/d$），特别是随后在该井南 6.5km 处构造高点（即目前的曹妃甸 11–2 构造）钻探的海中 2 井，仅在明化镇组下段钻遇 2.8m 的薄油层。经研究认为曹妃甸 11–1 构造储层横向变化大，储量规模小，产能低，因而暂时终止了进一步钻探及评价工作。

1994 年 7 月—2000 年 6 月为合作勘探阶段。1994 年 8 月，中国海洋石油总公司与科麦奇中国石油有限公司和莫菲太平洋地区有限公司共同签订了 04/36 区块石油合同。1998 年科麦奇公司在沙垒田凸起上采集二维地震资料，重新解释并落实了曹妃甸 11–1 和曹妃甸 11–2 构造，1999 年 11 月 19 日，CFD11–1–1 井的成功钻探发现曹妃甸 11–1 油田。

曹妃甸 11–1 油田发现后，科麦奇公司于 2000 年采集了 $1030km^2$ 的高分辨率三维地震资料。在构造解释、储层反演、砂体描述的基础上，于 2001 年 5 月在曹妃甸 11–2 构造中高点距海中 2 井西南方向 625m 处钻探了 CFD11–2–1 井，在馆陶组和东营组地层进行测试均获得了高产油气流。其中，馆陶组钻杆地层测试平均日产油为 $62.00m^3$；东营组钻杆地层测试平均日产油为 $58.47m^3$。

2001 年 12 月，由中海研究中心渤海研究院及科麦奇中国石油有限公司共同编制完成《曹妃甸 11–2 油田新增油气探明储量报告》，并于 2002 年通过国土资源部储量评审办公室的审查。国土资源部批准曹妃甸 11–2 油田探明叠合含油面积 $6.00km^2$，探明石油地质储量 928.97×10^4t（$1030.49 \times 10^4m^3$），探明溶解气地质储量 $0.74 \times 10^8m^3$；控制石油地质储量 602.85×10^4t（$680.80 \times 10^4m^3$），控制溶解气地质储量 $0.68 \times 10^8m^3$。

大事记

1973 年

5 月　在沙垒田凸起钻海中 1 井（HZ1），经 DST 测试，在明化镇组下段 1088.0 ~ 1093.2m 获得日产油 29m^3。

1994 年

8 月 17 日　中国海洋石油总公司与科麦奇中国石油有限公司和莫菲太平洋地区有限公司签订中国渤海 04/36 合同区石油合同。

1999 年

11 月 19 日　科麦奇中国石油有限公司在 HZ1 井以北 100m 处钻探 CFD11–1–1 井，钻遇 88.5m 油层，测试 5 层，馆陶组测试产能为 166m^3/d，明化镇组下段测试产能为 46m^3/d，从而标志着曹妃甸 11–1 油田的发现。

2001 年

5 月　科麦奇中国石油有限公司在距海中 2 井西南方向 625m 处钻探 CFD11–2–1 井，对馆陶组 1383 ~ 1405m 地层进行了 5 次测试，平均日产油 62.00m^3；对东营组 1698.0 ~ 1733.5m 地层进行了 10 次测试，有 8 次获得油气流，平均日产油 58.47m^3，从而标志着曹妃甸 11–2 油田的发现。

2002 年

5 月　中国海洋石油总公司与科麦奇中国石油有限公司共同编制完成曹妃甸 11–2 油田的总体开发方案。

9 月 6 日　中国海洋石油总公司与科麦奇中国石油有限公司签订曹妃甸 11–2 油田的开发补充协议。

9 月　工程启动详细设计。

10 月 28 日　中国海洋石油总公司投资委员会审查批准曹妃甸 11–2 油田总体开发方案。

12 月 25 日　中国海洋石油总公司与中国船舶重工集团公司签署曹妃甸 11–2 油田浮式生产储油轮建造合同。

2003 年

5 月 23 日　国家发展改革委员会批准曹妃甸 11–2 油田总体开发方案。

12 月　曹妃甸 11–2 油田开始钻开发井。

2004 年

4 月 3 日　WHP–A 平台安装、调试。

5 月 15 日　在大连进行交船命名仪式，FPSO 命名为海洋石油 112 号。

7 月 7 日　中国海洋石油作业安全办公室对曹妃甸 11–1/2 油田进行发证检验并颁发投产许可证。

8 月 1 日　曹妃甸 11–2 油田投产。

第一章

油 田 开 发

曹妃甸 11–2 油田储量规模较小，通过前期可行性研究，决定与曹妃甸 11–1 油田进行联合开发。2002 年 5 月，由中国海洋石油总公司与科麦奇中国石油有限公司共同编制完成了《曹妃甸 11–1/11–2 油田总体开发方案》。曹妃甸 11–1 油田与曹妃甸 11–2 油田联合开发，总的开发策略是：使用最新的技术，经济有效地开发曹妃甸 11–1 和曹妃甸 11–2 油田，同时使风险降到最低；采用灵活的开发方式，考虑与周围油田进行联合开发以改善项目的整体开发效益。

根据曹妃甸 11–2 油田储层分布特征及流体性质，将分两套层系进行开发，即馆陶组和东营组。馆陶组设计全部采用水平井进行开采，东营组采用定向井进行开采。馆陶组油藏采用衰竭式开采方式，部署 4 口水平生产井；东营组油藏采用早期注水开采方式，以提高原油采收率，设计 8 口定向生产井，6 口注水井。该油田共部署 18 口开发井，其中油井 12 口，注水井 6 口。通过对东营组油藏合理井距的优化，设计生产井与生产井的井距为 300 ~ 500m，生产井与注水井的井距为 400 ~ 1000m，注水方式以边缘注水为主。方案设计最高年产原油达 $55.8\times10^4m^3$，开发 20 年将累计采油 $394.8\times10^4m^3$，综合含水 97.31%，油田最终采收率为 39.8%。

曹妃甸 11–2 油田总体开发方案实施工作自 2003 年 12 月开始，至 2005 年 1 月结束，历时 12 个月。在方案的实施过程中，由于东营组的控制储量在随钻分析过程中比预期差，经中外双方认真研究后，决定对地质油藏方案进行相应调整，将开发井重点部署在东营组探明储量区，即南高点和中高点。调整后东营组的地质油藏方案共设计及实施定向开发井 8 口，其中生产井 6 口，注水井 2 口；而馆陶组共设计及实施开发井 6 口，均为水平生产井。由于馆陶组水体能量充足，实施中利用天然能量进行开采，没有部署注水井。在开发井实施过程中，先期钻穿馆陶组 GPS3_1400 砂体的井，钻遇了构造高点部位的油层厚 8m，经研究认为，通过部署水平井，可获得良好收益，因此，在 GPS3_1400 砂体上增加了 1 口水平生产井。

2004 年 8 月，曹妃甸 11–2 油田第一口生产井投产，2005 年 1 月，总体开发方案实施工作结束。曹妃甸 11–2 油田共完成钻完井作业 14 口，其中水平生产井 6 口（1 口为侧钻井），定向生产井 5 口，定向注水井 3 口，钻井总进尺 39654 m，累计钻遇油层厚度 312.7m（垂深），其中新增钻遇含油砂体 5 个，累计钻遇厚度 78.2m。

截至 2005 年 12 月 31 日，共实施 14 口开发井，其中生产井 11 口，污水回注井 3 口。生产井开井 11 口，日产水平 1028 m^3，平均单井日产油 93 m^3，油田综合含水 87%，油田生产气油比 $12.6m^3/m^3$。累计产油 $77.77\times10^4m^3$，年采油速度 3.34%，采出程度 4.87%。

第二章

钻采与海洋工程

第一节　钻完井工程

2002 年 5 月，由中国海洋石油总公司与科麦奇中国石油有限公司共同编制完成了曹妃甸 11–2 油田的总体开发方案钻完井部分。曹妃甸 11–2 油田所在海域水深 23m，总体开发方案设计共 18 口井，其中包括定向采油井 8 口，水平生产井 4 口，注水井 6 口。油田设计为 WHP–A 平台一座，隔水导管在安装导管架时锤入。项目采用批钻批完和边钻边采的联合作业方式进行，以最大限度地提高作业效率，降低项目费用。

在总体开发方案中，曹妃甸 11–2 油田设计的完井方式如下：所有水平生产井均为 $8^{1}/_{2}$in 裸眼砾石充填；注水井推荐独立的复合式优质筛管，不进行压裂充填；高注水量的注水井考虑用绕丝筛管并实施压裂充填防砂。

曹妃甸 11–2 油田采用悬臂式自升钻井平台渤海 10 号就位导管架进行钻井和完井作业，井槽间距为 1.8m × 2.0m。曹妃甸 11–2 油田于 2003 年 12 月开始进行钻完井作业，至 2005 年 12 月 31 日，共完成 14 口井的作业，钻完井作业时间共 304.85 天，平均单井作业时间为 20.32 天；而油田总体开发方案中设计的钻完井总工期为 257 天，单井平均工期为 14.28 天。

钻井时采用贝克（Baker INTEQ）公司的旋转导向和 LWD 定向随钻测量地质导向系统进行钻井作业。这种钻井技术提高了作业效率，同时也提高了井眼轨迹的控制精度，满足了油藏对水平井定向轨迹精确控制的要求。

在整个钻完井作业期间，选用无损害地层钻完井液，以便最大限度地降低对地层的损害。所用的钻完井液体系如下：海水 / 膨润土钻井液（表层井眼）、低 pH 值的 EMI 钻井液体系（技术井眼）、无固相钻井液 FloPro（水平井段）、甲酸盐和 KCl 清洁盐水（完井液）

截至 2005 年 12 月 31 日，有 6 口水平井实施了裸眼砾石充填防砂，5 口定向井采用绕丝筛管压裂充填防砂，3 口定向井采用独立的优质筛管防砂。此外，有 6 口水平井下入了罐装电潜泵系统（ESP Can）和油藏保护阀（RC–1 阀）；1 口定向采油井下入罐装电潜泵系统（ESP Can）；4 口定向采油井下入“Y”工具；另外 3 口井为注水井。

第二节　采油工程

2002 年 5 月，由中国海洋石油总公司与科麦奇中国石油有限公司共同编制完成了曹妃甸 11–2 油田的总体开发方案采油工程部分。曹妃甸 11–2 油田总体开发方案设计定向井和水平井均使用 $4^{1}/_{2}$inN80 油管。机械采油方式为电潜泵开采。推荐每口井均使用永久性测量系统进行电潜泵的监测和管理，同时基于单井产能高且产能不稳定考虑，推荐每口井均配备一对一变频器进行控制。修井频率设计为 2.5a，推荐改造现有的标准固定修井机进行修井作业。地层水配伍性研究表明，馆陶组水质是匹配的，注水设计使用污水回注方式。

截至 2005 年 12 月 31 日，曹妃甸 11–2 油田有生产井 11 口，其中水平井 6 口和定向井 5 口。机械采油方式均为采用电潜泵生产，电潜泵是以租赁方式使用贝克休斯公司产品，采用的主要泵型为 88GC10000 和 65GC6100，电泵排量范围分别为 400 ~ 1990m³/d 和 320 ~ 1350m³/d。每口井均配备了贝克休斯公司变频器和永久式井下测量装置，使电潜泵在宽幅排量下能够正常运行，同时能够对井下压力、温度进行实时监测。有 7 口井（6 口水平井、1 口定向井）使用了罐装电潜泵，罐装系统有利于高排量运转时的电泵有效散热，以延长电泵寿命。水平井均安装了油藏保护阀（RC–1 阀），隔离了产出液与套管的接触，避免了后期修井液的漏失，以达到油藏保护目的。4 口定向采油井下入“Y”工具，采油井均设有化学药剂注入管线和井下安全阀。

第三节　海洋工程

2002 年 5 月，由中国海洋石油总公司与科麦奇中国石油有限公司共同编制完成了曹妃甸 11–2 油田的总体开发方案海洋工程部分。总体开发方案设计中，渤海湾 04/36 区块曹妃甸 11–1 和曹妃甸 11–2 油田开发项目海上工程设施主要包括一座集输平台（WGP–A）、两座井口平台（一期为 WHP–A、二期为 WHP–B）、一座塔——软刚臂单点系泊装置（SPM）、一艘浮式生产储油和外输油轮（FPSO）、混输海底管线、注水管线、海底动力电缆 / 光缆等。其中，WHP–A 为曹妃甸 11–2 油田开发的平台设施。2002 年 5 月发现曹妃甸 11–3/5 油田，其油田开发的海上工程部分将建造一座井口平台 WHP–C，但主要设施也将依托于 WGP–A 平台。

曹妃甸 11–2 油田有一座井口平台（WHP–A），与曹妃甸 11–1 油田共用同一座单点系泊系统（SPM）和一艘浮式生产储油外输油轮（FPSO），平台海底管线和电缆通向集输平台（WGP–A）。WHP–A 平台是一个有 24 个井槽的 6 腿 4 桩井口平台，所有的井产液经井口平台（WHP–A）通过海底管线被输往中心集输平台（WGP–A），再由中心集输平台（WGP–A）通过海底管线将混合后的生产流体（油、气、水）输往 2.5km 以外的 FPSO 上进行综合处理，合格后的原油定期向穿梭油轮外输。

2002 年 9 月，工程启动详细设计。2002 年 12 月 25 日，中国海洋石油总公司与中国船舶重工集团公司签署曹妃甸 11–1/11–2 油田浮式生产储油轮建造合同。2004 年 4 月 3 日，WHP–A 平台安装、调试。2004 年 5 月 15 日，在大连进行交船命名仪式，FPSO 命名为海洋石油 112 号。2004 年 8 月 1 日，曹妃甸 11–2 油田投产。

附　录

附录一　附　表

附表 1　曹妃甸 11—2 油田地质综合数据表

层位	砂体	岩性	油藏深度 m	单砂体有效厚度 m	含油面积 km^2	地质储量 10^4m^3	油气藏类型	驱动类型	孔隙度 %	渗透率 mD	原始地层压力 MPa	地面原油密度 g/cm^3	天然气甲烷含量 %	硫含量 %	地层水矿化度 mg/L	水型
Ng	Ng2—1382,GPS	砂岩	1240～1710	8～15	6	1030.49	块状构造油藏为主	底水	28	1400	13.53	0.903	70	0	5718	$NaHCO_3$
Ed	Ed—1688、Ed—1725、Ed—1734	砂岩	1650～1910	8～15			构造层状和块状油藏为主，岩性构造油藏次之	底水	29.7	1120	16.5	0.865	91	0		

附表 2　曹妃甸 11—2 油田开发综合数据表

时间	动用储量 10^4m^3	总井数 口	开井数 口	年产油 10^4m^3	累计产油 10^4m^3	综合含水 %	采油速度 %	采油程度 %	注水井数 口	年注水量 10^4m^3	累计注水量 10^4m^3
2004	1030.49	10	10	24.38	24.38	51	2.37	2.37	0	0.00	0.00
2005	1030.49	11	11	53.39	77.77	79	5.18	7.55	0	0.00	0.00

附录二　领导人名录

中海石油（中国）有限公司天津分公司科麦奇联管会首席代表：

戴焕栋（1994 年 9 月—1995 年 7 月）

李秉铨（1995 年 8 月—1996 年 9 月）

周守为（1996 年 10 月—1999 年 9 月）

邓运华（1999 年 10 月—2001 年 4 月）

陈卓彪（2001 年 5 月—2003 年 6 月）

杜玉杰（2003 年 6 月—2004 年 1 月）

高东升（2004 年 1 月—2005 年 12 月）

编纂始末

《曹妃甸 11–2 油田志》属于《中国油气田开发志 · 渤海油气区油气田卷》中的略写篇。2008 年 7 月《中国油气田开发志》渤海油气区油气田卷编纂启动会召开，会议由编纂委员会常设联系人王力群主持，会上渤海油气区油田志示范篇《埕北油田志》作者张敏娟详细介绍了开发志油气田卷的编纂要求。通过学习《中国油气田开发志》总编纂委员会指导文件，在参考《胜坨油田志》、《大民屯油田志》、《涠洲 11–4 油田志》、《陆丰 22–1 油田志》四个示范篇的基础上，搜集整理资料，开始编纂工作，2009 年 5 月完成了《曹妃甸 11–2 油田志》初稿，志书由天津分公司科麦奇联管会中方首席代表田楠审核。

《中国油气田开发志》渤海油气区编纂委员会一级审查组于 2010 年 2 月 26 日在中海石油（中国）有限公司天津分公司海洋石油大厦 B 座 C606 召开《曹妃甸 11–2 油田志》（一审稿）评审会，由中海石油（中国）有限公司天津分公司油气田开发志编纂委员会常设联系人王力群主持，专家张敏娟、汪志勇、科麦奇联管会油藏代表刘丽芬和工程师范海燕等参加了评审会。按照《中国油气田开发志 · 油气田篇》编纂内容和要求，专家对《曹妃甸 11–2 油田志》由概述、大事记、专志和附录的组成结构予以肯定。提出曹妃甸 11–2 油田作为渤海油田的合作油田之一，建议明确油田的隶属关系；建议进一步丰富部分章节内容，增加海洋工程部分的相关内容等。参照专家修改建议，编纂组人员查阅了更多的资料，于 2010 年 3 月上旬完成《曹妃甸 11–2 油田志》第二稿。

2010 年 3 月 12 日中海石油（中国）有限公司天津分公司生产部油藏经理赵利昌在天津经济技术开发区滨海建国大酒店主持召开了《曹妃甸 11–2 油田志》（二审稿）评审会，中国海洋石油有限公司开发生产部综合经理许红和专家曹文贤、徐启兴、汪志勇、刘英、宫薇、温哲华、王力群及科麦奇联管会生产总监兰利川和工程师范海燕等参加了审查会。专家提出进一步完善钻完井和油层保护技术，增加宽幅电潜泵的生产管理技术等内容，并按最新要求修改附录内容等建议，会后参照专家修改建议，进行修改，于 3 月下旬完成了《曹妃甸 11–2 油田志》第三稿。

2010 年 4 月 28 日中海石油（中国）有限公司天津分公司生产部经理刘光成在海洋石油大厦 B 座 C606 主持召开了《曹妃甸 11–2 油田志》（三审稿）评审会，天津分公司副总经理陈明和各联管会首席、各作业区经理等参加审查会。专家在审查通过的同时，主要指出了志书各章节中个别描述不恰当的地方，并提出认真核实大事记等建议，会后参照专家建议进行了修改，于 5 月初完成了《曹妃甸 11–2 油田志》最终稿。

《曹妃甸 11–2 油田志》分为五个部分，其中，概述由孙景耀、范海燕编写；大事记由刘丽芬编写；第一章由刘丽芬、范海燕编写；第二章由修海媚、翟慧颖、吴智文、兰利川、马超编写；附录由范海燕编写；全书由刘丽芬统稿。

志书的体裁及结构则按照总编纂委员会提出的总体要求进行组织。曹妃甸 11–2 油田志编纂的起止时间为 1972 年到 2005 年 12 月 31 日，资料主要来源于储量报告、总体开发方案报告、开发图册以及油田生产数据等。计量单位采用公制单位。

在本志的编纂过程中得到《中国油气田开发志》中国海洋石油总公司编纂委员会和《中国油气田开发志》渤海油气区编纂委员会的悉心指导，在此表示衷心的感谢。

《曹妃甸 11–2 油田志》编纂组
2010 年 5 月

编号： 26–018

旅大 4–2 油田志

《旅大 4–2 油田志》编纂组　编

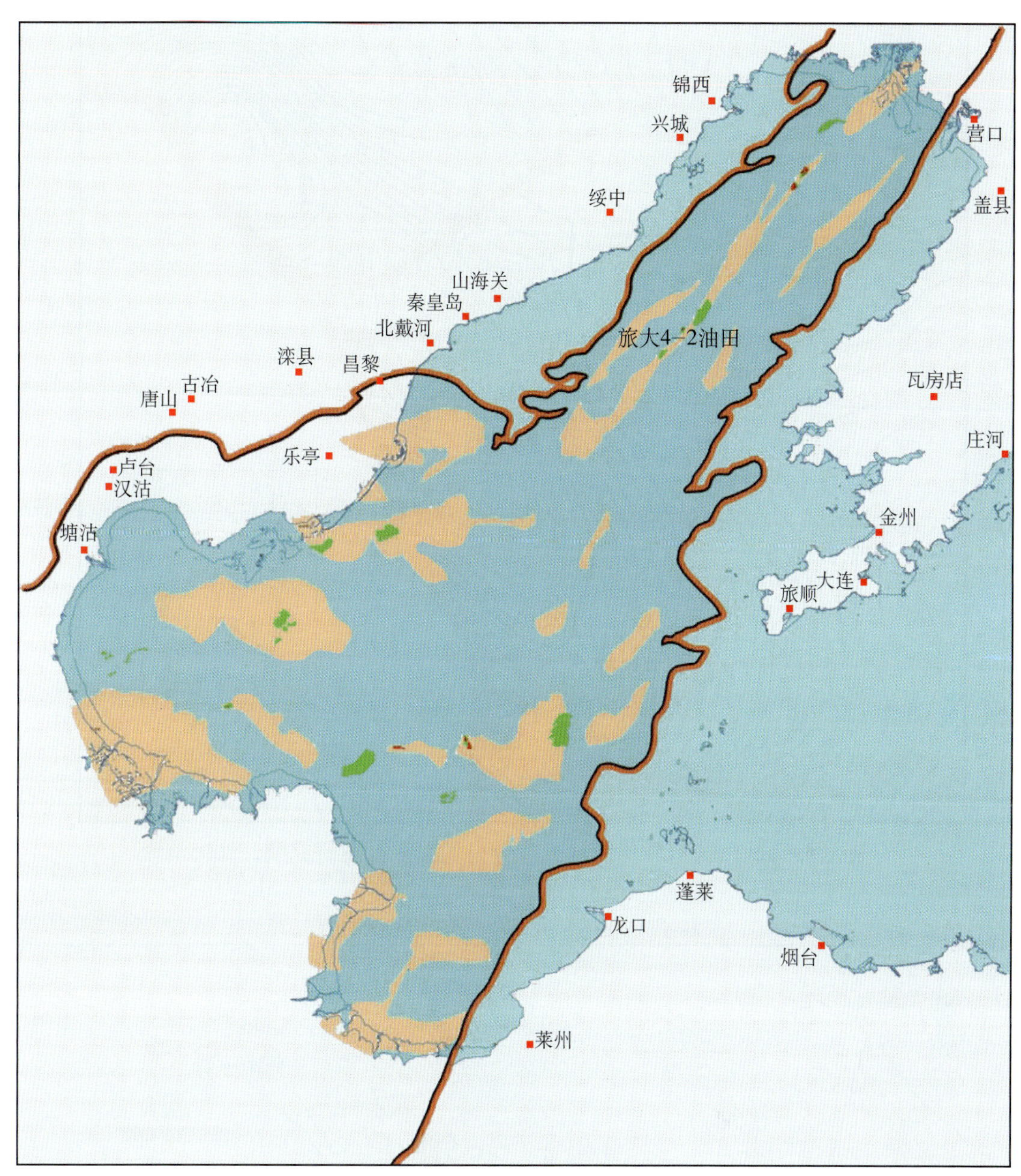

旅大 4–2 油田地理位置图

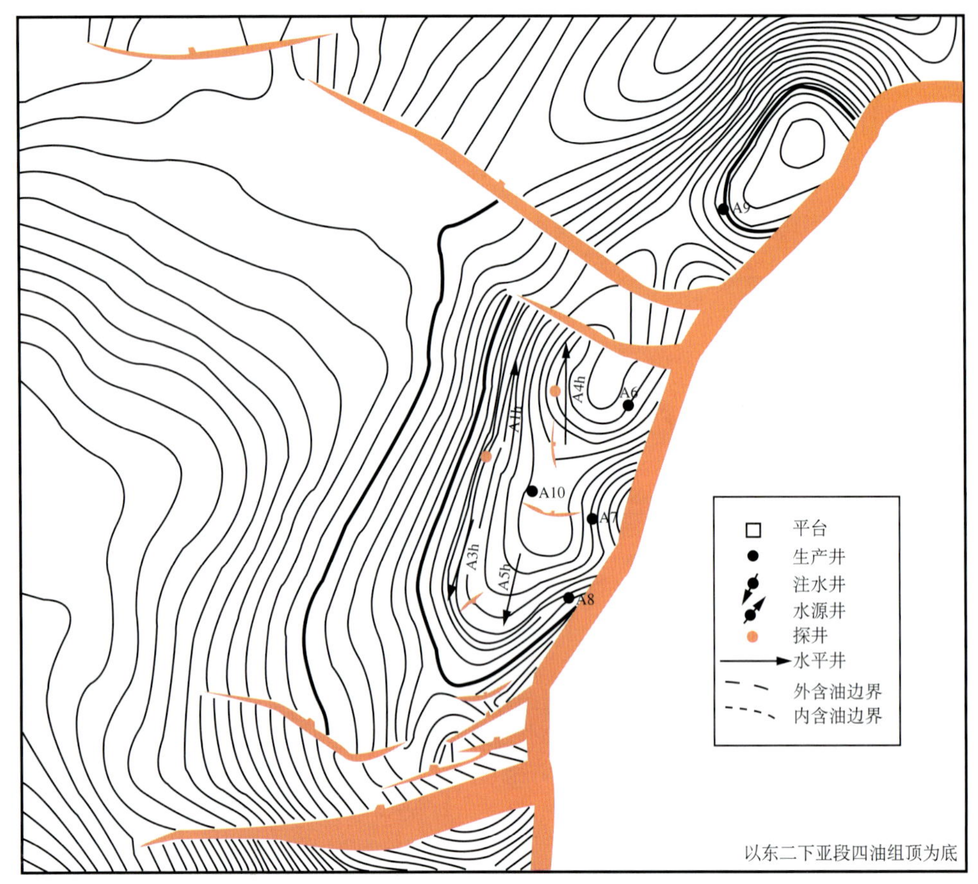

旅大 4–2 油田构造井位图（天津分公司勘探开发研究院，2005 年）

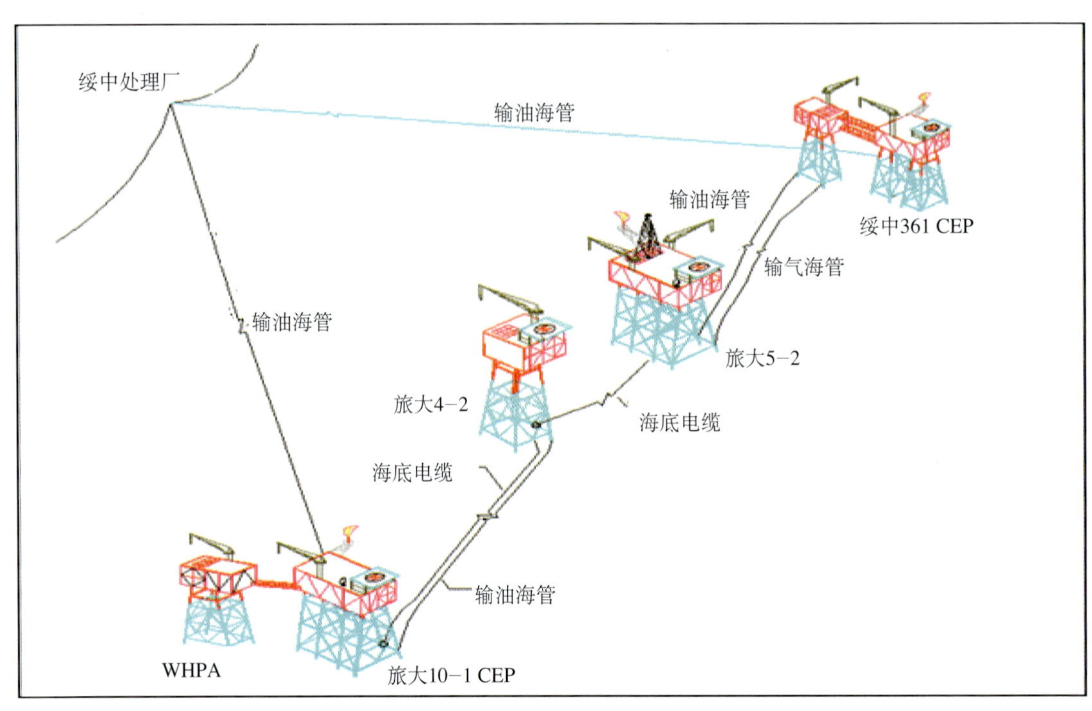

旅大 4–2 油田生产系统示意图（旅大工程项目组，2005 年）

《旅大 4–2 油田志》编纂组

张彩旗　刘　超　朱　凯　陈来勇　陈　毅

《旅大 4–2 油田志》审核人员

曹文贤　徐启兴　汪志勇　吴成浩　李树宽　潘亿勇
刘　英　宫　薇　赵利昌　王聚峰　王力群　李其正
张英勇　张敏娟

本志目录

概　述

旅大 4–2 油田位于渤海辽东湾海域，东与绥中 36–1 油田紧邻，西北距绥中市约 60km。旅大 4–2 油田隶属于中海石油（中国）有限公司天津分公司绥中 36–1 作业区，其法人单位为中海石油（中国）有限公司，勘查开采单位为中海石油（中国）有限公司天津分公司。旅大 36–1 油田采矿许可证号是 0200000020150。

油田所在海域平均水深 32m；60 分钟平均风速 17.5m/s，常风向 SSW；常年有效波高 2.3m；年平均降水量 626.0mm；历年平均雪日 10.8 天；常年最高气温 37.8℃，最低气温 –18.0℃。

一

区域构造上，旅大 4–2 油田位于渤海辽东湾海域辽西凹陷中段，东侧紧靠辽西低凸起，属于辽西 1 号断层下降盘上的一个断块构造。辽西凹陷为渤海海域富生油凹陷，且发育良好的储盖组合，是油气聚集的良好场所。

旅大 4–2 为一断块构造，受内幕断层的切割作用，整个构造由北至南分为 4 个次一级的构造断块。其中 2 号断块为主要的含油区块，该断块呈南北走向，顶部比较平缓，翼部相对较陡，地层倾角 4°～18°。

根据铸体薄片、扫描电镜及录井资料分析，旅大 4–2 油田东二下段储层的岩石类型主要为细粒岩屑长石砂岩，其次是中—细粒岩屑长石砂岩，局部层位见中—粗粒砂岩和极细粒砂岩。旅大 4–2 油田东二下段为较典型的湖相三角洲沉积，油田范围内，主要发育三角洲前缘和前三角洲两个亚相，储层物性为高孔、中高渗，孔隙度一般分布在 23%～32%，渗透率一般为 50～2000mD。主要含油层系为东营组东二下段，钻遇的油层自上而下划分为 5 个油组。

旅大 4–2 油田地温梯度约为 3.46℃ /100m，为正常的温度系统。

旅大 4–2 油田地面原油属于中质原油，具有低黏度、低含蜡量、低含硫量、低凝固点，以及胶质沥青质含量中等的特点。

地面原油密度（20℃）0.907～0.942 g/cm^3；原油黏度（50℃）13.9～135.1mPa·s；含硫量 0.23%～0.27%；含蜡量 3.08%～10.92%；胶质沥青质 12.22%～18.30%；凝固点 –28～–13℃。

地层原油密度 0.816～0.828g/cm^3，饱和压力较高，为 13.61～14.97MPa，地层原油黏度 3.5～4.1mPa·s，原始溶解气油比为 58～61m^3/m^3。

油田投产后，通过 A10 井取得 2、3 油组的地下原油样品，其物性与 4 油组相似，地层原油密度 0.793～0.802g/cm^3，饱和压力为 16.4～16.5MPa，地层原油黏度 2.28～2.62mPa·s，原始溶解气油比为 71～75m^3/m^3。

旅大 4–2 油田溶解气相对密度 0.734～0.792，平均 0.763。甲烷含量 77.87%～80.66%，乙烷及以上组分占 17.86%～20.41%，二氧化碳约为 0.35%，不含硫化氢，属湿气范畴。

旅大 4–2 油田 2 号断块油藏埋深 1550～1750m，探明含油面积 2.2km^2，单井钻遇油气层厚度 30.8～31.2m。

二

旅大 4–2 地区的油气勘探工作始于 1959 年。1967—1980 年，辽东湾地区相继完成航磁、海底重力、3km × 6km 模拟地震，以及 2km × 2km 的地震半详查工作；1985—1987 年，中海石油物探公司完成了常规二维地震资料采集（测网线距 1km × 1km、0.5km × 0.5km）。东方数据处理公司负责地震资料的处理工作，处理方法为一般常规处理，1991、1998 年对该构造的构造类型、圈闭条件进行了初步解释。2001 年，以 1998 年的解释成果为基础，对旅大 4–2 构造进行了重新解释，落实了构造的圈闭规模和断裂组合特征。

2002 年 1 月 10 日，中海石油天津分公司在构造主体区的 2 号断块开始钻探井 SZ36–1W–2 井，该井于 2002 年 1 月 12 日完钻，完钻井深 2029m，完钻层位古近系东营组，根据测井资料，在古近系东营组东二下段解释油层 31.2m，从而发现了旅大 4–2 油田。

为进一步认识油田的储层特征、含油气边界、油藏类型，以及落实油田的产能，同年 5—6 月，中海石油天津分公司在辽东湾地区 2、3 号断块先后完钻了两口评价井（LD4–2–1、LD4–2–2）。LD4–2–1 井位于 SZ36–1W–2 井东北方向 500m 处，完钻井深 1975m，完钻层位东营组，经 DST 测试，在东二下段获日产油 124.7m^3，日产气 4508m^3；LD4–2–2 井位于 3 号高点，构造位置相对较低，主要钻遇水层，两口评价井进一步证实了古近系东营组东二下段是本油田的主力含油层系，落实了油田规模。

2002 年 5 月，中海石油研究中心渤海研究院组建《旅大 4–2/5–2/10–1 油田储量评价及 ODP 设计项目队》，按照《石油储量规范》（GBn269—88）中对探明储量的要求，基于 1985—1987 年采集、2002 年重新处理的二维地震资料，结合三口井的钻井资料，开始进行储量评价工作，储量评价工作由渤海研究院米立军总地质师全面负责，夏庆龙总工程师、刘春成、沈章洪、吕洪志责任工程师、刘松总工程师分别为开发地震、岩石物理和油藏工程专业的技术负责人，旅大 4–2 油田储量评价人员在项目经理郭太现，项目副经理刘英和赵春明的带领下，经过 6 个月的评价性研究，于 2002 年 11 月完成了本次储量评价，由开发地震吕丁友、油田地质侯东梅、岩石物理顾保祥、油藏工程闫凤玉完成各部分的报告编写，最后由侯冬梅汇总编写完成了《旅大 4–2 油田新增油气探明储量报告》，并于 2003 年 2 月向国土资源部申报并获得批准，批准探明储量 948 × 10^{4}m^3，溶解气地质储量 5.49 × 10^{8}m^3，天然气地质储量 1.01 × 10^{8}m^3。

大事记

2001 年

是年　确认旅大 4–2 构造，落实了构造的圈闭规模和断裂组合特征。

2002 年

1 月　在旅大 4–2 构造主体区（绥中 36–1 油田西构造）的 2 号断块钻探井 SZ36–1W–2 井，完钻层位古近系东营组，解释油层 31.2m，从而发现了旅大 4–2 油田。

5—6 月　在 SZ36–1W–2 井东北方向 500m 完钻评价井 LD4–2–1、在 3 号断块高点完钻 LD4–2–2。其中 LD4–2–1 井经 DST 测试，获日产油 124.7m^3，落实了旅大 4–2 油田的规模。

5 月　渤海研究院成立“旅大 4–2/5–2/10–1 油田储量评价及 ODP 设计项目队”，开始储量评价。

11 月　完成储量评价。

2003 年

2 月　将储量评价结果向国土资源部申报并获得批准。

3 月 26 日　旅大 4–2/10–1 油田总体开发方案天津分公司专家审查会。

6 月　完成《旅大 4–2/5–2/10–1 油田总体开发方案》修改版报告。

7 月 1 日　旅大油田群开发项目组成立。

7 月 4 日　《旅大 4–2/5–2/10–1 油田总体开发方案》获得中国海洋石油总公司批准。

8 月 1 日　海上设施设计开工。

11 月 6 日　旅大 4–2 油田 WHPB 导管架陆地建造开工。

2004 年

3 月 14 日　旅大 4–2 油田 WHPB 导管架海上安装。

4 月 20 日　旅大 4–2 油田 WHPB 上部组块开始建造。

9 月　完成三维地震资料的采集和处理。

11 月　在三维地震资料解释成果基础上完成钻前钻井井位井网优化。

12 月 17 日　第一口开发井 A4h 开钻。

2005 年

2 月 23　最后一口开发井 A5h 完钻，最终井数：生产井 4 口，注水井 3 口，水源井 1 口，评价兼生产井 1 口。

3 月 23 日　上部组块出海安装。

4 月 4 日　天津分公司邀请有关专家对旅大 4–2 油田投产方案进行审查。

4 月 25 日　9:00 旅大 4–2 油田顺利投产。

第一章

油田开发

2003 年 5 月，由中海石油研究中心完成了《旅大 4–2/5–2/10–1 总体开发方案》的编写，6 月，完成其修改版报告。其中地质油藏开发方案由中海石油研究中心渤海研究院的赵春明、杨小丽、闫凤玉等人完成。方案初步确定了旅大 4–2 油田的开发格局，方案先期动用 2 号主断块 3、4 油组的探明储量，采用直井与水平井联合开发，开发井井数 8 口，生产井 4 口（包括水平井 2 口），注水井 4 口（注水井先期排液生产，适时转注），井距 400~500m（图 1–1）。

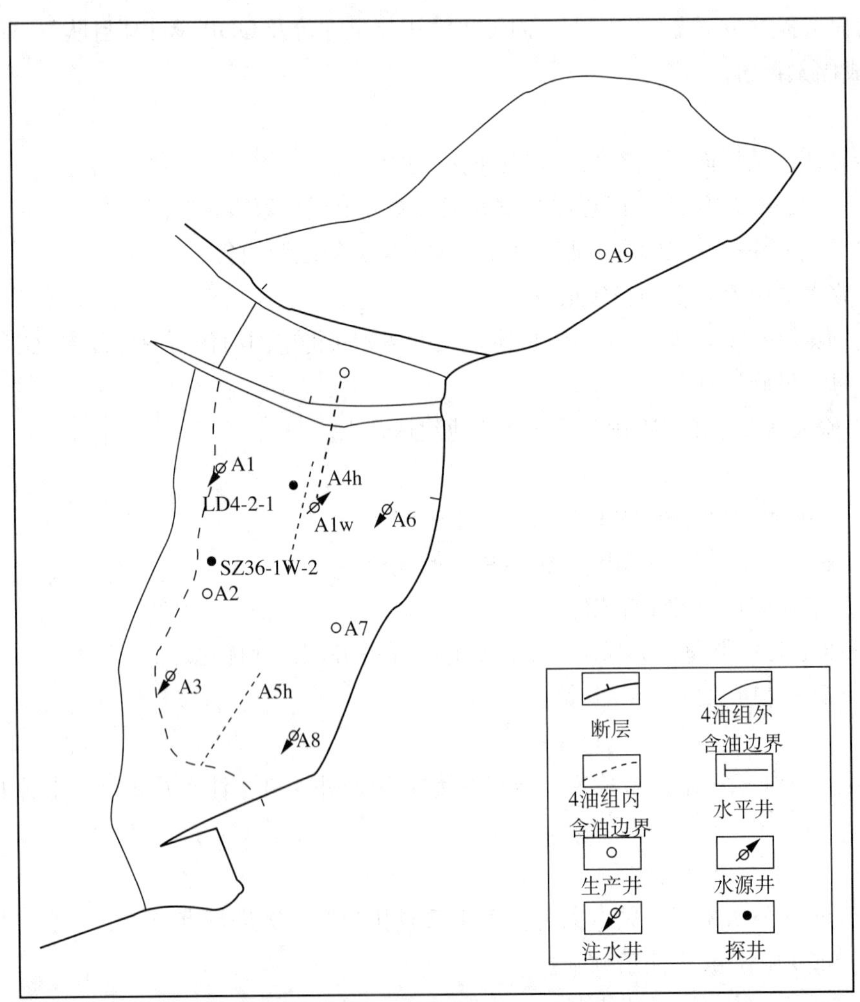

图 1–1　旅大 4–2 油田 ODP 设计开发井井位示意图（中海石油研究中心渤海研究院，2003 年）

2003 年 7 月至 2004 年 9 月完成了三维地震资料的采集、处理，2004 年中海石油天津分公司技术部三旅随钻人员重新落实了目的层段的构造形态和断裂系统，结合井资料开展了地震反演及储层预测研究，基本落实了主力油组的储层分布规律，重新核实了油田储量。在此基础上，通过地震、测井、地质、油藏、钻井工程等多学科的密切配合，充分考虑了油田的潜力和风险，对 ODP 井位进行了合理的调整，进行钻前井位优化，于 2004 年 11 月完成了钻前井位优化，由李红英等编写完成了《旅大 4–2 油田开发井井位设计意见书》，意见书确定旅大 4–2 油田采用一套层系开发，为了减少层间干扰，先期动用主力层 4 油组探明储量，同时兼顾 3 油组探明储量及控制储量，待开发后期视情况动用 1、2、5 油组油气储量。采用水平井与直井相结合的模式开发，最终确定了开发井网（图 1–2），经过井位优化设计，总井数 9 口，其中定向生产井 1 口，水平生产井 2 口，定向注水井 2 口，水平注水井 2 口，水源兼评价井 1 口，评价兼生产井 1 口。主要动用 2 号块 4 油组。

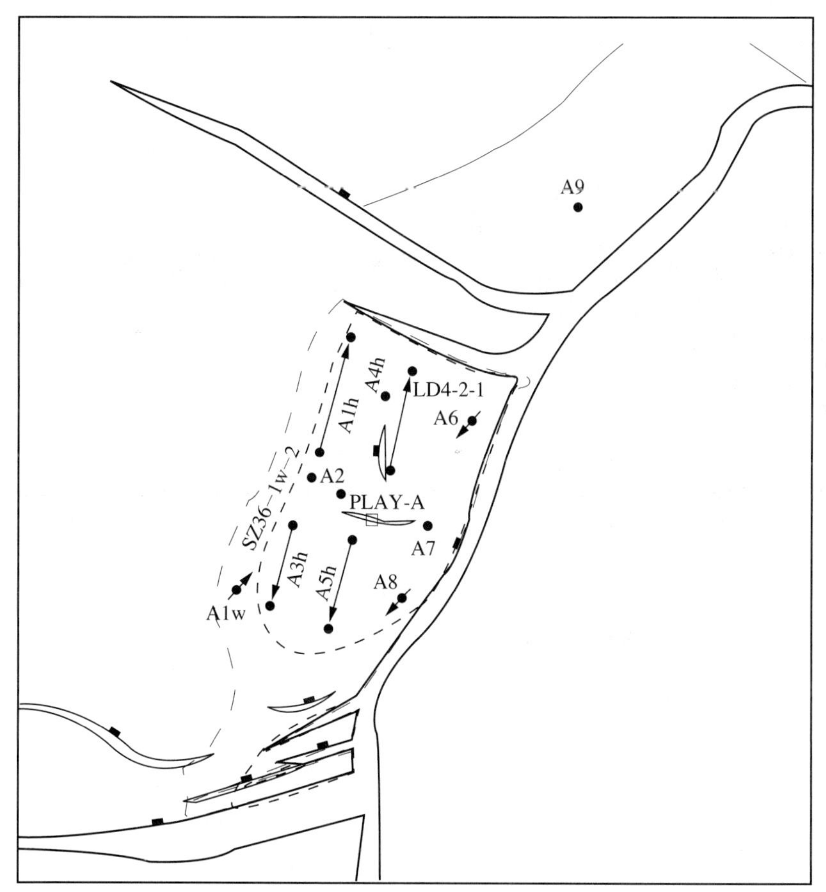

图 1–2　旅大 4–2 油田开发井实施井位示意图（天津分公司技术部，2004 年）

旅大 4–2 油田 2004 年 12 月开钻，2005 年 4 月 25 日该油田正式投产。

2005 年钻后，绥中 36–1 生产项目队赵春明、申春生等人使用 2003 年 7 月至 2004 年 9 月新采集、处理的三维地震资料为基础，以 3 口评价井和 9 口开发井（含 1 口水源兼评价井）的钻井资料，对钻后探明石油地质储量进行估算，落实探明石油地质储量为 $729 \times 10^4 m^3$，比 ODP 的探明储量 $948 \times 10^4 m^3$ 减少了 $219 \times 10^4 m^3$。储量减少的主要原因是构造变陡和 4 油组发现气顶。2 号块 4 油组仍然是主力油组，探明石油地质储量 $533 \times 10^4 m^3$，探明天然气地质储量 $0.26 \times 10^8 m^3$。投产后动用 2、3、4 油组，动用石油地质储量 $636 \times 10^4 m^3$。

油田投产初期计量日产能力超过 $900m^3$，高于 ODP 的预测产能 $783m^3/d$（图 1–3）。平均单井产量超 ODP 设计值，生产形势比较好，由于以水平井开发为主，实现了少井高产，油田采油速度较快；得益于生产压差控制的比较合理，边部水平井生产稳定，截至 2005 年底未见水。但是在开发形势较好的同时，油田也存在一些问题，一是边水能量不足，地层压力下降快，产量出现递减；二是气顶附近井由于气量太大关井或关层（A6 关井，A10 关 2、3 油组），个别井产量较低（A7 井），且投产后含水逐步上升到 23%，通过对水样分析，对地质情况有了进一步的深入认识，将 4 油组的“可疑油层”校正为油水同层，针对产量低的情况，经过分析，实施了酸化增产措施，增油效果明显。

2005 年底，绥中 36–1 生产项目队通过对油田开发形势的深入研究分析，确定了“合理控制压差，减缓边水突进；优化开层时机，合理利用气源；加强资料录取，精细油藏管理”的整体开发思路。同时该油田无量纲采油（液）指数曲线显示，油井见水后，采油指数下降较快，从而导致产能明显下降，因此必须“合理控制压差，减缓边水突进”，建议继续保持 1MPa 左右的生产压差。

截至 2005 年 12 月，旅大 4–2 油田共 9 口井，其中生产井 8 口，水源井 1 口，靠天然能量开采，油田累计产油 $18.9\times10^4m^3$，4 油组采油速度 4.7%，采出程度 3.52%，综合含水 1.2%，气油比 147，地层压力与原始压力相比下降了 2MPa。尚未注水。

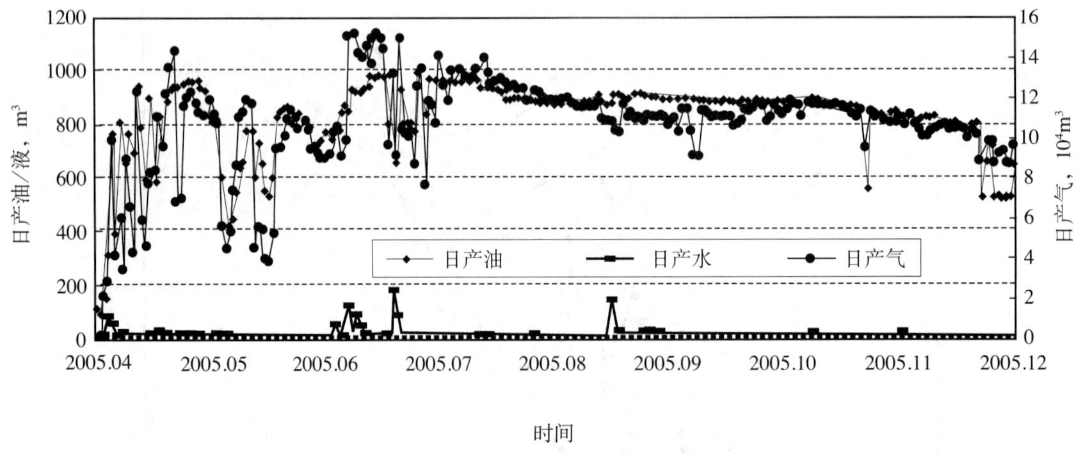

图 1–3　旅大 4–2 油田开采曲线（天津分公司技术部，2005 年）

第二章

钻采与海洋工程

第一节　钻井工程

旅大 4 2 油田 ODP 由中海石油研究中心 2003 年 8 月完成，平台设有 16 个井槽，排列为 4×4，设计布井 10 口。旅大 4–2 油田与旅大 10–1 油田在钻完井管理上同属旅大 4–2/5–2/10–1 油田群钻完井项目组，平台开发时间在旅大 10–1 之后，因此在钻完井技术和管理上，都沿用旅大 10–1 油田的成型模式。油田基本设计由中海油天津分公司钻井部安文忠于 2003 年 11 月编写完成，基本设计阶段为了抓住主力油层开发，实现少井高产，对油田井数和井型进行优化，增加 2 口水平井，总井数减少 1 口。实际施工阶段实钻常规定向井 5 口，水平井 4 口。旅大 4–2 油田 2004 年 12 月 17 日开钻，集中钻表层和二开 $12^1/_4$in 井段，4 口定向套管井 $12^1/_4$in 完钻，下 $9^5/_8$in 套管固井；5 口裸眼井（包括 1 口定向裸眼井和 4 口水平井）三开 $8^1/_2$in 井段采取边钻井边完井方式。整个平台采用钻井帽 / 滑移底座 + 渤海 7 号钻井平台的作业模式，完成全部钻完井作业（图 2–1、图 2–2）。

旅大 4–2 油田在钻井技术上基本沿用旅大 10–1 油田应用成熟的集中钻表层、大功率泥浆马达＋导向钻井系统、改进型小阳离子钻井液、水平段采用油基钻井液、非钻机时间测固井质量、PDC 钻头钻穿底砾岩、实时可视决策系统、水平井及水平分支井不钻领眼技术、地质导向随钻调整等大幅度提高作业效率和单井产能的钻井新技术。

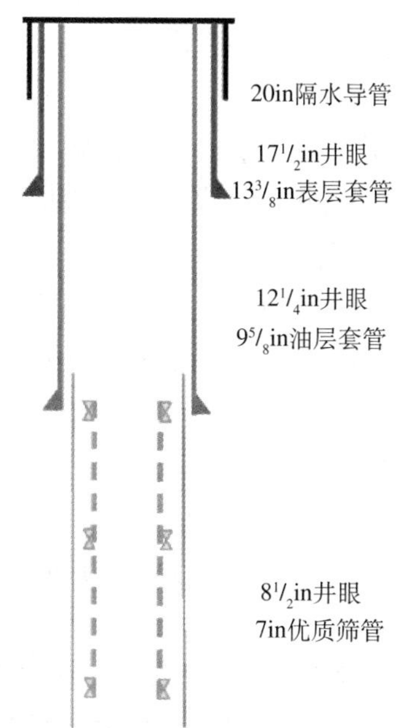

图 2–1　常规定向井井身结构示意图
（天津分公司钻井部，2003 年）

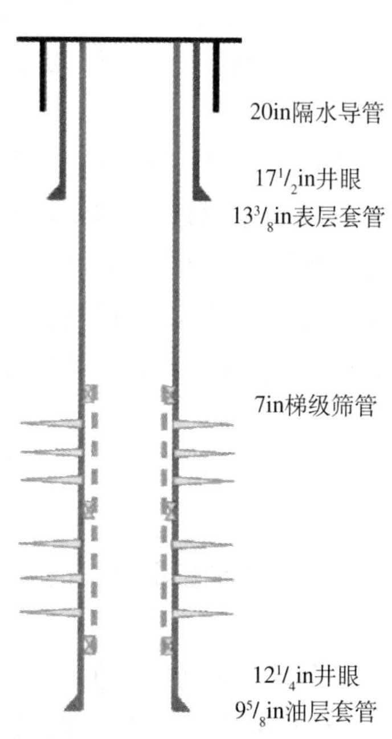

图 2–2　水平井井身结构示意图
（天津分公司钻井部，2003 年）

旅大 4–2 油田完井作业于 2005 年 1 月 31 日开始，截至 2005 年 3 月 13 日结束。5 口裸眼筛管井（4 口水平井和 1 口常规定向井）采取边钻井边完井方式，其余 4 口常规定向井为 $9^5/_8$in 套管射孔完井，整个平台全部 9 口井均采用优质筛管进行简易防砂。除水源井下普通合采管柱外，其余 8 口井均为 Y 管柱。

旅大 4–2 油田完井方面推广应用了在旅大 10–1 油田开始试用的平衡射孔大负压返涌放喷、大孔径深穿透射孔弹、优质筛管防砂简易防砂、油基泥浆泥饼清除、完井后及时返排、低频启泵投产等多项新技术，尤其是优质筛管简易防砂技术在旅大 4–2 油田应用最为广泛。

旅大 4–2 油田全部 9 口井均采用优质筛管进行简易防砂，A1h、A4h 等底水油藏条件井还采用了梯级筛管，使近井端压力得到控制，同时又令远井端开放，整体上平衡了压力和产量的分布。此外，选择挡砂精度时，还在粒度分析的基础上适当放大挡砂精度，允许地层适度卸载，有效提高油井的过流面积，整个旅大 4–2 油田通过“多枝导流适度防砂”技术的应用，大大提高了单井产能。

第二节 采油工程

根据旅大 4–2 油田开发方案，油田具有一定的自喷能力，但随着地层压力下降，含水上升，油井自喷能力下降，必须采用人工举升的方式补给能量，从而获得较高的产能。要保持油田的高产稳产，必须通过机械采油生产，考虑采用电潜泵和电潜螺杆泵采油方式。

2005 年 4 月旅大 4–2 油田投产，共 8 口生产井，1 口水源井，采用电潜泵生产，生产管柱主要是“Y”型分采、“Y”型合采和普通合采管柱。截至 2005 年 12 月 31 日，全油田共有生产井 8 口，其中 6 口用电潜泵生产，2 口转自喷生产。

根据油田 ODP 设计，由于旅大 4–2 油田含油面积小，难以形成十分规则的井网，设计采用近似反九点面积井网，水平井与直井相结合，辅以点状注水。注水井先期排液，A1、A3 井 4 年之后转注，A4、A6 井 1 年之后开始注水。

钻前井位优化后，由于对井型井位进行了优化调整，随钻项目队对注采井网也进行了优化，初步推荐了边部注水（A6、A8、A1h、A3h 为设计注水井），高部位采油的注采井网，但是考虑到边水和气顶的影响未确定，建议根据投产后的实际生产情况确定最终的注采井网。

注入水为馆陶组地层水，注水井最大允许井口注入压力值为 12 MPa。截至 2005 年 12 月 31 日旅大 4–2 油田无转注井。

2005 年 7 月 17 日对 A10 井进行卡层，主要是该井从投产后产气量较大，严重影响了正常生产，由于 3 油组含有 1.0m 的气层，所以初步判断是由于该层气窜而导致该井气油比的持续偏高。因此要求关闭 3 油组生产滑套。卡层后该井产气量下降近 $5\times10^4m^3$，效果较为明显。

2005 年 9 月 7 日对 A07 井进行了酸化，主要考虑到该井投产后与 ODP 设计产量相差较大且与周围井产量相差较大。作业后产量提高的幅度不大，总增油量为 $407.8m^3$，但生产比酸化前稳定、持续。

第三节 海洋工程

旅大 4–2 是旅大油田群开发的一部分，地处渤海辽东湾中部海域，距旅大 10–1 油田 13.6km，油田水深 30m。

2003 年 1 月，中国海洋石油生产研究中心完成《旅大 4–2/5–2/10–1 油田总体开发方案》，2003 年 6 月，完成《旅大 4–2/5–2/10–1 油田总体开发方案》修改版报告，7 月 4 日获得中国海洋石油总公司批准。油田于 2005 年 4 月 25 日投产。

根据总体开发方案，油田群的工程设施包括三个部分，即旅大 4–2/5–2/10–1 油田海上工程设施、绥中 36–1 油田 CEP 平台改造和绥中 36–1 陆上终端改扩建。旅大 4–2 油田海上工程设施包括：新建 4 腿井口平台一座，至旅大 10–1 油田油气混输管线一条，至旅大 10–1 油田的复合海底电缆一条。

旅大 4–2 油田设计最大产液量 $51.7\times10^4\ m^3/a$ ，最大产油量 $26.0\times10^4\ m^3/a$，最大产气量 $2360\times10^4\ m^3/a$。油田井口平台是一座集修井、计量、注水及生活为一体的 4 腿综合性井口平台。井口物流经过油、气、水三相计量后，通过海底管线（10in× 16in，13.6km）混输至旅大 10–1 油田中心平台进行处理。旅大 4–2 油田的注水取自水源井。平台上配有一座 HXJ135 型修井机，主要用于平台修井作业。

旅大 4–2 油田井口平台由旅大 10–1 油田中心平台通过海底复合电缆供电。

附　录

附录一　附　图

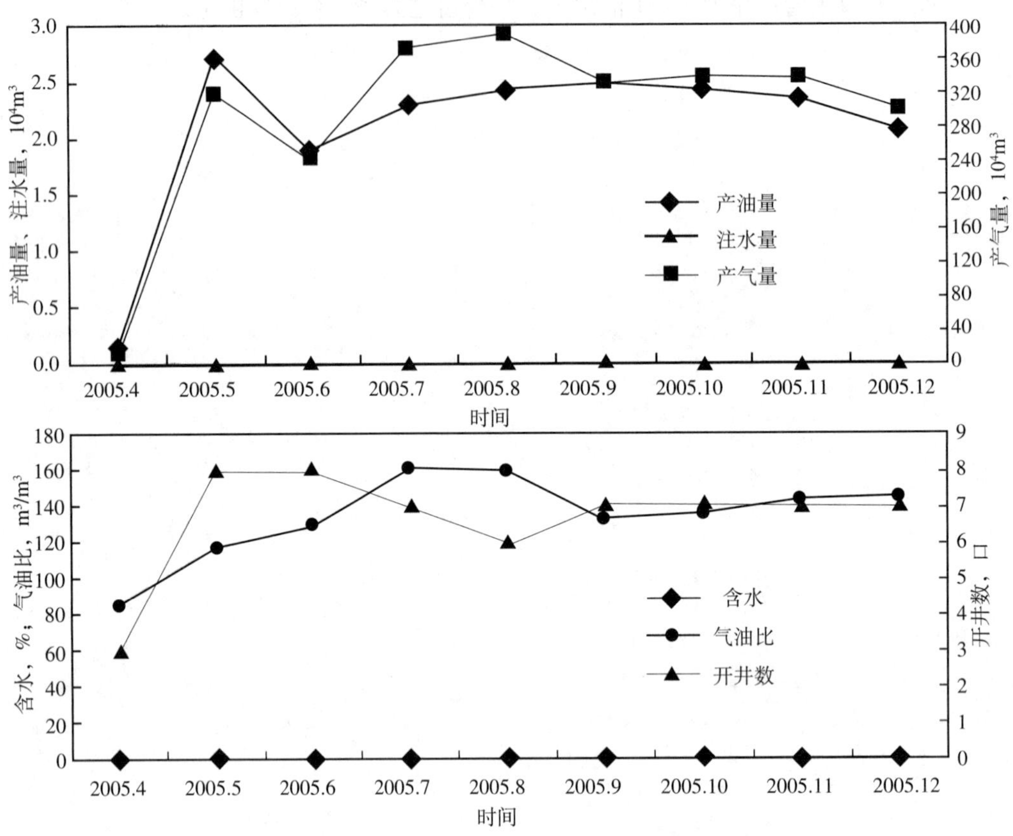

附图 1　旅大 4–2 油田开发综合曲线图（天津分公司技术部，2005 年）

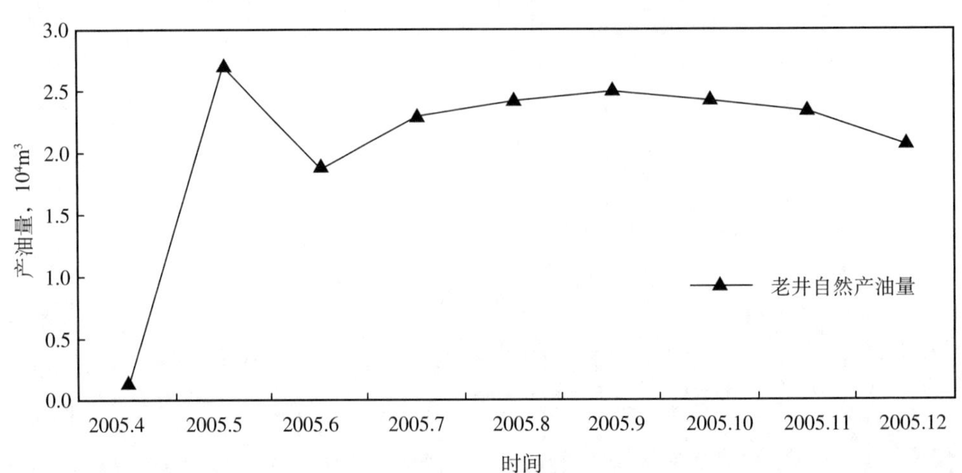

附图 2　旅大 4–2 油田 2005 年月度产量构成曲线图（天津分公司技术部，2005 年）

附录二　附　表

附表 1　旅大 4–2 油田地质综合数据表

层位	岩性	油藏类型	油藏埋深 m	油层压力 MPa	含油面积 km^2	探明储量 10^4m^3	动用储量 10^4m^3	有效厚度 m	有效孔隙度 %	含油饱和度 %	渗透率 mD	原油体积系数	溶解气油比 m^3/m^3	地面原油密度 g/cm^3	凝固点 ℃	含硫 %	天然气甲烷含量 %	地层水矿化度 mg/L	地层水水型
Ed_2L1	砂岩	构造层状油气藏	1550~1750	16.5	0.9	61	0	4.9	27	60	141	1.164	58	0.935	−28	0.3	—	—	—
Ed_2L2					0.7	31	31	3.1	27	62	1956	1.164	58	0.913	—	—	—	—	—
Ed_2L3					0.8	73	73	4.7	28	80	481	1.164	58	0.913	—	—	—	—	—
Ed_2L4					1.9	533	533	15.6	29	72	441	1.164	58	0.913	−16	0.3	79.265	—	—
Ed_2L5					1.3	32	0	1.4	28	70	150	1.164	58	0.913	—	—	—	—	—

附表 2　旅大 4–2 历年油田开发综合数据表

时间	动用储量 10^4m^3	采油井		年产油量 10^4m^3	累产油量 10^4m^3	综合含水率 %	采油速度 %	采出程度 %	注水井		年注水量 10^4m^3	累计注水量 10^4m^3
		总井数 口	开井数 口						总井数 口	开井数 口		
2005	636	8	6	18.83	18.83	1	3.0	6.4	0	0	0	0

附录三　领导人名录

平台长：李　民（2005 年 4 月—2005 年 12 月）

吴红月（2005 年 4 月—2005 年 12 月）

附录四　征引文献

文献名	作　者	编制时间	现存地
旅大 4–2 油田新增油气探明储量报告	郭太现等	2002.11	中海石油（中国）天津分公司
旅大 10–1/4–2/5–2 油田总体开发方案	徐丽英等	2003.5	中海石油研究中心
旅大 4–2 油田开发井井位设计意见书	李红英等	2004.10	中海石油（中国）天津分公司

编纂始末

《旅大 4–2 油田志》是《中国油气田开发志·渤海油气区油气田卷》中的略写篇，由中海石油（中国）有限公司天津分公司负责编纂。

2008 年 12 月，中海石油（中国）有限公司天津分公司根据中国海洋石油总公司的安排，由张彩旗、刘超、陈毅、陈来勇、朱凯组成了《旅大 4–2 油田志》编纂组。编纂组根据总编纂委员会下发的《油气田卷编纂工作若干规范化要求》，于 2009 年 5 月完成了本志的初稿。

2009 年 6 月 2 日，中海石油（中国）有限公司天津分公司组织了第一次内部审查，根据审查结果，对《旅大 4–2 油田志》内容、结构、篇幅等方面进行了修改。

2010 年 3 月，中海石油（中国）有限公司天津分公司先后又组织了三次内部审查，根据总编纂委员会最新的编纂规范对油田志的结构重新进行了调整，增加了附录的部分附图和附表，并对内容进行了进一步的提炼，逐步使油田志的编纂更趋于合理。

2010 年 4 月 21 日中海石油(中国)有限公司天津分公司生产部经理刘光成在海洋石油大厦 B 座 C606 主持召开《旅大 4–2 油田志》三审评审会，天津分公司副总经理陈明和各联管会首席、各作业区经理等参加审查会。专家在审查通过的同时，主要指出了志书各章节中个别描述不恰当的地方，并提出认真核实大事记等建议，会后参照专家建议进行了修改，于 5 月初完成了《旅大 4–2 油田志》最终稿。

本志在编纂过程中，中海石油（中国）有限公司天津分公司勘探开发研究院、生产部、钻井部的领导和同事都给予了无私的帮助，渤海石油档案馆、文印组等相关同志在提供资料、印刷、装订等各项工作中给予了大力支持，在此一并表示衷心的感谢。

《旅大 4–2 油田志》编纂组

2010 年 5 月

编号：26–019

渤中 26–2 油气田志

《渤中 26–2 油气田志》编纂组　编

渤中 26–2 油气田地理位置图

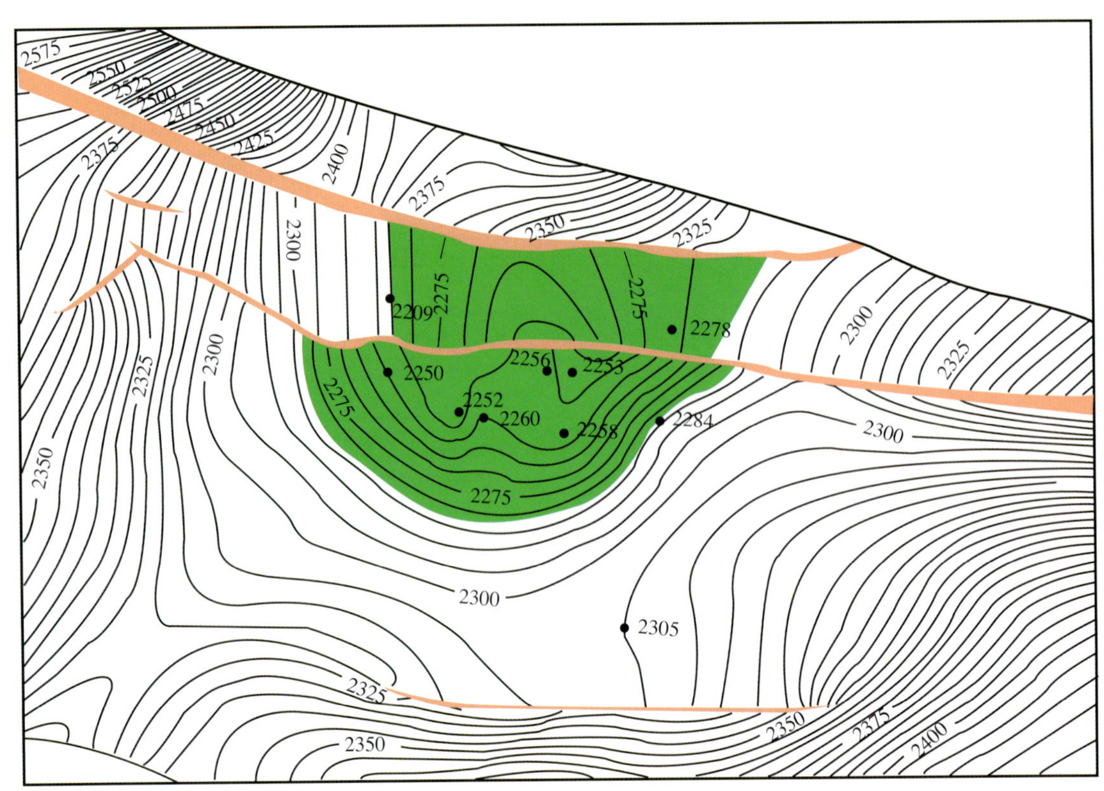

渤中 26–2 油气田构造井位图（天津分公司技术部编制，2005 年）

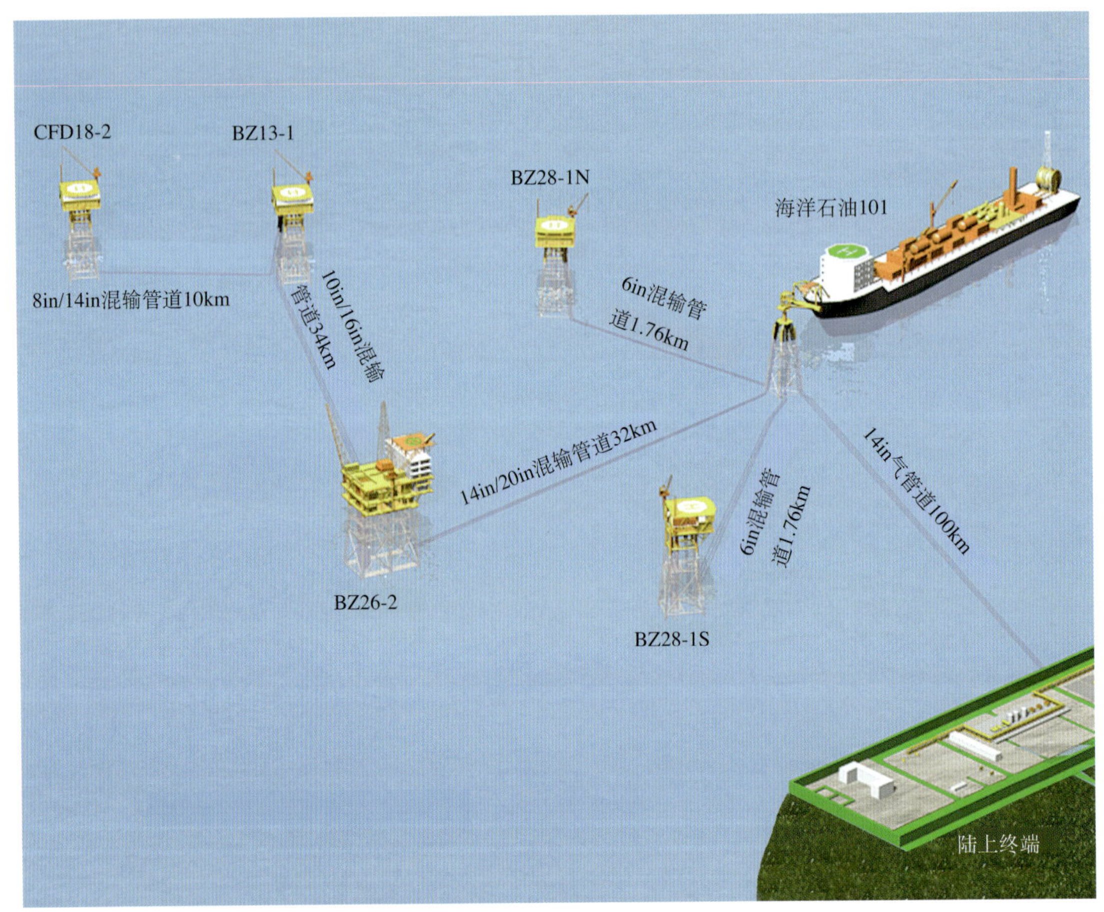

渤中 26–2 油气田生产系统示意图（天津分公司渤南作业区提供，2003 年）

《渤中 26–2 油气田志》编纂组

雷　源　蔡　晖　何瑞兵　马　跃　金　涛　孙　俊
孙延宁　刘建军　张延涛　王津川　胡大钧

《渤中 26–2 油气田志》审核人员

汪志勇　许　红　曹文贤　徐启兴　吴成浩　李树宽
刘　英　宫　薇　赵利昌　贯云林　王力群　马奎前
王飞琼　段国宝　张敏娟

本志目录

概　述

渤中 26–2 油气田位于渤海南部海域，东距渤中 28–1 油气田 32km，北距规划中的渤西南输气管线约 20km。油气田所处海域平均水深 22m，年平均气温 13.6℃，区内地势低洼平坦，属暖温带季风型大陆气候。1996 年钻 BZ26–2–1 井（简称 1 井，以下渤中 26–2 油气田井号均以此方法简称）发现油气田，2004 年投入开发。

一

区域上，渤中 26–2 油气田北临渤中凹陷，南靠黄河口凹陷，是在渤南凸起西端基岩隆起最高部位的地质背景上形成的，为两条近东西向同生大断层所夹持的地垒潜山披覆半背斜构造。

钻井在渤中 26–2 构造揭示的地层，自上而下有：新生界第四系平原组，新近系明化镇组、馆陶组和古进系东营组、沙河街组地层以及太古界潜山地层。含油层系发育于明化镇组下段、馆陶组、东营组、沙河街组、潜山太古界地层。油层埋深 1779 ~ 3034m。主力含油层系为馆陶组，岩性以石英、长石为主的中细砂岩。主力含气层系为潜山太古界，岩性以长石、石英质矿物为主。油藏储集空间具有原生粒间孔、粒间溶孔、孔洞以及裂缝—孔隙双重介质特征。储层非均质性强，属高孔中渗范围。

第一次构造认识将渤中 26–2 构造解释为由断裂控制的披覆半背斜构造，构造形态受其两侧东西向边界断层的控制。潜山顶面形态西陡东缓，南高北低；沙河街组储层顶面构造分为南、北两个高点，高点之间以鞍部相连，构造幅度相对较陡，构造北高点以地层超覆为特征，南高点呈披覆背斜；由于两侧受东西向大断层夹持，由东营组顶面至明下段顶面的构造均以半背斜形式存在，构造幅度逐渐平缓。

第二次构造认识到，在重新处理的地震资料及新增开发井资料的基础上，更为精确地描述了构造的局部细节，整体构造趋势没有大的变化。

原油为轻质油，50℃地面平均原油密度 0.832g/cm^3，黏度 4.65mPa·s，凝固点 15℃，含硫 0.11%，胶质沥青质含量 19.8%，含蜡量 8.95%。天然气为凝析气，相对密度 0.691 ~ 0.707，甲烷含量 69.88% ~ 85.68%，二氧化碳 2.01% ~ 9.02%。地层水平均矿化度 12204~17713mg/L，水型为 $NaHCO_3$ 型。地层压力系数 1.0037，地层温度 97℃。主力含油层系馆陶组是以顶油底水为主的构造油藏。

油气田探明叠合含油面积 4.47km^2，石油探明地质储量 654.93 × 10^{4}t（767.06 × 10^{4}m^3），技术可采储量 83.17 × 10^{4}t（97.52 × 10^{4}m^3）；探明叠合含气面积 1.35km^2，天然气探明地质储量 6.58 × 10^{8}m^3，技术可采储量 3.66 × 10^{8}m^3。油气藏是具有小型地质储量规模、低等储量丰度的油气田。

二

1996 年 6 月，渤海公司在渤中 26–2 构造的高点上钻探了 1 井，测试结果在馆陶组、东营组和潜山太古界均获得了高产油气流，从而发现了渤中 26–2 油气田，在三维地震资料的处理和解释基础上，渤海石油研究院阳开林、陈国童、孙英涛等人开展了以渤中 26–2 油气田馆陶组、东营组油藏和潜山太古界凝析气藏为重点的储量研究，并于 1997 年 4 月向全国资源委石油天然气储量委员会申报，通过了

《渤中 26–2 油气田基本探明储量报告》。

1997 年 11 月和 1998 年 3 月又分别在油气田钻探了 2D 井和 3D 井两口评价井，发现了明下段、馆陶组顶部、东营组二段、沙河街组等新的油气藏，经过渤海石油研究院施亚洲等人新一轮的评价工作后，于 1999 年 3 月，国土资源部在北京审查并通过了《渤中 26–2 油气田新增油气探明地质储量报告》。

在储量评价结果的基础上，1999 年 4 月，中海石油研究中心张金庆、刘书杰、何涛等人开展了含渤中 26–2 油气田、渤中 28–1 油气田、渤中 13–1 油田及曹妃甸 18–2 油气田等 4 个油气田的渤南油气田开发可行性研究和总体开发方案研究，2002 年 4 月《渤南油气田总体开发方案》获得中国海洋石油总公司批准。

2005 年 4 月，天津分公司在渤中 26–2 油气田北块钻探了 1 井，在新近系明下段和馆陶组上部地层中发育多套油气层。

大事记

1996年

6月　渤海公司在渤中26–2构造的高点上钻探了BZ26–2–1井，在馆陶组、东营组和潜山太古界地层均获得了高产油气流，从而发现了渤中26–2油气田。

1997年

4月　向全国资源委石油天然气储量委员会申报，通过了《渤中26–2油气田基本探明储量报告》。

11月　渤海公司在渤中26–2油气田钻探了BZ26–2–2D井，在沙河街组发现了新的油藏。

1998年

3月　渤海公司在渤中26–2油气田钻探了BZ26–2–3D井，在馆陶零油组发现了新的油藏。

1999年

3月　国土资源部在北京审查并通过了《渤中26–2油气田新增油气探明地质储量报告》。

2002年

4月　《渤南油气田总体开发方案》获得中国海洋石油总公司批准。

7月22日　天津分公司正式成立渤南油气田开发工程项目组，栾湘东兼任总经理。

2003年

8月18日　BZ26–2WHPA平台导管架安装完工。

2004年

4月1日　BZ26–2WHPA平台至渤海友谊号的三相混输海底管线平管铺设完成。

6月17日　BZ26–2WHPA平台生活楼陆地建造完成。

8月30日　渤中26–2油气田正式投产。

11月12日　渤中26–2油气田并入渤中28–1油气田供气体系，正式向山东省供气。

第一章

油 田 开 发

渤中 26–2 油气田油藏方案设计平台一座，10 口定向井，其中新井 8 口。采用三套层系、不规则井网（井距 450 ~ 550m），衰竭开发各储层，其中太古界凝析气藏和沙河街组油藏进行单采，馆陶组用一套层系合采并兼采明化镇组和东营组。

2003 年 10 月渤中 26–2 油气田进入开发井实施阶段，共钻开发井 7 口，并回接探井 2 口，于 2003 年 12 月 23 日完钻。在随钻过程中，对储层有了新的认识，优化调整了 3 口开发井（A1、A4、A6）的井位，取消了 1 口开发井（A8），一口井（A1）改为水源井。

渤中 26–2 油气田自 2004 年 8 月 30 日投产以来，在近一年半的生产过程中，经历了两个开发阶段。

油田建产阶段（2004 年 8 月—2004 年 9 月）：全油田于投产初期除 1 井因下游接气困难未开井外，其他油井全部投产，其中馆陶组 5 口油井，单井日产油在 47 ~ 163m^3；东营组 1 口油井，单井日产油为 66m^3，沙河街组 1 口油井，单井日产油为 37m^3。

油田稳产阶段（2004 年 9 月—2005 年 12 月）：受油田储量规模小以及油水关系复杂的影响，油田投产后即见水，产量一直较低，日产油仅维持在 250 ~ 350m^3，没有达到 ODP 配产。

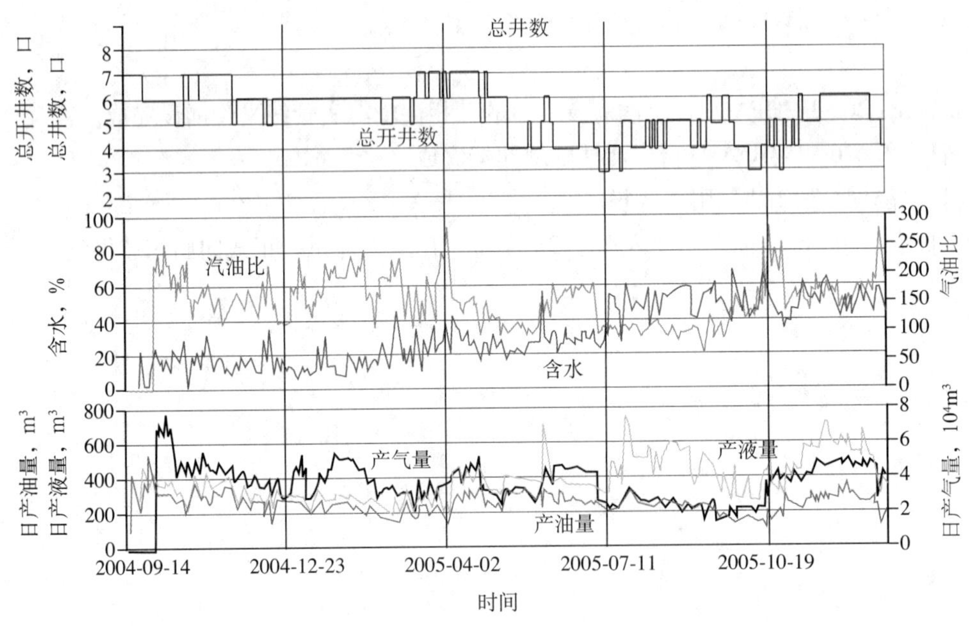

图 1–1　渤中 26–2 油气田综合开采曲线（天津分公司技术部编制，2005 年）

因主力油井高强度的开采，边、底水快速突破、锥进，导致含水率快速上升，加之 CO_2 含量高导致井下管柱、堵塞器腐蚀严重，综合两者原因使得油井产液量有一定下降。为提高油田的产量，针对渤中 26–2 油气田的油藏特点，结合动态资料，2005 年提出了共计 18 井次的措施，分别实施了酸化、下泵、卡水、开层，共增产原油 $2.78 \times 10^4 m^3$，在短期内有一定增油效果。

全油田利用天然水驱能量开发两年，地层能量下降缓慢，其中主力油组馆陶组平均地层压力下降约 1.6MPa。

截至 2005 年 12 月 31 日，渤中 26–2 油气田已累计生产原油 $12.19 \times 10^4 m^3$，动用原油地质储量 $718.34 \times 10^4 m^3$，采出程度 1.7%，其中馆陶组、东一段累计生产原油 $9.77 \times 10^4 m^3$，动用原油地质储量 $402.65 \times 10^4 m^3$，采出程度 2.4%；东二段累计生产原油 $1.19 \times 10^4 m^3$，动用原油地质储量 $63.39 \times 10^4 m^3$，采出程度 1.9%；沙河街组累计生产原油 $1.23 \times 10^4 m^3$，动用原油地质储量 $252.30 \times 10^4 m^3$，采出程度 0.5%。2005 年 12 月 31 日全油田计量日产油 $220m^3$，日产气 $4.2 \times 10^4 m^3$，综合含水 42.2%（图 1–1）。

第二章

钻采与海洋工程

第一节　钻井工程

渤中 26–2 油气田钻完井基本设计于 2003 年 1 月通过专家审查，2003 年 10 月 18 日至 2003 年 12 月 23 日完成 7 口新钻井和 2 口回接井作业并转入完井作业，2004 年 3 月 9 日，9 口井防砂完井作业全部完成。

油气田导管架井槽 15 口（3×5），设计单井平均井深 2660m，最大井深 3150m。ODP 批复平均钻井周期 10.3 天，作业模式采用悬臂式钻井船钻井作业。

渤中 26–2 油气田的开发采用非悬臂式钻井平台＋钻井帽＋滑移底座的钻井模式（图 2–1），一次性覆盖所有槽口，由渤海 7 号进行施工，钻井帽兼顾旅大油田等项目的使用，渤海七号的井架由钻井平台滑移至生产平台，一次就位覆盖整个井区。

图 2–1　渤海 7 号非悬臂式钻机＋钻井帽作业模式（天津分公司钻井部提供，2003 年）

渤中 26–2 油气田采取表层防斜打直，浅层造斜（图 2–2），上部井眼转化前采用海水膨润土浆，保证携砂，同时注意控制避免井眼过度扩大，下部井眼转化后采用抑制性 PEM 钻井液体系，主要控制岩屑的分散、适度包被，控制失水，保证携砂，保证井眼规矩及起下钻顺利为目标。在钻井作业中，钻完井项目组李立宏等人提出多项减少仪器磁干扰的措施。

钻井作业中主要解决了以下问题：岩屑起球、打完钻后倒划眼困难、短起和起钻困难以及油层保护。同时采用了以下油气层保护措施：采用了长江大学的屏蔽暂堵技术，使用与储层孔隙度相近的填充粒子 ZD–4，使用 HBZ 作为变形粒子进一步填充，使渗透率接近零，控制油层段失水小于 5mL；使用抑制性 PEM 钻井液体系，避免油层的固相损害，保证油层段井径规则；为了提高固井质量，合理优化浆柱结构合理加放扶正器，保证套管居中；循环时调节泥浆性能，提高顶替效率；油层段以上 100m 至井底都进行慢替以提高顶替效率。

渤中 26–2 油气田完井作业历时 79.08 天，比基本设计提前 38.2 天，比 ODP 提前 77.92 天。

油气田采用分层射孔技术；TCP 负压射孔，大孔径射孔弹，23 ~ 32g 射孔弹，7in 射孔枪，孔密 39 孔 /m；射孔相位：螺旋式，不大于 60°，孔径 0. 8 ~ 1in。回接井采用割缝管完井；先期排液注水井采用优质筛管防砂完井；其他井应用斯伦贝谢公司的 Step Pack 防砂完井技术（图 2–3）。

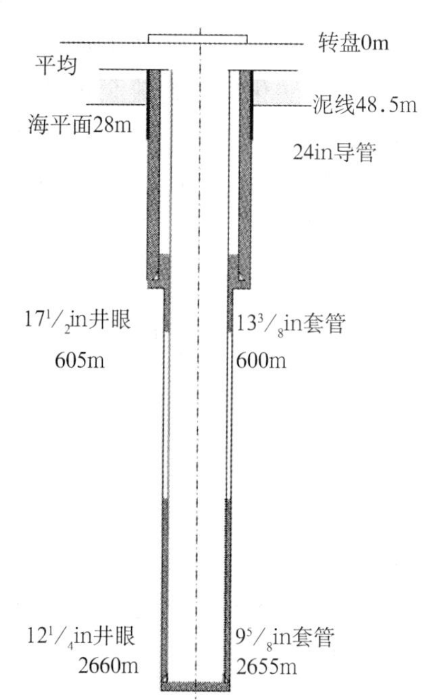

图 2–2　渤中 26–2 油气田新钻井井身结构图
（天津分公司钻井部编制，2003 年）

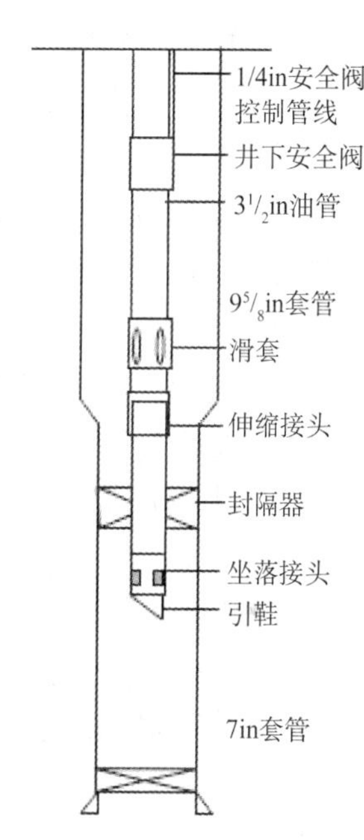

图 2–3　渤中 26–2 油田生产管柱图
（天津分公司钻井部编制，2003 年）

第二节　采油工程

一、举升

按照开发方案设计渤中 26–2 油气田以产油为主，油气并举，充分利用天然能量，气井采用衰竭式开采，油井先期采用自喷开采，中后期采用机械采油，对于地层能量不足处的油井 A7 井下入电泵生产。投产后油气田共有生产井 8 口，其中气井 1 口（1 井），采油井 7 口（A2、A3、A4、A5、A6、A7、2D 井），水源井 1 口（A1 井）。初期 A1、A7 井采用电潜泵生产，下入普通合采管柱和 Y 型分采管柱，其余井均为自喷生产，下入自喷生产管柱。投产过程不顺利，由于日产液量达不到管输的最小流量，A1 井转为水源井，A2 井因自喷无产出未投入生产，实际生产井数只有 5 口，全部为自喷生产。投产时

A3井自喷投产成功，其他井（A2、A4、A5、A6、2D）都利用1井气源进行了气举诱喷，A5、A6井诱喷成功转为自喷生产，A2、A4、2D井没有成功，采用下连续油管注入氮气气举诱喷，A2井仍无产出，关井，A4、2D井转为自喷生产，但正常生产时间较短。为了改善油田的现状，生产方式逐渐转变为下泵机采与自喷生产，原来的自喷生产管柱更换为Y型合采或分采生产管柱，油井大部分进行了酸化措施，部分井进行了开层措施。

二、油井措施

（一）酸化解堵

渤中26–2油气田主力油层东营、馆陶组砂岩储层，敏感性损害主要是水敏和速敏损害，无酸敏损害。实验证明盐酸和土酸两种酸液都有较好酸化效果。酸化是渤中26–2油气田解堵的有效措施。油气田在投产初期对2D井和A4井分别进行了酸化作业，其中2D井2004年9月19日进行了酸化作业，酸化后通过氮气气举返排酸液，酸化后日产液达到90m^3,酸化效果明显，但产量下降快，7个月后产液量下降至35m^3；A4井2004年10月21日进行下泵酸化作业，作业后日产油量60m^3，与投产时50m^3比较，效果不明显，而且生产状态不稳定。2005年3月至8月期间对除A7井以外的所有油井，均实施了酸化解堵措施，所有酸化井在酸化前通过钢丝作业下入射流泵，酸化后启射流泵排酸，排酸后A2、A4、A5井进行了换管柱下电泵作业，转为电泵生产，A3、A6井排酸后转自喷生产。2D井由于生产沙河街低渗油藏，酸化起到增油效果，但酸化有效期短；A2和A4井酸化后高含水，没有达到预期效果；A3、A5和A6井达到酸化预期增油效果。

（二）卡水换层

渤中26–2油气田的卡水工艺简单，通过钢丝作业下入开关滑套工具，关闭出水层段对应滑套，达到卡水目的。2005年对A2、A3、A4井实施多次关滑套卡水措施，A2井无效，A4井含水下降至50%，A3井配合酸化进行了卡水作业。

（三）开层

渤中26–2油气田通过钢丝作业下入开关滑套工具，打开目的层段对应滑套，达到开层目的。A3井开馆陶组2—4油组滑套，措施前日产油47.4m^3，措施后日产油68m^3，措施没有达到预期效果。A6井2005年10月开东一段油组滑套与馆陶组油组合采，措施前日产油20m^3，措施后日产油80m^3，累计增油$0.3\times10^4m^3$。

第三节　海洋工程

渤中26–2油气田是渤南油气田群联合开发海上工程的一部分，2002年7月渤南油气田开发项目组正式成立，至2004年9月17日结束，历经26个月，负责整个工程项目的管理和实施。

2002年6月15日至2002年12月24日，由海洋石油工程股份有限公司完成BZ26–2WHPA平台导管架、组块的基本设计。

2003年1月5日至2003年9月10日，由海洋石油工程股份有限公司完成BZ26–2WHPA平台导管架、组块的详细设计。

2003年3月18日至2003年8月18日，由海洋石油工程股份有限公司完成BZ26–2WHPA平台导管架的安装。

2003年7月15日至2004年7月14日，由海洋石油工程股份有限公司完成BZ26–2WHPA平台组块的建造（图2–4）。

2004年1月29日至2004年5月20由COOEC安装公司完成BZ26–2WHPA平台至渤海友谊号的

三相混输海底管线平管铺设及两套立管安装工作。

2004 年 7 月 16 日至 2004 年 8 月 25 日由海洋石油工程股份有限公司完成 BZ26–2WHPA 平台组块的海上安装及调试。

图 2–4　BZ26–2WHPA 平台示意图（天津分公司渤南作业区提供，2003 年）

一、海洋工程方案

渤中 26–2 油气田海洋工程总体规划共设一个 BZ26–2WHPA 平台和两条海底管线。BZ26–2WHPA 平台为 6 腿导管架钢结构，四层甲板，是一个集生活、生产、动力、修井、转输功能为一体的综合平台。

渤中 26–2 油气田产出流体经工艺处理后，通过 14in32km 三相混输海底管道输送至渤海友谊号进行进一步处理。生产水处理合格后排放入海。

BZ26–2WHPA 平台除布置了油气处理、生产水处理、外输设备，海上电站、热站以及生活楼以外，还布置了一套海上修井机完成油田生产期间的修井作业。

油田开发主要工程设施包括：

（1）WHPA 综合平台 1 座；

（2）BZ26–2WHPA 平台至渤海友谊号的三相混输海底管线（14in × 20in，32km）1 条；

（3）BZ13–1WHPB 平台至 BZ26–2WHPA 平台三相混输海底管线（10in × 16in，34km）1 条；

平台规模：

（1）最大原油处理能力：$36.5 \times 10^4 m^3/a$

（2）最大天然气处理能力：$1 \times 10^8 m^3/a$

（3）最大生产水处理能力：$65.7 \times 10^4 m^3/a$

（4）设计寿命：20a

二、平台系统设计

（一）工艺流程系统

BZ26–2WHPA 平台油气生产系统包括天然气处理系统和原油处理系统。天然气处理系统为包括对气井产出流体进行节流、加热、测试计量、外输等功能。原油处理系统包括对油井产出流体的计量、加热、一级分离、二级分离、外输等功能。由于渤中 26–2 油气田天然气中二氧化碳含量达到 12%，因此要求外输原油含水低于 30%，以降低海底管线腐蚀。

BZ26–2WHPA 平台含油污水处理系统采用含油污水经水力旋流器、撇油罐、核桃壳过滤器处理最终排放入海的流程，可较好地适应开发要求。

（二）生产辅助系统

BZ26–2WHPA 平台生产辅助系统由电力系统、热介质系统、水供应系统、柴油燃料系统、仪表控制系统、通信系统、空调通风系统、压缩空气系统等八大系统组成。

（三）消防与安全逃生系统

BZ26–2WHPA 平台设计定员为 60 人，安全逃生系统配备了单艘定员为 35 人的耐火型救生艇 2 艘，单只定员为 15 人的气胀式救生筏 4 只，以及按照标准配置了足够数量的救生衣、救生圈、防寒救生服、降落伞信号、烟雾信号和逃生软梯、担架、急救箱、抛绳设备等。

三、新技术、新工艺

（1）在渤海首次使用了由 FRAMO ENGINEERING AS 公司制造的多路阀系统，替代了传统的生产 / 计量管汇系统。

（2）BZ26–2WHPA 平台至渤海友谊号的 14in32km 三相混输海底管线为渤海最长三相混输海底管线。

（3）在渤海首次使用了由采油技术服务公司设计制造的海管旁路腐蚀监测系统，用于监测海底管线的腐蚀情况和评价海底管线腐蚀保护措施效果。

（4）BZ26–2WHPA 平台上部组块达 1813t，使用滨海 108 和大力号两条浮吊共同吊装就位，创造了当时单体吊装最重的纪录。

附　录

附录一　附　图

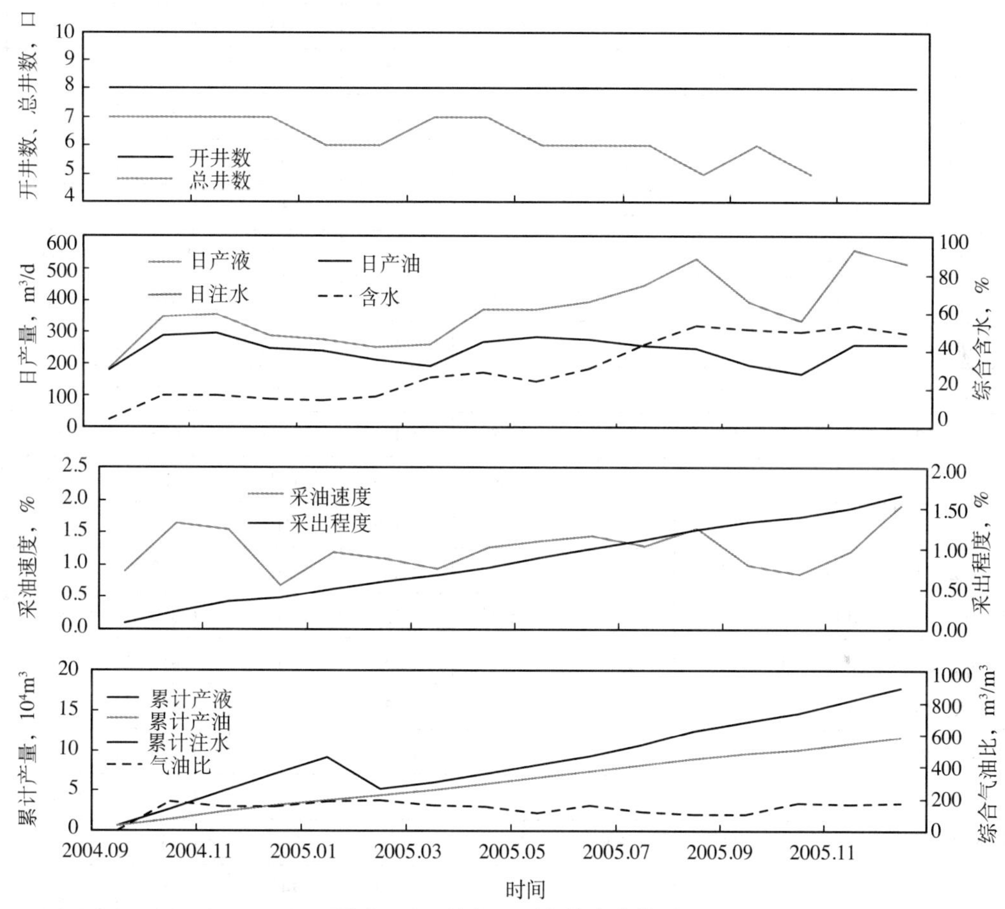

渤中 26–2 油气田开发综合曲线图

附录二　附　表

附表1　渤中26–2油气田地质综合数据表（油）

区块单元	层位	含油面积 km²	有效厚度 m	有效孔隙度 %	含油饱和度 %	原油体积系数	溶解汽油比 m³/m³	地面原油密度 g/cm³	原油地质储量	
									10^4m^3	10^4t
主体块油	Nm–1	0.04	2.5	29.5	53.7	1.425	139	0.824	1.11	0.92
	Nm–2	0.05	2.7	22.5	50.0	1.425	139	0.824	1.07	0.88
	Nm–3	0.29	2.9	24.9	53.3	1.425	139	0.824	7.83	6.45
	Nm–4	0.04	3.3	28.3	51.3	1.425	139	0.824	1.34	1.11
	Nm–5	0.05	4.7	24.1	50.0	1.425	139	0.824	1.99	1.64
	$Ng0_1$–6	1.90	2.1	24.4	47.9	1.587	190	0.793	29.38	23.30
	$Ng0_2$–7	0.11	2.4	23.7	55.0	1.425	139	0.824	2.41	1.99
	$Ng0_2$–8	0.02	2.8	25.0	59.1	1.425	139	0.824	0.58	0.48
	$Ng0_2$–9	0.11	2.3	29.5	57.4	1.425	139	0.824	3.01	2.48
	Ng1–10	0.83	5.7	22.3	55.0	1.425	139	0.824	40.72	33.55
	Ng1–11	0.66	5.6	23.2	61.4	1.425	139	0.824	36.95	30.44
	Ng1–12	0.06	2.5	24.0	62.8	1.425	139	0.824	1.59	1.31
	Ng1–13	0.14	3.5	25.2	62.9	1.425	139	0.824	5.45	4.49
	Ng2–14	0.46	4.1	21.3	52.4	1.255	71	0.850	16.77	14.26
	Ng2–15	0.61	4.3	22.3	50.0	1.255	71	0.850	23.30	19.81
	Ng2–16	0.17	2.1	24.6	56.4	1.255	71	0.850	3.95	3.35
	Ng2–17	0.15	4.5	23.5	60.1	1.255	71	0.850	7.60	6.46
	Ng3–18	0.80	5.4	22.1	54.1	1.255	71	0.850	41.16	34.98
	Ng4–19	1.97	6.3	22.8	58.5	1.255	71	0.850	131.90	112.12
	Ng5–20	0.43	2.6	24.6	55.3	1.255	71	0.850	12.12	10.30
	Ng5–21	0.06	8.7	23.8	52.0	1.255	71	0.850	5.15	4.38
	Ed_1–22	0.62	12.2	23.5	61.6	1.441	147	0.859	75.99	65.27
	Ed_2–23	0.38	17.2	21.5	65.0	1.441	147	0.859	63.39	54.45
	Es_2–24	1.60	38.8	9.0	62.0	1.373	121	0.874	252.30	220.51
	合计								767.06	654.93

附表 2 渤中 26–2 油气田地质综合数据表（气）

区块	层位	含气面积 km^2	有效厚度 m	有效孔隙度 %	含气饱和度 %	原始天然气体积系数	气体摩尔分量 f	原始凝析汽油比 m^3/m^3	凝析油密度 g/cm^3	地质储量	
										凝析油 10^4m^3	天然气 10^8m^3
主体气块	Nm–1	0.08	5.2	27.8	50.0	0.0060	0.991	15919	0.764	0.06	0.10
	Nm–2	0.04	6.4	30.6	52.0	0.0060	0.991	15919	0.764	0.04	0.07
	$Ng0_1$–3	0.78	2.4	23.6	51.4	0.0050	0.990	7226	0.741	0.62	0.45
	$Ng0_2$–4	0.09	2.4	24.7	58.2	0.0050	0.990	7226	0.741	0.09	0.06
	$Ng0_2$–5	0.11	3.6	25.1	51.0	0.0050	0.990	7226	0.741	0.14	0.10
	Ar–6	1.10	30.0	7.2	90.0	0.0041	0.951	2977	0.746	16.60	4.96
	Ar–7	1.10	10.2	3.6	90.0	0.0041	0.951	2977	0.746	2.80	0.84
	合计									20.35	6.58

附表 3 渤中 26–2 油气田历年开发综合数据表

时间	动用地质储量油 10^4m^3	采油井数口		核实产油量			采油速度 %	采出程度 %	综合气油比 m^3/m^3	综合含水 %	采气井数，口		产气量			开井时率 %
		总井	开井	月 10^4m^3	年 10^4m^3	累计 10^4m^3					总井	开井	月 10^8m^3	年 10^8m^3	累计 10^8m^3	
2004.09	738	8	7	0.54	0.54	0.54	0.88	0.07		10.5	1	0	0.0000	0	0	87.52
2004.10	738	8	7	1.01	1.55	1.55	1.64	0.21	190.8	55.5	1	0	0.0171	0.0171	0.0171	84.46
2004.11	738	8	7	0.94	2.49	2.49	1.53	0.34	152.9	61.3	1	0	0.0135	0.0306	0.0306	93.73
2004.12	738	8	7	0.41	2.90	2.90	0.67	0.39	147.1	64.4	1	0	0.0112	0.0419	0.0419	96.51
2005.01	738	8	6	0.73	0.73	3.63	1.19	0.49	181.3	65.1	1	0	0.0133	0.0133	0.0552	83.22
2005.02	738	8	6	0.67	1.40	4.31	1.10	0.58	187.4	16.1	1	0	0.0110	0.0243	0.0649	77.41
2005.03	738	8	7	0.57	1.98	4.88	0.93	0.66	160.1	25.6	1	0	0.0095	0.0338	0.0744	87.39
2005.04	738	8	7	0.77	2.75	5.65	1.26	0.77	149.3	28.6	1	0	0.0119	0.0457	0.0863	89.33
2005.05	738	8	6	0.84	3.59	6.49	1.36	0.88	106.4	23.8	1	0	0.0094	0.0551	0.0957	65.07
2005.06	738	8	6	0.89	4.48	7.38	1.45	1.00	157.8	30.3	1	0	0.0131	0.0682	0.1087	72.61
2005.07	738	8	6	0.80	5.27	8.18	1.29	1.11	113.3	43.2	1	0	0.0089	0.0771	0.1176	62.61
2005.08	738	8	5	0.96	6.23	9.13	1.56	1.24	99.8	53.3	1	0	0.0077	0.0847	0.1253	76.04
2005.09	738	8	6	0.61	6.84	9.75	1.00	1.32	100.5	51.0	1	0	0.0058	0.0906	0.1311	71.62
2005.10	738	8	5	0.53	7.37	10.28	0.86	1.39	170.6	49.6	1	0	0.0090	0.0995	0.1401	61.76
2005.11	738	8	6	0.74	8.12	11.02	1.21	1.49	164.6	53.1	1	0	0.0129	0.1124	0.1530	83.67
2005.12	738	8	6	1.17	9.29	12.19	1.91	1.65	172.1	49.2	1	0	0.0139	0.1263	0.1669	88.37

附录三　领导人名录

总　监：

李春勇（2003年3月—2005年12月）

张春生（2003年3月—2005年12月）

附录四　获奖项目

项目名称	获奖等级	获奖时间	项目主要完成者
HSE环保管理优秀生产单位	中海石油（中国有限公司天津分公司）	2004	李春勇、张春生等

附录五　征引文献

文献名	作　者	编制时间	现存地
渤中26–2油气田基本探明及控制储量报告	阳开林、陈国童、孙英涛等人	1997	渤海石油研究院档案馆
渤中26–2油气田新增探明储量报告	施亚洲	1999	渤海石油研究院档案馆
渤南油气田总体开发方案	张金庆、刘书杰、何涛等人	2002	渤海石油研究院档案馆

编纂始末

2007年12月下旬和2008年1月中旬，分别收到总编纂委员会下发的油气田卷编纂工作若干规范化要求及三个（详写、简写和略写）样板油田志后，开始组织编纂《渤中26–2油气田志》。2008年7月，中海石油（中国）有限公司天津分公司对油气田卷的志书编纂要求进行了全面、细致的贯彻，并以埕北油田为例对志书编纂规范、章节的设立等做了全面、细致的介绍。经过一年多的编纂，2010年3月5日，中海石油（中国）有限公司天津分公司组织了对本志初审的专家评议会，按章节逐一进行评议，对本油田志的节、目的设置和内容等提出了具体意见，经过编纂人员再次修改，2010年3月11日，中海石油（中国）有限公司天津分公司再次组织编纂委员会和特邀专家对本志进行了第二次审查会议，对本志的细节进行了补充完成了本油气田开发志，并于2010年4月22日通过了中海石油（中国）有限公司天津分公司编纂委员会组织的三审验收。

本志在编纂过程中，中海石油（中国）有限公司天津分公司各部门无缝沟通，并得到了渤海石油研究院档案室的大力支持，在此表示衷心的感谢。

《渤中26–2油气田志》编纂组

2010年5月

编号：26-020

歧口 18-2 油田志

《歧口 18-2 油田志》编纂组　编

岐口 18−2 油田平台
（渤海石油档案馆，2004 年）

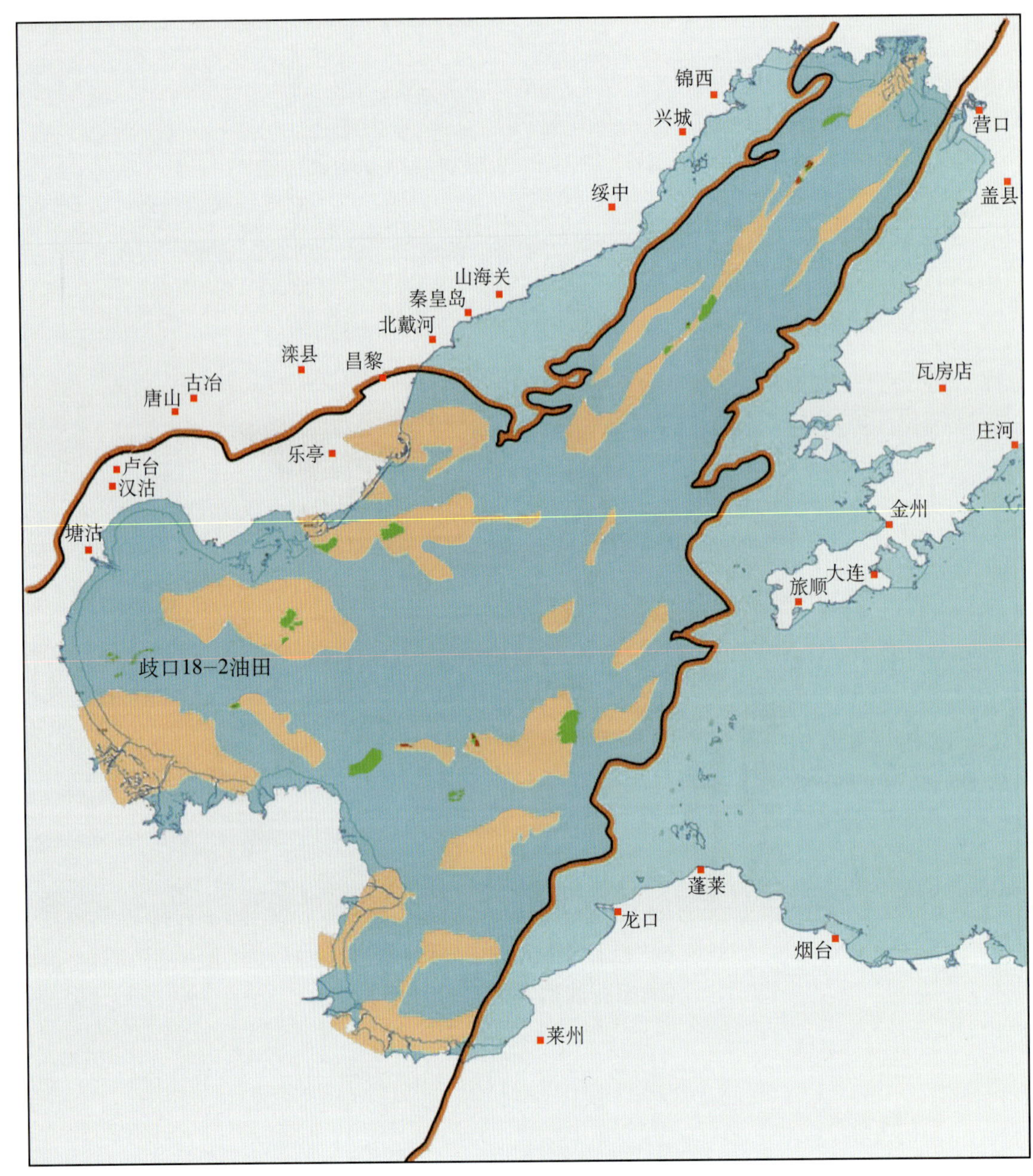

歧口 18-2 油田地理位置图

歧口 18–2 油田构造井位图

（天津分公司技术部，2004 年）

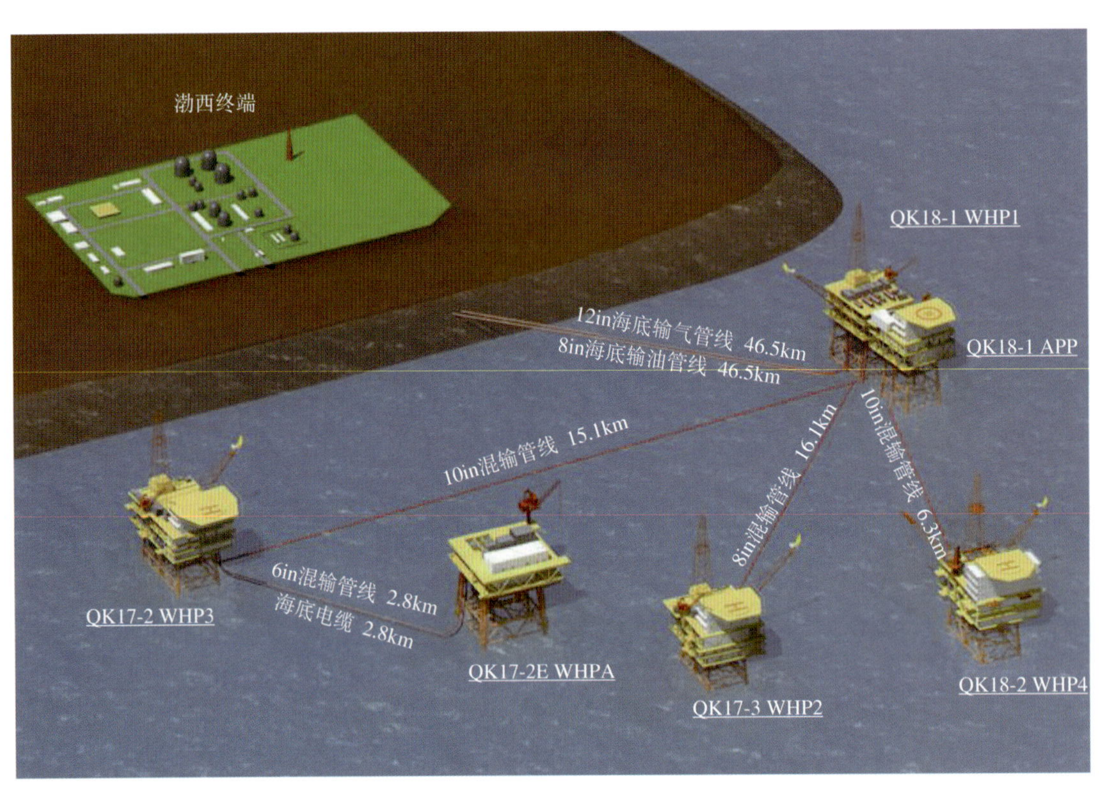

渤西油田群生产系统示意图
（天津分公司，2006 年）

《歧口 18−2 油田志》编纂组

编纂人：孙　磊　徐大明　郭　剑　潘　彬　丁九亮

参加人：黄小波　周海燕　苏进昌　石　静　蒋维军　余俊雄
兰　峰　张卫东　张庆武　谢尔维

《歧口 18−2 油田志》审核人员

曹文贤　徐启兴　汪志勇　吴成浩　李树宽　温哲华
赵利昌　宫　薇　刘　英　王为民　王力群　蒋维军
张敏娟

本志目录

概　述

歧口 18–2 油田隶属于中海石油（中国）有限公司天津分公司，为渤海第一个联合开发油田群——渤西油田群的一部分。油田位于渤海西部海域，在歧口 18–1 油田的南偏西。油田范围内水深 8.6 ~ 10.9m，常年最高温度 33.4℃，最低温度 –15.4℃，结冰期 90 天。

歧口 18–2 油田是渤海西部海域复杂断块小油田的典型代表。油田自 2004 年 4 月投产后采用衰竭式开采方式，产量逐渐递减。

一

歧口 18–2 构造位于渤海西部歧口凹陷东南侧的歧南断阶带上、海四断层的下降盘。歧南断阶带紧邻歧口富生油凹陷，且发育良好的储盖组合，是油气聚集的良好场所。

钻井在该区揭示的地层，自上而下有：第四系平原组，新近系的明化镇组和馆陶组，古近系的东营组和沙河街组以及中生界的侏罗系。

古近系的沙河街组为歧口 18–2 的主要含油层系，是一套分布比较稳定的砂泥岩地层。以沙一段顶部油页岩为区域对比标志层，沙河街组内部含油层段进一步细分为 7 个油组：沙一段为 1 个油组；沙二段分为 5 个油组；沙三段为 1 个油组。各油组地层在油田内部分布比较稳定，厚度变化不大，单个砂层厚度有一定的变化。

歧口 18–2 构造是一个断块构造，走向近南北向，东侧以海四断层为界，西侧呈斜坡向西倾没。构造长约 6.5km，东西宽约 2.5km，构造面积 7.2km^2。南部以一个次级构造凹槽与歧口 18–9 油田为界，北部以 F1 断层与歧口 18–1 油田为界。

海四断层近北北东向，最大断距达 450m，延伸较远，超出工区范围，该断层对歧口 18–2 油田的构造演化及沉积起控制作用。受海四断层的影响，在平面上形成一系列东西向和北东向次生断层，延伸长度 0.60 ~ 3.50km，断距 20 ~ 400m。这些次生断层与海四断层相交，将歧口 18–2 构造自北向南进一步分割为 P1 断块、歧口 18–2–2 断块、P3 断块、P4 断层、P6 断块、P8 断块 6 个次级断块构造。南部断块构造埋深相对较浅，向北逐渐变深。

歧口 18–2 油田沙河街期发育扇三角洲沉积体系，油田主要位于扇三角洲前缘亚相上，进一步识别出扇三角洲水下河道、水下河道间、水下河口坝、席状砂、前三角洲泥各个微相。

沙河街组发育沙一段、沙二段、沙三段。

沙一段平均有效孔隙度为 23.50%，渗透率为 310.70mD；沙二段平均有效孔隙度为 22.10%，渗透率为 245.50mD；沙三段有效孔隙度为 16.60%，渗透率为 26.45mD ，属于中孔中渗储层。其中沙一段、沙二段物性较好，沙三段物性较差。

油田生产的主力产层为沙二段。以次生粒间孔为主，占总有效孔隙度 90%，其次为粒间、粒内溶孔。表现为分选中等、中—偏粗歪度，排驱压力集中在 0.01 ~ 0.25MPa，饱和度中值压力 0.07 ~ 14.08MPa，最大进汞量一般大于 60%，主要孔喉分布在 1 ~ 40μm 范围内。

油藏类型：主要为构造层状油藏。

地面原油性质：原油密度（20℃）为 0.83 ～ 0.86g/cm^3，原油黏度（50℃）为 2.93 ～ 7.24mPa·s，凝固点 18 ～ 31℃，含蜡量 25.36% ～ 36.22%，含硫量 0.09% ～ 0.16%，沥青和胶质总含量 4.87% ～ 7.80%。

地下原油性质：P1 块沙二段地下原油密度为 0.68g/cm^3，原始溶解气油比为 110m^3/m^3，地下原油黏度为 0.79mPa·s，原油原始体积系数为 1.39，饱和压力为 18.10MPa，地饱压差为 9.28MPa。

P4 块沙二段地下原油密度为 0.67g/cm^3，原始溶解气油比为 132m^3/m^3，地下原油黏度为 0.52mPa·s，原油原始体积系数为 1.47，饱和压力为 22.75MPa，地饱压差为 3.59MPa。

天然气性质：天然气相对密度为 0.75 ～ 0.82，甲烷含量 73.68% ～ 81.30%，属于湿气。

地层水性质：地层水总矿化度 7188mg/L，氯离子含量为 1684mg/L，水型为 $NaHCO_3$ 型。

温度及压力性质：压力梯度约 1.00MPa/100m，温度梯度 3.00℃ /100m，为正常温度压力系统。

二

歧南断阶带的油气勘探工作始于 20 世纪 50 年代末，先后完成了航磁、重力、模拟地震和数字地震等物探工作，基本搞清了该区的构造格局。

1992 年中海物探公司滨海 516 船队拖缆和 1998 年 2336 队海底电缆采集系统施工分别进行了两次三维地震采集。

1992 年中海石油物探公司东方数据处理中心对歧口地区三维地震资料进行处理，1994 年中海石油渤海石油研究院对歧口 18−2 构造进行了初步评价，落实了该构造的圈闭形态和断裂组合。1998 年中海石油物探公司东方数据处理中心完成歧口 18−2 油田区块三维地震数据处理，1999 年利用新处理的三维地震资料，对该构造进行了重新解释，确认歧口 18−2 构造为一断块构造，海四断层和一系列东西向次生断层把整个构造分为北、中、南三块。

2000 年 2 月，在构造中块钻探井歧口 18−2−1 井（简称 1 井，以下歧口 18−2 油田井号均以此方式简称），该井完钻井深 3120m，完钻层位中生界侏罗系，在沙河街组钻遇油层，经 DST 测试获得高产油气流，从而发现了歧口 18−2 油田。2000 年 6 月在构造北块钻探 2 井，在沙河街组也获得了高产油气流。

2001 年 2 月中海石油（中国）有限公司天津分公司编制了《歧口 18−2 油田新增油气探明储量报告》向国土资源部矿产资源储量评审中心石油天然气专业办公室申报，经审批通过。报告由中海石油研究中心渤海研究院赵春明等编写，编写单位负责人武文来，申报单位技术负责人邓运华。

申报探明含油面积 5.00km^2，基本探明石油地质储量 688×10^4t（818×10^4m^3），可采储量 96.30×10^4t（114×10^4m^3），溶解气地质储量 9.90×10^8m^3，可采储量 3.27×10^8m^3。新增含气面积 1.50km^2，基本探明天然气地质储量 4.01×10^8m^3，可采储量 2.01×10^8m^3。

大事记

2000年

3月10日　歧口18–2构造中块探井1井完钻，3月18日至4月2日在沙河街组进行DST测试获得高产油气流，发现了歧口18–2油田。

2001年

3月20日　国土资源部矿产资源储量评审中心经审批通过了中海石油（中国）有限公司天津分公司编制的《歧口18–2油田新增油气探明储量报告》。

5月15日　天津分公司勘探开发部委托中海石油研究中心开发设计院对“歧口18–2油田ODP方案”项目进行研究。

2002年

4月17日　成立歧口18–2油田开发工程项目组。

5月　中海石油研究中心完成《歧口18–2油田总体开发方案》。

8月　中国海洋石油总公司投资和预算审查委员会批准了《歧口18–2油田总体开发方案》。

11月11日　歧口18–2项目组举行导管架开工仪式。

2003年

5月22日　歧口18–2油田总体开发方案获得国家发展和改革委员会批准。

11月4日　歧口18–2油田第一口开发井——P8井开钻。

2004年

1月　歧口18–2油田5口生产井（P8、P6、P4、P1、P3）完钻。

4月11日　油田试投产。

4月20日　完成对5口生产井酸化。

4月23日　歧口18–2油田投产。

8月　P8井沙一段进行高能压裂深穿透射孔。

2005年

11月　平台主机C机搬迁到歧口17–2平台。

第一章

油田开发

第一节　开发方案

渤西油田群位于渤海湾西部，已建工程包括海上工程和渤西终端两大部分。其中海上工程由歧口18−1油田、歧口17−2油田、歧口17−3油田至歧口18−1平台的海底油气水混输管线及歧口18−1平台至渤西终端的海底输油管线和海底输气管线构成。歧口18−1油田为集输中心，包括一座井口集输中心平台和一座生活动力平台。

2002年5月由中海石油研究中心完成《歧口18−2油田总体开发方案》，项目经理徐正海，开发设计院院长姜锡肇，由中海研究中心副主任刘立名总负责。该方案分八卷：总论、油田地质和油藏工程、钻井、完井和采油工艺、油田开发工程、生产作业、安全分析、海洋环境保护、投资估算和经济评价。

歧口18−2油田按断块开采，采取不均匀井网，在油藏高部位布井。歧口18−2油田采用一套层系开采全部油层。

开发方案中歧口18−2油田动用探明地质储量818×10^4m^3，控制地质储量133×10^4m^3。设置生产平台一座，共布5口生产井：北块2口、中块2口、南块1口；注水井4口：北块1口、中块2口、南块1口。注水井先排液后注水。生产年限12年，累计产油172.60×10^4m^3，产气5.44×10^8m^3，原油采出程度为18.2%。

考虑到地质油藏的复杂性，并吸取渤西的开发经验，注水拟采取分步实施，滚动开发的策略。鉴于对断层，储层的连通性及水体认识有限，建议钻井分两批进行，根据钻井资料和油田生产动态再确定注采方式、注水区块、注水时机等。

第二节　开发实施

2004年1月歧口18−2油田钻生产井5口（P8、P6、P4、P1、P3井），P1井完钻井深3091.69m，钻至中生界地层，测井解释油层厚度26m；P3井井深2985.14m，未钻穿沙河街组，电测解释油层厚度20m，含油水层2.10m，油水同层0.40m；P4井完钻井深2965.29m，未钻穿沙三段地层，电测解释油层厚度44.90m，气层厚度10.50m；P6井完钻井深2936.98m，钻到中生界地层，电测解释油层厚度34.80m；P8井完钻井深2932.34m，未钻穿沙三段。电测解释油层厚度22.90m，气层厚度2.40m。

2004年4月歧口18−2油田酸化投产，采用衰竭方式开采。设立1座生产平台（歧口18−2平台），5口生产井。投产初期2口井自喷（P4、P6井），2口井机采（P1、P3井），P8井无产出。2004年8月P8井沙一段进行高能压裂深穿透射孔，取得效果，P8井正式生产。P6井2004年6月转机采，P4井2005年5月转机采，目前油田全部生产井均为电泵开采。投产初期日产油550m^3，2004年底日产油降为150m^3，2005年底日产油降为100m^3。

开发方案实施过程中，在钻完 5 口生产井后，新发现了 F1 断层；通过从 2004 年 4 月到 2004 年 10 月 P3 井的生产动态表明 F3 断层与海四断层相连；地震解释在 2 井区又发现小断层，使得 5 口开发井分别位于五个断块，互不相连，局部高点控制了油气聚集。于是按照油田开发方案设计放弃第二批钻井计划。

钻后油田构造、储层、油水系统、油藏类型和储量与钻前 ODP 阶段的认识相比有很大变化，所以投产后的油井初期产能与 ODP 配产相差过大，另外投产后油田利用天然能量开发，油井压力下降快、产量递减快及部分油井含水上升快、油井结蜡影响产出是该油田的主要生产特征。

第三节　开发现状

2006 年根据国家储量委员会新的储量计算方法，中海石油（中国）有限公司天津分公司对歧口 18−2 油田进行储量套改工作，套改后含油面积 3.90km^2，石油探明地质储量 405.62 × 10^{4}t（482.57 × 10^{4}m^3），天然气探明地质储量 1.76 × 10^{8}m^3。

根据生产动态资料，对技术可采储量采用数值模拟法进行重新标定，套改后石油探明技术可采储量 42.28 × 10^{4}t（50.30 × 10^{4}m^3），溶解气探明技术可采储量 1.94 × 10^{8}m^3，天然气探明技术可采储量 0.88 × 10^{8}m^3。

歧口 18−2 油田投产后生产特征主要有以下 4 个方面：

（1）属于复杂断块油田，现有 5 口生产井分属不同断块；

（2）依靠天然能量开采，投产之后即进入产量递减阶段，没有稳产期；

（3）油田内部断层发育、储层连通性差、油田整体边水能量不足；

（4）原油含蜡量高，原油在井口附近存在结蜡问题，以 P6 井为甚。

截至 2005 年 12 月，油井总数 5 口，日产油 99m^3，日产气 1.60 × 10^{4}m^3，日产水 313m^3，综合含水 76%，累产油 10.66 × 10^{4}m^3，累产气 0.22 × 10^{8}m^3（核实产量）。

第二章

钻采与海洋工程

第一节　钻井工程

一、开发钻井

岐口18−2油田ODP设计钻井10口。考虑到地质油藏的复杂性，分两批进行，一期投入开发生产井5口，二期5口井未实施。岐口18−2项目钻井作业于2003年11月3日正式开钻。2004年1月22日钻井作业完毕，转入完井作业，首次实现钻完井作业无缝连接。岐口18−2项目开发采用导管架预钻井，由南海一号悬臂梁自升式钻井船一次就位覆盖所有槽口，进行一期钻井作业。一期5口全部为生产井，为了达到开发要求，5口井均设计成三靶“S”型轨迹，而且有4口井需要在$8^1/_2$in井眼调整井斜和方位，设计平均井深3568m，钻井难度大。项目组采取了一系列钻杆措施和工艺实现了三维多靶井眼轨迹的钻井作业，严格控制施工工艺，没有发生井漏、卡钻等工程事故。实际钻井作业84.76天，节约工期27.74天。二期钻完井工程因地质油藏情况复杂，投产效果不理想而未实施。

为保证钻完井作业快速优质的完成，采用以下技术：分井段批钻，优选合理作业顺序，尽量避免表层井段的井间相互窜通；采用顶部驱动，优质PDC钻头，MWD，导向马达钻井系统等先进设备，工具和测量仪器；使用PDC可钻的套管附件；使用油基钻井液钻开产层，有效的保护油气藏；应用单级双封及多段密度不等水泥浆封固长裸眼段；大满贯测井方式，不占钻机时间检测固井质量；油层段的所有钻屑和含油钻井液回收到陆地集中处理，保护海洋环境；开发井完钻深度应视钻井、录井情况进行适当调整。

二、完井工程

岐口18−2油田2004年1月22日钻井作业完毕后，直接转入完井，P6、P8、P1等3口井的完井作业结束后，南海1号撤离；组块安装、调试结束后由修井机完成剩余2口井完井作业。所有井套管内射孔下生产管柱完井，不防砂。P1、P3采用Y型合采电泵管柱，投产时采用电潜泵生产；P4、P6、P8井先自喷开采，一段时间后改为电潜泵开采。完井结束后立即进行投产；以自立号生活船支撑进行酸化作业。但由于完井后投产效果不好，陆续增加5口井酸化、3口井氮举，1口自喷井转电泵、1口井换泵，1口井修井后试油并自喷转电泵等后续作业。

岐口18−2完井在P3井全部射孔段、P4井部分射孔段使用了聚能复合火药，这是在渤海地区生产井中的首次应用，其原理是在同一射孔枪身内，设置两种性质不同的高能量——用于射孔的射孔弹、用于压裂的复合固体推进剂，同时引爆并控制其加压历程瞬态时间差，实现射孔与压裂分步做功，从而对近井地带形成孔缝结合型渗流通道，达到大幅度增加近井带渗流面积的目的。其原理如图1−1所示。

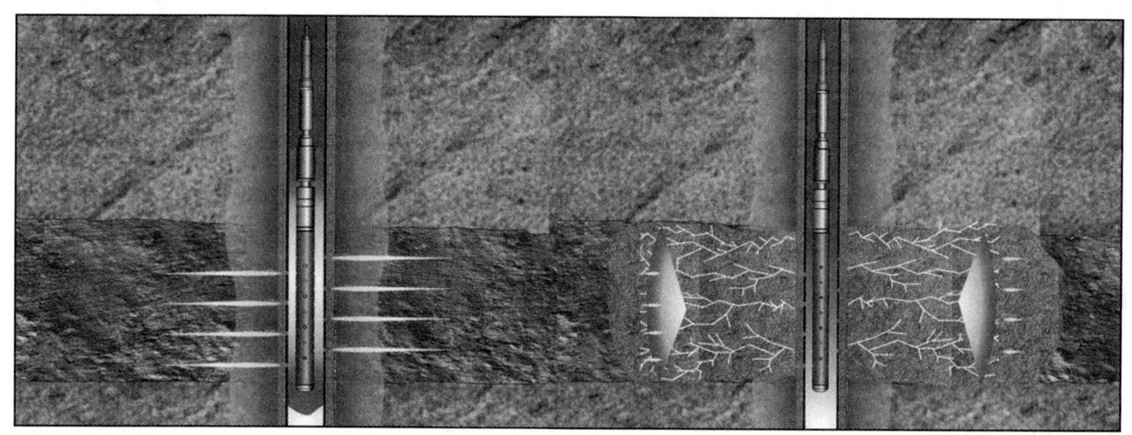

图 1-1　聚能复合火药射孔原理图
（天津分公司编制，2004 年）

第二节　采油工程

根据《歧口 18—2 油田总体开发方案》，歧口 18—2 油田油井初期以自喷为主，当油层压力下降，油井停喷后及时实施机械采油。

一、举升

歧口 18—2 油田于 2004 年 4 月 11 日 5 口井投产，除 P4，P6、P8 井采用自喷生产管柱外其余 2 口井均采用 Y 型电泵合采管柱生产。由于地层 CO_2 含量较高，油管全部采用 13Cr L—80 油管。2004 年 6 月 10 日 P6 井将自喷管柱更换为 Y 型合采管柱，下入电泵生产。2005 年 5 月 19 日 P4 井下入电泵生产。

投产初期下入大庆电泵厂的电潜泵机组，由于原油中含蜡量较高，所有生产管柱都带有偏心工作筒（带注入阀），以便注入防蜡剂。

二、酸化

由于歧口 18—2 油田所钻 5 口井全为生产井，没有水源井，而该油田输油海管设计最小输油量为 600m³/d。根据投产情况，初期产量不能满足海管最小输量，为了保证海管安全，提高油田产量，决定对该油田 5 口井全部实施酸化作业，然后再进行投产。选用氟硼酸酸化处理工艺，先后对 5 口井进行酸化。酸化的作业者是中海石油（中国）有限公司天津分公司，酸化总结报告的编写人是谭章龙，审核人是李斌，批准人是邓建明，报告日期是 2004 年 4 月 29 日。

酸化后 P4 井见到明显的增产效果，P1 井酸化后基本达到钻后配产要求，但其他 3 口井增产效果不明显。

三、油井维护与修井

由于 P3 井启泵投产后，在生产过程中，井下电子压力计检测其生产压差逐渐增大，且电流值有下降趋势；后因平台总产量不能满足最低管输量而停泵，2004 年 4 月 18 日进行不动管柱酸化作业，酸化后效果不明显，在修井作业前利用环空补液进行连续生产，于 5 月 20 日进行修井作业，加深泵挂，更换成小排量机组，电泵厂家为大庆，电泵排量从 100m³/d 变为 75m³/d。P3 井修井作业者是中海石油（中国）有限公司天津分公司钻井部，修井报告的编写者是李君宝，由赵景芳审核，报告日期是 2004 年 5 月 31 日。

第三节　海洋工程

一、海洋工程设计方案

歧口 18–2 油田是渤西油田群的三期工程，开发工程建设从 2002 年 4 月 17 日启动持续到 2004 年 4 月 23 日投产。

歧口 18–2 油田生产的油、气、水在平台上进行气液分离，分离出来的天然气一部分作为主发电机的燃料，剩余部分的天然气和分离出来的油、水通过海底管线（10in × 16in，6.3km）混输到歧口 18–1 井口集输中心平台处理。

油田工程设施包括：1 座集生产、计量、修井、动力及生活于一体的综合性井口平台；一条 6.3km 的海底管线（10in × 16in）；歧口 18–1 井口平台改造；渤西终端污水 COD 处理系统的二期工程建设。

二、油田工程设施

（一）歧口 18–2 平台结构组成

歧口 18–2 平台是一座集生产、计量、修井、动力及生活于一体的综合性井口平台；由导管架、组块、火炬、生活楼、修井设备共 5 部分组成。

（二）平台工艺及公用系统

各井流物通过油嘴进入生产管汇汇合后，经过生产加热器加热至 55℃再进入生产分离器。在生产分离器内进行气液两相分离，分离出来的含水原油依靠自身压力进入海底管线，分离出来的气体部分进入燃料气系统进行处理，剩余气体与液相混合后进入海底管线。

需要测试的井流进入测试管汇，由测试加热器加热至 55℃后进入测试分离器。在测试分离器经过三相分离计量后，气相与生产分离器分离出来的气体汇合，液相则进入生产分离器入口。

（三）平台间海底管线

歧口 18–2 油田生产的井流物经过海底管线混输（油、气、水）到歧口 18–1 井口集输中心平台处理。海管为双层保温管，内管直径 10in，外管直径 16in，全长 6.3km。

（四）歧口 18–1 井口平台改造

集输中心歧口 18–1 平台改造主要包括：增加一套收球筒和段塞流捕集器，另外，在歧口 18–1APP 的通信室里还增加了一套用来与歧口 18–2 平台通信的微波扩频系统。

（五）渤西终端二期增容后的设计规模

原油处理能力：80×10^4t/a（最大 83×10^4t/a）

天然气处理能力：63×10^4m^3/d（含稳定气最大 66×10^4m^3/d）

污水处理能力：60×10^4m^3/a（最大处理能力 92×10^4m^3/a）

歧口 18–2 油田投产后，全油田群产量为：

原油最大产量：62×10^4t/a

天然气最大产量：44.56×10^4m^3/d

污水最大产量：59×10^4m^3/a（1687m^3/d）

因此歧口 18–2 油田投产后渤西终端的原油 \ 天然气 \ 污水处理能力满足全油田生产的要求。

（六）污水 COD 处理系统校核及改造

渤西终端 COD 处理系统二期工程的扩容规模为 60×10^4m^3/a 的处理能力。

三、工程承包与建造

（一）主要承包商名录

歧口 18–2 平台导管架、组块设计、制造、安装，海底管线铺设和歧口 18–1 平台改造由海洋石油工程股份有限公司承担；海底管线涂敷由渤海石油管道涂敷公司承担；平台生活楼详设、制造由渤海石油工程公司承担；渤西终端污水 COD 增容设计由中国石油工程设计有限责任公司北京分公司承担；渤西终端污水 COD 增容施工由渤海石油公司承担。

（二）工程建设里程碑

序号	项目名称	计划开始日期	计划结束日期	实际开始日期	实际结束日期	备注
1	工程设计	2002 年 04 月 15 日	2003 年 04 月 20 日	2002 年 04 月 15 日	2003 年 04 月 20 日	含基本设计和详细设计
2	设计审查	2002 年 09 月 20 日	2002 年 09 月 25 日	2002 年 09 月 19 日	2002 年 09 月 20 日	
3	设备采办	2002 年 09 月 01 日	2003 年 09 月 30 日	2002 年 09 月 01 日	2004 年 01 月 08 日	
4	导管架陆地预制	2002 年 11 月 11 日	2003 年 04 月 11 日	2002 年 10 月 23 日	2003 年 01 月 23 日	
5	导管架装船、运输、安装、复员	2003 年 04 月 12 日	2003 年 06 月 05 日	2003 年 02 月 14 日	2003 年 02 月 28 日	
6	组块陆地预制	2003 年 02 月 10 日	2004 年 02 月 05 日	2003 年 02 月 14 日	2004 年 01 月 29 日	
7	组块装船、运输、安装、连接、调试	2004 年 02 月 05 日	2004 年 04 月 10 日	2004 年 02 月 04 日	2004 年 04 月 05 日	
8	机械完工	2004 年 04 月 10 日	2004 年 04 月 10 日	2004 年 04 月 05 日	2004 年 04 月 05 日	
9	联合调试等	2004 年 04 月 11 日	2004 年 04 月 29 日	2004 年 04 月 06 日	2004 年 04 月 11 日	
10	投产	2004 年 04 月 30 日	2004 年 04 月 30 日	2004 年 04 月 23 日	2004 年 04 月 23 日	ODP 计划投产日期为 2004 年 5 月 31 日
11	海管铺设	2003 年 05 月 18 日	2003 年 07 月 18 日	2003 年 05 月 21 日	2003 年 07 月 28 日	
12	歧口 18–1 平台改造施工	2003 年 05 月 20 日	2003 年 12 月 15 日	2003 年 05 月 03 日	2004 年 03 月 24 日	
13	渤西终端改造设计	2002 年 06 月 15 日	2003 年 03 月 31 日	2002 年 09 月 02 日	2003 年 06 月 30 日	
14	渤西终端改造施工	2003 年 05 月 20 日	2003 年 12 月 15 日	2003 年 07 月 11 日	2003 年 11 月 20 日	机械完工
15	生活楼详细设计	2002 年 12 月 02 日	2003 年 05 月 30 日	2002 年 12 月 02 日	2003 年 05 月 30 日	
16	生活楼陆地预制	2003 年 07 月 05 日	2003 年 12 月 31 日	2003 年 07 月 05 日	2004 年 02 月 17 日	

四、工程项目管理

该项目由张羽任第一任项目经理，由单学永任第二任项目经理。二人各自负责了一年多的项目管理工作。

在执行过程中，该项目组创造了以下 3 个记录：

（1）六腿导管架（重量为 490t）陆地预制用了 3 个月时间；

（2）六腿导管架海上安装及 12 根隔水套管打入（合计 1170t）用了 12 天；

（3）海管（10in × 16in，6.3km）海上铺设施工用了 28 天；

从 2002 年 4 月 17 日启动基本设计，到 2004 年 4 月 23 日投产，项目组通过科学决策、成功的项目管理、先进的工程技术手段等用了两年时间顺利完成歧口 18–2 项目。

附　录

附录一　附　图

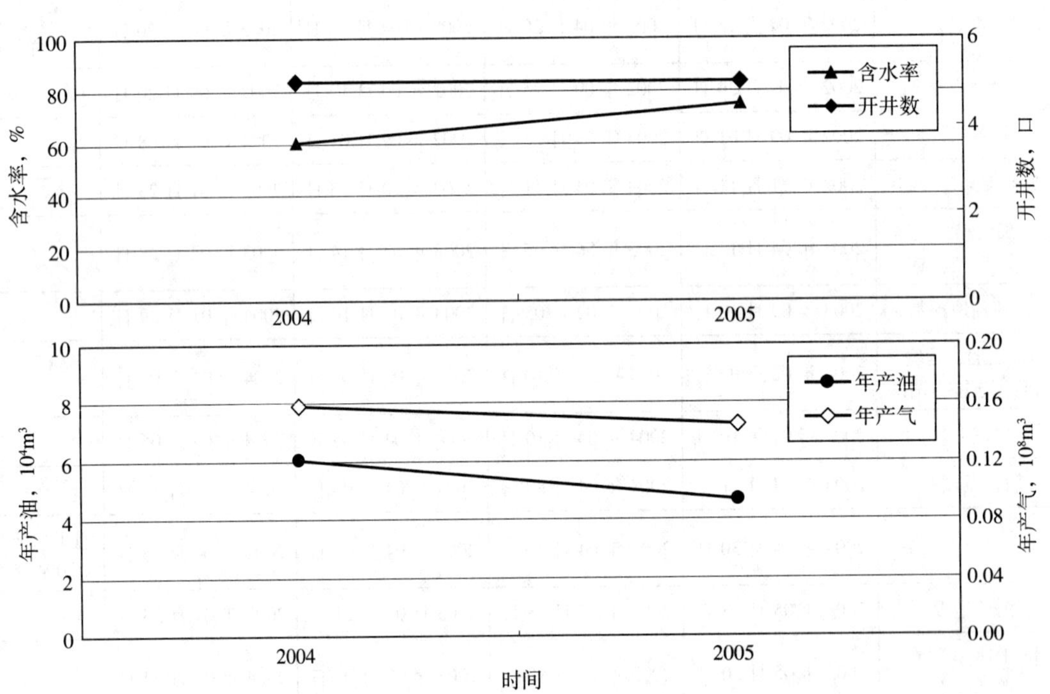

附图 1　岐口 18-2 油田开发综合曲线图

（中海石油（中国）有限公司天津分公司，2005 年）

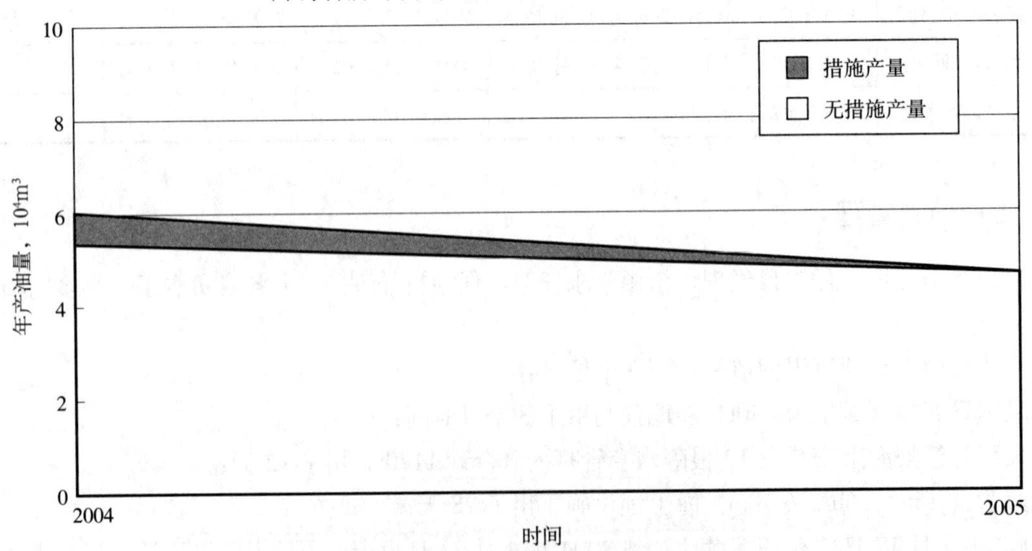

附图 2　岐口 18-2 油田历年产量构成曲线

（中海石油（中国）有限公司天津分公司，2005 年）

附录二 附 表

附表 1 岐口 18-2 油田地质综合数据表

层系	岩性	埋藏深度海拔 -m	有效厚度 m	含油面积 km^2	地质储量 10^4m^3	油气藏类型	孔隙度 %	渗透率 mD	油层压力 MPa	原油密度 g/cm^3	天然气甲烷含量 %	原油含硫量 %	地层水矿化度 mg/L	水型
沙河街组	砂岩	2586 ~ 3054	15.5	3.9	482.57	复杂断块构造层块	23.0	150	27	0.840	73.68 ~ 81.31	0.09 ~ 0.16	7188	$NaHCO_3$

注：中海石油（中国）有限公司天津分公司，2005 年。

附表 2 岐口 18-2 油田历年开发综合数据表

时间	动用储量 10^4m^3	采油井数，口		年产油量 10^4m^3	累计产油量 10^4m^3	采油速度 %	采出程度 %	综合气油比 m^3/m^3	综合含水 %	年产气量 10^8m^3	累计产气量 10^8m^3
		总井	开井								
2004	482.57	5	5	6.02	6.02	0.53	0.63	284.6	60.31	0.1578	0.1578
2005	482.57	5	5	4.65	10.67	0.65	1.89	241.0	74.91	0.1453	0.3031

注：中海石油（中国）有限公司天津分公司，2005 年。

附录三 领导人名录

岐口 18-2 油田总监（经理）：

林　杨、陈建武（2003 年 6 月—2004 年 3 月）

陈建武、邓长红（2004 年 4 月—2004 年 10 月）

陈建武、刘莉峰（2004 年 10 月—2005 年 3 月）

张卫东、张庆武（2005 年 3 月—2005 年 12 月）

附录四 征引文献

文献名	作者	出版时间	出版社
渤海油田志	《渤海油田志》编纂委员会	1993	天津人民出版社
中国海洋石油总公司志	《中国海洋石油总公司志》编纂委员会	1999	改革出版社
中国石油钻井海洋石油总公司卷	《中国石油钻井海洋石油总公司卷》编纂委员会	2001	石油工业出版社
海上采油工程手册	《海上采油工程手册》编纂委员会	2001	石油工业出版社
中国海洋石油高新技术与实践	《中国海洋石油高新技术与实践》编纂委员会	2005	地质出版社

编纂始末

《歧口 18–2 油田志》属于《中国油气田开发志 · 渤海油气区油气田卷》中的略写开发志。2008 年 7 月《中国油气田开发志》渤海油气区油气田卷编纂启动会召开，会议由编纂委员会常设联系人王力群主持，会上渤海油气区油田志示范篇《埕北油田志》作者张敏娟详细介绍了开发志油气田卷的编写要求。通过学习《中国油气田开发志》总编纂委员会指导文件，在参考《胜坨油田志》、《大民屯油田志》、《涠洲 11–4 油田志》、《陆丰 22–1 油田志》四个示范篇的基础上，搜集整理资料，开始编纂工作，2009 年 8 月完成了《歧口 18–2 油田志》初稿。

《中国油气田开发志》渤海油气区编纂委员会一级审查组于 2010 年 3 月 4 日在中海石油（中国）有限公司天津分公司海洋石油大厦 B 座召开了《歧口 18–2 油田志》第一次评审会，专家张敏娟和王为民等参加了评审会。按照《中国油气田开发志 · 油气田卷》编纂内容和要求，专家对《歧口 18–2 油田志》由大事记、专志和附录的组成结构予以肯定。参照专家修改建议，编纂组人员查阅了更多的资料，于 2010 年 3 月完成《歧口 18–2 油田志》第二稿。

《中国油气田开发志》渤海油气区编纂委员会二级审查组于 2010 年 3 月 12 日组织了《歧口 18–2 油田志》第二次评审会，与会专家主要针对大事记和附录等提出了修改意见。会后编纂组人员根据相关意见进一步落实了资料的来源，完成了《歧口 18–2 油田志》第三稿并于 2010 年 4 月 20 日通过了中海石油（中国）有限公司天津分公司编纂委员会的三审验收。

《歧口 18–2 油田志》分为五个部分，其中，概述由孙磊编写；大事记由徐大明、孙磊编写；第一章由孙磊、徐大明编写；第二章由郭剑、于喜艳、丁九亮编写；附录由徐大明编写；全书由孙磊、徐大明统稿。张敏娟、石静、苏进昌搜集、整理、提供了大量资料。

在本志的编纂过程中得到《中国油气田开发志》中国海洋石油总公司编纂委员会和《中国油气田开发志》渤海油气区编纂委员会的悉心指导，采油工程院档案馆和渤海石油档案馆在提供编纂资料方面给予了大力支持，在此表示衷心的感谢。

《歧口 18–2 油田志》编纂组

2010 年 5 月

《中国油气田开发志》编辑出版人员

总　策　划：白泽生　张卫国

领导小组

组　　长：白泽生

副 组 长：张卫国　张　镇

编辑出版组

组　　长：周家尧

副 组 长：马　纪　章卫兵　王宇芬　鲜德清　杨仕平　段　玲

运行监督：杨仕平

责任编辑：章卫兵　马　纪　王宇芬　方代煊　贾　迎　何　莉　谭忠心　赵冬梅

编　　辑：崔淑红　王金凤　傅　红　庞奇伟　马新福　李　中　马海峰　金平阳　潘玉全　胡宇芳　潘晓军　周　勇

特邀编辑：孔秀兰　牛　瑄　俞志华等

责任校对：王　颜　黄京萍　王　群等

责任印制：赵文杰　郭俊英　孙　波

封面设计：李　欣　孙晋平

版式设计：李　欣　孙晋平　章　虹　袁雪芹

责任排版：张晓军　姚京燕

监　　印：段　玲　张红军